Crisis Intervention Strategies

(7th Edition)

危机干预策略

（第七版）

[美] 理查德 · K.詹姆斯　伯尔 · E.吉利兰　著
（Richard K. James）　（Burl E. Gilliland）

肖水源　周　亮　等　译校

中国轻工业出版社

图书在版编目（CIP）数据

危机干预策略：第七版 /（美）理查德·K.詹姆斯（Richard K. James），（美）伯尔·E.吉利兰（Burl E. Gilliland）著；肖水源等译. —北京：中国轻工业出版社，2017.11（2025.7重印）

ISBN 978-7-5184-1715-5

Ⅰ. ①危…　Ⅱ. ①理…②伯…③肖…　Ⅲ. ①突发事件-心理干预-研究　Ⅳ. ①B845.67

中国版本图书馆CIP数据核字（2017）第287765号

ISBN: 978-7-5184-1715-5

Cengage Learning Asia Pte. Ltd.
151 Lorong Chuan, #02-08 New Tech Park, Singapore 556741

责任编辑：刘　雅　林思语　　责任终审：杜文勇
策划编辑：戴　婕　　责任校对：刘志颖　　责任监印：吴维斌

出版发行：中国轻工业出版社（北京鲁谷东街5号，邮编：100040）
印　　刷：三河市鑫金马印装有限公司
经　　销：各地新华书店
版　　次：2025年7月第1版第10次印刷
开　　本：889×1194　1/16　印张：39.5
字　　数：885千字
书　　号：ISBN 978-7-5184-1715-5　定价：108.00元
读者热线：010-65181109
发行电话：010-85119832　010-85119912
网　　址：http://www.chlip.com.cn　http://www.wqedu.com
电子信箱：1012305542@qq.com

如发现图书残缺请拨打读者热线联系调换
251092Y2C110ZYW

Crisis Intervention Strategies

(7th Edition)

危机干预策略

（第七版）

[美] 理查德 · K.詹姆斯　伯尔 · E.吉利兰　著
（Richard K. James）　（Burl E. Gilliland）

肖水源　周　亮　刘希光　余　歡　郝才茜　叶尘宇　季建林
胡　宓　刘文娟　刘慧铭　阎　媛　徐慧兰　余　钰　何燕玲　译
杨　梅　周　蔚　丁瑞佳　牛　璐　罗　丹　庄文旭　赵　敏

（译者名单以翻译章节前后排序）

肖水源　周　亮　审校

中国轻工业出版社

译 者 序

《危机干预策略》是关于危机干预理论与实践的专业著作。原书第一版于1987年由美国圣智学习出版公司出版，2000年中国轻工业出版社首次引进它的第三版，并由肖水源主持翻译，对我国危机干预工作起到了非常重要的推动作用。据我们所知，近十多年参与过危机干预工作的专业工作者和志愿者，大多阅读过这本书。现在，展现在读者面前的，是美国圣智学习出版公司于2013年出版的本书第七版的中文版。

在现代社会中，"危机"这个词被使用得极为普遍，以至在"百度"上可以即时搜索到1亿个网页。要在一本书中讨论人类所面对的各种危机的各个方面，几乎是不可能的。本书的主要目标是向读者介绍个人心理危机干预的基本概念、基本理论和基本技术，没有或很少涉及像政治危机、社会危机、信仰危机、经济危机、生态危机等宏观层面上的危机问题。但是，一方面任何宏观层面上的危机，最终都会影响到个体，导致个体心理危机；另一方面，任何个体心理危机都产生于其所处的政治、社会、文化、经济和生态环境，对个体心理危机的理解和干预，都不可能脱离宏观环境。在第七版的翻译过程中，我们高兴地看到，本书作者在心理危机及心理危机干预的宏观社会文化背景方面增加了很多内容。正因如此，这本植根于美国社会文化背景的《危机干预策略》，其介绍的有关概念、理论、策略、技术和方法，不一定都适合于中国社会文化背景下的危机干预实践，特别提醒读者注意这一点。

在本书中文版首次出版后的十多年中，危机干预在包括我国在内的各国中的发展比以前任何时候都更加迅速。无论作为一门学科，还是作为一个实践领域，危机干预的重要性和社会认可程度都有了很大的提高。2001年，美国发生了大规模恐怖袭击事件，此后恐怖主义活动在更大的范围内蔓延；世界上很多地方仍然战火不断，人们热切期盼的世界和平似乎尚未到来；因政治、经济和文化冲突导致的社会动乱，仍然此起彼伏，没有消停的迹象；人际间的暴力侵犯没有任何降低的趋势，儿童色情、性侵害之类的犯罪活动甚至扩展到了宗教圣地；地球上芸芸众生的苦苦祈求，也没有能够阻止造物主对人类无情的作弄……2004年的印度尼西亚海啸、2008年的中国汶川地震、2010年的海地地震以及其他自然灾难，把数千万的人们抛入痛苦的深渊。在科学技术迅猛发展的今天，对于空难、火灾、疾病暴发流行等突发事件，我们仍然不能预测、预防和控制。面对这些危机，全世界的危机干预工作者做出了巨大的努力，有的甚至牺牲了自己的生命；危机干预这门学科，也在实践中积累了更多的经验，取得了长足的发展。这些发展在这本《危机干预策略》(第七版)中得到了充分的体现，第七版的篇幅，也在前版的基础上有了大幅度的增加。

本书的两位作者长期在美国从事危机干预实践及教学培训工作，具有丰富的经验。Gilliland博士已于2003年去世，在此我们深表哀悼。在写作本书的过程中，作者将自己及美国其他危机干预工作者的经验、案例与有关危机干预的理论结合起来，对当前危机干预领域面临的重要问题及危机干预的理论、策略和方法进行了系统全面的介绍，因此本书既可作为危机干预工作者、心理咨询师、社会工作者、热线服务人员、志愿者的培训教材，又可作为资深危机干预工作者进修和研究的参考资料。对于一般读者来说，本书也能在认识危机、提高危机的应对能力等方面提供有益的帮助。

本书由中南大学与上海精神卫生中心从事心理咨询、心理治疗及危机干预工作的专业人员翻译，具体分工如下：第一章（刘希光、余歡、郝才茜、肖水源），第二章（周亮），第三章（叶尘宇、季建林），第四章（胡宓），第五章（刘文娟、季建林），第六章（刘慧铭），第七章（阎媛），第八章（徐慧兰），第九章（余钰），第十章（何燕玲），第十一章（杨梅），第十二章（徐慧兰），第十三章（周蔚），第十四章（丁瑞佳），第十五章（牛璐），第十六章（罗丹），第十七章（庄文旭、赵敏）。最后，由肖水源（第一至八章）、周亮（第九至十七章）对本书进行审读和统稿。原文尽管是学术著作，但写作风格活泼，在术语使用，理论和方法的阐述等方面不像一般学术著作那样拘谨。为了将原文的风格原汁原味地奉献给读者，我们在翻译过程中做了相当大的努力。然而，由于译者语言能力、专业知识的限制，出现问题和错误是在所难免的。敬请读者谅解和指正。

肖水源　周亮

2015年7月

前　言

本书的目的

本书的主要目的在于阐述降低危机的实用策略，包括一般性应用治疗咨询技术，特别是危机干预技术。根据我们的经验，绝大多数来访者之所以走进咨询室或治疗室，是因为他们的生活中存在危机。虽然“预防性”咨询是很理想的，但个人危机常常是促使来访者与危机干预工作者接触的主要动力。在本书中，我们尽力使读者有身临其境的感觉，使之能够体验危机干预工作者的实际工作情况。

基本原理

危机干预的重要性

危机既意味着“危险”，又意味着“机会”。这就是危机——所有文化中都常见的人类困难——的基本含义。我们相信，在实践中所有的咨询都是从危机干预开始的。尽管危机干预工作者并不愿意这样，但人们总是会在问题已经达到危机的程度，才向危机干预工作者反映自己的问题；或者将自己埋没于困境之中，以致造成不可预测的危机。作为人类服务工作者，我们理想的目标是建立基本的预防程序，使其有效性达到基本上不需要进行危机干预的程度。但是，人们并不能迅速地采取预防措施，以维护其心理和身体的健康。

从应用角度使用的案例

本书中使用的材料和提供的技术来自两个方面：一是我们自己在危机情境中进行教学和咨询的实际经验；二是我们与那些正在进行咨询和危机干预的成功人士的会谈。我们从许多人那里吸取意见，这些人以帮助别人为职业，日日夜夜地与人类面临的困难打交道，将当前文献中最好的危机干预理论和实践联系起来。通过长时间的对话，这些专家向我们提供了危机干预领域中最新的策略和技术。他们回顾了对每一种危机干预策略的解释，对他们工作中涉及的特定危机的生态学、病因学、策略、程序、术语及发展过程等方面的问题提出了意见。因此，你现在读到的案例处理策略是确切有据的。

在治疗模式方面总会有不同的观点，在本书中我们试图尽可能地介绍各种各样的观点。Gilliland博士已经去世十多年了，所以如果你对本版提出的策略和技术有疑问，毫无疑问是James博士的问题。

作者努力将专家们提供的案例处理策略整合起来，以全面、流利和动态的方式提供了一套有关有效危机干预的基本原则。这本书的主要目的不在于讨论长程治疗及其理论，也不是从单一理论，如精神分析或行为理论的角度来探讨危机。本书广泛综合了多种治疗模式，反映了我们对危机干预的折中主义观点。

特殊的危机需要各种特殊的干预方法，这些干预方法构成一个治疗策略的连续体。对于某一特殊的危机，本书介绍的策略不应被理解为唯一可用的方法。根据当前的研究和实践，我们在这里介绍的只是被称为“最佳赌注”的干预策略。这些危机干预策略不会适合于每一个危机干预工作者遇到的各种情况。

好的危机干预，就像任何好的治疗方法一样，是一种严肃的专业活动，需要创新，需要有适应变化的治疗能力。从这个意义上说，危机干预更是一种艺术，有时是只可意会不可言传的。因此，我们要提醒读者，本书不会做简单的概述，对问题也不给出简单的因果答案。

从经验角度使用的案例

没有一种单一的理论或策略可以应用于所有的危机情境，这一事实对于为解决来访者的问题，试图寻找一个简单、具体答案的人来说特别成问题。如果你是人类服务工作领域的一名新手，我们希望你在阅读和应用本书所提到的活动时，不要那么坚信自己的判断，要为自己的判断留下实践的空间。

道德困境 贯穿于本书的一个问题是，在伦理上什么是“正确的”、什么是“错误的”以及这种信念对情绪的影响。为了坚守这些强烈的信念，有些人宁可被关进监狱甚至牺牲生命。本书的目的不是讨论所涉及的问题是否符合道德规范，而是给予处于道德困境的人最好的帮助。请你将这一点谨记于心，在你读到危机干预工作者试图与违背良心或直觉的问题进行斗争时，将自己关于这些问题或情境的道德观念暂时放下。

最后，因为危机情境是无穷无尽的，我们不得不做出艰难的决定，选择最具一般性的问题，以最全面的方式进行阐述，以尽可能适应不同的读者。我们理解读者可能经历过本书没有提到的可怕危机并深感同情。限于篇幅和时间，我们不可能阐述读者可能经历过的每一种危机情境，我们为此感到不安、懊恼和愤怒，并在这里表达歉意。篇幅的限制使得我们不可能囊括所有的危机情境。但是，希望读者不是抱怨我们的无情选择，而是能够将本书提出的策略和技术应用于自己所经历的特殊危机情境。希望我们介绍的内容能够对读者理解自己的危机过程有所助益。

基本的人际关系技巧 对危机干预工作者来说，第四章描述的倾听和做出反应的技术与技巧比对任何其他人都重要。然而，若草率地对待这些技术和概念，说得好听一点是头脑简单，说得不好听一点是愚蠢。它们不是用来解决问题的，因为它们不是解决问题的技巧，能够做的只是帮助危机干预工作者搞清楚来访者所面临的困境。基本的倾听和反应技术是所有其他治疗模块的前提条件。

我们的经验反复证明了这一点，不重视基本人际关系技巧的学生和培训对象，也是那些最不能满足课程和培训要求的人。我们强烈地感觉到这一点，希望读者在阅读第四章时保持一个开放的心态。无论是初学者，还是以来访者为中心的实践经验丰富的老手，都有可能认为我们的观点近乎异端邪说，因为对于需要采取的行动，尤其是涉及来访者安全的行动，我们在第四章提出的方法很多是指导性的和评判性的。在这里，我们再一次请求读者暂时抛开自己的判断，试一试我们提出的方法。

角色扮演 如果本书用作定式学习，那么每章的案例则是经验学习的宝贵资源。在工作中观察、实践和练习所得到的有效危机干预模式是最基本的。通过强化的、广泛的角色扮演可以获得超凡的技巧。培训的关键内容之一，不仅是讨论可能面对的问题，而且必须实践解决这些问题的技巧。讨论可能面对的问题是必要的，但更要面对实际情况，使受训者帮助来访者冷静，控制、管理和激励来访者。角色扮演是演练所学技巧的最好途径之一，能帮助人类服务工作者在处理他们面对的各种各样问题时准备好以创造性的方式应对。安全的培训环境能够使人类危机服务工作者发现什么方法起作用，什么方法不起作用，并能够为他们提供有价值的反馈。

角色扮演中的一个重要的问题是，在培训班中不好意思，生怕自己出丑。在这里必须指出，在培训班中，我们并不要求完美。如果学员在危机干预方面是完美的，他们就没有必要接受指导。因此，请把你的担忧放在一边，把角色扮演的情境当作真实的、活生生的、正在发生的情况来参与。更进一步说，要愿意和能够接受同伴的批评、评论、监督和指导。在这个过程中，你的自尊心也许会受到伤害，但这比没有做好准备以前，面对失去控制的来访者要好得多。我们的学生一次又一次地报告，培训中的角色扮演使他们获益良多，而且也很有趣。

再多说几句 本书的一些章节真的很长。我们不想说些废话来吓唬你。之所以还是要啰唆，是因为像知识基础一样，危机干预的领域在迅速地、不断地拓展。如果你要有效地工作，你就必须知道得更多。如果仅仅是看演示讲稿，或者录像带，你可能可以通过指导教师的考试，但你不能获得来访者或你自己在挑战性的环境中所需要的帮助。所以，你要读了又读。

最后，如果读者从来不是，将来也不会成为危机干预工作者，而是一个"顾客"，这本书仍然是非常有价值的。非常遗憾地说，你、你所爱的人或者你的朋友，在你的工作场所和生活环境，都会不可避免地遇到本书提到的危机并受其影响。本书能够提供处理这些危机的基本知识，或者能够使你知道及时地寻求帮助。

本书的组织

第一部分 基础训练：危机干预理论与应用

本书第一部分介绍危机干预的基本概念，包括前六章。

第一章，危机干预入门。包括理解进行危机干预所必需的基本背景、理论和概念等方面的内容。

第二章，基于文化的有效帮助。涉及文化与危机之间的相互影响。为了有效地帮助不同文化背景的来访者，必须理解多元文化相关的问题，并对来访者的文化背景具有敏感性。在危机干预工作中，无论是危机干预工作者还是他们的来访者，"社会定位（social location）"都具有重要的意义。

第三章，危机干预和评估模式。介绍危机干预的新工作模式，以及多维度快速评估危机严重程度的分类评估系统（triage assessment system）。

第四章，职业工具。提供针对各类危机的概念和技能模式。本章介绍了可以应用于各种类型危机干预开始阶段的倾听和人际关系技巧、策略和使用指南。

第五章，危机案例处理。概括性地介绍危机是怎么处理的，将长期治疗与危机干预进行了对比，探索了在不同场所的危机干预，以概括性地引入危机干预的战略和战术。

第六章，危机干预热线与网络咨询。目前，大量的危机干预是通过电话进行的。将来的危机咨询很可能会通过互联网实现。本章探索了这两种危机干预形式所涉及的技术和问题。

第二部分 特定危机的处理：进入"战场"

第二部分（第七章至第十三章）讨论各种类型的重要危机。第二部分的每一章详细介绍了特殊危机产生的背景和动力，并提醒读者形成困境的促发因素。虽然提到了一些理论来强化治疗模式，但因超出了本书的范围，并没有全面介绍各种理论系统。有兴趣的读者可查阅每章后面的参考文献。

在第二部分我们提供了对真实危机干预的描述，并强调了危机干预工作者为什么要这样做，每一章都介绍了技术和案例，以支持尝试、体验及处理案例及相关的问题。

第七章，创伤后应激障碍。这一章在第二部分是导引性的，随后很多章节涉及的问题，要么会导致创伤后应激障碍，要么具有创伤后应激障碍的表现。

第八章，致死性危机。重点讨论危机干预工作者在处理表现出致死行为的来访者时需要使用的策略。自杀和杀人的想法与许多其他问题如影相随，危机干预工作者必须面对具有攻击性的人，所有的危机干预工作者都要关注来访者和自身的安全。

第九章，性侵害。每一个人类服务工作者最终都会遇到的一种社会性危机的受害者，即实际遭受性侵害或受到性侵害影响的来访者。性侵害受害者是一个特殊的人群，因为他们所遭受的性侵害伴随着道德和社会方面的消极内涵。除了讨论受到性侵害事件即时影响的儿童和成年人外，本章也涉及了因儿童时期受到性虐待和（或）躯体虐待而备受折磨的成年人。

第十章，伴侣暴力。很多人在家庭关系中面对危机，受到他们伴侣的暴力侵犯。这一章为被各种家庭关系虐待的来访者提供策略，也包括正在出现的、针对攻击者本身的治疗技术。

第十一章，物质依赖：成瘾的危机。本章涉及当今最紧迫的问题，即对物质的依赖。因为成瘾问题在社会中非常普遍，没有哪一个人类服务工作者能够回避。本章还讨论了因长期物质滥用所导致的危机对他们成人子女的影响。

第十二章，个人丧失：居丧与哀伤。本章涉及的危机，即亲人死亡，每一个人或早或迟都会遇到。尽管亲人死亡的现象与人类历史的时间一样久远，但在我们的文化中，许多人并没有什么准备，也没有好的策略来处理。本章提供一些模式和策略，以帮助应付这一无法逃避的人类悲剧。这一章利用最终的丧失，即死亡来分析与终止关系相关的各种问题，这些问题既涉及来访者，也涉及危机干预工作者。

第十三章，校园危机。学校已经成为帮派暴力的场所，儿童和青少年的权利被剥夺，被孤立。本章讨论从幼儿园到高等教育场所的暴力，危机干预工作者在评估、筛查以及帮助疏离于学校主流之外的学生时要做的工作，以及自杀——这个问题已经变成学生中发生率很高的问题。然后提出如何为学校建筑或学校系统建立危机响应小组，以及在危机发生时，危机响应小组怎么工作。最后，讨论与少数族裔暴力活动相关的伦理与法律问题。

第三部分　内线作战：人类服务场所的危机

第三部分（第十四章到第十六章）专注于危机干预工作者本身及发生于危机干预工作场所的问题。

第十四章，机构中的暴力行为。这个问题是危机干预工作者经常遇到的，但很少为公众所知，在很大程度上被忽视了。不管在哪种类型的机构中工作，危机干预工作者都能在本章发现有用的概念和实用策略，可供他们在遇到激烈的、可能出现攻击行为的来访者时立即使用。

第十五章，危机/人质谈判。本章讨论人类服务工作者不身临其境就很少注意的问题。恐怖主义和其他暴力形式中劫持人质已是众所周知的手段。但是，许多劫持人质事件竟发生在人类服务机构中。本章讨论基本的谈判技巧，以帮助人类服务工作者在这种情况下生存下来。

第十六章，危机中的人类服务工作者：耗竭、替代性创伤及同情疲劳。这一章是关于帮助专业的人类服务工作者的。没有哪一个工作人员能够幸免于应激、耗竭及与人类服务工作相关的危机，人类服务工作者尤其如此。对于那些处于棘手环境中，或本身的人格倾向于强迫型、完美主义和遭受其他应激而导致耗竭的危机干预工作者，不管在哪里工作，本章都是极有价值的。

第四部分　无人地带：面对灾难

第四部分的重点是关于危机和危机干预的生态系统观点，也展示了活动于灾难场所的危机干预工作者的特写镜头。

第十七章，灾难响应。本章探索大规模灾难危机干预的理论基础和操作范式，讨论在应对自然灾难时，各种危机干预工作者如何帮助灾难的幸存者照顾自己。

总而言之，相比智能化、哲学化和理论解释，我们更关心如何对危机境遇做出反应这样简单、实际的问题，以使你能够理解即将面对的普遍性的危机类型，获得处理这些危机的技能。

第七版的新内容

- 新版增加了有重大影响的经典研究和新研究文献。
- 第一章，危机干预入门，对危机干预的历史进行了扩充。
- 第二章，基于文化的有效帮助，提供范围广泛的新材料，特别是 Brown 的社会定位理论在危机干预中的应用。另有应用新理论的视频资料。
- 基本干预技术的讨论在新版中分成了两章，以使读者更容易掌握。第三章，危机干预和评估模式，提出了新的任务与步骤相结合的危机干预模式和《分类评估表》（Triage Assessment Form，TAF）。第四章，职业工具，涵盖了各种危机干预的基本技术。
- 第五章对危机案例处理进行更新，扩展了有关边缘型人格障碍以及法律变化如何影响危机案例管理的内容。
- 第六章，危机干预热线与网络咨询，新版对互联网和远程技术的应用有更多的讨论。
- 第七章，创伤后应激障碍，有了实质性的更新和加强，包括新的军队健康项目和创伤图的使用。
- 第八章，致死性危机，更新和扩展了针对死亡相关来访者的评估和干预策略。
- 第九章，性侵害，改写了案例材料，以更好地阐述本章的三个部分，即性侵害，儿童期遭受性侵害的成年人，以及受性侵害伤害的儿童。
- 第十章，伴侣暴力，扩展了对庇护所和社区干预模式的评述。
- 第十一章，物质依赖，补充了行为治疗模式及其在住院和门诊项目中的应用。
- 第十二章，个人丧失，新版的变动很大。过程取向的模式，如双重作用和适应哀伤模式，代替了以前的分期模式。
- 第十三章，校园危机，现在包括欺凌和网络欺凌，以及自杀的传染效应。
- 第十四章，机构中的暴力行为，增加了对受到攻击影响的危机干预工作者的治疗。
- 第十五章，危机 / 人质谈判，引入现代危机谈判中的 S.A.F.E. 和 REACT 模式。
- 第十六章，危机中的人类服务工作者，扩展了同情疲劳和情感满意方面的内容。
- 第十七章，灾难响应，扩展了灾难响应体系的历史背景和发展，讨论了新的沟通和计划技术，以及对幸存者心理援助的作用。

（肖水源　译）

目　　录

第一部分

基础训练

危机干预理论与应用

第一部分介绍基本概念、理论、策略和技巧，以使你理解危机干预，并进行有效的危机干预。第一章概述危机干预的历史，介绍危机干预工作的概念。第二章侧重危机干预工作涉及的生态系统和多元文化方面的考虑。第三章描述了在危机干预中，评估和干预应用的关键技术。第四章描述危机干预的基本技术和技能。第五章介绍有效危机案例处理的主要组成部分。第六章讨论危机干预的两种主要形式，即电话和网络干预。

第一章

危机干预入门

危机干预简史

本书的第七版将从危机干预的发展史开始。尽管危机从夏娃在伊甸园吃下苹果开始就存在了，但是关于危机的理论、研究和干预仍然构成了心理治疗最前沿的领域之一。大多数外行人会错误地认为，正式的危机干预仅在“9·11”事件或者飓风等大规模灾难后进行，而且通常都是由美国联邦应急管理署（Federal Emergency Management Agency，FEMA）等政府机构或者红十字会这样的慈善组织实施的。尽管红十字会和部队救助治疗中心从20世纪开始就致力于灾难救援，FEMA则诞生了30年，但直到不久之前，这些组织都没有从精神卫生角度，对危机干预发表言论或采取措施。正如Harriet Beecher Stowe的名著《汤姆叔叔的小屋》中的托普西所说的那样，“它好像一下子成熟了”。理解这门学科在如此短的时间内发展了多少，有助于理解为什么还有如此多的空白。

我们在2012年所知的东西已经远远超过了本书第一版出版时的1987年。如果你在图书馆找到一本本书的第一版，你就会发现它与现在这本书看起来完全不同。

自杀预防也许是从精神卫生角度看待危机的干预项目中运行最久的。1906年，美国全国救护生命联盟设立了第一条有记载的危机电话热线（Bloom，1984）。Shneidman（2001）的里程碑式研究始于20世纪50年代，距今已超过60年。自杀受到了极大的重视，它已经发展为一门独立的学科，已有一个国家级学会从事有关的研究。

大多数从事这一领域研究的人都认为，1942年的波士顿椰树林夜总会大火才是危机干预发展的标志性事件，共有400多人在该事件中丧生。Lindermann（1944）在治疗多名幸存者的过程中发现，他们都表现出了相似的情绪反应及对心理援助和支持的需要。Lindermann的研究第一次提出了面对灾难的“正常”悲伤反应的概念。Caplan（1961）同样参与了对椰树林事件幸存者的研究。他从自身的经验出发，对危机的定义和相关理论的建立进行了许多全新的尝试。但是，直到20世纪60年代，这些尝试才最终构成了后来发展为危机干预学的基础理论框架。

1963年的《社区心理卫生中心法案》彻底改变了美国提供心理卫生服务的方式。大型的州立精神病院被关闭，取而代之的是社区心理卫生中心，后者的主要功能之一就是提供全天候、全时段的紧急救援和危机干预。尽管社区心理卫生中心是个美好的概念，但如果认为病人都是温顺、遵从医嘱和具有良好社会功能的人，那就有点儿离谱了。不同的统计数据显示，地方监狱中大约有四分之一到一半的犯人可以确认患有精神障碍。这些犯人被认定失去控制，足以被签发精神病人拘留令，但因为没有合适的地方收容他们，就被直接送入监狱。值得欣慰的是，现在，机动性心理卫生危机小组、警察以及急诊室工作人员都会接受关于精神病人的危机干预训练。

要理解危机干预的发展历程，必须要去了解对其发展产生重大影响的一系列社会运动，以及那些最初与“危机干预”完全无关的互助小组。

嗜酒者互诫协会（Alcoholics Anonymous，AA）、越战退役军人和20世纪70年代的妇女解放运动大大推动了危机干预这一新兴学科的发展。尽管最初的意图和目的与临床危机干预的进步完全无关，但这些运动帮助了很多渴求帮助却无法获得帮助的人。这些互助小组都起源于民间运动。

民间运动

危机干预服务一直不被大众和当时的一些机构所认可，直到大量受害者聚集在一起，通过法律、政治或者经济方面的压力使危机的类别、危害和社会影响得到正式承认。即使如此，危机干预服务仍然是非正式的和非专业的，而且得不到财政支持。这些问题往往由一些以往或当前的受害者、朋友或者其他受影响的人使用一些特殊的、非正式的方法进行处理。为越战退役军人服务的免费门诊拒绝接受退役军人管理局的监管，反醉驾母亲协会（Mothers Against Drunk Driving，MADD）对酒后驾车行为干预的尝试受到了州立法机构的阻挠，这些都是底层民众试图解决未被重视的需求的典型案例。

危机干预服务的发起人通常都更关注那类以某种方式影响过他本人的危机。通常情况下，在接受治疗之前，心理危机就会发展成很严重的情况。最初，发起人是那些发起受害者运动的异见者。这些运动旨在反对统治阶层对问题视而不见，或不愿回应的顽固态度。尽管主流社会存在温和的忽视和抵制，一些受害者仍然设法建立了自己的危机处理机构。20世纪70年代，越战退役军人的努力成功地使创伤后应激障碍（Posttraumatic Stress Disorder，PTSD）被正式确认为一种精神疾病，并获得政府在研究和治疗方面的拨款。同样，在20世纪70年代，美国全国妇女组织和其他一些妇女组织曝光了美国在家庭暴力和虐待儿童方面的状况，促使立法机构把这些问题列为犯罪。

新生的危机干预机构最初是由私人捐款资助的，例如在20世纪70年代开设多条家庭暴力受害者热线的基督教女青年会，其工作人员往往由无组织的临时员工组成。这些机构必须在获得当局的有关部门认可后才能获得国家财政的拨款。如果在一段时间后，这些机构不能获得足够的私人捐款或者财政拨款，它们就会逐渐缩减规模，最终关闭。

底层民众的影响力常常会吸引媒体的关注，而媒体的关注又会推动人们加入志愿者的行列，也会使更多的来访者和受害者向这些机构求助。起初，社会活动家会否认这些危机的存在，低估问题的严重性，或者怀疑问题的普遍性。但是危机始终存在，他们最终明白，必须有人站出来，运用自己的领导能力、精力、时间、社会资源和决心来面对这些危机。到这个时候，就会允许甚至鼓励这些机构的发展。当一个新生的危机干预机构成功地解决了危机，并得到了公众的充分认可时，就会开始扩大规模，稳固运营。当主流体制如政府机构开始重视问题，而志愿者中心已经达到饱和，仍不足以满足需求时，政府或相关机构就会提供拨款。

政治压力、公共关系和公共形象建设会影响一个组织的发展进程和目标。例如，越战退役军人饱受PTSD折磨的状况曾被长期忽视，直到这一问题从民间传入当权者的耳中——从个人危机演变成一场政治危机。当PTSD开始影响到国会议员时，不仅联邦政府的权力和退役军人管理局的资源要用于建设遍布全国的退役军人中心网络，还不得不减少繁杂的手续，以确保PTSD患者能够在他们生活的地方直接接受治疗，而不是被迫前往指定的退役军人医院就诊。这些退役军人在20世纪70年代的行动所带来的成果至今仍然能看到，包括前线医疗的广泛使用，军队的退役程序，遍布全国的退役军人中心。事实上，美国退役军人事务局现在资助着一个关于PTSD的国家级中心：促进对创伤性应激的科学发展和公众理解。该中心致力于相关研究、教学和训练，以此来帮助饱受创伤和PTSD之苦的美国退役军人和其他人。

当前正在进行的关于联邦应急管理署的辩论和持续整顿是政治进程的一个绝好的例子。关于这个机构和它短暂而多变的历史，我们会在第十七章详细讲述。

志愿者制度的重要性

与普遍存在的错误印象相反，在美国，大多数的危机干预工作并不是由领取薪水的职员（如扑灭森林大火的空降消防员）而是由志愿者完成的。志愿者在大部分危机干预机构中担当着各种各样的工作——从接听电话之类的杂务到与来访者进行直接接触。志愿者制度往往是新生危机干预机构运作的关键。多年来，受过训练的志愿者的工作已经成为众多危机干预中心和机构的组成部分（Clark & Mckiernan，1981；Roberts，1991，p.29；Slaikeu & Leff-Simon，1990，p.321）。志愿者所从事的一线工作是负责主要城市的24小时自杀热线电话。这些热线之所以需要如此多的工作人员，是因为这项危机服务永远不会停止——它必须一周7天，一年365天在线。Roberts(1991)宣称，在美国，超过四分之三的危机干预机构表示它们的运转依赖志愿者，而志愿者与专业工作人员的比例已经超过6比1。尽管志愿者不能代替专业人员，但是通过严格的筛选程序、有效的岗前及在岗培训，他们可以胜任危机干预中心热线服务的主要工作。但是，随着求助者的数量和需求的增长，面对复杂的个人、社会、经济、公共关系、心理和政治上的多方面问题，危机干预机构不能仅仅依靠同情心和志愿者制度。

机构化的需要

随着危机干预机构逐渐为人们所熟悉，它们的服务对象逐渐明确（这个过程是由社交网络，包括小道消息、口口相传、短信、电子邮件和Twitter等在无意中完成的），这些机构发现如果它们想要继续发展，想更好地为来访者服务，它们就必须走向制度化。但也由此埋下了官僚主义的种子。

要维持必要功能的正常运转，危机干预机构必须将它自身运营的方方面面集中化、正规化。这就需要组建正式的董事会，建立严格的审计和记录制度，并投入更多的资金，雇用正式的和支持性的员工。当一个危机干预机构发展成为一个危机干预组织，它就会获得更多的权力、声誉或谴责。它们更能获得公共服务事业方面的关注；能提供丰富的研究课题，向实习生提供实习机会；也能提供面向毕业生的就业岗位。有些危机干预机构非常成功，它们可以通过为其员工出具证明、进行鉴定和发放证书等方式从公共卫生事业中获益。AA在开始时只是20世纪30年代酗酒者们组织的简单互助小组，发展到今天，已经成功使酗酒被认可为一种疾病，在全世界范围内拥有数千家治疗中心，在针对酗酒的研究和预防上获得大量政府拨款，在大学中设立很多相关的研究课题。国家认定药物滥用辅导员组织从一个自助性的酗酒问题恢复小组发展为药物滥用领域的权威组织，也是这方面的一个典型案例。

作为一门新兴学科，危机干预已经发展出了自己的基本理论、专业研究和著作。例如，在危机干预领域，我们拥有诸如《危机干预》（*Crisis Intervention*）、《人际暴力》（*Journal of Interpersonal Violence*）、《暴力与受害者》（*Violence and Victims*）、《家庭暴力》（*Journal of Family Violence*）、《受害者学》（*Victimology*）、《死亡研究》（*Death Studies*）、《创伤研究》（*Journal of Traumatic Stress*）、《自杀与威胁生命的行为》（*Suicide and Life Threatening Behavior*）、《儿童虐待与忽视》（*Child Abuse and Neglect*）、《儿童性虐待》（*Journal of Child Sexual Abuse*）、《攻击与暴力行为》（*Aggression and Violent Behavior*）和《针对妇女的暴力》（*Violence Against Women*）等刊物。这一领域的信息和数据量不断增长，新出版的《创伤心理学百科全书》（Reyes，Elhai，& Ford，2008）厚达720页，涵盖了从A（Abuse，虐待；儿童心理学）到W（Workplace violence，职场暴力）的各项主题。

专家们还试图建立不同等级的国家或地方机构来满足各种各样的需要。例如，关于不同主题或疾病的热线电话中心、聊天室、网页，嗜酒者互诫协会分会，家庭暴力中心，受害者援助程序。召开地方、州、地区和国家等不同层次的会议，交流解决问题的想法和思路。其中既包括聚集了这一领域顶级研究者的专家会议，如1995年召开的第一届“创伤、损失、分离性障碍”主题年会；也包括那些来自实践第一线的会议，例如，制定了实践性危机干预操作程序的人际关系危机干预年会，和由处理精神疾病问题的警察们出席的危机干预小队会议。从20世纪70年代到90年代，诞生了数以百计的危机干预机构（Maurer & Sheets，1999）。及时的危机干预使减轻创伤性应激的重要性得到了认识（Mitchell & Everly，1995），所有这些都见证了危机干预从一个心理学的封闭领域发展为一门广为传播的学科这样戏剧性转变的过程。也许危机干预重要性的最好证明，就是2006年美国心理学会最新分会（第56分会），即创伤心理学分会的成立，以及为危机干预领域的毕业生提供咨询（Council for Accreditation of Counseling & Educationally Related Programs，2009）和教育心理学（National Association of School Psychologists，2010）的专业认证。创伤领域的主要专家之一Courtois断言，所有帮助领域的训练课程都应该加入心理创伤训练的内容。

媒体和社会对危机干预发展的促进作用

为什么从20世纪70年代到现在，危机干预能够发展得如此迅猛？其中可能有诸多事件的影响。在美国，先后发生了俄克拉荷马州默拉联邦大楼爆炸事件，“9·11”事件，卡特琳娜飓风，弗吉尼亚理工大学、北伊利诺伊大学和其他一系列校园枪击事件，这些事件都导致了对危机干预服务需求的增长。但从庞贝古城被维苏威火山掩埋，罗马被洗劫焚毁的时代开始，自然和人为的灾难从未离我们远去。是什么改变了大众的观念，把PTSD这个缩写——在本书第一版中它还是一个新术语，大多数心理学家不了解它，或者不认同它是一种有效的诊断——变成了一个流行词汇呢？

媒体使公众对大规模灾难后的危机发生了认识上的巨大改变，极大地促进了对危机和危机干预的认识。1863年，当Brady拍摄的美国内战中安提塔姆战役死者们的照片在纽约展出时，摄影技术的使用永远改变了人们看待战争和相应而来的心理创伤的方式。Brady那悲惨的摄影作品把战争的杀戮和恐怖呈现在美国人面前，彻底改变了大众对“战争光荣”这一说法的认识。从那之后，媒体技术已经从Brady的静物摄影，发展为实时的声音和影像直播，这些声音和图像来自新奥尔良洪水中在屋顶避难的居民，来自躲避汽车炸弹的巴格达市民，来自双子大楼上的跳楼者。目前还不清楚现场直播会对公众产生什么影响，但清楚的是，它已经改变了我们对世界的认识，一个更小的、联系更紧密的，当然也更危险的、不安全的、危机四伏的世界（Marshall et al.，2007）。

作为一门有益于健康的学科，危机干预有充足的理由被推广和传播。经历过危机的人在接受了一系列危机干预后，通常会变得更加积极，对自身的心理问题，如PTSD，也会有更多了解。对受害者的不当谴责会减少。从实用主义的角度来看，这些措施非常有效（Roberts，1991）。从事公共事业和行政工作的人已经发现，如果他们忽视危机状况，或者把问题完全交给缺少政治影响力的专家，不去找出长久的解决办法的话，他们本人会被谴责，并被公众要求对问题负责。被动地处理问题很难起到作用。领导者已经发现，局部性的危机并不容易解决，而对问题不做处理或处理不当，还会导致问题扩大，甚至失控。某种意义上说，从政治角度看，最合适的方法是不仅要广泛采取有效的危机干预措施，还要从地方、国家、国际层面上执行主动的、预防的和综合的危机干预政策。不久前的卡特琳娜飓风的后果就是本段内容的一个佐证。

对抗过度“帮助”的情况

随着近20年来干预后心理援助的发展，出现了一种有趣的现象，一些不切实际的社会改良家和家长式政府冒了出来，他们试图“纠正”和“帮助”他人。Van den Eynde和Veno（1999）报告了一个案例，在一个澳大利亚社区中发现了大量的恋童癖之后，该社区不得不全力剔除政府的“帮助”。尽管该社区已经成功地控制住了情况，但当局却坚持不这么认为。他们为对抗政府所做的一切十分有趣。

在最糟糕的情况下，彻底的商业化、伪科学、替代性紧张、明目张胆的欺诈都有可能加重危机带来的创伤（Echterling & Wylie，1999；Gist，Lubin，& Redburn，1999；Gist，Woodall & Magenheimer，1999；Lohr et al.，1999）。Gist、Lubin 和 Redburn（1999）等人创造了一个新术语“创伤观光业”，用来描述干预后心理援助衍生出的新兴产业，这一产业包括大量的商业演出、商业出版物访谈节目和慈善捐款。

一个假说是，灾难会不可避免地导致心理问题的流行。在一个经历过灾难的州，那些看起来饱受创伤，无法照顾自己的人会被认定需要帮助。一个家长式的政府会采取措施来帮助他们。对那些原住民、暂住者、土著居民以及其他因为社交能力或者技术能力上的缺陷，需要善意指导和保护的社会边缘人群来说，这一观点似乎更加准确（Gist，Lubin & Redburn，1999；Kaniasty & Norris，1999；Ober et al.，2000）。另一方面，对于那些社会边缘人群，特别是移民和非法移民来说，如果在危机干预过程中被政府注意到，也许会被当局定罪和干涉（Brown，2009，pp.215-226）。

事实上，大多数经历过灾难的受害者们并不会陷入恐慌。他们自发地组织起来，互相帮助，重建家园（Kaniasty & Norris，1999）。对灾难的典型反应被称为“无私的集体主义”或“恢复性集体主义”，其特征包括：社会矛盾消失、内部高度团结、友善、乐于分享、热心集体活动和更加积极乐观（Barton，1969；Giel，1990）。因此，在2012年，尽管危机干预仍然富有争议，但它已经从25年前本书第一版出版时心理学的一个封闭领域，变为一门迎来发展高潮的学科。

危机的定义

本书主要针对个人的危机干预。另外，还涉及少量系统危机干预的内容，即在相关机构如医院、学校和心理卫生中心，或者在大规模灾难之后进行危机干预。因此，本书开篇的枯燥内容不仅包括危机干预发展的历史，还包括个人危机和系统危机的一长串定义。我们为此道歉，但我们希望您能理解，因为这个领域仍然处在起步阶段，因此无论是个人危机还是系统危机的定义都还不确定、不完整。事实上，正如您将会在本书中一直看到的那样，关于危机和危机干预还有许多不确定和不完整的地方。下面是关于个人危机的定义。

个人危机的定义

1. 危机是指重要的人生目标受到阻碍时的状态。阻碍是指在短时间内无法用常规手段解决困难。在多次解决问题失败的时间段内，会造成持续的混乱和崩溃（Caplan，1961，p.18）。
2. 危机是由意外的、不可控的创伤事件引起的。来访者的行为无法改变事实。事件的性质往往会改变来访者的价值观和优先目标，实际上，会改变一切（Sani，2005，pp.19-24）。
3. 危机是人们知道自己对某种状况无能为力时的状态（Carkhuff & Berenson，1977，p.165）。
4. 危机是一种难以改变的困难或者状况，使人们无法采取行动，无法自主控制自己的生活（Belkin，1984，p.424）。
5. 危机是指当重要人生目标遭到挫折，或者生活方式和应对压力的手段失效时陷入的混乱状况。危机更多的是指来访者因困难而感受到的恐惧、惊慌和压力，而非困难本身（Brammer，1985，p.94）。
6. 危机是指个人应对能力的短暂缺失。希望落空，愤怒、焦虑、内疚、悲伤等情绪浮现。之前的问题和失败会被回忆起来。事件的严重性、持续时间和突发性也会影响危机反应的严重程度（Poland & McCormick，1999，p.6）。
7. 危机是一种心理平衡的短暂失调，或者一种包括抑郁和焦虑等状况的情绪不稳定，通常是由来访者无法应对的意外事件引起的（Kleespies，2009，p.15）。

8. 临床背景下的危机是指一种突发的情绪紊乱，通常是由超出来访者应对能力的环境、发展或者社会文化方面的问题引发的，导致来访者暂时失去正常的问题解决能力（Hoff, Hallisey, & Hoff, 2009, p.4）。
9. 危机可以由灾难性事件或者一系列生活压力的快速累积引发，来访者的自我平衡被打破，变得脆弱。如果来访者不能解决或避免这个事件，或者改变对这个事件的观念，其自我恢复能力就无法发挥作用，进而陷入心理失衡之中（Golan, 1978, p.8）。

应该立刻澄清的是，危机这个词对不同的人有不同的含义，可以被用于描述各种事件、环境、状况和改变，以及来访者对它的不良反应。综合以上定义，在个体层面上，危机是一种对事件和情境的认知或体验，即认为所面临的困难事件或情境超过了现有资源和应对机制，除非来访者获得缓解，否则危机有可能会引起严重的情绪、行为和认知功能障碍，甚至导致来访者或他人出现伤害或致命的行为。

紧急行为事件

当危机升级到需要立刻采取措施以避免伤害时，就可能发生紧急行为事件。直接的、有目的的紧急行为事件可以大致分为如下几类：自伤行为，犯下人际暴力行为，以及受到暴力行为的伤害（Kleespies，2009，p.13）。因失恋引发的自杀或杀人行为就是这类行为的典型案例。

我们认为还存在间接的、无目的的紧急行为事件。当人们做出了错误的决定，把自己置身于潜在的危险状况中时，就称为间接行为事件。间接行为事件是指在没有伤害自己或他人的意图或目的的状况下发生的危机。酒后驾车、划船、滑雪、游泳、建筑工程，都有可能导致需要干预的紧急行为事件，因为在这些情况下都有可能发生伤害性甚至致死性行为。一位母亲在通过电话获知她的大孩子在校车事故中受了重伤之后，把她刚出生的孩子和火上的油锅丢在家中，以144千米的时速驾车前往医院，不管怎么说，这都是非常危险的紧急行为事件。边缘型人格障碍的患者是这类人中的典型，其不稳定的生活方式会使自己不断陷入危机，他们经常在一时冲动之下自杀或者类自杀（无意中做出一些常人不会做的事情造成自己死亡）。

在危机干预过程中，来访者的危机状况升级为紧急行为事件的情况，比我们想象中的更常见。因此，当你第一次接触本书第三章中的《分类评估表》（Triage Assessment Form，TAF）时，你会注意到在自杀意念、自杀行为、自杀计划三个选项上都给出了10分（最严重）的情况。

系统危机的定义

个人危机实际上是一种非常矛盾的说法，因为正如大多数危机显示的那样，它们很少会仅仅影响个人。它们会传播开来，影响每一个与来访者有关的人。认为约会强奸只会影响被袭击的女孩，酗酒母亲只会影响一个饮酒的家庭主妇，是对危机是什么，应该怎样应对，应该向谁求助等问题非常错误的认识。因此，讨论危机的时候，我们必须考虑危机是怎样影响系统的。

系统危机可以以多种形式出现。它们可能是经济危机，小到因仓库制冷故障引发的几个家庭生产链断裂，大到造成数百万人口失业的世界经济衰退。它们可能是自然灾难，小到一场破坏了一座堪萨斯农场的龙卷风，大到造成数百万人丧生的大规模流行性感冒。它们可能是人为的灾难，小到施工失误造成的建筑物倒塌，大到造成数百万人死亡和无家可归的战争。它们可能是心理危机，小到校园欺凌造成的恐惧，大到“9·11”恐怖袭击引发的全国性恐慌。正如你会在本书最后一章中看到的，大规模灾难引发的系统危机与公众对危机干预的认识基本符合。事实上，作为心理卫生服务的提供者，危机干预在大规模灾难环境下的作用正变得越来越重要。思考一下，下面我们列出的是系统危机的定义，在这里，“系统”这个词涵盖了家庭、教会、产业、邻里、社区、大城市、地理上的洪泛区，以及国家。

1. 一个组织的危机是突发性的，必须在短时间内给予迅速的回应，它威胁组织的核心价值（Hermann，1963，p.63）。
2. 危机中的社区与个人有许多相似之处。人群中弥漫着紧张和恐怖的气氛，谣言四起。基本功能停滞，学校和商店关门，卫生和急救资源也会出现短缺（Hoff，Hallisey，& Hoff，2009，p.209）。
3. 灾难发生后，一个处在危机中的社区会经历以下阶段：冲击期、英雄/救援期、蜜月期、幻灭期、重建/恢复期。每个阶段都有明确的特征和连续的时间线，根据社会各方面的反应不同，可以决定是否能够产生积极的恢复效果（Roberts，2005，p.205）。
4. 系统危机是一次负性事件或结果，具有以下特征：突然出现，社会功能被破坏，对人身和财产安全、该社区居民的幸福和名誉构成威胁（Zdziarski，Dunkel，& Rollo，2007，p.6）。

概括以上系统危机的定义：当人、机构、社区和生态经历了严重的创伤性事件，而反应系统无法从生理和心理两方面有效地控制和解决问题时，就会形成系统危机。系统可以小到家庭，大到心理卫生诊所，再大到国家，但其中的关键是该系统失去了平衡，而之前的处理机制不再起作用。如果未能得到合适的救援，就会对系统造成不可恢复的破坏，甚至毁灭。在个人危机和系统危机之间还存在着一类干预人员可能要面对的危机，我们称之为“扩散性危机（metastasizing crisis）”。

扩散性危机

当一个孤立的小事件没有得到控制而开始传播时，就发生了扩散性危机。它与癌症的扩散有很多相似之处。在早期，它们都只是孤立的局部问题，比较容易解决，但是如果因为无意的忽视而没能得到及时的诊断和处理，它们就会波及整个系统。到了这个时候，处理起来就没有那么容易了。学校对孤立的欺凌事件的忽视，很快会导致欺凌文化的出现，欺凌现象将不再局限于教室，而是在网上肆意传播，严重、全面地影响学生们的生活。要实现一级干预，必须在人力和资源方面提前准备，以便在问题开始传播和失去控制之前采取积极的行动解决。从这个角度看，很多危机干预专家既参与“一级干预”，即防止问题出现，也参与“二级干预”，即在问题出现后把损害减少到最小（Caplan，1964）。

危机的特征

以下对危机特征的探讨是对危机含义的扩展。

危险与机遇并存　危机是一种危险，因为它可使个体处于异常状态，严重时导致杀人和自杀行为的出现。与此同时，危机也是一种机遇，因为由之产生的痛苦会迫使人们寻求帮助（Aguilera & Messick，1982，p.1）。如果抓住这个机遇，就能够帮助个体埋下自我成长和自我实现的种子（Brammer，1985，p.95）。面对危机，人们会出现以下三种反应中的一种。在理想情况下，许多个体能自主而有效地应对危机，并从经历中获得力量。他们采取积极的态度去改变和成长，经历过危机后变得更强大和更富有同情心（Danish，1977）。

有一些人似乎能渡过危机，但实际上他们只是屏蔽了意识中的有害影响，在其一生中，这些影响会通过各种方式不断地出现和消失。此外，还有人在危机产生时心理就崩溃了，并且很明显，如果不立即给予特殊帮助，他们将无法继续生存（Rapoport，1967）。

成长与变化的机缘　伴随着危机的失衡总是会产生焦虑情绪。焦虑情绪的不适感进而会提供变化的动力（Janosik，1984，p.39）。通常，焦虑到达一个临界点时，人们才会承认这个问题已失控。药物滥用者提供了这个观点的最好例证。例如，时间一长，药物滥用者可能需要强效的治疗才能逐步瓦解根深蒂固的成瘾行为。当成瘾者终于意识到要做一些改变时，改变的临界点就可能达到。

没有灵丹妙药或快速疗法 处于危机中的人通过寻找多种形式的干预以得到帮助，其中有的干预方法被称为*短期治疗*（Cormier & Hackney，1987，p.240）。然而，对长期的问题，不存在什么快速解决的方法。许多来访者在面对严重危机时，会寻求像吃药这样的快速治疗。这种治疗虽然抑制了可怕的反应，但不会解决原本存在的问题，从而使危机加深。

选择的必要性 无论我们是否选择面对，生命中都充满了危机和挑战（Carkhuff & Berenson，1977，p.173）。在危机中，"不做任何选择"的选择通常是消极和有害的。选择做点什么至少有成长的希望，给予人们设定目标并制订计划克服困难的机会。

普遍性与特殊性 无论特殊与否，危机总是伴随着失衡和解体。在一定的环境中，危机的普遍性表现为处于危机中的每个人都会崩溃（Janosik，1984，p.13）。危机的特殊性表现为即使处于同样的环境中，部分人能够成功地应对而另一些人则不能。坚信有人能够不受精神打击而用一种稳定沉着又专业的方式处理一切危机是愚蠢的；成千上万从越南战争、阿富汗和墨西哥湾战争中挺过来的退役军人患了创伤后应激障碍被送往退役军人医院、退役军人疗养中心和其他医疗机构，这些事件证实了当危机结束后，无论心理创伤发生在什么条件下，都可能发生解体、失衡、丧失方向感和个体应对机制失灵。

复原力 美国共病调查组发现，在全国代表性样本中，虽然创伤性事件在男性和女性中的发生率超过50%，但只有5%的男性和10%的女性罹患创伤后应激障碍（Kessler et al.，1995）。危机干预关键性的一项工作是找到支持系统和应对机制的良好结合，使它们形成一个行动计划，开启储备的复原力，使大多数人渡过危机。

认知 这或许看起来矛盾，突发事件并不是危机发生的主要原因。对事件的认知在危机中扮演着重要的角色。个体对事件的理解与其解决危机的能力成正比（Callahan，2009，p.21）。就像一句老话所说，"甲之蜜糖，乙之砒霜"。第三章中提到的认知量表是《分类评估表》中最复杂的。人们如何评价突发事件，如何估计危机干预人员的作用，会重构和冲淡对事件的灾难化解释，这与解决危机的速度和程度密切相关。

复杂的症状 危机不是简单的，它是复杂且难以理解的，并且不遵循因果关系规律（Brammer，1985，p.91；Kliman，1987，p.xxi）。突发危机事件中的状况错综复杂，与个人所处环境有关。当事件达到某个临界点时，危机干预工作者必须直接介入各种不同的问题中。而且，人们所处的环境对危机处理的难易程度有重大影响。家庭、个人、同伴、机构和雇员可能都会直接影响问题的解决和稳定性的恢复。当许多人在危机中同时受到影响时，整个邻里、社区、地区或国家的生态系统都可能受到干扰。这样的全国性生态危机在"9·11"恐怖袭击后立即出现在美国（Bass & Yep，2002；Pyszczynski，Solomon，& Greenberg，2003）。

危机转移状态

一般来说，危机有时限，通常持续6～8周，之后主观不适感会逐渐消失（Janosik，1984，p.9）。这种观念现在正在改变，初始危机的影响可能会延续更长时间（Callahan，1998；Salzer & Bickman，1999）。实际上，危机的影响会持续一生（Van der Kolk & McFarlane，1996）。在危机事件后立即产生的影响，决定了它会不会变成一种慢性而长期的状态。尽管个体意识不到初始危机事件的影响，认为问题已经得到了解决，但是新应激源的出现可能会把个体带回到危机状态。这种情绪的起伏可能会频繁地出现甚至持续数月到数年的时间。例如，一个对已去世父母的愤怒没有得到解决的成年人，将这种愤怒转移到其他权威人物，如主管或雇主身上，就是处于*危机转移状态*。

这样的成年人可能表面上看起来身体健康、心理正常。其实这种表面上的正常是以逃避和压抑未能与已去世的父母取得和平相处的状态来获得的。当与其他权威人物相处有压力时，这些人会责怪权威人物，却没意识到一直压抑的情绪是问题产生的原因。尽管处于危机转移状态的人可能会认为，他们的问题是人际关系不好造成的，并因此寻求咨询的帮助。但人际关系问题也是他们过山车式的、未解决的愤怒的心理表现。交往技巧或许能暂时有所提高，但危机转移状态的根源并没有被认识到，因此没有得到解决。情绪问题暂时平息了，平衡状态暂时达到了，但最初的创伤仍在，通常会在新的应激源出现时，产生新危机。从心理动力学角度分析，这种模式属于防御性压抑。在治疗上，这种危机转移状态需要应用危机干预技巧。

危机转移状态与创伤后应激障碍的不同

熟悉创伤后应激障碍的人或许会问：危机转移状态和创伤后应激障碍有什么不同？首先，创伤后应激障碍是一种由极严重创伤事件引起的明确的焦虑障碍，诊断创伤后应激障碍需要符合非常具体的标准。患有创伤后应激障碍的人有可能处于危机转移状态，但不是所有处于危机转移状态的人都患有创伤后应激障碍。事实上，把《精神障碍诊断与统计手册》（第四版）（DSM-IV）中的各种焦虑和人格障碍看作是危机转移状态的表现是很合适的，因为慢性的思维、情绪和行为问题总是会使危机转移状态中的人处于持续的心理困境中，甚至导致心理崩溃。

但不是只有患有焦虑障碍和人格障碍的人才会处于危机转移状态。从那些因为无法控制脾气而丢掉工作的所谓正常人，到因为药物具有不愉快的副作用而停止服药的精神病患者，都会处于危机转移状态。Armsworth 和 Holaday（1993）在关于创伤对情感、行为、认知、生理、躯体影响的综述中，定义了一些没有在创伤后应激障碍的相关描述中出现，但为危机转移状态所特有的表现。确认危机转移状态最关键的一点是，无论它是由创伤、人格特质、药物滥用、精神病还是慢性环境压力所引起的，这种状态都不会得到彻底的改变，问题会反复出现，并维持在一定的程度上。尽管处于危机转移状态的人通常能够维持一定的功能水平，但他们总是处于危险中，任何轻微的压力都可能打破平衡，而使他们遭遇危机。因此，评定处于危机中的个体时，不能仅仅关注其目前的临床表现或诊断，同样也要关注问题重复的周期，以及有可能引发危机的历史性事件。有一个类似的医学例子，慢性鼻窦炎患者如果经常性地使用药物减轻鼻腔充血，则尽管达不到最佳功能水平，但不至于有什么问题。然而，一旦沾染病毒，就会导致感染，最后发展成为支气管炎。

认识到个体正处于危机转移状态，也能够为我们提供重要的信息，使我们知道应该提供什么样的治疗干预，是长期的还是短期的，需要干预到什么程度。一个为公司工作了20年，半年前被解雇，临床表现为抑郁和自杀倾向的45岁销售员，与一个同样失业了半年，同样表现为抑郁和自杀倾向，同样是45岁但有过20次失业经历的销售员，二者处理起来可能是很不相同的。虽然针对自杀意念等问题的即时干预是类似的，但在抑郁的原因是什么、如何处理、可能存在什么样的危机转移等问题方面，则差别很大。

转危机点

转危机点常发生在治疗性干预中的危机转移状态里。其通常的特征是，来访者开始抓住新的发展阶段或问题的其他维度。转危机点并非以规则的、可以预测的和线性的方式发生。例如，一个受到虐待的配偶可能会在几天内给危机干预工作者打十几次电话，说自己决定要离开虐待关系，在这个过程中，他经历了一个又一个的转危机点。最后他下定决心来到受虐配偶庇护所，但只是为了证实从地理意义上离开家庭，或找到一份工作的必要性。

在很多时候，人类服务工作者会因为来访者的失衡而感到震惊、迷惑和无能为力。处理这些转危机点就像站在高速公路中间，试图使川流不息的交通停止下来一样。在行为上，来访者在平静和激越状态之间变化得如此之快，以至于危机干预工作者穷于应付。对于这样的转危机点，标准的治疗技术没有多大的价值，治疗者必须使用一切需要的方法。

转危机点可以作为积极治疗进程的关键标志。这些转危机点的特点是，在寻求帮助、承担风险和开始采取积极行动步骤的时候，来访者会出现既趋且避的倾向。遇到处于这种转危机点的来访者，会像面对危机事件产生一样，出现解体、失衡和支离破碎的体验。清除一个障碍，不一定意味着整个危机得到了成功的解决。幸存者可以从记忆中抹去灾难性的事件，然而却必须修复因他们的病态行为而损害的人际关系。脊髓损伤的病人可以成功地使躯体状态稳定下来，但当他们开始依赖轮椅生活时，他们可能滥用物质，或变得抑郁，甚至有自杀的念头。

因此，要使来访者不退回到导致危机的病理状态，危机干预工作者就不仅要与开始的危机做斗争，而且要与以后的每一个转危机点做斗争。不要把转危机点与典型的适应性问题中出现的起伏相混淆。虽然在某一领域里，有经验的工作人员能够在一定程度上预测它的发生，但转危机点的出现通常是突然的、戏剧性的和极为强烈的。从这一点上看，心理余震对人的损害可以和初始的创伤一样严重，需要人类服务工作者做出巨大的努力，才能使来访者重新获得控制能力。本书重视危机转移状态和转危机点，在举例中也考虑了这两种情况。

危机理论和危机干预

没有哪一种单纯的模式或思想学派能够涵盖关于人类危机的所有观点，或危机干预的各种模式。在这里，我们将简要介绍一些有关的理论，这些理论既是关于危机的（作为一种现象），也是关于危机干预的（作为一种有意识的干预反应）。Janosik（1984）将危机理论概括为三个不同的水平：基本危机理论、扩展危机理论和应用危机理论。本书将用一整章（第十七章）对新出现的生态理论进行介绍。

基本危机理论

Lindemann（1944，1956）的研究、著述和教学为专业和半专业的危机干预人员提供了对危机的新理解。很多经历丧失的人并无特定的病理学诊断但表现出症状，他能帮助看护者提高对这类人的危机干预。Lindemann 的基本危机理论和工作对理解因丧失所导致的哀伤性危机做出了实质性的贡献。他认为对丧失的行为反应是正常的、暂时的，并且可通过短期危机干预技术进行治疗。“正常”的哀伤行为包括：(1)总是想起去世的人；(2)认同去世的人；(3)表现出内疚和敌意；(4)日常生活出现某种程度的紊乱；(5)某些躯体主诉。Lindemann 否定了当时流行的观点，即应把求助者所表现的危机反应当作异常或病态进行治疗。

Lindemann 关心的主要是经历丧失后哀伤的即时解决，Caplan 将其结构扩大到所有的创伤性事件。Caplan（1964）认为，危机是一种状态，造成这种状态的原因是生活目标的实现受到阻碍，且用常规的行为无法克服。阻碍的来源既可以是发展性的，又可以是境遇性的。Lindemann 和 Caplan 两人在对创伤进行危机干预时，都采用平衡 / 失衡模式。Lindemann 将这一模式分为如下四个阶段：(1)平衡紊乱；(2)短期治疗或哀伤起作用；(3)来访者试图解决问题或哀伤；(4)恢复平衡状况。Caplan 将 Lindemann 的概念和阶段划分应用于所有的发展性和境遇性事件，并将危机干预扩展到解决诱发心理创伤的认知、情绪和行为问题。

区分基本危机理论和短程治疗 针对人类对创伤性事件的普遍反应，Caplan 与 Lindemann 的工作推动了危机干预策略在咨询和短程心理治疗中的使用。在他们的带领下，基本危机理论将焦点集中于帮助危机中的人认识和矫正因创伤性事件引发的暂时性认知、情绪和行为扭曲。短程治疗理论通常会尝试修复持续的情绪问题，Lindemann 和 Caplan 为首的基本危机理论的重点在于帮助人们认识和改正危机中由创伤事件引起的暂时性情绪、行为和认知扭曲。尽管短程的或以解决问题为主的治疗可能和危机干预一样重要（因为它试图恢复人们的稳定或平衡状态），但不是所有的短程治疗或以解决为主的治疗都和危机干预有关。

或许下面的例子能说明它们的不同。一个代数考试不及格的学生，得出他永不可能通过代数考试的结论，因此断定他不能成为一名工程师（像父母希望的那样）。这名学生开始感到无助，进而绝望，甚至出现自杀念头。在这里，危机干预的重点很清楚是预防自杀。另一个代数考试不及格的学生，觉得不高兴、失望和困惑，因而寻求学校辅导员的帮助。这是典型的短程或以解决问题为中心的治疗情况，其重点是如何改变学习习惯和应试技能。

区分危机干预和短程或以解决问题为中心的治疗，重点在于患者对问题不能忍受的程度或患者经历了多严重的情绪失衡。严重的情绪失衡可能将来访者带入危机，因此治疗师应采用危机干预模式。

扩展危机理论

扩展危机理论的发展，是因为以精神分析方法为基础的基本危机理论没有充分阐述使事件成为危机的社会、环境和境遇因素。随着危机理论和危机干预的扩展，人们清楚地认识到，将诱发因素作为主要的或唯一的因素是不够的。一个突出的例子是，接诊创伤后应激障碍患者的治疗者将事件前的病态错误地认为是创伤的真正原因。随着危机理论和干预实践的发展，人们认识到，在发展、社会、心理、环境和境遇等决定因素的联合作用影响下，任何人都可能出现暂时的病理症状。因此，扩展危机理论不仅从精神分析理论，而且从一般系统理论、生态系统理论、适应理论、人际关系理论、混沌理论和发展理论中吸取有用的成分。下面简要介绍扩展危机观的主要理论成分。

精神分析理论 应用于扩展危机理论的精神分析理论（Fine，1973）基于这样一种观点：通过获得进入个体的潜意识思想和过去情绪经历的机会，可以理解伴随危机的不平衡状态。关于为什么一个事件发展成为危机，精神分析理论假设某些儿童早期的固着（fixation）可以作为主要的解释。在受到危机情况影响时，这个理论可以帮助求助者理解其行为的动力和原因。

顺着这个观点，我们几乎绕了一圈。最初认为，唯一可靠的是将创伤看作心理病态产生的原因，接着摒弃这种作为政府不能满足患创伤后应激障碍的退役军人医疗需求的借口并明显错误的观点。目前的治疗方法将诱发因素看作是导致创伤后应激障碍和其他精神病理学的诸多因素中的一个。

系统理论 系统理论（Haley，1973，1976；Hardy，1997）主要基于人与人、人与事件之间的相互关系和相互影响，而不是那么强调处于危机中的个体内部反应。系统理论的基本概念是，“对一个生态系统，所有的要素都相互关联，且在任何相互关联水平上的变化都会导致整个系统的改变”。Belkin（1984）进一步指出，该理论“涉及情绪系统、沟通系统及需要满足系统”，所有属于系统的成员都对别人产生影响，也被别人所影响（pp.350-351）。实际上，Slaikeu（1990，p.6）定义危机为“一个意在帮助个人或家庭把坏的影响降到最低，让好的发展达到最高的支持程序”。

系统理论采用人际关系系统的思维方式，是从传统理论转向的标志。传统理论仅仅将焦点集中于个体发生的变化。

标准的危机解决系统应该考虑人际交往的影响。系统理论呼应了这种需求，建议我们注意人们生活的环境和他们的动态相互交往，并从中获得有关诱发、起病、病程、强度和解决办法的信息（Slaikeu，1990，p.34）。通常，基本系统理论中的“环境”包括家庭单位、邻里、学校、工作、社团、公民组织、美容院、酒吧、教堂等。第十一章“物质依赖：成瘾的危机”对这个理论做了强有力的论证。

生态系统理论 生态系统理论（Bronfenbrenner，1995）拓宽了系统的基础，将危机与其发生时的环境相联系（James，Cogdal，& Gilliland，2003；Myer & Moore，2006）。系统的相互作用可能从家庭和社团这样的微观生态系统开始，发展到像国家这样的宏观系统里，反之亦然。在总的社会和环境背景下考察危机是很有价值的，个体不是简单地受线性回归因果关系的影响（Hardy，1997；James & Gilliland，2003，pp.336-368）。

生态系统理论的基础概念类似于“生态系统中的每个元素都是互相关联的，牵一发而动全身”（Cormier & Hackney，1987，p.217）。接近危机的中心，随着时间进展和环境变化，都对危机的最后解决产生影响。当大规模疾病暴发并影响到宏观系统时，生态系统理论体现得最典型。通信系统角色的扩展和它们连接系统的能力是关键组成部分，将在第十七章“灾难响应”中详细阐述。

适应理论 适应理论认为，适应不良行为、消极思想和损害性防御机制会对个体的危机起维持的作用。该理论假设，当适应不良行为改变为适应性行为时，危机才会消退。

打破功能适应不良链，意味着要变化为适应性行为，促进积极的思想以及构筑防御机制以帮助来访者克服因危机导致的失能，并向积极的功能模式发展。就像适应不良行为是习得的那样，适应性行为也是习得的。在危机干预工作者的帮助下，来访者能够学会用新的、自强的行为代替旧的、懦弱的行为。这样的新行为可以直接应用于危机情境，最后促成危机的成功解决或强化解决危机的努力（Cormier & Cormier，1985，p.148）。那些学习了无效应对技巧，并在心理的水深火热中仍然使用这些技巧的人，很好地反映了这个理论。改变导致危机的根深蒂固的行为和思想，意味着改变适应性机制和应对技巧，这不是那么容易的。

人际关系理论 人际关系理论（Rogers，1977）以 Cormier 和 Hackney（1987）提出的增强个人自尊的诸多因素为基础，如开放、诚信、共享、安全、无条件的积极关心、准确的共情和坦诚（pp.35-64）。人际关系理论的核心是，如果人们相信自己，相信别人，并且具有自我实现和战胜危机的信心，那么个人的危机就不会持续很长时间。如果人们将自我评价的权利让给别人，他们就要依赖于别人才能获得信心（Raskin & Rogers，1995）。因此，如果一个人不能获得对自己的控制，那么他的危机就难以得到解决。

人际关系理论的最终目标是重新把握对自己的评价。这样做让人们再一次控制自己的命运，并重获采取任何所需的行动以应对危机状况的能力。就危机干预而言，人际关系理论体现在初始任务预测、问题探索和提供支持上，我们将在第三章“危机干预和评估模式”中详细阐述。

混沌理论 为什么一个认为亚马逊丛林里的蝴蝶振动下翅膀就会引起大西洋的一场飓风的气象学者（Lorenz，1993）会出现在危机干预的书籍里？分形、分岔、间歇、褶巾微分同相和平滑面条映射这些词汇跟危机有什么关系？这些词汇都试图描述与结构复杂性相关的混沌理论。Lorenz 是混沌理论的创始人，他试图更好地预测气候模式。我们在这里介绍混沌理论的主要理由是，你可能会想象大多数的危机都是混乱无序的。但是你瞧，事实证实混沌并不随意，混沌理论在所有的专业中都有分支，包括危机干预。混沌理论的早期概念来自气象学、数学和物理学，这些学科认为，系统或事件初看起来是随机的，但仔细考察之后就会发现其规律（Gleick，2008）。发生在混沌系统内的现象看起来是随意和不可预测的，但事实上却正好相反（Lorenz，1993，p.9）。

当混沌理论应用于如危机干预这样的人类活动时，真的是理论上的发展。它是进化的，因为它本质是一个开放的、不断变化的“自组织”系统，通过它，一个新的系统可以从危机中诞生（Butz，1995，1997；Chamberlain，1993，1994）。当一些人开始意识到他们没办法通过定义模式或预案选项来解决面对的困难时，一个混沌（危机）的情况 [Postrel（1998，p.xv）称之为“紧急混乱状况”] 就演变成一个“自组织”模式。由于混沌情况不在已知的替代解决方案中，物理学家和人类服务工作者只能求助于自发的探索性实验来应对这个危机。危机的“混乱状态”不在于混乱，而在于未知的、不可预测的、自发的规律，一个由数以百万计个不协调的需要实验的独立因素所驱动的常变模式，可能最后导致全球性的危机澄清。这些实验可能导致错误的开始、暂时的失败、走进死胡同、自主创新、创造、即兴创作、头脑风暴、合作企业，以及其他为了解和应对危机所做的“进化”式尝试（Gleick，2008，pp.33-42）。实际上，混沌理论类似于一个被称为进化心理学的新兴领域，你当然能够想象，后者也不是没有争议的（Confer et al.，2010）。

对英国石油公司深井井喷后进行的危机干预尝试，为混沌理论在工作中的应用提供了一个生动的例子，它有着积极和消极两重意义。它不仅像墨西哥湾深井井喷这样是一个全新“杂乱”的现象，还可以在一个如井口的固定点上尝试寻找和解决灾难。这一点是关键的，用混沌理论的话说，它也是还原主义的，没有从危机所带来的经济、生态、心理代价这个大环境或整体角度考察。危机结构中所有复杂的点和线都不能描述潜在和连锁的危机模式，这些模式提供了危机爆发后有关大环境的信息以及这些动态系统之间和其对总系统的潜在影响。

好吧，你没有学过高等数学和物理学，上面的描述让你伤脑筋了。但了解奇异和神秘的理论会给你两条重要的信息。第一，大危机需要许多拥有不同观点的人和谐地在一起工作，把混沌情况中的各个点联系在一起，看穿潜在的模式并予以利用，根据危机中不断出现的新状况进行调整。Myer 及其助理试图通过一场校园灾难描绘这个理论，以及混沌理论与生态系统理论相结合所起的作用和如何起作用（Myer，James，& Moulton，2011）。

第二，危机转移状态和混沌理论在工作中的表现很相似。在很多情况下，找不到危机转移状态的实质，发现不了危机转移状态中规律性的东西，但像理论数学家一样，没有公式来解决问题，并不代表这个问题不存在。危机总是有潜在的规律，所以应对危机需要很多创新想法，专业的危机干预工作者必须经常使用他们的大脑右半球。

到目前为止，还没有其他作者将混沌理论应用于危机干预，但我们猜想，如果我们尝试了揭示和了解这一领域，他们会跟上来的。

发展理论　因为许多危机基于人类的各个发展阶段，发展理论在危机干预中必然具有重要意义。Erikson（1963）、Levinson（1986）、Levinson 和 Levinson（1996）、Blocher（2000）等（发展阶段理论家）相信，一生中不同发展阶段的过渡是至关重要的。在生命的特定阶段，未发生和未完成的发展任务会累积起来并引发问题。由于个体的需求与社会的要求和期望发生了冲突，个体不能够进入人生的下一个阶段，于是就可能导致潜在的危机。被忽视、虐待和欺负的孩子，离群和孤僻的青少年吸毒者，缺乏教育或对职业不满意的人，或是遭遇家庭暴力、离婚、自杀、他杀和许多其他问题的人，可能不能顺利地度过各个发展阶段。当一个外部的、环境的或情境的危机遇到预先存在的发展危机时，内部的和人际关系方面的问题可能会令人崩溃。

应用危机理论

Brammer（1985，pp.94-95）认为应用危机理论包括三个方面：(1) *发展性危机*；(2) *情境性危机*；(3) *存在性危机*。考虑到生态系统方面，我们添加了第四个领域，即 (4) *生态系统危机*。

发展性危机（developmental crisis）　是指在正常成长和发展过程中，急剧的变化或转变所导致的异常反应。例如，小孩出生、大学毕业、中年生活改变、退休甚至老化过程等都可能导致发展性危机。发展性危机被认为是正常的，但是，所有的人和所有的发展性危机都是独特的，因此必须以独特的方式进行评估和处理。

情境性危机（situational crisis）　当出现罕见或超常事件，且个人无法预测和控制时出现的危机称为情境性危机。恐怖袭击、交通意外、绑架、强奸、失业、突然的疾病和死亡都可以导致情境性危机。区分情境性危机和其他危机的关键在于它是随机的、突然的、震撼的、强烈的和灾难性的。

存在性危机（existential crisis） 是伴随着重要的人生问题——如关于人生目的、责任、独立性、自由和承诺等——出现的内部冲突和焦虑。存在性危机可能伴随着领悟，如一个40岁的人从没有做过什么有意义的事，从未对自己从事的专业或所在的组织产生过独特的影响；也可能伴随着懊悔，如一个50岁的人从未结过婚，从未离开过父母，从没有过独立的生活，而到现在却永远丧失了机会；也可能伴随着一种压倒性的、持续的感觉，如一个60岁的人觉得自己的生活是毫无意义的，这种空虚永远无法以有意义的方式来填补。

生态系统危机（ecosystemic crisis） 通常是某些自然或人为灾难，受害人认为自己并无过错，只是因为居住在受到这个事件影响的环境中。这些危机可能是飓风、洪水、海啸、地震、火山爆发、龙卷风、暴风雪、泥石流、干旱、饥荒和森林或草原火灾等自然现象的结果。其他的生态系统危机可能是生物衍生的，像疾病流行或大量石油泄漏的影响；也可能是政治性的，如一场战争中的难民危机及种族屠杀；或严重经济衰退，如20世纪早期的大萧条。

危机干预模式

Leitner（1974）和Belkin（1984）共同提出了三种基本危机干预模式：平衡模式、认知模式和心理社会转变模式。这三种通用模式为不同的危机干预策略和方法提供了基础。发展生态学模式（Collins & Collins，2005）和环境生态学模式（Myer & Moore，2006）是针对生态学因素并对危机干预有所贡献的两种新模式。两种融入实践背景的模式是：心理急救干预（Raphael，1977；U.S. Departrnent of Veterans Affairs，2001），适用于突发灾难后和恐怖袭击后；以及Robert（2005）的ACT模式，该模式更通用，但主要用于以创伤为基础的危机干预。

平衡模式

平衡模式其实应该称为平衡 / 失衡模式。危机中的人通常处于一种心理或情绪的失衡状态，在这种状态下，原有的应付机制和解决问题的方法不能满足他们的需要。平衡模式的目的在于帮助人们重新获得危机前的平衡状态（Caplan，1961）。平衡模式最适用于早期干预，这时人们失去了对自己的控制，分不清解决问题的方向，且不能做出适当的选择。除非个体再获得一些应付的能力，否则主要精力应集中在稳定个体心理和情绪方面。在个体重新达到某种程度的稳定之前，不能采取也不应采取其他措施。例如，除非个体相信活下去是值得的，且这种思想稳定持续至少一个星期，否则挖掘其产生自杀意念的原因是没有什么好处的。平衡模式可能是最纯粹的危机干预模式，且最有可能被应用于危机的起始期。

认知模式

危机干预的认知模式基于这样一种认识：危机植根于对事件和围绕事件的情境的错误思维，而不是事件本身或与事件和情境有关的事实（Ellis，1962）。该模式的基本原则是，通过改变思维方式，尤其是通过认识其认知中的非理性和自我否定部分，通过获得思维中理性和自我强化的成分，人们能够控制自己生活中的危机。

在危机情况中，人们通常给予自己否定和扭曲的信息。持续的、折磨人的两难处境使人衰竭，致使其对情境的内部感知向越来越消极的自我对话发展，直到他们再也不相信，在他们的情境中还存在积极的成分。接着，消极的、否定性的自我对话，自以为对情境无能为力的认知会影响其行为。有鉴于此，危机干预工作的任务就是要通过练习和实践新的自我对话，使个体的思想变得更为积极和肯定，直到旧的、否定性的和懦弱的自我对话消失为止。认知模式适用于来访者稳定下来并回到了接近于危机前的平衡状态的情况。Ellis（1982）的理性情绪疗法、

Meichenbaum（1977）的认知行为疗法和Beck（1976）的认知系统疗法都提到了这个模式的基本程序。

心理社会转变模式

心理社会转变模式认为，人是遗传加上从特定的社会环境中学到的知识的产物。因为人们总是不断地变化、发展和成长，他们的社会环境和社会影响也在不断地变化，因此危机可能与内部和外部的心理、社会或环境困难有关。危机干预的目的在于与来访者合作，评定与危机有关的内部和外部困难，帮助他们选择替代现有行为、态度和使用环境资源的方法。来访者需要吸收充足的内部应对机制、社会支持和环境资源以获得对生活的自主（非危机的）控制。

心理社会转变模式认为危机不是一种单纯的内部状态。这个模式涉及个人以外的环境，考虑需要改变的系统成分。同伴、家庭、职业、宗教和社区是影响心理适应的几个外部维度，但影响心理适应的外部因素远不止于此。对于某些类型的危机，除非影响个体的社会系统也发生改变，个体适应了系统，或者个体懂得这些系统的发展变化规律及它们如何影响个体对危机的适应，否则难以获得持续性的解决。与认知模式相类似，心理社会转变模式最适合于已经稳定下来的来访者。对这个模式有所贡献的理论家包括Adler（1956）、Erikson（1963）和Minuchin（1974）。

发展生态学模式

Collins和Collins（2005）提出了危机干预的发展生态学模式，该模式将发展阶段、发展问题与影响个人成长的环境结合为一体。在该模式中，危机干预工作者需要评估个人、环境和二者的相互关系，以及影响个人发展阶段的因素。任何情境的危机都必须考虑与其所处发展阶段的联系，危机的影响可能与发展阶段的任务掌握程度有关。

情境生态学模式

Myer和Moore（2006）共同提出一种主要针对危机情境因素的生态学模式。他们的第一个假设是情境因素也是分层次的，这些层次取决于两个因素：在物理距离上和危机的接近度，以及受认知和对事件意义的理解影响的反应。

该模式的第二个假设是被事件影响的个体和系统所发生的相互影响。了解危机的相互影响包括对两个因素的认知：主要关系与次要关系间的相互作用，以及事件引发改变的程度。主要关系是那些没有其他中介（其他人或其他系统）参与的关系。雇员和公司之间的关系就是一种主要关系。公司发生了一次事故后，立即采取一系列的措施去支持雇员并向其确保加强安全措施，下次不会再发生类似的事故；雇员可能会感觉到安全、保险，并对公司所做的努力也满意。次要关系至少牵涉到另外一个人或系统。比如，若雇员的家属对其安全很担心，以至于任何保证都不能让他们满意，则雇员与公司的主要关系就会被影响。

第三个假设是时间因素与危机的影响直接相关。两大主要的时间因素是已经过去的时间长短和事件发生后的特殊场合，如纪念日和节日。

Myer和Moore（2006）提出了一个模型来评估危机对个人或系统的影响。该模型的要素包括与事件的接近度、对事件的反应、与事件的关系、因事件而产生的变化程度，最后一点可根据过去的时间长短进行划分。该模型的关键点是，事件的各个部分都要联系起来进行考虑。仅仅与事件的接近度，可能没有由它导致的改变程度对危机的影响大。尽管这种理论性的模型缺乏实践的基础，且在实际干预中的应用也不多，但它提出的一些问题并由此产生的假设，能够帮助我们理解，在危机中系统内部及系统与个人之间的相互影响。

心理急救干预

Slaikeu（1960）将危机干预分为两个部分：一线干预，即心理急救干预，可能针对范围广泛的个人，强调立即的危机情境，提供即时的安抚；二线干预，即危机疗法，强调危机的解决，通常由经过培训的、有资格证的专家进行。本书将心理急救干预和最初的危机疗法均视为危机干预。

美国国立精神卫生研究所（2002）将心理急救干预定义为建立来访者的安全感，减少应激相关症状，提供休息和恢复身体状况，将来访者与关键资源和社会支持系统联系起来。Raphael（1977）在和一位澳大利亚铁路事故处理员探讨危机干预工作时，首次提出了心理急救干预这一术语。她说该干预由一系列活动组成：提供关心和帮助，共情式的回应，具体的信息和帮助，在社会支持系统的帮助下将幸存者组织起来。心理急救干预的主要依据是马斯洛的需要层次理论，并首先考虑求助者的生存需要。在卡特琳娜飓风期间，很多咨询师、社会工作者和心理学家在提供任何"咨询"之前，首先提供食物、住所、衣服和满足其他基本生存需要的帮助。

关于应该给予谁关心，给予什么样的关心，怎样给予，由谁给予，以及遭遇创伤事件尤其是大灾难以后在什么样的环境下给予等问题是很有争议的。大多数争议产生于以下两个方面：关于紧急事件集体减压（critical incident stress debriefing）（Mitchell & Everly，1995），以及遭遇了创伤性事件的每个人为避免PTSD应尽快讨论此事的观念。该种治疗方法引起了巨大争议（将在第十七章讨论）。目前，灾难后即时干预的方法以心理急救干预为主，它是非侵入性的，而且不主张对创伤性事件进行讨论（Young，2006）。这是因为，并非所有的人都需要心理帮助，大多数人最初表现出来的类创伤症状在短时间内将会自我消除（National Znstitute of Mental Health，2002）。

美国退役军人处的国家PTSD中心（2011）颁布了《心理急救：现场操作指南》，该指南提供了循证模块来帮助灾难和恐怖事件的受害者，减少其开始期的心理问题并提高他们短期和长期的适应能力，并明确这个指南的使用者是工作在不同现场的第一响应者、现场指挥系统、初级卫生保健提供者、急诊医疗服务人员、学校危机处理小组、宗教组织、灾难救援组织、社区紧急事件响应小组、医疗后备队和市民服务队等（U.S. Department of Veterans Affairs，2011，p.18）。

心理急救干预的措施包括八个方面的核心行动。

1. **接触与参与**

   目标：对幸存者发起的接触做出回应，或以一种非侵入性、富有同情心和帮助性的方式接触幸存者。

2. **安全与抚慰**

   目标：加强即时及持续的安全保护，并给予物质和情感的抚慰。

3. **稳定（若需要）**

   目标：使情感受打击或迷茫的幸存者平静下来，并使他们能够清楚自己的处境和要解决的问题。

4. **收集信息：当前的需求和担心**

   目标：确定幸存者的即时需求和担心，收集额外信息，确定需要采取的心理急救干预。

5. **提供实际的帮助**

   目标：为幸存者提供实际的帮助，强调即时的需求和担心。

6. **衔接社会支持**

   目标：帮助幸存者与主要支持人员和其他支持者（包括家庭成员，朋友和社区协助人员）建立暂时和持久的联系。

7. **提供应对信息**

   目标：提供关于应激反应、降低痛苦、增强适应能力等方面的信息。

8. **与协作服务联系**

   目标：帮助幸存者联系当前和将来需要的、可以利用的其他服务。

心理急救干预为危机干预提供了基本框架。它是一种权宜之计，本身并非用来治愈或解决问题，而是提供了非侵入性的身体和心理支持。由于与社会工作服务在很大程度上类似，社会工作者更能适应该模式。第三章介绍的前四个危机干预任务，包括风险评估、确定问题、给予支持、确保安全等，实际上与心理急救干预很相近，因此心理急救干预对危机干预来说具有重要意义。心理急救干预是否能够满足即时危机干预工作的要求，则另当别论。毫无疑问，并不是所有的人都需要即时的心理援助，更不能强加实施，但许多危机干预使我们相信，除了心理急救干预外，还需要其他的措施来平息情绪的波动，预防威胁生命的行为发生，重新整理和冷却许多危机情景下所特有的疯狂、不合理、头脑发热的认知。

ACT 模式

Roberts（2005）提出的 ACT 模式是首字母缩略词，即（1）评估（assessment）现存问题，包括精神科急症、其他医疗需求和对创伤的评估；（2）衔接（connecting）求助者与支持体系；（3）创伤反应（traumatic reactions）和创伤后应激障碍。

该模式通常有七个线性阶段：危机评估，建立和谐的关系，确定主要问题，处理情感，提出并探索解决问题的各种方法，制订计划和提供后续服务。该模式适用于处理初始的创伤事件，可能更适合 Kleespies（1009）所说的紧急行为事件。

折中危机干预理论

折中危机干预是指从所有危机干预的方法中，有意识地、系统地选择和整合各种有效的概念和策略来帮助来访者。正因为如此，折中主义很少有理论概念，而是各种方法的混合。与理论概念相反，它是从任务导向的角度来操作的。它的主要任务（James & Gilliland，2003，p.374；Lazarus，1989；Thorne，1973，p.451）包括：（1）确定所有系统中的有效成分，并将其整合为内部一致的整体，使之充分展现出需要阐释的行为资料；（2）掌握有关时间和地点的最新状况，据此考虑所有相关的理论、方法和标准以评价和操作临床资料；（3）不要认同任何特定的理论，保持一种开放的心态，对得到成功结果的方法和策略进行不断的试验。在本书中，读者将发现折中理论始终贯穿于各种危机干预中。在实际工作中如何应用理论，主要取决于自己所处的情境。“情境”可以定义为包括危机的类型，危机发生的物质和生态环境，个人特征，文化背景和其他直接或间接相关的重要他人。相对于其他因素，干预工作者在干预中所带来的知识、优势和技能对来访者的影响可能更为重要。

折中理论融合了两个普遍的主题：（1）所有的人和所有的危机都是独特的；（2）所有的人和所有的危机都是类似的。我们认为这两个主题并不是互相排斥的。之所以说所有的人和所有的危机都是类似的，是因为在各种特殊的危机类型中存在一致的成分。亲人死亡所导致的危机是普遍的，为我们提供了进行危机干预的一般原则。但是，对每一个丧失亲人者的治疗则必须是特别的。一个家庭怎样接受失去亲人这个事实与许多因素有关，如死去的亲人在家庭中的地位、家庭中每一个人对失去这个亲人的反应以及在发生变故后家庭是如何维持的。失去了五个小孩中的一个的夫妇，与失去了晚年才获得的、作为生活寄托的仅有的一个小孩的夫妇，可能需要大不相同的干预策略，尽管两者都失去了亲人。

折中理论并非意味着握着一把治疗枪无目的地对危机进行扫射。应用折中理论，意味着不局限于任何一种教条式的理论方法。相反，它要求将各种理论和方法很好地结合在一起，选择适当的方式以契合来访者的需要。许多人类服务工作者虽声称自己使用折中理论，但实际上却是为自己没有做出什么有意义的工作而开脱。真正的折中意味着做大量艰苦的工作，进行大量的阅读、学习和实践，并得到其他专业人士的指导和批评。它也意味着冒一定的风险，且愿意放弃开始看起来是合适和有效的，但后来证明不符合实际需要的策略。

折中主义者在技巧和直觉方面都做得同样出色。个人的感觉和对境遇的认知是同等重要的。在很多情况下，选择更有效的干预策略是基于感觉，而不是基于科学的推断。虽然根据感觉来做判断不是那么科学，但是不管怎么说，感觉可以作为行动的坚实基础。我们知道，在处理一项危机时，对于何时从非指导性的干预转变为高度直接的干预，并没有现成的公式可循；对危机干预技术而言，也没有任何方程式可以告诉治疗师心理想象会比面质更有效。说得不谦虚一点，我们相信，使用折中的方法可以使危机干预的艺术达到顶峰。

富有成效的危机干预工作者的特征

几乎每个人都能学会本书所提到的技能，且可以通过实践来有技巧地使用。然而，能将危机干预工作做得非常完美的工作者，不能仅仅依赖于本书所提到的技术和技能。危机干预的大师不仅要有技能和理论基础，还要具有以下一些特征。

生活经验

危机干预工作者能否处理一个危机事件取决于他是不是一个完整的人（Carkhuff & Berenson，1977，pp.162-163），一个完整的人应具有丰富多样的生活经验。这些经验是情绪成熟的重要资源，结合适当的训练，使危机干预工作者不仅在危机境遇下，而且在日常生活中都能够保持稳定、一致和完整。但是，仅仅具有丰富的生活经验并不能保证一个人能成为危机干预工作者。生活经验也可能对危机干预工作者产生消极的影响。这个问题是非常重要的，因为许多志愿者、支持人员和专业人士本身就是他们所处的危机环境的产物。他们帮助那些和自己一样有过同类危机经历的人，并将自己的经验当作帮助别人的资源。例如，戒酒和戒毒机构中的一些工作人员自己曾是瘾君子，配偶虐待中心的一些工作人员自己曾是受过虐待的妇女，而退役军人中心有PTSD患者在工作。对于来访者的创伤，这些人有第一手的经验。他们是否比没有这种经验的工作人员更有优势呢？

回答是有保留的肯定。保留在于如果将自己的情绪包袱带到咨询关系中来，则会比没有任何生活经验更糟糕。例如，洗心革面的戒酒者出于减少自己的不安全感和害怕复发的目的而辱骂其他人；再如，一个遭受过性虐待的儿童虐待工作者，对迁就丈夫虐待小孩的妇女，可能会进行严厉的惩罚。

将自己的问题与求助者的问题混淆起来的人类服务工作者可能会遇到很多问题。他们的感觉状态可能会在同情、愤怒、失望和愤世嫉俗等特征上变换，这对他们自己和来访者都是不利的。我们不相信只有有过危机体验的人才能理解并有效地处理危机，但我们相信成功解决了生活中的问题的危机干预工作者会变得更为成熟、乐观、坚韧、坚强，这将有助于他们调控自己的心理资源以帮助来访者。

你也需要注意，危机干预领域的在职培训是非常吃力不讨好的，特别是对那些过着受庇护和约束的生活，而又被误导要成为南丁格尔，并以解决世界上所有问题为理想的工作者来说。这种过于理想化的观点总的来说对来访者没有什么帮助，而且可能对危机干预工作者产生不良影响，即在良好愿望的驱动下将自己有限的精力消耗殆尽。我们还要指出，年龄的增长与有没有生活经验及有没有更广泛、更富弹性的观点之间并没有必然联系。有些21—65岁的人可能在情绪方面处于青春期，当他们被现实中遇到的问题所威胁时，可能会表现出僵化、狭隘和缺乏安全感等特征。我们想象中的理想的危机干预工作者具有一定的生活经验，在生活经验中学习和成长，并将这些经验应用于实际工作中。这样的人会不断地将生活经验的所有方面整合到治疗性干预和日常生活中。

个人特征

泰然自若 危机干预工作的性质决定了工作人员必须经常面对那些完全失去控制的来访者。在这个时候，危机干预工作者能够提供的最有意义的帮助，就是保持冷静、镇定和将情况掌握在自己的控制之下（Belkin，1984，p.427）。创造一个稳定、理性的氛围能够为来访者提供一种利于恢复平衡的模式。富有成效的危机干预工作者应稳如磐石。这并非意味着富有成效的危机干预工作者就是一块石头，不受恐惧、紧张、焦虑的影响，而且在任何时候都对自己那么确定。但是，在面对自己的弱点和缺陷时，他们对来访者起着示范作用，自信、坦诚而坚定，这是任何人类服务工作者都值得骄傲的专业财富（Carkhuff，1987；Rogers，1961）。

创造性和灵活性 面对看起来难以解决的复杂问题时，创造性和灵活性都是宝贵的财富（Aguilera & Messick，1982，p.24）。在我们的课程和培训中，学生和受训者因为没有掌握获得“正确”答案的准则，所以经常很难与同伴进行角色扮演。尽管在严格的角色扮演练习中可以建立自信，但个人在困难情境中的创造力大小，很大程度上取决于他们在生活中通过承担风险和锻炼发散性思维所培养的创造力大小。

精力和复原力 未知领域是危机干预的特征，要有成效地在未知领域进行危机干预工作，需要具备以下特点：精力、组织性、方向和系统的行动（Carkhuff & Berenson，1977，p.194）。专业培训能为系统的行动提供有组织的指导和原则，但它不能提供胜任这份工作所需的精力。危机干预工作者还必须具有很强的复原力。危机干预工作会遇到很多低潮期，即无论多有能力，无论有多坚持，无论尝试了什么和做了什么，都未能成功的时候。因此，危机干预工作者必须有很强的复原力。他们必须从身体上、心理上照顾好自己，合理利用可用的精力。

快速的心理反应 这是危机干预工作和典型治疗干预的一个重要区别。危机干预比一般的治疗需要更多的活动和指导性。在危机干预过程中，对问题的反应及思索的时间是非常有限的。危机干预工作者在处理不断发生和变化的问题时必须反应很快。若是他们不能快速且准确地思考，那么就会发现这份工作很令人沮丧。

自信 经过正式专业项目培训的干预者，在尝试将书本中的理论付诸实践时遇到的一个重要问题是，他们缺乏前瞻性、自信和方向感。这些治疗原则与他们已经被灌输的治疗准则相反：不应随意做出评判，预防来访者的依赖，不向来访者强加自己的价值观念，善于接纳，无条件地、积极地以人性化的态度对待来访者。我们当然全心全意地相信上述信条，而且在可能的时候一定会尽量遵守。但危机干预有不同的规则。

很多处于危机中的来访者，其语言及行动都不是很友好。正因为如此，你需要果断地对其行为有所限制，以维护自己的原则，保持来访者稳定，这样才能实施干预。来访者很有可能耗尽了他们所有的应对技能和心理资源，以至他们采取行动的能力、建设性思考的能力和控制感情的能力也消失了。在这个时候，危机干预工作者不能采取消极态度。你是现场的专家，拥有所需要的知识，应该尽可能清晰和直接地调动所有技能、知识和能力。在第四章中，我们提出了九种专门的帮助策略，这些策略都是由干预工作者推动的，不是被动和反应性的。这很像在竞争激烈的运动会上，如果你想要取得好成绩，你就需要有参赛的信心并积极参与。

其他特征 以下的属性对危机干预工作者本人以及他们的来访者都是至关重要的：坚韧，不急于求成，勇敢，乐观，现实导向，冷静，客观，强大和积极的自我概念，并坚信人类是强大和有恢复能力的，能克服看似不可能克服的障碍。剖析自己：我有这些特征吗？我们还希望你能理解，在这个行业核心圈子里的，不仅仅是为数不多的超人。我们知道大多数的危机干预工作者，当然包括我们自己，有时也会困惑、沮丧、愤怒、害怕、无能、蠢里蠢气、虚荣和身处困境，还不时会遭遇不公平的待遇。我们允许自己、我们的学生和受训者每天至少可以犯一个错误，然后从那里爬起来继续努力。我们非常荣幸你能记住“你有一次犯错误的权利”，记住这一点。

回报

在十万火急的危机状态下去帮助人们战胜看似不可能解决的问题，是心理治疗工作中可以做的最令人兴奋和鼓舞人心的事情。我相信危机干预工作者所产生的强烈个人回报感能够在 Glasser（1976）列出的积极成瘾行为列表中名列前茅。

现在假设自己是一个来访者。每个人都会有

屈服于残酷命运的时候，都有可能遇到我们在本书中提及的各种各样的危机。了解这些问题并懂得如何驾驭它们，是非常有价值的资源。生活的好坏取决于我们处理自己最不希望遭遇的问题时的能力，当你阅读本书时，你会发现自己也活在所提到的一些问题中。问问你自己："如果我是来访者，我该怎样生存下去？"我们相信，如果你能够超越困境去发展应对技能，并在将来参考和应用，也是非常有价值的。

小结

从历史上看，危机干预的发展和演变已有60年的历程。它起源于基层组织，人们聚在一起解决正在困扰大家的特殊危机问题。通过自然和人为的危机，以及媒体的影响，危机干预已经从一个像一潭死水那样的心理学专业，转向援助技能的主流领域。

我们对个人危机的综合定义，来源于本章开始时阐述的资料。我们将个人危机定义为*一种对事件和情境的认知或体验，即认为所面临的困难事件或情境超过了现有资源和应对机制。除非当事人获得缓解，否则危机有可能会引起严重的情绪、行为和认知功能障碍，甚至导致来访者或他人出现伤害或致命的行为*。因为系统在危机干预中起着非常重要的作用，我们将*系统危机*定义如下：*当人、机构、社区和生态经历了严重的创伤性事件，而反应系统无法从生理和心理两方面有效地控制和解决问题时，就会形成系统危机*。通过考虑危机的以下几个重要原则和特点，可以进一步阐述危机的定义。

1. 对于处于危机中的人来说，危机同时蕴藏着危险和机会。
2. 危机通常有一定的时间期限，但可能反复出现一系列的转危机点。
3. 危机常常是复杂的，且难于解决。
4. 危机干预工作者和其他人类服务工作者的生活经验可以大大地增加危机干预的效果。
5. 危机包含着成长的种子和改变的动力。
6. 对于危机情况，不存在万能的或快速的解决方法。
7. 危机以多种选择呈现在人们的面前。
8. 危机中伴随着情感的不平衡和紊乱。
9. 危机的解决与危机干预工作者的成长之间存在交互影响。

理解危机转移状态和转危机点有助于理解许多危机。处于危机中的来访者深深地受到危机转移状态或转危机点的影响，他们反复出现类似创伤的症状，可以追溯到其早期经历的创伤性事件。危机转移状态和转危机点与PTSD有相似之处，同时也存在差异。

*基本危机理论*认为危机是情境性的或发展性的，而不是病态的。*扩展危机理论*对精神分析、一般系统、生态系统、适应、人际关系、混沌和发展理论等内容进行整合，吸取其精华，补充和加强了基本危机理论。

五大基本危机干预模式是平衡模式、认知模式、心理社会转变模式、发展生态学模式、情境生态学模式。*平衡模式*可能是五个模型中最广为人知的，它将平衡定义为稳定的、自控的、能够动员心理资源的情绪状态。相反，失衡则意味着不稳定的、失去控制的、不能动员心理资源的情绪状态。*认知模式*认为，对生活中困境和创伤的错误想法是产生危机的根源。*心理社会转变模式*认为，人是先天遗传和后天环境学习的产物，危机是由各种心理、社会或环境因素造成的。*发展生态学模式*认为，发展阶段与处于生态系统内的个人发展有关。*情境生态学模式*关注的是危机发生的层次、人际关系和时间。*心理急救干预*和ACT模式都是基于处理灾难和创伤实践领域的模型。折中理论吸收和整合了所有有效的危机干预概念。

富有成效的危机干预工作者应有积极的个人特征。危机干预工作者在帮助处于危机中的来访者处理困难问题时，应能泰然自若、思维敏捷、具有创造性、百折不挠、自信、具有复原力以及其他一些特征。

（刘希光　余歡　郝才茜　肖水源　译）

第二章

基于文化的有效帮助

危机干预中的多元文化视角

Laura Brown是美国心理学会第56分会——创伤心理学会——的前任主席。她是临床心理学的专科医生，具有丰富的知识，在这一领域做出了巨大贡献，曾获得许多奖项，而且写出了创伤治疗领域关于文化胜任力的书籍——《创伤治疗中的文化胜任力：在闪回之外》（*Cultural competence in trauma therapy: beyond the flashback*，2008）。我们非常确定，她在说下面这些话的时候是负责任的，她说："在专门从事创伤治疗三十年以后，我可以肯定地说，我一点儿也不知道某个特定个体是如何经历，或理解（或没法理解）他的创伤经历的（p.16）。"因此，当您阅读这一章时，请理解，在试图获悉文化是如何影响来访者时，这个领域内最出色的人之一也承认自己的无知。这里要传递的信息就是，我们对于所有和危机干预有关的多元文化方面的知识还知之甚少。然而，和上一次我们编写本书时比起来，我们现在知道得确实更多了，而且随着研究的不断进步，我们还会知道得越来越多（Broun，2008，2009；D'Andrea & Heckman，2008；Ponterotto & Mallinckrodt，2007；Ridley & Shaw-Ridley，2011；Worthington & Dillon，2011；Worthington，Sott-McNett，& Moreno，2007）。所以请理解，本章不会像全球定位系统（global positioning system，GPS）那么精确地指引读者如何解决危机干预中的多元文化问题，而是更像一个罗盘，给读者指出一个大致的方向。

美国是一个拥有多元文化的国家（Sue & Sue，2002），而且恐怕世界上每个国家都是如此。但是"文化"这样一个抽象而且没有固定形态的概念到底是什么呢？"多元"的文化又是怎么形成的呢？更进一步，为什么这对于危机干预很重要呢？

Adler（1997）把文化定义为"人作为社会的一员习得的所有知识、信念、艺术、法律、道德、习俗和能力的共同体。文化是一个群体的生活方式，是多少有些僵化的习得行为的集合体，通过语言和模仿从一代人传递到下一代人"（p.14）。特定文化中的成员持有关于上述所有方面的不证自明的真理，据此维持生活的秩序和生命的意义。因此，他们通常能够与其他成员一起过着总体安宁的、有益的生活，并获得对自己的生活和所在社区在一定程度上的控制感。当我们把来自不同文化社区的成员混在一起时，由于他们对Adler所描述的这些变量有着不同的假设，因此"多元文化"就出现了。

文化在危机干预中起的作用与Savicki（2002）命名的*不确定性回避*有关。正如您将在本书中读到的，试图避免不确定性和恢复对自身境况的控制需要大量的时间。不确定性回避和文化受到不确定性和模糊情境的威胁的程度有关，因此才会构建规则、程序、仪式和法律，以缓冲个人判断中的不确定性（Savicki，2002，p.27）。这在危机干预中的意义在于，当一个危机干预工作者在不同的文化中工作时，最好意识到，该文化中的个体要基于他们自己的文化标准来渡过危机，而不一定要符合工作者的文化标准。

Kiselica（1998，p.6）提出，在干预多元文化中的来访者时，危机干预工作者和其他精神卫生工作者应该具备四种品质：(1) 自我认知，尤其是对所在文化中的偏见的认知；(2) 对不同群体的文化的认知；(3) 具备使用文化上恰当的干预方法的技能——包括愿意采用比传统策略更适合来访者文化特征的替代策略；(4) 为不同文化的来访者提供咨询和危机干预的实际经验。Sue（1992，p.12；1999a，1999b）提醒我们，如果不能理解来访者的世界观，可能导致人类服务工作者做出错误的解释、判断和结论，进而给来访者带来严重的伤害，尤其是来自不同文化的来访者。世界上绝大多数人持有的不是西方文化的观点，其中很多人会通过移民来到美国。虽然世界在文化上是多元的，但在咨询和危机干预领域，书籍、职业教育、研究结果以及理论和假说都是针对北美和欧洲文化的。这些理论和假说，在我们的思维里是如此根深蒂固和理所当然，即便是本领域内思想最为开放的领导者和职业人士也不曾挑战过这些理论（Pedersen，1998；Ponterotto & Pedersen，1993；Ridley，1995）。

举个例子来说，对“无视文化”危机干预的批评就指出，在受到长期的战争、暴乱或其他社会灾难影响的不同文化人群中，“无视文化”危机干预采用的还原论和过时的逻辑实证主义（完全基于可以观察到的科学事实及其之间的相互关系，以及自然法则）无法应对广泛的暴力和社会动荡。他们还相信西方的创伤心理学家持有一种简单的看法：在所有文化的所有人群中，创伤都会导致创伤后应激障碍（PTSD），并且这种关系是线性的关系。社会建构主义者特别指责这种关于创伤的标准化看法。他们认为以更广义的社会概念，如安全、悲伤、不公、信念，来看待创伤以及随之而来的危机干预，比起简单地区分不同临床类别（PTSD 和抑郁），可能要合适得多（Silovo，2000）。

任何用来评估危机不同方面的工具，其效度都存在大量争议。因为文化偏见和文化产物可以扭曲结果，使得来访者呈现与其本来情况完全不同的样子，从而导致错误的治疗决策（Brown，2008；Cokely，2007）。美国精神医学学会制定的《精神障碍诊断与统计手册》（第4版修订版）(DSM-IV-R) 就因在诊断精神障碍时很少考虑社会和文化因素而受到批评。这些批评（Brown，2008；Zalaquett et al.，2008）认为 DSM-IV-R 采用标准化的、以疾病为基础的医学模式，强调来访者的缺陷，形成自上而下的专家-来访者关系，把药物作为最主要的治疗形式，并对来自不同文化的人采取同样的解释方式，常常导致带有种族优越感的和非常不精确的诊断（Zalaquett et al.，2008）。

Ivey（1987）和 Arredondo（1999）强调咨询和治疗应该以咨询师认识到他们自己的有关种族、文化和人群差异的假设、价值观和偏见开始，然后才考虑这些问题的个体差异。Ivey（1987）指出，“只有把多元文化咨询放在咨询课程的核心位置，我们才能真正帮助那些我们要帮助的人”。对于危机干预工作者来说，可能尤其如此。对于危机来说，Brown 认为与其他任何形式的痛苦比起来，遭遇复杂创伤的人更加与他们的社会心理文化背景联系在一起，否认其社会文化身份会使得干预在开始之前就结束了。

文化偏见的假设

无意和未经检验的文化和种族假设会损害咨询师的表现。由于危机干预工作者常常在跨文化环境中——尤其是在大规模灾难后的干预中工作，这一论断尤为重要（Arredondo，1999；Ober et al.，2000；Ridley，1995；Thompson & Neville，1999）。Pedersen（1987）讨论了危机干预工作者应当铭记的十条有关文化偏见的假设。

1. 人们都有同样的有关“正常”行为（p.17）的概念（假定在不同社会、文化、经济或政治背景下，问题、情感反应、行为以及对危机的认知都或多或少地一致）。
2. 个体是社会的基本单位（p.18）（假定危机干预和咨询主要是直接针对个体，而不是个体的集合或群体，如家庭、组织、政治团体或社会)。

3. 对问题的定义受限于学科界限(p.19)(假定危机干预工作者或咨询师的身份是与神学家、医生、社会学家、人类学家、律师或其他学科代表区分开的)。
4. 西方文化以抽象的词语为基础(pp.19-20)(美国的危机干预工作师和咨询者假定其他人会以同样的方式理解这些抽象的词语)。
5. 独立性很重要,而依赖是不受欢迎的(p.20)(西方的个人主义假定个体不应该依赖其他人,也不应该让其他人依赖他)。
6. 正式的咨询比来访者周围的自然支持系统更重要(pp.20-21)(假定来访者更需要咨询师提供的支持,而不是来自家庭、同伴和其他支持系统所提供的支持)。
7. 所有人都使用线性的思维模式(pp.21-22)(危机干预工作者和咨询师假定每个原因都有一个结果,而每个结果都可以追溯到某个原因,并用此来解释世界是如何运转的。所有的事物可以用好或坏、恰当或不恰当以及其他二分法的方式来分类和描述)。
8. 咨询师要改变个体以适应系统(p.22)(假定系统不需要改变以适应个体)。
9. 来访者的过去与现在的问题几乎没有关联(pp.22-23)(假定危机只与当时当地的境遇有关,而咨询师不需要注意来访者的背景)。
10. 危机干预工作者和咨询师已经了解所有的假设(p.23)(假定如果危机干预工作者和咨询师倾向于以一种封闭的、偏见的、文化上保守的方式做出反应,以提升某个精英群体的主导性,他们也会知道这一点)。

在多元化的世界里,所有这十条假设都是有问题的,是站不住脚的。Cormier 和 Hackney(1987)警告说,如果人类服务工作者不能了解他们自己的文化偏见、其他人的价值观以及自己与其他人之间的文化差异,就可能误解不同文化背景下来访者的行为和态度。这样的工作者可能错误地认为来访者的某些行为是阻抗和不合作。他们可能期待见到特定的来访者行为(如自我暴露,即与咨询师分享自己的隐私信息和感受),而这些行为可能与某些文化群体的基本价值观冲突。文化上不敏感的咨询师或危机干预工作者在帮助来自不同文化的来访者时,也可能套用成见,或滥用标签,或使用单一模式的、不恰当的、无效的咨询方法和概念(pp.256-258)。在危机干预的特定领域中,对于源于西方的创伤模式,尤其是将 PTSD 拔高为一种疾病,也存在许多批评。在没有充足的实证证据来支持这个假设的前提下,这种疾病被受害者组织、政治家、以盈利为目的的律师、治疗师等自私地用来大发其财(Silove,2000;Summerfield,1999)。

普遍观点和聚焦观点

在多元文化咨询中,既有普遍观点,也有聚焦观点。普遍观点不仅仅考虑种族和族裔,也包括其他少数人群或特殊人群。而聚焦观点则认为多元文化咨询与“明显的、有种族差异的少数族裔”有关(Sue,Arredondo,& McDavis,1992)。在多元文化语境中,读者可能遇到的类似术语是主体和客体模式。主体模式把人看作是单维的——重点放在某些特征上,如种族、性别、年龄、发色或对垃圾食品的偏好。我们同意 Brown 的看法,使用种族类别、人种的标签或任何其他特征或分类来识别人群,可能和他们遇到的危机毫无关系。这可能是用很糟糕的单维度文化视角去看待一个遭遇创伤的人。我们认为如果在危机干预中从如此狭隘的角度来看待文化,将是自找麻烦。

个人主义 / 集体主义–高语境 / 低语境连续谱

从多元文化的角度,我们大体上可以在个人主义和集体主义的连续谱上考虑沟通。个人主义是一种以个人为中心的世界观,强调个人的目标、独特性和自主控制,而让周围的社会群体和社会语境边缘化。集体主义则强调集体联结,集体与个体之间互利共生,个体被看作社会集体的一分子,而且听命于集体(Oyserman,Coon,&

Kemmelmeier, 2002）。这些概念很重要，因为它们倾向于决定来访者在自我概念、幸福感、情绪控制以及关系类型和归因风格上是如何看待自己的。而这些概念在危机干预策略的制订和应用过程中都是关键性要素。举个例子，一个生活在集体主义文化中的个体——这样的个体在美国肯定存在——可能把遭遇到的创伤看作是很羞耻的事情，而且可能推测整个家庭都有这种感受。这里指的家庭概念常远远超过生物学意义上的家庭（Brown, 2009, p.161）。

在一篇包括了170项有关个人主义和集体主义的研究的元分析中，（Oyserman, Coon, & Kemmelmeier, 2002）发现对于个人主义来说，其核心是个人的自我概念，不是家庭生活，集体主义则相反。个人主义者认为幸福感与自我控制感有关，而集体主义者则认为这两者无关。对于危机干预来说更重要的是，个人主义的支持者倾向于从自己的体验看待创伤事件，而集体主义的支持者解释创伤事件的方式则与他们心目中其他人的期望有关。一般认为集体主义者把集体，尤其是家庭的幸福感和责任感置于个人之上。然而，一个令人吃惊的发现是，在"家庭责任感"上，集体主义者和个人主义者基本上没有差别。集体主义者把自己看作一个合作群体的一分子，而个人主义者则认为自己是加入群体协作的独立个体。最后，沟通和冲突解决的方式也不同。个人主义者总是采用以目标为导向的、低语境的、直接的沟通方式，而集体主义者则采用间接的、高语境的沟通方式。在出现冲突情境时，个人主义者会采用对抗与仲裁的方式，而集体主义者更喜欢采用和解与协商的方式。

那么，集体主义社会中的个体是如何应对应激和创伤事件的呢？Heppners 及其同事（2006）编制了《集体主义应对方式量表》，试图了解亚洲人如何应对应激和创伤事件。事实上，这个研究中的3 000名中国台湾大学生所报告的应对方式与西方大学生比较起来有很大的差异。他们在面临应激事件时采用的接纳、宿命论、效能以及人际和谐策略与西方人使用的传统应对策略完全不同。家庭支持、宗教和精神资源也不一样。孝顺和赡养老人很重要，通常在神圣的家庭中寻求建议。

"危机"的中文汉字，包括危险与机会，这一特征在这些学生应对危机的方法中表现得很明显。儒家和佛教哲学强调个体忍受痛苦，寻找积极意义，努力自控和克制，这在学生们的反应中占据了主导。最后，他们对创伤性事件的逃避和情感上的疏离，以及隐私情绪的发泄方式都不同。在美国，我们可能见到，随着创伤事件而来的是情感的流露、即刻的公开支持和哀伤（Halpern & Tramontin, 2007, p.98）。而这个研究的结果显示，这些学生把寻求外部帮助当作最后一种解决办法，即使这样做，他们也会用秘密的和匿名的方式进行。他们的应对方式围绕着避免羞耻感和用安全匿名的方式求助来进行。研究者（Heppners et al., 2006）认为这些学生可能去一个不认识他们或他们家庭成员的精神卫生专家那里求助，或者去网络聊天室谈论他们的问题。关键是，至少对这些学生来说，当他们处于应激和创伤事件中时，寻求精神卫生帮助的方法与美国学生有着很大的差别。

高语境 / 低语境 如果把前述的分析用对危机干预工作者有益的操作性术语进行表达，可以采用 Hall（1976）提出的高语境和低语境的概念。在低语境的文化中，个人的自我意象和价值是根据个人的、自我的概念来定义的；而高语境的文化中，个人的自我价值和自尊是与群体联系在一起的。在低语境的文化中，信息通常清楚而具体地通过语言传递；在高语境的文化中，信息通过互动时的肢体语言表达，或者是被个体内化了。在高语境的文化中，面部表情、姿势、语调等和说出来的话一样重要（Augsburger, 1992）。因此，在高语境的文化中，个体会期望其他人能明白问题在哪里，这样就不会因为直接谈论问题而感到尴尬和丢脸。这种交流方式对于来自低语境的危机干预工作者来说就很成问题，他们习惯于直接传递具体而特定的信息，以决定如何解决问题。

低语境的干预工作者会试图直接收集与来访

者创伤有关的个人和社会状况，从高语境的来访者的角度来看，这可能被视为侵入性的、粗鲁的和有攻击性的。高语境文化经常使用故事、谚语、寓言、比喻、明喻、类比等方法来阐述一个道理。因此，高语境的危机干预工作者在谈论有关危机的个人和社会状况时，可能很小心，运用双关语，甚至有些迂回。当帮助低语境来访者时，使用这种沟通方式的危机干预工作者可能被认为完全不知道来访者需要什么。因此，在不同文化的人群中进行危机干预的一个主要问题是，如何传递和接收可以理解的信息，明确地表达我们试图在做什么，而不要让本来就可能不稳定的状况恶化。虽然不可能知道每种文化的细微差别或每个来访者所用语言的不同，进行危机干预时针对文化差异的一个原则是了解有这两种在广义上的区分，我们需要知道面对的个体属于哪个阵营。

干预工作者：（正在与一个来自非洲东部的男性交谈，他是新来到美国的移民，在一起火车事故中受伤，而且不知道他的家人发生了什么）我知道你来自索马里，但我对你的国家或风俗习惯并不了解。因此如果我说的任何事情你不同意，我会向你解释为什么在美国是这样的。我们在努力搞清楚你的家人怎么样了并给你提供所需要的医疗帮助时，会尽量适应你的文化背景。

我们也需要清楚地承认，我们可能会在文化上有所疏忽，因此对来访者的需要显得不够敏感。事先就承认这一点，可以让来访者澄清他的需要是什么。不管是面对肯塔基煤矿爆炸的幸存者，利比亚的战争难民，还是“9·11”恐怖袭击的幸存者，这样的承认都是有必要的。

高/低不确定性回避 在专业的人类服务出版物中，关于高语境/低语境的论述是比较多的。而论述不多但又对危机干预十分重要的问题是，了解个体所进入的文化应用的是高还是低不确定性回避准则（Savicki，2002，p.27）。高不确定性回避的文化会发展出很广泛的规则和程序，来应对许多突发事件。换句话说，如果进入了高不确定性回避的文化，他们就好像有一本橄榄球联盟的战术图解（如果你不熟悉橄榄球，那么他们的战术图解非常详细、无比复杂），可以照着做。如果你不能理解并照之执行，你将撞上南墙。另一方面，如果你到了低不确定性回避的文化，你可能听到的是：“放轻松！开心点儿！我们会活下来的！我们还有水和食物！飓风总是来了又走！我们明天就可以开始重建！”灾难工作者都是在极大的时间压力下工作，这种“放轻松”的世界观可能损害他们的工作激情和努力，使他们感到痛苦和耗竭。

多元文化主义的主体模式和客体模式

所谓主体模式包括了组成个体的各种部分，不仅仅是这些独立的部分，还包括这些部分是如何组合成一个整体的。让我们用主体模式向您介绍 Dick James 博士：他60多岁，是一位父亲，而且很快就要愉快地成为祖父；他是一个丈夫，有时候觉得自己结婚的时间比活着的时间还长；他有多年的听力障碍，在去学校的路上经常因为没有戴助听器而被吼；他经常和他的一个女儿一起钓鱼和打猎；他是白人，在大学城长大，父母是蓝领工人；他现在有消化问题，不能吃比萨、喝啤酒；他培训警官如何对付情绪过于激动和严重激越的精神障碍患者；20世纪60年代他在一所综合高中里玩棒球和田径，他很喜爱这所学校，且结交了一些一辈子的朋友，既有黑人也有白人；他在一所蓝领为主的中西部小镇中学做过学校咨询师；他是长老会教徒，定期去教堂，但曾经是浸信会教徒和卫理公会教徒，有许多天主教徒朋友和犹太人朋友；虽然他在东伊利诺伊大学主修英语时认为他会写伟大的美国小说，但现在写一些和本书类似的书籍；他有些幽默感，但有时候也会玩笑开得过度，导致他遇到麻烦，喜欢在网络上写段子，使人大笑；他在21岁时被枪击中胸部，那是第一次真正的危机体验，他当时正和一个姑娘在一起，如果不是胸部中枪，他可能会和那个姑娘结婚，等等。

这就是 Laura Brown（2008，p.24）所谓的社会定位（social location），她和我们都相信，当你进行危机干预工作时，从多元文化的角度来看这些是很重要的。所以如果你只关注 James 博士的某一方面：一个老家伙，一个教授，一个白人，或者其他任何一个单一的标签，你肯定不会获得完整的信息，而我们也猜想如果你对他进行危机干预，你的反应也可能会不同。因此，我们在危机干预中采取普遍观点 / 主体模式，而不是聚焦观点 / 客体模式。当我们谈到文化多样性时，我们说的是最广泛意义上的术语，包括可能导致来访者与干预者不同的任何因素。我们希望接下来的类比可以阐述所谓普遍观点 / 主体模式的含义。

如果你是一个在纽约工作了一辈子的社会工作者，现在要去帮助一个在一场洪水里失去了一切的美国中西部的农夫，你们世界观的差别就像我们和我们要去帮助的巴基斯坦地震幸存者的世界观的差别一样大。如果你是第一次遇到（假定你是异性恋者）同性恋男性，而他刚刚发现从自己长期的貌似忠诚的伴侣那里感染了艾滋病，或者如果遇到一个虔诚的浸信会女性教徒，她坚信离婚是一种罪，但又受到她的牧师丈夫的严重殴打，这是否意味着你的干预无效，所以我们永远不应该去中西部的艾奥瓦州的基奥卡克，或者巴基斯坦的卡拉奇？永远不治疗男同性恋或浸信会女性教徒？当然不是！这意味着“多元文化”并不一定是有人站在霓虹灯下说“我是从埃塞俄比亚或尼泊尔来的，我和你不一样”，或者“我的皮肤是红色、黑色、黄色或绿色（也许在新墨西哥罗斯威尔的51区有外星人在读这本书，我们可不想把他们给丢下了）”。在一个抓住了普遍观点本质的论断中，Halpern 和 Tramontin（2007）引用了纽约地区的精神卫生官员的话，“在纽约这样一个大规模且富有多样性的地区，当你了解了这个州的某个县，你也只是了解了这一个县”（p.316）。所以不仅在全世界，甚至在一个州里就存在如此丰富的多样性，你如何能在如此多样的世界中开展危机干预工作？

在 Laura Brown 关于多元文化与创伤的书里，她（2008，p.12）以 Hays 提出的 ADDRESSING 模式作为基础。ADDRESSING 是一个缩写，代表着年龄、获得性和发展性的残疾、宗教、族裔、社会阶层、性取向、当地的传统、国别和性别。D'Andrea 和 Daniels（2005）提出了类似的模式，称为 RESPECTFUL（宗教 / 精神、经济阶层、性别认同、心理发展、族裔 / 种族身份、实际年龄、创伤和对幸福感的威胁、家庭、独特的躯体问题、语言和居住地）。根据我们自己的经验，我们还加入了地理位置、居住地区（城市、郊区、农村）、职业、受教育程度、婚姻或伴侣状态。我们认为这些是危机干预工作者需要考虑的主要的来访者变量，也是在工作中应对与危机互相影响的多元身份时需要考虑的主要因素。

让问题变得更复杂的是，你作为危机干预工作者，把自己的这些社会定位带入了方程里。对照图2.1思考一下，James 博士的社会定位是如何和 Leron（你将在第三章里遇到这个人，他遇到了真正糟糕的一天）匹配（或者不匹配）的。James 博士会对 Leron 的情绪、行为和认知功能进行一个快速评估，然后立刻开始确定他的社会定位，因为他认为 Leron 的社会定位会影响干预。通过承认自己是谁，他试图与来访者建立关系，你会在第三章里学到，这是危机干预模式中的第一项任务。除了要应对危机干预工作者和来访者之间在社会定位上的明显区别外，你还要明白所有你带入这个场景的、可能影响干预的问题。因此，James 博士的听力损伤虽然可能并不明显，但如果在吵闹的街道上进行危机干预，就可能会带来问题。例如，他可能错误地理解自己听到的信息，又过于自负，不愿意在事先提到这个事实，因此他可能不能清楚和正确地对来访者做出反应，从而导致来访者对他产生各种误会。类似地，他需要对以下事实保持敏感：Leron 的社会定位之一是当前处于醉酒状态，说的话可能受到威士忌的影响而不是他本来的意思。所以干预对象的肤色，通过其穿着和谈吐而察觉到的社会阶层差异，干预者本人是警方的顾问等，这些因素都可能会（也可能不会）影响到危机干预工

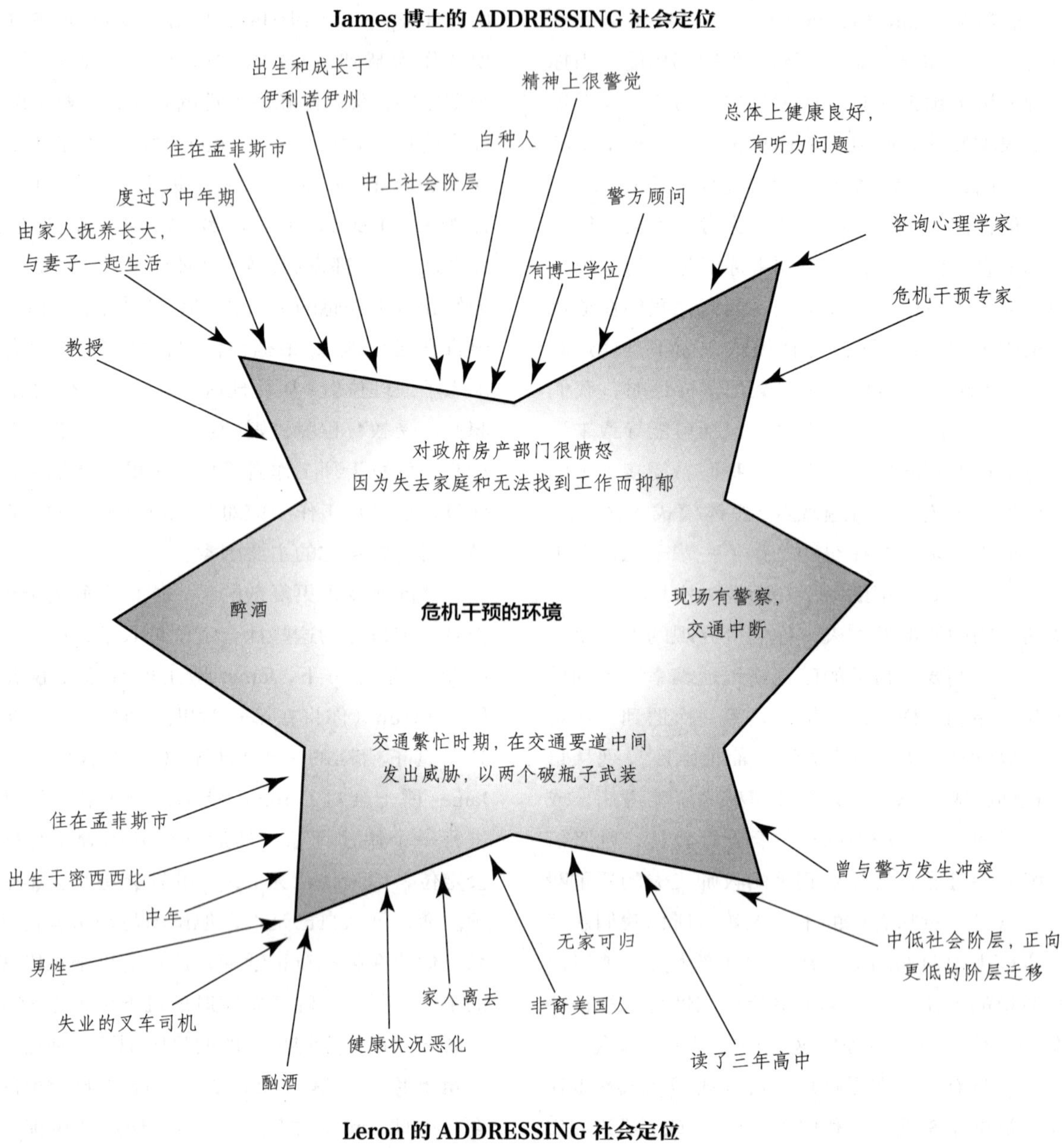

图 2.1 ADDRESSING 社会定位：James 博士和 Leron

作者，James 博士也需要认识到这些因素可能都在起着作用。对危机干预的主要从业者来说，他们需要有足够的经验以清楚地知道什么时候他们自己的社会定位可能成为所应对问题的重要动力（Brown，2009，p.40），并知道他们需要如何处理，这是成功的关键。

为此，危机干预工作者需要实践 Day-Vines 及其同事（2007）提出的所谓"钻孔"的方法。钻孔意味着危机干预工作者需要不断地显示开放性，邀请来访者探讨有关多样性的问题，并识别种族、族裔或一些除了属于危机干预工作者的，有可能导致危机的其他社会定位。

Leron：你这样的白人到底在这里干什么？听着，你是从第五频道来的，我什么也不会给你。我要整个世界都知道政府房产部门这些人都对我干了什么，他们没有任何理由就把我踢了出来。

James 博士：我知道我是一个白人，也不是无家可归的，而且我还穿着警方的 T 恤，上面写着我替这些人工作。我知道这可能让你没法相信我能帮到你。但是 T 恤上面还写了 CIT，意思是我负责培训警察，来应对那些遇到困难后觉得没有其他办法，只能做出一些平时不会做的举动的人。我觉得现在的你就是这样的。所以如果你想问我是谁，我很乐意回答你的问题。顺便说一下，有一个问题是我有一点听力困难，这里又很吵，所以如果你能大声一点，我很感谢，这样才能确保我能听见你说的所有话。所以我想知道，你能否信任我，告诉我你为什么想要在孟菲斯最繁忙的街道中间获得你需要的注意。

让事情更麻烦的是，不仅“文化”在这个复杂的情境里起作用，“生态”也起着作用。所谓“生态”，意思是干预所发生的环境。Leron 所在的街道有接近37℃的高温。你觉得这会使问题更麻烦吗？就像我们将在第十七章里看到的那样，长期居住在无家可归者收容所的人在热天穿着很薄的衣服，收容所里没有洗浴设施，所以头虱肆虐。你的干预会被许多生态学因素影响和改变。你是在一个环境舒适、有空调的房间里对一个人进行干预，还是在一个时而断电的疏散中心面对着一群有相当一段时间没有洗澡的人（当然你也一样没洗澡）？如果你来自明尼苏达，但在七月俄克拉荷马38℃的高温下工作，还一直有像来自高炉的热风吹来，会怎么样？又或者你来自艾奥瓦的一个农庄社区，那里最高的建筑是运送谷物的电梯，而你却在芝加哥的密歇根大道上，被淹没在无数摩天大楼之间。所以不仅仅是文化本身，你工作地点的生态学因素也会影响你的工作。

知晓生态学和多元文化胜任力

图2.2用来解释生态学/文化对来访者－危机干预工作者之间相互关系的影响。请注意，“危机”三角的每个角：危机干预工作者、来访者和他们的生态学/文化决定因素。连接三个角的双向箭头提示在所有可能影响来访者和危机干预工作者的生态学/文化因素之间发生的双向和动态的互动过程：家庭、种族、宗教、居住地、身体能力、性、经济阶层、职业、生理需要、社会组织等。三角本身代表你工作的环境、生态学背景以及你和来访者带入危机干预现场的文化态度、信念等。

有两个例子能很好地阐述这种交互作用。年龄与 PTSD 的关系就可以很好地说明文化因素的影响。Norris 和 Alegria（2006）报道，在三个灾难幸存者样本中，PTSD 的表现在年轻的墨西哥人、中年美国人和年长的波兰人中最为突出。很显然，年龄与灾难的后果之间没有一致关系。相反，当把年龄看作一个影响因素时，国家的文化背景和这些国家中受影响的历史社会角色的差异似乎对危机如何呈现有很大的影响。

Ghafoori 和 Hierholzer（2010）研究了诊断为 PTSD 的白人、黑人和西班牙裔的退役军人中人格障碍的情况。他们检验了三组参与者在 A 型人格障碍（怪异行为，包括偏执性、分裂样和分裂型人格障碍）、B 型人格障碍（戏剧化或不稳定的行为，包括表演型、自恋型、反社会型和边缘型人格障碍）、C 型人格障碍（焦虑或抑制行为，包括回避型、依赖型和强迫型人格障碍）之间有无差异。根据对以往文献的回顾，研究者的假设是黑人会有更多的 A 型症状，黑人和西班牙裔更可能出现 B 型症状，而且人格障碍的症状与种族和族裔的关系不能完全由战争暴露、PTSD 或其

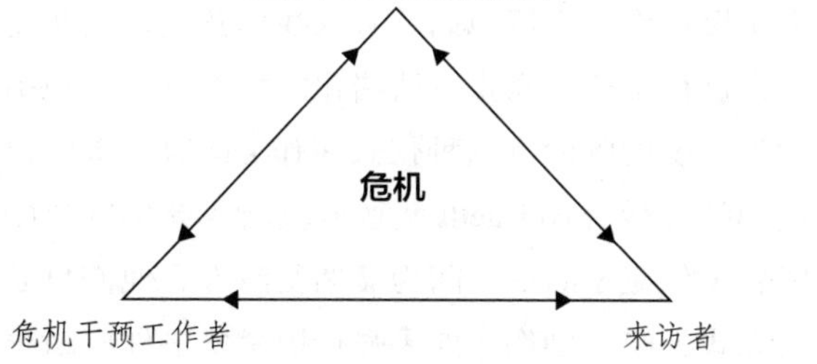

图 2.2 生态学 / 文化对来访者–危机干预工作者相互关系的动态影响

他潜在混杂因素（包括年龄、受教育程度和收入）解释。研究的结果和研究者的假设完全相反。结果发现与其他两组退役军人比较，西班牙裔退役军人更可能出现 A 型人格障碍；有 A 型人格障碍症状的退役军人被诊断为 PTSD 的可能性是其他人的1.5倍；最后，战争暴露的水平越高，就越可能表现出 C 型人格障碍的症状，这在三组样本中是一致的。

因此，如果你从事退役军人的 PTSD 治疗工作，很显然环境和族裔之间的交互作用会对来访者的状态产生深刻的影响，从而也决定了治疗计划会随着你面对的来访者表现出的人格障碍的不同而变。

当把危机干预工作者考虑进去的时候，干预过程就变得更加复杂了。内部和外部控制点是一个特别让危机干预工作者苦恼的事情。绝大多数危机干预工作者有很强的内部控制倾向，认为通过个人的努力，一个人可以重新获得心理的稳态和平衡（Atkinson，Morten，& Sue，1998）。但是要理解，没有哪种干预是在真空里进行的，不可避免会受到多种生态学 / 文化因素的影响。在气氛和情绪都高度紧张的危机干预中尤其如此。

明智的危机干预工作者能理解这样的复杂性，如果其生态学因素和文化背景与失控的来访者完全不同时，他会小心地慢慢推进干预。他会保持高度的敏感性，询问需要帮助的对象愿意用什么样的方式接受帮助。举个例子，Weisaeth（2000）报告，他在面对一批来自斐济岛的联合国维和部队士兵时，决定不进行紧急事件应激晤谈（Critical Incident Stress Debriefing，CISD），这些士兵正在南黎巴嫩执行任务。在一次炮击后有许多平民死伤，之后他们一直躲在军营里，这些斐济人进行了非常紧张且情绪化的集体仪式，包括中等程度的喝酒（这种仪式叫作 kawa），来应付他们的应激。Weisaeth 明智地决定放弃标准化的紧急事件应激晤谈，因为显然斐济人有他们自己的方式去应对创伤。如果强行把紧急事件应激晤谈塞到斐济人的传统文化中，可能会带来严重的阻抗，而且造成的伤害可能要大于带来的好处。

在我们的课堂上经常遇到的一个看法是“要给一个人进行咨询，你必须首先成为那个人”。我们认为这种说法既不是真的，也没法做到。尤其是在危机干预中，我们几乎不可能自主选择帮助的对象，而且通常也没有办法仅仅因为来访者的生态学 / 文化背景和我们不一样，就进行转诊。可以做的，也是必须做的，是对这个人的需要保持高度的敏感，用 Carl Rogers 的话来说（Raskin & Rogers，1995），在危机情境下对他独特的个性保持尊重。对治疗结果的研究发现，建立在信任和可靠的基础上的治疗师–来访者关系，是任何治疗获得成功的最重要的前提（Capuzzi & Gross，1995，pp.12-25）。

危机干预中多元文化方法的不足

首先，对于所用的术语，如种族、族裔、种族和族裔身份、文化等，它们作为可定义的和可测量的概念到底是什么意思，有着许多争论（Cokley，2007）。这对于多元文化主义本身是一个问题，对于在文化上越来越多元的社会中提供多元文化咨询来说也同样如此（Trimble，2007）。因为如果我们不能定义这些术语，那么解释什么是多元文化咨询，并进行这样的咨询就很困难（Ponterotto & Mallinckrodt，2007）。

这里描述的危机干预中的多元文化方法并没有得到所有专家的一致支持。这些专家当然绝不反对在提供帮助和精神卫生服务时，应当考虑所遇到的不同形式的多样性。然而，对于当前咨询的多元文化视角，确实存在一些严重的问题。这些问题对于危机干预来说尤为突出。

可能最常提出的问题是，就许多“多元文化主义者”来说，目前的心理咨询、心理治疗和危机干预的理论有其内在的偏见和压迫性（Weinrach & Thomas，1998；Wubbolding，2003）。另一个批评认为目前很多“文化胜任力”的培训本身就是排他的（Weinrach，2003）。还有一个缺陷是多元文化胜任力相关的研究文献没有经过同行评议，或者缺乏实证研究（Brandsma，2003；Sullivan & Cottone，2010）。Owen及其同事(2011)进行了一项相当复杂的研究，要求来访者对治疗师的多元文化胜任力进行评价，同时也测量了治疗的效果，结果发现多元文化胜任力对治疗的成功并没有太大的贡献。当然这个研究也受到了其他多元文化研究者的批评（Ridley & Shaw-Ridley，2011；Worthington & Dillon，2011）。因此，批评当前多元文化运动的人相信，这些只不过是对现在的心理卫生理论和实践不满意的人的无稽之谈，而且他们还希望他们的这些抱怨即使没有证据也应该完全被接受。Trimble（2007）直言不讳地说，如果我们不能清楚、具体地定义这些概念，我们就不可能测量它们。

举一个具体的例子来说，有假设认为，在处理困难和问题方面，一些亚洲和拉丁美洲文化的集体主义比美国或西欧明显得多。这是人们长期以来都相信的观念，即美国人和西欧人的世界观中，个人主义很强烈。关于这样的世界观假设，有一项大型的元分析研究。研究者发现在个人主义方面，印度尼西亚人与欧裔美国人、澳大利亚人和德国人并没有显著的差别；在个人主义上，欧裔美国人比半数以上拉丁美洲国家的人要低；真正令人吃惊的发现是，美国人的集体主义价值观比日本人更强，和韩国人没有显著差别。这项包括了170个多元文化研究的元分析提出了一个重要的批评，即我们把世界分成个人主义和集体主义的阵营，并且盲目地接受这样的区分（Oyserman，Coon，& Kemmelmeier，2002）。

Kim等（2003）发现与亚裔的美国咨询师比较，接受咨询的亚裔美国人给欧裔的美国咨询师评分更高。为解释这个谜题，研究者发现欧裔的美国咨询师会显示出更多的积极性和热情（微笑、身体姿势的变换），可能导致亚裔美国人来访者给予更高的评分，而亚裔的咨询师表现得更加被动和缺乏情感，因而评分较低。这一研究结果带来一个疑问，被动消极、态度不明朗、看起来不投入（2003）对亚洲来访者——至少对于亚裔美国人——来说真的是最合适的治疗方法吗？

Shectman等人（2003）比较了以色列犹太人、伊斯兰国家的人和德鲁兹教派青少年的集体自我披露。他们的假设是由于一般认为伊斯兰世界属于集体主义文化，德鲁兹教派来自连接非常紧密的与主流文化差别很大的农村集体主义文化，因此这两组青少年在集体咨询中的自我披露应该远远不及犹太青少年。然而出人意料的是，虽然德鲁兹教派的青少年一如往常地很少自我披露，但伊斯兰青少年的自我披露远远超过犹太青少年。他们推测这一结果可能是由于伊斯兰青少年的双重文化性，和犹太青少年比起来，他们可能很需要找到自我披露的途径。这个研究里的青少年并不符合关于不同种族的青少年自我披露方式的社会刻板印象。看起来只要有中等程度的双重文化身份，参与者就会利用机会进行沟通。

这些研究提示的是，根据种族、族裔、国籍等信息武断地认定世界观的差异，进而决定咨询方法，确实有很严重的问题，也使得个体变得非常刻板，这正是多元文化主义者所反对的（Cohen，2009）。与这个批评相应的，关于如何进行跨文化研究，以及在何种程度上验证这些研究，来为文化胜任力提供坚实的研究基础，也是存在问题的（Wubbolding，2003）。例如，在小样本的外国留学大学生中进行的研究结果，常被推广到整个民族群体（Oyserman，Coon，& Kemmelmier，2002）。Oyserman等（2002）的元分析就把一些令人不舒服的事实摆在了多元文化咨询面前。其中突出的一个就是揭示了个人主义-集体主义这一概念确实是理解文化如何起作用的有效方法。这个观点对于许多多元文化学家来说是神圣的，也是不证自明的。当然在不同种族、族裔和国家的人群之间存在普遍性的组间差异，并且我们将个人主义—集体主义这一概念看作很好的理论模型，但我们认为组内差异也同样重要。

因为这本书在不同的国家应用（例如，本书有中文译本），所以需要指出，美国的多元文化学家似乎并不知道也不愿意提起多元文化胜任力是如何在美国以外的地区得到应用的（Johannes，

2003）。跨国家的比较研究也很罕见。我们提到这个，是因为我们对于多元文化理论本身，以及如何在危机干预中应用，都知之甚少。因此，对于被多元文化主义的拥护者颂扬为终极真理的东西，是否能武断地推广到所有的治疗情境中，读者应具有相当的辨别力。从这个角度来说，如果你在读本书的中文译本，或其他任何语言的译本，我们会很有兴趣听到你的看法，例如你的特定文化如何看待帮助危机中的人，以及本书提供的有关危机的信息是否和你所在社会的看法一致。

基于文化的有效帮助

简单明了的事实是，我们对于文化、危机和危机干预如何相互作用知道得不多（Brown，2008，pp.256-257）。这方面的研究很少。有些文化甚至没有表达“创伤”的词汇（Silove，1998）。但是，我们知道的是当个体遇到危机情境时，深藏起来的文化信念和过去习得的应对方式会迅速显现出来（DassBrailsford，2008）。当创伤性事件发生时，不管人们当时住在哪里，在哪里工作，都很可能会恢复他们长期以来持有的文化信念（Brown，2009，p.154）。

有很多证据表明，与欧裔美国人比起来，美国少数族裔对精神卫生服务的利用少很多（Breux & Ryujin，1999；Chen & Mak，2008；Sue，1977）。当灾难发生时，卫生服务利用不足就会带来严重问题，因为研究发现，在遇到灾难时，少数族裔本来就会比多数族群受到更严重的影响（Norris & Alegria，2006）。

很显然，很多人为的危机涉及文化冲突和缺乏文化上的理解。Eidelson 等（2003）描述了在不同种族、国籍、宗教或其他社会身份和问题的人群间发生冲突时，歪曲的信念如何导致了过多的死亡、痛苦和流离失所。研究者集中探究了五种核心的信念维度，这些信念驱使个体和群体对与自己不同的人做出危险的假设。这些假设围绕着这五种核心维度，包括优越性、不公正、脆弱性、不信任和无助感。根深蒂固的理解、感知和解释事件的模式，似乎能支配和引起情绪与行为，最终可能导致冲突和破坏性的危机。歪曲的和功能障碍的信念可能是危机干预工作者和其他咨询师所遇到的诸多问题的核心。

最近的一个例子发生在新奥尔良，新奥尔良的非洲裔美国人有一个广为传播的歪曲信念，他们认为在卡特琳娜飓风引起洪水后，防洪堤是被故意炸毁的，目的是为了保护白人的居住区。实际上，确实有历史先例，炸毁新奥尔良的防洪堤以保护部分城市。事实上，这一情况并未发生在卡特琳娜飓风事件中，但这对这些人来说并无差别，他们失去了一切，只剩下了遮体的衣服。想象一下如果你试图去做危机干预，尤其当你是一个白人，你还告诉他们你不相信防洪堤是被故意炸毁的，你会有什么样的遭遇？你是不是还没开始就要放弃了？不是没有可能！

历史和经验可能在服务接受者如何看待危机干预中起着关键性作用。在1989年南加州的洛马–普雷塔地震中，房屋受损的墨西哥裔美国家庭拒绝去学校和礼堂的避难所。他们一直住在帐篷里，也拒绝重返他们受损的房子。在1995年洛杉矶附近的北岭地震后也是如此，即便当局向墨西哥裔美国人保证安全，也还是如此。他们这样的拒绝是有原因的：1985年墨西哥城的地震使得大量躲进避难所的和重返受损房屋的人死亡或受伤。最后出动了由熟悉两种文化的双语危机干预工作者组成的“保证小组”，才说服了加州的新移民去避难所或者重返他们的房子（Myers & Wee，2005，pp.59-60）。

有效多元文化咨询师的积极方面

Sue（1992）认为当人类服务工作者“使用与来访者的生活经验和文化价值观一致的策略、方法和目标”（p.13）时，其多元文化的帮助作用就得到了增强。Belkin（1984）指出跨文化咨询并不一定是消极的事情，这同样可能有效地解决来访者的问题，并给来访者和助人者都提供独特的学习经验，而“有效的跨文化咨询其主要障碍是传统的咨询角色本身，这对于许多跨文化交流都不适用”(p.527)。他还进一步指出主要的跨文化障碍是：(1) 语言不通；(2) 阶层相关的价值观；(3) 文化相关的价值观 (p.534)。他认为对于有效的跨文化咨询师来说，最积极的发现或信念是，不管什么地方的人，相似的地方总是多过不同的地方 (p.543)。

Cormier 和 Hackney (1987) 引用了几条文化上有效且可供助人者使用的策略。例如，助人者可以 (1) 从来访者的角度去了解世界；(2) 寻找对于不同文化背景的来访者更有吸引力的和更合适的新角色；(3) 帮助来访者与其固有的支持系统联系，寻求帮助 (p.259)。他们也指出，要做到文化上有效的干预，助人者不应当 (1) 把自己的价值观和期望强加于来自不同文化背景的来访者；(2) 对来访者、来访者的行为、或来访者的文化持有僵化的看法，或者贴标签；(3) 试图把单一的咨询模式强加于来访者 (pp.258-259)。

以一个例子来说明这种单一模式的期望值。Sue (1992) 提到传统的助人者可能倾向于强调来访者要把他们的情绪用语言表达出来。他指出某些来访者 (如传统的日本人) 可能从儿童时期就被教育不要主动说话；许多文化高度重视控制强烈情绪的表达；而沟通模式也可能与美国的模式不同，“倾向于垂直沟通，信息从有较高威望和地位的人向较低威望和地位的人流动”(p.12)。对这一点不熟悉的助人者在遇到这样的来访者时，可能觉得这个来访者不善辞令、不够聪明、缺乏自觉性或受到压抑 (p.13)。

学校危机干预工作者：(温柔地和一个新近移民的日本家庭交谈，他们的儿子在高中的橄榄球比赛中受了较严重的伤，因而必须休学一段时间。) 我希望能在这个困难的时候为您的家庭提供帮助，因为我们不知道您儿子的伤会恢复得怎么样，也不知道这对他的学业或上大学的机会有什么影响。我处理过几个学生家庭的类似情况，有一些经验，所以如果您希望有学校方面的人帮您说话，我完全可以替您代言。这是我的工作，如果您要求的话，我很乐意也很荣幸能帮您。我会留下我的名片，您可以随时打电话给我。

Dass-Brailsford 谈到另一种极端情况，那就是非裔美国人尤其是南部的文化，则常常用躯体的接触来建立联系。因此拥抱、仪式性的击掌、公开表露悲伤以及开心地惊叫，都能起到治疗和建立联系的作用。

学校危机干预工作者：(正充满活力并热烈地和一个非裔美国家庭交谈，他们的儿子在高中的橄榄球比赛中受了较严重的伤，因而必须休学一段时间；咨询师给了母亲一个真诚的拥抱，和父亲握手，并抓着他的手臂。) 我讨厌这样的事情发生在你和 Rashad 身上。这就像当头一棒，不知道会对他的橄榄球职业前景和申请大学造成什么影响。你一定吓坏了，也很急于知道以后会怎么样。如果你同意让我成为学校的指定联系人，我很乐意有机会帮助你。我帮助过许多这样的孩子。我和 Rashad 很熟悉，可以帮他协调各种事情，包括学校的老师和大学申请。我明天就可以做这些事情，或者如果你需要考虑一下，我会等你的电话。希望你能明白，你和 Rashad 对我们阿林顿高中来说很重要，我们会一直和你们在一起。你们就是阿林顿高中大家庭的一员。

如果我们这位受伤的橄榄球运动员碰巧是西班牙裔，而他的父母不会说英文，你在高中又学的法语，这时候你就需要一名翻译了。这名翻译必须是你信任的人，具有相应的文化背景，知道如何确切地把你的词语、声调、声音大小、姿势、肢体语言，在说话的对象，无论是母亲、父亲、还是双方面前，都尽可能准确地表达出来 (Zalaquett, Carrion, & Exum, 2010)。这就意味着如果你的咨询对象使用的语言是大多数人不会的，你可能需要事先好好计划一下。

这时候你可能会想，“这不可能嘛，我不可能知道所有我可能遇到的人的语言和文化，我肯定会弄砸的”。不是这样的！如果你注意前文Cormier和Hackney提到的那些要点，你基本就在正确的方向上。前面几个例子中，最重要的是干预工作者在寻找适合来访者世界观的定位过程中，表现出同情、关心和积极的尊重，主动提出作为来访者的支持者，而不是把自己的价值观或条件加入到来访者的境遇中。虽然在进入来访者的文化世界时，时不时地我们也会犯错误，但当这些基本原则得到应用时，很少有来访者会出现负面反应。

当你在意大利的罗马或者美国的佐治亚州

当危机干预工作者进入危机现场或者进行外展服务时，了解其所进入的文化背景就特别重要。危机干预工作者对于来访者需要和适合哪种干预类型的认识，是他自己的文化以及社会背景、受教育经历和世界观的综合体现（Kaniasty & Norris，1999）。当危机干预工作者进入其他环境，又没有时间去熟悉当地的文化和生态学背景，然后就对来访者进行“浅层”的干预时，文化差异就成为一个特别大的问题。这里我们并不仅仅是谈“外国人”。即便在美国国内，由于F4级龙卷风而无家可归的田纳西州杰克逊县居民，俄克拉荷马市联邦大楼爆炸案的死者亲属；子女死于明尼苏达州的红湖县学校枪杀案的印第安家庭；短期无家可归而极其需要社会、医学和精神卫生服务的人们，他们对于什么才是有效的干预，都可能持有与干预工作者完全不同的观点。他们可能对试图闯入其世界的危机干预工作者感到愤怒（Hopper，Johnston，& Brinkhoff，1988）。认识这些文化上的微妙之处绝对是危机干预工作者的责任，因为受害者和幸存者都能感觉到（Golec，1983）。

语言障碍

对来自同样文化背景、说同样母语的来访者进行危机干预已经很困难了。但第一代美国人或移民（即不是在美国出生长大的）表达和沟通其个人问题的方式可能与危机干预工作者习惯应对的方式完全不同。结果就是，评估和干预变得更加复杂和困难。因为需要翻译，或者那些父母亲不会说英语的孩子必须充当口译的角色，所以保密性也会成为问题。持有美国绿卡或学生签证的人要冒着与精神健康有关的私人信息被联邦机构知道的风险，这可能对他们的移民状况评估产生不利影响。语言障碍使在沟通来访者的需要和干预工作者所能提供的服务时，容易产生误会，这就进一步使这个问题复杂化。特别对于“外国”学生来说，由于有“精神问题”而被退学会导致他们在家庭和祖国中感到极为严重地“丢面子”。如果不能敏感地处理好这些问题，那干预工作者试图提供帮助反而会加重危机，而不是减缓危机（Oropeza et al.，1991）。

如果危机干预工作者对当地的语言说得不流利，那要怎样才能传递信息？虽然并不是最理想的，但一个好的翻译非常重要，而不是让家庭成员做翻译——尤其当一个家庭的孩子因为上学而掌握了比父母更好的英语技能，可能会担任家庭的翻译。因为需要讨论亲密关系的细节和保护家庭角色，所以有一个第三方的翻译是至关重要的（DeWolfe，2000）。

干预工作者：（通过翻译正和一个来自巴基斯坦的家庭谈话，这个家庭在一起火灾中失去了所有的财产，而家里唯一能流利地说英语的是孩子）请告诉Maqsood先生和太太，我很抱歉不会说乌尔都语。我可以通过你或者通过他们的孩子来交谈，请告诉我他们更愿意选择哪一种。

宗教和精神性

宗教和精神性负载着如此多的情感，因此，许多人类服务工作者由于担心被人看作是劝说别人信教的，或者由于对他人的精神信仰不敏感，而把这个领域看作是裸露着的电线，绝对不碰。然而，否认或者装作宗教、信仰和精神性不是危机的一部分，是忽视了绝大多数人的大部分危机反应。有意思的是，除了牧师的咨询以外，在心理咨询中很少考虑宗教的影响（Schlosser et al., 2010）。然而对于许多人来说，创伤是建构生存意义的终极挑战，而对于绝大多数人来说，建构生存意义都和某种类型的信仰有关（Brown, 2009, p.228）。

Perilla 等（2002）发现在安德鲁飓风过后，除了因为较差的经济状况而导致遭遇飓风的袭击更加严重以外，拉美裔和非西班牙裔黑人还显示出和白人不同的独特脆弱性。他们比白人受到的创伤更加严重，这种差别至少部分可以归因于他们的宿命论世界观，即他们对自身的境遇几乎没有控制力。他们相信只要上帝希望发生的，都会发生。面对这样的宿命论者，危机干预工作者如果试图劝说他们把世界观从外部控制点转换到内部控制点，是不会起到任何效果的。事实上，如果危机干预工作者能用这些少数族裔的宗教和精神信仰来指导自己的干预工作，就会好得多（Myers & Wee, 2005, pp.60-61）。

在第三章中，你会读到分类评估系统，其中就包括了精神性 / 道德维度，这是有原因的。因为人们总是试图从完全没有意义的事情中寻找意义，因此宗教和精神信仰在危机的后果中起着很大的作用。人们试图用一个至高无上的存在统治着一个公正和道德的世界这样的概念来解释这个随机残酷的会崩溃的宇宙，在这个过程中，信仰起着很大的作用。就像 Bingham（2010）描述非裔美国人那样，"很难理解的是，教堂远比家庭重要"（p.22）。如果你不能适应教堂对于非裔美国人（Grills, 2004）、许多其他少数族裔（Taylor, Chatters, & Levin, 2004）以及许多南部白人的重要性，那么你试图帮助他们渡过危机时，就可能会遇到困难。

那些看起来已经适应新国家文化的新近移民，在遇到危机时，会很快回到他们过去习惯的行为方式（Augsburger, 1992）。在安德鲁飓风袭击南佛罗里达州后，Shelby 和 Tredinnick（1995）遇到的加勒比和拉丁美洲美国人就是这样，他们详细报告了危机干预工作中所遇到的文化差异。这些人对灾难有着惩罚性的解释，会在抚养孩子时采取惩罚式的方法，尤其在应激状态下，这与干预工作者认为的正确和道德的做法有着很大的差别。因此危机干预工作者必须非常小心地不去挑战他们这些深层的信念。简单地说，对你来说看起来像"巫术"的事情，如果能带来安慰和缓解，危机干预工作者也需要把自己的信念束之高阁，而去鼓励这种精神上的应对行为，以帮助人们恢复（Dass-Brailsford, 2008）。

所以当你遇到精神性问题时，你怎么处理呢？安德鲁飓风后，危机干预工作者是这样做的：允许幸存者以符合其宗教的方式对灾难进行解释，去处理他们的罪恶感和责任感，不对他们的信仰做任何价值判断。此外，针对这些不同族裔的父母关于儿童教养的看法，如果要教导他们儿童通常是如何对创伤做出反应，以及儿童的正常发展问题，考虑到危机干预的短程性，这是一个几乎无法完成的任务。这样的干预当然是有必要的，但是危机干预工作者可能需要谨慎地考虑。

卸下这一棘手的问题，简单地让人们去和他们的牧师、神父或犹太教教士谈话，是放弃了你作为危机干预工作者的职责。另外，虽然你可以向某个特定个体所信仰的宗教的领袖寻求帮助和建议，这并不意味着就能保证你能与这一特定个体的生存意义保持协调一致。在这个世界上，你不可能成为一个明白所有危机干预对象的宗教的专家。我们相信你能做到的是 Schlosser 及其同事（2010）提出的，事先做出声明，直接提及这个问题。

干预工作者：（正与一个在山体滑坡中有家庭成员受伤和死亡的来访者交谈）你没有提到你的信仰或宗教。当我遇到类似的情境，即帮助失去了家人的人时，对于他们许多人来说，信仰是他们应对悲剧时非常重要的部分。虽然个人的信仰是非常私人的事情，我可能对你的宗教信仰一无所知，但我想你能不能和我谈一谈这个方面，或者如果你愿意，我可以找一个你的宗教领袖谈一谈。不管怎么做，我希望你明白，我会陪着你，帮助你渡过这个难关。

在这以后，通常你会需要用到倾听和反应技巧，在第四章里你将学到这些。对于那些因为失去信仰和未能解决哀伤而处于危机转移状态的个体，我们在第十二章“个人丧失：居丧与哀伤”中有更多关于精神性和信仰的论述。

支持系统

你很快就会发现，提供支持是如此重要，在第三章里的危机干预模式中，我们把提供支持单独列为一个任务。社会支持来自家庭、朋友、同伴和专业人士，在没有其他支持或之前的这些支持系统被抛弃时，来自专业人士的支持是极为重要的，因为它们的确能帮到来访者（Taylor，2007）。然而，处于危机中的人们如何利用社会支持系统，并非总是直线或直接的。Shelby 和 Tredinnick（1995）发现非裔和西班牙裔美国人倾向于依赖扩展的支持系统，这远远超过欧裔美国人。Dais-Railsford（2008）不得不花许多时间去说服社会服务机构，那些父母在卡特琳娜飓风中失踪的孩子并没有被抛弃，其他有能力的成年人在照顾着他们，保证着他们的安全。对于有些文化来说，“家庭”的概念远远超过一起住在自己房子里的人。因此，危机干预工作者必须更加系统地与扩展家庭网络合作，而不仅仅是应对危机中的个人。

虽然社会支持非常有帮助，但对于某些个体来说，其所在的文化禁止个体敞开心扉获得社会支持。Kim 等（2008）在他们对亚洲人和亚裔美国人进行的研究中发现，与欧裔美国人比起来，他们调查的亚裔大学生在寻求任何支持系统的帮助时，都要犹豫得多。这是因为他们没法处理危机给他们自己及其家庭带来的羞耻感。研究者认为他们不愿意寻求帮助的一个原因可能是，寻求支持需要学生们披露自己的个人问题，这会给他们带来更大的应激。以文化上更能接受的方式，重新建构这样的支持，可能是一种能让个体接受帮助的方法。Organista 和 Munoz（1996）建议，使用手册和布置家庭作业的方式，就像教师在课堂布置作业那样，可以避免因在精神卫生工作者那里接受心理治疗而带来的耻辱感。

干预工作者：（正与一名亚裔女大学生交谈，她远离家乡和亲人，遭遇性暴力攻击，而她对攻击的反应则是不明朗或是隐晦的）Li Mai，你所遭遇的事情对于任何女性都是难以忍受的。我遇到的几乎所有和你有类似经历的女性，都觉得这种很隐私的侵犯让人难以启齿。不愿意谈起性攻击是很正常的，因为这会带来许多不良情绪——尤其当你觉得是因为自己不够小心时，会有负罪感；或者想到这件事被别人知道，会觉得羞愧。然而，我想有些事情你需要知道，这可能对你有所帮助。你可能更希望把我看作一名老师，我会给你一些重要的信息，而如果你觉得合适，就可以利用这些信息。或者你也可以把我看作一名橄榄球或花样滑冰教练，我可以帮助你调整，让你表现得更好。我希望你想一想我说的话，或许可以用这种方式看待这起事件，并把我看作老师或者教练。

披露自己在道德上或者个人方面的失败所带来的羞耻感是很强的。家庭暴力的一个标志是如果一个人被虐待的事情被别人知道，就会感到难堪和耻辱。有一个常见的谬见是：犹太女人肯定从来没有被配偶打过，因为这在犹太人的宗教 / 文化里从来不会发生。但是！除非孟菲斯市有着和世界上其他地方不同的犹太人群体，否则我们的家庭矛盾中心接到的家庭暴力报告就不是这样的了（Zimberhoff & Brown，2006）。然而，这样的谬见对那些不寻求支持的人有着强大的社会影响和压力。打破这些有关危机的谬见是本书的部分内容之一，而对于危机干预工作者来说，提供教育是一项主要任务。

干预工作者：我想你知道一个说法，犹太女人不会被丈夫打，至少好的犹太妻子和母亲不会。然而，事实上在孟菲斯，我们接到了许多报告反映犹太女人挨打，可我不认为有这么多坏的犹太妻子和母亲。因此我希望你明白这是一种错误的说法，而你并不是唯一的被打过的犹太女人。我希望你能去一个支持小组，这个小组由和你一样被虐待的女性组成。你可能会有兴趣，因为这个支持小组里实际上有三名犹太女性。

作为文化障碍的职业因素

第一章的生态学模式也可以应用于特定职业的“文化”。有意思的是，除了 Laura Brown（2008，p.25）以外的绝大多数多元文化学家很少把职业看作一个主要的社会定位。但职业与我们的生活和我们对自己的定位息息相关。想象一下，你去参加一个聚会，遇到一个陌生人，在最初的寒暄过后，肯定很快就会问到“你是做什么的？”或“你在哪里工作？”等问题。

亚拉巴马州的钱德勒山区的农业职业文化，和纽约华尔街的金融业文化有着极大的差别。我们相信如果在考虑文化和生态系统时，不把职业因素作为一个部分，那显然是忽视了个人生活中的一个重要方面。警察是一个极佳的例子。一般人们认为警察是心理问题的高危人群，仅仅是因为他们面临的高度应激和可能危及生命的情境。然而事实并非如此。

任何对警察进行心理辅导的危机干预工作者，如果认为与危机有关的唯一因素是受到生命威胁导致的高度应激，那就大错特错了。由于其权威的角色，与社会其他部分的隔离，不规律的工作时间安排，反应性的工作性质，长期面对人生的各种负面消息，必须时刻保持情绪控制，以及必须就对和错做出决定性的判断，所以警察有着独特的职业文化，以及封闭的生态系统（Winter & Battle，2007）。

痛苦的执法者们面临着一个很大的问题——婚姻生活。在所有职业类型中，警察是离婚率最高的职业之一。他们通常不会和配偶谈起自己的工作或感受，因为他们觉得听到这些事情会让其配偶感到不舒服。他们的职业应激常常是“爆发性的应激”，即他们的工作可能有很长一段时间都是沉闷和乏味的，然后突然会出现极其刺激的瞬间。从长远来说，这种心理上的过山车是压力极大的。此外，由于执法者们每天都能看到美国精神卫生系统的各种失败，他们很可能会对所有精神卫生专业人员持有很严重的偏见（Hayes，1999）。

孟菲斯市警察局的危机干预小组让培训者和警察一起巡逻，这并不是为了追求刺激。这些巡逻不但给了我们宝贵的现场经验，而且让我们有机会了解警察工作中的生态系统。周六晚上一起值班巡逻建立起来的联盟关系，打破了职业壁垒，建立起了我们了解警察文化的诚意。不管读多少书，知道多少专业知识，也没法弥补缺乏的这种关于文化环境的知识和敏感性。

实际上，Winter 和 Battle（2007）应用这种文化联系方法针对接受惩戒或因行为问题受到投诉的警察进行了实验。危机干预工作者和这些有麻烦的警察一起开车巡逻，这种干预被孟菲斯市警察局的 Betty Winter 博士称为“嵌入式治疗”。你可以想象，警察们一开始表现出的是高度的怀疑和敌意。然而，由于八小时都一起坐在巡逻车里，危机干预工作者给予警察共情、倾听，并对其担心的事情进行反馈，因而这种障碍就被打破了。应该说很快地，随着危机干预工作者和警察建立联系，获得其信任，警察们本来对自己上级的漠不关心的抱怨，变成了倾诉各种私人和人际问题。初步的研究结果是积极的：这些警察的行为变好了，也不再有进一步的违纪表现（Winter & Battle，2007）。

作为文化障碍的地理因素

Lenihan 和 Kirk（1999）曾经为一些缺乏典型危机干预基础和支持系统的小城镇和农村地区，制订过社区水平的危机干预计划。许多很小的社区和偏远的农村地区曾遇到过危机，然而这些危机又没有大到需要联邦干预的程度。州应急管理机构可能从邻县或州里调遣危机干预工作者，以协助危机中的社区。或者这些社区自己也可能从大学、慈善机构、民间团体和附近的地方政府请求志愿者帮助。这些社区的人们可能对外来者（即使是从相邻社区来的）持有怀疑态度，总是试图“告诉他们该做什么”。然而如果不能获得帮助，那么集体恐惧、谣言、狭隘的地方主义、没法获得所需要的服务等因素，都会使社区持续受到伤害，不能从创伤中走出来。Lenihan和Kirk认为干预策略必须首先考虑外来的服务提供者和当地的服务接受者之间的文化差异，否则不可能开展任何有意义的工作。他们认为不但应该立刻评估创伤事件对个人的影响，还应该评估其对文化的影响。在某种意义上，他们在对整个社区进行“分类”。他们建议外来的危机响应小组应该首先寻找、识别社区领导者，并与这些社区领导者商讨应该如何进行危机干预，以及干预的对象应该包括哪些人。

特别重要的一点是，确定社区的信仰系统是什么，系统内是不是存在可能对危机做出与社区大部分人不同反应的亚文化（Chemtob，2000）。任何危机反应都应该整合到社区领导和社区机构中，如社交俱乐部、教堂、民间组织或共济会。必须为社区领导者提供容易理解和接受的咨询，而不是强行灌输。同样，必须运用基本的倾听技巧，了解社区的想法，要避免冒失、多管闲事、专家般的“我们知道什么对你们是最好的”的态度（Van den Eynde & Veno，1999）。

评估并找出社区的自然领导者并和他们合作，对于组成工作联盟，并为危机现场的市民们提供熟悉感、安全感和控制感来说，是非常重要的。任何行动计划都应该通过合作来制订，而且要考虑到社区的经济资源和人力资源，必须是具体、可行和可控制的（Lenihan & Kirk，1999）。简单地说，外来的危机干预工作者要权衡好指导性和非指导性的干预，当把自己定位在引导者和帮助者时，才能把工作做到最好。换句话说，危机干预工作者给予指导的程度，必须和来访者（社区）自己固化的程度相一致。

生态学模式认为创伤干预的效果依赖于，干预能在何种程度上增强个人与社区之间的联系，促进个人与其文化背景的协调（Harvey，1996）。如果你把这样的农村社区生态看作充满着复原力、自立能力和信仰的，并认识到这些才是支持的主要来源，那么你也可以想象出一幅生动的画面，你是如何巧妙地进入这样一个社区的。即使满怀美好愿望，也可能铺成通往地狱之路，因此进行危机干预时，你得清楚你走在一条什么样的路上。

地方咨询的两难困境

当给地方当局提供咨询和服务时，会遇到真正的两难困境。一方面，他们最清楚社区的基础设施和需要是什么。让社区代表和社区领导者作为中间人和顾问加入危机干预中，可以方便干预工作者接触人群，并获得一些可能会影响服务提供的当地文化因素方面的信息（Chemtob，2000）。

另一方面，由于外来的干预工作者并未融入当地的组织架构或当地文化，他们可能轻率地进行他们的工作，在此过程中试图纠正当地长期存在的社会不公正和做法（Golec，1983）。明智的危机干预工作者在进入不同的地区工作时，不管是在阿富汗的喀布尔还是南加州的克莱茨威尔，都会记住这样的两难困境一直存在。我们当然不提倡危机干预工作者去改变和纠正所遇到的每一个他们认为有害的事情和不好的地方。然而，就像Shelby和Tredinnick（1995）报告的来访者对灾难的文化反应那样，我们不确定危机干预工作者是否只能站在一旁，看着危机受害者通过殴打孩子来发泄他们的沮丧。我们竭力主张的只是，危机干预工作者必须知道存在着这样的两难困境。

那危机干预工作者是否就该袖手旁观呢？社区自己照顾自己的能力当然是最重要的。社区成员比外来者能更好地理解其政治、宗教和文化的根源。然而当灾难来临，社区资源不足时，许多研究显示利他主义并不会延伸至穷人、老年人、受教育程度较低的人以及少数族裔。这样的人群可能被“灾难时的民主”剥夺权利或被否认是集体的一分子（Kaniasty & Norris，1995）。尤其是老年人，虽然因为其躯体不适或疾病而需要特别帮助，但通常没有人去特别关注他们的财产损失，或给他们庇护、食物和药品（Kaniasty & Norris，1997；Kaniasty，Norris，& Murrell，1990）。

Kilijanek 和 Drabek（1979）在堪萨斯州托皮卡的龙卷风灾难中，用“忽略模式”这一术语来描述老年人缺乏照料的情况。在灾难中，“会哭的孩子有奶吃”的现象尤其明显。那些年轻、有魅力、善于言辞、聪明、来自较高社会阶层和社交能力强的人，因为有着权力、影响力和语言表达能力，而获得更多的帮助。而那些没有这些条件的人，则由于不够有知识、不善言辞、不够有能力、不够年轻、不够自信，而没法获得他们所需要的帮助（Brown，2009）。危机干预工作者必须清楚地认识到这一模式，并尽力让每一个在灾难的余波中寻求和需要帮助的人获得帮助。

行动的必要性

当我们处于危机的紧要关头，仔细地观察不同文化的微妙之处，试图婉转巧妙地处理问题，对于来访者来说可能并不是最安全有利的方法。这种说法是附有条件的。也就是说，只要可能，我们都应该花尽可能多的时间，去理解来访者的问题和感受，在我们面对大众集体时也是如此。毫无疑问，对来访者的文化和生态背景保持敏感性，是耐心全面探索问题的一部分。

我们还相信，危机干预工作者可能犯的最严重的治疗错误之一是试图“加速”进程。危机干预永远都不应该加速。虽然看起来似乎自相矛盾，但解决危机最快的方法，正是花时间理解到底发生了什么。尽管如此，如果我们有一个“彻底疯狂”的来访者，他的认知过程快要严重受损，行为也将具有危险性，而情绪则可能失控。这时候在现场，我们就要迅速行动，用实际的方法保证他自己和他人的安全。最后，帮助危机中的任何人，不管文化上有多大的差异，都是很复杂的。有些事情对于一个家庭来说是危机，而对于另一个家庭来说就可能不是。

许多来自多元文化的家庭有多年的应对危机的经验，有很强的复原力。如果一个来自不同文化背景的人是一个新移民，他们到了新的国家以后，过去的成功经验就可能被认为是无关的或者不重要的。并非如此！聪明的危机干预工作者会试图发现并罗列出他们过去的成功经验来应对当下的困境。来自不同文化的人常常已经社交隔离，认为别人没有类似的反应，因此让危机体验正常化是非常重要的。授权，是危机干预的口号，尤其对来自不同文化的人来说（Congress，2000）。

在帮助和干涉之间有着微妙的平衡。无论是灾难后的干预接受者还是提供者，一直都存在两种极端情况的两难困境。一方面，接受者对帮助的行为、良好的意图和真诚的关心表示感激。另一方面，同样的干预提供者也可能在同样的帮助对象身上发现他们感到困惑、怀疑和心理上受到威胁（Wortman & Lehman，1985）。我们的经验是，这两种极端的情况不仅可能在同一天，甚至可能在同一个小时内出现！

培训

美国红十字会对精神卫生救灾认证的培训，包括了多元化训练和文化间差异的课程。美国国立精神卫生研究所（2002）发表了针对大规模暴力事件的创伤后干预者的报告，认为灾难精神健康卫生培训应该包括跨文化的训练，这是因为对不同种族群体的想法、行为和感受的不同理解，可以影响到评估效度、治疗方案和与幸存人群的一般性接触。不管危机干预工作者是去日本神户还是密西西比的长滩，明白这是不同文化的地盘对于危机干预来说至关重要。美国健康与人类服务部发表的《在灾难精神卫生项目中发展文化胜任力：指导原则和建议》（2003）为大规模灾难后的干预工作提供了许多很有帮助的建议。

现在处在哪个阶段

多元文化主义已经发展到了超过引起注意的阶段。目前，批评者主要认为过去发展的治疗方法偏向于民族中心主义的欧裔美国人群，但即使在最好的情况下，这也是没有足够依据或值得怀疑的。看起来合理并且已经有一些成功经验的是*文化适应*：改变循证的治疗方法，以适应接受服务的特定人群的文化信念、态度和行为（Whaley & Davis，2007）。为了这个目的——这当然是说起来容易做起来难，在危机干预领域充斥着各种混乱的理论，而提供服务才是最重要的——需要用严格控制的对照研究，分别比较传统治疗方法与对这些治疗方法描述清楚的文化适应，以及和现有干预模型完全不一样的特定文化方法的差异。此外，还需要有更多的少数族裔参与到这些研究中来（Atkinson，Bui，& Mori，2001）——这本身就是一个艰巨的任务，就像前面描述过的那样，少数族裔很少使用精神卫生服务。用 Brown（2008）的社会定位假说来研究来访者-干预者之间的一致性对治疗有什么样的影响，也是很有意思的。从这一点来说，我们还没能够找到任何研究来回答本章提出的一个核心问题："干预者对你的社会定位有多敏感？如果干预者对这一问题敏感，对你会有帮助吗？"

小结

虽然我们对生态/文化因素如何与危机相互影响所知不多，但是很显然这种影响是存在的。当危机干预工作者为不同文化背景的人提供服务时，这种影响有很重要的意义。干预者需要认识到的主要差别是，在个人主义/集体主义-高语境/低语境之间存在的沟通方式的差别。社会定位，即构成个人生活的多方面集合，是"组内"的文化/种族变量，和区分一群人和另一群人的"组间"变量同样重要。本章支持多元文化中的普遍观点/主体模式，反对聚焦观点。我们也提醒读者，为了进行危机干预实践，要审慎对待多元文化观点中流行的看法。

对于危机干预工作者来说，特别重要的是避免针对来自不同文化的人出现视野狭窄的观点、假设和无意识的偏见。如果你想真正了解世界各地的人是如何应对创伤的，请阅读 Ani Kalayjian 和 Eugene Dominique（2010）所著的《世界各地的重大创伤和情感恢复：为复原和寻找人生意义的仪式和做法》中的两卷。

（周亮　译）

第三章

危机干预和评估模式

引言

本章旨在介绍一种在危机处理实践中能快速上手、学以致用的危机干预模式。分类评估系统（the triage assessment system）是一种快速但系统的评估技术，用来评估来访者所处危机情境的严重程度，并在帮助来访者应对困境上，给危机干预工作者一些方向。最后，本章还提及了转介，并针对给困难来访者做咨询提供了建议。本章和第四章是之后各章的基础，希望读者在阅读时能细细品味。

你即将学习到的危机干预模式是一种强调积极、确定、目的、连续评估、倾听以及尽可能系统地帮助来访者重新获得危机前的平衡、能动性和自主性的即时模式。有两个术语：平衡（equilibrium）和能动性（mobility），以及它们的反义词失衡（disequilibrium）和无能动性（immobility），通常用来帮助危机干预工作者评估来访者的生活和应对状态。鉴于这些术语将在本章中反复出现，因此这里有必要首先介绍其在词典中的定义，并举一个常见的类比例子，以帮助读者能完全掌握其含义。

平衡：机体处于一种精神或情绪的稳定、平衡或平静状态。

失衡：机体丧失了或被破坏了精神或情绪的稳定、平衡或平静状态。

能动性：来访者处于一种在不同情绪、感受、心境、需求、环境以及外界影响下自主改变或应对的状态；面对外界物理环境和社会环境灵活变通和适应的能力。

无能动性：来访者处于一种在不同情绪、感受、心境、需求、环境以及外界影响下无法立即自主改变或应对的状态；对当下的物理环境和社会环境丧失适应能力。

一个健康的人应处于合适的心理和行为的平衡状态，就如同司机开车，不管长途还是短途，生命的道路上总有起伏。有时车会撞上路面的小凹坑，但不至于碰坏轮轴，除了需要让车整修一下，司机或多或少还是合格的司机。相反，当人们处于急性或慢性的危机之中，就会无法掌握方向继续前行。这时，司机至少会暂时无法控制自己，无法利用身边的一些资源以行驶在安全的心理道路上。

一个熟练的司机可以应对山路、弯路、冰雪、迷雾、迷途的动物、意外的失事以及大多数其他妨碍前进的障碍。不论眼前出现怎样的路障，他都可以随机应变，或刹车或打开防雾灯，预估需要的通过时间。熟练的司机可能有时会出一些小事故，但绝对会避开迎面相撞。而一个无法维持平衡和失去能动性的司机则无法应对这些：在下陡坡或者过危险弯路的时候，如果突然发现刹车失灵，司机就会惊恐万分，不知所措。他完全忘了可以使用手刹刹车、换挡减速甚至可以通过轻撞护栏制动，只能眼睁睁地看着自己陷入险境。平衡和能动性的例子适用于绝大多数的危机状况。因此，每一个危机干预工作者需要做的是让来访者能够回归心理司机的位置，继续驾车前行。根据不同情况，有时来访者需要离开驾驶座，由危机干预工作者掌控方向；有时需要危机干预工作者在副驾驶座上提醒指导；有时只需要危机干预工作者在旁陪伴。

除了上文所述，危机干预工作者将遇到很多在危机来临之前并非处于平衡状态的来访者。比如那些在卡特琳娜飓风来临前转移的人们，他们的身心在飓风来临前已经受到影响。本书将在第五章“危机案例处理”中详述这些处于危机转移状态的人群。

危机干预的混合模式

本书第七版最大的改变也许就是我们对于危机干预模式是如何实践的看法。虽然有多种危机干预模式（Aguilera，1998；Kanel，1999；Kleespies，2009；Lester，2002；Roberts，2005；Slaikeu，1990），但所有这些描述危机干预的模式都是线性的或阶梯式的。的确，在本书出版后的20多年里，我们也做着类似的工作，并提醒危机干预工作者改变条件可能会导致原地徘徊，甚至退回至先前的步骤。在早期模式中，危机干预开始于问题探索，检查安全问题，寻求支持，探索当前行为的替代行为，计划如何恢复平衡，最后付诸行动。但现在我们不再认为这种阶段性或纯粹的步骤性模式可以概括危机干预工作者的工作方式。

在教授危机干预时，我们纠结的一个问题就是，有时危机并非线性的。多数情况下危机干预绝对是混沌理论的典范：开始、结束、重复或者反复。有时候，危机干预的工作就像当一名消防员，刚刚控制了这边山头的心灵之火，那边山谷又开始告急。用一种渐进的线性计划与这些心灵之火搏斗，真是说来容易做来难。因此，我们将先前的线性模式和后来发展的系统模式（Myer，James，& Moulton，2011）结合起来，这样的混合模式既有渐进的线性计划，同时也可以视作一系列的任务实现，更适合于个体的危机干预。当然，不同任务需要在危机的开始、中间或者结束这几个不同阶段实现，改变条件意味着你需要将一些一般在结束阶段完成的任务放到开始阶段完成。或者，有些你认为已经完成的任务又出现了问题，需要再次完成，甚至反复完成。

严格的线性模式的另一个问题在于，各个步骤之间是孤立的，每个步骤必须使用特定技术按部就班地进行。在危机干预中，问题常常会突然爆发，导致孤立和阶段性的技术无用武之地。该模式侧重于在得到个人的承诺后去做某事，往往是在一次危机干预的结束阶段，但也可以出现在如高峰时段被困在拥堵的十字路口上这种需要紧急处理的时刻。当然，要得到离开危险的街道的承诺，也需要一些在与来访者接触初期用到的保证技术。下文将举一个例子帮助理解。

想象一下在北达科他州的一月份，你是一名线路工人，你戴着安全帽，穿着厚厚的绝缘服并戴着绝缘手套，顶着时速32千米的凛冽寒风，绑着脚扣爬到电杆横担上试图修理一条高压线路（危机）。你的工作腰带上装备了各种各样的工具，你也知道修理线路应该如何使用这些工具，以及每一个步骤的操作程序。但问题是大自然不会轻易就范，大风继续呼啸，刚拧紧的闸门又松了，或者刚连通的线路又短路了，然后你必须重新开始。如果你能理解这样一个类比，你就能很好地理解危机干预工作。在下文对模式的描述中，我们还会不断地以此为例，电线杆上的你将不断地换用工具以应对瞬息万变的情况。

下文介绍的模式，包括了本书中涵盖的各种危机干预策略以及问题解决过程的各个步骤 / 任务。它并不复杂，反而被设计得很简单，易于实施和使用，适用于可能会遇到的任何危机状况。

任务1　倾向性 / 卷入 / 初次接触

倾向性可以看作为某件事所做的最初和最重要的准备。它通常是危机模式的第一步：将自己或某物置于某种状态以应对即将发生的事情。通常，像武装部队这样的体系或者 FEMA 这样的政府机构会利用倾向性准备补给、装备，并且其中的成员时刻准备着应对未来的紧急状况。在本书的第十七章“灾难响应”中，你将会看到，倾向性的应用范围非常广。在咨询文献中，Prochaska、DiClemente 和 Norcross（1992）首先研究了是什么动机促发了成瘾患者决心改变。通过他们开创性的工作，让来访者做好接受咨询的准备这一概念得以广泛传播。

在危机干预中，倾向性的定义略有不同。具有倾向性的个体愿意接受危机干预工作者的帮助，但在多数情况下，他们并不一定期望我们的出现，或者他们失去了控制，以至于仅能模糊地感知到我们的存在。因此，倾向性和态度有很大关系，也和干预工作者如何进入情境有关。相当多的来访者在与干预工作者见面时行为、言谈和眼神并不友善，甚至气味也不好闻。这个时候，表现出不是刻意做作的共情和真诚的能力，对危机干预工作是至关重要的（Kleespies & Richmond，2009）。

特别是在初次接触中，让来访者知道接下来会发生什么尤为重要。除了让来访者明了将要发生什么，还需要让来访者快速意识到危机干预工作者可以是一个盟友和支持资源，而不是那些对解决问题没有任何帮助的路人甲、官僚代表和机构权威。危机干预最重要的一个起始因素，也是很常见的一件事情是，工作者如何向一个从未接触过危机干预的来访者介绍自己。我们对危机干预警察小组的实践培训现在加进了一个初始阶段，专门培训警察如何向服务接受者介绍自己（Memphis Police Department，2010）。我们的主要目的是让来访者在以下两个方面接受危机干预：(1) 建立沟通和心理连接；(2) 对即将发生的事情澄清目的。

建立心理连接 首先，危机干预工作者的自我介绍要让来访者感到没有威胁、有所帮助并在尝试帮助他解决问题，而不是以一种对抗的方式。

Leron：（下午5点高峰时段，正站在城市主干道十字路口的中央，摇晃着两个破威士忌酒瓶）该死的住房部门还让不让人活了！那些狗杂种，让我死吧！让人们都能看清他们骗子的伎俩！

CIT 人员：（空手，打开掌心，放在来访者能看到的位置，慢慢从远处靠近）伙计！看上去你真的对这帮人很生气，他们害你在这种高峰时段站在联合大道上。我叫 Scott Lewis，是曼费市的 CIT 工作人员。我不知道你的名字，你可以告诉我吗？

进行最初接触的一个重要元素是获悉来访者的名字，并用一种没有威胁的方式介绍自己。上文中 Lewis 缓慢地向来访者介绍自己，不仅仅因为来访者手里拿了两个威士忌瓶子（这也是非常重要的事情，即不仅要保证来访者的安全也要保证自身安全），而且还是对来访者当时的情感和行为状态所做的反馈。Scott 在询问为什么发生这样的事之前，他首先介绍了自己的名字并询问来访者的名字。需要注意的是，先介绍自己的全名，而不是头衔和单位名称。

Lewis 这样介绍自己还有一个好处，让 Leron 在一定程度上感到自己掌控了局面。事实上住房部门已经掌握了他的家庭住址并且查封了他的财产。想象一下，如果 Lewis 快速走进现场，并且一开始就要求 Leron 放下酒瓶快点离开。那他得到的回答很可能是“快死开，臭条子！”Lewis 会被视作又一个根本不听诉求的政府官员。通过建立解决问题的有效接触，Lewis 让 Leron 得以暂时掌控现场。然后通过反馈他的愤怒，危机干预工作者就可以很快建立共情的理解，然后帮助来访者解决问题。

澄清目的 澄清目的意味着让来访者了解危机干预的过程以便能够预期下一步可能发生的事情。对于很多处于危机中的来访者来说，这常常是他们与危机干预工作者的第一次接触，他们对于即将可能发生的事情以及如何发生都一无所知。Leron 以往跟警察打交道的经历告诉他，这位叫 Lewis 的工作人员很可能又会让他有不好的体验和经历。因此，CIT 的工作人员需要及时告诉来访者即将发生什么事情。

CIT 人员：好的，我看到你对住房部门有意见，现在我想仔细听听到底是怎么回事。我可能会问你一些问题，这样我可以更清楚地了解状况。我们有一些时间，我也会花一些时间来听你说。可能有时我会总结一下你说的话，这样我才能确保完全理解了你说的话。这样，我在想我们能不能离开这个又热又不安全的地方，到那边的树荫底下慢慢聊呢？

Leron：（仍然情绪不稳定地舞动着酒瓶，大汗淋漓）不好！我要是听你的，等会儿你们这些条子就会把我捆起来。我不在这里的时候你们注意过我吗？现在电视台第五频道的记者都来了。我什么都没做错就失业了，现在走投无路了！

CIT 人员：好的，我刚刚听到你说那些住房部门的人员在众目睽睽下对你胡作非为。但我们迟早得离开这条街呀。你看，现在气温有 37℃，你一定又累又渴，很想离开这大太阳，我们还是早点离开。没有人会捆绑你，只有我和你两个人，就像我们这样谈话。

Lewis 运用了最基本的倾听，并且在之后的几分钟内给了一些反馈，告知将要发生什么事情。他也向来访者阐述了这次危机解决的即时目的是离开大街。他也很明确地表示了倾听的意图，从来访者的角度考虑问题，并且在此期间没有伤害来访者。虽然来访者的最终目的可能完全不同（让住房部门能够秉公执法），但危机干预工作者在此期间的工作重点是将他要做的事情说清楚，通过明确简短的语言，与来访者建立起有效的交流，包括开放式提问、情感反映和认领表达（在下一章中将详细论述），强化并鼓励来访者讲述他的故事。这个策略的主要目的是让来访者适当宣泄，但又能使来访者能够现实一点，不让他的不公平待遇感受占据整个交流过程。

危机干预工作者的介绍可能听上去相当简单，但炎热的气温能够出乎意料地让来访者暂时把问题搁置起来。整个过程听上去像是“同意立刻就做”的交易，但即使对于一名对危机干预工作者相当熟悉且仍然脱离现实的来访者来说，向其重复自己的身份，表明目的，告知即将发生什么，对于成功的危机干预，也是非常关键的。

任务 2 问题探索：确定危机

危机干预初期的主要任务之一是从来访者的角度确定并理解危机。在生物、心理、社会各种因素相互作用的混乱局面中，进行这项工作是特别困难的（Kleespies & Richmond，2009）。除非危机干预工作者从来访者的角度来观察问题，否则他采取的所有策略可能都是隔靴搔痒，对来访者来说毫无意义。危机干预工作者首先应该应用核心倾听技术：共情、真诚、接纳或积极关注（Cormier & Cormier，1991，pp. 21-39）。

确定危机并不意味着需要完全挖掘来访者的各种心理因素和既往经历。确定危机需要发现对情感、行为和认知产生影响并导致危机的促发事件。这项任务有两个目的，首先，干预工作者需要从来访者的角度看待危机；其次，确定危机有助于危机干预工作者综合把握目前的情况，各种影响部分以及可能导致危机恶化的因素。

CIT 人员：我理解住房部门对你可能有些不公平。所以告诉我是什么让你那么不安和激动，让你要用这样的做法来吸引大家的注意。

当 Leron 很愤怒地抱怨住房部门对人们以及他自己的种种不公时，Lewis 可以通过探索策略来开拓来访者看待问题的角度，而不让事件恶化。他重复来访者的抱怨，并且保持话题开放的状态。

当干预工作者试图确定危机的时候，其他一些问题不可避免地会浮出水面。在 Leron 的案例中，考虑到他手里拿着两个威士忌空酒瓶，难以保持平衡，Lewis 会怀疑他是否存在酒精依赖问题。同时还要考虑到他近期失业了。尽管这些问题都需要引起重视，但在当时的情况下，干预工作者应该聚焦于危机事件，让 Leron 从大街上离开，并帮助其获取一些必要的生活支持以解决燃眉之急。其他问题应稍后处理，可以在危机解决后进一步讨论。

CIT 人员：所以在等待失业救济金的时候，他们否决了你的延迟付款申请，然后你就被赶了出来。我能理解这一切让你很抓狂，现在我们放下酒瓶子，到树荫底下去怎么样？我看到你在大太阳底下浑身是汗，我想你是不是需要喝点水？我这儿正好有几瓶水，而且对于你下一步该怎么办也有一点想法，你想听听吗？

任务3　提供支持

危机干预的第三项任务是向来访者强调，干预工作者是一个关心、在乎他的人。干预工作者不可以想当然地认为，来访者会感到被看重、珍视和关心，因为在很多危机状况下，事实往往相反；但通过提供支持，可以给干预工作者一个机会，向来访者保证“至少这儿有个人是真正关心你的”。提供支持可以通过以下三种方式进行。

心理支持　首先并且最重要的是提供心理和生理支持。使用情感反映和认领表达，对来访者所处状况表达出深切的共情的回应，也可以加一句“我就在这儿陪着你”。在任务3中，需要由危机干预工作者提供这些支持。这意味着干预工作者必须积极、无条件地去接纳所有的来访者，不论来访者是否能给予报答。那些在危机中真正能够对来访者提供支持的干预工作者，才能够接纳和重视其他人都不愿意接纳的人。在Lewis试图劝说Leron离开大街的同时，他也提供真诚的支持和帮助，以便来访者能够解决与住房相关的问题。

后勤支持　广义上说，支持不仅仅是感情上的，还包括工具和信息方面的（Cohen，2004）。有时，来访者缺乏金钱、食物、衣物或居住场所，在这些基本的生存和居住条件满足之前，他们几乎不需要心理支持。物质支持意味着给来访者实际的支援以助渡过危机。这样的支持有很多形式，从发放小册子，到为来访者安排去有来访者所需资源的相关机构的交通工具或者简单地提供一杯水。

CIT人员：我很难想象没有工作或者没有住房会怎么样。你的家人呢？

Leron：Tormeda和孩子们到阿肯色的外婆家去了。我没地方住也没东西吃，只好到大街上来。外婆把他们带回去是因为我无法养活他们。唉，我连个家也给不了他们。

CIT人员：我现在脑子里想到的是“可怕”和“绝望”两个词，我可以理解这就是你现在这么做的原因。我真的很想帮你离开困境，而且我现在也有一些想法可以跟你说说。但是你如果继续站在大街上你可能会被逮捕，我不想看到你那样。我希望你听听我的想法，而不是去蹲大牢。你现在有一个选择，你希望怎么样呢？我们一起来解决问题还是去蹲大牢？

Leron：去蹲大牢可不咋的…… 那么，我还是听你的吧。

CIT人员：好的，我也不想看你蹲大牢。那么过来吧，我们一起讨论怎么解决问题。

Leron：（慢慢地走到人行道边，放下了手中的瓶子）好吧，我照做。我听你的，我想我需要一些帮助。

在这次交流中，Lewis将自己与Leron联系在了一起。Lewis并没有对Leron做出任何判断，而是鼓励他争取不要蹲大牢。这样的鼓励使得Leron相信，他现在的处境并不是他想要的，而且还可以找到一个解决问题的方法。在危机干预中，鼓励是一个非常重要的策略，因为对于多数来访者来说，他们经历了所有的事情，却独独缺乏鼓励。抓住来访者即便是星星之火般的解决问题的愿望，也会给他们带来一线希望，让他们确信，自己仍然有一定的能力，可以重新整理思绪，从而进入一种积极主动的、解决问题的模式（Courtois & Ford，2009，pp. 86-87）。

社会支持　第三，提供支持意味着激活来访者的主要支持系统：家庭、朋友、同事、教友等。处在危机中的很多人，他们的主要支持系统是缺失的（如在离家900千米外遭遇车祸），主要支持系统对来访者的行为感到厌烦（如成瘾者屡教不改的说谎、偷窃行为），或者在危机状况下无法提供支持（如创伤后应激障碍的症状）。相反，来访者也许会因为失业，无法向其所在的教堂捐款，而不好意思求助于他们的直接支持系统，如主日学校成员。在这种情况下，除了通过最初的接触来提供心理和生理上的支持，干预工作者还应该为来访者提供必要的信息、指导和主要支持，干预工作者是在事情发生的第一时间里提供各种基本支持的“专家”。

信息支持 很多时候，来访者因为缺乏足够的信息而不能做出好的决策。因此在下一步的干预“寻找替代方案”中，提供足够的信息是非常重要的。一个危机干预工作者所掌握的最好的技巧之一，是对来访者能在何地，以何种方式，向谁以及能获得何种资源来走出困境等方面提供信息的能力，特别是来访者在经历灾难后，希望获得基本生存资源的时候（Ruzek，2006）。

默认的任务：安全

在整个危机干预过程中，确保安全始终是默认的任务。危机干预中的安全考虑是出于心理和生理的各种原因。不论是否明确要求，在干预中应始终评估来访者及其他人员的安全。在此所说的安全，不仅包括来访者，还应包括与他可能有互动的人员，此外还有干预工作者自身的安全。不论有意还是无意，来访者常常因为对危机的情感、认知和行为反应，而使自己处于危险之中。像Leron那种试图将自己的问题公布于众的行动，很明显地将自己、大众以及警察置于危险之境。虽然Leron的危机与住房部门有关，但当时他拎着两个破酒瓶站在大街上的情况却是个安全问题。在危机中，没有比确保安全更重要的了。

据笔者所知，至少已有三位人类服务工作者被危机中的来访者伤害致死。本书的其中一位作者曾差点儿就是其中之一了。早年他帮助过一名拿枪对准他的脸的暴力少年，开始他不相信那把枪能打响，直到少年被拘捕后才发现，子弹其实已经上膛，随时可以开火。而当年的他，作为一名24岁的高中咨询师，还以为自己会长生不老呢。在危机干预中，不存在什么死得其所的英雄，只有去世的干预工作者。本书将在第十四章中更多地论述危机干预工作者的安全问题。

在讨论危机中的安全问题时，一般想到的是有人会对自己或别人做出致命行为。但将保证安全局限于生命安全，则有可能忽略很多处于危险状态的来访者。事实上，在很多危机干预中，来访者并不想伤害自己或者他人，但他们的行为却存在很高的风险。提供安全也可以包括满足来访者的日常需求，如寻找食物和住所。

CIT人员：Leron，我想保证你的安全，但在这个高峰时段，在联合大道上，实在是太危险了。我想我不仅能为住房部门的问题提供一些帮助，还可以给你一点食物填饱肚子，提供一个地方住上几宿。但你得先到我的车里来。否则TAC小队就要来逮捕你了。你上顿饭是什么时候吃的？

Leron：我不记得了……大概是昨天吧……不是，好像是几天前。在毕勒街的某个餐馆里。

Lewis在保护Leron，以免他受到不必要的伤害。提供食物和临时住所可以诱使Leron离开大街。这样的资源提供是所有危机干预工作者需要注意的：如果来访者的基本生理需求没有得到满足，那么在这些需求得到满足之前，危机都难以消除。

安全还包括确保来访者的心理安全。在第九章“性侵害”中，一些受到性犯罪者严重伤害的来访者，会遭到政府部门、权威人士、宗教团体、社会服务机构甚至一些不称职的治疗师的再次伤害（Ochberg，1988）。在所有工作开始之前，让危机中的来访者信任干预者，是建立推进工作所必需的信任和连接的关键（Courtois & Ford，2009）。在本模式的所有其他任务中，从倾向性到接下来的一系列干预工作，安全始终是默认的首要任务。

任务1、2、3以及安全任务包括了大量的倾听，但这并不表示必须完全被动或者没有任何行动，特别是包含安全问题的时候。综合来看，这四个步骤几乎代表了本领域中被称为“心理急救干预”（见第一章）的危机干预模式。

任务 4 寻找替代方案

寻找替代方案代表了来访者和危机干预工作者通常都会忽视但却非常重要的一个领域：探索来访者可以获取的一系列合适的选择。处于无能动性状态的来访者，通常无法寻找出最佳方案。有些处在危机中的来访者甚至觉得自己无路可走。来访者的视野会非常局限，陷在旋转木马般的死循环里不断地做无用功。

替代方案可以从三个角度来考虑：(1) 情景支持。现在或以往认识来访者，并且可能会关注究竟发生了什么事情的人。(2) 应对机制。来访者可能会使用的行为、举动或环境资源，用于帮助渡过当下的危机。(3) 积极的、建设性的思维方式。这对来访者来说是重新构造的方式，可能可以大大改变他对问题的看法，减轻来访者应激和焦虑的程度。富有成效的危机干预工作者可以针对来访者的危机想出无数种替代方案，但只需和他讨论其中的几种。正在经历危机的来访者不需要很多种解决方案，他们只需要有针对性的、有现实操作意义的方案。有些应对技巧可能来访者也会，只是在危机的应激状态下忘记了或拒绝考虑，因为他们使用了“若是当初”“回到那时”之类的思维方式而无法集中于此时此刻解决问题的选择。

Leron：我以前口袋里经常有钱，我有车有房，餐桌上也有吃的。一切想起来真的很美好。但现在呢？一切都乱套了，我不知道还能不能熬出头！哦，不！我没工作，没技术，没家庭，什么都没有！只有一屁股债和麻烦。

CIT 人员：Leron，听上去你现在正在独自斗争。我倒有一个主意，你看，你申请租金减免被政府部门拒绝了，而且他们还说是你的错，因为你没有及时递交申请，但事实上你已经做了。你冲他们发牢骚，这解决不了任何问题，然后你还希望所有人都知道他们试图抵赖。我的想法是这样的，孟菲斯大学的法学院有个法律援助团体，他们会接手这样的案子，我可以带你去那里，把你介绍给一个我认识的人。哦，对了，你上次踏踏实实吃东西和舒舒服服睡觉是什么时候？要不先去睡会儿？恢复些精神？

在 Leron 成为公害前，Lewis 把他带离了大街，领他去法学院，这表明 Lewis 已与他建立了联系。Lewis 还对 Leron 的身体状况做了预估，这种预估便涉及危机干预最重要的任务之一——安全。

寻找替代方案要集中于“此时此刻”。迅速改变条件可能意味着抛弃半小时之前的老想法，替换一种全新的策略。世界一流的危机干预工作者的共同特点之一就是适应力强，能够在短时间里思如泉涌并且付诸行动。

CIT 人员：（注意到 Leron 跌跌撞撞的步态）Leron，你今天喝了多少酒？

Leron：还好，最多两瓶。

CIT 人员：我能够理解你为什么要喝那么多酒。这样吧，我们应该等你清醒了再去见别人。要不我带你到巴特莱特部队救助治疗中心的临时住所怎么样？吃点东西，洗个澡，睡一会儿，然后我们去见那些法律援助团体的人。

任务 5 制订计划，重新建立自我控制

危机中的来访者有一个很重要的特点是感到自己失去了控制，一切处于混乱状态，任何努力都是徒劳的。再次建立自我控制意味着帮助来访者建立一个计划以指导他们解决问题。这样一个计划需要考虑到在解决问题的方法中，哪些适合来访者，最终选择哪个方案。制订计划以重新建立自我控制的主要策略之一是动员来访者。

危机干预的第五步是制订计划，在任务 4 替代方案之后顺理成章地进行。本书中多数的内容都直接或间接地描述了危机干预工作者帮助来访者计划行动步骤，使得他们能够有机会调整自己的行为、情绪和认知平衡。一个计划包括 (1) 找到能够立即提供帮助的其他人、团体和其他转介资源；(2) 提供应对机制——积极、具体、来访

者能在当下使用的办法，来访者可以实施和理解的确切的行动步骤。计划的重点是系统地解决问题，并且相对于来访者的应对能力而言要有实际操作性。

尽管有时需要危机干预工作者非常直接并且有指导性地提出建议，但在制订计划时仍需尽可能地与来访者协商合作，以便让来访者感到自己是计划的主人。至少，详尽地解释即将发生什么事情，让来访者有一定的心理准备是非常重要的。制订计划的关键是不让来访者感到自己的权力、独立性和自尊被剥夺。因此制订计划的核心是来访者的控制和自主。来访者能实施计划的原因，是他们恢复了控制感，并且确定他们不再需要依靠危机干预工作者等支持人员了。需要强调的是，计划并不是来访者下半辈子需要做的事情，而是短期内恢复平衡和稳定状态需要考虑的事情。多数危机干预的计划是以分钟、小时或者天数计，而不是以周、月、年来计算。

CIT 人员：我没法给你更多的时间来考虑。我可以给你一个选择。就是现在我们可以做些什么来解决问题而不是去蹲大牢。你看怎么样？我希望你把这些瓶子先放下来，走到这里，到车上去。希望你吃点东西，然后想想解决问题的办法，好吗？

Leron：（犹豫了一会儿，耸耸肩，放下瓶子走到了车边）好吧，也许你能给我一些帮助。

（第二天下午在法律援助部门）

法律援助工作者：Brown 先生（也就是 Leron），我们可以向住房部门施加压力然后让他们给你立案处理，但这至少需要几周时间，这段时间里你可能没有地方住。

（Lewis 承诺在带 Leron 去部队救助治疗中心之前会去接他，带他去法律援助部门。）

Lewis：Leron，你有没有想过去阿肯色？

Leron：老兄，我可不想欠丈母娘的人情。而且她现在也不待见我。

Lewis：好吧，你现在没有工作，所以你可以回到部队救助治疗中心的临时住所去。你失业了，而且酗酒，因此有资格去那里。

Leron：我可不是什么乞丐！

Lewis：我知道你有自尊心，那我们就试试那边的职业咨询项目，然后尝试一份新工作如何？我想你肯定不会一直待在那里的，但那边会有很多就业机会。他们的职业咨询很不错。

Leron：好吧，你要是这么说，应该没错的。

很多时候危机中所必需的替代方案并不一定是来访者喜欢的。Lewis 说去部队救助治疗中心不是一种慈善行为而是帮助 Leron 重新获得工作的机会，Leron 更容易接受，并让这个替代方案看上去更积极并且更有吸引力。能够重新制订替代方案是一种赋权，而且是让来访者参与进来并继续进步的重要因素。

心理教育 在本书1987年出版第一版的时候，关于本书中提到的许多疾病的信息并不多，因此，关于危机后的心理过程，干预工作者没有太多的知识可以传授给来访者。但在后来的二十多年里，关于本书中讨论的危机的进程，人们发现了大量可靠有效的信息。向来访者介绍这些信息被称为心理教育，这对于帮助他们理解自己的心理状态非常重要。

心理教育意味着告知受害者和幸存者在危机发生后，他们的心理状态正在发生什么变化，并且即将发生什么变化。心理教育对于帮助危机中的来访者重新控制自己的生活非常重要，这不仅仅是先发制人的工作，比如教授来访者有关自杀、家庭暴力和性侵犯的知识，更是为了理解一些在经历危机后出现的创伤性后果，如 PTSD 的闪回和噩梦（Briere & Scott，2006；Courtois，Ford，& Cloitre，2009；Kleespies，2009）。我们认为进行心理教育也属于一项任务，但现在将它列在制订计划任务里，是考虑到它对动员来访者所起的重要作用。心理教育意味着向来访者提供有关他们当下状况的信息，使他们对自己的情感、行为和认知有一定的预期，并告诉他们能使用何种反应技巧来减轻这些症状。

我们不会指望一个一年级新生会有许多知识

或心理资源来应对欺凌，所以我们应当非常具有指导性地提供给孩子应对欺凌的信息和策略。同样道理，对于一个根本不知道如何应付住房部门、如何摆脱失业以及有可能使问题恶化为危机的常见抑郁症状的人，危机干预工作者的最佳治疗选择是首先提供足够的信息并且告诉来访者需要做什么，以及在做的过程中如何在心理上照顾自己。

康复咨询师：（一周后在部队救助治疗中心）Leron，这里有很多信息，我相信对你再就业是有帮助的。不过我们发现你好像有点抑郁。我在想，你的抑郁可能就是你无法圆满解决事情的原因，也可能是你又沮丧又愤怒地跑到大街上的原因。因此，我们想先帮你改善抑郁症状，同时进行一些咨询。我会跟你解释，为什么我们要制订这样一个计划，如果你有什么问题，你可以随时问我，我会尽量回答你，好吗？

任务6 获得承诺

任务6是获得承诺，紧接着任务5，控制和自主性的问题在获得承诺的过程中同样适用。将获得承诺单独作为一项任务，而不是作为制订计划的一部分，这似乎有些过度。但是，让处于危机中的来访者具体承诺做些有用的事，这非常重要。承诺的步骤必须明确、简单、可操作。因此，来访者应该很清楚干预者会怎么做，自己应该怎么做。

CIT人员：所以告诉我我们要做些什么。

Leron：我们要去部队救助治疗中心那里，让我醒醒酒，明天大概下午四点半你会来接我去法律援助中心，如果我被警察抓走了，那就没你什么事儿了。

如果计划步骤能有条不紊地进行，那承诺就比较容易实施。多数情况下，只需要简单的承诺，包括让来访者口头总结一下计划。有时握手也可以表示确认承诺。不过，如果涉及法律问题，则需要书面记录承诺，并双方签字确认。承诺的目的是让来访者能够用明确、积极、有目的的行动步骤来恢复自身的平衡状态。干预工作者需要谨慎小心地让来访者在结束本次危机干预阶段前给予一个诚恳、直接、恰当的承诺。干预工作者不应强加承诺，承诺应该是自由、自愿的并且来访者相信是可行的。核心倾听技巧在承诺步骤就像在确定问题或其他步骤中同样重要。来访者对于实施计划的承诺表示出的任何一点犹豫，干预工作者都需要反思和提出质疑。一个强加于来访者的承诺是不会起作用的。

任务7 随访

我们在讨论危机干预的随访时不是指数天、数周或者数月的那种。灾难后的长期随访将在第十七章“灾难响应”中讨论。这里讨论的随访一般是危机后的几分钟、几小时或者几天。危机干预后的随访旨在关注来访者是否保持危机前的平衡状态，不论是维持长期目标还是改变深层次的人格特点。

CIT人员：（第二天，在部队救助治疗中心的临时住所）Leron，你好。你今天看上去气色不错，神清气爽还很干净利落。我已跟协调员说过了，他们会对你进行职业评估。不过我不是你的社工，所以去法学院找法律援助就不和你一起去了。你应该可以拿到一张乘车证，方便你乘车到那里。你有我的名片，需要的时候随时打电话给我。

短期随访中告诉来访者，你仍然会陪伴他，这非常重要。在来访者缺乏其他社会支持系统的时候，坚持随访尤其关键。

以上详述的模式在图3.1中简单总结了一下。

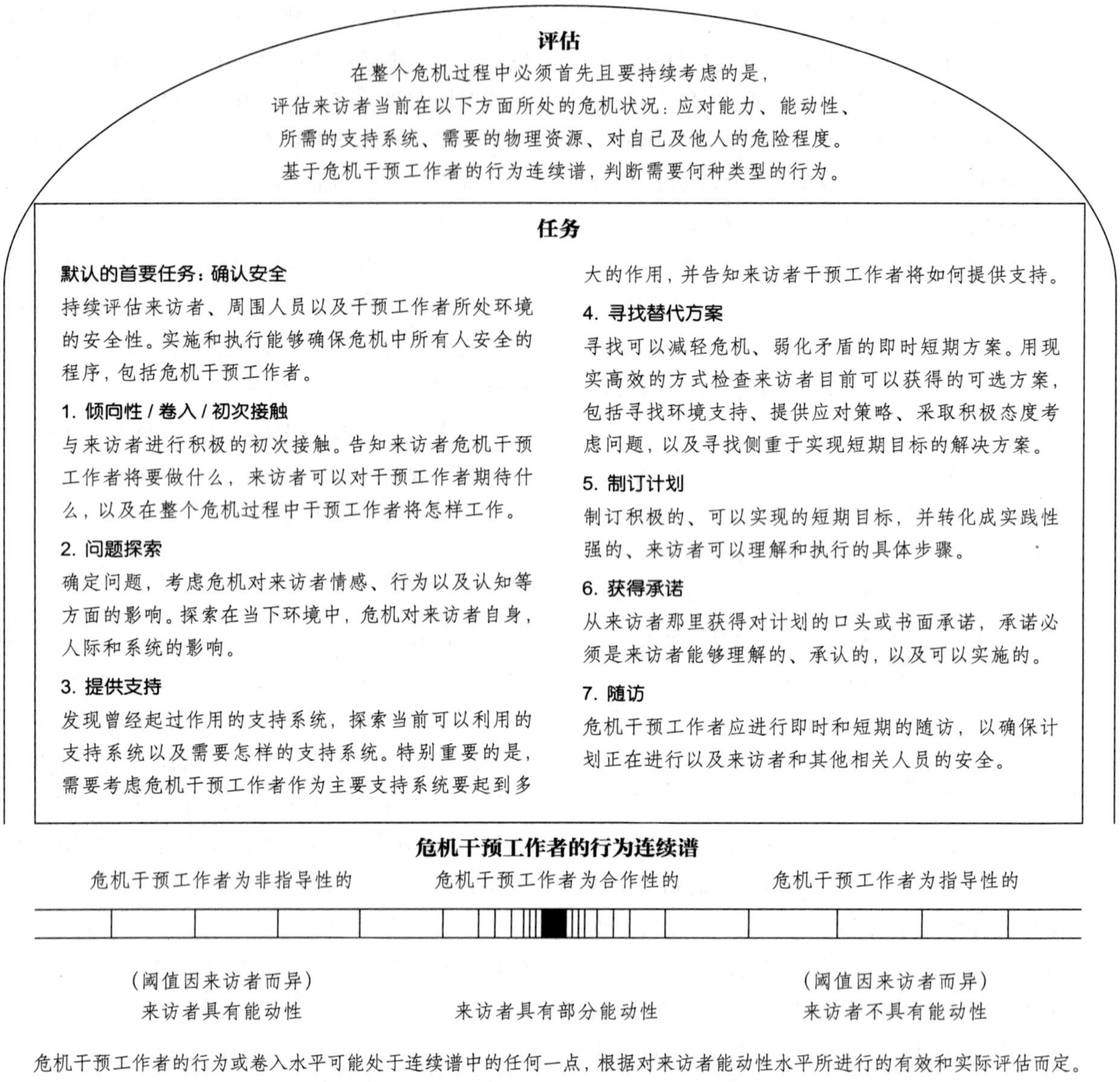

图 3.1 危机干预模式

危机干预中的评估

评估是一种贯穿于整个危机干预过程之中的普遍策略。这种侧重行为、以环境为基础的评估是系统地应用任务模式的根本。因此，所有任务的实施必须在危机干预工作者的评估之下进行。由于很多时候对危机状况的评估是自发的、主观的并且与当前环境相互作用，因此危机评估的技术不可能采用 DSM-IV-TR 诊断标准或者通常使用的临床评估工具。Kleespies 和 Richmond（2009）编制了一份精神状态检查问题清单，涵盖了从定向 / 记忆到视觉 / 空间组织的各项内容。尽管这些成套的评估方式在医院中极其有用，但很多时候，既没有充裕的时间也没有合适的空间进行即便是口头上的全面精神状态检查。

评估在危机干预中极其重要，因为可以帮助干预工作者确定以下内容：(1) 危机的严重程度；(2) 来访者目前的情绪、行为和认知状况——来访者在这三个方面的能动性和非能动性水平；(3) 应对机制、替代方案、支持系统，以及其他来访者可获得的资源；(4) 来访者的致命性水平（对自身和对他人的危险程度）；(5) 工作者在弱化危机和帮助来访者恢复平衡和能动性状态的工作进展。

评估危机的严重程度

危机干预工作者应该尽可能快地在与来访者的初次接触中对危机的严重程度进行评估，这非常重要。干预工作者通常没有时间进行完整的诊断评估或深入了解来访者的个人史。因此，快速评估程序，如分类评估系统（Myer，2001；Myer et al.，1991，1992），以及《分类评估清单之法律强化量表》（TACKLE；James，Myer，& Moore，2006）和《分类评估系统之学生环境适应量表》（TASSLE；Myer et al.，2007），都是值得推荐的工具，可以快速有效地获得有关特定危机环境的信息。分类评估系统使得干预工作者能够评估来访者在情感、行为和认知方面的运转受到损害的严重程度。危机的严重程度会影响来访者的能动性，这反过来又给了干预工作者判断需要何种程度指导性的基础。来访者经历危机的时间长短将决定干预工作者化解危机所需要的大概时间。

危机干预评估的 ABC

危机持续的时间是有限的，这意味着，在一些改变（无论是好是坏）发生之前，多数急性危机仅持续几天或者几周（不包括一些大规模的灾难如之前的日本大地震）。危机的严重程度需要从来访者的主观感受和干预工作者的客观观察来综合判断。客观评估基于来访者在三个方面的功能，即评估的 ABC：情感（affective，感受或者情绪状态）、行为（behavioral，动作或精神运动），以及认知（cognitive，思维方式）。

情感状态 异常或者受损的情感通常是来访者处于失衡状态的第一征兆。来访者可能会情绪反应过度或者失去控制，出现严重的退缩和隔离。通常，干预工作者能够帮助来访者用恰当合理的方式表达情感，从而使之恢复自我控制和能动性。干预工作者需要回答的问题包括：来访者的情感反应是否显示他在试图否认或者回避所处的状况；来访者的情绪反应是否正常，是否与环境相协调；如果来访者的情绪有问题，究竟恶化到什么程度，是否被他人所影响；在所处状况下这样的情绪是否典型。

行为功能 危机干预工作者需要注意观察来访者在做什么、怎么做、采取的步骤和行为方式，以及其他精神活动。在危机干预中，最快（通常也是最好）的方式是让来访者在实施能立刻采取的积极行动上变得有能动性。调查那些能够成功渡过危机的人发现，来访者在事后回忆时更多地将这种成功归因为在危机中立即采取了一些具体的行动。但是，干预工作者需要牢记的是，对于无能动性的人来说，很难采取独立自主的行为，即使这对他们来说非常重要。

干预工作者可以询问以下一些问题来帮助来访者采取建设性行为：在过去类似的情况下，你会采取什么行为来重获控制感？在现在的情况下你觉得必须要做什么？现在有没有什么人是你能够立即联系到并且可能在这场危机中给予你支持的？无能动性的基本问题是失去自我控制，一旦来访者开始做一些具体的事情，就意味着处于积极的方向上，这是恢复自我控制的关键，是恢复一定能动性的基础，之后其他工作才可能有条不紊地进行下去。

认知状态 干预工作者对来访者思维方式的评估包括以下几个重要方面：来访者对危机的看法的现实性和一致性如何？来访者是否存在轻信谣言、偏听偏信、夸大或者合理化等各种导致危机恶化的状况？如果存在，大到何种程度？来访者存在危机状态中的不合理思维方式多久了？来访者对于改变对危机状况的信念的意向如何，减少认为不可能改善危机的灾难性思维方式的可能性有多少？

分类评估系统

对危机中的来访者进行快速适当的评估，是危机干预最重要的组成部分之一（Hersh，1985）。在危机干预模式中，评估是持续进行的第一要素。对来访者的平衡状态进行持续快速的评估，决定了随着危机的展开，干预工作者下一步的工作内容（Aguilera，1998）。不幸的是，目前可供人类服务工作者使用的、比较全面的评估措施是难操作且烦琐费时的，而且还需要来访者在评估过程中有较好的自控，或者必须亲自到场。尽管通过大量的登记表、背景调查或者深入的人格测试可以获得很多有用的信息，但在瞬息万变的危机过程中这些很难完成，是可望而不可即的。

在危机情境下，干预工作者需要的是一种能快速高效获得来访者实时信息的手段。这种工具应当是简明易懂的，让那些仅有基础知识的干预工作者也能够应用自如，获得可靠有效的信息，并且对于大范围的没有接受过任何标准化测试或干预程序培训的危机干预工作者来说，也能快速使用这种工具。图3.2展示了包含不同表格的《分类评估表》，我们认为它完美地符合上述的标准。

严重程度量表

	1 没有 损害	2/3 少许 损害	4/5 轻度 损害	6/7 中度 损害	8/9 明显 损害	10 严重 损害
情感	心境稳定，情感可控。情感变化范围与日常生活相适应。	情感基本适宜。需要一定程度控制情绪。 对问题的反应不会过度情绪化。 短暂感受到比情境要求稍微更强烈的负面情绪。 存在短暂的忧郁期。	情感尚适宜，会出现明显的波动和负面情绪。 情绪尚能控制，但专注于危机事件。 对问题/要求的反应变得缓慢微弱或者快速激烈。 负面情绪加重且持续时间明显延长。 来访者意识到有时会情绪失控。	情感主要是负面的，并且会夸大或明显减弱。 难以控制易变的情绪。 对问题/要求的反应明显情绪化，但有一定程度的适应性，通过努力能够控制。 情感反应与环境不协调。 强烈的负面情绪持续时间延长。 负面情绪严重程度明显加重。	情感尤其鲜明或严重受限。 负面情绪难以控制，全面影响生活。 对问题/要求的反应情绪化，即使尽最大的努力也不合时宜。 负面情绪非常严重。 情感反应明显与环境不协调。 情绪波动极其明显。	情感极其明显，从歇斯底里到毫无反应。 没有控制情绪的能力，对自己或他人存在潜在的危险。 情感被破坏，无法对问题/要求产生反应。 代偿失调。有不真实感，就像在看电视一样。 人格解体。觉得自己不是自己了。
行为	行为比较得体。 日常功能没有损害。 行为稳定无攻击性。 无威胁或危险行为。	行为基本得体，有轻度短暂的冲动行为。 日常功能轻微损害。 行为轻度不稳定，有轻度的攻击性。 有问题行为，但对己对人无威胁。 需要一定努力才能维持日常功能。	行为不得体，但尚无危险。 行为可自控或在干预工作者的要求下能够控制，但有一定困难。 行为对人对己有轻度的威胁。 来访者会忽略一些日常生活所需完成的任务，日常功能在一定程度上受损。	行为适应不良，但无即刻的破坏性。 在反复的要求下也难以控制行为。 行为对人对己有一定威胁并且越来越难以控制。 维持日常功能的能力受损。	行为使得危机情境恶化。 行为前后矛盾，即使在反复的要求下也难以控制。 行为对人对己有威胁。 明显缺乏维持日常功能的能力。	行为完全无效。 即使反复要求来访者改变，行为还是不稳定且不可预测。 行为极其具有破坏性，可能对人对己造成伤害。 无法完成日常生活所需的最简单的任务。

严重程度量表（续）

	1 没有 损害	2/3 少许 损害	4/5 轻度 损害	6/7 中度 损害	8/9 明显 损害	10 严重 损害
思维	决策合理有逻辑。 注意力保持完整。 问题解决和决策能力正常。 来访者对危机事件的感知和解释与实际相符。	决策有点奇怪但安全，总体而言能考虑他人感受、想法和幸福。 思维受到危机影响但尚能控制。 能够进行合理的对话，虽然稍有困难，但还能理解和承认他人的观点。 问题解决功能基本保持完整。 来访者的想法可能会转向危机事件，但思维的关注点还在意志力的控制之下。 问题解决和决策能力轻微受影响。 来访者对危机事件的感知和解释大体上与实际相符，只有轻微的扭曲。	决策越来越不合理，但对人对己尚无危险。 某种程度上不考虑他人的感受、想法和幸福。 思维局限于危机事件，但不至于困在其中。 无法认识不同的观点，进行合理的对话的能力受限。 问题解决能力有些受到限制。 偶尔出现注意力不集中。 来访者感觉到对危机事件的想法的控制越来越弱。 来访者反复出现问题解决和决策困难。 来访者对危机事件的感知和解释在某些方面与实际不符。	决策基本不合理，可能对人对己产生危险。 越来越不顾他人的想法、感受和幸福。 思维局限于危机事件，并且困于其中。 理解和回应问题的能力受损。 由于注意力不集中，问题解决有困难。 注意力不集中。 对危机事件的侵入性思维控制能力有限。 问题解决和决策能力受到强迫、自我怀疑和混乱的不利影响。 来访者对危机事件的感知和解释与实际情况明显不符。	决策冲动不合理，对人对己很有可能产生危险。 对危机事件的思维变得强迫，表现出自我怀疑和混乱。 理解和回应问题的能力极其不稳定。 由于注意力无法集中，缺乏问题解决能力。 来访者被有关危机事件的侵入性思维所困扰。 受到强迫、自我怀疑和混乱的不利影响，来访者的问题解决和决策能力严重受损。 来访者对危机事件的感知和解释与实际情况严重不符。	决策能力完全丧失。 思维对人对己有明显危险。 思维混乱，完全被危机控制。 丧失理解和回应问题的能力。 除了危机事件根本无法保持注意力。 来访者受到强迫、自我怀疑和混乱的折磨，丧失决策能力。 来访者对危机事件的感知和理解与实际情况根本不符，严重扭曲现实，可能存在妄想、幻觉以及其他精神病性症状。

危机事件

识别并简要描述本次危机状况：____

____

____

情感维度

识别并简要描述目前的情感状况。

（如果不止一种情绪体验，可以根据等级分别描述，1 最主要的，2 次要的，3 较次要的）

愤怒 / 敌意：____

____

____

危机事件（续）

焦虑 / 恐惧：____

____

____

悲伤 / 忧郁：____

____

____

挫败感：____

____

____

行为维度

识别并简要描述目前的行为方式。

（如果不止一种行为方式，可以根据等级分别描述，1 最主要的，2 次要的，3 较次要的）

接近：____

____

____

回避：____

____

____

无能动性：_______________________________________

____

____

认知维度

在下列领域识别并简要描述是否存在侵犯、威胁或者丧失。

（如果不止一种认知反应，可以根据等级分别描述，1 最主要的，2 次要的，3 较次要的）

生理（食物、水、安全、居所等）：______________________________

____

____

侵犯______________ 威胁 ______________ 丧失__________________

心理（自我概念、情绪幸福感、自我完善、自我同一性等）：__________________

____

____

侵犯______________ 威胁 ______________ 丧失__________________

危机事件（续）

社会关系（正性互动和支持、家庭、朋友、同事、教堂、俱乐部等）：______

______

______

侵犯______ 威胁______ 丧失______

道德/精神（人格完整性、价值观、信仰系统、精神和谐）：______

______

______

侵犯______ 威胁______ 丧失______

分类评估（X=初始评估，O=终期评估）

情感：

愤怒______ 恐惧______ 悲伤______

1 2 3 4 5 6 7 8 9 10

行为：

接近______ 回避______ 无能动性______

1 2 3 4 5 6 7 8 9 10

认知：

侵犯______ 威胁______ 丧失______

1 2 3 4 5 6 7 8 9 10

初始总分（X）______ 终期总分（O）______

记录下让你勾选出上述特征的事件：______

______

______

图 3.2 危机干预的《分类评估表》

来 源：Compiled from Triage Assessment Form (TAF), Triage Assessment System for Students in Learning Environments (TASSLE), Triage Assessment Checklist for Law Enforcement (TACKLE). Crisis Intervention Preventions Solutions Inc. Pittsburgh, Pa. Reprinted with permission.

《分类评估表》

研究者已经在警察受训者、与精神病患者打交道的退役军人危机干预警察小组、学校辅导员、社区机构工作者、秘书、大学生、危机干预人员的督导、危机咨询志愿者、大学教授、宿舍员工以及接受心理咨询培训的人员中进行了各种版本的《分类评估表》测试（Blancett，2008；Conte，2005；Logan，Myer，& James，2006；Myer，2001；Myer et al.，1991，1992；Pazar，2005；Slagel，2009；Watters，1997）。这些团体在接受培训之前没有一个熟悉 TAF。

通过比较这些团体与专业人员对不同危机场景的等级评定（轻度损害、中度损害、严重损害）发现，警察受训者倾向于对危机做过度评估，将中度损害评为严重损害（可能是因为他们对于低估危机程度过于敏感，害怕被批评或犯下有可能致命的错误）。退役军人危机干预警察小组几乎完全达到了专业人员的评定水平（Logan，Myer，& James，2006；Pazar，2005）。最有问题的是在对中度损害的评定上（Watters，1997）。而退役军人精神健康工作者既不会低估也不会高估中度损害的场景。当询问那些与专业人员相比低估场景的退役军人精神健康工作者时，他们说曾看到过、听到过并处理过比这更复杂棘手的状况，评这为中度损害似乎有点过了。而那些高估的成员则称中度损害描述的场景中其实隐藏着更大的危险，因此评定的等级较高。总体而言，其他团体，如学校辅导员、志愿者的评定与专员人员大致相当。所有团体对轻度损害和严重损害范围的评估都比较一致（Blancett，2008；Logan，Myer & James，2006；Pazar，2005；Watters，1997）。研究似乎表明，量表应该依据表面现象来使用，并且在情感、行为和认知方面解释得越少，量表评定的一致性就越好。换言之，来访者处于中度损害范围时，危机干预工作者对其观察到的状况无论理解过多或者过少都会使量表失效。

尽管 TAF 使用起来很简单，但它可以评估来访者的情感、行为和认知各方面（或维度）的状态；就其典型的反应模式，区分每一个维度；并且用数值表示这些模式，以便于评估来访者当下的功能水平。图 3.2 中的三份严重程度量表代表了在危机干预工作者的行为连续谱中给出数值的操作性机制。量化评定为危机干预工作者在大多数危机情境下所选择的干预种类和程度提供了有效、可操作的指导。更重要的是，量表不仅提示了干预工作者来访者做得怎么样，还告诉了干预工作者来访者在试图解决和缓解危机时做得怎么样，并帮助来访者重获自我控制。下面详细介绍每个量表的基本原理和例子。

《情感严重程度量表》 我们所知的危机情境都不存在正面情绪。Crow（1977）将危机中常见的情绪比喻成颜色，黄色（焦虑）、红色（愤怒）以及黑色（抑郁）。基于此，我们又加上了橙色（很多学生选择这个颜色）来代表挫败感，这种情绪总是出现在来访者试图满足需要的时候。这些需要可以用马斯洛的需要层次理论来解释，即从无法获得食物、水以及住所（如卡特琳娜飓风）到人际关系问题（如希望和男 / 女友复合），到个人内心问题（如摆脱精神分裂症的声音），再到精神关注（如上帝不会让这样的事情发生）。得不到所需要东西的挫败感通常是其他负面情绪、想法和行为的先兆，从而使来访者逐步陷入危机。更严重的是，一些著名的心理学家研究了挫败感和攻击之间的关系，发现攻击总是挫败感的后果（Dollard et al.，1939，p.1）。但这个结果对于危机中的来访者并不一定适用。

在这些典型的情绪之后可能还存在一系列其他负面情绪，如羞愧、背叛、耻辱、缺陷感以及恐惧（Collins & Collins，2005，pp.25-26）。来访者可能会用言语或者非言语的形式来表达这些情绪，因此机敏的危机干预工作者需要高度警惕来访者在表达过程中的不协调之处，注意来访者的语言，注意来访者是如何说这些话的（语音、语调、音量等）以及来访者的肢体语言。

在危机中，这些负面情绪总是单独出现，或互相结合着出现。在 Myer 及其同事（1992）提出的模式中，考虑到抑郁这个词可能与精神科疾病诊断混淆，故而用悲伤 / 忧郁来代替。当这些核心负面情绪中的任何一个占主导地位时，来访者就有可能出现破坏性行为。

《行为严重程度量表》 虽然处于危机中的个体或多或少都会缺乏行为的能动性，但缺乏能动性有三种不同的表现形式。Crow（1977）提出，危机中来访者可能会出现接近、回避或者想有所行动却无法动弹。尽管 Crow 的观点看上去自相矛盾，其实不然。来访者可能看起来积极性很高，但其行为却朝向某个适应不良的方向；或行为很随机，并没有可以识别的特定目的。或者，来访者试图尽快逃离不良事件，即使直接的威胁已经消失了。虽然在多数情况下，在行动之前仔细观察周围状况是一个好计划，但来访者在需要逃离或战斗的紧迫危险面前却陷入僵局。尽管可能会耗费大量精力，来访者也竭尽所能，但如果危机超越了来访者能够积极有效应对的能力，来访者就会失去能动性，陷入某种特别的行为方式，即接近、回避或者感到心有余而力不足，从而陷入死循环，无论他看起来有多么积极主动。位于连续谱末端严重损害的适应不良行为，通常对来访者或其他人都可能造成致命伤害。

《认知严重程度量表》 Ellis写了很多关于思维在情感和行为中的作用的著作（Ellis，1971；Ellis & Abrahms，1978；Ellis & Grieger，1977；Ellis & Harper，1975）。在危机情境中，来访者对于危机事件的感知通常是侵犯、威胁、丧失或者是三者的结合。Dryden（1984）将它们称为“热”认知，处于连续谱末端的灾难性维度上。

不理性的思维状态会让来访者困在危机中，任何一点理性思维都无法存在。在来访者试图将事件整合进自己的信念系统时，事件本身会消耗来访者所有的心理能量。来访者会对人际的、自我内心的或环境的刺激产生不良认知。侵犯、威胁或者丧失的认知可能与生理需要（如食物、住所和安全）有关；也可能与心理需要（如自我概念、情绪稳定性和同一性）有关；或者与关系需要有关（如家庭、朋友、同事和社区支持）；以及与道德和精神需要有关（如完整性和价值观）。为了区别侵犯、威胁和丧失，可以从时间上来分析。侵犯是指感受到当前发生了不好的事情；威胁是指感受到一些不好的事情即将发生；丧失是指感受到不好的事情已经发生了。当认知损害非常严重时，对事物的极端认知会导致来访者或者他人处于危险之中。有时来访者的想法会变化很快，一会儿想“现在发生了一件令人讨厌的事情，不过很快就会过去的”，一会儿又想“是可忍孰不可忍，我受不了了”。这样的变化，可以从“冷”认知到“热”认知（Dryden，1984），使得来访者做出可怕的决策。这样的决策非常可能给来访者和他人带来更糟糕的行为后果。

当然，来访者如何认知危机事件以及干预工作者应该如何应对他们与他们自身的智力有很大关系。同样的危机，智力略低下的人可能需要最基本的护理，而高智商的人可能会去考虑上帝到底在干什么。

在危机中认知功能包括四个基本方面：生理、心理、社会关系以及道德/精神信仰。这些看上去很像马斯洛的需要层次理论；虽然在某些方面的确类似，但也不完全相同。在大灾难期间，人们更多地关心食物是否能果腹、居所是否能挡风遮雨，而无暇担心其他事情。另一方面，上述的四个方面同时出现也并不少见。生理：“我又冷又饿，我不知道在这屋顶上还能坚持多久”；心理：“我没有为飓风的到来做准备，我搞砸了”；社会：“我的家人呢，他们活下来了吗”；道德/精神：“上帝为什么要这么对我们”。

有些读者可能是不可知论者、无神论者，会觉得精神方面的内容有点玄乎。但不论你的精神信仰是什么，不论你信奉大神、上帝、毗湿奴、释迦牟尼、一棵道格拉斯的冷杉树，还是您的私人形体教练、修行教练、牧师，或者是查里布朗的大南瓜，我们都承认精神信仰在危机工作中的重要性。本书中的精神信仰定义是采用Pargament和Sweeney（2011）在美国新兵综合培训计划中的定义（见第七章“创伤后应激障碍”）。他们将精神（spirit）定义为“个体的核心，最深层次的自我，以及个人对人类本质的看法”；将精神性（spirituality）定义为“人们发现和实现自我的连续过程”。Pargament（2007）后来进一步补充，这是在人的一生中寻找神圣的过程。如果你认为，处在危机中的人们不会认真考虑存在的意义，疯狂地想知道究竟什么才是神圣的，什么才是道德正确的，他们的精神和精神性要如何才能攻克这场危机，如果你认为这些不是你要关心的问题，那你就大错特错了。

与危机前的功能相比较 尽管不可能对所有危机经历者的危机前水平进行评估，但危机干预工作者仍应该用TAF评估来访者在危机之前的功能状态，以便对来访者的功能状况有大致的了解。比较危机前后的量表评估结果可以让干预工作者估计来访者的情感、行为和认知是否偏离正常水平，也可以估计来访者功能不正常的程度，是否为功能的突然下降，是暂时的还是长期的。比如，对于存在幻听的慢性精神分裂症患者的咨询方法同服药导致的幻听的个体截然不同。这样的评估可以通过一两个问题进行，而不必大量挖掘背景信息。

评估来访者 用TAF评估来访者时，评价功能损害的程度是从严重到轻微的。这种倒过来的评定，初看之下有点令人费解，但这是为了先排除更严重的损害。因此，如果我们在评估情感，首先观察来访者是否符合严重损害的描述，如果不符合，再考虑明显损害。如果至少能达到明显损害所在列表上一半的描述，那来访者的评分为9分。如果少于一半的描述，那评分为8分。在所有的三个方面都应该进行反复评估以获得总体评分。在总体评分（3 ～ 30分）的基础上，将来访者大致分为三类。评分3 ～ 10分提示轻度损害，来访者通常能够自我指导并且自主功能良好；评分11 ～ 19分提示损害比较明显，存在一定的功能障碍，需要一定的帮助和指导；如果总分为20分或者以上，即存在严重损害，他们需要大量的指导和确保其安全的环境。得分高于20分还意味着可能存在某种程度的致命性，无论是有预谋的，还是由于来访者失去了控制而造成伤害。

用TAF评估来访者其实也意味着评估危机干预工作者。为何这么说？如果干预工作者能够使来访者稳定下来，那么TAF的评分也应该下降。如果没有，干预工作者很可能需要改变工作方法，尝试其他应对措施。尽管TAF未必非常精确，但它仍然提供了一个好的衡量标准，使干预工作者可以判断来访者的状况以及自己的工作是否行之有效。我们的受训者通过学习能够很快掌握该量表的使用方法，相信本书的读者也可以。

在量表评定中有一个不断出现的问题："你怎么定义严重？当一个母亲刚刚得知自己的儿子在一起校车事故中严重受伤，难道她不应该变得歇斯底里失去控制吗？"通常情况下，这是正常的。但是，导致该母亲进入危机状态并在TAF评估上被定为"严重损害"的原因有两个方面。首先，即使来访者的情感、思维和行为在危机情境下似乎是合理的，仍需要考虑是什么潜在问题使得母亲处于这种状态，她的情感、思维和行为是否会使情况进一步恶化；其次，不仅仅是反应的强度，情感、思维和行为反应的持续时间也很重要。可以认为最初有这样强烈的反应是很正常的，但在四个小时之后仍然处于这种程度的反应中，则可以认为来访者明显失去了控制并需要帮助。

TAF的改编量表

基于越来越多的人需要对精神障碍和情感失控的人群提供服务以及与之互动，因此TAF经过修改以适用于警察部门（Logan，Myer，& James，2006）、高等教育/学生事务工作人员（Armitage et al.，2007），以及灾害救援工作者（James，Blancett，& Addy，2007）。所有这些TAF的改编量表不断得到发展，是因为大量没有精神健康背景却经常需要与情绪失控人员打交道的危机干预工作者的需求在扩大。以下所有的TAF改编版都使应用更为简单方便，正在经历实际测试。

《分类评估清单之法律强化量表》（TACKLE；James，Myer，& Moore，2006）是蒙哥马利县马里兰大警署的警察和精神卫生工作者一起合作制订的。该清单是为了帮助警察评估他们在应对情绪失控的服务接受者时的现场表现；为将服务接受者置于法律约束下以进行精神鉴定，提供具体的行为评估；并提供法律程序上的行为评估以支持针对服务接受者所采取的行动。（见第十四章"机构中的暴力行为"）

《分类评估系统之学生环境适应量表》（TASSLE；Myer et al.，2007）是给大学宿舍工作人员使用的，目的是现场评估失控的学生。量表最初是给宿舍管理人员使用的，提供给校园警察和咨询中心的人员进行行为评估，以决定学生是否对人对己有危险，是否对社区学习环境造成破坏（见第十三章"校园危机"）。其他一些特殊形式的量表用来评估灾难后的市民，例如，《分类评估严重程度清单之市民版》（TASC-C，James，Blancett & Addy，2007），该量表还有家庭版（Slagel，2009）以及机构版（Conte，2005）。

TASSLE第二部分的标题是"观察"（见图3.3），这一部分分为三栏，列举了危机中的个体可能出现的行为。一些条目在帮助学生获得支持或将他们带离学生宿舍时十分重要。总的指导原则是，符合的条目越多，则此人需要帮助或被带离现场的可能性就越大。清单中勾选的条目越多意味着在严重程度量表上的个人评定得分越高，

观察（勾选所有符合的条目）

____停药*	____攻击动作	____歇斯底里*
____幻觉†（____嗅觉 ____视觉 ____听觉 ____触觉）	____行为暴力†	____混乱*
____奇怪的行为 / 外貌	____对人对己的口头威胁	____无法完成简单指令*
____卫生状况差	____自杀 / 杀人思维 / 言辞*	____无法控制情绪
____荒唐、毫无逻辑、无意义的言语	____自杀 / 杀人动作 / 行为†	____无法回忆个人信息*（电话、住址等）
____偏执 / 怀疑的想法	____明确的自杀 / 杀人计划†	____对外界的不真实感*（旁观者）
____闪回，脱离现实*	____不合作	____无反应*
____醉酒 / 中毒状态*	____鲁莽的行为	
____可能存在发展障碍	____冲动性	

*建议提供支持性服务

†建议提供保护性拘留

图 3.3 《分类评估系统之学生环境适应量表》（TASSLE）：观察清单

来源：Myer et al., 2007

严重程度量表得分高也意味着更需要支持服务或者可能需要住院。

第一栏的条目是关于心理问题的。在此部分勾选合适的描述是基于评定者的观察和提问。鉴于来访者未必合作或者无法回答问题，评定者不一定能收集所有的信息。另一个收集信息的好方法是询问了解来访者的其他人。第二栏的条目侧重于来访者对人对己的危险性，它们可能仅仅是威胁，也可能已经做出了自杀或杀人的举动。如果仅仅是威胁，需要判断来访者是否会立即对人对己产生危险。仅仅对人对己有威胁，并不一定意味着需要提供帮助或者带离。标准的指导原则是如果此人有详尽的计划，并且计划具有一定的可操作性，他便是潜在的威胁，需要有资质的精神卫生工作者密切监控直至威胁解除。

第三栏的条目与严重程度量表关系最密切。这一栏中列出的是危机中来访者的情感、行为以及思维。这些与严重程度量表的内容相关。一般而言，干预工作者可以根据自己的观察以及与学生共处的经历来完成该部分。有四个方面极其重要：(1) 歇斯底里，(2) 混乱，(3) 无法完成简单的指令，(4) 无反应。符合这4项的来访者很有可能易受伤害，心理脆弱，无法照顾自己。

总而言之，TAF 及其衍生版提供了评估危机所致的损害的多样化工具，指向功能的具体领域，使得危机干预工作者能快速评估来访者，然后直接针对最急迫的问题构建具体的干预策略。

心理生理评估

尽管心理生理评估已经超越了本书和多数危机的范围，但就评估的紧迫性和大多数人类服务工作者都需要的评估技巧来说，有明确证据显示，神经递质在情感、行为和认知功能方面具有重要作用，不论是在危机中还是在危机过后的很长一段时间里（Briere & Scott，2006；Solms & Turnbull，2002；Strawn & Geracioti，2008；van der Kolk，1996a；Vermetten & Bremmer，2002；Yehuda，2006；Yehuda & LeDoux，2007）。有证据表明，脑内的边缘系统在“发生”和“维持” PTSD 方面起重要作用。另外，也有证据提示，基因在 PTSD 的易感性中也有一定的作用，因为有大量证据表明，边缘系统的体积较小使人更易感 PTSD。好消息是，某些药物治疗和心理治疗对于增加边缘系统的体积和改变神经递质的传导有一定作用，可以用来改善 PTSD 的症状（Felmingham et al., 2007；Gilbertson et al., 2002；Shin，Rauch & Pittman，2006；Vermetten et al., 2003）。

至少有三个理由可以说明人类心理生理学在危机干预中很重要。首先，有证据表明当人们陷入创伤事件后，神经递质的释放，如内啡肽会发生巨大改变，中枢和周围交感神经系统以及下丘脑–垂体–肾上腺轴也会发生巨大改变，这两个系统相互调节。当PTSD发生后，两个系统的平衡会被打破，两个系统都会受影响（Raison & Miller，2003）。这些神经生化的改变可以长时间存在，对人体的情感、行为和思维产生微妙而不良的影响（Burgess-Watson，Hoffma & Wilson，1988；Solms & Turnbull，2002；van der Kolk，1996b）。对来访者进行心理生理方面的教育非常重要，可以让来访者理解他们并没有"发疯"，他们在应激源过去很久之后还产生不可思议的举动其实是有神经生物学基础的（Halpern & Tramontin，2007，p.83）。

第二，研究发现神经递质如多巴胺、去甲肾上腺素以及5-羟色胺等的异常变化与各种精神障碍相关，如精神分裂症（Crow & Johnstone，1987）和抑郁症（Healy，1987）。在处于慢性应激状态的人和PTSD患者中，可以发现其皮质醇和神经肽Y的水平降低，并且可以作为预测因子（Morgan et al.，2001；Southwick et al.，1999）。抗精神病药物通过调节这种神经生化变化来治疗一系列精神障碍。人类服务工作者和警察必须经常面对的一个问题是，需要处理因为不良副作用或者无法记住何时服药而停药的疯狂的或暴力来访者（Ammar & Burdin，1991；Miller，2006）。精神病患者因停药而导致在大街上精神病复发，这种情况很常见，也是让危机干预警察小组感到头疼的事。

第三，不论是合法还是非法的药物都对精神健康有巨大的影响。尽管非法药物对于改变大脑生化和行为的作用已经引起了广泛关注，合法药物其实也可以导致精神方面严重的不良反应，特别是与老年患者常规使用的一些治疗退行性疾病的非精神类药物联合使用时。有时，这些药物存在相互作用，可导致一些意想不到的精神方面的不良反应。因此在使用药物时必须通过阅读药物说明书，获得关于可能引起精神方面的不良反应的可怕知识。

因此，人类服务工作者应该评估来访者既往的创伤经历，心理病理过程，以及使用、滥用或者误用的各种合法与非法药物，以综合判断它们与当前问题的关联。当涉及神经生物学基础的时候进行"谈话"治疗并没有太大作用。如果人类服务工作者有理由怀疑存在上述的任何一种情况，应及时转诊进行神经或者药物评估。上文中Lewis询问Leron的饮酒量，就是判断是否可能存在使用或者误用处方和非处方药物的情况。

以下问题在危机的初次访谈中必须要提及，而且应以不容回避的口气询问。

危机干预工作者：很多时候人们会对药物或者更换药物出现一定的反应。你现在在服用什么药物吗？服用这些药物是为了改善一些情绪问题吗？你是否已经停用了？你还因为其他的躯体疾病服用什么药物吗？你停止过服药或者换药吗？你在服药时饮用含酒精的饮料吗？当你换药或者停止服药的时候，你会觉得自己变了或者跟以前不一样了吗？

评估来访者目前的情绪功能

在评估来访者的情绪稳定性时应注意以下四个因素：(1)危机的持续时间；(2)情感耐受程度或者来访者当时的处理能力；(3)来访者当时的生态系统；(4)来访者的发展阶段。

持续时间因素是危机的时间框架。这是一次性的危机吗？这是复发吗？会影响来访者很长时间吗？一次性、相对较短时间的危机被称为急性或者境遇性危机。反复发生、持续时间长的危机被称为慢性、持续性或复发性危机。

程度因素关注的是来访者当下的情绪应对能力。在一般的人生过程中，应对能力通常是充足的，但在危机事件中来访者的能力会相对匮乏。评估程度，需要危机干预工作者判断来访者的情绪应对能力还剩下多少。来访者究竟是完全耗尽体力，还是有能力再坚持一段时间？

生态系统包含的内容很多，可以明显地影响来访者的应对能力（Collins & Collins，2005；Halpern & Tramontin，2007；James，Cogdal & Gilliland，2003；Myer & Moore，2006）。地域与接近性、交流系统、语言、文化习俗、宗教信仰、

经济状况、微观和宏观的社会互动等，只是生态系统的一部分变量，它们都能够对来访者的情感应对能力产生微妙或深远的影响。没有一个人的危机可以脱离生态系统而存在，因此认为可以脱离背景环境孤立地解决问题是犯下了严重的错误。

发展阶段评估（Collins & Collins, 2005）在危机中对来访者的情感功能起到重要作用。仅仅从生命历程的一个阶段到下一个阶段就存在潜在的危机（Blocher, 2000；Erikson, 1963）。不同的生命阶段的发展任务为来访者看待和回应危机提供了框架，理解这些发展任务对危机干预工作者非常重要。另外，如果某些特殊生命阶段的发展任务没有完成就会产生发展危机（Levinson, 1986）。不难想象，一个在发展阶段“卡住”的来访者在遭遇境遇性危机时，其情感应对能力会受到怎样巨大的影响。

来访者目前的急性或慢性状态 在评估来访者在危机中的情感功能时，危机干预工作者判断来访者是处于一次性的境遇性危机中的正常人，还是有慢性的危机生活史的人是非常重要的。一次性危机的评估与处理和慢性危机是完全不同的。在一次性危机中，来访者需要直接的干预以应对导致危机的特殊事件或状况，达到危机前的平衡状态后，来访者往往能寻回正常的应对机制和支持人员，独立生活下去。

而慢性危机中的来访者需要更长时间的咨询。来访者需要干预工作者寻找可以使用的应对机制和社会支持重新发现在先前的危机中起作用的策略，寻找新的应对策略，获得干预工作者和其他人的肯定和鼓励以获取力量来渡过当前的危机。慢性危机案例通常需要转介以获得长程的专业帮助。

来访者情感能力的储备 与有充分情感能力储备的来访者比较，缺乏情感能力储备的来访者更需要危机干预工作者更直接的反馈。绝望感和无助感是情感储备能力不充分的一个表现。在某些情况下，对于情感储备能力的评估可以通过询问有针对性的开放式问题来进行。通常，如果储备能力低下，来访者对过去和现在的观点会出现扭曲，并且无法展望未来。一些问题可以揭示情感储备能力的程度：“请你描述一下，当前的危机解决后，你会是什么样子？告诉我你现在怎么看，有什么感受？你希望自己是什么感觉？在这件事情变糟糕以前你是什么感觉？你觉得你可以怎样处理这件事情呢？”总体而言，情感储备能力越低，来访者越无法把握未来。如果储备能力耗竭了，来访者很可能会毫无想法或者回答“我不觉得有什么选择”“我看不到任何希望，未来一片空白”。危机干预工作者对来访者当前情感储备能力的评估，可以为下一步的咨询采取何种策略，以及采取何种程度的行为活动提供参考。

情感状态评估的策略 评估来访者总体情感状态需从多个角度着手，既需要关注持续时间（慢性或者急性），也需要注意程度（储备能力）。还需要结合来访者的年龄，文化程度，家庭背景，婚姻状况，职业成熟度和工作稳定性，财务稳定性和债务，酒精或药物的使用情况，违法记录（是否有拘捕、犯罪、缓刑记录等），社会背景，智力水平，生活方式，宗教信仰，维持亲密人际关系的能力，对不确定性的耐受能力，身体健康，医学疾病史以及既往危机史。对以上这些因素的整体把握，有助于危机干预工作者判断是否需要快速转介（如医学治疗或者检查）、短期咨询、长程治疗或者转介到特殊机构。

通常，任何一个单一的因素都不能用来判断来访者的情感应对能力是否已经耗竭。但是，某些因素综合起来可以给人一幅清晰的画面。一个因为低学历而饱受了世事沧桑的中年人的人生态度，与一个初出茅庐、面试首份工作被拒的年轻人的感受肯定不同；而一个疾病缠身、反复住院的患者与一个初次生病的患者的感受也大不一样。上述的例子是对个体的易化情感评估。在“易化评估”中，工作者收集的信息应该有机地整合到持续的帮助过程中，而不是简单地存储在记忆里。

评估替代方案、应对机制和支持系统

在整个干预过程中，干预工作者需要牢记，并且建立一个选项库，随时评估各个选项对来访者的适合性。在评估适合来访者的替代方案时，必须首先考虑来访者的观点、来访者的能动性和利用替代方案的能力，当然危机干预工作者自身对替代方案的看法也是一个重要方面。

替代方案应该包括来访者可以获取的合适的转介资源。即使来访者只想寻找一项或者两项具体的计划或者行动步骤，危机干预工作者仍应当集思广益，与来访者协商，提出一系列解决问题的可能性，虽然很多办法可能在来访者采纳或实施前就会被抛弃。危机干预工作者需要经常回答类似的问题，比如来访者目前可以做出怎样的行为和选择以便维持自己的自主性？来访者能采取什么样的现实行动（应对机制）？来访者可以获得何种机构资源、社会资源、职业资源、个人力量或者支持系统(注意此处的支持系统特指人)？谁会关心并且愿意帮助来访者？来访者的经济、社会、职业以及人际关系的状况如何妨碍了来访者的进步？

评估潜在的自杀 / 杀人风险

并不是所有危机中的来访者都会自杀或者杀人。但危机干预工作者须时刻牢记评估来访者伤人伤己的可能性，因为破坏行为可能有多种形式并且隐藏得很深。干预工作者必须谨慎对待并有能力评估有自杀和杀人可能性的来访者。但需要注意的是，自杀或者他杀的风险可能会吸引危机干预工作者所有的注意力，而导致忽视真正关键的问题：来访者终结自己或者他人生命的目的是什么。与流行的观点相反，多数自杀或者杀人的来访者会有明确的表示，并且会事先发出警报或寻求帮助。问题是，即使是来访者最亲密的朋友也可能会忽略这些线索而无法帮助他们。因此，每一个危机问题都需要评估其自杀和杀人的风险。最重要的是，在评估自杀和杀人风险的过程中，干预工作者需要意识到，任何类型的来访者都可能存在自杀和杀人的危险。

小 结

本章节的混合干预模式需要在危机工作过程中完成多项任务，并不一定是按部就班的线性过程。列所有任务之首的是安全问题，不仅仅是来访者的安全，还包括他人和危机干预工作者的安全。危机中的初次接触并不容易，因此，我们将倾向性、卷入和初次接触作为一个新的基本任务，这为后续的干预奠定了基础。问题探索包括当前危机的情感、行为和认知几个方面的情况，需要找到当前主要的危机事件，而不需要深究来访者的历史问题。提供支持意味着寻找能够帮助来访者的资源，干预工作者需要帮助来访者寻找并且自己也成为支持系统的一部分。寻找替代方案、制订计划、获得承诺以及避免过于密切和长程的随访。通过有特定目标的短期解决方式帮助来访者恢复平衡状态。

危机干预和其他援助服务，如咨询、社会工作、心理治疗的一大区别是，危机干预工作者缺乏足够的时间去分析来访者的背景和其他援助人员通常会参考的评估资料。一个高效率的危机干预工作者的特点是迅速了解当前可获得的资料，并且快速提取有用的信息，而对于普通的心理工作者或者社会工作者来说，这样的方式是无法开始干预工作的。但是，这种快速评估来访者是否失去平衡和其能动性程度的能力，特别是条件限制下能够灵活进行评估，是学生学习的重点之一。这也是为什么本章重点介绍混合任务模式和《分类评估表》。

从解决危机开始，评估一直是一个核心的、连续的过程。危机干预工作者不能想当然地认为表面上解决了危机，评估就可以终止。对来访者危机状态的评估包括严重程度、目前的情绪状况、替代方案、环境支持、应对机制、资源、危险程度等，评估必须持续进行到来访者完全恢复到危机前的自主、平衡水平。那时，来访者欠下的心理债务才算还清。但恢复危机前的平衡状态并不意味着来访者就不需要发展性或者长程的心理治疗或医学治疗，也不意味着危机干预工作者的任务已经完成，只是危机的急性期暂时告一段落。

（叶尘宇　季建林　译）

第四章

职业工具

引言

对于所有的心理治疗师，特别是危机干预工作者，准确和熟练的倾听是一项必备的技能。因此，倾听技能是危机干预模式中的主要组成部分。我们对“有效倾听”的定义来源于人本主义咨询理论（Egan，1982，1990；Rogers，1977）。在本章中，我们将简单介绍一些适用于不同危机类型的基本技术。我们还节选了现实工作中的真实案例，来访者叫作 Rita、Jake 和 Jean，并将其贯穿于本章节中，以便更好地阐释这些有效（或者无效）的策略。

危机干预中的倾听

开放式提问

危机干预工作者通常会因为来访者缺乏回应和热情而感到沮丧。他们可能会说“所有的来访者都只会用嘟囔或者摇头来表达是或否”。其实，如果不采用封闭式的提问，我们可以从来访者那儿获得更多的信息和更有意义的回应。开放式提问通常以“是什么”“怎么样”来进行提问，或者让对方澄清、询问更多细节。开放式提问鼓励来访者用更完整的陈述、或更深刻的内容来回答。切记，开放式提问利于引出与来访者自身感受、想法和行为相关的内容，并十分有利于问题探索任务。以下是“开放式提问”的指导原则：

1. **提问，要求对方进行描述**：“请告诉我……”“和我谈谈这件事……”“告诉我……”“这是如何发生的……”
2. **紧扣计划**：“你将怎么做……？”“你将如何来实现呢？”“这将如何帮助你呢？”
3. **追问**：“能和我多说一些吗？”“能告诉我更多细节吗？”“就这一点，你能再谈谈吗？”“然后发生了什么呢？”
4. **评估**：“和以前相比，如何不一样呢？”“在这件事上，你做了什么呢？”“当这件事发生时，你是如何处理的呢？”“你可以向谁寻求帮助呢？”
5. **避免使用“为什么”进行提问**：危机干预行业的新手通常会被来访者奇怪和离奇的想法、感受以及行为所吸引和迷惑。因此，新手会受到这一感觉的驱使，去寻找来访者产生这些“疯狂”想法、感受和行为的原因。我们认为，用“为什么”进行提问通常不是获得更多信息的好方法。即使这样的提问可能会鼓励来访者开始表达，但它也会让来访者为自己的行为辩护。我们来看看，当危机干预工作者询问来访者（Jake）某个行为发生原因的时候，他是怎么回应的。Jake 是 Rita 的丈夫，在本章节我们还会谈到他。

干预工作者：为什么你总是打你的妻子？

Jake：喂！如果她还有那么点儿感情的话，我就不会打她。这都是她的错！

从这个例子我们可以看到，如果用“为什么”进行提问，来访者往往会采取自我保护，并尝试用道理去解释这个问题，或者将问题归咎于其他人或其他事，从而否认自己在这个问题中应该承担的责任。

封闭式提问

封闭式提问适用于从来访者那儿获取特定的、具体的信息，其目的在于获得特定的行为数据，以及“是或否”的回答。与长程治疗的情况相反，封闭式提问通常用于危机干预的早期。它可以帮助干预工作者获取特定的信息，以便快速评估现状。因为封闭式提问更容易阻碍双方的互动，而非促进双方的沟通，所以，在大多数的咨询过程中并不推荐使用。因此，老师总要求研究生们“保持开放式提问”，从而导致许多研究生对采用封闭式提问存在迟疑。在长程治疗中，治疗师通常需要数周或者数月来触及和解决来访者的问题。而危机干预通常要求迅速制订行动方案。封闭式提问特别适用于获得承诺以采取行动；也非常适用于安全相关的问题。在生命安全问题上，我们不会使用委婉的语言，也不会迂回地提问。虽然“你会自杀吗？”这样的提问可能看上去比较唐突、粗糙和冷酷。其实不然。关于这一点，我们会在第八章“致死性危机”中继续探讨。

以下是采用封闭式提问的指导原则：

1. **询问具体的信息**：“第一次是什么时候？”“你准备去哪儿？”“你是不是想伤害她？”“你回去过那儿吗？”“这是不是意味着你要自杀？”
2. **获取承诺**：“你愿意预约吗？”“你愿意和他对峙吗？”“你同意做……吗？”“你将什么时候做？”
3. **进一步明确**：“你明白我说的吗？”“你现在能为我做这些吗？”“你跟得上我吗？”
4. **避免使用反问**：反问是封闭式提问的一种。它以一种比较微妙的方式迫使来访者同意提问者的意见。“不是这样吗？”或“难道不是吗？”都暗示着希望对方同意。反问，如“你不觉得这是对的吗？”，事实上是一种委婉的表达方式，真实的意思是“我相信这是对的，如果你还有一点点理智的话，你应该同意我的说法。”

干预工作者：你难道不觉得，你应该离 Rita 远一点吗？

这样的陈述不是危机干预时的恰当提问方式。当希望获得来访者认同的时候，直截了当的表达更加适合。

干预工作者：Jake，我知道这对你来说很难。但为了你和 Rita，我非常希望你能够保持上个星期的成果，在这个星期继续履行“离她远一点”的承诺。

复述和总结性澄清

复述和总结性澄清是危机干预工作中的重要组成部分。处在危机中的来访者，往往由于思维不连贯或者处在混乱的环境中，而存在表述困难。干预工作者用自己的语言重复来访者所表达的内容，这使干预工作者能在来访者的帮助下正确理解其想要表达的内容、感受、想法以及行为。并且，复述，事实上也让来访者感受到“有人在用心地倾听”，因此，好的复述在危机干预中至关重要。复述应该针对危机事件的内容，而不是对这个事件的感受或想法。对这一技术的理解，可以参照电视剧《Dragnet》中 Friday 警官说的那句台词，“我们要的就是事实”，然后再将这些事实用干预工作者的语言表达出来。另外，当来访者的情绪或思维不受控制时，复述也可以作为一种有效的突破方式。

干预工作者：先停一下，Jake，你已经说了很多，我担心会记不住。让我总结一下你刚刚说的，看我理解的内容是否和你说的一样。

复述看上去很简单。如果危机干预工作者完全只关注来访者本身，复述就很简单；但当危机干预工作者被周围的环境刺激所干扰，或者对来访者所表达的内容心存异见、质疑、评价、偏倚和预设，又或者对来访者所说的内容存在刻板印象，那么复述就会很难。而危机事件中，周围环境总存在许多刺激且造成干扰，因此，要时刻保持警惕！最后，总结性澄清适用于结束对话。也就是说，它应该包括之前的谈话内容，使干预工作者和来访者的认识达成一致。特别是在承诺阶段，危机干预工作者，或者最好是来访者，可以总结之前讨论的计划和实施方案。

干预工作者：我希望你能总结一下我们讨论的计划，当你难以抑制去见 Rita 的想法时，你该怎么做。

Jake：好的。当我开始出现这些想法，例如渴望给她打电话或者去她家周围转转时，我会采用停止思维的方法。我不会去我最喜欢的酒吧，因为这只会使一切变得更糟。我会去练习场打高尔夫，或者打开游戏机玩杀外星人的游戏。当我冷静下来后，我会将我的想法和感受都记录下来，下次见你的时候带给你看。如果这都不奏效，我会拨打危机干预热线。

认领感受

“认领感受”的意思是表达所有权：“那是我的”。通常在谈话时，为了避开一些特定的内容，人们会采用“去自我化”的表达方式，如“他们说……”“前两天我听说……”“你这样是不对的……”以及“你不认为你应该……吗？”。无论是有意还是无意，这样的表达可以为之前所说的推卸责任，或者使对方认为，这不是“我”的观点。

危机干预工作者常常需要指导无能动性或者失衡的来访者，因此“认领感受”或者使用“我”的陈述方式，在危机干预中的作用比在其他治疗中更重要。另外，“认领感受”的陈述方式，对建立干预工作者和来访者间的紧密联系具有重要意义。特别是在发生紧急事件的情况下，干预工作者希望失控的来访者能够完全地投入到干预过程中来。我们列举一些常用的“认领感受”的表达方式，以便危机干预工作者在处理相应问题时使用。由于危机干预工作者主要的工作依然是围绕来访者本身而非干预工作者，所以，虽然相对于其他的治疗方式，“认领感受”的表达在危机干预中使用更多，但仍需有所限制。在谨慎使用的前提下，与来访者沟通时，干预工作者表达自己的想法和感受是十分必要的。因为大多数的来访者会将干预工作者视为模仿对象。如果你暗示“我们是这么想的”，这当中的“我们”可能意味着我和诊所主任、校长、警官、全北美人民、全世界或者是上帝，那么来访者便没有什么机会反对，也很容易出现依赖性的顺从或者防御性的敌意。

干预工作者：（命令式地说），你知道吗，家庭问题中心是警察系统的一个分支，我们可以逮捕你。

Jake：（对抗地说），我知道，那又怎么样？我怎么做都有可能进监狱。

合作式的认领表达 在危机干预的开始阶段，通常不推荐使用“我们”这个词，因为它暗示了这并不是干预工作者一个人的想法，还包含了其他人的想法。在危机干预中，应该只考虑干预工作者和来访者双方。至少在危机干预的开始阶段，其他人员不在主要的考虑范围内，甚至可以暂时不用考虑。话虽如此，但在某些时候，如果有可能的话，使用“我们”这一表达方式有利于达成协议，并向短期目标推进。在对方不太合作的情况下，引导对方合作或顺从的重要因素是建立“此时此地”的关系，这是一种强调合作的方法，即“你”不是孤独的，“我们”和你在一起，用1968年 Weiner 和 Mehrabian 提出的概念来说，即“标记关系”。关系的确立缩小了干预工作者与来访者之间的心理距离。常使用的词语包括“这”“这些”“我们”“我们的”“这里”和“现在”等；与之相反的词包括“那”“那些”“我的”“那里”以及“以后”等。下面引用了干预工作者对 Jake 的回应，注意这段话当中“这”和“那”两个词的差异。这两个词很难互换。

干预工作者：Jake，我知道这样做很难，但这（此时此地）是我们可以实现的。虽然，我无法改变那些（过去以往）跟踪行为，但是我们可以从这个（此时此地）自我监控的愤怒管理模式开始。

用这样的语言为寻找替代方案、制订计划、许下承诺以及采取安全行为等搭建平台。这样做可以远离跟踪和嫉妒的行为，并且形成新的观念。这么做还承认了 Jake 的努力和想要改变的愿望，以及他独自面对这一切的困难；同时也告诉了 Jake 现在有我们来帮助他。危机干预工作者的回应，将“我们”和“这”（即此刻在我们面前的事情）联系到一起，用以对抗“你”和“那”（即远离此时此地并且难以应付的事情）。

去认领表达 我们很多人会逐渐否认一些人类的特点，认为这些特点会让我们看起来不太完美。危机干预的新手很容易受到这种谬论的影响，因为他们不希望自己看上去准备不充分、没有把握或者不称职。我有点疑惑，来访者会不信任还是会变得依赖这样一个无所不知、完美无瑕的干预工作者。举个例子来说明我的疑惑。

当我不明白却假装明白的时候，和我对话的来访者也会毫无疑问地被弄糊涂。愿意承认自己的疑惑或者沮丧，并尝试着去弄清楚，是一种促进干预工作者和来访者相互信任的行为。因为这么做，一方面干预双方都可以减少“假装明白对方”的行为，并且开始看清楚双方真正交流的内容；另一方面，干预对象也会开始积极与干预工作者合作，尝试与干预工作者一起努力解决问题。

干预工作者：现在我不知道该怎么想。你说你爱他，但你的所作所为都在让她离开你。

Jake：我知道，因为我也很疑惑。这就像是，我希望她也爱我。然而，我又会嫉妒和猜忌她，就像被打开的开关，失去了控制。我对此非常沮丧。我最大的敌人是我自己，我很讨厌我自己这一点。

表达理解 危机中的来访者通常会觉得没人能理解他们所经历的一切。“我理解”这种表达方式也是认领表达的一种。它向来访者清楚地传递了这样一个意思，即现在所发生的一切，是来访者痛苦的原因。这样的表达并不代表干预工作者真的了解来访者所经历的一切，因为干预工作者无法做到。我不可能真的理解前列腺癌或者乳腺癌患者的感受。我能理解和认同的是来访者现在所表达的恐惧与焦虑。“我理解”这一表达需要不断重复地使用，因为来访者可能处在易激惹或者无法感知现实世界的状态，所以只说一次他们可能听不到。

干预工作者：好的，Jake，我能理解，当你太太不理睬你的时候，当你尝试了所有可能挽回她感情的方法但还是失败的时候，你觉得非常沮丧。

Jake：（用拳头捶打着桌子并叫喊着）我再做什么都是错的！

干预工作者：我理解，现在似乎唯一有效的方法就是攻击她，这让人觉得非常丧气。

价值判断 有些时候，危机干预工作者不得不对来访者的行为做出评价，特别是当来访者有可能伤害自己或他人的时候。认领表达非常适用于干预工作者对当前状况和可能发生的行为进行评价。

Jake：（做出威胁的姿势，声音也变得颤抖）我……我……只是再也不能忍受了。我要狠狠地伤害她。

干预工作者：（做出判断）你说话的方式让我很担心。我相信这样做对你并没有好处，你不会得到你想要的结果，这样不可能与 Rita 和好。我必须报警以保证你们俩都安全。

然而，使用认领表达并不意味着针对来访者的特点做出了价值判断，因为这样的判断是负面的，无法改变来访者的行为。

干预工作者：（讽刺地说）当然，因为你没有你妻子聪明，所以你凭着自己的块头大而殴打她。这真让我大开眼界。我想在劳改营干活能消耗掉你的一些能量。

正强化 在危机干预工作中要做到诚恳，就需要及时表达感受。当来访者做得很好，我们感到开心并感觉良好时，就应该将这个感受表达出来。然而，这种正强化表达，应该总是针对某种行为来使用，而不是个体的特质。

干预工作者：Jake，我知道这是你最不想待的地方，我觉得你鼓足了勇气才来到这里，向我承认你遇到了麻烦。

正强化在危机干预中常常用于获得来访者的顺从。很多时候一些能使来访者冷静下来或停止危险行为的小步骤，都与正强化密切相关。

干预工作者：（Jake站了起来，用拳头捶打着桌面，诅咒着）我需要你现在深深地吸一口气，再轻轻地呼出来。（虽然有点困难，但Jake还是照着做了。）很好！你让我知道了你其实可以控制好自己的情绪。

我们通常使用正强化这一方法，使来访者向我们设定的更大目标前进。

干预工作者：很好！你能够做到深呼吸。现在，每当你开始用拳头砸东西时，是否能够提示自己，至少做三次这样的深呼吸，然后放下自己的手臂，让自己放松并想象一弯清澈湖水的画面？现在就这样做。太棒了，我看到你在渐渐放松下来。你能感受到紧张在减少吗？非常好！继续做，感受一下变化。感受一下这样多棒，感受一下你是如何重新控制自己的情绪的。你让我知道，你有勇气去处理你的情绪。

然而，正强化这一表达方式是一把双刃剑。很多时候，在危机干预中强化来访者的某种行为会使他产生依赖，或者被他认为是其他东西而不是一种强化。因此要谨慎选择被强化的行为。

Jake：（讥笑着说）勇敢个屁！如果不是警察来了，我绝不会待在这个鬼地方和你这家伙废话。

干预工作者：（表达感觉）非常抱歉你有这样的感觉。但我所说的都是认真的。

个人完整与界限设定 当来访者开始恐吓、控制或者让我们难堪时，我们隐藏自己的愤怒、失望或者受伤害的情绪并没有多少帮助。此外，当来访者开始失控或者想要操控干预工作者时，建立清楚的界限十分重要。

Jake：（讥笑着说）你懂什么？你不过是个黄毛丫头！我没必要和你谈这个。

干预工作者：（冷静表达自己的感受并设立界限）我不喜欢你贬低我，也不喜欢你的语言和态度。我希望你能道歉，也希望你能有教养些。如果你做不到，我想你可能需要跟你的假释官解释你的问题，我和你之间的谈话就此结束。

声明式表达 最后，因为危机干预过程常常要求干预工作者能够掌控现场，所以采用认领表达的方式以获得来访者的顺从，且指示明确、简短、观点突出。这一类认领表达，也称为声明式表达，能够清楚和明确地要求来访者采取某种行为。

干预工作者：我希望你向我和你自己保证，接下来的一周你不会接近她。我希望你能签下这份协议，以保证你和她的安全。

Jake：（很疑惑地紧握双手）我不知道，一周时间很长。我现在就很想她。

干预工作者：我知道这很难，特别是当你想做些什么的时候。但我需要你签下这份协议，这样我才能肯定你会这么去做。

推动性倾听

总的来说，倾听是危机干预中最重要的技

能。谈到“倾听”这个词时，通常会涉及一些重要行为和沟通技能，本章节中都会一一谈到。为了使倾听能够促使改变，干预工作者必须集中全部注意力在来访者上。

1. 集中全部的精神力量在来访者的世界里。
2. 关注来访者传递的言语和非言语信息（有时候来访者没表达出来的内容更为重要）。
3. 了解来访者是否准备好与他人，特别是危机干预工作者，进行情感和肢体的接触。
4. 用言语或非言语动作表达对来访者的关注，从而促进双方的关系，并促使来访者信任干预过程。

对于危机干预工作者来说，“倾听”技能中重要的一点是采用认领表达，明确告诉来访者自己将要做什么。

干预工作者： Rita，我能感受到你非常难过。为了全面了解发生了什么，以及需要做什么，我将尽可能地关注你所说的内容，以及你表达的方式。除了了解你所说的内容，我还将关注那些你没有说出的内容。因为这些内容可能与你面临的问题也有关系。如果我看上去过于关注你，那是因为我希望能够用尽可能客观和有用的方式，全面了解你现在的处境，以及你是否准备好做些什么。

“倾听”的第二个重要方面是它向来访者传达了这样一个信息，即干预工作者准确地听到了来访者所表达的事实和情绪。对于目前发生的问题，我们从情感和内容两个方面进行探索。危机干预工作者用复述和反射将感受和疑惑整合起来。

干预工作者： 面对你摆出的问题——被丈夫虐待、工作压力和Sam在一起快乐而内疚的时光——我有这样一个感觉，就像一个情感热线电话中心，所有的线路都接通了，甚至有些同时被接通。你是一个刚开始工作的接线员，只能应付一两通电话。而现在，你只是瘫坐在这里并希望自己从来没有接受过这份工作。你想知道自己怎么才能够走出这个困境，你也想要获得答案。但因为问题太多，你甚至都不知道自己该问什么问题。

“倾听”的第三个重要方面是促使来访者做出回应。它促使来访者更清楚地理解自己的感受、动机和选择。它使来访者感受到希望，感受到开始向前推进的趋势，向着解决问题的方向进展，并逐渐远离危机的中心。来访者开始能够从更现实、更理性的角度来看待危机事件，这使来访者即刻获得了控制感。这正是危机干预工作者所期望的行为。

干预工作者： 因此，在所有接通的线路中，你最想拔掉的是哪一个，哪一个是你希望保留的呢？你已经告诉我很多关于以前你是如何很好地处理类似危机的故事。回头来看看，你需要如何处理这个电话线路的问题。以前有用的方法现在还管用吗？让我们以这个为例，我们是否能将这些线路全部拔掉，再让它们循环地接进来，或者拔掉其中一个认为不那么重要的电话线路呢？

“倾听”的第四个方面是它帮助来访者理解危机所造成的全部影响。理解这些影响能使来访者更为客观，更能从旁观者的角度来看待危机，并重新用理性的方法来对待现实，而不再沉浸于自己的世界和情绪偏倚中。

Rita： 我感到我的整个世界都坍塌了。我不清楚我还能不能从混乱中走出去。

干预工作者： 听起来，你对所发生的这一切产生了情感冻结。我想知道，如果我们退后一步，从第三方的角度来看你所处的情境，就好像把你当成肥皂剧里的某个角色。你会如何评价这个角色呢？

Rita： 这个，（思考了一会儿），我会说她不是第一个，也不是唯一一个经历这些麻烦的人。那些事情现在看起来很糟糕，但最终都将解决，特别是如果她够幸运，可以忍受足够长的时间。

干预工作者：从别人的角度来看待你自己的境遇，的确让你产生了新的想法。

帮助来访者重新审视自己的处境不能直接解决他的问题。这一方法是倾听艺术的延伸。当来访者困在自己的情绪里时，这一方法能促使他向前推进。

上面谈到的“倾听”的四个方面并不是机械地、零散地发挥作用。这样的倾听方式，需要技巧和练习，并需要情绪稳定、在躯体和情感上有一定耐力的倾听者。下面这段对话，简单而全面地展示了推动性倾听中各个部分是如何结合的。此处的来访者是Jean，她是Rita的女儿。不要因为来访者的改变而觉得困惑。处在危机中的个体，可能会将身边其他重要的个体也牵连到这场危机中。因此，Rita的问题也波及了她13岁女儿的生活。

Jean：我觉得被妈妈冷落和忽视了。任何时候只要提及Sam（她的秘密情人），妈妈都会变得很生气，然后离开房间。一切都变得不一样了。就好像对妈妈来说，我已经不再重要。我不知道发生了什么，也不知道该怎么做。

干预工作者：你觉得很难过和失望，你妈妈对你的回应也让你很困惑。

Jean：（哭泣，也很生气）我，我觉得我不再重要。我觉得我被抛弃在路上。就像突然一下自己什么都不好……我现在觉得我就是问题所在。

干预工作者：你在责怪你自己，即使你一直在尝试弄清楚发生了什么以及你需要做什么。

Jean：（慢慢停止哭泣）星期天的晚上我想自杀。那晚我已经计划了这么做。我觉得自己被抛弃了，感到孤独和绝望。我只想找个方法来结束这种痛苦。我觉得我无法再继续下去。我觉得我已经不是她的女儿，或者是她不要我了，或者是我一直生活在谎言中。我不知道我是否还能继续生活下去。

干预工作者：即使你感觉到自己处在死亡的边缘，某种程度上来说你依然希望能够摆脱这种困境。你做过什么，或者正在做什么以避免自杀行为的发生呢？

Jean：（停止哭泣，思考危机干预工作者的问题）Marlene和她的父母来过我家，我整晚和他们待在一起。我觉得很有帮助。我很感谢他们来看我，并邀请我去他们家。他们对我很好，也很理解我。之前的那个晚上我过得很糟，一直在担心所有这些事情。但是Marlene一家人，特别是Marlene帮了我很多。

干预工作者：我们来总结一下，你能告诉我，从经历的这些事情里面你学到了什么经验吗？当你再次想要伤害自己的时候，这些经验将对你有所帮助。

Jean：（停顿了一下，似乎在思考干预工作者的问题）避免伤害自己的方法……那就是和关心理解自己的人待在一起。

干预工作者：告诉我，当你感到绝望、孤单、有自杀想法的时候，你可以向哪些人寻求帮助。这样，下次当你再出现这些想法的时候，就不用仅仅依靠运气了。

Jean：嗯，我还会给Marlene打电话。或者打电话给我叔叔和阿姨。他们会很快接我过去。嗯，我学校里还有一些朋友，我可以给他们打电话。（后续对话省略）

这部分对话中包含了前文阐述的“倾听”的几个要素。包括，准确的反射性倾听、开放式提问和关注来访者的安全（没有封闭式提问，没有给出建议或侵犯来访者的特权和自主性）。同时，因为危机干预工作者集中处理来访者目前最担心的核心问题，所以可以帮助来访者从危机的边缘向更安全、更恰当的行为转变。干预工作者出色的回应，帮助来访者意识到并努力达到当下的短期目标。这一过程中，干预工作者没有提及其他的事件、过去发生的事件、母亲、情人，也没有搜集背景信息，或进行长程治疗。

危机干预的基本策略

Myer 和 James（2005）创建了危机干预的九条策略。前文介绍过的“倾听”和“回应”技巧是这些策略的基础。使用这些策略没有固定的方式。它们可以单独使用，也可以结合起来使用。这些策略如何使用，很大程度上取决于危机事件的内容、干预对象的类型以及危机干预工作者处于危机干预模式的哪个任务中。以下我们将逐一介绍这九条策略。

建立意识 危机干预工作者尝试将那些可能对来访者应对当前的危机有影响，但又被阻挡在意识以外、被否认、被躲闪以及被压抑的感受和行为，呈现在来访者的意识中。建立意识对于问题探索这一任务（任务2）非常重要。

干预工作者：如果让你把一切都忘了可能会更容易，但我想知道，如果你回顾这一切将会怎么样？你来到这里，所以我确信你希望开诚布公地讨论这些事情，并且找到解决办法。如果我们把这些事情都拿出来看，它们看起来会怎么样？

允许宣泄 仅仅是鼓励来访者诉说、哭泣、发誓、痛斥、咆哮、抱怨、悲怆以及任何能够帮助他们宣泄情绪和想法的方法，都可能是危机干预工作者可以采用的最有治疗效果的策略。如果要这么做，危机干预工作者需要提供一个使来访者感到安全和被接受的环境，也就是说这个环境会告诉来访者：“表达你的感受和想法吧，这没有关系”。如果这么做了，干预工作者就清楚地表明了，无论来访者的想法和感受有多么糟糕，干预工作者都可以接受。值得注意的是，允许愤怒的情感不断积累和增加可能不是明智的行为。这个策略应该更多地应用于那些感受不到自己的情感和想法的人，而不适用于那些情绪已经非常强烈的来访者。这个策略通常被用于任务2（问题探索）和任务3（提供支持）。

干预工作者：讨论这些对你来说的确很难。毕竟，这是一场婚外恋。然而，如果你认为我会以道德标准来谈论这件事，你就错了。我并不会这么做。我更希望你能够将心中涌现的感觉说出来；同时，也告诉我你的害怕和愤怒。

提供支持 通常，危机干预工作者是来访者获得支持的唯一来源。例如，危机干预工作者尝试着使来访者明白，在当时的处境下，他的反应其实合乎情理。很多时候，来访者认为他们马上就要疯了。但他们需要知道，其实他们并没有疯，大多数人在同种类别和同样持久的危机事件中，都会出现类似的反应。通常在危机中，为了使来访者冷静下来，干预工作者会说，这些反应很“正常”。然而这并不是事实。由于性侵犯造成的焦虑反应，完全不属于“正常”。这样的尝试对来访者来说是很好的安慰，但也是最大的忽视。我们认为，用“普遍”这个词要比“正常”好很多。来访者需要明白，在危机当中，他们的情感、行为和想法都不是“正常”的，但却是“普遍”的。对于那些得不到任何支持的来访者来说，获得这样的肯定十分重要。需要提出的是，干预工作者绝不能支持来访者伤害或杀害自己或他人的感觉、想法或者行为。

当来访者正在尝试着采取行动时，干预工作者提供的支持对他非常有用。在标准的心理治疗中，督导通常会很担心这么做会使来访者对治疗师产生依赖。我们需要很清楚地了解，处在危机中的个体对干预工作者短时间的依赖是非常必要的。这意味着，当来访者用尽了一切情绪、认知和行为资源时，我们会提供支持，我们可以依靠。

Rita：我不知道找谁帮助，也不知道该做什么。这不是我！我很困惑，也很孤独。天呐！我怎么走到如此混乱的地步。

干预工作者：现在你可能有这些感受。但现在我和你在一起，也将一直陪着你，直到你重新获得控制感和方向感。

Rita：我不知道怎么才能获得控制感。（开始哭泣）。

干预工作者：我们将会获得控制感，我也会一直和你在一起，直到我们成功。

扩大视野 危机干预工作者需要扩展来访者看待危机的狭窄视野。通常，来访者都是全身心地关注危机事件本身，且沉浸在自我挫败的感受和行为中，以至于看不到其他观点和可能性。扩大视野可以帮助来访者后退一步，重新审视面对的问题，并获得新的观点。这个策略主要用来解决来访者认知反应受阻的问题。通过与来访者的狭隘和局限的观点进行对峙，干预工作者帮助来访者从其他角度来考虑问题。环境当中存在一些线索，可以帮助来访者感受危机事件另外的意义，并获得可能的解决方法，当来访者无法识别这些线索时，这个策略非常有效。

干预工作者：这么做可能不太好受，但我希望你能想想。你知道，申请“禁令”可能是一种解决途径。尽管“禁令”在家庭暴力中使用得非常普遍，但在其他情境中也可以使用。

集中精力 与上面提到的策略相反，当来访者关注的内容太泛，对于危机事件的观点天马行空、不切实际且不受控制时，干预工作者需要缩小他们思想的范围。危机干预工作者尝试着将来访者对危机事件的所有灾难性解释和观点进行分割、缩小，并转变为较明确、较现实和可控制的模块。这一策略可以用于危机干预模式中的所有任务。

干预工作者：因为目前的状况非常繁杂，你要做的是减轻一些负担。你是不是可以集中处理一些能够立即减轻你压力的事，而不是企图照顾到每件事、每个人？

提供指导 “指导”这个词，在心理咨询领域中多少有些贬义。因为这个词暗示着来访者没有能力解决自己的问题。然而，很多时候，处在危机中的个体的确需要指导和指明方向。他们没有做出正确决定的知识和资源。因此，危机干预工作者应该提供信息、转介，并指导来访者如何从外界的资源和支持系统中获得帮助。举例来说，对危机干预工作者而言最便利的工具之一，是一份列举了该地区所有社会服务机构的清单。这一策略可以应用于来访者几乎所有的行为反应中。

Rita：我不知道如何申请“禁令”。

干预工作者：从目前的情况来看你可能不再需要。但是，家庭问题中心的工作人员可以帮你，他们也会很乐意帮你。如果你需要，我可以将他们的联系方式告诉你。

促发能动性 危机干预工作者尝试着一方面调动和整理来访者内部可利用的资源；另一方面也寻找和使用外部的支持系统，从而帮助来访者学会应对技巧和生成问题解决的能力。

干预工作者：有一个妇女互助组织在圣米迦勒天主教堂经常组织聚会。参加的人都和你一样，存在亲密关系问题。和她们交谈，也许你能获得一些新的想法，以帮助你解决眼前这个棘手的问题。你有很多好主意，也正准备开始行动，但听听其他人的意见并没有坏处。

执行顺序 危机干预工作者帮助来访者将问题系统地进行分类，以便按照一定的优先顺序，有逻辑地逐一处理。

干预工作者：虽然看起来无法解决，但如果我们把这些事分解成你能够处理的小模块，就可以逐个击破。如果这是你的工作而与你的爱情无关，你将怎么分解这个问题，并如何划分先后顺序呢？首先你会做什么？虽然这么做可能不会使问题完全解决，但它能够使情况好转一些。

提供保护 提供保护在危机干预中十分重要，重要到它本身就是危机干预模式中的一个任务。危机干预工作者保护来访者，使他们远离有害的、有打击性的和不安全的情感、行为和想法。这些情感、行为和想法可能会在躯体上或心理上对他们自己或他人造成伤害。

干预工作者：Rita，我想向你明确地表达，我非常担心你的安全。要是我，就绝不会下班后一个人和 Jake 在车库里发生冲突。我明白你并不想在其他人面前争吵。但你一个人去找 Jake，在我看来，非常危险。

当这九条策略和本章中讨论的危机干预基本言语技巧一起使用时，它们形成了危机干预技术的核心部分。当它们同时与《分类评估表》一起使用时，危机干预工作者应该进行综合、实时的评估，以评价干预过程中自己做得如何。

人类成长的环境

1977年荣格提出，最有效的帮助者是那些为来访者的成长提供三个充分必要条件的干预工作者。他将这些条件命名为共情、真诚和接纳(pp.9-12)。这些治疗性的条件对有效地进行危机干预非常重要。创造一个共情的环境，意味着危机干预工作者能够准确地察觉到来访者内心的感受和意义，并告诉来访者自己能够理解他的感受。真诚这个条件（也称为真实、透明和一致），它的意思是干预工作者在咨访关系中完全坦诚，没有隐藏，没有虚情假意，没有专业的外衣做保护。如果干预工作者完全坦诚，并将自己完全地置于这段咨访关系中，来访者将会受到鼓励，并报以同样的方式。接纳这一概念（也可以称为关心或者珍视），它的意思是危机干预工作者对来访者无条件地尊重，这是一种接纳、珍视来访者并不求回报的态度。接纳这一条件不应该受到任何原因的限制。如果来访者能够获得上面提到的这三个条件，共情、真诚和接纳，那么他获得积极情绪的可能性将增加。

沟通中的共情

为了描述共情的使用方法，我们将主要描述五个重要的技能：(1)关注，(2)用言语表达共情，(3)反馈感受，(4)非言语性表达共情，(5)用沉默表达共情（Cormier & Cormier，1991；Gilliland & James，1998，pp. 116-118）。

然而，首先，有必要将共情与同情和疏远区别开来。

同情 危机干预领域的新手容易混淆共情与同情。同情在某些情境下是可以接受的，也是表达支持的一种方式。但同情主要是针对来访者的问题和感受，而不是尝试去体验和传达来访者本身的感受。通常我们认为同情是一种伴有眼泪的悲伤，它可以和义愤、愤怒一样。特别是当我们和危机中的来访者探索问题时，我们最好暂时不要表达同情。

干预工作者：可怜的人。这太糟糕了！不能允许有人在做了这样的事情之后还可以逃脱。我们现在报警怎么样！

这样做可能的确很糟糕。危机干预工作者应该做出更深刻、更有意义的反应，以便捕捉到来访者的感受。

干预工作者：你看上去很矛盾——一方面，你责怪自己的愚蠢；而另一方面，你又仍然期望这段感情能有结果或者能有所进展。听起来似乎是，你知道这段感情已经完了，但你暂时不知道该怎么做。

疏远 有时候，危机干预工作者可能会被他们所面对的场景所压垮或感到害怕。因此，当他们进行所谓的“殡仪馆咨询”时，他们会主动让自己远离那些负荷过重的情感。我们举个例子来说明。当干预工作者不知道该说什么，但又认为必须说话的时候，他们是如何应对的。干预工作者为缓和当时处境所进行的尝试，通常帮助并不大，事实上还可能阻碍干预的进程。很多时候这些陈述都是以宗教或灵魂为主题的："这是主的意愿"，"主的行事方式我们无法揣度和理解"，"天堂不可能只有老年人"，"他去了更好的地方"。另一种表达疏远的方式是合理化、打折扣、缩小化："至少你还很健康"，"这并不是最糟糕的结果"，"不要再内疚了"，"不要再想了"，"试着放松点吧"。这些表述可能更多地表达了干预工作者的危机状况，而与来访者关系不大。当有经验的干预工作者不知道该说什么的时候，最好的方式是保持沉默，或者承认自己现在真实的感受。有的时候，承认自己无法找到合适的语言来表达内心深刻的感受，可能是向来访者表达关心的最好方式。

干预工作者：（伸手握住Rita的手臂并沉默一会儿）我希望我可以说点什么，来帮助你缓解痛苦和迷惑，让一切都恢复正常。然而，现在我并不知道该说什么。

关注 表达共情的第一步其实与言语并无太多关系，更多的是与观察、行动和注意相关。在最初，危机干预工作者应该回应更多的关注，而不是言语和行为。在所有咨询和治疗的初期，来访者的焦虑不仅来自危机事件，也与咨询本身密切相关。在危机中，这些焦虑将成指数增加。羞愧、内疚、愤怒、悲伤是少数可以被感知的情绪。这些感受可能显著且繁多，或者微妙而隐蔽。无论这些情绪以什么形态或方式出现，没有关注到它们的危机干预工作者，可能错过来访者想要表达的信息。更糟糕的是，"不关注"这一态度，暗示着干预工作者不感兴趣，并且没有建立信任的关系。

有效的危机干预工作者应全身心地关注来访者，关注他们的面部表情和肢体姿势。通过点头、保持眼神交流、微笑、表情适当严肃、身体前倾、保持开放的姿势以及与来访者保持亲近但不冒犯的距离等方式，向来访者表达这样一种信号，即愿意参与、关心、承诺和信任。语调、措辞、音高、转调、流畅的表达都可以向来访者表达自己的关注。当干预工作者仔细关注来访者时，他能够很快感知到，自己是否与来访者建立了共情的关系，或者增加了来访者因为咨访关系而产生的不信任、恐惧和不确定感。

关注既是一种态度，也是一种技能。它是一种态度，因为干预工作者此时此刻全身心地关注来访者；在这种情境下，危机干预工作者自己的感受被暂时搁置。它也是一种向来访者表达"关注"的技能。一些表现方式在这种情况下不太合适，如危机干预工作者表现出身体后倾，同时双手插在胸前，双腿交叉，冷冷地盯着来访者，而干预工作者显得过于担心或者靠得太近也不合适。下面的例子说明如何使用恰当的语言和行为技巧来通情达理地关注来访者。

Rita：（走进房间，坐在离干预工作者最远的角落里，警惕地扫视着房间，双腿交叉，不安地摆弄着手里的提包，回避眼神交流，说明这是一位心烦意乱的女性。）

干预工作者：（从桌子后面站起来，观察来访者的行为和外在表现，坐到一个离来访者距离比较合适的凳子上，且留有一定的角度，身体向前倾展现一个开放的姿势，并且表现出对Rita关心和感兴趣的样子，看着她）我希望能帮助你。你想从哪里开始？

危机干预工作者看到了来访者的恐惧，并表现出积极主动的态度。干预工作者主动靠近来访者，但并没有直接坐在来访者的正前方，以免造成对立的姿态。干预工作者身体前倾，且将注意力（视觉、听觉、大脑及全身的注意力）集中在来访者的世界里。危机干预工作者所表现出来的整体姿态，都与他的言语信息一致，即向来访者表达接纳的态度，以及愿意提供帮助。总的来说，有效的关注是不唐突的、自然的和不虚伪的。关注是共情式倾听的必要条件。

语言表达共情 当你能准确地听到和理解来访者内在最核心的情绪体验，并向来访者准确且富有同情心地表达这种理解时，你便展现出了有效倾听。理解的程度越深，对来访者的帮助越大。比如，在可以相互理解的情况下，对来访者的信息做出反应，是很有帮助的。

Rita：我一直在想，我要直接走进去告诉 Jake 我要离婚，不管 Sam 准备怎么做。我觉得我已经无法再继续了。我的溃疡又开始出现，我的心情很糟糕，其他人对我的要求远远超过了我能做到的。

干预工作者：听起来你好像觉得事情很紧急，因为这些事影响到了你身体和心理的健康。

一种更深层次的倾听和表达共情的方式应该是这样的：

干预工作者：Rita，你感到紧急是因为，在 Jake 和 Sam 的问题上，你似乎准备冒一个很大的风险。我感觉到，无论是躯体上还是情感上的应激都已经达到了你的极限。你意识到没有人能够帮你释放压力，你是唯一一个不得不去做决定和行动的人。

因为第二种反应对 Rita 的理解比第一种更深刻，所以第二种反应对 Rita 的帮助更大。其实这两种反应都有帮助，因为这两种反应都是准确的、无增减的，也没有歪曲来访者的言语、非言语或情绪信息。然而，我们认为第一种反应所提供的帮助有限，第二种反应帮助更大。因为第二种反应使来访者知道，干预工作者听到了来访者更深层的意思（风险）以及可能采取的行动。对干预工作者的提示：不要过多地解读来访者所陈述的内容，而忽略了他的表达，并尽量精简回应。

情感反映　反射来访者的情感是获得来访者隐藏或否认的情感的有力方法。在标准治疗中，治疗师通常专注于来访者表达出来的情感，因为来访者往往拒绝处理有威胁或被回避的感受。然而，在危机干预中，试图让来访者暴露更多的情感并不是最好的治疗方法。当来访者在《分类评估表之情感严重程度量表》得分为8、9或者10分时，他可能并不需要危机干预工作者帮助引导出更多的情感。告诉来访者他的感受并不是危机干预工作者的工作内容。下面这段对话体现了从情感反映过渡到评价，再到告诉来访者他的感受的整个过程。

干预工作者：你对这段没有未来的婚姻感到痛苦和厌恶。你找不到出路。

其实，危机干预工作者应该使用条件句做出有根据的猜测，并且允许来访者接受或者否认干预工作者的猜测。

干预工作者：看起来，你似乎对这段没有未来的婚姻感到十分痛苦和厌恶，并因为找不到出路而感到十分沮丧。

采用有效沟通向来访者表达共情，它的重点是要关注来访者所表达的情感和认知信息。危机干预工作者需要直接处理来访者所担心的内容，而不是谈论来访者担心的内容，或不相干的人和事。区分清楚这一点很重要。

Rita：如果我告诉 Jake 我要离婚，我担心他可能会变本加厉地打我。

干预工作者：他的确打你打得很严重。Sam 很可能会因此而发疯。你丈夫 Jake 的脾气真的很火爆。（谈到现在的状况和与 Jake 无关的内容）

干预工作者：你对是否要告诉 Jake 有点迟疑，因为你不想再挨打了。（处理 Rita 目前的感受和担心）

后面这种回应更合适。因为它更集中在 Rita 此时此地的感受和担心上，并且没有涉及 Sam 或者其他无关的人或事。

共情的重点是关注来访者目前最核心的情感和担心，并用干预工作者自己的语言进行沟通，交流来访者目前的体验。

非言语沟通　非言语共情比言语信息更能准

确地获得并且能反射更多的信息。它包括准确的感受和反射来访者没有说出来的所有线索、信息和行为。非言语信息可以以不同的方式表达。干预工作者需要仔细地观察来访者的躯体姿势、肢体动作、姿态、痛苦的表情、声调、眼睛的运动、四肢的运动以及其他的肢体指标。来访者可能通过不同的肢体信息来表达不同的情绪，如愤怒、恐惧、疑惑、怀疑、拒绝、情绪应激和绝望。干预工作者需要敏锐地察觉到，来访者的非言语信息与言语信息间是否存在不一致。当来访者意识不到这种不一致存在时，对它进行探讨是共情沟通的一部分。举例：

干预工作者：（观察到每次 Rita 谈到或想到 Sam 的时候都神采飞扬）Rita，我发现你一直在说因为偷偷和 Sam 在一起而导致的各种麻烦。但你的肢体语言告诉我这些都是你所盼望的时光。现在和 Sam 在一起是你唯一感到欣喜的事。

危机干预工作者应该避免过多地解读来访者的肢体语言，这一点很重要。非言语的共情沟通并不是盘问或者猜测。干预工作者对于非言语沟通的关注，不仅局限于来访者，还应包括干预工作者本身。来访者所有肢体语言的意义和作用都同样适用于危机干预工作者。你的非言语信息必须与你的言语信息一致。如果你对来访者说“我完全能够理解你的感受和渴望”，但你的肢体语言却说“我不在乎”，“我感到无聊”，或者“我并没有完全集中注意力在听你说什么”，这样就不是共情，也没有帮助。你的声音、面部表情、姿势，甚至是办公室的布局和环境都必须在对来访者说“当你和我在一起的时候，我完全沉浸在你的世界里。当你在这里时，我愿意倾注我所有的精神和情感能量来理解你的担心。我将不会分心。”如果你的肢体能够传递这样的信息，并使来访者正确地理解，那么你就有效地用非言语方式传达了共情，也就更有可能帮助到来访者。

沉默 沉默是金。危机干预工作的新手通常在谈话的间隙和停顿时，强迫自己发起对话，否则他们会觉得自己不称职。而事实并非如此。来访者需要时间来思考。抛给来访者一堆问题或者干预工作者自说自话的行为更多地与干预工作者自己的不安全感有关，并不能真正地解决问题。沉默给了来访者，同时也给了危机干预工作者思考的时间。

事实上，在这个时候，危机干预工作者无用的语言是一种打扰，甚至有些不受欢迎。保持沉默但保持紧密的关注，能够表达更深刻的共情。虽然没有语言，但表达的信息是“我理解，你正在尝试将这些情感组织成语言，这很好。我知道这很难，但我相信你能解决。然而，如果你需要，我都在这里。”

Rita：他最后一次打我……我感到很丢脸，然而，我除了回到他身边，似乎没有其他路可以走。

干预工作者：你觉得受到了伤害，不仅是因为他打了你，也因为其他人可能会发现你被他打，这一点对你来说可能更糟糕。所以，你看不到其他解决办法。

Rita：（想了很久，眼睛看着远方超过一分钟）是，也不是！我知道有别的办法，但我猜即使是现在，我也没有勇气去做。我认为，我肯定有什么地方不对，要不然情况不会这么糟，过去的五年里什么都没有改变。情况越来越糟。

干预工作者：（沉默，边看着 Rita 边思考，持续了 30 秒）你刚刚说的几件事对我冲击很大。首先，你已经决定不再责备自己。另外，基于你现在到这里求助，你已经选择了至少一种其他的解决途径来处理这五年的婚内虐待。

在这种情况下，沉默有利于来访者和干预工作者双方。来访者需要时间来思考如何回应干预工作者，她也应该被无条件地允许这么做。同样，对于危机干预工作者来说也是如此。来访者表达的内容十分复杂且包含了多重含义。如果对其立即做出反应，这一反应将缺少说服力。用一些时间来消化这些内容和情感，危机干预工作者的反应会更有目的性并更有帮助。

真诚地沟通

完全做自己，而不是假装成治疗师或者模仿某个听说过或者看到过的治疗师，这一点是每个人类服务领域的充分必要条件，特别是在危机干预中。这与大多数这些领域的新手抱有的观点相反，也应该作为他们行为的参照。罗杰斯（Rogers，1969，p.228）对此观点进行了清楚、简单和精练的阐述：

> 我有许多缺点，许多不足，犯过许多错误，我经常在需要智慧的时候无知，在需要思想开明的时候抱有偏见，经常因周围环境而变得不公正。如果我能接受以上这些事实，我就可以更加真实。

罗杰斯陈述的意思是，在咨访关系中，在与来访者沟通时，不需要展现一个完美的形象，而是做自己，简单地说，就是做到坦诚。

建议坦诚地做自己，并不是陈词滥调。做到坦诚就是做到协调一致。也就是在危机干预过程中，只要情境适当，危机干预工作者的自我意识、感受以及体验都可以自由地、无条件地被使用和交流。Egan（1975，1982，1986，1990）列举了真诚的主要元素，对危机干预的新手十分有帮助。

1. **无特定角色**。危机干预工作者在治疗关系中也应该和在生活中一样真诚，并保持个体体验和交流时情感一致（Egan，1975，p.91）。
2. **表现自然**。危机干预工作者应该自由地沟通，得体，不需要不停地揣测该说什么；危机干预工作者的行为也是自由的，没有强制和压抑，没有规则或者技术上的约束。干预工作者的行为完全基于他的自信（p.92）。
3. **没有防备**。没有防备的危机干预工作者，通常都很清楚自己的优点和缺点。因此，他们可以接纳来访者负面的表述，甚至是含有敌意的表述，并且不会感到被攻击或被冒犯。那些能够真正理解这些负面表述的危机干预工作者，他们知道这些负面表达更多地与来访者自身有关而非干预工作者；所以他们会尝试探索这些表述而不是与之对抗。
4. **保持一致性**。人们在思维、感情、语言和行为上很少有分歧。危机干预工作者应当保持语言和行为的一致，不可以想的是一件事，说的是另一件事，或者行为与自身的价值观相冲突。
5. **分享自己**。在合适的情况下，人们会不自觉地分享自我，并允许其他人通过言语和非言语信息来了解自己。

下面这段来自危机干预工作者与Rita之间的对话，充分展示了罗杰斯和Egan的观点。

Rita：这是什么狗屁建议？我都要发疯了，你还把责任交还给我自己。你不是应该帮我走出这个困境吗？

干预工作者：我看得出你对我很生气，因为我所做的没有符合你的期望。

Rita：如果你就这样把我晾在这里，逼着我去冒险，你怎么算是一个关心我的人呢？我可能会失去一切。

干预工作者：你觉得我是个伪君子，因为我促使你去采取行动而不是向你表达同情。

Rita：上帝都知道我应该获得一些同情。而你却表现得如此冷漠（哭泣）。你跟其他死男人一样！

干预工作者：你觉得此时，我表现成什么样子才是对你最有帮助的呢？

Rita：我知道你不能为我解决问题，但像你这样的人肯定可以为我指明方向，帮助我解决困难。

干预工作者：所以，你真心想要的是靠你自己来解决这个困境，你希望我做的是帮助你发现你内心的选择，对你最好的选择。而我想做的也是帮你找到这些选择。现在让我们来看看你目前有的选择。

这段对话恰当地描述了危机干预工作者自己的感受，使用“我”来进行陈述，并且一直关注来访者最担心的事，而没有将关注点转移到无关的事件上，或者变成干预工作者的自我辩护。这样的陈述使危机干预工作者保持完整，自然地面对来访者的敌意而不是造成双方的对立，为来访者建立了一个安全和信任的环境，使她明白，即使在干预工作者面前表达愤怒，也仍然被干预工作者所接纳。同时，危机干预工作者一直在支持来访者，并与治疗方法保持一致，没有表现出受到了来访者的恐吓或冒犯的样子。上面这位干预工作者保持了自信和一致性，并通过用这样的回应方式来帮助来访者。

接纳性沟通

完全接纳地与来访者互动的危机干预工作者，会向来访者表现出无条件的积极关注。这种关注超越了来访者的个人品质、信念、问题、现状和危机。因此，即使来访者的行为、语言和经历，与干预工作者的个人信念和价值观完全相反，干预工作者也能赞赏、关心和完全地接纳来访者。干预工作者能够暂时摒弃自己的需求、欲望，也不会要求来访者做出任何特别的回应。

Rita：我不想因为我的麻烦再打搅你。我知道你已经结婚了，也没有经历过离婚。你一定觉得我很糟糕。

干预工作者：我听到了你的担心。我希望你知道不管你经历了什么，你选择去做什么，都不会影响我对你的尊重。我真心希望可以帮助你找到渡过难关的方法，重新获得对生活的控制权。

Rita：我非常感谢。但有的时候，我都怀疑我和Sam纠缠不清是不是让你觉得我很不明智，很幼稚。

干预工作者：我希望我没有表达出负面的意见使你产生这样的想法，因为你的个人偏好并不能影响我对你的关心。看起来，你真的很在乎我对你行为的看法。

Rita：不是。只是我内心深处的一些东西，如果我是你，我会很疑惑。

干预工作者：所以，你内心深处在担心我是否会对你产生负面的评价。我希望你明白我对你的尊重与你之前的经历无关。

即使来访者坚持认为干预工作者对他抱有负面的评价或意见，正如Rita认为的那样，干预工作者也不需要太在意。如果干预工作者能无条件地积极关注来访者，也就没有必要去否认、维护或者转换干预工作者的真实感受。无论来访者的情况或状态如何，干预工作者都能对他赞赏和关心，那么来访者将更有可能欣赏和关心他自己。这就是接纳在危机干预中的核心意义。

危机干预中的行动

如图4.1中所示，危机干预工作者通过对来访者的能动性进行有效和真实的评估，来决定自己行动和参与的程度。这一程度可以落在从指导性到合作性，再到非指导性的整个连续谱上。来

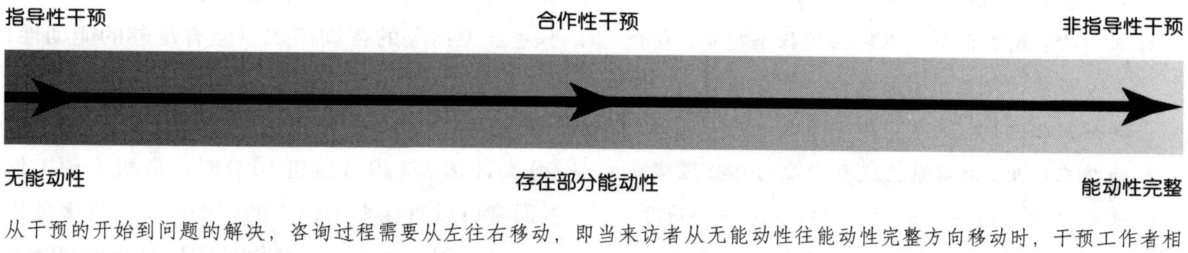

从干预的开始到问题的解决，咨询过程需要从左往右移动，即当来访者从无能动性往能动性完整方向移动时，干预工作者相应地要从指导性干预往非指导性干预方向移动。

颜色越深，代表来访者能动性评估越差，干预方法越倾向于指导性；颜色越浅，代表来访者能动性评估越好，干预方法越倾向于非指导性。

图4.1 指导性与非指导性干预方式连续谱

访者的能动性与其他恰当的应对方式密切相关。因此，评价能动性是干预工作者决定自己的参与程度的重要内容。干预工作者首先要确定的是危机是由哪个事件导致的？是什么事件导致了来访者的失衡？由于来访者通常都处在复杂和混乱的情境中，这些问题的答案并不清晰。因此，干预工作者在干预的早期就应该询问“哪一件事促使你今天过来寻求帮助”。当你发现了影响来访者的主要事件后，它可以指导你从何处入手来帮助来访者。

指导性咨询

当来访者缺乏能动性而无法克服当前危机时，便有必要采用指导性的方法。如果《分类评估表》的评分高于10分，或者20分，通常来说都需要干预工作者给出指导。危机干预工作者是问题的主要鉴定者，是其他解决方法的搜索者，是计划的建立者，他负责指导、引领或引导来访者的行动。指导性咨询是一种“我”的方法。下面，举例说明什么是指导性陈述：“我希望你现在开始尝试一些方法。我希望你现在能深呼吸，并希望你把注意力都放在呼吸上。不要让其他的想法闯入你的脑海中。放松并感受你的紧张感正逐渐减少。”通过采用非常有指导性的陈述，干预工作者可以暂时地控制、管理和负责来访者目前的状态。

Rita：我不知道该往哪里走。我的整个世界都已经坍塌了。我不知道今天晚上该做什么。一切都那么绝望。我只要想到今晚就觉得害怕。（Rita显得惊慌，处于惊恐状态。）我不知道该做什么。

干预工作者：我不希望你以现在的状态回家。我会给家庭暴力服务中心打电话，看看他们是否能为你提供房间。我希望你能考虑一下，至少今晚待在那里。家庭暴力服务中心的办公区域和咨询服务在同一个地方，留宿在另一个地方。留宿地址没有登记在册。我希望你不要担心。我们有车可以带你去住的地方。早上你可以离开，并去家庭暴力服务中心和那里的咨询师谈谈。或者你可以回到这里和我继续谈。但现在，我最担心的是你今天和今晚的安全。

无能动性的来访者有很多种：(1)因为服药或机体紊乱需要立即住院的来访者；(2)有严重抑郁，从而导致功能不全的来访者；(3)精神疾病急性期的来访者；(4)遭受到严重打击或丧亲的来访者；(5)目前焦虑值非常高，在焦虑值下降以前，个体功能不全的来访者；(6)因为各种原因脱离现实的来访者；(7)对自己和他人生命有威胁的来访者。与那些准备好接受合作性或非指导性咨询的来访者相比，无能动性的来访者更容易产生自杀或杀人行为。或者，因为他们的功能不全，他们更容易使自己或他人受到严重的伤害。干预工作者必须有能力对来访者的能动性做出准确和客观的评价。

不过，如果干预工作者做出了错误的判断（认为某个来访者无能动性，而事实上却相反），通常不会有太大的伤害，来访者仅仅会以拒绝干预工作者的指导为回应。大部分情况下，干预工作者会转换到合作性模式，并继续提供帮助。所以，干预工作者通常会从指导性模式开始，再转换到合作性模式。举个例子，如果一个来访者焦虑水平很高，在干预早期，干预工作者往往会要求他进行放松练习。当焦虑降低到一定水平时，干预工作者便可以自然地过渡到合作性的干预模式。

合作性咨询

合作性的方法使危机干预工作者与来访者形成真正的合作伙伴关系，他们可以一起评估问题，发展出可接受的替代方法，并将这些方法一步步实施。当《分类评估表》显示，虽然来访者不适合无指导的咨询模式，但有足够的能动性，能在危机干预过程中成为合作伙伴，那么干预工作者通常可以采用相应的合作模式。当来访者的《分类评估表》得分接近10分时，危机干预工作者通常可以直接采用合作的咨询模式。许多危机干预都采用这种模式。合作性咨询是一种“我们”的方法，并且与“我”的指导性咨询和“你”的非指导性咨询不一样。下面列举一些合作性咨询中常用的表达方式：“像你说的，他们将要做的事情，似乎是无法抵抗的。但我们还没有真正考虑过，如果我们订出计划，我们可以做什么”，“你已经想出了很多好主意，但听起来你似乎不太清楚应该实施哪一个。我们是否可以一起思考，并将所有可能的解决办法排个序”。合作的来访者能全面参与干预过程，包括确定主要问题，评估现实可行的解决办法，制订计划，确定行动步骤，以及对执行这一计划做出承诺。然而，合作的来访者并不像具备完整能动性的来访者那样，能完全依靠自己的自主性。但是，他们也具备了足够的能力和动力参与解决问题的过程。干预工作者应该兼具催化剂、咨询师、帮助者以及支持者的角色。下面举例说明什么是合作性的回应。

Rita：我在考虑今晚去我妈妈那里，或者去原来那家妇女保护中心，或者给在学校当咨询师的朋友打电话，去他那里待一晚。

干预工作者：让我们来评估一下这三种选择，或者思考一下是否还有其他方法。然后再选择一个最能满足你要求的方案。

非指导性咨询

当来访者能够自己实施行动计划时，非指导性咨询的方法是比较合适的。危机干预工作者希望尽可能少地给予指导，希望来访者尽可能地掌控自己的生活。但是，在危机干预的初始阶段，由于《分类评估表》得分较高，干预工作者很少采用非指导性的方法（见第三章）。非指导性咨询是“你”的方法，干预工作者会使用大量的积极性倾听和开放式提问来帮助来访者找到他真正想做的，并帮助他们评估不同选择带来的结果。以下是干预工作者常用的提问方式：“你希望事情是怎么样的呢”，“如果你那么做会发生什么呢”，“现在有哪些人可以帮助到你”，“想象一下如果你这么做了，那结果和你目前选择的这条路会不会不同”，“过去在类似的情形下，你采取过有效的方法吗”。干预工作者没有对当前的情境进行管理、操控、支配或者控制。所有的问题、应对机制、计划、行动、承诺和结果都来自来访者本身。

干预工作者承担的是支持者的角色。他可以倾听、鼓励、反射、强化、自我暴露和提供建议。非指导性咨询可以帮助来访者促进他本身拥有的能力、才能和应对方式。来访者原本就掌握了这些技能，只是暂时无法感知。下面举例说明什么是非指导性回应。

Rita：受够了。这是他最后一次打我了，我要离开那个混蛋！我要离开这个地狱。

干预工作者：你已经决定开始另外一种人生了。也决定了先从自己开始改变。

危机干预工作者的行动策略

许多行动策略和思考能够提高干预工作者在处理危机时的工作效率。然而，在采取任何行动前，先想想以下这些规则。

承认个体差异 每个来访者和每个危机事件都是独一无二的，需要个性化地看待和回应。如果你真的具有多元文化敏感性，那么这便是多元文化视角的精髓。即使是有经验的干预工作者，也很难保证对每个来访者都个性化对待。由于时间的紧迫和精力的耗尽，以及因为被过分的自信所误导，干预工作者会简单地将不同的问题和不同来访者统一处理，轻车熟路地为这些问题提供答案和解决方法。对来访者统一化处理在短期内的确节省了时间和精力，但从长远来看，干预工作者和来访者付出的其实更多。刻板印象、贴标签和想当然都是危机干预中常犯的错误。

自我评估 必须对危机干预工作者自己进行持续评估。任何时候，危机干预工作者必须彻底、真实地了解自己的价值观、缺点、躯体和情绪健康状况，以及是否能够客观地应对当前的来访者及其面临的危机，必须反复提醒自己是否处于超负荷状态（第十六章对“耗竭”这一概念进行了全面阐述）。如果因为任何原因，干预工作者无法胜任危机处理，他应该立即将来访者恰当地转介。

表示对来访者安全的重视 干预工作者的风格、选择和策略都必须持续反映其对来访者身心安全的考虑，以及对相关人员安全的考虑。对于安全的考虑不仅包括干预工作者的安全，也包含了干预过程中涉及的伦理、法律和专业相关的强制性要求。如果来访者离开干预工作者后伤害了自己或者他人，那么再好的干预策略和战术都将被视为无效。

指导原则是：如果对来访者的安全有疑虑，立即寻求帮助。如果你没有把握，立即向其他干预工作者咨询。向他人咨询并不代表你不称职，反而证明了你是个专业的干预工作者。因为，你寻求其他人的意见来证实自己的想法，或者你意识到自己并不是该领域的专家，从而寻求该领域专业人员的协助。考虑到来访者的安全，可能意味着需要恰当的转介，甚至包括立即住院。你必须理解，如果你这么做，来访者可能会对你十分愤怒。来访者可能会说你这么做不符合伦理要求，破坏了他们对你的信任，泄露了他们的隐私，并威胁说因为你的不专业要起诉你。对于这些痛苦和焦虑的刺激，我们将在第五章“危机案例处理”中进一步阐释。事实上，你的行为不仅符合伦理，并且是法律的强制要求。

向来访者提供支持 在危机干预中，干预工作者应向来访者提供支持。来访者可能需要帮助才能列出他可以求助的人员名单。但如果找不到合适的人选，那么危机干预工作者将成为主要的支持者直到危机结束。温暖、共情和坚定的咨询策略适用于那些感到极度孤独和缺乏安全的来访者。例如“我希望你知道，在这个时期我很关心你的安全，并且愿意帮助你。我希望你带着这张名片直到你渡过危机。如果你又感到绝望，请给我打电话。如果电话无法接通或者正在通话中，请继续尝试直到找到我为止。你一定要和我联系。如果你又出现很危急的情形，而我却没有在你身边，我会感到非常不安。我真心希望你知道我对你的关心，理解并同意在你的安全受到威胁时联系我。这一点非常重要。你能向我保证吗？”

清楚地定义问题 大多数来访者的问题都很复杂，或者同时存在多个问题。干预工作者要确保，从实用和问题解决的角度对每个问题都进行清晰和准确的定义。许多来访者将危机定义为别人的问题，或者定义为外界发生的事件或情况。尝试靠第三方（没有参与到危机干预当中的人）来解决危机并不会奏效。干预工作者应该明确指出问题属于来访者本身，并集中在来访者核心关注的问题上。同时，干预工作者还应该尝试从多个问题中提取出最迫切的、可以解决的实质性问题。需要强调的是，当来访者面对各种困难表现出情感高涨或高度自我保护时，干预工作者不要纠缠于无关紧要的事件上。

思考干预工作者与Rita丈夫（Jake）的以下这段交流。

Jake：你看上去不太喜欢我。

干预工作者：现在这个问题不重要。我正在尝试帮助你找到主要的问题。

另一个例子：

Jake：你曾经打过你的妻子吗？

干预工作者：没有。但这不是我们现在要处理的问题。我正尝试着寻找一个好方法，使你可以避免每晚回家都与你的妻子发生冲突。

在上述两种情境下，干预工作者都集中在来访者身上，没有在干预工作者的能力、信念和态度等无关的事件上纠结。现在干预工作者已经准备好进行第4项任务，寻找替代方案。

考虑其他的解决方法 在大多数情境下，可供选择的方法非常多。但危机中的来访者（有时候包括干预工作者本身）看不到其他可供选择的方法。采用开放式提问，可以引导来访者尽可能多地寻找其他选择。然后将你的意见也增加到来访者的回答中。例如，“我觉得，如果你与债务咨询局的咨询师联系可能也会有帮助。你觉得把这一条加入我们的清单里怎么样”。干预工作者和来访者应尽可能合作来评估、分析和列举其他解决方法。最好的解决办法是来访者本身拥有的东西。应尽量避免将干预工作者的选择强加给来访者。

罗列的这些解决办法要具有可操作性和现实性。它们是来访者即刻可以实施的行动量，不要太多，也不要太少。来访者通常会用一些这样的文字来表达自己列举的方法，如“我很想今天给他打电话”；而干预工作者强加给来访者的方法往往具有干预工作者的语言标志，如“你需要去他的办公室，并且现在就去”。要当心后一种。在罗列清单的过程中，和来访者一起寻找那些在类似的情境中帮助过来访者的策略，这一点很重要。来访者通常能从自己的应对机制中找到很好的解决办法。但因为危机事件造成的应激，使来访者看不到最明显、最合适的解决途径。以下对话展示了干预工作者如何帮助来访者寻找其他的解决方法。

干预工作者： Rita，你说你现在觉得害怕，觉得陷在困境中，不知道何去何从。但听上去似乎是，如果你能像过去一样有活力，你会迈出积极的一步。那在过去当你感到害怕和困窘的时候，你采取过什么行动或者寻求过何人的帮助呢？

Rita： 哦，我过去没有经历过如此糟糕的情形。

干预工作者： 这也是有可能的。但在过去糟糕的情形中，你采取过什么行动，求助过什么人呢？即使情况没有如此糟糕。

Rita： 呃，我的确找过 Jakson 先生一两次。他是我在学校读书时，汽车维修课程的老师。他能够理解我，对我也很有帮助。他似乎总是能够理解我，相信我。

干预工作者： 你觉得当你情绪不好的时候，再尝试联系他怎么样呢？

制订执行计划的步骤　在列举了一个简短而可行的清单后，干预工作者需要开始制订计划。在危机干预中，干预工作者应尽力协助来访者制订一个短期计划。它不仅可以帮助来访者渡过目前的危机，也能够对长期的应对方式产生影响。这个计划不仅应该包含来访者自身的应对机制，也应该包括环境中可以获得的帮助资源。应对机制通常能够产生一些实质性的、积极的和建设性的行动。这些行动能使来访者重新获得对生活的控制感。那些包含躯体运动的行动在危机干预中可能更受欢迎。制订的计划也应该符合现实，即来访者目前的情感已经准备好，外界环境也支持这一计划。干预工作者应该与来访者一起合作，直到他完全独立。有效的危机干预工作者能够敏锐地觉察到来访者独立自主的需要。

Rita： 现在，我只希望能远离这些混乱几天。远离这混乱的旋涡一段时间，让我可以理清我的思绪。

干预工作者： 在我看来你是真心想这么做。让我们一起来检查一些方法，这些方法可能可以帮助你获得自由和呼吸的空间，从而使你重新振作。

Rita： 我放不下。有太多的人还需要我。那只是个美好的愿望。如果能够有些解脱该有多好。

干预工作者： 即使你找不到任何方法来获得解脱，但你现在需要的仅仅是一些空间，远离工作、孩子、Jake、Sam 和这一切困境。

Rita： 唯一可行的方法是让我的医生帮助我，让他开具一个医学证明。

干预工作者： 这个方法现实吗？它将如何帮助你呢？

Rita： 它能帮助我减轻一部分压力。至少可以暂时离开目前的生活。是的，我猜这种医学的方法不会太糟糕。

干预工作者： 听起来，向你的医生咨询，并开始采取一些实质性的行动，似乎是你寻求医学帮助，为自己获得一些空间的第一步。

Rita： 我也这么觉得。是的，是这样的。这是一件我可以去做的事情。

干预工作者： 让我们一起制订一个行动计划，以保证你能获得你想要的结果——你希望联系你的医生并得到帮助，从而获得暂时的放松。让我们看看，你希望什么时候联系你的医生，你将对他说什么，你打算怎么说。

危机干预工作者尝试与 Rita 合作，帮助 Rita

感受到这是她自己制订的计划。干预工作者也暗示 Rita，她有能力和责任去完成这一计划。

使用来访者擅长的应对方式 在危机干预中，重视来访者本身的优势和应对机制很重要。通常，危机事件会暂时地使个体失去能动性，失去原本的优势和应对策略。如果能识别、探索或重新掌握这些优势和策略，就能在很大程度上帮助来访者恢复平衡和平稳。举例来说，有一位女性，以往可以通过弹奏钢琴来缓解焦虑。她告诉干预工作者她已经无法再弹钢琴了，因为钢琴被收回了。因此，危机干预工作者可以和她一起探索，当她焦虑的时候，哪些地方可以让她找到钢琴。

利用转介资源 利用转介资源是危机干预工作的一部分。准备一个列有转介机构名字和联系方式的清单非常必要。培养转介的技巧，并与各类转介机构建立联系，对危机干预工作者来说也非常重要。许多来访者因为经济原因、法律援助、长程个体治疗、家庭治疗、物质滥用、严重的抑郁或者其他个人原因需要在早期就转介到合适的机构。这里有一些建议，帮助干预工作者如何与各类机构合作。如果干预工作者与其他机构沟通不畅，通常是因为干预工作者忽视了下面这些明显而简单的警示。所以应该按照我们说的去做，而不是按平时的习惯去做。

1. 拥有附近最新的常用机构的清单，并及时更新这些机构的人员变化。
2. 拥有最新版本的社区服务目录。
3. 与经常往来的机构中的核心成员保持工作伙伴关系。参与社区管理组织，加入机构，并且将自己融入这个服务体系当中。
4. 与其他机构电话联系时，要表明自己的身份、所在机构以及目的。熟悉秘书和接线员的名字。当你给这些机构打电话的时候，请直接称呼他们的名字，尊重和平等地对待他们，并感谢他们对你的帮助。
5. 如果情况允许，在转介后的 24 小时内对转介的对象进行随访。
6. 不要假设每个来访者都有技能来获得他们需要的服务。干预工作者要随时准备帮助来访者应对他们在求助过程中遇到的官僚作风和搪塞。
7. 只要不产生依赖，如果需要，无论任何时候干预工作者都应该跟随来访者一起到转介的机构，并确保他们能够进行有效沟通。
8. 向那些特别帮助过你和来访者的工作者发送表达感谢的信息（并抄送给他们的老板）。
9. 不要指责这些机构或者机构中的工作者，也不要传播关于这些机构和工作者的流言。
10. 准确地记录转介行为，这样你就有记录可查。
11. 熟悉这些转介机构的营业时间、服务内容、操作模式、局限性，如果可能，还应了解相关的政策，如保险和收费标准。
12. 了解来访者正在接受服务的机构，以免重复。
13. 与机构工作者打交道时，使用客气友善的方式，学会换位思考。
14. 不要对其他机构产生过于完美的期待。给予这些机构反馈，也接受这些机构的反馈信息。
15. 注意来访者可能有感觉受损，特别是老年人，并在转介时告知对方机构。
16. 如果这些机构举办展示活动，找机会参加。
17. 关于来访者的情况和需求，要与转介机构真诚地沟通。（将来访者的需求以真诚和符合伦理的方式与转介机构进行沟通，这样将与该机构建立良好的信用关系。）

发展和利用网络 与转介机构结盟便形成了服务网络（Haywood & Leuthe，1980）。对于危机干预工作者来说，服务网络是指干预工作者与各类机构的人员保持密切联系，并以此来提高干预效果和效率的一种服务方式。虽然，服务网络里的每个人都是可以转介的资源，但只有与他们建立了联系，才能称之为服务网络。有效的危机干预工作者，不能坐等其他资源主动提供服务。他们必须深入到社区中，去认识那些能够为来访者提供各种服务的机构的核心成员。在理解和信任的基础上，与服务网络中的主要成员建立个人关系。这一点，对于帮助来访者减少机构烦冗程序的阻碍、促进急诊协助、获得原本没有的个性化服务都十分有帮助。

作为危机干预工作者，我们并不是独立地工作。我们互相依赖。形成服务网络使其他专业领域的服务者与我们一起承担服务的责任。这里所说的“提供服务的专业人员”的含义非常广泛，包括律师，法官，假释官，部长，学校辅导员，联邦、本州和当地为人群服务的人，危机干预机构的核心成员和主管，商人，公民领袖，医生，牙医，政客和政治领导人。他们在服务网络中也扮演了重要角色。发展和使用有效的服务网络，是成功的危机干预工作者必不可少的技能。

获得承诺 获得来访者的承诺，使其保证按照行动计划坚持到底，是危机干预的重要组成部分。干预工作者应该要求来访者总结出需要执行的步骤，并表达出来。这样的总结，能够帮助干预工作者了解来访者对于行动计划和承诺的认知，并使干预工作者有机会澄清来访者的误解。这样的总结为干预工作者提供了建立随访时的检查清单的机会。承诺，可以帮助来访者提高动机，也鼓励和促使来访者相信，行动是可以成功的。如果没有获得来访者明确和积极的承诺，计划执行的效果将打折扣。

干预工作者：所以，Rita，在我看来，你已经决定与Jackson先生重新开始联络。所以我们都很清楚地知道你承诺的行为。能请你总结一下你将如何以及何时开始你的行动吗？

Rita：我今天将直接去办公室，并在学校给他打电话。我会直接和他沟通或者留下信息请他与我联系。当我联系上他后，我会约一个时间去见他。

干预工作者：你约好见他的时间以后呢？

Rita：喔，是的。当我与他约定了见面时间后，我会给你打电话，告诉你事情的进展。

干预工作者：很好！同时，名片上有我的电话号码。当你需要我的时候，特别当你和你孩子的安全受到威胁时，请联系我。

Rita：好的。如果我在Sam这件事上失去了胆量，我会与你联系。我必须要为自己争取一些空间，至少是暂时性的一些空间。

有经验的危机干预工作者通常能够预测来访者将如何以及需要多长时间来采取行动。通常来说，干预工作者应该鼓励来访者尽可能许下更多的承诺。如果他无法做出太大的改变，那么一小步积极的改变也是可以接受的。帮助来访者许下承诺的主要目的是促使他向有建设性的方向发展。

小 结

从干预工作者的角度来说，危机干预采用一系列基本的咨询技术，并根据干预的需要对这些技术进行调整。倾听，是包括危机干预在内的所有咨询成功的基础。倾听技巧包括复述、反应、承认以及开放式和封闭式提问。有效的倾听和沟通，主要包括有效的关注、共情、真诚和接纳。行动技能包括非指导性、合作性和指导性三种策略。这些策略可以帮助来访者集中或扩大认识，提供指导和信息，允许情绪宣泄，提供支持和保护，并促使来访者采取行动。

（胡宓 译）

第五章

危机案例处理

危机案例处理与长程治疗的比较

为了了解危机案例处理，首先必须明确危机干预和长程心理治疗的异同。我们将从下述几个方面来进行比较：危机干预工作者和心理治疗工作者的工作内容、治疗原则、治疗目标、求助者的功能水平，以及检查评估的过程。首先需要明确的是，长程心理治疗的基本模式与危机干预的模式并没有很大的不同。我们采用的八步系统心理咨询模式（James & Gilliland，2003，pp. 376-381）也强调确定问题、验证替代方案、制订行动计划过程、得到求助者的保证等与危机干预中的形式几乎一样。

长程心理治疗在以下几方面有明显不同，如在确定问题和选择替代方式上，以及制订计划视角更广，更多地应用方法学并依赖干预效果不断修正和反馈治疗策略等。典型的心理咨询，需要每次都与求助者先回顾一下上次会谈以来的进步，根据需要重新确定计划并讨论本次咨询的内容和求助者的感受，然后布置家庭作业让求助者回家练习，最后确定下次咨询会谈的日期。危机干预则没有这么充裕的时间，也不可能包括所有的问题，而是在非常短的时间内确定某一主要问题，提出替代方案，制订计划并保证实施。也就是说，心理咨询需要经过数周才能完成的内容在危机干预中必须在半小时到两小时内完成。

在长程心理治疗中，深入了解大量相关背景资料可以帮助治疗师对来访者的心理动力学有全景式的认知，但危机干预工作者对背景资料的挖掘较为狭窄和粗浅，仅仅局限于目前的危机。长程心理治疗师在考虑替代方案和制订行动计划的过程中，常常囊括心理教育的内容，用来改变残留的、压抑的、长期存在的不良思维、情感和行为方式。而危机干预工作者则试图迅速确定先前的哪些应对技巧和环境资源可供求助者使用，并且作为权宜之计立刻运用在目前的境遇中，使其可以在失控的情况下保持较稳定的心理水平。危机干预工作者也使用大量心理教育技术，但是仅仅用来解决目前短期的与危机本身相关问题，通过提供一些特定信息向求助者解释目前到底发生了什么（例如 PTSD 的症状），或者提供如何获得资源的信息（例如在飓风之后如何从联邦应急管理署获得关于房屋贷款的帮助）。

长程心理治疗师认为复杂的人格矫正应作为治疗计划中不可或缺的部分，而危机干预工作者不强调改变人格，只重视功能恢复到危机前的水平。长程心理治疗师需要采用循证医学的方法来操作各种治疗变量，从不同维度来评估这些变量，和来访者共同达成治疗成果；而危机干预工作者则常常根据过去的工作经验进行“最好的猜测”（best guess），决定哪些对解决这个问题可行，哪些不可行。长程心理治疗方案常常是基于循证医学证据制订的经典方案，包括许多试用方案，针对患者的特殊问题可以做细微调整。危机干预的方案则更具创造性，尽管也是按照循证医学证明有效的技术操作，但是需要适应当时的环境灵活改变。危机干预也有永远不变的宗旨，那就是帮助来访者从无能动性状况转变为有能动性的状态。

最后，长程心理治疗的结果评估和反馈一般是来访者和治疗师对疗效的判断，如果未能达到预期的治疗结果，则需重复以前的步骤。而危机干预效果反馈和评估则发生在此时此地，强调来访者几分钟内发生了哪些改变，以及接下来几小时内会怎么做。

长程心理治疗有许多不同的方法，虽然Thorne（1968）归纳的心理治疗要点是过时的，但目前仍代表了最全面整合的经典系统归纳。为了对危机干预与长程心理治疗做一个清晰的比较，我们在表5.1、表5.2、表5.3和表5.4中列出了危机干预和心理治疗在治疗原则、目标、来访者功能水平和评估四个方面的异同。

无需预约机构中的危机干预案例处理

危机类型

那些在无需预约机构中进行危机干预的来访者通常是以下三种情况：慢性精神疾病患者，在社会生活中出现了人际关系问题的人，或者两者兼而有之。大多数在社区精神卫生诊所就诊的求助者由于经济困难而无法寻求私人诊所的治疗服务。

慢性危机 自从1963年联邦《社区精神卫生中心法案》实施以来，精神疾病的治疗主要在社区精神卫生中心进行。尽管理论上这个法案的初衷是为了使患者非住院化和回归社会，因为这样有助于功能恢复，而实际上却给许多患者带来了慢性危机。

另外，药物滥用增多，犯罪率上升，家庭结构分崩离析以及许多其他社会弊病，导致精神卫生服务的需求骤增。原先精神卫生中心的重点放在将长期住院的病人转为社区治疗上，而现在不得不把这个任务放到次要位置。还有不言而喻的原因是这些慢性患者使精神卫生服务人员感到非常挫败，因为治疗鲜有进展，而且会持续性消耗他们的资金和情感资源。许多社区精神卫生中心不再强调其最初的角色，更多地转向处理“正常”人，或功能保持得较好的个体的发展问题（Slaikeu，1990，p. 284）。更为糟糕的是，经费的削减迫使社区精神卫生中心更多地注重为有能力支付治疗费用的人提供服务，这意味着最需要精神卫生服务的人群可能被搁置在等待名单上。而且，由于法律问题和经济原因，严重精神障碍患者会被收入州立精神病院，通常住院时间很短，很快被送回社区。结果大量社会功能不良、贫穷潦倒、无家可归、被犯罪伤害或进行犯罪，以及没有任何支持系统的慢性精神疾病患者，被遗忘而任其自生自灭。这些患者除了一个主要的精神病学诊断之外，往往还伴有各种各样的问题。他们可能对治疗的依从性很差，拒绝药物治疗，滥用酒精或药物，患有严重躯体问题，在经济、躯体和心理上受到别人的虐待和歧视（Bender，

表5.1 治疗原则的比较

长程心理治疗的模式	危机干预的处理模式
1. 诊断：完整的诊断评估。	1. 诊断：迅速对危机进行预检评估。
2. 治疗：侧重基本的潜在病因，重视整体。	2. 治疗：侧重目前的创伤应激内容。
3. 计划：个性化的综合计划，注重满足长期治疗的需要。	3. 计划：围绕目前需要，侧重个体化的问题解决，减轻危机症状。
4. 方法：应用多种技术来取得短期、中期和长期的治疗效果。	4. 方法：采用限时简便的技术来立即控制和承受危机创伤。
5. 结果评估：治疗导致的行为改变，求助者总体功能水平提高。	5. 结果评估：求助者在行为表现上恢复到危机前心理平衡水平。

表 5.2 治疗目标的比较

长程心理治疗的模式 （没有特别顺序，只是笼统列出）	危机干预的处理模式 （根据干预步骤的顺序列出）
1. 预防问题：比治疗更重要，尽可能使用预防性措施。在目前对内在和人际交往技能、社会、职业和经济资源充分评估的基础上，探索复杂的未来需要。 2. 纠正致病因素：按照循证医学证据综合处理过去和目前的心理、环境因素。 3. 提供系统支持：采用综合手段来改善来访者的心理、躯体健康和幸福感。 4. 促进成长：治疗应该促进来访者的自然环境和发展过程而非干扰。 5. 再教育：治疗应该是一个再教育的过程，教会来访者新的适应方式以终身应对。 6. 表达和澄清情绪态度：主要强调情绪宣泄和在宽容和接受性的环境中表达情绪。 7. 解决冲突和矛盾：治疗的目的在于帮助来访者获得内省力以及对行为和行为改变的原因和动力学根源的理解。 8. 接受现实：帮助来访者接受某些现实是无法改变的。向新的现实前进，抛弃问题重重的过去。 9. 改变态度：让来访者以更积极的态度看待生活，融入社会。 10. 最大化调动智力资源：改善来访者的感觉、认知、记忆、计算、思维、行为管理和自我控制方面的功能。	1. 保证来访者安全：评价来访者的死亡危险，保障来访者和相关人士的生理和心理安全。 2. 预先安置：促进来访者和危机干预工作者的联系。降低威胁等级。 3. 明确问题：澄清促发危机的具体事件。 4. 提供支持：确定人选，可以是危机干预工作者或者其他重要人物，使来访者感到安全，不会担心被威胁或抛弃。 5. 验证替代方案：提供能立即减轻危机相关威胁的可选措施。 6. 制订计划：根据来访者的应对技能、危机干预工作者的经验，制订合适的计划步骤，并采用系统的措施来激励来访者付诸行动。 7. 获得保证：需要来访者承诺在一定的时间里采取一定的行动来应对危机。 8. 随访：短期随访来确定危机干预策略是否持续有效。

表 5.3 求助者功能水平的比较

长程心理治疗的模式	危机干预的处理模式
1. 情感方面：来访者的情感表现足够好，能够基本理解和体验自己的情绪状态。	1. 情感方面：来访者对外界的反应受损，几乎不能了解到自己的情绪状态。
2. 认知方面：来访者表现出一定的认知能力——能够认识到行为与后果之间的联系，也能区分理智和非理智。	2. 认知方面：来访者表现出不能进行线性和逻辑性思考，也无法想出减轻危机的策略。通常缺乏理智。
3. 行为方面：有一定的行为自控能力。	3. 行为方面：失去自控能力，将自己或他人置于危险境地。

表 5.4 评估的比较

长程心理治疗的模式	危机干预的处理模式
1. 病史采集：来访者可以提供相关问题的深度背景资料。详细记录中包含了来访者完整病史：家庭情况，既往疾病史、药物使用情况、教育背景、既往治疗情况、社会生活史，以及复杂的人格和智力测验。	1. 病史采集：由于情绪状态不稳定或者时间限制，来访者无法提供完整病史；对目前状态下的言语和表现的观察评估是唯一的病史来源。
2. 人身安全：来访者的人身安全并非治疗首要关注目标，除非有迹象表明来访者或他人有迫在眉睫的危险。	2. 人身安全：危机干预工作者首要目标是确保来访者和他人的人身安全；明确来访者是否存在自杀、谋杀他人的风险或者对他人安全构成威胁，无论其行为是有意还是无意。
3. 时间：治疗师有充足的时间进行各种评估来证实或者否定之前的问题假设。在治疗计划制订前，进行全面的诊断和检查。通常会进行人格测试，将来访者的功能水平和正常人群进行比较。	3. 时间：危机干预工作者没有时间做正式的检查。必须依靠来访者即刻的言语和非言语信息做出病理学严重程度的评估。
4. 现实性检验：治疗师假定来访者可以与现实保持联系，除非心理评估结果或其他迹象表明不是这样。	4. 现实性检验：使用简单的问卷，危机干预工作者必须确定来访者是否能够与现实保持联系，以及目前的功能状态如何。
5. 转介：转介到其他机构主要是为了来访者的长期发展。例如家庭服务机构、精神卫生中心、职业 / 教育培训机构，以及就业服务机构。	5. 转介：转介到其他机构，主要是为了立即保证来访者的人身安全和状态稳定。例如警察局、医院急诊室、精神病或医学鉴定机构，或者可以提供即刻支持的团体。
6. 会诊：如果需要，可以寻求会诊和其他支持资源。治疗师与来访者或督导协商后就可以展开合作。	6. 会诊：经过病理学诊断培训的会诊专家作为后援随叫随到。有时可以寻求警察和机动危机干预小组的帮助。但大多数情况下只能依靠危机干预工作者自己。
7. 药物使用情况：治疗师根据从病史资料和治疗进展中获得的信息，来确定来访者的处方药、违禁药品或酒的使用情况。	7. 药物使用情况：危机干预工作者根据来访者的言语和外在表现，来确定来访者的处方药、违禁药品或酒的使用情况。
8. 设置：来访者通常在同一位治疗师那里开始和结束数月的疗程。偶尔会在治疗同时附加其他特殊的心理治疗。来访者来去自愿，治疗结束后回到家庭环境中去。	8. 设置：来访者通常在同一个危机干预工作者那里进行数小时至数天的治疗。一旦情况稳定，会被推荐到一个专门的治疗师那里进行长程治疗。来访者可能并不自愿，还有可能被逮捕入狱，或者被送回接受看管人、监护人或其他人的监管。

1986；Nurius，1984；Pope，1991）。因此很容易理解为什么在人手紧张、资金短缺的精神卫生诊所，以及其他社会服务机构不能照料这些患者时，他们会陷入危机。这些慢性精神病患者常常与当地警察、急诊室、精神卫生诊所和社会服务机构工作人员非常熟悉，甚至可以相互直呼其名。

社会 / 环境危机 在无需预约机构，并非只有慢性精神障碍患者会自己或被陪送来寻求危机干预服务。离家出走者、瘾君子、身体残疾者、犯罪受害者、暴力事件幸存者、滥交者、疾病终末期患者、退役军人、失业者、慢性躯体和精神疾病患者家属，都有可能会陷入危机。这些危机日日夜夜都在全国各地的精神卫生诊所、急诊室、学生心理咨询中心、社会服务机构和警察局上演。许多诱发事件都是意外和突然的，影响范围也不仅限于来访者，而是波及数个家庭和社区，致使这些系统组织瓦解和完全失控。在社会环境中产生的危机对精神卫生工作者最具挑战性，因为它们影响广泛，而且无论对来访者还是危机干预工作者来说，都具有瞬间的和强烈的情感冲击力。

复合类型 以上提到的危机类型很少单独发生。面对不同类型的危机和处理各种问题是危机干预工作的工作常态。试图让一个慢性精神分裂症患者安定下来却不提供食物和住处，治疗一个创伤幸存者但不首先处理其药物成瘾，或者给一个中年企业经理做职业咨询而不去处理她因为刚刚失业出现的抑郁，都是在浪费治疗时间。处理同一个来访者的多种危机也是危机干预的工作常态。

社区精神卫生诊所的案例处理

我们以田纳西州孟菲斯的城中精神卫生诊所为例，介绍社区精神卫生中心是如何为来访者提供服务的。这个社区拥有大量居民住宅，同时也是商业中心，区内有田纳西大学医疗中心、市立医院、孟菲斯退役军人管理局医院、孟菲斯精神卫生研究所（州立精神病院）、地方监狱、为瘾君子和流浪汉设置的几个中途避难所，以及各种其他社会服务机构。另外，这个区是孟菲斯市犯罪率和暴力事件最高发的地区，失学率也很高，还是最贫穷的一个区。

就诊 来访者可以自己来精神卫生诊所就诊，或由亲属、社会服务机构人员陪诊，也可能是由警察送来的。开始就诊前，先安排做一些登记检查，根据《分类评估表》，对有危机的人进行严重程度评估。对于有严重障碍的来访者，则请高年资医师到场。首先是让来访者待在一个单独房间内，减少环境刺激，使其情绪稳定下来以便于评估。临床医师应该采集病史，如果不可能做到，应该通过观察来判断来访者的思维过程及其内容有无异常，有无幻觉或联想散漫，对自己或他人是否有威胁，以及是否有药物滥用。如果发现任何以上症状，应该请精神科医师会诊，决定是否需要住院治疗。

看管或交托 如果来访者有明显的精神异常，并与现实脱离，或者有自残或伤人的危险，应转送精神病院住院治疗。美国要求自愿住院。如果患者拒绝住院，可以由医师填写一份非自愿住院转诊单，然后打电话给危机干预机构或警察局，由训练有素的工作人员转送患者。一般精神卫生工作人员不参与护送患者，主要是因为安全考虑，以及避免患者将他们污名化并视其为惩罚的代理者。如果患者有经济能力的话，可以转送入私立精神病院，如果没有经济来源，则先被送到市立医院精神科急诊进行评估，然后送到孟菲斯精神卫生研究所州立医院。

入院检查 如果患者能叙述或写字，则应做入院检查。根据第三章所介绍的危机干预模式，工作人员首先要保证患者安全，明确问题并且告知其享有的权利。如果患者状态基本稳定，则工作人员应做标准的会谈检查，通过开放式提问和积极倾听，尽可能收集较全面的病史资料，同时还要确定导致患者来就诊的促发因素。检查者必须对求助者没有偏见并保持理解和关心，同时还要力求获得具体和特定的相关信息，因为有时患者并不能够或不愿意合作。

在开始检查阶段，有两个方面需要评估：来访者的危险程度与药物使用情况，即是否有发生危机情况或行为紊乱的可能性。因此，工作人员要评估来访者是否有自伤或伤人的计划或企图；如果使用过多种处方药和毒品，则要确定药物与目前存在的问题是否有关。因此，检查者需要常备《医师案头参考》（*the Physician's Desk Reference, PDR*），并且务必熟悉其内容。同时对“街售毒品”的副反应也要有所了解，因为在市中心这类药物的使用率很高。

安置 完成会谈检查后，入院处工作人员要做病史记录并给予诊断和治疗建议，并与来访者讨论可能会提供的治疗与服务，让来访者自己决定是接受还是拒绝。如果接受治疗，工作人员可能要将来访者交接给治疗医师负责。由医疗小组集体讨论，确定或修改首诊与治疗方案，并安排一位主治医师负责治疗。

安顿 自初次检查会谈开始，就不会再出现让来访者独自离开的情况。从会谈检查到移交给主治医师，工作人员全程陪伴来访者，让其感到自己的问题受到重视。首先，治疗师会口头告知来访者接下来会发生什么，目的是让来访者觉得精神卫生机构没有那么神秘，并了解有关的治疗方案，同时安排一个具体的人与其保持密切联系，会给其提供心理上的支持和安定感。考虑到来访者对进入精神卫生机构的恐惧、对失去自由的担心以及对精神卫生系统繁复程序的困惑，主治医师与来访者必须快速建立良好的医患关系，以预防将来的危机，对那些状态不稳定的来访者更是如此。良好的医患关系也会使来访者感到他们正朝着正确的治疗方向迈进。多数情况下，还会安排一位志愿者来帮助患者。志愿者都是经过培训的，主要是作为支持者和社交代理人，给那些没有亲人和朋友的来访者提供帮助和鼓励。

短期安置 许多危机发生涉及基本生活必需品匮乏，如果是这种情况，接待人员要暂时提供食品、衣物、住处，必要时还要与有关社会服务机构联系以提供长期生活必需品。如果来访者生活不能自理，可以联系田纳西州家庭服务署的工作人员来帮助其管理财物，满足其基本的生活需要。因此，作为来访者的接待人员和其他相关工作人员，全面了解本地社会服务机构网络并熟悉其联系方式是极为重要的。

长期安置 由跨学科治疗小组对接待人员首诊和治疗方案进行复核和评估，如果治疗小组认为有必要，可以请精神科医生和药剂师进行会诊。如果需要心理评估，则请临床心理学家进行有关人格和智力的测验。根据需要，不同专业人员可以加入治疗小组。一旦治疗小组成立，则需要确立治疗目标，制订基于循证的医学治疗计划并且严格执行。治疗小组会定期评估治疗情况，并酌情修改治疗方案。

24小时服务 市中心精神卫生诊所是24小时服务，白天工作时间之外，专门有危机热线电话服务。热线工作人员根据来电情况进行评估后，决定谁来接手处理，可能是流动危机干预小组或者是孟菲斯市警察局危机干预小组。

流动危机干预小组 流动危机干预小组的设立主要基于两方面的考虑。对某些案例来说，特别是老年患者或有躯体残疾的人，往往需要提供上门服务。另外一些患者，行为失控又不愿或不能来诊所就诊，需要危机干预工作者出诊。自从1963年《社区精神卫生法案》实施以来，接受联邦基金资助的诊所必须提供24小时急诊服务，流动危机干预小组因此设立。不过，在孟菲斯，因为警察局设立了危机干预小组，这种需求已经很少了。但在其他许多城市，这种流动危机干预小组常常在警察的协助下处理上述一些问题。一般是来访者拨通危机热线或911精神失常电话寻求帮助，一名精神卫生工作者和警察一起乘警车到达现场，或者在警车之后抵达现场。这些小组通常都配备高级通信系统和信息检索系统，可以现场调出来访者精神科病历和犯罪记录。在某些情况下，精神科护士也作为小组成员，在咨询过精神科医生之后可以对患者予以抗精神病药物治疗（Ligon，2000）。

依据州法律，在这些流动危机干预小组中的警察或者有从业执照的精神卫生工作者有权力将患者进行保护性监禁，并把他们送入医院而非监狱。这个方法存在两个问题：首先，大多数流动危机干预小组在城市行动，而在美国很多乡村鲜有类似的急诊服务条件，既无转送患者的精神卫生机构和人员，也没有现场危机干预的能力（Aronet al.，2009；Bain，2011；Rouse，1998；Rural Assistance Center，2011）。其次，不能要求警察延时加班，地方警察局也无权要求警察运送患者超过160千米。结果精神病患者通常被就近送到监狱，而非其最需要去的医院。

警察与危机干预

我们将用很大篇幅来叙述警察和危机干预。这看起来有点奇怪，因为危机干预工作人员主要来自咨询师、社工、心理治疗师、护士以及其他医学和社会服务工作者。为什么要提及警察呢？他们对如何向危机中的人施以共情知之甚少，不是吗？

警察角色的转变

警察的角色正在迅速变化和扩展。在大多数社区，警方正在承担越来越多传统执法工作以外的任务。对精神病患者和情绪失常者进行危机干预逐渐成为其工作的一部分。

一般人认为，警察只会关注偷窃、抢劫、暴力攻击这样的蓄意犯罪，事实上他们还处理各种各样"宣泄性"犯罪，由于愤怒、恐惧、脆弱、抑郁或其他情绪失控情况而导致罪犯对自己和他人产生的严重攻击。因此，即使警察不愿意投入很多时间在保护公共安全和执法任务之外的事情，他们也不得不越来越多地开展危机干预工作（Borum，2000；Miller，2006；Saunders，2010）。

警察与精神障碍患者和情绪失常者

自从1963年《社区精神卫生法案》实施以来，越来越多的精神病患者回归社区，问题也就日益增加。Gillig 和同事（1990）对辛辛那提和汉密尔顿两地的309名警察进行调查，发现在一个月内至少60% 的警察接到过至少一次疑似精神障碍患者的求助电话而必须出警。几乎半数警察在一个月内处理过一次以上这种电话。

这种情况给警察们增加了沉重的负担，尽管他们中间的许多人不喜欢花时间在具有社会服务性质的危机干预工作上，但是他们逐渐接受"处理精神病患者是当代警察工作的一部分"，并且对精神病人也更为同情（Bahoraet al.，2008；Watson et al.，2010）。他们也希望能从危机干预机构这里得到更多信息、培训以及合作机会（Comptonet al.，2006）。因此，针对精神障碍患者的警察危机干预培训非常迫切（Compton et al.，2006；Erstling，2006；Gillig et al.，1990；Luckett & Slaikeu，1990；Vermette，Pinals，& Applebaum，2005）。孟菲斯市警察局设立了危机干预小组（CIT；James，1994；James & Crews，2009），目的是培训巡警处理精神病患者和严重情绪失常的人。1987年，本书的作者有幸参与了最初的筹建工作。这个项目起初只是为了解决当地的问题，我们并没有意识到之后会成为燎原之势在美国全面推广。今天，众所周知的"孟菲斯模式"已作为警察对精神病患者进行危机干预的样板。2005年首届危机干预小组警官全国代表大会在俄亥俄州的哥伦布市举行。来自美国各地超过1 000名警官参加了大会。我为培训过其中许多警官感到骄傲。目前，全美所有的司法管辖区都设立了危机干预小组，成千上万的警察参加了培训。

危机干预小组（CIT）项目

由于近年来的美国财政预算收紧、经济因素和社会问题等导致社会上出现了大量无家可归的人，包括从前住院治疗的精神障碍患者现在流落街头，使得普通民众较以往更容易接触到严重精神病患者。孟菲斯市政府、精神卫生协会以及警察局意识到，倘若让未接受过精神卫生专业培训的警察来处理精神病患者，不仅会造成对患者的伤害，而且会导致警察受到伤害，甚至死亡。

那么为什么不让精神卫生工作者去街头照料大量的情绪失常者呢？因为体制和财政投入的限制，不可能配置足量的精神卫生工作者去街头监测情绪行为失控的人，并为其提供专业服务，而且这样做也与民主社会建立"最低限度约束的社会环境"的意图相违背。因此，由全国精神病患者联合会孟菲斯市分会牵头，市警察局、精神卫生协会、市政府以及两所本地大学的咨询教育和社会工作系共同组成了一个具有创造性的独特联盟，旨在设计和贯彻预防性措施，处理那些经常因情绪失控所致的街头暴力行为。由于通常是警察最先面对失控情况并为事态负责，而不是专业咨询师在第一时间赶到现场（往往也不切实际），因此联盟决定将接受过良好培训以及具有较高积极性的警察作为最佳一线人选，去处理街头精神病患者因情绪失控而导致的危机。联盟做了大量卓有成效的工作，使得危机干预小组项目成为资金上可行、警察负责制、确保公共安全和福祉的成功范例（James & Crews，2009）。

理念 了解联盟网络功能之后，你就会理解成功运作危机干预小组项目是一项多么困难和棘手的任务。如果认为这个项目非常吸引人并打算在自己的社区开展，需要认真阅读以下内容。精神病患者，尤其是那些无家可归的患者的问题在全国是普遍存在的。Sam Cochran 少校长期作为孟菲斯市危机干预小组的协调员，在向全国范围推广“孟菲斯模式”过程中发挥了巨大作用，正像他说的那样，“危机干预小组项目不仅仅是培训警察如何处理精神病患者，而且它提出了一种全新的理念，将各种利益集团纳入一个工作网络，如果设计稍有不周，就有可能满盘皆输。”

孟菲斯 CIT 项目背后的工作网络涉及：市政府，市警察局，精神病患者联合会，6所当地精神卫生中心中的5所，公立医院的急诊科，孟菲斯大学咨询与教育心理学系和田纳西州大学社会工作系的教师，基督教女青年会受虐待妇女服务部，性骚扰预防中心，还有几位私人执业心理治疗师。联盟的成功运作源于警方和精神卫生协会之间的良好合作关系，双方都认识到，街头危机非常严重，任何一方都难以单独处理，双方合作会使事情容易得多。这不仅可以保障工作人员的自身安全，并且可以为求助者及其社区提供更好、更安全的服务（James & Crews，2009）。

联盟在最初成立的几个月内召开了多次合作性、系统性、民主性的会议，设计出切实可行的 CIT 蓝图。作为这些会议的成果，警方和精神卫生机构的主要工作人员建立起了有效的合作关系，并了解了对方的能力、规则、界限和存在的问题。

警察到精神卫生机构实地参观、加深对精神障碍患者的了解。精神卫生工作人员到警察学校参观并跟随警察巡逻，了解警察日常工作中面对的问题和处理方法，以及警察的职能、角色和工作权限。危机干预规范化培训首先要确保 CIT 成员以及具备高级警衔的警察能够重视和认识到可能会面临的问题（危机）、干预的目标，以及 CIT 项目的运行程序（James，1994，p. 187；James & Crews，2009）。在项目设计和培训阶段，警方和精神卫生界双方达成基本共识，并签订协议，明确各自的专业职责，让 CIT 成员及其上级明确地知道精神卫生界可以提供什么样的培训和会诊资源，也要让精神卫生工作人员了解一般警察的能力范围和资源，以及 CIT 成员的特别权限。

加深了解的同时，双方也建立起相互尊重、相互理解、彼此信任的合作关系。面对一位失控的精神病患者，CIT 警察会共情地倾听其感受和担忧，对如何获得精神卫生专业服务很熟悉（很可能认识病人的接诊医生），并且在遵守职业伦理的前提下同患者进行交流，了解其短期需求，并保证自己可以提供短期的安全保障以及相关必需品，使患者的情绪稳定下来。精神卫生工作者也非常信任 CIT 警察的能力，知道他们对患者可以起到稳定情绪和保护安全的作用，必要时会请他们协助急诊处理特殊的患者。精神卫生工作者可以和 CIT 警察合作，获得有关患者生活方面的更多必要信息，来改进治疗计划和预防街头危机的再次出现（James，1994，p. 191）。警方精心挑选出经验丰富的巡警，让他们在参加培训后，承担起警察和危机干预小组专家的双重角色。自愿参加此项目的警察必须具备良好的职业履历，还要通过人格成熟度和情绪稳定性测试，然后被推荐、介绍、筛选或被上级指定接受 CIT 培训。警方承诺每个辖区内将安排受过培训的 CIT 警察进行24小时服务。所有上级警官都必须了解 CIT 警察的角色和功能，无论何时何地接到疑似精神病患者的紧急求助电话，CIT 警察都必须作为现场负责执法的警官，无论职位高低，现场其他的警察都只能作为后备人选（James，1994，p. 194；James，& Crews，2009）。

精神卫生专家和管理人员作为 CIT 培训的主要师资 CIT 项目不可或缺的内容是对 CIT 警官进行岗前培训。就有效的培训而言，有能力、负责任而热情的专业培训老师最为重要。在对每一组新的 CIT 警察进行培训之前，我们坚持要求培训专家陪同经验丰富的 CIT 警察在周五或周六一起夜间巡逻。正如 Erstling（2006）描述的那样，与巡警一起在警车上度过8小时，对增加彼此的信任和理解大有帮助。以下罗列了为期40个学时的 CIT 培训内容大纲：

1. 精神病患者的文化意识
2. 物质滥用及其共病的其他障碍
3. 发育性残疾
4. 治疗策略和精神卫生资源
5. 患者权利、民事责任和危机干预的相关法律问题
6. 自杀干预
7. 利用流动危机干预小组和社区资源
8. 抗精神病药物及其不良反应
9. 缓和事态的谈话技术
10. 边缘型人格障碍和其他类型人格障碍
11. 家庭和消费科学视角
12. 与精神病患者就他们眼中的警察进行玻璃鱼缸式的现场讨论

尽管培训中的大多数内容都以讲座-讨论的形式进行，但缓和事态的谈话技术以及与患者进行玻璃鱼缸式讨论采用的则是不同形式，而这两部分内容对CIT警官的培训来说非常关键。

缓和事态的谈话技术 缓和事态的谈话技术学习贯穿了为期一周的整个培训过程。此技术至关重要，因此在仅仅12个学时的培训中，动用了四名专家。首先学习基本介绍技术。如何介绍你自己？你的姿势和话语传达出什么样的非言语信息？你应该用怎样的声调？这些技术的学习在培训的第二天进行。

接下来是基本探询技术和建立关系的培训。内容包括：(1)使用开放式和封闭式提问的方法，以及使用的时机；(2)患者的诉求是什么，为什么这么重要；(3)如何确保患者的安全而不至于逼迫他们(详见第十四章“机构中的暴力行为”)；(4)警患双方的人身安全；(5)周围人群的控制；(6)反馈感觉和想法的时机和注意点；(7)警患双方之间达成理解的共识或妥协，并就沟通进行小结。这些技术的培训安排在第三天。

如果能巧妙地将概念与经验整合起来，培训效果将大大提高。模拟真实情况的角色扮演、视频、录音和讨论是非常必要的。在培训第四天，有长达四小时的角色扮演，展示警察与患者会面的真实情况。由资深CIT警察扮演患者，他们带来许多非常有价值的亲身体验，为教学过程提供了现实感，提高了培训的趣味性，调动了学员的积极性(James，1994，p.187)。学员每四人一组，每个小组成员都有四分钟可以上台演示如何与患者沟通。其他学员(通常有24～30人)在台下观察这些小组成员的演示，倾听他们的交谈。通过观察他人的演示，学员们学到别人的经验和教训。角色表演模拟了各式各样的患者，从老年痴呆、精神分裂症、糖尿病伴发相关精神障碍到失恋等情绪失常的人。资深CIT警察所扮演角色是缓和还是升级其行为则完全取决于现场学员的所作所为。对每个小组的演示都同步录像，然后回放，由扮演患者的资深CIT警察对学员的表现进行诚实而客观的评价。

在培训的第五天，进行复杂情况的演示。所有之前学过的言语技巧都将在困难案例的处理上整合运用。例如，在面对自杀或严重精神病患者而危机干预技术不奏效的时候，分析如何应对才是最恰当的方式。在最后一天，学员们演示如何运用学到的基本技能对精神病患者进行干预。和大多数初学者一样，新晋CIT警察们不那么自信。然而，最让我们这些专业培训人员欣慰的是，当这些警察下次作为培训者来帮助新人培训时，他们已经掌握了一些最为有效的危机干预技术。

与患者进行玻璃鱼缸式的讨论 玻璃鱼缸式的讨论对CIT学员们来说非常特别和有震撼力。学员们来到精神卫生机构参与患者的小组讨论。患者围绕一位精神卫生专家(他同时也是CIT培训师)坐成一圈，而CIT学员们则在圈外再围成一圈坐着。这样的安排让精神卫生专家和患者的讨论对话就像在透明的“玻璃鱼缸”中进行一样，学员们在鱼缸外观察和倾听患者表达出的需要，患者以前和警察打交道的经历和其对警察的理解和认知。在专家-患者对话结束之后，学员可以直接与患者互动，向患者提问。事后学员们反映，这种玻璃鱼缸式的讨论深深鼓舞了他们，并且是非常重要的培训内容，有助于其学习、训练和工作定位。

CIT 项目的成功 自从 CIT 项目在孟菲斯市开展以来的40多年里，它的发展呈现出几何式增长，培训中心遍及全国各地，培训了成千上万的警察（Saunders，2010）。值得欣慰的是，现在 CIT 项目已拥有自己的新闻资讯和大会机构。其中《小组新闻》(*The Team News*) 刊物报道世界范围内的相关工作信息，具体内容可以在官方网站上查询（搜索 CIT International 可以登录查看）。CIT 项目已经推广至整个美国、加拿大、澳大利亚和瑞典。但或许有人会问，有确凿证据能证明 CIT 项目有效吗？在孟菲斯市最初开展 CIT 项目的16个月内（1987—1988年），CIT 警察处理了5 831例精神病患者的紧急电话，其中3 424例及时转诊到了精神卫生机构，无一例死亡。在随后的20多年里，CIT 警察处理的电话和转诊数量持续显著增加，不仅在孟菲斯市是这样，而且在美国其他地区也类似（Kisely et al.，2010；Telleret al.，2006），这很可能与公众对 CIT 项目的知晓度越来越高有关。特别是精神病患者的家人、照料者对 CIT 项目的知晓度大大提高。美国国家精神疾病联盟 (National Alliance on Mental Illness) 对 CIT 警察的正面宣传和支持，让家属感到 CIT 警察会尊重地对待患者，而不再担心患者被伤害。随着 CIT 警察处理的紧急电话数量增加，发生暴力冲突大为减少，原先可能会入狱的患者被送入了医院（Lamb，Weinberger，& Gross，2004；Ritteret al.，2011；Skeem & Bibeau，2008），处理每个电话的时间缩短了，而警方与精神卫生服务人员的合作加强了（Kisely et al.，2010）。Compton 及其同事（2008）在研究汇总中发现，CIT 警察使用武力的情况确实减少了，为此受伤的情况减少，对待精神病患者更为人性化，更多的是转介而非拘捕患者；因患者挟持人质需要谈判专家出动的次数也减少了。值得一提的是，在孟菲斯市 CIT 项目运行20多年以来，在接受CIT警官服务的过程中，只发生过两起精神病患者死亡事件，而这两次事件中警察都有充分理由需立即击毙肇事者。

警察“协助”自杀 事实上由 CIT 警察处理危机情况以来，这种情况已经极为罕见了。这个被称为警察“协助”自杀的现象过去在美国相当常见，并且由来已久。其实，那些没有足够勇气自杀的人，往往会为了引起警察的注意而真的采取行动。一旦警察到场，他们会做出威胁的姿态，结果可能导致自己被击毙。简而言之，就是警察帮助患者完成了自杀（Lindsay & Lester，2004）。警察们熟知这种现象，因此对学习如何处理这种事件非常感兴趣（Lindsay & Lester，2004；Vermette，Pinals，& Applebaum，2005）。至少在孟菲斯，我们相信警察已掌握了避免“协助”自杀行为和减少其他死亡风险的技巧，这主要归功于 CIT 项目的培训。CIT 项目运行20多年来，尽管没有确切数字显示有多少人在保护性监禁的过程中受伤，但统计表明，警察受伤害的情况显著减少了。此外，当街对垒的情况也显著减少了。CIT 项目的运行，也让孟菲斯市警察局的人质谈判专家小组无事可做，因为通常在他们到达之前，CIT 警察就已经平息事态，控制了局面（James，1994，pp. 189-190）。为什么会这样呢？Compton 和同事（2006）对乔治亚州的 CIT 警察进行了 CIT 培训前后的对照研究。培训以后，警察对患者的态度明显改善，对患者的治疗更加支持，缩短了与患者的心理距离，减少了对有攻击行为的精神分裂症患者的侮辱和偏见。总而言之，因为 CIT 警察大大增强了对有暴力行为的精神病患者和情绪失常者的情绪缓和应对技能，因此他们已成为对精神病患者最具同情心和最为关注的危机干预工作者之一。

长程治疗中危机转移状况的处理

长程治疗中的患者并不是没有遭遇危机的可能性的。随着治疗的进展，患者的心理状况经历着巨大波动，即使达到了阶段性治疗目标，但在很多情况下仍存在巨大障碍，难以适应新的治疗目标。治疗师起初看到患者取得显著进步，后来却常常发现治疗效果功亏一篑，患者的行为又退到治疗前水平，甚至更糟。

焦虑反应

临床治疗中经常出现这种矛盾的现象，即患者在一些难度很高的目标上获得了巨大成功，却无法做普通人看起来很简单的一些事情或工作。尽管这种情况似乎不合逻辑，但对简单任务失败的恐惧成为患者的一种自我预期。害怕别人看穿自己根本不具有真实能力，以及不合理地认为任何真实的进步都是错觉。因此，患者往往会出现各种形式的逃避行为，如逃避所害怕的场合。严重焦虑是逃避威胁情境的一种常见方式。思考一下 Melanie 现在遇到的困境。她在结束了一段丈夫酗酒的婚姻后在社区大学完成了两年的秘书专业学习，现在面临着她梦寐以求的工作面试机会，她却崩溃了。

Melanie：(极度焦虑和不安，在凌晨一点给治疗师打电话）虽然我很后悔打电话给你，但我太害怕了。我已经吐了两次，而且在发抖。自从三年前和 Bill 分手后，从未发生过这样严重的情况。噢，上帝，我不能再这样了，我明天一定要做好。我知道这是自我安慰和祈祷，但我不能再想下去了，我记不住面试要讲什么，脑子里一团糟。

治疗师判断，Melanie 现在的认知和行为严重程度在《分类评估表》上的评分为5分，焦虑、紧张情感评分为6分。如果不能帮助其立即减轻焦虑的话，那么 Melanie 明天接受工作面试时，焦虑水平将会升高到8 ～ 9分。

治疗师：Melanie，现在你只要做几分钟这样的练习。深吸一口气，再慢慢地呼出来。对，就这样做，继续！(鼓励她保持深而缓慢的呼吸约两分钟，Melanie 的焦虑发作逐步缓和下来了。)

通过深呼吸练习，Melanie 的情绪得以稳定下来，然后治疗师通过角色扮演回忆发生的经过，让其写下自己的长处与不足，并逐项讨论，评定其焦虑发作的影响，并明确目前她的焦虑水平已降至2 ～ 3分，强化和鼓励她出现的进步。

治疗师：现在你的声音也发生了变化，我想你已经平静多了，不发抖了。你注意到你现在已经能自我控制了吗？记住你现在这样的情况。许多事情是掌握在你自己手中的，即使遇到再大的事件，或更可怕和痛苦的情况，就像你也曾从糟糕的婚姻中走出来了一样，你已经做得很好了。记住，你现在学的秘书专业很好，招聘单位非常需要你，远远超出你需要他们给你这份工作。我想你应该把这句话记在你的脑子里：他们需要你就像你需要他们一样迫切！

通过情景模拟、角色扮演，治疗师使 Melanie 重新回到现实环境中，并且能够面对工作面试而不再出现焦虑发作。通过调动来访者的资源，以及非常客观和有针对性地指出其长处，治疗师把她无形的恐惧具体为对面试的焦虑。治疗师在有关谁需要谁这一问题上的劝告并非只是安慰，而是有现实意义的。需要通过这些事实去提醒 Melanie，使她能够以积极的心态来看待自己的个性和技术，有自信地去面对面试。最后，治疗师给她一个安全的保证。

治疗师：Melanie，我想你现在需要睡一觉，明天好好表现，让他们大吃一惊。如果你明早醒来仍感到有问题的话，可以再做一次面试的想象练习，给我打个电话。在你面试前我会留出一些时间让我们再讨论一下。现在去睡个好觉，做个好梦。

通过积极鼓励和安排明天的交谈时间，治疗师给来访者进一步的支持，使得 Melanie 感到有安全寄托。

退行

即使来访者已经达到了目前的治疗目标，仍然可能在进一步的治疗过程中功亏一篑。当这种情况发生时，来访者会出现退行性行为，即退化到既往习惯的非适应性行为、感觉和思维方式上。

Melanie：（有些尴尬并用儿童样语调嘟囔）我知道你要说什么，但我想我确实难以与他断绝关系。Bill 依然很爱我，即使我告了他，使他坐牢了。但他希望和我重归于好，我也知道他现在喝酒不多了。

治疗师：（打断这种幻想）你是被面试的可能糟糕结果吓坏了。如果你要放弃三年的艰苦努力和牺牲，回到过去糟糕且极度危险的生活中去，那这也太可怕了。我很想知道为什么你又决定要毁掉自己现在的生活呢。

通过打断来访者的依赖心理需要，治疗师将其退行性思维和目前对独立面对工作面试的恐惧联系起来。虽然来访者的行为和情感已恢复自控，但认知上仍存在偏见，《分类评估表》的丧失分量表评分仍有异常。倘若任由这种消极的自我对话占据上风，则来访者会被自我说服、放弃新的自我认同，重新回到以前痛苦无望且危险的婚姻之中。

Melanie：嗯，我知道你会这样讲，但我不确定是否会这样做。我的意思是情况比较复杂。

治疗师：（冷淡、清晰、没有同情的口吻，但不是责备）情况复不复杂并不是最重要的，本质问题是，你在还没有确定自己是否可以断绝这段关系之前就轻易说不。如果这样的话，你将永远无法知道自己是否已经有足够的能力去断绝这段关系。你可以选择回去，但是你要明白你已经不再是三年前的你了。我希望你不要做这样的决定，我相信你现在有足够的能力做出新的选择，当然还是要你自己来做决定。

这种基于现实的方式直接挑战来访者潜在的不合理想法与决定，并且清晰地指出她是如何自我欺骗回到依赖者的角色，并让自己陷于痛苦中的。

疗程结束所致问题

当来访者已达到治疗目的，社会功能已恢复，并且准备好自己去应对日常生活时，他们可能会突然出现一些只有治疗师才能解决的麻烦。无论来访者的具体问题是什么，通常都是在被告知或自己预感到治疗要结束的时候出现。疗程结束阶段，患者时常会出现依赖性的增加，这可以通过延长治疗会谈的间隔时间来解决，如将每周会谈一次改为每两周一次，然后每月一次，最后六个月随访一次。另一种方法是与来访者明确讨论治疗结束可能会出现依赖性增加的问题。

治疗师：Melanie，我想现在是讨论你要展翅高飞离开这里的时候了，因为你已经找到工作，并且……

Melanie：（打断）但没有你我肯定做不到啊，是你给了我信心，使我能够做这些事情。你非常棒。如果离开你我会什么也做不了。而且以后还有与孩子相处的问题……

治疗师：（礼貌地打断）谢谢你的夸奖，这对我很重要。不过，虽然过去我们共同努力讨论了一些事情，但最终做的是你，而不是我。我想你现在有一些担心，就像你讲的那样，这是正常的，大多数人都会有这个过程，就像你第一次独自离家外出一样。我想让你知道的是，今后如果你有需要，我仍旧在这里，不过，现在到了让你独立处理问题的时候了。今天我们就来讨论这个问题，好吗？

治疗会谈中的危机

对治疗师来说，最不愿出现的情况之一是，治疗技术已经很好地发挥了作用，来访者已获得内省或已从极度的创伤体验中摆脱出来，但之后又完全失控了。大多数有经验的治疗师都会对这种意料之外的转变感到束手无策。当这样的情感爆发出现时，来访者已处于非常严重的失衡状态，而不仅是宣泄式的内省。

在这种情况下，不管来访者的行为有多可怕，治疗师个人厌恶感有多么强烈，治疗师都必须将来访者的情绪控制在稳定状态，应该表现出指导者的强硬姿态。我们常告诫学生："你可能会感到身体不舒服、满身大汗，想逃离这个鬼房间。当本次治疗结束后，如果你愿意的话，可以来一次彻头彻尾的焦虑发作，但是现在你是治疗师，必须坚持处理好这次会谈"。治疗师必须显示出头脑冷静，为来访者提供行为示范。

治疗师：我想你婚姻中的受虐是否与其他什么因素有关，比如，可能你父亲虐待你母亲，让你认为婚姻就应该是那样的。

Melanie：（惊慌地退缩了一下）不，他真的没和我发生过性关系。

治疗师：（澄清）我不确定，你刚才是说——"发生性关系"？

Melanie：（失去控制，哭诉）这个杂种骚扰了我和妹妹 12 年。我妈也知道，但她什么也不做。（完全失控，大哭）我……上帝……如果我们不从，他就打我们……让我们给他手淫……噢，天啊……他怎么能这样……我一直守着这个秘密……我不知道怎么办，我应该做什么……真想杀了他……（蒙面哭泣，难以自控）

治疗师：（让自己平静下来，轻拍 Melanie 的手臂，用安慰和坚定的语气）非常对不起，揭开了你的旧伤疤，但是你有能力面对这件事，你最终还是把它宣泄出来了。你经历了两个地狱，一个是童年的，一个是成年的，但你是幸存者。

精神病发作

面对一个精神病发作的病人，保持镇定和冷静甚为重要。不管求助者的妄想与现实的脱离程度如何，核心问题是让来访者保持与现实的联系和有条理的行为。

Manuel：（没有预约突然地走进诊室）我需要帮助，他们让我来找你，但不许打电话，他们在电话里监听我（拿起电话要摔）。

治疗师：（缓慢平和的语调）请你先将电话放下，然后我们再谈。我可以帮助你，不过你要先将电话放回原处。我们还不认识呢。你叫什么名字？

Manuel：我叫 Manuel，（犹豫）我快要崩溃了，他们总是缠着我。

治疗师：我理解了，但先请你把电话放回去，然后告诉我谁在跟踪你。很好，坐下吧，跟我讲讲怎么回事。

Manuel：我的主管想解雇我，就偷听我的电话，他和 Satan 勾结起来，很可能他就躲在这个房间里，我闻到硫黄味了（开始变得激动，叽叽咕咕地咒骂）。

治疗师：（平静而坚定的口气）好的，我知道了，你和主管有点矛盾。我们可以继续，不过，你现在和我在一起很安全，我可以保证 Satan 不在这里。我想了解有关你主管的一些情况，以及你发现这事有多长时间了。以后我可以考虑让你到一个安全的地方，没人会伤害到你。不过，你需要与我保持联系，这样我才能帮你。

Manuel：好的。（坐下来，开始讲他的主管）

治疗师通过询问来访者的姓名，迅速找到建立联系的切入口，同时也确立了在诊室的一些规矩，当来访者表现出脱离现实、语无伦次时，治疗师通过谈论其对主管的不满来直接让其保持与现实的联系。当治疗师确认了来访者的恐惧，给来访者唯一的信息是很关心他的安全。治疗师对来访者强调要与他保持接触，并反复要求他将电话放下来。由于精神病人被闯入性的幻听干扰，可能很难听进他人的话，为了让其遵守指令，治疗师缓慢、清晰地重复要求。通过将来访者的情绪稳定在可控状态，治疗师圆满地解决了一个陌生来访者可能会发生暴力的情况。

边缘型人格障碍患者

绝大多数来访者试图在治疗过程中操纵治疗师，其原因多种多样，如回避尝试新的行为或想试探治疗师的态度等。有些患有人格障碍的来访者会试图操控治疗师，这对治疗师的应对处置能力是一个严峻的考验。如果治疗师不能以特殊的方式处理好的话，人格障碍患者会给医患双方造成严重的危机（Kocmur & Zavasnik，1993）。Stern是一位美国心理治疗师，他在1938年报道了一组治疗效果不佳、疾病实际上反而加重的来访者。他称之为“边缘型小组”，意思是介于神经症和精神病之间（Stern，1938）。虽然这个概念现在已经不被大家认同（Paris，2008，p. 3），但目前还没有人提出更好的名称来描述那些具有最棘手、最顽固性格特征的来访者。

人格是指稳定和持久的思维、感觉和行为模式，并不会随时间和处境发生变化（Reyes，Elhai，& Ford，2008）。边缘型人格则打破了这个概念，这种特殊的人格障碍是本书中描述的许多危机的促成者——尤其当创伤性事件发生在童年时（Zanarini，2000）。Kreisman和Straus于2010年出版的经典著作《我恨你——请不要离开我》，其中有对边缘型人格障碍的最好描述，这本书是为治疗师和试图与患者一起生活的人而写的。患者的这种矛盾情感不是毫无缘由的。大量证据证实，许多边缘型人格障碍患者童年期遭受过躯体虐待或性侵犯，并且情感上被父母长期忽视（Allen，2001；Brown，2009；Herman，Perry，& van der Kolk，1989；Sroufeet et al.，2005；Stalker & Davies，1995）。有报道称，高达75%的边缘型人格障碍患者童年期有被性侵犯的遭遇（Battle et al.，2004），他们极有可能成为许多治疗师和研究者所说的“复杂PTSD”患者（Briere & Scott，2006；Courtois & Ford，2009）。有关内容我们将在第七章“创伤后应激障碍”以及第九章“性侵害”中详细讨论。尽管边缘型人格障碍的问题非常棘手，但患者所特有的行为方式和频频处于危机之中也是可以理解的。由于被所信任之人伤害的早年经历，使得他们存在严重的依恋关系问题，在治疗中很快就会浮现出来。有证据表明，这些患者怀有深深被背叛的感受（Kaehler & Freyd，2009）。这就很容易理解，为什么治疗过程中在边缘型人格障碍患者身上随时可见多疑、偏执、背叛感、对治疗关系的持续防备和试探。

几乎所有大师级的心理治疗师都对处理边缘型人格障碍感到非常棘手，更何况是心理干预新手。因为边缘型人格障碍患者有操控治疗师的强烈欲望，甚至会把治疗师逼迫成本书后面“职业耗竭”章节中所讲的危机案例。另一方面，这些患者又有可能是本书所讲的各种身陷危机的求助者，可能有药物滥用、施暴他人、自杀、性滥交、自残自伤、被强奸，以及合并PTSD等其他糟糕的情况，因此他们是最棘手的来访者，治疗师必须认真对待，否则难以收场。

治疗边缘型人格障碍患者的过程，就像是打开了危机重重的潘多拉魔盒。以下简列了治疗过程中可能会出现的困难和问题。当然，在其他研究者和治疗师，以及患者家庭成员的回忆里也有生动的描述（Bagge et al.，2004；Beck & Freeman，1990；Borschmann & Moran，2011；Brockian，2002；Chatham，1989；Drapeau & Perry，2004；Fonagy，Luyten，& Strathearn，2011；Freidel，2004；Kreisman & Straus，2004；Lachkar，2011；Lawrence，Allen，& Chanen，2011；Leichsenring et al.，2011；Paris，2008；Sansone，Chu，& Wiederman，2011；Wirth-Cauchon，2001；Zeigler-Hill & Abraham，2006）。

出现的问题 边缘型人格障碍患者会出现一些其他来访者所没有的问题，包括：

1. 问题多种多样，每天或每周都在变化。
2. 从神经症性到亚精神病性症状，五花八门，并且非同寻常地结合在一起。
3. 持续存在自我毁灭和自我惩罚性行为，严重程度从自伤到自杀未遂。
4. 行为冲动，很少有计划，可以是幼稚、自恋或反社会行为。
5. 强烈的情绪反应，难以用实际境遇来解释。

6. 生活目标、轻重缓急的判断、情感体验，以及性取向等方面混乱。
7. 持续的空虚感并伴持续不安的焦虑。
8. 起伏不定的自卑或自尊，不稳定的消极情绪。
9. 在学习、工作和社会环境中适应不良。
10. 人际关系极端化，或亲密无间或极端回避。
11. 持续有自杀或杀人的想法。
12. 妄想观念。
13. 人格解体和幻觉。
14. 药物滥用，包括酗酒。
15. 性滥交和被性侵。

治疗关系 边缘型人格障碍患者会尽一切力量来颠倒治疗关系。

1. 常见的危机有：威胁要自杀、药物滥用、性放纵、经济上的不负责任，以及违法问题。
2. 极端地或常常错误地理解治疗师的表述、意图或情感，与强烈的移情有关，并且会引发治疗师更强烈的反移情。
3. 对治疗时间的约定、治疗地点改变、治疗师休假，以及费用和结束治疗等问题表现出非常强烈、消极、不负责任的反应。
4. 对治疗过程中的目光接触、身体接触或接近难以承受。
5. 对有关问题表现为非常强烈的矛盾心态。
6. 害怕并抵制改变，拒绝家庭作业。
7. 常打电话来咨询或找借口，以希望引起治疗师的特别注意或特殊对待。
8. 对重要人物过度敏感，包括对治疗师。

边缘型人格障碍患者在自主性与依赖性之间摇摆不定，用非黑即白的方式看世界，对可能的危险保持持续高度的警觉性，存在长期的紧张、焦虑与情绪不安，人际交往非常谨慎（Beck & Freeman，1990，pp.186-187；Lachkar，2011；Linehand，1993；Paris，2008）。由于这些人格特征，来访者常不断地试探与治疗师之间的治疗关系，他们试图验证自己的观点，即治疗师和其他人一样，都是不值得信任的，一定会辜负自己的期望；但同时又极度渴求被爱、被关注和被尊重（Brockian，2002；Freidel，2004；Kreisman & Straus，2004；Lachkar，2011；Linehand，1993；McHenry，1994；Paris，2008；Yeomans，1993）。由此不难理解为什么对治疗师而言，治疗边缘型人格障碍是非常艰难的工作与沉重的心理负担。因此，治疗边缘型人格障碍患者，首先要明确各自在治疗过程中的角色定位，这非常重要，治疗目标要明确而具体，给予患者共情，理解患者的行为，营造一个安全的治疗环境，治疗师以关心的态度去面对患者的操纵性和适应不良行为，并在整个治疗过程中要求双方严格遵守上述治疗原则（Briere & Scott，2006；Chatham，1989；Kreisman & Straus，2004；Lachkar，2011；Linehand，1993；Paris，2008）。

当然，实践起来要难得多，因为患者的问题和情绪表现常变化无常。下面举例说明，对话的对象是大学生Tommy。

Tommy：（凌晨两点打电话给治疗师）我实在无法承受了，没有人在乎我。我想我又快要发疯了，所有这些奇怪的声音都钻进了我的脑子，我真想拿把枪给自己一个了断。

治疗师：我理解，因为你小时候被寄养，周围人都对你漠不关心，这种感受一直挥之不去，所以你认为没人在乎你。如果被遗弃的恐惧导致你现在的情况如此糟糕，为了你好，我考虑应该打电话报警，让警察立即送你到医院。（治疗师熟知边缘型人格障碍患者的行为方式，立刻回应，同时确认患者的恐惧）因为问题这么严重，电话里是没法解决问题的。

Tommy：好好好，我不讲我现在要自杀了，你总是过早下结论。我只是睡不着觉，也没法学习，我真的需要谈谈脑子里乱七八糟的想法。

治疗师：我可以与你谈15分钟，到时候你若仍不能安静稳定下来，我会打电话报警的。

设置界限和监测来访者的安全至关重要（Kreisman & Straus，2004；Paris 2008）。通过言语关心患者的安全，并设置具体谈话时限，治疗师可以重新掌控谈话内容，避免一场漫无边际的对话。如果被患者牵着鼻子走，不但会强化患者的操纵行为，而且会使失眠的治疗师在接下来一整天都陷入愤怒和暴躁的状态。切记不要给边缘型人格障碍患者比其他患者更多的特殊照顾。

Tommy：不过，我想把下次治疗时间提前到明天。因为原来约定的时间我恰好要开会，要做一个课题研究报告，你能将明天其他人的治疗推迟一下吗？

治疗师：Tommy，明天我的治疗安排是早就定好了的。我以前就跟你说过，变动治疗时间需要提前两天通知我。这对别人不公平，如果随便把你的约定时间取消，你也会感到不公平。

Tommy：（挖苦的口气）你真的一点都不在乎我，不是吗？

治疗师：事实是我很在乎你，这就是为什么我没有迎合你变动治疗时间。我们刚才讨论的并不是拒不拒绝你，而是我过去一贯的做法，对所有人都公平合理。我知道很多时候你并不能理解我对你的做法，有时你并不是一个容易处理的求助者，不过我会尽力的。我还是希望在预定的星期四面谈。

治疗师直接表达出自己对来访者正反两方面的感受，并且与来访者面质其潜在对被拒绝的恐惧（Chatham，1989）。最后，通过提醒来访者常规的治疗时间安排，表明治疗师是针对患者的行为而非情感。由于这类患者对亲密关系的承受力较低（Beck & Freeman，1990；Drapeau & Perry，2004；Freidel，2004），因此，无论在治疗约定面谈时间内还是治疗间隙期，治疗师均应该侧重于患者的行为而非医患之间的关系，这样会减少许多麻烦。

边缘型人格障碍患者对治疗不依从，也很常见。

治疗师：你的“思维中断”和“不要任意地将女性归类为圣女或者娼妓”的家庭作业做得怎么样？

Tommy：嗯，这个星期我很忙。另外，你安排的“思维中断”作业并不是很清楚，还有戴在手腕上用于提醒我的橡皮筋断了。

治疗师：（受挫，提高声调，变得激动）和你讨论这个问题已经一个半月了。你还是把女性要么捧上天，要么打入地狱，却一直抱怨没有女性看中你。除非你改变这种想法，否则你怎么可能建立平等的交往关系？

Tommy：（发怒、吼叫）是吗？你是最完美无缺的吗？我要找你的上级，让他知道你是这样对待病人的。见鬼！谁需要这样治疗？通通去见鬼吧！（冲出房间，重重地关上门）

保持职业的客观性和冷静是非常重要的，但也很难做到（Kreisman & Straus，2004）。如果治疗师将不做家庭作业归结为患者故意作对，治疗师的挫折感会变为愤怒，尤其是在试图改变患者非此即彼的思维方式时。治疗师受挫经常导致双方的相互作用。患者依从性差，实际上是平衡对改变的恐惧和对冒犯治疗师的恐惧两者之后的行为结果。如果患者依从性一直很差，治疗师需要回过头来找问题的症结，寻求督导，坦率地讨论这些问题，并承认患者有权利拒绝治疗的建议，而不是顽固地推进治疗的进程（Beck & Freeman，1990）。

治疗师：Tommy，我现在确实有点受挫，我们为这个家庭作业已经耗费了六次治疗时间，或许是我的问题——太急于求成。不过，另一方面，我想你可能也不想让我失望，所以你也做了做样子。你有权利对家庭作业说不，我们可以就此问题好好讨论一下。你对作业安排有什么打算？

边缘型人格障碍和其他依赖型患者常常采用的策略是，将自己的问题归结或投射在别人身上，然后让治疗师作为中间人为自己找借口开脱，或者让治疗师来解决所谓的问题。

Tommy：你能不能给我的经济课教授写封信，告诉他我在你这里接受治疗？我已经5次没上他的课了，他说要给我不及格。

治疗师：上学和治疗是两码事，我不会那样做的。

Tommy：(请求)但你知道我的情况是多么糟糕。

治疗师：如果你是因为病情严重不能上课，那么你应该考虑休学。

Tommy：嗯，不过我还没有病到要休学的程度。

治疗师：以前你让其他人帮你找借口有用吗？

治疗师要拒绝被患者利用，因为这是一个陷阱，会导致更多的依赖行为，以及自我强化—依赖—操纵行为的持续恶性循环。总之，对待边缘型人格障碍患者，以及那些有意无意企图操纵治疗师的其他患者，处理原则就是：从始至终保持镇静，不要把每一个新的危机都当作紧急事件。治疗师必须要提醒自己的关键问题是“谁在主导治疗？”如果答案是“不是患者！”，那么很有可能治疗师正在被患者操纵。

困难案例的咨询

危机干预工作者必须具备处理各种来访者的能力，包括处理一些难治的来访者。下面通过举例来说明处理困难案例的一些基本原则。

难治型来访者的治疗规范

那些必须定期处理难治型来访者的危机干预工作者，可能非常希望手头有一本现成的工作手册可以参考。下述的基本治疗规范适用于个体、伴侣和团体咨询：

1. 每次治疗准时开始，准时结束。如果是夫妻咨询，则二人必须同时出席，缺少任何一方不予咨询。
2. 治疗中杜绝暴力和暴力威吓。
3. 每个人只发表自己的看法，说自己的问题。
4. 每个人都可以听他人的讲述。
5. 主要侧重处理此时此地的问题，避免过多纠缠过去以及归罪于他人。
6. 每个人都必须面对所有讲到的问题——不能因为某一问题听了不舒服而中途离开，每个人都必须在会谈过程中全程参与。
7. 每个人都有机会谈目前的问题，提出现实的解决办法，至少保证做一些积极的努力，每个人至少要迈出积极行动的一小步。
8. 对侮辱性语言、谩骂和诅咒零容忍。
9. 每个成员都是团体的一部分，因为每个成员都是人，并且在这里。
10. 危机干预工作者不偏向任何一方。
11. 对治疗会谈中所讲的任何内容不得惩罚、报复或怀恨在心，在治疗中说的内容只限于在治疗中讨论。
12. 我们花时间在一起是为了处理某个成员或大家共同关心的问题，并非为了玩游戏、消遣、聊治疗之外的八卦故事，或者其他不可告人的目的。
13. 当我们知道事情是这么回事时，不得假装是另外一回事——要尽可能诚实、客观地相互对待。
14. 不要忽视非语言信息或肢体语言，如果有的话，要坦率地处理。
15. 如果要把意思表达得更清楚，我们会直接讲出来，或通过角色扮演说明，不要推迟到以后。
16. 不期望每个人都完美无缺。
17. 治疗中不欢迎醉酒或滥用药物的人。
18. 如果有成员违反了这些基本原则，危机干预工作者需要立即告知其后果——中断治疗，但对其他遵守原则的人仍将提供服务。

危机干预工作者需要在第一次治疗之前与来访者面谈或者电话告知，申明这些原则。如果没法做到，那么明智之举是在第一次治疗中，首先给来访者简短介绍有关的治疗规范。

难治型来访者的处理

在处理难治型来访者时，危机干预工作者不得不直接面对某些行为。我们必须随时准备好运用面质技术，以及坚定的指导性策略，例如“我不允许你那样攻击她，这违反了我们的治疗规范”。也可能发生来访者实在难以治疗，致使治疗被迫终止的情况（当然这种可能性非常低）。在这种情况下，危机干预工作者应该坦率地承认“我们没有取得任何进展，让我们先中断治疗，看看是否能以更好的方法从头再来”。接受高年资同事的督导，是继续已中断治疗的第一步。

案例处理过程中的保密

危机的一个重要特征是患者有可能出现突发的暴力行为，虽然具体将在第十四章中对控制和杜绝暴力行为进行详细的介绍，但在讨论案例的处理时，有必要给危机干预者一个告诫。这告诫涉及保密和保密谈话。

所谓保密，是指不得泄露任何来访者相关信息，除非征得本人同意（Siegel，1979）。保密谈话是指有关保密内容只能在司法诉讼过程中公开用于举证（Dekraii & Sales，1982）。一旦来访者有潜在的冲动暴力行为，往往需要治疗师在上述原则中做出抉择。

保密的原则

保密原则包括三大重要原则：法律原则、伦理原则以及道德原则。

法律原则 某些特殊职业享有保密谈话的权利，包括牧师、律师、医生；享受较低保密谈话权利的是持执照的心理学家、社工、顾问。由于工作机构和工作地点不同，社会服务工作者享有不同程度的保密谈话权利。需要强调的是，无论服务机构是什么，除非被法律特许，志愿者一般都不享有法律特许获取内情的权利。

伦理原则 伦理标准的重要性次于法律原则。尽管伦理原则可能与法律非常相似（Thompson，1983），但伦理标准通常是特定行业的行为准则指导。违反伦理标准可能会被行业伦理委员会谴责或者吊销执照，但是通常不涉及法律问题。伦理原则通常特指某个行业的行为准则，每个专业团体可能有各自的伦理标准，如美国心理学会、全国社会工作者协会，以及美国咨询学会，都有其各自的保密原则。当然标准化职业行为和服务于来访者的工作性质，决定了社会服务工作者必须遵循保密原则，否则很快就会失去来访者的信任。

道德原则 虽然批评家们对治疗师在治疗行为中介入多大程度的个人道德标准争论很激烈，但是他们都同意没有绝对价值观自由的治疗方法，也没有绝对道德观中立的治疗师（Thompson，1983，p. 3）。尽管道德观可能大相径庭，但是一般来说，当一个人分享了深层次的个人问题，听者为其保守秘密是最起码的礼貌。通常个人道德准则不会公然违抗伦理规范和法律准则。危机干预工作者需要审慎考虑个人道德准则与伦理规范和法律条文相冲突的后果。

伤害意图与提出警告的责任

虽然法律、伦理和道德原则都要求要为来访者保密，但如果来访者有伤害自己或他人的企图，则完全是另外一回事。专业咨询师必须决定，是否要通知政府机构、有关人员，或者是否要让来访者企图伤害的那些人避开，以免发生不幸。由于总是面对高度情绪化和极度不稳定的来访者，并且发生暴力攻击行为的可能性始终存在，因此，危机干预工作者总是要被迫做出决定，通知有关人员以确保来访者和他人的人身安全。

Tarasoff案例 Tarasoff案例（*Tarasoff v. Board of Regents of the University of California*，1976）是首例由于治疗师、上级领导以及咨询机构未对来访者的威胁进行恰当处理而发生的惨剧，这引发专业人员去反思保密原则，并对可能的受害者承担事前警告的责任。Tarasoff案例：当时一名男性来访者告诉大学里的心理咨询师，他打算杀害一名女青年。虽然没有明确说出杀害对象的名字，但治疗师还是推断出了她的身份，不过并未采取行动去直接提醒她。治疗师书面通知校警，校方立即拘留来访者。然而，相关工作人员经过评估发现他思维、举止合乎常规，并且他还保证不会伤害这名女青年，于是被释放。

治疗师的上级要求校警将信退回，并下令将该来访者的相关咨询记录全部销毁。两个月之后，来访者杀死了这名女青年（Thompson，1983，p. 167）。死者的父母起诉大学，并上告到加州高等法院。法院支持原告，认为当治疗师已经确定这种威胁近在咫尺并且针对性明确时，那么告知受到威胁的第三方比保密原则更为重要（Cohen，1978）。

无论是在电话咨询、个别心理治疗还是在街头危机干预中，这一点都适用。社会工作服务人员在明确了来访者对自己或他人有暴力威胁的时候，应该遵循以下原则：

1. 在开始干预前，要明确向来访者表示会为其保密，但在某些情况下例外（Wilson，1981）。这似乎有点奇怪，但在对监狱囚犯进行团体咨询之前，我们总是首先告诫小组成员，如果发现他们对自己或他人有暴力行为、有越狱计划或者试图私带违禁物品进出监狱时，会立刻告发他们。事实证明，这一点非常重要，因为我们曾经不得不去告发他们，这样的情况还不止一次。
2. 当来访者是儿童的时候，上述原则可能值得商榷，本书第十三章“校园危机”中将会对这个问题详细探讨。
3. 征求上级领导、同行、警察、律师和其他有处理危险和暴力经验的专家的意见，制订预案，在必须即刻做决定时会显得格外重要。因为危机干预要常常面对来访者生死攸关的时刻，因此，制订应急预案非常重要，情况变化时应该做什么、怎么去做，以及面对来访者的不同反应要如何去应对等（Costa & Altekruse，1994）。
4. 如果你对来访者的攻击意图并不确定或者你不确定怎么做，那么首要原则是向另一位专业人员或上级咨询，并对咨询结果进行记录（Wilson，1981）。因为一旦涉及法律或伦理问题，咨询记录可以作为自我保护的证据。如果由于某些原因一时无法向其他同事求助，那么通常是遵循咨询的一般原则——确定目前是否有危险，即通过与来访者交谈，判断其是否确定了攻击对象（“我丈夫”），动机（“报复”），攻击方法（“枪”），以及具体计划（“我会等到他下班以后”）（Thompson，1983，p. 83）。如果来访者不能理解他现在要做的是什么，不能自我控制，也不能与工作者合作的话，同样也是存在危险的。科里等人（Corey et al，1998）提出只要有上述四项中的两项指标存在，治疗师就有责任去警告第三方。
5. 如果来访者明确具体地讲出威胁的话，你就有责任采取行动（从法律、道德和伦理上来说）。如果你知道受害者会是谁，你就有责任去警告、提醒他（Wilson，1981），除非法律条文明令禁止。同时，耐心、理解地表达你对来访者的关心，尝试让来访者情绪稳定下来，并带他到安全的地方。要告诉来访者你在做什么，以及为什么要这样做。当然，来访者有时会把治疗师看成是“敌人”而放进“打击名单”里（Thompson，1983，p. 169）。用支持、理解的语气告诉来访者你的责任是保护他们，并设法让他们交出武器。必须通知相关人员或机构，如督导、律师、警察、精神病院和可能的受害人（Costa & Altekruse，1994）。如果来访者情绪激动或已采取行动，则要避免面质，可以通知警察和保安人员。如果他们不能及时赶到，则请其他同事一道帮助控制和稳定来访者，直到有关救援人员赶到。在危机干预机构，永远要避免只有一个工作人员独自值班的情况。
6. 来自来访者的法律威胁，不应该成为阻碍危机干预工作者将其伤人的威胁报告给他人的理由（Wilson，1981）。在美国绝大多数的州，报复性威胁不受法律保护。不过，为了安全起见，治疗师应该从自身的专业与理解的态度来记录其所发现的有关潜在危险的迹象、自杀和暴力的言谈内容（Costa & Altekruse，1994）。这样也更容易获得职业责任保险理赔。

Tarasoff案例有三点教训值得工作人员吸取：(1) 必须建立专门的联系，如治疗师与来访者之间；(2) 必须对行为和危险做出合理的推测；(3) 必须通知可能的受害者。如果来访者没有蓄意谋杀或者没有施暴史或者其他对生命有威胁的情况，而是患有致死性传染病该怎么办？对艾滋病病人进行危机干预是经常会碰到的一个让我们陷入伦理学两难境地的典型例子。虽然危机干预工作者的第一反应是"当然必须要让性伴侣知道"！但问题远非这么简单。如果性伴侣或性伴侣们也是匿名的，怎么办？如果来访者患的是社会能广泛接受的致死性疾病，如结核，又该怎么办？而且病情将被公开的威胁可能会将来访者赶跑，导致疾病进一步传播扩散。有关采取哪些行动措施更恰当，以及是否因为对疾病的知识自信满满而要劝告患者避免发生性接触等仍有很大争议（Stanard & Hazler，1995）。

Cohen（1990）就有关艾滋病案例的保密问题提出了一个原则方案。仅在有医学证据表明来访者 HIV 阳性，有高危险性的人际关系，并且来访者自己绝无公开的可能性时，咨询人员才能透露来访者的病史。虽然这个原则让危机干预工作者在不得不通知和提醒他人时心理会比较轻松，但 Stanard 和 Hazler（1995）认为咨询师还需要考虑其他一些重要问题，如（1）来访者愿意让谁知道，什么时候知道；(2) 咨询师的做法必须对来访者不构成伤害；(3) 咨询师的做法对来访者有何好处；以及（4）咨询师对来访者的态度。当然，不遵守保密原则毫无疑问会对伦理原则造成很大伤害，同时也破坏了咨询师与来访者之间的关系。

显而易见，在处理 HIV 阳性的来访者时，咨询师应该事先以一种非常特殊的方式告知病人，什么情况下工作人员将有责任把有关病情告知相关的人。虽然对艾滋病患者的处理是特别棘手的伦理问题，但它仍只是危机干预工作者需要面对的许多问题中的一个。

弗吉尼亚理工大学枪击案 赵承熙在弗吉尼亚理工大学制造的枪击惨案，促使在对有潜在暴力行为风险的来访者要如何处理的问题上发生了转变（Myer，James，& Moulton，2011，pp. 105-123），我们预言，这起事件以及弗吉尼亚州立法机构后来对此事做出的反应（Sharing of Confidential Information，2008）将和 Tarasoff 案例一样具有象征性意义。对于处理精神卫生问题的机构，尤其是大学来说，各种各样的法律法规，如《家庭教育权和隐私权法案》（1974）、《美国残疾人法案》(1990)、《健康保险流通与责任法案》(1996) 等限制了各单位、部门、机构之间的信息交流，而潜在的施暴者可能会和其中多个机构联系。就像弗吉尼亚枪击案的肇事者赵承熙，他在校内外的精神卫生机构均曾就诊过，但因法律的要求相关信息是保密的，因此，大学英语系事先根本无法得到精神卫生机构的警告，甚至对他是否去过精神卫生机构都毫不知情。虽然这些法案的本意是保护来访者避免暴露个人隐私、被歧视和被骚扰，但是确实造成信息封闭，最终酿成了像赵承熙这样的惨案。

对此，弗吉尼亚州后来的反应是彻底推翻了之前的处理原则，重新界定了精神障碍个案的相关信息处理原则，保密原则的度和限，以及大学今后如何处理那些需要接受咨询的学生，特别对什么样的学生学校是不能接纳的做了详细规定。州政府的这些反应远远超越了 Tarasoff 案例（Inspector General，2009）。目前，这个法案还仅仅在弗吉尼亚州实施，但是可以预见的是，随着枪击案越来越常见，其他州也会纷纷效仿。因此如果你是危机干预相关从业人员，必须非常明确本地法律中的保密原则和保密谈话的内容。

小 结

危机干预中的案例处理与长程心理治疗是不同的，虽然处理的案例在许多方面很相似，但危机干预工作更多地强调尽可能快而有效地稳定来访者的功能状态，而不是心理治疗所强调的人格重塑。危机干预中的案例处理侧重于关心来访者的人身安全、简单的评估、迅速的干预、压缩的治疗时限，一旦来访者的心理平衡恢复便结束干预或转诊。危机干预的案例在无需预约机构和长程心理治疗机构都可能出现。

自从1963年《社区精神卫生法案》实施以来，治疗精神病人的主要任务就由社区精神卫生中心来承担了。社区精神卫生中心和其他各种社区社会服务机构一起作为一线机构，来处理慢性的精神疾病、严重的发展性问题，以及影响个体的社会和环境问题。由于来访者多种多样，无需预约机构必须与其他社会服务机构、法律机构、短期和长期精神卫生服务机构保持密切联系。无需预约机构内的精神卫生工作者必须要有处理各种各样心理问题的工作背景，而且要时刻准备处理可能发生的各种危机。

自从1963年《社区精神卫生法案》实施以来，警方承担了越来越多的初步接触和安置精神病患者的责任。具有创造性的孟菲斯危机干预小组（CIT）模式，使经过培训的巡警成为平息缓和精神病患者以及其他情绪失常者的暴力行为的主要力量。如今孟菲斯模式的各种变化形式已经遍及整个美国。

长期治疗过程中的来访者在治疗进程中也会出现危机。这些危机可能的促发因素包括：来访者的生活事件，对更为适应性的新行为的尝试或者治疗会谈中揭开了过去创伤性事件的伤疤。

当这些危机出现时，治疗可能会退回到来访者经历严重创伤时的情况，功能也会退化到治疗前水平。在这种情况下，长程心理治疗的工作必须暂缓，治疗师必须来处理紧急危机，直到来访者成功克服了目前的障碍。边缘型人格障碍患者可能是长程心理治疗中最棘手、最容易出现危机的来访者。

危机干预工作和所有的心理治疗一样，均要求为来访者保密，这是道德、伦理的需要，有时候也是法律的需要。在多数情况下，危机干预工作者面对可能的暴力行为，需要确保来访者和他人的人身安全。因此，当来访者暴露出伤害自己或他人的意图时，危机干预工作者有责任从道德、伦理和法律的层面采取行动，打破保密原则，事先提醒或告知可能的受害者、相关人员以及司法人员。

（刘文娟　季建林　译）

第 六 章

危机干预热线与网络咨询

目前，大量危机咨询通过电话进行。大部分电话工作者是不具有社会工作、精神卫生护理、咨询或心理学学位的志愿者。自进入21世纪，网络在实时危机咨询中占据了越来越重要的地位。但有意思的是，网络服务提供者到底是有证书的专家、未经培训的好心志愿者、试图窃取钱财或感情的骗子，还是进行危机干预的计算机程序是个问题。本章主要关注电话在危机干预中的大量使用；但目前还出现了网络危机咨询，并以惊人的速度发展，有很多关于电子治疗方案和使用的书籍正在被创作出来（Adlington，2009；Anthony & Nagel，2010；Jones & Stokes，2009）并且“国际心理健康在线协会”(可进入ISMHO官网查看）也已经成立。

危机干预热线的案例处理

电话是危机干预工作的重要组成部分。老式贝尔电话广告语“接起来便可与人交谈”很适合危机干预。如第一章中所述，第一条电话危机干预热线由“美国国家挽救生命联盟”于1906年创建，目的是进行自杀预防（Bloom，1984）。在20世纪50年代自杀预防运动的大规模发展中，电话因其即时性被作为治疗的首要方式（Lester & Brockopp，1973，p. 5）；且目前仍然是自杀预防中最常用的方法（Lester，2001；Mishara et al, 2005; National Suicide Prevention Lifeline, 2011; Seely, 1997a, 1997b; Slaikeu & Leff-Simon, 1990），在很多国家、地区、省份和城市中，都有专用的自杀干预热线。在金门大桥上设置能直接拨打危机干预中心的热线电话是很有意义的，尽管似乎有时候它们会出现故障（Jacobs，2010）。然而自杀人群并不是唯一的电话来访者（本章后文简称“来访者”）。那些孤独、惊恐发作、赌博和饮酒过量、在亲密关系中被虐待、悲伤、抑郁、遭遇精神崩溃或者有各种心理危机的人都可以拨打危机干预热线。

Slaikeu（1990，pp. 105-141）认为，紧急电话帮助是“一级干预”或者“心理急救”。确实，在提供多数危机干预服务时，电话是建立最初联系的最普遍媒介。电话干预用来解决心理问题的方式之所以能盛行，主要有如下几个方面的原因。

方便性 方便性是首要的（Leffert，2003；Reese，Conoley，& Brossart，2006）。特别是手机已经成为非常方便的沟通方式，因此呼叫心理帮助是“做正经事”的自然延伸。手机使用的蓬勃发展，使得人们能从任何地方拨打危机干预热线，包括在危机实际发生时的地方。随着新兴智能手机的出现，人们不仅能从危机干预热线或者治疗师处获得帮助，他们还能获取各种聊天室中自助小组提供的帮助、计算机辅助治疗和心理教育材料（Boschen，2009；Gross & Anthony，2003；Preziosa et al.，2009）。大部分危机不一定在工作时间内发生。但一发生危机则通常是马上便需要帮助，因此手机能使全天候帮助更加成为可能。

来访者的匿名性 罪恶、窘迫、羞愧、自责和其他不良情绪使得来访者与陌生人的面对面交流变得困难，尤其是在创伤性事件的急性后果中。向他人敞开心扉是一件容易受到伤害的行为，而隐藏身份能更容易使人摆脱压抑、释放自己（Reese，Conoley，& Brossart，2006）。这在青少年人群（Christogiorgos et al.，2010；Tolmach，1985），社会隔离或心理绝望的人群，以及相对沉稳却发生过一次危机的人群中尤其得以体现（Lester & Brockopp，1973，pp. 86-87）。电话工作者能理解来访者有这样的体验，并且通常不会关注他们的身份，除非是发生了危及生命的紧急情况。工作者和来访者的交流则通常以知道彼此的姓氏为基础。因此，一个约会中被强奸的受害者可以拨打强奸受害者求助热线，自如地讨论她的感受，而不必鼓起勇气来面对那些可能是批判性的社会服务工作者。

自控性 当一个人的生活被危机事件打破时，会出现大量的恐惧、焦虑和不确定情绪（Lester & Brockopp，1973，pp. 81-82）。当危机事件的受害者在向社会机构寻求帮助而被其官僚的冷漠性所伤害时，就属于机构造成的二次伤害（Ochberg，1988）。寻求帮助可能会让人感到丢脸。在电话咨询中，来访者可以自行决定何时或者是否需要寻求帮助。在热线求助过程中，来访者可随时终止谈话而不必担心被责怪。最后，在电话咨询中，来访者不必担心相貌的问题。那些担心他们外表看起来不怎么样的来访者，会发现电话是获得咨询的一个很好途径（Wark，1982）。

及时性 对于电话和网络方式来说，可以随时进行危机干预（Masi & Freedman，2001）。大部分机构和诊所以及一些私人医生会使用呼机。在我们学校，当学生宿舍管理员面对一个因为严重想家且遭遇学业失败而产生情绪问题和自杀行为的学生时，可以呼叫校园警察。校警可以为他从学生咨询中心找到一个兼职的“呼机监护人”。该心理学家会立刻对此需求进行回应，与宿舍管理员联系以确认学生目前的精神状况，然后赶到宿舍与学生进行电话沟通，或者要求校警将学生转送到市危机干预机构。如果遇上紧急危险，如发生龙卷风袭击校园的情况，则会向学校所有的学生和员工发送手机短信和计算机信息。

成本低 不论是针对来访者还是社区，危机干预热线都很便宜（Masi & Freedman，2001）。无法负担个人治疗费用或路费的来访者，可以从电话咨询中受益。而大部分社区热线机构的工作者由志愿者担任，他们的报酬由“联合募捐”或者其他的公益基金进行支付。Reese、Conoley 和 Brossert（2006）关于电话咨询的研究有力地证明了，与免费的社区危机干预热线相比，经济条件有限的人不会选择费用较高的面对面咨询。

治疗的有效性 雇用志愿者作为危机热线工作者可能是自杀干预历史上唯一最重要的事件（Dublin，1969）。志愿者不用声称他们是“专家”，他们在来访者的心中比收费的专家可信度更高，因为他们“做这些完全出自善心”。尽管从一个志愿者处获得咨询，似乎与同酒保或者美发师聊天的效果差不多，当他们没有接受培训时甚至可能会更差（Derkx et al.，2009），不过实际上志愿者在做咨询之前都接受了大量心理卫生咨询的培训。Phipps、Byme 和 Deane（2007）研究发现，接受了特定创伤处理培训的志愿者，从培训前到培训后，明显获得了相应的知识和技能。Mishara 和他的同事（2005）在监测 14 家热线干预中心的 2 611 例来电中发现，仅有 0.3% 的咨询中，工作者的答复是显然不可接受的，并且可能将来访者的生命置于危险。

虽然仍有大量专家对危机干预热线持怀疑态度，但研究显示干预热线和其他面对面咨询的效果一样好，而且尤其吸引年轻人、老年人和没有经济能力获得专业治疗师帮助的人（Bryant & Harvey，2000；Day & Schneider，2002；Evans et al.，1986；Fukkink & Hermanns，2009；Lester & Brockopp，1973，p. 86；Reese，Conoley，& Brossart，2002，2006；Rohland et al.，2000）。

支持系统的可及性 人们拨打危机干预热线有一个很重要的原因是寻求社会支持（Watson，McDonald，& Pierce，2006）。很多孤独、焦虑或因为躯体疾病与人隔离的人群都需要支持。无论你是一个孤独的、害羞的、丑陋的、最近离婚的、丧偶的、物质滥用的、成瘾的，还是有麻风病、惊恐发作、不好的想法，或者是本章将描述到的任何问题的来访者中的一种，你对社会支持和有同情心的倾听和话语的需求在大多数危机热线中都能够得到。除了热线本身的支持之外，还有电话或网络支持系统供你转介或自行获取信息用。

支持小组广泛使用了电话网络（Lester & Brockopp，1973）。从首字母为 A（AA，嗜酒者互诫协会）到首字母为 Z（Zen，禅宗）的支持小组，电话支持网络为组员间有组织的会议提供了稳定的连接。2011年5月30日进行的 Google 搜索发现，有2 380万个关于支持小组的网页。因此，如果你不能为自己的问题找到任何支持小组，那么你可能是从罗斯威尔51区逃跑出来的外星人，这本书也不会对你有任何帮助。

避免依赖性 危机干预热线的使用者不会对某一个电话工作者产生依赖，因为电话工作者不会永远正好在等待着为某一个人提供帮助。大多数热线反对电话工作者与来访者形成长期的稳定联系，这样就能防止依赖性问题出现（Lester，2002）。

电话工作者的匿名性 事实上，电话工作者的匿名性和来访者的匿名性一样有很多的好处。身体语言、面部表达和视觉影像的缺乏，使得来访者能对治疗师的形象进行最理想的勾画。通过促进移情的发生，在一定的范围内，来访者能做出有效的改变。这里表达的观点是来访者不仅能“制造”他们想要的治疗师，还能“制造”出他们所需要的治疗师（Lester & Brockopp，1973，p. 85；Williams & Douds，2002，pp. 60-61）。

其他工作者提供会诊 危机干预热线不会只有一个电话工作者。当电话工作者面对一个困难的来访者时，机构中的其他工作者也能提供咨询。此外，在需要紧急服务时，至少留有一条电话线，用来拨打其他支持机构。

大量服务的可能性 通过电话联系，能迅速获得大量的信息、指导和社会服务。不同机构的专门服务和他们提供的专业技能，可以为情绪不稳定的状况提供即刻指导。例如，很多易怒的母亲或父亲从大都市“育儿热线”的工作者处接受了“五分钟育儿教程”，而消除了可能发生的儿童虐待。任何危机干预热线都应该有现成的专业机构电话号码清单，以便提供给来访者。大多数城市市区都可以使用社区图书馆与信息网络，这是大多数危机干预热线的标准化参照。

为大范围或偏远的区域和人群服务 很多农村地区在下班时间后没有精神卫生机构或专业人员在工作，因此可以使用覆盖了庞大地理范围的免费危机干预热线。这些热线反过来与服务于这些农村地区的紧急服务人员，如警察、护理人员、医院急诊进行合作，这样可以为约250千米范围内的危机干预电话服务提供帮助。对于那些困居家中的特定人群，如老年人、残疾人或者广场恐怖症者，这意味着有了一条新的生命热线（Lester & Brockopp，1973，p. 82；Williams & Douds，2002，pp. 59-60）。

电话咨询策略

通过电话进行危机干预是一把双刃剑。尽管如我们所列举的电话咨询有很多优势，但是进行应答时，电话工作者完全依赖于来访者的来电内容、语调、音高、语速和情感状态。因此，无论是对来访者还是干预工作者来说，电话咨询和网络咨询并不能应用到每一个人。对很多社会服务工作者而言，要处理问题不明的来访者，并且不能将身体语言和口头内容联系起来，是让人不安的。此外，电话工作者完全要靠自身的语言能力使来访者稳定下来，不能使用任何身体控制。而只需遇过一次被自杀来访者挂掉电话的经历，就能使工作者明白，电话危机干预有多么让人挫败或让人情感枯竭。因此，对帮助来访者需要更多的关心和努力。接下来的内容对有效的电话咨询策略进行了概括。

建立心理接触

首先，必须建立心理接触，这是电话工作者最首要的任务。心理接触意味着工作者应尝试以最快的速度与来访者建立一个非批判性的、关心的、赞同的、有同情心的关系，这样可以增加电话工作者的可信度，并获得来访者的信任。因此，提供支持是首要问题。我们可以假设使用危机热线的人没有支持系统或者与其支持系统是隔离的。如果来访者对咨询关系无法信任并挂断电话，那么危机干预工作者就无法进行有效的动力学分析、信息综合、问题诊断并得出解决办法。在电话中建立心理联系时，提供支持是首要任务，并且要通过积极倾听与回应技巧同确定问题高度地结合。

干预工作者：（星期一凌晨两点。电话铃响。）Metro 危机干预热线，这里是 Chris。请问有什么能帮助您的？

来访者：（沉默，伴有轻微含糊的啜泣声。）

干预工作者：（耐心等待）我知道有时候我们很难表达，尤其是情况很不好的时候，但如果可以的话，您可以先深吸一口气，再呼出来。我想知道您能这样做吗？

来访者：（深呼吸。啜泣声没那么频繁了。）

干预工作者：（温和的、调整过的、抚慰的语调）很好。请多做几次深呼吸。放松。我会一直在线等待，直到您愿意说话。我们有很多时间。

电话工作者必须使用一种平静自然的方式。因此，工作者的声音必须是经过调整的，平稳、低调，保持适当分贝而不会音调过高。工作者的回答内容也不能是不以为然、讽刺、哄骗或者侮辱性的。尽管这些标准是显而易见的，但是当他们被卷入到一个快速升级或演变的情绪事件中时，很少有人能意识到自己的声音或语调、音高听起来到底如何。此外，当电话另一端的人失控、愤怒、极度兴奋，或者要求电话工作者“马上解决问题”时，电话工作者需要很强的自律和情绪安全感来避免变得刻薄、批评或苛刻。

界定问题

一旦建立了心理联系，电话工作者就需要通过获得对危机诱发事件的理解和对来访者的应对机制的评估来界定问题。类似于“什么”“怎样”“何时”“何地”“何人”连续谱上的开放式问题，能使电话工作者获得关于事件本身的清晰印象。但是，通过电话来评估来访者的应对机制和了解来访者的情绪状态可能会比较难。因此，与面对面咨询相比，电话工作者要对潜在的情绪内容更加敏感，并且能理解隐含的情绪状态。对于大多数初级精神卫生工作者来说，情绪反映是一件很难的工作，尤其在电话中更为困难。然而电话工作者仍然必须尝试反射其情绪，因为电话咨询没有办法通过任何视觉观察对来访者进行评估。

电话咨询的一个实在好处是，初级的电话工作者能随时获得手边的支持性帮助，而不必从咨询过程中分心。其中一个有效策略是，准备一份涵盖了所有情绪的词汇参考表。第二个策略是，在手边准备一份标准问题清单，这样工作者能检查是否所有与问题相关的典型方面都涉及了。第三个策略是，工作者在手边准备一个记事本，以便能快速记下事件的主要问题，以及曾使用的应对机制，这样能通过《分类评估表》进行快速评估。

来访者：（羞怯地）呃……呃……呃……我只是不知道从哪里开始说，这就好像一次雪崩。我不知道能到哪里去，我想这是我唯一的机会，因此我打过来了。

干预工作者：我很高兴您能打过来。听起来您似乎确实受到了严重的打击，也许您可以暂时从让您感觉崩溃的情绪中出来，告诉我到底怎么了。请您慢慢来。您有足够的时间来告诉我到底怎么了。我们总是在，我也会一直等着，直到您说出您需要些什么，然后我们可以弄清楚到底发生了什么，我们需要做什么。

来访者：我叫 Cicily。

来访者接下来开始解释她刚从别的州搬到这个城市，试图与她失和的丈夫和解。她的丈夫表示对这段婚姻没有任何想法了，并且已经申请离婚。她觉得自己不能接受婚姻失败，并且希望有最后的机会能够和好。但她遭遇了残酷的现实。同时，一个原本属于她的工作机会也落空了。她目前与四岁的儿子住在一个朋友家中，身上只有不到200美元的钱（1千多人民币）和一辆即将报废的汽车。除了大学时代的朋友外，她没有任何亲戚或者支持系统。

电话工作者Chris，专心地倾听了来访者的故事。他只在需要弄清或总结来访者发生了什么的时候才打断对方的倾诉。Chris深入地发现了来访者的孤独、绝望和无助感，让来访者对她失败的婚姻进行宣泄，并表达她的悲伤。当来访者的情绪性行为开始增多时，电话工作者会使用让人平静的技巧，如要求来访者进行深呼吸，或者强调他们有很多时间来解决这个问题。Chris在倾听时，会快速进行记录，并使用《分类评估表》进行评估。她的主要情绪是焦虑，这几乎渗透到了她生活的各个方面。她很难控制自己的情绪。

该来访者的《情感严重程度量表》得分是7。她表示，在见过失和的丈夫后的四天时间里，她完全麻木了。当她木然地坐着，盲目地盯着电视机看的时候，或者在床上歇斯底里哭泣的时候，她的朋友负责照顾她的儿子。最终，在朋友的劝说下，她拨打了危机干预热线。她的《行为严重程度量表》得分是7，因为她的日常功能显然受到了损害。她一动不动，刻板麻木。在讲述其问题时，她的思维比较线性，能够有逻辑地将其故事讲完整。但是，她固执地沉溺于自己的危机中，排斥其他任何事情。她希望事情好转起来，并且希望她的丈夫会回心转意。但她又满是自我怀疑，不能决定该做些什么。她的《认知严重程度量表》得分是8。

综合来看，她的《分类评估表》得分是22。这名女性明显处于危机中，且需要除了电话危机干预之外的更多帮助。Chris需要立即关注的是Cicily“这是我唯一的机会”的说法。

确保安全和提供支持

在界定问题的过程中，电话工作者必须特别评估来访者的致死性水平。如果工作者发现来访者存在身体伤害的可能性，必须毫不犹豫且充满同情地询问特定的封闭式问题，以获得有关来访者安全的信息，这样能清楚地表达出对来访者的特别关心和重视。这些问题通常以强有力的语气进行询问，而且在电话对话中，应该直接而肯定地向来访者提出。(例如，干预工作者可能问，“您现在是否持有药物？”或者“您是独自一人吗，或在您做这些之前有任何人可以帮助您吗？”）电话工作者应该核实那些支持系统是否能确保来访者的安全。对于很多电话来访者来说，他们可能没有任何支持系统，电话工作者是即时和唯一的支持。

干预工作者：我确实能从您的声音中听到受伤和害怕。独自一人是让人害怕的，似乎没有任何人可以依靠。我关心的是，您说这是您“最后的机会”。您的意思是您在考虑自杀吗？

来访者：（语气加重）是的，但是我无法忍受将由那个混蛋和他的新女友成为Jimmy的监护人。

干预工作者：嗯，很好。我需要确认一下。您说您现在和一位大学旧友待在一起，而且是她叫您拨打热线的。您现在是待在她家吗？

来访者：是的，但我讨厌自己这样打扰她。可是我真的没有其他任何地方可以去。（又开始伤心地哭泣。）

干预工作者：她愿意您待在那里吗？

来访者：愿意。但是我讨厌成为她的负担。

干预工作者：可这通常都是朋友该做的。如果事情反过来的话，您会愿意这样帮助她吗？

来访者：嗯，当然，没有任何问题。

干预工作者：这样的话，那您暂时就有了栖身之处和食物，而且是安全的，对吗？

来访者：是的，我想是这样，但是我不知道这样能持续多久。

干预工作者：接下来我们要做的是，看看能做什么使您重新找回自己，好吗？您愿意做这些吗？（Cicily表示她愿意尝试。）很好。尽管我不能让您丈夫回到您身边，而且我知道正是这样让您感觉绝望和孤独，但是我能帮助您找出您的工作问题，并且看看我们是否能就此做点什么。因此，如果您觉得可以的话，让我们就此开始吧。我们有很多的工作来源，这些可能会和您的技能、教育和能力相匹配。您愿意告诉我有关教育、职业背景以及期望怎样的工作等方面的信息吗？我会将这些信息传递给我们的一些工作来源，看看我们能够做些什么。(Chris 听 Cicily 描述了她的背景、教育和其他相关信息，强调她要着重于目前的任务、开动脑筋，并对恐惧情绪加以控制。)

探讨替代方案并制订计划

探讨替代方案和制订计划在任何危机情况中都是一个整体，但是在电话咨询中结合得更为紧密。为缓和即刻的情境威胁，电话工作者需要提出简单而清晰的可选方案。因为对来访者缺乏目测观察或者对其背景没有深入了解，电话工作者要特别注意，不能提出因逻辑或策略问题而难以执行的方案。工作者应慢慢地、逐步地确认，根据来访者的身体和心理状况提出可选方案。角色扮演、言语复述、让来访者概括具体目标，都是有效计划的重要组成部分。只有当来访者向工作者确信他完全理解了计划，并且有方法和能力加以实施时，该计划才是可接受的。

干预工作者：好。我已经知道这些信息了。我会转达给白班同事，然后他们会转达给工作委员会和一些与我们有合作的就业中介机构。我希望您明天下午 1 点钟能再拨打我们的电话，到时我们会给您一些信息。您能做到吗？

来访者：能，我能做到。(Cicily 已经平静下来，只是偶尔抽泣，并为她无家可归的状态感到悲伤。她在《分类评估表》上的得分已经降到了大约 15 分。Chris 开始处理她的其他危机。)

干预工作者：我想知道在以前陷入困境时您都是怎么做的？可能事情和现在并不一样，但是我猜您应该有过其他不堪重负的时候。

来访者：嗯，和现在情况不一样。母亲过世前我一边照料她，一边在一个印刷公司维持着一份工作，同时在攻读我的学位。那时也非常困难。

干预工作者：那您当时是怎么做的呢？

来访者：我列了个清单，写下我要做和不得不做的目标。比如嗜酒者互诫协会，一天一次，你知道。那样处理很好，但是现在我发生了这么多事情，我不知道我是否能将它们全部列出来。

干预工作者：所以以前是有效的，我知道现在有太多以前从未发生过的事情，但既然那时候有效，现在何不也尝试一下呢？(Chris 马上抓住了她过去的应对技巧信息，并试图运用其来处理目前的问题。他认可她的观点，认为目前的状况确实和以前不一样，而且没有忽视现在会比较麻烦的事实。他有技巧地帮助她为第二天，而不是她接下来的人生，制订了计划。)我们有日托能照顾 Jimmy，您暂时也并不需要汽车，您能乘坐公交车或有轨电车到任何您需要去的地方。虽然您只有 200 美元（1 千多人民币）的现金，但如果需要的话，您还能用您母亲留给 Jimmy 的储蓄证券兑换出 3000 美元（近 2 万元人民币）的现金，直到您的情况好起来。到时候您能重新购买它们，这样就不用觉得自己盗取了儿子继承的遗产。所以，您将这些事情都写下来以便明天去做，好吗？我们刚才设法处理了这些事情，像您说的，一天一次，不要担心太多其他事情，去做需要做的事情。您觉得我们有一点眉目了吗？

来访者：我想是的。我能做这些事情。

获得承诺

对通过电话形成的行动计划的承诺应该是简单、明确并有时间限制的。如果有可能，电话工作者应取得来访者的电话号码，然后在预定的时间回电检查计划的执行；或者，如果机构接受面谈的来访者，那么电话工作者应尝试尽快为来访者进行预约。如果电话工作者联系了其他机构，那么应当致电该转介机构，以核查来访者是否完成了计划。尽管来访者主动联络其他机构，能避免对电话工作者产生依赖，因而更可取，但实际情况通常会限制来访者这么做。这样的话，工作者应毫不犹豫地提供电话回访。

干预工作者：所以，有三件事情需要您明天去做。首先您要拨打我给您的日托电话，将 Jimmy 送到那里。然后，您要去银行开通一个账户并兑现证券。最后，您要在明天下午 1 点拨打我们的电话来询问工作信息。我告诉您的这些地方可能都需要您亲自过去，因此您要打他们的电话进行预约。您能在明天晚上再打电话过来找我吗？我会在晚上 11 点开始上班。我知道这些事情有些复杂，您能向我重复一遍，并将它们都写下来吗？

来访者：好的。我明白了。（Cicily 向 Chris 重复了他列举的事项。）我会再打过来的。谢谢您。您是一个真正的生命拯救者。

干预工作者：不客气。那么现在去好好睡一觉。明天将是崭新的一天，而您将保持这样的态度并且过得很好。（Chris 判断 Cicily 现在在《分类评估表》的总得分约为 8 分。从情感角度来说，她已经控制好了自己的情绪。她能足够清晰地思考，以配合的态度协助危机干预工作者制订了计划，并保证第二天去实施。Chris 认为她已经完全调节好，能让她挂断电话了。）

这次通话持续了超过一个半小时，但在这个时间内，原本处于严重的发展性和情境性危机中的女士，已经能够开始排解她与丈夫之间婚姻失败导致的悲伤，解决自己在陌生城市的孤独感和因失业而导致的恐惧状态，且开始制订使自己能走出困境的具体计划。她仍然有不少问题，前方有很长的路要走，但她已经重新回归为一个功能正常的人。不论以怎样的治疗标准来看，这位危机干预工作者的夜班工作非常成功！

错误和谬论

很多成为危机干预热线志愿者的学生说，他们在第一次值班时为自己的青涩害怕得要命，这还是很委婉的说法。Lamb（1973，2002）列举了电工作者新手在开始职业生涯时会产生的若干不合理观点。我们这里将它们列举出来，以对那些准备开始这份职业冒险的人们有所帮助。

首先，你不是无所不能的！你到这里不是为了当即时的专家。你的想法，如“要是我是一个精神病学家、注册社会工作者、超级咨询计算机，我就能帮助这个人了”，会让你注定失败。没有人能对危机热线所遇到的所有问题都成为专家。这里没有任何特效的信息，要是有的话，岂不是能够如魔法般地使来访者变成心理健康的典范？

第二，谈论“它”，无论“它”是什么，是自杀也好，改变发型也好，谈论并不会使“它”发生，而你也不会是引起“它”发生的煽动者。来访者都是有一定承受能力的，他们需要一个人来公正开明地谈论“它”。尤其是在讨论关于自杀问题时，小心翼翼地回避这个话题，通常表示“它”也确实会让工作者大惊失色。如果你能发现任何关于“它”是什么的迹象，提出来，将“它”具体化，并讨论“它”。

第三，如果有时候你感觉被操纵了，那可能确实是的，而在一定范围内，这也是没问题的。要明白来访者想要控制你，是为某一目的服务的。只要这个目的是为了恢复来访者的心理平衡状态而不会伤害到任何人，那么你只要做你该做的就可以了。从另一方面来说，你也并不是一个被利用的受气包。

第四，所有的来访者都不喜欢人类，而你也不需要做特蕾莎修女，去爱和关心每一个人，或者和每一个人分享。很多人拨打热线正是由于他们不喜欢人类。他们通常傲慢、无聊、下流、无礼、可恨，或者令人讨厌。有了这样的判断，你就会知道为什么这些来访者会遭遇他人的拒绝，然后你可以直接告诉他们，他们的行为会如何影响到你，并且告诉他们，为什么与他人相处时，这些行为是有问题的。

同样地，很多来访者喜欢抱怨其他机构、治疗师或其配偶能力不够，因而很可悲地不能帮助到他们，让他们的生活更糟糕。他们也许是对的。机构、治疗师和配偶是那些厌倦了被操纵或被利用的人。对你专业度的质疑不单单是“我真的能相信你吗？你能明白我的感受吗？”之类的问题。对自己或自己的专业度进行防卫是无意义的。James 教授，是一个注册心理家、注册职业咨询师、国家注册校园咨询师、注册英语教师、注册学校管理人员、注册房产经纪人（已退休）、注册捕鱼者、世界知名的危机干预教材作者，他也不能对自己的能力进行辩解！因此，你为什么认为你是可以的？不要陷入自我防卫当中，而应该将问题抛回给来访者：“我不认为这是您真正关心的，但是可能您想知道的是，您是否可以真正信任我。何不让我来做，我们再看呢？”

最后，还有一个误解是认为某一问题有固定的解决方案。刚入行的电话工作者认为“如果我不能想到的话，那应该是没有答案的了”，或者“如果这是我能想到的全部的话，那这应该是唯一的答案了”，或者“我要打给我们的督导。当然他会知道。”这些都是不对的。当你陷入这种错觉中时，危机干预就做不了了。危机干预是一分的妙计加九分的努力。你要将妙计和努力结合在一起。解决方案是需要创造的，而不是被发现的。此外，你需要明白，你不能仅仅因为这是一个难题而你不知道应该做些什么，就哄骗来访者去别的机构。联络警察局的危机干预小组可能是适当的，也可能不是。你需要知道别的机构能做或者不能做什么。如果你不知道，那在你让自己陷入窘迫之前找出答案。

然后，你还能做什么呢？你能做你自己。进入到这个行业是因为你觉得自己有很多很好的素质。毫无疑问你确实有，所以利用它们。你在这里是进行倾听的。很少有新手相信这个观点，但有时候，实际上很多时候，倾听就已经完全足够。你可以帮助来访者想出可选方案和解决办法，或者建议他们利用一些资源。你无法知道所有可用的资源，但随着时间的推移，你会知道更多。你也会发现自己的缺陷，而且能诚实地承认自己疲惫、困惑、缺乏知识，或者承认自己完全被来访者令人讨厌的行为激怒了。你是一个好人，在尝试性的环境中尽量做到最好，这就够了。记住你不是全能的！

规律性、有严重心理障碍的、骚扰性的来访者

前文描述的对话是教科书中关于电话危机干预工作应当如何去做的示例。问题是现实世界不会如此简单。很多来访者使用危机热线的理由并不是它的预期用途。当这些发生的时候，电话工作者需要对自己提出的主要问题是：此时使用热线的是什么人，热线对他们有帮助吗？这个人对热线的使用会影响热线的运作吗？（McCaskie et al.，1990）。危机干预热线不应该迎合来访者的每次心血来潮、幻想、异常行为或自我放纵。

习惯性（chronic）来访者是危机干预热线的灾难，他们会吞噬工作者的时间和精力，而这些正是“正当”的来访者所极度需要的（Peterson & Schoeller，1991）。因为习惯性来访者不会有任何改善，所以他们对电话工作者来说是十分挫败的（McCaskie，Ward，& Rasor，1990）。这些来访者会使接听电话的志愿者或工作者产生很严重的心理问题，尤其是当这些求助电话明确涉及性相关问题并开始对电话工作者产生不正常性幻想的时候（Brockopp & Lester，2002；Knudson，1991；Tuttle，1991）。

与此消极观点不同的是，来自堪萨斯州劳伦斯危机干预中心的员工，他们认为“习惯性”是一个负面词语，且暗示这些来访者永远不会改善（Epstein & Carter，1991）。所有的行为都有目的。从这个角度来看，不论这些来电的内容多么不正常或者怪异，重要的是记住这些经常使用热线的人这么做是有理由的——这能帮助他们度过一整天。对这些来访者来说，打热线电话已经成为他们生活方式的一部分或者应对办法。

因此，尽管“习惯性”一词常被用在电话危机干预工作中，但我们认为它多少是贬义的，我们同意劳伦斯危机干预中心工作人员的观点，“规

律性”一词能更好地表述出这类来访者的特征。如果重新将这些来访者的动力学特征理解为孤独、隔离、需要帮助，那么对他们的反应就不会仅仅是愤怒了（Brockopp & Lester，2002）。对规律性来访者设定10 ～ 20分钟的限制，这样既能让电话工作者满足他们的需求，又不会让电话工作者被他们所控制（Lester，2002）。

了解规律性来访者的日程

帮助危机中的人和对他们友善是不同的。规律性来访者会让电话工作者处于困境中。尽管从伦理上，工作者觉得必须答复来访者，而且根据机构协议的规定，所有的来电都必须接待，但这并不意味着工作者需要忍受这样的来访者带给他们的侮辱和谩骂。在来访者想要的和需要的之间存在现实差异，而帮助来访者则应该是提供他们所需要的而不是想要的。通常这些规律性来访者想要的是再次确认他们的问题无法得到解决。因此他们对电话工作者产生依赖，让工作者承担他们的问题。工作者需要识别出这样的模式，当这些阻碍进展的时候，就不要再支持他们（McCaskie，Ward，& Rasor，1990）。当电话工作者表现出他们不愿意被控制或者被骚扰，而且他们将自己的需求看得与来访者的需求一样重要时，这对他们自己、对来访者都好。一般来说，如果一个电话工作者在来访者身上花费了15 ～ 20分钟以上，来访者的危机则会转变为工作者的危机（Knudson，1991）。

考虑到前文所述的告诫，电话工作者应记住那些千篇一律的材料，和来访者表现出的日复一日的依赖性，这些很容易预示他们的重复行为，并需要将他们当作麻烦、不适当、令人厌烦和不重要的来访者来处理。他们很多都是“是的，但是……”类型的来访者。尽管他们看似对危机干预工作者及其制订的建议和计划高度接受，但最终他们会找出各种借口来解释为什么他们没有履行承诺——这使他们变得相当令人气愤（Waters & Finn，1995，p. 269）。

习惯性来访者可能倾向于被归为典型的包罗万象类别中，因为他们表现出了对热线的干扰。但是，这些人拨打热线的理由是多种多样的。识别特定的类别至少与识别特定的来访者同样重要（Peterson & Schoeller，1991）。为此，McCaskie、Ward 和 Rasor（1990）对一些有典型人格障碍的习惯性来访者的外显行为、内在动力和针对他们的咨询策略进行了简要描述。

偏执型 偏执症者是防备的、鬼鬼祟祟的，而且会有病理性嫉妒。他们高度封闭，即使可能，要动摇他们的被害观念也非常困难。他们认为自己是受害者，每个人都会欺骗他、对他要诡计。咨询的重点应当强化他们的安全需求。

精神分裂型 精神分裂症者的情绪表达和体验极其受限。他们基本没有社会关系，在社会环境中会感觉到焦虑、害羞和不自然。他们是警戒与笨拙的，而且通常与他人疏远。咨询的重点是通过接受、乐观和支持建立他们良好的自尊心。

分裂型 分裂型人格障碍者的行为有不恰当感和不安全感。他们有奇怪的观点、行为和表现。咨询的重点是让他们进行现实检查，以缓慢、支持性的方式提升他们的自我意识并促进产生更高社会接受度的行为。

自恋型 自恋者是浮夸的并极度以自我为中心，且相信自己有别人不能理解的独特性问题。他们认为自己被其他人所伤害，而且自己永远是对的。咨询的重点是让他们看看在别人眼里他们的行为是怎样的，别人是什么感受，但不要卷入与他们的辩论或争吵中，因为你“永远不会赢”。

表演型 表演型人格障碍者总是从一个危机进入到下一个危机。他们的性格特征比较肤浅，而且过度自我卷入。他们渴望刺激，很快会对常规平凡的事务和活动感到厌烦。他们会表现出自毁的行为，并且苛刻和好指使人。咨询的重点是利用曾经对他们有帮助的资源，来强调他们的生存能力。

强迫型 强迫型人格障碍者会被任务占据并执着于任务。他们在这些活动中消耗浪费了大量的时间和精力。他们通常不会听信工作者，因为他们试图获得对自身强迫意念的自我控制是徒劳的。咨询的重点是建立相信他人的能力，并通过思维停止和行为矫正来减少强迫性思维和行为。

双相型（躁狂抑郁症） 这些来访者情绪极端，会在躁狂期的“超人”到抑郁期的“天生的失败者”的观念之间摇摆。如果他们感到自己的宏大计划受到挫败，会对阻止他们的人变得非常具有攻击性。而在连续谱的另一端，他们的抑郁观念“我的厄运、绝望和痛苦”会将他们置于自杀行为的危险中。在躁狂期时，让这些来访者放缓和平稳下来是很困难的，但又必须这么做，对他们的冲动行为加以心理管制。与他们的宏大计划相对抗的话只会疏远他们。在抑郁期时，自杀干预则是首要问题。

依赖型 依赖型人格障碍者不能做决定，且会设法让别人来做——通常是不恰当的。他们的主要感受是无价值感、不安全感和害怕被遗弃。他们总是倾向于卷入和保持在自我毁灭的关系中。咨询的重点是强化他们的优势，成为他们的支持，为他们考虑，但不要对他们进行批判或者承担他们自己生命的责任。

自我挫折型 有自我挫折型行为的人会选择导致失望、失败或被苛待的人或情况。他们拒绝别人的帮助，并且确信这样的努力不会成功。咨询的重点是强调才能，和其自我妨害所产生的行为后果。

回避型 回避型人格障碍者都是没有能力建立或维持社会关系的孤独者。他们害怕被拒绝，这导致他们在试图参与到社会关系中时无能为力。咨询的重点是通过社会技能和自信心训练鼓励他们塑造有意义的人际关系。

被动攻击型 有被动攻击型行为的人不会公然表示他们的愤怒，因为他们不敢冒被拒绝的风险。他们更愿意以隐秘的方式来控制他人，并且相信控制比自我提升更为重要。咨询的重点是促进更开放、自信的行为。

边缘型 边缘型人格障碍得此名的原因是患者像变色龙一样，他们在任一指定时间会表现得像前述的任何一种精神障碍。同时，他们经常处于功能正常和不正常的“边缘线”上。这是问题最大的来访者之一，在第五章中有详细的处理办法。

处理有重度心理障碍的来访者

“重度心理障碍者的行为是粗野的、紊乱的、无目标的和无能力的。这些人可能引起观察者的不适感、焦虑和完全的恐惧。他们是奇怪的人群，也是不同的人群。他们被关进精神卫生机构，靠吃强效药物从躁狂转为温顺的状态（Greenwald，1985b）”。这个关于心理障碍的老套公众观点，引用自伊利诺伊大学芝加哥咨询中心的热线培训手册，这本手册向热线电话工作者介绍了什么是心理失常。拨打危机干预热线的人中有很多这样的。新手电话工作者首次遇到思维过程紊乱和分离的心理障碍者时，其所接受的全部培训似乎都没用了。

这些来访者表现出各种精神问题。他们可能有妄想或幻觉；无法认识到自己身上与现实不符的行为、信念或想法；情感激烈或者相反而表现出情感麻木；对自己的问题缺乏见识或判断，且不能对这些问题的背景进行线性的或逻辑的描述；他们因为偏执妄想而非常多疑，甚至认为电话工作者会过来抓自己；对最简单的要求进行操控、抵抗，甚至公开地敌对和对抗；对重要的人际关系，或者对与电话工作者的人际关系没有一点界限概念；表现出强迫行为或思想，他们持续地抱怨、排斥着任何有效的功能；没有任何有意义的人际关系，与危机热线工作者则可能是个例外；反复冲动地将自己置于有问题的或者危险的情况；表现得像个孩子甚至婴儿似的（Grunsted，Cisneros，& Belen，1991）。不论这些行为是基于生物化学还是心理，都没有任何区别。这些人与我们的现实世界相距甚远，而且如此具有威胁性，以至于新手电话工作者的直觉反应是挂断电话。但是，如果工作者将这些心理失常的来访者设想为一个发展过程极度扭曲的个体，那么来电求助就显得有结构有意义而没那么吓人了。无论求助电话是多么离奇，以下是适用于来访者行为的主要原理（Greenwald，1985a，p. 1）：

1. 行为永远是有目的和为动机所服务的，它可以是有意识或无意识的。
2. 行为是可理解的，而且是有含义的，尽管使用的语言可能不是。
3. 行为是有特征的，与人格相一致的，尽管它是夸张的。
4. 行为是用来确保一个人安全并远离焦虑的。

以下是不少危机干预热线针对处理心理障碍来访者而总结的规则（Epstein & Carter，1991；Greenwald，1985a，1985b；Knudson，1991；Lester & Brockopp，1973；Tuttle，1991）。

缓和情绪 尽管有心理障碍的来访者存在很多潜意识的情绪，但最好还是不要试图揭露这些情绪。来访者已经被过多的感觉所困扰，需要找到办法来使它们得到控制。着重于具体、有现实导向、当前的问题是首选的操作模式。不要用开放式问题来引出更多的情绪，如“您能告诉我更多关于那件事的信息吗？”相反的，应使用令人平静的干预措施，促使其对细节进行小范围的现实性思考。

干预工作者：我能理解进入您脑海的这些想法，您认为房间里的那些“东西”是多么令人恐怖。我希望您现在能做的是环顾房间四周，告诉我那里有什么。然后告诉我发生了什么使您开始有这样的想法。

重点在于缓和情绪。尽管电话工作者会承认这些感受，但是它们不是关注的重点。通过将原本随心所欲的想法打碎为独立的、易控制的部分，电话工作者给来访者一种重新获得控制的感觉。电话工作者还会通过询问来访者正在做什么，而将来访者从闪回状态带回现实。

干预工作者：您说您在那个小巷中，而他在攻击您。您当时在吸烟吗？我知道一分钟前您刚点燃了一根烟。我想要您慢慢吸一口，闻闻烟的味道，然后告诉我您在哪里。现在吐出烟，看看它在屋子里是如何流动的。

拒绝分享幻觉和妄想 如果来访者有幻觉或妄想，电话工作者永远不能支持这些精神症状的观念。

来访者：你能看到、听到、闻到、感觉到吗？

干预工作者：不！很抱歉，我不能。我明白您现在能，而且那是可怕的，但我想做的是为您提供一些帮助。所以，请仔细听我说。请问您的地址是什么？这样我们能为您提供一些帮助。

不管参与这样的想法有怎样微弱的好处，一旦妄想增强，那么想要将来访者从中解脱出来就会变得很困难。然而不论多么匪夷所思，对来访者的自大妄想不能置之不理。

干预工作者：（不恰当和讽刺地）拜托！中央情报局（CIA）不会真的用电子窃听器来监听一个汽车修理工的。他们自然有更好的事情要去做。为什么您会相信那些？

干预工作者：（恰当和有同情心地）很显然您确实相信中央情报局（CIA）在窃听您。这是什么时候开始的？

电话工作者肯定了这种偏执型的妄想是存在的，但并没有赞同其真实性。通过询问“什么时候”的问题，电话工作者得到了能对偏执妄想的范围和程度进行评估的信息。“为什么”的问题则永远是不适合的，因为它会引起任何一个来访者，尤其是偏执型障碍者的防卫反应。

确定药物的使用 如果可能的话，电话工作者应该得出有关使用某一药物的信息，如剂量和时间，尤其是来访者没有咨询主治医生的停药行为。改变、忘记或者忽视药物治疗是使精神症状变得活跃的最常见原因之一（Ammar & Burdin，1991）。此外，这方面的信息能使电话工作者对来访者正在进行治疗的心理障碍类型有更好的了解。不论来访者停止服用药物的原因或借口是什么，工作者应努力让他们去找自己的处方医生，这样可以对药物治疗进行调整或重新制订。

干预工作者：Lemuel，我希望我们挂断电话后，您能马上打电话给您的医生。我明白这些药物吃起来很难受，而且会让您觉得反胃。但是，您的医生需要知道这个情况，而且您需要让她知道您现在没有吃药。

熟悉主要的强安定药、抗抑郁药和抗精神病药物对这项工作是很重要的(Pope,1991)。但是，考虑到药物的所有不同种类以及它们的诸多通用名和商品名，要全部记下来是极其困难的。《医师案头参考》提供了关于这些药物是用来做什么的、通常服用多大的量以及副作用是什么的信息。所有的危机干预热线办公室都应当配备最新版本的《医师案头参考》。

期望要现实 电话工作者应保持期望的现实性，因为来访者不会一夜就变得心理失常。没有危机干预工作者能通过一个电话就改变慢性精神病行为的。危机干预工作者为来访者在焦虑值最高时争取了时间，并尝试恢复最低程度的控制，以及与现实相通。如果来访者试图通过无休无止的谈话来“榨取”工作者，那么面对这个问题通常最直接的方式是，确认来访者是不是孤独的或者是否立即需要帮助。

干预工作者：看起来似乎这个问题无法解决，而且您说您不能等到明天再去诊所。我非常担心，我想我们应该为您安排交通工具将您立刻送到医院去。

保持职业距离 重度心理障碍患者的来电会给电话工作者带来各种危险的感觉，使他们觉得不恰当、困惑，甚至是产生心理危机！当极度痛苦或悲惨的故事发生时，即使对最有经验的电话工作者来说，维持专业的距离都是很困难的。重要的是，当这些感受开始出现时，工作者要对自己的状态进行说明表述，并立即获得监督。将来访者转介给另外一位工作者是恰当的行为。

干预工作者：坦白地说，我对要怎么做有些困惑。我想我已经做了我知道的所有事情，我没有办法了。我会将您转给Irma，她也许会有一些其他的想法，同时我会和我们主管进行说明。

因为来访者可能感到困惑和无目标，他们似乎对其他人的一些敏感领域有一种第六感。反向移情（将工作者自己的问题归因于来访者）并非不常见，有心理障碍的来访者有时候能发现工作者隐藏的问题和不安全感。工作者对这些来访者的强烈反应，不论是积极还是消极的，都预示工作者必须与同事或督导进行处理和反馈。

来访者：（偏执的）我知道你是谁，你什么时候接听热线，你住在什么地方。

干预工作者：（用不稳定的声音对威胁进行不恰当回应）我对您做过什么吗？我试图帮助您，而您竟然气坏了。我想好了，我要马上挂断电话，或者是报警。我们可以追踪这些来电，您知道的！

干预工作者：（用清晰、平稳但具同情心的声音对暗示进行恰当回应）Jacques，这些事情对于您现在的问题是不重要的。重要的事情是让您觉得今晚能足够安全地回到公寓，并且能在明天早上去看医生。我知道您为什么会对我建议您去看医生感到不安，但是我同样希望您能清楚地知道我只是担心您的安全。那么，是什么让您对我如此生气呢？

通过转移来访者的偏执状态和重新将对话重点引导至来访者的问题上，工作者能以极具同理心的态度，直接让来访者开始回应他自身的情绪问题。

避免安抚 安抚和怜悯对于增强来访者的信心及帮助他们开始行动没什么意义。

来访者：（抑郁的）我对别人没有任何用处，更不用说我自己。

干预工作者：（不恰当同情）从您对我说的来看，您确实非常坎坷。没有人应该遭受这些，但我们可以来看看这些事情。

相反，当来访者的状况更好的时候，通过富有同情心的回答、发掘过去的感受及应对技巧，电话工作者不仅要承认困难，也要注重于来访者的强项。

干预工作者：您现在听起来确实比较绝望，但我想知道，当事情不是这样时，您的感受是什么，而那时候您都在做哪些您现在不会做的事情。

致死性评估 很多拨打危机干预热线的来访者有频繁的自杀或杀人的想法。在他们似乎下定决心要伤害自己或别人的时候还会拨打危机干预热线，这似乎是令人不解的。尤其应当评估习惯性来访者的自杀或杀人想法，因为他们非常倾向于强调其问题的危险性，并且通过威胁性伤害行为来“证明”他们需要帮助（Brockopp，2002a）。所有的自杀来访者都在试图将他们的想法和行为分离，这可能源于他们的这些致死性想法。尽管来访者公开承认了他们的伤害性意图，但他们仍然有足够的自控，以试图在想法和行为之间放置一个缓冲——电话工作者（McCaskie，Ward，& Rasor，1990）。

来访者：如果我不能拥有他，那她当然也不能。我要把他们俩都杀了，还有你和警察，没有人能够阻止我。

干预工作者：但您还是打电话过来了，我很高兴。有些事情阻止了您，我想知道那是什么。

来访者：呃，我是一个基督教徒，但是他们的罪恶不可救赎。

干预工作者：那么作为一个基督教徒，您应该承认“汝不能杀戮”的戒律是非常重要的。但您说的是您正打算去犯罪，就像他们做的那样。这会帮到您吗，或者说这在上帝的眼中会怎样呢？

尽管这样做会被认为，电话工作者在通过操控来访者的精神信仰来达到目的，但电话工作者的主要目的是破坏推动来访者暴力行为的不理智想法。从这方面来说，处理心理失常的来访者时，最重要的理念是“在思想之前先拯救身体”（Grunsted，Cisneros，& Belen，1991）。通过电话对这些有重度心理障碍的来访者进行危机干预并不一定意味着有效。权宜之计是在获得帮助之前能尽可能缓和地将行动暂时搁置。

尽管我们知道，所有危机热线工作者都被要求不能给出他们的全名或者家庭电话号码，但有时候来访者会非常有魅力，而从危机干预工作者处获得了他们的个人信息。危机热线中的新手很容易被让人心碎的故事吸引，或者会因为依赖性来访者的举动感到非常高兴。任何情况下，危机热线工作者都不应该给出自己的全名或其他个人信息，或者因为社会或专业理由同意与来访者见面。危机干预热线的可信度建立在匿名性上，这对双方同样适用。另外，当匿名性原则被打破时，可能出现严重的伦理问题。最后，如果危机干预热线工作者没有注意前文所述内容的话，可能会将自己置于可能会遭遇人身伤害的危险中。

鉴于我们所描述的所有关于重度心理障碍来访者的内容，我们的告诫仍然是不要将这些来访者当作一种类型，而是将其当成有各自特殊问题的个体来看待。然而，除了重度心理障碍者外，还有其他的习惯性来访者或麻烦的来访者。

其他麻烦的来访者

电话危机干预工作者有时候需要处理隐性来访者、恶作剧来访者、沉默来访者、操纵性来访者、性骚扰来访者，甚至是呈现合理的性相关问题的来访者。需要记住和认同的是，每一个来电都是来访者为满足某个需要或目的的尝试。下文列举了一些不同类型的麻烦的来访者，以及能帮助工作者理解和应对的建议。

说唱型来访者 很多来访者只是想要“说唱”或谈话。问题是时间是否应该花费在倾听一个只想聊天而似乎没有任何紧急问题的人身上。但是，如果理解这个人是“孤独”的，那可能会改变干预工作者对问题的感知。这也可能是来访者无法公开他的问题，或者说他仍在测试水深以获得足够的勇气跳进去的原因。电话工作者在接近问题时要留有一定余地，同时要温和地应对来访者的孤独，这样能对对话设置合理限制，又仍然提供了支持的环境（McCaskie，Ward，& Reasor，1990）。

隐性来访者 来访者为其他个体寻求帮助时，实际上可能是为他们自己寻求帮助。因此，总是假定求助电话是关于来访者本人的，而永远不要试图去证明这是关于其他人的（Brockopp，1973a，p. 164；Brockopp，2002a，pp. 171-175）。有些来访者会表现得很惊讶，“哦，我以为这是录好音的。”回复他这不是的。“不，它不是的。我是 Joe，这是危机干预热线。今天晚上有什么能帮助您的吗？”也有人可能会开玩笑来作为测试。“你在这儿工作一定很疯狂。我敢打赌肯定有很多笨蛋打电话过来。”对于这些来电的回应是回避“测试”，并有同情心地说，“我想知道，您关心的是不是我们是否会认真地处理来电？”这通常是胆小羞怯的来访者核实危机干预的方式，看看热线的开放式回答是什么，以及是不是可以安全谈话。另一方面，聪明的来访者可能会无所不知，可能比志愿者更为专业。在他们擅长的范围内，他们总是“赢”的。事实上，这些来访者通常非常缺乏安全感，而且在他们自信的外表下，对自己并不确定。处理这些聪明的来访者的关键是让他们很快地打败你。“您是对的。我是这里的志愿者，而且我对边缘型人格障碍懂得没有您多。我知道的是，您听起来对这个很关注，而且似乎是想要寻求一点帮助。”还有些来访者会拨打电话，但保持沉默或者说他们打错了号码。尤其是在自杀干预中心，那里是没有打错了号码的说法的。“我能帮助您吗？”或者“您原本是想打什么电话呢？”是对“错误号码”的默认答案。

恶作剧或令人讨厌的来访者 在通宵聚会上感到厌烦的青少年可能会拨打危机热线来折磨电话工作者。如果恶作剧来电被认真对待的话，他们可能会挂断而不会再打过来。如果他们很心烦，则会继续打过来（Brockopp，1973b；Waters & Finn，1995，p. 270）。很多来电似乎是很让人讨厌的。但是，每一个拨打骚扰电话的人都应当被认为是存在问题的。因此，不要武断地将任何来电看作是恶作剧。危机热线应该对所有的来电用以直截了当、不说废话的态度进行回复。危机热线工作者应明确表达不会陪同玩游戏但会认真地倾听来访者，并给予直接应答，不论他们的目的是什么（Brockopp，1973b，pp. 206-210）。这样做的话，危机热线将在社区建立他们会认真对待所做工作的认知（Brockopp，2002a，pp. 187-190）。在某一晚他还是一个恶作剧的青少年，可能在另一晚就是一个有自杀行为的青少年了。

干预工作者：这是您正在玩的一个恶作剧或者挑战，还是您确实有什么事情需要讨论呢？

干预工作者：我确实想知道您是否有什么事情要说。如果是的话，请再打电话回来。

沉默来访者 最让人沮丧的来访者之一是那些沉默无声的。沉默来访者都是矛盾的。无论他们沉默是因为难堪或痛苦，还是从前的负性经历让他们害怕被拒绝，他们只是很明显没有勇气说出来。电话工作者必须克服想要挂断电话的第一反应，表示出接受，并试图扫除来访者的交流障碍（Brockopp，2002b）。对于沉默的来访者，恰当的回应是，“当您感觉想要开口的时候，我就在这里。”

干预工作者：有时候说出您想要什么确实很难。可能因为太难，您找不到语言。也许您不确定是否可以信任我。无论您感觉无法开口的原因是什么，在接听下一通电话之前，我会再等等。即使您现在无法说话，请相信我们的热线在您想要开口的时候，都随时为您开放。

如果还是没有任何回应的话，大约一分钟后你可以说“我想现在要开口是很困难的。我会继续在线等待一分钟，然后我要去接听下一通电话了。当您准备好开口的时候，请再打过来。”

操纵者 很多来访者通过与电话工作者玩游戏来实现他们未满足的需求。典型的控制游戏包括质询工作者的能力，颠倒角色询问工作者的个人生活细节，以及骚扰行为。改变操纵性策略的方向并关注于操纵者未满足的需求，能使他们着眼于自己产生操纵性行为的原因（Brockopp，2002a，p. 174；Waters & Finn，1995，p. 269）。

干预工作者：关于那个问题，您确实知道的比我多很多。像这样掌控事情的感觉怎么样？

干预工作者：您质疑我的诚信度，并想让我分享我的私人生活细节，我想知道的是，您是否意识到这是试图找到一个能满足您控制需求的人呢？我想知道您是否考虑过这些控制和操纵需求能带给你什么？

性骚扰来访者 “拨打 ×××××。Cindy 很寂寞，想要和您聊聊天！”这些广告在午夜电视、网络杂志和色情杂志上的扩散，是证明有成千上万性行为不安全、性畸形和性异常的男性存在并使“性谈”成为百亿产业的一个悲哀的证据。更为悲哀的证据是，这些人因为同样的目的使用危机干预热线。毫不令人惊讶，Wark（1984）访问了很多性骚扰来访者后发现，他们的特征是低自尊、孤立感、缺乏信任、性无法满足，而且对自己的行为毫无了解。性骚扰来访者的主要目的是在与一位女性聊天时手淫。

性骚扰来访者是危机干预热线的一个特别负担，很多女性志愿者变得生气、窘迫、害怕，甚至因为长期的性骚扰来电感到挫败而辞职（Baird，Bossett，& Smith，1994；Brockopp & Lester，2002，pp. 133-135；Fenelon，1990）。Brockopp 和 Lester（2002，p. 136）建议工作者待在线上并容忍这个行为，同时尝试去建立更好的信任关系而不要宽恕这个行为。这是处理该问题的一个非常理想主义的方式，但在本书作者的观念中，这是一个能立马失去很多志愿者的“绝佳”办法！我们在这里要表明立场，危机干预热线不是什么样的行为都能发生的地方。将来访者转给同性工作者，在假设来访者需要帮助的情境下重新构造这个来电，能给这样的来电设置一个有效的缓冲。

性障碍来访者 但是，很多有严重性障碍或性相关问题的人会拨打危机热线，因为匿名性，他们能坦白地讨论最隐私的问题。没有心理准备的电话工作者会对涉及秘密细节的来电感到难堪，听到犯罪性的、虐待性的问题会感到震惊，或者感到没有专业技能可以帮助来访者。电话工作者必须接受性相关问题处理的培训，接受关于当来访者对第三方是个威胁的时候，应该做什么的相关法律和伦理知识的培训（Horton，1995，p.292）。处理性相关问题咨询电话的特征是，需要电话工作者表达他们自己的观点，因为这类来电会将工作者放置在与性相关的潜在价值负荷、道德和宗教信念的竞技场上。尽管在大多数情况下，电话工作者的主要角色是避免用他的观点来支配和影响来访者，但回避这些问题可能同样意味着拒绝了来访者非常需要的信息（Horton，1995，p. 307）。提供关于“可靠的”性行为的选择和信息是一个可行的办法，尽管需要明白的是，在电话工作者自身的偏见和提供均衡的信息之间存在差异，这需要仔细的指导。

虽然前述类型的来访者是在努力满足自己的需求，但他们经常给电话工作者带来问题。接下来是一些能帮助电话工作者准备好处理这些麻烦的来访者的技巧。

处理麻烦的来访者

提出开放式问题 使用恰当的开放式问题，能帮助失意的来访者消除带来的问题（Epstein & Carter，1991）。

来访者：你们这些人什么都不懂。你跟我说的全都是垃圾。

干预工作者：那么您想要从这通电话中获得什么呢？

来访者：让我告诉你，你的服务有多么差劲。

干预工作者：如果您是我的话，您现在会怎么做或者怎么说呢？

这些问题将注意力重新转向来访者，推动问题解决，而不是让工作者继续承受谴责。

设定时间限制 当将问题重新转向来访者的努力无效时，应该设置一个时间限制（Knudson，1991）。

来访者：你应该祝贺我完成了我的计划，我根本不用感谢你。

干预工作者：我很高兴自上次通话以来，您做了一些积极的努力。现在我们还有 5 分钟来谈谈您现在的情况。然后我需要接听下一通电话。

中止辱骂 当来访者的行为升级为对电话工作者的辱骂时，应该以清楚而坚定的态度来中止通话（McCaskie，Ward，& Rasor，1990）。

来访者：你婊子！你敢挂掉这该死的电话！

干预工作者：（肯定地）很抱歉，但这是我们无法忍受的语言，因此我将去接听下一通电话。当您能正常说话的时候，请您再打过来。

转给其他工作者 尤其面对性骚扰来访者时，将来电转接给另外一位电话工作者，特别是男性更适宜，能去除让男性来访者兴奋的刺激，并使来访者无法手淫达到高潮，因为那通常是这种来电的最终目的（Knudson，1991）。

来访者：我想将你涂满蜂蜜，然后舔遍你全身。

干预工作者（女性）：（沉着冷静地）鉴于您的特殊情况，我将您转给 Ralph。（给 Ralph 信号。）

干预工作者（Ralph）：（肯定地）我知道您有问题。请问我能如何帮助您？

没有男性电话工作者的时候，来电应该转给督导并中止。来访者应当被告知，工作者将挂断电话，而且该行动会立即执行（McCaskie，Ward，& Rasor，1990）。

干预工作者（督导）：（权威地、坚定地）在您手淫的时候，我们不会回答任何侮辱性的评论。您应该知道我们的来电是被录音的，而猥亵的来电和利用该服务进行手淫是违法的。我将挂断电话。等您准备好讨论这个问题的时候可以再打过来。

为了引诱电话工作者使她保持在线，性骚扰来访者通常通过具体的细节来报告假想的配偶问题，使他们的性幻想具体化。当这个手段的线索一出现，工作者应该将该行为理解为来访者自身行为，并将电话转给别人（Knudson，1991）。

来访者：我实在很担心我的叔叔和他十岁的女儿。她是一个小洋娃娃，但他总是在她的卧室给她这样的信息，我……

干预工作者：（打断对方）这已经超出了我的专业范围。请不要挂断电话，我将把您转接给我们的儿童虐待专家，Ralph。

使用隐匿性模式 Baird、Bossett 和 Smith（1994）使用隐匿性或条件反射模式（Cautela，1976；Kazdin，1975）来处理反复来电，尤其是性骚扰来访者。在隐匿性模式中，要求来访者使用心理意象来想象强化或弱化某一特定行为。下面是来访者在一个简单案例中使用该技巧做答复。

干预工作者：如您所说，我想知道的是，您是否意识到自己真正的问题，并且想要获得帮助去解决它。我知道要不去想这些事情是很困难的。但很快，虽然我不确定具体什么时候，当您伸手去拿电话的时候，您会想要拨打一位治疗师的电话。您想要打给一位治疗师获得帮助的想法，在您思考它的时候，会每天都变得更加强烈。当您意识到危机热线不像治疗那样能满足您需求的时候，您也会开始感觉越来越好。现在我要挂断电话了，请您考虑为您真正的问题寻求帮助。

通过提示，来访者寻找治疗师的需求会增强，工作者为来访者植下了焦虑的种子，来访者现在的行为将伴随着改变的需求而增长。负性的和正性的强化物都被应用到了意象中：寻求帮助的需求、和这样做后会随之而来的良好感受。电话工作者同样提到了为“真正的问题”寻求帮助。这个未指明的问题使电话工作者进行了有力回复，他没有指责来访者可怕、异常的行为，但同样清楚地表明来访者需要帮助。电话工作者没有继续与来访者进行对话，而是挂断了电话让种子开始生长。

制定管理制度 从管理上来说，危机干预热线需要通过如下方式制定具体的规则来消除骚扰行为：

1. 限制单个来访者来电的数量和持续时间；
2. 限制讨论的话题；
3. 只让能熟练处理骚扰性来访者的特定工作者来接听此类电话；
4. 使用免提来获得现场咨询；
5. 要求来访者与外界的工作人员建立面对面联系，并允许治疗师和危机干预热线工作者之间进行交流；
6. 如果出现了身体威胁，应允许电话工作者禁止接听某些电话一天、一周或者更久。

堪萨斯州劳伦斯危机干预中心对习惯性来访者制作了追踪记录，列出了他们的姓名、电话号码、地址、互动类型、主要的和无关的问题、有效的和无效的应答模式、他们的医生/治疗师、用药情况、支持小组和伤害性水平。记录开放给电话工作者使用，这样可以节省他们大量的时间和精力。该中心还有一个内部信息记事本，叫作“受关注的来访者”。它包括了习惯性来访者的信息，这样工作者能快速阅读、更新了解来访者的情况。这是一个帮助工作者互通信息的有效办法，并且能用来提供反馈和建议给来访者（Epstein & Carter，1991）。来访者应该定期聚在一起，讨论这些来访者、为他们制订计划策略、提出建议，并表达个人意见（McCaskie，Ward，& Rasor，1990）。最后，督导应清楚地看到，这样的来访者会对工作者带来的影响。危机干预中心的管理人员应该定期计划督导，并在有需要时进行紧急减压晤谈，用一种关心、共情和支持性的态度，准备好心甘情愿地处理这样的来电给工作者造成的不良情绪。通过电话进行危机干预是一项困难、繁重的工作，尤其是前文所述的麻烦的来访者出现时。危机来电通常是难以得到积极反馈的一次性事件。特别是因为危机干预热线主要由志愿者来执行，他们需要意识到，他们不能对每一个人都提供帮助（Water & Finn，1995，p.271）。

危机干预热线

“危机干预热线（hotline）”和“温暖热线（warmline）”在数量、帮助的类型、处理问题的种类和地理覆盖上的巨大发展证明了一个事实：危机中的人们能从电话干预中获益，解决各种各样的个人问题。拿起美国任何一个中等城市或大都市主要区域的日报或者电话簿，你都能很快找到各种社会服务帮助项目的紧急电话号码清单。这些服务可能从一般危机干预热线到各种特殊服务，如本地针对“挂钥匙儿童”的“温暖热线”，到全国疾病控制中心的艾滋病干预热线，都涵盖到了，甚至有一条热线是宠物丢失支持小组的（Turner，1997）。一般危机干预热线都是每天24小时、每年365天地全面开放，而特殊服务则可能只在常规的工作时间内运行。

这些危机干预电话服务可能是连续的或者有时间限制的。“温暖热线”处理的是没有生命威胁的问题，如家庭作业，而且通常是连续性的或不间断的。“危机干预热线”则主要处理可能会威胁或危及生命的问题，例如自杀，或者离家出走。全国性危机干预热线可以在全国任何地方使用任何电话打通，而地方性的危机热线则服务于特定的地理范围。

有时间限制的热线 有时间限制的热线是在特定时间范围内运行的热线；它主要用来处理某一特定问题，或者某一特定的电话来访人群，如在一场可能的灾难之前或者在灾难之后立即运作。它能提供简单的支持治疗，或者提供信息或转介资源。

对该类热线的一次特别使用紧随在“9 · 11事件”之后。人们创建了纽约市失踪人口热线是为了开发失踪人口数据库、提供危机咨询和信息服务。工作者获得了每日更新的资源清单来提供各种信息，从具体的如何返回公寓的问题，到空气毒性水平等。住院清单被反复编辑以与失踪人口清单相互核对，使工作者能回拨询问失踪人口信息的亲属。但是，危机干预热线的主要目的是为了帮助悲伤、恐慌和焦虑的人群处理创伤。出于这个目的，电话工作者使用第三章所列模型中的前四项任务，为电话来访者提供紧急心理援助。

持续性全国热线 特殊的免费（美国）全国性热线可以处理特定问题，比如有问题的青少年。尽管这样的热线会提供简单的支持性治疗，但通常其主要目的是向来访者提供其能获得帮助的最近地理位置的信息。这些热线使用量很大，而且能覆盖所有的地理区域、文化群体和社会经济阶层。两条全国性的离家出走热线不仅花费时间与离家出走者讨论他们的问题，同样也会鼓励他们离开街边到最近的避难所。全国性的家庭暴力热线可以让美国任何一个家庭虐待的受害者使用。任何有自杀意念的人都可以拨打全国性的自杀干预热线。还有一些其他专门针对任何一种能想象到的人类困境的全国电话中心。

地方性危机干预热线 地方性危机干预热线主要处理各种来电，从自杀意念到丢失的宠物猫（有些来电不像其他来电那样有生命威胁）。它们的电话工作者主要是来自本地社区的志愿者，电话号码被记录在电话黄页上，为特定的地理区域或特定的人群提供电话危机干预服务，例如大学生。

网络危机干预的发展

丘吉尔曾说：“接受手边的改变，因为如果不是这样的话，它会掐住你的喉咙！”自从互联网和网站出现以来，毫无疑问的是将会在“网络”上出现咨询服务。但是，计算机不仅仅是一个交流的设备，它还能作为模拟装置来运行（Wolf，2003）。这两种应用对心理治疗和危机干预都有很大的潜力。但是到目前为止，大部分专业的治疗师不使用计算机辅助的咨询或提供在线治疗。这里有各种各样的理由，包括伦理考虑，人文价值的承诺与科技的冲突，费用，以及培训的缺乏（Murphy，2003）。然而，如果阅读关于在咨询中使用科学技术的作品（Adlington，2009；Anthony & Nagel，2010；Jones & Stokes，2009），会发现他们清楚地表示，网络和各种电子交流方式将在心理治疗，尤其是危机干预中变得越来越重要。

尽管治疗师对这种干预模式的采用是保守的，但大部分来访者并不如此——尤其是完全没被网络吓唬住（Calam et al.，2000）反倒认为这是他们生活中不可分割的一部分的年轻来访者。Palfrey 和 Gasser（2009）将1980年后出生的人看作“数字原住民”。数字原住民能获得和使用数字技术网络，并且完全不知道其他任何生活方式——与“数字居民”相反的是，后者使用数字技术但仍然主要靠交流为表达方式的人（本书作者的特征）。因此，大约有多少这样的原住民呢，他们会不安吗？2005年，大约117 000 000的人在互联网上寻找关于健康的信息。数百万人登录聊天室寻找支持小组，讨论心理健康问题，而聊天室只是已知的“远程医疗行为”的一部分。

远程行为健康

远程医疗行为是指使用远程通信和信息技术来远距离提供行为健康评估、干预、咨询、督导、教育和信息的获取途径（Nickelson，1998）；

它包括电子邮件、聊天室、网页和网络电视会议（Barnett & Scheetz, 2003）。在某些形式中，前述的所有内容都运作过（Anthony & Nagel, 2010；Deleon, Crimmins, & Wolf, 2003；Jones & Stokes, 2009）。网络上的危机干预可以是不同步的（有时差的，如电子邮件或网页）或者同步的（实时的，如聊天室、视频会议、网络电话和即时通信）方式运作。这样，相应的问题是，“我们如何能合乎伦理地在网络上进行有效的危机干预？”和“什么样的危机干预服务能合乎伦理且有效地在网络上进行提供？”（Ruiz & Lipford-Sanders, 1999, p. 12）。

为网络“冲浪者”提供机会寻找紧急帮助或建议、咨询或心理帮助的网页持续呈指数增长。国际益友会（Befrienders International）是英国切尔滕纳姆市萨马利亚组织（The Samaritans）的一个组成机构。该组织出色地示范了一个为有自杀倾向的个体和其他危机人群提供帮助的网页。该组织通过信件、电话和现场访问，已经从事了超过40年的帮助事业。如果发送者希望的话，发送给萨马利亚组织的电子邮件会保持其匿名性。回复是不同步的，但经过培训的志愿者会每天一次，一年365天地阅读和答复邮件。全世界大约有20家中心，而经过培训的志愿者使用一个通用的工作者名称“Jo”，他们阅读所有的邮件，并在24小时内进行回复（Wilson & Lester, 2002）。他们的邮箱地址是 jo@samaritans.org。但是，很多电话咨询热线也是网络可及的，而且是同步的。例如，全球离家出走热线的总部运作了一个同步的在线聊天室。

在线咨询的优势

显然，网络、网页、电子邮件和其他科技（无线以及在线电子）的发展就像电话一样，能够为某些人群提供大量的帮助，包括：地理或心理上隔离于特定的危机干预服务，正遭受身体或心理问题折磨而无法去往这些服务，害羞而不愿进行面对面咨询，需要匿名，有时间管理问题，在正常工作时间内不适合，或者认为它们是方便、划算或仅仅是与其生活方式相符合的人群（Anthony & Nagel, 2010, p.35；Harris-Bowlsby, 2000；James & Gilliland, 2003, pp. 416-433；Jones & Stokes, 2009, pp. 2-5）。

反馈 进行直接的治疗干预时，在线对话并非各个方面都能比面对面的方式更好，但是在某些方面又确实更好。在危机干预中，连续的和即时的反馈是很关键的，而同步的网络应用能将这个功能服务得很好。一旦来访者重新获得情绪平衡，治疗师则可以利用不同步的电子邮件来检查来访者的平衡状态维持得如何。一小时、一天或一周的数次反馈，让来访者知道干预者在线，会倾听和考虑到来访者。来访者能在自己感觉最需要的时候开始联络。定期和频繁的电子邮件报告要求来访者能时常监控和报告自己的行为，这在危机干预中是很关键的（Castelnuovo et al., 2003）。但是，作为干预工作者，你真的愿意整天坐在计算机旁边发送即时信息，或者在餐馆吃饭时用手机发送信息吗？当然，如果你能打开计算机，让“HAL（硬件抽象层）”来进行咨询，那么你就会有足够的自由时间（James & Gilliland, 2003, pp. 420-428）。

去抑制 Suler命名为“去抑制效应”的现象会在在线治疗中出现。这个效应的意思是人们在在线治疗中倾向于更早地坦露他们的痛苦问题，而在面对面治疗中，他们会以正常的节奏来做这些。为什么会出现这样的效应尚不清楚，但这可能是因为在线治疗让人感受不到批判性视觉信号，或者仅仅是因为不必看着治疗师的眼睛，然后告诉他自己生活的丑恶一面。去人格化和远距离似乎能让人觉得可以更安全地分享个人隐私。这对男性来说尤其如此，他们可能会谨慎选择面对面咨询，甚至是电话咨询，但是他们至少和女性一样愿意使用电子邮件（Wilson & Lester, 2002）。

这个现象是否会随着Skype之类的视频聊天得到更多的使用而改变，是另外一个有趣的在线治疗问题，因为视频聊天也是面对面的。有一些证据表明，当人们需要阅读信息而不是倾听时，会有更为深刻的情绪过程（Hiltz, 1992）。这对来访者和工作者来说，同样也会有更深的认知过程。当然，撰写一份文字答复需要花费更多的时间和想法，一个粗略的“嗯……”大概不会让人满意（Wilson & Lester，2002）。

在线咨询的问题

比起传统和电话干预，这个新的电子技术有其潜在的甚至独特的优势，而与之相伴的是，也有很多不好的问题。就像一些愚昧守旧的人对那些他们以为要去世界尽头的航海员说的，“小心，那里有恶魔和龙！”虽然人们能对半个世界外的另一个人随意说出自己的问题，但要让这些只能通过他们自己所说的来证明其专业的人来提供治疗或干预则完全是另外一回事了。相反，对于来访者来说，他们也可能并不是自己所描述的那个样子。以最大的恶意来说，来访者可能试图用病毒来感染危机干预者的计算机，或者使用其他的“恶意软件”损害他们的文件（Maheu，2001，2003）。

保密性 网络治疗存在一个很重要的问题——保密性。优秀的加密程序会被有道德的治疗师用来保持信息的保密性。但是，如果你在网络工作的话，则没有这样的保证了。即使网页保证了匿名性，但一旦信息泄露，将无法确保不会被人或机构发布出来，而你不能因为发现自己的想法和照片被发布而太震惊了。电子邮件的信息不像一般信件，更多的则像是明信片（Barnett & Scheetz，2003）。因此，你真的愿意在一张明信片上谈论你的性不满足吗？此外，精神卫生专业人员应真正关心的，是违反来访者保密规定和《美国健康保险携带和责任法案》（HIPAA）并导致严重罚金的可能性（Fisher & Fried，2003）。

也有争论认为在线治疗是有问题的，因为在涉及凶杀、自杀或者其他有生命威胁事件的紧急情况中存在身份验证问题。在大多数电话危机干预中，通常有一些方法可以为来访者获取紧急帮助。但是如果来访者在立陶宛共和国的首都维尔纽斯，而危机干预工作者在澳大利亚东部的布里斯班，就会更加困难。

江湖骗子 悲哀地说，目前的土壤对兜售电子赝品的商人和邪恶个体而言是成熟的，他们没有南丁格尔那样的特质和善良。Myer（1999）对宣称提供“危机咨询”的网页进行了检查（1999），发现不仅其中一些费用极度高昂，而且会在问卷中植入促销广告，导致人们选择使用其服务的时候，会因为一些完全不够格或者彻底是江湖骗子的“服务提供者”而受到二次伤害，将自己置于更多精神创伤的风险中。显然，尽管这些地方提供了很多承诺，但它仍是“买者注意”的情况。在2011年6月，通过对搜索“危机干预治疗”出来的198万项网页结果进行粗略审查，使我们相信自Myer的研究以来，情况没有任何的改变。

许可证和保险 在网络的法律世界中盛产了很多其他的恶魔。即使你只是一个志愿者，在危机干预热线中你需要有专业责任保险吗（Jones & Stokes，2009，pp. 141-142）？当你通过州立或者全国性热线进行治疗时发生了什么？你需要那个州或者国家的证书吗，而如果某个人在你的监管下自杀或者杀人了，可能会发生什么呢？你知道如何确认你的数据是加密的吗？你知道如何用密码来保护你的文件吗？你知道如何安全地下载文件，如何保持下载的安全，如何将它们备份，如何以及在哪里保存它们吗？你熟悉在线治疗协会的“在心理卫生中使用科学技术的伦理框架”（Nagel & Anthony，2011b），熟悉针对灾难应答者的“在灾难中使用科学技术的伦理框架”（Nagel & Anthony 2011a），或者在你的国家使用科学技术的其他的伦理标准吗？如果你没有的话，你则无权在网络上进行咨询。

学习语言 如果你打算在网络世界工作，你不仅需要对网络技术胜任和懂行，你同样需要知道网络语言。现在我们中间到处都是“网民”！网民是指在虚拟社区中花费大量时间的人群。他们活动于网络2.0中，这是一个使用网络建立文化社区和社交网站的方法（Anthony & Nagel，2010，p. 9）。这些个体和网站充满了他们自有的语言和“网络礼仪”（文明的和适当的网络谈话规则，尤其是在与其他网民同步的时间里）。

Anthony 和 Nagel（2010，pp. 5-6）主张现实生活和网络生活不是分离的，而是越来越混合的，能证明这一点的是，数百万人的虚拟生活和现实生活是同一个世界，是一样的！对很多网民来说，他们冲浪的虚拟世界就是现实世界，因此不难看出他们如何认为网络是获得危机干预服务最可行的方式。

网络礼节

接下来描述了一些基本的网络礼节，如果你在网络上工作的话，这是你必须观察到的（Anthony & Nagel，2010；Jones & Stokes，2009）。

1. 打错一两个字，尤其是在同步的时间里，是没问题的。但有很多错误或者语法问题的马虎文字则是不行的，这表示你并不怎么关心你的来访者。
2. 表情能够帮助表达一种情绪。但它们也可能会过于可爱！在你使用它们之前，与你的来访者协商好。
3. 很多 Twitter 的使用者有他们自己的整套缩写。你需要清楚它们是什么；如果你不知道某个缩写的话，不要犹豫，进行询问。
4. 使用简单的黑色字体，让你的文字保持中立。12 磅大小的新罗马字体，很容易进行阅读，甚至有点平淡乏味。其他字体和颜色会让人有非常不一样的感受。你的来访者会通过他们使用的字体给你很多信息。
5. 当你写一些东西的时候你知道你的意思是什么。但是作为阅读这些文字的人，他们加入了自己的意思和随之产生的情绪反应（小说就是一个很好的例子）。因此在进行回复的时候要格外小心。
6. 保持冷静！使用标准的咨询答复技巧来做探索性的工作。让来访者说话。简洁的书面答复很好。
7. 让网络战争（故意写出煽动性的言论，或者曲解他人的意思）得到控制。如果你犯了一个错误，谨慎地立即道歉。如果你运作的是一个在线小组，他们需要知道限制是什么，不然他们可能会产生不恰当的行为。

通过高亮文本来增强对话性或突出显示要点，这是与网络礼仪保持一致的方法（Anthony & Nagel，2010，pp. 51-55）。从反面来说，与面对面干预相比，冲突更多地发生在在线干预里，因此似乎交流需要不断地进行阐明，这样他们就不会变得糊涂（Mallen，Day，& Green，2003）。甚至在使用表情符号（键盘符号顺时针旋转90度，看起来像脸部表情，比如 ;) 和 :(之类的），或者情绪括号，或者变异的文字格式（不同字号和字体以进行强调）时，要说清楚何时、何种程度的情绪在进行表达，仍然是很困难的。

倾向性

因为在线咨询的性质，以及在只有文档的情况下容易发生理解错误的可能性（Adlington，2009，pp. 158-159），因此倾向性是很关键的——在第一次联络时就要定调为共情、诚恳、关心、无条件积极关注的干预工作者（Jones & Stokes，2009，p. 17）。让来访者理解在网络上危机干预是如何发生的，以及它与典型的网络交流、Twitter 和聊天室语言有什么不同，这同样重要。

给危机干预中心的在线电子邮件：我是 Featherlite。我在家里有一个问题。我是一个 16 岁的女孩，我需要一些帮助。我以前从来没有这样做过。我想离家出走，因为我不能忍受我的父母因为我的男朋友而翻我的架子。我们要怎么做？你能帮助我吗？

J 医生：（即时的同步在线）Featherlite，我很高兴你给我们发了电子邮件。叫我 J 医生。Featherlite，很高兴与你认识。这是一个很有意思的网名。我很好奇。你是和羽毛一样地轻盈吗？

尽管这看起来似乎无关紧要，但干预工作者是在通过询问她的网名试图建立心理联结。

Featherlite：我猜是的。尤其在我跳舞的时候。我是

我们高中现代舞组的。无论怎样，我爸爸曾经说，在我是个小孩子的时候，他将我放在他的肩膀上，但是似乎被卡住了。现在，一提起他，我只想将他丢下埃尔南多·德·索托大桥。

J 医生：好的。我很愿意阅读你说了什么。注意我说的是“阅读”，因此这与倾听是有所不同的。这里有一些不同的规则，我想和你一起梳理一遍，这样事情就不会乱套。首先，我们不能看到彼此，所以很多被认为是非语言的交流不会发生。同样我不能了解你的声音和语气，你也不能了解我的。我们可以使用表情符号来传达一种表情，我会使用括号、粗体字和其他一些方式来表示清楚我听到了什么和询问了什么，这样就有一些能通过使用计算机来表达意思的方式，但是仍然有很多相互误解的可能，我不希望这些发生。我不会过多地在意拼写错误或语法问题，尽管我可能会向你询问以弄清楚一些事情，如果我不理解的话，你也可以向我做同样的事情。我希望我们能很清楚目前的状况，这样我不需要去猜测，或者错误地理解你的意思。因此，当我向你询问澄清的时候，请不要感觉被冒犯了，好吗？即使我们是即时工作的，我可能需要一些时间去思考你说了什么。我会使用一些圆点“……”来让你知道我还在。这样你就知道我没有停止，我在写更多的东西。如果你愿意的话，你也可以这么做。这里是危机干预网络中心，因此你不是在接受一个长期治疗。我的全部目的是让你回归平稳，这样你就能针对你的问题做出一些好的、实际的短期决定，并且去执行。如果你认为下线后，你需要更多更深入的帮助，我们可以再讨论。我将询问你一些问题，以便我能清楚地了解你的问题。我可能会对你说了什么进行复述，这样我们俩对于发生了什么能够意见一致。为了能这样做，我会剪切掉你的文字，然后用粗体字粘贴在我的回复中。如果我错了的话，请让我知道，然后我会再试一次。这样就不会再有错误了，好吗？现在，Featherlite，如果可以的话，请思考一下……然后告诉我一个主要的，会让你今晚给我们写信的问题。我确实看到你说你现在**对你的父亲非常生气**。你说“**它**”，而且“**你以前从来没有这样做过。**”你能告诉我“它”是什么意思，而你没有做过的又是什么吗？

这个开场白用来告诉电子邮件的发送者关于在线咨询如何进行，以及关于最开始的问题是什么和在最初的询问之下的潜台词是什么（Jones & Stokes，2009，pp. 14-16）。这个相当长的介绍至少给了来访者一个关于干预工作者将怎么做的草图。很多申明是用来传达干预工作者是谁、是干什么的，而且他将做或者不做什么。没有参与到这个最初的讨论可能会从一开始就使干预处于危险中，尤其是与一个从来没有参与过危机干预，更别提是通过网络来进行的来访者了。干预工作者的重点放在促使她上网寻求帮助的即时诱发因素上。

Featherlite：**呃，“它”就好比如是我的父母，你知道的。他们不让我和我的男朋友见面，Arley，他已经离开了高中校园。他们不喜欢他，因为他们认为他对我而言太老了，而且他们认为他吸毒并且想要我也吸毒，你知道的。我们今晚完全是为了这个问题。我很难过，我现在在市图书馆，然后搜索到了你的信息，我以前从来没有用过这种危机干预热线。我也没有离家出走过，但是Arley说我们可以去肯塔基州，然后可以在那里结婚而不需要我父母的同意。我现在并不想结婚。我想先完成我的高中学业，但是我爱Arley，而且我不知道怎么可以回家。我打了我妈妈一耳光，然后我爸爸又打了我一耳光，后来我就出来了。**

J 医生：所以你与你的父母发生了冲突，因为他们认为你男朋友给你提供毒品，而你那么爱他，你发现不了他们能发现的问题。对吗？*

* 此段内容原文是全字母大写拼写。——译者注

Featherlite：**你为什么大喊大叫。你听起来就好像是我的父亲。永远挑剔。你也认为我疯了吗！我就那么坏吗？也许我就该和他一起跑掉。**

J医生：哎呀，$#%$#%%！我只是不小心碰到了“大写”锁定键。不好意思。我没有大喊大叫，只是老化的关节炎手指的问题，LOL（大声笑的表情）。不，我不认为你疯了。“对吗”这个词只是想问我说的关于你的感觉是不是对的，不是你是否是对的或错的。

当来访者使用了大量的速写或首字母缩写的时候，干预工作者就要非常小心了。单词“对吗”在上面的例子中可以有很多的含义。是我们好心的干预工作者在寻求认同，还是他在暗示谁是“对的”，如果这样的话，是Featherlite、她的父母，还是别的什么人呢？因此，如果他能让事情表达得更清楚，说“我说得对吗？”，这样会更好些。

Adlington（2009，pp. 8-40）使用各种文本格式来与来访者建立和谐的关系。括号和粗体字用来表示干预工作者很用心地在倾听，并思考来访者在说什么（pp. 13-14）。使用圆点表示花费了一些时间在琢磨这个问题，而且干预工作者将会继续这个想法。

J医生：天！将我和你的父亲比较真是一个打击。让我再想想……

在面对面咨询中，很容易，或许是更容易迷失在各种废话中，因此就会有一堆的问题回到来访者身上，使来访者无法确定哪些是重要的。一个更好的办法是去思考你想要去涉及的重点问题，像Adlington建议的那样，通过粗体字直接将最中心的问题返回给来访者。

J医生：Featherlite，我有一种感觉，使你考虑要和Arley一起离家出走的，不仅仅是我听起来像你的父亲，对你的感情生活挑剔。你能想一想，告诉我在你和你父母之间长期存在的一些问题吗？我猜应该不仅仅是男朋友的问题。尽管现在**我知道最主要的问题是你想和Arley在一起，但你父母反对，这也是我们正要解决的问题。**

使用来访者自己的字体是清楚复述来访者用自己的语言说了什么的一个办法。

J医生：因此，现在看起来是你对你父母长期的苛刻很敏感，而我也犯了错误让你不安，**使得我听起来像你的父亲。**

来访者使用怎样的字体应该也是很有意思的（Adlington，2009，p. 15）。如果Featherlite除了使用Comic Sans MS字体外*，还使用了Braggadocio字体、古典Fette Fraktur字体或者书信手写设计Edwardian Script字体，你会有不同的回复吗？或者，就此而言，如果电子邮件中使用了特定颜色的文字呢？如果生气的内容以红色、紫色、蓝色或者绿色的字返回，你认为这会让你的解释不一样吗？

Featherlite：**我很生气（深红色）。他们只是嫉妒（绿色），因为他们从来没有像我和Arley一样相爱。**

J医生：好。我看到了你的感受。我有一些问题想问。我会一次问一个。首先，今晚回家的话你会觉得安全吗？

Featherlite：**我不知道。图书馆23点钟关门。我不想到时候待在大街上。**

J医生：你有朋友或者亲戚的家里能去的吗？

Featherlite：**也许我阿姨。尽管我去那里的话我父母会生气。妈妈和她妹妹相处得并不好。如果我打Arley电话的话，Arley可以过来，带我去他的公寓。他23点钟可以动身。**

J医生：你可能会不喜欢我的回答，但我觉得现在联

* 原版书中来访者主要使用的字体。——译者注

系 Arley 并不是你最好的选择。我可以将你转接到“出走者”热线。他们会为你提供到那里的交通，然后联系你的父母。另外的问题是，他们会和你以及你的父母有一个会面，并且会有社会服务参与进来。现在重要的是保证你的安全。我们可以继续写邮件，并制订出更长远一些的计划，但是我想看到你今晚有地方可以去。

Featherlite：你大概是对的。我想我可以打我阿姨的电话。

J 医生：请那样做，然后可以打危机干预热线电话或者再写邮件给我……10 分钟以后，可以吗？

Featherlite：好的。谢谢你。这很棒((((((gy)))))))) !!!（括号表示拥抱）

这个在线对话是各种形式的大多数危机干预的典型代表，但仍然有很多的例外。首先，对 Featherlite 进行分类评分是很困难的，因为在没有看到她面部表情和听到她声音的情况下，很难对她的情绪或认知给分。干预工作者根据他实际上所知的，进行一个最好的猜测。因此，默认的方式是进行一个最佳的猜测评分，而这通常会很高。事实是这是一个会在晚上独自流落在孟菲斯市大街上的16岁女孩，这使她在行为量表上得分是9，因此大多数干预工作者的措施是让她能到一个安全的地方。其次，尽管练习使得干预工作者可以不知不觉地胜任了该项技术，但是他仍然非常需要知道如何在这个新系统中进行操作和对话。此外，为熟悉应用系统，会忽略来访者的很多重点问题，就像 J 医生在敲击大写锁定键时的可怜运作协调能力。

培训需求

这个简短的对话给了你一个如何在网上进行即时危机干预工作的简单印象。这不是为了使你成为能胜任的网络危机干预工作者。同样的，阅读本书简单的一个章节也不会让你成为一个网络危机干预工作者。参与到这项工作，并使用支持性计算机程序的危机干预工作者，需要接受除了处理不可避免的技术问题和计算机小故障的培训之外，还要理解新媒体如何将传统和网络咨询一体化，后者是很关键的（Anthony & Nagel，2010，pp. 127-141）。此外，因为文化多样性和语言差异，在网络中理解应用于危机干预中的“多元文化论”是最重要的（Anthony & Nagel，2010，p. 63）。

干预工作者也需要在媒体中感觉到舒适。使用即时信息或者在聊天室中进行咨询回复，与在电话中或者面对面对话中说出它们，是完全不一样的。通过电子邮件信息内容来认识来访者处于麻烦中，与对来访者进行面对面的视觉评估是很不一样的。知道如何获得支持、使用转介服务以及克服巨大地理距离问题以联系紧急服务，是最为重要的。更为重要的是在做前述这些事情的时候获得督导（Anthony & Nagel，2010，pp. 127-141）。最后，工作者需要教会来访者知道什么是网络咨询，什么是能或不能为他们做的，并获得他们的知情同意（Castelnuovo et al.，2003；Maheu，2003；Ragusea & VandeCreek，2003）。

虚拟现实

如今很多计算机程序能执行评估和自我心理教育的功能，而且似乎是有效和可靠的。计算机技术在网络咨询中的另外一个潜在用途是模拟虚拟现实、与之互动。各种各样的计算机程序被测试用来处理惊恐发作、恐怖症、焦虑症、抑郁症、强迫症、成瘾行为、创伤后应激障碍、性功能障碍、进食障碍、肥胖症、躯体康复、人际交往缺陷和精神分裂症幻觉。据报道，他们能被来访者高度接受，而且效果堪比从面对面治疗师处获得的帮助（Glantz，Rizzo，& Graap，2003；Golomb et al.，2011；Meyerbroker & Emmelkamp，2010；Murphy，2003；Parsons，2010；Reger et al.，2011；Rinck et al.，2010；Riva，2003；Tortella-Feliu et al.，2011；Wuang et al.，2011）。

可能这些方法最有意思的是创造了一个虚拟现实的环境，来访者可以通过计算机的现实仿真，暴露于各种各样的情境中（Glantz，Rizzo，& Graap，2003；Riva，2003）。二次人生是一个虚拟现实社区，表明这样的附加计算机治疗是成功的（DeAngelis，2009；Sutano et al.，2011）。来访者可以选择他们的头像、设置家务管理、从他们的网络治疗师处获得帮助和任务，尝试新的行为，并看是否有效。这不需要太多的想象力发散，就能看到这些项目如何用来放松、平静和平息那些因为地理距离不能接受即时帮助的来访者。任何你能在现实生活中做的事情也都能在二次人生中做（Robbins & Bell，2008），这使它成为一个能安全试验新技能和行为的优秀媒介。

电话和网络咨询的法律、伦理和道德问题

最基本的是，在远程行为健康和网络咨询中，关于研究和方案的发展还有很多事情需要去做。当然，任何进入到这个领域的危机干预工作者或机构，都需要知道专业的伦理标准，以及州或联邦政府的规定和法律。来访者身份识别、来电阻截和来电追踪技术的发展，给电话危机干预提出了一些复杂的法律和伦理难题。通过能筛查和识别来电的技能而拒绝为麻烦来访者提供服务是对的吗？更多的在于，考虑到电话服务的匿名性带给来访者的期望和安全感，使用这些技术来执行警告的职责，可能会违背保密性原则。在卷入到法律程序中时，其他机构能查询这些热线的记录吗？由于他们知道可能与谁共事和他们可能说过什么的信息，热线工作者应该对他们的行为负有民事或刑事责任吗？

因为很多电话热线工作者是志愿者，他们接受了最少的培训，而且他们所工作的机构不受州或联邦政府的监督或立法的约束（Seely，1997a，1997b）。这些问题与如何在伦理上正确使用这些新技术的问题混合在一起。目前没有针对这些困难的明确答案，但是这些问题必须要在各级政府中、尤其是在提供这些服务的机构中提出来处理。

由于这些前文的警告，危机干预工作者有一个很明确的伦理责任，尤其是当干预工作者正好在一个有“校园咨询师”守门的房间内工作时：懂得电子技术是一个绝对的伦理责任，因为这是你的原住民居住的土壤。

电话和网络干预有效吗

任何治疗努力的本质内容是它是否有效。最起码，在这个匿名的电子世界，进行严格控制结果的研究是困难的。考虑到大量的危机干预工作者都是志愿者，确定干预的专业和熟练水平同样是个问题。但是，已有研究对很多电话和电子服务的使用者进行了抽样调查（Evans et al.，1986；Mishara et al.，2005；Padach，1984；Reese，Conoley，& Brossart，2002，2006；Rhee et al.，2005；Tolmach，1985；Wark，1984）。总的来说，他们一致地认为电子危机干预是有帮助的，而且一些人表示，与面对面咨询相比，他们更喜欢电子危机干预。问题仍然是：电话和网络咨询工作有用吗？无论是志愿者在危机热线中工作，还是专家为他们自己的客户服务，答案都是“是的”。

从几乎永远存在危机的个人问题抽样来看，这似乎更加确定。举几个例子来说，在对自杀（Rhee et al.，2005）、癌症（Marcus et al.，2010）、抑郁（Mohr et al.，2008）、赌博（Shandley & Moore，2008）、HIV 阳性（Cook et al.，2009）和无能或虚弱的躯体残疾（Dorstyn，Mathias，& Denson，2011）的对照研究和元分析中，全部都得出了在人格维度、应对机制和积极行为适应与改变等方面的普遍正性效果。电话干预可以帮助你从沙发中起来、进行锻炼、吃蔬菜，并获得每日所需的纤维素（Eakin et al.，2007）。

小 结

电话咨询和网络咨询占据了目前世界上大部分的危机干预工作。通常，地方性危机干预热线针对所有种类和类别的来电，而全国性热线针对特定的特殊问题，如离家出走。有时间限制的特殊危机干预热线会在重大灾害后立即创建。这些服务主要雇用志愿者，从拨打热线的来访者角度来看，他们通常都是有效的帮助者。但是，也有一些麻烦来访者会困扰危机干预热线。一些来访者会使用危机干预热线满足他们自身的性要求。其他的会因为自己的孤独而不断拨打并占用电话线。

网络危机咨询在未来的危机干预中毫无疑问将发挥很大的作用。关于它的使用和伦理安全保证的很多问题应该属于网络危机咨询的一个部分，仍然没有答案。但是，专业协会，如美国咨询协会、美国国家注册咨询师委员会和最近新成立的国际心理健康在线协会，都在为这个新生事物的发展而努力。

总的来说，电话和在线服务的使用对消费者有利，因为它们迅速、方便、可及、便宜、匿名、有效，而且实证研究的证据也支持消费者的观点。

（刘慧铭　译）

第二部分

特定危机的处理

进入“战场”

第二部分注重对人类经历中最为主流的几种危机类型进行危机策略的应用。第二部分的目的是向危机干预工作者提供关于背景、动力学、干预方法论等方面的信息，使其能在不同种类的危机中有效地帮助个体或者团体。

第二部分包含了大量针对不同危机的案例说明，不仅是为了加强对我们已经接受且常用的干预策略的描述，而且也涉及了很多富含创意和尖端的干预策略。确实，有些策略是饱含争议的，但是它们又有了足够的治疗“恶名”并获得了一些初步的研究，因此值得纳入。第二部分讨论了创伤后应激障碍、自杀、性侵害、家庭暴力、物质成瘾、个人丧失和校园危机。有三个中心思想贯穿了这几个章节：

1. 一些危机是暂时的，一些则属于危机转移。在第二种危机下的个体可能会日益经历严重的问题，既无法处理，也无法压抑，进而在很多年里因为同样的危机体验到并表现出反复的反应和症状。
2. 没有一种单一理论、假设、策略或者程序适用于所有危机情境：相反，在应对种类繁多的危机问题和环境时，我们倾向于推荐一种系统的、折中的方法。在这些章节中呈现的技术，在特定的环境中，对于特定的来访者来说，它们是“最好的一搏”，但不是唯一的“一搏”。它们是为了向你介绍不同的方法和情境，让你可以开始形成一个属于富有成效的危机干预工作者自己的“格式塔”。
3. 危机干预以富有弹性和流动性的情境为标志，可能在几秒或者几分钟内就从非常温和的情境变换到非常暴力的情境。很多案例说明都为这种动力学特征做了示范，这样你也就知道危机干预工作者必须怎么做才能迅速有效地反应了。

第 七 章

创伤后应激障碍

第二部分将首先讨论创伤后应激障碍（Posttraumatic Stress Disorder，PTSD），这是心理健康工作者及其服务对象都可能遇到的更为常见的危机类型。之所以从 PTSD 开始，是因为本书中介绍的很多其他危机可能都来源于 PTSD。例如，自杀（Chu，1999；Kramer et al.，1994）和物质滥用（Ouimette，Read，& Brown，2005；Read，Bollinger，& Sharansky，2003）可能就是人们努力应对创伤的最终结果。另一方面，强奸、性虐待、斗殴、丧失、身体暴力、绑架、自然和人为的大规模灾难都可能引发 PTSD（Ackerman et al.，Bigot & Ferrand，1998；Darves-Bornoz et al.，1998；Davis et al.，2003；Elklit & Brink，2004；King et al.，2003；Lang et al.，2004；Melhem et al.，2004；North，2004；Pivar & Field，2004）。最后，PTSD 样的症状可见于处于危机当中的人，他们试图减轻心理上和躯体上的痛苦（Figley，2002；Halpern & Tramontin，2007；Pearlman & Saakvitne，1995）。本章将重点介绍创伤对幸存者造成的长期影响，而急性悲伤和急性应激障碍将在其他部分讨论。

这一章很长，你可能需要中途休息一下才能看完。我们尽力精简，使“所有这些内容”不仅对于你理解 PTSD 是什么，还对于了解在其他危机和转危机问题的治疗中发生了什么，都是至关重要的背景知识。本书1987年第一版对 PTSD 的认识与现在有很大的不同——尤其是神经生物学，它如此复杂地参与表达人类各种各样的创伤性反应。这种差异就像用鹅毛笔、墨水池和古本手卷写作，与用苹果雷电接口、OSX Lion 操作系统和高速打印机 / 扫描仪 / 传真机进行文字处理的差别一样。所以请忍耐一下！如果你弄懂了这一章，就能更好地理解其他章节，并明白“所有这些内容”是如何相互联系的。

背景

心理创伤是个体遭遇一种急性的、压倒性的威胁性事件所引发的心理过程（Freud，1917/1963）。当威胁性事件发生时，心理的内部处理系统对威胁体验所致的混乱后果失去了控制能力，于是出现心理失衡。创伤摧毁个体的心理支柱，它建立在对过去已经发生的和对现在应该发生的某种安全感之上（Erikson，1968）。当创伤性事件以与个人以往的经验完全不同的形式发生，且个体的心理不能有效地回答这是如何发生、为何发生以及有何意义等基本问题时，危机就产生了。危机事件唤起的创伤性症状包括即刻且生动的再体验、过度唤醒和回避反应，这些都是 PTSD 的常见症状。事件促使个体进入一种创伤状态，它会一直持续到需要在心理上对创伤性事件进行重新认知、分类和理解的时候。此时，而且仅在此时，心理才能重新恢复平衡（Furst，1978）。危机之后即时发生的典型反应可引发被称之为围创伤期（创伤前后，或类似创伤）的症状。这些是人们尝试重新组织心理状态和应对恐怖事件时常见的反应。对很多人而言，这些反应会在数天后逐渐消失。大部分人会在危机余波中神奇地恢复，并且迅速回到心理和身体的平衡状态。但是，在创伤性事件发生后的一个月之内，如果这些症状持续至少两天以上和最长四周以内，时间上就符合急性应激障碍的诊断标准（American Psychiatric Association，2000，p.469）。如果急性应激障碍的症状继续发展，对大多数人而言，通常会在一至三个月内减弱或消失（Brewin，2003）。

如果个人能够将创伤有效地整合到意识觉察的水平，并将它整理成过去经验的一部分（尽管这一事件可能是不愉快的），这样心理平衡就会恢复，问题也迎刃而解，个体也将继续探索人生的艰难历程。如果创伤性事件没有得到有效地整合，而是沉入觉察之下的无意识当中，那么最初的应激事件极有可能将持续困扰个人并导致慢性创伤后应激障碍。创伤也有可能从意识觉察中消失，并在事件发生数月或数年之后以各种形式的症状再现。当这种危机状态由起始的未解决的应激事件再现所导致时，称为延迟性创伤后应激障碍（American Psychiatric Association，2000，p.468）。

与将要讨论的其他危机相比，PTSD是一个新的概念，至少在官方记录中是这样。1980年，PTSD作为一种可独立分类并确证的精神障碍出现在美国精神医学学会的《精神障碍诊断与统计手册》（第三版）（Diagnostic and Statistical Manual of Mental Disorder，DSM-Ⅲ）中。然而，早在19世纪末至20世纪初，医疗机构就注意到并诊断出了PTSD。

对此有两件个标志性的事件：第一，随着铁路运输和火车事故的出现，内科医师和早期的精神科医师开始遇到事故中的幸存者，他们有心理创伤而没有明确的身体损伤。铁路事故中的这类幸存者如此之多，以至于“铁路病（railway spine）”成为人们所接受的诊断名词。在心理学中类似的概念被称为“代偿性神经症（compensation neurosis）”用以描述因这类事故所致，并由保险公司赔偿的病弱状态（Trimble，1985，pp.7-10）。

与此同时，弗洛伊德以“癔症性神经症（hysterical neurosis）”描述他所研究的维多利亚时代的年轻女性创伤个案。他记录的症状有：拒斥、否认、压抑、情感回避、与创伤有关的强迫性重复和创伤情绪体验的反复再现（Breuer & Freud，1895/1955）。然而，弗洛伊德将这些女性的歇斯底里的创伤根源归结为普遍存在的童年期性虐待，他的发现和学说触犯了清教徒式的维多利亚社会，因此，他被迫否认并随之舍弃这一发现（Herman，1997，pp.13-17）。

第二，在第一次和第二次世界大战中，使用火力强劲的大炮和空中轰炸的现代战争出现了，诸如“炸弹休克（shell shock）”和“战斗疲劳症（combat fatigue）”等术语被用来解释无明显身体损伤的士兵的心理创伤状态。早在美国独立战争时期，就有士兵被诊断为“神经衰弱（neurasathenia）”，指一种心理和躯体的耗竭状态。此病也被称为“士兵的心脏（soldier's heart）”，因为人们相信战争以某种方式影响了心脏的神经。“思乡病（nostalgia）”这一术语也被创造出来，它在当时被认为是一种应激障碍。它是指士兵们变得想念家乡，并因此开始出现各种各样的躯体症状，从而可以使他们从战争中解脱出来回到家乡（Kinzie & Goetz，1996）。为解释这种奇怪的疾病，人们提出了如前所述的各种假说（Trimble，1985，p.8），但是弗洛伊德（1919/1959）认为“战争神经症（war neurosis）”更适合用于描述这种疾病，它是一种情绪障碍，与第一次世界大战中流行的基于神经病学的“炸弹休克”这种医学疾病无关。

在第二次世界大战及朝鲜战争中，美国医疗队逐渐认识到“战斗疲劳症”是一种可治愈的心理困扰。由于“战斗疲劳症”总是急性起病，因而其治疗最好尽快并且尽可能靠近前线实施。这种指导思想是为了尽快解决问题以恢复战斗力。当时盛行的观点是“时间可以医治一切创伤”，因此不太关注创伤的长期影响。但事实并非如此（Archibald et al.，1962）。然而越南战争退役军人服务中心的著名创建者Arthue Blank就不无悲伤地感慨，当年作为越战的军队精神病学家，他也曾认为越战退役军人不会存在长期的问题（MacPherson，1984，p.237）。

尽管自然的和人为的灾难能够也确实会带来PTSD，但是正是越南战争才使得专业人员和公众对PTSD有了清晰的认识。越南战争中所遭遇的环境和事件在美国军事史上是前所未有的，从战争中返回的退役军人开始出现各种各样的心理问题，而在当时盛行的心理学文献中，几乎没有相应的分析和治疗可供参考。战争环境和事件产生的潜在和长期的后果不仅显著地影响到患者，也影响到治疗他们的专业人员。误诊、误治和误解普遍存在，这使得军队服务人员变得为各种社会服务部门如警察局、精神卫生机构和失业服务处所熟知（MacPherson，1984，pp.207-330，651-690）。

随着战争的进行，越来越多的退役军人开始出现心理问题。遭到退役军人管理局的漠视后，这些退役军人组成自助团体以尝试对其心理问题进行谈判。这些"申诉"小组很快联合起来并形成一股政治力量，迫使联邦政府着手解决他们的问题。他们的游说取得的一个重要成果就是越南战争退役军人服务中心的建立，被疏离的退役军人可在此寻求帮助，以解决各种再适应问题。心理健康专业人员组成的非正式网络对退役军人产生兴趣，开始将其症状予以分类，并将其与Kardiner（1941）的有关战争神经症的研究相对照。在回顾临床治疗记录之后，他们归纳了越战退役军人的"创伤性神经症"的27种最常见症状（van der Kolk，Weisaeth，& van der Hart，1996，p.61）。有意思的是，许多身体或躯体主诉与大量可追溯的美国内战联合会退役军人的医疗记录档案研究中的症状类似（Pizarro，Silver，& Prause，2006）。

与此同时，随着女权运动的发展，研究者着眼于遭受家庭暴力、强奸以及儿童期虐待后出现的心理问题。他们发现这些遭受家庭内部侵害的个体出现了与越战退役军人非常相似的问题。研究者再次发现80年前被弗洛伊德发现并摒弃的观点：身体和性侵害的受害者遭受心理创伤的长期影响（Herman，1997，p.32）。这些不同的研究方向最终归结一处，即把"越战退役军人综合征""强奸创伤综合征""童年期受虐综合征"和"被殴打女性综合征"组合为1980年美国精神医学学会的DSM-Ⅲ的一个诊断类别——创伤后应激障碍（van der Kolk，Weisaeth，& van der Hart，1996，p.61）。

尽管越南战争对你来说可能不过是高中历史课本中仅供参考的内容，不过是华盛顿的一座纪念碑，或者是仍然患着战斗疲劳症、扎着马尾戴着头巾的年迈疯癫的哈罗德大叔，但是，对于任何致力于心理健康的工作者而言，战争遗留的影响是在提供（或缺乏）心理健康服务时应当学习的重要一课。因此，从越战中学到的心理学课程为本书第七版中讨论PTSD的部分仍然发挥着重要作用，并且在军队服务和退役军人管理局当前的治疗项目中占有很大比重。我们应该清醒地认识到，战争所致的创伤使得近100万退役军人中的很多人曾经或者正在罹患PTSD，即使已经过去40或50年，战争对于今天的他们来说仍如过去一样的真实（Price，2011）。对于这些正在老龄化的越战退役军人，情况或许更加严重。越来越多的证据表明，从二战和朝鲜战争退役的军人，随着年纪越来越大，已经出现创伤后症状的延迟性发作或者不断恶化。衰老、走向死亡以及随之而来的社会支持丧失、健康问题增加、身体和心理机能衰退以及经济困难，似乎都使得退役军人面临更多的危机（Aarts & Op den Velde，1993，pp.359-374；Hamilton & Workman，1998）。如此看来，随着这一人群的老龄化，处理越战遗留问题对于心理健康专业人员来说仍然任重而道远。

也许更不乐观的是，发生在伊拉克和阿富汗的战争与越南战争有着可怕的相似。这两场战争都没有前线，敌人伪装在普通人群中，在场的每一个人都可能对战斗至关重要。因此，士兵在值班的整个时段，必须全天候地持续保持警戒。暴露于战斗的程度是预测PTSD的主要因素之一（Miller et al.，2008；Smith et al.，2008）。

这两场战争有两个主要的不同点。迄今为

止，公众普遍支持军队，而在越南战争中却非如此。支持性团体对任何危机都是非常重要的，而这一点对于日益不得人心的战争来说尤为重要。对归国部队缺乏支持和彻底的痛恨是导致越战退役军人罹患PTSD的主要因素。然而，目前两场战争中的武装力量都是志愿者而非年满18岁的应征入伍者，在战斗行动中有人数众多的预备队，并且在参与直接战斗行动的女性数量上也有巨大差异。海湾战争的初步报告显示英国后备军较常规参战的退役军人心理弹性差（Hotopf et al., 2006）。这就意味着后备军和女性更可能发生PTSD。初步结果显示，从伊拉克和阿富汗返回的退役军人研究样本中，有19% ~ 44%存在心理健康问题（Hoge, Auchterlonie, & Milliken, 2006；Lapierre, Schweigler, & LaBauve, 2007）。

PTSD的动力学原理

诊断分类

PTSD是一类复杂且不易诊断的心理障碍。按照DSM-IV-TR（American Psychiatric Association, 2000, pp.463-468）标准，确诊PTSD必须具备以下条件和症状。

第一，个体必须曾经暴露于创伤，其遭遇的创伤事件可能造成死亡、危及生命或严重损伤，或者威胁到自己或他人的身体完整性。例如军事战斗、身体或性虐待、绑架、被劫持为人质、严重车祸、地震和龙卷风、战区难民、集中营拘禁以及生命垂危的疾病等。个体对创伤的反应是极度害怕、无助或者恐惧。因此出现创伤事件之前所没有的持续性焦虑和警觉。

第二，个体以下列至少一种或多种方式持续体验创伤事件：

1. 反复出现和闯入的创伤事件痛苦回忆；
2. 反复出现创伤事件的噩梦；
3. 包括清醒或朦胧状态的闪回发作，可能包括所有类型的幻觉或错觉，导致个体脱离当前现实，宛如事件再次发生；
4. 暴露于类似或象征创伤事件特点的内部或外部线索时产生强烈的心理痛苦；
5. 暴露于类似或象征创伤特点的事件时产生生理反应，比如经历过龙卷风的个体在每次暴风雨来临时猛烈地颤抖。

第三，个体持续回避至少三项以下刺激：

1. 试图回避与创伤有关的想法、谈话或感受；
2. 努力回避能唤起创伤回忆的活动、人物或情境；
3. 不能回忆创伤的某些重要方面；
4. 对重要活动的兴趣显著减弱；
5. 与他人在情感和社交上感到疏远和隔离；
6. 情感麻木导致情感范围受限；
7. 感觉前途暗淡，比如无法工作、结婚、生子或活到平均寿命。

第四，个体持续存在创伤之前所没有的神经系统高度觉醒的症状，至少存在以下两项：

1. 难以入睡或保持睡眠；
2. 易激惹或爆发愤怒；
3. 难以集中注意力；
4. 经常戒备无现实基础的真实或想象的威胁（高度警觉）；
5. 对微小的或非威胁性刺激反应夸张。

第五，这些困扰导致临床明显的痛苦，或损害社交、职业或其他重要生活领域的功能。例如不能维持工作、婚姻破裂或成为物质滥用者。上述症状必须持续一个月以上。

PTSD并不限于成人，儿童也会罹患PTSD并表现出与成人相似的症状，却又存在明显的不同。首先，儿童会表现出无序或焦虑的行为。儿童通常不会有既往经历再现的感觉，却可能通过重复的游戏来再现创伤。对创伤事件的噩梦可能变为更一般化的梦，即梦到怪兽或拯救他人。儿童看待未来的视角常常包含自己将永远长不大的信念。他们可能认为自己能够看到将来或者能预见不祥事件。也可能出现创伤事件之前所没有的头痛和胃痛等躯体症状（American Psychiatric Association，2000，p.466）。

复杂 PTSD

如果“患有”PTSD 还不算太糟糕，那么由于长期密集的创伤可导致明显的人格改变，使得许多权威的研究者和实践者要求增加一个称为“复杂 PTSD（Complex PTSD）”或“无另作规定的严重应激障碍”（disorders of extreme stress not otherwise specified，DESNOS）诊断类别（Briere & Scott，2006；Courtois & Ford，2009；Herman，1997，p.121；van der Kolk，1996b，pp.202-204）。为获得这个诊断类别所付出的努力至今未得到官方认可，但是三个核心症状，如躯体化（身体不适、有关的疼痛和功能受限），分离（人格分离成一部分用于执行日常功能，而另一部分退行并且固着于创伤）和情感失调（在冲动控制、注意力和意识、自我知觉、对肇事者的知觉、与重要他人的关系以及生命意义系统等方面的变化）（Courtois，Ford，& Cloitre，2009，pp.85-86），所有这些都远远超越“单纯的”PTSD 的诊断标准。

DESNOS 类别打开了心理不幸的潘多拉魔盒，这些不幸包括没有能力调节感受、自杀和自我毁灭行为、冲动和冒险行为、愤怒管理问题、对现实的失忆或分离、以各种生理形式呈现的躯体症状、从逐渐丧失的内疚感到持久的不能有效应对生活的慢性人格改变、对创伤肇事者采取歪曲和理想化的观点、不能信任他人、虐待及受虐倾向以及对早先持有的“公平公正”世界之信念的绝望和无助。诊断为 DESNOS 者的典型例子是长期暴露于战斗的人、在儿童期长期遭受性或身体虐待的成人和集中营的幸存者。无论单纯或复杂，应该非常明确的是，PTSD 是一种极端严重的状态，而 DSM-IV-TR 诊断标准并未描绘出 PTSD 的全部后果和影响，它们困扰患者并波及其生活中的重要他人。

诊断问题

PTSD 的特点是存在各种各样的适应不良行为，因此，PTSD 患者同时伴有焦虑、抑郁、器质性精神障碍以及物质使用的情况并非罕见（American Psychiatric Association，2000，p.427）。事实上，更为常见的可能是共病（符合两种精神障碍的诊断，比如抑郁症和物质滥用）（Spinazzola，Blaustein，& van der Kolk，2005）。此外，由于主要症状的特异性差，PTSD 可能与适应障碍、偏执障碍、躯体化障碍和人格障碍相混淆（Herman，1997，pp.116-117；Zanarini et al.，2003）。PTSD 的典型特征之一就是总有并发症，尤其是酒精滥用（Reynolds et al.，2005；Thaller et al.，2003）。也就是说，个体在接受治疗的过程中，最初可能被诊断为其他心理疾病。几乎没有单纯的 PTSD 案例，并且几乎没有症状是 PTSD 所特异的（Atkinson，Sparr，& Sheff，1984）。

因此，不管诊断是什么，危机干预的评估应当总是尝试确定是否有创伤暴露在先，尤其当危机似乎是在没有直接的明确刺激参与的情况下自然发生时。

与先前已存在的精神病理学相关的问题

由于各种政治和社会原因，我们的社会没有也未曾把战争、家庭暴力或其他人类残酷行为的受害者视为有心理疾病。早先向退役军人管理局附属医院寻求帮助的越战退役军人就常常被误诊，或被认为原先就具有心理问题或人格障碍。结果是官僚和僵化保守的精神卫生机构对他们再次造成伤害，在心理受伤之上又增加心理上的侮辱（Ochberg，1988，p.4）。家庭暴力受害者也是如此，常常被认为人格上有受虐倾向，即在其潜意识里享受躯体攻击（Herman，1997，p.117）。这些来自所谓“关爱的”专职机构的再次伤害和侮辱，成倍地加重创伤幸存者的问题。

有证据表明遗传因素可影响 PTSD（American Psychiatric Association，2000，p.466）。确实有一些有精神病史的人在压力之下要比其他人更易精神崩溃（Norris et al.，2002；Ullman & Siegel，1994）。此外，根据创伤次数和量级可预测发生 PTSD 的高危性（Norris et al.，2002；Shalev，

1996，p.86）。遭遇轮奸、拘禁于集中营、持续的儿童期虐待、失去亲人或者长期在前线战斗的人，罹患 PTSD 的风险要比经历过父母的一次体罚或是一次无人员伤亡的车祸的人高得多。除此之外，教育程度低、经济状态差、家庭人口多、性别（女性风险更高）、年龄（发生创伤事件时年龄越小）、婚姻状况（未婚）以及缺乏家庭支持都被视为是 PTSD 的成因（Jovanovic et al.，2004；Myers & Wee，2005；Norris et al.，2002；Suar & Khuntia，2004；Wilson，Friedman，& Lindy，2001）。

然而，没有绝对的因素可以确定是这个人而不是那个人会患 PTSD。Brewin（2005）发现，尽管存在很多 PTSD 的危险因素，但是其影响尺度很小并且依创伤的性质而变化。满足适当条件的情况下，似乎任何人都可能患 PTSD。几年前，一个拥挤旅馆的混凝土路面坍塌事件为怎样的创伤事件可导致 PTSD 提供了典型例证。收集到的数据资料提示，很少有幸存者在美国堪萨斯城凯悦酒店的人行天桥灾难发生前存在人格障碍；而在事件发生六个月之后，许多人出现了 PTSD 的各种主要症状（Wilkinson，1983）。Whitt（1989）对罹患 PTSD 的火灾受害者的研究也发现了同样的结果，绝大多数患者先前并没有精神疾病史。

对于谁会而谁不会出现 PTSD 最具概括性的资料首推 Grinker 和 Spiegel（1945）对二战退役军人的研究。他们推断，一个人不管有多么强壮、正常或稳定，如果压力强度超过了该个体的承受力，就会出现“战争神经症”。人们也应该清楚地认识到 PTSD 不受文化限制。虽然不同文化之间关注的主题存在多样性，但是大量证据显示 PTSD 对所有人而言是一种跨文化的普遍现象（Brewin，2003；Marsella et al.，1996）。总而言之，PTSD 的易感性受以下几种因素影响：遗传素质、生态因素、个人体质、人格结构、以往生活经历、心理状态、文化产物、事件发生时的发育成熟度、精神信仰、创伤发生前后的社会支持系统以及创伤事件的内容和强度（Brewin，2003，2005；DeVries，1996；Furst，1967；Green & Berlin，1987；Halpern & Tramontin，2007；Kaniasty & Norris，1999；Norris，et al.，2002；Shalev，1996；Wilson，Friedman，& Lindy，2001）。

生理反应

过去的15年里，为数众多的心理生物学研究最终显示，创伤以各种方式影响个体的身体状况。研究者发现神经递质、激素、脑皮质区以及神经系统在 PTSD 中的作用比以前所认为的重要得多（Bremner et al.，1995；Copeland，2000；Malizia & Nutt，2000；Rothschild，2000；van der Kolk，1996a；Vasterling & Brewin，2005；Yehuda，2000）。这种理论的基本观点是，与其说大脑是一个“干燥”的神经计算机，不如说更像一个“湿润”的激素腺体（Berglund，1985）。

当一个人暴露于严重压力下时，神经递质、神经调质、激素、内源性阿片肽以及处理紧急事件的特定皮质的功能被激活（Grinker & Speigel，1945；Santa Ana et al.，2006；Selye，1976；Siegel，1995；Van der Kolk，1996a，pp.215-234；Vermetten & Bremner，2002）。即使创伤事件中止使得人们脱离了危险，并且不再需要机体发挥应急功能，但是，如果压力持续存在，神经系统可能继续以一种振奋和活跃的状态运作，就如同紧急状态依然存在一样（Burgess-Watson，Hoffman，& Wilson，1988；Van der Kolk，1996a，pp.214-234）。

此外，有证据表明强烈而持久的应激可导致脑部永久生理性改变（Copeland，2000；Malizia & Nutt，2000；Vermetten & Bremner，2002）。这种生理性改变非常重要，因为它们不仅在创伤事件之后使得个体长期处于躯体和心理威胁之下，也有助于解释为何人们无法克服 PTSD。

Bremner 及其同事（1995，1997）以及 Gurvitz，Shenton 和 Pittman（1995）就应激影响记忆的神经解剖基础进行研究并综述，发现参战退役军人的大脑中负责外显记忆编码、记忆巩固和组织的海马区显著变小，如同 Stein 及其同事（1994）在遭受严重的儿童期性虐待的女性中的发现。尚不清楚是海马变小导致 PTSD 还是 PTSD 导致海马变小。然而，Astur 及其同事（2006）比较 PTSD 实验组与非 PTSD 控制组的研究，支持了这些海马活动减少的发现。

大量的心理生理学评估证据表明，将与久远的创伤事件有关的图景、声音和气味等刺激呈现给 PTSD 患者，会立即过度驱动神经内分泌系统从而引发生理反应，如心率、血压、甘油三酯和胆固醇水平升高，以及皮肤、胃肠道和肾脏的血流减少等。给对照组呈现相同的刺激并未引起这些心理生理反应（Lating & Everly，1995）。

依赖于情感状态的记忆

现在已有非常明确的证据表明生理变化会发生在创伤出现之时（Briere & Scott，2006），并且在创伤变得持续和复杂时加重（Ford，2009）。创伤刺激引起的生理功能改变是 Bower（1981）的“依赖于情感状态的记忆”假说的重要基石。Bower 认为，由于创伤事件是在完全不同的生理（心率增快、肾上腺素分泌增加）和心理（极度恐惧、震惊）状态下被储存在记忆中的，因此，不同的情绪状态显著干扰对事件的特殊线索的回忆。Karl，Malta 和 Maercker（2006）的元分析支持这一假说，即 PTSD 伴随着记忆加工的改变。因此，为减轻焦虑而需要暴露的重要记忆成分在未被唤醒的状态下无法提取（Keane et al.，1985，p.266），而只有当环境中的线索重新引发类似的唤醒状态时才能被记起（Keane，1976）。确有证据表明，在个体处于应激情境时，会释放诸如去甲肾上腺素之类的神经递质，导致回忆以往创伤事件的病理性反应。而个体先前对此并无记忆（Bremner et al.，1995）。

相反，在持续应激期间过度分泌的内源性阿片肽可导致对创伤事件的经典性分离、麻木和遗忘（Van der Kolk，1996a，p.227）。因而那些让 PTSD 患者“忘掉过去”或采取“更好、更积极的态度”的观念可能对患者来说效果甚微（Keane et al.，1985，p.266）。这种假说对 PTSD 治疗具有重要意义，特别是可以让来访者尽可能接近创伤事件本身。这些神经病学上的改变对儿童而言更为不利。

儿童和神经病理学

早期经历过创伤事件的儿童，发生神经病理学改变的可能性更高（Lewis，2005）。如果创伤事件发生在早期发育阶段，大脑的功能从好奇的、探索的学习模式转变为反应的、防御的生存模式。当儿童大脑的应激反应生存系统过度运作时，学习系统将会退居二线。结果是一系列正常的发育活动被搁置，导致社会和教育环境方面潜在的灾难性后果。简而言之，儿童大脑的操作系统受到损害。

损害发生在三个方面：情感调节异常，其特征可能是情感空虚或持续沮丧；分离，表现为定向力异常和意识混浊；高度唤醒，即生理上心力交瘁到耗竭。如果创伤来源于照顾者（他们应该滋养儿童大脑的学习系统而非激活生存系统），那么发生这些毁灭性结果的可能性将大大增加（Ford，2009）。在本章后面和第九章“性侵害”中你将了解这些神经病学改变的某些特点。这些将使你能够理解为什么治疗儿童期 PTSD 和儿童期创伤幸存者是如此困难，以及为什么危机转移状态对于这些个体而言如此普遍。

发病率、影响及创伤类型

发病率

如果 PTSD 伴随我们已久，那么是什么使得它最终表现出来并造成如此深远的影响呢？流行病学研究显示，美国普通人群的终生发病率约为 8%（American Psychiatric Association，2000，p.466）。因此，普通事件引起 PTSD 的可能性相当小。经历创伤事件后，PTSD 的平均发病率约为 20%（Norris et al.，2002）。但是，当研究锁定在特定的高危人群，比如青少年、青年、从事危险职业者、性虐待受害者、严重烧伤患者、精神病患者以及难民时，PTSD的发病率要高得多（McFarlane & de Girolamo，1996，pp.129-154）。典型的高危人群是越战退役军人。越战退役军人中存在某种人格障碍者的数量可能会远超预期。据估计，有26%，即96万越战退役军人曾患有PTSD（Kukla et al.，1990）。具有严重心理问题的退役军人人数如此之多，已让人无法忽视。

残留影响

人们对其信念的基本假设，比如这是一个充满意义的和可理解的世界、自己是不易受损害的和积极向上的自我观念，在很大程度上决定了他患PTSD时的个人表现（Figley，1985b，pp.401-402；Kaniasty & Norris，1999）。即使是最完美的人，他具有超凡的应对能力、良好的理性和认知行为模式以及积极的社会支持系统，创伤事件的残留影响仍会存在。一位退役的美国海军陆战队上尉的经历是创伤后残留效应的典型例子，他在1968年作为一个步兵目睹了越南战事的蔓延。他的叙述充分说明，一个心理健全、工作稳定、夫妻同心、家庭和睦、总体上享受生活并憧憬未来的人，也会存在创伤事件的残留影响。

Chris：那是一个夏天的晚上，我下班回家已经很晚了。孩子们决定沿着小溪在树林里野营。一场暴雨即将来临，于是我决定去看看他们是否已搭好帐篷准备过夜。这时雨已经开始下起来了，电闪雷鸣，大雨如注，我穿好雨衣，拿着手电筒，穿过马路，走进树林。我没有想到孩子们已经在约200米远的地方安营扎寨。我是在这片树林中长大的，对它了如指掌。

但是，当我一走进树林，事情变得有些不可思议和杂乱无章了。我马上想到的是："离开这条小路，否则你会使整个排覆没"。我从这条小路上退了出来，并沉浸在自己的想象中。我全身都警觉起来，好像又回到了越南，指挥我的野战排，我的肾上腺素自然而然地升高。时间和地点变得有些模糊不清，我小心翼翼地穿过树林，意识仿佛渐渐退却，我注视着自己，知道这就是我，但又好像不是。在我走进孩子们扎营的地方之前，我记得我所能做的最后一件事就是我们必须离开这个危险之地。自从我离开军队之后，我就将越南置于脑后，再也没有想起也没有对人提起过。但就是1984年7月在美国印第安纳州中部的那天晚上，又使我回到了当年的越南。直到今天，我仍然难以相信当时发生的事是真的，这令我烦恼和不安。

创伤类型的重要性

在公众看来，灾难并无类别之分，就是一种可怕的事件。然而，关于PTSD的一个有趣的现象是，自然灾难和人为灾难所致的PTSD之间存在明显区别。自然灾难造成的PTSD患者要远远少于人为灾难造成者。例如，圣海伦火山爆发所致的PTSD发病率低至3% ~ 4%（Shore，Tatum，& Vollmer，1986）。

当人为创伤直接影响到家庭的社会支持系统时，PTSD患者就更多。大屠杀幸存者、人质、强奸受害者、被害人的子女及乱伦受害者都是PTSD的高发人群。无论是非人为灾难如布法罗克里克大坝坍塌，还是人为创伤如乔齐拉校车绑架案中的受害者，都很有可能使人患PTSD。（发生在1972年的布法罗克里克灾难是由于连续的大暴雨使一个煤炭公司的防护坝溃塌而引发的，决堤的洪水冲走了居住在西弗吉利亚州布法罗克里克峡谷的居民。校车绑架案发生在1976年加利福尼亚的乔齐拉，一辆载着中小学生的校车被持枪歹徒劫持。孩子们被赶下车，塞到一辆埋在地下的卡车中，最终他们挖出一条隧道得以脱险。）

这些事件之所以如此可怕，就在于它们本是不应该发生的悲剧，总是容易认定要为之承担责任的一方，并且明显地触犯已有的道德行为准则（Figley，1985a，pp.400-401）。这样一来，就存在任何人为灾难都要比自然灾难更可能带来严重的创伤后心理问题。问题是这两者之间的界线变得越来越不清楚。越来越多的人将科学技术视为人类控制自然的手段。就比如说，老天下雨，但是工程师们要修建堤坝并且控制水闸（Kaniasty & Norris，1999），然而一旦出现事故，受害者及其律师们就会寻找罪魁祸首。

越南：PTSD的原型

在对各种创伤幸存者团体中的PTSD患者进行对比分析后，Wilson（Wilson，Smith & Johnson，1985）等人提取出了容易导致PTSD的十个变量：威胁生命的程度，丧失亲人的悲伤程度，事件进展的速度，创伤持续的时间，家庭延续性的破坏程度，事件再发生的可能性，暴露于死亡、临终和毁灭的程度，在此情境中内在的道德冲突，创伤中所扮演的角色，以及社会影响的范围等。他们比较了不同的创伤幸存者团体，比如越战退役军人以及在强奸、车祸、持械抢劫、自然灾难、离婚、亲人生命垂危、家庭创伤、重要他人去世、多重创伤等事件中的受害者，与正常对照组之间在这些变量上的差异。

结果显示，越战退役军人受到这十个因素中的七个因素的显著影响，其数量远远多于位于第二位的强奸受害者。若以PTSD的诊断标准来考察，则所有创伤组均与对照组存在显著差异（pp.142-172）。简而言之，这些数据表明，没有哪种灾难性事件要比越战这一例外更容易导致复杂的PTSD。随着女性出现在战场上，如果性侵犯和战争结合在一起，就像在伊拉克和阿富汗所发生的那样，不管是男人还是女人，在战争中受到过性侵犯的人被诊断为有心理健康问题者大概是那些没有受到过性侵犯的人的1.5倍（Munsey，2009）。

为什么会这样呢？虽然任何战争都有可能引起各种各样的PTSD症状，但战争的法则在越南战场上发生了变化。首先，越战士兵的平均年龄是19.2岁，而二战时为26岁（Brende & Parson，1985，p.19）。一个心理发育不成熟的19岁士兵尚没有足够的心理准备去应对越南战场上等待他的精神创伤（MacPherson，1984，pp.62-63）。

高度警觉 在越战中，没有前线和后方之分，也没有从持久的戒备状态中获得片刻松弛的时候。确切地说，一年365天都处于火线。而二战中，军队处于紧急战斗状态几天或几星期之后，就有可能撤离战场。但在越战中，士兵处于战场的时间要长得多，即使是在基地的帐篷中休息，他们也必须保持警惕，以防止火箭弹的攻击和游击队的袭击。保持高度警惕已成为牢固的生存法则。让我们来听听Billie Mac的叙述，他是我所访谈的众多越战退役军人的典型代表。

Billie Mac：那年我18岁。飞机一降落在岘港机场，机长就告诉我们要快速行动，因为岘港正在遭受火箭弹袭击。当时我真的害怕极了。但是，火箭弹和所有这些，与后来发生的事比起来，岘港简直就是天堂。因为情况越来越糟糕。

缺乏目的 因为从未赢得任何阵地，所以士兵缺乏真正的成就感，军队反而感到被美国政府出卖了。战争变得没有确切的胜利目标，就是在执行命令，而“阵亡人数”成了判断任务是否成功的首要指标（Lifton，1974；MacPherson，1984，p.58）。

Billie Mac：我们对一个村子至少扫荡了六次。有时我们挖掘战壕隐蔽起来，以引诱游击队来袭击我们，他们真的来了。这场战斗使我们损失了六名伙伴，为了什么？什么也不为，最后我们撤离了村庄，而他们立即又返回了村庄。

伤害与被伤害 越南战场是各种致命的心理环境的混合体，士兵不像其他大多数PTSD患者，士兵们在这里扮演着双重角色，既是受害者又是伤害者。敌人和盟友都是越南人，士兵们既不能从中分辨敌我，也不能对妇女儿童放松警惕，因为这些人有可能致他们于死地。而且，因为敌人是亚洲人，他们与美国人有着完全不同的文化价值观，所以对他们进行丧失人性的屠杀和施暴要相对容易些，尤其是当看到自己的战友遭到同样的屠杀和施暴时。最为可怕的游击战使双方都遭受了残忍的流血和牺牲（Liften，1974）。从受害者到伤害者的角色转变可能在瞬间就会发生（Brende & Parson，1985，p.96）。

Billie Mac：我无法想象我会杀死一个孩子或妇女，但这却真实地发生了。当我们的军医 John 试图救护一个全身是血的孩子时，我们都认为那个孩子受伤了。当 John 去清理他的伤口时，他却张开胳膊，扔出一枚手榴弹。我们的军医就这样死了。发生这样的事情之后要杀了他们吗？是的，那当然。

团结、沟通和负罪感 军队补充战斗人员的方式需要着重解决的是军队自身的支持体系匮乏。军队人员的替换补充是分批次零零碎碎地进行的，这对于试图避免罹患 PTSD 是一个坏主意。新近的研究表明，队伍的团结对于抵御 PTSD 是至关重要的（Armistead-Jehle et al.，2011）。尽管这种方法可做到新（兵）老（兵）结合，但却不是使军队团结一致的最好方法。这种更新机制本身也存在心理学问题。每位士兵的战争服役期为一年，“短期”服役导致他们变得非常被动和注意自我保护。军队作为一个整体虽然从未离开过战场，但是士兵则可能是单独进入又单独离开战场，而没有得到过有益的沟通。战斗基本上是以野战排或巡逻队为单位进行的，因此这是一场孤独者的战争，士兵单独来参战，又独自一人回家（MacPherson，1984，p.64-65）。一个士兵可能今天还在越南丛林中汗流浃背地埋伏，而一两天后可能返回家园，坐在自己家门前。

回国士兵没有时间完成从越南战场到美国本土的角色转换，他们令亲属们感到“与众不同”或“变了个人”，这不足为奇（Brende & Parson，1985，p.48-49）。这种从威胁生命的情境中解脱出来的快速转换，给许多幸存者带来了负罪感（Spiedel，1981）。他们为能从越南回来而高兴，但是也对留在越南的战友有一种背叛的负罪感，或者认为当自己离开队伍就应该对朋友的伤亡负有责任（MacPherson，1984，p.237）。

Billie Mac：从越南丛林回到家里只有一周。我的家人对于我穿着战斗服睡在树林中感到非常不可思议。我只是不能忍受被拘束在房子里而已。我总在想接替我担任班长的 Johnson。我知道他的队伍中必然有伤亡而人手不足。我应该留下，但是又确实不想留在那里。于是我便开始酗酒，并且持续了很长一段时间。

适应平民生活 越战军人需迅速改变原来高度紧张的战斗生活，适应这个单调乏味、平淡的社会，这导致了“现实世界”中的许多问题。此外，退役军人曾为祖国抛头颅洒热血，但是在他们回到家后，却受到麻木不仁甚至带有敌意的对待时，他们的基本信仰系统受到了强烈的震动（Brende & Parson ，1985，p.72）。退役军人很快就会发现，他们在越南战争中表现出来的所有能力，包括在生死关头做出重要决策、授命使用昂贵器械以及所肩负的重任，在国内和平社会全都派不上用场，普通职业所要求的能力比他们作战所需的能力低得多（MacPherson，1984，p.65）。

Billie Mac：现在我到处找工作，而所有这些工作都让我感到恶心。他们好像给了我一个工作就是给了我多大的恩惠似的。真见鬼！我也曾是个长官，我曾经做过的决定，比我现在碰到的所有雇主做的决定都更加重大、更加英明。

物质滥用 为了逃避越战的现实，退役军人会用酒精和毒品来麻醉自己，这造成了严重的后果，使得他们反复成瘾并且加深公众的误解，认为退役军人是“沉溺于毒品的儿童杀手”，反复无常、不可信赖，应该尽可能地远离他们（Brende & Parson，1985，p.72；MacPherson，1984，p.64-65，221-222）。

Billie Mac：是的，我喝酒；是的，我杀过孩子。我喝酒就是为了忘掉我杀过孩子。没有亲身经历过越南战争的人，永远也不会理解。

态度 在越战服役的时间段似乎与 PTSD 发病高度相关。从历史角度来看，越战可分为三个时期。从心理的角度来看，在越战最后两个时期（从1968年的新年攻势到1973年的撤离）服役的任何一位军人，都比更早期的参战者更有理由质疑参战的目的。当时流行的是“没有人能赢，还是尽量保存生命吧”这种冷嘲热讽的态度，与参战第一时期的“从共产主义恶魔手中拯救民主”的态度形成了鲜明的对照（Laufer，Yager，& Grey-Wouters，1981）。

反战情绪 即使在越战退役军人返回家乡后，反战情绪的影响也未能减弱。这种情绪是越战所独有的，并且把矛头指向了归国者。退役军人一回到美国立刻就被唾弃，重返校园时遭到同学的歧视，因反战情绪而丢掉工作，被剥夺应当从政府所得的微薄福利，并且政府拒不承认退役军人的躯体问题与其曾暴露于化学除草剂“橙剂”有关。也许所有问题中最糟糕的还是与其父辈们的对照，父辈们因参与二战而尽享荣耀，因此无法理解自己的儿子在一场不是非黑即白而是充满阴影的“灰色战争”中所遭受的痛苦（MacPherson，1984，p.54-58）。值得注意的是，诊断为PTSD的越战退役军人中，父亲同是退役军人者与父亲不是退役军人者相比，问题似乎要严重得多（Rosenheck & Fontana，1998）。

Billie Mac：我试着与老爷子谈论这场战争。他参加过二战中的冲绳战役。我想他毕竟也参加过革命战争，应当能理解越战。但是最后，他特别生气，说我胡说八道，是个没用的蠢货。我知道他不是故意的，但是，我永远忘不了他说的那些话。

所有这些因素一起施加在越战退役军人身上，他们试图寻找自己出生入死的意义，但是却通常被认为毫无意义可言（Williams，1983）。要在这种环境下生存，就需要强行启动心理防御机制，这就为PTSD发病提供了温床。当这些心理防御机制出现偏离时，就会出现PTSD诊断标准中的三个典型症状，闯入性思维、回避和神经系统过度唤起。

反复的闯入性思维

对于个体而言，反复的闯入性思维变得如此严重以至于开始支配现实生活。闯入性思维通常以视觉图像的形式出现，由视、听、嗅或触觉所激发，将被压抑的图像带到意识层面（Donaldson & Gardner，1985，pp.371-372）。

Billie Mac：在越南那个村子当天发生的事情不断地向我涌来。我再也不去河口钓鱼了。那个地方的气味和景象与越南像极了，我一去那里就会想到那个村子，这让我战栗不已。

随着时间的推移，闯入性思维的触发因素可能变得更为敏感和泛化，甚至看起来与创伤事件本身无关（van der Kolk & McFarlane，1996，p.10）。这些思维不仅出现在对现实的有意识接触中，也会以闪回或噩梦的形式出现。

Billie Mac：我到医疗中心就医的原因很简单。我经常做一些可怕的噩梦，梦到在老挝附近进行远程侦察巡逻时陷于炮火之中。接下来我钻进了一座地堡，看着敌人的一辆卡车打着前灯，沿着胡志明小道开过来，我把枪口对准了他们。可问题是，我当时正在田纳西州孟菲斯市的狼河岸边，那分明是I-40的前照灯，是1988年而非1970年。我知道，如果我还不就医的话，可能会杀害无辜的人。

否认/麻木

当这些思维持续闯入意识当中时，人们会产生内疚、悲伤、愤怒和狂暴等伴随的情绪。为了将这些恼人的思维挡在意识之外，个体可能采取酗酒或吸毒等自我麻痹的手段。自我麻痹可能会暂时缓解抑郁、敌意、焦虑和恐惧的情绪状态（Horowitz & Solomon，1975），但是通常会导致恶性循环，即通过麻醉药品来远离现实，而在清醒之后创伤更加肆意地闯入意识。最终的结果是，为了压抑闯入性思维，增加了对成瘾物质的依赖（LaCoursiere，Bodfrey，& Ruby，1980）。

Billie Mac：酗酒没有一点好处，这我知道。但是，一个星期不睡觉是什么滋味，每当开始打瞌睡，恐怖的噩梦也要来了。这些在大白天就不停地出现，你只能喝得更多来驱赶它们。

当人们试图应对灾难时，会变得被动（如僵住或麻痹）或者主动（能够自如地应对局面）。个体的反应可归为三种主要类型：瞬间僵住、逃跑反应和否认 / 麻木。在战场这种长期压力下，否认 / 麻木是士兵最为常见的反应，它使士兵应对并且适应所面临的事件，具体有三种方式：相信自己不易受到伤害，变成宿命论者，或者先发制人而变得极富攻击性。所有这些积极主动的姿态使得个体可以经受创伤，应对创伤而不至于完全失控（Figley，1985a，pp.406-408）。通常，创伤幸存者在创伤之后会放下这些防御措施，会立即患上急性应激障碍，但是很快就会恢复。对于那些不能恢复的人，持续的情感麻木和压抑可导致严重的后果。

Billie Mac：回过头来看，我无法相信自己会变得如此冷酷无情。标准工作程序（standard operating procedure，SOP）就是“没什么大不了的，开车，走人”。这可能就发生在一枚 B-40 手榴弹将你的伙伴炸得脑浆四溅之后。你要生存就不得不将它抛之脑后。去年秋天，我工作的建筑工地上，一个工人摔下来掉在地面上，鲜血四溅、脑浆崩裂。我就在他上面约 10 米处的一条钢梁上坐着，继续吃我的午餐。没有什么大不了的！

将情绪从有意识的觉察压抑到无意识之中并不意味着它们真的被抛弃了。其代价是这种情绪麻木存在于某处而没释放，会扩展到个人生活的其他方面，并且导致迟发的心理问题（Wilkinson，1983）。情绪长期压抑在无意识当中，触发事件以日常压力的形式不断累积，一旦超越个体的承受能力，就会导致情绪崩溃（Figley，1985a，p.408）。

神经系统唤起增加

PTSD 患者自主神经系统的过度唤起使他们无法区分那些可能对自己毫无危险的刺激。听觉惊跳反射是创伤反应的一个主要特征（van der Kolk，1996a，p.221）。

Billie Mac：我不能忍受直升机的声音。每次听到我都想跑。每次听到凌晨五点的直升机响，我都有这种感觉，感觉它会朝我飞来，载上我，把我带到炮火之中。有一次，一辆直升机在我工作的大楼上方经过。起初我没有注意，当听到之后，我急得跳楼了，楼有 3 米高，结果我摔断了胳膊。

同理，当没有直接的威胁时，个体持续保持高度警觉会导致集中注意力困难。由于这些问题扭曲了信息加工过程，使中枢神经系统不能解译信息，导致个体对环境的反应方式要么夸张，要么迟钝（van der Kolk & McFarlane，1996，pp.14-15）。

Billie Mac：听起来可能有点不可思议，我从来不背对门口坐着。事实上，不管在任何地方，我都不喜欢坐在背后可能有其他人的地方。那使我如坐针毡。

分离

虽然分离并未列在 PTSD 的症状之中，但是创伤发生之时的分离也许是最重要的 PTSD 的长期预测变量，并且总是与复杂 PTSD 相联系（Herman，1997，pp.118-129；Marmar et al.，1991）。分离的表现可以从对事件麻木或者缺乏情绪反应，到现实解体（“这不是真的，它没有发生，它是个噩梦”）或人格解体（“我灵魂出窍，像在看台上看着这一切”)，再到对事件完全失忆。

分离从意识层面分裂了记忆，但是并不意味着有害的刺激事件也消失了。相反，分离在应对正在发生的创伤时可以作为最后一种适应方式，但是由于缺乏对创伤事件的整合似乎成为 PTSD 的致病原因。如果分离继续存在，可能严重干扰日常生活，引起分离状态和心理隔离（van der Kolk，1996a，p.286）。当分离极其严重时，可形成分离性身份障碍（即原来所说的多重人格障碍）。

Billie Mac：似乎有很多次，也许有点像我通过摄像机看着自己在做着什么事情。好像我比实际生活中的要小，我有些清楚那就是我，但又好像我不是真的在那里。我第一次有这种感觉是当我们进入越南那个村子时，我的战友 Al 也有同感。

个体最需要的是将这些思维和行为带到意识层面，并且着手对付它们，如此这些问题才可能得以解决。然而，相对于面对闯入性和威胁性的材料，个体似乎更愿意否认它的存在，并且使用各种各样的回避反应以逃避创伤情境（Horowitz et al.，1980）。这会使治疗特别麻烦，也说明为什么 PTSD 患者可能会非常抵触甚至拒绝暴露治疗（Bernstein，1986）。

家庭反应

自然灾难不会留下太多的情感伤痕，因为灾难通常同时伤及完整的社会支持系统（Figley，1988）。在整个群体都受累的自然灾难中，每个人都是受害者。家庭成员相互帮助共渡难关，没有人会去指责谁（Figley，1985a，p.409；Kaniasty & Norris，1999）。从创伤事件到恢复充分健全的功能中起作用的关键要素之一，是最普遍的来自家庭内部的强大支持系统。但是，当创伤来自家庭内部，以儿童或配偶虐待的形式存在，那通常最受创伤者最有可能拒绝来自家庭内部的社会支持。然而，能提供最大安慰的人就是那些制造最大痛苦的人（Figley，1985a，p.411）。

家庭关系的进一步恶化必然会导致创伤受害者“没有感觉”。尽管个体希望能够表达关爱之情，但是经验告诉他，暴露感情是愚蠢的表现，因为这总是使受害者受到进一步的伤害。这些观念命中了维系家庭生活的核心——信任。家庭成员的反应是感到被误解、不被爱、恐惧和愤怒。这种反应是交互的，并将所有家庭成员都深深地卷入家庭不和的旋涡之中。

从家庭系统的观点来看，如果子女、父母或者配偶试图去调节受害者卷入其中的持续冲突，他们将会孤独无助并且精疲力竭。受害者也可能变得过于依赖能给予其稳定感的人（通常是配偶），以至于这种需要会滋生其他人（通常是孩子）的愤恨，因为他们同样需要时间和照顾。这种螺旋式的结果是受害者最害怕在支持系统中产生的——拒绝。内疚、麻木、愤怒以及失落的感受折磨着受害者，这些情绪螺旋式加重，引起更多的不适宜行为模式，并且最终导致家庭解体。

不能处理创伤的家庭成员可能会将矛头反常地指向受害者。不幸的是，这太常见于那些否认配偶虐待孩子的母亲身上，最终在接受孩子和家庭服务而不得不面对这些问题时，就会指责是孩子自己导致了麻烦！同样的事情也发生在强奸受害者身上。如果父母不能在心理上提供支持，反而首先责怪孩子做了什么才导致被侵犯，那么孩子确实会受到再次伤害。对于成人来说，强奸受害者的配偶可能不能以支持的方式回应，或者是指责受害者“暧昧或风骚”或“拒绝得不够彻底”，才招致被强奸（Notman & Nadelson，1976）。

在尝试帮助遭受创伤体验的家庭成员时，其他成员受到创伤的“传染”，可能体验到一定程度的压力（Figley，1988）。确实，如果其他成员没有充分的应对技巧，由于个体的创伤反应会使整个家庭产生压力，那么成员自身的问题有可能趋于严重甚至达到危急水平。或者，如果其他家庭成员有着保持家庭病态稳定的隐藏想法时，他们可能会参与制造受害者的精神障碍，就像一个酗酒者的家庭可能会妨碍其试图从酗酒中恢复一样。总之，应该清楚的是，治疗创伤受害者也意味着治疗其家庭（Tarrier & Humphreys，2003）。

PTSD 适应不良类型的特征

总之，从动力学角度来说，PTSD 包括五种常见类型：死亡印记、幸存者负罪感、脱敏、疏离以及情绪固着。

死亡印记 创伤体验在具体的生物学意义上造成个人亲历死亡的清晰景象（Ochberg，1988，p.12）。尤其是年轻的受害者，不易受伤的感觉被瓦解了，代之以新认识到的自己必死无疑的狂暴和愤怒（Lifton，1975）。对退役军人来说尤其如此，自己其实相当于已经死亡。生死之间的正常界限消失了。退役军人描述自己已经死去的事并非罕见。测试生死界限唯一的方法就是寻找感觉，即使这种方式意味着危险和肉体的痛苦（Brende & Parson，1985，p.100）。寻求刺激与狂暴反应相结合，使受害者处于与执法机构、雇主和家庭相冲突的境地。

Billie Mac：在密西西比州，每当警察开始追捕我时，我就把车开进沟里，跑进树林中。他们甚至放出警犬追赶我，我在他们之间穿梭，像穿过筛网一样。这样做很疯狂，但是我只为感受一下成功逃脱的快感，只有这样我才真正感到自己是活生生的。在巡逻时我已经这样做过不下 100 次了。

幸存者负罪感 第二种类型是负罪感，它有多种表现形式：为自己幸存下来而他人没能幸存而有负罪感，不能防止别人死亡而有负罪感，在某些场合没有更勇敢而有负罪感，别人受苦更多而有负罪感，以及创伤部分是个人的过错而有负罪感（Frederick，1980）。最常见的是，负罪感以闯入性思维的形式出现，比如“我应该做得更多一些，如果我这么做了，他还会活着”，或者“如果我当时这样或那样做了，这一切都不会发生”。从动力学上来说，这些思维的根基可能会动摇，如果能接受他人是死去的那个，而自己却很幸运如此容易地活了下来（Egendorf，1975）。

Billie Mac：我是我们那个分队里唯一在那场新年攻势中安然无恙的人。我不明白为什么会这样。为什么我没有和他们一起死？从那之后我又重振生命。为什么我脱身了而那么多好人却不能？我去年去了华盛顿的越战纪念墙，这让我撕心裂肺。看着墙上伙伴们的名字，我哭了又哭。生命从那一刻起变得全然不同了。

对于其他类型的创伤个体来说，居丧与幸存者负罪感的关系更密切。帮助应对哀伤的方法包括情感表达，与亲人的丧失或失去生命的一部分，和未能与他人分享相同命运的矛盾心理进行和解，走向崭新的、有意义的关系（Ochberg，1988，p.10）。由于情感麻木是 PTSD 的一个主要的动力学反应，因此，让受害者释放情绪和哀伤是极其困难的。

脱敏 第三种类型是使自己对完全无法接受的事件脱敏，并在和平世界中努力营造表面正常。当对别人实施暴力行为出现愉快的反应时，会产生负罪感和恐惧感。这些感觉可能来得如此剧烈，以至于受害者把武器隐藏起来，以免伤及想象的敌人，但是同时又会对枪支和将会发生的事情感到恐惧，因为在其平静的外表下不断涌动着暴力冲动。这两种极端而强烈的情绪在受害者心中如潮水般循环往复，导致个体处于敌对、防御、焦虑、抑郁和恐惧的情绪状态而难以释怀（Horowitz & Solomon，1975）。

Billie Mac：我不再伤害任何人。我恨这一切。而这个所谓的我的老板，这家伙根本不知道他差点儿就被杀了。我非常愤怒，离杀死他仅一步之遥。如果杀了他的话我该有多痛快，这家伙就是一头蠢驴。

疏离 第四种类型是认为未来任何关系都

将是虚伪的，这使得他们简直没有将来的构想。当受害者试图回避可引发创伤回忆的事物时，会发生严重的人际关系问题。由于经历极不同，PTSD患者逐渐疏远自己的同伴，切断社会关系，因为“别人不能理解”——而事实上“他们”确实不理解。受伤害也是疏离的原因之一。

从作为最初创伤的受害者，到可能被社会服务机构、医院和心理卫生人员二次伤害，再到被重要他人再次伤害，幸存者在原发和继发的创伤的重压下，心碎至极（Ochberg，1988）。其结果使得个体更加远离社会支持系统，并且出现继发性的符合诊断标准的精神病理学症状（Horowitz & Solomon，1975）。

Billie Mac：当西贡陷落时，我正陪父亲看电视。当时我发疯似的冲进屋里。地狱为何而存在？那就是为我父亲准备的。从此以后，我从家里搬出来，再也没和他讲过任何事情。

对性虐待受害者来说尤其如此，疏离可能表现为拒绝亲密关系。私人空间被入侵以及由此造成的肮脏和堕落的感受，使得重建旧的和营造新的人际关系都成为一种极端困难的考验（Ochberg，1988，pp.12-13）。

情绪固着 第五种类型是从浩劫后的生活中不断挣扎向前，但是无法找到生命的意义（Lifton，1975）。特别是退役军人，情绪固着对家庭生活的影响是灾难性的。青年时期就去了越南战场，经历了大多数人都不可能经历的持久创伤，使他们不可能与家人和朋友平等相处，而家人也不可能理解他们的异常行为（Brende & Parson，1985，pp.116-117）。抑郁、愤怒、回避和酒精滥用是罹患PTSD的退役军人的显著标志，这在对家庭功能进行调节时显而易见（Evans et al.，2003）。那些愤怒感受在家庭成员中相互作用，使得已经分崩离析的家庭出现更大的裂痕就不足为奇了。

Billie Mac：我无法相信我对自己的孩子做出了那样的事情。我爱他们胜过一切。那时，我是世界上最伟大的父亲，训练一支小同盟队，带他们周游各地。但是，接下来一切都变了，我愤怒地殴打他们，我成了散发邪恶与恐怖气息的地狱。我变得有点“双重人格”，孩子们都怕我。我的妻子对我深恶痛绝，说如果我再不改变，她现在就离开我。我对此的解决办法是酩酊大醉。当我回到家时，她已经带孩子走了。如果我死了，他们和我或许都会过得更好。

在读了上面对PTSD和越战退役军人的描述后，想一想目前发生在伊拉克和阿富汗的战争。你是否发现了一些相似性？你是否认为又会有一个Billie Mac（或Jenny Lynns）从伊拉克或阿富汗回到家里？

伊拉克和阿富汗的创伤性唤醒

在本书前一版中，对伊拉克和阿富汗战争引起PTSD的一些详细资料才刚刚开始报道。到写本书时，超过160万军人轮换地参与这两场战争。这些人的大多数暴露于死亡威胁、暴力、杀戮和毁灭等导致PTSD发病的温床。就像越战一样，没有前线，难辨敌友，由于随时随地都会发生炮火、轰炸或者简易爆炸装置爆炸而必须保持全天候警戒，战争没有“赢得”领土，政治目标不明确，士兵们越来越不明白为什么要在那里，以及难以确定战争的结束时间。

此外，特定类型的创伤暴露的时间和强度，与创伤后应激障碍的症状数量之间有明显的联系（Baker，Risbrough，& Schork，2008）。与越战中士兵轮值一年即可回归现实生活相比，这两场战争中的许多退役军人在中东冲突中服役2～3次，这不仅给他们也给其家庭累积了压力。很多战斗队伍是国民卫队或者是家乡建立的预备役部队，而不是正规军队。这些士兵有男有女，年龄较大且有家庭和工作，完全不同于比较年轻的整建制常规军师团。

服役军人约有一半已婚，超过70%的人有子女。这意味着有185万儿童的父母有一方或双方在军队，这些孩子中有90万人自2001年以来与父母中的一方或双方分离一次或多次（Chandra et al.，2008）。这种分离导致儿童产生各种生理、心理、个人、社会和学业方面的问题（Barnes，Davis，& Treiber，2007；Engel，Gallagher，& Lyle，2010；Flake et al.，2009），并且家庭压力反过来影响前线的士兵。战斗压力诊所发现，杀人/自杀最主要的诱发因素是家里通过邮件或电话传达的压力性事件（Mental Health Advisory Team V，2008）。

迄今为止的研究显示，中东战争退役军人的PTSD发病率预计在13%～25%之间（Milliken，Auchterlonie，& Hoge，2007；Seal et al.，2007）。即使只有10%的服役军人患有PTSD，医疗队和退役军人管理局预计会接待15万例PTSD患者。这还没有考虑到这些服役军人的家庭。更糟糕的也许是自杀率，高到足以成为美国新闻头版头条。这些数据的严峻性见于Matthews（2009）的研究报告，他曾调查过西点军校的资深学员，问他们是否相信自己会患PTSD，仅有22%的人认为自己"不会"或"很可能不会"患PTSD。

美国国防部和退役军人管理局非常积极地设计针对作战部队从前线到战区的危机干预计划，通过服役后健康评估和再评估项目识别现役和退役军人的身体和心理问题，并立即开始治疗（Brenner，Vanderploeg，& Terro，2009）。此外，退役军人管理局极其主动地为那些不易到达附属医院的退役军人提供扩展的服务项目。然而，这是一种被动姿态，针对心理健康问题的高发病率，军队启动了综合性士兵健康（Comprehesive Soldier Fitness，CSF）计划，这是一个整体性的积极策略，用以增强军人、家人和军队文职人员的心理弹性（Casey，2011）。

综合性士兵健康计划

CSF计划由四个部分组成。总体评估工具（Global Assessment Tool）由军人在线使用，这是机密的，从以下心理维度提供反馈：积极情绪、消极情绪与抑郁、乐观、思维灵活性、工作投入、以问题为中心的应对、才智的性格优势、勇气、人道、正义、节制、超越、包含信任和友谊的社交健康、家庭健康和精神健康。这个综合性健康测试也为各个维度设计了自助模块，士兵登录后可单独使用（Peterson，Park，& Castro，2011）。然而，CSF远不止于提供在线自助评估/服务，也设计了面对面的实施方式。

掌控弹性训练者（Master Resilience Trainer）课程（Reivich，Seligman，& McBride，2011）用来训练士官，然后他们再教给自己队伍里的士兵。这一课程包含三个部分：第一，准备，包括心理弹性和韧性、识别性格优势和强化人际关系；第二，保持，聚焦于在循环服役时保持心理弹性；第三，强化，使用以下的许多运动心理学概念，如心理技能基础，包括理解行为表现的本质、训练与信任心态之间的关系，识别思维、情绪、生理反应和行为之间的联系；建立自信，包括学会有效方法以创造活力、乐观和热情；注意力控制，着重于重大军事行动所需的注意力集中；精力管理，包括实用技巧用于激活、保持和恢复最佳的精力水平，并且使压力的负面效应最小化；整合意象，包括创造成功经验从而提高各方面表现的方法。如果你开始将积极心理学的理念付诸实践，那么你就做对了。

如我们前面所说，支持系统对于抵御PTSD至关重要。当代军队的问题在于，虽然士兵可以通过手机、Skype、Twitter和其他互联网方式与家人取得即时的联系，但是当所有的压力来临时他们却在地理上远隔千里。家庭技巧部分（Gottman，Gottman，& Atkins，2011）是设计用于教育服役军人和家庭如何缓解这些压力的。前线部队的士兵可以与家人一起选择增进关系的课程，链接到互联网以获取课程资料。专题内容包括创造和保持友爱和亲密，增进信任和坦诚，建设性和温和地解决冲突，使冲突降级，实践自我安抚的认知方法，限制认知泛滥和生理反应，使配偶安抚和平静，利用良好关系将创伤后应激转变成创伤后成长，使儿童获得积极的关系和有效的训练，以及家庭破裂后依然保持生活。你不需要获得婚姻与家庭治疗证书就能明白，CSF 的这一课程是防止危机事件的强大工具，按照心理健康顾问小组 V（2008）的说法，能转变士兵们有毒的和致死的思维。总之，美国国防部了解到更多在越战时没有了解到的知识，现在非常主动地致力于防治 PTSD 及其并发症。事实上，对这个庞大的首创性工作的随访研究将会非常有意思。

治疗成人

PTSD 患者遭受各种各样问题的折磨，其治疗非常复杂，工作人员在治疗过程中可能遇到大量的转危机事件和危机时刻。PTSD 的治疗包括三个主要部分：(1) 对恐怖的、压倒性经历进行处理和协调；(2) 控制管理心理和生理的压力反应；(3) 重建安全的社会联系和有效的人际关系（van der Kolk，van der Hart，Burbridge，2002）。对患有复杂 PTSD 的个体，治疗重点有所不同，将在第九章“性侵害”中涉及。不过，在实施以上治疗之前需要进行全面的评估。评估对于 PTSD 来说尤为重要，因为它通常会被许多其他的症状和问题所掩盖。

评估

评估 PTSD 至少要做到三点：第一，是否出现了 PTSD 症状？尽管症状看起来是后天获得的，但是，症状存在已久，可能意味着不同的症状在不同的时间显得更为突出。第二，除非对先前的创伤进行了谨慎评估，对现有问题的诊断，如药物滥用或各种人格障碍，可能掩盖 PTSD。处于危机之中的人很可能出现共病的问题，一直到仔细地评估了创伤事件，PTSD 才可能被认为是更底层的问题。第三，身体、时间、社会和政治形势的变化，使得如何解释创伤事件也受到极大的影响（Newman，Kaloupkek，& Keane，1996，pp.242-245）。

下面的例子很好地说明了背景信息有多么重要。一名患 PTSD 的越战退役军人在20世纪70年代可能被视为疯狂的儿童杀手，相反，在21世纪，海湾战争、阿富汗和伊拉克战争的退役军人却获得了同情，这正是由于政治形势和社会对参战者的看法发生了戏剧性的改变。同样地，家庭暴力以往被当成夫妻之间的私人事情，现在却被看成社会问题，并贴上了“受虐女性综合征”的标签。乔普林是密苏里州一个自给自足、联系紧密的社区，具有广泛的社会支持系统，当遭到龙卷风袭击时，居民的反应与孤立而情感疏远的纽约市居民在世贸中心坍塌时被迫逃离其公寓时的反应有极大的不同。因此，在判断个体患上或表现 PTSD 的危险性时，总是应该考虑进行详细的背景评估，包括性别、种族、社会经济阶层、经历、文化、宗教信仰、时间因素、地理位置、遭遇创伤之前的事件次数、人际关系强度、职业风险、社会政治态度以及其他众多的背景资料，它可能对个体在抵抗或者患上 PTSD 时的心理弹性存在不可预知的影响。简而言之，仅仅因为经历过创伤事件，并不意味着你就自然地会得 PTSD，或者就是一个“受害者”而非“幸存者”（Gist，Lubin，& Redburn，1999；Kaniasty & Norris，1999；Kroll，2003）。

评估 PTSD 的方法主要分为两类：结构化或半结构化访谈和根据临床经验进行测量。

结构化访谈　如果时间充裕，结构化访谈可能是判断个体是否患有 PTSD 的最佳诊断方法。最好的结构化访谈工具之一是《临床医生用 PTSD 量表》（Clinician-Administered PTSD Scale，CAPS-1，Blake et al.，1990）。它可以评估 DSM-Ⅳ-TR 所列的所有 PTSD 症状，以及八个相关的症状：对采取或未采取行动的负罪感、幸存者负罪感、杀人想法、对权威的幻灭、绝望感、记忆损害、悲伤和抑郁以及被淹没感。

CAPS-1 还用于评估症状对社会和职业功能的影响，自上次 CAPS-1 评估以来 PTSD 症状的改善，总体应答的有效性，以及 PTSD 的总体严重程度。首先评估所有症状在目前的状态，如果没有达到PTSD诊断标准，就要再次询问创伤事件发生之后一个月内最严重的情况。如果回答的有效性存疑，应在条目上标注“QV”。CAPS-1非常注意评估终生的PTSD。CAPS-1的主要缺点是需要较长时间施测，而且对非退役军人的效度低（Newman，Kaloupek，& Keane，1996，p.253）。

自我报告 因为在时间上有效率，节省支出，并且容易实施，自我报告非常有用。危机干预常常只能做最基本的评估，如果时间非常紧迫，我们推荐Figley（1989，1990）的《创伤图表问卷》（Traumagram Questionaire），一种以图表方式呈现的来访者自我报告。可以在现场自行使用。这一问卷调查创伤事件的次数、持续的时间、环境、来访者年龄、事件牵涉到的人以及对以往所有创伤经历所致的压力程度，这个问卷很容易被组合成一种标准的访谈格式。然后，要求来访者以1（低）到5（高）的分值范围评估事件发生当时、一年之后和现在的应激水平。最后，要求来访者思考每一次创伤经历，是什么帮助他们应对，以及是什么帮助他们适应或者不能适应创伤事件的后果。

Figley的《创伤图表问卷》用于判断危机转移的原因时也是一个很有用的工具。在治疗过程中，来访者呈现的症状或问题有时似乎并没有合理的现实基础。但是，他们显然处于危机当中。这些症状导致他们在学校、家庭和工作场合出现各种类型的问题，然而，在当时似乎并没有发生什么事件而导致这些问题。在治疗经历创伤的人时，这种进退两难的境地并非罕见，他既没有将创伤处理成过去时，也没有将它从意识觉察之中压抑（Shallcross，2010）。这时候，我们开始考虑两种不同的可能性：延迟性的PTSD或者复杂的哀伤，后者将在第十二章“个人丧失：居丧与哀伤”中进行讨论。为检查出这些问题，我们按以下方式修订了Figley（1989）的《创伤图表问卷》。我们不仅询问来访者自己生活中的应激事件，也问他们经历的丧失。敦促来访者不仅考虑死亡带来的丧失，还考虑财务上的丧失、被解雇、宠物死亡、爱情破裂、离婚、搬家，以及自己或亲人急性发作的残疾。

在代表时间长度的x轴上标识出患者强烈感受到创伤的事件次数，接着在y轴上以1（最小）到10（最大）的分值范围标识出压力程度，通过这种方法，访谈者可以快速地获得一个反映创伤的总次数、类型和持续时间以及来访者所体验到的压力程度的图形。创伤图形不仅使访谈者获得了一个很好的图示以反映来访者感受到的重大事件的相对伤害程度，也使得访谈者有机会探讨每一事件的维度。创伤图形使得危机干预工作者可以检验创伤事件的反复暴露，这是反映延迟性PTSD和未能处理的丧失的最佳的指标之一。创伤图形的主要缺点是存在个人主观偏差，而优点是当压抑在意识之下的事件和丧失重见天日时，来访者可能会产生顿悟的体验。

图7.1所示的James的创伤图形展示了他在过去几十年的生活中所遭遇的创伤和丧失。如下所示有七个事件。每一事件的压力程度和持续时间都存在很大的不同。在这一创伤图形中，每条图形线以下的区域越暗，表示在那段时间内累积的压力越高。

事件#1. 应激程度为10以上。来访者当时六岁，正在夏令营度过首次露营之旅。露营辅导员在讲完“老男人Pollwog”的故事之后，送孩子们去睡觉。故事讲的是一只生活在附近的沼泽地的动物，专门诱骗并且拐走小男孩。来访者不知怎么被关在帐篷之外并且不得不睡在地上，成了容易被怪物捕获的猎物。那个令人恐怖的夜晚深深地刻在小Dick的脑海里，使他再也不敢去露营，直到他23岁时去安大略的魁提科省立公园的边界水域玩独木舟。在独木舟之旅的第一个夜晚。Dick出现急性焦虑发作，不顾一切地找妈妈。Dick在荒野之中待了14天后变得很麻木，并且决定无论如何再也不去露营了。

事件#2. 应激程度为7。来访者12岁，首次暴露于死亡事件。三岁的堂弟在做扁桃体切除术时，由于麻醉导致呼吸麻痹而死亡。来访者没有封闭自己的情感，急性发作在两个月内迅速解决了。

事件#3. 应激程度为9。来访者13岁。祖母死于

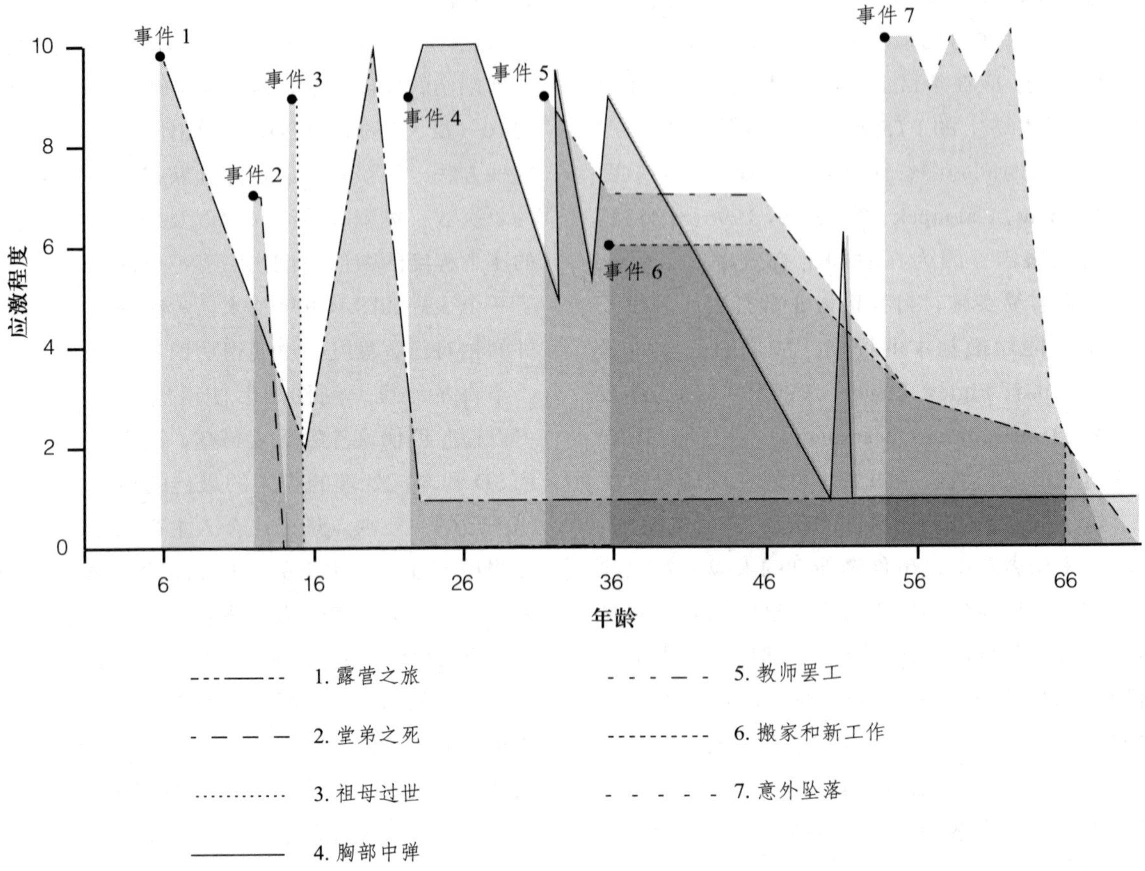

图 7.1

癌症。长期患病知道会死亡。来访者抑制住情感，但是接受死亡。在一个月后压力降低为 0。

事件 #4. 应激程度从 9 开始，12 个月后升到 10 以上。来访者在 21 岁与女友外出时胸部中弹。枪击导致了躯体问题和 20 年后才被发现的 PTSD。来访者的社会关系骤然中断。存在焦虑发作、抑郁、社交隔离以及自杀意念。在一年零九个月之后取出了子弹。来访者寻求咨询。压力程度急剧下降，但是仍然停留在 4 ～ 5 的水平，在三年的异性关系中急速上升，直到与现任妻子结婚。压力程度降到了 1，但是偶尔在严重的躯体不适或有情绪压力时会突然上升。

事件 #5. 应激程度为 9。来访者 32 岁，是已婚的父亲，在教师罢工中左右为难，见证了他指导的国家认证项目瓦解，失业，彻底改行并且搬家到约 500 千米之外。抑郁、焦虑发作、PTSD 症状重现。寻求咨询，承诺在接受教育后换工作。压力程度由于换工作而上升到 7，并且持续了一年半，在越来越熟悉石油工业的新工作后降低到 2 ～ 3。

事件 #6. 应激程度为 6。来访者 34 岁，已婚，是一位父亲。以大学教授的身份重新进入教育界。搬家到 500 千米以外。最开始时焦虑，但是在获得导师资格后迅速降低。

事件 #7. 应激程度为 10 以上。来访者 54 岁，已婚，是两个孩子的父亲。在整修女儿的树上小屋屋顶时意外坠落，导致严重的头部外伤和水肿。为接上头皮缝了 300 多针，并在头骨上打了 52 个钢钉，严重头痛近两个月。由于面部疤痕导致自我形象受损。其他的损伤和治疗包括之后五年间的头部外科整形和 C-6 椎间盘脱出手术，在此事件中压力程度突然上升到 10，且遗留的压力程度为 1 ～ 3。

（还有更多，但这仅仅只是举个例子，而不是 James 生活的流水账。）

在完成创伤图形之后，我们询问来访者在情绪、行为和认知方面对这些具体创伤的反应，包括创伤发生当时以及那些事件目前还在怎么影响他们。我们不仅关注具体的事件，还关注所有事件的总体情况。是否整体创伤高于每一个创伤之和？是否个人会在这一类特殊事件中保持弹性和活力，而在另一类事件中却不能？以一种友好的方式进行对话并提醒来访者"如果出现了一些你尚不知道的与事件有关的情绪，变得沮丧并且需要做一下深呼吸，我们会暂停一下。但是请让我知道。"治疗和干预 PTSD 患者最为关键的要素之一，是用语言和行动证明这里很安全，你是一个很安全的人（Courtois，Ford，& Cloitre，2009；Herman，1992）。

在询问来访者时，我们在寻找重复出现的心理动力学主题，它可能会为我们提供一些线索，以了解是什么导致了目前的适应不良行为。来访者对过去的经历是否仍然感到愤怒、遗憾和内疚？是否有共同的情绪、行为或认知问题贯穿了这些创伤事件？一想起虐待过自己而对之充满怨恨的父亲在自己可以报复之前去世，来访者就突然变得激动和愤怒，这些事件是否仍像当时一样具有强大的影响力？如果来访者因多次不服从安排而被解雇，我们能否追溯到导致这些事件的最初原因？

我们也对来访者如何报告这些事件非常感兴趣。最近的一次课堂上，有一个学生以柔和悦耳的声音，非常流畅地审查自己的创伤图形，直到她看到事件6，关于一个长期保持密切关系的男性朋友，她发现他撒了谎，他曾经因性侵犯而被捕并认罪。她犹豫不决、语无伦次和声音发抖，清楚地表明这一事件深深地触动了她，并且导致她深刻地质疑自己对所信任的人的眼光。当教授将她声音陡然改变这一信息反馈给她时，她吓了一跳，因为她并未意识到这一事件直到现在还影响着她。总之，自我报告有时可以发现标准的经验量表所不能发现的信息。

经验量表 目前已制订多种基于经验的 PTSD 测量工具。在下面提到的一些量表对判断是否存在 PTSD 非常实用，并且能有效地节省实施者的时间和成本。《密西西比战争相关 PTSD 量表》（Mississippi Scale for Combat Related PTSD）（Keane，Caddell & Taylor，1988）得到广泛应用，并针对不同来访者群体形成了不同的版本。《事件影响量表》（Impact of Events Scale）（Horowitz，Wilner，& Alvarez，1979）是最为广泛使用的 PTSD 检测工具之一，并且已被用于各种受到创伤的人群。但是，与在此提到的其他量表相比，这一量表只评估回避 / 麻木的程度，而不评估 PTSD 的全部症状。由基恩编制的 MMPI/MMPI-2 中的《PK 量表》（Keane PK scale）可以专门用来诊断 PTSD（Keane，Malloy，& Fairbank，1984）。因为它基于 MMPI/MMPI-2，其分数可以与总量表中的效度量表相比较，以判断是否存在伪装或诈病。要注意一些保险索赔者、诈病者或是被监禁者在声称患有 PTSD 时，可能存在动机不纯，他们的自我报告可能不具有法律效力。

对评估的小结 人格障碍者与 PTSD 患者的一个明显区别在于他们对社交归属关系的反应。一般而言，PTSD 患者回避人际关系，不愿意参与群体活动，没几个亲近的朋友，更愿意独处，很少谈论其私生活。与引发创伤事件回忆的人和事不期而遇，会使得他们极其地"心惊肉跳"和"烦躁不安"（Keane et al.，1985，p.270）。

专业人员决不应该忽视任何一份涉及灾难情境或者重大丧失的报告，不管它看上去有多么地微不足道（Scurfield，1985，pp.238-239）。因为 PTSD 患者可能非常不愿意提及他们所经历的创伤，因此，人类服务工作者应当努力从家属、同事或其他知情人那里获得来访者的背景资料。当存在物质滥用时，个人史就显得尤为重要，因为如果没有诊断出 PTSD，干预工作者再怎么努力也难以改善物质滥用问题。

根据我们自己和很多同行的临床经验发现，

抑郁和边缘型来访者中的大多数在童年时期经历过性虐待。在排除性虐待以后，PTSD才可能被视为致病的原因。然而，要证明性虐待却极端困难，尤其是社会对谈论乱伦与性虐待有着严格的禁忌。因此，在初次评估时，即使访谈者强烈预感到压抑创伤事件导致了PTSD，但是在高度的信任关系建立之前，绝不能披露、解释甚至猜测其中的因果关系（Scurfield，1985，pp.238-239）。

最后，在处理PTSD的过程中，评估工作必须持续不断地进行，在治疗阶段尤其如此。来访者在治疗过程中的变化波动不定且具有戏剧性，有时一天一变，有时每小时都在变化。由于治疗手段多具有侵入性质，所以症状和问题行为的加重很常见（Flack et al.，2002）。

对Billie Mac的评估 在Billie Mac的案例中，CAPS-1访谈结果显示，在越战之前除了很亲近的祖父去世外，Billie Mac几乎没有任何创伤性经历。而在越南，他参加了一次又一次的重大战役，穿插着许多次的巡逻和扫荡。他是在新年攻势之后他原来编队中唯一的幸存者，也没有受伤。

越战之后，创伤事件的余波持续存在。他与父亲、妻子和孩子产生了激烈冲突，触犯法律，酗酒放纵，酒吧斗殴，抑郁发作越来越长且夹杂着躁狂行为，治疗酒精成瘾，因为没有业绩而失业，自杀意念，加之PTSD的典型症状，这一切都表明在越战之后的这些年里，他一直处于危机之中。在他退役的25年中，《分类评估表》的评分在大部分时间里都非常高。在情感方面，他的情绪波动大到超过了情况所允许的程度，在愤怒、恐惧与悲伤之间循环往复。他在《情感严重程度量表》的平均分为7，且极少有低于6分的项目。

在认知方面，他遭受着生理、心理、社会和精神上的侵扰、威胁和丧失。其问题解决能力的特点是自我怀疑、困惑、过分地反复沉浸于越战回忆以及适应平民社会的半途而废。他的《认知严重程度量表》评分一直保持在8～9分，属于“明显损害”的范围。

Billie Mac的行为总是使情况变得更糟。他要么采取一种敌意的和攻击性的方式，要么避免做出这些行为，唯恐伤及他人。他被困于这两个极端状态之间难以自拔，在重要他人眼里他变得反复无常、不可捉摸和充满危险。据最保守的评估，他在《行为严重程度量表》评分至少达8分。他在《分类评估表》的总分为24分，已达到“明显损害”的下限。也许更为不幸的是，他的个人量表评分常常达10分。当他来接受治疗时，问题已经很严重了，多重压力之下他的《分类评估表》得分已达到了致命的“严重损害”的程度。他有自杀想法，行为多次趋于杀人的边缘。他的CAPS-1访谈评分显示PTSD症状的频度与严重程度都处于相当高的水平，并且MMPI-2的《PK量表》确定无疑地证实了其PTSD已经变得更加复杂。如果他拒绝住院治疗，他必须接受严密监督的门诊治疗。

恢复的分期

Brende和Parson（1985，pp.185-186）编译了Wilson（1980）、Figley（1978）和Horowitz（1976）等人的研究，将PTSD患者的恢复过程分为五个时期。这些时期直接对应相应的治疗方式，并且每一时期都处于相应的危机阶段。

1. 紧急或爆发期。个体处于生命受威胁的情境中，体验到“或战或逃”反应增强。这一时期持续到幸存者认为危险情境已经结束时为止。脉搏、血压、呼吸及肌肉活动都加强，伴随明显的恐惧感和无助感。事件终止之后紧接着缓解和困惑。但是，为什么发生这样的事，其结果会如何，这些问题将占据个体的思想。
2. 情感麻木与否认期。幸存者将创伤经历埋藏于潜意识之中来保持精神健康。个体以逃避的方式暂时缓解了焦虑与应激症状。除非得到了专业的干预，否则，许多个体将会永远停留在这一时期。
3. 侵入–反复期（the intrusion-repetitive phase）。幸存者存在噩梦、剧烈的情绪波动、侵入性想象以及放大的惊跳反应，采用其他病理性和反社会的防御机制徒劳地试图重新埋藏创伤。此时延迟的应激反应变得十分强烈，驱使个体寻求帮助，或者深陷于病理状态而需要外界的强行干预。

4. 反思–转变期。幸存者开始以更广泛的个人视角来看待创伤事件，变得积极和具有建设性，展望未来而不是回顾过去。他们着手解决创伤并且直面问题。
5. 整合期。幸存者成功地将创伤与过去其他经历进行了整合，并恢复了生活的连接感。创伤经历真正成为了过去。

PTSD 患者不会按部就班地经历这些时期。更可能的情况是促发性的危机在时间上远离了创伤事件本身，然后，连续的一系列危机不断增强，直到个体主动地或被迫去寻求帮助。一旦危机干预开始，就会出现回避、回忆、恢复和再回避的循环模式，直到导致 PTSD 的关键问题被解决（Figley，1985a，pp.402-404）。人类服务工作者在治疗展开的过程中应该对一系列转危机事件做好准备。

开始干预 创伤受害者在早期通常会拒绝干预，其原因是他们要么认为创伤事件太难以解决，要么认为品格良好的人应该能够自己处理事件而不需要外界干预。正是由于这两种错误观念，使个体进入延迟性 PTSD 阶段，此时大多数个体需要治疗。

接纳的重要性

由于个体带着各种消极和矛盾的情感包袱来寻求治疗，因此，人类服务工作者提供一种接纳性的氛围至关重要，这样来访者才能够开始叙述并且面对创伤。对于 PTSD 患者来说，揭露创伤是很困难的，因为所叙述的事件可能很恐怖，或者并不为社会所接受。同样地，对于人类服务工作者来说，开放地接纳来访者的故事可能是极端困难和难以接受的。但是，一旦开始了治疗，我们就别无选择（Brende & Parson，1985，p.178）。

Billie Mac：（心想）如果我讲出杀死那个孩子的事，咨询师会怎么想？杀婴凶手，他就会这么认为！然而，这件事一直烦死我了。（缓缓地向咨询师讲述这个事件）

人类服务工作者：（陈述个人感受）我能理解谈论这件事对你来说是多么地艰难。我有时也不能理解，你或者任何人怎么可以杀死一个孩子。不过，我明白你一定也吓坏了，万一那孩子身上有手榴弹怎么办。你陷于一个怎样的道德困境啊！甚至当你想起这一事件，心里肯定感到内疚和痛苦。

对退役军人无论进行个体治疗还是团体治疗，最好让他们自己主导，因为大多数退役军人对没有经历战争的专业人员抱有戒心和敌意。这同样适用于消防员、警察和急救人员。我们可以容易地推测在其他类型的创伤受害者的团体治疗中也存在这种情况。问题是经历战争创伤或者战争环境的专业人员可遇而不可求。因此，孟菲斯退役军人中心发布了12条“从业规则”，为那些对退役军人进行治疗的非退役军人专业人员建立公信力（Memphis Vietnam Veterans Center，1985）。这些规则同样适用于任何治疗团体，如警察、急救人员以及其他不仅仅由于 PTSD 而建立起来的团体。

1. 来访者具有你所没有的经历，但是你拥有他所没有的临床经验和治疗技术。两者的结合能使你们建立工作同盟。
2. 表示你希望了解他，以弥补双方在经历上的巨大差异。
3. 认识到来访者想要你帮助他，有助于你的理解。在治疗过程中，他会再现并且再次体验创伤事件，而你，通过治疗关系，获得对创伤经历的深刻理解。
4. 异性治疗师可作为榜样角色。这意味着，对于男性退役军人来说，女性治疗师是一个能够理解和接纳他，对他和他的行为不带偏见的女人。
5. 临床经验和技术会随着时间逐渐积累。随着你的认识和技能增长，即使你缺乏直接的战争经历，也会被个体或团体所接受。

6. 作为“排外的”团体的非共同经历人员，你可以设法打破这种排外思想，即没有经历过的人就不会理解，借此突破他们的孤立感和你“混进来”的感觉。
7. 你对战争的不了解常常有助于来访者探索和表达自己。在努力帮助你理解战争、医疗急救或者战略战术等技术方面时，他们会暴露不为人知的心理冲突。
8. 同样地，由于不了解战争，你必须防止自己过多追究困境和回忆，因而可能需要随时留意和处理“触发性的”情境压力。
9. 认识到随着治疗的进行你个人很可能会产生道德冲突。当来访者描述战争暴行时，要避免表现任何强烈的情绪。不带偏见，保持客观。
10. 警惕先入为主或者英雄崇拜，否则会削弱你解决问题的能力。
11. 出于你和来访者的利益考虑，应对治疗过程加以控制并且明确地实施。不要试图治疗烂醉如泥的人，不要在电话中长篇大论地说教，禁止携带任何武器并予以强调。
12. 留意耗竭迹象：过多思考或与他人谈论你的来访者，发现自己出现来访者特有的症状，如噩梦等。此时应退一步评估你是否可能太过专注于为太多的人解决太多的问题。

这些规则可适用于任何类型的创伤幸存者和对其进行治疗的人，尤其适用于对经历童年期性虐待的成人来访者进行治疗的治疗师。

有必要进一步告诫治疗创伤幸存者的人类服务工作者。Frick 和 Bogart（1982）指出，退役军人会经历一个“对咨询师愤怒”的阶段。这一移情阶段（将来访者生活中重要他人的品质和特点赋予人类服务工作者）对于缓解创伤体验是非常重要的。人类服务工作者很可能成为诸如挫折，悲伤，恐惧，丧失机会，困惑，没有进展以及试图融入社会、家庭和朋友等所有问题的焦点，这标志着创伤幸存者试图再次融入社会主流。人类服务工作者需要处理这些愤怒，承认自己的失误是对问题反应迟钝，接受并反思来访者的愤怒的同时，不做自我防卫，在受到攻击后克制冲动反应，承认自己的愤怒，不灰心丧气或放弃治疗。

治疗的风险

人类服务工作者有责任清楚地说明治疗本身所存在的风险。做这样的陈述和提出不良的预后可能很困难，但是，或许来访者也已经思考过同样的问题。在最初的危机过后，来访者回到一种至少部分平衡的状态，人类服务工作者应该清楚地传达以下由 Brende 和 Parson 总结的风险（1985，pp.168-174）：

1. 有可能只是部分恢复，对顽固和恶性的问题无特效治疗。
2. 由于危机可能持续存在，不论是长时住院还是每周门诊治疗，都可能不利于保有一份工作。
3. 对创伤事件进行疏泄时，来访者不可避免地在好转之前变得更糟。当来访者对 PTSD 了解更多时，有可能产生对精神崩溃的恐惧。
4. 随着努力寻找自我的深入，来访者的人格改变可能会对人际关系产生沉重负担，因为重要他人会发现来访者在治疗后变成截然不同的人。
5. 当来访者再次体验烦扰的记忆和情绪时，其精神痛苦可能会变得难以忍受，其表达可能导致朋友和专业人员的排斥。
6. 由于对不稳定的情绪存在很多的自我压制，来访者可能害怕释放这些情绪会引起愤怒失控，导致伤害他人。由于遭受这种痛苦，来访者将会难以放弃对真实或假想的创伤事件制造者进行报复的想法。
7. 由于创伤之后局限化和狭隘化的生活方式，来访者将会尽量避免变化，极难遵从他人的指示或建议，哪怕这些建议是合理而正确的。放弃这种适应不良的独立会将来访者置于受别人同情的境地，这似乎是让他们无法忍受的。
8. 当来访者开始接受现实世界的脆弱与不公时，会产生极大的痛苦。在尝试重新进入如此不完美的世界时，来访者随时可能失去耐心，进而重新跌入 PTSD 的旋涡之中。

9. 与接受社会的缺陷相关，来访者也需要接受自身的脆弱，不良记忆会再现，人际关系可能不尽如人意，别人可能毫无缘由地获得更好的工作。

接纳自我，包括自我的内疚、悲伤和遗憾，是治愈 PTSD 的必要条件，但是，这可能是一项极端困难且让人畏惧的任务，比从灾难中活下来，它需要更多的勇气。

多重 / 多模式治疗

个体治疗应与团体治疗密切配合。在危机干预的各个阶段，多模式治疗方法在很大程度上依赖于行为和认知行为治疗在多方面的结合（Scurfield，1985，p.250）。目前为止的资料显示，尽管认知行为治疗已经成为能获得最好效果的常用治疗模式（Bryant et al.，2003；Ehlers et al.，2005；Grey，Young，& Holmes，2002；International Society for Traumatic Stress Studies，1997；Roemer，Harrington，&Riggs，2002；Zoellner，Foa，& Fitzgibbons，2002），但是，也已经有在认知行为治疗框架中结合各种特殊的治疗技术，经过调整之后用于治疗 PTSD 的特定症状的手段。此外，由于 PTSD 病程的独特性，许多其他的技术如心理动力学治疗（Lindy，1996，pp.525-536）和人本主义治疗（Turner，McFarlane，& van der Kolk，1996，pp.537-558）等也都可以使用。一些新的治疗方法如情景疗法（Gold，2009）和情景行为疗法（Follette，Iverson，& Ford，2009）、折中经验主义和情绪聚焦治疗（Fosha et al.，2009）特别针对治疗复杂的创伤。尽管这听起来好像是对问题进行漫无目的的扫射，但是这不是什么问题。这个疾病的复杂性需要最佳的折中治疗和折中的治疗计划。此外，任何心理治疗过程中，精神药物治疗都是一个重要的组成部分。

药物治疗

就目前对 PTSD 的生物学的了解来看，对神经递质和神经调质起调节作用的药物应该至少在一定程度上有助于缓解 PTSD 的心理生理反应。由于各种 PTSD 案例的主要生理心理反应存在如此多的差异，因此几乎每一类精神药物均曾用于治疗 PTSD（Donnelly，2003；Freidler，Briscoe，& Beech，2002；Marmar，Neylan，& Schoenfeld，2002；Sokolski et al.，2003；F.Taylor，2003；Zullino，Krenz，& Besson，2003）。迄今为止还没有专门治疗 PTSD 的药物。药物对于 PTSD 的疗效似乎仅局限于个体或特定的群体，通常并不普遍适用于其他人群（Davidson & van der Kolk，1996，p.511）。

典型的例子是抗抑郁药——氟西汀（Prozac，百忧解），国际创伤压力研究协会在 1997 年的《实践指南》中认为氟西汀的疗效获得最高水平的研究证据支持。van der Kolk 及其同事（1994）发现氟西汀确实降低了临床治疗群体的麻木和唤醒反应，但是对一组退役军人却没有疗效。与此同时，另外一个问题是，氟西汀的副作用之一是，在降低麻木和唤醒反应的同时也会增加惊跳反应（Davidson & van der Kolk，1996，p.512）。

Davidson 和 van der Kolk（1996，p.512）建议，最佳的选择是在 PTSD 早期使用苯二氮䓬类（安定类）或可乐定等可以减少自主神经反应的药物。如果已经存在 PTSD 症状，就应该选用抗抑郁药物，如果仍然没有控制症状，可以考虑联合使用第二种药物，如心境稳定剂、抗癫痫药物或者苯二氮䓬类（Davidson & van der Kolk，1996；International Society for Traumatic Stress Studies，1997）。由于症状会严重干扰治疗，因此，成功治疗 PTSD 的关键在于细致地选择并且监控精神病药物。PTSD 的药物治疗应该由对 PTSD 经验丰富的专科医生而不是全科医生来实施。医疗人员在关注药物治疗的同时，也应同样细心地监控谁在做心理治疗。

个体干预

紧急/爆发期

在恢复的第一时期，即紧急或爆发期，最重要的是使来访者保持稳定，即降低与创伤相关的焦虑和身体反应（Meadows & Foa，1999）。可以使用冥想、放松、催眠和生物反馈等方法（Evans，2003；Kolb & Mutalipassi，1982）。

在放松训练和冥想过程中，人类服务工作者教会来访者如何分步放松身体的肌肉群，并平静地聚焦于心理想象上，以通过精神上的放松来减轻身体的紧张和压力（Benson，1976；Wolpe，1958）。来访者学习如何对压力和焦虑进行自我控制，和抑制令人衰弱的生理反应。

HSW：这样吧，Billie Mac。想象你正躺在海滩上，那里有松软和温暖的沙子，平静的海风轻轻地拂过你的面颊，清凉又晶莹剔透的海水轻柔地拍打在岸边。把你的注意力集中到这个画面上。现在，注意你身体的变化，注意当你紧张和放松时肌肉的感觉变化。现在，从你的腿开始，让它们紧张起来，感受肌肉绷紧的感觉。然后放松，感受紧张消退的感觉。当你保持放松和松弛时，注意肌肉的变化，体会愉悦的感觉。继续想象海滩的画面，交替进行肌肉紧张与放松练习。当你继续这样做时，留意你可以怎样改变身体的感觉，你可以将注意力集中在什么事物上。

只是放松就有助于减轻当前的症状，使来访者重新获得对情绪和行为的控制，也是解决PTSD特有的一系列问题的初始步骤。通过深度放松或催眠，患者可能会退回到创伤事件的画面。以这种方法使来访者回溯，是将有关创伤事件的不良记忆和伴随的侵入性意象带入来访者的意识当中的必要步骤（Brom，Kleber，& Defares，1989；Spiegel，1989）。

消除侵入性意象

我们在前面讨论了PTSD的神经心理基础，Ochberg（1988）认为PTSD首先应该关注自主神经系统的唤起，任何治疗都必须考虑PTSD的生理反应。因此，逐步形成了一个治疗PTSD的假说，认为为了干预当前的适应不良反应模式，可以使来访者回到最初的生理心理唤起状态（Malloy，Fairbank，& Keane，1983）。一旦来访者学会了如何放松，其他治疗策略例如系统脱敏、暴露、冲击和格式塔治疗技术等都可以被用来唤起自主神经系统（Cohen，2002，2003；Fairbank & Keane，1982；Feeny，Hembree，& Zoellner，2003；Foa et al.，2002；Forbes et al.，2003；Hembree，Rauch，& Foa，2003；Keane & Kaloupek，1982；Paunovic，2002，2003；Paunovic & Ost，2001）。

人类服务工作者连续缓慢地对来访者进行放松练习和心理想象，持续不断地强化使来访者能够转换到平静放松的画面，远离侵入性的和焦虑的意象。在个体治疗中，对来访者进行这样的以及其他技术的练习是很重要的。我们建议将这些治疗过程录音，以便来访者可以在家中天天练习。

麻木/否认

再次体验　一旦个体学会了如何放松，就进入了危机干预的第二时期，即来访者在恢复过程中的情绪麻木和否认阶段。这一阶段重点在于将来访者予以否认的创伤事件以及相关的隐藏事实和情绪带入意识层面（Brende & Parson，1985，pp.191-192）。人类服务工作者以温和但有力的方式引导来访者关注治疗的此时此地，再次体验创伤经历中所有可能的细节，以使潜意识的感受得以揭露并最终被消除（Scurfield，1985，p.245）。在深度放松时，要求来访者再次体验导致创伤的可怕事件，指导来访者可以随时关闭痛苦的记忆，回到愉悦的海滩画面。

HSW：现在，让我们回到那个村子，告诉我当时正在发生什么。

Billie Mac：（平躺、放松、闭眼）：先行侦察的那个人冷不防遭到射击，我看见他中弹了。他就露天地横躺在离树100米远的壕沟里。隐蔽的碉堡中的火力越来越猛。他们把他当成了诱饵。大概过了五分钟，我突然决定去把他救回来。我和其他战友站起来跑过空地冲向战壕。我们遭到了猛烈的火力攻击，五个人中只有我和Al冲到了战壕而没有中弹。那个人离我只有五米远，但是我却不能过去（Billie Mac开始出汗，有些微微发抖）。最后我发现了对我们进行火力攻击的碉堡位置。我有一支轻型反坦克武器（light antitank weapon，LAW），我瞄准碉堡并进行攻击，几乎与此同时，一颗炸弹在我身旁爆炸，我猜是一枚B-40手榴弹。这就是我在救伤直升机上醒来前的所有记忆（大汗淋漓，剧烈颤抖）。

HSW：好的，现在转换画面，回到沙滩，开始放松。感受清凉的海水，温暖的沙子和轻柔的微风，让你的肌肉放松。（Billie Mac明显地放松下来，并随着人类服务工作者的进一步引导，回到平静放松的状态。）

尽管描述的战争场景十分可怕，但是人类服务工作者怀疑单单可怕的场景并不足以导致创伤反应。Billie Mac经历过许多这样的场景，但是他的噩梦和侵入性思维却集中于这个村子。人类服务工作者怀疑还有更多Billie Mac未在此提及的事情，进而寻找机会逐渐突破阻止创伤进入意识的心理防御。尽管防御机制确有心理上的价值，但是人类服务工作者认为重述的战争情景很可能并不准确。来访者可能遗漏创伤事件的特定部分，而人类服务工作者的工作就是要将其补充完整（Horowitz，1976，pp.177-118）。当与来访者建立了非常牢固密切和相互信任的关系后，人类服务工作者就要深入调查整个情景，积极寻找并且阐明和澄清来访者的经历中有着压倒性影响的事件（Scurfield，1985，p.245）。

HSW：回到那个村子和战壕，在攻击碉堡之前，你看到了什么？

Billie Mac：我看见那个中弹的侦察兵，他还活着，但是惨不忍睹。

HSW：你想了些什么？

Billie Mac：我想要救他，但是不行，火力太猛了。

HSW：你有什么感觉？

Billie Mac：害怕，我……嗯……我似乎什么也做不了……又一轮火力开始了……

HSW：在你周围发生了什么？

Billie Mac：Al一直在喊"用LAW炸掉碉堡。"

HSW：然后呢？

Billie Mac：我……没能……这么做……我吓坏了。（开始不由自主地颤抖。）

HSW：镇定点，Billie，我在这儿呢。

Billie Mac：Al抓起LAW，站起来向碉堡开了火……噢，上帝！趴下！噢，天哪，B-40击中了Al。他死了，他的血溅了我一身……是我杀了他。本来应该是我炸碉堡，我却没有做，是我杀了Al。（突然不停地啜泣和颤抖。）

HSW：不要紧的！请把这个场景从你的脑海中清除，重新回到温暖安静的海滩上。让自己远离战火，回到沙滩，放松，把你的注意力集中在松软的沙子上。

当来访者冲破了使他变得麻木和阻止真实事件进入意识的心理防御时，现实事件的全部压力就会向他涌来，伴随而来的是极度的恐惧、内疚、悔恨和惊骇。当这些想法进入意识层面时，这就为人类服务工作者展现了更为清晰的图景，即Billie Mac在第二时期（否认和麻木）和第三时期（反复侵入性思维）发生了什么，如何发生的。人类服务工作者在可接受的范围内回忆创伤事件，使来访者全面了解事件的真相是什么，而不是他脑中所幻想的那个样子。

HSW：现在，将情境从沙滩上回到那个村子。B-40手榴弹爆炸了，Al死了，然后呢？

Billie Mac：我想不起来了……我不知道……我晕过

去了。

HSW：(温柔地) 不，你能行的，回想一下，描述一下那个场景。这很可怕，但是你现在正在那里。继续回忆，让它来，让它记起。我在这儿陪着你，你可以从这里面走出来。

人类服务工作者温柔但是有力地敦促 Billie Mac 直面他最害怕的创伤的核心部分。人类服务工作者就像在走钢丝。抓住创伤的核心部分对于是否能够恢复非常关键。然而，太快地推动这个过程，来访者可能会产生严重的心理反应并且失去已经获得的进步。

Billie Mac：哦，天啊！你现在可以去救那个侦察兵了。可以去救他了。我站起来跑过去，火力太可怕了，离他只有 6 米却像有 1 600 米。我吓坏了 (呼吸变得急促)，我抓住他并把他拖回了战壕。子弹在我周围嗖嗖作响，我会被炸成两半的。他太重了。到了壕沟，我和他都滚了进去。我把他翻过来……哦，天哪！他死了。为什么，啊，为什么我不早点到那里呢？我本来可以救他的。我是个令人作呕的懦夫。(开始控制不住地啜泣)

HSW：(很平静地) 好的。远离那个场景，再回到海滩上。尽量保持放松，从脑海中清除刚才的场景。让清凉的微风吹拂着你，呼吸清新的带着咸味的空气，享受完完全全放松的感觉 (过了一会儿，Billie Mac 明显地放松下来)。现在，我从 1 数到 10，当我数到 10 的时候，你会完全清醒，精神振作。

人类服务工作者就这样将 Billie Mac 带回到现实当中，然后与他一起回顾事件的整个过程。

解释 在这一部分，人类服务工作者使用了更多的心理动力学方法，通过澄清和解释来访者所说的情境，积极地进行干预。在动力学上，将那时那地的创伤与来访者此时此地的适应不良模式进行整合，治疗师希望来访者能够构建一幅全面的画面，赋予记忆所应有的含义 (Lindy, 1996, p.534)。

HSW：所以，让你痛苦的不仅仅是那个村子的可怕战斗，更多的是你觉得自己没有做应该做到的事。你觉得自己就是个懦夫，怯懦让你的朋友付出了生命的代价。这是多年以来，你自己认为的唯一可以赎罪的方式，就是做一些可以让你自己也去死的事情，触犯法律、失控的大起大落的暴怒，漫长的斗殴，酒后驾车，以及企图自杀。

Billie Mac：我不知道。(啜泣) 我感到很害怕。我怎么能无动于衷？与其这样活着还不如死了的好。

HSW：但是，你做了该做的事。你冲了上去，并不知道早一两分钟是否就能救他的命。但是，似乎这一两分钟就导致你背负了 30 年可怕的心理负担，而你永远也还不清。我觉得这已经够了，时间已经偿还了这笔债务。你愿意这样去想吗？

Billie Mac：(颤抖地) 我想……尽管我不知道自己还能做什么。真无耻！我怎么能这样做！真让人痛苦！

HSW：我知道你可能会感到这样做很粗暴，而我看上去似乎非常冷漠无情。但请记住，我们已经做得够多了。相信我，也相信你自己。我们一定能跨过去的。

即使人类服务工作者在解释方面达到了目的，但是，要使 Billie Mac 整合这些经历，使自己与创伤事件达成和解，是更为困难的。突破来访者的潜意识防御并非一朝一夕的事，而否认比洞见和接纳要更为常见。Billie Mac 对人类服务工作者的负性反应是典型的移情，当痛苦的情感带入到意识层面时，来访者将他的不幸转移到人类服务工作者身上。此时，人类服务工作者的主要工作是尽可能地对发生在来访者身上的事情保持共情 (Lindy, 1996, p.536)。

反思和转变

尽管来访者可能会极其痛苦，人类服务工

作者仍然会鼓励来访者去体验创伤事件发生之时的所有情绪反应，以及他是如何进行解释的（Donaldson & Gardner，1985，p.370）。这标志着危机的第四时期，反思转变期（Brende & Parson，1985，p.192）。人类服务工作者将结合思维阻断和冲击的行为治疗技术来帮助来访者。写治疗日记，或者让来访者在治疗展开的过程中记录思维，将帮助来访者处理这些创伤经历。

冲击/暴露 冲击或延时暴露是消除PTSD的不良记忆的最有效的技术之一，尽管对这一点仍有争议（Feeny，Hembree，& Zoellner，2003；Keane et al.，1989；Lyons & Keane，1989）。在使用冲击和暴露技术时（Stample & Levis，1967），引发恐惧的刺激不断呈现。治疗的基本原理是，如果引发焦虑的刺激直接地冲击来访者，来访者会发现其实没有什么值得可怕的。持续地冲击来访者导致刺激引发的焦虑逐渐减轻，这就是说，没有得到强化的重复反应会导致产生这种反应的倾向逐渐减弱。当来访者重演创伤时，人类服务工作者要不时地补充遗漏部分，挖掘出所有埋藏于来访者记忆深处的条件刺激。其结果是使记忆中的有害部分不再导致损害性的反应（Foa et al.，2002；Forbes et al.，2003；Hembree，Rauch，& Foa，2003；Keane et al.，1985，p.265；Paunovic，2002，2003；Paunovic & Ost，2001；S.Taylor，2003）。在第九章"性侵害"中，将讨论清除侵入性意象的一种更为复杂的冲击和暴露疗法的变式，它结合了认知重建和引导想象。这一技术是一种非常严谨的治疗手段，新手们应该在经过督导训练后才可从事治疗。

思维阻断疗法 思维阻断疗法是一种简单而有力的方法，它使得来访者在危机干预工作者的帮助下，将有害的侵入性思维转变为自我增强性思维。首先，危机干预工作者设定场景，构建图像，直至引发恐惧的刺激达到最大的唤起强度，然后喊"停！"，代之以积极的、自我增强性思维（Williams & Long，1979，p.285）。危机干预工作者要告知来访者，当侵入性场景达到最恐怖的时候，人类服务工作者会把一本书重重地摔在桌子上，同时坚决地喊道，"停！回到沙滩"。来访者在整个过程中是被动的，由人类服务工作者设置和控制场景。这一过程可录音录像，当作家庭作业留给来访者，只要侵入性思维出现的时候，就收听录音录像并且重复运用这一治疗程序。

HSW：现在，清除沙滩场景，回到村子里。你正在战壕里。闻着战壕中的恶臭，感到死神就在身边。你几乎能看到死神的狰狞面目。你想逃，但是无处可逃。哦！在这无人之地冲出去是多么愚蠢。回头看看你中弹的战友们，他们在痛苦地挣扎，身上沾满鲜血和泥土。再看一眼壕沟里的那个侦察兵。他十分痛苦，正在喊着救命，但是碉堡的火力像暴风雨般猛烈。要从战壕里探出头来必死无疑。你左右为难！想做点什么，你知道必须炸掉碉堡，但是却动弹不得。你嗅到了恐惧的味道，汗从毛孔中渗出来。看看Al，他希望你能做点什么，你是班长，但是你却什么也做不了。你感到Al在盯着你，听到他喊"炸掉碉堡"，你的手指粘在了LAW上。感觉Al一把抢过LAW。他站了起来，冒死对着碉堡开火，接着，爆炸声瞬间响起，尘土飞扬。Al在硝烟中消失了，B-40手榴弹击中了他。闻到火药味和血腥味。调动所有的感受——听觉、嗅觉、触觉、视觉、味觉，体验那个可怕的时刻，如同身临其境。（Billie Mac在躺椅上不安起来）现在，停！（把书摔到桌面上）转换场景。

Billie Mac：（尖叫）我做不到！

HSW：（用轻柔但是命令的语气）不，你可以的！从战场中撤出来，回到松软暖和的沙滩上。保持在沙滩场景中。闻着微咸的空气，清凉的微风，告诉自己，你随时可以做到。注意你身体感觉的变化，注意脑海中出现的内容。享受那种你可以随时进入状态的感觉。

这一过程可以不断重复，直到来访者能够轻松地在侵入性意象和放松状态之间自由转换。录音录像可以带回家练习以避免间断，允许来访者将内在对话进行外化，并且消除所伴随的恐惧（Tinnin，Bills，& Gantt，2002）。

日记 对PTSD患者而言，说出自己的经历是极其困难的。记日记是一种将情感打开并能够以非言语方式进行宣泄的极好办法。用自己的语言写下自己的思维，然后倾听它们，可以将可怕的记忆置于安全的心理距离之外，这样来访者和人类服务工作者就能够分析它们（Cienfuegos & Monelli，1983）。写日记促使人类服务工作者鼓励来访者进行一些自由联想，对于打开个体业已成形的心理防御很有必要，否则他们可能永远不会探索创伤事件（Progoff，1975）。写日记是完全自愿的，但是当处于危机情境的来访者不想谈论其经历时，适时建议他们写下自己的感受是一种打破僵局的有效方法（James & Gilliland，2003）。保持写日记不仅是处理那些不期而遇感受和想法的极其有效的方式，而且也为治疗师和来访者提供了材料用于评估治疗的进展怎么样（Pearsons，1965）。对于任何像Billie Mac一样承受着幸存者罪恶感或者受害者 / 伤害者的人，记日记可能是一种特别有效的方法，将来访者可能难以向治疗师讲述的感受表达出来。

整合

深入探查来访者的过去，并将被格式塔治疗师称为“未完成的事项”带到意识层面，这一格式塔技术特别有助于刺破由创伤事件感染引发的脓疱（Cohen，2002，2003；Scurfield，1985，p.246）。对于Billie Mac而言，这一技术将起到转折作用，这也是危机的最后阶段，并起到赎罪、忏悔和回归的作用（Horowitz & Solomon，1975）。还会使用一种称为“空椅子（empty chair）”的格式塔技术。

HSW：你面前的空椅子代表着不同的人。可以是Al、侦察兵以及那天在那个村子牺牲的其他战友。我要你告诉他们，你对自己的所作所为有何感想。我可能会坐到其中一把椅子上，或者让你代表他们。现在，我要你想象Al就坐在那把椅子上。你想对他说什么呢？

Billie Mac：我……很抱歉。我吓呆了。我不应该那样。是我杀了你，我永远无法忘记这一幕。

HSW：（坐到Al的椅子上）嗨，伙计，还记得在莱莱和阿肖谷的时候吗？你当时没有被吓到，你救了我一命。记得我当时吓成什么样了吗？你没有说隐蔽，谁能做到那么完美呢？

Billie Mac：你是我最好的朋友，是我害死了你（抽泣）。

HSW：（扮演Al）你认为自己站在闹市拐角呢！谁都会被吓坏的。是我自己要那样做的。你救过我好多次，我永远不会忘记的。为我保重吧！伙计，我并不感到遗憾。

Billie Mac：上帝啊！我想念你，我是那么爱你。

HSW：（扮演Al）想想我们一起度过的美好时光。在曼谷的休养所，那时我们在同一个小镇。这些我都记得。我也爱你，伙计，但是，是时候了结那个村子的事了。是时候和我说再见了（HSW站起来，直接走过去，伸出双臂拥抱Billie Mac，Billie Mac泪流满面，打开了感情的闸门）。

针对班里的每一个人重复演示这一场景。有时Billie Mac扮演其他人，有时危机干预工作者扮演其他人。“未完成的事项”的每一片段都要缓慢而耐心地进行，直到Billie Mac能与那天在场的每一个人达成和解。很明显，Billie Mac经历了一个痛苦但却有必要的哀悼过程，这是他将此事放下的必经之路（Brende & Parson，1985，p.105）。当Billie Mac为已成久远的那天赎罪时，创伤已平息了，人类服务工作者努力将他拉回现实，帮助他继续自己的生活。高强度干预的间隔时间将拉长，来访者将（根据需要）经过一系列的巩固治疗，至少每月一次，坚持三到四个月（Balason & Dempster，1980）。这就是危机干预的第五个阶段——整合。

团体治疗

对曾经暴露于创伤的人有两种类型的团体治疗。第一种是预防性的和短期的，常用于遭受急性创伤的人。通常被称为“减压团体（debriefing group）”，主要由经历常见的创伤事件的幸存者组成（Mitchell，1983）。急性创伤应激的减压将在本书最后一章详细讨论。第二种是长期的，由在不同时间和环境下暴露于同类型创伤的特定类别的人组成。通常被称为“支持团体（support group）”，主要解决各种转危机问题，是本章重点讨论的治疗PTSD患者的团体形式。

支持团体

支持团体又称谈话团体，是由Robert Lifton和Chaim Shatan于1970年在纽约为越战退役军人创建的。Lifton和Shatan都是人类服务专业人员，他们对于美国退役军人管理局总是拒绝承认许多越战退役军人遭受战争引发的心理问题感到愤愤不平。这种困境最终使专业人员认识到谈话团体的成功，并将它融合到更为传统的治疗形式里（Walker，1983）。

情感依恋和参与社交是保护个体抵御PTSD的基本和重要的因素。对大多数PTSD患者而言，社交孤立和情感疏离十分常见。因此，团体治疗很有帮助，因为成员们分享彼此的经历、互相支持、提供归属感、减轻耻辱感以及培养和重建自豪感。任何团体治疗的首要任务都是帮助人们通过分享创伤经历而重获安全感和掌控感（van der Kolk，McFarlane，& van der Hart，1996，p.433）。此外，由于治疗是现实导向的，面对有着相同遭遇的人比面对专业人员更易于接受（Scurfield，1985，pp.247-248）。

团体对来访者也起到教育作用。PTSD的可怕性质需要人们清晰地描绘正在发生什么以及为什么会发生。通过回答来访者的问题，诸如“PTSD的常见症状是什么”“为什么要使用药物”“多长时间才会好转”“我疯了吗”“在这种情况下，我应该做什么”“发生了这样的事，我还会和从前一样吗”，以帮助来访者提高认知水平（Brewi，1986）。

现在，我们将重点转移到从事警察、消防、急救和救灾等职业的人们身上，由于他们反复暴露于创伤，所以极易患PTSD（Bierens-de-Haan，1998；Corneil et al.，1999；Dreisbach，2003；Epstein，Fullerton，& Ursano，1998；Horn，2002；Tucker et al.，1999；Ursano et al.，1999）。我们将跟随团体中的一个成员，以急救人员为例，说明不断暴露于创伤事件有患PTSD的风险。

Ryan的案例 Ryan Sanchez，35岁，曾经在警察局当了七年的巡警。那段时间里，由于工作出色，他获得了无数次的赞扬和表彰。大约一个月前，由于工作表现直线下降，他被转介去看警务心理学家。Ryan被抓到在上班时睡觉，好几天不上班，并且在一次因在犯罪现场表现不佳而被批评时公然顶撞直接上司。冲突达到极点时他试图对上司挥舞拳头而被其他巡警强行拉开。他被监察上司转介去做临床评估。警务心理学家用MMPI-2测试Ryan，显示伪装量表得分很高，表示问卷所呈现出来的人格要好于其真实表现。《PK量表》也显示他极有可能患有PTSD。警务心理学家认为，Ryan的初步会谈和MMPI-2评分是他为了表明自己心理健康而伪装出来的，实际情况则没那么好。

心理学家于是对Ryan进行了CAPS-1访谈，发现了他一系列工作和家庭方面的问题。在从事警察工作之前，他曾经当过八年的急救人员（emergency medical technician，EMT）。由于工作压力大他决定放弃EMT，但是仍然想做一些“刺激而有意义”的工作。之后他便进入了警察局。他有生物学本科学位和EMT资格证书。Ryan与妻子Mary已结婚15年，Mary是一名护士，他们有两个女儿，12岁的Katrina和八岁的Stacey。Ryan与妻子已经分居五个月，现在和父母住在一起，在休息日去看他的两个女儿。

Ryan报告说他的妻子越来越偏执，怀疑他与别的女人有染，总是要在下班后检查他身上是否有香水味或口红印。最后，在一家商场的停车场，她竟然企图撞倒一个下班的女警察，就因为怀疑其与 Ryan 有染。结果 Mary 被拘留，最后在向女警察道歉之后免于起诉。

Ryan 说从那之后，他就开始变得"神经兮兮"。特别是他眼前开始闪现在做 EMT 和警察时遇到的一系列创伤事件。他叙述了在做 EMT 时的很多场景，他无力去挽救那些在交通事故中垂危的生命，其中大部分是儿童或青少年。结果，他对女儿们的保护欲变得越发强烈，他说："我希望能把她们放在一座城堡里，周围有高墙，外面还有护城河，再用锁锁住她们，这样就没有什么能伤害她们了。"这种保护欲严重损害了他与女儿们的关系，她们不愿意去探望他，因为一旦她们不在他的严密监视之下，他就会恼火。他是 11 年前一次自然灾难的 EMT，一辆装有丙烷的卡车翻倒并爆炸，导致 30 多人严重受伤。这些人被严重烧伤甚至烧焦，但是仍然活着。他被派去做市长的助手，大部分时间要向市长汇报救援情况。他感到非常无助、无法自控并且对委派的工作也很愤怒。他非常想参与营救工作，尽管他自相矛盾地说这是他见过的最恐怖的场景。他在事件发生之后的几个月中总是做噩梦。六个月前，这些噩梦又重新出现了，而且更加频繁。这六个月以来，他变得极度不安，不论什么时候，如果一辆丙烷卡车经过，他就会感到恐慌，会赶紧避开它。如果经过储存石油产品的加油站和油库，他也会这样。

他还讲述了另外一起值得注意的创伤事件。在他当警察时接到了一桩失踪案。他与两名侦探一起在失踪女子的废弃公寓里见到了她的父亲。由于没有带搜查证，他们不能对公寓进行彻底搜查。Ryan 预感到那个女子的尸体就在公寓里，被埋在壁橱的一大堆袋子下面，但是两名侦探警告说，他们无能为力。由于当时公寓的温度在零下，因此没有闻到任何尸体的腐臭味。两周之后，他又一次在公寓里见到了那个女子的父亲。那个父亲开了一辆租来的货车，从公寓里往外搬运女儿的物品，然后闻到了一股难闻的气味。Ryan 赶到那儿，马上意识到那是死尸腐烂的气味。他走进公寓，立即发现失踪的女子就在装衣服的袋子下面。他说永远也忘不了那个场景，那个父亲坐在黄色的租用卡车里，目光呆滞。Ryan 说他的制服总有一股死亡的味道，怎么洗都洗不掉。最后他扔掉了那套制服，但不久以后，他认为新制服从他的皮夹克中吸收了那种气味。他从来没有真正地将这些创伤事件宣泄出来，尽管这些事情不时地让他很烦恼，但它们总会过去的——至少他认为是这样。

Ryan 并不喝酒，监察上司证实了这一点。Ryan 说自从与妻子分居后，他就服用过"镇静剂"和"安眠药"。他还说事业和家庭的双重打击使他最近想到过自杀，但他并没有制订计划，因为他不想女儿们被别人说父亲是一个"将自己脑袋打开花的疯子"。他向心理学家坦承自己的生活已经完全失控，并想确定他是否确实没有 PTSD，或是某种程度的"精神崩溃"。

Ryan 的症状完全符合 PTSD 的诊断标准。他有反复的侵入性思维、梦到创伤性事件以及体验到由外部事件引发的强烈的心理痛苦。现在，他逃避那些能让他回忆起至少这两起事件的刺激。他唤起症状增加、高度警惕女儿的安全、难以集中精力工作以及难以入睡。心理学家诊断其为延迟性创伤后应激障碍。尽管延迟性 PTSD 相对少见（McFarlane & Yehuda，1996，p.159），但是在医疗急救人员中的多米诺效应却并非罕见，即一个事件触发了其他可能遗忘已久的事件（van der Kolk & McFarlane，1996，p.9）。由于社会支持系统在家庭这一环节缺失了，Ryan 濒临危险境地，而妻子用车撞同事这一突发事件以及他随后离家分居激发了他的创伤记忆。

Ryan 被转介到一个行为保健组织接受个体治疗，并参与了一个独立的支持团体，它是由警察、消防员和急救人员的工会以及市县政府共同举办的。警务心理学家还与 Ryan 签订了反自杀协议，并联系了人类服务工作者来治疗 Ryan，并告知他 Ryan 有自杀意念。

分类评估 情绪方面，Ryan 经受着长期而强烈的负性情绪，远远超过情境所应有的强度。尽管他没有明确的自杀意向和计划，但是他的易激惹和抑郁足以使他这么做。有时他会感到负性情绪极难控制。他在情绪方面的得分是7～8分。认知方面，Ryan的想法通常是做一天和尚撞一天钟地得过且过。但是，他对创伤事件的侵入性思维和想象的控制能力有限，他对事件的感知，尤其是对女儿安全的强迫观念，明显与真实情况不符。他在认知方面的得分是6～7分。在行为方面，Ryan难以行使工作职责，他的工作表现明显受到影响。他在行为方面的得分是6～7分。Ryan的《分类评估表》总分是19～22分。他处于危机状态，并且需要立即接受治疗。

Ryan与人类服务工作者首次会面的内容包括继续履行反自杀协议、转介到精神科医生那里评估用药情况、解释个体治疗可能的效果以及邀请他参加支持团体。

HSW：我们在周三晚上将与一些男女伙伴会面，讨论你现在正要解决的问题。我觉得你与他们有很多共同之处，相信与他们会面对你会有所帮助。他们都曾或正在警察局、消防部门或急救部门工作，到这儿来着手解决他们的一些问题。如果你不想谈的话可以什么都不说，由你决定。你可能会有很多不一样的感受，当然其中有些可能并不那么愉快。然而，你将要见到的所有这些人都有过类似的心路历程，尽管他们可能带着不同的问题来到这里。就这一点而言，他们都会理解你所经历的，并且在你面对困境时，他们会不带任何评价地支持你。我真的希望看到你能来。你不是非参加不可，但是我们都知道，社会支持是康复最重要的方法之一，而现在看来你可以对它加以利用。

团体每周会面一个半小时。首先是让成员介绍自己的姓名和单位。这个结构化程序不是为了追忆“战争岁月”，而是让人们在心理上回到创伤起始的时间和地点并且增强团体的凝聚力。自我介绍之后，每个人心里都会觉得对话是在平等的情况下进行的。

这一团体由“退役军人”组成，他们有些已进行过几次会面，有些是首次参加的“菜鸟”。长官与一般人员分开，因此不可能有来自指挥人员的责备。团体所讨论的所有内容都要保密，成员要签署一份声明以表示自愿遵守这一规则。团体由独立的承包人组织，他们不需要对市县政府负责，因此他们不会将成员的个人决定或者其他威胁其工作的事向市县政府汇报。讨论的主题包括在单位的日常工作问题、PTSD和创伤的议题和疑问、重演在创伤事件期间的行为、家庭和就业问题以及所有这些问题是怎么影响他们的。

团体的领导者是两名深入了解警察、消防员和EMT的心理学家。尽管他们从未从事过其中任一职业，但是因为他们先前做过这类从业者的团体治疗，因此具有可信度，而这是极其重要的。在这类团体的早期阶段，不信任和猜疑的心理很重，人类服务工作者必定会接受一次又一次的考验，直到证明自己是合格的并且值得信赖（Gressard，1986）。

从真正意义上来说，团体领导者并不是团体治疗师。他们更像是肩负一些任务而参与其中的成员，保持团体在没有严格规定的情况下定期举行，专门负责所在的团体，促进其他成员的反馈和支持，以及在个别极端情况下作为共情但是坚决的裁决者。作为领导者，当团体成员互动时，他们必须保持低调。领导者的角色很微妙，远不止在团体与问题抗争时进行指导，还需要有无尽的耐心。如果进行传统意义上的团体治疗，需要在较晚一些时机成熟的时候进行。谈话/支持团体与长期的治疗团体的显著区别在于其主要关注创伤和与罪恶感有关的赎罪心理，而不是生活适应问题。生活适应问题是PTSD危机干预的其他阶段的内容，会在之后处理。典型的支持团体一般是以下述方式开始的。

HSW：大家好！今天来了一些新成员，由于大家互不相识，所以我希望大家都能介绍一下自己和单位。我是Theo Ewing，是一名心理学家。我在市警察局的危机干预小组工作。

Jane：我叫 Jane Shore，是一名巡警，Delta 警署，在西区执勤，21 岁。（新警员，其教官在一起卖酒商店的持枪抢劫案中被击中。劫匪逃跑了。感到自责、做噩梦、惊跳反应、高度警觉、对能力的偏执观念。）

Leann：我是 Leann Sung，EMT，注册护士，在县医院工作，50 岁。（20 年的急诊室和救护车工作经验，参与多起灾难和事故。职业倦怠，在急诊药房偷安非他明时被抓后试图自杀，消化性溃疡，情感麻木。）

Alonzo：我叫 Alonzo Brown，治安官，Able 警署，在县区北部工作，42 岁。（在劫车绑匪将人质割喉杀死后，他开枪射杀了绑匪。首次开枪、首次目睹暴力、做噩梦、侵入性想象、高血压、酒精滥用问题。）

Lamont：我是 Lamont Evans，助理医师，空中救援，29 岁。（空中救援直升机坠毁并着火。他与另一名助理医师得以逃生，其他人都死了——包括两名载往医院的车祸受害者。幸存者内疚、高度警觉、惊跳反应、噩梦、妻子离开他、事故发生后对直升机的恐惧反应。）

Rachelle：我叫 Rachelle Johnson，司机，47 号消防站，在县消防部门工作，36 岁。（在一次火灾中目睹墙体坍塌，砸死两位消防站同事。帮助从碎石中拖出消防战士的尸体。其中一个是她最好的朋友。噩梦、幸存者内疚、躯体的及一般性焦虑反应、进食障碍。）

Ryan：我是 Ryan Sanchez，巡警，Charlie 警署，中心城区执勤。（个人资料前文已提及。）

（团体轮流进行自我介绍，对 Ryan 表示欢迎）

HSW：哪位有事情要谈一谈？

Lamont：好，我来说两句。自从上次以来我再也没做过直升机坠毁的噩梦了，我估计好些了。而且我妻子说她可能会回来。

（团体表示祝贺）

Rachelle：各位！这太好了。我希望我也可以摆脱那些该死的事情。那些药物没一点儿好处。我吃不下，睡不着。我不知道自己还要忍受多久。

Jane：我也是！吃药也没有好，反而似乎更糟了。

Lamont：（温和地）我们都经历过这些事，也知道有多艰辛。我们已经讨论过，在好转之前会加重。那真是地狱。你们与咨询师谈过这些吗？

由于团体内部的互相支持和出谋划策，Rachelle 和 Jane 获得了许多关于如何与情绪紊乱做斗争的建议。幸存者内疚常见于急救、消防和警务人员。社会期望认为这些人应该将自己的生命置之度外，当其他人死去或受伤时，他们就会猜测或害怕别人认为自己弃同事于不顾。Lamont 的话具有治疗性，因为话中包含着对两个女人的内疚感的接纳和理解。

Rachelle：是的，我告诉过她了。但是似乎说得越多感觉越糟糕。为什么死的是他们，而不是我？

HSW：所以还是我们谈论过的幸存者内疚在作祟。Lamont、Rachelle 和 Jane 说的都是同一个问题（团体领导者花几分钟时间说明一下关于个体在创伤中幸存而其他人则没有的典型行为动力学，这样做具有典型的心理教育意义，也是支持治疗的一部分）。还有人要说什么吗？

Jane：我一直想当警察，而且认为自己会是一名好警察，但是作为一个新手，一个女人，要做到这一点太难了。我无数次回想那次抢劫。不知道自己当时还能做什么。我的教官 Loren 说我已经做得很好了。我很高兴他就要康复了，但我还是认为自己搞砸了。也许我有些偏执，但是我不能确定我们警署的其他警员是否还会信任我。该死！我甚至不能确定我是否信任自己。

Ryan：嗯，我是新来的，还不太了解情况，但是听说过那件事，在我看来这没有什么。你认为自己哪里做错了？

Jane：嗯，这是个快把我逼疯了的问题。我不认为自己做错了，但我觉得别人会这么想。

Ryan：哦，如果因为你是女人而这样想，那就没有必要了。我有一个女同事，她很出色。

HSW：Jane，听到 Ryan 的话了吗？

Jane：是的！谢谢！

领导者立刻介入以使两人得到强化——促进团体新成员的发言，以及 Jane 可以利用来自退役军人的男性警官的肯定。

Alonzo：那么，是什么改变了你呢，Lamont？

Lamont：我不那么谴责自己了。我还是会对死去的人感到难过，但是我慢慢接受它了。能活着真的很幸运，而且我已经开始着手让自己的生活步入正轨。我终于认识到引擎故障不关 Lamont 的事。我的咨询师说这是“重构”，就是从另一个不同的角度看问题。我认为你们俩在事发时都做了该做的事。不能再过分要求自己了。

Alonzo：我希望我也能如此轻易地“重构”我的问题——我是说那个被爆头的劫匪挟持着这个女人，几乎是当着我的面把她的头割了下来。在这之前我居然没有开枪，直到他扔下她，我才射杀了他。然后，射击队给了我一份摸不着头脑的报告。是早就应该开枪，还是应该再等等。该死的，怎么可能一下子都做到？我是按照书里面所说的做了。可是结果呢？不管是受害者家属还是杀人者家属都给我戴上一顶造成错误伤亡的帽子。这还不足以让我感到糟糕，让我更难受的是现在我成了一个罪犯。我永远忘不了那个画面。然而，警察局却没有表现出哪怕一点点该死的支持。我已经当了 19 年警察，如果没有这次打击和高血压，我可以再干上一年，到时候他们就会屁颠屁颠地跟我告别。难道我不该喝酒吗？

Leann：是的，他们就是这样过河拆桥。我在县医院急诊室干了 20 年，什么没见过。当我因为偷药被抓时，我正忙于处理四起事故，四个歹徒持枪行凶、两个歹徒持刀行凶、三辆汽车连环相撞，还有五个小孩在公寓火灾中烧伤。我都快要崩溃了。这么多年来，我就一直这么工作着。还有，你知道吗，那个抓到我的急诊室督察说，如果我能多轮一个班，他就可以放过我，他说“知道我需要提提神”。我对那个混蛋说“不”，他就把我举报了。这就是我全部的生活，没有家庭，一个瘾君子，一个职业倦怠患有溃疡的急诊室护士，被机构利用完后就一脚踢开。所以你说，自杀为什么不是一种很好的选择。（开始默默流泪）

HSW：Leann，你还在考虑自杀吗？

用非常清晰明确的话，领导者立即检查 Leann 的话语。由于她曾经自杀未遂，这种话就不能视为随便说说而已。

Leann：不，没有。我只是对他们的做法感到愤怒。我告发了那个混蛋，但他们还是对我实施惩戒，而让那个敲诈我的卑鄙小人逍遥法外。

HSW：所以你也感到被机构出卖了。就好像你这么多年尽职尽责之后，他们反过来这么对待你。这不仅要把你逼疯了，更有甚者，它真的深深地伤害了你，你为之付出了大半生的机构，在紧要关头不仅没有维护你甚至还试图敲诈你。（Leann 和 Alonzo 都不断地点头表示同意。）

尽管支持团体似乎化身为对冷漠的官僚机构的批斗会，但是，社会服务机构和公共安全部门都是出了名的人手不足，给其员工带来了压力，当发生紧急情况时，这种压力极大地加码更易于导致 PTSD。（见第十六章“危机中的人类服务工作者：耗竭、替代性创伤及同情疲劳”）。情感表达是打开感情大门的有力武器，对处理 PTSD 十分关键（Tarrier & Humphreys，2003）。团体领导者要进行情感反映并且为成员提供疏泄的机会，还要提出有助于问题解决的询问。

HSW：我想知道，为了改变机构的行为你们可以做什么？

Rachelle：我知道一件，如果不是工会奋力争取支持并且建立现在这种新型的减压项目，那么我们就不会在这里了。对我们这种在高压力下工作的人，要提供更多的安全保障，而据我所知能促成此事的唯一途径就是依靠工会的集体力量。我想我会跟我们的工会代表讨论一下这些事情。

Alonzo：太好了！至少他们可以把所有病人都聚到一起并且便于监视我们。（大家都笑）我知道那有多痛苦，Leann，因为我也有同感。但是，你可以回想所有你做过的事，所有你抢救回来的生命，还有所有你帮助过的人。我也像你一样愤世嫉俗，直到有一天，有个人阻止了我，感谢我很久以前做过的某件事，让他免受牢狱之灾。我甚至已经不记得那件事了，它过去了很久，但他却记得。这让我感觉好多了。想想你曾经救过多少人，如果没有你的话，那些人可能早已不在人世了。

以前，Alonzo总是尖酸刻薄地表达感受，他转变了角色，变成一个为Leann提供支持的人。像这样的互助团体中，这种角色转变很常见，并且成为帮助者而不是受惠者这种需求极其重要（Silverman，1986）。团体领导者Theo认识到这种转变并且明智地让Alonzo继续说下去。

Alonzo：呃，对了，Ryan。你遇到什么麻烦了，哥们儿？

Ryan：（详述他的问题）我想说，我喜欢你们所有人，但是我不知道这个团体会有多大帮助。我是说你们解决不了我的婚姻问题，还有所有这些烦人的PTSD表现。我想精神科医生能解决吧。我不知道。

Rachelle：我理解，Ryan。我来这儿也不久，但是我要告诉你，这里的人理解我的遭遇。或许我们不能挽救你的婚姻，但是我们一定会在这儿支持你，因为这些伙计们在这里支持过我。

Rachelle的话浓缩了支持团体的本质。在团体会谈结束时，每一个成员都有机会发言谈谈他在会谈之中有什么变化。不允许别人对他们的结语做出反馈。总结陈词包括反思这些讨论对自己的影响以及强化对他人的评论。最后，团体成员起立、握手并且安静地冥想一会儿。在这些非常顽强的男女相互紧扣的手之间，进行着高度的情感交流，它触动人心且坚强有力，传达着每一个人对其同伴的远胜于语言的关爱与支持。

有证据表明，遭受其他类型的灾难侵扰的人也能从支持团体中受益。Donaldson和Gardner（1985）报道，乱伦受害者在相互支持团体中与其他有着共同遭遇的人在一起，会很快获得一种强烈的轻松感。一种典型的评语就是"别人不会理解的，但是我可以现身说法"。Foulkes（1948）的评论是对支持团体的深度界定，他说，这种支持团体的参与者会强化彼此的正常反应并且消除彼此的病态反应，因为他们共同在自己所偏离的地方建立了这一规范。这样，本文作者之一工作过的退役军人谈话团体的成员中，存在一种被一个成员美其名曰"废话探测器"的东西，他说"如果有人没有坦诚交流，我们立刻就能察觉到。"

生活适应团体

PTSD的治疗包括两个阶段。第一阶段，治疗集中在评估和处理创伤及其症状。尽管这很困难，但是治疗的第二阶段困难会更大。在第二阶段，治疗重点将转移到使来访者努力适应当前的社会，这通常不是件容易的事（Johnson，Feldman，& Southwick，1994）。

当解决了创伤情境的罪恶感和恐惧感之后，来访者即可参加生活适应团体，此时可能随之出现其他危机。挖掘出埋藏较浅的创伤经历是远远不够的。关键在于整合过去的经历，找到意义和新的应对方式，不仅宽恕自己也宽恕别人，以及找到新的生活方向（Brende & Parson，1985，pp.199-201）。此时的小组人数会减少，缺席者会增加，其原因有两个。

第一，威胁性的信息会被重新掩盖起来；第二，活动与行为变化是强制性的。从过去发生的事中获得洞察力，转变成带着这种洞察力并将之应用到当前生活，这是一种巨大的进步，始终会发生于危机干预过程之中。此时需要处理的就只有生活问题了。在这个时候，有多种形式的危机干预，取决于个体要面对的特殊问题。这些问题涵盖从保持节制到保住工作等各个范围。然而，在此阶段有一条主线将一直贯穿于所有来访者的生活，这条主线极其重要并且必须融入他们的生活之中。这就是他们的家庭。任何一个全面的 PTSD 治疗计划，都必须考虑到有必要重建家庭这一基本支持系统，它对于帮助来访者在创伤之后取得进步十分关键。让家庭成员打开心扉表达一些可以影响来访者负性应对行为的信念，这会吓到来访者及其家人，他们会认为讨论其创伤后问题将引起很多麻烦以至于家庭分裂，即使家庭现在已经是一团糟了（Tarrier & Humphreys，2003）。

家庭治疗

如果创伤并未解决而变成长期的，其残余效应最终会波及来访者的人际关系网（Figley，1988，p.91）。如同创伤幸存者不愿寻求帮助一样，其家庭通常更不愿意参与到康复治疗的过程中（Solomon，1986）。尽管家庭成员可能由于来访者对家庭成员的行为、家人对来访者的行为反应，以及两者的相互作用，感到极度的痛苦，尽管他们坚决认为需要改变，但是，他们却常常抵抗改变这种现状。这看起来似乎很奇怪，尽管家庭因适应 PTSD 患者以致压力到达极限，但他们确实在努力适应，有时甚至以病态的方式。随着来访者的改变，家庭成员可能会如梦初醒，但是可能难以做出相应的改变。

因此，危机干预工作者的重要任务之一就是评估家庭成员参与治疗的意愿。家庭解决危机的能力取决于创伤事件的性质、家庭对事件的看法、家庭能提供的解决问题的资源、对导致事件应激源的态度，以及他们过去和现在的应对技巧的有效性（McCubbin et al.，1980）。

治疗目标是制订和实施一套危机干预计划以处理来访者的应激障碍和各种家庭功能不良，家庭功能不良有可能先于创伤事件就存在，也可能在事件之后出现。了解这一障碍，处理其所致的处于扭曲边缘的亲密关系和分离，缓解愤怒和悲伤所致的身心症状，促进创伤的解决（包括家庭冲突），通过客观看待指责和信任以提高洞察力和矫正歪曲观念，以新的更为积极和准确的视角看待创伤，建立并保持新的家庭沟通技巧和规则，以及随着家庭动力改变而启动新的应对和适应技能等，这些都是危机干预工作者必须做到的众多任务的一部分（Figley，1988，p.86-88）。

上述任务清单是工作的主要顺序，最好转介给专门从事家庭治疗和联合治疗的治疗师。然而，如果家庭有希望恢复为一个健康的系统，家庭治疗就是必需的。危机干预工作者也应明白，在治疗早期的任何时刻，家庭成员需要获悉其在创伤中的角色，促使其在解决问题的过程中变得积极主动。最后，对于 PTSD 患者，要重新学习如何成为家庭与社会的真正一员，需要具有当初促使他们参与治疗的同等勇气。但是，这一阶段可能会更为艰难，因为与他们一起工作的是他们最需要的人，同时也很可能是伤他们最深的人。如果综合性士兵保健计划中的家庭干预部分结果良好的话，我们找不到理由不将之应用于其他高风险高压力职业人群。

眼动脱敏与再加工

EMDR 的争议

关于眼动脱敏与再加工（eye movement desensitization and reprocessing，EMDR），至少可以说存在着争议。EMDR 的基本治疗技术是让个体在脑海中想象创伤情境的画面，或者思考与创伤有关的想法或感受，而眼睛跟随放在自己面前的治疗师的手指快速地来回移动。最新的方法采用在视野中移动闪烁光，使用手持型蜂音器发出速度和强度交替变化的脉冲。EMDR 的操作程序是如此简单并且受人吹捧，认为比认知行为和暴露技术的组合方法更加快速有效，而组合方法已经受到质疑，尤其 PTSD 是如此顽固，以至于组合方法的疗效喜忧参半。而许多重复研究（Carlson et al., 1998；Korn & Leeds, 2002；Lamprecht et al., 2004；Lee et al., 2002；Maxfield, 2002；Scheck, Schaeffer, & Gillette, 1998）显示与其他治疗方法相比较时EMDR确实有效。目前并无肯定的科学证据表明是什么治愈了创伤。EMDR为什么并且如何起作用的假说主要围绕双重加工/集中注意（如果你同时做两件事，你将无法像对一件事那样对两者都施以同等的注意）或者保持距离（在试图处理创伤事件时变得更为疏离，以使其他一些活动得以进行）（Bradley et al., 2005；Issacs, 2004；Lee, Taylor, & Drummond, 2006）。然而，别的研究（Cahill, Carrigan, & Frueh, 1999；Cusack & Spates, 1999；Renfrey & Spates, 1994）并未发现这么美妙的结果，并且对EMDR的理论和疗效的研究综述也极有争议（Lee, Gavriel, & Richards, 1996；Muris & Merchelback, 1999a, 1999b；Rosen, 1999）。更令人吃惊的是，有研究发现来回地转动眼睛，与做其他相反的身体运动，并不影响疗效（Beriault & Larivee, 2005）。

围绕这一技术的激烈争议在过去十年里十分活跃。Gist、Woodall 和 Magenheimer（1999）特别刻薄地抨击EMDR和其他列入清单的疗法，如思维场疗法（thought field therapy, TFT）、情绪自由技术（emotional freedom techniques, EFT），以及创伤事件减低疗法（traumatic incident reduction, TIR），他们在一篇名为《变个戏法再转个圈》的文章中，提供了大量的证据和理由证明他们的观点，即这些技术就是穿着后现代外衣的伪科学。

因此，为什么要使用被许多专家都视为“狗皮膏药”的方法？主要有两点原因：第一，它似乎对有些人有效，并不仅仅只起到安慰剂的作用！本书作者与一些极度冷嘲热讽的、客观的、讲究实用的、经验导向的健康服务专家都使用过EMDR，他们绝不相信侵入性想象发生了改变，围绕创伤画面的思维和感受有所减弱。但是，对一些来访者而言，它完全没有效果！

第二，它远没有认知行为治疗那样具有侵入性，后者的核心治疗成分是延时暴露。Bryant 和 Harvey（2000）警告，暴露治疗不应该用于或者应该很谨慎地用于治疗有以下这些问题的患者：焦虑或惊恐发作，精神病，严重抑郁或自杀危险，物质滥用，边缘型人格，显著的分离状态，以及持续存在重要应激源等，这包括了绝大多数PTSD患者！在这一点上，从我们的使用经验来看，我们赞同 Briere 和 Scott（2006, p. 146）的观点，即EMDR至少在治疗单纯的PTSD方面似乎与认知行为治疗一样有效，并且有更少的害处，但是，治疗更为复杂的PTSD就有可能出问题。出于来访者的利益、便利、容易操作以及节省时间和费用等方面考虑，EMDR至少值得作为基本的治疗选择。注意这些警告性的陈述，以下是EMDR治疗的基础。

EMDR治疗

眼动脱敏（eye movement desensitization, EMD）是由位于加州的帕拉奥图心理研究所的 Francine Shapiro（1989a, 1989b）发明的。Shapiro（1991）后来加上“R”首字母缩写以表示信息再加工（reprocessing of information），同时意味着向更积极的认知以及对创伤记忆的脱敏转变。Shapiro（1995, pp.55-73；Shapiro & Maxfield, 2002）指出，EMDR有八个基本的治疗环节：获取病史和制订治疗计划、准备、评估、脱敏、植入、身体扫描、结束以及再评估。

获取病史和制订治疗计划 一开始就要评估来访者对在治疗过程中可能出现的高度心理紊乱的处理能力。获取来访者全面的临床资料，确定具体的再加工对象，包括既往事件、当前能引发症状的刺激以及未来所需的积极态度和行为（Shapiro, 1995, pp.55-73；Shapiro & Maxfield, 2002）。

HSW：（对 Ryan）看起来你的过去中至少有三个事件很突出：运丙烷气的卡车、失踪女子的尸体和在车祸中死在你怀里的年轻女子。在你妻子因嫉妒而一阵暴怒，企图撞倒那位女同事之后，所有这些创伤事件的记忆似乎紧接着再次出现。所有这些事件导致的常见结果是你感到无力、挫败和愤怒，但是，由于社会和工作的各种制约以及自己的道德准则，无论过去还是现在，对这些事件你都无力回天。看起来至少有三个触发因素引发这些闪回和焦虑：丙烷气罐车、黄色出租卡车和与妻子的口角——尤其是关于女儿们的照管和安全问题。

准备 治疗准备包括向来访者说明将要发生什么、可期待的效果和安全操作程序。Shapiro还强调要讨论继发性获益问题。这就是说，如果治疗取得成功，病情减轻，来访者必须放弃的是什么（Shapiro，1995，pp.69）。尽管这看起来很奇怪，但是，如果PTSD得以治愈，退役军人可能不愿意失去残疾抚恤金或者“负伤勇士”的身份。

评估 Shapiro（1989a，1989b，1995；Shapiro & Maxfield，2002）建议，使用EMDR治疗创伤性记忆时要求来访者意识到以下的一项或多项：(1)记忆的意象；(2)负性的自我评价或者创伤评估；(3)躯体焦虑反应。创伤记忆一经确认，就要求来访者选择意象，这个意象最好匹配相应的负性认知以及伴随的主要生理反应。尽管Shapiro（1989a，1989b，1995；Shapiro & Maxfield，2002）指出最理想的是三个条件都同时具备，但是，她也坚持认为存在任何一条就足以产生脱敏。

Ryan：（进行想象）我正站在高速公路的天桥上，俯视着但丁《地狱》里的一个场景。看起来像一个战场。到处是燃烧着的残骸。我看到已经烧焦的尸体。有些人还活着。救生员、消防员和其他救援人员的身上盖着一层灰。我闻到橡胶和肉体烧焦的味道。我听到无数的呻吟声、呼救声和喊叫声。我感到一股热浪从高速公路上升起扑向我的脸和胳膊。有时候，当我突然遇到气罐车时，就像回到了那样的场景。这就是为什么我要竭力躲避它们。（描述负性自我评价）我感到很无力。我需要走下去，但是我不能确定能否解决它。我从来没有看到过这样的场景。我是一个懦夫。我讨厌自己有这样的感受。（描述躯体焦虑反应）我的皮肤像是被砂纸擦过。身体的每一根神经都像着了火。我想跑，跑下去或是离开，但是怎么也动不了。我不能只在那儿旁观。

焦虑水平可以用Wolpe（1982）的《主观不适单位量表》（Subjective Units of Discomfort scale，SUDs）来评估（0=无焦虑；10=极度焦虑）。由于负性的自我认知也是PTSD的组成部分，来访者对创伤事件的认知转变也可以用Shapiro（1989a）制订的《认知效度量表》（Validity of Cognition，VOC）来评定（1=认知完全错误，7=认知完全正确）。要求来访者根据SUDs和VOC对自己进行评定以显示症状的严重程度（Shapiro，1989a，1989b，1995，p. 70；Shapiro & Maxfield，2002）。

Ryan：我的SUDs远远超过10分，VOC有7分。

接下来询问来访者希望感觉怎样，并且告诉他们要叙述一个崭新的正性的自我评价，反映出想要的感觉（Shapiro，1989a，1989b，1995；Shapiro & Maxfield，2002）。

Ryan：比如我有自控力，我不是胆小鬼。我不必成为英雄。

接着让来访者判断这一新的陈述有多大的真实性（Shapiro，1989a，1989b）。

Ryan：VOC最多是2分。

脱敏 然后，Shapiro（1989b）给来访者一套标准指导语，用来减轻表现焦虑和表现需求。她指出这一步很重要，因为来访者可能难以接受自己在初期所感到的变化。她的指导语如下：

我们将要做一个生理学检查。我需要你准确地告诉我正在发生什么事情，尽可能清楚地反馈。有时事情会有所改变，有时则不会。我会问你图像是否变了——有时会，有时不会。我也会问你是否出什么事了——有时会，有时不会。在这一过程中没有标准答案。所以，请你尽可能准确地将正在发生的事情反馈给我，不要去想它应该还是不应该发生。顺其自然就行（p. 213）。

告知来访者想象那个场景，进行负性的自我评价，产生痛苦的感受，同时跟随人类服务工作者的手指移动视线。人类服务工作者的手指在患者面前约0.3米的地方快速而有节奏地移动，以每秒约两个来回的速度、约0.3米的幅度在来访者的视野内移动。对难以适应这种方法的来访者，Shapiro 稍做了改动，人类服务工作者的手指置于来访者视野的边界处上下移动。每组运动重复12到24次（这被称为快速扫视，相当于眼睛的伸缩运动）。

每一组扫视后，让来访者擦去脑海中的场景并做一次深呼吸。然后要求他们再次引出痛苦的意象，并且做 SUDs 等级评定。如果两组扫视之后 SUDs 的评级未变，就要询问来访者是否意象发生了变化，或者是否有新的事物进入意象。如果有，则在回到旧的意象之前，先对新的意象进行脱敏。定期地让来访者评估意象、认知和记忆。根据其回答来判断对新意象的洞察、知觉或者替换。

Ryan：（两次扫视之后）我不知道，现在感觉好像不那么强烈了。也许是 8 分。就像意象在活动，或者我在活动。我不那么僵硬了。

HSW：好的。看着你自己在活动，然后在意象下方想象一个公告牌，在上面写上："我不是无能为力的，我正在活动，我掌握了控制权"。你能想象出来吗？

Ryan：可以，现在，我好像还感到了挫败和愤怒。

HSW：好的。产生了新的意象和想法。这很正常，我们也会着手解决。

治疗师继续攻击来访者的意象，但是这一次让来访者在场景中插入"我是一个懦夫"，直到这句话也变弱，并且转变为一种更为积极的自我评价。治疗师继续对 Ryan 进行眼动和加工治疗，直到他报告 SUDs 等级降到1。

植入 植入阶段的要点是灌输一种新的积极的对创伤事件的认知。植入阶段起始于来访者的 SUDs 评分下降到1或0时。Ryan 改变了其意象，治疗师要继续跟进处理，直到不再有新事物增加意象的情绪含义，或者不再输入额外的正性内容。

Ryan：好的！我可以平静地看待它了。我可以当场把它解决掉，但我需要做的就是在这里调整。我做到了我所能做的。

注意"我是一个懦夫"的认知已经不再是负性含义了，而变得积极和主动。当来访者聚焦于目标意象和新的积极认知时，要继续进行眼动直到来访者报告新的积极想法的 VOC 评分达到6或7。如果在两组眼动之后认知仍未改变，可能是认知和意象之间不匹配，反之亦然。在每个案例中，意象与认知必须相互协调一致，否则，就要替换其中之一（Shapiro，1989a，1989b，1995，p.71）。

身体扫描 在圆满地植入了积极认知之后，如果 SUDs 水平仍然很高，可指导来访者想象焦虑在身体中的生理定位。让他们在进行新的扫视时将注意力集中在身体感觉上。当定位点的生理不适减轻后，让来访者重新回到创伤的最初意象，重新开始标准的 EMDR 治疗程序（Shapiro，1989a，1989b）。Shapiro 相信在身体和功能失调之间存在着生理共振。她认为这一阶段很重要，因为它可以揭露未经加工或者未经思考的材料（Shapiro，1995，p.730；Shapiro & Maxfield，2002）。

Ryan：我真希望能跳出我的躯壳。我特别焦虑，感觉像身体里面着了火一样。

HSW：好的，请你将注意力集中在皮肤上，感觉火烧的感受。（开始完成另一组扫视。）

Ryan：（两组扫视之后）呃，好像没有那种感觉了。

真不可思议!

结束 当不再引发出新的事件或负性认知时,EMDR治疗程序就结束了。不论是否对事件进行了再加工,来访者将不再处于情绪失衡状态了。要告知并提醒来访者,治疗之后有可能出现其他侵入性意象,表明需要对此进行额外的处理。Shapiro(1995, p.73)还建议来访者写日记,记录自己的想法、情境、梦以及其他进入脑海中的创伤记忆的信息。这些信息可以在接下来的治疗中作为新的目标意象。

再评估 在每一个治疗阶段都要对之前的目标进行评估。让来访者重新评估之前的再加工目标,检查来访者的日记以查看之前检验过的侵入性意象是否再现。

Ryan:真不可思议。丙烷卡车爆炸的意象变得有些模糊了,像在雾里一样。我决定从大工厂旁边开车过去,以前我总是回避它。它就在去我亲戚家的路边。那么,我决定下一次地狱,让我们瞧瞧。最近两个月,我总是认为如果我靠近它就会极其恐慌。但是,我从它旁边开了过去,它只不过就是一个大工厂。没什么大不了的!从来没有这种感觉!多奇妙啊!

在后续的治疗中,治疗师会不断地解决这些意象,例如丙烷卡车、衣橱里的尸体、货车里被杀女子的父亲,以及与Ryan疏远的妻子。无论如何,如果目标意象和触发因素都圆满地解决了,将会产生广泛的影响,来访者的其他生活领域也会获益(Shapiro, 1989a, 1989b, 1995, p.74; Shapiro & Maxfield, 2002)。

儿童与PTSD

长久以来流行的观点认为,儿童没有充分发育成熟以至于不会受创伤影响,因此也不会患PTSD(Bosquet, 2004; Osofsky, 1995)。就算有什么发生了,他们对灾难的反应也很快就会过去。然而,随着对儿童的研究越来越多,我们已经知道这个观点是不正确的(Devoe et al., 2011; Osofsky et al., 2010)。在美国7 400万儿童中,有30% ~ 50%的人在18岁之前至少会经历一次创伤事件,他们很可能占了10年以来承受各种灾难的25亿人中相当大的一部分(Kzadin, 2008)。儿童的创伤也可以源于家庭,在美国每年约有100万被证实的儿童虐待案例(deAngelis, 2007)。

那些至少经历过一次创伤的儿童,有3% ~ 16%的女孩和1% ~ 6%的男孩会患PTSD。儿童所经历的创伤类型不同,其结果也各异。如果目睹父母被杀害或者被性侵,约100%的儿童会患PTSD。遭受性虐待的儿童约有90%的人会患PTSD。目击校园枪击事件的儿童将近77%的人会患PTSD,即使目击邻居暴力事件的儿童也有35%的人会患PTSD(National Center for PTSD, 2011)。

不需要获得儿童心理学博士学位也能知道,由于儿童的发育水平不同而对他们的PTSD的治疗也存在差异(Saxe, Ellis, & Kaplow, 2007)。事实上,与成人相比,儿童PTSD的症状差异很大(DeAngelis, 2007; Terr, 1979, 1981, 1983, 1985),并且对神经发育的影响也不同(Saxe, Ellis, & Kaplow, 2007, pp.23-45)。因此,不仅由于儿童的年龄,还由于儿童是如何从认知上处理创伤,对儿童PTSD需要采取与成人迥然不同的治疗策略(Clay, 2010; Cohen, Mannarino, & Deblinger, 2006; Malchiodi, 2008; Saxe, Ellis, & Kaplow, 2007; Webb, 2007)。

因此,我们认同一些资深的研究者和实践者提出的,DSM-IV-R中PTSD的诊断标准不能反映大多数儿童PTSD的本质,也不符合实际情况,对复杂PTSD尤其如此。例如,当前的DSM-IV-R诊断标准要求儿童对主观情绪状态做出口头描述,但是,由于其发育水平有限而不能对其经历进行口头描述,使得这一条诊断标准不可靠(Scheering & Gaensauer, 2000)。Evangelista和Mclellan(2004)制订了一个更加合适的诊断标准，他们更多地从行为角度来看待再次体验和回避症状，包括噩梦、发育倒退和伤害性游戏，以及附加的恐惧和攻击症状群。由于存在这些问题，美国心理学会前主席 Allan Kazdin 指派了一个小组以确定有哪些研究对理解青少年 PTSD 有贡献，什么样的治疗是有效的，以及为研究方向和公共政策提供建议（Kazdin，2008）。

支持系统

至此你应该已经清楚地认识到支持系统对危机干预是至关重要的。支持性的家庭系统在儿童尝试去处理创伤时显得更为重要（Cohen，Mannarino，& Deblinger，2006；Courtois & Ford，2009；Devoe et al.，2011；Saxe，Ellis，& Kaplow，2007；Yule 1998）。家庭支持系统对于处理家庭内外的创伤事件而言都非常重要。在本章中，我们在发生于家庭外部的创伤事件的背景下来讨论家庭支持，例如飓风或者“9 · 11事件”。我们会在第九章“性侵害”的儿童虐待中谈到源于家庭内部的创伤中的家庭支持（或缺失）。

Bowlby（1982）的依恋理论特别有助于理解创伤儿童。在许多创伤儿童的经验中，他们在毫无预警或准备的情况下与自己的父母、家庭甚至社区分离。这就难怪这种创伤性的分离会导致情绪和人格的紊乱。焦虑障碍、躯体不适、抑郁、惊恐发作、暴怒反应和恐怖反应是儿童期 PTSD 常见的并发症。在儿童眼里，当创伤事件导致家庭支离破碎而支持系统逐步消失时，这些表现将会更为放大（Gordon，Farberow，& Maida，1999；Halpern & Tramontin，2007；Norris et al.，2002），而当儿童感到威胁来自照料者时，其影响将更为深远（Devoe et al.，2011）。导致儿童 PTSD 的最后一个原因是未解决的哀伤，它产生于失去亲人，此时儿童还没有认知能力去理解和解决这种丧失（Cohen，Mannarino，& Deblinger，2006；Gordon，Farberow，& Maida，1999；Halpern & Tramontin，2007；Yule，1998）。

创伤类型

儿童期创伤之所以重要，不仅在于其本身所造成的伤害，还在于其带入成年的后遗效应（Morgan et al.，2003）。Terr（1995，p.302）将儿童期创伤比作风湿热。尽管风湿热是一种儿童期的严重疾病，但它造成的损害可能导致成年后各种形式的致死性损害。儿童期创伤与此类似，可导致成年期出现人格问题、焦虑障碍、精神病性思维、分离症状、进食障碍、自己和他人的暴力风险增加、自杀意念和行为、药物滥用、自残和不良人际关系等（Pynoos，Steinberg，& Goenjian，1996，pp.331-352；Terr，1995）。

Terr（1995，p.303）建议将儿童期创伤分成两类：Ⅰ型为明确的突发创伤经历，Ⅱ型（类似于复杂 PTSD）为长期存在、反复发生的创伤考验。由于在认知和道德观念方面发育不完善，使得儿童对创伤的反应也截然不同。似乎即使婴儿也能记住创伤经历（Courtois & Ford，2009；Hopkins & King，1994）。具有Ⅰ型创伤的儿童所表现出的某些症状和体征与更为复杂的Ⅱ型创伤所导致的有所不同。Ⅰ型创伤事件的特点是细节详尽，记忆深刻，具有诸如对事件沉思回顾、认知再评价、寻找理由、感知错误和时间记忆错误等（Terr 1995，p.309）。

相反，Ⅱ型创伤导致其在心理上产生防御与应对策略以防止反复的创伤侵害心理的完整性。坚决否认、精神麻木、压抑、分离、自我麻醉、自我催眠、对攻击者认同以及将攻击转向自己等症状都非常突出。Ⅱ型创伤导致的情绪问题包括麻木感、暴怒感和不可抑制的悲伤。这些症状在儿童期可能被诊断为品行障碍、注意缺陷障碍、抑郁症或者分离障碍（Terr，1995，pp.311-312）。

Terr（1983）对加州乔奇拉校车绑架案中的受害儿童进行了为期四年的深入随访，是儿童期 PTSD 研究的标准范例。这次创伤事件的受害者是26名小学生和中学生，他们与校车司机一起被劫持，被扣押在车内达11小时，然后又被活埋进大卡车的拖车内长达18小时，最后他们挖开一条通道逃了出来。这是一个恐怖的I型创伤案例。

深刻的创伤记忆

Terr（1983）发现孩子们在创伤事件四年之后仍存在特定的创伤焦虑。当被问及这一事件时，孩子们对该事件的焦虑泛化了，说道“我害怕那种可怕的感觉”。与那些可能吹嘘其悲惨经历的退役军人不同，这些儿童对自己的这一经历感到极度地难堪，不愿意谈及此事，并且回避任何公开宣扬。当被问及创伤经历时，他们普遍声称感到屈辱和羞愧。尽管15个儿童之中有八人已经克服了对货车和公共汽车等交通工作的恐惧，但是仍然偶尔会因为突然遭遇的刺激而触发惊恐发作，比如一看到货车穿过门前街道，就会隐约地担忧是否劫持者的同伙又来了。

这些儿童中有18人采取了压抑或者有意识地回避以应对创伤。父母也经常帮助孩子做这方面的努力，尽管有两个孩子的父母鼓励他们说出创伤经历，但仍然没能消除创伤的残余效应。他们的典型反应是痛恨自己所体验到的无助感和需要对情境的控制感。所有儿童都记得事件发生的每一分和每一秒。但是，他们却很少（如果有的话）能够记得这一痛苦体验中的情绪或者行为。几乎所有有关I型创伤的完整而精确的言语记忆都能被不同寻常地提取，表明这些记忆不可磨灭地铭刻于心灵深处，无论儿童想怎样去压抑，它们都将被带入成年期（Terr，1995，p.309）。

深刻记忆也可以间接地来自观看创伤。Saylor及其助手发现那些看过“9 · 11事件”的死亡或受伤图像的儿童比没有看过的儿童存在更多的PTSD症状。有趣的是，网络比电视或者平面媒体存在更为显著的影响。观看积极的或者英勇的“9 · 11”图像没有发现明显的益处。

发展问题

创伤有可能对儿童的发展预期和获取发育技能产生严重的影响（Ford，2009；Pynoos，Steinberg，& Goenjian，1996）。当创伤事件作用于发展中期或者正从一个时期转到下一个时期的儿童时，儿童会出现退行性行为（Goedon，Farberow，& Maida，1999）。Eth和Pynoos（1985，p.44）认为创伤事件的反复侵入，遗忘的认知风格的逐步发展，以及抑郁情绪对心理过程的干扰，非常肯定会影响儿童的学习成绩。经历创伤的儿童有可能存在“叙述的连贯性”问题，指按照开始、发展和结尾来组织材料的能力。不能组织一个线性的故事可直接影响到阅读、写作和沟通的能力（Pynoos，Steinberg，& Goenjian，1996，p.342）。

儿童早期PTSD的特点是其人格特质通常包括情绪不稳定、延迟满足困难、回避或强迫性寻求关注、注意缺陷和难以完成任务以及对立违抗（Manly et al.，2001）。学步儿特别展示了沟通恐惧和焦虑的非言语方式：持续哭泣、尖叫着发脾气、过度依恋、战栗不动、受惊吓的表情以及跑向成人或者无目的的动作。有可能出现退行行为，如吮拇指、尿床、大小便失禁、害怕各种东西、夜惊、开灯或者成人陪伴下睡觉、对大的噪音特别敏感、讲话困难以及进食问题等（Gordon，Farberow，& Maida，1999）。这些症状表明威胁生存的压力源可能会割断早期的依恋纽带，它对于儿童的发展至关重要（Ford，2009，p.47）。

恐惧和焦虑持续占据着小学生的心灵，之前提到的退行性行为也是如此。儿童开始出现上学问题，从完全拒绝上学到学习成绩差、打架以及失去专注能力（Gordon，Farberow，& Maida，1999）。创伤可导致对照料者的焦虑性依恋以及分离焦虑。儿童在社交上的退行，可导致同伴关系不良、社交孤立以及回避上学。由于父母自己未解决对创伤事件的恐惧，他们可能加重这种行为，也可能会变得对儿童过分保护。相反地，主要的照料者在创伤事件发生期间不能或不愿提供帮助和救援，这种记忆将严重损害发育预期，认为照料者没有能力提供养育和安全（Pynoos，Steinberg，& Goenjian，1996，pp.340-345）。一系列行为问题将会出现，例如抑郁、惊恐和焦虑发作、品行和冲动控制障碍、进食和睡眠障碍以及性别认同问题（Cook et al.，2005）。

经历了创伤的青少年，其同伴关系和学校生活总是受到破坏。那些未受过创伤的同伴会因为他们的古怪行为和不知道如何提供帮助而避开他们。任何外在的生理缺陷将会恶化他们脆弱的自我概念和融入同伴团体的能力。行为问题表现为退缩与孤立、反社会行为、漠视死亡、自杀意念、成绩下降、酒精与药物滥用、睡眠紊乱、夜惊、抑郁、心理困惑、不守校纪、逃学触犯法律、拉帮结派、青少年怀孕以及各种身体不适（Ford et al，2008；Gordon，Farberow，& Maida，1999；Halpern & Tramontin，2007）。

I 型创伤的其他反应

对未来悲观　Terr（1983）发现，侵入性思维并不反复地进入儿童的意识之中，但是，睡眠所带来的问题非常不同。虽然只有少数人报告有白日梦，但更多的儿童会做噩梦，通过它表达一些反复出现的死亡主题。儿童相信这些梦高度预见了未来，并声称“我现在11岁，但是我认为我活不长，也许在12岁，就会有人用枪打死我。”特别是那些直面其脆弱性的青少年，例如经历父母一方被杀的青少年，声称他们永远不会结婚或者要小孩，因为他们害怕历史会重演（Cohen，Mannarino，& Deblinger，2006，p.9；Eth & Pynoos，1985，p.48；Terr，1995，p.308）。

创伤重演　为了掌控 I 型创伤，儿童重演创伤事件，试图找到其原因和目的。一旦发现了原因，儿童常常产生强烈的罪恶感。“我应该听妈妈的话，放学后就直接回家”。I 型创伤者提出的问题是“我本应该怎样做以避免它发生？”相反，Ⅱ型创伤者的问题是“我将怎样做以避免它下次再发生？”（Terr，1995，p.310）。

PTSD 儿童对创伤的重演会因创伤性质、持续时间、危险性、强度、对同胞的感染力以及与创伤事件的无意识关联的差异而大相径庭（Maclean，1977；Terr，1981）。明显普遍存在的动力是持续重演创伤期间的困境（Eth & Pynoos，1985，p.42）。这种主题重演的特点是负担沉重、行为受限并且毫无快乐可言（Wallerstein & Kelly，1975）。创伤重演也可导致问题，因为它代替了正常的有助于发育的游戏，而这是儿童走向成熟至关重要的部分（Parker & Gottman，1989）。对于青少年而言，重演可能表现为违法犯罪行为（Eth & Pynoos，1985 p.47），包括逃学、性活动、偷窃、违章驾车、药物滥用以及持有武器等（Newman，1976）。

身体反应　乔奇拉绑架案中大约有一半儿童出现身体不适，这可能与创伤过程中没有食物、水及不能洗澡的囚禁生活有关（Terr，1983）。年龄较小的 PTSD 儿童可能出现退行，先前学会的技能（比如上厕所）不得不重学（Bloch，Silber，& Perry，1956）。睡眠紊乱和严重的惊跳反应会导致其在学校中产生各种学习和社交问题（Pynoos，Steinberg，& Goenjian，1996，p.350）。

替代　在乔奇拉绑架案的幸存者中出现大量的情感替代表现，即创伤事件的情感被转移到别的时间、别的想法或者别的人身上，尤其是正在访谈的精神科医生。在进行随访会谈之前，儿童出现各种替代行为，例如其中有一个儿童深信精神科医生在她的学校储物柜里放了写有劫持问题的便条（Terr，1983）。

移位　知觉错误、视幻觉以及奇怪的时间扭曲常常见于经历 I 型创伤的儿童，而Ⅱ型创伤与此相反，创伤制造者和创伤事件伴随了儿童很长时间，因此一旦创伤事件进入意识就极少产生误解（Terr，1995，p.311）。在乔奇拉绑架案的幸存者中，最显著的变化之一是发生于创伤前后的事件移位。创伤后发生的事件可能被记成了发生在创伤之前（Terr，1983）。并且，他们普遍相信这一创伤事件预见了将会发生在他们身上的事。Ayalon（1983）对恐怖袭击事件受害者的研究发现在儿童中存在类似的结果。孩子们试图通过认为自己应该相信某些预兆或者“本不应该如此倒霉”，来解决自己的脆弱和失控。在 PTSD 儿童中，这种时间扭曲会变成其发展中的人格的一部分，并且试图对他们无法控制的局面承担个人责任甚至产生罪恶感。

Terr（1983）的研究显示，虽然儿童试图解决创伤事件的行为方式与成人有所不同，但是，他们在创伤后比成人更不灵活或者更不适应，因此认为儿童会“在创伤事件中长大”的观点是错误的。此外，这些儿童并没有因为其经历而变得坚强，相反，只是简单地通过严格限制自己生活空间的方式来更好地控制周围的环境。

Ⅱ型创伤

那些长期经受躯体虐待和性虐待的儿童，以及躲避国内战乱的儿童难民是典型的Ⅱ型创伤受害者。他们是与复杂 PTSD 相伴随的情感调节异常的典型儿童。严重的否定和精神麻木与Ⅱ型创伤密切相关。这些儿童避免谈及自己，对于自己多年的痛苦只字不提，并且试图尽其所能地表现正常。如果他们说了自己的故事，不久就会予以否认。这一点与Ⅰ型创伤儿童完全不同，后者会一遍又一遍地讲述自己的经历。Ⅱ型创伤儿童的否认是如此彻底，以至于会忘记其整个儿童时期（Terr，1995，p.312）。Ⅱ型创伤儿童漠视痛苦、缺乏同情心、不能分辨或承认感受以及完全回避心理亲近。在成人期，这种严重的否认与自恋型、反社会型、边缘型以及回避型人格障碍有直接的联系。尽管Ⅱ型创伤儿童的自我催眠与分离可导致成人期的分离性身份障碍（原来称为多重人格障碍），但是最常见的是他们变得对疼痛与性感到麻木以及极端的情感疏离（Terr，1995，p.314）。这并不意味着他们不会对发生的事情感到愤怒。这种愤怒向内指向自己可导致自残，向外指向他人可导致杀人。Ⅱ型创伤的愤怒重演发生得如此频繁，以至于形成了一种习惯的攻击模式，熊熊怒火很可能如同慢性麻木一样使人了无生机（Terr，1995，p.316）。与此相矛盾的是，建立的防御机制可能使得儿童变得完全地消极被动甚至与攻击者产生认同（Terr，1995，p.316-317）。

有时候会出现Ⅰ型创伤转化为Ⅱ型创伤的情况，这种情况见于单一事件（例如一场意外）导致需要长期住院，而历经多种痛苦的治疗后转变成Ⅱ型创伤（Pynoos，Steinberg，& Goenjian，1996，p.341）。Ⅰ型创伤儿童如果存在永久的身体残疾、毁容、长期的痛苦或者失去重要他人，将迫使他们采取Ⅱ型创伤的适应性技巧，但是仍然对创伤事件有着清晰而鲜明的记忆。这些身体受损或毁容并且遭受了精神创伤的儿童倾向于持久地沉溺于哀悼过去的自己，也可能对自身残疾采取退行、否认、内疚、羞愧和愤怒的态度（Terr，1995，p.316）。当创伤性的冲击干扰了正常的居丧过程时，未解决的哀伤就将持续存在，儿童就有可能发展成重度抑郁障碍。

与创伤儿童如何看待、行动、感受和思考相关的问题可能会在儿童的社会环境中促发继发性的压力源（Pynoos，Steinberg，& Goenjian，1996，p.341）。传染病、外表改变、社交隔离、记忆损害、智力下降、内疚和羞愧是几个在创伤之后可能会出现的问题。所有这些问题在儿童创伤前后其意义有可能非常不同，并且会改变家庭、同伴和老师的观念，这对儿童很不利。这些负性反应模式将附加于最初的创伤之上，导致在适应过程中产生额外的心理负担。

干预策略

对儿童进行评估和治疗的方法有别于成人。早期评估应该在事件发生之后尽快实施（Mowbray，1988，p.206），这对于判断儿童是否存在潜在的创伤十分关键（Terr，1979，1981，1983）。通常需要评估以下两个互补的方面：创伤特异的问题和一般的行为问题。当我们对分离出特定的创伤事件及其影响感兴趣时，对此的关注可能会错过更常见的抑郁或行为问题。

访谈 有证据表明让儿童在结构化访谈中说出他们的经历也有助于缓解 PTSD 的长期症状（Nader，1997，p.293）。然而，父母可能会强烈抵制，访谈者应该非常仔细地向父母和儿童解释访谈的目的，以及访谈将会怎样进行。访谈内容应包括判断创伤暴露的程度和严重性，以及评估儿童与暴露程度相应的反应（Pynoos & Nader，1988）。

Pynoos、Steinberg 和 Goenjian（1996，

pp.336-337）提出应该获得创伤经历的更为精确的而不是一般的特点，例如听到求救声但无人应答、闻到刺鼻的气味、濒临危险、陷入绝境、目睹暴行、想起残酷的暴行以及其他特殊的创伤情境。当目标是获得可能极具创伤性的材料时，危机干预工作者需要尽可能地以耐心、关切和共情的方式推进。

由于儿童的报告可能会受到害怕公开、羞愧、内疚和其他负性因素的影响，从父母或者其他与创伤有关的重要成人处获得可靠资料也很重要。

工具 由于需要系统地测量儿童的创伤反应，已经制订了许多特别为儿童设计的测量工具。《幼儿创伤症状清单》（Trauma Symptom Checklist for Young Children）用于照料者评估3—12岁的儿童。它有多个有效度的子量表，测量各种创伤后反应与性问题、焦虑、抑郁、分离以及愤怒 / 攻击性（Briere，2005）。《临床医生用儿童PTSD量表》（Clinician-Administered PTSD Scale for Children，CAPS-C）（Nader et al.，1994）是成人CAPS的完整儿童版，测量标准的PTSD症状和儿童期PTSD症状。它还能判断社会功能和学业，以及儿童对事件的应对能力。《儿童青少年诊断性访谈（修订版）》（Diagnostic Interview for Children and Adolescents-Revised，DICA-R）（Reich，Shayka，& Taibleson，1991）是广泛使用的半结构化访谈，用于评估一般的精神科诊断，它包括一个PTSD分量表。Briere（1996）也制定了一个自陈式的儿童量表，覆盖了焦虑、抑郁、愤怒、创伤后压力、性问题和分离，它有一个剔除了性问题的副本。《创伤症状问卷》（Trauma Symptom Inventory）（Briere，1995）对那些倾向于将烦恼付诸行动的较年长青少年很有用。它还有两个具备效度的分量表，用于评估不认可或过度认可的评分条目。《儿童PTSD症状量表》（Child PTSD Symptom Scale）用于评估遭遇创伤的儿童其PTSD的严重程度（Foa et al.，2001）。最后，《儿童行为清单》（Child Behavior Checklist）是一个广泛使用的量表，包括父母、教师和儿童自陈表。这一测验既考虑到外在表现例如行为问题，又考虑到内在问题例如焦虑和抑郁，以及儿童在适应压力时的心理弹性（Achenbach，1991）。以上这些以及其他访谈工具主要采用《李克特量表》的变式（从最小到最大的数字等级）来测量已经历的或者当前出现的创伤。

投射技术 由于儿童将情感潜意识化，并且除非创伤严重影响其生活，父母也不情愿处理创伤，因此，除非行为问题已经造成危机，极少有儿童被父母带来做心理咨询（Mowbray，1988，p.206）。此时，分类评估可能显示不出创伤才是根本问题。在这种情况下，儿童危机干预工作者应该同时具备投射式和问答式人格问卷的知识才能挖掘出创伤。这方面的经典例子是受到性虐待的儿童所画的艺术画，画中充满着夸张的生殖器（Kaufman & Wohl，1992）。

治疗

特别针对儿童PTSD的治疗方法主要有两种：认知行为治疗和游戏治疗。EMDR可与认知行为治疗或游戏治疗合并，或者单独使用。同样至关重要的是建立一种关切的支持性的治疗氛围（Saxe，Ellis，& Kaplow，2007）。

认知行为治疗 国际创伤应激研究协会（International Society for Traumatic Stress Studies）（1997）建议将认知行为治疗作为儿童PTSD的首选疗法（Amaya-Jackson et al.，2003；Cohen，Mannarino，& Deblinger，2006；Herpertz-Dahlmann，Hahn，& Hempt，2005；Meiser-Stedman，2002；Neubauer，Deblinger，& Sieger，2007；Silva et al.，2003）。尽管Saigh（1987）报告称对学龄儿童成功地使用了冲击治疗技术，但是，应当特别强调这是一种对儿童有危险的技术，有可能加重症状。一种更加温和可控的方法是使用脱敏治疗，它交替使用使儿童放松的技术和呈现创伤场景的方法，逐步加强直到呈现创伤场景的全部细节。这种渐进过程使得儿童一点点接近最终达到完全暴露于创伤事件。这种治疗方法的关键在于儿童能够迅速地脱离有害的意象，转移到一种安全、平静、安宁的场景。

任何认知行为治疗都要给儿童以自主权和控制感。放松技术、认知重建、压力预防、愤怒管理、脱敏以及其他行为或认知行为技术都应该与儿童的步调相一致。与儿童及其照料者进行大量的讨论，包括将会发生什么、怎样使儿童获得力量和控制感以及提供充足的时间用于处理、总结和随访，这些都是治疗方案的一部分（Mannarino，& Deblinger，2006；Deblinger & Heflin，1996；Gordon，Farberow，& Maida，1999）。

游戏治疗 创造性的艺术和游戏治疗有很大的优势，能有效地治疗儿童PTSD（Gordon，Farberow，& Maida，1999；Johnson，2000b；Malchiodi，2008；Webb，2007）。游戏治疗一般有两种类型：指导型，即儿童和治疗师之间是合作的和互动的；非指导型，即以儿童为中心而治疗师是被动的。然而，一般不建议使用非指导型的游戏治疗，因为不经约束会使本来有恢复作用的游戏变得愈发有破坏性，并且只会增加焦虑（Terr，1979）。我们认为重演创伤更安全的方法是干预者与儿童协作性地使用各种游戏治疗技术（Gordon，Farberow，& Maida，1999；Landreth，1987；Malchiodi，2008），包括利用艺术品（Drucker，2001；Loumeau-May，2008）、木偶剧（Carter，1987；James & Myer，1987）、沙盘游戏（Allan & Berry，1987；Bethel & Oates 2007；Vinturella & James，1987；Zarzaur，2005）、舞蹈（Johnson，2000a）、诗歌（Gladding，1987）、写作（Brand，1987）、音乐（Bowman，1987；Hilliard，2008）、阅读疗法（Malchiodi & Ginns-Gruenberg，2008）、计算机艺术（Johnson，1987）、讲故事（White，2005）以及戏剧（Haen，2008；Irwin，1987）等手段，还有画出创伤事件或讲述创伤故事（Chapman et al.，2001；Eth & Pynoos，1985，p.37；James，2003；Schreier et al.，2005）。游戏治疗也是一种无威胁性的方式，使父母参与到有创伤暴露的儿童治疗性干预当中（Cattanach，2008；Haen，2008；Echterling & Stewart，2008；Steele & Malchiodi，2008）。所有这些技术都应该在考虑了儿童心理安全的基础上，由治疗师有控制有步骤地进行。

采用前述任何治疗技术的首要目标是将全面、含糊、难以控制的混乱危机事件，变成儿童可以掌控的具体、真实的事物。游戏治疗似乎有效，是因为它使治疗师从儿童认知的角度进入创伤情境，减小创伤的威胁性，建立信任，并判断儿童当前对创伤的应对方式和防御机制（Gumaer，1984）。游戏治疗是一种安全的暴露技术，它使来访者（包括成年人）将其创伤记忆整合到活跃的意识层面，而不用害怕重新激活恶魔般的创伤感觉——他们很恐惧其会重新浮现（Steele & Raider，2001）。此外，随着与创伤主题相关的游戏逐渐减少，越来越多地重现社会适应游戏，这是一种判断治疗进展如何的极佳评估策略。我们将在第九章“性侵害”、第十三章“校园危机”和第十七章“灾难响应”中讨论三个非常不同的案例，表明游戏治疗是如何应用于儿童的。

EMDR EMDR似乎能有效地减轻儿童的PTSD症状（Aduriz，Bluthgen，& Knopfler，2011；Chemtob，Nakashima，& Carlson，2002；Oras，de Ezpeleta，& Ahmad，2004；Tufnell，2005）。Shapiro（1995，pp.276-281）指出，使用EMDR需要留意一些特殊的问题，尤其是对儿童使用EMDR。首先，干预工作者必须特别注意安全问题。尽管Shapiro认为父母不应该与儿童一起参与治疗或在治疗的过程中和孩子在一起，但是她认为父母应该要当着儿童的面向干预工作者简要陈述原委。然后父母应该离开，儿童则要以自己的方式表达看法。这两个步骤可以将父母的权威转移到干预工作者身上，当干预工作者将注意力完全专注地集中在儿童身上时，也能让孩子觉得自己是特别的。

儿童的每次EMDR治疗都不应该超过45分钟，在眼动之中还要夹杂其他活动。因为儿童对SUDs单位缺乏认知能力，所以需要设计出更为具体的方法来表示不适程度。双臂下垂握紧拳头表示“有一点”痛苦，而一手举起与肩同高可表示“更多的”痛苦。因为大多数儿童熟悉体温计，所以我们就使用体温计的图示，让儿童指出他们感受到的不适程度。

由于游戏是儿童世界不可分割的一部分，那么在干预工作者手指上画木偶可以更容易地完成眼动练习，或者使用手指木偶来进行扫视。创造性地帮助儿童描述当时的画面十分重要，因此诸如发动引擎或者用响亮的爆破声模拟“爆炸画面”的声音效果，可以使儿童身临其境。植入的新的正性认知需要尽量简练。由于幼儿的单纯和直率，使用“我很好”“我很安全”这样的话再适合不过了。

艺术品也可以有效地帮助儿童将记忆具体化。让儿童画出创伤事件，然后在做眼动练习时将图像保持于脑海中，这使得儿童以具体的方式将记忆图像化。Shapiro（1995）报告［类似于Gumaer(1984) 的系列图画法，用于确定治疗是否有效］，在成功的眼动之后，让儿童重新画出创伤事件时，图画中描述的事件其强度似乎有所减弱。

超越创伤

我们理解，阅读介绍这一典型危机事件的长篇章节已经是非常恐怖甚至令人沮丧的了。因此，我们希望在结尾时能让大家看到一些黎明的曙光，所以不要放弃。幸存者从曾经封闭严实的痛苦内心世界，步入更为关注自我实现和健康人际关系的状态，方法之一就是用他们的经验去帮助其他受害者（Lifton，1973，pp.99-133）。听一听两名越战退役军人是怎么说的，一个是志愿者，而另一个是人类服务工作者。

Jim：我参加这个小组并不是因为发生在越南的事。我已经完全摆脱了它。在退役军人管理中心的一年非常值得，并且其他人极好地帮助我克服了困难。我来这里是因为我感激那些伙计们，也许，我也不太确定应该怎样去偿还我所得到的。

George：我为什么会成为退役军人管理中心的社工呢？因为我也经历过越战，与自己的问题抗争过，并且我认为我了解这些，还能帮助其他人。坦白地说，我认为我在这里做了力所能及的事，并且我相信自己已经准备好开始从事其他职业。我要回到学校并将工作重点放在孩子们身上。

对这两个人来说，PTSD 的阴影已被驱除。他们整合了创伤经历中正性的和负性的所有方面。在创伤事件发生之前、期间和之后，他们都清楚地了解自己。他们为自己的所作所为担起责任，如当时那些有瑕疵的行为一样，并且弥补了自己的罪恶（Scurfield，1985，p.246）。他们使用“危机”的汉字形式来概括表示危险和机会的双重意义。然而，这两个顽强坚韧的退役军人真的代表了 PTSD 患者的真实情况吗？汉字意义上的“危机”真的发生在大多数人身上吗？或者他们真的能从 PTSD 这块烂泥地中爬出来吗？Tedeschi 和 Calhoun（1995）对此表示认同，他们阐述了创伤后成长的概念，代表了个体在与创伤抗争的过程中产生的积极变化。

他们的进展模型包括五个部分（Tedeschi & McNally，2011）：第一，创伤幸存者需要理解 PTSD 的负性方面，尤其是它会动摇个体对自己、他人和未来的看法。他们也应该理解心理和生理反应是创伤经历的正常反应［我们有些例外地使用了“正常 (normal)”这个词，以淡化人们在创伤时非常恼人的反应。在我们心里，这与“正常”没半点相关。只要没有精神病，那么他多么不正常都行。此外，我们更喜欢用“常见 (common)”这个词表示除快乐之外的任何事情，就是绝大多数人都能预计到的事情］。

第二，学习对侵入性想法和意象进行情绪管理，以使交感神经系统平静下来，并且让人们开始致力于有效地反思而不是沉溺于创伤。第三，建设性地自我暴露，不要对创伤及其症状喋喋不休，而是通过将故事告诉他人，解开与创伤相伴随的认知和情绪的纠缠，建立新的人际关系和情感联结，以及与已故者（可能是最初创伤的一部分）的往事达成和解。

第四，创作无自我暴露的创伤叙事，以理解失去与获得、掌控和放弃、弱点和优势之间存在矛盾又互不排斥。这么做之后，个体开始基于个人优势建立新的人格结构、增强与他人的人际关系、获得精神上的变化、赞美人生并且热衷于获得新的机会。第五，Tedeschi 和 McNally（2011）提议的最后一点（也可以说是起点）是将创伤看成是一个积极的、改变人生的经历，包括对自己和别人更为慈悲，从创伤事件中获得成长而不是内疚，明白这一经历会以他人无法理解的方式改造自己，以及成为一个更为协调一致的人，同情人类的命运并产生精神上的共鸣。

研究发现人们确实能够从创伤经历中成长，积极的创伤后成长确实发生了并可能被低估（Hefferon，Grealy，& Mutrie，2009；Lechner & Weaver，2009；Rosner & Powell，2006；Smith & Cook，2004）。对于 PTSD 患者和治疗师而言，这是令人振奋的研究。

小 结

创伤后应激障碍（PTSD）很可能在人类能够理性地将侵扰我们的灾难拟人化时就已经存在了。然而，正是越战才使得 PTSD 广为人知，成为一种可分类的疾病。越战的恶劣心理环境为创伤提供了滋生的土壤，创伤使得美国本土预计约有96万越战服役人员患有 PTSD 及相关的精神障碍。

PTSD 症状多样，因此经常易与其他各种精神障碍相混淆。PTSD 的基本特征是对创伤事件的适应不良，有急性和慢性之分。慢性 PTSD 是隐匿的，可能需要数月或数年才表现出来，其症状有但并不限于焦虑、抑郁、物质滥用、高度警觉、进食障碍、反复侵入性思维、睡眠紊乱、躯体问题、人际关系不良、自杀意念以及对创伤事件的否认和情感麻木等。自然和人为灾难都可导致 PTSD，但是在那些本可避免的超出道德和社会规范的人为灾难中，人们更容易罹患 PTSD。

认识 PTSD 的过程很缓慢，人类服务工作者没能很好地缓解越战退役军人所受的痛苦。当无处可求时，退役军人开始建立自助团体。通过他们努力游说，越战退役军人服务中心在全美国各地逐渐建立起来。其他精神卫生专业人员致力于克服退役军人及其他创伤受害者的问题，该中心人员与他们一起着手研究和制订 PTSD 的治疗方案。这些成果扩散到平民的创伤领域，发现战争和平民创伤事件之间存在很多共同之处。近来对 PTSD 的心理生理特点的研究揭示了，创伤事件以及大脑对其生理反应之间存在众多错综复杂的相互作用。当代的治疗方法包括团体和个体干预，从多模式的角度对心理、生物和社会因素同等重视。美军目前正在实施一个综合性计划，试图给士兵提供心理保健服务，以预防与战争相伴的 PTSD 及其他情绪障碍。

儿童也难免 PTSD 之苦，也不会随着长大而消失。如果说 PTSD 教会了人类服务工作者一件事，那就是任何创伤经历都不可能经过草率的处理而消失，并且最初的危机评估应当调查可能深埋于来访者过去某处的创伤事件。如果创伤事件源于家庭或者与性有关，评估和干预尤其困难。由于来访者不愿谈论社会禁忌话题，或者认为个人应当有勇气不屈服于创伤，因此有必要运用大量的策略和技巧去发现和治疗这类问题。就我们目前所知，“个人应当有勇气不屈服于创伤”这个观念是完全错误的，在一定情况下，任何人都有可能患 PTSD。

如果你将要或者已经从事 PTSD 相关的工作，我们认为有几本书会对你有所帮助。这些书都关注军队，但是无疑也适合平民。它们是《战后应激治疗师指南：对退役军人的教育和干预》（Whealin，DeCarvalho，& Vega，2008）和《退役和现役军人心理治疗指导计划》（Moore，& Jongsma，2009）。这些书提供了大量有用的技巧和工作表，经修改后可适用于任何 PTSD 患者。

（阎媛 译）

第八章

致死性危机

背景

在危机干预工作中，经常要面对有自杀或杀人倾向的来访者的处理。因此我们在第三章中特别强调，危机干预工作者必须持续地意识和评估来访者的危险性。这一章强调的致死性行为主要涉及伤害自己以及伤害他人的行为。有时处于危机中的个体可能会杀人并且把特定或随机的受害者设为攻击目标。这种情况不同于在抢劫中谋杀店主，或者是为了保险或为了能够与他人结婚而杀害丈夫之类的情况，这类"工具性"的杀人都有具体的目的，如金钱或者其他形式的获益。然而，在这一章节中，自杀或杀人者是为了减少精神上的痛苦而产生的"表现性"行为。这些杀人或者自杀者可能在情绪上心烦意乱，他们感受到严重不公、沮丧、无助、不被重视、无望，他们试图以伤害别人然后伤害自己的方式摆脱困境。

根据自杀学创始人Shneidman的观点，"目前，在西方国家，自杀是一种由自我引导的有意识的毁灭性行为，最好的理解是，在多重困境中，有需要的个体把自杀看作是解决问题的最好方法"（Shneidman，1999a，p.155），以及陷入了因为不能够满足心理需要而引起的紧张和不能够容忍的心理痛苦中（Shneidman，2001，p.203）。对于Shneidman的定义，应该再加上"或者谋杀重要他人"。

自杀危机的范围

和这本书讨论的其他问题一样，自杀有其难以想象的统计数据。每年全球大约有100万人或者每40秒就有一个人自杀。在过去45年内，全球自杀率已经增加了60%。匈牙利以及东欧国家，特别是波罗的海区域，自杀率居全球首位（WHO，2011）。在美国，每年有3万到3.5万人自杀（Centers for Disease Control and Prevention，2008；U.S. Department of Health and Human Services，2003），也可以说每天大约有85人自杀。这些数据可能是非常保守的，因为出于政治、宗教和情感的考虑，或是因为医学检查而不能得到确切的结论而低估自杀率（Granello & Granello，2007，pp.3-5）。许多官方报告指出自杀未遂以及自伤的真实数据被严重低估。专家宣称，每年有多达6万多美国人自杀死亡（Ross，1999）。

每年有30万到60万美国人自杀未遂，这些幸存者中有19 000人成为永久性的残疾（Stone，1999，p. 1；U.S. Department of Health and Human Services，2003）。在美国，自杀排在全死因的第10至11位（Centers for Disease Control and prevention，2011；National Institute of Mental Health，2011）。在过去的30年中，自杀者中以15—24岁的年轻人数量增加最多。男性自杀率约为女性的四倍（Stone，1999，p. 10）。多年来，最高风险的群体是年龄超过35岁的白人男性，但是自20世纪中期以来，青少年和年轻非裔美国男性的自杀率出现大幅度增长（Fujimura，Weis，& Cochran 1985；National Institute of Mental Health，2003）。美国原住民的自杀率是全国平均自杀率的1.5倍（U.S. Department of Health and Human Services，2003）。虽然老年人口数只占总人口数

的10%，但是65岁以上自杀的人数却占总自杀人数的25%，70岁以上的自杀率则以指数形式上升（National Institute of Mental Health，2011；U.S. Department of Health and Human Services，2003）。

从1950年到1985年，美国儿童和青少年的自杀率增长了3倍，目前自杀是儿童和青少年第二至三位的死亡原因（排在交通事故之后，和谋杀不相上下），并且倾向于继续保持这种状况（Malley，Kush，& Bogo，1994；National Institute of Mental Health，2011；U.S. Department of Health and Human Services，2003）。也就是说，一个人自杀的可能性至少和被谋杀的可能性一样大。Granello 和 Granello（2007，p. 1）有一个很好的比方，如果每天都有飞机失事且导致85人死亡，那样会使国家愤怒，政府也会采取一些措施，然而同样的自杀率却没有引起丝毫愤怒，为什么会是这种情况呢？

Goldney（2005）在关于自杀预防的综述中指出，早在1993年，世界卫生组织就制订了全球自杀预防的四个步骤：（1）对精神病患者的全面和长期治疗；（2）对个人持有枪支的控制；（3）对家用煤气和汽车废气的脱毒；（4）缓和新闻报道对自杀所追求的轰动效应。当涉及能预防自杀的特殊治疗方法时，Goldney 的研究却发现没有明确的研究证据表明哪种治疗方法可以明显减少自杀，为什么会是这种情况呢？

自杀与伦理困境

Shneidman（1980）引用了《白鲸记》的开场白，“我的灵魂如十一月般阴郁而潮湿”，抓住了很多自杀者的共性：无尽的生或死的挣扎，有时是无休止的悲叹，有时会咆哮并声嘶力竭地喊出自己的要求“意识必须停下来！”。这是自杀者对于生命的痛苦挣扎。危机干预工作者遇到自杀者诸如此类的精神状态可能难以理解而且充满了痛苦。Granello 和 Granello（2007，p. 1）认为，假如你想要成为一个心理健康方面的专家，你将会有1/4的概率面对自杀者的这种情况。

在本书提及的所有危机中，写得最多，最难处理的可能就是自杀。尽管采用了很多自杀预防和治疗的方法，但是事实是，在很长一段时间内全球自杀率并没有明显下降。为什么会是这样的情况呢？首先，由于具有自杀倾向的人最后自杀死亡的概率很低，所以很难确定哪一个有自杀倾向的人最后会自杀，从而难以对他采取措施以预防和阻止自杀。而与自杀有关的传统风险因素预测得出很多假阳性（Goldney，2005），换句话说，很多人想过自杀，一些人尝试过自杀，却少有人能够成功自杀。但是在全球范围内，这些成千上万人当中的“少数人”却给幸存下来的数百万人留下了无穷的伤害（Granello & Granello，2007，p. 276）。

对于好的预防和干预结果来说，可能更成问题的是，自杀意念和行为对危机干预工作者提出了更为复杂的道德、法律、种族和哲学问题（Stone，1999，pp. 69-75；Wirth，1999）。将你自己关于死亡的哲学观与 Everstine 的进行比较看看，Everstine（1998，p. 15）说过有关各种死亡的观点：“谋杀带来的死亡没有污名，而是被视为一个悲剧”（即这是必须有人死亡的犯罪行为）；“如果死者没有做什么愚蠢或粗心的事情，意外死亡会被完全原谅”（除了蹦极或者跳伞之类的愚蠢行为，意外死亡是一个悲剧）；“由于自然原因或是终末期疾病导致的死亡会让人感到悲伤而不会憎恶”（即虽然是个悲剧，但是他活了很长时间并且活得很好，或者他死得太年轻，太悲壮）；“由于大意或者纵欲引起的自然死亡得到更少的谅解”（例如，驾驶速度很快，或者饮酒导致肝脏损害）；“最不能被原谅的死亡是自杀，这种死亡方式得不到同情和宽恕”（即这是一种犯罪！是一个道德上的问题！是性格缺陷！没有实现生命的意义！）。

然而，在东方文化中，自杀被视为是解决个体或家庭侮辱、羞愧和耻辱的途径。但是在西方国家情况却不同（Granello & Granello，2007，p. 17）。历史上，几乎每一个主流宗教都将自杀看作是一种罪恶。当权者把自杀看作是公民反对为国家服务的行为，甚至在很长一段时间将其叫作自我谋杀。自我谋杀经常被归咎于来自魔鬼的煽动。在中世纪的英格兰，自我谋杀是对国王和国家的冒犯，死者的所有土地和财产都会被国王没收。在英国，直到1961年才废除这种关于自我谋杀的不成文重罪。更重要的是，自杀者的尸体不能以基督教徒的葬礼焚烧，而是经常被焚烧在十字路口，同时还会受到分尸的严惩（Williams，1997，p. 12）。

弗洛伊德（1916）关于精神疾病导致自杀的这个观点是一把双刃剑。一方面他相信自杀并不是一个道德品质低劣的人被魔鬼控制的结果；另一方面，对公众而言，贴在自杀者和自杀者家庭的精神疾病标签，同样具有负面影响。

安乐死　斯多葛学派和伊壁鸠鲁学派哲学家反对"自杀是被魔鬼控制的行为"，他们认为自杀在晚期疾病、持续疼痛和巨大经济负担的情况下是一件合理的事情（Williams，1997，p. 12）。始于20世纪后半期，文学作品和主流媒体更多地关注协助自杀和安乐死。这两个术语是同义词。Stone（1999，pp. 76-89）将这个术语做了区别，指出在协助自杀中，他人提供工具（致死剂），由即将死亡的人执行；而安乐死则是由他人执行。

我们生活在一个Stone（1999，p. 77）所谓的"延期死亡"时代。在20世纪前期，最典型的死亡方式是在家里死亡，死亡的年龄相当年轻，死亡方式也很迅速，人们通常死于传染病和伤害。在今天，70% ～ 80% 的成年人死在医院或者疗养所等医疗机构，死因大部分是退化性疾病，例如心脏病、糖尿病、中风或者癌症。在疾病过程中；死亡被延期，同时伴随着疼痛，而且消耗个人、家庭和社会财富。当没有希望好转甚至无法继续生存时，我们是否有权利拒绝为了生存而使用药物治疗和装腔作势的干预？

进一步而言，当一个人希望用死亡结束疼痛的意图很明确时，治疗师是否应该给予干预？在新的世纪里，当我们遭遇多变的人类环境和医疗保健问题时，这些问题的每一个方面都必须被我们的社会审视（Stone，1999，pp. 76-82）。不过，在这一章节中，危机干预工作者的角色是干预和尝试阻止人们自杀和杀人的行为，而我们认为这是合适的定位。

自杀的动力学

心理学理论

弗洛伊德的内向攻击　弗洛伊德（1916）的心理动力学观点认为，自杀是个体经历巨大心理刺激时激发的内心冲突所导致。有时，这种刺激使人退行至更原始的自我状态，或者抑制个体对他人或社会的敌意，从而使个体的攻击性情绪转向内部对自我的攻击。弗洛伊德称之为忧郁状态，也就是我们目前所说的抑郁。在一些极端案例中，这种抑郁如此强烈，以至于个体选择自我毁灭或自我惩罚，而不是去攻击他人。

发展阶段　发展心理学用生命阶段的观点来看待自杀。个体若未能成功驾驭其生命阶段，会变得多疑、内疚、孤僻且迟钝（Erikson，1963），直到他们再也无力应对，就可能选择自杀作为出路。

缺陷　这种模式出自对精神疾病的传统看法，认为相对于非自杀个体来说，自杀个体具有某些精神缺陷，这些精神缺陷进而成为导致自杀的危险因素（Rogers，2001a）。

逃避　当个体对处境感到无法忍受时，逃避现实的自杀是一种解脱（Baumeister，1990）。

绝望　绝望理论（Abramson et al.，2000）认为，一些个体相信高度期望的结局不会发生或者认为高度厌恶的结局将会发生，而他们又无力改变状况，唯一的逃避就是死亡。贝克的"消极认知三角（cognitive triad of negative thoughts）"：对自我、世界、和未来的消极思想是绝望的核心内容。

心理痛楚　心理痛楚（Psychache）一词是由自杀学创始人Edwin Shneidman所创，Shneidman（1987）的立方模型结合了心理痛楚、不安（个体如何不安以及痛苦的程度）和压力（更多消极因素的累积导致压力的增加）。这三者相结合，就形成了激活自杀的关键条件。心理痛楚是指心理或精神上的伤害、痛苦、悲伤和酸楚，可能与内疚、羞耻、害怕变老、失去亲人、其他消极认知或情感有关。无法忍受的心理痛苦是一个与所有自杀事件都相关的变量。心理痛楚与失意、受阻和挫败的心理需求相关。因而自杀可以消除与需求受挫有关的压力（Shneidman，2001）。

社会学理论

迪尔凯姆的社会整合 关于自杀最重要的社会学理论最初由迪尔凯姆（Durkheim）于1897年提出，在之后的一个多世纪里，该理论一直处于社会学理论的前沿位置。在迪尔凯姆的理论（1897，1951）中，社会整合（社交网络把人们连接在一起的程度）和社会规则（个体欲望与情感被社会规范与习俗所约束的程度）是自杀行为的主要决定因素。迪尔凯姆（pp. 152-176）把自杀分为四种类型，即利己型（egoistic）、失范型（anomic）、利他型（altruistic）以及宿命型（fatalistic）。

利己型自杀与个体缺乏同群体的整合或认同有关。失范型自杀产生于在社会规范中所感知到的或真实存在的崩溃，比如在大萧条中金融和经济的崩溃。利他型自杀与感知到的或真实存在的社会凝聚力有关，比如传统的日本剖腹自杀。宿命型自杀发生于当个体处于难以忍受的压迫性处境中而看不到任何办法时，比如被关在集中营中。

自杀轨迹模式 这种模式考虑危险因素的总体集合：生物因素（物质滥用、男性、抑郁的遗传倾向），心理因素（低自我概念、无望、边缘型人格障碍），认知因素（死板、教条、不理智、非此即彼的极端思维）以及环境因素（枪支的可获得性、高压力职业、丧失、家庭和工作压力）。这些因素存在和积累得越多，自杀的可能性就越大（Stillion & McDowell，1996）。

人际关系理论

Joiner 等（2009）认为，个体自杀是因为他们能够自杀并且想自杀。这个看似简单而直观的陈述指出了人际关系理论的三个重要成分：首先，人们通过降低对死亡的恐惧来获得自杀能力。而降低对死亡的恐惧，则是通过让自己习惯于对自伤的害怕与自伤所致的痛苦来达到的。其次，他们认为自己成为别人的沉重负担，且缺陷严重无法恢复。他们把自己视为本人、家庭和社会的重担，认为如果自己死了，每个人都会过得更好。最后，没有归属感，这意味着个体没有牵挂或者对社会上的任何其他成员都没有价值。这一理论指出，虽然很多人考虑过自杀，甚至很多人已经具备了自杀能力，但却很少有人真正自杀，是因为这三个成分必须同时存在，才能构成引发自杀行为的临界状态（pp. 5-7）。

人际关系理论认为，过去尝试过自杀的个体比其他人更习惯于痛苦，因为过去的尝试能帮助他们适应尝试自杀所伴随的痛苦。此外，那些在工作上需要接触他人痛苦的个体的自杀率也较高，这是由于他们间接感受他人痛苦从而使自己习惯于痛苦。事实上，有相当数量的研究支持这两个观点。

存在主义-建构主义架构

存在主义-建构主义架构中存在主义的一面来源于亚隆（1980）对人体病理学的研究，包括亚隆所认为的存在四要点：死亡，是不可避免的；存在孤独，意味着我们每一个个体独自进入存在且独自离开；无意义，我们尝试去了解未知的宇宙；自由，无外在结构可循，这意味着每个个体都有责任做出选择，采取行动，享受或者忍受这些决定的后果。架构的另一面，建构主义将死亡、存在孤独和无意义视为意义创造性活动的主要动力来源，对人类生活起关键作用（Neimeyer & Mahoney，1995）。当个体建构其对自我、他人以及人际间关系的观点时，同时也建构了一个世界观，他们遭遇环境挑战，不得不予以回应。而回应这些挑战，有三种基本选择：保持原有的建构；改变原有建构而建立新的建构；或者认为这些建构都没有可行性从而把自杀作为最终的建构。发生这种最终建构是由于来自自杀轨迹危险因素

(Stillion & McDowell, 1996)的各个触发事件结合在了一起，形成了一个临界状态使个体建构了一个世界观，认为完全不再观察这个世界是更好的选择(Rogers, 2001b)！一项针对自杀笔记的研究(Rogers et al., 2007)支持自杀的存在主义-建构主义模式；研究发现，自杀笔记涉及了个体在关系、精神、躯体以及心理上的动机因素，这些因素是存在主义-建构主义模式的主要动机成分。

其他解释

意外 没有自杀想法的个体可能会因为莽撞冒险以期待好运而意外杀死自己。比如十几岁的少年因为一时赌气而吞下一堆药片，昏迷后窒息于自己的呕吐物；又如抑郁的酗酒者在血液酒精浓度为0.25的情况下驾驶汽车驶入桥台(Everstine, 1998, pp. 20-21)。

生物化学或者神经化学疾病 这一理论假设中枢神经系统的功能失调是自杀或杀人行为的主要基础原因。自杀、攻击、抑郁三者间密切相关(van Praag, 2001)，证据显示，下丘脑-垂体-肾上腺轴的过度活跃可能与自杀行为有关(Stoff & Mann, 1997, pp. 1-2)。目前研究也显示，自杀未遂者的5-羟色胺代谢产物5-HIAA(5-羟吲哚乙酸)的水平较低，5-HTT(5-羟色胺转运体)基因与家族聚集性抑郁及自杀有关。尽管这些生物学差异可能仅与自杀相关，而非自杀的原因，但越来越多的证据显示这些生物学因素发挥着确切的作用(Asberg & Forslund, 2000; Chiles & Strosahl, 1995, p. 13; Lester, 1988, 1995, 2000; Stoff & Mann, 1997; van Praag, 2001)。

混沌 混沌理论认为，反常的、出乎意料的行为可能在可预测的系统中发生。相对较小的事件可能导致自杀行为，或者在不同时间点发生于不同的个体(Rogers, 2001a)。

有尊严地死去/理性自杀 这种类型的自杀以个体理性地选择死亡为特点。当一个理性的人面对痛苦的、损毁性的且不可治愈的疾病或者其他重大灾难而没有可预见的积极结局时，就可能发生理性自杀。个体会进一步考虑对他人的影响，并发现自杀行为利大于弊，因此做了一个理性的决定——结束自己的生命(Fujimura, Weis, & Cochran, 1985; Stone, 1999, pp. 76-93; Wirth, 1999)。

生态学/综合性理论 为了寻求对自杀的理解，生态学/综合性理论注重考虑个体痛苦的内心因素在多重体系水平上与负性人际关系和社会问题的相互作用(Leenaars, 1996, 2004; Potter, 2001)。Leenaars (2004)认为，尽管个体可能高度不安，并且遭受极大的精神痛苦，但必须要达到致死性，个体才会实施自杀。生态学/综合性理论认为，高度不安和致死性以及作为结果的自杀意图，仅可能由所有环境变量与个体间复杂的相互作用导致(Potter, 2001)。

相互作用 Everstine (1998)关于自杀的相互作用观点与弗洛伊德以及迪尔凯姆的观点刚好相反。Everstine认为自杀不是由愤怒转向内部或者社交孤立(social isolation)引起的，而是由对其他人的外向愤怒导致。根本不是被动地针对某个重要他人，而是具有高度攻击性的，并有“报复”的心态、以复仇为目的。自杀者的仇恨和惩罚欲望如此强烈，以至于把愤恨者本人的生命或者某个重要他人的生命当作报复仇人的武器，以此希望幸存者终身对自杀或杀人抱有负罪感。

玩笑式自杀 玩笑式自杀(Ludic suicides; Baechler, 1979)是指个体想要体验某种残酷考验或者想在小伎俩中证明自己的一种方式。俄罗斯轮盘赌*可能是此类游戏的极端例子。在一些部落的通过仪式中，死亡可能是一个结局，这样的仪式可视为玩笑式自杀。

奉献式自杀 奉献式自杀(Oblative suicides; Baechler, 1979)本质上是牺牲式的，被视为能让个体升华到一个高而超凡的层面上。佛教僧侣坐

* 这是一种赌命游戏，参加者轮流持仅装有一颗子弹的左轮手枪，任意旋转转轮后，关上转轮将枪口指向自己头部，然后扣扳机。——译者注

在火中自焚，迷幻药使用者“要面见上帝”而大量使用毒品都归入此类。

重叠模式 重叠模式（Overlap Model）包括缺乏社会支持、具有生物学上的自杀倾向、患有精神障碍、存在人格问题（诸如冲动、敌对和抑郁），以及有自杀家族史等。这些领域中的问题重叠得越多，自杀的可能性就越大（Blumenthal & Kupfer，1986）。

姿态性自杀 姿态性自杀（非常接近于自杀）包括自伤行为，这种行为尽管并不直接致死，但能够让个体通过造成犹豫伤口（意思是杀死自己是极其困难的，个体在最初尝试自杀时犹豫）而习惯于自杀的痛苦。个体也可能通过自伤行为，比如割伤、烧伤身体使自己从游离状态重新连接到现实中来。也可能通过酗酒、飙车或两者结合（Jobes，2006，p. 90），或者其他冒险行为间接性地做到伤害自己，其中任何一种行为都可能导致个体死亡、受伤、残疾或毁容。

通过警察自杀 “通过警察自杀”（第五章有提及）与其说是一种理论或模式，不如说是一种方法，是个体通过威胁警察或其他人（比如人质的办法）来让警察杀死自己。这是一种间接性自杀，自杀者没有勇气杀死自己，或者想通过“变成一道荣耀之光”而让媒体宣扬他们的死亡。目前通过警察自杀很常见，许多案例由验尸官判定为法律干预的自杀（Lindsay & Lester，2004；Miller，2006）。

自杀者的特征

是什么样的内在动力使得自杀或富有表现性的杀人显得合乎情理？ Shneidman 总结出自杀者的十项特征，并将这十项特征归纳为六个方面（1985，pp. 121-149）：

1. 情境特征。（1）自杀的共同刺激是无法忍受的精神痛苦（p. 124）；（2）自杀的共同应激源是心理需求受挫（p. 126）。
2. 动机特征。（1）自杀的共同目的是寻求解决办法（p. 129）；（2）自杀的共同目标是终止意识（p. 129）。
3. 情感特征。自杀者的情感特征是绝望和无助（p. 131）。
4. 认知特征。（1）自杀者的共同认知是实施自杀和希望获救的矛盾心态（p. 135）；（2）自杀者的感知都如此受限，以至个体的选择变得非常狭窄，只能用管状视野看待世界，没有任何其他的思考（p. 138）。
5. 关系特征。（1）自杀者的共同人际关系行为是沟通意图（让另一个人知道他的决定是有道理的）（p. 143）；（2）自杀者的共同行为是寻找出路（有权退出或按照个体意愿出局，或有权自行寻找摆脱痛苦的出路）（p. 144）。
6. 连贯性特征。自杀者的共同连贯性在于他们用终身不变的方式应对所出现的深度不安、悲痛、威胁和心理痛苦（p. 147）。

这一系列特征向我们指出个体自杀的道理所在，但并不意味所有的自杀都是相似的。在使用“共同”这个词时，Shneidman 提醒我们，总的来看，自杀确实具有其相似性，但同时他也谨慎地指出，每一例自杀都有其特质，没有绝对而普适的共性（1985，pp. 121-122）。

自杀者的总特点或者共同点是个体的不安和致死性程度。不安是指个体受烦扰的程度，不安本身不会导致自杀（Shneidman，1999a）。我们许多人都会有为之烦扰的人或事，但我们能克服烦扰。但当不安与个体被导向死亡相结合，致死性水平就会增加，个体就更倾向于自杀或杀人。

自杀和杀人之间的相似点

有自杀倾向的人通常也有杀人倾向。大约有30% 的暴力个体有自杀行为史，而有10% ～ 20% 的自杀个体有暴力行为史（Plutchik & van Praag，1990）。West（1966）针对谋杀者的研究发现约有30% 的个体在杀人后会自杀，其中许多人都有长期的暴力行为和高度的攻击性。这一事实（杀人后自杀）尤其与老年夫妻的谋杀或自杀、家庭暴力、过分劳累的父母杀婴有关（Granello & Granello，2007；Malmquist，2006；Nock &

Marzuk，2000）。美国社会中谋杀和自杀的频率强调了二者在动机、无望感、时机、手段和致死方法上的相似性。1999年发生在科罗拉多州托顿镇哥伦拜恩中学的大规模谋杀与自杀就是自杀与杀人有相似之处的最好例证。然而需要强调的是，并不是所有的自杀者都会杀人，作为富有表现力的行为，自杀和谋杀二者间有微妙的界限。根据 Everstine（1998，p. 103）的观点，自杀通常是为了取代杀人，并将意指的受害人（打算杀害的那个人）视为真正应该为自杀负责的人。不同情境下，个体可能倾向于选择自杀、杀人或二者皆选。

分析自杀或杀人笔记、视频资料

自杀或杀人笔记可提供有价值的信息，但他们不一定能为理解自杀或杀人意图提供畅通的途径。与流行的观点相反，自杀者通常并不留下自杀笔记，仅有约10% ~ 40%的自杀者留有自杀笔记（Holmes & Holmes，2006；Shneidman & Farberow，1961）。自杀笔记一般分为四类（Holmes & Holmes，2006，pp. 82-97；Jacobs，1967，pp. 67-68）：第一类，写笔记者祈求宽恕，认为他们的问题并不是他们自己能够左右的，而是压倒性的，并表明他们知道自己在做什么，经济问题在这一类型中占有很大比重。第二类包括不可治愈的躯体或精神疾病，自杀者难以忍受痛苦。第三类通常是为了应对爱人的轻蔑，自杀笔记直指那个拒绝他的重要他人。第四类一般是"临终遗嘱"，带有指令，很少解释自杀的理由。

自杀或杀人笔记一般以二分法（黑与白）逻辑、敌对以及自责为主要特征。正如 Shneidman（1999c）所说："自杀笔记是曲折生命历程走向毁灭性结局的证明书"（p. 277）。许多自杀笔记十分平凡，使用非常具体的名字、详情和对幸存者的指令。有趣的是，自杀笔记较少涉及个体如何思考，更多涉及的是个体如何感觉，仇恨、厌恶、恐惧、嫌恶、拒绝、羞愧、耻辱以及失败是恒定的主题。摇滚歌星科特·柯本的自杀笔记就是针对他"为什么结束自己生命"的尖刻而自我嫌恶的典型陈述（Shea，2002，pp. 36-37）。正如人们所想，"爱"有多种含义，丰富而不同（Shneidman，1973）。

遗憾的是，在对自杀笔记进行大量研究之后，在理解自杀方面，人们并没有在心理动力学上取得通用的突破性进展。唯一一致的发现是自杀笔记的写作者多孤独地生活，较多地卷入人际冲突（比如离婚），较少涉及精神问题，也不大可能处在医疗监管之下（Callanan & Davis，2009；Haines，Williams，& Lester，2011）。有研究检验了训练能否提高参与者鉴别自杀笔记真实性的能力，结果显示受训者并不能不靠运气而准确地鉴别自杀笔记的真伪（Bennell，Jones，& Taylor，2011）。

自杀笔记反复表明了特质性的自杀原因和个体认为"绝对没有其他出路了"这一狭隘的观点。矛盾的是，虽然自杀笔记往往空洞而沉闷，但将它们放入个体详细的生活史中看，这些自杀笔记可能就能告诉我们关于个体为何自杀的许多信息（Shneidman，1999c）。下面的自杀或杀人笔记生动地阐释了 Shneidman（1973）研究自杀笔记所揭示的内容。

赵承熙案例的分析　赵承熙，美国弗吉尼亚理工学院暨州立大学的学生，杀死32人，伤14人，最终在校园内自杀结束了自己的生命。他将自己的"笔记"以录像带的形式送至美国全国广播公司（National Broadcasting Company，NBC）新闻处。该录像对他本人的表述与 Shneidman（1985）所分类的自杀者的典型特征十分吻合，个体突破心理界限后杀人。赵承熙的录像再次说明了 Shneidman 的自杀者特征，以下摘自《孟菲斯商业诉求报》2007年4月19日的报道（Apuzzo，2007）：

1. 难以忍受的痛苦情境特征："你摧残了我的内心，强奸了我的灵魂。"他的需求受挫，"你把我逼到绝境"。
2. 动机特征：动机指向结束自己的情绪问题以及成为所有弱小和被剥夺权利者的殉道者，"你以为你毁灭的是一个弱小男孩。谢谢你，我死得像耶稣基督一般，激励着一代又一代的弱小与无力抵御者。”

3. 绝望、无助和放弃的情感特征：“一直以来，你喜欢折磨我，喜欢在我的头脑中诱发癌症、在我的内心中播种恐怖，并撕裂我的灵魂。”
4. 认知特征：他的既往精神病行为史表明了他对不公平世界的狭隘认知，并带有被富人迫害的逻辑误区，“你的奔驰还不够，你这个小人，金项链还不够，你这个势利眼。”这类表述说明他是一个有偏执型精神病的人，这对他本人和其他人来说都是极其危险的。
5. 人际关系特征是他的交流意图，讲述了他在校园里的暴虐行为是绝对有道理的：“你有千万次机会，却偏偏把我逼到绝境、让我毫无选择。”
6. 连贯性特征：他长期难以应对、离群、被人欺负，显示具有连贯性特征（见第十三章“校园危机”）。他所意指的被害人是那些“已经拥有一切，却还要朝我脸上吐唾沫，把垃圾倒进我的喉咙里”的人。

如上所述，赵承熙所感受的持续而难以忍受的精神痛楚（Shneidman，1993）促使他趋向于利己型（Durkheim，1897/1951）自杀或杀人暴虐行为。他的疏远感以及群体整合与群体认同的缺失是长期而严重的。录像中所表现出来的孤立与孤独感是深刻的，他思考所遭受的真实或想象中的不公，这些不公使他“受到侮辱”，把他“钉在十字架上流血致死而供人取乐”。在某个点上，他的利己型自杀冲动超越了某种心理界限而进入到Everstine（1998）的相互作用自杀模式。与其他大规模谋杀一样，赵承熙的抑郁和被压抑的愤怒彻底爆发，是一例典型的弗洛伊德式自杀与杀人者的心理动力学案例。在那一时刻，他偏执的愤怒向外爆发，并集中在那些迫害过他的人身上。当这种情况发生且责备具体化时，赵承熙就具备了对众多折磨他的人进行大规模谋杀的条件。为什么会这样呢？对于幸存者而言，这毫无道理，这正是混沌理论的精髓（Rogers，2001a）。而对于积攒了怨恨和冷漠的赵承熙而言，这对于结束他的痛苦、消散他对世界自恋式的不满来说，是再正常不过的了，因为他视这种行为如殉道一般合理：“这不是为我自己，是为我的孩子、我的兄弟姐妹……我是为了他们才这样做的。”但最终，真正的理由则很简单：“我必须。”

关于自杀的误解

关于自杀有很多常见的误解，危机干预工作者应该要知道并且在评估可能自杀的来访者时加以考虑（Bonner，2001；Duberstein & Witte，2009；Fujimura，Weis，& Cochran，1985；Granello & Granello，2007，pp. 8-11；Kirk，1993，pp. 1-4；Lester，1997；McGlothin，2008；Shneidman，1999b；Shneidman，Farberow，& Litman，1976，p. 130；Stack，2001；Stone，1999，pp. 51-63；Webb & Griffiths，1998-1999，p. B42）。这些误解如下：

1. 与想自杀的人讨论自杀会使其走向自杀。事实正好相反。与一个能够与之共情的人讨论自杀，将更有可能为来访者提供一种安心感并愿意花时间去重新获得对自己的控制力。
2. 威胁别人说要自杀的人不会自杀。事实是自杀者中的大部分人都曾经威胁过别人或者对他人公开过自己的自杀意图。
3. 自杀是一种不合理行为。从自杀者角度来看，几乎所有的自杀和自杀尝试都有一个充分的理由。
4. 自杀死亡者都是有精神病的。虽然已有证据表明，自杀和精神疾病之间有非常密切的联系，尤其是与抑郁症，精神分裂症，强迫症，边缘型、分裂型、反社会型人格障碍，惊恐障碍，以及共病的物质滥用有关，但是大多数自杀者都是正常人，只不过他们是极度抑郁、孤独、绝望、无助、愤愤不平、遭受心理冲击、极度失望、被抛弃，或是处于某种可能引起激烈反应的情绪状态之中。

5. **自杀发生在一个家族中，具有遗传倾向**。这既有可能是一种误解也可能是事实。有时某个家庭中确有一个以上的家庭成员自杀。有研究发现，血型与自杀有关，血液代谢物也在自杀中起作用（Lester，2005）。现在已有大量证据显示，自杀未遂体内的一种主要血清素代谢物——5-HIAA 含量偏低（Leonard，2005；Stoff & Mann，1997），并且 STin2 血清素转运基因在有自杀行为史的家族成员中是有变异的（Lopes de Lara et al.，2006）。与纯粹的基因论观点相反，自杀行为倾向可能是习得的、情境性的，或者是与抑郁或绝望感等环境状况有关。一个家庭成员自杀后可能促使其他家庭成员去模仿这种行为。
6. **想过一次自杀，就会总是想自杀**。事实上大部分人只是在他一生中的某个时候产生过自杀的想法。他们大多数人能从当前的威胁中恢复过来，学会适当的反应和控制，摒除对自己造成伤害的威胁，长久充实地生活，再也不会想自杀。
7. **一个人经历了自杀未遂后挺过来了，其自杀危险也就结束了**。事实是大多数自杀发生在“改善”开始后的三个月内。一个危险的信号就是经过一段情绪上的欣快期后，紧接着出现情绪抑郁或者发生一些与自杀有关的行为，这往往意味着这个人已经安排并计划好了一切事情，正处在下定决心自杀的冷静阶段。自杀未遂者中大约有 10% 的人会再次自杀。
8. **一个想自杀的人开始表现出慷慨并将个人财产分送他人，表明这个人有好转和恢复的迹象**。事实上大多数想自杀的人一旦发现自己的精力有所恢复，足以做出最后的计划，就会开始处理自己珍爱的财产。这种个人财产的安排有时类似于他们最后的心愿和遗嘱。
9. **自杀总是一种冲动性行为**。自杀有多种类型，有一些自杀是冲动的行为，还有一些则是经过周密的安排之后才执行的。
10. **自杀仅在富人中发生**。自杀可发生在社会的各个阶层。对过去 30 年间文献资料的回顾分析显示，穷人通常有更高的自杀危险性。
11. **自杀的发生毫无征兆**。事实上想要自杀的人总是会给出很多信号和征兆。
12. **自杀是一种无痛苦的死亡方式**。事实上常常并非如此。很多自杀未遂者会遭受可怕的折磨，如长期的疼痛和永久性毁容。
13. **很少有专业人士自杀**。事实上，医生、药剂师、律师和牙医有很高的自杀率，但是，谁会去追踪卡车司机和体力劳动者们的自杀情况呢？
14. **圣诞节时期是自杀发生的高峰**。事实上 12 月是一年之中自杀率最低的月份。
15. **女人为避免毁容而不使用枪支自杀**。事实上，女人更多地使用枪支自杀而非服用药物。
16. **月圆时更容易发生自杀**。事实上在满月时自杀的数量并没有增加。
17. **想要自杀的人很少寻求医疗帮助**。研究表明大约 75% 的人在自杀的当月会去看医生。
18. **许多自杀的老年人患有晚期疾病**。虽然很多自杀未遂的老年人可能有抑郁情绪，但是他们并没有患晚期疾病。
19. **自杀仅限于年轻人**。在白人男性中，自杀率随着年龄增长而增加，并在他们七八十岁时达到最高水平。
20. **自杀意念发生相对较少**。在美国每年大约有 830 万人（4%）认真地考虑过自杀，1% 的人制订过自杀计划，并且其中有一半人采取了行动。

评估

自杀线索

所有危机干预工作者要遵循的首要基本原则是，在处理任何类型的危机时都要对致死性行为的线索和危险因素进行评估。幸运的是，几乎所有想自杀或杀人的人都会透露出一些线索或寻求帮助的信号。根据 Shneidman 等人（1976）的观点，不会有人百分之百地想死。有强烈死亡意愿的人是矛盾和困惑的，他们同时也渴望生命（p. 128）。大多数内心冲突强烈的自杀者，都会留下有关他们严重困境的线索，或通过某种方式表达求助愿望（pp. 429-440）。这些线索可能是言语上的、行为上的、情境性的或者综合性的。

> 言语上的线索是指语言或文字陈述，可能是直接的（如“这次我一定要这么做——结束我的生命”）或者间接的（如“我对任何人都没有意义”）表达。
>
> 行为上的线索范围很广，包括为自己购买坟墓，以割腕作为自杀练习或自杀姿态。
>
> 情境性的线索可能涉及各种情境，例如配偶的死亡、离婚、痛苦的躯体伤害或疾病晚期、突然破产、深陷在关于爱人死亡纪念日的思绪里，以及其他生活中的巨大改变。
>
> 综合性线索包括一系列自杀先兆，比如重度抑郁、孤独、绝望、依赖以及对生活不满等（Shneidman，Farberow，& Litman，1976，pp. 431-434）。

这些线索均可作为求助信号，无论它们是多么隐秘和不易察觉。

危险因素 假设你身处上文提到的情境中，认为自己没有生存的意义并准备自杀。那么，你认为你自杀成功的概率有多高？以下是一些高自杀危险因素的分类，利用这些评估一下你离自杀成功有多远（Cantor，2000；Cheng & Lee，2000；Granello & Granello，2007；Holmes & Holmes，2006；Joiner et al.，2009；Kerkhof，2000；Lester，2001；Lester & Gunn，2011；Roy et al.，2000；Stenger & Stenger，2000）：你是一名年龄超过70岁或者小于20岁的白人男性。你有酗酒史并滥用其他物质，而且你被诊断为（选择一个或者多个）：（1）精神分裂症，（2）双向情感障碍，（3）边缘型人格障碍，（4）厌食症，（5）抑郁症。你未婚，也没有一份好工作（因为你刚失去一份相当好的工作）。此外，你酒后驾驶，肇事逃逸后被抓，现为你在监狱中度过的第一个晚上。你的配偶宣布要和你离婚，而且你大部分朋友都不愿再和你来往。这不是你第一次尝试自杀，你已经思考过很多次了。你收集各种枪支并知道如何使用。你还知道一个安静、树木繁茂的地方，没人敢在晚上出没。你是匈牙利布达佩斯的一名居民，如果没有自杀成功并出狱了，你就要搬到拉脱维亚。今天是圣诞节后第五天了，你只收到一封来自律师的信件（告知你房屋的赎回权被取消），以及一封美国国家税务局寄来的审计通知。同时，你的风湿性关节炎复发，唯一能缓解你病情的药物却已不在市面上销售了。不幸的是，你的母亲和外公都自杀了。除此之外，最糟糕的是，你的原籍是一个欧洲国家，国歌中含有很多低音符，让你觉得听起来十分阴郁。如果这首国歌听起来像糟糕的乡村音乐，而且你的状态也符合以上大部分状况，千万不要绝望或者卧轨自杀（所有真正好的乡村音乐必定包含了火车，所以这可能是你准备自杀的途径。然而，你最好不要在日本卧轨自杀，因为在日本太多人采用这种方式自杀，以至于火车公司会将你的遗产作为火车损坏的赔偿）。

至少可以说，预测自杀以及预测谁会试图或真的完成自杀的这种能力是存在问题的。虽然上述的人口统计学特征、人格特质、行为以及社会经济危险因素确实是自杀危险因素，也可以预测群体自杀发生率，但是这些因素（单独或综合）并不能够很好地预测个体自杀行为（Bonner，2001；Goldney，2000；Granello & Granello，2007）。

警示标志 美国自杀协会建立了一个自杀警示标志清单。为方便记忆以首写字母“IS PATH WARM”表示：

> I 代表自杀意念（ideation）；
>
> S 代表物质滥用（substance abuse）；
>
> P 代表缺乏目标（purposelessness）；
>
> A 代表焦虑（anxiety）和烦躁（agitation）；
>
> T 代表感觉陷入困境（trapped）；
>
> H 代表绝望（hopelessness）；
>
> W 代表退缩（withdrawal）；
>
> A 代表愤怒（anger）；

R代表鲁莽（recklessness）；

M代表情绪波动（mood fluctuations）。

警示标志不同于症状。症状只能被描述，而警示标志是可观察的。

评估工具

许多评估工具被用于判断自杀意念和行为（Joiner et al.，2009；Laux，2003；McGlothin，2008；Westefeld et al.，2000）。这些工具可以测量人格特征、危险因素和警示标志。《明尼苏达多相人格问卷-2》（Minnesota Multiphasic Personality Inventory-2；Hathaway & McKinley，1989）、《贝克绝望量表》（Beck Hopelessness Scale；Beck et al.，1974）、《贝克抑郁量表》（Beck Depression Inventory；Beck & Steer，1987）以及《心理痛苦评估量表》（Psychological Pain Assessment Scale；Shneidman，1999e）均是测量与自杀相关的个人特征的量表。

《人际需要问卷》（Interpersonal Needs Questionnaire；Van Orden et al.，2008）用于评估重要人际问题，包括对他人的负担感以及归属感缺失。《痛苦和挑衅性事件量表》（Painful and Provocative Events Scale；Bender et al.，2011）是来访者从事冲动、危险、病态和冒险性活动的自我报告。这两个量表均与《自杀能力量表》（Acquired Capability for Suicide Scale；Van Orden et al.，2008）的得分显著相关，《自杀能力量表》得分越高，来访者致死性程度越高。

其他工具例如《悲伤者量表》（SAD PERSONS；Patterson et al.，1983）和《基础量表》（BASIC；Knight & Kleespies，1999）用于评估自杀意念的临床表现和自杀尝试的实证危险因素。这些量表的内容包括人口统计学特征、自杀行为的症状、压力、个人外部资源、个人和社会背景，以及实证的自杀尝试相关历史与环境因素。然而，单独使用这些工具会因信息不全而导致预测效果的局限性。结合临床会谈和第三方间接信息，这些工具评估的自杀风险效果将会得到显著改善（Rogers，2001a）。

临床访谈

许多学者的研究发现，很多危险因素和警示标志可以帮助危机干预工作者评估潜在的自杀可能性。虽然目前有各种各样的评分系统适用于各类危险因素的评价，但是假阳性甚至假阴性的结果也普遍存在（Sullivan & Bongar，2006）。这时就需要将科学和艺术相结合，让危机干预工作者的面谈和诊断技巧发挥作用。任何时候只要一个人表现出下列四个或五个危险因素，危机干预工作者都应该马上将这个人纳入高自杀风险的范畴。来访者：

1. 表现出自杀或者杀人的冲动和强烈意图；
2. 有自杀的家族史，受到伤害威胁以及他人虐待；
3. 有自杀未遂史；
4. 制订了详细的自杀计划；
5. 最近经历了亲人死亡、离婚或者分居；
6. 家庭因遭遇丧失、虐待、暴力或因来访者遭受性虐待而失去平衡；
7. 陷入某个创伤性损失的周年纪念日的痛苦中；
8. 患有精神疾病（并可能未经医生允许私自停药）；
9. 有药物或酒精滥用史；
10. 最近有身体上或精神上的创伤；
11. 有疾病治疗失败史、慢性疼痛，或在疾病晚期；
12. 独居并与他人断绝联系；
13. 患有抑郁症、处于抑郁症恢复期，或者最近因抑郁症而住院治疗；
14. 分发个人珍爱的财产或处理个人事务；
15. 行为或情绪特征有很大的改变，比如冷漠、退缩、孤独、易怒、恐慌和焦虑，以及社交、睡眠、饮食、学习、穿衣、打扮和工作习惯的变化；
16. 感到深深的绝望或无助；
17. 陷入以往经历过的躯体、情感或性虐待，并难以自拔；
18. 明显表现出与正常情绪行为特征不一样的情绪，如愤怒、侵犯、孤独、内疚、敌意、悲伤和失望；

19. 面对经济损失的威胁；
20. 有受迫害的想法；
21. 在应对性取向问题上有困难；
22. 意外妊娠；
23. 有逃亡或者监禁史；
24. 在谈话、写作、阅读选择、艺术品或绘画中体现关于抑郁、死亡和自杀的想法和主题；
25. 表达如果他死了，也不会被人怀念；
26. 经历了慢性或者急性应激事件。

在以上自杀危险因素中，每个因素单独作用对自杀影响并不大。危机干预工作者必须意识到评估自杀或者杀人的危险性不是一件简单的事情。确实，一些风险因素如自杀未遂史或者有一个详尽的自杀计划比其他危险因素有更高的致死性，应该给予更多的关注。然而，这些自杀危险因素和自杀行为并没有直接的因果关系。与个人自杀行为相比，自杀危险因素与群体自杀行为有更强的关联性（Chiles & Strosahl，1995，p. 8）。尽管如此，当这些危险因素累积到一定程度，个体发生致死行为的可能性必定大为增加。因此，临床访谈以及访谈的结构化对致死性行为的准确评估尤为重要。

自杀的合作性评估和管理 自杀的合作性评估和管理（The Collaborative Assessment and Management of Suicidality，CAMS）是由 Jobes（2006）设计的风险评估临床访谈框架。治疗联盟的建立对这个访谈框架非常重要，所以这个访谈框架的重点在于合作。在访谈中，采用《自杀状况表Ⅲ》（The Suicide Status Form Ⅲ）测量心理痛苦、自我怨恨、绝望、压力以及需要采取行动中止痛苦的情绪激惹程度。来访者还需要评价自己总的自杀风险，并列出生存和死亡的理由。来访者根据自身情况在1 ～ 5分的数值范围内给每个维度评分。如果这些维度中存在多个5分评定，则暗示着清楚而即将发生的自杀危险。

自杀事件的时序性评估 自杀事件的时序性评估（Chronological Assessment of Suicide Events，CASE）是由 Shea（2002）创建的风险评估临床访谈框架。这个评估系统主要有两个基本设想：第一，人们通常会在制订了详细的计划之后才执行自杀；第二，如果没有与访谈员建立密切的关系，来访者可能不会自愿地说出他们的自杀想法。

《生存理由量表》 《生存理由量表》（The Reasons for Living scale，RFL；Linehan et al.，1983）是一种不同类型的自杀评估工具。该量表以48个与“人们为什么不自杀”相关的问题来询问个人的生存理由，采用六点李克特评分法。所有条目可以被归为六个因素：生存和应对信念、对家庭的责任、对孩子的担忧、对自杀的恐惧、对社会谴责的担忧以及道德问题。

自杀风险评估决策树 自杀风险评估决策树（The Suicide Risk Assessment Decision Tree，SRADT）是一种风险评估临床访谈框架（Cukrowicz et al.，2004；Joiner et al.，1999）。该访谈通过一系列的“是”或“否”的问题来判断个人杀人或自杀的能力。访谈员主要询问三个方面：先前的自杀行为，目前的自杀症状，以及可能加剧（如绝望、冲动）或者减少（如获到社会支持、停止药物滥用）自杀行为危险的实证相关因素。除了获取前面提及的信息，还要把数据输入决策树以判断自杀行为获得能力的风险水平，根据风险程度决定合适的干预，这样才算完成决策树评估。如果来访者多次进行自杀尝试，或有下面五个症状的三个（或以上），如独自尝试自杀、自杀行为中止、自我注射药物、自伤行为（如刀割）和频繁地暴露或参与暴力事件，则可说明其具有高自杀行为获得能力。

使用《分类评估表》评估致死性

危机干预工作者在急性危机处理中，绝对不能忽略来访者自杀致死性的评估（McGlothin，2008；Jobes，2006；Shea，2002；Sullivan & Bongar，2009）。危机干预工作者应该毫不犹豫地询问一些问题，如“你想自杀吗？”“你想杀害别人吗？”“以什么方式？”“什么时候？”“在哪里？”等。我们完全同意 McGlothin（2008，p. 39）的观点，即危机干预工作者不能因为害怕刺激来访者的自杀冲动，或者担心话题比较隐私和敏感会让对方感到无情或被冒犯，就对自杀问题拐弯抹角，例如“你是否……想过伤害自己”“想要放弃吗”“感到被压垮/非常难过/痛苦不堪/绝望”，再加上“可以说是”“有一点”这样的修饰词。这种问法不如“自杀”那样直接，也会引出完全不一样的回答，最后可能导致危机干预工作者完全忽略致死性自杀意念。

询问关于自杀或杀人的问题并不意味要以伤人和冷漠的方式提出。如前述的CAMS和CASE访谈模式，合作和共情是关键要素。这个关于自杀或杀人的问题是封闭式问题，只有“是”或“否”的回答。然而“是”的回答范围很广，包括“嗯，不是很长时间！”，“我已经把9mm手枪清理好并装满了子弹，今天下午我就要到州立公园去”等。因此，如果你得到一个阳性的答案，你需要通过情感、行为和认知方面的评估完整地评价致死性的维度和程度。McGlothin提出了首写字母为“SIMPLE STEMPS”的逐步法以评估致死性，并了解来访者情感、行为和认知上的困境。

S（自杀/杀人，Suicidal/homicidal）：你想自杀或者杀人吗？

I（想法，Ideation）：在接下来的72小时内，你可能会自杀/杀人吗？

M（方法，Method）：你会以怎样的方式自杀/杀人？

P（痛苦，Pain）：从1～10分评分，你此刻的心理痛苦可评几分呢？有没有什么事让你觉得你的心理痛苦评分会更高？

L（丧失，Loss）：你最近或者过去有没有遭受重大损失？

E（早期尝试，Earlier attempts）：你之前有没有尝试自杀或者杀人？发生了什么？为什么没有成功？

S（物质滥用，Substance use）：你最近有没有酗酒或吸毒？你服用什么药？是遵医嘱服用吗？

T（处理困境，Troubleshooting）：你是否因为工作、家庭或其他原因而陷入困境？有什么办法可以改变这个局面？你是否愿意不考虑结束自己或他人的生命？如果奇迹发生，你明天睡醒发现一切都变好了，那会是怎样的情况呢？

E（情绪/诊断，Emotions/diagnosis）：你曾经患有躯体或者心理疾病吗？你现在感觉怎么样？你以前有过这种感觉吗？如果是，多长时间发生一次？你是否因为这个问题去咨询过（或正在咨询）任何类型的社会服务工作者？

P（父母/家庭历史，Parental/family history）：在你家里，有没有人想过或实施过自杀或者杀人？你的父母是否患过情绪问题？

S（应激源和生活事件，Stressors and life events）：在你的生活中有什么事情让你觉得结束自己或他人的生命是解决问题的方法呢？

对急性危机来访者的分类评估能够使危机干预工作者对危机严重程度评估进行即时修正，这是基于来访者对这些重要且必要的问题的反应，或者由于来访者的感受、行为或想法突然改变导致《分类评估表》评分快速提高，而先前来访者并没有任何迹象表明有自杀/杀人的想法。一个来访者的分类描述在之前可能是安全的，但可以几分钟内就变得完全不同。如果来访者是认真地思考杀害或伤害他人，危机干预工作者则需要考虑法律规定的警告责任（duty-to-warn），对他人予以告知。这条法律是由第五章描述的Tarasoff的案例发展而来的。

现在请思考如下例子。在致死性问题发生之前，来访者告知一名职业咨询师，他所面临的问题是由于工厂倒闭而丢失了工作。虽然咨询师发现来访者的抑郁和沮丧程度超过了未找到一份合适工作所带来的影响，但是其《分类评估表》的情感得分为3分或4分，认知为6分或7分，行为是4分或5分（TAF总分是13～16分），总结为“低到中等”的严重性。这个总分表示无需对来访者的致死性危险进行紧急或立即关注。

尽管如此，职业咨询师仍意识到有些地方不对劲。来访者的声音透露出言语的兴奋，而肢体语言透露着隐隐的绝望，这似乎与言语行为相违背。咨询师深知失业（特别是丢失一份终身工作）

与自杀相关（Stack，2001）。由于新的提示和线索（例如，来访者不经意的言语暗示他很快将会不复存在）出现，咨询师通过询问“那是什么意思”“采用什么方式”“什么时候”及“在哪”等问题，直接了解来访者的内心世界，然后重新思考并建立新的 TAF 评估。

在发生致死性问题之后，来访者的反应表现出了明显的压力和抑郁，“我已经没有未来，没有生活了。我年龄太大而不能重新开始，也不会有人想要雇用我，我只能蜷缩着等待死亡”。于是，来访者将“你会因为生活看似毫无希望而想自杀吗”的问题评定为“是”。第二次 TAF 评估的结果是，情感9分或10分，认知8分或9分，行为8分或9分（总分为25 ～ 28分）。这个得分是一个相当大的升级，提示来访者必须立即住院治疗以确保其安全。

这个例子采用 TAF 作为快速评估工具，展示了情感因素在危机干预案例中是如何快速改变的。它清楚地说明，无论什么时候，只要危机干预工作者觉察到比初次评估更严重的致死性危险，都应该毫不犹豫地直接询问相关问题并深入探索来访者的情感世界。致命性评估快速增加的现象，也同样适用于有杀人意图或其他涉及伤害自己或他人的情况。

干预策略

这个部分包含了在不同年龄和不同问题的成年人身上运用一般咨询策略的例子。在第十三章“校园危机”中，分析了致死性儿童案例。在你开始阅读这一章节时，你可能会有疑问：如此模糊的治疗结果，是否应该去尝试？虽然在自杀治疗过程中没有绝对正确的方法（Goldney，2005；Hawton & Van Heeringen，2000；Hepp et al.，2004；Jobes，2006；Lester，2000；Linehan，& Schmidt，1995），但是仍有一些有希望的方法可以考虑。自杀干预策略可以中断将要发生和正在实施的自杀企图（Fujimura，Weis，& Cochran，1985，p. 612）。对自杀 / 杀人来访者的危机干预通常分为两个范畴，即处理恐慌和降低致死性水平。

3I 系列问题

恐慌的主要原因与来访者认为遭遇了3I 状况有关。3I，即无法摆脱的（inescapable）、无法忍受的（intolerable）和无止境的（interminable）。干预的目标是改变一个或者多个“I”（Chiles & Strosahl，1995，p. 74）。在谈话的开始，危机干预工作者需很快地建立和谐信任的工作氛围并为来访者提供生活的信心（Michel，2011）。重新建立来访者的希望感并减少他们的无望感（用快速的方式表达出来访者当前的痛苦）也是很重要的。

最有效的办法不是直接应付致死性而是处理3I 引起的恐慌。当3I 的恐慌水平降低时，对生活的希望和控制就会恢复。致死性也会下降到冲动性水平以下。这意味着不仅要被动地处理个人内心的问题，还要积极面对造成困扰的人际和环境问题（Shneidman，1999a）。

干预工作者需要教给来访者本来就有的问题解决技巧或新的技巧，让他们来避免因无法解决的事情而产生无法摆脱感。来访者需要采用自我了解和自我观察的策略去观察痛苦水平的自然波动，并将做事方式的细微改变与感觉更好关联起来。最终，他们可以体会到精神上的痛苦并不是持续强烈和无止境的。来访者也需要了解到，通过距离和干扰技巧，消极的感觉是可以容忍的，因此这些情绪应该看成是生活中的一部分而不是压倒性的和没完没了的（Chiles & Strosahl，1995，p. 74）。典型的方法是采用对来访者进行积极主动支持的一些认知行为疗法。教给他们认知的重新构建、情绪管理，学会平衡变化并接受事实，通过心理教育和解决问题改变破坏性和消极性的行为（Berk et al.，2004；Guthrie et al.，2001；Linehan et al.，2006；Townsend et al.，2001）。下面的例子阐述了危机干预工作者如何应对 I 系列问题。

LeAnn，21岁 LeAnn 是大四学生。她在一所小型的文理学院读一年级的时候，经历了在姐姐自杀死亡忌日来临时出现精神崩溃甚至试图自杀的事。她离开学校回到家里，并接受精神科治疗。后来LeAnn上了她家乡的一所大学，居住在学校宿舍。她经常回家，而且学业很好，社会生活也很丰富。在一个周末，LeAnn的妈妈向干预工作者提到，在母女谈话中，LeAnn透露自己反复出现自杀的念头。LeAnn的妈妈很担心，因为LeAnn姐姐自杀死亡的五周年纪念日在逼近，这似乎对LeAnn产生了影响，她希望干预工作者给LeAnn打电话进行会谈。在与LeAnn的第一次会谈中，干预工作者了解到LeAnn没有具体的、高致命性的计划，但是她确实有很多自杀的想法。

LeAnn：我想妈妈觉得我疯了。有时我想知道她是不是正确的（长时间暂停）。我不能很好地应对压力，这是我最后一个学期，毕业论文的最后时限……有时我觉得我完成不了。你觉得我是不是快疯了？

干预工作者：不，我完全不这样认为。我听到很多的困惑、烦躁情绪和压力。我非常高兴你愿意问我这个问题。我很好奇在你身上发生了什么事使你提出了这个问题。你想过自杀吗？

LeAnn：我刚才独自坐在房间里盯着墙壁。因为那个愚蠢的毕业论文，我哪里也不能去，不能睡觉、吃饭，也不能出去。我有两种奇怪的感觉，只想狂奔、尖叫，或者干脆放弃。我还不断地想起我姐姐的死亡。从我是大学新生开始，比任何时候都想。这就像是命中注定我要走她的路。有时候我觉得我再也不能忍受了，然后我抓着我自己，想着自己是不是疯了。我姐姐自杀了，她的忌日就要到了，我非常想念她。

干预工作者：好的。我将问你一些问题，你还需要填写一些表格。有些问题看起来很尖锐，但决定我们往哪个方向走。当我们做完后，我将告诉你我认为我们需要做什么。

LeAnn的想法和回复足以使干预工作者制订一个自杀评估流程。他首先给了她一个《自杀状况表Ⅲ》(Jobes,2006)，她的心理痛苦得分是3分。她想念姐姐，特别是在姐姐的忌日里。她的压力得分是4 ～ 5分，她认为压力主要来自毕业论文。她的激越程度很低，不会产生任何可能导致自杀的行为。她感觉很绝望，但这仍然与她的毕业论文能否完成和能否毕业有很大联系。她没有自憎感，得分为零。她对自己的总体自杀风险的评估非常低。她活着的理由是为了毕业、父母、朋友和继续念研究生的机会。她没有理由去死，除非死亡后可以在天堂看见姐姐。她想活着的愿望很强烈，并且一点也不想死。她的《人际需要量表》(Van Orden et al., 2008)显示她没有感到自己是负担，并对自己的父母和学校姐妹有强烈的归属感。工作人员用McGlothin的简单步骤(SIMPLE STEPS)随访追踪，发现激发她自杀想法的强烈认知很少。工作人员以直接、协作和共情的方式告诉了她这些信息。

干预工作者：如你看到的那样，你的得分是非常低的，这说明你处于完全正常的状态。我认为是你姐姐的忌日及你对姐姐的强烈思念导致了你感到孤独和寂寞。你很正常，你对学校的反应也是正常的。我想知道我们是否可以谈论这些并制订一些计划帮助你走出困境？

许多有自杀意念的人觉得自己疯了。虽然一些有精神病或者人格障碍的人自杀了，但自杀不是疯狂的第一步。干预工作者明确地肯定了LeAnn不会走向疯狂并在寻求危机正常化。干预工作者主要关注了失去姐姐和即将到来的姐姐忌日的潜在情感内容，并把这作为降低来访者不安的关键因素。

同时花大力气处理使大多数学生不安和恐惧的毕业论文。虽然她的自杀意念无法消除，但是应该正确看待她失去姐姐的全部反应和在学校经历的其他正常的压力。对很多人而言，自杀危机可能因急性事件导致发生，但是一旦受到控制，危机就会永远消失。

Deborah，27岁 Deborah从16岁就开始

接受治疗，断断续续持续了11年。Deborah的情况如下：(1)有多次自杀未遂史，有些比较严重，有些是自杀姿态。(2)在上大学期间吸食了各种各样的毒品。事实上，她因为吸毒而导致学习成绩很差，只读了两年就辍学了。(3)有严重的抑郁、孤独、绝望、无助的发作史，之后因欣快而深入的宗教活动与承诺而产生情绪波动。(4)数次入院接受精神科治疗。(5)在她16岁的时候因父母离婚经历了巨大的失落和悲伤。(6)最近她陷入了自我强迫的孤独和自责，她断绝了和朋友、家人以及同事的联系。(7)她开始感觉到自己的职业没有意义，而她一直都在追求自己真正选择去做的事情（而不是为她父亲工作）。Deborah哭着，颤抖着，处于急性的焦虑状态，她站在密西西比桥的栏杆上准备往下跳。

危机干预工作者是一个危机干预团队的警官，这在第五章"危机案例处理"中描述过。警官和高速公路巡逻人员封锁了交通，而人们都下车观看。情况很紧急，任何时候Deborah都可能会跳下去。

干预工作者：(用清晰但是自信、温和、关心而同情的声音)我是Mark，告诉我你的名字。

Deborah：(犹豫地)我叫Deborah，你想干什么？

干预工作者：如果可以的话，我想帮助你，Deborah。我知道你现在正处在巨大的压力下，这使你想从这桥上跳下去。我想和你谈谈，看看有没有什么办法能帮到你。

Deborah：我认为没有人能够帮到我(有点愤怒)，警察当然也不能！心理学家都没法帮到我，你怎么可能呢？

干预工作者：Deborah，我很担心你的安全，也担忧现在使你心烦的事情。我是个警察，但是我也是危机干预小组的工作者。我和各种各样处于危机中的人打交道，这就是他们叫我过来的原因。你之所以想跳河，是因为你有很多不能解除的痛苦。如果心理学家不起作用，那么为什么不给警察一个机会呢？这没有什么坏处，我们还有很多时间。

危机干预工作者通过直呼其名的交流方式，快速地与当事人拉近了关系。通过实事求是地指出她目前的行为，干预工作者确定了她的行为是减轻精神痛苦的一种方式，并试图找出她这么做的原因。他用了一个来源于辩证行为疗法（dialectical behavior therapy，DBT；Linehan，1997）的验证技巧，看起来像是与目的正好相反。他发扬了辩证行为疗法中的核心"辩证法"，接受了当事人此刻的实际状态，即当事人认为自杀是她能用来解决问题的最好方法，但是同时也促使当事人改变使之站在桥上的不良行为模式（Rizvi，2011）。他进一步承认他是谁，他能够去做什么，没有任何虚假的承诺。他努力迅速地建立起表达认同、诚实、友好的信任和共情关系。虽然看起来我们在反复叙说这个问题，但是建立一个治疗联盟（这当然包括这个警官在桥上和当事人在一起）绝对是关键的。Michel和Jobes（2011）的书花了400多页探讨这个主题，为临床医生提供了很多关于如何建立关系的理论技巧。Michel引用了他在某个抑郁症自杀未遂者互助小组见过的一个女性案例。她的脖子上面有电锯伤疤，这表明她尝试过以一种可怕的方式自杀。他询问为什么这些人没有寻求帮助，她说"我们只可能同我们认识的，不会害怕听到这些事情和不会批判我们的人交谈。在自杀危机中，我们从来不相信那种不想与我们谈论这件事的人。"（pp. 5-6）。

跟其他的干预工作者相比，危机干预小组工作者的工作是处理紧急的致死行为（Rudd，Joiner，& Rajab，2001，p. 152）。自杀/杀人者和工作者的安全都是第一位的（Memphis Police Department，2011）。

干预工作者：这儿有风在吹，周围还比较混乱，所以我听不清楚你说的话。我需要你从栏杆上下来，过来坐到路边，这样我们方便交谈。你看起来需要有人能耐心地倾听你，我会花时间那样做的。

Deborah：我不确定谈话会有任何好处。你走开，让我一个人待着。我不需要你在这里。

干预工作者： Deborah，你还记得我的名字吗？我是Mark。咱们谈谈吧！我们有时间，有很多的时间坐在一起聊聊，你确实记住了我的名字，对吗？

干预工作者要注意尽量与Deborah建立直呼姓名的交流方式。不论何时，像Deborah一样情绪失控又固执的人，打破僵局的有效方法是个性化的互动。在危机中与当事人建立个性化关系的最好方法是尽快建立直呼姓名的交流（Memphis Police Department，2011）。他也通过反复强调还有时间，有大量的时间来看看到底怎么办，以缓解情绪。这告诉了当事人在这个时刻，他全心投入于这种短暂的关系。

Deborah： 你的名字叫Mark。那又怎样？我怎么知道我能相信你，Mark？我看不出你怎么能使我的生活变得更好。我的生活就这样了，那些内心深处的大量痛苦永远挥之不去。我真的很累。不管怎样，我怎么知道你不会把我送入监狱或像他们上次做的那样送我去精神病院？

干预工作者：（用平静、低调、自信、可靠、体贴的声音）Deborah，我想知道是什么困扰了你，这样我可以给你一些帮助。我们需要关注让你减轻痛苦的事情是什么？现在，我需要你为我做的仅仅是到路边来，然后我们有大量的时间谈谈，这样我才能了解是什么困扰你。我到这里不是为了让你进监狱或者精神病院的。我只是想找出你受了哪些伤害，这样我就能让你得到你应得的一些帮助。我知道你有很重的心理负担，才会认为从桥上跳下去是减轻负担的唯一方式。我不想看到你受到任何伤害。所以你能走下栏杆吗？

Deborah：（走下栏杆，试探性地朝干预工作者走过来）我的生活极度痛苦和绝望，没有什么顺心的事，我的一切都变得一团糟，学习、恋爱、工作、父母。我感到很累，很累。

干预工作者： 好的，谢谢你从栏杆上下来。（Deborah坐下来，Mark慢慢走到她身边也坐下来，听她讲述她的事情。）哇！那确实是个负担。怪不得你想要跳河。我想带你去见一个我认识的人，他不是心理学家。他以前是在移动危机小组工作的警察。首先，我把你带到医疗中心进行检查，好吗？

Deborah： 他们会对我进行电击疗法吗？我不想那样。

干预工作者： 不会的，他们仅仅是对你进行评估。看！我想要你和我一起走下去。在去那里的途中，我将给你戴上手铐，因为这是警察的程序。我不知道这是否意味着你要在医疗中心待一整晚。但是我认为我能让他们做一些评估，然后让你尽快离开那儿，去找我认识的那个人。当他们对你进行评估时，我会打电话给Pete，就是我告诉你的那个人。只要你一检查完毕，我就回来带你去见Pete，那时候你不用戴手铐。你跟我走前面。我想你会喜欢和他谈话的。在我处于困境时，我就很乐意与他交谈。让我们坐下来谈谈，这样我就可以给Pete提供一些线索。这样可以吗？

Deborah： 究竟是怎么回事！我从来没有让警察弄得我思绪混乱。反正不会更糟了！好吧！（说出更多她来这里的原因，干预工作者在认真倾听。）

在这个例子中，干预工作者在很短的时间内，通过关注让当事人不安的事情和深入了解她的问题，向其证明了自己并且获得了她的信任。他通过快速交换姓名、让她重复他的名字建立了和谐的关系。试图自杀者经常不能够集中注意力，所以干预工作者利用重复技巧，反复讲同样的话，并不断尝试使事情慢下来。他也尝试让Deborah离开栏杆走向安全的地方。他没有承诺他办不到的事情，比如说，他允诺她不会有电击治疗，他之所以能够这样做，是因为他知道那个程序已经很多年没有用过了。

像Mark一样的干预工作者，在为情绪障碍者采取保护性监禁时有很大的自由裁量权。如果他为了使Deborah离开栏杆而骗她说不会让她入狱或者进精神病院，那么下次有警察再次碰到Deborah时，她会记得这次的谎话而变得更难说服。Deborah答应了干预工作者的要求，然后被送进了一所公立医院的急诊室，在那里她接受了身体和心理的评估。

Deborah的例子提供了一个简要的案例，一些表达了同情、关心和真诚的简单口头技巧如何能对那些严重失衡并强烈想要自杀的来访者起作用，使他们的依从和求生行为产生了巨大改变。检查完后，Deborah见到了Pete。

干预工作者：我是Pete，你肯定是Deborah，Mark跟我说了你的事情。很高兴见到你。看起来你度过了一个糟糕的夜晚。Mark告诉我这不是你第一次感到如此糟糕而想要自杀。

Deborah：是这样的，我不知道我为什么没有跳下去。这是我最接近的一次。我想下次可能就会跳下去了。

干预工作者：我想做一些不同于你以前做的事情。我在市中心机动危机小组做危机管理工作，而不是危机干预。你有兴趣去学如何管理这些东西吗?

Deborah：伙计，如果我能的话，就不是现在这样了。

处理长期的和不定期的自杀行为与一次性的自杀企图不同。危机管理是指与来访者合作，设计针对反复自杀行为的应对方式（Chiles & Strosahl，1995，pp. 125-147；Jobes，2006）。尽管我们确实参与了致死性行为的治疗，但治疗和管理有很重要的区别。治疗的最终目的是“治愈”。管理则意味着一个持续存在的问题，需要来访者和干预工作者不断地合作，直到来访者确定致死行为不会再发生（Jobes，2006，p. 69）。

其目标是建立一个框架：鼓励用其他行为代替自杀行为，或者在自杀想法和行为刚发生时降低短期内强化（Rizvi，2011；Wenzel，Brown，& Beck，2009，pp. 173-198）。Pete是市中心精神卫生所机动危机小组的一名成员。他是一名退休的警察，但是仍然作为一名资源官，为那些正在经历个人或工作困难的警察提供帮助。他将对Deborah使用协作认知行为疗法（Brown，Wenzel，& Rudd，2011；Wenzel，Brown，& Beck，2009）。在这之前，他需要确定促使她考虑自杀的主要认知路径。他需要有关以下问题的答案：

1. 来访者的自杀行为发生史？
2. 是什么引发了这次危机事件，和其他的触发事件是否不同？
3. 来访者是怎样看待自杀的？
4. 在危机事件中她的感觉是什么？
5. 她觉得身体怎么样？
6. 哪些主动的或者计划好的自杀行为已经发生或者正在发生？（Rudd，2004，p. 67）

他是直接、诚实、通情和支持的，有一点愤世嫉俗和世俗的睿智，在他的干预中，不会有职业性的心理学废话，不会有高高在上或不管不顾的态度。对这种在生活中没有积极的依恋对象，或者缺乏能依赖和支持的朋友的来访者，他代表了能建立完美联结的一种可能性。总之，他的目标和策略与Chiles和Strosahl（1995）、Jobes（2006）、Flanagan和Lynch（2001）对自杀来访者进行持续治疗的管理方法紧密相关，如下。

1. 通过用客观、个人、科学的方法教会自我监控和对行为的假设检验，消除对自杀行为的污名化。
2. 通过重新构建和问题解决将自杀行为具体化，确定其心理痛苦，把自杀行为移出中心舞台，以及平静地谈论过去、现在和将来可能的自杀行为。
3. 通过与来访者达成行为危机协议和危机管理计划来阐述反复自杀行为的可能性。
4. 通过教给来访者解决问题的技巧，寻求自发的问题解决方式，强化和提高技巧，以及更好地理解行为的短期和长期后果，来激活其解决问题的行为。
5. 通过告诉他们拥有和摆脱一种感觉的区别来增强其对情感痛苦的容忍，理解自杀是一种情感的逃避，理解情感卷入和忍受的不同，教授用情境分析法对负面想法和情绪进行理解，作为与世界上对负性情感的普遍观点的对立，学会远离消极情绪——接受消极情绪是生活的一部分而不是大灾难。

6. 发展出具体的人际问题解决技巧来促进交流，而不是逃避或者孤立。
7. 通过具体积极的创造性步骤，强调为目标而努力的过程来制订生活的中期方向，而不是以全或无、非成功便是失败的极端方法来达到目标。
8. 保持平静、共情地倾听。
9. 建立治疗联盟时要向来访者灌输希望和信任。
10. 形成生活计划和备用计划。

干预工作者：这是我想让你和我一起做的一些事情。我们一起来解决这个问题，有时候其他人会参与进来，但是主要是你和我。首先，我们要假设你可能会再次考虑自杀。目前看来这是事实。但我想，不会永远都是。我们把降低自杀行为的可能性作为短期目标，并为长远利益做一些其他事情。如果自杀再一次发生，我们不把它看成是失败，而是看成一个需要解决的问题，并找出我们需要做些什么来调整计划，这样自杀可能会发生得越来越少。我也想知道你什么时候有思维障碍和情绪症状。了解它们开始的时间很重要，这样我们就可以做一些事情，而不是等这些情绪和思想发生得像海啸一般将你冲刷并淹没。我们也要知道酒精和毒品的情况。如果你服用了这些东西，那我们就需要采取措施，因为它们与自杀的想法密切相关。

你不必一定要听我的，你可以选择你想要做的事情，我会支持你。如果你相信嗜酒者互诫协会，或者你需要其他的治疗方法，我们也可以一起进行。我们需要计划一些活动来代替喝酒和吸毒。我们需要提前几天制订一个简短、明确、具体的计划，这个计划不会太大或太麻烦，做起来也很简单。我们想要你看到生活中积极、真实的改变，并重新获得对生活的控制。如果这些都实现的话，就不会再发生自杀行为了，因为你不会再认为情况是无法改变的了。所以如果我要求你在接下来的两天做一些事情，而且你做到了，你能将这看成是进步的标志吗？你能够准确地告诉我那是什么，并且为什么是进步的标志吗？下面是我们在这个计划里要做的事情，如：减少社会孤立，增加愉悦和健康的活动，跟你喜欢的人一起工作或休闲娱乐。事情很小但是非常具体。这样你可以摘下帽子说："看，Pete，这是进步"。

尽管我们着重于改变行为和解决问题，但是我们要记得自杀行为是由心理痛苦和"我不能摆脱，这是难以容忍"的感觉造成的。在这个意义上，我们即将谈论两种情绪，可看到的情绪和可听到的情绪，我们先把它们分开然后再合在一起。我们要倾听这些情绪，然后处理它们，这样，这些情绪就不会累积和爆发，从而变得包罗万象而压倒一切。

现在，如果自杀行为再一次出现，我们需要制订计划并控制它。首先，我先写下危机协议卡片，这样你就能知道具体怎么做。你要控制它而不是被它控制。在那个卡片上，我们写了一些你可以利用的资源，比如电话号码、邮件地址、工作时间等等。我们也会在卡片上写上2～3个线索。例如："我开始感到焦虑，我需要深呼吸放松，放松"，或者"等一下，我这是怎么了？如果我的手在出汗，这意味着我需要退一步，看看什么行为致使我这样。"通过这些线索卡片，大部分时间我们可以发现糟糕的事情并阻止其发生。

我将会随时打电话问你在干什么，这不是"窥探监视"，而是关心你。电话时间不长，就是2～3分钟的简短检查。你可以跟我做同样的事情。只是检查一下计划安排。

当你需要入院治疗时我们也会坦诚地告诉你。如果真要去医院，如果你自己决定去住院，会比由我或者像我一样的人让你强行入院好很多。我知道这样不是很好，但这要你自己而不是别人来做决定。用药也是一样。但如果你做得不太好，我就需要重新评估一下。所有这些是为了让你能够更好地控制自己的决定。如果自杀行为发生，我们不会把它看作是失败，而应看成是解决我们做得不好的和需要改变的事情的一个机会。本质问题是我们想要减少自杀的强化效应，使自杀不再被强化，而是被其他更积极更易成习惯的行为或者健康的生活活动所取代。我将帮助你管理这些活动，但是决定做什么你有绝对的话语权。这是很长的一段谈话。听起来很多，但是我们会一步一步慢慢实施。你认为呢？

Deborah：听起来有一点恐怖，但是也有一点儿激动。我不清楚。第一次感觉还好。这好像已经得到了一些控制，有一点儿可怕，我已经很长时间没有这种感觉了。

危机管理中的关键部分是使情况正常化，向来访者展示所有问题都可以通过切实可行的方法来解决。自杀行为在来访者身上反复发生（如Deborah），为了防止她灰心丧气，我们把自杀看作是一件令人烦恼、麻烦但很重要的事情，即不是灾难性的，也并不意味着她是一个糟糕的失败者。通过专注于解决问题、培养出对情绪痛苦的容忍、改变令人不安的自我形象、停止冲动的行为、开发愤怒管理的技巧、在家或在工作中形成更好的状态（Michenbaum，2005），我们开始为慢性自杀来访者建立复原力和情绪韧度。这不是一个简单的任务，但是却可以做到并且可以成功地做到。

干预工作者：我们要制订一个关于生存的治疗计划，但是首先我要给你一张有我电话号码和邮箱地址的名片。那是事情变坏时你联系我们的方式，没有如果、或者、但是。重要的是，你的危机卡片背面是我们用头脑风暴法想出的五个活动，当遇到糟糕的事时，这五个积极的行为会打破可怕的绝望思想，并阻止情感失调，因此，如果你自己能控制好的话，则不需要打电话给我。这听起来很简单但是很实用。这些积极的活动要求你远离原本的问题去做一些事情，这样你会忙碌起来，从而不用再去想那些内心的声音。

当所有办法对致死性行为的干预都没用的时候，特别是对那些住院治疗的来访者，Pete用了几个非常简单有效的方法，电话随访（Vaiva et al.，2006）和危机应对卡片（Jobes，2006，pp. 80-82）。电话随访提供支持能使人产生归属感而不会觉得自己是一个负担。危机应对卡片帮助来访者开始进行他们的危机管理，因为在大部分情况下，靠来访者自己使用问题解决技巧是很难的。线索卡片对识别警示信号和开始学习应对技巧提供了详细的实时说明（Brown，Wenzel，& Rudd，2011）。

Simone，36岁 Simone是大都市地区性侵犯危机中心的一位主任。她作为高效的领导者、公众人物、募捐者、招募者、该中心志愿者的教练而享有盛誉。她孜孜不倦、乐于奉献、受人欢迎，并作为社区中组织最好、最有效的一家危机机构的领导而广为人知。

现在，在中心当了六年主任后，Simone精疲力竭了。她也经历了悲伤，并且为一段破裂的感情感到愤怒。Simone敏感地意识到自己已经处在崩溃的边缘，并考虑过自杀和杀人。所以她在自己单位的员工援助项目（employee assistance program，EAP）寻求心理咨询。

干预工作者：Simone，从我收集的材料和你说的情况看，我感觉到你现在已充分地意识到自己很脆弱，但还是努力在人前保持一个好的状态。

Simone：（冷静、超然的态度）是这样的。我的问题并没有妨碍我在中心的工作。这是最重要的事情。但即便如此，这些问题至少对我自己造成了影响。现在，我真的陷入了困境，这样对他们和我都没有好处。

干预工作者：在你的困境中最有压力的事情是什么？

Simone：（开始颤抖，声音也变得结巴）部分问题和家庭有关。就像是有人把我坐的毯子抽走了（讽刺地一笑）。Rene，我的爱人，我六年的心灵伴侣离开我了。这就发生在我的眼皮底下。（责备自己地捶胸）我是如此愚蠢！如此盲目！竟然没有察觉到。她设法离开了我，带走了所有的钱，并留下了所有的账单。她还带走了大部分家具，其中很多都是我自己买的。她还带走了我们的狗！这无情的女人！这所有的一切都发生在我们中心准备进行年度筹募基金活动的时候，在我们正在为现场评审团几周后将访问中心的事进行准备的时候。

我感到很受伤，很屈辱，感到被背叛，我被愤怒、失望、沮丧压得喘不过气。我一个星期几乎没有吃饭、没有睡觉。我一直都在想我们的感情。如果我能做到的话我想杀了她，但是我仍旧很在意她！我想要这个卑鄙小人回来！如果我能够找到他们都在哪儿的话，我会杀了那只棕色毛发的狗！我也要杀掉它！我觉得自己毫无价值、不受欢迎，我对这个噩梦感到厌倦，有时候我希望自己能够永远睡过去！

干预工作者：你刚才说的事情让我感到很担忧。现在我很担心你的安全。你感到如此抑郁和愤怒吗，以至于你会因为那件事情想要自杀或者杀人？

Simone：我也不知道我的感觉。我想我可能还没那么糟糕。最多是自杀。除了要她回来，我什么都不要。但是我甚至会想"如果我不能够拥有她，那其他人也别想。"可我知道那是不现实的。

干预工作者：Simone，这是否意味着你想去伤害Rene甚至她的新女友？你想过那样做，会对她们造成怎样的伤害吗？

Simone：真的来说的话，我想我不会那么做。但是有时候我确实会那样想。不，我现在只是心烦意乱，非常生气。我想我没有恶意。我不知道我需要什么。或许需要一些空间。或许需要另一份工作。我不知道。或许需要一些安慰、爱或者休息来摆脱这个毁灭性的痛苦。

Simone继续花了30分钟来发泄这段感情背叛和给她带来的深深的伤害。干预工作者专心倾听以寻找对她的压力和不安起作用的方式、办法和可能的信号。在那段时间里，她情绪慢慢稳定下来，重新获得了认知能力，为此干预工作者给她的情感打了7分，行为5分，认知能力5分，总分是17分。她的《自杀状况表Ⅲ》（Jobes，2006）得分处于平均水平以上，在3分和4分之间，综合评分为3.5分。她的《人际需要问卷》（Van Orden et al.，2008）表明她在负担感和缺乏归属感方面的答案是中等水平"有点正确"。然而，她在希望关心她和支持她的项目中回答的是"非常正确"，这是一个好现象。非常糟糕的是她的《Maslach耗竭量表》（Maslach Burnout Scale；Maslach & Jackson，1981）在情绪耗竭和人格解体这两方面得分非常高，在个人成就感这方面得分很低，这表明她开始出现明显的职业倦怠（见第十六章"危机中的人类服务工作者：耗竭、替代性创伤及同情疲劳"）。

在Simone走出门前，需要即刻实施安全措施。

干预工作者：我相信你，但是在你今天离开之前，我需要与你签订不伤害合约，写下并且签名。我能相信你会按照计划实施吗？我也想制订一个治疗计划。你的两个致死性行为评估量表的分数还没达到致死水平，但是分数确实很高。事实是你确实考虑过伤害性行为，这使我们需要认真对待。你是一个聪明的专业人士，但是即便是聪明的专业人士也不总是知道自己处在职业倦怠期，你在职业耗竭量表的分数和你的自我报告告诉我你正处在这个状态。

Simone的例子提供了一个让干预工作者了解来访者自杀和杀人可能性的范例。干预工作者认定在《分类评估表》的所有维度中，Simone对自己和他人的威胁处于低等到中等水平。但是，她仍然和来访者签订了反对自杀/杀人的合约。就"不伤害"合约而言，存在大量的分歧。Chiles和Strosahl（1995，pp. 131-132）批判不伤害合约（Dorrmann，2005；Granello & Granello，2007；Joiner et al.，2009，p. 92；Range，2005），因为合约用一个人不应该做什么代替了应该做什么；并且如果一个人开始为不能遵守合约感到愧疚并且最终停止治疗的话，他们便会质疑合约的实用性。Everstine（1998，p. 101）有点讽刺地认为不伤害合约至少可以让自己在医疗事故诉讼中受到保护，这是 Joiner 和他的同事（2009，p. 92）断然反驳的。因为这个原因，美国精神医学学会声明，不自杀合约不能被用于自杀风险高的患者身上。

毫无疑问，接下来我们要说的是与当代自杀学专家不同的观念。不论怎样，Granellos（2007，p. 239）相信大多数来访者把不伤害合约看作是积极的处理方式，它至少传递了关心并有助于建立有力的治疗关系。虽然这种合约没有法律效力，也不能够保证来访者及其他人的安全，但创始者发现在落实治疗方案时，如果要求来访者签订这样的合约，则他们很少会违背承诺。合约确实是争取时间的一种策略。这样就有时间处理和改善让来访者产生自杀意念的强烈认知。

下面是两种完全不同形式的不伤害合约。第一份是比较标准的合约类型。用实事求是的方式进行协商，设立生存-不伤害合约。这种方式简单而且切中要害，不含糊其词且没有回旋余地（Hipple & Cimbolic，1979，pp. 67-73）。

Simone 的生存—不伤害合约

1. 在解决问题的未来一个月内，我不会伤害自己和他人。
2. 在与你交谈之前，我不会尝试自杀或者杀害其他人。假如我没有联系到你，那不是违背合约的借口。我将拨打自杀干预热线并与他们交谈。如果所有别的方法都失败了，我将自愿去中南医院进行检查。

日期：__________ 签　名：__________

日期：__________ 证明人：__________

另一份有一点争议的合约是由 Everstine（1998，p. 118）创立的。Everstine 认为，大多数自杀 / 杀人者的行为是由我们对他人的愤怒引起的。因此，他的合约主要针对来访者的另一半，他们通常是愤怒直接指向的对象，但更重要的是，它表明了个人的生活对他人也很重要。Everstine 提出将自我合约展示给受益者，这会使合约清楚明了，并使之成为共同承担承诺的（p. 119）。这种合约非常适合 Simone 的愤怒，所以我们尝试通过合约将她的愤怒和伤害转介给其他人或事。

Simone 的自我合约

1. 我最恨的人是：把 Rene 从我身边夺走的奸诈之人。我知道这种仇恨感将伴随我终身。
2. 如果我死了，将会痛苦的人是：我能够服务的性侵害受害者和我培养的优秀员工。
3. 我决定要生存下去的原因：我做的工作和找到另一段让我满意的感情的可能性。
4. 我也承诺接受治疗计划，这不仅帮助我解决了个人问题，也解决了我的职业问题，因为我需要将这些问题处理好，这样才能变回以前的那个能干和快乐的 Simone。

日期：______ 签名：__________

日期：______ 证明人（中心工作人员）：______

Courtois 告诫，反致死性合约不应该被强加于来访者。当然，这种生存合约必须是来访者和干预工作者双方同意的。Courtois 的告诫也同样适用于不伤害他人的合约。

Latasha，51岁 Latasha 是一个著名和成功的小学校长，她献身于孩子和教育事业。她非常有能力、勤奋、认真、有效率。她在工作和个人兴趣上都是强迫症者和完美主义者。在她 51 岁的时候，她面对了一些生活和职业上的选择，她自己认为是大灾难：（1）她最近做心脏搭桥手术时发现她患有乳腺癌，她不能接受医生让她考虑早点退休并做乳房切除术的建议。（2）两个选择她都觉得难以接受，一个是在她身体虚弱的情况下继续当校长，另一个是被迫早点退休卸下校长职位。（3）她完全没有准备好改变她的身份，这包括服务于学生、教职员、家长、社区、学校和教育事业。Latasha 没有家庭，因为她把所有的精力和才智都奉献给了教育而没有结婚。她绝望地来到她的老朋友和同事（杰弗逊小学的咨询师）那里。

Latasha：（哭着）这是多么让人绝望。为什么是我？为什么上帝要抛弃我？我是一位虔诚的基督教徒、一个好人、一个好老师、一个好校长。我做了什么事要让我走到这种地步？我想我无法忍受这些。（啜泣、停顿）这太不公平了。我没有任何选择。（啜泣。）

干预工作者：（走过去抚摸 Latasha 的手臂）你现在感觉到受伤、无望和脆弱。你在寻找比目前所能找到的还要好的答案和选择。因为目前什么都没有找到。

Latasha：（仍旧哭着）这是我人生中第一次没有主见和无法选择。

干预工作者：我想让你知道我很高兴你有勇气来讨论这个问题。让我害怕的是你的绝望和危险感。你现在感觉没有可接受的选择。这样狭窄的视野一点都不像你。

Latasha：（仍旧在哭泣，没有语言能表达出她现在很害怕、焦虑、无望，几乎要放弃）没有，一点也没有。我没有未来。

干预工作者：Latasha，听起来你已经想过自杀。我想要知道你关于自杀的想法。

Latasha：（仍旧在哭）上帝！我已经想过很多次。我简直被此所戏弄。不得不承认自杀越来越有诱惑力。我有很多对付癌症的镇痛药，我能够一次将它们全部服用下。

干预工作者：你计划过要怎么去做吗？

Latasha：我会播放勃拉姆斯的曲子，喝上一大杯夏布利酒，拔掉电话线，这样我不会临阵退缩。办公室将会没有人。那会是6月9号，学校已经放学了，大约晚上11点。学校里所有事情已经做完了，所有人都走了。我在周五工作到很晚，因此保安不会打扰我。这将给他们时间去找到另外一位校长，我甚至写了一些介绍信。所有的一切都做好了。事实上，当我谈论自杀的时候我感到很平静，这很奇怪。

Latasha 的计划有很大的致死性。她仔细考虑过这个计划。她有工具和方法，她的计划几乎无法挽回。她觉得很平静的想法也表明了其高度致死性，她已经安顿好了所有的事情。事实是她的同事兼朋友正在倾听这些，这使学校咨询师将要做出的决定变得非常困难，但这也是咨询师的训练灌输给她的想法。在这个例子中，关键是不要去匹配来访者的焦虑水平。说教、安抚、强制、训导或其他贬损来访者的尝试只会使问题更严重（Chiles & Strosahl，1995，pp. 113-115）。这种情况出现反向移情的可能性也非常高。可能会因为危险的本质而忽视了来访者是在求救；因为和来访者之间的个人关系而否认事实；因为自己并不是专业的自杀学专家而仅仅是一个学校咨询师而感到专业知识缺乏；因为来访者过去的形象而不是现在她的实际状态而造成安全的假象（这是非常危险的）。保持自我控制的状态，不迷糊、不离题，是阻止这种自杀状况发展的关键（Leenaars，1994，pp. 56-57）。Tarasoff 案例的规则在这里起了作用，如果学校咨询师没有评估自杀，也没有采取行动，她将由于疏忽大意而承担法律责任（Granello & Granello，2007，pp. 266-268）。

干预工作者：（非常清晰、通情、特别强调下面的陈述和感慨的说辞）你刚才说的让我感到害怕。Latasha，我不能且不会让你那样做的！如果你现在不跟我去负责人那里告诉他你需要帮助，我就会给他打电话！如果我需要这样做的话，我将会给学校的警务人员打电话来照顾你，直到我们能把你带到一个安全的地方。我相信你变得非常压抑，看不到任何选择。这仍然是有选择的，你需要活着并找到它们！如果你不相信有其他选择和其他观点的话，我认为你不会来与我交谈。好吧，我给你一个意见。你希望怎么做？和我一起去见负责人，还是我打电话？我假设你可以离开这儿然后吞下那些药片，但是我们会叫救护车，他们可能会从孩子眼前把你带走。我认为你不想让这样的事情发生吧。所以，你看这里有一些选择，第一个就是，“我们一起走，还是我现在打电话？”

对于这种情境，没有任何假设条件、附加条件和转折条件，并且没有必要和没有时间做任何形式的书面评估。《分类评估表》她得了20分的高分。学校咨询师出于道德和法律目的都必须采取行动（Chiles & Strosahl，1995，pp. 17-35；Granello & Granello 2007，pp. 266-268；Hipple & Cimbolic，1979，pp. 94-100；Leenaars，1994），不能顾及来访者对保密的抗议、对友谊的破坏和信任的威胁或者其他任何恳求。像其他提供帮助服务的专家一样，学校的咨询师有责任公开威胁生命的行为。尽管来访者是他的老板也没有什么不同。咨询师通过提醒校长在学校被救护车或警车带走是一种不好的方式或者是不好的行为模范，以阻止任何冲动的行为。这种策略曾经被Everstine（1998，pp. 113-114）用来提醒来访者，比起他们狭隘的观点让他们所能看到的，这里存在更多潜在的受害人。Latasha对学校孩子的爱强有力地阻挡了她做其他一些愚蠢或冒险的事情。

尽管把可能自杀的人送到医院治疗并不能保证他不会伤害自己，考虑到她明确的自我伤害意图，至少干预工作者避免了校长立即自杀的可能（Joiner et al.，2009，pp. 88-89）。她在未来是否会自杀则是另一个问题，但是她在医院的话，她精神上的不安会被她的肿瘤专家团队知道，从而从这个方面来处理她的癌症。

这个例子关乎两个关系密切的同事，事实上，潜在的自杀行为通常都是这样被发现。亲密的朋友应该知道他们需要做什么，并且要主动去做而不必感到内疚。如果干预工作者不确定将要做的事情，或者觉得没有具备必需的专业知识，抑或和来访者的个人关系很亲密，那就记住去“咨询”！在给予帮助的职业生涯中，没有比在处理致死性行为时，更需要向同伴咨询的情况（Leenaars，1994）。

老年群体

全球老年人口正在迅速增长。老年人自杀率较高，加上婴儿潮时期出生的一代人正逐步迈入老年期，所以需要更多的人员为老年人提供服务，并且他们也必须承担老年人自杀干预和预防的任务（Erlangsen et al.，2011）。老年人的自杀是可以治疗和预防的（LaPierre et al.，2011），然而，却被整个自杀学领域忽视了（Richman，1994）。老年人自杀的发生率最高，并伴有抑郁、认知损害、孤立和躯体疾病（Granello & Granello，2007，pp. 75-79；Harwood & Jacoby，2000；Heisel，2006）。老年人自杀的致死性也最高，因为他们采用的是致死性的方式，且计划周详。老年人自杀很少是为了求助，也不是冲动行为（McGlothin，2008，p. 124）。迄今为止的研究表明，在这个年龄段中，白人男性的自杀风险最高（Granello & Granello，2007，p. 79）。以往的研究报告，自杀未遂的比例随着年龄增长而降低，而自杀死亡的比例却随着年龄增长而增加。杀人/自杀行为的情况也是如此，老年人杀人/自杀的发生率是年轻人的两倍。通常行凶者是男性，他先杀死自己的妻子或者其他关系亲密的人，然后自杀（Cohen，2003）。

在处理老年人问题时，危机干预者的评估能够发现需要特殊考虑的问题。评估应该包括那些可能降低“自我效能”的因素，如：慢性或急性的躯体疾病或精神疾病，虐待，酗酒，持续的应激，无法就医，复杂或长程的悲伤等（这一现象将在第十二章“个人丧失：居丧与哀伤”中完整地描述）。评估也应该包括其他的社会因素，如：没有朋友、独居、被排斥或远离社会和家庭事务，以及因为子女离家而与家庭分离，这些因素都可能导致老年人自杀（McGlothin，2008，p. 124-126）。评估还应该包括精神动力学的因素，其中最主要的是由于各种“丧失”而造成的应激和压力，这些丧失包括丧偶、朋友，工作和收入等。如果将这些危险因素仅仅看成是“变老的过程”，就会将老年人置于自杀的危险之中（Richman，1994）。

Roy，68岁 Roy一生务农。在65岁的时候，他进入了半退休状态。他把他的土地、工具、房子和家畜送给了两个儿子，他们也是农民。在他开始半退休状态后的一年，他妻子去世了。此后的一年里，尽管他身体很健康，经济富裕独立，却十分沮丧，找不到生活的意义。由于他不赞同两个儿子采用的新耕种方法，他和儿子们的关系也变得疏远了。农场的工头 Juan 看见 Roy 站在谷仓大厅的拖拉机上，拿着一根上吊的绳索，正准备把绳索绑在横梁上。Roy 认为不会有人来这里，所以当他看到 Juan 时十分惊讶。

Juan：你到底在做什么？

Roy：（他吓了一跳，几乎从拖拉机上摔下来）你是从哪里冒出来的？你在这儿干什么？

Juan：我将告诉你我现在要做什么！我现在就把你手上的绳索拿走！你现在立即坐到我的车里来，我将直接开车送你去精神卫生中心。那是我们要去的地方。我也会告诉你的孩子们你做了什么。如果你刚才所做的成功了，将无异于杀了你的儿子们？你知不知道自己在做什么？

Juan 警觉而果断的行为清楚地表明了，当生命处在危险中时，即使是没有受过专业训练的人也能够控制和处理现场。精神卫生中心的危机干预工作者，并不了解 Roy 的问题。但是他意识到，以 Roy 的年龄、性别、生活环境、风格以及他对“个人独立”的理解，他绝不可能主动前来咨询求助（Chiles & Strosahl，1995，p. 240）。通过评估 Roy 的反应，干预工作者迅速得出结论，他认为 Roy 表现出了六个致死性的特征，这些特征被 Fujimura、Weis 和 Cochran 定义为致死的高危因素：(1) 计划明确并且容易实施；(2) 采取的自杀方法是无法被救治的；(3) 存在睡眠障碍的征象；(4) 可以为他提供支持的人都不在身边；(5) 营救困难；(6) 赠予他人有价值的财物。同时，干预工作者也知道，在与 Roy 同龄的男性中，几乎没有人仅仅是做做样子的。老年人更多的是自杀死亡，而不是自杀未遂（Shneidman，Farberow，& Litman，1976；Stone，1999）。危机干预者立即察觉到“丧失”是 Roy 决定自杀的原因。Shea 认为老年人面临着各种“丧失”，经历“丧失”的痛苦使他们实施致死性自杀的可能性增加（2002，pp. 27-28）。他们的“丧失”主要包括健康、能动性、认知功能、自我照顾的能力、家庭和社会中的角色、技能、工作或工作机会、自我支持的方法、家庭或个人珍视的财物、喜爱的人或宠物。

干预工作者：Roy，很多时候，当那些曾经承担了许多责任的男性到你的年龄时，他们也会觉得承担这些责任变得越来越困难。他们可能因为自己不再重要，或者丧失了能力（失能使他们逐渐变成其他人的负担），所以觉得自己对其他人来说已经可有可无。我想知道你如何看待这一点？

Roy：呃，现在活着真的没什么意义。人活着应该有目标，而我什么目标也没有，早上起来也没有要做的事情。我不知道将发生什么，坦白地说，我根本不在乎。我妻子过世了。我什么也不想做。我的孩子也不需要我料理农场。我真的不需要什么心理治疗或咨询师！

干预工作者：[心里想：“天呐！他并不是开玩笑的！”由于他表达的信息都指向致死性自杀，我现在不需要进一步评估了。他的年龄、性别、他已经赠送了财物的行为、他的妻子过世——这些都是有力的证据——再加上他今天早上的行为（被中止的上吊），他还能在这里已经是个奇迹！] Roy，今天早上发生的事情的确很吓人。今天我会为你安排一个全面的医学评估。我已经通知了你的家庭医生。我也通知了你的儿子们，他们已经在路上。他们非常担忧。我知道你可能不愿意我通知他们，但我们需要他们的支持，也需要讨论你与家庭的关系。

虽然老年人会因为各种身体不适去看家庭医生，但是他们很少会谈到自己的心理压力，甚至认为这不是个问题。Conwell 和 Heisel（2006）发现超过75% 自杀死亡的老年人在自杀前30天内就诊过家庭医生。Roy 的症状提示，由于他的生活状况，他的情绪逐渐变得低落，即使未达到抑郁的诊断标准，也是较为严重的程度。尽管看上去 Roy 的生活什么都不缺，但因为他妻子过世，一起计划退休的亲密朋友过世，以及因为朋友过世、搬家或搬去养老院而使社会网络瓦解，这一切都导致 Roy 感到活着没有意义。

儿子们对Roy的忽视和疏远，尽管不是恶意的，也是导致他自杀的原因，这一点也需要处理。躯体虐待或忽视是老年人自杀的原因，这是显而易见的；但更常见的情况是，对老年人的问题和弱点，孩子们要么视而不见，要么觉得很烦人。成年孩子有自己的生活，他们认为父母很少、甚至不需要他们；或者对父母的依赖感到烦恼。因此，他们倾向于在行动上，甚至在决策上避开和排除父母。

朋友过世会进一步加剧老年人的社会孤立。所以，帮助老年人一步步地建立一套新的支持体系是处理老年人问题的一项重要工作。重新建立人际关系极为重要。如果一个人因躯体或精神功能退化而不能参与以往的休闲活动和工作，那么十分有必要为他们设计新的活动。这些活动既能够帮助老年人建立新的社会联系，也符合老年人躯体和精神的能力（Richman，1994）。

虽然初看起来，这些治疗方法的目的与自杀预防无关，但是事实上与自杀预防直接相关。脱离（从广泛的社会交往中慢慢地退出来），活动（降低躯体、情感及认知活动的水平），角色退出（停止工作后对社会的作用减少），社会交换（没有能力参与新的人际关系），这些理论都在老年人自杀中扮演着重要的作用（Granello & Granello，2007，p. 78）。

引起老年人自杀的另一个相关问题是药物治疗和神经递质的改变。Jacobs（1999），Wenzel、Brown和Beck（2009，p. 267）认为，当老年人因药物副作用、花费，或者意识到停止服药会加速死亡而决定放弃服药时，他们可能正在采取慢性或被动自杀。在很多情况下，忘记服药、服错剂量、同时服用多种由不同医生开出的药物，以及多种药物间不良的相互作用，这些因素都有可能导致抑郁。因此，初级卫生服务提供者应该参与到自杀预防的工作中来，且躯体健康和心理健康的问题应该结合起来处理，这一点至关重要。再加上酒精或毒品的影响，老年人中有精神问题的可能更多（Chiles & Strosahl，1995，p. 243）。另外，越来越多的人怀疑5-羟色胺的水平受到年龄的影响。因此，“衰老”本身可能就是自杀的生物学原因（Granello & Granello，2007，p. 79；Harwood & Jacoby，2000）。

帮助老年人摆脱自杀想法的重要技巧之一是重新点燃他们生存的希望。Chiles和Strosahl（1995）设计了可供来访者使用的《生存原因量表》。量表中包括生存和应对技巧、对家庭的责任、对孩子的关心、对自杀的恐惧，对社会不接纳的恐惧以及违背道德感。即使来访者可能会否定很多项目，但总有一些项目能够被他们认同。危机干预者便可以采用这些项目来对抗他们的自杀意念，重新燃起老年人生存的希望。

干预工作者：（Roy接受了抗抑郁的医学评估，并与两个儿子进行了积极的情感交流，两天后干预工作者再次见到Roy在和你儿子交流过并看过“生存量表”以后，你说至少以下这些项目很重要，如：我不希望被看成是懦夫或自私的人；我的儿子可能不再相信我爱他们；我的确想看到我的孙子长大成人；其他人可能会认为我是个弱者或自私的人；我不想让别人认为我没有控制力；我热爱生活；有一些事情我还没有经历。所以，这些都是你生存的理由。我甚至认为，当抗抑郁药开始生效时，你会感到自己回到了从前的状态。我想让你知道，许多接受过我服务的人会定期在圣马克教堂会面。我知道也许你很排斥，但我告诉Jim，希望他能和你谈谈我们这个小组。我相信你可能认识他。同时，我还想要你再确认一下，如果在下周我们见面之前情况变得更糟，你要给我打电话。我也了解了你的其他一些情况，我相信高中农业课老师会对你的专业领域，如免耕种植、防止水土流失的方法很感兴趣。你甚至可以与他一起参与学校的农业课程。

Roy：好吧。和Jim谈谈应该没什么害处。虽然这让我非常难受，但我还是很感激你所做的尝试。我特别感激有机会能与Leroy和Ronnie面对面地交流。光靠我自己是无法做到的。我为儿子和孙子们感到骄傲。我不知道最近怎么了。

那位农业老师是这么说的？好吧，可能吧！

干预工作者：Roy，我想让你知道，我对你的进步感觉很好。因为我处理过许多和你处境一样的人，你的预后会很好。还有几件事我想做：首先，我们需要共同制订一个治疗计划。这个计划的时间不长，可能只需要持续 4 ～ 6 周。这个计划包括与你的初级卫生医生沟通药物治疗方案；我们的家庭治疗师会在门诊安排更多机会让你与儿子会谈；帮助你回归到社会生活中；让你具备的知识有用武之地。另外，我希望你能和我签订生存合约。合约的本质是“当我们在解决问题时，我不会自杀”。我相信你会信守承诺，所以我愿意获得你的口头承诺，然后以握手来代表协议达成。

干预工作者：至今为止你做得很好。我们应该这样做，我会负责的。（身体前倾并握手。）

虽然“不伤害合约”仍然存在争议。但是，正如 Jacobs 所做的那样，我们相信，当与治疗计划相结合时，“不伤害合约”在老年人群中非常有效。因为他们能够很好地遵守承诺、履行合约。让 Roy 参与到由老朋友组成的支持团体中去，是获得同伴团体的社会支持的关键要素。社会支持很重要，同伴支持是重点，需要让老年人参与到有愉悦感和具备一定刺激性的活动中（Wenzel，Brown，& Beck，2009，p. 278）。危机干预工作者执行这些干预措施时应该非常积极和具有指导性，因为大多数来访者的抑郁使他们缺乏能动性。

干预工作者：（一周后）你有一些我们称之为“自动化思维”的东西，这些思维与你近期形成的核心信念一起，迅速地加重了你的抑郁。你现在所说的，与你之前的思维模式完全不一样，它们是导致抑郁的典型思维模式。例如，核心信念包括“我在走下坡路，没有上升的可能。我是个负担，我不能够容忍这一点”。自动化思维包括“这没有希望，关于这一点我十分无助，我是一个虚弱的老人，我最好还是放弃。没有我他们会过得更好”。我将给你一些提示卡，上面有我们所说的“积极应对”指令。例如，当你晚上一个人在家看电视的时候，如果突然出现了这些想法，我希望你能够拿出这些卡片来阅读。卡片上可能会写着：“这是不对的！我要理性地思考。我不是块绝望的垃圾，我已经和我的家庭重建了关系，我享受着养育儿孙的快乐。是的，我想念 Helen（妻子），但是我知道她想让我帮助抚养孙子。我还没达到‘我无法容忍’的极端程度。我的生命中经历过很多同样艰难的事情。所有这些痛苦和疼痛都是烦心的，但是我还能够行动和思考，也打算这么做。我要享受生活，这是 Helen 希望我做的事情”。

这是一些积极的自动化思维，我希望你能将它们变成你的思维习惯。我还有另一个小项目叫作“希望工具箱”，我希望你能完成组装。它是一种装满各种生活纪念品的容器，这些纪念品能让你回忆起过去的生活，并享受生活。这个项目并不是要你记住过去的一切，也不是要为过去的生活感到伤感。这只是你和过去美好生活的一种象征。我非常推荐你放一些纪念美好时光和美好回忆的照片或纪念册。但这绝对不是意味着让你活在过去。事实上，你可能有一些新的纪念品想要放进去——就像你戴着的这顶“美国未来农民”的帽子，我认为这顶帽子是你从那位农业老师那儿偷来的（两个人都笑了）。我希望你把它当作阻断负性思维的工具。当你情绪下滑时，你可以把它拿出来看看。

就和听起来的一样简单，这个“希望工具箱”非常有效（Wenzel，Brown，& Beck，2009）。因为它可以帮助你具体地回忆生活中所有有意义的事情（Jobes，2006，p. 83）。“积极应对指令”是一种典型的认知行为治疗方法。它能阻断灾难化思维的发生（Beck et al.，1979）。将这些指令写在危机干预卡片上，并把“希望工具箱”放在容易拿到的地方，这样做使“阻断负性思维”这一危机干预技术更容易实施。

在老年人来访者中，与 Roy 类似的情况并不少见。从某种意义上说，Roy是幸运的。他没有像其他同龄人那样面临经济窘迫或健康问题。这些问题都会加强老年人"选择自杀"的信念。最后，一些情况下，老年人所面对的困境也会波及他的配偶或其他重要的照料者，以至于他们也可能采取致命性自杀行为。

老年人的杀人/自杀 很多人错误地认为，爱情得不到回报或遭到拒绝时采取杀人/自杀行为只会发生在年轻的爱侣间。事实上，在美国每周近20位老年人死于杀人/自杀（U.S. Department of Health and Human Services，2003）。这类行为不是"双方自愿、一起死亡"，而是由于绝望、愤怒和抑郁导致；它们也不是冲动所致。Cohen（2003）提出，行凶者可能已经对此考虑了数月甚至数年。Cohen定义了三种类别的老年人杀人/自杀行为。

1. **攻击性**。典型的家庭暴力性杀人在老年人中最常见。他们通常存在婚姻问题和暴力问题。他们无法容忍因为健康、经济、家庭不和或其他原因造成可能的分离。死亡是双方唯一的答案。
2. **依赖－保护性的照料者**。在这种情况下，夫妻已结婚多年且彼此依赖。当一方或双方的健康状况发生了变化，或仅仅是自己认为健康状况发生改变的时候，男性便会感到抑郁，害怕失去控制。男性照料者逐渐增加的孤独感和无助感是这类杀人/自杀行为发生的主要刺激因素。
3. **共生性**。在这种情况下，夫妻双方的年纪都较大，且高度依赖对方。双方通常都患有疾病。男性具有主导性人格，而女性通常处于顺从地位。

对杀人/自杀行为进行预防和干预的方法，和本章中谈到的其他方法类似。不同的是，干预工作者应该更敏感地意识到，许多老年人可能存在躯体损伤，因而需要被理解和更耐心地对待。干预进行的速度要放缓，干预工作者不能表现出屈尊俯就或优越感。正如第十四章"机构中的暴力行为"中所强调的，干预工作者绝对不应该让那些处在危机中但看上去不会伤害自己或他人的老年人出院。

一些"不能做"的事项 很多作者（Hipple，1985；Jobes，2006；Kirk，1993；Michel，2011；Neimeyer & Pfeiffer，1994；Shea，2002）已经指出了在自杀干预中"不能做"的事项，它们可以作为已有的"干预注意事项"的补充。

我们对清单中的每一点都进行了注解。这些"不能做"的事项几乎适用于所有有自杀倾向的来访者。清单很长，你并不需要背诵这些内容。但你应该记得它的位置以便查找，特别是当你面对棘手的来访者并感到极度慌乱的时候。

1. 不应该对来访者进行教育、批评、给予建议、评论或说教。如果这些方法有用的话，他们就不需要你的帮助了。
2. 不应该批评来访者的选择和行为。记住，致死性自杀行为看起来"疯狂"和缺乏理性，但在来访者看来却是必然的选择。
3. 不应该与来访者辩论自杀的利与弊。哲学对致死性自杀的案例没有帮助。
4. 不应该被来访者说的"危机已经过去了"的语言所误导。不应该轻易听信来访者所说的"已经解决了""已经没事了"之类的话，要不断地核查。
5. 不应该否认来访者的自杀意念。意念导致行动。倘若某人表达了自己想要自杀的想法，即使是玩笑或者随口一说，你也要仔细地加以评估。
6. 不应该试图挑战"冲击效应"，这不是"实地体验"之类的治疗方法，这种挑战可能会使来访者当真。
7. 不应该让来访者处在孤立、无法观察或失去联系的状态。必须要有措施来保证来访者的平安和安全，这便意味着需要有人监护他。
8. 在急性期，不应该对来访者的行为进行诊断和分析，也不要用一些专业的解释与来访者对峙。此时此刻，精神动力学对来访者行为的解释，包括这些行为产生的原因，并不重要。

9. 不应该被动。因为自杀者通常《分类评估表》的得分很高。你必须积极且具有指导性。
10. 不应该反应过度。自杀／杀人的行为很恐怖，但它仍然可以被处理好。保持镇静并调整好你的声音。这些在本书各个章节中已经探讨过。你并不需要扮演超级英雄来进行危机干预。只需要保持镇静，并将你所学的应用到实践中！
11. 不应该让来访者的自杀风险成为秘密（因为顾虑个人隐私的问题）或担心来访者责备你"告密"。无论你是来访者的好朋友，还是专业人士，自杀是生死攸关的行为，你需要将它告诉那些可以保障来访者安全的人。
12. 不应该被一些无关的人或事干扰。忘记那些真实的或是想象出来的疾病，专心处理致死性行为。其他的问题可以也的确对来访者很重要，但仅此而已。
13. 无论过去还是现在，都不应该痛苦化、美化、英雄化、神化或者颂扬自杀行为。如果你希望一个人自杀或盲目模仿朋友或偶像的自杀行为，这倒是个好方法。
14. 不应该变得自我防御或回避强烈的情感。在致死性行为的干预中，出现移情的可能性很大。虽然致死性的感觉很可怕，但恰恰需要进行讨论和发现。
15. 不应该用"伪专业"和"临床客观性"作为借口，使自己在心理上远离痛苦和恐惧事物。事实上，你这么做是把自己与残酷的现实隔离开。这对危机干预没有任何帮助。你必须投入其中并建立关联。
16. 不应该漏识突发事件。找到来访者实施致死性行为的具体原因，越具体的原因帮助越大。只有找到导致来访者发展到目前状况的原因，才能制订行动计划来应对。
17. 在获得积极的承诺之前，不应该终止干预（否则可能会被起诉）。即使来访者最终还是采取了自杀或杀害他人的行为，你也要尽最大努力去获得来访者"无伤害"的承诺。
18. 不应该忘记随访（否则可能会被起诉）。在危机过去之前你必须一直追踪来访者。
19. 不应该忘了记录和撰写报告（否则可能会被起诉）。保存好你对来访者的评估记录，以及你为来访者提供的建议内容和时间。
20. 不应该在你无法胜任咨询时感到尴尬或无能为力（否则可能会被起诉）。在遇到困难的案例时获得其他专业人员的协助，从专业和法律的角度来说都是合理的。
21. 不应该让来访者找不到你（否则可能会被起诉）。当你开始与杀人／自杀的来访者接触后，你必须参与整个过程，并保证随时提供帮助和拥有后援。
22. 慢慢来，不应该操之过急。在紧急状况下事情可能会变得疯狂，但你必须坚如磐石，保持镇静，你还有时间！
23. 注意反移情。Shea（2002，p. 122）编制的两个问题能帮助你稳定下来，"我现在的感觉是什么？""我现在是不是不想再听真相了？"。在你有可能失去了客观性和治疗目标时，这两个问题是警示灯和检验工具。
24. 不应该被来访者所威胁而向他们的要求妥协。设定并保持底线。边缘型人格障碍的来访者尤其擅长在治疗中勒索干预工作者。例如，不应该让自杀高风险的来访者拥有枪支。不应该让来访者违反治疗方案，也不应该让来访者在治疗阶段仍保留自杀的权利。拒绝治疗这一类来访者，并不是放弃他们，而是正确的临床判断。

来访者的家人、朋友和同事的指南

危机干预工作者通常还需要处理一些与家庭相关的难题。像 Roy 一样，很多来访者也被长期积压的家庭问题所困扰。要解决这些问题并不容易。说服来访者参与新的、再社会化的活动也同样困难。然而，如果能够成功做到以上两点，来访者生活质量将会提高，致死性行为的发生则会下降。Mishara、Houle 和 Lavoie（2005）发现，对参与自杀预防的家人进行直接干预，能够减少有自杀倾向者的自杀意念、自杀尝试及抑郁症状。家人和朋友的心理痛苦会减少，他们会更多地采用积极的应对机制，并且通过沟通，他们能够更好地帮助自杀者。有自杀 / 杀人倾向的来访者的家人、朋友和同事能做很多有益于危机干预的事情，特别是可以帮助来访者纠正奇怪的生活方式，这些生活方式切断了来访者与其他人的联系。

干预工作者提供健康教育，并帮助家人、朋友和同事了解和熟悉自杀 / 杀人行为的危险因素、线索和求助行为（Hipple & Cimbolic，1979，pp. 76-78）。与 Roy 儿子沟通的危机干预工作者旨在使 Roy 回归到儿子们的生活中去。让 Roy 不仅承担起祖父的角色，也让 Roy 利用自己丰富的农业知识和技巧成为农场的优秀顾问。家人能够，也应该是治疗的主要组成部分。他们应该被充分告知其在治疗中的积极作用（也有一些限制）（Rudd，Joiner，& Rajab，2001，p. 105）。然而，使家人参与到干预当中，最重要的原因是，它可以帮助整个家庭意识到，自杀者的感受和行为是如何影响家庭，以及家庭成员的感受又如何影响自杀者（Softas-Nall & Francis，1998，p. 227）。因此，治疗不允许涉及以往的问题，也不允许家庭成员相互指责。至少，在自杀问题被解决之前，提及以往的心理负担没有帮助。治疗的重点应该放在现在和未来，也应该着重于形成新的行为契约，促进家庭产生积极的转变（McLean & Taylor，1994）。

因为家人、朋友和同事能够注意到来访者自杀前的很多线索（这些线索已经在本章中详细阐述），所以他们可以针对致死性问题，与来访者真诚而坚定地对峙，从而使来访者获得帮助。例如，他们可以在特殊的日子里特别关注自杀者，比如爱人的忌日、失业或专业上失败而导致抑郁的时候。如果需要，干预可以是指导性的（McLean & Taylor，1994）。其他重要的人可以帮助幸存者解决自杀或杀人事件发生后的一些问题。然而，如果家庭支持系统严重断裂，谨慎点可能更好。将长期积压了愤怒和相互责难的家庭成员强行聚在一起并不可取。

当家庭或者其他的居丧群体无法从死亡的震惊中走出，或者表现出过分的谴责或内疚，危机干预工作者可以帮助他们应对悲伤（Shneidman，1975）。最后需要谈到的是，McGlothin（2008，p. 137）认为所有家庭成员都需要评估是否存在自杀或者杀人的想法。因为在很多家庭中，自杀 / 杀人以及暴力常常被作为解决问题的方法。

心理解剖

Shneidman（1987）发明了心理解剖的方法，目的是当原因不清楚、不确定时，能在个体自杀死亡后搜集他的详细精神健康状况资料。心理解剖搜集人口统计学资料，如工作、犯罪史、学历和医疗记录。同时，还通过对朋友、亲人、同事以及卫生保健人员进行深入访谈，尝试确定自杀的目的。他们也尝试着寻找导致自杀的诱发性事件。例如，心理解剖数据表明，平均40% 的自杀者患有疾病，其中艾滋病和癌症是最常见的导致自杀的原因（Kleepies，Hough，& Romeo，2009）。心理解剖还尝试着去明确自杀死亡案例的精神病理状况。例如，30% ～ 40% 的自杀死亡者符合人格障碍的诊断标准。心理解剖的结果已经表明，不仅是重度抑郁症、双相情感障碍、神经性厌食症、精神分裂症和边缘型人格障碍这五大精神疾病可以导致自杀（Joiner et al.，2009），还有分裂型人格和反社会型人格障碍也与自杀行为关系密切（Duberstein & Witte，2009）。Shneidman 最初设计心理解剖是为了在自杀目的、原因和动机含糊或不明确时，帮助临床医生更好地识别自杀的预警信号。

下面这些问题是为了将死者的死亡心理档案进行具体化的。事实上，心理解剖的首要也是最重要的目的是，确认“死亡”是否属于自杀（Shneidman，1999d）。这些问题以共情的方式向幸存者提出：他为什么会自杀？他是怎样做的？什么时候？也就是说，为什么选择这样一个特定的时间？最可能的死亡方式是什么？除了了解死亡本身的细节，心理解剖还希望获得死者的人格特征和生活方式、面对应激时的典型反应方式、情绪沮丧、失调的时间段（特别是最近一段时间的情况）。酒精或毒品在死者生活中的角色？他的人际关系如何？与死亡、意外和自杀相关的幻想、梦想、思维、预感或者恐惧是什么？如果有的话，死者的习惯、爱好、饮食、两性关系和其他生活习惯发生什么样的改变？与死者生活方式相关的信息也要搜集，比如情绪高昂或低落、成功的事例、对未来的计划。这些问题不仅能够帮助我们明确该死亡事件是否属于自杀，还能够帮助参与干预活动的人更好地预防自杀（Shneidman，1999d）。

和许多重要的发现一样，Shneidman 偶然发现了心理解剖方法的其他功能。因为心理解剖是通过共情和支持的方式向幸存者提问，以便引出更多的信息。所以它对幸存者也起到了治疗的作用。心理解剖不仅能够提供信息以帮助预防将来可能发生的自杀，而且也为死者亲属提供死亡发生后的处理方法。这些方法使他们更好地理解自杀发生的原因，或者能减少他们对死者死亡的内疚感和责任感。事实上，心理解剖形成了一系列帮助幸存者的策略。

事后干预

情感代价 自杀的“真正受害人”并不是躺在棺材里的那个人，而是他的家属以及他所爱的人（Hansen & Frantz，1984，p. 36）。Osterweis、Solomon 和 Green（1984）指出，和其他死因相比，如果所爱的人是自杀死亡，那么他更容易出现躯体和精神问题。平均每个自杀者都有6 ~ 10个幸存者，他们将经历极度的悲伤（Mitchell et al.，2004）。Shneidman（2001，p. 154）形象地说，自杀者是将自己的心理遗骸放到了幸存者的情绪柜子里。如果这是真的，那么仅在美国就大约有400万的人受到影响。

幸存者们要面对内疚、震惊、发现尸体的创伤、警察盘问、法律问题、羞愧、失眠、注意力不集中、否认、家庭关系问题和复杂长程的悲伤（Granello & Granello，2007，pp. 281- 282）。幸存者可能也经历着双重的内疚和愤怒——内疚的是自己做得不够，没有阻止自杀的发生；愤怒的是他们被独自留下，不得不独自抚养孩子，独自偿还债务等，而死者却撇开了这些责任（Shea，2002，p. 95）。

与其他死因相比，自杀幸存者通常获得更少的同情，却遭遇更多的社会孤立，更多文化中的消极信息，以及更多歧视（Moore & Freeman，1995）。大多数人都曾经失去过所爱的人，也参加过葬礼，我们知道流程应该是什么样子。然而，自杀死亡的幸存者却没有正式的指南。幸存者认为他们是人们议论和批评的对象。这也许是真的。与因其他原因过世的人的亲属相比，自杀死亡者的家属会更自责，他们倾向于认为自己被其他人忽视了。所以，自杀死亡者的亲友遭受了双重压力。幸存者称自己是“受害者”，因为除了死亡本身带来的情感应激外，他们还需要承担其他的烦恼，如社会歧视、内疚、责怪、对自杀原因和意义的探索、未完成的事业，以及由自杀导致的排斥。

儿童幸存者 父母自杀死亡的儿童，出现严重精神病性障碍的可能性非常高（Cain & Fast，1966；Sethi & Bhargava，2003）。孩子会在父母自杀后出现许多问题，就像打开了潘多拉的盒子一样，这些问题包括身心障碍、学习障碍、肥胖、离家出走、抽搐、犯罪、梦游、纵火、大便失禁、社会适应问题、抑郁症和创伤后应激障碍。在应对父母自杀的问题上，对孩子进行干预非常重要。他们可能会出现羞愧、否认、躲避和被同龄人排斥。如果不进行干预，这些孩子可能会有很多不良情绪，从而导致他们相信，自己一定会和父母有一样的命运。孩子感到内疚，是因为其他成年人在其父母死亡后用错误的方式与他们沟通。忽视这些儿童，或者认为他们能够自己克服这些情绪，这都是极其错误的治疗方法。学校咨询师、学校社工、学校的心理学老师要能够理解父母自杀对孩子意味着什么，并要有能力干预这些孩子和他们的同伴。这类创伤事件会引起孩子复杂的创伤性悲伤，也是学校干预工作者处理的范围（Cohen & Mannarino，2011；Webb，2011）。

父母幸存者 在接受孩子自杀的过程中，自杀者的父母也可能遭受了严重的心理冲击。Herzog、Resnik（1976）和Lester（2004）发现，父母对孩子自杀的第一反应往往表现出对他人的敌意、否认自杀、把死亡合理化（将自杀当成是意外）。紧接着幸存的家庭成员会出现愧疚和抑郁，随之可能出现严重的、长期的功能紊乱。将幸存的孩子和父母纳入互助小组中，使他们远离孤立和消极情绪，这一点非常重要。

互助小组 干预工作者需要知道当地有哪些服务机构可以提供互助小组。许多组织、教育系统和社区没有为自杀/杀人的死者制订事后干预计划，其结果是，这些幸存者出现精神问题，反过来又对组织、教育系统和社区造成了影响（Berkowitz et al.，2011）。在路易斯安那州的巴吞鲁日建立了一个由当地验尸官提供即时转诊服务的综合项目模式。项目采用了“积极事后干预模型”，即向幸存者提供训练有素的干预工作者，在自杀后立即提供支持服务。项目提供团体支持服务，且24小时开放（Campbell，2011）。社区最适合采纳这个模型。下面的模型详细地描述了这些互助小组。

Hatton和Valente为那些在孩子自杀死亡后希望摆脱痛苦的父母们提供支持性团体治疗。这些父母往往感到羞愧、自责、自我怀疑、疑惑和孤立。治疗为这些父母安排了10次会谈。前三次会谈的内容是分享和表达自己的感受。在这些会谈中父母们表达了因孩子自杀而出现的四种感受。第一，在这些父母的社交网中，并没有他们可以哀悼的机会。外部的世界看起来充满敌意，且不能理解他们的悲伤。第二，以往应对悲伤的机制在这种情形下不起作用。尝试分享这种痛苦，即使是与配偶分享，都会因为害怕增加别人的痛苦和抑郁而作罢。第三，感受到被朋友和家庭所孤立。第四，父母也产生了同样的危机，并质疑自己做父母的能力和自我控制的能力。

接下来的五次会谈用来处理悲伤。这一环节主要是给予支持和保证、介绍适合与不适合的应对机制，形成对孩子死亡的新看法，考虑自杀对他们其他孩子的影响，以及化解他们对社会和当地官僚作风的愤怒。最后两次是回忆过去美好的时光，更多的是以未来为导向，在团体支持的最后阶段里帮助他们疏导愤怒和悲伤。

转危机的事后干预 Resnik（1969）认为危机干预应该包括三个阶段。第一个阶段是“复苏”。在自杀事件发生后的24小时之内，干预工作者应该上门进行支持，帮助幸存者应对他们最初的震惊、悲伤、愤怒，以及很可能出现的自我控诉、内疚和自责。这个阶段可能将持续数周。应该鼓励幸存者谈论自杀和与自杀相关的所有感受，并且不要感到羞愧和尴尬。只要需要，便可反复诉说这个事件。第二阶段包括“重新合成”。干预工作者帮助幸存者学习新的方式来应对亲友过世这件事，并防止病态性的家庭反应。在这个时期重要的是，让一位从事过悲伤处理工作的治疗师参与，或者使来访者参与自助小组，这个方法对儿童最有效。第二个阶段可能持续数月。第三个阶段是“恢复”。在这一阶段，危机干预工作者帮助家庭重建，并使他们在不受“自杀事件”的影响下成长。这个过程可能在自杀后持续一年，通常在自杀后一周年结束。Resnick所描述的各个阶段，便是处理危机转移状态的生动例子。

Leah的案例 Leah Nichols，54岁，银行支行的经理，周五下午回家后发现她24岁的儿子Ronnie死于枪伤。Ronnie在自己的卧室自杀，并在一旁留下遗书。Leah的丈夫是大学教授，因心脏衰竭已经过世一年了。她现在和Ronnie住在一起。Ronnie的姐姐Brenda31岁，哥哥Richard27岁，弟弟Larry22岁。他们都已经结婚，并住在这个地区不同的城市。Ronnie是一个温暖、友好、有爱心和可爱的人，他没有结婚，也很少约会。他非常敏感，情绪常常在严重的抑郁和欣快感之间波动。他在小学期间就表达过自杀意念。青春期阶段便接受过抗精神病治疗。但最近几个月，他看似成熟了，并且停止了服药。

Leah的悲伤慢慢变得复杂（请参考第十二章“个人丧失：居丧与哀伤”，该章详细地描述了这个问题），她觉得应该为三个孩子、其他朋友和亲戚树立一个能够控制且慎重的形象。当她因为精神衰竭被送到急诊室并住院三天后，她被转诊给干预工作者。

在Ronnie自杀后的几天和几个月里，以下这些策略被迅速运用在Leah身上；这一过程是Resnik（1969）提出的“重新合成”阶段的一部分。悲伤处理工作仍然存在许多的难题，这些难题是危机干预者常常遇到的，如否认、内疚、讨价还价以及抑郁。Leah的问题发生在Ronnie葬礼后大约三周的个体干预阶段。

Leah：我的孩子认为我太过压抑。他们说我太淡定、太不自然、太冷漠。他们认为我不表达情感是不正常的，也是不健康的。

干预工作者：你怎么想呢？

Leah：我不知道。我觉得有些人需要压抑自己的情绪，在整个事件中保持淡定。我不想因为我的问题而麻烦他们。他们的爸爸死了，现在Ronnie也死了。即使不将我的悲伤告诉他们，他们也已经遭受得够多了。

干预工作者：你现在真实想表达的是什么？

Leah：我是想说，我像活在地狱里一样痛苦。我的行为在我的孩子们看来非常的冷漠和奇怪。我其实是尝试着保护他们，希望他们不受伤害。

干预工作者：你还希望做点什么使他们不受伤害？

Leah：我只能牺牲自己吧，我也不知道还能做什么。

干预工作者：我想知道，你压抑自己的情绪，是不是真的使你远离了伤害和愤怒？

Leah：（开始抽泣）我觉得我很无助，我一直对这个可怜的孩子感到无助，尽管能做的我都做了，但始终不起作用（当干预工作者走过去，握着她的手安慰她时，她开始啜泣）。

危机干预工作者没有尝试对Leah做任何具体的结论，而是采用了一种提问的策略——这一策略结合了现实疗法、理性情绪行为疗法、格式塔疗法。它能帮助Leah意识到自己内心真实的想法。如果干预工作者尝试分析或者定义Leah行为的病理学特征，这种干预方法将不起作用。诊断、治疗和管理Leah的康复也并不恰当。Leah需要以自己的速度和步伐进入Resnik（1969）所说的“恢复”阶段。

Handley案例　因为关系亲密的伙伴、同事或者朋友的自杀，而遭受精神打击的成年人，也可以获益于团体治疗。团体干预／心理解剖便是一个典型的例子。

Handley，27岁，用一氧化碳中毒自杀。他的生活混乱且动荡，家庭不稳定，毒品和酒精成瘾，有多次自杀未遂史。尽管他有很多问题，但他仍然是一个友好、充满活力且有魅力的人。他从事餐馆供应业务。他抛下了钦佩他的朋友和同事。虽然这些朋友和同事中有些人了解他的困境和其偶尔出现的自杀意念，但他们对他的自杀行为仍然感到惊讶。

在Handley葬礼后的数天，他的同事仍处在急性悲伤期。有些人仍困在自己的悲伤情绪之中，寻问自己和其他人“为什么？”，有些人因为没有及时发现Handley的自杀线索，没有采取行动挽救Handley而感到内疚。以下的描述是经过改良的团体干预／心理解剖的过程。这是为了帮助受自杀影响的同事。这是一个将各种悲伤表达出来的过程（Mitchell & Wesner，2011），它帮助人们分享感觉、想法、死者的行为和他们自己的反应。

在Handley案例中采用的是改良的心理解剖，干预工作者与居丧的同事面对面进行，采取的步骤如下：

1. **介绍**。干预工作者简短介绍，提出会谈的目的和结构。
2. **构建“为什么”**。干预工作者帮助小组成员，将提示、线索以及信号拼凑在一起（这些线索和信号都来自小组成员的描述），从而使Handley的自杀更容易理解。
3. **纪念自杀者积极的品质和成就**。小组列举了Handley的贡献和成就，这些是他们希望强调和记住的。
4. **告别**。在第二轮时，每一个同事都有机会来处理与Handley之间未完的事情，并采用“空椅”法使他们有机会亲口说再见。成员表达了愤怒，也表达了爱。对每个人来说，这是个非常感性和情感宣泄的经历。

5. **放松**。干预工作者总结了前三步的内容，并请小组采用头脑风暴法列举另外一份清单，内容是 Handley 案例中的线索，以便帮助他们学习如何发现和预防将来可能发生的自杀行为。更重要的是，这么做可以让小组成员放下了这样一些想法，认为他们对 Handley 的死亡多少负有责任或对他疏忽了。
6. **消化内疚感**。干预工作者确定一位小组成员编辑并向小组其他成员分发心理解剖清单。最后，干预工作者进行总结陈述，主要包括，(1) 感谢大家参与小组会谈；(2) 向小组成员重申，他们对 Handley 的死没有责任；(3) 允许小组结束急性悲伤阶段，进入长程的悲伤阶段。

危机干预为小组注入力量和凝聚力，为每个小组成员提供了稳定和平衡。与之类似的小组技术适用于家庭、兄弟朋友、同一单位的雇员、学校或者教堂(以及任何处于“丧失”危机中的小组)。

来访者自杀

危机干预并不是总起作用。22% ~ 33% 的心理学家、社会工作者、咨询师经历过来访者自杀。有时候，甚至最有能力的专家和危机干预工作者都不能够成功地预防自杀。我们必须知道，如果一个人真正想要自杀，即便我们用最好的方法去干预，他们也能够完成自杀。下面的建议帮助危机干预工作者应对来访者自杀的情况。

对于有来访者自杀的危机干预工作者而言，专家指导下的减压是很有必要的。在危机干预工作者的经历中，来访者自杀 / 杀人是最大的应激性事件之一。内疚、责难、反思、反复的叙述可能导致事后的批评。“如果”“应该”“可能”“可能会怎样”，所有这些都会导致自责。如果来访者自杀 / 杀人，那么，心理解剖、情况报告（见第十七章“灾难响应”）和监督对工作者来说是一个强制的任务了。

事实上，没能挽救来访者（或来访者的受害者）对工作者的影响是压倒性的，能引起危机干预工作者经历替代性精神创伤（见第十六章“危机中的人类服务工作者：耗竭、替代性创伤及同情疲劳”的替代性创伤部分）。这种情况需要有高超的专门知识来帮助心理受到创伤的工作者进行有目的、集中的事后减压。危机干预工作者绝对有必要在外部顾问的指导下，认真地考虑发生了什么，从这个事件中学到了什么，以使他们从内疚和对令人遗憾的丧失的自责中解脱出来。

小 结

自杀现象是普遍存在的，它影响了社会的每一个部分，并且关系到每一个人。自杀与杀人都被作为一种解决问题的行为方式，其动机、风险和致死性评估有很多相同和相似之处。自杀是一个严重的问题，各种人群的自杀率都在增长，尤其是在年轻人中，但是多年保持最高风险的是年龄在65岁以上的白人男性。研究者发现，很少有方法去识别自杀/杀人类型以及去预测、预防自杀/杀人。两个历时最久、流行最广的自杀理论是弗洛伊德和迪尔凯姆的理论。弗洛伊德认为自杀行为是对他人的愤怒转向内在的表现。迪尔凯姆则认为自杀与社会压力和影响紧密相关。新近出现的其他理论把自杀的基础和原因看作是很大程度的偶然事件，一种逃避方式，弥漫的绝望，复仇驱使，生化诱发，混沌的，人际交往问题，或者是面对无法忍受的痛苦时的理性行为。

自杀的动力学是非常重要的，因为处理自杀来访者问题的危机干预工作者需要知道自杀的不同类型和特点。自杀和试图自杀有很多原因，不同的社会、种族以及年龄的人对自杀有不同的道德观和文化观。在很多关于自杀的错误观点中，有两点尤为突出地阻碍了危机干预工作的开展，即（1）讨论自杀将会引起一个人去思考或实施自杀行为；（2）威胁要自杀的人不会去自杀。建议危机干预工作者直接询问表现出任何自杀/杀人意念的来访者。

很多危险因素被认为是自杀的危险信号，能够帮助确定致死水平。高危险因素包括表现出强烈的自杀意念，自杀未遂史，详细致死计划的证据。在自杀干预领域中，这些危险因素是评估和实施的重要标准。熟知自杀动力学理论的工作者发现自杀者经常发出微妙但确定的暗示或者求救信号。

干预策略显示了危机干预工作者应该如何自信地、指导性地和有说服力地应对来访者。在面对自杀来访者时，危机干预工作者不应该是消极的。在自杀干预中，工作者必须考虑到对来访者安全起作用的环境和社会因素（比如年龄、性别、社会地位、来自朋友和家庭的支持、高危自杀者身边的公众态度）。对自杀或者杀人问题的咨询也涉及对自杀者亲友的治疗，也包括对失去来访者的危机干预工作者的关心和事后说明。最后，心理解剖是一种学会怎样预防自杀和减轻幸存者内疚和羞愧的重要方法。

如果你或你认识的人处于困境，但无法接通当地的热线或有想死的感觉却无法获得帮助，可以向英国的 Samaritans 写电子邮件求助，地址是 jo@samaritans.org。如果不会英语，可以给 Befrienders 写电子邮件。

（徐慧兰 译）

第九章

性 侵 害

问题的范围

预先警告：本章的统计数据是本书中最具争议和最易被误报的内容之一。考虑到性侵犯所植根的文化框架和涉及的情绪波动，我们希望读者在阅读这一章后能理解为什么这些数据如此容易出错。1997年美国开展了一项针对女性暴力的全国调查（National Institute of Justice and Centers for Disease Control，1998），结果表明，如果将强奸定义为包括强迫性质的阴交、口交和肛交，那每六名美国女性或者每33名美国男性中都会有一人在其童年或成人时期经历过强奸或强奸未遂。其他研究中这一比例在男性和女性中则分别高达10% ~ 15% 和15% ~ 33%（Lew，2004；Rowan，2006），相比之下，1997年的这些调查数据明显保守。

与盛行的谬见相反，强奸并不总是发生在大城市的黑暗小巷里，也并不总是由潜伏的性变态攻击路过的年轻女学生引起。2002年的调查显示，每五名性侵犯受害者中就有三名是受交往甚密的亲戚、朋友或者熟人的迫害（U.S. Department of Justice，2003）。据此，那些关于强奸、性侵犯和儿童性虐待的统计数据总是与家庭暴力统计数据持平也就不足为奇了。简而言之，那些你认识的人对你实施性侵犯的可能性其实要远高于陌生人。

此外，由于本书的大部分读者都是在校大学生，你们必须意识到，你们的同学中有近20% 的女生或者6% 的男生可能会成为性侵或者性侵未遂的受害者（Krebs et al.，2007）。Frazier和她的同事（2009）曾进行了一项网络调查以了解创伤性事件的发生率，其调查对象是一个庞大而多样化的大学生人群。他们发现，当将所有类型的非自愿性行为都合并起来后，其出现创伤反应的频率仅次于意外死亡。所有的性侵报道中最有趣的事实是，大部分性侵其实都没有上报，因此你可以想象你在本文中看到的任何数据都只是实际情况的一个相当保守的估计罢了（Kariane et al.，2005；Weiss，2010）。

本章主要将成年男性作为施虐者，女性和儿童作为受害者。然而，我们绝不能误认为成年男性就不可能被强奸（这还排除了监狱性行为和同性恋）（Davis，2002；Gartner，2005；Isley & Gehrenbeck-Shim，1997；Mezey & King，1998；Scarce，1997），也绝不能误认为女性就不可能对他们自己的小孩（无论男女）做出令人发指的性虐待和肉体虐待（Allen，1991；Elliot，1994；Gartner，2005；Holmes，Holmes，& Unholz，1993；Lew，2004；Rosencrans，1997；U.S. Department of Justice，2000）。尽管大部分的性侵都发生在25岁以下的儿童和女性身上，但是性侵幸存者其实遍布各个年龄阶层——儿童、青少年、成人和老人（U.S. Department of Justice，1998）。大约有10% ~ 20% 的男性在其一生中都遭遇过性侵犯（U.S. Department of Justice，2000）。在美国的903 000例虐童案中有约103 000名儿童报告被性虐待过，真实的数据估计在250 000到350 000之间（U.S. Department of Health and Human Services，1997）。Finkelhor和其同事（2005）在他们的全国调查中发现，仅仅在调查的这一年之中，每12名儿童中就有一名被性侵犯过！在亚洲、非洲和拉丁美洲一些国家的统计数据同样严峻（Chen，Dunne，& Wang，2003；Schwartz-Kenney，McCauley，& Epstein，2001），在某些情况下甚至更加糟糕：那些穷困潦倒的父母会将自己的儿女卖做奴隶或者妓女（Rowan，2006）。

低报

绝大多数的犯罪调查报告都不会包括12岁以下儿童的性虐待，然而我们肯定会看到许多孩子辗转于当地的儿童保护中心（Benedict，1985，pp. 186-192；Brownmiller，1975，p. 175）。大量文献一致估计，50% ~ 90% 的强奸或强奸未遂未被报告，大部分的乱伦和骚扰从未被报告。此外，约会强奸，甚至陌生人强奸中的受害者出于耻辱、羞愧、内疚、文化禁忌，或者担心在医疗和法律程序中遭受二次伤害，往往也不会上报（Cole，2006；Matsakis，2003；Weiss，2010）。撇开一些哗众取宠的异教团体在儿童中（Bottoms et al.，2003）践行一夫多妻制，以及天主教牧师对年轻教友实施性侵不谈（McGlone，2003），我们必须明确的是，本章中涵盖的性侵犯非常普遍，经常被低报，并且创伤影响波及成千上万的人。

David Lisek 已经在这方面做了开创性的研究（Lisek & Miller，2002；Lisek & Roth，1988），Lisek 报告，1998年在波士顿市区有1 687例强奸报告和526例逮捕案例。如果我们乘以国家妇女暴力研究的流行率数据（Tjaden & Thoennes，2000），在175万名住在波士顿市区的妇女中强奸的实际发生率为15 225起。这种差异表明，每九例强奸中只有一例被实际报告。

性虐待 / 强奸幸存者的特殊处境

大量证据表明，由性侵犯和强奸产生的危机与其他形式的危机在本质、强度和内容上都明显不同（Burgess & Holmstrom，1985；Finkelhor，1979，1984，1987；Gartner，2005；Lew，2004；Matsakis，2003，Rowan，2006；Williams & Holmes，1981）。事实上，发生在童年和成年期的强奸导致的创伤反应的治疗难度仅次于创伤后应激障碍（PTSD），许多针对强奸的危机过渡治疗方法也与标准的 PTSD 治疗密切平行（Cloitre & Rosenberg，2006；Frazier et al.，2001）。

强奸的定义

强奸有许多定义。有些是依据法律条文，有些是从其他概念演变而来。Brownmiller（1975）将大部分法律的定义与女性自己对强奸的定义区别开来。法律上关于强奸的定义是："对于妻子以外的任何妇女进行的强迫性性交行为"。Brownmiller 认为这个定义所指的范围太狭窄，而且保护了男性的霸权。她从保护妇女的角度出发，将强奸定义为："对他人身体强行实施的性侵犯，未经同意突然侵入个体私密的部位——简而言之，选用某种途径和方法，实施内部攻击，故意损害他人情感、身体和理智的完整性，是攻击和侮辱他人的暴行"。这个定义涵盖了有关强奸的所有内容，以及其他形式的性虐待 / 滥用 / 骚扰。出于本章的目的，我们使用 Koss 和 Achilles（2008）的定义，强奸指通过使用武力，或以武力相威胁，或者在对方丧失反抗能力的情况下强行插入其口腔、阴道或肛门的行为。性侵犯则涵盖了更加广泛的性犯罪行为，如性殴打和包括强奸在内的性胁迫（U.S. Department of Education，2011）。

强奸的动力学

强奸的病因已经深深植根于特定的社会心理和文化结构之中（Brownmiller，1975；Donat & D' Emilio，1998；Eisler，1987-1995；Ullman，1996a，1996b）。根据 Brownmiller（1975）和 Eisler（1987-1995）的理解，以男性为主导地位的文化机制构成了所有文化中强奸的驱动力。因此在考虑强奸现象时，社会心理、文化以及男性和女性的态度与反应都是重要的动力学因素（Benedict，1985；Williams & Holmes，1981）。

社会 / 文化因素

Baron 和 Straus (1989) 将强奸描述为一种社会现象，并且推理出四种原因：性别不平等、色情读物、社会解体以及暴力的合法化。性别不平等指的是女性较之男性在经济、政治和法律地位上的劣势。色情读物将女性贬低为性玩物，提倡男性霸权，并且鼓励或宽恕针对女性的性暴力。社会解体破坏了社会制约，削弱了个人行为和意志自由。暴力的合法化是对暴力行为的一种文化支持，如一些媒体（电视节目）中描述的，法律允许学校处罚学生，暴力运动，军事扩张以及电子游戏等。

在我们的文化历史中，男性霸权的概念早已根深蒂固，这种概念总是将女性、儿童以及其他家属视为男性的私有财产，任由男性支配和控制（Brownmiller，1975）。事实上，Eisler (1987-1995, pp. 153-154) 将强奸和性侵犯描述为男性为确保其对女性的持续统治和控制而广泛使用的几种威胁手段之一。从历史上看，强奸不仅被视为对妇女自身的侵犯，更是对她父亲或丈夫的侵犯（Donat & D'Emilio，1998）。

Brownmiller (1975) 等提供的一部分强奸的历史记录表明，强奸可作为一种社会心理手段，战争的胜利者可以此慰劳自己并且羞辱被击败的仇敌。大规模的强奸和对无辜妇幼的杀害代表着一个民族的脆弱和失败，也同样代表了对个体的最终羞辱和挫败。无论是针对战争中的成千上万受害者，还是个人，其结果都是极其相似的，肆无忌惮地使用暴力强迫被征服者屈从。

个体和心理因素

男性特有的一些个体和心理因素会促成施暴决定，左右他们的施暴方式（Beech，Ward，& Fisher，2006；Groth & Birnbaum，1979；Lisek & Miller，2002；Lisek & Roth，1988；Williams & Holmes，1981），这些特征如下：

1. 行为充满敌对、侵略、愤怒，屈尊以及专横，并且总认为自己很强大，很勇敢，很有男子汉气概，即使他经常感到软弱、焦虑、不完美、受到威胁并且需要帮助，并且常常认为女性是危险的。
2. 缺乏向社会，尤其是向女性表述自己的社交技能。
3. 可能需要动用暴力来向自己以及受害者证明他是强大的、无所不能的和掌控一切的。
4. 可能出现性虐待模式——性虐待狂经常使用超级暴力，而且经常致残或谋杀受害者。
5. 将女性视为主要性对象，并且具有无法控制的性冲动。
6. 对男女性别角色持有成见，具有很强的男权意识，认为自己是“纯爷们”。
7. 长期对女性充满了愤怒、敌意和恐惧，想通过性征服来控制女性。

基于良好的历史理由，女权主义者试图将强奸定义为任何霸权与控制行为。据此大部分强奸者可以归为以下四类：愤怒型、权利剥削型、权利满足型和施虐狂型。McCabe 和 Wauchope (2005) 在两项分别针对被指控和被定罪的性侵者研究中证实了这些类别，同时也发现其他新的类别。很多研究者（Lisek & Miller；2002；Lisek & Roth，1988；Scully & Marolla，1998；Sussman & Bordwell，1981）采访了被定罪的强奸犯并且生动地展现了每个强奸犯的不同作案动机。例如：

1. 有些男人使用强奸作为惩罚或者报复手段。因为他们曾经被某个女人伤害过，他们就将这个女人的越轨行为归罪到所有女人身上。与之前恋人的不愉快经历使他们将不满情绪发泄到了其他陌生女人的身上。这个女人是谁已经无关紧要，只要她是个女人——这象征着他们急于夺回曾经失去的权力和男子汉气概。
2. 犯罪实施者经常将强奸视为一种额外奖励，既然在那里，取之何妨？
3. 对于有些男人而言，强奸意味着占有用正常途径无法得到的女人。在这种情况下，性是驱动因素。
4. 对有些男人而言，强奸是一种优先于任何关怀和喜欢等情感的客观体验。这种无需责任的权力感、控制感和性释放让他们感到满足。

5. 最后，最令人发指的轮奸犯们通常视其为一种证明其男子汉气概的娱乐和冒险活动。这些人代表了性暴力的一个亚文化群体，他们认为用性暴力征服尽可能多的女性是衡量男子气概的重要指标。轮奸被视为男性势力结合的顶峰。尽管很多轮奸犯受访者事后对其行为表示后悔，并对受害者表示内疚，但是事发当时的这种影响却是微乎其微的。不幸的是，如果他们确实有什么感受，那也基本上是自豪而不是内疚。

然而绝大多数的强奸与男性和女性间的权力较量有关（Sussman & Bordwell，1981，p. 12）。也不知何故，当代的社会文化环境造就了一些男性缺乏控制，而他们却自认为有“控制”生活的能力。这些男性相信这是他们的“权利”，甚至不惜通过暴力手段侵犯他人身体来行使这种“权利”并为之辩护。

有关强奸的一些谬论

在处理各种形式的强奸和性侵犯案例中最大的障碍之一就是广泛盛行的关于强奸的谬论（Benedict，1985；Burt，1998；Ganas et al.，1999；Matsakis，2003）。例如：

1. 强奸就是性。持这种看法的人认为强奸等于性，这是最无人性的谬论。如果我们认为强奸就是性，随之就会认为强奸跟正常性活动一样没有伤害性（生理的和心理的）。甚至还可以认为受害者享受这个过程并且得到了性满足。事实上强奸是暴力，是折磨，是致命伤害，是十足的耻辱，与性满足毫无关系。然而，有研究表明某些强奸犯会通过使用暴力引起性唤起，这种性唤起会随着受害者的挣扎和反抗而得到强化（Drieschner & Lange，1999；Knight，1999）。
2. 女性谎报强奸来“复仇”。Ganas和同事（1999）推理该谬论的存在是基于以下谬论：（1）给我们的社会结构提供安慰（人们不愿意相信强奸发生的事实），（2）旨在将强奸怪罪于受害者而不是施虐者，（3）比起相信强奸可能发生在任何人身上，“谎报”理论显然更容易被接受。因此这也是性侵犯话题中最大的争议热点之一。“复仇”事件时有报道，有时人们谎称强奸来谋取一些私利，比如报复抛弃自己的恋人，敲诈勒索，工作安全需要，或者掩盖意外怀孕的真相。FBI培训中发现谎报率为2%。Lisek和其同事（2010）在对强奸案的调查中发现大约谎报率为6%。然而根据警方的报道，其实其他犯罪的谎报率和强奸的谎报率一样高（Lear，1972）。
3. 强奸是以满足性欲为动机的。Eisler（1995）、Scully和Marolla（1998）认为，强奸最可能的动机是统治、权力、愤怒、报复、控制、挫败他人或性施虐。Benedict（1985，p. 8）和Eisler（1995，pp. 237-239）指出，一些人将性与暴力联系起来，他们并没有把女性当作人来对待，而是当作一个被捕捉或控制的猎物，把性看作是一种展现权力和控制力的手段。然而，Thornhill和Palmer（2000）提出的强奸进化论却指出强奸犯的原始动机是性，而权力的行使只是其达到目的的手段。这一观点至少部分地得到了Scully和Marolla（1998）的支持，他们发现他们采访的一些强奸犯认为强奸是接近他们能力范围之外的女性的唯一途径。
4. 强奸犯是怪异孤僻的人。研究并未支持这一观点。强奸犯可以来自各行各业。实施强奸和其他形式性暴力的人存在于社会的各个阶层，从法官到送信员，从体弱多病者到健美运动员，从流浪汉到企业高管，从丈夫和父亲到陌生人，从配偶、朋友和亲戚到未知的路人甲（Benedict，1985，pp. 9-10；Burt，1998）。关于强奸犯都是精神病人的说法由来已久（Groth，1971），女权主义者认为这又是一个将男权社会合法化的可恶借口。鉴于如此少量的精神病人和如此多的强奸案例，我们很难相信所有的强奸犯罪都是由精神病人实施的（Scully & Marolla，1998）。

5. **女性的挑逗引起强奸，因此毫无损害**。穿着性感，浓妆艳抹，出入酒吧，挑逗男子，独自一人走夜路，购物或者做家务到很晚，这些事情或多或少释放出一种暗示信号："来吧，强奸我吧"。通过这一系列微弱的推理和合理化，强奸犯得以为自己的性侵犯行为辩解。强奸犯就无需为自己的行为负责，因为这一切都是受害者自找的（Burt，1998）。尽管大多数强奸者否认他们的强奸行为，并且强词夺理地认为这是由女性挑逗引起的，甚至还否认性攻击属于强奸，但几乎没有证据表明是女性引诱男性进行强奸的。Ganas 等（1999），Sussman 等（1981）明确指出，在强奸之前，受害者并没有做什么与强奸者的施暴决定有关的行为，即便有，也是微乎其微。
6. **只有坏女人才会被强奸**。这个谬论是"责备受害者"最无耻的例证之一（Brownmiller，1975）。意思是如果女人有"坏"名声，那么强奸就是正当的。老套的"破鞋"理论认为一个女人一旦犯错，就永无翻身机会，她已经永远失去价值了（Burt，1998）。对大部分人而言，这意味着妓女是如此的低贱以至于她们永远不可能被强奸（Silbert，1988）。一个人在外的名声与她是否被强奸毫无关系。强奸就是强奸！无论是渔民还是部长大臣都没有区别，没有谁活该被强奸，他们都需要受到同等的保护与对待。
7. **真正的强奸只会发生在漆黑的夜里，偏僻的城市角落，废弃的大楼或者荒郊野岭，当受害者反抗时，这些持刀枪的陌生人会残忍地殴打其致死**。这简直就是无稽之谈！这样的强奸确有发生，但是请记住，超过一半的强奸者来自受害者身边的熟人。大部分的强奸无需武器甚至只有轻微的擦伤。大部分的强奸发生在受害者或者施虐者家里（Burt，1998）。
8. **如果一个女人没有反抗，那么就意味着接受**。旧有的观念认为，遭遇强奸时女性必须拼死反抗直到精疲力竭无法动弹。但是反抗很可能会威胁到受害者的生命，尤其是施虐者手持武器或者更加强壮时。此外，由于传统的男权文化根深蒂固，女性反抗面临很多心理压力，最终她们只能选择屈服。不幸的是，Kassing 和 Prietio（2003）发现男女心理咨询师都认为男性受害者应该奋起反抗。目前为止尚无确凿证据表明反击还是不反击更有利于受害者（Matsakis，2003）。

在社会范围内消除或驳斥这八个谬论并非易事（Ganas et al.，1999）。女权主义者认为相信这些谬论是对男权社会的庇护，也是对强奸者的庇护（Burt，1998）。

关于强奸和性侵犯的谬论并不仅仅存在于女性受害者领域，在男性受害者中也有一些广为流传的谬论（Male Survivor，2011）。

1. **男孩和男人不可能成为受害者**。让我们设想一下，一位体重 158 千克的全国橄榄球联盟中卫想要和你发生性行为，你会怎么做？这些受害男孩和成年男性往往比他们的施虐者体格更加瘦弱，或者遭受对方的武器威胁。或者施虐者通过地位、权威、知识、名声对受害者进行控制。关于这个谬论，男女性之间其实没有区别。
2. **对男孩进行性侵者往往是同性恋**。恋童癖就是恋童癖，无论男女，他们既不是男同性恋也不是女同性恋，只是对性和年龄有不同偏好的恋童癖而已。
3. **男孩比女孩遭受的创伤更少**。尽管有研究表明男孩比女孩遭受的初始负面影响更少，但是长期影响却危害严重。尤其是当施虐者是熟人的时候（这并不罕见，你在本章后面的内容中会读到），他们往往会成为男孩的心灵屠宰场。
4. **遭受性侵犯的男孩长大后会变成同性恋**。成人性取向是怎么产生的，这是一个复杂的问题。尽管被成人性侵势必会造成男孩对性角色的迷惑，这并不一定预示着这些男孩就会变成同性恋。事实上，对于男性受害者，我们的经验表明，他们往往会产生同性恋恐惧，甚至会欲盖弥彰地通过与很多女性发生性关系来证明自己的男子汉气概。目前为止，童年遭受性侵犯只是影响性取向的多种因素之一。

5. **吸血鬼综合征**。这个谬论指的是一旦你被侵犯了，你就会也变成侵犯者。这是一个很危险的谬论，因为它可能会使人对受害者产生成见，认为他们以后会变成施虐者，从而在其最需要帮助的时候给予处罚、蔑视、隔离甚至遗弃。总体而言，尽早给予心理援助对于预防其日后成为施虐者至关重要。
6. **如果一个男孩或者女孩从性侵犯中获得性满足和性高潮，这意味着他很享受这个过程**。人类的性本能与生俱来。性交过程中也可能出现生理刺激，但这并非如施虐者所辩解的那样就意味着小孩需要它，并且充分配合。
7. **假如施虐者是女性，那么这个小孩就走运了**。这是一个广泛流传却也非常危险的谬论。我们见过的最困扰的来访者就有一些曾遭受过与其有血缘关系或者处于权势地位的女性的性侵犯。他们对成年女性所表现的仇恨、疑惑、愤怒和思考暗示着日后他们很可能会成为女性施虐者。总之，这些男孩一旦发现被性侵，就应该得到及时治疗。

问题在于，即便是在文化程度高的人群中，这些误解也普遍存在。Heppner和同事（1995）发现大学生相信很多关于强奸的谬论。该研究发现，在对这些大学生进行由说教、视频和问答讨论组成的强奸预防的干预过程中和干预结束后，男女性对强奸的认识存在很多不同。干预过程中，男女性的误解普遍下降，但是两个月的随访表明，男性比女性恢复了更多之前的误解。Varelas和Foley（1998）的研究也表明，那些对谬论深信不疑的白人和黑人大学生较信念较弱者对强奸者的容忍度更高，对受害者的容忍度更低。此外，对这些误解深信不疑的女性更少报告性侵犯或者协助针对强奸犯的法律程序。

约会和熟人强奸

大部分关于约会和熟人强奸的报告都发生在大学校园里。对于中学生的约会强奸却知之甚少，尽管写这本书的时候，已经有4 000起性暴力的报告以及超过800起强奸和强奸未遂的报告（Robers et al.，2010）。根据美国司法部2003年的一项报道，强奸是美国校园里最普遍的犯罪。其在女大学生中的发生率是3.5%。然而，这些强奸案中真正上报给警方的却不到5%。女性可能出于羞愧，自责自己喝酒太多，或者担心被施虐者及其朋友孤立而选择忍气吞声不上报。90%的女性受害者认识强奸者，大部分的强奸发生在一些社交场合，比如聚会或者一起在宿舍学习（Cole，2006）。

Mills和Granoff（1992）的调查发现28%的女大学生承认遭遇过强奸或者强奸未遂。在一项针对大学生的全国调查中，Koss（1998）发现8.3%的女性被强迫发生性关系。相反，只有3.4%的男性承认自己曾强迫女友与其发生性关系。尽管强奸未遂的受害者比强奸受害者更有可能告诉别人，依旧很少有受害者会告诉他人。大量的男性被调查者承认实施过强奸行为，并且在他们的约会对象明确表示拒绝之后依然强行与其发生性关系。

关于强奸的一个更大误解是：约会强奸不是强奸。女孩子不是主动跟男生出去约会的吗？他很可能在她身上花了不少钱。假如她回吻了他并且与之有热烈的爱抚行为呢？那就是一种打情骂俏！她很可能需要性，即便她口头上拒绝。即便是热恋多时的男友，无论在强奸发生之前有多少前戏，也无论对方在女孩身上花了多少钱，拒绝就是拒绝，任何人都没有权利强奸其约会对象。

约会强奸风险

与那些没有经历过约会强奸的大学生相比，经历过约会强奸者在童年期更有可能经历应激、遭受虐待和出生于不良家庭环境。Sanders 和 Moore（1999）的研究表明那些约会强奸受害者更有可能在童年期遭受性虐待。Himelein、Vogel 和 Wachowiak（1994）指出童年性虐待既是性活动增强的潜在危险因素，也是约会中性侵犯的潜在危险因素。Shapiro 和 Chwarz（1997）进一步指出，性早熟、性行为规范的认识不清、孤僻和我行我素可以使一些幼年的性侵受害者过早或过频地进行性活动，这些反过来又可能成为约会强奸的危险因素。

饮酒也被视为约会和熟人强奸的一个危险因素（Cole 2006；Norris & Cubbins，1992）。由 Abbey、McAuslan 和 Ross（1998）进行的研究表明，男大学生对约会、性行为和饮酒的观点与经历使得他们更可能误解女伴的性意图，这种误解往往导致性侵犯。相反，使用迷奸药（γ-羟基丁酸）来进行性侵犯则构成蓄意性侵（Boyd，2000）。Ullman、Karabatsos 和 Koss（1999）的研究表明性侵者和受害者事前都饮酒会直接增加女性被性侵的严重程度，饮酒在性侵后果中既发挥了直接作用，也发挥了间接作用。

Schwartz 和 Leggett（1999）发现因为醉酒而被强奸的女性和被暴力威胁而遭受强奸的女性一样自责和内疚。有趣的是，这些女性大部分都不将此定义为强奸，尽管根据法律她们都是受害者。Norris 和 Cubbins（1992）发现大约四分之三的熟人强奸涉及饮酒，如果强奸的双方都有酗酒行为，那么强奸罪的裁定就不如单纯女性酗酒那么严重了。在后一种情况下，人们会认为是男性占了女性的便宜。

预防约会、熟人和其他形式的强奸

Mills 和 Granoff（1992）以及 Dunn、Vail-Smith 和 Knight（1999）都建议以一种不带文化偏见的方式对男女进行社会教育和支持，找出导致约会强奸的原因并预防其发生。教育，尤其是中学水平的教育项目能够有效减少约会和熟人性暴力（Page，1997）。Ullman、Karabatsos 和 Koss（1999）认为认识到酒精在不同的性侵背景下的角色，也能有效预防饮酒所致的强奸。

Frazier、Valtinson 和 Candell 的研究证实男女合校和互动强奸预防项目在短期内有效。对兄弟会和联谊会成员进行的预防干预实验表明，干预组比对照组在强奸支持态度上显著下降。但是，正如 Heppner 和同事（1995）的研究一样，这种差异在一个月随访时不再明显。事实上，大部分的强奸预防项目成果都没能经受时间的考验（Garrity，2011；Vladutiu，Martin，& Macy，2011）。Hillenbrand-Gunn 和同事（2010）采取了一种不同的强奸教育方法。他们对高中生进行了一项学习社会规范理论的项目（Perkins & Berkowitz，1986），也就是人们认为其同伴在想什么和在做什么，而不是他们实际上想什么和做什么。通过对高中男女生都采取一系列消灭性别歧视和性侵行为的干预项目来降低大家对性侵犯的接受程度。项目前后的结果对比表明，实验组态度明显改变，对照组保持不变。并且这种变化不随时间改变。显然，该研究表明强奸预防项目应该是全面而持续的，而不是一次性干预。

最后，Sawyer 等人（1998）对大学生约会强奸的态度调查表明，在法律定义下的强奸行为中，男学生更容易否认强奸的发生，除非潜在受害者非常明确、气愤地提出“不行”。我们必须强调女性在可能遭受强奸时说“不行”具有很重要的价值和意义。

或许更让人沮丧的是，Kassing 和 Prietio（2003）发现没有和性侵受害者工作过的男性受训心理咨询师更愿意相信关于男性性侵受害者的谬论，受训中的男女性咨询师都认为男性受害者应该有更多的反抗。关于培训咨询师的结论非常明显：即他们需要消除对性侵犯的很多误解！

针对强奸和性暴力的危机干预：Melody 案例

Melody Swanson 是一位50岁的教师。自从两个月以前她最小的孩子上大学离家后，她就独自住在一间小屋里。她与丈夫离异已有七年。她有一个长长的周末不用去学校，于是她决定去赌场给自己放个小假。当她从旅行中返回时，也就是昨天晚上九点半，她在车道上刚下汽车就碰上一个二十多岁的持枪男子。

她在枪口的胁迫下，扔了东西和钱包被绑架者塞进了停在路边的车里。Melody 被毒打一顿，然后被甩到离家好几里以外的旷地上并被强奸。之后又被毒打、抢劫。最后她遍体鳞伤、衣衫破烂地被抛弃在野外。她感到疲惫和茫然，但她还能认出最近的回家路。她在那儿打电话请求救援。现在 Melody 正在经受躯体和精神的创伤。她浑身发抖、两眼无神、极度惊恐、遍体鳞伤，依然穿着被绑架时的破衣服。她就要见到生命中非常重要的一个人——当地性侵与家暴中心一位专门从事强奸案例的危机干预工作者。

事发当即

在大多数情况下危机干预工作者最有效最恰当的做法就是表达同情，并且告诉受害者她还活着这就是最万幸的事情。危机干预中最关键最重要的就是建立信任，提供支持、理解、共鸣和耐心。危机干预的任务就是让受害者勇敢面对即将经历的事情，从阴道检查到警察询问，以及很可能随之而来的急性应激症状。工作者要迅速建立心理治疗中提出的“合作联盟”。Melody 的强奸案就是一个很好的例子。Cloitre 和她的同事（2004）指出建立这种联盟比掌握任何干预技巧都要重要。

影响阶段（Matsakis，2003，pp. 82-90）发生在攻击过程中及以后的两周内。在这一期间，受害者会出现一系列的情绪、思维和行为反应，或者恰恰相反，受害者可能因为过度震惊而出现躯体和情感分离，伴随着性侵带来的身体疼痛，以及随之而来的急性应激症状，如躯体反应、高度警觉、噩梦、惊吓反应。无论从身体角度还是心理角度来讲，维持平衡和稳定都是至关重要的（Briere & Scott，2006，p. 273）。一旦受害者进入医院或者危机干预中心，就意味着危机干预工作者任重道远。

为了顺利完成身体检查和警察记录，我们必须帮助受害者尽快恢复平衡，最重要的是帮助她在其颠覆的世界里恢复安全感。因此，危机干预工作者必须准确评估受害者的稳定性和平衡性，安静而坚决地走进受害者被颠覆的世界里。在收集信息的过程中，危机干预工作者既要询问特定的细节问题，又要考虑问题的敏感性，以保护患者的隐私。维持最佳敏感度意味着工作者在收集性侵细节问题后要及时表达同情与理解。没有情感共鸣的询问方式不仅冷酷无情，而且很有可能会导致干预失败。为了达到这个目的，危机干预工作者必须迅速展开危机干预模式。Courtois 和 Ford（2009）提出了以下关键步骤，尽管这些干预主要针对遭受慢性创伤的受害者，我们相信这也适用于本例。此时你的首要任务就是确保干预工作者和受害者之间建立安全的信任关系，这对你或者受害者来讲可能都非易事。

干预工作者：（在急诊室的检查室，一边握着受害者的手，一边轻柔地说话）你好，Melody，我是 Jolee Mabry，市性侵中心的心理咨询师。我知道你刚刚经历了一场噩梦，谁都不应该遭此劫难，但是你挺过来了。我无法想象你此时此刻经历着怎样的折磨和煎熬，但是我知道尽管这一切都是那么恐怖，你还是挺过来了，我会一直陪着你做完检查，只要你愿意。

Melody：（满脸惊恐，说话颤抖）我不知道……我不知道……我该怎么办……接下来会发生什么？他在哪儿？他是谁？为什么是我？他会来这里吗？太多事情了……我……我好冷，我心脏都快要跳出来了。这是一场噩梦么？但是我知道这是真的……我想这是真的……

我……现在……在哪儿？对不起。我……我……我不记得你的名字了，你是谁？

干预工作者：（拿起一床毛毯轻轻披在Melody的身上）我叫Jolee Mabry，是性侵中心的护士兼咨询师。你现在在这里很安全。是医护人员和警察把你送到这里来的。你现在在艾尔维斯普莱斯利创伤中心，我是这里的心理咨询师，我叫Jolee Mabry。你被一个陌生男子袭击了，然后被医护人员带到了这里。你遭受了殴打和强奸，这是事实，这也是为什么你会来这里接受治疗，我们这里能为性侵受害者提供很好的治疗与护理。我的职责就是照顾你，帮助你渡过难关。你明白我刚才说的话了吗？现在知道这里是哪里了吧。

Melody：是的。接下来会发生什么？（开始颤抖。）

干预工作者：（伸手抓住受害者的胳膊，紧紧握住她的手）接下来的程序可能不会那么舒服，但是处理性侵案例的医务人员和警察都很有经验。为你做体检的护士也是特训的性侵检查护士（Sexual Assault Nurse Examiner，SANE），她会尽量减轻你的疼痛。警察可能会要你描述事件发生的详细经过，然后你还要经历一系列医疗程序。但是你放心，我会一直陪在你身边，确保你的安全，帮助你恢复平静。

Melody：请你一定要留下来陪着我。（开始紧紧抓住工作者的手）强奸太恐怖了。我不知道我是怎样活过来的，而且没有一点骨折。他打算把我杀了，好一阵我都处在恍惚之中。我不知道在我身上都发生了什么，我一定是晕过去了，他肯定以为我死了。我也不知道他离开之后我自己在那儿躺了多久。我肯定没有反抗。看看我，多脏啊！（厌恶地缩回身子。）

干预工作者：Melody，我为你处理这件事情的方法感到骄傲。你当时的行为使你活了下来，你自己救了自己。这是需要勇气的。你所做的一切，无论是昏过去，还是没有反抗都是对的，因为只有这样才能救你的命。这是最重要的。我们等下就帮你脱掉脏衣服，给你洗个澡，但是在这之前，我们需要拍照取样，所以你要先稍等一下。

Melody：我真是蠢死了。我一向都很警惕的，偏偏就疏忽了那么一下。我好恨我自己。要是有机会我一定要杀死那个混蛋，一枪毙了他！天啊！这是我说的话吗？我从来不这样讲脏话的，但是他真是个卑鄙无耻的混蛋……狗娘养的……我该如何面对我的学生……我感觉自己已经生不如死了，如同行尸走肉一般。我现在如此孤独，如此脆弱无助。一切都如噩梦般。这不可能发生在我身上啊，但是我知道它确实发生了。我知道这个噩梦又要在我脑海里回旋了……我不知道自己能否承受得住。

受害者强奸后的反应因人而异，Melody的案例只反映了受害者众多复杂情绪反应的一部分。分离反应是一种常见的防御机制，伴随着一系列的情绪爆发，受害者试图让生活恢复平衡。本案例中Melody的情绪反应就是一个典型表现，但是不足以代表所有的负面情绪。危机干预工作者的任务就是不断提供支持、安全感和实际帮助。她在本例中所做的类似于“心理急救”（National Child Traumatic Stress Network and National Center for PTSD，2006；National Institute of Mental Health，2002），包括了危机干预中的三个主要任务：关联、探索/评估和安全。然而，要实现这些必须按部就班循序渐进。处理性侵事件的危机干预工作者必须能做到随机应变，以应对受害者从震惊到愤怒等各种复杂的情绪反应。

干预工作者：这确实很恐怖，你现在也无法控制脑海中那些混乱的想法和情绪。但是，Melody，你要知道，这种反应在性侵受害者身上是很普遍的。也许你很难想象，但是你的身体和大脑正将你带回到过去那几个小时的噩梦中。这是出现突发意外状况时你身心的正常防御反应。这一切都会过去的，为了帮助你顺利渡过难关，我们将要一步一个脚印，直到你完全康复。

Melody：我不知道。我想，但是……（停顿了一下，满脸忧虑）我是一名老师，我可以控制情绪，但是我好像无法应付这些……（开始崩溃，低沉地呜咽起来）对不起，我现在好混乱，我喘不过气来了。

干预工作者：你不需要为任何事情后悔。你并没有一团糟。忧伤也是正常反应。你今晚失去了很多。（静静地坐在Melody身边，挽着她的肩膀，握着她的手。）

危机干预者肯定了她的悲伤，这是很多受害者对自身遭遇的正常情绪反应（Matsakis，2003，pp. 111-127）。她也开始慢慢地给受害者解释她现在所经历的心理过程，以帮助她建立应对技能，重新掌控自己的情绪和认知。对于正在经历极度心理应激的人，我们有必要提供基本的心理教育（McCart，2009）。Melody现在所经历的就是我们所说的创伤应激症状，任何经历类似事情的人都会出现这些症状。这些症状最终是转归成急性创伤应激障碍（本书后面会提到）还是创伤后应激障碍（PTSD），取决于随后几天发生的事情。危机干预工作者灌输给受害者的心理防御知识也要适度，以避免信息负荷过度。事实上，我们并不建议受害者马上接受正式的心理评估或治疗干预，我们提倡的是首先确保受害者安全、稳定。要让受害者康复，需要有足够的耐心、时间、关注和支持，不能急于求成（Matsakis，2003，p. 14）。

干预工作者：接下来的这个过程可能需要三四个小时，我希望你充分了解我们要对你所做的一系列检查询问。Lenise Balay警察会来询问你，我俩共事多年，她是我最值得信任的同事，也是我所知的最善解人意的警察。她可能会问你一些尖锐的问题，但是你要知道我们只是想尽可能地了解更多细节以便于尽快抓捕罪犯。同时你也要接受盆腔检查等一系列妇科检查。Andrea Little是这方面的特训护士，很有经验，人也特别温和。我会陪着你经历这一切的，好吗？

以上概括了危机干预工作者提供给受害者的医疗和法律信息。在强奸案中，充分详细地告知受害者即将经历的程序可以有效地避免受害者遭遇二次伤害。

干预工作者：（在警察和护士询问体检完之后）真不错！Zanzar医生做完了所有的检查，也批准你出院了。你顺利地完成了一切程序。现在你想去哪里呢？你需要找一个信得过的人来陪你么？

Melody：嗯，我哥哥Tom。我想要他来陪我。他以前是个海军。但是我不知道对于发生在我身上的一切他会怎么想，他一向为我的警惕和小心引以为豪。天啊！让他知道这件事情该有多丢脸啊！我不知道我能否自己开车，我知道这很荒谬，但是现在我还是很害怕，只要一想到那些我就……

干预工作者：我理解你的感受，你最不愿意做的事就是告诉你哥哥这些不幸遭遇。你需要我给他通电话叫他过来接你吗？我之前也处理过类似的事情，我相信我能帮助你完成这个。

动用支持系统，预防二次伤害 强奸发生之后，当务之急就是对受害者提供支持和保护措施，同时也要教育受害者家属上述方法。其中一个关键步骤就是帮助受害者顺利走完可能带来二次伤害的医疗与法律程序（Howell，1999；Ochberg，1988；Pauwels，2003）。假如受害者的支持系统中有人气急败坏甚至责怪受害者，那么我们有必要对其进行二次危机干预（Pauwels，2003）。尤其是对于受害者的丈夫、兄弟或者父亲，我们需要明确指导他们见到受害者后应该如何反应。被强奸后的第一次亲人见面确实很痛苦。但是无论从受害者还是家属的角度，最容易通过责备来弄清事情真相。我们不能让受害者遭受二次伤害，因此危机干预工作者的职责就是告诉家属如何提供最佳支持。

因此，最重要的就是立即找到强奸危机干预者或者性侵中心的咨询师，正如前面案例中所指的。一项名叫性侵检查护士的全国性护理服务项目就专门提供针对一线医疗保健和危机干预的培训。该项目提供了一套完整的强奸后医疗护理措施，如紧急避孕、性病预防、准确记录法医证据、提供专家证词、促进心理康复，以及协调各服务部门为受害者提供完整的护理（Campbell，Patterson，& Lichty，2005）。

干预工作者：（在前台见到了 Melody 的哥哥 Tom）

Tom：（又激动、又愤怒并高声大骂）这是怎么回事啊？我妹妹到底怎么了？她怎么会在强奸危机干预中心？她遇到麻烦了吗？她被强奸了吗？到底出了什么鬼事情，我妹妹现在到底在哪里？

干预工作者：你妹妹遭遇了殴打和性侵犯……

Tom：什么？在哪里发生的？

干预工作者：在她的车道上，大概昨晚 9:30。她刚从赌场回来。

Tom：赌场？她去什么鬼赌场？神啊！等我抓住她……

干预工作者：（坚决而果断地打断了他的咆哮）我知道你曾经在海军待过，海军陆战队的信条是这样教育你的吗？当你的战友受伤了，你冲他咆哮，说他有多蠢？

Tom：我……呃……但是这不同啊。

干预工作者：告诉我怎么个不同法。你会照顾好你受伤的战友，对吗？麻烦告诉我一下你的军衔。

Tom：好……呃……军士长。但是，呃……我不明白这有什么关联。

干预工作者：（非常有条理、非常坚定地说）我来告诉你，Tom。我还没来得及自我介绍。我叫 Jolee Mabry，性侵中心的心理咨询师兼护士。我曾经在海湾战争中担任护士，也在沙特和伊拉克的移动医务室服役过。如果你真的是一名合格的海军，你应该会挽救你的战友，尽你所能地让他活下来，不是吗？我说得对吗，Swanson 军士长？

Tom：（终于将注意力转过来了，用一种试探性的语气说道）是的，女士。那是必须的。

干预工作者：很好。所以现在你面对的是你受伤的妹妹，你听说过创伤后应激障碍，对吧！我们都不希望她有一天会出现这种状况，是吗？她现在最需要的就是你的支持和关照，难道不是吗？不要指责，不要怪罪，你同意吗？不要出去寻找凶手，因为你现在的任务就是照顾好你的部队，也就是你的妹妹，不是吗？你要对她的遭遇表示同情、理解和关心，一定不要指责。所以 Swanson 军士长，你能担此重任吗？或者我再去找别人？

Tom：当然可以，女士。

干预工作者：很好。现在走过去照顾好你妹妹。握住她的手，告诉她你有多爱她，带她回家。也要告诉她她有多勇敢，是她的聪明让她活下来了。不要给她太多压力。我会跟你俩都保持联系的。这是我的名片。假如你需要帮助，随时给我打电话。海军都会互相照顾的。你俩先单独待一会儿，我等下再来找你们。

Tom：（有些不好意思地抓着自己的棒球帽）我为自己刚开始的行为表示歉意。我当时太激动了。现在我已经平静了。谢谢你让我理智下来。我不会弄砸的。

对于强奸受害者，二次伤害在所难免。家属在得知受害者被强奸的消息后通常会感到愤怒并且通过指责受害者来试图控制不可控制的状况。危机干预工作者在感知到受害者哥哥的消极态度后立刻转变策略，通过一系列的主动语气来转移他的注意。这里她使用了一种颇具争议的交流策略让他的注意力从愤怒转为内疚，从而不再怪罪受害者。这里，她用了大量的反问句（难道你不同意吗？）使他与自己达成意见一致，从而将他对妹妹的态度从消极反应转到积极支持上来。

尽管你不大可能是海军，或者受害者的家属可能也不是海军，本例中危机干预工作者的反应却是非常足智多谋、随机应变的。她知道他现在已经退役，但是一日为军、终身为军，这也就是她为什么不称呼他 Tom 而是叫他军士长的原因。

一名优秀的危机干预工作者能够设身处地地站在对方的角度赢得对方的支持与共鸣。

干预工作者：（重新走进 Melody 和 Tom 的房间）接下来你可能会经历很多不同的反应，这些反应因人而异，如果你有这些而没有那些，也不要惊慌。我们以后会谈论这些的。人们的应对机制各种各样。但是对你来说最主要的任务就是确保自己的安全。我会给你一个能 24 小时接通的电话号码，你可以随时拨打。我将成为你的主要联络人。如果可以的话，我也会给你打电话随访的。

危机干预工作者的直觉是对的，她猜想对 Melody 来说，家是最安全和最舒适的地方。但是 Melody 回家的路上正好经过她被绑架受害的地方，她总会情不自禁地设想，假如当时自己能够警惕一点，也许悲剧就不会发生了，随之就会有悔恨、羞愧、内疚和自责等情绪涌上来（Courtois & Ford，2009，p. 188；Matsakis，2003，pp. 118-119；Weiss，2010）。危机干预工作者明确地告诉受害者她能够活下来就已经是万幸的事情了，没有必要后悔自责。在必要的情况下，危机干预工作者会给 Melody 和她哥哥都灌输一些危机干预的心理知识。

对于强奸受害者来说，最重要的就是控制。Melody 经历了一场惊心动魄的磨难，她需要部分地或全部地从失控中找回自己。她也许需要洗一个热水澡，然后好好地睡一觉。她已经以极大的勇气做了为生存可做的一切。得到别人的认可和信任对她来说非常重要。从强奸事件中幸存下来并没有错（Howell，1999）。受害者需要得到支持而不是被说三道四，这样她才能尽快从一个受害者的角色转移到幸存者的角色上来（Ganas et al.，1998）。

强奸反应 遭遇强奸后女性可能会呈现以下一系列反应并经历一系列恢复过程（Benedict，1985；Matsakis，2003，pp. 81-98；Williams & Holmes，1981）：

1. 面无表情，假装若无其事。
2. 感到耻辱、羞愧和低贱。
3. 遭受急性身心创伤以及长期创伤。
4. 性功能受损。
5. 自责、内疚。
6. 难以再相信别人，尤其是男人。
7. 经历梦魇，不断重现犯罪现场。
8. 尽管随着时间的流逝，伤痛会慢慢淡化，但是受害者永远回不到从前的状态。
9. 对警察局或者强奸危机干预中心产生恐惧心理。
10. 担心被排斥而不愿意和亲朋好友谈论被强奸的事情。
11. 重度抑郁甚至有自杀意念。
12. 极度愤怒，寻求报复。

接下来的三个月

强奸很容易引发 PTSD、抑郁、自杀、惊恐发作、广泛性焦虑障碍、社会适应障碍、性功能障碍、进食障碍、解离、认知扭曲和更加消极的世界观。危机干预工作者必须防止受害者回到噩梦中去。归咎于外因、自责，以及不断自问为什么会发生在自己身上都无益于受害者的恢复（Frazier et al.，2001；Matsakis，2003，pp. 81-98；Weiss，2010）。

后续主动和持续性的支持治疗至关重要，可能包括下列主题。

关键需求 对像 Melody 这样的性暴力受害者要经过三个月的随访。

1. 可能需要不断地进行医学咨询、建议或治疗；她可能感到疼痛、痛苦、瘙痒、恶心、失眠、食欲丧失等。
2. 可能对平常所做的工作感到力不从心。将由性伤害所造成的心理压力转嫁到工作中。
3. 需要有人与她保持联系，耐心地倾听她讲话，而且要用语言使她确信不会躲避她或者害怕与她交往。
4. 需要家庭的接纳和支持。

5. 可能难以恢复正常的性生活，这需要没有压力的理解。
6. 可能表现为异乎寻常的情绪波动和情绪爆发。对此，其他人应当允许和理解。
7. 可能出现做噩梦、闪回、憎恶、否定、不相信以及其他一些少见症状。
8. 可能转变成抑郁。这种情况往往兼有自杀意念。

关键支持 在这一阶段，对受害者提供支持至关重要。事实上，危机干预工作者能做的最重要事情之一就是为受害者建立和协调支持系统。亲朋好友的同情理解与帮助有助于受害者尽快恢复。无论提供支持的是家人、朋友、同事、医务人员，还是司法人员、危机干预工作者、长期心理咨询师，其支持核心就是接纳、真诚、同情、关怀和无偏见的理解（Baker，1995；Benedict，1985；Howell，1999；Remer & Ferguson，1995）。这些支持者可以通过以下方式帮助性侵受害者：

1. 理解和接受受害者情绪上的变化和愤怒等。以实际行动允许她的自由。
2. 对受害者的支持是通过鼓励使她重新恢复控制能力、恢复生活，而不是强迫其做事情。
3. 必须保证不要让受害者单独回家（但不要过分保护）。
4. 要认识到恢复需要很长时间，而且需要艰苦的工作。
5. 允许她对强奸这件事是否报案和是否起诉攻击者做出决定。
6. 让她决定是否需要更换工作或搬家。
7. 用一种积极的方式对待她，这样她就不会感到危机干预工作者是在责备她“自找的”或者认为她无法照顾自己。
8. 允许她把遭遇强暴的事情在任何时间告诉任何她愿意告诉的人。但是事先未经她本人同意，不要对任何人公开有关强奸的事。
9. 对受害者表现出共情、关心、理解，而不是支配。
10. 要认识到她可能缺乏自尊心。（要设法让她知道她自己的真正价值，而且是受尊重的。）
11. 要认识到，在身体创伤恢复以后，她的创伤并没有结束，心理创伤的恢复仍需要很长的时间。
12. 设法让她重新相信男性。协助她身边的异性（朋友、同事、兄弟、父亲）表达容忍、理解和信任。
13. 鼓励她的女性同事、朋友、姐妹以及母亲去相信她，不要回避，要与她开诚布公地谈论强奸。
14. 要是她有孩子的话，孩子应被考虑为对其情绪恢复有帮助的因素。
15. 介绍她加入性暴力受害者及其家庭成员支持组织。
16. 要知道受害者的丈夫、伴侣或情人都有可能出现与受害者相类似的症状（如噩梦、恐惧、盛怒、内疚、自责、自伤等），而且需要与受害者得到相同的帮助。
17. 鼓励受害者的丈夫或未婚夫（情人），给予她充分的时间恢复，不要有压力，在恢复性活动之前一定要让她知道，他对她依然如故，依然对她有情欲。但是从前的性生活方式的恢复则要根据她自己的恢复情况而定。重要的是丈夫或情人对待她要开诚布公，毫无保留。

以上并不仅仅是一份简单的注意事项清单，而是危机干预者心理治疗的一部分，让他们知道人们在危机过渡期应该怎么做。

PTSD 如前所述，强奸是引发 PTSD 的第二大主因。本文作者可能会用 EMDR 作为治疗干预，因为它比常用的认知行为疗法伤害更少。如果 EMDR 不起作用的话，我们就会结合以下推荐的三种认知行为疗法（Briere & Scott，2006；Cloitre & Rosenberg，2006；Courtois，Ford，& Cloitre，2009；Foa & Rauch，2004；Frazier et al.，2001）：

1. 暴露疗法，需要不断地重述创伤记忆。
2. 情绪管理，致力于教给受害者减少痛苦的情绪体验。

3. 认知疗法，用新的更适应的思维取代功能不良的认知。

这些程序会在本章Heather的案例中被提及，Heather是一位遭受童年性侵的成年幸存者。这里需要特别提到强奸特有的两种补充治疗。首先，治疗过程中面临揭开旧伤疤的风险。直面强奸是很痛苦的，但是必须要面对这个事实，受害者需要清楚了解即将发生的一切。然而，无论是像Melody这样的近期强奸事件，还是像Heather这样的童年性侵经历，都必须慎重对待。暴露疗法意味着要打破之前的防御机制来恢复受害者的稳定，尽管这种稳定可能对健康无益（Courtois, Ford, & Cloitre, 2009）。然而，由于这些防御机制被破坏，受害者可能会再次受伤。随着治疗的进展，受害者在建立新的防御机制和应对机制时势必会经历过渡转折期。因此，危机干预工作者需要关注的不仅是受害者的心理安全，同时也有身体安全。

遭受童年性侵的成年幸存者

大量的证据都表明，童年遭受性侵产生的伤害会一直持续到成年时期（Briere & Runtz, 1987, 1993; Briere & Scott, 2006; Browne & Finkelhor, 2000; Courtois & Ford, 2009; Kessler & Bieschke, 1999; Mitchell & Morse, 1998; Rosencrans, 1997）。如果幸存者未得到及时干预和治疗，他们可能会在未来的几十年内都不断重现伤害并且出现身心疾病（Briere & Runtz, 1993; Cloitre & Rosenberg, 2006; Davis, Combs-Lane, & Jackson, 2002; Kessler & Bieschke, 1999; Noll et al., 2003; Van Bruggen, Runtz, & Kadlec, 2006）。

成年幸存者的心理创伤和后遗症 遭受童年性侵的成年幸存者更容易出现以下症状：(1) 抑郁、焦虑、羞愧和屈辱（Briere & Conte, 1993; Briere & Runtz, 1988; Browne & Finkelhor, 2000）；(2) 边缘型人格障碍、解离障碍、创伤后应激障碍（Briere & Runtz, 1993; McLean & Gallop, 2003; Mitchell & Morse, 1998）；(3) 社会偏见、精神错乱、压抑、内向和人际关系敏感（Browne & Finkelhor, 2000; Lundberg-Love et al., 1992）；(4) 因为躯体疾病而频繁就医，包括慢性疼痛，如纤维肌痛、肠易激综合征和长期亚健康（Kendall-Tackett, 2008; Moeller, Bachmann, & Moeller, 1993; Stevenson, 1999）；(5) 自我印象差（Courtois, 1988; Herman, 1981）、人际关系差（Browne & Finkelhor, 2000）、育儿技能差（Ullman & Brecklin, 2002）。然而这些仅仅是童年性侵后遗症的冰山一角。

很多研究发现相当数量的女性精神病患者曾有儿童时期遭受性伤害的经历（Briere & Runtz, 1987; Kessler & Bieschke, 1999; Salter, 1995）。这些病人所表现出来的症状，除了强迫的性行为、施虐受虐式的性幻想、性识别困难以及性欲丧失外，与越战老兵的情况非常一致（Briere & Runtz, 1987; Courtois, 1988; Finkelhor, 1979; Herman, 1981; Mitchell & Morse, 1998）。女性受害者常有被强奸和殴打的经历，所以她们会像越战退役军人一样，倾向于用酒精和药物来麻醉自己，或者常有自杀的意念和企图。

而男性受害者的境遇并不比女性好，而且从本质上讲，症状与女性相同，同时还伴有性意向模糊、对成年男性不信任、同性恐怖症等，有时还会出现一些躯体疾病（Choudhary, Coben, & Bossarte, 2010; Gartner, 2005; Lew, 2004; Myers, 1986; Rowan, 2006）。或许更重要的是，Monk-Turner和Light（2011）对男性受害者的研究发现，男性的身体被入侵是他们不寻求治疗的主要原因。

二次伤害 如果女性在童年遭受了性和肉体的双重虐待，上述症状会更加严重（Cloitre & Rosenberg, 2006）。早期的虐待经历具有累加效应，早期虐待越是频繁和剧烈，后期的问题也就越严重。如果这种虐待一直持续到青少年时期，那么成年被性侵的风险就更高（Van Bruggen, Runtz, & Kadlec, 2006）。此外，如果在童年期和青少年期都经历了性和肉体的双重虐待，那么经历二次伤害的风险也会更高（Ullman & Brecklin, 2003）。遭受童年性侵的幸存者不常会在意识层面上重复受害过程；也就是说，他们不是有意促成性侵的。幸存者重演了童年遭受的身体、性和情感的虐待，可能使得再次受害或者再次被性侵更容易发生（Schetky, 1990）。与女性一样，童年遭受性虐待的男性成年后也更容易被性侵（Aosyed, Long, & Voller, 2011）。

在处理这类受害者时我们发现他们在童年时都没有受到良好的自我保护教育，因此，他们也就不会意识到哪些地方是危险的，哪些人是不能接触的。他们也更可能会像越战退役军人一样参与一些高危行为来刺激自己，证明自己还活着。因此，危机干预工作者需要对受害者进行心理教育，警告其远离一些人和场合。

童年性侵预测 PTSD 已有证据表明童年性侵是成年 PTSD 的预测因子（Darves-Bornoz et al., 1998；Kessler & Bieschke, 1999；Plefferbaum, 1997；Regehr, Cadell, & Jansen, 1999）。在对受虐儿童的 PTSD 和其他疾病的患病率对比研究中，Ackerman 和同事（1998）比较了三个组：只遭受性虐待组（sexual abuse, SA），只遭受肉体虐待组（physical abuse, PA），和遭受性与肉体双重虐待组（BOTH）。结果表明 BOTH 组各种心理疾病的患病率最高。PTSD 还与绝大多数的情感障碍显著共病。SA 出现越早，受害者越压抑，出现各种心理疾病的可能性越高。此外，当 PA 施虐者是男性时，心理疾病的可能性也更高。Darves-Bornoz 和同事（1998）的研究表明，强奸儿童时加以肉体折磨是慢性 PTSD 的预测因子。然而，如果你以为 PTSD 是童年性侵的唯一后果，那就大错特错了。受害者在其后发育过程中的情绪控制能力和人际交往技能都会严重受损，这也为以后的被虐待埋下了定时炸弹（Cloitre & Rosenberg, 2006）。

虚假记忆

将"虚假记忆（false memory）"这个概念用于处理那些儿童时期有性伤害的成人以及性虐待犯罪者身上，在干预工作者当中还是有争议的（Rubin, 1996）。这种争论在20世纪20年代达到顶峰，现在虽然减弱了，但是依然在被告人的犯罪辩护中占有一席之地。1992年 Pamela 和 Peter Freyd 成立了虚假记忆基金会，他俩都曾被女儿指控强奸。他们提出，虚假记忆的发生有以下三种原因。首先，反移情作用，心理专家将自己受虐待的记忆植入来访者以达到复仇和满足自己权力需求的目的。其次，叛逆的青少年因为对父母不满而编造性侵控告。最后，女儿将自己对父亲的强烈性欲投射成父亲对自己的性欲（Freyd, 1993）。Bremner（1998）对童年创伤虚假记忆的研究也引发了关于误解和暗示（常常发生在心理咨询过程中）到底在多大程度上导致虚假记忆的争议。

这些研究也发现应激以及神经结构的改变也会导致记忆痕迹的修改。研究表明很多声称童年遭受性侵的女性对这些经历的回忆其实是非常模糊且微乎其微的（Briere & Conte, 1993；Elliot & Briere, 1995；Williams, 1995）。Leavitt（2000）也证实那些遭受性侵的女性（包括有持续记忆和恢复记忆）与未遭受性侵的女性对罗夏（墨迹）测验的解释有显著差异。

相反，Feigon 和 de Rivera（1998）对154名精神科医生进行"记忆复原"的调查发现，心理咨询过程中产生的虚假记忆是一个严重的问题，需要引起公众以及心理专家的重视。他们的研究表明，虚假记忆的内容取决于特定的咨询师、提问方式、咨询场合以及来访者的精神状态。工作者需要收集来访者完整的心理病史，做出公正的心理评估，而不是不加判断地一味接受来访者的回忆。临床医生要避免诱导性问题，时刻保持中立，并且记住很多症状并非性侵所特有的。

本文作者的经验表明，被性侵者潜意识里是很难忘记性侵特定细节的。Knauer（2000）也支持我们的经验，但是她研究的儿童从性侵到患病时间间隔都比较短。也许更重要的是，当性侵受害者重现创伤记忆时，他们和其他 PTSD 患者对记忆的提取方式都是一样的。

尽管争议不断，对幸存者的心理治疗必须由经过良好训练并有丰富经验的心理工作者完成，他们要能够妥善处理创伤、记忆压抑和分离的创伤问题，以及童年性侵受害者的需求和风险。同样的，处理施虐者记忆的专家也要充分理解施虐者记忆的复杂形式。创伤记忆的不一致性、情绪化、脱失、短暂记忆丧失和不适等都可能影响受害者和犯罪者的回忆（Rubin，1996）。为了达到这个目的，任何工作者都不能将自己的个人经历带入治疗。我们已经目睹过这样的悲剧，这无论对于来访者还是咨询师都是极其有害的。临床医生既不能压抑也不能诱导可能的性侵记忆。相反，他们必须保持支持性的中立态度（Courtois，2001）。

成年幸存者的危机干预策略：Heather 案例

Heather 从 8—15 岁一直受到继父的性暴力摧残，包括爱抚、指交乃至性交。近 20 年来，她一直压制着一切与幼年性伤害有关的记忆和情感。令人讽刺的是，她的继父是一所大学的心理学家。现在 35 岁的 Heather 再次受到幼年性伤害回忆的困扰，并出现严重的迟发性强奸创伤综合征症状。

她的婚姻面临解体，生活也变得一团糟，与三个孩子的交流和关系也受到不良影响。她向继父发火，生母亲的气。认为是母亲夺去了她和她的自尊，也夺去了她与父母间应有的感情。Heather 唯一的女儿马上就要过八岁生日了，她为女儿的安全深感忧虑。同时，她还出现负罪感、自责、羞耻感和尊严丧失感。近几年来，她开始产生了自杀的念头。幼年时期性伤害经历的回忆更加强化了她的自杀意念。

对 Heather 的干预包括个体咨询和团体支持治疗，她都积极地参与了。在团体支持会上，她得到了很多鼓励、信息和支持，使她从悔恨、内疚和自责情绪中解脱出来。同时，她的团体就如何保护其女儿免遭性侵提出了很多宝贵建议，这些建议减轻了她对女儿安全状况的忧虑和担心。通常情况下，从支持团体中获得的信息和建议资源对于情感恢复、恐惧消除、自尊提高和最终康复都是至关重要的。本例中 Heather 就是如此（Mitchell & Morse，1998，pp. 231-238）。

评估

对于那些在幼年时期曾经历过性伤害的成年女性来说，严重的社会和家庭束缚（如被看成是家丑或被否定）使性虐待的事实被长期掩盖与压抑。一般她们得不到很好的专业精神卫生服务。她们可能被诊断为各种精神疾病，如精神分裂症、抑郁症、边缘型人格障碍等。

其典型表现有抑郁、焦虑、分离障碍和强迫（Courtois，1988）。虽然有些人可能表现得很成熟、很能干、很有责任感，但这些特征只不过是一种表象，受损的情绪存在于表象之下。性虐待受害者的认知、情感和行为可出现两极化模式，刻板而僵化地表现为一端是“我很优秀，很出色”，一端是“我是最差的，最糟糕的”，或者在两者间左右波动（Courtois，1988）。

对这些个体进行分类评估是比较困难的，因为有时她们能很好地控制情绪，表现得镇定而坚强。但有时一些很小的刺激，无论是真的还是想象的，尤其是人际关系方面的刺激，都会使她们的情绪变得极不稳定，表现为非常气愤地指责别人，或不能控制地大哭，或为自己的行为辩护。很多边缘型人格障碍患者在童年期都遭受过性侵也就不足为奇了。

在认知方面，她们可能是能干而有洞察力的思考者。然而，当出现一些刺激引起她们的创伤性闪回和侵入性想象时，则会出现与现实的分离，她们的行为就开始混乱无章起来。在行为方面，这些人的表现可以是完全正常和恰当的，也可以完全达到 DSM-Ⅳ-TR 的诊断标准。不同时间和不同维度的评估结果可能一致，也可能不一致。明智的危机干预者应致力于将那些不一致的表现作为幼年遭遇过性虐待的评估信号。

危机总是会引起治疗；和其他形式的迟发性PTSD一样，危机看起来似乎同以往的创伤事件无关，但在进一步的访谈中，随着PTSD常见症状被揭示，幼年时期的性虐待就应作为一个诱因加以考虑，而且今后的评估应重视这种可能性。如果一个成人的PTSD被怀疑是由于幼年性虐待所致，危机干预工作者应立即制订一个计划，对受害者进行全面而综合的精神病学评估，这个计划应在危机初期以后进行（Figley，1985）。

Heather最初出现在社区精神卫生中心是由于她的自杀意念和自杀行为。她服了过量的安眠药，被一位女友发现并送到医院洗胃。在交谈中，她向工作人员展示了她胳膊上的伤口，那是她用启瓶器割伤的。在自残时，她感到自己的"灵魂"已离开自己的身体。[请注意：和割腕相比，割伤自己以及其他方式的出血行为并不是企图自杀，而是一种释放压力的方式。有些人割伤自己后收集流出的血液并给自己包扎，通过这种方式寻求心灵的抚慰。此外，肉体伤疤的愈合也象征着心灵创伤的愈合，自残者用这样一种惨烈的方式来表达自己的心理痛苦，并且证明自己还活着（Mitchell & Morse，1998）。]不仅如此，她还用刀砍掉了她心爱的鹦鹉的头。尽管事后她也为小宠物的死悔恨不已，但她难以想象自己为什么会做出如此荒唐的事。她现在情绪抑郁而且找不到任何可使自己活下去的理由。

社区工作人员对她进行了分类评估，其总分为27分，同时与她签订了坚持活下去的治疗协议，然后又推荐她找精神科医生进行咨询评估以及使用精神药物进行治疗。在经历几次错误的开始并终止的咨询之后，Heather终于承认了问题的真正所在，即她的继父在她幼年时对她进行的性虐待和躯体虐待，而她的母亲却否认此事。她的双亲都在同一时期对她进行了肉体虐待。她在16岁的时候搬出去和亲生父亲住，尽管她的生父是个酗酒者，但是她终于远离了肉体和性虐待，她上大学以后就开始一个人居住了。

在急诊室她告诉医生自己的自残行为已经越来越严重，她无法将性侵记忆给压抑下去。她出现了严重的社会隔离，几乎没有什么朋友，仅有的几个中也没有一个男性。她每天穿很多衣服来掩盖自己的女性特征，即使天气很热。她从来都不化妆，几乎看不出性别。她是一个有天分的艺术家，目前兼职于一家平面设计公司。

成人期的治疗

治疗的一个主要部分就是使用创伤后应激治疗模型，将长期暴露和认知加工或认知重建（Cloitre & Rosenberg，2006；Foa & Rauch，2004；Nishith，Nixon，& Resick，2005）与处理严重情绪失调的技巧结合起来。然而，Finkelhor（1987）指出，性创伤、社会歧视、亲人背叛、小孩无助等一系列因素的相互作用，使得童年性侵的伤害远超过PTSD的其他致病因素，因此为受害者提供信任和肯定显得尤为重要。

问题的发现与认定

幼年时期性伤害者在治疗中有一个特殊的问题，这个问题在其他创伤受害者中是不会出现的。假如受害者正经历危机，我们又怀疑其曾遭遇童年性侵犯，那么此时就不要立即对乱伦信息进行调查。因为，受害者很可能会由于代偿失调、退化或分离而对现在的危机感到迷惑。在这当中，受害者的安全是首要的，这一点应在调查时或调查前予以考虑（Courtois，1988，p. 173）。一旦受害者选择对乱伦问题保持沉默，潜在危害就会成倍增强。危机干预工作者应对受害者保持高度的敏感，礼貌温和地鼓励受害者不要掩饰乱伦的事实，并对受害者的公开表示出积极的肯定。在此，信任是关键。这些受害者不仅会对成年监护人丧失信任（Elliot，1994），也会怀疑任何想要帮助他们的成年人（Ochberg，1988）。

Heather：（顾虑重重地）我不知道你对这件事怎么想。但我想我会信任你的。我再也不能忍受了。（中断。）

干预工作者：（从以前的一些征象推测可能还有的问题）不管怎样，我能看出你对此事有多么忧虑，这件事对你来说一定非常难。我在听你讲，想办法理解你的苦衷。无论如何我都想让你明白，你依然是从前的 Heather，在我眼里，你没什么两样。希望我所说的能帮助你比较容易地讲出你的遭遇。

Heather：（开始抽泣）这真是太糟糕了。

干预工作者：Heather，我可以握住你的手吗？（Heather 点头后，工作者轻柔地抚摸着她的手，温和地讲）我猜想一定有什么人对你做了什么，或者说在你身上发生了什么。那么现在一切都好了，把它讲出来吧。

Heather：我和我的继父有性关系。（讲述了一个很长的故事，她的继父和亲生母亲如何对她进行躯体和性虐待。干预者认真地听并真诚地做出反应。）

Heather：（轻声哭泣）我知道你是个咨询师。但我想你一定认为我很可怕吧。

干预工作者：我知道这对你来说有多么困难。我还想让你知道我相信你所说的事。但我一点都不觉得你很可怕。我的看法是，你是一个受害者，一个本不该发生的可怕事件的受害者。我想纠正你的一个说法，并不是你和你的继父有性关系，那时你只有八岁，你无法选择。是你的继父把性强加于你的。这两者之间有很大的差别。现在我想让你知道，你发生了什么，为什么这种糟糕的记忆会持续闪回，这件事情对你的生活会有怎样的破坏作用。

在整个开场白中，危机干预工作者都使用了肯定和支持语句。她在征得来访者同意后才握住她的手，因为有时候未经许可的肢体接触可能让来访者感到很不舒服。

这个治疗有三个主要阶段。首先是安全，其次是加工、回忆和祭奠，最后是重新归纳和整合（Courtois，Ford，& Cloitre，2009；Mitchell & Morse，1998，pp. 184-195）。首要任务就是让来访者感到安全，她的生活中已经充满了秘密，但是在这里，她将不再有任何秘密。

心理教育　心理教育对于治疗乱伦创伤引起的 PTSD 至关重要。因为心理教育能帮助受害者减轻对乱伦是“异类”“肮脏的”“精神有毛病”等说法的恐惧感。有关 PTSD 的心理教育还可以消除受害者的神秘感、迷惑感和荒诞感，让他们明白现在出现的任何适应不良行为都是对过去创伤经历的正常合理反应，同时也让来访者相信这些问题是可以通过治疗解决的（Courtois，1988，p. 173）。

干预工作者：（向 Heather 解释 DSM-Ⅳ-TR 中 PTSD 的有关内容之后）现在你应该明白，你并不是“疯子”或“傻子”，最近发生的这一切都是有原因的，我们可以治疗这一切。但这个过程可能会很长，而且在这段时间里，并不一定总是越来越好，可能会有一些反弹或出现更糟的情况，那时我们将不得不回过头来重新探究造成这些痛苦情绪的原因。我希望你能了解这一点，因为这并不是一件容易的事。现在需要你对此做出选择。如果你选择去做，我想让你知道，我们将共同渡过这一难关（咨询师解释将要实行的治疗方案，并回答受害者提出的各种问题）。

着陆

着陆（Grounding）使受害者将注意力重新专注在当前的治疗情境中（当进行电话或网络咨询时），或者是他们所处的治疗环境，以抵抗闪回、侵入性思维和解离状态开始对他们的压倒性作用。Briere 和 Scott（2006，pp. 96-97）提出以下五个步骤：

1. 努力将受害者的注意力转向咨询师和咨询过程。咨询师最常说的话就是：“我就在这里。我们一起在这里接受暴露疗法。你不在 20 年前的那个卧室里”。有时候，也可以进行一些轻柔的肢体接触。
2. 让受害者描述她现在的内心体验。“说一说你现在的感受。”如果受害者难以胜任此步骤，就直接跳到下一步。

3. 让受害者注意到她现在所处的环境——和咨询师在一个房间，它位于哪里，布置如何，有多安全，这并不是20年前她被性侵的那个卧室。
4. 假如受害者还是表现得很焦虑、很紧张，就开始教给她一些放松技巧，如深呼吸等。
5. 重复第2步，评估受害者回归治疗的能力。

着陆是治疗中的关键成分，我们教导受害者放松身心，不再沉溺于那些导致人格障碍、记忆闪回和强烈情感的痛苦记忆（Matsakis，2003，pp. 57-58；Mitchell & Morse，1998，p. 198）。Sutherland（1993，p. 23）指出通过将重心转移到地面可以让受害者意识到她经历的躯体麻木是对创伤体验的情感分离结果。我们会让受害者找一个安全的地方进行“着陆”，这个地方应该是受害者自己觉得非常安全的地方。有一个让受害者安心的办法是携带一个“护身符”，真实可触的东西往往可以将他们迅速带回现实。硬币、魔咒石、钥匙链、图腾、忘忧石等都可以达到这个效果。本文的作者经常对那些受虐的孩子使用这种策略，效果非常明显。Matsakis（2003，p. 58）也提出一些其他着陆方法，躯体着陆（如抱着一个熟悉的泰迪熊玩具），情绪着陆（如给自己写一封信），心理着陆（如大声描述自己所在的房间、大声唱歌或者读报等）。

干预工作者：现在这个房间里最安全的地方是浴室，你正坐在马桶上，很好！当我们谈论的事情开始在你脑海里重现，你开始感觉失控时，我要你赶紧冲进浴室，两脚放平，合下马桶盖然后坐在上面，随便拿起一本杂志，然后自言自语：“现在是2011年1月25日，星期四晚上9点15分，我正坐在我家的马桶盖上看杂志，虽然坐在上面有点傻，但是我现在很安全。”好好地放松，两眼紧盯着杂志上的图片，不要想任何事情。

有时候当受害者正处于危机中而干预工作者又不在身边时，通过电话让其安定尤为重要。干预工作者可以不断向受害者强调她现在的处境很安全，并让她描述周围的环境，问她是否两脚着地，假如没有，就将脚放在地上，两手抓住一些东西。最后，让她找一些人陪她一起进行着陆练习（Mitchell & Morse，1998，p. 199）。

核实

开始进入干预治疗程序后，随着以往深藏于心的创伤经历被逐渐唤醒，受害者可能会出现大量的危机转移。为使整个干预过程以及受害者与干预者之间的关系一直保持一种积极的、对受害者有指导意义的状态，并使这种关系不断得以巩固和强化，工作人员应努力做到（Courtois，1988，pp. 167-170；Longdon，1994；Mitchell & Morse，1998，pp. 90-91，184-188）：

1. 在确证乱伦发生时，即使有一些相关的重要人物否认这一事实，也不应该责备受害者。应该让受害者感到谈话是安全的，干预者决不能因为受害者参与了乱伦而对她产生厌恶。
2. 干预者作为帮助者，应始终开诚布公地、充满热情地关注受害者幼年时期发生的事情，可适当发表评论，但始终保持中立态度。
3. 不断强调受害者幸存下来是多么的足智多谋。
4. 必要时可扮演家庭教师或家长的角色，以帮助受害者恢复和发展幼年时期发育时所留下的缺陷。

消除创伤

这里所提的消除创伤就是指消除心理创伤，也就是要帮助受害者逐渐减少直至最后消除创伤境遇所造成的不良影响。具体到Heather案例中，消除创伤的含义是减少和消除Heather对自己的一些消极信念以及她误认为的在幼年时期性虐待中的软弱行为，也意味着将施虐者从记忆中抹去。

受害者的治疗过程中至少有三个关键人

物，Heather 案例中则有四个（Mitchell & Morse，1998，p. 198）：危机干预工作者、受害者（Heather）和施虐者（她的妈妈和继父）。危机干预工作者应寻求一种系统的方法来消除和纠正 Heather 对自己的错误认识，如自责、内疚和悔恨等。干预工作者应该努力帮助她重新评估自己，使她认识到自己是一个无辜的受害者。

当干预工作者涉及创伤事件时，受害者的情绪可能会出现剧烈的变化，警觉性也明显增强（Ochberg，1988）。此时，干预工作者必须非常小心，提及的事件内容要适时恰当（Courtois，1988，p. 174），以免增加受害者的心理负担，也要避免在治疗期间加剧危机。所以，在消除和重构创伤记忆前后的每一步都要小心谨慎，尽量避免发生这些危机。

干预工作者：让我们看看今天能做些什么。

Heather：我感到非常害怕。对我们想探究的细节我一点也想不起来。我的记忆完全混乱了。

干预工作者：这并不奇怪。任何一个有理智的人都会把这些事情埋在心里。假如你真的开始感到迷茫的话，我希望你能给我打电话。

Heather：（当天晚上，打电话）很抱歉我再次打扰你，但我真的有一种杀死自己的冲动。我还想到了我杀死鹦鹉的情形。这种感觉越来越真切。

干预工作者：（指导性地）依你目前的状况，你是否觉得需要住院治疗。

Heather：我不知道。也许我只想谈谈。

干预工作者：好吧。坐在马桶盖上，双脚着地，我们来聊聊。（Heather 照做了。）好的。你现在坐上去了吧，两脚着地了吗？记住我说过的话，回忆一下我们交谈过的内容。你现在又想起了许多过去的事，一些丑陋的和令人生厌的人和事。这很正常。虽然这些事是可耻下流的，但想到这些并没有什么不正常。现在我想让你想想我们是如何改变那些认为自己很肮脏的错误想法的，真实的情况又是怎样的。（重新谈论了白天谈话的内容，经过 20 分钟的谈话，Heather 已经能够控制自己的情绪，逐渐安静下来并上床睡觉了。）

干预工作者应该清楚，消除一个创伤事件并不能减少对其他事件的恐惧。这一点在那些幼年时期有过性虐待经历的成人中特别突出。尽管他们可以很好地将过去的痛苦经历从记忆中抹去，但仍有可能出现适应不良等行为退化的表现（Cogdal & James，1991）。受害者有时还会出现症状加重，这不论对干预工作者还是受害者都是一件很麻烦的事。

干预工作者对此应该有充分的思想准备，同时也要告诉受害者这种情况发生的可能性。而且要肯定地表示在治疗期间如果症状再次出现，受害者向干预工作者寻求帮助是完全可以接受的。保持牢固信任的医患关系非常重要。因为很多受害者在长时间的治疗中会丧失信心，出现畏惧和愤怒情绪，甚至终止治疗（Courtois，1988，p. 177）。治疗的第二个阶段就是重拾自我。这是一个痛苦的过程，但是必须由受害者独立完成。

延长暴露 / 认知重建

重构受害者消极扭曲的信念就是尽快让受害者分清幼年性伤害的事实与虚构部分（Courtois，1988，p. 181）。当思潮涌动于儿童性伤害经历时，受害者的精神活动就会定格于此（Cogdal & James，1991）。这种定格有助于把那些神秘的、由施虐者强加于受害者的以及在儿童时期的消极自我暗示影响下形成的不正确信息分离出来。

干预工作者：（首先让来访者紧闭双眼，全身深度放松）你想象我们现在正在放映录像。情节是：一间卧室，一场性游戏。他让你爬到他的身上吸吮他的"阴茎"。这几乎使你窒息，你感到痛苦、作呕，但是他强迫你继续直到他射精，精液喷射得到处都是，黏糊糊的。注意这个情景的潜台词是："这是父亲在教女儿如何成为女人"，"如果你这样做了，你就是个好女儿"，"你必须保密，否则就杀了你"。对此你感到困惑、迷茫、恐惧、厌恶。让我们把这个情景放在一个大的背景上，你看到了吗？

Heather：（仍然闭着眼，但身体在不停地颤动）看到了。

干预工作者：冻结这个画面，拍照，把它抓在手里。

然后要求受害者毁掉这些画面以及消极的父母指令和自我认知（Cogdal & James，1991）。

干预工作者：现在我想让你摆脱这个情景。这一切都是你的过去，而且已经不存在了。所以现在也应该把这些从你的记忆中抹去。现在就这么做，告诉我发生了什么。

Heather：我用火柴点燃它。它正在燃烧，它闪着巨大的黄色火焰，还冒着刺鼻的烟味。

干预工作者：让它烧吧。

Heather：现在它变成了一堆灰烬。一切都过去了。

干预工作者：一切都过去了吗？那么你还想对它做些什么？

Heather：把它碾成粉末。

干预工作者：就这样做。发生了什么？

Heather：我用我的鞋跟踩碎它。它什么都不是了，他也什么都不是了。

干预工作者：非常好。现在放松，你感到平静、安详与平和。

然后让受害者再重复这一过程。但这次是面对真实的事实而不是想象的景象，态度也要积极、自我鼓励，抗拒自我暗示。干预工作者要指导这一过程，并且把她的父亲重建成一个比较真实的心理形象（Cogdal & James，1991）。

干预工作者：现在你和他一起回到卧室。想象一下情景，但一切都变了。你看到他很小，非常小，非常软弱。他是一个弱小、自私、板着脸不高兴的男孩。穿着一件大人的宽大睡衣，看上去很滑稽。把思想定格于这个背景下。“他只能控制比他还小的女孩”，“所发生的一切都是他的错”，“这是个错误”，“这是犯罪”，“我会感到困惑和害怕”，“我有权利这样认为”，“我也有权利对此感到气愤”，“没有人有权这么做，没有人！”。现在冻结这个画面，拍照。让它发展。盯住它。你感觉到什么？想些什么？

Heather：（大声叫喊）卑鄙！杂种！你给我滚开！真让我恶心！你欺骗了我。为了保密你一直用死来吓唬我。你利用我，是因为你害怕别人。我是你唯一可以利用的人。你真下贱。现在你控制不了我了，你已经成为历史！

干预工作者：我希望你保持这一情景，把它放在你记忆中某一安全的地方。在任何你需要的时候都能回想起来，拿出来看看，看到那种真实的情形。你能做到吗？

Heather：能。

干预工作者：你感觉如何？

Heather：好一些，很放松，可能解脱了。

随着来访者重现这些经历，每一个场景都伴随着消极扭曲和自言自语。这些消极的自我归因是造成来访者适应不良的主要原因。通过消除这些错误认知并将其改良成更加积极的自我印象，来访者得以比较新旧认知机制，这不仅能消除和改良那些不良记忆，也能将新的应对机制应用到现在的生活中（Cloitre & Rosenberg，2006）。

重学“情感” 和越战退役军人一样，儿童性暴力的受害者都有着非常优秀的应付技巧来否定和麻木自己的感觉。但是这对于童年性侵幸存者来说问题更大，因为区分感觉是童年发展的一项重要技能。对于大部分幸存者而言，他们的童年环境并不良好，他们的父母也可能有严重的情绪失调——或情感爆发，或情感缺失。因此，很多童年性侵的幸存者可能会产生“情感失认症”，即无法识别和表达感觉。识别和表达感觉对于帮助受害者脱离不良情绪和感觉是非常重要的。Heather的悲伤和气愤情绪同越战退役军人并无不同。

从发展的角度，受害者必须重新认识和确定她们的情绪状态。Cloitre和Rosenberg用情绪和人际调节技能训练（skills training in affect and interpersonal regulation，STAIR）来帮助受害者认识和控制情绪，形成良好的应对机制。幸存组的大部分学生对于别人给他们的视觉暗示都毫不知情。例如，一位教授在向一位女士提问后很古怪地看了她一眼，这可能会被这位女士理解为愤怒或者生气。在我们的干预工作中，我们通常会用小学课堂指导技术来训练学生识别情绪。每个学生在一张纸上画出不同的脸蛋，并且附上文字描述其表达的表情，通过这种方式来帮助他们正确识别和表达感情。这项工作远不像人们想象得那样简单和幼稚。受害者报告说他们每天都在利用这些表情图来证实他们当时的情绪状态，并试图从中解脱出来。

解除哀伤

正如前文中我们与 Heather 进行的对话，认识过去、埋葬情感是承认愤怒和哀伤情绪的开始（Courtois，Ford，& Cloitre，2009，pp. 93-94）。这些情感最终可归结为悲伤与忧愁，因为她失去了欢乐的童年，失去完整的自己，失去心理健康的家庭，而生活在一个充满邪恶的家里（Courtois，1988，p. 181）。这可能是受害者面对现实时最困难和最痛苦的阶段之一。过去的一切都无法补偿和改变，她唯一的希望就是把握未来，而这也是她唯一可做的（Hays，1985）。痛苦与解脱，特别是对施虐者的宽恕，是治疗中的另一转危机点。此时，危机干预者将要进入一种悲伤和衰悼模式，见第十二章“个人丧失：居丧与哀伤”。

Heather：昨晚我和母亲通了电话，我希望能肯定地告诉她我的感受，就像我在团体治疗中一样。但事到临头，我又做不到了，我没有足够的勇气。（开始大哭）我可能永远无法摆脱这一切。为什么她还要用这些事情来威胁我，难道她做得还不够吗？

干预工作者：你有理由感到伤心，无论过去还是现在，你的母亲都没有做到一位母亲应该做的。我希望她能有所改变，但她能否做到我也不能肯定。所以，如果她做不到，你该怎么办？

Heather：我猜她不会做到，我想我最终会离开她。

干预工作者：你在母亲对你的一再打击中活了下来，而且你在没有她的情况下生活了十年，现在，也许你应该和她说再见了。（耐心地使 Heather 停止哭泣。）

对峙 幸存者对施虐者的强烈爱恨冲突是一个很难解决的问题。与空椅子进行角色扮演、写信、画画、写日志都是哀悼丧失的方式。幸存者是否会真的去和施虐者对峙，只有幸存者自己能回答。选择对峙的理由多种多样，赋权、愤怒、悲伤和宽恕（Cameron，1994）。然而，是否对峙必须由幸存者自己决定，干预工作者必须保持绝对的中立。直面施虐者并不是治疗的必经阶段（Mitchell & Morse，1998，p. 162）。此外，我们也不能臆想施虐者就会承认自己当初的罪行。

在选择对峙之前，Bass 和 Davis（1992）提出要问清楚受害者以下问题：

1. 是什么驱使你这么做？你准备好了吗？
2. 这么做你会得到什么？又会失去什么？
3. 假如没有虐待你的亲人最后抛弃了你，你能承受得住吗？
4. 假如别人说你是“疯子”，你能承受吗？
5. 假如你没有得到回应或者被拒绝，你能承受吗？

通过能力重建来改变行为 尽管应对过去的创伤和终止目前的适应不良行为对于成年幸存者至关重要，治疗的主要目标却是改变行为使其更有主见。消除糟糕记忆后遗留下的能量真空也不易填补。Pearson（1994），Mitchell 和 Morse（1998）提出了一些策略来重建技能，本章前面已经提及。

对受害者进行生活技能训练的再教育是非常必要的。危机干预工作者可充当教师的角色来对受害者进行一些基本的生活技能训练，如交流、做出决定、解决冲突与矛盾、认知重建和界限划分等（Courtois，1988，pp. 181-182）。Herman（1981）将幸存者比作移民，在进入一个与童年环境迥异的新环境后，她必须努力适应新的文化重建新的生活。基于这个观点，干预工作者不应该被突然出现的一些反常和个人化的问题所困扰。

Heather：嗯，啊，我很好奇，大夫，你是如何教育你的孩子的？我的意思是假如你孩子的行为超出了你所允许的范围，或别的什么，你将在餐桌上如何与他们交谈？还有你和你的夫人是否有过争执？

虽然这些问题有可能会被认为是触犯了干预工作者的私生活，或者是受害者企图以此来转移她们的问题，但尽可能真诚和简明地回答这些问题是非常重要的。不要从受害者所关心的问题上离开，这是受害者将自己的感知与她们认为最可靠、稳定的人——干预工作者——的感知进行对照。因此，鼓励幸存者参与治疗或者加入支持性团体是很重要的，这样他们可以验证新的行为并且参与同伴讨论。因为很多像 Heather 这样的家庭幸存者是如此的功能失调以至于他们很可能不知道正常的家庭是什么样的，应该如何运作的。Duncan（2004）描述了一个正常家庭的特征，我们相信参与支持团体是非常有价值的。

随着这些幸存者开始重建生活和人际关系，Sheehan（1994）提出他们需要克服的五个基本恐惧：遗弃、曝光、兼并、攻击和自身的破坏行为。担心遗弃是因为他们在童年时期从来都没有保护者，因此他们总是避免情感交流，因为害怕再次受伤，他们总是试探对方对自己是否真心。担心被兼并意味着他们担心失去自我控制，幸存者需要了解人际边界，因为他们的亲子边界被纳入性侵犯中去了。担心被攻击和幸存者自身或者想象的攻击有关，鉴于他们的处境，这很常见。

伴随着创伤而来的是愤怒，幸存者总是会怀疑自己能否控制他们对自己或对他人的冲动与愤怒。这些都需要团体讨论和支持，也构成了很多人的转危机点。

成人幸存者的支持团体

对于受害者而言，团体治疗能够产生大量积极效应，并且帮助他们从受害者的角色转移到幸存者的身份上来。尽管不是所有的幸存者都愿意参加团体治疗，但是我们应该积极鼓励他们加入。我们要告诉他们什么是团体治疗，团体成员是谁，保密协议相关事宜，成员们都有一些什么样的问题，团体会提供什么样的支持和信息，这对于评估、选择、鼓励幸存者加入团体治疗至关重要（Courtois，1988，pp. 253-262）。

Courtois（1988，pp. 245-249）列举出了童年性侵幸存者参加团体治疗的一系列好处：

1. 通过与其他一些看似正常的幸存者交流，个人的羞耻感、歧视感和负面的自我形象会大大减少。
2. 共同的经历提升了成员对家庭乱伦的共识，他们不再从自身的角度看待这种经历，而是从社会文化的角度看待这种现象。
3. 这个团体充当一个虚拟家庭的角色，成员可以在这个安全有益的环境里交流互动，一起解决问题。
4. 这个团体使成员可以自由安全地释放潜意识里压抑的情绪和感情。
5. 在虐待环境里产生的童年信息与准则在此受到了挑战，受害者也认清了这些信息准则是如何造就他们现在的适应不良行为的。

总之，Heather 的例子表明，处理童年性侵幸存者是一个复杂、枯燥、严谨而又困难的过程，其中危机暗伏。边缘型人格障碍在这个人群中如此普遍也就不足为奇了，这也往往是危机干预工作中最棘手的部分。要处理这些案例，往往需要大量的专业技能、耐心、共鸣和随机应变。Heather 的例子也生动阐明了为什么这类工作中最容易出现同情疲劳、替代性创伤和耗竭。

儿童期性虐待

本书一位作者经手的第一例儿童性侵案还是在1967年他刚担任中学心理咨询师的时候。他根据来访者的陈述成功地避免了一个14岁少女的自杀行为。这个故事中最有意思的一点是，当时他并不知道这个女孩遭受了性侵，只是认真专注地倾听她讲述种种“成长的烦恼”而已，直到30年之后这位女孩亲自告诉他真相，他才明白。

你也许会怀疑本书作者是个不称职的笨蛋。但是仔细想想：假如在1967年，他不顾伊利诺伊州人事和指导联系公约公然提出如何处理儿童性侵问题，很可能会被当成疯子，甚至会被强制服用抗精神病药物来镇定。无论他当时的身份是社会工作者还是心理专家，都毫无区别。然而，至少根据我们的来访者的报告，儿童性侵在当时并不罕见。

当时他在毫不知情的情况下尽其所能地为来访者提供了最好的治疗，事实上，不知道性侵的事实更有利于他的治疗。因为在当时，儿童性侵并未被大众认识到，他很可能会不知所措，不知道应该怎么处理，不知道该向谁报告，即便他报告出来也不可能被相信，因为施虐者是那个校区最大的一个工厂的经理。如今，40多年过去了，很多隐藏已久的家庭丑闻逐渐浮出水面，儿童性侵案终于得到了广泛的关注。

事实上，儿童性侵由来已久（DeMause，1974；McCauley et al.，2001），只是迫于政治、社会和文化因素，才让儿童虐待尤其是儿童性侵在美国（Costin，Karger，& Stoesz，1996）乃至全世界被保密起来（Schwartz-Kenney，McCauley，& Epstein，2001）。

在1966年，本文作者还只是一个学校咨询师的时候，美国50个州（McCauley et al.，2001）就制订法律规定所有的肉体虐待都必须上报——然而当时还是引发了很多争议，到底应该如何准确地上报这些虐待案，这样做是否会导致被起诉被撤职，这些问题到现在都不太明朗。确实，无论今天的法律怎么说，你都应该注意，当儿童躯体虐待或儿童性侵的受害者在学校暴露出问题时，可能而且常常是因为要面对施虐的父母。因此，你要明确地知道该做什么，以及如何在报告中证实它，我们认为最好是和另一位专业人士一起进行强制咨询，并让他为此做证。

然而，直到20世纪70年代，随着妇女运动的兴起，儿童保护倡导者将隐藏已久的儿童性侵问题带入公众视线，儿童性侵才得到了广泛的关注。1974年，美国通过了《儿童虐待预防和治疗法案》（the Child Abuse Prevention and Treatment Act），其中规定了其保护范围包括被性侵儿童。正如 Leontine Young 的书《周三的小孩》（1964）引起了大家对儿童躯体虐待的关注，David Finkelhor 的《性侵儿童》（1979）一书也引起了大家对性侵儿童的关注。

儿童时期的心理动力学

PTSD 不只是在成年时期有充分体现（McLeer et al.，1992）。性虐待的受害儿童比一般的住院精神病患者表现出更明显的 PTSD 特征（Deblinger et al.，1989；McLeer et al.，1992；Wolfe，Gentile，& Wolfe，1989）。性侵儿童在事情揭露的当即极易出现 PTSD 以及创伤后应激、焦虑和抑郁的症状（McLeer et al.，1998）。男孩比女孩更容易出现 PTSD，攻击行为以及性侵相关的一系列问题（Holmes & Slap，1998）。例如，Kuhn、Charleanea 和 Chavez（1998）的研究表明，遭遇过性侵的男孩比未遭遇性侵的男孩更容易出现情绪抑郁、社会隔离和品行不端（如撒谎和偷窃等），也更容易结交一些不良社会青年。

即便遭遇性侵的青少年儿童事后并未全面爆发 PTSD，其埋下的情绪和行为恶根却是影响深远且极具破坏的。除此之外，这些儿童中还存在很多其他问题，包括注意力难以集中、成绩差、侵略性行为、社会退缩、躯体化症状、过度依从、抑郁、反社会倾向、行为退化、躯体意象差、缺乏自尊、进食和睡眠障碍、大小便失禁（缺失对肠和膀胱的控制）、活动过度、自杀意念、极端泛化的恐怖（Conte & Schuerman，1988；Knauer，2000；Miller-Perrin，2001；Sgroi，Porter，& Blick，1982）。

尽管前述的症状能够代表许多儿童心理障碍，但下面这些几乎只出现在性伤害中（Goodwin，1988；Knauer，2000，pp.3-30；McLeer et al.，1992；Miller-Perrin，2001；Salter，1988，pp. 230-235）。儿童性虐待受害者一般很早到校，很晚离校，而且从不逃学。他们总是把自己关在房子里，或者把自己隐藏、封闭起来，以避免与攻击者接触。在老师和外人看来，他甚至可能是一个“品学兼优”的好学生。

恰恰相反，他们也会不恰当地、不间断地和与他们有相同遭遇的人一起参加性游戏，他们可能还有性病。这些孩子可能非常了解他们本不该懂得的性行为的细节，还会出现与性放纵相关的躯体症状如阴道或肛门出血和恶臭。性绘画、性故事和性梦也是家常便饭。他们经常会有一些解释不清来源的意外之财。他们会做出一些大胆的性暗示行为，如张开双腿、摩擦生殖器、穿挑逗的衣服。他们可能会无节制地、强迫地甚至当众进行手淫，以性感的方式挑逗成人，小孩子还可能与真的或玩具动物进行性活动，而青少年甚至会逃学卖淫。

他们可能通过切割或者灼烧的方式来自残。他们可能会突然憎恨起某个人或者迷恋上某种行为。这些行为为成人幸存者的很多心理变态行为提供了模板。

童年 PTSD 的一个特定子集是父母的虐待和忽视对其造成的影响，通常发生在儿童性侵的过程中。儿童 PTSD 的表现与成人 PTSD 是如此不同，以至于全国儿童创伤应激网络工作者提出了一个新的疾病名称——发育创伤障碍（Developmental Trauma Disorder，DTD）（DeAngelis，2007），其特征就是在发育过程中遭遇了一种或多种不良人际创伤如遗弃、背叛、身体或性虐待、情感虐待。情感反应包括愤怒、恐惧、背叛、退缩、失败和羞愧。出现 DTD 的主要标志就是发育不规范，影响了身体健康、行为、认知、关系和自我归因。他们的受虐史使他们对其监护人出现了消极预期。因此，这些小孩不再期待别人的保护，相反，他们会觉得受伤是在所难免的事（van der Kolk，2005）。

性侵家庭动力学

发生乱伦的家庭大多是那些酗酒或破损的家庭。在这样的家庭中往往笼罩着消极、欺骗、口是心非、角色含混、暴力以及社会隔离等气氛（Courtois，1988，p. 45）。孩子接受的是这样一些信息：

1. 不要表现出你的感情，特别是气愤。
2. 永远都要自我掌控，不要寻求帮助。
3. 否定所发生的事情，而且不要相信你的感觉 / 观念。
4. 没有人值得信任。
5. 保守秘密，因为没人会相信你。
6. 责备自己，任何事情都怪你。

性虐待的代代相传 通常情况下，这些家庭很容易出现性虐待的代代相传。本身就遭遇虐待的父母往往看不到自己前面的盲点。此外，Knauer（2000，pp. 18-19）指出最开始吸引施虐者的是他在自己身上看到的他那施虐家庭的熟悉特质。

乱伦的父亲往往表现出对女儿的约会、女儿与其他男性的交往等行为的极度嫉妒和偏执，总想通过威胁恐吓等方法来牢牢控制女儿，乱伦的母亲也同样如此（Knauer，2000，pp. 49-61；Rosencrans，1997，pp. 69-83；Salter，1988，p. 237）。性虐待的父亲是专制的暴君，却要伪装自己，在公共场合下造成一种负责的假象。并且他们经常隔离自己的小孩，不让他们与外界接触，不让他们结交亲密的朋友。然而，由于他们对自己能力的敏感，在性虐待时，他们会变得温顺，而且有内疚感（Herman，1981，p. 178）。

这样家庭中的母亲经常是受压迫的，她们没有独立的经济地位，而且常被配偶进行性虐待，这也是出现乱伦行为的基础之一（Courtois，1988，pp. 54-55；Herman，1981，pp. 178-179）。由于母亲身体和精神上的某些功能障碍，使得长女开始充当“小母亲”角色，这就促使父亲在女儿身上获得性满足（Herman，1981，p. 179）。当性虐待被发现，虽然也有一些母亲会勇敢地面对，但大多数母亲则表现出一种淡漠和无助。而且一旦直面事实时，往往又造成孩子身体或心灵的再次伤害（Salter，1988，p. 209）。最终，孩子成为家庭问题的替罪羊（Knauer，2000，p. 18）。

女性施虐者 虐待孩子的女性并不像我们想象得那么罕见，且更可能会被低报。Allen（1991）认为在美国被女性虐待的受害者有150万，Elliot（1994，p. 220）报告加拿大有50万。这些数据可能会高得惊人，也可能不会。一项针对遭遇性侵的拉美裔和欧洲裔美国青少年的一项研究表明，在高中男生中，52.8% 报告曾被女性虐待过（Newcomb，Munoz，& Carmona，2009）。

报道女性性侵及对受害者影响的研究较少（Allen，1991；Elliot，1994；Fehrenbach & Monastersky，1988；Knopp & Lackey，1987；Mathews，Mathews，& Speltz，1989；McCarty，1986；Nathan & Ward，2001；Rosencrans，1997），女性更多是以虐待帮凶的身份出现（Elliot，1994；Rosencrans，1997），女性虐待的后果更严重，因为她们往往被认为是最值得信赖的主要照顾者。

特别强调的是，我们要消除这样一种误解，即男孩不会被这样的性虐待所困扰，并且还从“女长辈身上学到了性经验”。Rosencrans（1997，pp. 245-253）的研究结果恰恰相反。和女长辈发生性关系往往置年轻男性于双重约束之中。如果这种体验有一点点好感，那么受害者可能会认为这不是虐待。如果这种感觉并不好，那么受害者就开始自责并且怀疑自己是个变态的同性恋（Lew，2004，p. 61）。Lew（2004，p. 61）认为如果施虐者是女性，受害者更容易压抑这种被虐的记忆，一旦这种记忆伴随着强烈的复仇之心重现，那么产生的后果也就更具毁灭性了，如果施虐者是其母亲，后果将更加严重。

“操你妈”是一种最轻蔑、最粗俗、最贬低的语言，对参与这种越轨行为的男孩而言有着各种各样的负面含义。这个词的前提是儿子是这种非法性接触的煽动者（Gartner，2005，pp. 29-30），研究表明并非如此。弗洛伊德提出的儿子对母亲有性欲的俄狄浦斯情结在此并无说服力。社会误解和文化产物掩盖了女性施虐者邪恶的真实面目，也将其虐待儿童的罪行轻描淡写化了，正如过去对男性施虐者的淡化一样（Speigel，2003，p. 15）。假如我们将这个词语变成“操你儿”，是否会让你重新思考这个词的意思以及真正的施虐者是谁呢?

被女性监护者尤其是母亲虐待的男孩面临着性别身份问题，这往往是他们的心灵屠宰场（Elliot，1994；Mitchell & Morse，1998；Rosencrans，1997）。Gartner（2005，pp. 106-120）指出，让受害者承认他与母亲有乱伦关系是非常痛苦的。然而，尽管感受到的情色刺激让他深感不安，其产生的性能力感也会为他日后对女性的错误邪恶认知埋下祸根。这并不是电影桥段中的那样，一个年轻男孩在一个美丽能干的强势女人手下如何成长为一个成熟而老练的情人。事实上男孩早期所经历的这些不良性关系可能会在日后滋生出邪恶的成人关系。总而言之，女性对儿童的虐待后果极为严重且会造成极恶的后果（Deering & Mellor，2011）。

举例来说，本文作者在咨询过程中见过两位童年遭受母亲性虐待的成人男性，这两人是他所见过的对女性最凶残的男性。对于他们所喜欢的女性，他们有着疯狂摇摆不定的“圣母-妓女”情结，可以一瞬间将这些女性从最纯洁的处女变成最淫荡的街头妓女，仅仅只是因为臆想中这些女性所犯的一些罪行。这些错觉真正可怕的部分是，这个女性根本就不知道发生了什么！Rosencrans（1997，p.252）与执法人员的非正式访谈往往证实这些被虐待的男性很容易卷入性犯罪中。

我们对女性施虐者的了解正如30年前对男性施虐者的了解一样。因此，在与一位遭遇性侵的男性受害者访谈时，聪明的危机干预工作者需要问以下问题。

干预工作者：我们刚刚谈到了施虐者。还有别人性

侵犯过你吗？我想知道是否还有女性也对你做过这样的事情呢？

由于男孩性虐待的发生率很高，并且他们往往不愿意谈论童年时被性侵的经历，危机干预工作者在提问时必须委婉而机智，即使这不是主要问题。最直白最简单的事实是，我们往往忽略这些发生在男孩身上的性行为及其影响（Alaggia & Millington，2008；O'Leary，2009）。一个典型的例子就是起诉虐待男孩的刑事指控，尽管受害者是女孩的指控相比实际发生的案例已经少得可怜了，Edelson 和 Joa（2010）的研究表明当受害者是男孩时，这类指控更是屈指可数。

儿童性侵的阶段

Sgroi（1982）发现，性虐待者的行为可以划分为以下五个阶段：（1）试探，（2）性的互动，（3）保密，（4）泄露，（5）压抑。这几个阶段在家庭内外的性虐待中均可存在。

试探 在试探阶段，性虐待者的目的是将孩子引诱到性活动当中。性虐待者要想成功，就需要对孩子使用权力并利用机会（隐蔽性的）。所以，如果我们要想寻找一些未被报告的性虐待例子，就应首先明确性虐待嫌疑人与孩子单独在一起的时间和地点。对不同的性虐待者（儿童骚扰者和儿童强奸者），我们必须采取不同的策略。

恋童癖趋向于使用引诱和圈套诱使儿童进行性活动。引诱的方法可包括欺骗、蒙蔽、奖赏等，或使用成人的威力，以一种诚实可信的口吻引诱儿童就范。圈套是通过设陷阱、敲诈等摆布儿童，迫使其就范。恋童癖可以使用一些色情图片或录像带等，使孩子觉得除与他进行这种秘密活动外，别无选择。另外，还可以找一些借口，让孩子感到自己对这样的性虐待有责任，从而将罪责强加于儿童。

儿童强奸者常使用威胁的手段（特别是带有伤害性的威胁），或以自己优势的体力强迫占有儿童。典型的情况是，强奸者会威胁要杀死或伤害儿童或其亲人，或者以自杀相威胁。其目的就是要让孩子相信，如果抵抗或告发，孩子就会为强奸者的死亡受到惩罚。强奸者以优势的体力，很容易就征服了孩子。有时还可以给孩子使用药物或酒精，使孩子处于昏睡状态。也可能使用一些残忍的手段迫使儿童就范。

大多数（约占80%）的性侵者使用诱惑和圈套这两种方法。他们往往反复试探，很少把非暴力方式转变成暴力方式。恋童癖往往不断引诱儿童，而强奸者往往使用威胁或暴力。性虐待者所使用的策略对于我们后期治疗方法的选择非常重要，受害者通常会想自己当时为什么会就范。

性的互动阶段 性虐待的类型可包括（露骨和鬼鬼祟祟的）手淫（性虐待者可先手淫，之后再与儿童进行身体接触）、爱抚、指交、口交或肛交、干燥的性交、性交、强迫儿童接触性虐待者的生殖器、强迫卖淫、看色情读物。尽管儿童没有事先同意，但孩子较容易被哄骗而与其合作，因为性虐待者——作为一个权威人物——经常使用命令、勾引的方法谋取儿童的合作。虽然儿童不够成熟、缺乏经验、未到承诺的年龄，但由于他们的屈从，仍然可以合作。

保密阶段 性虐待者告诉儿童不能让别人发现他们的行为。因为性虐待者的目的是想维持这种性关系，因此必须采取措施避免被察觉，从而能够继续接近儿童以长期对其性虐待。保守秘密的方法包括结伙分配“角色”或“游戏”等将儿童卷入活动中，同时，让孩子对保密负责。

泄露阶段 性虐待者有时是偶然被发现的，有时是被儿童或其他人故意泄露出来的。而有意的泄露往往是由孩子造成的。一般情况下故意泄露往往使性虐待变得极为复杂，原因是父母或其他人都会拒绝面对或相信这样的事。怀孕、性病、性方面的自暴自弃、男女混交、躯体伤害等均可导致意外发现。性虐待的暴露方式可影响到儿童的自尊和其对治疗的反应。例如，过分的责备和惩罚会导致儿童对成年人的不信任，从而使性虐待继续发生。

压抑阶段 性虐待一旦暴露，压制阶段就开始了。这种压力可来自性虐待者、儿童自身、父母或其他家庭成员、专业人员、社会工作者或者公共机构。感到压力的原因很多：害怕损害名誉；害怕报复；为保护家庭、性虐待者及公共机构的名誉；避免起诉和承担责任；保护儿童，避免孩子出丑；躲避善意的对抗和对克服困难、度过敏感期有益的干预；害怕受到牵连。

生存阶段 我们根据自己的经验和别的学者的报告（Besharov，1990；Kendrick，1991），补充了第六个阶段，即生存阶段。在这个阶段，我们推荐的可行性战略是：尽可能地帮助受害儿童和其家庭从性伤害的阴影里走出来。第六阶段包括：终止性虐待行为，为孩子提供一些适当的药物或心理治疗，帮助其他家属走近儿童内心，以克服由性伤害造成的心理创伤、害怕、愤怒以及不公平感（Benedict，1985）。当然还包括防止进一步的伤害（Bass & Thornton，1983），起诉性虐待者或为性虐待提供咨询（Benedict，1985）。

儿童干预策略

评估

评估包括根据法律需要完整记录性虐待事件的全部过程。利用（在解剖学上准确的）解剖娃娃可以帮助我们了解实际发生的虐待。尽管完整的全方位心理功能评估有助于衡量儿童的整体功能，目前尚无特定的方法衡量性虐待对儿童的心理影响后果（McLeer et al.，1992；Wheeler & Berliner，1988，p. 235）。从前提到的有关儿童性虐待以及 PTSD 的一些行为指标，是目前衡量性虐待后果的最佳指标。

Peterson 和 Hardin（1997）开发了一个筛查儿童性虐待的方法。儿童无需口头陈述是否遭遇性侵，而只要阐述不同的场景和主题。在儿童描述某个特定场景的特定人物时——例如描绘人在家里做某些事情的图画，有关性侵的暗示就浮现出来了。评估包括风格分析、人物处理和消极行为解释。在受虐儿童常见的图画中，我们对一系列指标进行赋分。一旦总分达到某一临界值，就预示着儿童虐待的存在（Peterson & Zamboni，1998）。但是，我们无需掌握专业的技能来区分受虐儿童的图画（Kaufman & Wohl，1992）。我们认为大部分的儿童不会画阴茎和阴道相结合的图，只有遭遇性侵的儿童才会，因为这是他的家庭交流方式。

治疗策略

鉴于儿童虐待的复杂本质，干预应该包含多个部分，以解决不同的问题（Miller-Perrin，2001）。第一个部分就是游戏治疗（Gumaer，1984；Malchiodi，2008；Webb，2007；White & Allers，1994）。White 和 Allers（1994）确认了受虐儿童在治疗过程中可能出现的以下行为特征：发育不成熟、对立和侵略、孤僻和被动、自我贬低和自我毁灭、高度戒备、性问题、人格分离。

第二个部分是基于创伤的认知行为疗法（Cohen，Mannarino，& Deblinger，2006；Neubauer，Deblinger，& Sieger，2007）。Farrell 等人（1998）发现特定的认知行为疗法（通过放松训练、积极的自我暗示、认知重组、压力接种等程序而学到的技能）可以减轻8—10岁儿童因为遭受性侵而表现出 PTSD 症状的焦虑和抑郁水平。Deblinger、Thakkar-Kolar 和 Ryan（2006）提出的认知行为疗法包含了以下步骤：

1. 心理教育。消除儿童可能的误解，帮助他们了解到他们并不是孤立无援的。
2. 教育儿童及未施虐父 / 母如何调节情绪，帮助他们发展新的认知应对技能。
3. 放松训练和创伤分级暴露疗法，让儿童了解到他的恐惧或者对恐惧场景、人和物的抗拒并非想象中的那样恐怖。

第三个部分是创伤系统途径。建立一个生态系统途径，不仅涉及儿童和父母，也涉及社区系统，如社会服务机构、精神卫生机构、学校，在整个系统中降低创伤发生后出现情感和行为失调的可能性。Saxe 和他的同事指出一个遭受创伤的儿童可能出现两种反应。首先，受伤的儿童很难调节自己的情绪和行为状态。其次，社会环境和医疗系统无法帮助儿童调节自己的情绪和行为。

Saxe、Ellis 和 Kaplow（2007）指出，要改变这种系统，就要遵循以下十大治疗原则：

1. 修复一个破碎的系统，而不只是受害者。毫不留情地将整个创伤系统摧毁。
2. 安全至上。没有什么比安全更重要的了。
3. 基于事实，制订清晰而集中的计划，致力于解决儿童情绪失调的特定部分以及儿童环境和救助系统中的不稳定水平。
4. 做好充分准备。和家庭建立一个联盟，充分考虑诸如儿童护理和交通等后勤问题，就治疗方案和治疗参与者达成共识。
5. 充分利用资源以获得最佳效果。仔细规划，认真协调，以获得最好的可能结果。治疗领域的时间和金钱都是稀缺资源，我们必须仔细计划，防止浪费。
6. 负责是关键。负责有两方面。首先是工作者将语言化为行动的能力以及评估这些行为是如何发挥作用并且改变来访者的。其次，要求儿童、家长以及社会生态系统中的其他人同样负责。
7. 着眼实际情况。假如资源不够，假如家庭系统受牵连，假如儿童发育延迟，我们就要立足现实，降低预期。
8. 照顾好你自己以及治疗团队。危机干预中的哪一部分最容易出现耗竭？本章之前已经指出。因此你必须保持良好的体力和能力，在与疾病做斗争的过程中不要让自己弹尽粮绝。
9. 努力寻找系统中的闪光点。儿童的创伤系统中总是充满病态和失败，我们很容易从中发现问题和缺陷，但是这个系统中其实也有优点。你的职责是保持积极的态度，从柠檬中提炼出柠檬汁来。
10. 离开这个新的系统。和所有的危机干预一样，你不是问题儿童和家庭永远的收留站。教育家庭如何自我照顾才是最终的目标。

你很快就会认识来自卡尔·珀金斯儿童虐待中心的工作人员，他们将以上十原则发挥得淋漓尽致。我们调动了儿童的整个生态系统，让所有的成员参与到认知行为治疗中来，这在父母身上取得了良好的效果，包括教养方式的提高，抑郁症状的改善，虐待相关情绪问题的减少，以及对儿童支持的增加。孩子们的外化问题减少了，抑郁症状减少了，家庭和学校的行为问题也减少了，他们不再有那么强烈的羞耻感、内疚感、抑郁和愤怒情绪了。也许更重要的是，社会服务、学校、执法机构、司法机关和精神卫生机构的通力合作，其产生的效应远远高于各自单纯加和的作用。

肯定与安全的必要性

开始的干预技术要求处理危机的暴露以及由此引起的害怕和焦虑。要确认和验证在儿童、施虐者和其他人身上究竟发生了什么、正在发生什么和将要发生什么。我们在 PTSD 章节中关于不要对儿童使用冲击性技术的忠告能够使我们更有把握地掌握性伤害案例的处理。如果实在需要长期使用暴露疗法，那么也要循序渐进地分级使用，并且要留出充分的时间来处理暴露之间的关系。我们还要教给儿童一些放松技巧，这样他们能学会怎样从恐惧的刺激中解脱出来。因为幼小的儿童其认知发育并不完整，通常用于成人的认知行为技术对儿童效果较差。然而，要减轻对性伤害事件和对施虐者的焦虑和恐惧，就必须使孩子重新暴露于创伤之中。

和大多专家意见不同，本书作者认为最合适的干预方法就是使用游戏疗法。在游戏过程中，可以用一些玩偶、布娃娃以及绘画材料，使他们安全地远离创伤。通过使用安全的游戏方法，采取温和、直接的态度，鼓励对性问题的重新认识和讨论。治疗师就可使儿童逐渐消除恐惧和焦虑，学会一些健康的心理感受和体验交流技能（Baker，1995；Gil & Johnson，1993；James，2003；Malchiodi，2008；Merrick，Allen，& Crase，1994；Oates et al.，1994；Pifalo，2002；Sadowski

& Loesch，1993；Webb，2007）。

恢复控制

愤怒和悲伤是儿童性伤害的情绪副产品。成人对这种情感发泄应给予鼓励，特别是当孩子把问题告诉他们以后，他们会感到不舒服而压抑这种感觉（Wheeler & Berliner，1988，p. 237）。绘图、涂色、泥塑、沙盘游戏、写作以及学会使用语言来表达情绪都是宣泄情感和失落的治疗工具。有些技术还可以通过让孩子扮演游戏角色，使其获得新生的感觉。这样可以减轻长期的无助感（James，2003；Malchiodi，2008；Sadowski & Loesch，1993；Webb，2007）。拳击玩具或拿起玩具电话报警可以让孩子们感到能够控制他们曾经无能为力的事态（Salter，1988，p. 215）。随着孩子的放松和压力的减轻，游戏技术可用来教会他们，在向同龄人或其他重要人物表达内心感受的时候如何控制自己。

教育

对孩子进行关于性犯罪和性知识的教育非常重要，因为他们对于发生在自己身上的事情一无所知，羞愧是儿童受性侵后的主要反应特征（Knauer，2000，pp. 74-82）。儿童需要知道这是成人而不是自己造成的错误。需要向儿童解释那些身体伤害的后果，而且要告诉他们身体马上就会恢复。许多孩子相信别人会通过注意他们而得知发生的事情。应当让孩子知道，他们可能感到与别人有些不同，但性伤害并没有使他们看起来有什么不一样。

了解发育过程对于提供何种教育以及如何提供治疗至关重要（Saxe，Ellis，& Kaplow，2008，pp. 7-12）。从认知方面来说，儿童并不懂得性功能。在典型的情况下，最初治疗时他们不会问及性的问题。但是当工作人员开始通过幻灯片或书籍进行性教育时，孩子就会反映他们的问题。每一个遭遇性伤害的儿童都需要一些性教育以及与暴力相关的知识（Baker，1995；McLeer et al.，1992；Oates et al.，1994；Salter，1988，pp. 217-218）。

除游戏治疗（如绘画、涂色、雕塑、沙盘游戏等）外，一种高效的社会生存教育课就是发展专业木偶项目并将教育扩展到学校，教堂和社区中心。一个典型的例子就是“积木上的孩子”系统（Block，1995）。“积木上的孩子”是用独特的木偶互动方式来教育儿童及其监护人如何认识和应对那些对儿童生活有重大影响，可能造成情绪上剧烈变化的事件。剧情的背景是由受过训练的志愿者根据儿童所面临的真实困境而设计的，再根据木偶的特点，经过详细的研究和剧情对话等进行演出。这些木偶形象会谈论一些重要的问题，然后与观众一起参加问答式的讨论。小观众可以和木偶直接见面。这种木偶剧的形式已被证明能有效消除儿童对肉体和性虐待的误解，并且重新形成良好的正确观念（Sullivan & Robinson，1994）。

自信训练

自信训练与其说是一种针对受虐儿童的治疗手段，还不如说是一种防止儿童被虐待的有效预防手段。然而，性侵儿童容易对过分要求表示妥协，他们需要学会拒绝，学会说“不”（Salter，1988，p. 219）。因为性伤害儿童很容易再次受伤，要教会他们识别危险信号至关重要，这样可以避免今后发生性虐待（Miller-Perrin，2001；Wheeler & Berliner，1988，p. 242）。

童年性侵危机干预策略：Elizabeth 案例

Elizabeth 是一个八岁的女孩，在家排行居中。她有个十一岁的哥哥和五岁的妹妹。他们同妈妈和继父生活在一起。她妈妈与继父大约是在两年前结的婚。Elizabeth 的妈妈 Mona 和爸爸在他们最小的孩子一岁左右的时候就离了婚。Elizabeth 的继父起先是对她进行抚摸，这样的情形持续了几个星期。尽管 Elizabeth 感到迷惑、恐惧和害怕，但无人知道此事。最近，当其他人都不在家的时候，继父强奸了她。他威胁说，如果她把此事告诉任何人，他将杀死 Elizabeth、她的妈妈还有她的妹妹。第二天早上，Elizabeth 告诉了哥哥，哥哥又把一切都告诉了妈妈。

在巨大的怀疑和震惊之下，Mona 拨通了她记得的报纸和电视上提供的儿童虐待热线。接下来的对话与讨论代表了一个优秀的儿童保护机构——卡尔·珀金斯儿童虐待中心职员的反应。

披露

Mona：（拨通儿童保护热线，愤怒而失控地咆哮）在吗？在吗？我要报告（开始呜咽）一起强奸。他……那个混蛋……他强奸了我的小孩。那个混蛋强奸了我女儿。天哪！我怎么会毫不知情……我怎么可以让这种事情发生呢？（继续怒气冲冲，歇斯底里地哀求工作者的帮助，并且怒骂她的丈夫。）

干预工作者：好的。我理解你现在极度愤怒的情绪，你也有权愤怒。但是我需要你现在马上镇定下来。我叫 Delaine。我需要你告诉我你的名字、住址以及你现在是否安全。

Mona：（恢复了一点理智，报出了她的名字和住址）是我的……我的……丈夫……Leon。她的继父……我发现她的内裤，全是血……哦，天哪！我的宝贝……我可怜的女儿。他现在在车上……他正开车逃往芝加哥……我要杀了他……天啊！我一定要杀了他！这是我现在最想做的事情！

干预工作者：所以现在你还是安全的，他没在家里。你女儿现在情况有多严重？她需要救护车和特殊医疗么？

Mona：我不知道。她现在有些发呆。抱着她的娃娃四处走动。哦，那个混蛋！我要先阉了他再杀了他！

干预工作者：Mona，我知道你有多愤怒和震惊，但是我需要你严格按照我说的去做。这非常重要。你不要对 Elizabeth 进行任何处理。不要给她洗澡，也不要换衣服。我要你将她带到麦迪逊县综合医院，把她的内裤装进塑料袋子里一起带过去。你知道怎么去医院么？你能把她带到医院去么？（确认母亲能到医院。）医院里会有人跟你和 Elizabeth 谈话的，我们将要对她进行身体检查。这个过程不容易，但是我们都知道要怎么做。你做了正确的事情。我将在医院里见你，我们一起完成这些步骤。明白吗？现在告诉我你要做什么，什么时候能到医院。（Mona 复述了干预工作者的话，并且确认自己能到医院。）

对于事先毫不知情的父母来说，事情揭露带来的震惊是极度戏剧化而多变的。因为强奸是一种很严重的犯罪，危机干预工作者首要考虑的是受害者是否安全，是否需要特殊医疗。最初的危机是多重的。干预工作者需要确保受害儿童没有身体创伤，震惊失控的父母能够照顾好孩子，并且合理地取证。她同时也需要让母亲恢复平静。报复施虐者只会让母女的处境更加危险。医院的场景可能会非常危险，干预工作者需要竭尽所能地告诉母亲她做了正确的事情，尽管这很困难，干预工作者会陪着她们走完所有的程序。干预工作者的首要职责就是对母亲进行危机干预，确保每个人的安全，并且帮助她迅速恢复控制（Bottoms，1999；Knauer，2000，pp. 31-47）。

事发当即

在那些身体也受到伤害的案例中，首先需要对受害者立即进行医疗评估和处理。干预工作者在确定母亲能够将女儿顺利带到医院后，立即给人类服务部和警察局打了电话，并且也给医院打了电话，告知有一个遭遇性侵的儿童正在来医院的途中，需要组建一个性侵医疗队。打完这些电话后，她马上前往医院。

Mona：（在医院，与干预工作者共处一室）我现在满脑子想的都是那个没有好下场的混蛋！他出门了算他走运，否则他现在早死在我枪下了。我有一把手枪，我会让上帝……上帝作为我的见证人……我要杀了他。我女儿怎么样了？他们把她带走了。她会没事么？我查过一些信息。他不仅仅是强奸了她，她这一辈子都会生活在恐惧之中！为什么会发生这样的事情？我怎么可以这么蠢？我到底出了什么鬼问题？他一向对她那么好，对我们都那么好！哦，我怎么可以这么蠢？（开始失声痛哭，不断把钱包甩来甩去。）

干预工作者：刚才的几个小时里，你的确是经历得太多了。在照顾Elizabeth方面你做得非常出色。你关心她的伤情也是十分恰当的。在当时能果断地冲上去，你显然是一个很优秀的妈妈。但要知道，这一切不是你或Elizabeth造成的。而是发生在你和她身上的一桩罪恶。我们会尽一切努力来帮助你。在你们住院期间，如果需要的话，我们可以派几个人与你和Elizabeth在一起。要是需要，我们还会提供一些后续的帮助和咨询随访。

但是现在，即便你的丈夫出去了，我还是担心你的愤怒情绪。你愤怒是合理的，但是Elizabeth现在最需要的，是你做一个最好的母亲。假如你杀了你丈夫，你怎么在女儿最需要的时候支持她呢？你将被送进监狱，而事实上，应该被送进监狱的人是他，不是你。让警察来处置你的丈夫吧。我们现在需要做的是照顾好Elizabeth。你能做到吗？这才是你真正想要做的，对吗？帮助你的女儿渡过难关。

Mona：我……我……我想是的。非常感激。事情发生得太快了！我不知道我怎么会落到这步田地。这真是一场噩梦，我不知道我该如何去处理它。我真是糊涂，我可以杀了他。我觉得就像是我被强奸了。这样多的事情都落到我头上，我不知道我是否有能力去应付这一切。该死！该死！这个臭男人。请原谅，我经不起这个打击。

干预工作者：这是对的。你有充分的理由对此事表示愤慨，也有权利诉说。对这样一件烦心的事，你已经把握得足够好了。而且你能直接将你的愤怒指向他，这是非常正确的，他是真正伤害Elizabeth和造成你愤怒的原因。你俩都应得到很好的照顾。没有孩子自己要求强奸的。

Mona：这是对的。我太相信他了！他利用了Elizabeth的有利条件。Elizabeth是无助的……无助的孩子。我已经告诉她，我对待这件事情的立场。首先，我会好好照顾她，然后，我要把那个混蛋送进地狱。

干预工作者：Mona，我知道现在事情非常混乱，你不知道将要发生什么。我现在就告诉你将要发生的事情，以及要怎么解决这些事情，这样你就不会如此失控了。今天我们要走完每一个步骤，我们要做的就是确保Elizabeth顺利完成这些步骤。我将会非常仔细地向你解释接下来要做的事情。如果你有任何问题，随时都可以打断我。没有什么问题是愚蠢的。我要你充分了解即将发生的一切，这样你可以迅速恢复控制。Mona，现在最重要的事情就是你要恢复控制。现在，我将以命令的口气安排你做事，直到你渡过危机重新控制了自己。你也可以自己做主，任何时候你都可以中止我。（干预工作者耐心地解释了后续事情的细节，在Mona有问题的时候就立刻停下来解答，并且检查她是否理解了一切。）

干预工作者允许Mona表达她的愤怒，也未被她的情绪爆发所惊吓到。干预工作者鼓励她宣泄自己的情绪，并且让她知道无论是她自己还是Elizabeth都不应该为此受责备，这个策略可以让Mona知道她能掌控自己，工作者相信她，而不是打断她的愤怒指责她。人类服务工作者在自己的职业生涯中必须时时刻刻保持镇定和冷静。没有什么比儿童遭遇性侵或肉体虐待更让人心碎和恶心的事情了。此时干预显然需要强大的法律支持。但是更重要的是，假如干预工作者将自己的愤怒直接指向父母，那么这种愤怒就会被误解为指向受害者。

有时候，当施虐者依然构成威胁时，干预工作者就必须承担起保护受害者的职责。在将施虐者缉拿归案之前，需要将受害者及家人转移到安全地带。干预工作者要不断安慰母亲她做了正确的事情，照顾好了女儿。这是非常关键而重要的策略，因为受害者的父母可能会认为自己本来可以更加警觉而避免悲剧发生的，从而过度自责和内疚。受害者也必须确保母亲不会对施虐者采取报复从而让自己身陷囹圄（Knauer，2000，p. 46）。杀掉她继父对 Elizabeth 并没有好处。最后，干预工作者耐心地告诉母亲即将发生的事情。对于后期程序的详细解释能够帮助家长迅速恢复控制。

教育的两个方面很重要。首先，详细地告知即将经历的法律程序以及母女要做好的准备可以让她们提前知道后面的步骤，而不至于被儿童性侵的一系列社会、法律和心理过程弄得措手不及。其次，告诉家长事发当即如何正确处理孩子的问题能有效防止孩子遭受二次伤害，并且减轻父母的内疚和自责感（Bottoms，1999）。在最初的揭露和访谈阶段，可能会出现更加震惊的事实，而且并不罕见，即，母亲揭露她也曾经遭遇性侵，并且还发过誓再也不要让这样的悲剧在自己孩子身上重演。

Mona：（把头埋在手里，低下头）都是我的错。是我让这一切发生的。上帝知道我应该知道这一切的。我的叔叔 Ralph 在我 14 岁时对我做了同样的事情。我试图告诉妈妈，但是她却置之不理，因为 Ralph 叔叔在我妈妈离婚的时候帮助了她很多……我甚至没法保护我的女儿。我比我妈妈好不到哪里去。

干预工作者：（表现得很镇静，让 Mona 慢慢诉说她被性侵的历史）你和你妈妈截然不同。正如你说的，你妈妈没有反抗是因为她依赖于你叔叔，所以她很害怕。你却一点都不畏惧，你发现事情就立马采取了行动。看到区别了吗？天壤之别！现在你就是世界上最好的母亲。你看到区别了吗？

干预工作者尽管有些惊讶，却还是迅速发现了 Mona 母亲和 Mona 的不同反应。她再次肯定了 Mona 能够及时采取行动，是一位合格的母亲。

起诉罪犯

与小孩访谈

每当有孩子遭遇性侵，有两个主要措施必须采取。首先是照顾好孩子，确保其人身安全。其次是收集证据起诉罪犯。假如性侵很久后才发现，那么就需要进行访谈来收集足够的证据。在过去，报告儿童性侵案往往涉及无数的访谈，包括医务人员、警察、社会工作者。这种吓人的环境以及对事件的不断复述会让孩子感到惊吓、内疚、迷惑，因而不能完成与这么多咄咄逼人的陌生成人的访谈。如果处理不当，孩子很可能会遭遇二次创伤（Bottoms，1999）。

为了阻止这类悲剧的发生，卡尔·珀金斯中心使用了一种特殊的访谈程序，这种程序目前已经应用于很多其他儿童保护机构。它是处理儿童性侵案例的良好模型，现在已经开始在全国范围内推广。在一个安全屋里，一位训练有素的法务官耳朵里戴上耳机，一边访谈，一边录音。其他的职员则藏在一面单面镜后倾听，假如他们对某一个部分需要更多的信息，就会通过耳机传达他们的问题。这里必须强调的是法务官必须“训练有素”。因为这是一起刑事案例，干预工作者需要在不歪曲孩子证词的情况下收集信息。换言之，一般的精神卫生工作者是没有这种技能的。然而，事情揭露后孩子的心理健康也至关重要，典型的警察问询很可能给他带来巨大的压力。因此，无论谁进行这场访谈，既要取证熟练，又要确保孩子感到安全。在卡尔·珀金斯中心，通常由一位非常体贴和善且以孩子为中心的法务官在一个温暖舒适的房间里对孩子进行访谈，而不是传统地关在一个冷冰冰的铁屋子里拷问（Bottoms，1999）。工作者也可以用娃娃或者画画的方式弄清楚孩子被性侵的部位（如生殖器、嘴巴）。[注意：这里提出嘴巴，因为口交在儿童性侵中很常见（Knauer，2000，pp. 5-6）。]

如果孩子事先并不知道性侵的知识，而是以

一种很自然的方式讲述性侵经历，干预工作者必须保持头脑冷静，认真倾听，随时准备转诊。通常卡尔·珀金斯中心的工作人员会在当地学校上演“积木上的孩子”木偶秀。在做完性侵预防教育后，他们会邀请可能遭遇性侵的孩子过来谈谈自己的经历。有时会有很多孩子蜂拥而至！在这种情况下，工作人员需要冷静地记录相关信息，及时将孩子转入家庭服务机构（Bottoms，1999）。

做完检查后，干预工作者需要告诉孩子，他们身体没有问题，他们身体的某些部分也没有坏，他们没有得 AIDS，也不会死。对于女孩，还应告诉她，她不会怀孕（Bottoms，1999）。

干预工作者：（非常同情地坐在 Elizabeth 身边，抓住她的手）Elizabeth，我是卡尔·珀金斯儿童中心的 Delaine。我猜发生了一些非常可怕的事情，你现在肯定感觉非常糟糕。我想跟你谈谈这些糟糕的事情。你感到害怕是正常的，因为这确实是一件很恐怖的事情。但是现在你安全了，我们和你妈妈都会保护你的。所以如果可以的话，你要回答我们的问题，告诉我们发生了什么。

Elizabeth：（做完体检和法务官的询问后）当 Leon 将他的小弟弟插入我的身体时，真的好痛。我出了好多血，我会死掉么？我会怀孕么？

干预工作者：不，你不会死的。疼痛和出血都是正常反应。但是医生说了你没有问题，Ann 医生很快就会回来告诉你你没有问题的。我跟医生核实了，你现在年龄太小，根本不可能怀孕。Ann 医生会向你解释这一切的，所以你不要担心。

对于不了解自己身体功能的孩子而言，我们必须立即减轻他们对性侵后果的恐惧，这一点至关重要。这里颇受争议的是，孩子的体检到底是在儿童保护机构进行，还是在医院进行。很多时候，儿童保护机构温暖舒适的环境比冷冰冰的医院更适合受害者体检。但是反对者认为，孩子很可能会将不愉快的体检过程与保护机构的环境联系起来，从而不利于工作者后续的干预治疗（Bottoms，1999）。

让孩子作证

性侵是刑事案例，有时候可能需要孩子亲自出庭作证。要一个孩子在法庭起诉一个照顾自己的亲人或者威胁自己及家人的人是一件很可怕的事情。根据孩子的年龄，卡尔·珀金斯中心使用木偶、书本和录像的方式教育孩子法庭需要怎样的证词。在孩子出庭之前，该中心的职员还会提前将孩子带到法庭熟悉环境，减轻他的恐惧心理。职员会解释每个人的角色以及接下来的每一个步骤。他也会同孩子进行角色扮演，让他知道法庭是如何运行的。孩子可以审视整个法庭，提出问题，坐在法官和证人席上，这样当正式开庭时，就不会被惊吓住了。

另一个问题就是出庭的时间。众所周知，法庭很少准时开庭的。一整天都坐在法庭外的长凳上等候开庭，施虐者就坐在身边，显然不利于孩子及其家属的心理健康。因此卡尔·珀金斯中心会将孩子及家属留在中心，直到法庭打来电话说可以开庭才把他们送过去。庭审结束后，孩子被带回中心，工作人员会简单地询问他“感觉如何？”来减轻近距离直面施虐者的余悸（Bottoms，1999）。

从事情揭露，到发现施虐者，再到庭审，这个过程可能会历时一年之久，其间受害人可能会经历很多转危机点。危机干预工作者必须确保成功克服每一个危机点。因此一旦发现性侵案例，卡尔·珀金斯中心的职员会迅速采取行动帮助孩子及家属解决问题并提供治疗，这个时期至少持续一年（Bottoms，1999）。

余波

通读本章你会发现任何被性侵的孩子都需要心理咨询。这种乱伦关系的败露会将整个家庭置于危机中（Knauer，2000，p. 46）。父亲面临着失去他的嗜好，可能被判有罪，失去他的家庭，并且在社会上还会留下污名的危险。母亲也会在丈夫和女儿之间徘徊。而女儿也会觉得丢人、羞愧、受罚，而且仍然没有得到保护（Herman，1981，p.183）。工作人员也面临着危机，能否相信这个孩子的故事，究竟该做什么。然而，按照美国国家法律规定，儿童性伤害与其他身体伤害一样，一旦发现，必须上报（Sandberg，Crabbs，& Crabbs，1988）。儿童性伤害是一种犯罪行为，必须严肃处理。对于那些还在犹豫是否相信儿童报告的工作人员，你们要知道在所有的儿童性伤害投诉中，假案不到5%。

相应的，在家庭压力等驱使下，撤诉的儿童也不少（Goodwin，1982）。所以，除非有其他一些确凿的证据，孩子的指控应该被当作真实情况接受。工作人员最初的反应应该是将此事报告给儿童保护服务组织，并且给予安全保障（Sandberg，Crabbs，& Crabbs，1988）。

由于这样的行为既是一种犯罪活动，也属于一种成瘾行为，所以通过家庭来解决是无效的。正确的方法是立即将此事报案，同时与当地家庭服务组织及法律援助机构合作（Sandberg，Crabbs，& Crabbs，1988）。只有这样才能把犯罪的父亲驱逐出家门。让孩子离开家会带来一些负面影响，因为这有可能被孩子理解为抛弃，而且增强了父母与孩子的对立。我们要让孩子知道，乱伦这件事不是她的过错，我们要赞扬她的勇气，告诉她她所做的一切没有伤害她的家庭，而是在保护她的家庭，即便她撤诉，她的家庭也不会抛弃她（Herman，1981，pp. 184-185）。

咨询

后续护理能够有效预防孩子长大成人后出现的一系列问题，遭受性侵的儿童日后可能会出现的典型不良行为包括：撒谎、偷窃、打架、语言和行为顶撞、滥交等。

男孩通常会将愤怒外化，表现为对其他小孩进行性侵犯，欺负别的小孩，毁坏公物等。女孩通常将愤怒内化，表现为饮酒、吸毒、饮食紊乱和卖淫。预防这类行为问题和处理创伤同样重要（Miller-perrin，2001）。卡尔·珀金斯中心通过团体和个体咨询，采用游戏疗法、治疗游戏和角色扮演等方式对小孩进行预防教育，以防止这些不良行为的出现。该中心沿用了创伤系统途径（Saxe，Ellis，& Kaplow，2007），并对其进行改良，与家庭、学校和社会服务系统合作（Saxe，Ellis，& Kaplow，2007；Steele & Malchiodi，2008），内容包括基于创伤的认知行为疗法（Neubauer，Deblinger，& Sieger，2007）、游戏疗法（Haen，2008；Malchiodi，2008；Nisivoccia & Lynn，2007）、团体合作。这种综合疗法构成了一年随访的预防指南。

团体咨询

团体咨询可以让受害者知道他们并不是特例，从而将这种经历正常化。随着孩子开始与同伴分享共同的经历，他们就不再感到孤立无援了。同伴互动能够产生共鸣、友情，并提高自尊。通过确认他们的经历，团体将责任的重心从自己身上转移到施虐者身上。此外，特定的团体规则有助于孩子掌握正确的行为规范，确立合适的人际关系边界，也学会合理地表达情绪（Knauer，2000；Nisivoccia & Lynn，2007）。通常团体每月会面两次，持续一年。

团体治疗中并不对这些经历进行粉饰。相反，团体领导会以一种很直白的方式讨论这些问题，并且教育孩子如何正确处理他们在应对创伤过程中可能会出现的情绪、行为和思维问题。他们的理念是，如果能开诚布公地讨论这些问题，受害者就不会再受伤害，并且会开始重新掌控人生（Bottoms，1999）。

被性侵的孩子可能会被施虐者以及其他家庭成员告知，她是导致家庭破坏的罪魁祸首。我们必须不断地向孩子强调性侵不是她的过错。没有处理儿童性侵案经历的干预工作者是不知道这一点的重要性的。事实上，很多性侵儿童都认为这是他们的错，是他们的揭发导致整个家庭的毁灭（Bottoms，1999）。

团体的年龄跨度一般在2—3岁。3—5岁

的孩子由于注意力难集中，一般不参与团体咨询，只接受个体咨询。由于使用的技术和课程不同，孩子又被分为阅读组和非阅读组。团体成员同时也要接受每月两次的个体咨询治疗，与团体咨询轮流进行。因为不同孩子在应对创伤时可能表现出不同的行为问题，例如偷窃，那么个体咨询就会有的放矢地针对偷窃行为进行干预治疗（Bottoms，1999）。尤其对于年龄较小的孩子，治疗不能仅仅限于说教式。游戏是传播信息的最好媒介。木偶（Webb，2007）、戏剧表演（Haen，2007）、阅读疗法（Malchiodi & Ginns-Gruenberg，2007）、沙游疗法（Carey，2006）、艺术疗法，还有针对大孩子的棋牌游戏（Schaefer & Reid，2001），都是教育孩子合作和亲社会行为的良好媒介。

边界问题

边界问题（Boundary Issues）在这个人群中普遍存在。通过与施虐者长期保持性关系，小孩获得的积极反馈以及关注会泛化到其他人群和场合中。因此，卡尔·珀金斯中心首先要冲破的障碍就是重新建立合适的人际边界。

性侵将小孩的正常边界颠倒过来，他们会潜意识地认为性是获取关注的唯一途径。感官上，这种感觉很舒服，他们并不会觉得是虐待（Knauer，2000，p. 10）。以下就是卡尔·珀金斯中心处理的一个典型例子。

副主任：我正在对一个遭受性侵女孩的母亲进行家访。我此行的目的是帮助母亲掌握一些育儿技能。我并不是去照顾那个小女孩的，但是她不断地试图引起我和她母亲的注意。她并不满足于我们给她的书和玩具。随后她离开了房间，回来的时候身穿睡衣，试图吸引我的注意。当这招不管用时，她就走过来坐在我身边越靠越紧。当我依然只注意她母亲时，她开始吻我，最后把舌头卷进了我的嘴唇里。在她试图获取我的注意和喜欢的过程中，她显然没有任何人际边界的意识。人际边界并不是什么高深的学问，她却对此毫无概念。这些孩子往往将爱、关注和性融为一体。我已经记不清我发现了多少个6—8岁的孩子与其他孩子发生性行为，在他们这个年纪本来是应该与洋娃娃和小熊玩具一起玩耍的啊。所以我们会花很多时间讨论什么是正确的人际边界。

对非施虐父母提供团体支持

对于母亲，进入支持/治疗团体可能有较高的难度，但这可能是使她的家庭重新联系到一起的唯一途径。我们应该简明扼要地向母亲陈述事实，而且应积极鼓励她参加治疗团体，为配偶设立的治疗团体能够使她们放弃对自己女性素质的怀疑，重新恢复对自己以及家庭的控制和掌管能力，减少自责和犯罪感，重建母女纽带（Brittain & Merriam，1988；Salter，1988，p. 211）。

预防二次伤害

也许最悲剧的就是非施虐父/母对孩子的二次伤害。通常会出现这样一种角色反串，即孩子不仅是施虐父/母的性对象，也是非施虐父/母的情感寄托。孩子开始取代施虐父/母而成为非施虐父/母的真正配偶。这种角色反串可能由非施虐父/母心理上取代孩子的角色引起。

因此，干预工作者要花很多时间与非施虐父/母相处，帮助他们重新恢复一家之主的地位。最后，也要教育非施虐父/母下一段关系不要重蹈覆辙，而这通常很有可能发生（Bottoms，1999）。

卡尔·珀金斯中心对卷入性侵案的家庭所提供的不仅仅是短期干预治疗。事情败露后引发的多重危机也决定了这类可怕问题没有速效药可以解决。一个家庭要重新恢复平静和稳定，至少要经历一年的危机，为了成功应对，必须在每一个步骤提供合适的帮助。

个体咨询

紧随孩子性侵案后的个体咨询有两个主要目的，其一是确保孩子能够安全地讨论性侵事件。回避是孩子对创伤事件的常见应对机制，他们通常也不愿意讨论这些（Webb，2007，p. 55）。其二是重建认知，评估创伤，使其不再颠覆孩子的生活。

对孩子的干预不能单独进行，还应让其他非施虐父 / 母也参与进来（Mohl，2010）。Neubauer和同事（2007）、Saxe和同事（2007）均指出，对孩子的创伤治疗应该与父母的培训和治疗同时进行。Neubauer和同事指出个体治疗中，首先应将父母与孩子区别对待。原因是建立一个安全的环境让父母和孩子都能开诚布公地表达他们的感情和想法，这在现有的环境下往往很难做到。接下来，当父母和孩子都得到了足够的训练和教育后，再将他们带入共同治疗中。这个时候，孩子描述被性侵的整个经过，父母则坦诚表达自己的感受，并且一再肯定孩子的勇敢行为。最终的结果是，首先控制了父母和孩子的不良情绪，然后通过治疗、心理教育和父母培训，父母和孩子都能翻过这一页，重新开始新的人生（Saxe，Ellis，& Kaplow，2007）。

第1部分：建立安全地带 在这一个公开治疗阶段，干预工作者通过询问小孩最喜欢的事情来试图建立一个安全的治疗地带。

干预工作者：Elizabeth，很高兴认识你。我叫Delaine，是这个中心的心理咨询师。我们今天会一起待一会儿，所以我想多了解你一点。你是否可以告诉我你最喜欢做的事情是什么，或者你最想做的事情是什么。也许你这周或今天就做过了？

Elizabeth：嗯，我想我现在最想待在家里，但是我喜欢骑自行车到我好朋友Cindy家的树屋上玩，那里非常干净。我们经常在上面玩洋娃娃和玩具。

干预工作者：不错，很好。所以你现在有一个值得信赖的好朋友，你可以跟她一起玩娃娃。我也知道对你们小孩来讲，玩具和画画是表达感情的很好方式。你现在看看这个房间，这里也有很多玩具，那里还有一个沙盘，任你选择，你最想要哪个呢？

干预工作者为孩子创立了一个安全舒适的良性环境。她也引导Elizabeth进入游戏治疗。

与此同时，干预工作者开始教育父母让其知道孩子在治疗过程中可能出现哪些症状和行为，随着孩子开始调节情绪和行为，父母开始学习新的交流与行为管理技能，势必会出现一些转危机点。当孩子开始和干预工作者建立信任纽带，干预工作者就进入下一个创伤阶段。

第2部分：介绍创伤材料

干预工作者：我想你已经很擅长用这些东西表达你的感觉和想法了。我相信你也是个很聪明的女孩，知道我们现在要讨论一些发生在你身上的事情，这些事情让你跟妈妈心里都很不舒服。你懂我的意思吗？

Elizabeth：就像Leon对我的所作所为。

干预工作者：对。我们可以一起谈谈，或者你也可以直接告诉我发生的事情，我知道你很喜欢画画。

Elizabeth：嗯，他摸了我不该摸的地方。（开始拿笔在纸上漫无目的地画了起来。）

干预工作者：好的。他还做了别的吗？

Elizabeth：（继续画画，一言不发。）

干预工作者：好的，谢谢你和我说了这么多。你现在在画什么呢？这些线条看上去有点乱。

Elizabeth：这些线条到处乱跑，没有连接。

干预工作者：你有时候也会这么感觉的，对吗？

Elizabeth：也许吧。

干预工作者：是的，Elizabeth，那就是为什么他要进监狱的原因。你知道吗，我觉得你应该将你的经历写成一本书，就用你画的画。

这次的交流意味着干预工作者已经进入到让Elizabeth复述整个事件的阶段了。Saxe和同事（2007，pp. 269-271）提议让孩子将可以与干预工作者分享的内容写出来，他们认为写书的过程使孩子得以以图文并茂的方式记录整个性侵经过。他们提出了一些标题，如“与我有关”，“我的家庭”，“一些坏事发生在我身上”，“悲剧发生后，一切都已改变”，“有些东西依旧如故”，“未来我要怎么保护自己”，“当脑海里有不好的想法时我使用的放松术”。事实上，这些标题都可以成为心理治疗的主题。一旦记录下来，Elizabeth 就可以迅速参考她的章节，以自己的方式而不是听从咨询师或书本的指导，学会一些行为认知方法，如深呼吸、放松训练，在事情变得失控之前自己喊停等。

初步尝试时往往会遇到一些阻碍，但这是一个新的开始，这一堆杂乱无章的线条很可能代表着这个小姑娘的内心。同时，干预工作者也会给 Mona 布置家庭作业，讨论她在保护和教育 Elizabeth 中的进步，此时的焦点不是 Elizabeth，而是 Mona 的反应。

干预工作者：所以，你现在看完了 Becker 的《父母是老师》(1972) 一书，也给予了她很多支持和强化。非常不错。这表示你不仅仅帮助你的小孩完成了行为的大改变，也帮助你自己完成了行为改变。那么当治疗时间之外，小孩出现行为问题怎么办？

Mona：这个确实有点麻烦。发生这一切后每次送她回房间睡觉我内心都很沉重。我是如此爱我女儿，当我知道这一切都是那个混蛋所作所为之后，我觉得自己都要被撕裂了。

干预工作者：所以想一想上周发生的最好的事情和最坏的事情。是什么支撑着你继续对女儿进行强化治疗，和继续读这本《父母是老师》的呢，有哪些消极的东西让你想放弃呢？

正如她对 Elizabeth 所做的一样，干预工作者不仅在训练 Mona 新的育儿技能，也在教给她掌握积极的自我暗示和自我鼓励的方法。简而言之，她也在教育 Mona 调控自己的情绪行为。

卡尔·珀金斯的职员每月与非施虐家长见面两次，持续一年。性侵揭发后，孩子可能会出现行为异常。没有经过教育培训的父母可能会对孩子表现出来的这种前所未有的行为感到震惊 (Knauer, 2000; Miller-Perrin, 2001)。因此，通过家访和育儿培训来教育和引导孩子的行为尤其重要。如果没有这种培训，孩子和父母之间的冲突又会引发新的危机。警告归警告，一旦父母发现孩子的异常行为，危机干预工作者就要立即着手处理。因此，中心职员会与家庭保持密切联系，一有情况，及时干预 (Bottoms, 1999)。

行为异常的典型表现就是偷窃。很多家长的下意识反应就是通过羞辱来改良孩子的行为。但是这种方式很可能会与孩子已有的羞耻问题混淆。另一个例子就是性行为外显。当非施虐母亲开始结交新的男友时，她会为女儿与自己的新男友亲密举止而感到震惊。施虐者被移出生活后留下的真空，孩子对爱和关注的需求，以及对人际边界的迷惑，都会使母亲的新男友成为小女孩的新迷恋对象，她会继续误认为性是获得爱的唯一方式 (Bottoms, 1999)。

在第十四章我们会详细谈到家访和潜在的暴力危险以及机构的暴力行为。然而，你必须清楚地了解到，即便一个施虐者已经从受害者的生活里移出了，在进行家访时你依然必须格外小心，有备无患，这其中包括了你自己的人身安全。Saxe 和同事 (2007) 提出“当场”抉择树模型，教导你当进入一个处于危机中的家庭时你应该怎么做。第一个问题就是问“这里是否一切平静，是否会发生一些不寻常的事情而引发危机？”，第二个问题就是“我有多安全？”。如果问题的答案是“不确定”的话，那就赶紧离开。

家庭干预也包括案例管理活动。准备出庭、获得律师、寻找临时住处、交通、处理学校问题、申请受害者补助以及其他家庭支持机制，这些仅仅是重建家庭的很多步骤的一小部分 (Bottoms, 1999)。正如 Saxe 和同事 (2007) 所说，这是一个综合性的努力，必须要解决整个系统才行。

危机部分 以上听上去不错，但是事实上，性侵儿童的治疗很少以一种友好、平稳、线性的方式进行。有很多的转危机点是我们必须要考虑的。

Elizabeth：（将自己在沙盘上精心建立的新家摧毁，开始流泪）这不可能实现！学校里有小孩说Leon会被放出来的，就像他们的爸爸一样回家。**我讨厌这个愚蠢的沙盘游戏！这一点用也没有。我们永远也不会安全的，我讨厌治疗，讨厌你，Delaine女士，都滚蛋吧！**（轻蔑地站起来，非常厌恶地看了Delaine一眼。）

干预工作者：（一言不发，捡起地上的模型，重新建立着什么。）

Elizabeth：（坐在角落里憎恨地看着Delaine，随后又慢慢地走了过来）你用这些沙土和愚蠢的棍子做什么？

干预工作者：我将要建一些东西，我认为当事情很糟糕的时候会有用处。我猜你现在如此绝望无助，你没法帮到我。

Elizabeth：我没有这么说过，是吗？

干预工作者：（将沙盘的沙吹走，展现出一个蓝色的木板）这是一座桥。我在湍急的水流上建了一座桥。但是这座桥必须很牢固，要有好的地基，结实的桥梁，以及钢丝绳，因为它必须很坚固，不能垮。桥上站着很重要的人……像你的妈妈还有你。

你的父亲也许有一天会出狱，但是那时你已经长大成人了。不过你在以后的人生中也会遇到类似的绝望无助的境地，也许是你自己的行为，你妈妈的行为，或者其他人的言行造成的。所以这必须是一座坚固的桥。我想把你的家放在桥的另外一边，那里充满了阳光，种着棕榈树，还有沙滩椅，而不是充满沼泽泥泞的这一边。但是我自己无法完成，因为这是你的桥。

Elizabeth：（开始不情愿地帮忙建桥）也许吧。

干预工作者：（在桥建好后）你现在感觉如何呢？你看你真的可以走出泥泞的。我要给这个桥拍个照，我希望你把它放进你的书里。这很重要，因为这说明你可以走到另一边，可以自己建桥安全抵达彼岸。我们做了这么多努力，你其实已经成功到达彼岸了。不要再回头了，你已经过河了。但是以后遇到类似困境时，你要牢记我们刚建的那座桥是你的桥。Elizabeth，这是你自己的桥，以后你可以一直使用。现在站到桥的另一边，给我一个甜甜的微笑。

当受害者感觉无法跨过“急流”时，画画或者架桥填补了受害者内心的空白。架桥训练主要用于评估受害者到了哪一步，下一步是什么（Martin，2008）。这里我们使用架桥作为一种治疗方式来重新镇定Elizabeth，告诉她已经到了哪一步，下一步是什么。本例中，危机干预工作者非常果断而主动地采取行动，指导Elizabeth进入游戏；一旦她稳定了情绪，干预工作者又退回到协助者的身份，随着Elizabeth不断恢复自我控制，干预工作者就不再扮演指导者的角色了。

最后一部分：升华 Saxe和同事（2007）所指的干预升华发生在父母与孩子进入联合治疗的阶段。这个概念意味着父母和孩子都能开诚布公地谈论性侵事件。干预工作者可能会以一个游戏节目开始，并且询问他们关于性侵的问题（Neubauer，Deblinger，& Sieger，2007）。随着幸存者和家长再次联合，我们鼓励孩子读出她书中的章节。Saxe和同事建议每个疗程读三章。在孩子读这些章节的同时，家长会提出自己的感想、并且告诉孩子她能够勇敢地在纸上记录下自己的思想、感情和行为是多么棒（Neubauer，Deblinger，& Sieger，2007）。

小 结

有关性侵的研究持续表明，性侵发生率总是被低报。大多数的报告显示，强奸者或施虐者为多为男性，他们可来自社会各阶层。大多数的施虐者视受害者为捕获的猎物而不是一个人。他们施虐通常并不是为了满足性欲，而是为了显示控制力、发泄多余精力、惩罚、征服、打击、伤害、侮辱、破坏他人。施虐者通常否认、轻描淡写，或将他们的行为合理化，很少承认他们是性攻击者；相反，他们常将责任归咎于受害者的引诱，或认为是她们应该受到惩罚，或认为这是教育他们成长的经历，或这种性活动是由她们引起的。

强奸是一种复杂的现象，涵盖社会心理、文化和人际等多个方面。没有特定的因果公式可以解释为什么一个人会强奸另一个人。最终，很多人都对强奸持有错误的假设、信念和理解，男人和女人在对待强奸的态度上也不同。

约会和熟人强奸，尤其是发生在大学校园里的强奸，已经成为一个日益紧迫的问题。这个问题随着吸毒或饮酒等与约会强奸有关的行为而加剧。男女对约会和熟人强奸的不同理解不利于此类强奸的预防。研究不断表明，男性对强奸的宽容高于女性。

最近，儿童强奸和性暴力引起了人类服务部门的广泛关注。为了帮助儿童免遭性侵，人们在危机干预领域、心理咨询领域、法律、社会和心理干预领域做了大量的努力。鉴于最近发现的儿童期的性侵经历造成的不良后果会一直持续到成人，这些干预和预防也变得更加迫切了。大量的研究表明儿童性侵的成年幸存者通常出现一系列的情绪、躯体、精神和社会问题，表现为不同程度的转危机过渡和 PTSD 症状。这些结果也提示帮助性侵受害者以及预防性侵迫在眉睫。

儿童强奸和性侵领域的危机干预以及其他人类服务工作需要独特而专业的知识和技能。儿童对多种压力敏感，施虐者又用尽一切手段使其就范。我们现在开始逐渐动用法律、医疗、社会、精神卫生和执法部门以及人类服务部门等多方面的力量来阻止性侵，保护其他受虐儿童和家庭。有大量的研究表明施虐者也会利用网络进行犯罪，因此阻止儿童性侵的研究也需要关注这一方面。

近年来，公众对强奸及其他形式的性暴力案更加关注，对此表现出极大的敏感性，对性暴力受害者的需要与权利进行声援。阻止性侵任重道远。对社会来讲，还有一个很大的问题需要解决，就是要纠正那些长期形成的对强奸和其他形式性暴力的曲解。受害者的亲属、朋友、同事要对受害者主动表现出开放、真诚、接纳、尊重和理解的态度。所有这一切对营造有助于受害者恢复的社会环境具有重要作用。鉴于性侵的高发生率和低报率，你们中很多人无论男女都极有可能经历过这种危机。读完这章后，你很可能也会与本书中的受害者一样产生类似的症状。我们鼓励你不要感到羞愧、耻辱或自责，你要知道这种危机会发生在很多人身上，寻求帮助也是很正常的。如果你觉得身边找不到援助，或者羞于向身边的人求助，可以拨打国家女性暴力热线：强奸、虐待和乱伦国际网络热线，1-800-656-HOPE（4673）。假如你正尝试自我恢复，可以去看 Aphrodite Matsakis 的《强奸后恢复手册》（2003），这是一个性侵幸存者的逐步自助项目。该书操作简单，和你直接对话，并且提供了很多有用的实例。

（余钰　译）

第十章

伴侣暴力

对任何一个在1994年至1995年收看电视并且观看过辛普森一案的人来说，伴侣暴力的影响全面渗透到了美国家庭中。而更让人震惊的是，辛普森的主要辩护律师——Johnnie Cochran，他自己就是一个殴打前妻的暴徒，其前妻写的一本书（Cochran-Berry，1995）中详细记录了施暴细节。尽管辛普森与Cochran臭名昭著，但他们不过是广袤无垠的家庭暴力海岸上的两粒沙子而已。家庭暴力非常常见，甚至超越了社会、经济、信仰、伦理、文化、种族及地域界限，无处不在（Ahrens et al.，2010；Arai，2004；Archambeau et al.，2010；Browne & Herbert，1997；Hague & Sardinha，2010；Haj-Yahia，2003；Hotaling & Sugarman，1986，1990；Kasturirangan & Williams，2003；Lee，2002；Levinson，1989；Maziak & Asfar，2003；Murdaugh et al.，2004；Robinson，2003；Santiago，2002；Sev'er，1997；Weitzman，2000；West，Kaufman Kantor，& Jasinski，1998；Witko，Martinez，& Milda，2006；Yoshioka et al.，2003；Zanipatin et al.，2005）。事实上，美国心理学会的一篇摘要显示，《国家地理》杂志所涉及的几乎每个国家都做过家庭暴力的研究。关于家庭暴力如何定义或是否存在，文化起了重要作用。另外，正如Brown（2008）呼吁的那样，当我们在社会大背景下考虑文化因素时，我们需关注孕妇（Suglia et al.，2010）、无家可归者（Yeater et al.，2011）、HIV阳性者或性工作者（如妓女）（Ulibarri et al.，2010），她们在亲密关系中往往遭受躯体暴力（Bryant-Davis，2010）。

当然，家庭环境中的躯体虐待不仅仅限于丈夫和妻子这种关系之间。其实单身、分居和离异的妇女比已婚的妇女更容易挨打（Stark & Flitcraft，1987）。而且殴打并不仅限于异性之间：同性恋者也免不了要互相殴打（Kanuha，2005；Peterman & Dixon，2003；Randle & Graham，2011；Ricks，Vaughan，& Dziegielewski，2002；Stanley et al.，2006；West，1998）。男性也会被女性殴打（Langhinrichsen-Roling，Neidig，& Thorn，1995；Randle & Graham，2011；Stets & Straus，1990；Straus & Gelles，1990；Wiehe，1998）。所以，本章所讨论的概念适用于所有的伴侣关系，包括目前或以往有同居关系的伴侣，读者应该清楚地理解这一点。为了强调涉及群体的多样，目前的官方正确术语是亲密伴侣暴力（intimate partner violence，IPV），以此涵盖所有类型的伴侣关系。因为女性是严重家庭暴力的主要受害群体，本章节主要关注对家庭暴力中的受害女性及施暴男性的危机干预。

在文学作品中殴打（battering）、虐待（abuse）、攻击（assault）经常替换着使用。在本章中，“殴打”表示一个人对另一个人实施任何形式的躯体暴力，尤其包括威胁生命的伤害史和诱骗伴侣维持关系的社会心理问题。“虐待”一词更为常用，表示躯体暴力只是强制性武器库中的一种武器。虐待还提示攻击发生在力量不均等的关系中，并且进一步表明之前可能存在的相互信任已经遭到破坏。“攻击行为”不仅包括对另一个人的伤害行为，而且包括对关系密切的人、宠物或财产的威胁性语言和行为。“家庭暴力”包括社交伴侣或类似关系之间的任何攻击行为，无论其婚姻状态如何（Stark & Flitcraft，1988）。

伴侣暴力的发生率

在西方社会中，殴打配偶的历史可以追溯到父权制时期。在那时候，攻击或强奸他人之妻会立刻导致（现在也一样）严厉的法律惩罚和道德谴责，而一个男人虐待自己的妻子则是另外一回事了（Pleck，1987）。早期的美国公共法则普遍认为男人可有权利责罚行为不检点的妻子，而且不会因此而被起诉（Bradley v. State of Mississippi，1824）。的确，当时法律对待殴打妇女的态度在1874年北卡罗来纳州起诉奥利弗一案中得到很好的概括。法庭裁决“如果没有造成永久性伤害，最好是关紧门窗，避开他人耳目，让来访者自己去原谅和忘却”。如此“盲目”公正的后果是凶险的。

对警察来说，没有什么电话比家庭纠纷求救电话更让人感到焦虑了。并且，家庭骚乱引起的暴力、伤害或致死性事件（指致死的平民和干预家庭暴力致死的警察）发生率比其他类型求救电话都要高（Benjamin & Walz，1983）。最近一项有关家庭暴力的全面调查显示，美国约有150万女性和83万男性是伴侣暴力的受害者（Tjaden & Thoennes，2000）。疾病控制中心报告，从1981年到1998年，美国的谋杀案中约三分之一发生在亲密伴侣之间（Centers for Disease Control，2001）。是，这个比率现在已明显降低（Agency for Healthcare Research and Quality，2010）；然而，像本书的读者一样，亲密伴侣暴力的多数受害者是二十多岁到三十出头这个年龄段的女性。一份总结所有暴力犯罪的报告指出，2002年，有50万人受伴侣伤害或杀害，与1993年官方报告的110万相比有降低（Bureau of Justice Statistics，2003）。有研究报告美国25% ~ 44% 的女性，以及7.6% 的男性在他们成年期曾遭受伴侣的暴力（Thompson et al.，2006；Tjaden & Thoennes，1998a）。上述数据尚属保守。其他评估报告称各地家庭暴力发生数达400万至870万！从全球范围来看，估计有8% ~ 67% 的女性在其一生中被殴打过，大部分国家报告家庭暴力的终生发生率是20%（Aldarondo & Castro-Fernandez，2011）。这些最新数据可能会低估问题的严重性，原因如下：文化上视容忍为正常，有些情况下会容忍家庭暴力；视暴力为家庭秘密，秘而不宣；贫穷和不说英语的妇女人群没有被报告；没包括住院或住机构中的妇女；老年人、同性恋通常也未包括在内；基于权利的性别角色差异仍把一些家庭暴力案件排除在法律系统之外（Browne & Herbert，1997；Lee，2002；Pence & Shepard，1999；Ricks，Vaughan，& Dziegielewski，2002；Santiago，2002；Wiehe，1998）。这些数据中更糟糕的是，估计有1 550万儿童生活在有暴力发生的家庭，约700万目睹过严重暴力事件（McDonald et al.，2006）。这种用暴力解决问题的行为模式对儿童意味着什么，对他们成年后有何影响？想到这些问题，我们就能体会这种危机为什么如此难应对了。

许多家庭暴力没有被报告的一个重要原因是医疗系统没能这样做（Hampton，Vandergriff-Avery，& Kim，1999；Roberts & Roberts，2002）。美国医学会、美国妇产科学院和美国护理协会均建议对家庭暴力进行咨询与筛查（Boes & McDermott，2002）。通过使用创伤筛查来确定躯体伤害是如何发生的，研究者发现最常见的导致女性受伤而需要医疗处理的原因是虐待。在急诊室，大约20% ~ 35%的女病人因家庭暴力而寻求治疗，其中25% ~ 40% 的女性称遭受虐待。然而仅有2% ~ 10%的被殴打妇女被内科医生识别出来（Hamberger，1994）。医疗专业人士不能充分识别伴侣暴力的原因不外乎是：害怕冒犯了病人、缺乏培训与相关知识、没能力应付这一问题、时间不够、医疗保险不足（Tilden et al.，1994）。对识别率低的现况不必过于惊讶，因为在医学院校或在对护士的训练过程中很少强调家庭暴力的重要性（Sassetti，1993）。更复杂的问题是，在要求医疗专业人员必须报告疑似伴侣暴力导致的受伤方面，国家报告法规没有像虐待儿童的法规那么严格（Chalk & King，1998，p. 173）。不过，在20世纪90年代，美国医学会开展了一项教育宣传活动，教导会员如何对可能遭受暴力受伤的女性进行恰当的提问。更多近期的数据显示如果女性受伤后求医，并且有人以共情和支持的方式恰当地提问，那她说出受虐待的可能性较大。问题是并不清楚有多少受害女性根本就不求医（Walker，2000，p. 31）。

在助人行业中的另一个造成问题的人是牧师。许多牧师在处理家庭暴力时觉得十分困难，还有一些牧师把责任归咎于妇女（Wood & McHugh，1994）。然而，其他人类服务工作者也不应该自以为是。研究表明他们对殴打妇女亦存在偏见和旧观念，这些偏见和观念干涉和阻止了治疗（Ross & Glesson，1991）。值得注意的是，虽然和其他专业人员相比，危机干预工作者与受虐妇女的接触不多，但他们却被认为是最能提供帮助的（Hamilton & Coates，1993）。

伴侣暴力的应对方法

虽然伴侣暴力的历史久远，但是直到1974年人们才对此问题形成了统一而有计划的系统方案。Erin Pizzey的书《不许叫，不然邻居们会听到》（1974）催生了英格兰第一家妇女庇护所。随后，在美国，美国国家妇女组织与一些像麻省受虐妇女联合会一样的基层组织一起，在争取资金、庇护、支持团体、组织和培训指南、立法各方面采取行动，活跃在最前沿。公众认识水平的提高以及女权运动者和其他民间团体的努力促使了美国国家反家庭暴力联盟的成立，为受虐妇女提供了一个全国性的力量基础（Capps，1982）。这些组织通过施加大量的社会和法律压力与家庭暴力做斗争。在明尼苏达州的德卢斯市，家庭暴力干预项目因其综合方法闻名全球，被誉为德卢斯模式（Pence & Shepard，1999）。该模式闻名国际的原因是，它通过巨大和持续的努力将每个与暴力事件有关的机构系统地整合在一起，从接到第一个911电话开始，到最后的审判官、缓刑监督官，或给施虐者签字准许停止干预的治疗师都无一例外，这样让受害者或施虐者均无处可逃（Home of the Duluth Model，2011）。

由此经过30年，美国的反家庭暴力方式有了巨大的改变。首先是警察执法程序的改变和执法力度的加强，由于更严厉的保护法规，逮捕施虐者无需先获得逮捕令，家庭暴力受害者得到更好的法律保护。在美国许多州和城市，警察接到家庭纠纷诉求电话，若发现有殴打事实，可强行逮捕施虐者，而且若其被判有罪，法庭将强制施虐者接受心理咨询和施虐者干预计划（Batterer Intervention Program，BIP），或者将其送进监狱（Goodman & Epstein，2011；Pence & Shepard，1999；Shupe，Stacey，& Hazlewood，1987）。第二，在积极分子的游说下，美国州立法机构为他们制定了法律保护，让法官们根据每个个案的特殊情况灵活判决，以保护受害者（Goodman & Epstein，2011）。第三，形成了与德卢斯模式相似的全美性协调社区（Goodman & Epstein，2011）。第四，各个机构都已开设反家庭暴力部门，如警局、缓刑和假释办公机构、州立律师机构、家庭暴力法院，这些部门共同努力，致力于减少家庭暴力（Chalk & King，1998，p. 172；Pence & Shepard，1999）。

过去的30年中，越来越多的女性进入了学术界，特别是社会科学领域。她们在家庭暴力、性别角色、男权现象等各方面的研究导致了许多社会行动，并揭示了家庭中“避风港”这个概念的真面目（Jasinski & Williams，1998，pp. vi-vii）。1994年妇女暴力防治法提供了12亿美元（约78亿人民币），用于为家庭暴力受害者提供服务和社区支持，提高刑事司法系统对针对妇女的暴力犯罪的重视，为女性在公共交通与公共场所提供安全保障，为受到性侵害的受害者提供帮助，并且为妇女接受教育、医疗与基础服务提供支持。这一法案在2000年获得重新授权，又增加了33亿美元（20多亿人民币）对社区服务机构提供五年的支持，以帮助家庭暴力、性侵害及跟踪罪的受害者。2005年再次获得授权并得到了持续的资金支持。欲具体了解这些行动，可登录美国反妇女暴力司法办公室的网站。

媒体对此类问题严重性的关注提高了公众的意识水平。电视纪实片、报刊文章和媒体报道引起了公众的注意，改变了公众的看法，揭去了部分家庭暴力的神秘外衣。Francine Hughes［电影《燃烧的床》（*The Burning Bed*）的主人公］长期受到丈夫的严重殴打，最后她在丈夫的床上浇煤油，点火烧死了他。这类故事挑战了司法先例和有关杀人与自卫的假设，对法庭产生了深刻的影响（Edwards，1989）。另外，心理学家Lenore Walker，曾以专家证人身份出席许多被殴打妇女杀死攻击者的案件的审判，她把这一经历写成《可怕的爱》（1989）一书，其中的描述令人战栗并瞠目结舌。这种受虐经历所造成的后果被称为“*受虐妻子综合征*”（Walker，2000，pp. 160-161），可为杀死丈夫的受虐妇女提供正当防卫的有效证据（Chalk & King，1998，pp. 171-172）。

一旦被捕，施虐者必须参加一系列的教育项目，教他们不再使用暴力（Geffner & Rosenbaum，2002；Mederos，1999；Rosenbaum & Kunkel，2009；Sonkin & Dutton，2003）。教育施虐者已成为一项很重要的工作。例如，2006年加利福尼亚州有450个施虐者注册项目（Registered Batterer Programs，BIP），已为25 000位施虐者提供服务（California State Auditor，2006）。美国所有的州目前都已有法律文书，认定IPV为犯罪，家庭暴力可诉诸法律，施虐者将面临从入狱到接受BIP等不同程度的处罚（Rosenbaum & Kunkel，2009）。

虽然尚未设美国国立BIP注册机构，Price和Rosenbaum的调查发现全美范围内有1 750个这样的项目（2007）。这个数字无疑是被低估了，因为许多私人项目未被纳入，除此之外，还有一些当地社区机构运行的项目。毋庸置疑，美国已有成千上万的男女接受过某些类型的BIP教育。在田纳西州，施虐者必须支付团体治疗费用。不过，这些项目的治疗理念与方法各异，还没有一个常见的、统一整合的方法。

在1985年对家庭暴力的十年随访研究中，Straus与Gelles（1986）发现丈夫对妻子的暴力总体下降了6.6%。更为明显的是，丈夫对妻子的严重暴力（殴打）下降了26.6%。总体暴力事件的持续减少，让人们相信司法机关、执法机构、教育界、社会服务与媒体关注的共同努力终于有了效果。然而令人困惑的是，在1985年的研究中发现妻子对丈夫的暴力发生率已经高于丈夫对妻子的暴力发生率。另一些研究也显示同样的结果，尤其将追求期也纳入时更是如此（Carrado et al.，1996；Fiebert & Gonzalez，1997；Morse，1995）。事实上，更多近期的研究显示，女性与男性谁先动手的比例是持平的（Bowen，2009；Dutton，2007；Hines & Douglas，2011；Randle & Graham，2011）。不用说，资深女权主义者作为反对与揭露家庭暴力的先锋队，对这些研究结果强烈反对。

显然，女人们对男人的暴力是报复或自卫，并不像男性施虐者的目标是威胁、控制或恐吓对方。而且，相对于男性被妻子打，女性作为暴力受害者时往往受伤更重。另外，女性受害者常因害怕而欲逃脱亲密关系，而从没有研究将男性放置到女性受害者的这种境遇上（Kantor & Jasinski，1998，pp. 9-10）。令人费解的是，虽然数据层面上女性受到的家庭暴力在减少，但为受虐妇女提供的庇护所却在不断增加，1975年时还没有，到2002年已经超过2 000所（Roberts，2002），并且庇护所都持续满员，以至于必须把人拒之门外。

伴侣暴力的动力学

心理社会和文化根源

殴打妇女的根源是男性至上的信念。这种信念是长期男性至上主义，家长式的社会等级制度所造成的自然结果。这种等级制奖赏男人好胜的行为，却期望妇女是被动和服从的（Benjamin & Walz，1983，p. 65；Pence & Shepard，1999）。这种老套和陈旧的观念使“传统”男性和女性之间产生出一种动荡不定的人格动力学的混合物。传统意义上，男人负责养家和主宰家庭内的一切，当他们察觉到自己在夫妻关系中正在丧失权力时，愤怒就会被点燃，引发暴力。

权力问题是点燃这种爆炸性混合物的导火索。从这种观点来看，妇女应该服从，取悦丈夫，完成传统的家庭责任，总的来说，就是处于从属地位。任何尝试建立她自己的权力的行动都会因为超越界限而受到惩罚（Benjamin & Walz，1983，pp. 74-77；Pence & Shepard，1999）。然而，暴力并不是仅在家庭里发展起来的东西，它包括了社会、文化、心理等因素之间复杂的相互作用，如此看来，并不能只把家庭暴力问题归咎于父权体制（Dutton，1995，pp. 27-62）。

事实上，很多有父权态度的男人在其整个婚姻中从来没有打过自己的妻子，而施虐者们的社会政治信仰并没有将他们作为非施虐者而剔除出来（Hotaling & Sugarman，1986；Straus & Gelles，1986）。那么是否有种虐待性 / 攻击性人格理论，这种人格导致了伴侣暴力？这个问题的答案是响亮的“没有！”尽管下面大多数理论的坚定支持者会强烈反对这个观点。以下概括了过去和当前关于殴打原因的主要观点。

依恋 / 创伤关系理论 早年生活中亲子依恋关系的中断会引发儿童强烈的愤怒、哀伤、悲伤、焦虑，并削弱他在成年后发展成熟与信任关系的能力。夫妻暴力，施虐者和其原生家庭经历分离与丧失事件的次数，以及施虐者父母不稳定的照顾模式之间存在高度相关。因此，如果一个男人的父母是不可信赖的、虐待的、贫困的，或没有能力养育孩子的，那么他会对遗弃和陷入某种关系高度敏感。而其伴侣对自己被遗弃的恐惧可能加剧了他的这些恐惧。伴侣中一方想方设法控制另一方以避免被抛弃。其中的一种方法就是采用暴力。创伤情结也许能解释有些女性总是不离开或者离开后又回到虐待她们的伴侣身边这一现象（Bowlby，1980；Brewster，2002；Sonkin & Dutton，2003）。

高压控制 Morgan（1982）用“婚姻或亲密恐怖主义”来描述一种类似于洗脑和政治恐怖主义的手段，这个手段以暴力或暴力威胁来摧垮受害者的抵抗，并使她们屈从于恐怖主义者（施虐者）的意志。典型的洗脑和恐怖工具，比如社会和躯体隔离、折磨、剥夺睡眠、少而差的食物、控制受害者的时间、奴役、假供、在受害者在意的人面前辱骂和贬低他，都是施虐者使受害者更加依赖于他们的典型手段。Johnson（1995）认定这种类型的虐待者确属恐怖主义者，从寻求保护的妇女可以区分这种类型，被这些男人殴打的妇女往往遭受更多的伤害，服用更多的止痛药，有更多的 PTSD 症状，更常遭受攻击，且这种暴力很难被中止（Johnson & Leone，2005）。这类病态男性与普通人群中在某种境遇下的施虐者大不相同，十分危险。

文化强化 社会学理论广泛覆盖与社会心理和文化有关的种种理论。这些理论大到暴力的文化根源，小到暴力的家庭内部成因。社会上关于正当使用暴力来达到个人目的的态度源于一种被理解为“国家利益”的传统。作为一个国家，我们鼓励和赞美有控制地使用攻击以保护法律和秩序、自己和国家的利益（Benjamin & Walz，1983，pp. 64-66）。军队是维持现存的社会结构的主要力量并反映出国家的面貌。这种观点在国家至少是含蓄的允许下延伸到家庭里。对国家来说，家庭是基本的纪律部门，家庭在个人之上，男人在女人之上，成人在孩子之上。控制是保持国家现有社会秩序完整的直接、持续、个体化和有效的方法（Capps，1982）。

交换理论 交换理论是学习理论方法的一个变体（Gelles & Cornell，1985）。它认为施虐者要打人是因为他们能这样做。只要实施暴力的代价不超过回报，就会不可避免地把暴力当成一种控制的方法来使用（Hampton，Vandergriff-Avery，& Kim，1999）。尤其是当社会控制力如警察、犯罪指控、关押、地位和财产损失没有被用作消极制裁来提高实施暴力的代价时，施虐者将会继续打人。男女在体力、经济来源、社会地位上的性别差异使得施虐者变得狂暴而不担心会受到什么惩罚。虽然殴打妻子或孩子者在大社会中会有失身份，但是在一些特定的亚文化人群中，侵犯性或暴力性行为被认为是“真正男人”的证明。最后，要求一个妇女为其所谓的“过失和罪行”付出“代价”这一点，会使施虐者感到满足（Gelles & Cornell，1985，pp. 120-125）。

女权主义理论 这一理论认为社会现象由男性至上主义者、父权结构决定，殴打仅仅是这个社会结构的结果之一，这种社会结构允许强奸、乱伦、卖淫、裹脚和大量由男性至上主义者制定的限制，使女性处于被奴役的地位（Schechter，1982；Stark & Flitcraft，1988）。女权主义者认为妇女没能达到政治、经济、社会上的独立，而只有这些才能使她们有能力摆脱受虐待的关系（Bograd，1992；Dobash & Dobash，1992；Pagelow，1992）。他们不认为妇女在促进和维持这种暴力关系中有任何责任，因为罪犯自己犯下罪行，他应该独自负道德和法律责任并承担后果（Avis，1992；Bograd，1992）。一个严格的女权主义者的观点是把殴打妇女从其他家庭暴力中分离出来，或者至多把其他形式的家庭暴力看作是妇女受到如此粗暴对待的副产品（Okun，1986）。女权主义者还认为只有妇女不再被看作是屈从、顺从的受害者，情况才会发生变化。女权主义者批评大众媒体把暴力行为、男性优势和女性顺从浪漫化（Dines，1992；Jarvie，1991）。女权主义理论号召大家重建社会结构，消除男性目前拥有的攻击女性的权力。

个体化理论 有证据表明精神病理性和神经生理性障碍对犯罪者暴力行为的影响比以往预想的更大。人格障碍、注意缺陷障碍、精神疾病、颅内损伤、物质滥用均被证实是导致攻击和暴怒反应的可能促进因素（Browne & Herbert，1997，p. 61；Dutton，1994，1995，pp. 26-29；Jasinski & Williams，1998，p. 42；Stuart et al.，2006）。患有精神障碍的青春期男生和女生，在其成年后会更可能卷入虐待伴侣的关系中（Ehrensaft，Moffitt，& Caspi，2006）。

习得性无助 / 受害女性综合征 学习理论认为施行和接受躯体或心理虐待都是有条件的，并且是学习获得的行为。大量研究显示，被父母虐待或孩提时目睹父母之间的暴力与成年后对伴侣实施暴力之间有很强的相关性（Astin et al.，1995；Barnett & Hamberger，1992；Jouriles & Norwood，1995）。最重要的理论主要是沃克的“习得性无助”理论（Walke，1984，1989，2000）。这一理论源自随机性和无条件性惩罚的动物实验。

特别是应用于殴打上时，该理论认为被殴打的妇女不离开这种受虐关系是因为她们已被调教得相信，她们无法预测自身的安全，而且任何人对她们的可怕处境都无能为力。如果长时间处于这种处境下，就会出现受虐女性综合征，致使该女性变得绝望，并觉得完全丧失了应对该境遇的能力（Brewster，2002）。

Walker（1984，1989，2000）提出了许多“习得性无助”形成的儿童期和成年期因素（Walke，1984，1989，2000）。儿童期因素包括：目击或经历过殴打、性虐待或性骚扰、健康问题和慢性疾病、刻板的性别角色、僵化的传统习惯。这些经历教给孩子，独裁专制和反复无常的外部力量决定一切。成年期因素有：突发的暴力，性虐待，妒忌，过度占有，侵入和隔离，伤害性威胁，看到针对别人、动物或物体的暴力，酗酒或吸毒。在这些情况下，受害者往往无法逃避经常发生的惩罚，因此无法控制发生的事情（Walker，2000，pp. 10-12）。

“无助”一词引起了女权主义者的极大义愤，因为这一具有贬义的词，没有根据地或没有得到任何批准就把妇女置于受害者的角色。然而，Walker（1989）认为妇女并不是真正的无依无靠。“习得性无助”真正表达的意思是在已知的情况下，被打妇女选择尽可能使自己受到的伤害最小的行为反应（pp. 50-52），或者是 Gondolf 和 Fisher（1988）所说的幸存者假说，即妇女们在保护自己与孩子的时候，她们会变得非常积极和机智（Browne，1997）。由于这些妇女试图离开时就会发生极度的而且经常是致命的暴力，并且做任何这种尝试都缺乏社会支持，所以可以理解，“离开没准会更惨”的哲学在许多受虐待的妇女中占主导地位。

受虐狂 精神分析理论认为受虐狂是虐待关系的主要动力因素，这一观点现在在医疗界已大部分被废弃。没有任何实证性的研究能证实挨打疼痛引起性快感是受虐女性的特质（Okun，1986；Stark & Flitcraft，1988）。在女权主义者看来，这种理论之所以盛行一时，是因为男性统治的精神病学领域发现用它来解决这个棘手的问题很方便。20世纪70年代前，人们对这个问题没什么兴趣，也没有研究反驳这种看法。

整合生态理论 由于任何单一的理论都不能完全解释暴力现象，最好的办法可能是将各种理论综合起来理解暴力的复杂性（Brewster，2002）。Dutton（1985，1995）整合了前面许多理论，提出了生态学理论。生态系统中有四个层次的变量在起作用。第一层次以个人经历为核心，由个人的心理因素如羞耻、否认和敌意组成。第二层是家庭系统层，其中有个人曾经历过的负面事件如遗弃、忽视和虐待。第三层是社区层或同辈层，它谆谆劝导基本的宗教戒律、酒精和药物使用、严格的性别角色社会化。最后一层是更大的社会背景，个人暴露在社会政治的性别不平等、媒体对镇压妇女和暴力的描写、种族偏见等现实社会中。因此，暴力可以解释为由多因素引起，从个人人际关系到大的社会环境都共同作用、相互影响（Hampton，Vandergriff-Avery，& Kim，1999）。

心陷囹圄 心陷囹圄是指女性自己不离开施暴的伴侣，原因是觉得自己已经在两人关系中投入了太多的时间、精力与感情（Brewster，2002），或者当她可怕的秘密被发现后她会觉得羞耻（Buchbinder & Eisikovits，2003）。她总是深陷于期待中，觉得会有奇迹发生或者她终有办法改变伴侣，使他们的关系变得无暴力、亲密并且相亲相爱。对某些女性来说，她们被殴打和如此失败的伴侣关系是十分丢脸的事情，所以她们会尽可能不让别人知道。

社会生物学 社会生物学理论认为进化适应和生存都需要侵略的存在。因此，对于有可能威胁到自身生存的人，发动攻击是天性使然，推及威胁到自己生育下一代的人也是如此。如果这个假设成立，那么男性对于另一个现实或假想中的要抢走女性的男性，都很可能会有攻击倾向。但问题是，男性的攻击对象为什么是自己想拥有的女性，而不是那个可能的男性侵略者呢？社会生物学家们对这个问题也没有给出清楚的答案（Dutton，1995，pp. 29-34）。

斯德哥尔摩综合征（该综合征的具体描述请见第十五章“危机/人质谈判”）作为人质方的女性完全孤立无援，并被施虐者征服，并且她的命运完全掌握在施虐者手里，依据他的心情、欲望或者目的而定。施虐方偶尔显露出一点温情，受虐方又与其他支持系统完全隔离，这使她发展出对施虐者强烈的情感联系（Brewster，2002）。

系统理论 系统理论认为殴打并不属于标准的受害者-施虐者两分法。用婚姻暴力和殴打关系这样的术语来把殴打描述成有暴力倾向系统的一部分更为合适。暴力行为是维持系统动态平衡的方法，恶劣但行之有效。通过学习过程和使双方角色严格两极化，这个系统能自己维持平衡（Wiehe，1998，pp. 87-90）。

虽然前面所说的理论都有其优点，但到目前为止，没有一种能完全解释殴打现象。当然，对于用家长式作风的社会文化术语表达出来的女权主义者观点，人们似乎有很多话要说。但如果不是女权运动把殴打作为社会问题积极参与进来，那么它或许到今天仍不为人知。不管怎样，世上仍有某些人相信如果他们能逃避惩罚，就会拿走他们所能拿到的所有东西，而不考虑他人的损失，人满为患的监狱便是证明。同样有证据证实，很多有人格障碍的人为了满足他们无法满足的自我中心和依赖的需要，而不择手段恣意操纵别人。还有来自国家层面的证据表明，泰迪·罗斯福的告诫“说话温和，手持大棒”是相当有影响力的，并且已经慢慢地渗透到家庭内部。无需太费周折，我们就能清楚地看到，生态与文化的差异对伴侣暴力的发生率及形式都有深刻的影响。最后，我们很难反驳这样一种论点，即“男人的家是他的城堡”的信念与社会拒绝干涉家庭这块神圣不可侵犯的领地有很大关系。

心理因素

从心理学上看，处于殴打关系中的双方有某些可识别的特征。需要理解的是，双方并不那么界限分明，彼此独立，而是通过复杂的力量相互影响，这使得IPV的风险增加。举例说，Bornstein（2006）以深度剖析的方式展示了男性如何在情感上依赖女性，而女性如何在经济上依赖男性，两种依赖结合时，极其危险，常导致暴力。

暴力关系中，男性的特征如下：

1. 对他们的妻子表露出过分的依赖和占有欲——虽然他们否认这一点。
2. 除了愤怒之外，不会表达其他情绪，而且通常在涉及情绪问题时交流技巧很差。
3. 对配偶和婚姻有不现实的期望或者期望一种很不现实的关系。
4. 缺乏自我控制却对其他家庭成员进行严格限制。
5. 酗酒或吸毒。
6. 孩童时受虐待或看到母亲受虐待。
7. 否认在家里制造的问题，尤其是殴打行为，或对此轻描淡写。
8. 情绪循环变化，没达到目标时充满敌意、攻击、残忍，得到自己所要时则愉悦、表现出操纵力与诱惑力。
9. 具有妒忌、否认、冲动、自贬、抑郁、要求过多、好斗、使用暴力等特征。
10. 感到在经济地位、决策力和交流技巧方面不如女性。

女性的特征：

1. 因为别人反复说她们愚蠢、没有能力或其他不足而导致她们缺乏自尊。
2. 缺乏支配能力和对自身能力的自信，不能采取一些有效的措施来改善她们的婚姻。
3. 有受虐待的经历，这种经历使她们接受受害者这一角色，或者曾看到母亲受虐待，认为这都是因为自己命不好。
4. 因为感到很羞耻而掩盖躯体和心灵的创伤，以至于在社会和情感方面变得孤立。
5. 缺乏能使她们脱离被殴打境遇的个性、躯体、教育和经济方面的条件。
6. 依赖性极强，为了满足需要而甘愿接受严重的侮辱和伤害。
7. 对婚姻关系应该是什么样子的想法过于理想化，而且认为在某种程度上她们能改变那个男人或使他变好。
8. 缺乏交流的技巧，特别是在坚持自己的权利和意见时。
9. 学到的性别角色是刻板的，因此在她们不能固守家长式传统时会有负疚感。
10. 不能区别性和爱，并且认为爱是通过强烈的性关系表现出来的。

我们刚才所列举的所有概念都在某种方式上与权力有关，都指向这种基本的带文化色彩的动机。如果男人可因为冲动或别的原因而打人，那么他们可以像打配偶、孩子一样经常去打老板、秘书、朋友或者邻居。虽然这种不分青红皂白的反社会暴力分子也存在，但毕竟是少数（Gondolf，1985；Hastings & Hamberger，1988；Holtzworth-Munroe & Stuart，1994）。通常只有在婚姻关系中，许多男人才会相信和运用他们的权力来压迫和虐待配偶和孩子。

压力

如果权力是导火索，那么压力就是点燃它的火柴。当理想化的婚姻关系形象破碎，且环境压力越来越大时，夫妇们就会陷入一种螺旋式上升的强烈的相互影响之中（Barnett et al.，1980）。尽管不是对所有的殴打现象都适用，但某些因素似乎在家庭暴力中反复出现（Barnettet al.，1980，pp. 7-9；Benjamin & Walz，1983；Bograd，2005；Brown，James，& Taylor，2010；Finkelhor et al., 1983; Gelles & Cornell, 1985; Halbsgut, 2011; Jasinski & Williams, 1998; Koverola & Panchanadeswaran, 2004; Okun, 1986; Parker et al., 1993; Stuart et al., 2006; Walker, 1984, p. 51)。这些因素可能被施虐者用来控制局势，也有可能是这种关系本身的产物，或是从外部环境中引入的。

1. **地理性隔绝**。由于地理性隔绝，受害者在附近没有能提供帮助的朋友。一个不会开车的农场妇女是情况最为严重的例子——她实际上是孤立无援的，而且被虐待她的丈夫像俘虏一样扣押。
2. **社会性隔绝**。因为极度的感情依赖，这种妇女期望其伴侣能满足她所有的要求，所以当受到人身攻击时，没有关系密切的人能帮助她。
3. **经济压力**。当一名妇女失业或未充分就业，居住环境狭小，有借贷压力，自己不能解决孩子的温饱问题时，她就会成为虐待她的伴侣的奴隶。
4. **医疗问题**。配偶或孩子长期、慢性的医疗问题需要付出巨大的经济和感情代价。
5. **缺乏做父母的技巧**。缺乏做父母的技巧，与父母这一角色发生抵触，先是可以导致训练上的问题，然后上升为家庭内暴力。
6. **怀孕**。从宣布计划外的怀孕，供养新孩子产生的焦虑，到因为妻子的注意力集中到新生儿身上而引起丈夫的妒忌。怀孕是特别容易发生虐待的危机点。
7. **家庭功能不良**。各种各样的复杂问题使家庭功能不良。有些问题与下列因素有关：孩子的年龄和数目、继子女的存在、忠诚冲突、死亡、遗弃以及职业变化。
8. **酗酒和吸毒**。严重的物质依赖以致经济混乱和严重的情绪紊乱是这类家庭的特征，并常常包括虐待配偶在内的其他恶果。酒精和毒品依赖是他们常用来作为社会规则所禁止的行为（殴打）的借口。有意思的是，这两者是有关联的，至少在澳大利亚的研究发现，酒精的贮存量与度数和家庭暴力发生率相关(Livingston, 2011)。
9. **教育和(或)职业的不同**。在婚姻关系中，如女性达到的教育水平或职业地位比男性高，双方都会对合适性和责任问题产生疑问。此外，如果男性失去工作而女性有工作，那么这个男人就会有大量的时间思考为什么他不能胜任家庭首领一职，这对已经为能力不足所困的男人来说，更是大失身份。家庭暴力的职业治疗法开始变得重要，有一本书还专门写这种关联(Helfrich, 2001)。
10. **年龄**。最一致的暴力危险因素之一就是年龄。大约有20%在18—25岁之间的男性，17%在26—35岁之间的男性，一年内至少有一次暴力行为。
11. **权利剥夺**。对于某些非白种人、同性恋者、少数民族、移民人群，或者其他被边缘化的人群来说，他们非常反感向政府寻求帮助，因为之前有过不愉快经历或者害怕受到惩罚。
12. **被拒绝**。在施虐者概念中，被拒绝就是虐待的前奏。在充满拒绝的原生家庭中成长的男性，对任何可能是拒绝的行为都十分敏感，他们的反应很可能会带有攻击性。
13. **男子气概受打击**。有些自认为缺少男子气概的男性，从殴打伴侣的行为中来确定自己的男子气概，而那些有良好自我概念的男性则不需要这样做。

关于殴打的谬论

那些想掩盖、伪装、弱化殴打的人进行了大量的辩驳。下面这些荒唐的说法就是他们论点的浓缩(Gelles & Cornell, 1985; Hampton, Vandergriff-Avery, & Kim, 1999; Massachusetts Coalition of Battered Women Service Groups, 1981; Okun, 1986; Roberts, 2002; Stark & Flitcraft, 1988; Straus, Gelles, & Steinmetz, 1980; Weitzman, 2000)。

1. **被殴打妇女夸大事实**。任何被打伤、皮肤有破口、骨折的人都没有夸大事实。在其他任何场合，上述情况都意味着被攻击和殴打。
2. **被殴打妇女引起殴打**。虽然有些妇女归属于所谓“唠叨”的类型，但是这个男人的生活中一定有其他关系密切的人对他“唠叨”，但却没有被打过。

3. **被殴打妇女是受虐狂。**如果确有女性有受虐狂的倾向，那么她们可以寻求多种感受痛苦的途径，而不是被一个虐待的伴侣独占。
4. **殴打是一个私人的、家庭的问题。**当被殴打妇女被其家庭剥夺了基本权利，并且在这种关系中长大的孩子模仿他们打人的父亲并学习这种病态的角色时，殴打已超越家庭问题而成为社会问题。现在美国有50个州都可以对家庭施虐者采取即时逮捕。家庭暴力绝不是私人问题。
5. **酗酒是虐待妇女的主要原因。**尽管酒精在许多虐待案例中扮演着重要角色，暴力家庭女性和男性都可能饮酒。但它仅是一个借口而不是暴力行为的原因。有许多暴力事件和酒没有任何关系。
6. **殴打只出现在问题家庭中。**导致家庭攻击的压力因素的动力学描述表明，任何一个家庭，从某种角度上说，都可以划为“问题”家庭。
7. **只有低收入和工人家庭才会有暴力。**虽然来自这种社会经济阶层的成员远比来自中等和上等阶层的人更能引起警察局和福利局的注意，但庇护所、报警电话和危机热线的统计数字表明，殴打并没有阶层界限。
8. **殴打不可能那么严重，否则她不会熬下去。**大量的个人因素把妇女拴在这种关系上，并不是收拾行李离开那么简单。
9. **丈夫有家长的权力。**当一个男人的暴虐情绪已影响到社区，他在家里的所作所为就不只是他个人的事了。无论《圣经》或其他权威、个人、机构或书，没有一种理由能宽恕虐待配偶的行为。
10. **被打配偶为了报复而夸大问题严重性。**报告被打，不管是被完全陌生的人还是自己的配偶，都没有言过其实。如果报复是其动机，那么有多种方式供选择，其伤害性要比打电话求救或到虐待庇护所小得多。
11. **妇女太敏感，特别是怀孕的时候。**如果一个人抗议腹部或阴道被踢、被摔下楼梯、被灯砸中脸部是过分敏感的话，那么我们可以设想每个人都过于敏感。
12. **殴打很少见。**本章报道的统计数字清楚地表明不是这样。家庭暴力是社会上的常见问题。
13. **殴打仅限于精神错乱的人或“有病”的人。**有证据表明只有不到10%的家庭暴力是因精神疾病引起。然而持续的肉体和心理虐待会引起许多受害者遭受严重的感情创伤和创伤后应激障碍，但她们不是“有病”。而且根据DSM-Ⅳ的诊断标准，许多为非作歹者并没有心理疾病。
14. **暴力和爱不可以同时存在。**尽管看起来很奇怪，但有暴力的家庭仍可以彼此相爱。这种似是而非的现象最成问题，因为在此环境中长大的孩子会认为人们要打他们所爱的人。
15. **老年伴侣间的虐待不多见也不危险。**由于年老体衰，老人被殴打后更易受伤，更易致死。老年伴侣双方都会由于躯体与精神功能的下降而感觉到更多的挫折、愤怒与抑郁。

施虐者分析

研究者们分析了施虐者的各种人格与行为类型。Dutton（1995），Fowler 和 Western（2011），Gondolf（1985），Hastings 和 Hamberger（1988），Holtzworth-Munroe 及其同事（1994，1999，2003），以及 Saunders（1992）根据人口统计学特征、人格特点与虐待类型总结了施虐者的类型。Holtzworth-Munroe 及其同事（1994，1999，2003）将施虐者分为三类：①仅在家庭施虐，②焦虑/边缘状态，③广泛施虐/反社会人格，还有第四个亚组叫低水平反社会。“仅在家庭施虐者”的特点包括依赖性强、易冲动、交流技巧差、原生家庭暴力。“焦虑/边缘状态”类型者有被父母抛弃/拒绝或儿童期受虐待史、不良行为、交流与社交技巧差、认为武力是解决问题的办法、十分害怕被抛弃、缺乏懊悔。“低水平反社会”者有反社会行为、在家庭与社会都有中等程度的暴力。

Fowler 和 Western（2011）的分型和上述分型接近，将施虐者分为心理病态型、敌意 / 控制型、边缘 / 依赖型。“广泛施虐 / 反社会人格”具备上述所有类型的特征，但程度更深，可能会成为 Jasinski 和 Williams（1998，p.1）所称的“恐怖主义施虐者”。这类型的人十分冲动，很具攻击性，认为暴力是解决家庭内外任何挑衅的正确途径。

仅在家庭施虐者占最多数，他们的行为与 Walker 描述的暴力循环相符（Walker，1979）。这类人往往在施虐后后悔莫及并道歉。Gondolf（1985）称这种类型的人最普遍，占 52% 的发生率。焦虑 / 边缘状态和反社会人格往往是寻求庇护的女性口中的典型描述。他们是最危险的，按 Gondolf 的说法分别占到 41% 与 7%。不同类型的人施暴程度不同，而且随着时间的推移会保持稳定，也不会从一种类型改变为另一种类型（Cavanaugh & Gelles，2005）。让人庆幸的是，不是所有的婚姻暴力都会越来越严重，也不会都演变成更危险的人格类型（Holtzworth-Munroe et al.，2003）。

由于施暴人群彼此各异，分析其特征引来许多争议。不过，Gibbons、Gollins 和 Reid（2011）采用《米隆临床多轴问卷》（Millon Clinical Multiaxial Inventory），调查了 177 例施虐者，发现其中 54% 有人格障碍，37% 有较明显的病态心理。Eke 及其同事采用类似米隆的评估工具并结合之前的施虐者类型发现，他们的研究对象（男性施虐者）中谋杀或试图谋杀亲密伴侣者，42% 有既往犯罪史，18% 有精神病史，15% 两种都有。给这些人进行《安大略家庭暴力风险评估》（Ontario Domestic Risk Assault Risk Assessment），其平均分值在家庭暴力“危险”等级的 80 百分位上。研究者们认为，采用有效的风险评估工具以及病理心理或犯罪行为评定指标，可以更好地预测谁会对伴侣进行暴力攻击，可能有助于干预和预防伴侣谋杀行为。我们相信，应用于施虐者的这些修订良好的评估工具是很有价值的，能判断潜在致死性的可能程度，为司法进行何种干预提供了指导。

暴力循环

Barnett 及其同事（Barnett et al.，1980）用图示的方法描述了家庭暴力从开始到爆发的几个阶段。Walker 的暴力循环理论（1984）所涉及的阶段与这些阶段非常类似，而且她的研究支持这一理论（p.95）。Walker 的暴力循环理论涉及：（1）紧张期，（2）殴打与虐待，（3）忏悔与平和。

第一阶段：宁静期。此时夫妻关系的特点是平静，以前没有暴力事件或在早先暴力事件之后，可以有一个平静阶段。

第二阶段：紧张开始积聚。各种压力冲击夫妻关系。可以是前面提到的常见压力中的一个或多个的组合。不管怎样，紧张得不到缓解而且愈来愈严重。

第三阶段：暴力事件发生。从尖刻的言语到严重的殴打不等。在这一阶段交流已经中止，局面已失去控制。

第四阶段：婚姻关系到了危机时刻。可有多种情况：

A. 虐待者开始自责并祈求原谅。或迟或早，受害者会原谅虐待者，这时又恢复平静。

B. 虐待者并无悔意并觉得他已建立了对局势的控制。受害者让步并放弃控制权，平静得以恢复。

C. 受害者采取新的行动。这种选择会有两种可能：虐待者就局势而谈判，如果受害者同意谈判条件，那么平静得以恢复；如果虐待者反对新的行动，危机持续。

直到最后，问题没有解决的可能时，受害者才最有可能向虐待中心寻求帮助。Walker 发现，当暴力持续发生时，具有爱情成分的悔恨阶段就会缩短，殴打会变得更为频繁（Walker，2000，p. 128）。如果在暴力出现时（第三阶段）没有进行有效的评估和干预，暴力事件再次发生和变得更为严重的可能性就会显著上升（Barnett et al.，1980，p. 34）。Dutton（1995，pp. 126-139）也指出这种循环很切合边缘型人格障碍类型的施虐者。

不是所有虐待关系都合乎暴力循环的说法。

伴侣间的暴力有时是一生只发生一次的事件。但是许多妇女报告称她们时时刻刻都被恐吓与殴打，没有一丝喘息的机会（Dutton & Starzomski，1993）。她们可能是反社会型、心理病态型施虐者的受害者，这种类型的施虐者在和伴侣（或其他任何人）相处中，从来不因殴打伴侣而感到懊悔。

受虐妇女的现实

那么为什么妇女还待在这种虐待的关系中呢？对那些没有经历过暴力的人来说，“把这个无赖扔出去”或“我再也受不了，我要叫警察把他抓起来”或“去你的，从没人这样对我，我要离开你”这样的话说起来很容易。实际上绝大多数被殴打关系中的妇女的确离开过，这确实是一种勇敢的举动，因为离开是她做的最危险的事情之一。施虐者在这种情况下容易有不好的行为，而且宁愿杀人或去死也不愿意与自己的女人分离。因为与暴力和惩罚相比，他更怕被人抛弃（Walker，1989，p.65）。值得注意的是，一些尝试离开的妇女，清楚认识到生活应该保持平衡——自身的、孩子的甚至是施虐者的平衡。

同样的问题也可以问问男人。他们为什么维持这种关系？Henning 和 Connor-Smith（2011）曾调查了1 000多名被判决为虐待伴侣的男性。一半以上说他们想要维持伴侣关系。他们的理由包括：年龄大了，要照顾孩子，对妻子把自己送上法庭责怪不多，认为他们儿童期见到父母的打架行为，对自己也变成父母那样的人而感到悔恨。让人担忧的是，有些男性要维持家庭，但对夫妻关系的满意度却不高：有孩子，对妻子充满敌意和嫉妒，因被捕而指责受害者，说受害者具有攻击性。

大多数妇女离开施虐者的次数平均是3 ~ 6次，但离开多久则各不一样（Dobash & Dobash，1979；Walker，1979）。下面是一些研究者调查显示的妇女为什么停留在这种关系中的原因（Benjamin & Walz，1983；Bograd，2005；Koverola & Panchanadeswaran，2004；Okun，1986；Pagelow，1981；Walker，1979，1984，1989，2000）。这些现实跟前面提到的那些荒唐说法毫不相干。

1. 那些妇女担心受到报复或更加严重的攻击。
2. 尽管处境可能不堪忍受，但她的孩子能够拥有食物、衣服、安身之所。
3. 如果秘密外泄，那些妇女会感到丢面子、尴尬、耻辱甚至会被嘲笑。
4. 她的自我概念是如此强烈地依赖于这种关系，并且认为社会认同离开这种关系对她来说是毁灭性的。
5. 早期的感情和以前的爱仍然存在，妇女希望通过留下来挽救它。
6. 如果经济富裕，她不能接受经济水平的下降。
7. 虐待的周期性，她的配偶不可能一天24小时，一周7天都那么可怕。当配偶表现得温柔体贴时，受害者易于忘记被殴打而只记得那些愉快的时光。
8. 早年有虐待行为的父母作为榜样，会使她们认为婚姻关系就是这样的。
9. 她或许持有宗教价值观，这些观点使其不能分居、离婚或使她认为服从丈夫的意志是最重要的。
10. 她可能所受的教育不够，有幼儿要抚养，或没有工作技能。
11. 她可能在社交、身体、地理、经济方面非常孤立，没有任何形式的资源能帮助她脱离这种关系。
12. 她可能伤得很重，以至于不能离开。
13. 她可能相信男人会改正错误的承诺。
14. 她可能牵挂仍在家中的孩子。
15. 配偶声称没有她就活不下去，让她又爱又悲，可能迫使她留下来。
16. 因为之前的消极经历，她可能相信自己别无选择。
17. 由于语言障碍，或移民身份，她可能无法表达出自己受虐待的事情，或者害怕寻求帮助。

被殴打妇女被贴上歇斯底里、抑郁、精神分裂、嗜酒、忽视和虐待孩子等标签，她们可因此遭受二次伤害。这些标签可能为专业人员提供了对她们采取措施的"根据"，从滥用精神药物到把她们送进监狱，并把她们的孩子从家中带走等。这些好意的或不是那么好意的机构造成的任何重复伤害，都会逐渐削弱受害者的自信，使她们更加服从，反过来使她们更容易受到虐待的伤害（Stark & Flitcraft，1988；Walker，1989）。毫无疑问，妇女在给虐待中心打第一个电话时，她便开始了一系列步骤中的第一步，这种步骤有时可能要持续数年，她才能与这种关系彻底决裂。

干预策略

在过去的35年里，公众逐渐认识到家庭暴力遍及各个角落，会带来极大的社会经济负担与痛苦，这使得人们对干预的尝试呈指数增长。在这样的情况下，对暴力的干预策略不同于其他危机类型，因为干预的对象不仅是受害者，也包括施虐者。

评估

殴打和家庭暴力的评估较为复杂并且备受争议，有很多问题都没有解决，比如发生的预兆、何时发生，受害者与施虐者结果如何。由于家庭暴力的危机性质，评估本身也是个问题。因为施虐者与受害者都不能保持"稳定的状态"，从而导致无法获得可信一致的评估结果。

人格评估 用人格测验评估被殴打妇女，得出的结果会有些令人困惑或与预想的结果相互矛盾。我们永远不会真正知道被殴打妇女的人格问题是先前就有的还是受伤害后出现的（Gelles & Cornell，1985，p. 71）。然而，Walker 在1989年报告，随着殴打越来越严重，《明尼苏达多项人格测验》的轮廓图会发生显著的变化（Walker，1989，p.105）。

到底有没有什么特别的属性、特质或心理剖析图能够表明某些妇女是潜在的殴打受害者？通过深入地回顾被殴打妇女的特征，Hotaling 等发现只有一种特征是一致的，即孩提时曾目睹暴力或成为暴力的受害者（Hotaling & Sugarman，1986）。当研究人员回顾699名参加第一次全美暴力研究的妇女的答卷时，居然连这一特征也未被证实（Hotaling & Sugarman，1990）。所以，没什么证据能说明存在稳定的倾向性因素，能被用来预测谁会或谁不会成为暴力的受害者。

研究者采用《女性态度量表》（The Attitude Towards Women Scale）评估传统上女性对自己的角色的看法，以及她对重要他人对女性的看法的认识（Spence & Helmreich，1972）。Walker 发现，和未受虐待的对照组相比，受虐女性的父亲看待女性的方式明显更为传统（Walker，2000，p.105）。

《被殴打妇女量表》（The Battered Woman Scale）被用来测量因经历殴打而出现的特点（Schwartz & Mattley，1993）。总体来看，被殴打妇女都呈现出许多创伤后应激障碍的症状，而且按DSM-Ⅳ-TR的标准可以诊断为PTSD（American Psychiatric Association，2000；Astin，Lawrence，& Foy，1993）。Weaver（1998）的研究结果显示，女性出现 PTSD 的一个共同特点是儿童期遭受性虐待或躯体虐待，成年后被强奸，或者仅是被殴打。Thompson 及其同事的研究（1999）显示，自杀、PTSD 症状、被伴侣殴打时常并存。由于杀害或严重伤害配偶而被监禁的女性，也显示出高水平的 PTSD 症状（Hattendorf，Ottens，& Lomax，1999；O'Keefe，1998）。实际上，Walker（1989，pp. 48-49）认为被殴打妇女综合征是 PTSD 的一个亚型，因此，如果有 PTSD 症状，就要怀疑存在伴侣暴力。

临床访谈 也许家庭暴力最好的评估方式是临床访谈。收集家族史时一定要包括以下问题：伤害、威胁、控制、毁坏财物、虐待动物、强迫性交、酒精和物质滥用、配偶对其过度警觉以及行为偏执（Jasinski & Williams，1998，p. 37）。

Walker 还提出评估的一条重要原则（Walker，1984，p. 122），我们非常赞同这一原则，它是：当一个妇女打电话或进来报告殴打行为时，相信她并立即采取干预措施。把宝押在这上面是安全的，每当一个被殴打妇女寻求帮助时，她的行为并不是一种为了让伴侣回心转意而采取的激烈的、歇斯底里的、一时性起的方法。被殴打妇女只有在问题变得相当严重时才会求助。

Walker 发现，在被调查的妇女中只有14%的人在第一次事件后寻求帮助，第二次事件后有22%，而49%的人只有在一系列事件发生后才这样做（Walker，1984，p. 26）。考虑到在找到帮助之前已经过去很长时间，和危机通常会达到的严重程度，对被殴打妇女进行分类评估时需要首先考虑她的安全，还有与她关系密切的人的安全，如她的孩子们。我们可以预料被殴打妇女给危机热线打第一个电话时，她的评估结果将是极严重的，因为她刚刚遭受殴打而可能行为失控。因为刚刚遭受的创伤以及担心她的施虐者酒醒回家后会更加严重地伤害她，所以她会出现情绪失控。理智上她可能尽量控制，不与糟糕的现实处境完全脱离。

不幸的是，许多助人专业人员仍然把家庭虐待的结果与其他疾病的症状混为一谈。意识到这些隐匿症状极为重要。与未受虐待的女性相比，受虐女性中试图自杀的人数是其五倍，酒精滥用者是其15倍，药物滥用的人数是其九倍，报告虐待儿童的人数是其六倍，被诊断为精神病或抑郁的人数是其三倍。毫无疑问，这些妇女的自尊大大降低（Aguilar & Nightingale，1994）。

危机干预工作者常会在下面四种情况中遇到殴打的受害者：医院的急诊室和其他医疗场所、危机热线电话、危机中心家庭暴力电话的警察随访中和庇护所（本章随后讨论）。所有这些场所的工作策略都是双重的。第一层，也是最重要的：询问！询问她有没有被殴打，即使她需要解决的问题看起来与虐待毫无关联。Chang 及其同事（2005）建议干预工作者要给出理由说明为什么询问 IPV 相关的问题，以减少猜疑、减轻偏见，并且无论女性是否愿意透露自己的家庭暴力情况，都要为她们提供相关信息、支持、安全保障和获取资源的方法。这样做，干预工作者看起来就不会像是在进行病理性诊断，而是进行情感交流，提供有价值的信息，给妇女打开一扇门，让她们知道可以对 IPV 进行自我表露并考虑寻求帮助。

以同情与关心的方式询问家庭虐待的问题可提高信任水平，并为其保守秘密与尊重隐私，提供帮助时支持而不评判，关心安全问题，即使家庭虐待并不是该妇女求助的主要问题（Battaglia，Finley，& Liebschutz，2003）。本章提到的症状都与虐待相关。虽然可能有其他原因，但一个干预工作者最大的错误之一就是没有对一个人的受虐表示共情并确认她们的经历（Day，2009；Spangaro，Zwi，& Poulus，2011）。如果经外部资源确认，一个妇女确实遭受虐待且超出法律允许范围，那么她可以根据这点采取行动来挣脱家庭暴力（Day，2009）。来自社区的支持同样有效，她可以从社区获取信息，在做各种决定时获得支持，这些决定包括工作机会、居所以及她离开时所受的道义上的不安。

医疗场所　尽管医疗界再三建议，包括美国外科医生的提议，但目前在医院急诊、妇科病房、产科和家庭实践中，虐待评估仍未纳入常规检查（Boes & McDermott，2002）。有时不管医疗工作人员多具有同情心，多愿提供支持，还是有很多受虐女性不愿意承认虐待事实。因此，如果怀疑患者曾遭躯体虐待，干预工作者应该声明有关虐待的询问只是常规医疗检查，而为其提供支持性服务信息也是例行常规。通过这种方式，妇女可以控制整体情况，得到干预工作者的支持，其自主权也得到尊重（Hamberger，1994）。为了患者的安全，访谈时不允许他人在场。干预工作者需要问一些细节和直接的问题，同时要小心，不要引起患者的对立或阻抗。

下列问题摘自 Snyder 和 Hamberger 为急诊工作者准备的流程。

干预工作者：许多人吵着吵着就动起手来了，我想知道你身上的瘀伤是否也是这样发生的？当你和你丈夫或男朋友争论时，他发怒了吗？你感到害怕吗？我想知道他有没有对孩子发火，如果此时你进去了，他会不会对你发脾气而且打你？当他喝了酒或吸毒后是如何对待你的？有些人吃醋时，会表现得反应过激并且动手打人，他有没有这样？你是否曾与某个试图用殴打或威胁要伤害你为手段来完全控制你的人在一起？你现在处于这样的关系中吗？

通过提起吵架的问题，干预工作者把情形正常化，这使来访者得以谈谈是什么原因让她来医疗机构。通过问她是否害怕，干预工作者确认她对这种情况的感觉和认识基础。随后，干预工作者可以询问行为的细节。从一般的伴侣关系过渡到 Hamberger 称之为像漏斗一样“集中”到虐待行为的细节，比如事件发生的数目和严重性，用的是什么武器，以及谁是施虐者等（Hamberger，1994）。

Juanita（受害者）：嗯……我想我只是被扫帚柄碰了一下。

干预工作者：（同情但语气肯定地）扫帚柄一定是抓在什么人手里的，是谁的手？是送你来这儿的人吗？

如果她承认她受到了虐待，那么要告诉她医院和她本人能做什么。医务人员应该熟知关于虐待的地方和州立法规，以便知道他们的法律责任以及怎样保护她的安全。应形成详细的，一步一步的方案，并使每个人都得到关于家庭暴力的征兆和如何处理的指导。Brasseur（1994）把来自芝加哥圣路克医学中心的一个典型方案进行概括，作为识别出被殴打妇女后所要遵循的处理方法。

1. 安排一位负责的护士。
2. 通报院内其他支持机构。
3. 进行全套体检，同时进行神经系统检查和拍摄 X 光片。
4. 用文件记录是谁造成的伤害。
5. 画一个身体上旧伤和新伤的分布图。
6. 根据权限，打电话给警察局，识别攻击者，可能的话逮捕他。
7. 把受害者的受伤情况拍成照片。
8. 告知病人查阅自己的医疗文件的权利和如何查阅。
9. 与受害者讨论出院后的计划，包括庇护所或其他去处，如果她不离开虐待环境，要讨论安全计划以及可利用的社区支持服务。

如果遵循上述流程，那么家庭暴力的识别率也会提高（McLeer & Anwar，1989；Olson et al.，1996；Tilden & Shepard，1987）。

危机热线电话 危机电话工作者遇到的困境当中，殴打是最严重的情况之一。女性在电话中的情绪表现各不相同，从冷冰冰到歇斯底里到狂躁的愤怒都可能出现。不管妇女的情绪反应如何，电话工作者都要努力帮助她应对当时的情境（Roberts & Roberts，2002）。这个情境可能包括她在拨打危机热线电话时，打她的人就在旁边。妇女打电话给热线而不是警察，可能是不希望警察牵涉进来，而是希望通过外界机构可以制止殴打。

有时，被殴打妇女会要求电话工作者与施虐者对话。但几乎所有案例都表明这不是个明智的选择。这时可以问这位妇女，她是否处在危险境地，是否需要警察帮助。重点是求助的妇女与她的安全，并不是要熄灭施虐者的怒火。如果施虐者真的想控制脾气，他可以打热线电话。虽然遭到进一步伤害或死亡威胁的可能性很高，但也只有危机干预工作者感到了迫在眉睫的危险且能得到这名妇女的名字和地址，才能打急救电话求救，否则危机干预工作者所能做的最好的事，是给她提供短期帮助来减轻躯体疼痛和使她的情绪平静下来。通过干预来避免危险当然比保密更为优先，但很难判断危险情境是否迫切并有致死可能从而需要呼叫警察，并且可能有后续麻烦。甚至危机干预工作者内部对该做什么也会有激烈的争论。如果求助者被接到一个安全的地方，会不会让她的配偶更加愤怒？她真正做好了就这样离开的准备了吗？她有什么离开的资本吗？她的债务怎么办？所以电话工作者要考虑每一方面，确定每一方面的情况，仔细考虑可以采取的行为的所有可能性。我们平常处理的危机问题，都没有这一问题这么迫切地需要如此快速全面的评估。

值得记住的是，如果一周后打回访电话，受害者可能处于“蜜月期”，一点烦恼也没有了，只有在下次被打时才会想起并哀求电话工作者帮助她。从被强烈需要到几乎不需要之间剧烈振荡，如果调节不好，会使电话工作者变得愤世嫉俗和漠不关心。当受害者慢慢地想冒险，想离开这种受虐的环境或想到可能面临的死亡时，这种矛盾情感更为典型。

干预内容

当电话打进虐待服务中心，危机干预工作者拿起电话的时候，在积极倾听的同时，评估过程也就开始了。危机干预工作者必须立即关注各种不同的角色。干预工作者不仅应是个好的聆听者，还应该是支持性、帮助性和关注电话来访者安全的，而且必须是一个建议者的角色（Barnett et al，1980）。

倾听 积极倾听和做出反应至关重要，受害者必须知道，危机干预工作者是以一种没有先入为主的、没有等级偏见的方式来理解和接受她现时的处境的。只有这时被殴打妇女才能敞开胸怀，把她的困境倾诉出来（Hepper，1978）。危机干预工作者要通过对被殴打妇女能打电话来这一好的开端，加以鼓励和强化，来表示对其处境的困难和危急的理解。

干预工作者：你打电话来是对的。不管情况看上去有多糟，你已经迈出了重要的一步。我们会随时提供帮助并与这种情况斗争到底。

Juanita：我……我……不知道。这已经有很长的时间了。我觉得真丢脸。我不知道该干什么，感到很乱。

干预工作者：我理解你的感受，而且我知道你打这个电话有多难。伤害、恐惧，一切都是未知的。所以你从哪儿开始说都行。除非你觉得我们的参与对你是最有利的，否则我们不会采取任何行动。现在我想听听你是怎么想的，这样我能很好地了解你的处境。不管时间多长我都会听下去，所以别着急，慢慢来，告诉我到底发生了什么事。

支持 给予受害者明示和暗示，允许她自由表达和抒发情绪。受害者的愤怒、伤痛、害怕、内疚和其他虚弱情感需要数分钟至两小时或数月才能得到完全的宣泄。支持受害者的意思是与其共情，而不是同情。感觉缺乏社会支持是许多受虐妇女的主要因素之一（Perrin et al.，1996），而且对不同文化背景的移民来说这种缺乏可能格外严重（Sev'er，1997，pp. 3-5）。许多受害者行动比较慢，而且可能要经过几个月的时间才能采取行动。因此，支持受害者并不意味着一厢情愿地立即去干预。因为受害者往往要经历很长一段时间才能决定采取行动。不管在干预工作者看来情况是如何糟糕，只有受害者本人才能决定何时采取行动以改善她饱受创伤的处境，危机干预工作者必须竭力保持耐心（Dagastino，1984）。

干预工作者：好的！我知道离开是一个多么难的决定。你的婚姻中有过许多美好的时光，尽管殴打越来越频繁，你还是很想维持。你说想多点时间考虑。没问题，这由你来决定，只要你需要，我们会随时帮助你。

从殴打关系中解脱出来是一个缓慢发展的过程。如果受害者不愿意，危机干预工作者也不能使它变快。他必须敏锐地意识到，不要被受害者所需要的同情心所操纵，不要试图为她“安排”什么。许多时候受害者把怒气发泄到警察、牧师或其他有关的人身上。有时候受害者必须意识到，把责任转移到他人身上是解决不了问题的。危机干预工作者必须警惕这种可能性并且不要陷入建议寻求外界救济对策的陷阱中去。

受害者实际上是在证明Heppner所说的“憧憬和希望综合征”（Heppner，1978）。受害者希望，这种情况会改变，她的配偶能像过去那样待她，危机干预工作者能使她丈夫发生改变。但是如果没有法律或治疗干预，虐待基本不会停止。在任何情况下，危机干预工作者都不要试图通过与其丈夫谈话来营救受害者。这样做很危险，并且否定了受害者的责任和自立权。其实对话应该从怎么样改变丈夫转到现在受害者能做些什么。

干预工作者：我听到你想让我来，让你丈夫改好，并使一切恢复原样，这我做不了。我希望我可以，但我不是婚姻顾问。如果你认为婚姻顾问能起作用，我可以告诉你几个婚姻顾问的名字。我能做的是帮助你决定现在该做什么。

对危机干预工作者拒绝解决这个问题的典型反应是愤怒。

Juanita：你什么忙都帮不上，你和其他人一样糟透了。你是个糟透了的咨询师，就因为你什么忙都不帮，我不得不回到他身边，他会杀了我。

虐待服务中心的干预工作者不想失去来访者，所以，这种做法常常使没有经验的干预工作者焦虑，驱使他们做一些可能让他们后悔的事。危机干预工作者应该认识到，当受害者怀疑干预工作者的能力时，她也在怀疑自己的能力。她可能在寻找一个恢复关系的方法，而且可能通过责备干预工作者而转移她自己的无能（Dagastino，1984）。危机干预工作者能做的最佳反应不是面质而是共情，认识到此时那位妇女正在寻找一个回到她配偶身边的方法。

干预工作者：因我不愿意和你丈夫交谈而使你生气，我感到很遗憾。我能理解你的沮丧。然而我不会像别人那样告诉你该怎么做。我想让你知道，如果你想采取行动，我很乐意和你一起制订一个行动计划。

上述引言代表了一个危机干预工作者对受害者的反应是支持性的而不是接管性的。通常受虐妇女没什么独立性，而且很快会回到依赖状态。如果危机干预工作者能牢记，与他交谈的这名妇女最终将不得不成为自身的捍卫者和保护者，就不会被“同情陷阱”所困。如果危机干预工作者被激怒或公开指责和批评那名丈夫，那么就犯了一个基本的错误。他可能驱使受害者为丈夫辩护并攻击干预工作者（Dagastino，1984）。

促进改变 帮助受害者转变直到采取行动，这需要极大的耐心和韧性。危机干预工作者需要处理的典型情感是依赖、矛盾和抑郁。这些都是电话来访者固定的表现。形成这些固定情感的基础是我们前面提到的习得性无助。危机干预工作者应该强烈支持受害者尝试做出理性的决定，自我控制并声明个人的力量，以促使受害者行动起来（Heppner，1978）。

干预工作者：你说你什么都做不了，这不是真的。你向这里打过电话，不是吗？刚开始交谈时你控制不住哭了起来，但现在说话的声音克制多了。我还注意到许多“我”的表述，那告诉我你已经开始承担责任了。或许你没意识到这一点，但这都是你在这么长时间里第一次开始感觉到某种个人力量的表现。我认为这很了不起。

到虐待中心寻求帮助的妇女中，绝大多数都有对现状的矛盾心理。尤其想到丈夫打完妻子后向她道歉、给她买礼物，并且说些她想听的和使她相信的话，矛盾的心情就会特别强烈（Conroy，1982）。为了处理这种矛盾状态，危机干预工作者需要反复使用开放式问题和澄清受害人的情感的技巧，以此作为一种有效的方法来帮助受害者检查先前否认的情感和想法。

干预工作者：当他打你时，你怎么想？你的感受是怎么样的？

Juanita：就好像我站在一旁观看一场这样的电影似的。好像这种事情不会真的发生，特别不会在我的身上发生。

干预工作者：所以这就是你应付的方法。把你自己与殴打分割开来，似乎这件事发生在别人身上一样。

Juanita：是的，我想我这样做已经有很长时间了，要不我会发疯的。

干预工作者：你认为你被打的原因是什么。

Juanita：我不知道，可能只是因为我不是个好妻子。

干预工作者：你是说，你没有按他期望的那样生活。你自己的期望是什么呢？

Juanita：我不太清楚，我是说，我从来没想过这些事，总是他想什么就是什么。

干预工作者：除了把自己与殴打分割开来，还有什么办法处理这件事。

Juanita：我试图满足他的要求，但情况开始越来越紧张，我只是避开他并对他好一点，虽然我知道迟早还是要挨打。我害怕那种等待。实际上，有时候我会促使它早点发生。我知道他事后总会道歉并对我好点。

干预工作者：所以，尽管你知道最终会被打一顿，你还是对他百依百顺，而且由于焦虑，你还会促使它快点发生。你好像愿意付出一个不合理的代价来挽回他的爱。

Juanita：听你这样说，我简直不敢相信我让这种事情发生了，我真蠢。

干预工作者：现在你认识到付出那样的代价是愚蠢的，是什么让你留在这种关系中呢？

Juanita：老天！我不知道。爱！名誉！服从！孩子们。过去的好时光。苦难。我没有工作而且又怀孕了。尽管这些情况仍没有好转，但我留下来了。我想过离开他，但这很困难，他会杀了我。

通过开放式提问、复述、反馈，危机干预工作者持续不断地打击了受害者对受虐待情形的错误、不合逻辑的认识。只有通过受害者的眼睛与耳朵的所见所闻，危机干预工作者才能形成准确的认识，知道该采取什么步骤以及如何实施从间接到直接的连续干预。被殴打妇女还常感到抑郁。通常，只要受害者说到攻击的细节，就变得沮丧抑郁。抑郁下面是一座盛怒的火山，它正试图喷发出来。危机干预工作者的工作是把受害者从压抑的状态下解脱出来，让她的怒气能宣泄出来（Dagastino，1984）。这是采取行动第一步。

干预工作者：你说这些细节时，好像只是在报告而没有生活在其中。我想知道这是不是你压抑、控制情绪的典型方法。

Juanita：我想……如果我真去想它，我会杀了这个混蛋。这杂种怎么会这样对我。

干预工作者：把这些怒火发泄出来感觉怎么样？

Juanita：可怕！我真怕有机会我会杀了他。

干预工作者：有你这种经历的人，有这种感觉是合理的，但这样并不能达到你的目的。让我们看看在杀与被杀之间有没有别的选择。

为了总结如何帮助受害者由僵化、麻木向可变化转变，马萨诸塞州被殴打妇女服务小组联合会（Massachusetts Coalition of Battered Women Service Groups，1981，pp.25，67）向危机干预工作者提出了下列建议。

1. **坦诚**。你就是你，不要隐藏在别的角色后面。假装成别的什么人会让受害者感觉到干预工作者是虚伪且不可信的。
2. **设定限制**。危机干预工作者不是超人。迷惑、愤怒、愚蠢、厌烦等感情使危机干预工作者得以工作下去。这并不是说危机干预工作者必须成为受害者。当他感到疲劳了，而且怒气很大不能继续工作时，危机干预工作者应认可这种感觉，要求暂停，脱离这种环境，直到与专业同事一起解决了这个问题，才能够重新开始。
3. **给受害者空间和时间去"崩溃"**。记住，受害者正经历着一个长时间积聚起来的情绪洪流。这种愤怒是她成为自我的第一步。知道这一点能使受害者安心并从中获得力量。给她时间发泄，然后再讨论行动计划。
4. **允许受害者经历痛苦，但要和她在一起**。危机干预工作者的第一反应可能是成为一个心理支撑，因为受害者太脆弱，她自己坚持不住。记住受害者已走过一长段苦难历程，而且现在正体验这种痛苦，这样危机干预工作者将会认识到受害者仍有许多保留的力量，相信受害者有能力从这种混乱中解脱出来，这一点非常重要。

5. **保持眼睛和耳朵的联系**。受害者的言语和非言语反应都很重要。它们能告诉危机干预工作者受害者所说的和所做的是否一致。在电话里读取非言语反应是很困难的，要注意语调、停顿和叹息。怎么说一件事可能和说什么事一样重要。同样，没说什么和说了什么也一样重要。
6. **尊重和不评判**。受害者的行为必须与受害者自身仔细地区分开来。她可能看起来像驴一样蠢，但这不意味着她是一头驴。当宗教与道德因素掺杂进来时更是如此。
7. **复述和反馈受害者的想法和情感**。说起来很简单，做起来非常困难，因为没有什么治疗方法比应用这种技巧更有用了。
8. **一起决定优先考虑的事**。两个人的智慧是优于一个人的。这就是为什么要有危机干预工作者，如果受害者能独自处理问题她会自己处理。否则，危机干预工作者就没有必要存在了。
9. **考虑别的选择**。头脑风暴式的自由讨论能发现许多先前没有的想法和措施。
10. **不要问为什么**。问一个受害者诸如为什么仍留在殴打关系中这样的问题，会经常导致受害者或真或假地猜想自己被审判了。当受害者感觉到她被审判了，她会倾向于做出防御式的反应。这对她或她的处境都毫无帮助。
11. **给受害者时间去宣泄，但不要让她陷于自怜**。受害者需要完成转变，危机干预工作者需要帮助受害者从培养情绪的释放逐渐转向制订计划。这些计划尽管小，但都考虑了她自身的困境。
12. **随访受害者**。尽管被殴打妇女说："我想现在我能做好这件事"，还是要留下她的电话号码，并且过几天后打电话去了解清楚她是不是过得很好。许多被殴打妇女因为自己曾发过誓或认为自己很愚蠢而非常难为情，以至于不能鼓起勇气再打电话并承认她们又失败了（注意：随访时一定要确认施虐者不在家。而且，一定要确认电话是否有来电显示或回拨功能，以保护受害者的安全）。
13. **同伴的监督和反馈对家庭虐待工作者至关重要**。伴侣暴力给人的冲击非常强烈，以至于几乎极少有危机干预工作者能始终保持客观。请值得依赖的同事进行互相监督能使干预工作者不偏离轨道，减轻个人的压力并且避免情绪失控。

保证安全 危机干预工作者的首要任务是判断形势有多危急（Roberts & Roberts，2002；Walker，1984，p. 122）。受害者打电话时是不是在危急状态？或者她只是需要倾诉？如果受害者多处骨折或她的配偶威胁要回来杀死她，那么人类所知的所有聆听和反应技巧一点用也没有。危机干预工作者要冷静小心地评估形势有多糟。受害者需要并愿意接受医疗处理吗？要不要住庇护所？有没有一个托送孩子的地方，如果她丈夫回来还能离开家吗？

这些问题都要以一种再三权衡和深思熟虑的方式提出，以避免加重受害者的恐慌。虽然情况紧急，而且最好的选择是受害者直接去庇护所，但危机干预工作者需要记住的是不能强迫她做这种选择。然而这并不意味干预工作者不能推荐她这样做。

干预工作者：从你所说的看，情况好像很糟糕。或许你该考虑离开他而去庇护所了。你觉得你或孩子处在危险中吗？他现在在你旁边吗？你需要我替你叫警察吗？你是否需要医疗救助？

由于对前景未卜的恐惧，受害者对这种选择可能犹豫不决（Dagastino，1984）。危机干预工作者应该耐心地解释庇护所的功能和所扮演的角色，回答受害者的疑问，尽力减轻她的恐惧感。如果这些事情都做了，受害者还是不愿做决定，那么就不要逼她。在首次报告自己被殴打时，受害者常常认为这只是个孤立事件而不是虐待。她们往往拒绝认为殴打会持续发生。她们相信，“他真的爱我，如果我更好一点，这种事就再也不会发生了。”并以此来欺骗自己。当危机干预工作者进行干预时，他应该意识到这些事件不是孤立的，的确有固定的模式导致了殴打的高潮（Walker，1984，p. 24）。干预工作者应努力说明这种模式以便让受害者知道这不是孤立的而是连续和可以预测的。当受害者搞不清楚要离开还是留下时，知道这种模式是非常重要的。Walker提议，与其用话语描述暴力循环，还不如采用图形化方式来说明不断升级的暴力行为。让受害女性画出暴力升级的图表，在短暂的安静时期，她可以仔细考虑是否要离开家（Walker，2000，pp. 136-137）。

干预工作者：听你说时，我发现了一种固定的模式。大约一周的时间，他会变得粗暴，开始抱怨家里的样子、你的样子、你做的饭菜，还有你管教孩子的方式。这些抱怨起初很轻微，但变得越来越严重，直到你最后忍受不了而说“如果你不满意，那你应该对家庭多负些责任。”最终以你被打而收场。我想你能不能回过头看看这种情形到底是怎样反复出现的。用铅笔和纸，画出过去两个月的事件表。记下家里平静安宁的时间有多久，然后记录家里气氛紧张以及他开始心理虐待所持续的时间，几小时或几天。最后记下什么时间开始打架，持续多久，多久之后他会恢复原来的样子并道歉。

Juanita：嗯，我不知道。我的确认为这次不一样。我是说这是我第一次需要紧急处理。他事后真的很后悔。（画事件图表）好吧，看起来事情变得更糟糕了。他似乎更快开始失去理智了。

干预工作者：对！你看出来了，它有一个非常明确的形式。不同的只是它重复的频率越来越高，而且越来越严重。

Juanita：该死！确实是，我刚明白！之前还没意识到这一点。

许多时候受害者可能会非常死板，甚至连问题都听不进去，所以干预工作者需要再重复一遍。

干预工作者：他说什么时候回来？还有，他说他要做什么？

Juanita：我不知道该不该相信他，我爱他，但是我真的很害怕。

干预工作者：好，我能理解你很担心，但我需要知道我们还有多长时间以及他威胁了你什么。

通过缓慢地把受害者引导到紧急迫切的问题上来，危机干预工作者使谈话持续进行，同时也没有否认受害者正在经历的情感伤害和困惑。

当处于绝望中的女人打电话寻求帮助时，她没有时间去分析，也没有时间分析自己。她实际需要的是一些可以短期应用的侧重于行为方面的技巧（Walker，1979，pp. 75-77）。危机干预工作者的主要任务是让受害者重新获得一定程度上的平衡和控制。交谈的焦点是准备如何度过接下来的一天。此时，危机干预工作者不用担心明天或以后怎么办。明天，干预工作者可以打电话给受害者讨论下一天的计划。如果危机干预工作者试图讨论一周以后的事，那么受害者就会茫然无措了（Dagastino，1984）。

因为受害者有大量紧急的需要，干预工作者必须现实地判断什么情况下需要立即行动，以及哪些需要可以延缓。为了帮助理解大量迅速涌来的信息，工作者可以记下受害者所说的情况，以便能迅速识别受害者目前最关心的问题。

采用预先备好的一些结构化问题与信息，可以保证危机干预工作者涵盖受害女性的紧急需求，并持续向她们提供信息（Dagastino，1984；Roberts & Roberts，2005）。谈话应该包括当务之急与随后的行动，并且进行核实。像得到足够的钱给孩子明天买午饭这件事可能与处理鼻骨骨折一样重要，干预工作者需要记住这一点。通过把所记录的概要冷静、清楚、准确地反馈给受害者，危机干预工作者让受害者一步一步回顾她最紧急的需要。用这种方式剖析危机，干预工作者使受害者确信她的问题能够解决（Dagastino，1984）。

干预工作者：这些都是我刚听到的发生在你身上的事。毫无疑问你感觉要崩溃了。任何人在这样的情形下都会有这种感觉。你说没有工作，孩子们不想离开家，还有他可能要杀了你。你也提到过离婚不合乎你的信仰，特别是哥伦比亚某些很强的文化禁忌，对你来说是个负担。让我们一次讨论一个问题，把它们归归类，再放到一起。

仔细检查她面对这些问题的恐惧，怎么优先考虑她的需求和她能做的选择是非常重要的。直到她能公开面对这些恐惧，她才能逐渐形成处理这些问题的策略（Heppner，1978）。

干预工作者：你害怕离开，是因为你确信他回来后要找你算账，而且你不知道他会做什么，所以越来越紧张。然而我相信，如果我们现在就制订一个计划，你会感觉好一点，尽管你不是非要用到它不可。

如果受害者说不知道该做什么，危机干预工作者应立即考虑两种基本的选择——留下或离开。她之前采取过什么行动？这次和以前的行动有何不同？一个关键要素是考虑留在家里的危险程度。受害者是因为丈夫真的要动手，还是因为她害怕他要动手而打电话。为了了解先前发生的事，危机干预工作者可以问这样一些问题，如“在他离开家和喝醉酒之前，他做了什么？他毁了房子吗？打你和孩子们了吗？他做了什么？”从回答中，危机干预工作者对形势的危险程度有一个实际的评估。如果受害者不愿意离家，那么干预工作者可以模拟伴侣酒后回家的场景。

干预工作者扮演施虐者的角色，系统地表演每一个可能的冲突情况，然后讨论如果受害者尝试解决冲突会出现哪些积极和消极的结果（Dagastino，1984）。

干预工作者：（扮演角色）嗨！亲爱的！到床上来，我想死你了！

Juanita：（典型反应）我不能忍受在你喝醉时和你有性关系。

干预工作者：（变成自己）看，你的反应。当你这样拒绝他，他生气了，对吗？你还有什么别的回答或做法吗？你怎么样才能改变这情况呢？把桌子掀翻，这样他对你就没兴致了，怎么样？如果你脸上有一层面膜或把头发卷起来，穿一件邋遢的便服会怎么样？虽然这样让你没什么魅力，但这样能让他失去兴趣吗？

通过考虑这些选择和提出其他的应付方法，干预工作者尝试提供能缓和危机的应对技巧。当危机干预工作者这么做时，受害者也在一点一点地反馈出一个计划。无论是留在家里还是出去，制订一个逃跑计划还是非常重要的（Walker，1984，p. 122）。

干预工作者：很好！你已经想好怎么离开家了。你让后门开着。你已经通知孩子们到邻居家去。你有我们的电话，而且你知道你可以到车上去，车就停在后门外，开车出来，找一个电话亭给我们打电话。

如第六章“危机干预热线与网络咨询”所示，计算机与电子技术开始在年轻人的生活中发挥越来越大的作用。因此，以下的研究对熟悉计算机的被殴打年轻女性来说可能有潜在的重要影响。有一个计算机程序，经过住在庇护所的受虐妇女的群体测试，显示既可保障受虐妇女的安全，又可鼓励她们离开不堪的家庭（Glasser et al.，2010）。这个英语 / 西班牙语双语的程序在受虐严重的妇女身上也进行了测试。它提供相关反馈，包括致死风险、保障安全的措施、帮助优先安置和个体化安全计划。通过危险评估的评分，69% 的被试发现他们处在极度危险之中。通过使用这个安全决策援助，女性在她离开的决定上得到了更多支持，内心的矛盾与冲突减少。

总的来说，无论短期的还是长期的安全都依赖于帮助受虐妇女采取措施，而不是一成不变。对许多受害者来说这可能不是一个回到危机之前的平衡的问题。平衡一开始就不存在。所以对她们来说，采取试验性的第一个步骤非常令人恐惧、害怕和迷惑。

危机干预工作者理解并知道下面这些注意点，可能在他们帮助受虐妇女做决定和采取行动时有所助益（Massachusetts Coalition of Battered Women Service Groups，1981，pp.25，67）。

1. 对妇女考虑自己的处境和采取行动的努力提供合法的帮助。
2. 提出各种建议来验证她们的想法和选择，以帮助她们了解自己想要什么。
3. 帮助妇女认识妨碍其做决定的感情因素。
4. 诚实。干预工作者不能告诉来访者该做什么，但能从她的生活角度告诉她这种处境对她会有什么影响。
5. 帮助妇女为她们自己做些事，但不要让她们依赖工作者。
6. 告诉妇女能提供特别援助的机构。从什么人、从什么地方、在什么时候、采取什么方式以及可以得到什么样的帮助。
7. 帮助妇女获得自信和照顾自己的能力。
8. 具有挑战性。帮助她们，但不要害怕推动她们向做出决定迈进。
9. 对选择具有开放性。每个妇女都能控制她自己的生活，危机干预工作者一定不要尝试控制受害者。
10. 聆听和理解妇女要说的话，特别是一些与干预工作者自己的信念、观点、看法不一致的。
11. 以妇女，特别是被殴打妇女的共同特征为基础。但要认识到个人之间差别的价值。
12. 估计死亡的危险性："我受够了，而且遍体鳞伤"。也许真正的意思是"我准备去自杀"。

下面是危机干预工作者对一位妇女的回答。这名妇女在电话里说了两个小时，还下不了决心该做什么。这些回答很好地演示了如何运用上面提到的12点。

干预工作者：我能理解你既想离开又想留下的复杂心情，还有等着下一次挨打的那种持续性的害怕，你或许甚至希望它快点发生，好让这种紧张状态消失。但我看这种紧张只能减少一小段时间，然后又开始积累了。我也能理解，你觉得好像被困住了，但你可以有一些别的选择，这我们刚刚讨论过。我想你至少应该选择一种去做，不管哪一种，你觉得是最好的就行。我不想听到"不"的回答。现在就做些能让你感觉好点的事。去泡个热水澡，如果这能有所帮助，不要舍不得用沐浴油。我想你现在就去庇护所比较安全，但如果你不想这样做我也能理解。然而，如果你感到紧张感加剧，而且让你受不了，就像现在这样，我要你发誓再打电话来。我不会接受"不"的回答。明天下午我会给你打电话看看事情怎么样了。你看什么时间比较好？

拥护 由于被殴打妇女的生活相当程度上已被隔离，她们几乎得不到其他途径的知识，尤其是关于她们在法律和福利方面的权利和选择。因此，最重要的是需要有一名法院拥护者，他了解法律以及如何绕过官僚主义的障碍，如何闯过寻求帮助途中的繁文缛节。要支持与拥护受虐妇女在劳工与福利系统中找到办法，以获得经济支持与工作培训机会（Shepard，1999）。工作者需要有良好的网络工作系统，并得到及时的帮助以解决这些妇女将面对的各种各样的问题。

危机转移观点 前面所述的所有干预过程不可能在一个20分钟的电话里完成。即便是一个很小的危机，也可能需要2 ～ 3次电话才能让受害者稳定下来，触及她的情感，达到受虐待前的某些表面上的平静。危机干预工作者不是提供一种短期的万能药，仅仅使受害者安静下来，然后轻率地把她打发掉。而是要提供一种调和剂，不仅处理紧急危机，还可长期应用。许多被殴打妇女需要经过一个有关她们是谁及她们能干什么的完整再教育过程。这个过程不应该急于求成，即便可能要花一年的时间来达到它的目标。

实际上，被殴打妇女放下电话，决定去中心或庇护所时，她的危机并没有渡过。最初的见面或热线电话只是解决危机的第一步。其他的危机将继续折磨受害者。Ibrahim 和 Herr（1987）等以团体咨询的方式对被殴打妇女进行干预，帮助其进行职业探索和经济独立，这是危机转移观点的一个很好的例子。当这些妇女达到职业实现阶段，实际上已准备跨入工作领域并试验她们的技能时，她们仍经历各种各样的危险感和焦虑感，变得古板和偏执。帮助妇女度过这个阶段需要小组引导者们15次以上、每次两小时的强化支持！

庇护所

中心和庇护所在家庭暴力项目中一般指两个不同的实体。中心是处理电话和现场的短时间危机干预、咨询。庇护所则是一个长期机构，妇女及其家属可以短期或较长时间居住。一个综合项目应该既有中心也有庇护所，还需提供24小时的热线电话服务，并为未预约的来访者施行开放政策（Barnett et al.，1980）。庇护所一般还有另外两个重要功能，个体咨询和同辈支持（Hampton，Vandergriff-Avery，& Kim，1999），它应与其他社会服务机构关联：警察、免费或按比例收费的法律服务、医院、医护人员和精神卫生机构、为受害者提供交通工具的机动危机小组，并且能与有随访服务的紧急收容机构直接联系（Benjamin & Walz，1983，p. 83）。

典型的庇护所与虐待中心相关联并广为人知。但出于安全考虑，具体地址不能公开。出于同样的理由，警察将加强巡视，保证安全。职员应雇用专业人员和志愿者，要有足够的设备来做饭、睡觉、沐浴、照顾婴幼儿，还要有衣物、食物和交通运输的资金（Langley & Levy，1977）。此外，庇护所还要提供各式咨询服务，以帮助妇女宣泄情感，探讨可选方案，为她们下一步怎么做制订即时计划（Benjamin & Walz，1983，p. 84）。庇护所还应对儿童提供全方位的服务（Roberts & Roberts，2005）。虽然在作者所在的田纳西州，结婚证的一部分费用已经用来资助庇护所，但上述这种理想的庇护所还是因为缺乏资金而难以落实。

庇护所妇女的咨询

进入庇护所的妇女可归入两类：一类对是否结束这段受虐的关系还不肯定；另一类已下决心离开（Dagastino，1984）。第一类妇女需要时时监护，在这两类人中更具风险性。危机干预工作者应与这些妇女保持不断的接触并加强她们已有的来庇护所的勇气。

干预工作者：我很高兴你这样做了。我知道这需要很大的勇气。

干预工作者：（10 分钟以后）安顿好了吗？跟我来，我想让你见见这儿其他一些妇女。

干预工作者：（2 小时以后）现在还好吗？孩子安顿好了？他们真漂亮。想不想来杯咖啡，然后谈谈？

在回去和住下来之间犹豫不定是这些妇女的特点。她们在庇护所待的时间越久，不回到她们配偶身边的可能性越大（Hilbert & Hilbert，1984）。但是，在妇女能恢复其自尊心并开始懂得她们不是问题的起因以前，她们始终处于离开庇护所而回去的危险中。危机干预工作者不是试图强迫妇女住在庇护所，而是试图让她们有一段心理上的休息时间，去更客观地回顾她们的处境（Dagastino，1984）。对于那些幼年时有性虐待经历的妇女来说，她们因为感情依附，更可能回到施虐者的身边（Griffing et al.，2005）。了解这一点对干预工作者来说尤为关键，在这种情况下就要继续将受害者留下来，直到她们重新找回自尊。

Juanita：我现在一团糟。我不知道我是否错了。我是天主教徒、西班牙人。在我们家族，妇女是不退出婚姻的。但我现在实在害怕极了，教会和我家人都说，我们只需将事情解决就可以了，但我真的认为他会杀了我。

干预工作者：让我们假定你正休一天假，所以在你回去处理这件事以前可以休息一下。如果你想回家也完全可以，但重要的是放松一会儿，就算是为了我。我看得出你身体还可以，没受什么伤，我也就放心了。这是讨论你回去以后能做些什么的好时间，也是制订具体计划的好时间。

庇护所工作人员会反复看望新来的人，加强她的决心，他们会表达对受害者的关切，通过庇护所其他妇女的帮助，确定受害者和她的家人安顿好了没有。只关注此时此地。在受害者与虐待她的人分开后的最初几小时中，工作人员也许必须非常直截了当。很少妇女在这段时间有足够强的自我力量能自立，多数需要足够的支持和帮助。目的是帮助受害者离开家、思考和行动，使她全神贯注于这些而无暇让害怕、自责或任何其他懦弱和忧心忡忡的情绪击倒她。洗衣、做饭这类家务在这方面似乎特别有帮助。在任何情况下，工作人员都应小心协调受害者的需要。有的人可能觉得与工作人员或其他几个妇女一起坐坐、聊一聊或哭一场会有帮助。有的人可能太累了，需要上床睡一觉。不管受害者需要什么，工作人员应尽量满足她们的需要，并根据环境随机应变（Dagastino，1984）。

庇护所的动力学 庇护所有各种正面动力。有来自经历过同样伤害的妇女的支持，这使受害者能够开始获得面对他人的勇气，恢复她们失去的自尊，知道被殴打不是她们的过错（Schechter，1982，pp. 55-60）。

虐待妻子庇护所不是迎合每次冲动的假日疗养地。尽管有足够的关爱与分享，但仍鼓励住在庇护所的妇女开始相信她们自己能做出决定。决策过程包括确定对庇护所来说什么是最好的。这不是件容易的事。必须考虑到有关宠物、孩子、烹饪等等限制条件（Schechter，1982，pp. 63-64）。妇女们会觉得烦了，互相指挥周围的人，想她们的男人，想性生活（pp. 55-60），与来自不同民族、种族和社会文化背景的人产生摩擦（Massachusetts Coalition of Battered Women Service Groups，p. 1981，p.28）。

庇护所居住者：习惯庇护所的生活是难以言喻的。你喜欢它，但你不想住那儿，因为那不是家。你必须用全部心思考虑如何与不同类型的人相处。你会疑惑自己是否能渡过这个难关，尤其是当你看到所有的痛苦和迷惘，又分不清这是你自己的还是她们的，或别的什么，还希望没有人发现你在这里。当你在家不能说时，试图在这儿能被人理解，又似乎感到自己像个长舌妇。试着向前看，总是想忘记……想忘记……想忘记（Schechter，1982，pp. 59-60）。

在庇护所，任何事并不总是像想象的那样。许多来庇护所的妇女极度依赖，并异乎寻常地擅于利用那里的工作人员（Walker，1984，p. 126）。比如说“你真理解人——你使我整个生活更好了”，听起来像在夸工作人员，实际上是在利用。这些妇女利用这所房子和工作人员作为安全罩，并没有努力准备依靠自己离开这儿（Dagastino，1984）。聪明的庇护所工作人员看得出这种利用的实质是什么：拒绝对自己负起责任，将对虐待自己的丈夫的依赖，转向对照料她的工作人员的依赖（Weincourt，1985）。工作人员必须温和但坚决地杜绝这种行为。

干预工作者：谢谢你这么说，也谢谢你想帮我做饭和做其他事情。然而我相信，你的时间和心思可以更好地用在为自己找一间公寓和一份工作上，我也愿意帮助你。

哀伤 除了依赖性，许多受虐妇女要经历一个痛苦的过程。悲伤和忧郁，自责和内疚，以及难以做决定是这个痛苦阶段的全部特点。处于丧夫悲痛中的女人的正常表现，在一个受虐妇女身上可以被视为是不正常的。但是，这些反应正是一个受虐妇女进入失去一种重要关系，失去原先分担的做父母的责任，失去作为一个明确的妻子角色时期的合理表现（Campbell，1989）。

当工作人员开始让她们计划一个新的将来时，她们会说很多的"是，但是"。受害者从对其处境的非个性化角度转向对处境的忧郁，这个过程可能使庇护所工作人员大吃一惊，除非她知道这也是受虐妇女走出危机的一个阶段（Dagastino，1984）。妇女的悲伤常常使那些试图帮助她的人迷惑。许多人类服务工作者可能对这些情感感到畏惧，因此专注于处理这些妇女困境中的具体事情，如供给食品、衣物和居所，而拒绝她们哀伤的需要。

但是，如果自问一下："她为什么而哀伤？"就可以理解她的哀伤。大多数情况下，她以自己与施虐者的关系来定义自己，如果这种关系结束了，她会感到似乎什么都失去了，包括她的自我感觉（Turner & Shapiro，1986）。她紧紧地抱着对婚姻关系的憧憬不放，包括她对目前这个婚姻的期望。当婚姻关系结束时，她必须面对的事实是，这些梦想将永远不会变为现实。因此，她如此伤心，并不是因为过去所发生的事，而是因为她所希望发生的事并没有发生（Spanno，1990）。因此，危机干预工作者能够并且应该确认妇女的丧失，确认她有权哀悼和体验丧失的感情（Russell & Uhlemann，1994）。从这一点上说，咨询过程与我们在个人丧失一章中讨论的有所不同（详见第十二章"个人丧失：居丧与哀伤"）。

Juanita：我是如此向往事情能变好。我们可以像曾经那样幸福，但我不能让他打我和孩子。这张照片上漂亮、幸福的夫妻是怎么了？他是这么英俊，开始时对我这么好。然后就慢慢地如走进地狱一般，变成现在这样了。（抽泣着慢慢展开手心中的一张结婚照，这是她随身带到庇护所来的。）

干预工作者：向过去的事和曾经可能能实现的事情告别是很困难的。知道所有这些希望和梦想将成为泡影，也许比挨打的伤害更大。

Juanita：它把我的心都撕碎了，但我知道我做得对。早晚他会在某次狂暴发作中杀了我或孩子们。真是不可思议！我还爱着那个混蛋。

干预工作者：你现在感受的痛苦，就如同一个好朋友或亲人去世时所感受的一样实在，也许更悲哀，因为一旦这种关系终止了，Juanita，你的一部分也随之死亡了。那部分的你，经过奋斗离开老家，上了大学，接受教育，取得成功，嫁给这个完美的男人，然后，所有的期望由于他以这种方式对待你和孩子而灰飞烟灭。

Juanita：我不能让那些阻止我，什么也不能。我来这儿是正确的决定。我获得对他的逮捕令也是正确的决定。也许爱的最后行动会对他有所帮助或震撼，唤醒他，以免他再这样对待别人。

干预工作者：正如你所说，我看到在眼泪背后你做了这么多的决定。我还看到一个新的、不同的、更坚强的人。在你对以往说再见时，语气如此坚定。

曾陷入虐待关系的妇女需要悲伤，并且她的痛苦需要得到认可，危机干预工作者通过强调经历过这些之后会有一个全新的未来等着她，而做到了这一点。正是通过这个过程，被殴打的妇女才能看到这个婚姻关系的真面目——虐待。如果危机干预工作者以为那名妇女会为此而欣喜，那他将会犯一个非常糟糕的治疗错误。如果她会为离开而高兴，不能感受和表达她自己的失落，那她可能永远不会面对这个婚姻关系的真相。所导致的结果完全可能是回到伴侣或一个与他相似的人身边（Spanno，1990）。

抑郁 抑郁以多种形式出现。许多来到庇护所的妇女睡眠时间很长。初看她们似乎很懒。实际上，她们可能正经历一个试图重组精神能量的阶段。工作人员的任务是试图帮助她们度过停滞阶段，而不是压制她们或把她们带入负疚的历程（Massachusetts Coalition of Battered Women Service Groups，1981，p. 27）。

干预工作者：我已注意到，相当多的时间里你都待在房间内，睡得很多。我有点担心，不知道你感觉怎样。我想知道你来这儿以后是否有机会与其他任何人谈谈你的感觉。

Juanita：我感到非常内疚。好像自从我来这里以后一直在睡，别的妇女一直好心地在照料孩子们。我本人其实不是这样的，我只是没有心情。我很抱歉给你们添了这么多麻烦。

干预工作者：你现在做的，正是你应该做的：补回精力。决定离开家到这儿，已耗费了你大量的精力。其他妇女有相似的经历，所以她们能理解的。几天以后，你也会这样帮助别人。如果你想说说话，我们在这儿。如果你想休息，也完全可以。主要是你现在安全了，这是最重要的。

恐惧 很多妇女来到庇护所一段时间后，会出现与心理刺激有关与恐怖症类似的综合征（Massachusetts Coalition of Battered Women Service Groups，1981，p. 27）。她们可以因看似无关紧要的事而引发极度难以解释的恐怖发作。这些事很大程度上限制了她们的活动和新的自由。对她们的伙伴、她们的困境、与已知的过去分别和不可知的未来的恐惧皆可引起恐怖发作。不管何种情况，庇护所工作人员均不能让它继续。必须鼓励受害者，帮助她们一步一步离开庇护所的安全罩，走向现实生活。

这个过程可以一小步、一小步慢慢来，但这个步子必须跨出。在妇女们跨出这些步子时，她们所采取的行动得到特殊的、肯定的强化，使她们不再回到以前的绝望中去，取而代之的是开始对她们自己的行为负责（Weincourt，1985）。受害者总是看不到她们在各方面已做了很多，或试图削弱她们的胜利。当妇女面对离开庇护所的支持环境时，经济环境的结构变化就势在必行了。独立居住、工作培训和就业良机、儿童保育及社会支持服务都是非常关键的。肯塔基州的很多庇护所会在其提供的工作培训服务中运行像工作准备计划这样的项目，好让更多妇女达到雇用要求（Websdale & Johnson，2005）。然而，当有些妇女冒险进入全新和未可知的领域，这种预备也可能带来它自身的发展危机。

干预工作者：我知道你对下去与联邦快递的人谈工作的事仍怕得要命。这是一大步，但一个星期以前你连杂货店都不敢去，现在你可以了。所以，让我们一次跨出一步。看看你克服了些什么。我们可以把这次工作面试作为跨出的一步，在这个安全的地方讲讲你所走过的这些，给自己一个机会，对去那儿真正建立信心。

决定离家的人 第二类来庇护所的妇女经过了长期的努力，不打算再回到被殴打的环境中去。对来这儿过渡的妇女，危机干预工作者直接安排她们所需要的帮助，如找居所，经济资助，以及照料孩子。情感支持居其次，因为这些妇女非常忙，她们所想所需的是非常实际的忠告和帮助。这些妇女与那些正经历急性危机的人不同，因为她们对改变自己的生活有较强的动力。她们更容易接受干预，因为她们已经决定摆脱家庭的压力（Dagastino，1984）。

随访

一旦妇女离开庇护所，应为她们提供随访服务（Tutty & Rothery，2002）。即刻需要减轻后，她们还需长期处理因做决定而产生的情感影响。需敦促她们去接受咨询，灌输没有人可以打她们的观念，即便以往没有造成某些心理伤害。对一个妇女来说，在忙于采取行动时，其情感反应推迟出现的情况并不罕见。受害者也许能独自外出，很好地自立，而在看电视时，突然经历一次感情崩溃。危机干预工作者应该预先告知受害者会出现什么样的感情余波。这种残留的心理伤害，对那些起初显得控制得很好的人似乎特别明显（Dagastino，1984）。

干预工作者：以后如果出现抑郁，觉得你真的需要你丈夫、想念他，你也别感到意外，即便你觉得好像已经与他分道扬镳。那是预料之中的。我们知道，到那时我们也会帮助你。

实际上，最坏的情况是，受害者可能变得孤

独，忘记了她过去经受的可怕虐待，邀请她以前的配偶吃饭，再次被打。或者，在孩子或前夫的说服下，她会感到复合的压力（Tutty & Rothery，2002）。因此，在对受害者的随访中，危机干预工作者应知道有反复的可能，受害者可能恢复她原来的行为方式。又或者由于受害者决定分手，施虐者会把她找出来并报复。如此，危机干预工作者不仅要调查他们的来访者，还要迂回进行，以免妇女们依赖他们（Dagastino，1984）。

干预工作者：你好，Juanita。我只是打个电话问问，看你是否已经与人类服务诊所预约了咨询。我知道有时去那里很难，我想如果你还没有约的话，也许我可以打电话给诊所，我们这里有人送你去，帮助你开始。

危机干预工作者需持续作为一个支持系统，直到受害者很好地联系上一个长期的支持源（McLeod，Hays，& Chang，2010），只有到那时，危机干预工作者才能从受害者的生活中退出。长期支持对受虐妇女特别关键。研究表明，离开庇护所自己奋斗的妇女在离开后至少六个月内，将继续经历感情变化。因此，这段时期中，支持和鼓励很关键。那些有支持小组和鼓励者帮助她们获得服务的人在达到她们的目标过程中明显比那些没有这种服务的人好得多（Sullivan et al.，1994）。她们也将建立自尊，增加控制点，减少应激，加强归属感和支持感（Tutty，Bidgood，& Rothery，1993）。随访和支持对教育程度低，几乎没有工作技能和最低限度经济来源的妇女特别重要（Webersinn，Hollinger，& Delamatre，1991）。

但是，说到底，庇护所经历和随访服务使一名妇女不再卷入虐待关系的可能性显著改变了吗？关于这个问题的研究不多。有研究显示，一名妇女离开虐待关系的次数越多，她永久离开的可能性越大（Schutte，Malouff，& Doyle，1988）。如果庇护所没有随访和其他支持服务的话，可能会加剧暴力行为（Berk，Newton，& Berk，1986）。最后，因为庇护所是基于西方女权思想建立的，许多不同文化背景的少数民族，在适应庇护所环境的过程中会有许多困难（Hamby，1998，p. 238）。显然，进入庇护所是不可小看的一步。同时，进入庇护所是必要的，虽然它有前面提到的不足，但却是漫漫长路的第一步（Tutty & Rothery，2002）。

对儿童的干预

有人认为儿童是受虐妇女家里的间接受害者（Lehmann & Rabenstein，2002；Peled，1997）。其实他们不是。要知道大约有 7 万的美国儿童是单独承受暴力虐待的（McDonald et al.，2006）。最初，儿童常常是和他们的母亲一起受身体虐待的（McMahon，Neville-Sorvilles，& Schubert，1999）。据统计，在有暴力行为的家庭中，至少一半的家庭里有12岁以下的常住儿童（Greenfield，Rand，& Craven，1998）。儿童在家庭暴力的混乱中常常感到迷茫，但是暴力行为对儿童的生活是直接的冲击，不只影响现在，还影响将来（Wolak & Finkelhor，1998，pp. 73-111）。

Lehmann 和 Rabenstein（2002）的研究结果表明，目击过家庭暴力的儿童会在行为上和感情上出现各种问题，甚至会在观念上认同暴力也是解决问题的一种方法。这些儿童成年后，一般人际关系方面都比较弱，会使用并接受用暴力解决问题。他们通常都郁郁寡欢，自尊心低，甚至从事犯罪活动。这样看来，危机干预工作者需要对儿童倾注足够多的关心，就像对待那些受虐妇女一样。

首要关心的是儿童的安全，所以最重要的是确定儿童的居住地，还要确定在探访或其他施虐者有可能在场的场合里，谁来看护儿童。如果儿童已经有行为能力，就应让他了解如何确保自己的安全：什么样的情况下会致死；如何逃离施虐者；到哪里会让自己安全。如果他们在庇护所，则需知道要对所在地址守口如瓶，不仅不能告诉施虐者，也不能告诉其他亲戚和认识的人。如果有证据表明儿童遭受虐待，很有可能是伴侣暴力中的，那么危机干预工作者就有责任向国家福利机构求助（Wolak & Finkelhor，1998，pp.100-101）。

如果对目击家庭暴力或离家出走的儿童及时进行危机干预，就有可能避免他们出现PTSD症状。这种病症可能会持续到他们的成年期（Anderson，Danis，& Havig，2011）。（更详细的评估和干预策略见第七章“创伤后应激障碍”关于儿童的部分；和第九章“性侵害”。）作为一名训练有素的危机干预工作者，在特殊的即时干预中，应先做一个安全评估，然后再听儿童叙述事件和表达感受，纠正他们与自责相关的负性错误归因，并且处理这些压倒性的消极情绪（Wolak & Finkelhor，1998，p. 101）。在儿童的情绪稳定后，或他们已经学会了预料和处理不安情绪后，就需要发展具体的问题解决策略了（Lehmann & Rabenstein，2002）。

对于来自暴力家庭的儿童来说，可能多小开始治疗都不算早。据Roberts和Roberts（2005）的报告，在新西兰的莫里斯顿，泽西受虐妇女服务发明了一种绘画书来与儿童进行最初的交流。这些书鼓励儿童确认感受，给他们提供安全感，让儿童了解自己家里发生了什么事，提供帮助儿童适应庇护所生活的信息，并对儿童的需要和所关注的事项加以评估。

与儿童的照料者共同完成治疗工作非常关键。首先，要与受虐方家长面谈，确认安全问题、儿童的发育史、创伤暴露史及现在所显示的症状，了解儿童对于分离问题处理得如何，并根据儿童的症状提供一些心理教育知识，希望情况得以改善（Weinreb & Groves，2007）。Dougles（1991）曾用母亲和孩子的联合治疗和依恋理论来帮助15个月到36个月的幼儿处理他们所目击的创伤性殴打事件。Hughes（1982）的简短干预方法包括对孩子、母亲、学校和庇护所职员的干预。她的模式是综合性的，包括提供个别咨询；发起同龄人、同胞和家庭小组会；向母亲传授家长技能；建立与学校人员的联络；以及对庇护所职员进行有关儿童活动和儿童发展问题的训练。

Malchiodi（2008，p.254）推荐用艺术和游戏治疗作为主要的治疗方式，因为很多儿童都不愿谈论他们所见的暴力行为。深层次的原因就是在儿童稚嫩的意识中，认为描述这种复杂问题会加重暴力伤害（Weinreb & Groves，2007）。儿童和受虐方家长的治疗目标包括以下几点（Malchiodi，2008；Weinreb & Groves，2007）：

1. 与家长建立联盟以帮助儿童治愈。
2. 对家长和孩子都要提供关于创伤和治疗的心理教育。
3. 修复受虐方父母作为家长的自尊和自信。
4. 为儿童建立一个安全的医疗环境，让儿童可以表达自己的想法和感受。
5. 缓解儿童的症状，包括生活转变带来的困难感，睡眠问题，噩梦及其他创伤症状。
6. 恢复儿童先前的认知功能水平，并加强与照料者的亲密度。
7. 确保儿童明白所发生的事不是他的错，并且不再为此内疚。
8. 帮助儿童表达想法和感受，使他可以重新管理自己的认知和情绪。
9. 提供一些减压策略来帮助调节不稳定情绪。

Weinreb和Groves（2007）提供了一个很好的例子来说明，为什么游戏治疗对那些来自家庭暴力环境的儿童有效果。在这个例子中，一个七岁的女孩多次目睹爸爸殴打妈妈。通过介绍，她被带到一个游戏治疗房间，并受邀请做游戏。她通过画画和玩玩偶表达了所经历的暴力事件，从而修复了一系列对创伤和分离的抵触情绪。她说她对父亲既害怕又想念。这种对施虐者的矛盾感受非常常见。努力表达并整合这种冲突、矛盾的感情，对于一个学龄期的儿童来说实在是太难了。而通过游戏、画画、玩偶和其他具体的表现方式，就容易多了。

很多时候，可能会对儿童进行团体治疗（Malchiodi，2008，pp. 252-263），这样做的好处包括：减少孤立感，与其他成员互相支持，看着别人从他们所经历的家庭暴力伤害中走出来。Malchiodi（2008，pp. 258-261）将Herman（1992）三相创伤恢复模式用于自己的小组，治疗需要12次，每次90分钟。第一阶段是建立安全规则、保密性、个人空间和边界，这些可以通过彩色海报的方式进行，让儿童签名来当作他们行为合同的一部分。小组可以做些活动，像制作感情温度计；读《勇敢的巴特》（关于一只受伤的小猫如何与其他受伤小猫互相鼓励的故事）；创立安全手册，把“可靠”的成人名字和电话写上去；学习一些放松方法和瑜伽动作；还要有一些自由玩耍和画画的时间。第二阶段包括讲述创伤事件并进行一些活动，比如做一幅“什么是没力气的，什么是大力气的”拼贴画；做一张“什么巴掌会打伤人”的海报；画一画“你的家庭”；读一读治疗的故事书；做一些放松和减轻压力的活动；用感情温度计练习一下度量技巧；学习一些简单的认知行为技巧来减少消极想法，还要有自由玩耍和美术时间。最后一个阶段则是必须让儿童回归他所在的社区，与他生命中重要的成人重建联系，这些人对于他情绪的恢复至关重要。要求这些看护人在后两个阶段参与跟进。儿童可以把美术作品拿给家长看并邀请家长一起重建艺术作品，合力创作或善意地帮助儿童修改作品可以增加儿童的安全感，制作关于过去、现在、未来的拼贴画，来展现他们以前在哪里，现在在哪里，将来又想去哪里。

儿童治疗的结果应包括以下几方面（Malchiodi，2008，p. 261）：

1. 对于家庭暴力对心理和生理上的影响有更多的认识。
2. 明白家庭暴力是不对的，而且并不是他们的错。
3. 压力症状或PTSD症状有所减轻，自我情绪调节的能力有所增强。
4. 消极的自我暗示减少。
5. 识别感受及与他人交流的能力有所提高。
6. 社会支持感增强。
7. 与非受虐方家长的联系加强。
8. 灵活处理未知危险。

最后，许多儿童还是要与父母双方共同生活很长时间，这期间的干预工作必不可少。德卢斯家庭访问中心假设上述情况成立，那么父母双方的家长培训就是至关重要的，这样在以后的语言或肢体虐待上，儿童就不会被当作传话人、调解人或目击者。这样，中心工作人员就可以尽量保持中立，只作为儿童的保护人，为儿童提供一个安全的处所，帮助父母与儿童建立良好的亲子关系，向法院对监护权和探视权的裁定提供有效信息（McMahon，Neville-Sorvilles，& Schubert，1999）。

恋爱期暴力

相信只有婚姻关系的伴侣才是暴力的受害者是个糟糕的错误。有关恋爱暴力的研究估计，任何地方，从大学、高中、到非学校约会人群，22%～67%的恋爱关系有暴力行为发生（Burcky，Reuterman，& Kopsky，1988；Henton et al.，1983；Makepeace，1983）。保守估计，大约25%的恋爱关系有暴力发生。下列极其简单的数字可以作为暴力的预测因素：Bergman（1992）发现，正相关最高的是约会对象的数目和约会频度，负相关最高的是在校平均成绩。正如人们所预料的那样，一个在家庭暴力环境中长大的青少年，就有可能将这种经验带入他的恋爱关系中。Laporte及其同事（2011）发现，家庭暴力确实是约会和侵犯时的危险因素。女性如果曾遭受父母的伤害，那么她再次受伤害的风险就会更大，但其攻击性不会增加。而高危男性则报告对自己的女朋友有攻击性，尤其是受过父亲严苛要求的男性。无论男性还是女性，尤其是女孩，他们对父母的攻击程度可以预测他们对伴侣的攻击性。

更糟的是，在Burcky、Reuterman和Kopsky（1988）的一项对高中生的研究中，约会暴力涉及年仅12岁的女孩。这些研究者还发现，攻击行为不仅限于推搡。报告显示，在经历过约会暴力的人中，有37.5%报告受到的最低限度攻击行为是被拳击，大约有9%的人曾受到持枪或持刀袭击！值得注意并可能预示着这些关系的将来的是，研究发现恋人发生暴力的百分比与已婚夫妇相当接近，而且这种暴力行为在本质上是相互的（Jasinski & Williams，1998，p.30；Straus & Gelles，1986；Straus，Gelles，& Steinmetz，1980）。令人惊讶的是，据Henton和他的同事（1983）调查发现，受访问的25%的受害者和30%的攻击者把恋爱中的暴力解释为爱的标志！不断的调查研究表明，虐待关系维持得越久，暴力行为就越升级。更严重的是，与那些没有暴力的家庭比较，青少年期遭受暴力的女性，之后再次受伤害的风险会增加。多年来的调查发现，遭受过躯体攻击的妇女很有可能在同一年也遭受过性虐待（Smith，White，& Holland，2003）。以为人们会因为"爱"或其他理由而放弃暴力行为是错误的。更糟的是，相信一个人有能力去改变伴侣殴打之类的成瘾行为则是明显错误的。

鉴于此，我们能对任何恋爱关系中即便只受到一次躯体攻击的人的最好忠告是，不管有多爱，相处的时光有多好，性交有多棒，第一次攻击后有多少花送给你，有多少道歉和多少改正的许诺，现在就终止关系！我们所遇见的被殴打妇女中，没有一个踏上婚恋之旅的目的是与某个会打她的人同行或嫁给他的。但是，由于听任这种行为在恋爱时发生，许多被殴打的妇女无意中因为她们的忍耐而种下了可怕的苦果。

如果你已攻击了某个与你有恋爱关系的人，现在就去寻求帮助！我们不一定指你把人弄到医院里去才叫攻击。可以是一阵猛烈的摇晃，推一下或两下，争吵激烈时或妒忌时的一巴掌。在你很容易地将这种行为合理化时，这种行为很可能在将来会增加。除了你对某个你表示爱她的人造成的伤害外，有关殴打的法律的修改和司法敏感性的增加意味着，如果经查证你攻击了你的女（男）朋友，你很可能得在监狱待上一段时间。如果你们学校咨询师不知道控制怒气的技术，会有治疗师知道的。后面关于治疗施虐者的部分将告诉你需要从治疗师那里得到什么。

跟踪

流行病学研究发现，8% ~ 16%的女性和2% ~ 7%男性会一直被跟踪骚扰（Dressing，Kuehner，& Gass，2006；Tjaden & Thoennes，2000）。跟踪，就是不断地跟随他人，骚扰他人，并且（或者）恐吓他人，让受害者陷入害怕自己受到肢体伤害（或已经受到肢体伤害）的情绪困扰中。

典型的妄想型跟踪狂一般会将目标锁定于影视明星，会频繁地发电邮、信件或打电话。这类跟踪狂的目标不是谋杀受害人，与这种跟踪骚扰者不同，那些不认识受害人，但有着各种各样的病态心理，怒气冲冲并妄图凌驾于受害人之上的跟踪骚扰者是很容易成为性犯罪者或谋杀犯的（Dressing，Kuehner，& Gass，2006；Mester，Birger，& Margolin，2006；Schlesinger，2006）。最重要的是，典型的跟踪者很可能是受害者认识或与之有过一段重要关系的人，像曾经的失恋对象或离婚前的伴侣（Tjaden & Thoennes，1998b）。

可能再没有比被跟踪骚扰更让人觉得恐怖的经历了。现在有一种新的现象是在互联网上跟踪骚扰。网络追踪可以让跟踪骚扰者收集关于受害者的信息，当与受害者交谈时，就会揭露这些个人信息。有意思的是，Alexy及其同事（2005）在大学生网络跟踪的调查中发现，男性比女性更容易被网络跟踪。那些被跟踪的目标会像受虐待的人一样出现类似PTSD的症状，并且在忍受不了的时候会采取相同的措施：改地址、搬家、辞职、改变姓名和样貌（Knox & Roberts，2005）。

跟踪骚扰很难被阻止，因为如果没有确凿的证据证明受害者被跟踪骚扰，相关部门是不会进行干预的（Brewster，2002）。被跟踪者需要准备一份跟踪骚扰的记录日志，包括被监视、骚扰电话、电邮或信件的复印件和其他目击证人。《跟踪行为检查表》（Coleman，1997）对很多支持小组很有用，它可以测量令人厌恶的骚扰与追求行为，并可以用作很好的证据文档。如果你被跟踪骚扰，应该立刻报警！你需要与受害者支持小组取得联系，就知道该如何处理这类事情，并在他们的陪同下去相关部门。《美国联邦反跟踪法》已于1996年生效（属《女性暴力法》的一部分），现在美国50个州都有了与跟踪骚扰有关的法律（Knox & Roberts，2005）。以前，很多地方的司法对跟踪骚扰监管不严。保护意识增强后，很多地方会用高科技手段来追捕跟踪者。像纳什维尔警方的计数器追踪计划，就是用一个大规模的高科技手段追捕跟踪骚扰者（Roberts & Kurst-Swanger，2002）。Michele Pathé（2002）为被跟踪者写过一本很棒的求生手册。

同性恋暴力

虽然调查数据显示，在美国同性恋的比率约为10%（Gebhard，1997），但人们对此的态度还是很消极、蔑视的，并且公开反对同性恋。这种普遍的态度使很多同性恋人群不敢公开，所以发生暴力也没有相关报告。还有一个让同性恋不愿报告的原因是，他们不愿加重对同性恋关系不健康的污辱（Bograd，2005；Elliot，1996；Kanuha，2005）。服务提供者和研究者中，除非他们自己是同性恋，否则几乎没人有兴趣、资源或相关知识来为同性恋人群提供实质性帮助（Island & Letellier，1991；Renzetti，1996）。

暴力的患病率

有限的统计数据显示，相对异性恋，同性恋对暴力更没有免疫力。逐渐显露出来的是，暴力行为在同性恋和异性恋中有着相同的发生概率和恶劣影响（Mederos，1999；Peterman & Dixon，2003；Ricks，Vaughan，& Dziegielewski，2002）。有25%到50%的女同性恋报告称正处于一种暴力关系中（Barnes，1998；Friess，1997；Lie & Gentlewarrier，1991；Lockhart et al.，1994；Oatley，1994）。一项研究显示，如果考虑到所有曾经的女同性恋关系，那么这个数据将会增至64%（Bologna，Waterman，& Dawson，1987）。而有关男同性恋的资料就更少了。据估计，每年约有10% ～ 20%的男同性恋者受虐待（Island & Letellier，1991），当把以前的男同性恋关系考虑进去后，数据会上升至44%（Bologna，Waterman，& Dawson，1987）。事实上，这表示在这样的关系中有很多暴力行为发生（Bartholomew，1999；Gillis，1999；Ristock，1999；Stanley，1999）。很有趣的是，研究者（Toro-Alfonso & Rodriguez-Madera 2004）在一项调查中发现，约有48%的男同性恋会承认他们受到过感情虐待，却并不认为这也是一种人际暴力。以作者对同性恋者的危机干预经验，他们的问题经常是围绕"出柜"（向家人、同事或其他人承认自己的同性恋倾向）、嫉妒和猜疑、不愿分手，还有失落感、悲痛感和对不良情感关系的背叛——所以这些都为暴力冲突种下了根源。

复杂因素

虽然有很多同性恋者也会采用异性恋施虐者的高压控制法，但还是有区别的。艾滋病（HIV阳性）就可以当作一种高压控制。失去健康和被感染的风险让伴侣害怕或内疚。如果受害者感染了艾滋病，其伴侣可能会拒绝提供支持或送受害者去治疗，或将受害者的事都公之于众（告诉人们受害者是同性恋并感染了艾滋病；West，1998，p.170）。事实上，控制性伴侣经常用"厌恶同性恋"来控制受害者，他会用"出柜"来威胁受害者，或不断地提醒受害者没人会为同性恋说话（尤其是警方），从而让受害者相信自己受虐待是咎由自取，以此来淡化暴力影响（Hart，1986）。

更复杂的因素是，殴打可能会被看作是"互相的"。也就是说，在同性恋关系中，没有"明确"的施虐者和受害者。因此，施虐者可以以双方对暴力行为有同等责任来反驳受害者的指控。在男同性恋中就很可能被看成是"以男人的方式来解决问题"（Stanley et al.，2006；West，1998，pp.169-170）。

至今为止，许多研究表明，影响异性恋的暴

力因素也同样影响着同性恋。似乎暴力的代际传递、酒精滥用、依赖性、人身自由问题，还有权力的不平等这些问题会引发同性伴侣间的虐待（Cruz，2003；Peterman & Dixon，2003；Ricks，Vaughan，& Dziegielewski，2002）。

同性恋的暴力危机干预

和异性恋一样，权力和控制也是同性恋暴力的关键激发因素。无论是男同性恋者还是女同性恋者都一样不愿意承认虐待和暴力的发生。然而，男同性恋者会把家庭暴力列于第三位，前面两者是物质滥用和艾滋病，这些都给他们带来了严重的健康问题（Island & Letellier，1991）。对老年同性恋者来说，他们的前景非常暗淡，他们可能会在经济上完全依靠伴侣而没有其他保障系统（Peterman & Dixon，2003）。

敏感 以作者本人的经验来看，对于同性恋暴力行为的危机干预存在着许多困难和敏感问题。首先，对危机干预工作者的不信任和来访者害怕自己的性取向被看不起，使他们不愿谈起这些问题。工作者必须相当敏感，并且无条件地积极关注来访者，为来访者谈论这些创伤性的个人问题建立起一片安全地带。这就要求异性恋的工作者必须要有专业知识和工作技巧，以确保不会因为对同性恋的厌恶态度而对来访者造成伤害（Morrow，2000）。这些专业知识和工作技巧可以在对同性恋者的咨询工作中学习积累（Matthews & Lease，1999；Renzetti，1992）。

诱发因素 依赖性与自主性的矛盾，嫉妒心以及权力平等的感知是同性恋暴力的主要诱发因素。在任何关系中，具有独立性和自主性的平衡的亲密与依恋是很难的，不论性取向是什么。在同性恋关系中，缺乏外界支持会促使对伴侣更加紧密相连。当其中一方觉得另一方太过自主或者害怕自己被抛弃时，这种互相依赖性可能就会造成很大的压力。

嫉妒当然不是同性恋特有的。不过，嫉妒在同性恋关系中可能会更明显，因为其他的同性恋者可能会关注其中一个伴侣而不是另一个，从而引发嫉妒。结果在这种嫉妒和醋意下，就可能使占有欲增强，并开始限制和控制对方的自由，就像异性恋关系一样（Peterman & Dixon，2003）。

猜疑在同性恋中也比异性恋更明显（Wiehe，1998，p. 79）。这是千真万确的，因为对于以前的情人现在仍处于同性恋伴侣支持体系下的情况并不少见（一个社区中的所有同性人群会构成彼此的支持系统），结束一段关系也比异性恋来得容易（Kurdek，1994）。总之，Craft（2008）发现，会引发异性恋暴力行为的一些过分依恋附属问题，同样也出现在同性恋关系中。当压力逐渐积累并且对重要他人的不安全依恋感逐渐升级时，暴力行为就会加重。

最后，“权力的平衡”这一项是指影响和要求别人按照自己的意愿做事的能力。异性恋者间可能会有一种类似于“男主外，女主内”的劳动分工，同性恋者则可能在家务事方面产生很大的争执，因为觉得做家务是权力的不平等（Wiehe，1998，p.80）。

特定问题 任何探讨性评估都要用于解决同性恋伴侣间的特定问题。也就是说，关于“出卖”他人的性取向或 HIV 阳性状况的威胁，对同性恋恐惧症内在化的探索，向别人隐瞒的程度，以及对性取向的接受度，都是对同性恋造成不利影响的构成要素，而且可能被用作强制的筹码。

永远都不该假设一个人是受害者，另一个人是施虐者。也不能因为同性恋伴侣间力量势均力敌，并有还击能力，就认为虐待是互相的（Peterman & Dixon，2003）。因此，警察在处理这类事件以及危机干预工作者在做受害者咨询工作时，找出真相的难度要远大于异性恋暴力事件。

Marrujo 和 Kreger（1996）发现，他们调查的女同性恋中，三分之一的人属于一种她们叫作“参与者”的类型。虽然她们没有发起攻击，但参与者却还击了，并且一旦卷入，就会狠狠还击。但工作者通过伴侣间的反应还是有可能分辨出谁是谁非的。攻击者会似是而非地说自己是受害者，参与者则会觉得自己是正当还击，而且受害者会表示希望结束冲突，回归平静。实事上，一些女同性恋施虐者会在庇护所自称是受害者，来挽回那个已经离开她们的人（Leventhal & Lundy，1999）。

严重性 等到一个同性恋者因为暴力关系而寻求医疗帮助的时候，验伤分类等级很可能会将他们列入高度受损范围内。有趣的是，在同性恋暴力关系中寻求救治的，可能是施虐者。他可能有着典型的婚姻偏执狂感情，经常卷入嫉妒、背叛和害怕被抛弃的感情旋涡中（Peterman & Dixon，2003；Ricks，Vaughan，& Dziegielewski，2002）。当他们想修补关系上的伤害时，这些感觉可能快速升级为内疚、悔恨、自我怀疑和自我贬低。他们可能被一种"非此即彼""如果我得不到他，别人也别想得到"的认知定势所控制，经常试图保持关系的完整性并去除真实或想象的威胁（Bartholomew，1999）。从这一点看，就很可能会致命。

安全和支持 重点要关注的是，建立一个安全区域和支持系统，因为来访者会认为他们无法获得支持人员和相关资源（而事实上如果真有这些的话，他们也几乎没有获得多少）。为同性恋来访者建立一个支持系统或安全区域可能很有难度，因为大多数报告反映他们是不会用支持小组或进入庇护所的，而且在试图寻求帮助的时候也显得沉默孤僻（Lie & Gentlewarrier，1991；Walters，2011）。

治疗问题 复杂点在于治疗的传送。虽然在异性恋中受虐男性没有几处庇护所可去，男同性恋的受害者就更没什么地方去了——尽管有几家庇护所向他们提供酒店的代金券（Friess，1997）。女同性恋在庇护所也不会受到异性恋女性的热情欢迎（Ricks，Vaughan，& Dziegielewski，2002）。团体治疗可能对受害者会比较有帮助，因为这种方法使他们减少了孤立感并提供了一个安全地带，使她们能在同情别人时解决自己的问题。团体治疗对施虐者也可能有帮助，因为同样的孤立感因素，同时也为施虐者提供了可以勇敢面对的场所。把异性恋和同性恋编为同组的做法是不可取的（Margolies & Leeder，1995），而把男同性恋和女同性恋分为两个独立小组也非常困难。

配偶治疗法、调解法、冲突消除法以及其他任何可以拉近冲突中两人关系的办法，从安全角度考虑都是成问题的，而且施虐者会对这些方法表现出很大的热情，从而继续维持这段感情，并将责任转加到受害者身上（Ricks，Vaughan，& Dziegielewski，2002）。撇开前面提到的异性恋暴力与同性恋暴力的不同因素来看，危机干预工作者仍然以几乎相同的态度来提供当前的安全需求、支持，并鼓励他们的来访者离开这段关系（Peterman & Dixon，2003；Ricks，Vaughan，& Dziegielewski，2002）。

治疗施虐者

1980年年初，旧金山被殴打妇女公正联合会要求警察重新定义他们如何处理家庭争议，以及地区律师如何起诉家庭攻击事件（Sonkin，Martin，& Walker，1985，p. 25）。警察不会去调解而是拘留，地区律师不会放过而会起诉。简而言之，施虐者需要懂得家庭暴力是一种可惩罚的犯罪（Sonkin，Martin，& Walker，1985，p. 41），并且美国越来越多的城市和州实际上已经那样做了。

虽然逮捕施虐者入狱可能会阻止虐待（Gondolf，1984；Sherman & Berk，1984），但这个施虐者还是会回家，或者至少会主动或不可避免地接近其他女性。很多人认为"把那个混蛋扔进监狱"是对施虐者公正的裁决，而其实监狱并不能改变施虐者的态度和行为，他依旧会是一个威胁（Bent-Goodley et al.，2011）。

美国许多社区以及大多数州采用了转换程序，沿用了旧金山被殴打妇女公正联合会的程序模式，以及在明尼苏达州的德卢斯发展起来的家庭暴力干预计划（德卢斯模式）。这些"干预模式"与"治疗模式"截然不同。注意"干预"和"治疗"的区别。而随着许多系统性危机的出现，在那些组织并游说积极干预暴力的基层活动者，和那些在他们之后的精神卫生专业人员之间有一些哲理问题，这些专业人员的注重点是找出施虐者的病理性原因并提供改变人格结构的治疗方法（Rosenbaum & Kunkel，2009）。

鉴于任何心理问题的治疗一般都被认为是机密，德卢斯模式却没有进行保密，而且据批评者说，还会不厌其烦地用很多方式宣传施虐者和他们的问题，明显违反了所有我们知道的需要遵守的心理治疗保密条约。因为这种模式把暴力看作一个社会问题，这种立场引起了许多专家的愤怒，他们把这种给施虐者治疗的态度看作是真正的道德困境。他们进一步发现，这种模式不是以证据研究为基础，而是以感情和政治压力为基础的（Corvo，Dutton，& Chen，2009；Dutton，2007；Dutton & Corvo，2006，2007；Rosenbaum & Kunkle，2009）。支持这种模式的人，反过来指出了批评家们自身研究的偏差，并且坚持心理学理论和刑事司法研究可以支持德卢斯模式（Gondolf，2007）。也许这些模式真的可以阻止施虐者再犯，但是数据资料却是相互矛盾的。

每个项目的治疗时间也有很大的分歧：从一周一次共12周一直到一年。协助者的教育和培训也有较大分歧。在美国很多州，虽然要求必须完成某种家庭暴力的培训，但没有大学学历和专业执照的人也会被录用。关于缺席、退出行动和旷工的政策也是千变万化。但是费用是一样的。很多受害者有着较低的社会地位，负担不起治疗，所以很多州就实行了根据收入不同的可变收费政策。然而，大多数州实行服务好坏与费用多少挂钩的措施（Rosenbaum & Kunkel，2009）。

干预模式

这些模式都是以女权主义为基础的，已经与很多机构进行了高度的整合协作，为经历过一系列问题的IPV幸存者提供支持，并为施虐者提供心理教育治疗。该治疗的要点是权力和控制问题（Rosenbaum & Kunkle，2009）。

德卢斯模式需要各个机构进行大量的管理和整合，需要社区机构、精神卫生设施和体系、警察和司法机构为受虐妇女提供服务。在德卢斯，有十多个机构，五个不同的级别和类型的政府机构，还有大量慈善机构的工作者。你可以想象一下，所有这些社区机构和部门统一战线地工作，实在众口难调。在这些服务得以大规模实施后，Lindsay 和 Brady（2002）承认并探讨了一些相关问题。该模式的治疗形式确实有一种认知行为成分。然而，它也检验了角色的历史性分离和男女权力，并试图打破陈规。治疗的目的，是让施虐者认识到自己对婚姻角色和功能的错误成见，并改变他们对婚姻、关系、妇女、男子气概和用暴力解决问题的信仰体系（Aymer，2008；Miller，2010；Pence & McDonnell，2000）。

治疗模式

大多数其他模式都有认知行为的基础，重点在于对施虐者的非理性思维的认知重建（Rosenbaum & Kunkle，2009）。现在正在尝试重点关注施虐者的优势而非不足的治疗模式（Lehmann & Simmons，2009）。其他模式通过自强策略来建立技巧。这种模式渐渐消除了以自强为目标可以修正和调整无能力感和无价值感的概念，这种概念被假设为引发虐待的核心价值观。在这种模式下，虐待就不是妇女的问题，而是施虐者情感不足的问题，他们无法对爱的人发展出同情的感觉（Stosny，1995）。

从有效的治疗观点来看，认知行为治疗被认为是最实用的。实际上，治疗专家对那种“愤怒管理培训”是深感不快的，因为他们认为施虐者正试图克服的问题更为复杂。于是，你会觉得很惊讶，大多数的治疗和美国很多州都禁止把“愤怒管理”作为主要治疗手段，因为它被看作是使控制行为合理化的借口（Rosenbaum & Kunkel，2009）。实际情况是，在很多个案中是结合了德卢斯模式和认知行为疗法来治疗施虐者的，因此在很多治疗中的变化都声称是遵循了德卢斯模式（Bennett & Vincent，2001；Healy，Smith，& O’Sullivan，1998）。

综合模式

在孟菲斯社区，会在判决后给裁定施虐者一个完整的评估和诊断咨询。虽然一些具体的治疗建议，像父母培训、药物滥用治疗、个体心理健康咨询对每个人都有用，但对绝大多数人还是推荐愤怒管理。当然，大多数施虐者，尤其是那些被重判的，不愿意来参加治疗项目，也不愿意承认他们有问题。来咨询的施虐者常表现出彻底否认、轻描淡写，或将他们的行为合理化，甚至反咬一口以回避他们的虐待行为（Shupe, Stacey, & Hazlewood, 1987, pp. 26-28）。

否认的施虐者：我从不碰她。当然，我是喝了一点儿，我们争吵了。她一定倒下去了，因为她也相当醉了！（原告有三颗牙齿被打断，下颌骨折，两根肋骨骨折，加上众多的挫伤、割伤和擦伤。）

轻描淡写的施虐者：好吧，当我们在楼梯顶上争吵时，我也许推了她一下，但我没打过她。（那一"推"致原告鼻子被打断，肾淤血，两个眼睛乌黑青肿。）

反咬一口的施虐者：听着，她不是玫瑰。她给予的与索取的一样多。此外，我有一些权利，像我下班回到家就要吃饭，而不是看到一个醉鬼坐在电视机前喝酒。她活该挨打！她总是让孩子为她辩护。（这名妇女和她的两个孩子去急诊室治疗被绳索用力抽打出来的擦伤和划伤。）

尽管已尝试个体咨询、伴侣咨询和伴侣集体咨询（Shupe, Stacey, & Hazlewood, 1987, pp. 26-27; Stith et al., 2004; Tolman & Bennett, 1990），但对施虐者的现行咨询模式主要是法庭命令的团体咨询。除非施虐者已在控制愤怒和其他人格方面取得了很大进步，并且双方非常希望和解，一般不推荐伴侣咨询（Hamberger, 1994; Lawson, 2003）。团体提供社会学习和再训练机会，在个体治疗或夫妻治疗中几乎不可能（Adams & McCormick, 1982）。团体还为典型的情感孤独者提供支持系统并使这些男女开始学会怎样在压力下依靠他人。

治疗目标

团体治疗形式要达到四个主要目标：(1) 确保受害伴侣的安全，(2) 改变施虐者对暴力的态度，(3) 增强施虐者的个人责任感，并教他一些关于平等问题的知识，(4) 帮助施虐者学会一些不用暴力解决问题的方式（Edleson & Tolman, 1992; Mederos, 1999）。在治疗权力和控制上，团体也会使用德卢斯模式（Pence & Paymar, 1993），或用愤怒管理模式来理解和控制愤怒（Hamby, 1998, pp. 223-225），这就显示了两种方法各自的价值。

为达到这些目标，大多数团体结合了控制愤怒、减轻应激、交流技术和性别角色再社会化等内容（Dutton, 1995; Gondolf, 1985; Hamby, 1998; Mederos, 1999）。治疗上，大多数项目使用某种形式的认知行为疗法对付施虐者的非理性思维，也为不良认知、暴力欲的过度反应、自毁、以暴力自居和选择性遗忘提供重构技术；给予自信心训练和指导解决问题；处理不成熟的"治愈"（Dutton, 1995; Hamby, 1998; Hanson, 2002; Lawson, 2003; Mederos, 1999）。典型的过程是心理教育的定式学习体验，留有一些时间供角色扮演、讨论和介绍概念与观点（Edleson & Syers, 1990; Scales & Winter, 1991）。一般有几个共同领导者，这样他们可以一起模仿施虐者需要学习的行为类型，任何一个领导者和成员间的交互作用可能有利于其他领导者（Sonkin, Martin, & Walker, 1985, p.98）。典型的团体咨询每周一次，每次两小时，共8 ~ 32次，有12次是选修课。在一个施虐者被介绍进入一个团体以前，应做一次入组检查以获得施虐者的行为廓图，了解其他心理问题的发生情况和参加咨询的动机。

评估

《冲突策略量表》（Conflict Tactics Scale, Straus, 1979）是唯一广泛使用的评定家庭内部冲突的工具。量表看上去主要在于解决冲突的躯体方式，不能充分解释言语虐待，完全忽略了感情、社会、性和经济形式的虐待。它也没有注意到力量的差别——家庭暴力的关键之一（Poynter, 1989）。它当然不打算也不能预测谁会有暴力，或谁被拘留后或完成咨询后会复发。

必须要做的测验是附有随访检查问题的酒精筛查测验，比如《物质滥用筛查表》（Miller, 1983）。确定有无酒精滥用的重要性有两点：首先，无数研究显示，慢性酒精滥用是更多暴力行为的强预测指标（Blount et al., 1994；Heyman, Jouriles, & O'Leary, 1995；Stuart et al., 2006；Tolman & Bennett, 1990）。其次，任何受精神活性物质影响的人都需要先戒酒（毒）。

在愤怒管理的成功和最有可能的复发中，最坏的“赌注”就是这些人可能会陷入各类人格失调。因此，像《米隆临床多轴调查表》这类测试（Millon, 1987）可以用来确定边缘、自恋、抑郁、躯体形式障碍、反社会和其他病理类型。如果《米隆临床多轴调查表》的较高分数能够指示精神病理学的相关问题，那么这些个体就可以在个体心理治疗中得到更好的服务来达到治疗目标，这一点远胜于普通的愤怒管理治疗团体（Hanson, 2002；Lawson, 2003；Mederos, 1999）。Dutton（Dutton, 1994, 1995；Dutton & Starzomski, 1993, 1994）广泛研究了边缘型人格障碍，为家庭暴力中的统一人格进行构建。Dutton 的研究发现，比起普通人，施虐者似乎看起来更像典型的边缘型人格障碍。他的研究引起了强烈的争论：至少还有一些施虐者施虐的主要原因是亲密焦虑和害怕被抛弃。而边缘型人格特征，则与更普遍的女权主义的观念相反，其家庭暴力的目的是要加强男性主导地位和维护男权秩序（Dutton, 1995, p. 138）。这种“非此即彼”的观点还需要对如何治疗施虐者有更多的说明，并引起了有关治疗方法的大量争论。

入组访谈

在开始治疗前，进行一次全面的入组访谈是明智的。通过访谈评估施虐者的心理状态和动机，了解他对咨询团体的期望（Sonkin, Martin, & Walker, 1985；Tolman & Bennett, 1990）。首先，应进行致命度评估，包括自杀和杀人的想法或行动。这似乎很荒唐，许多施虐者如此依赖他们的配偶，以致想到失去她们比死还糟，于是，自杀和谋杀变成可行的和现实的选择。

致命度和一些殴打关系中的常见因素有显著关系，如暴力发生的频率、伤害的严重度、杀人的威胁、妇女要自杀的威胁、施虐者使用毒品的时间和次数、醉酒的频率和强制性或威胁性性行为（Sonkin, Martin, & Walker, 1985, p. 73）。询问第一次、最后一次、最严重和最典型的一次殴打，可以快速评估暴力关系史，全面勾画虐待种类、程度和时间的轮廓。对其他家庭成员的攻击和暴力、犯罪前科、家庭外暴力、受害者社会亲和力的增加、对暴力的态度、生活事件、一般心理功能、身体健康状况，以及身体和情感的隔离都是将来可能出现暴力行为的重要背景信息。这些指征出现得越多，来访者越可能发生致命行为（Sonkin, Martin, & Walker, 1985, pp. 75-83）。

应该记着这些人处于危险中，应采取适当的方法保证每个人的安全。Bodnarchuk 等人（1995）估计，基于《美国国家家庭暴力调查表》，在美国社会中，有 1% 的家庭暴力受害者身处险境。在入组访谈中，应清楚地告诉这些人，对他们在团体内和团体外的期望是什么，不合作的后果将会是什么。最后，有证据表明，被告知这个团体的程序、目的和目标的来访者较少中途退出和再犯（Tolman & Bennett, 1990）。

动机

动机因一些变化因素而变化，如年轻、教育程度低、收入较少、儿童期受到虐待和少数民族的男人的脱组率（Tolman & Bennett, 1990）显著高于年长、无拘留记录、教育程度高、有工作、多子女、儿童期看到但没有受到虐待的男人（Demaris, 1989；Grusznski & Carrillo, 1988）。Tolman 和 Bennett（1990）报告，结构式团体更有效，可以从孟菲斯家庭问题中心的低脱组率（10%）显示出来，撤销缓刑并花几乎一年的时间在监狱里的威胁，是获得完成项目所需分数的一个强烈外部动力（Winter，1991）。

一个典型的24次愤怒管理团体

接下来要介绍一个针对施虐者的典型的24次愤怒管理团体咨询模式。课程内容来自孟菲斯警察局家庭问题中心（Memphis Police Department's Family Trouble Center，FTC）的愤怒管理项目。咨询对话摘自Betty Winter（1991），她是项目指导和无数控制愤怒团体的促进者。

有一种错误的观念认为，只有男人才需要接受施虐者治疗。虽然来FTC的有90%以上都是男人，但妇女的百分比也在增长。因此要在FTC的愤怒管理项目中，用"来访者""成员"和"参与者"来明确区分男女双方的角色。

启动团体 施虐者对被捕和被判入此项目存在着大量的愤怒。他们用不客气和不礼貌的口吻质询领导者的证书，并且对来这里表示出狂怒和敌对。危机干预工作者与成员坐在一起，让他们以采访她作为开始。她回答任何她认为合适的专业和个人问题。

干预工作者：（出示资格证书后）我的主要证书之一是我经常愤怒，但我从未被逮捕过。现在我已给你们看了我的证书，我想要你们给我你们的证书，那个使你们到这里来的证书。我想让你们分成两人一组，我想让你们每个人与另一个人分享是什么原因使你到这里来了。然后，我想让你们向这个团体汇报。

通过把自己放入这个团体的危险中并让他们采访她，危机干预工作者将话题转向了这些愤怒的人。当一个女人能直面他们凶狠的质询时，很难让这些"大男子主义"的来访者们不坦白是什么把他们带到这儿来。

回顾参与和操作规则，解释适当和不适当行为的积极和消极后果。对他们中的许多人来说，这可能是自高中毕业以来他们所经历的第一个组织，所以他们需要非常清楚地知道期待他们的是什么。其次，这次咨询的主要目的是纠正和治疗。这是刑事审判体系中的咨询。因而，最初的信任度不高，在开始的几次中由治疗师正面提出问题。

干预工作者：我不指望你在这个团体中分享每件事。花些时间，看看你在这里感到多么安全。相信在我已讲过的法律和伦理标准的约束中，你所说的将被保留，毫无疑问，此时此刻你感到是这个系统的牺牲者。没有人强迫你说任何你不想说的事情。

荒唐的是，奉劝参与者不要相信反而很可能促进信任的建立，瓦解某些障碍和对这个团体的偏执观念。

做出选择 向他们解释什么是愤怒暂停，并布置在家里做暂停的作业。他们还必须解释他们正对配偶做什么以及为什么这么做。最后，介绍选择的概念。

干预工作者：你会认为这是疯了，但你确实可以选择是否来这里。如果你不喜欢这样，你可以离开。（站起身，走向门口，打开门。）当然，你也选择了违反你的缓刑条例，很可能会进监狱。

施虐者：那是个该死的选择。

干预工作者：对，那不是个好的选择，但它是一个选择，就像使你到这儿来的事一样。打人是一个坏选择，但它是你做出的选择。我们在这期间，将看看你做的许多那样的选择。

大多数人没认识到，当他们做某件事时，他们在做选择。进而不知道他们可以有不同的选择。做决定的概念和明智的选择将始终贯穿在24次咨询中。

支持和面质 第一次团体咨询的另一个关键内容是：双方相互作用，用参与者的话叫作"那个配对的废物"。来访者立即分为两人一组，并与配对的组员开始工作。分组开始使成员产生亲近感并使团体建立联结。也能早早地表示出有人有兴趣听他们的故事。

在开始阶段，开放式问题和反映性回应，对于一群敌对而又担忧的施虐者没有帮助。因此，需要结合开放式和封闭式问题，支持而直接地表达，来突破防卫系统，反映危险情绪，重组不合理的思维（Sonkin，Martin，& Walker，1985，pp.64-65）。

干预工作者：（间接面质）你怎么会到这里来的？

施虐者：我被惹得打我妻子。

干预工作者：（用半开放式问题直接针对轻描淡写）我不懂你说的“惹得”是什么意思？

施虐者：（投射和责备）我是说她惹我发火。她聒噪得叽叽喳喳，于是我不得不打她。

干预工作者：（针对全或无的想法）你说“不得不”，好像除了打她，别无选择。

施虐者：不全是——她真像一条母狗！

干预工作者：（挑明后果并获取事实）于是你不让她像条母狗的选择是打断她的下巴。那个选择也把你拘留了。发生了什么？

施虐者：她通过控告我获得了一个逮捕令，我就被送入监狱了。

干预工作者：（对立的封闭式问题）你以前曾经蹲过监狱吗？

施虐者：天哪，没有！

干预工作者：（同情地反馈情绪）我敢打赌那是可怕的经历。

施虐者：你最好相信是这样的。那里有些很坏的花花公子。我不知道我能否完整地从那儿出来。

干预工作者：（情感反映并探索情感）所以你感到相当孤独和无助。我想知道你现在的感觉。

施虐者：该死的，我被弄到这儿来了。

干预工作者：（封闭式问题试图引出防御反应）你了解为什么你在这儿吗？

施虐者：（投射）因为她的控告使我得了一个逮捕令。

干预工作者：（通过来访者自己的行为面质投射）不！你来这儿是因为你把你的妻子打进了医院。这是刑事攻击。法官给你一个机会，你还有自由去受训。你可以来这里参加为打过人的男人设置的24次团体课程。你有机会在这里学些对将来发展关系有帮助的东西，它还可以使你将来不再使用伤害的方式解决问题。或者你也可以现在就走。

施虐者：那没什么好选择的。

干预工作者：（用施虐者的行为后果来面对他）也许没有，但远不止你给你配偶的那一个选择。

施虐者典型的回应方式是否认、为自己辩驳、推卸责任，以及不考虑行为的选择和长期后果的两极化的陈述。危机干预工作者要温和而坚定地摧毁施虐者的防御体系，同时又要尽量与之建立友好关系。这不是件容易的事。

管理压力 讨论愤怒暂停作业。参与者开始寻找躯体愤怒的迹象，然后记录下来作为警告标志，并学会通过这些迹象从有可能产生暴力行为的对话中脱身。教给他们基本的应激处理技巧和放松技术并练习。工作人员布置的家庭作业是把放松技巧和对愤怒的躯体迹象的识别结合起来。

FTC项目中普遍的实用主义哲学观点是，如果无法改变意识形态就相当困难。也就是说，有些施虐者的性别角色期望和他们的伴侣不同，那么他们就要学习如何去磨合。对施虐者来说，这种观点比起给他们重新灌输更加女权主义的角色期待要更让人高兴，对他们的社会和工作环境也更有意义。

理解暴力循环理论 目的是让施虐者意识到Walker（1979）所说的循环及其对所有关系的共同性，不论是在家还是在工作场所，并帮助他们获得对自己某些行为的自制力，以及当他们围着这个毁灭性的环兜圈子时，他们配偶的心理动态。告知来访者跳出这个环的困难性，因为它已发生很久了并且来访者对其感到熟悉。愤怒日记可以帮助施虐者识别煽动愤怒的因素，并识别躯体和认知反应。也可以帮助施虐者辨别出支持愤怒的感觉，像内疚、惭愧和沮丧。日记也开始限制责任，因为当来访者监控愤怒时，他必须不断地留意日记的内容。

代价 几乎没有施虐者会停下来考虑代价的问题。尽管代价各有不同，但是常见的是，一个小组中每个人要为他的愤怒平均付出至少一万美元（约6.5万人民币）的代价。

干预工作者：把你用在律师、工作时间损失、打坏的家具、医院账单、保释金、罚款和旅店里所有的钱加起来，还不算作为暴力的直接或间接结果的离婚费和赡养费。那笔钱你本来可以用来做什么？如果再也不必为你的怒气多花1角钱该多好？你看，学习控制你的怒气将给你挣钱。你们有多少人会反对？

还要花些时间讲讲受害者的情感代价。这些因素开始矛盾地描述了施虐者的某些心态，因为他们也变成了受害者，他们自己行为的受害者。事实上，一旦他们开始把自己看作受害者，他们就知道他们的受害者是什么样的感受了。这是这些来访者产生情感理解的开始。

干预工作者：把所有的情感代价加起来：罪恶、愤怒、伤害、忧郁、依赖、绝望、无助的感觉。如果从来没有任何这种讨厌的感觉该有多好！成为你的受害者，你的配偶会有这些感觉吗？你配偶被打了以后对你的感觉，与你对法庭体系的感觉有什么区别吗？

应该、应当和激烈的想法 要求成员写下他们在婚姻关系中用过的三个坏选择和三个好选择。愤怒日记可以用来帮助识别当他们采取愤怒和暴力时的情感代价。向他们介绍不理性的想法和由此导致的适应不良行为。描述Albert Ellis（1990）在《愤怒：如何在有愤怒和没有愤怒中生活》一书中描述的认知行为技术。特别强调绝对化思维和应该、必须、理应的说法。着重讨论这些说法是怎么形成的，什么样的环境线索产生了“激烈”的想法（“我必须要自我满足，否则就难以忍受”），以及缺乏理性、自我挫败的想法和继发的适应不良行为是如何捆绑在一起的。

暴力和家庭起源 对原生家庭做一个暴力和虐待评估。要求成员回答诸如“你父亲打你母亲，或你母亲打你父亲吗？”“如何处理意见不一致？”“你对你的父母怎么看？”“孩提时如何受训？”“孩提时学到的那些事情是如何带入你现在的生活的？”“对此你感觉如何？”“前面提到的那些不合理的信念是如何与你小时候学到的和你模仿的行为结合起来的？”等问题。对成员进行关于代际暴力是如何发生的教育指导。

讨论下列问题的过程中常会引起震撼和令人不快的洞察，因为施虐者最痛恨的关于他们父母的事情现在发生在他们孩子的身上。这将会是施虐者首次谈到自己关于家庭暴力的童年经验，而且通常是非常情绪化的经验。

干预工作者：作为一个孩子，你怎么看待你所看到的虐待？如果你的孩子受到你的暴力行为的影响你会怎么看？他们的感觉和你当时的感觉会有不同吗？揣摩他们的感觉，他们对你会怎么想，为什么他们会有那种感觉和想法。

家庭作业是成员改变应对压力环境的方式的开始，通过（1）密切关注产生激烈想法的环境线索；（2）采取冷静认知，如“如果XYZ事件发生的话，它是令人愉快又方便的，但它不是必须发生的”。

情感 要求参与者列出几种他们经历过的积极和消极的情感。通常，他们中的大多数人完成这项任务时有很大困难，因为他们从未辨别过自己的任何情感。情感一般分成两大类：愤怒和快乐。有一堂课讲男人如何在他们很小的时候被教导克制自己的情感并且不要让真实情感流露出来。愤怒日记可以用来加强辨别支持愤怒的许多情感的能力。

讨论克制情感产生的后果。例子来自Stoop和Arterburn（1991）合著的《愤怒的男人：为什么他那么做？》。这部分讨论非常困难，因为组员们被要求分享情感，这对他们大多数人来说是一个可怕的经历。团体领导者按如下说法陈述，以尽可能减少威胁。

干预工作者：尽管有风险，当你告诉别人你的情感时你变得脆弱，但你也变得真实了许多。当你告诉别人你的情感时，你变得可爱了许多，并且发现你容易去爱。你需要准备好，他们也会这样做，并理解对所说的内容有可能感到痛苦和伤害。你告诉别人你的情感不仅仅是为了得到他们的同情。与重要的人分享情感是照顾你自己的一种方式，所以你没必要再克制情感，直到它们最终爆发出来，并给你添麻烦或伤害你。

当施虐者们开始谈论他们的情感，说出他们儿时的经历，并与自孩提时就有的罪恶感、无助感、依赖性和不安全感搏斗时，结果或许是戏剧性的。此时，发生一些高负荷的情感宣泄并不少见，还有，当这些情感浮现时，当施虐者们开始第一次与另一个人分享他们内心深处紧紧控制着的情感时，常会形成某种强大的结合力。

权力和控制 讨论用语言表达消极和积极情感的尝试并引导到权力和控制的问题上。权力和控制是这次的重点，将讨论其与错误的信念体系的关系。施虐者问题中的刻板化的权力观引发了一个对独立性的错误概念："我有，所以你没有！"一种重新看待权力的方式是互相依存："我们合力能强过任何人！"怎样让他们和伴侣组成一队来减少无力感是个问题。有趣的是，他们中许多身体强壮的人在与他人的语言交流中会感到极度无能。当在一种关系中被"淘汰出局"时，他们也会恼火，可能会回到他们能重新获得力量和控制的唯一方式——暴力。

干预工作者：如果你允许某个人刺激你，是谁在控制？你是如何用发怒作为控制工具的？虐待是在一种关系中重新获得控制的最后一道防线。为什么？你相信不相信，只有当你感到你没有任何能力控制时，你才会设法去获取权力和控制。如果有了最基本的控制能力，你会停止虐待、发怒和殴打吗？如果真的可以停止，你为什么还依赖这些手段呢？

断言 与各种获得能力和控制的方式紧密依存的是好斗和武断的观念。因为他们不能有效地使用语言，多数参与者难以清楚地表明什么是他们想要的和需要的。此外，他们有一种过分的害怕，担心如果他们开口要什么都会被驳回，而他们的不安全感根本不能很好地应对被驳回的情形。结果，他们用进攻来满足他们的需要。教成员们如何陈述要求，给他们布置作业，让他们回家尝试。

对团体来说，陈述要求最困难的部分是"我"或自我部分。团体领导者把"我"或要求性陈述和"你"或进攻性陈述都写在黑板上，所以成员们知道它们怎么说，区别在哪里，用这两种说法时分别会发生什么。要求每个人用"我"和"你"的说法提出一个问题并与一个伙伴练习。用描述、表达、列举、收尾这种方式（Bower & Bower，1976），要求成员识别他人怎样的行为会惹恼他们，表达这种行为给他们带来的感觉，列举他们想要的新行为，并且当这些行为发生时能给他人带来正强化。通过角色扮演来练习构建明确、清晰、自信的陈述。

由于在把成员带到这里来的故事中，妒忌是十分常见，所以安排一些时间让他们用在这前16次中学到的技术重述这些最初的故事。当他们的故事重新演绎时，压制在妒忌下面的其他情感开始浮上来。伤害、辜负、不安全、缺乏信任、依赖都是可怕的情感，这些情感被妒忌所否认和代替，如此得以对配偶的"犯规"有了指责的理由，从而施虐者得以用一种体面的方式回避他自己的问题。

施虐者：我不得不承认，那些有道理。但我还是不相信我能信任她。

干预工作者：或许你知道她不会信任你，所以你不信任她。你能否用一些"我"的说法，并与她讨论这些说法，不管她怎么说，你不用"你"

的说法？

家庭作业是指出他们生活中一个由妒忌转变成暴力的时刻。要求成员每当他们开始感到妒忌时，在内心代之以一种新的情感并报告他们的体验。

酒精和毒品的影响 由于酒精和毒品在绝大多数的殴打事件中起重要作用，成员们被告知酒精和毒品是如何作用于殴打的——特别是，酒精和物质滥用不一定是殴打的原因，但足以放松抑制，使他们允许自己变成施虐者。把《物质依赖敏感筛查问卷》（Miller，1983）的结果告知参与者。告知参与者酒精或毒品可以成为暴力行为的触发因素和使暴力行为被接受的借口。

性 由于存在围绕着性的神话，性是一个极为重要的问题。施虐者需要觉得高人一等，感到有信心和有能力的很大一部分与性及男人气概有关。许多时候，尤其对年轻的女性团体领导者而言，成员会故意说一些使领导者震惊或难堪的事情或话语。因下流而出现的X级语言是不能容忍的，常用的街头俚语可以适当宽容。团体领导者，尤其是年纪轻的女性，有能力经受住这种话，便是与这些男人之间建立信任的开始。

施虐者：她不给我口交，于是我就打她了。给我口交是她应该做的。

干预工作者：（年轻的女研究生）于是，你强迫她口交来保持你的控制。我想知道，你以这样的方式说话，是否是故意让我震惊和难堪，有点儿像你通过性交从肉体上控制她那样，通过言语性交来控制我。

施虐者：嘿，我以为我们应该在这儿讲实实在在的事。

干预工作者：（非常平静地，眼睛看着施虐者，避免辱骂）我正想知道，如果Harold（108公斤，该团体的一个铁匠）要求你口交，你会怎么想。如果你不服从，他就开始对你拳打脚踢，特别是你的腹股沟。你开始体会到你配偶的感受了吗？（团体成员点头表示同意。）我想知道你能否回答这个问题？

许多支撑男人向往不可能的好莱坞式“种马”或女人向往“爱情女神”标准的神话被拿出来讨论并被拆穿。对许多来访者而言，这是第一次接受有关性行为的有效信息。当他们被告知，没有一个男人能够达到他们以往自我宣传的某些能力期望时，他们的典型反应是解脱。家庭作业着重于男人在性关系中对自己产生的不合理和消极想法。要他们留意并写下他们对自己的不现实的期望。同时，要求他们尝试使用断言陈述来请求性生活。让他们理解，在需要性生活时，尝试用请求性说法（“我想和你做爱”），而不是用要求性说法（“你过来，我们做爱”），这样不只可以满足性需求，还会有更好的性生活，这对他们来说是一个启示。最后，团体领导者要求每一个成员在团体讨论过的题目中挑选一个主题，准备在下一次做回顾讲解。

总结 令人惊奇的是，许多团体建立起了联结。成员们表示这是他们人生中第一次能够公开表达情感，而且有人会听。参与者们最后则可能因为团体建立真正的友谊。

干预工作者：如果让你们必须对这次治疗做出评价，你们会如何评价？你们最喜欢和最不喜欢的是什么？你们希望看到怎样的改变？哪些方法对你有效，哪些是没用的？

然后，成员们讨论他们如何把全面控制愤怒计划付诸行动。他们也指出，现在已看到自己身上的优点和必须注意的缺点。在最后阶段，根据团体成员的亲和程度，来访者们带来食物，交换电话号码，为每个人举行毕业聚会，这些并不少见。

项目的成功

项目起作用吗？答案还不是很明确。总体上说，施虐者报告这些项目帮助他们得以控制他们的怒气，使他们能更好地与配偶沟通，减少他们的暴力。Shupe、Stacey和Hazlewood（1987）发现，大约七成被殴打的妇女报告他们的配偶经历过控制愤怒项目后，停止了肉体和性暴力。从这些项目毕业后再次施虐者，他们的暴力行为也明显减少。婚姻关系也有所改善，许多没有出席的妇女说她们看到了配偶从项目带回的变化（pp.113-117）。各种有关不同文化、种族和社会经济情况下的殴打团体研究均发现，自尊（Kriner & Waldron，1988）和自信（Douglas & Perrin，1987）提升了；愤怒和抑郁（Hamberger & Hastings，1986），对妇女的嫉妒和消极态度（Saunders & Hanusa，1986）及总的心理症状减少了；咨询后的随访中，自我报告的和证实的躯体和心理虐待均减少了（Edleson & Syers，1990；Poynter，1989）；家庭生活中多了凝聚、表达，少了冲突、抵触（Poynter，1989）。

其他研究者没有发现接受过治疗的施虐者和没有接受过治疗的有什么明显不同（Rosenfeld，1992；Tolman & Bennett，1990）。最近许多有关施虐者预防方案的元分析都表明无法达到满意效果（Babcock，Green，& Robbie，2004；Stover，Meadows，& Kaufman，2009）。Babcock 及其同事为暴力项目做了一个综合的元分析，结果发现项目总体成功的效应值很小。他们也发现，用德卢斯模式和 CBT 程序在治疗上并没有什么不同。这些结果说明，这些项目对于再犯的治疗影响很小。Stover 及其同事发现，聚焦施虐者和聚焦伴侣的治疗六个月后的再犯率均达到约 30%。

然而，在这些令人警醒的统计数据下面，有很多重要的注释。可能有很多不同的治疗项目，或项目中有很多不同的干预方式。而且，个人的专业知识不同，也决定了治疗有很大的差异。防止再犯的关键在于，让施虐者知道不完成治疗和再犯的严重后果。这些严重后果往往都不是强制性的。跟踪施虐者是有难度的。这些人中很多都是流动人口，辗转于各地，而且有时他们跨越了大半个国家，跟踪判断他们有没有再犯也不是什么好办法。坦白说，根据他们病理程度的不同，很多人很难从团体治疗中受益。

似乎对施虐者的密切随访监督使再犯有了很大改变（Barber & Wright，2010），所以，除了治疗，随访可能是一个关键因素，不管是处于情感支持还是惩罚威胁的立场。在哪里和由谁治疗也显示出了差异。据 Smith（2003）报告，在美国的海军陆战队，德卢斯模式和军人家庭支持项目 LEAD 模式对减少家庭暴力都很有效，只有 5 % 的再犯率。而实际上，在海军陆战队，未完成治疗会毁掉一个人的职业生涯，这可能对确保完成治疗产生了强有力的影响。Sartin（2005）通过对施虐者分类，也发现了不同效果。家庭至上的施虐者要比反社会和边缘型人格施虐者更好地完成治疗。他也发现，有工作是唯一明显影响完成治疗的可变因素。所以，为了不进监狱而保住工作，是一个重要的激励因素。

另一个问题是改变的动力。Walker 及其同事（2010）编制了《家庭暴力后果感知问卷》，评估施虐者是如何感知亲密伴侣暴力的严重后果的。他们发现，这个量表能有效预测改变动机和寻求治疗的行为。因此，可能是因为筛查工具剔除了许多病理性类型的施虐者，从而使完成治疗和减少再犯的情况较好。研究表明，要避免再犯，施虐者必须出席至少 75% 以上的愤怒管理团体（Chen et al.，1989）。有一点很清楚，那就是单纯拘禁施虐者而不对其进行联合治疗是不会改变任何家庭暴力情况的（Gelles，1993；Hirschel，Hutchison，& Dean，1992）。

虽然多数施虐者对被强制参加暴力项目感到愤怒并怀有敌意，但大多数人报告，他们学会了，甚至变得喜爱团体的友情（Scales & Winter，1991）。项目是否真的改变了这些参与者，或者，是否以其他方式起作用？下面的摘录证实，完成殴打项目的施虐者引起警察注意的频率与从未发生过类似事件的人一样。

> **施虐者**：作为一个男人，我再也不会打女人了。再也没有什么能使我重犯了！（Shupe，Stacey，& Hazlewood，1987，p.103）

尽管研究表明，儿童时代目睹殴打是虐待和受虐待的原始模仿因素，但是，一些毫不相干的事情，如一个人喜欢的职业足球队赢了一场球（White，Katz，& Scarborough，1992），或观看世界摔跤节目，也会对殴打产生影响。Carden（1994）说，“自第一个通过做施虐者工作来减少虐待妻子的项目诞生以来已有17年了，我们对什么起作用，为什么和如何起作用，或是否长期起作用，还仅停留在最简单的概念水平”（p.573）。遗憾的是，再过17年或更久，我们对家庭暴力的理解和干预也不会有太大进步。

小结

殴打，在美国和许多其他国家的心理、社会和文化组成中有很深的根源，起始于父系社会的开始。殴打渗透于所有社会经济层面，没有民族、人种和宗教界限。同性恋关系也没有幸免于难。从动力学角度，殴打或许与权力概念有很大的关系。关系中各种刺激对他们潜移默化的影响可逐步增强与暴力有关的问题。

很多理论想解释为什么会发生暴力。然而，到底是什么使人们有了暴力关系，为什么人们会施暴，怎样才能让他们不再施暴，都还没有明确答案。家庭暴力是相继的、进展的和动态的。被殴打来访者的情况与许多其他本质上为转移性的危机不同，它是循环性的，随着时间的推移，达到多个高峰水平。出于种种原因，罕有被殴打者首次被打后永久离开暴力关系的。几年中持续和加剧的暴力是殴打关系的典型模式。

近十年来，美国各地为被殴打妇女及她们的孩子设立的危机电话、庇护所和项目成指数增长。法庭和司法执行机构在保护这些妇女权益方面变得积极得多。但是，被殴打妇女的数量仍远远超过人类服务组织能全面有效处理的能力。对家庭暴力受害者的干预中最恼人的内容之一是，他们似乎不能从他们所面对的可怕处境中抽身出来。

在这种尝试环境中，提供咨询要求很大程度的感情投入和理解。工作人员的任务是帮助保持服务对象尽可能安全，提供选择，以及耐心地做受害者的工作，帮助她寻找代替方法和选择行动计划。近来，对付家庭暴力的重点已转移到包括对施虐者的干预和治疗，包含社会服务机构、执法部门和司法系统。全国各地开始出现IBP。通常是由法庭送往这样的团体，施虐者学着了解导致他们使用暴力的因素，学着认识和沟通他们的情感，学着避免或停止用暴力方式表达敌对的情感。如果你受到虐待而不知道怎么办，并且在你所处的社区没有此类资源，那么就致电给国际家庭暴力热线1-800-799-SAFE，或1-800-787-3224（TTY）。如果你正受恋爱期暴力的煎熬，那么就致电求助热线1-866-331-9474或1-866-331-8453（TTY）。如果你被跟踪，致电1-800-394-2255或1800-211-7996（TTY）。

（何燕玲 译）

第十一章

物质依赖：成瘾的危机

“酒能使人亵慢，浓酒使人喧嚷，”(Proverbs，20：1)。“它终究要如蛇咬你，如毒蛇刺你”(Proverbs，23：32)。这些圣经箴言描述了物质*使用的风险，以及人类与成瘾斗争的漫长岁月。在治疗物质滥用方面的努力至少可追溯到罗马时代，古罗马人就尝试往酒杯里放蜘蛛来对酒瘾者进行厌恶治疗（Smith，1982，p. 875）。

美国的整个经济体都建立在物质使用之上。在这方面美国可没开小差。人们发现玉米酿的酒要比玉米畅销得多，这一发现在发展新英格兰殖民地和早期美国边境的经济中起主导地位。1785年，几乎每一个美国人都认为禁酒是可笑的，但是到1835年，一场“妖魔化”酒精的禁酒运动在美国全面展开。本杰明·拉什是美国精神病学之父，早在19世纪初他就开始提出醉酒是一种疾病的概念。然而，“酗酒”概念上的早期词汇演变，即从具有道德色彩的“纵酒（intemperance）”到更为医学化的“酒癖（inebriety）”，表明将其命名为一种“疾病”的做法持续地处于两难境地。因这一矛盾持续存在，因此可以有点伪善地说，酗酒既是一种疾病，又是道德或精神上的失常。

1920年，《禁酒法案》和《宪法第十八修正案》的颁布带来了美国禁酒令（Edwards，1985），使“让魔鬼远离美国人之口”的运动达到高潮，而这一“高尚实验”却促使有组织犯罪猖獗增长，犯罪分子们为贪杯的人们提供私烧锦酒、加拿大威士忌和月光（私酿的威士忌）。1933年，《二十一修正案》废除了禁酒令，也成为对“试图禁止某种物质是徒劳”的立法纪念，从社会学角度看，它说明了社会对善与恶的观点。

美国每年购买非法物质的费用高达2 760亿美元（约1.8万亿人民币）（Stein，Orlando，& Sturm，2000），而合法物质的花费也不低。仅在美国，酒精滥用/成瘾的年耗资约达1 850亿美元（约1.2万亿人民币），烟草的年耗资约达1 550亿美元（约1万亿人民币）（Doweiko，2006，p. 6）。而真正的代价远远不止于物质购买成本。如果将物质相关的医疗保健、生产力损失、谋杀、家庭破碎、保险、自杀、财产犯罪，执法和治疗等都算进去，美国和全世界的人们为此所付出的情感和经济代价远远超出花在购买和试图控制合法与非法物质上的惊人花费。

尽管在过去的20年中，酒精消费下降了15%，但不容忽视的比率是：在酒精消费者中，10%的人消耗了美国酒精使用总量中的50%。这一10%的比率可以转换为大约1 600万的严重酗酒者，5 500万的豪饮者（一口气可以喝五六瓶的人），和1 870万需要治疗的酒精滥用或成瘾者。在美国，共有大约2 220万合法和非法物质滥用者需要治疗（Office of National Drug Control Policy，2004；Substance Abuse and Mental Health Services Administration，2005），这一数据还不包括烟草。烟草的致死人数比所有其他原因的致死人数之和还要多。美国大约有7 150万人烟民（Substance

* 此处英文是drug，在美国该词泛指所有除食物（提供营养物质）之外会让人产生短暂的生理（通常还有心理）变化的物质（参考维基百科），包括中文意义上的毒品、药品，以及其他物质。本章使用“物质”指代drug。——译者注

Abuse and Mental Health Services Administration，2005)，这个人数可不少！

美国国家共病研究（National Comorbidity Study；Anthony，Warner，& Kessler，1997）的数据很有说服力，该研究提供了在美国15岁到54岁人口中，男性和女性物质滥用行为情况的极好统计。大约每13人中就有一人在一生中有过某种物质依赖问题。每六人中就有一人有过酒精依赖问题。这些数据可能还是保守估计，因为该研究还没考虑那些已经死于物质滥用的潜在受访者。

压倒性的统计数据将美国以及世界视为一个整体，这在处理合法与非法物质的不良影响上是令人麻木的。但对于本书的一个作者来说，就如无数其他"统计"一样，其家庭中的酗酒传奇是一场真正的悲剧，用任何统计标准都无法衡量。

物质滥用的社会文化因素

个体的社会文化背景似乎与所使用的成瘾物质将产生的药理学和非药理学作用的种类有很大关系。以酒精为例，当血液酒精浓度（blood alcohol content，BAC）为0.40%时，大多数人会失去知觉，该含量通常被定为半数致死量，即为中毒水平。达到这个水平时大约有一半人会因酒精过量而死亡（Goode，1984，p. 62）。

当BAC达到上述水平时，每个人的生理后果是大致相当的。然而，在BAC逐渐增至0.40%的过程中，不同个体的心理反应会迥然不同。当一个人的BAC达到0.10%时，他可能想跟一伙摩托车手打架；另一个人可能会喋喋不休、手舞足蹈，显得滑稽可笑；还有人则可能只是面无表情地坐着，不打扰任何人。

那种认为特定剂量的成瘾物质将会在使用者身上产生同样的特定效果的观点是一种药理上的谬见，看起来倒是个人的状态和环境对物质使用者的行为产生了极大的影响。个人的状态可定义为使用者的精神和情感状态，包括使用者的期望、智力、人格、感觉等等。环境是指使用者在使用物质时的社会和生理环境，它可被定义为即时的周围环境，如酒吧间与起居室就不同，或从广一点的范围来说，它可指这个国家的法律和宗教视角（Goode，1984，p.35）。

个人状态和环境界定了哪些情况被认为是适合使用物质，哪些情况不适合。认为酒精导致自控力下降是谬误的。在一项针对南非许多部落的综合研究中，这些部落在什么是合适行为和不合适行为上持有不同信仰，MacAndrew 和 Edgerton（1969）发现，人们并不会因为喝酒本身失去自控力和不守规范，除非特殊文化允许他们如此。

此外，当某种文化环境中的个体置身于另一种不同文化环境时，他喝酒时会表现出一些与原来的社会规范大相径庭的行为（Heath，1985，p. 470）。以霍皮和纳瓦霍这两个在血缘和地理位置上都很接近的北美印第安部落为例。在一项关于酒精使用的卓有成效的研究中，Kunitz 和 Levy（1974）发现，纳瓦霍人认为在公众场合和很多人一起喝酒是可以接受的，而独自喝酒则是不正常的。相反，对霍皮人而言，喝酒必须独自进行，因为部落里不容许喝酒，如果被发现喝醉更会遭到回避和排斥。显然，酒精使用与滥用具有文化特定性的规则、处罚、禁止、告诫和许可。然而，任意地根据种族、文化、宗教等将某个团体归为一类，如犹太人仅在礼仪场合喝酒，浸礼宗教徒从不喝酒，印第安人不能举起"烈酒"，就如种族歧视一样是一种明显的偏见。影响个体使用物质的因素太多，以至于没法断言谁会饮酒、谁不会饮酒，以及为什么饮酒（Fisher & Harrison，2000，pp. 53-82）。

酒精：头号滥用物质

如今可滥用的物质种类如自助餐厅的菜单一样繁多，但似乎酒精仍是用来阐释成瘾危机的最好物质。在英国，酒精是所有合法和非法物质中最有害的，在满分100的评分表上，酒精以72分位于首位，海洛因和可卡因分别以55分和

54分位于第二和第三位（Nutt，King，& Phillips，2010）。以下是一些影响因素。

1. **持久性**。没有哪一种物质有如此悠久的历史以立法的方式受到控制或提倡。从反威士忌的乔治•华盛顿时代到基督教妇女禁酒联合会，到嗜酒者互诫协会再到美国国家酒精滥用与酗酒研究所（National Institute on Alcohol Abuse and Alcoholism，NIAAA）的成立，在如何对付物质滥用方面，对酒精的应对一直扮演着一个重要角色。
2. **合法性**。一个人只在有限的一些情况下才会因为拥有或使用酒精而被投入监狱。即便对酒后驾驶和未成年饮酒有严格的惩罚，社会的包容性在决定惩罚时也起着重要作用。一些对酒后驾驶致人死亡的最严重惩罚仅相当于使用少量可卡因被拘留的时间。
3. **广泛的使用**。虽然其他物质引起了大量的公众注意，但和美国超过 1 600 万的人直接或间接受酗酒影响相比，简直微不足道（Office of National Drug Control Policy，2004）。大约有30% 的美国人因为酒精危害到了自己的生理、心理健康，并造成了社会问题。其中，有 25% 达到了物质滥用或依赖的标准（Mumford，2005）。
4. **间接经济损失**。间接经济损失包括因旷工和辞职，家庭暴力和离婚，医疗护理及和酗酒相关的法律问题所造成的，损失高达 1 850 亿，比其他任何公共卫生事件的花费都要高（Doweiko，2006，p. 6）。
5. **心理成本**。对于有关文献所记录的互依和赋能的毒害、家庭的解体、对他人的人身攻击和性骚扰（Gelles & Straus，1988），以及酒瘾者的成年子女所承袭的家风等（Hardwick，Hansen，& Bairnsfather,1995），哪怕只相信其中的一部分，其精神卫生的代价也是足以令人震惊的。
6. **躯体疾病的花费**。虽然不如可卡因、甲基苯丙胺及其他中枢神经系统兴奋剂那样作用直接而迅速，但酗酒带给人体的伤害却很广泛。据美国医学会统计，25% ～ 40% 的住院病人直接或间接与酒精相关，还不包括养老院在内。在养老院，15% ～ 30% 的疾病与酒精相关（Schuckit，2000）。肝脏及胰腺疾病、柯萨科夫综合征、生殖及性功能障碍、肿瘤、心脏病、骨质疏松、胃肠问题、免疫功能减退、营养不良、大脑损伤、慢性疾病状态以及潜在的危害（如胎儿酒精综合征）给酒精滥用者敲响了警钟（Doweiko，1996，p.66；Nutt，King，& Phillips，2010；Ray & Ksir，2004，pp. 261-267）。除了这些长期影响之外，酒精摄入过量的短期影响占据了急诊就诊量的 15% ～ 20%，而在急诊死亡中，酒精摄入过量的短期影响也占据了 15% ～ 20% 的比例（Beasley，1987；Mersey，2003）。
7. **与犯罪相关**。绝大多数宣传都集中在“苯丙胺怪物”“可卡因狂”及他们的暴力犯罪上；或针对可卡因和海洛因的瘾君子们，认为他们会为了满足自己的“瘾”，去偷取任何能到手的东西，或者沦为娼妓。但是在美国及全世界，酒精滥用对大部分与物质使用相关的袭击和谋杀都有贡献，这种情况已然持续了很久（MacDonald，1961；National Foundation for Brain Researc，1992；Pernanen，1976；Ray & Ksir，2004，pp. 282-283；Shupe，1953）。
8. **意外事故**。反醉驾母亲小组（Mothers Against Drunk Driving，MADD）存在的理由相当充足。有 40% ～ 50% 的公路死亡与酒精有关（Blondell，Frierson，& Lippmann，1996）。醉酒驾驶导致的死亡备受人们关注，而其实醉酒划船、醉酒维修家居、醉酒散步导致交通意外、醉酒跌下楼梯、醉酒打猎、醉酒在床上抽烟、醉酒游泳等也是饮酒者自己死亡和导致他人死亡的常见原因。
9. **自杀**。酒瘾者一生中自杀的可能性接近 15%（Schuckit，1986）。在美国，约有 20 万例因试图自杀而急诊就医的来访者与物质使用有关（National Institute on Drug Abuse，2003）。
10. **酒精是一种“毒品”**。酒精可以合法购买，人们因此忘了酒精其实也是一种“毒品”（Doweiko, 1996, p. 14）。饮酒和使用物质的生物化学效应其实是相同的，二者间的主要区别在于传统文化观。传统文化观认为，喝杯啤酒不是使用物质，而吸食大麻却是。

11. **人际关系**。酒精从躯体、情感、财务等多个方面破坏家庭，并催生从打架到谋杀等一系列大量的家庭暴力（Centers for Disease Control, 2001；Cohn et al., 2010；Kofler-Westergren, Klof, & Mitterauer, 2010；Taft et al., 2010）。
12. **多物质滥用**。事实上，很少有像旧式流浪汉或聚会酒鬼那样的单纯酒瘾者，多物质滥用是酒瘾者的重要特征（Doweiko, 1996, p. 6），酒瘾者们将物质与酒精同时使用，以低价花销换取复合效应。
13. **卷入争论**。在酗酒的病因与治疗学上争论不断。酗酒究竟是个体所患的一种生物学疾病，还是一种应对能力上的“疾病”（Doweiko, 2006, pp. 29-42）？此类“是何种疾病”的争议是“彻底禁戒观”对战“降低危害观”的热门话题。“彻底禁戒”主要是美国式政策，而“降低危害”则是更欧式的方法，这种方法在承认和容忍物质使用的同时，寻求如何减轻物质的灾难性效应（Marlatt & Witkiewitz, 2009），当个体愿意减少却不愿意停止物质使用时，或者当个体复发却拒绝马上再次停用物质时，降低危害意义重大。然而，尽管意义重大，还是有人相信酗酒可以完全戒除，而对于这些声音，“降低危害”则是充耳不闻。可见信仰如此深植于文化，并被如此强烈地支持着，它们左右着投资、科研、立法、理论以及治疗等各个方面。并派生出许多模式来解释和治疗酗酒。

成瘾的模式

目前，还没有哪种以理论或研究为基础的模式或者治疗方法占据领导性地位（Donovan, 2005），关于这些模式的疗效的争论仍在持续，这些争论不是为了促进一致，而是竞争思想地位，目前看来，似乎还没有哪种模式更优于其他模式，每一种模式都有其各自在治疗方面的价值。以下简单介绍各主要模式。

学习行为模式　按照行为学习模式，酒精摄入和正性犒赏的联系是饮酒和持续饮酒的原因。个体反复使用酒精来对抗焦虑和舒缓压力，促使饮酒习惯不断强化（Pattison & Kaufman, 1982, p. 12）。

生物心理社会模式　如字面所示，成瘾被视为由多重因素所决定（Marlatt, 1997, pp.xii-xiii；Donovan, 2005）。这是个折中式模式，将许多更为具体的模式囊括其中，将成瘾的生物、社会和心理三方面看成同等重要。目前，越来越多的研究开始寻找成瘾的生物学基础，因此，该模式看来可能会有更大的意义（Ray & Ksir, 2004, p. 53）。

认知模式　基本的认知模式建立在一个假设的基础之上：思维和信仰是导致物质滥用的根本原因。社会、财务或健康问题等负性事件并不导致个体开始滥用物质，而是“我不能忍受有关汽车撞毁的噩梦和身体康复上的痛苦”这一核心观念导致情绪反应“我感觉糟糕和沮丧”，并将个体推入成瘾信仰“毒品给我勇气，带走痛苦”，这一信仰导致成瘾行为“我要去酒吧喝醉”（Beck et al., 1993）。

疾病模式　在成瘾的疾病模式中，物质使用被看成一种非健康状态，而身体暴露于物质则导致生理成瘾。通过一系列体内的过程，酒瘾者失去对饮酒行为的自控力（Jellinek, 1946, 1952, 1960）。随着使用的增加，要用越来越多的酒精才能满足相应的生理需求。而当停止或减少使用时，由于耐受已然形成，体内物质水平过低，个体出现戒断反应和生理渴求，导致继续使用物质（Oetting & Beauvais, 1986）。世界卫生组织（WHO；1952）和美国医学会（1956）接受了酒精滥用是一种疾病的诊断框架，这给了疾病模式很高的可信度。疾病模式是嗜酒者互诫协会成立的基础，也是描述酒瘾的最常见模式。

最终共同通路 Doweiko（2006）使用“最终共同通路（final common pathway）”这一术语意指每种成瘾理论都包含各自的真理性和有效用的成分。最终共同通路模式认为，物质滥用不是一个起点，而是不同个体各自独特发展方式的共同终点。各种不同因素，从社会因素到心理状况到遗传易感性（pp. 41-42），可能起作用，也可能不起作用，依个体生活经历而不同。在脑内犒赏体系上的神经生物学研究为该理论提供了支持，研究显示，所选物质可引起特定脑区神经递质的级联式反应，这骗过了大脑，使它错误地认为有各种各样增强的能力和犒赏（Reynolds & Bada，2003）。而哪种内部或外部因素是导致该反应发生的必要条件，目前还不清楚。

网关模式 网关模式认为从一种物质到另一种物质的使用是一个有序的进程，当年轻人越来越严重地使用物质，对他们来说，网关模式尤其适用（Dupont，1984）。Kandel、Yamaguchi 和 Chen（1992）的研究对于从烟、酒到大麻、吸入剂，然后到“硬”物质的进程方式给以极大的支持。

遗传素质模式 遗传模式认为是遗传性的易感倾向导致个体成为物质滥用者（Iacono，Malone，& McGee，2003；Schuckit，1994，1998；Schuckit et al.，2001，Vaillant & Milofsky，1982），遗传因素似乎可以解释个体至少一半的成瘾易感性（Price，2008）。遗传素质支持疾病模式并与之保持一致。研究显示，与生父或生母不酗酒的对照组相比，生父或生母酗酒的寄养子、同卵双生子，以及除生父或生母酗酒外还有其他问题的孩子成为酒瘾者的可能性要高出3 ~ 4倍，有关基因和神经递质的研究已经分离出酒瘾者和非酒瘾者在酒精代谢方面可能存在的生理差异，以及可能影响酗酒倾向的特定基因（Luczak，Glatt，& Wall，2009）。

生活方式模式 这一模式的观点是，“生活在一个变化的意识状态中”是值得的，这一犒赏要大过依赖物质的破坏性生活方式所付出的一切成本。若以生活方式模式来描述成瘾个体，则无毒式生活根本就不存在（Pattison & Kaufman，1982，p. 12）。

道德模式 在道德模式下，成瘾被视为个人选择的后果。在酒精使用方面，个体做出错误选择，如果他们想的话，他们其实可以做出其他选择。这一模式已经被某些宗教群体和司法体系采用（Fisher & Harrison，2000，p. 37）。除了增加个人意志力之外，这一模式通常否认需要任何治疗方法。

父母影响模式 除了父母使用酒精的示范作用，父母使用非法性物质也是孩子的示范，而且使“按我说的做，别按我做的做。”这样的话显得非常虚伪。“如果我父母使用它，为什么我不能？”，这是在国家电视广告的反物质宣传中可以看到的讽刺性回应（Barnes，Farrell，& Cairns，1986）。

同伴群体模式 这一模式将物质使用与群体联系起来，包括同伴，比如最好的朋友或男女朋友，他们有着共同的信仰、态度、价值观和物质使用的理由，而物质使用在小组成员的身份识别中起着重要作用（Oetting & Beauvais，1986）。

人格模式 这一模式认为是人格上的某些特征和属性构建使个体倾向于物质滥用。尽管“易酗酒性”人格倾向于不受约束、不遵守一般公认信念、聚群、反叛、寻求刺激和冲动（Ray & Ksir，2004，p. 53；Slutske et al.，2002），但并没有明确的人格因素集用来识别某个人是“物质”人格，而另一个不是（Renne，2004；Swendsen et al.，2002）。

处方模式 处方模式认为，酗酒始于自我医疗和医生处方的酒精和其他物质，比如镇静剂等，用以缓解急性和慢性疼痛症状（Blume，1973）。

问题行为模式 个体的行为越有问题，个体接触到能获得物质的人、地方和事情的可能性就越大（Jessor & Jessor，1977）。

心理分析模式 这一模式认为，童年早期形成的某些病理性人格特质使个体倾向于酗酒（Zwerling，1959）。Spotts 和 Shontz（1980）从强迫性使用特定物质追溯到发育早期的具体缺陷，并显示该种物质与所形成的人格相互配合，共同作用。

心理社会模式 心理社会模式认为多种因素的集合，包括个体的人格、行为和所处的环境是相互关联且有序的，由此发展为一个动态状态，称之为问题行为倾向（problem-behavior proneness）。这些因素既可能导致个人问题，也可能导致社会环境问题——而物质使用越严重，问题就越严重（Jessor，Chase，& Donovan，1980）。

批准使用模式 过度使用哌甲酯来减轻注意缺陷障碍相关的多动症状已成为一把双刃剑（Safer，1994）。而批准和处方性使用哌甲酯则让一代学龄儿童保持平和，这释放出一个明确的信息：服用药品不仅没问题，它还是有益的。如果哌甲酯和其他处方性药品没问题，为何其他让人感觉良好的东西却被认为是坏的？第二次世界大战时期挥霍无度地使用安非他明以让飞行员保持清醒，直至海湾战争也是如此。在20世纪六七十年代，医生大量使用安非他明来减肥和治疗抑郁（Emonson & Vanderbeek，1995）。而地西泮刚进入市场时就被过度处方，由此导致的滥用就是一个潘多拉魔盒。可见，“只要对物质说‘不！’就可以了！”听起来似乎，往轻里说是虚伪，往重里说是荒唐。

社会文化模式 社会文化模式观察个体的外部因素，环境被视为一个主要因素；它包括人口学和民族学变量，诸如种族、年龄、社会经济地位、职业、教育、家庭体系、社会规范、宗教、犯罪率、信仰体系、消费率、饮酒行为等。该模式强调环境因素，对疾病模式构成实证性挑战（Lukoff，1980）。

压力应对模式 物质使用被看作是个体在应激下有效行为和认知应对技能的替代品。个体越是缺乏有效应对技能，越有可能使用物质作为“姑息性疗法”（Wills & Shiffman，1985）。

上述各类酗酒模式可以大体划分为疾病/遗传/生物模式和其他模式，其他模式认为物质依赖不是以生理为基础的。

常用术语的定义

学术界创造了许多术语来恰当描述那些受物质问题困扰的人。为了促进对本章的理解，以下将逐个介绍这些术语。和物质依赖的所有其他争议性方面一样，这些定义并不是这些术语的唯一定义，而更多是通用的定义。物质依赖领域的一些理论家和治疗家可能并不同意这些定义，甚至可能认为其中一些概念并不存在！

滥用。慢性、反复地不当使用物质（Lawson，Ellis，& Rivers，1984，p. 37）。12个月内，当一个或更多以下行为发生在同一适应不良模式中，滥用就成立：不能履行主要角色义务，比如工作和学习；躯体功能损害导致的冒险行为，比如操作机器等；反复的法律问题；反复的社会问题，比如肢体冲突等（American Psychiatric Association，2000）。

成瘾。生理上，物质成瘾是随着物质使用的增加，在细胞水平上发生的改变。主要临床特征是产生耐受性和戒断症状（Fisher & Harrison，2000，p. 15）。心理上，成瘾是不顾不良后果强迫性地使用物质。成瘾呈渐进性，有潜在致死性，以专注于物质使用和以扭曲的世界观来支持继续使用为标志，即使在面临着许多不良后果的情况下。

成瘾性行为。这一术语被许多心理学家用来表示滥用、依赖等，因为它聚焦于行为而不是疾病类别。行为可以改变，而成瘾作为一种慢性、进展性疾病不能改变。“行为”成瘾把成瘾的范畴扩展至物质滥用之外的行为，比如赌博和性等（Marlatt，1997，pp. xiii-xiv）。这个概念是有问题的。一个坏习惯到什么时候会转变为成瘾性行为？这一术语常用来指很多问题行为，包括工作、进食和赌博（Fisher & Harrison，2000，p. 15），现如今，任何社会不可接受的行为都可能被诊断为成瘾，无论是有许多风流韵事（爱情成瘾）

还是花上几个小时在电脑上(网络成瘾)(Schaler, 2000)。

酒瘾。一个非常复杂的状况，以专注于酒精和失去对喝酒的控制力为特征，以至喝酒就会喝醉，呈慢性、渐进性经过和复发倾向，持续使用可伴有躯体残疾以及情绪、职业或社会适应损害。

化学成瘾。个体依赖于物质，以至物质统治了他的生活，并达到严重损害躯体或心理功能的程度（Lawson, Ellis, & Rivers, 1984, p. 37）。这一术语将物质成瘾同其他成瘾类型，例如赌博等区别开来（Fisher & Harrison, 2000, p. 15）。

互依者 / 互依。互依在本质上是互相的和补充的，是基于物质依赖者对获得照料以生存下去的需要，以及照料者对控制成瘾者行为的需要（O'Brien & Gaborit, 1992），互依者是物质依赖者生活中某个具有重要意义的人，比如配偶、父母、爱人或孩子，他陷入到了物质依赖者的依赖中（Maxwell, 1986, p. 7）；互依是极度专注和依赖（情感上、社会上、有时是身体上）于某人或某个客体。最终这种对另一个人的依赖成为一种病理性状况，影响互依者所有的其他关系（Wegscheider-Cruse, 1985, p. 2）。

依赖。如 DSM-IV-TR 所定义，依赖是一组认知、行为和生理症状群，是指尽管有严重的物质相关问题出现，个体仍持续使用这种（些）物质，个体反复自我给药，导致躯体耐受、戒断和强迫性用药行为（American Psychiatric Association, 2000）。心理依赖的发生在于使用者有强烈的通过物质来改变其意识状态的欲望。心理依赖是指使用者需要用酒精或其他物质来维持“正常”思考、感觉或行使职责（Fisher & Harrison, 2000, p. 15），这一精神状态可能是躯体依赖的唯一因素，即使是渴求最强烈和强迫性滥用最持久的案例也是如此。这两类依赖可能独立发生，也可能相互结合（Lawson, Ellis, & Rivers, 1984, p. 37）。依赖程度的指标是所使用的频率和量以及在觅药行为上所花的时间（Ray & Ksir, 2004, p. 46）。

物质。对有关感觉、思维和行为的心理过程有直接和重要影响的精神活性物质。“物质”这一术语是文化和社会角度上的一种人为产物，因为它指的是被社会某些领域武断地定义为物质的一些东西（Goode, 1984, p. 15）。

赋能者。某人故意实施某些行为，以让物质依赖者继续处于滥用 / 成瘾的状态，而不暴露于其行为的全部负性后果。赋能者可能是家庭成员并可能与“互依”存在重叠（Doweiko, 1996, p. 292），当二者是重叠关系时，保持关系比物质依赖问题更为重要（Maxwell, 1986, p. 103）。

习惯化。是指个人使用某种物质的习惯程度。一个习惯化的使用者想要并能够比初次尝试者使用更多的这种物质（Goode, 1984, p. 33）。

不当使用。使用物质并伴有某些负性的躯体、心理、社会或法律后果（Lawson, Ellis, & Rivers, 1984, p. 37）。

复发。简单定义是指重回非控制性饮酒（Fisher & Harrison, 2000, p. 238）。然而，在滥用与成瘾领域里没有什么是简单的，复发还被定义为一段时期的戒断之后，又逐渐回到物质使用状态；第一次再度使用某物质的单个事件，可定义为“过失（lapse）”；或者重回到与某一确定时期强度相同的，需要治疗的物质使用状态，又称为“累犯”（Donovan, 2005）。

失足。戒断一段时期后的一次饮酒（Fisher & Harrison, 2000, p. 238）。

耐受。是体内转化和排泄化学物质的生物学能力，以及中枢神经体系对该物质的效应越来越脱敏。结果就是个体需要使用更多物质才能达到所期待的效应（Doweiko, 1996, p. 4）。而交叉耐受是指个体对类似药理学作用的其他物质也产生了抗药性（Fisher & Harrison, 2000, p. 16）。

使用。个体为改变意识状态将化学性物质摄入体内（Lawson, Ellis, & Rivers, 1984, p. 37）。

戒断反应。停止或减少物质使用后身体所产生的生理和心理症状群。戒断症状依使用时间的长短和剂量的大小而有所不同，同时也提示已产生了耐受性（Doweiko, 1996, p. 4）。

这些定义还远不能传达物质依赖的强大操纵

力。成瘾状态和物质依赖者究竟意味着什么？我们所熟悉的两位物质依赖者（目前均因物质作用而死去）的评述给出了一幅触目惊心的画面。

联邦矫正监狱（多物质滥用者）：想一想你曾有过的最令人愉快的性生活吧。嘿，伙计！想想那种感觉是多么美妙。我指的是最好的和最妙不可言的那种！然而，跟在胳膊上打一针达到初次高潮相比，那不算个啥。这就是我为啥要使用物质的原因。

大学教授（康复中的酒瘾者）：当你倍感压力时，可以做不少事情来克服压力，比如出去走走、慢跑、祈祷、冥想、和老婆吵一架、砍木头等。问题是这些事情可能有用也可能没用，效果并不确定。而当我倍感压力时，我就喝酒，这种方法奏效而可靠，以前就知道会发生什么。你怎么可能战胜这个呢！

成瘾动力学

物质依赖的动力学是复杂的，从成瘾者延伸到与之相互作用的整个体系。

防御机制

物质滥用者可提供文本所及的所有非正常防御机制的例子。Gordan 是我们在接下来整个这一章余下的部分将谈到的正在康复的酒瘾者，他有各种各样的防御机制，我们用他来展示下面这些适应不良的防御机制。

否认 酗酒常被称为“否认性疾病”（Lawson, Ellis, & Rivers, 1984, p. 36）。否认是用于自我保护的正常适应过程，然而在酒瘾者，否认是僵化和非适应性的。它阻止求助行为，与治疗失败和复发密切相关（Kearney, 1996）。否认是在情感上拒绝按实际情况承认一个人、一种情境、一种状况或者一个事件（Perez, 1985, p. 5）。

Gordan：真正的男人会处理自己的问题，我当然会处理我的问题。最近我有很多问题。的确，我喜欢喝酒，而我用这种方式完成了大量的业务。我的朋友大多喝酒。我偶尔会喝高，但如果你也有我这样的压力，你也会这么干。

转移 转移是在某个人或某个对象上发泄敌意，尽管他们不应成为他发泄的对象（Perez, 1985, p. 6）。

Gordan：对我妻子大声吼叫？那还用说。她总是抱怨我不在家。唉！我为她提供最好的生活，而当我因为工作压力需要她支持的时候，她给我的只有更多的抱怨。

幻想 酒瘾者用幻想来逃避各种威胁性环境与情感。他们退避到物质引起的欣快感中，以摆脱工作上的无聊感、人际关系上的焦虑感，以及事业上的挫折感。那种欣快状态带来的犒赏远远大于真实世界所能提供的，致使饮酒者强迫性地一次又一次地体验它。

Gordan：喝一杯让烦恼一扫而光。我是说，你可以完全放松，把工作、老女人、一切事都暂时抛到脑后。喝酒真的可以让我达到这种状态并且计划下一个大项目。

投射 酒瘾者经常把自己的内在动机归属到对自己有重要意义的人身上。酒瘾者对其他人的敏感、多疑和敌意是他们疏远、隔阂、缺乏沟通等内在特征的外在表现（Perez, 1985, p. 6）。

Gordan：Amy 从来都不爱我。唉，她爱的是房子、俱乐部和孩子的私立学校，诸如此类。当我最终弄清楚这一点之后，我就当面给她说穿！

合理化 酒瘾者寻找各种借口来支持他们的成瘾，把他们所感知到的行动和行为上的缺点合理化。

Gordan：老天作证！我因为在那种机器上做工程而患上了严重的背部问题。见鬼！医生都给我开了止痛药。那种机器应该被砸掉！半夜里喝上两瓶啤酒有问题吗？它能让我的后背停止疼痛。

智化 酒瘾者用一种与个人无关的态度说一些笼统或抽象的术语，以此让自己免受情感伤害（Maxwell，1986，p. 65）。

Gordan：他们说我喝得太多了。其实我广泛地阅读过有关这方面的资料，我绝对不符合醉鬼那一类。他们知道个啥？他们又不是医生。

最小化 酒瘾者淡化情况的严重性。

Gordan：这只是暂时的，我只是稍微超过了点度。没问题！我只需要稍微看紧点自己。

反向形成 反向形成是对感知到的威胁产生的一种防御，是一种最有害的防御机制，因为它让依赖者远离自己的真实感受。成瘾者不断地害怕被拒绝，但又费尽心思去地寻找它——即使它其实并不存在（Perez，1985，p. 11）。

Gordan：我的那些孩子也是这样。这些小白眼狼。我给予他们一切。Lisa只是盯着我。Mark甚至因为我错过了一个糟糕的足球比赛而说我不爱他。他肯定没错过我给他的个人电脑。他不陪我老人家，还说自己太忙了！这个孩子从来没爱过我，总是拿他妈妈说事。

退行 酒瘾者通常是不成熟和自恋的，行为类似于情绪化的青春前期。行为倾向于操纵、控制和为所欲为。乱发脾气、生闷气和噘嘴等都是退行的常见表现（Perez，1985，p. 6）。

Gordan：跟她说没用，所以我选择沉默。不支持我的业务，让我道歉？她才是那个该道歉的人。在她找我说话以前，我不会跟她说一句话。

压抑 酒瘾者将具有威胁性和引起痛苦的事件埋入无意识记忆中（Perez，1985，p. 7）。当清醒的时候，酒瘾者压制伴随他们的依赖需求和愤怒感觉，而且他们对醉酒时的人格和行为改变毫无记忆。

Gordan：对我的工作表现提出警告？没门！他们就是随便说说。一切工作都已达标！家庭也是一样。没有警告。什么也没有！他们就这样离开了。我根本没动过他们一根毫毛！

这些防御机制与常人大不相同。他们可能对别人的生活造成很大的干扰，是非常麻烦、不可原谅、讨厌和不受社会欢迎的。物质依赖者的防御是原始而退行的，很像一个婴儿。这些防御可能将酒瘾者塑造成一个以自我为中心和依赖性强的人。反社会型人格的两个主要成分——没有道德心和极端自私，可能在物质依赖者的人格中占主导地位（Perez，1985，p. 9）。

对于酒瘾者来说，与敌意和愤怒感同时存在的还有抑郁（Hoffman，1970）。当愧疚的洪水漫过防御之墙，他们没有能力采取任何方法来合理地控制生活，以及消除对自己和对自己有重要意义者的伤害，他们感到无能为力。在没有道德心和拥有超强道德心之间，酒瘾者经历周期性冲击，这是令人耗竭的，当他们开始清醒后，除了抑郁，不剩下任何精神能量。

大多物质依赖者的防御机制服务于一个目标且仅限于一个目标：支持、养育和供奉瘾君子生命中唯一的神：物质。没有什么比这个更重要。在满足这个神的需求以前，不为任何其他事情服务。内疚和自责是他们对尝试其他事情无能为力的标志，但这些内疚与自责的感觉与他们所追求的"满足"相比，是微乎其微的。

Gordan：我不能理解为什么事情会变成那样。我曾经有一个美好的家庭。呀！我憎恨想起这个。当我想起它时，我感觉很差。让这种感觉萦绕在心头是无法工作的，所以我最好是喝上一杯，这能让我感觉好些。四五杯过后可以忘掉那一切，在那种情况下，难道我还能干点别的什么吗？

赋能和互依

在赋能和互依的概念上也充满争论。很少有实证研究来评价这些概念的基本假设（Hands & Dear，1994）。由于酗酒是典型的“男性疾病”（Doweiko，1996，p. 14），这些概念可被视为弱化女性，这些女性出于各种经济、宗教、文化和安全原因，想尽办法保持家庭完整（Uhle，1994）。而互依者的许多人格特征可以在大多数女性传统的消极人格剖面中找到（Cowan & Warren，1994）。因此，如在“伴侣暴力”相关章节所述及的，与酒瘾者相关的女性和与暴力相关的女性没有本质不同。酒精滥用和暴力倾向于结伴同行，此二者具有相同动力学机制的观点能盛行就不足为奇了，尽管存在批评的声音。

批评者们还认为，人们倾向于通过成瘾者没法摆脱物质使用来评价互依者，而不评价互依者本身的功绩。互依是说个体有某种尚未得到证实的“疾病”，互依“成瘾”或互依“综合征”，可能起源于不和睦的原生家庭（父母的家庭）（Trois，1995）。最为阴险的意图是，一旦患上“互依症”，互依者就必须承认自己自尊心低。他们被网罗在一个病态关系中，无能为力，承受不了拒绝，逃避问题。如果个体不愿承认这种带有轻蔑意义的模式，它显然是在“否认”（Doweiko，1996，pp. 299-302）。进一步地，赋能和互依作为真实的、使人衰弱的概念，与白人、新教徒和欧美范式的家庭概念相联系。在其他文化对家庭的界定中，这些概念可被看作积极和增进力量的品质（Fisher & Harrison，2000，p. 173）。

而赋能者并不仅限于配偶或家庭成员，雇主与雇员也可能成为赋能者。出于害怕被合伙报复，受法律诉讼的威胁，或者出于错位的同情，一个雇主可能会选择回避一个员工的物质滥用问题。而当主管有滥用问题时，员工与之相对抗则可能遭到解雇。物质依赖者很善于操纵，他们能使赋能者感觉自己在帮他们的忙，通过：

1. 替（依赖者）完成工作。
2. 掩盖（依赖者）差劲的工作业绩。
3. 接受（依赖者的）借口或（为依赖者）做特别安排。
4. 忽视（依赖者的）频繁缺勤或迟到。
5. 忽视物质滥用的证据（Doweiko，1999，p. 323）。

需要理解的是，互依和赋能并不是同义词。赋能着重于对物质依赖者所实施的行为，而互依则着重于与物质依赖者之间所维持的关系（Doweiko，1999，p. 325）。一个赋能者可能并不是互依者，比如施舍街头流浪汉的路人。这个流浪汉被赋予买酒的能力，但仅仅是个偶然路过的关系而已。

当一个家庭陷入成瘾危机，这个危机是复合的，可能会发生奇怪的现象。为了保持家庭平衡，对成瘾者，家庭成员可能采取先拒绝，后容忍的态度。为了维持家庭稳定，各个家庭成员无意识地扮演着不仅维持体系稳态，还赋予成瘾者能力，使其更深地陷入在成瘾中（Ford，1987，pp. 16-17；Perez，1985，p. 19）。尽管家庭体系已经非常病态，但家庭成员通过努力维护其家庭体系，变成了互依者。他们也表现出许多如同成瘾者一样的适应不良和无意识的防御机制。我们用Gordan的妻子Amy的回答来说明这些防御机制，它们稳定了这个家庭体系。

抑制 互依者可能通过不告诉其他人、不表达出情绪来抑制成瘾者给家庭带来的问题（Maxwell，1986，pp. 78-79）。这是一种相当绝望的防御方式，建立在寄希望于依赖者会发生奇迹般改变的基础上。

Amy：在我结婚时我做过一个承诺，并一直坚守这个承诺。他很可能在我们结婚时就成瘾了，但承诺就是承诺，无论生病、健康及其他。

分离 对于那些把自己从问题中分离出来并且压抑问题的人来说，通过置身事外，他们对事件的感觉产生了彻底的改变。分离意味着在情感上，有时是在空间距离上远离问题。

Amy：当情况变得很糟时，在确保孩子们正在忙他们自己的事后，我自己就全身心地投入到俱乐部的活动中去，这可以让我不去想他的问题。我每年最好的两周时光是回到我父母家，我会带上孩子们一起离开。

压抑 对事件的压抑使分离更进一步。通过把伤害性事件埋藏到无意识记忆中，互依者不必设法应付伴随那些事件的可怕感觉（Maxwell，1986，p. 82）。

Amy：我是说他喝醉的样子非常可怕，但他所说的话并不可信。他的确令人讨厌，但我不确定他那些话是真的。

逃往治疗 寻求治疗帮助可能是互依者的另一个逃避方式。在治疗中他们可能会有很多宣泄，但很少有真正的改变，因为这意味着互依者要面临真实和重大的改变，从已然形成的适应不良的应对模式中改变出来（Maxwell，1986，p. 82）。

Amy：也许他会改变。我不知道，或许你可以说服他到这里来，我知道至少我可以从这些治疗会议中得到一点心理上的平和。

智化 互依者用智化来使自己远离有害情感。在努力维持家庭体系平衡的过程中，他们强迫性地计划和参与细节，通过强迫性地关注这些饮酒事件的许多细节，智化者们整理他们的外部世界，而毫不顾及内心世界的混乱（Maxwell，1986，pp. 83-84）。

Amy：真令人筋疲力尽，但我能算出他什么时候会醉。这样我就事先将所有的细节都安排好，让大家按他的方式忙起来，通过制订一个阶梯式的计划，我能控制他的愤怒。

转移 通过转移，互依者把感觉从所针对的问题点——成瘾者行为上移开，转移到不太令人害怕和不那么有伤害性的主体上去。

Amy：我阅读了这一新的维生素疗法，我真的担心Gordan会病倒，他是如此衰弱，我将上面所有有用的信息都告诉了他，并为他预约了专家。

反向形成 当酒瘾者变得越来越不负责任时，互依者的典型反应是变得越来越负责。事实上，这种对家庭的所谓责任都直接集中在成瘾者身上。通过接管酒瘾者的责任，互依者用实际上与内心感受相反的行为方式来"挽救"婚姻和家庭（Maxwell，1986，pp. 88-90）。

Amy：家庭还要往前走。这就是我为什么在他做不到时，替他完成计划并为他打电话请病假的原因。我知道他曾对我和孩子们说了一些恐吓的话，但那并不是他的本意，他在清醒时是不会那样的。

反向形成使互依者在各个方面都承担了过多的义务，可能导致身体和情感上的崩溃。在酗酒的后期，互依者可能会诉诸某些非常不成熟的防御方式，那就是被动攻击和疑病（Maxwell，1986，pp. 88-90）。

被动攻击 通过迟到、遗忘、挑起争吵然后离开、超支、暗示要自杀，互依者让每个人都不得安宁。

Amy：我不知道怎么会这样，这几年来我一直节约用钱，Gordan也经常拿回薪水，但仍不够我支付账单，我们欠了一身的债。

疑病 疑病的防御将愤怒转变为身体上的不

适。这是一种对其他人极为有效的惩罚。因为互依者无论得到了多少安慰，都还会从这种防御方式中得到关心，而且他们不会轻易放弃。

Amy：（哭泣着）很抱歉我病得如此厉害，正是因为所有这些事情使我患上了可怕的偏头痛，它每天都要发作，疼痛难忍，什么事都不能做，也不能叫。

对待物质依赖者的典型反应是先拒绝，然后容忍这种讨厌的行为，这就标志一个人变为赋能者（Maxwell，1986，p. 103）。在赋能的早期阶段，存在否认和合理化（认为酒瘾者的行为将会改善），赋能者会为酒瘾者承担责任和罪过；在中期阶段，赋能者变得敌意、厌烦和怜悯，全神贯注地保护成瘾者；在后期阶段，赋能者对整个环境都抱着极度敌视、消极和怀疑的态度；在最后阶段，为酒瘾者负责和与酒瘾者争吵成为生活的全部内容。赋能者绞尽脑汁维持着家庭和酒瘾者的稳定，全然不顾及外部利益和保持自我（Kaufman & Pattison，1982b，pp. 1022-1024）。

在赋能的最后阶段，所有上述防御机制都可以从以下三种赋能者角色中得到证实，这三种角色由 Ellis 等（1988）定义，并可能得到了危机干预工作者的立即认可和解释。这三种角色是：（1）沉默的受害者：出于维护家庭关系的原因而成为殉葬者，以获得病理性的满足；（2）“救世主”：谴责物质使用，似乎要与成瘾做坚决斗争以挽救成瘾者，但却不能坚持到底，以至于成瘾者不得不面对其行为所带来的后果；（3）参与者，通过和物质依赖者一起使用物质或提供该物质来资助和控制物质依赖者。

酗酒家庭的孩子

在开放式交流和生活方式一致的家庭中长大的孩子通常有能力根据环境适应各种角色。生长于酗酒家庭的孩子无法学习角色的整合，不能形成健康的个性。他们被锁定在角色里，并根据以下两项进行感知，即他们需要做什么才能继续生存及如何在混乱的家庭中求得稳定（Black，1981，p. 14）。以下介绍 Black（1981）和 Wegscheider-Cruse（1989）所描绘的，生活在酗酒家庭中的孩子的几种普遍角色。同样值得一提的是，这些角色是基于欧美人群的临床印象，可能不能推广到其他文化中。尽管这些角色都是刻板的，没有哪一个孩子可以被清晰地归类，但他们确实代表了酗酒家庭孩子的常见人格模式。

替罪羊 替罪羊是酗酒家庭中经典的问题孩子，通常会引起学校管理者、警察、社会服务工作者的注意。这些行为出格的孩子们不修边幅，通过叛逆、引人注意的行为来强化自己，用难以接受的形式来说“关注我”“我不能应付”。社交上，这些孩子容易被同样低自尊的同辈所吸引，倾向于从事违法行为。他们多见于矫正机构、精神卫生机构以及医院的物质依赖科。Wegscheider-Cruse（1989）将他们称为“替罪羊”，他们通过成为另一个应激源为物质滥用提供一种借口，或通过把对家庭的愤怒和精力从成瘾者身上转移到他们自己身上，使成瘾行为继续下去（Black，1981，pp. 25-27）。

英雄 最大的孩子极有可能成为非常世故的孩子或家庭英雄（Wegscheider-Cruse，1989）。这个小大人照顾酒瘾者、酒瘾者配偶以及别的孩子。在照顾家庭的过程中，有责任心的孩子通过给酒瘾者提供更多的时间喝酒，来赋予酒瘾者能力。这些孩子不仅对家庭高度负责，而且对学业也一样。表面上，他们表现得坚强和杰出，并能取得成功。他们学会了完全依靠自己，因为父母既不能依靠也不能给他们指明方向（Black，1981，pp. 17-20）。

迷失的孩子 这是年龄处于中间或较小的孩子，被 Wegscheider-Cruse（1989）称为“迷失的孩子”。他们随波逐流，应付那些必须要应付的事情，并能适应环境，但他们是功能失调的。他们表面看来比家庭中的其他人更灵活、更主动，也更自私了点。但这些孩子感觉麻木，不提问题，不烦恼，也不做其他任何事来吸引别人的注意，他们通过“不打扰”，来赋能酒瘾者。典型地，迷失的孩子在学业上表现平平。在社会上，这种孩子不会成为领导者，通常是个孤独的人（Black，1981，pp. 21-23）。

家庭吉祥物 家庭的吉祥物通常是最小的孩子，他能抚慰家里的每个人，使他们感觉更好（Wegscheider-Cruse，1989）。这样的孩子认为通过使家庭成员感觉更好，可以让自己把注意力从问题中转移出来，让所面临的问题不复存在。他按以下三种模式行事：首先，他会像小丑一样通过幽默滑稽的动作来分散家人的注意力。在社交上，他们可能是聚会的中心，但几乎没有知心朋友，因为通过减压机制，他们使每个人的感受都打了折扣。在学校里，如果他们通过幽默来减压，这些滑稽行为会给老师留下不好的印象（George，1990，pp. 72-76）。（本书的一位作者因为滑稽动作从小学到大学和老师的关系都很僵，你猜他有没有过“家庭吉祥物”的经历？）

其次，吉祥物也会扮演成一个有同情心的咨询师去安慰家庭中的其他成员。对他人的需求高度敏感，可能是家庭行为的辩护者，并试图为家庭成员遭受的情感创伤提供心理安抚。在学校，他们这种敏感特性会因为顺从、乐于助人和与人分享的品质而得到表扬。吉祥物让家庭从不断的争吵中解脱出来，这却怂恿了酒瘾者（Black，1981，pp. 23-25）。

最后，吉祥物还可能经常或偶尔表现出心身疾病来扮演“病人”的角色。这个被过度保护的孩子变成家庭的疾病焦点，这样，通过把家庭的焦点从成瘾转移到疾病上，而给物质依赖赋能。

要保持功能失常家庭角色的运转，就必须遵守如下所述的严格家规。

酒瘾者家庭的家规

在酒瘾者家庭中，一个人如果打算生存下去就得很快学会某些不成文的规矩。按物质滥用项目的特有说法，在酒瘾者家庭中，有一头隐喻性的粉红色大象坐在客厅里，每个人都看得见，每个人都在它身边走过，但却没有人承认。大象的存在让孩子们以为是自己有什么毛病，因为其他人似乎并没有看到（成瘾行为），或者至少没有承认这头大象的存在。更令人不安的是，这些孩子倾向于以为其他人都生活在田园诗般幸福的家庭里。这当然不是“天才老爹”的电影故事，为了使自己在成瘾家庭的冷酷现实中好过点，孩子们只好采用以下规则来生存（McGowan，1991）。

不要谈论/没有问题 在酒瘾者家庭中，因为对酗酒的否认，孩子们的问题很少被认识或承认，而酗酒这个家庭问题，也从不被讨论。在酗酒家庭里，父母做出明确禁令：“我们没有那个问题，你们最好不要谈论”（Doweiko，1999，p. 337）。如果有人谈起它，不好的事情就会发生（Black，1981，pp. 33-37）。

Lisa：起初，爸爸早上会在水池里呕吐，妈妈只会说他病了。这让我感到害怕，因为我以为他得了癌症之类的病，快要死了。而每次我问起这件事，妈妈就会打我或冲我发火。

不要信任 亲子关系中最重要的因素是坦诚。除非身边的人能开诚布公地讨论他们的感受，否则孩子是不会信任他人的。没人相信酗酒家庭的父母会在情感上、心理上、甚至身体上去关心家庭成员（Doweiko，1999，pp. 338-339）。孩子不能依靠酒瘾者，也不能依靠其他亲人，因为他正忙于满足酒瘾者的需要，并且会最小化、合理化和干脆否认问题的存在（Black，1981，pp. 39-45）。

Mark：尽管棒球场离家很远，我总是骑自行车去。爸爸说他会送我，可是他工作到很晚，不能按时回家。有时妈妈得照顾生病的爸爸，或者她自己不舒服。所以我就经常自己骑车过去训练和比赛。

不要感受 对于感受，酗酒家庭成员有一个很完善的否认体系——尤其是对于个体自身的感受。孩子们很快就明白了，表达害怕、内疚、愤怒、悲伤、苦恼及其他难过的感受，只会给家庭带来更多痛苦。因此，这些感受被搁置一旁，被隐藏在适应不良的角色中，他们变得老练，而当他们长大成人、离开酒瘾者家庭时，这些感受仍然不会消失（Black，1981，pp. 45-49）。

Mark：我多么希望爸爸妈妈能在场看我成为最有价值的球员，但是只有Lisa在那儿，我的教练告诉我他是多么为我骄傲，然后整个团队去他家吃冰激凌。唉，怎么说这都不是件大事……只不过是一个小小的联赛冠军罢了。

不要与众不同　任何人企图在家庭里改变角色都是不允许的，因为这会使整个家庭体系混乱。如果角色出现空缺，很快会被其他成员填补（George，1990，p. 79）。

Lisa：哦，是的，我想成为一个完美的好孩子。在学校成绩好，参加排球队，和帅哥约会，做个好女孩。但因为做得不够好，别人对我的吼叫比以前还要多。对爸爸来说，我从来都不够好。忘了做什么“好”女孩吧，还不如像以前那样因为玩乐被吼叫！

不要指责物质依赖　责备家庭以外的人、事以及环境是对自己行为责任的典型否认，这弥漫在整个物质依赖家庭中。尽管酒瘾者可能会受到家庭中其余成员的严厉批判，家庭成员会相信那是命运在家庭不幸的“伤口上撒盐”（Doweiko，2006，pp. 332-333）。

Amy：我知道他是个狗娘养的，但是三代以来，总有这么多的蠢女人跟那种家伙结婚。我发誓我妹妹也会嫁个像Gordan一样的家伙。我猜这是家族悲剧。

按照酒瘾者想的去做　家庭必须按照酒瘾者想要的那样去运转，这样饮酒行为才得以持续。对那些不顺从的人，会使用各种各样的处罚和威胁。这包括：“我不再爱你了”“我不再给你经济上的支持了”“我不会去给你加油了”“我要出去喝醉”或者“我要体罚你”（Doweiko，1996，p. 304）。

Gordan：（大叫）我所有的好就是带薪水回家。我不会把钱花在去迪斯尼乐园上！你们这些小寄生虫唯一爱我的时候就是我给你们钱的时候。如果你们还不闭嘴，我会把你们打得闭嘴。（长饮一口威士忌，目光阴沉地盯着电视。）

做得更好、更负责　无论家庭如何去补偿酒瘾者，永远都不会使他感到满意。正如酒瘾者所有的防御机制清楚地显示出来的那样，他们总是将过失归咎到其他有重要关系的人身上，以补偿他们自己的失败（Doweiko，1996，pp. 306-307）。

Mark：这是我的成绩单，我上了优秀学生名单。

Gordan：（眼睛模糊地盯着成绩单，喝马提尼酒喝得烂醉）好吧，这些A或许OK，为什么有一门是C。你这个样子永远都上不了大学，你这该死的怎么不把院子照我说的修好，给我滚到外面干活去吧！

不要有娱乐　喝酒就是“娱乐”。由于宿醉和饮酒作乐而失信于所承诺的度假、出席演奏会、参加球赛等，以及愤怒的指责，都会让“娱乐”远离酒瘾者家庭。由于无法预测酒瘾者的脾气，而不能邀请朋友在家过夜或参加生日晚会，这也使得“娱乐”远离家庭。到最后，家庭成员为了维持表面上的家庭体系平衡而疲于奔命，根本就谈不上什么娱乐活动了（Doweiko，1996，pp. 306-307）。

Mark：嗨，Lisa，在你生日那天，你打算邀请你所有的酷妞来举行一次晚会吗？

Lisa：（眼睛低垂，神情失望）是的，我想过，并且问了妈妈，但是她说爸爸会不喜欢，而且，你知道他会变成什么样。

Mark：（生气地用脚踢废纸篓）当然，我知道。

的确，那些生活在物质依赖家庭的孩子们所经历的创伤看起来已经很痛苦了。但是，儿童时期经历的创伤和危机并不会随着孩子离家或长大成人而结束。对于在物质依赖家庭里长大的孩子而言，那些创伤会在成年后再度掀起，以各种危机转移事件的形式出现，初看起来根本没有出现的理由且似乎和原生家庭无关。

酒瘾者家庭中的成年子女

在20世纪80年代，一种新的现象——酒瘾者成年子女（Adult Children of Alcoholics，ACOA）运动大出风头，它不仅引起了治疗机构的注意，而且还成了电视脱口秀节目的新宠。在过去，对酒瘾的治疗主要是针对成瘾者本人。家庭成员很少会因为他们自己的互依及成瘾所致的个人问题而接受治疗（Schaef，1986，p. 6）。据最保守估计，在美国有2 800万酗酒家庭的成年子女（Collette，1990；Mathew et al.，1993），这就不难理解针对赋能者的治疗方法为何会迅速备受瞩目。

物质依赖领域常见的狂热在这个领域也不少见。正如Schaef（1986）在他关于互依的综述里报告的，Wegscheider-Cruse（1984）相信有96%的美国人口是互依者！在流行的自助文献中，几乎每个个性发展或冲动控制问题都与互依有关（Hogg & Frank，1992）。

酒瘾者成年子女运动的整体概念是基于“损坏的商品”模型（Wolin & Wolin，1995），该模型把人视为在本质上是环境的被动牺牲品。这种“牺牲品”身份会给人各种借口不去做他们该做的事情，以向前走下去。但研究表明这种牺牲品身份并不具普遍性（D'Andrea，Fisher，& Harrison，1994；Senchak et al.，1995），因为很多在酒瘾者家庭中生活的孩子有康复能力，他们的成年生活过得和别人一样好（Lyon & Seefeldt，1995）。而且，很多属于ACOA的特征并非他们所特有。当ACOA和来自其他有问题家庭（但没有酒瘾者）的成人相比，二者几乎没有差别（Hardwick，Hansen，& Bairnsfather，1995）。

最后，Doweiko（1999，p. 345）指出，ACOA运动本质上是白人、中产阶级的发明。事实上，我们对于来自其他文化、拥有不同家庭体系、父母使用其他物质的儿童的情况还一无所知。成年后他们会成为什么人或不会成为什么人只是大家的猜想，他们也许正在将原生家庭的危机转换为他们自己的危机。

事实 有充足的证据支持以下三项事实（Kerr & Hill，1992；Mathew et al.，1993；Sher et al.，1991）：

1. 酗酒会世代遗传。几乎没有孤立的个案。可能是代际跨越，但酗酒必定会在扩大的家庭中找到。
2. 酒瘾者的孩子酗酒的风险比主流家庭的高。与来自非酗酒家庭的同龄人相比，男性成为酒瘾者的可能性为四倍，女性为三倍。
3. 酒瘾者的孩子倾向和酒瘾者结婚。他们结婚时很少有人知道这一点，但是这种现象一次又一次地出现。

和创伤后应激障碍来访者及创伤遭遇者一样，ACOA会处于危机转移中，所存在的问题和家庭酗酒没有相似性。因此，机敏的危机干预工作者在做出诊断评估之前，最好先评估一下来访者的原生家庭。

感受 在成年以后，大多数酒瘾者的孩子会继续经历有关信任、依赖、控制、认同及情感表达的问题。他们不会拒绝，可能被人以很极端的形式利用（Brabant & Martof，1993）。ACOA常感到极大的恐惧。尤其，对被遗弃的恐惧占有主导地位，并在童年以后得到强化。这些恐惧是发作性的，在极端的情绪高涨和情绪低落状况中交替出现，这被他们依附于人的行为及不能形成有意义的人际关系所证实。因为他们在儿童期就学会了压抑情绪，所以即便是情绪爆发时，他们也不敢对抗、争论和奋战。恐惧使他们自己的感受打折，也没有勇气检验别人的感受（Black，

1981，p. 116）。

ACOA很少承认愤怒。因为ACOA在儿童时期就不允许表现出愤怒，它被压制和扭曲。这种感受常常被否认，即便它表现出多种心理和生理健康问题，包括心身疾病、恐怖症、抑郁症、自恋狂、焦虑症、惊恐发作、进食障碍等（Hibbard，1993；Mathew et al.，1993）。在行为上，愤怒最常表现为对别人的被动攻击行为。对于女性，愤怒很少以直言不讳的方式表达，而呈现一种慢性状态。依恋及个人问题导致ACOA女性对真实或假想的批评高度敏感。相比而言，ACOA男性更可能直接表达愤怒（周期性或境遇性），且他们会迅速失控。但是无论男女，愤怒和内疚总是结伴而行（Black，1981，p. 115；George，1990，p. 86）。

愧疚是ACOA的顽固感觉，可能持续10年、30年甚至是60年。这种感觉可能涉及一系列事情，从希望父母死，到觉得为这个家庭做得不够多而没能帮助家庭解决问题。如果没有解决办法或是在父母的一方去世之前与之产生了冲突，这种内疚可能导致更加严重的失调（Black，1981，p. 120，George，1990，p. 86），甚至变成未能解决的悲伤问题。

成年儿童的角色影响 动力学上，ACOA在儿童期的适应性角色会伴随他们到成年。英雄式的ACOA会成为极其负责、害怕失控的成人。他们在儿童期没有什么乐趣，到了成年也没有能力去享受生活。英雄们必须负责、胜任职位，没有空闲要求平等的关系。对于有责任心的ACOA，酒精能消除由于经常严格控制所致的压力和焦虑（Black，1981，p. 123；George，1990，p. 89）。

对于迷失的ACOA，生活是持续的过山车。他们认为自己没有什么选择，因为被迫根据合理性及直线条的思考做出承诺时，他们没有心理资源。他们从来不知道自己是可以选择的，因为他们从不需要做决定，只需要调节自己来适应变化的环境。他们会寻找能代表童年早期混乱经历的人物作为配偶。问题是这些关系是脆弱的，因为没有人能承担起做决定的责任，结果是一个人孤单、抑郁与社会隔离。酒精能给这些人力量和控制的错觉（Black，1981，p. 85；George，1990，p. 89）。

讨好型的人或家庭吉祥物被认为是好人，因为他们努力去取悦别人，精于传播快乐的信息，否则他们得应付痛苦（Black，1981，pp. 23-25）。他们对别人负责，以至于失去了照顾自己和自己需要的能力。对于这些人，物质依赖者是很好的伴侣，他们在酒瘾者家庭中能持续扮演关爱和支持性的角色。滑稽的讨好者是聚会的活力所在，但在情感旋涡中则毫无用处。从身心视角来看，讨好者施舍同情和关注，但从不重视该如何改变，以实现更有价值和充实的人生。最终，对别人敏感、支持的讨好者实际上在别人面对困境时毫无帮助。结果，讨好者变成了教唆者（Black，1981，pp. 59-61；George，1990，p. 90）。

最后，行为越轨的孩子可能经历两种模式的成人生活。起初，他们会以更老练、更戏剧性的方式反抗。他们的叛逆从家庭延伸到社会。他们缺乏教育和工作技能、不会控制愤怒、早婚、未婚生子。用法律术语来说，他们从轻罪发展到重罪。他们可能有严重的成瘾问题，可能也同时遭受心理疾病。他们是生活在社会边缘或者已被社会遗弃的“坏”人（Black，1981，pp. 62-63；George，1990，p. 89）。如果行为越轨的孩子成为替罪羔羊，就是每个人的擦鞋垫，因为他们不能为自己说话。他们允许自己被人利用和虐待。事实上，在婚姻或工作上，他们最可能是被虐待的配偶或职员。消沉的自我概念导致他们成为物质依赖的最佳候选人，因为物质能提供虚假的幸福感（George，1990，p. 89）。

无论是否认为ACOA命中注定要遭受父辈的罪过，或者他们只是使用自己ACOA的身份对作为成年人缺少足够应对技巧进行合理化，有一点是毫无疑问的：他们数量众多。在物质依赖治疗项目中的所有来访者中，ACOA占了将近60%（Liepman，White，& Nirenberg，1986，p. 39）。

治疗方法

嗜酒者互诫协会

嗜酒者互诫协会是世界上最广为人知、应用最为广泛的治疗模式。约有两百万人参加，共有100 800个组织。Bill W. Wilson在1934年出于绝望而首次开展AA，因为对于酒瘾者来说，除了昂贵的住院治疗外，几乎没有任何干预方式或长程治疗。AA首先被应用于那些愿意加入AA治疗并承认无法自控饮酒的流浪人员。AA认为酗酒是一种类似于糖尿病的疾病，因此戒酒是首要的治疗原则，而AA所做的所有事情都集中于保持清醒与禁饮。因此，AA的禁酒纪念日变成了庆祝日。

AA中最有名的两个部分包括：匿名团体会议（向康复中的来访者提供支持）及康复计划（12步计划）。在著名的AA会议开场白中，一个来访者自愿起立并宣布："大家好！我叫Dick，我是个酒瘾者"，然后其他人接着回应"你好，Dick"。新加入者会被安排一些能够提供紧急危机支持的人员。所以，对于禁酒者来说，虽然AA的会议是获得支持的主要方式，但支持人员能提供规避风险的支持。或许在某个午夜，支持者接到电话"Steve，我是迪克，我的妻子刚刚离开了我，我感觉不太好，所以我想通过马上来一瓶威士忌来缓解下，非常抱歉这么晚打扰你，但是我需要倾诉。"康复治疗经验丰富的支持者能够在治疗中指导经验匮乏的其他支持者或被支持者。12步计划中的新参与者常被鼓励至少与一名支持者建立关系。12步计划成员发表的文章中指出，支持是"一对一"的关系，重在分享12步计划中的工作经验。根据嗜毒者互诫协会（Narcotics Anonymous，2004）的记录，支持者向被支持者分享他们的经验、力量和希望。支持者不是法律顾问、银行家、父母、婚姻咨询者、社会服务人员，也不是提供专业咨询的临床医生。简单来说，支持者就是在康复治疗中愿意分享其12步计划经验的另一个成瘾者。在大多数危机情况中，支持对于让物质滥用的来访者在戒毒中保持心理平衡起到决定性作用。Johnson、Finney、Moos（2006）与Kingree、Thompson（2011）的研究发现，拥有一个关系密切的支持者在长期戒酒中有重要意义。

12步计划的意义在于告诉人们如何过一种"曾经饮酒，未来禁饮"的生活。12步计划最初于1939年在《嗜酒者互诫协会》被刊出，篇名为《上百个酒瘾者如何康复的故事》（Alcoholics Anonymous，2001）。下面是AA发表的12步计划的原始版本：

1. 承认我们在酒精上无能为力，我们的生活已经变得失控。
2. 我们开始相信，有一种力量凌驾于我们的能力之上，并且能够帮助我们康复。
3. 决定将我们的希望、生活交给我们信任与了解的"神"来保护。
4. 建立一种向上、无畏的道德清单。
5. 向神、我们自己以及其他人承认，我们的所作所为确实是错误的。
6. 完全准备好了，让神帮我们去掉所有这些性格缺陷。
7. 谦卑地请求"神"消除我们的缺点。
8. 写下所有我们曾伤害过的人，并希望能够给予他们所有人补偿。
9. 向可能的人给予直接的补偿，除非这样做会伤害他们或别人。
10. 继续遵守道德清单，当我们犯错时迅速承认我们的错误。
11. 通过祈祷和冥想来改善我们与"神"的有意识交流，我们理解他，为他们赋予我们希望与赐予我们力量而祈祷。
12. 通过这些步骤保持精神的觉醒，在精神觉醒的同时，我们努力将这个信息送达给酒瘾者，并在我们所做的任何事情中实践这些原则。

在12步计划中，AA的精神内容是显而易见的。在以AA为原则的治疗方法中，充满了

“赞美与蔑视”与“给自己更多力量”。事实上，在AA中，处理成瘾问题的精神成分似乎是达到和保持清醒的一个强有力因素。许多研究者（Dreup，Johnson，& Bindl，2011；Kelly et al.，2011；Miller & Saunders，2011；Robinson et al.，2011）发现，那些在治疗过程中精神与宗教功能有所提高的个体，在治疗结束后更有可能在饮酒行为及酒精相关问题上有所改善。

随着治疗模式的演变，所有专业的研究领域，包括职业治疗师、有资质的机构以及政府机关都加入到酗酒的治疗与研究中。为了保持在治疗领域中的地位，AA艰苦奋战，经历了苦涩和分歧，其精神内容也并非无人批判，他给酒瘾者贴上了“不正常”“自我诊断”及“喝酒就是有病”的标签（Fry，1985；Trice & Staudenmeier，1989，Young，2011）。

通过其庞大的参与群体和那些治愈的来访者，AA稳固了势力。实际上，寻找一个组织，寻找敢于将自己酗酒情况公布于众的能力，需要得最多的就是时间，这给那些无法承受治疗费用的人很大的帮助。AA的力量不容忽视，不同于其他心理疗法，大多数情况下参与者只需要高中文化程度（抑或是拥有大量在AA领域的治疗经验）就可以获得成瘾治疗师的资格证。原因是明确的，许多治疗师都是从酗酒或其他物质滥用问题中康复的来访者，他们或许没有本科学历，但是有大量的时间参与到AA会议中。

除了网上可以获取AA的大书（*The Big Book*，2011）外，还有许多教人们如何实践的自助手册或参考书（Fennell，2006；Gorski，1989；Kettelhack，1992）。除了这些资源以外，美国几乎每个小镇在每周都举办AA会议，或许在你看这段话时，世界的某个地方正在举办AA会议，所以你应该已经了解AA已是一种极度有力和有效的治疗方式（Majer et al.，2011）。AA并非适合所有人，但我们预计至少已经有上百万人从中获益。AA可以用于任何一种治疗过程，而在对物质滥用者的危机治疗中尤为有效。

认知行为治疗

标准的认知行为治疗（Cognitive-Behavioral Therapy，CBT）技术用于治疗与酗酒有关的“糟糕想法”。CBT疗法的主题思想是中断酒瘾者自发而坚固的要饮酒的想法（Beck et al.，1993）。CBT对于酗酒伴随的抑郁也十分有效（Emmelkamp，2004）。教会人们意识到这些想法的发生，并用积极的反对禁令来替代这些想法，这是预防复发的关键部分（Meichenbaum，1977，1985）。

Beck等（1993）认为，有三种基本信念驱使物质滥用者使用物质。预期的信念强化了人们的期望；缓解症状的信念集中于减轻负性心理或生理症状；放纵的信念是指人们相信使用物质还好啦。许多证据通过提问的方式驳斥了这些信念，例如“你如何解释那些迷失的周末是在放松？”是打开话题的主要技术。通过敏锐观察导致饮酒行为的个人或环境线索，发展控制的信念是认识并阻止自发想法的关键（Beck et al.，1993；Meichenbaum，1977）。接着做出积极的应对声明并付诸实践，使用特定的思维停止法（thought-stopping）和积极的反对禁令来改变糟糕的想法。

从更深层次的哲学层面上讲，酒瘾者对自己的一般功能和生活状态的想法是“全或无”或者“黑与白”式的。这些想法变成对自己、他人和整个世界在行为上的“应当”“应该”和“必须”，当要求没有达到，去喝酒或依赖物质就极为合理了（Ellis et al.，1988）。酒瘾者对本章之前提及的所有防御机制的使用，尤其是对退行的使用，使阻止和中断他们对饮酒和酒精作用的绝对式认知变得尤为重要。CBT与操作性行为疗法是典型的与AA相反的疗法。认知行为的治疗方法对单纯的物质滥用（Brook，2011；Kiluk et al.，2010；Moyers & Houck，2011；Sobell & Sobell，2011；Sudak，2011）和有共病的物质滥用（Cornelius et al.，2011；Granholm，2011）均有效。

住院治疗：明尼苏达模式

很久以来，明尼苏达模式都是物质依赖者住

院治疗中最为广泛应用的模式（Doweiko，2006，pp. 367-369），主要包含两个方面，首先是综合治疗团体：有多个学科的专家来评估和实施来访者所需的治疗步骤。第二是住院，28天治疗制已成为行业标准。AA疗法与哲学都高度融合在这个模式中。可惜，对于康复而言，几乎还没有证据支持这种28天方案要优于其他治疗项目，也没有证据表明该方案必定会遵从AA的工作（Doweiko，2006，p. 369）。此外，明尼苏达模式就像“饼干模型切割刀”一样每天给予来访者相同的治疗方法。充足的证据显示，接受个体化治疗方案的物质依赖者的复发可能性要远小于明尼苏达模式（Beutler et al.，1993；DiClemente et al.，1994；Donovan et al.，1994；Donovan & Mattson，1994；McKay & Maisto，1993）。

很明显这种28天住院方案与门诊治疗方案相比要贵得多。由于昂贵的花费，而且明尼苏达模式的住院时间安排与其他住院时间安排或门诊方法相比并没有明显优势，医疗服务提供者们对此感到犹豫（Doweiko，1996，pp. 341-343）。矛盾的是，如果门诊治疗十分必要，而保险公司却只承担住院治疗的费用，来访者又会如何选择呢？因此，这种模式治疗的时间框架已向短程住院或根本不住院方向快速转移（Knack & Murray，1996）。

门诊治疗

治疗成瘾的关键是预防复发。而对大多数预防复发的干预项目来说，都缺乏高质量的追踪记录。28天模式的住院治疗费用昂贵，而逐利的保险公司拒绝向门诊项目支付赔金。在这种情况下，目前的行业标准是某种形式的门诊治疗。

酒后驾驶学校（driving while intoxicated schools，DWI schools）是短程门诊项目，它教育酒驾者饮酒开车的危险性。短程门诊项目（short-term outpatient programs，STOP）在个体或团体治疗中包括几种变体，分别是：结合心理学教育材料，结合阅读作业，以及与支持团体（例如AA）相联合。通常是在两个月的时间里，每周看1～2次门诊。STOP的强化形式适用于严重的物质滥用者，通常是在六个月的时间里，每周看4～5次门诊。AA与家庭治疗会议通常也包括在对来访者的个体和团体治疗中。强化版长程门诊治疗（intensive long-term outpatient treatment，ILTOT）一般持续18个月，适用于多次复发的来访者，如果没有长程治疗，这些来访者成功的希望就很渺茫。在特殊支持项目中，密集而广泛的个体和团体咨询会议被安排用于帮助来访者度过早期康复阶段（Doweiko，2006，pp. 375-376）。

许多医疗服务提供者执行的门诊项目都遭到了不少批评。其中两类主要的批评在于：许多来访者的疾病过于严重而不适合门诊治疗，应该选择住院治疗直到病情稳定。而更为愤世嫉俗的批判则认为医疗提供者只想“以廉价的方式了事”。不需要成为一名成瘾专家或医生，就可以知道因为严重的成瘾问题而住院治疗的来访者并不会在住院期痊愈，三天以后，身体上的无毒（物质排出体外），并不表示心理上的无毒（心理有瘾）。

从积极的方面来看，门诊治疗不会带来沉重的经济负担，来访者可以继续待在家里，对自己的康复承担更多的责任。治疗可以延续更长的时间，而且更加弹性（会见与治疗会议可以在白天、晚上或者周末举行），允许来访者继续工作，而且可以通过随机尿检很容易地监测到来访者是否依从（Doweiko，1996，pp. 349-350）。

而一般来看（注意这里强调“一般”），似乎是长程而不是短程住院治疗（Arbour，Hambley，& Ho，2011；Nordfjaern，2011）结合了强化和延长的康复治疗支持会议后（Emmelkamp & Vedel，2006；Matheson，Dohery，& Grant，2011；Nordfjaern，2011；Tuten et al.，2012；Witkiewitz & Marlatt，2009），在预防复发或至少在延长戒断上效果更好。如果住院治疗比较短暂，那康复治疗的类型、种类和疗程，以及坚持治疗的能力就显得尤为重要。

权变管理

权变管理（Contingency Management，CM）

在门诊或住院治疗中都适用。它基于古老的斯金纳理论中的操作性条件作用原则，已使用了60余年，并长期应用于契约式管理当中。简单地说，如果完成了任务（物质尿检阴性、体内酒精测定阴性），那么来访者就会得到实在的奖赏加以强化（Higgins，Silverman，& Heil，2008）。CM 是相当好的标准操作程序，适用于各种住院场所，它基于个体在分值/令牌体系上的表现和依从性给予奖励（如允许探访，额外的娱乐时间等）。CM 模式的使用基础是有足够的工作人员及稳定的监管者来充分监督来访者的行为。CM 对住院来访者的效果较好，而对于门诊来访者，由于对依从性的监督和监测不够频繁而往往效果欠佳（Petry，2012，p. 10）。

而在 CM 上发生的翻天覆地的改变在于它适应了门诊治疗。对于使用 CM，有三个基本的原则（Petry，2012，pp. 11-12）：（1）对于行为改变，要加强监管频率。一周一次或每月随机就诊是不够的，通常需要每周2 ~ 3次；（2）对于戒断，要立即给予正性而实际的强化，例如代金券、礼品券或者是能中奖的彩票券，甚至是现金；（3）当成瘾行为不再发生，正性强化物就要撤除。没有惩罚，但也没有强化。CM 的理念在于：尽管酒精是有力的强化物，但可以使用替代强化物来改变行为，而这个强化物要足够有力以能替代和抑制酒精使用（Wong，Silverman，& Bigelow，2008）。

CM 是有效的，但需要临床医生完善而精心的准备。Petry 等（2000）对42名酒依赖来访者使用抽奖为强化物来实施 CM，并进行连续的毒理学筛查，并将结果与仅接受标准治疗的来访者相比较，这一标准治疗由12步会议期、每日规划活动、生活技能训练、健康教育和认知行为技能训练治疗组成。CM 来访者同时也会接受相同的标准治疗方案。在治疗结束时，接受 CM 的来访者戒酒率为69%，而仅接受标准治疗的来访者戒酒率为39%。接受 CM 的来访者中有26% 复发严重饮酒，而在仅接受标准治疗的来访者中，有61% 复发到严重饮酒。CM 不仅对酒精滥用者有效，对可卡因或多药滥用者也是有效的（Bryne & Petry，2011；Litt et al.，2007；Schumacher et al.，2007；Walker et al.，2010；Wong，Silverman，& Bigelow，2008）。但这种好方法为何没有普遍应用呢？ 由于应用 CM 需要频繁和持久的监管，这在制度上和治疗师需求上都构成阻力。并且它费钱，因为随着治疗的持续，支付出去的钱也在恒定地增加着（Petry，2012，pp. 23-24）。很多人认为 CM 就是一种贿赂。

对于所有的后效契约（Homme，1971）和管理项目最主要的批判就是贿赂，无论是六年级的孩子为了电视时间而写作业还是因为考得好而得到钱，还是可卡因成瘾者尿检阴性就能得到金钱奖励，都被说成是贿赂。其实不然，如果一个尖叫的孩子事先承诺在商场里安静下来，然后妈妈就事先给他买好玩具，那这个时候才算是贿赂，即在任务完成之前就给予奖励。贿赂也发生于官员因收受了礼物而故意对某些事情视而不见，使得违法行为可以发生（Becker，1970）。

如果你认真阅读书中有下划线的章节，努力做笔记学习，最终拿到 A，那么你就在后效契约中了。你做得好就会得到奖励，你必须被强化，这就是 CM！ 你的导师不会告诉你如果你去听课并保持安静并且不捣乱你就可以拿到 A，这才是贿赂！ 这就是 CM 实践的优缺点，它效果不错，而且还能提高其他治疗项目的效果（Bryne & Petry，2011；Litt et al.，2007；Schumacher et al.，2007）。

社区强化治疗

社区强化治疗（Community Reinforcement Approach，CRA）是一种广泛的行为疗法，对于任何尝试要控制物质滥用的个体都适用（Meyers & Smith，1995）。CRA 始于20世纪70年代，在 CRA 的治疗方式中可以选择使用戒酒硫（一种药品，能够让你在喝酒时感到非常恶心）或者纳曲酮（一种能够减少豪饮的阿片受体拮抗剂）。CRA 也包括交流技巧训练、行为技能训练和工作技能训练。CRA 可以有治疗团体参与，治疗团体专注在讨论与饮酒相关的友谊和社会活动有什么意义，以及如何用与饮酒无关的社会活动替代它。除治疗初始时大量而集中的个体咨询会议之外，CRA 还可能包含一些 CM 的变体，例如：对来访者的参与，达到表现目标和对目标期的依从等提供奖励（Meyers & Smith，1995；Meyers & Squires，n.d.）。

它主要集中于对行为的系统性干预，在来访者所居住的所有环境中，包括从休闲到工作到家。总体目标就是增加来访者在非饮酒领域上的满足感和回报。为了完成这些，CRA 的治疗计划中包含使用《幸福感量表》（Happiness Scale），它要求来访者在以下几项给自己的幸福感打分：饮酒、工作、金钱管理、社交生活、个人习惯、家庭关系、法律问题、感情生活、交流及一般幸福感。根据来访者对各项目的评分，共同制订相应的咨询目标和计划（Meyers & Smith，1995；Meyers & Squires，n.d.）。

CRA 不是惩罚性的治疗方法，它连续强化那些主动的、有利于社会的物质戒断行为。CRA 是一种关注“彼此”的治疗方法，干预者要寻求一种与来访者合作的治疗方法。治疗目标简单、实际、特定、可测量。通过功能分析来跟踪 CRA，以发现饮酒的外部触发点（交往的人、环境、时间）和内部触发点（思想、身体感觉、感觉状态）。戒酒抽样*和功能分析一起，是治疗的一个关键成分（Meyers & Smith，1995；Meyers & Squires，n.d.）。

CRA 也可以含有家庭治疗的成分，被称为社区强化治疗和家庭训练（Community Reinforcement Approach and Family Training，CRAFT）。CRAFT 并不是让饮酒者停止饮酒或者与家人一起参与治疗，而更多的是教导来访者家属如何改变来访者的社会环境，这样就是认识并改变那些可能激发饮酒的因素，并强化与戒断相关的行为（Meyers & Smith，1997）。CRAFT 通过使用操作性行为原则来强化饮酒的替代行为，非常有效地应用了 35 年（Abbot，2009；Azrin，1976；Garner et al.，2009；Gianini，Lundy，& Smith，2009；Godley et al.，2009；Lange，Reker，& Driessen，2008；Smith，Meyers，& Delaney，1998）。

基于强化的治疗

基于强化的治疗（Reinforcement-Based Treatment，RBT）是权变管理（CM）与社区强化治疗（CRA）的有机结合。它是一种频繁的门诊治疗项目，也是建立在 CM 与 CRA 中操作性条件概念基础上的各种干预的结合。在成瘾治疗中，它强调积极、支持性、来访者导向的治疗方法。RBT 结合了动机干预技术，强调以娱乐活动取代物质相关活动，它也认为为来访者提供安全、无成瘾物的住宅环境是一个关键要素。与动机访谈技术一起，初始阶段的治疗是高强度的，治疗要占用来访者大量时间，否则他们就可能就去找成瘾物质。必须积极地消除阻碍治疗的因素，如照顾孩子、交通不便等因素都应该在开始治疗以前就消除（Tuten et al.，2012，pp. 10-17）。

RBT 的操作假说认为，行为是对环境刺激的学习，并在刺激强化中得以维持，而刺激强化导致了滥用者的负性后果。通过大剂量的强化和改变环境场景和场景中的事件（也称为“触发物”），改变（包括长时间戒断成瘾性物质）就可以发生。治疗是高度个体化的、是客观和非对抗性的，且基于自身的优势。对待来访者就像商家对待顾客一样。每个来访者都有自己的工作、学习目标，在治疗中这些目标会被大力支持。除了戒断成瘾物质可得到实际强化物，来访者也会由于参加“社会俱乐部”的成就得到大量的正性社会强化，“社会俱乐部”是一种每周举行的团体聚会，在聚会上，参会者的周末目标和活动会被评议（周末可能是个麻烦，因为有太多的空闲时间可用于想着去喝醉），证明出席聚会天数的荣誉证书会被颁发，聚会上还会有许多同行（同为酒瘾者）间的社会强化。最后，RBT 生动地描绘了一些具体、

* 戒酒抽样，英文是 sobriety sampling，指治疗者和酒瘾者一起协商选择一段时间，如一个月，进行戒酒。——译者注

可见的治疗过程，告诉他们要做什么、如何成功（Tuten et al.，2012，pp. 18-19）。在戒断后干预方面，Tuten等报道了使用RBT的积极效果（Gruber，Chutuape，& Stitzer，2000；Jones et al.，2005）。

因此，尽管所有这些方法都可能有效，但它们中没有灵丹妙药，只要被实践就会遇到障碍（Amodeo et al.，2011）。伴随主要的限定语，让我们看看这些方法成分在Gordon Brand的酗酒世界中是如何操作的。

住院还是门诊

在决定住院还是看门诊时，费用并不是唯一要考虑的因素，对于Gordan来说，理想的决定是建立在以下五个标准之上（Group for the Advancement of Psychiatry，1990）：

1. 来访者目前的状况是否与明显的躯体或心理问题有关？Gordan来到医院时，躯体问题已经很严重，他被医生告知酒精已经损害了他的身体。
2. 来访者的戒断症状是否会加重？虽然Gordan的症状还没有达到震颤谵妄的状态，但是他也要经历艰难的戒断反应期，并需要医疗监测。
3. 来访者的成瘾或多药使用有多严重？Gordan已经有很长时间的酒精滥用史，但是联合使用阿普唑仑的时间并不长。从他的躯体症状和医疗问题上看，他对酒精严重成瘾，并且滥用镇静剂。
4. 门诊治疗是不是有很多失败的例子？Gordan从没接受过任何物质依赖治疗。
5. 来访者的支持体系怎么样？Gordan的支持体系是有问题的。他的妻子和孩子对他的行为深恶痛绝。他们是否愿意参与治疗还是个问题。他的老板也讨厌他，但是他们都表示会支持治疗。

在上述问题得到答复后，Gordan将接受住院与门诊相结合的治疗，这至少是他的现状所需的必要的限制性治疗。

当代治疗模式

Knack和Murray（1996）描述了一种与传统的明尼苏达模式不同的治疗方法，它包含权变管理（CM）（Higgin，Silverman，& Heil，2008；Petry，2012），社区强化治疗（CRA）（Meyers & Smith，1997）和基于强化的治疗（RBT）（Tuten et al.，2012）的内容。它的基本原则如下：

1. 同时治疗成瘾与精神障碍。
2. 病例的管理模式从28天模式过渡到更长程的连续性整体治疗，这种治疗是基于对每个来访者的情况和需求的评估。
3. 对每个来访者的进步情况进行每周一次的回顾，使治疗管理者能够安排，在适宜时迅速将来访者从连续治疗的一个水平转到另一个水平。
4. 基于计算机的定量住院评估以及随访为治疗管理者提供了信息，使他们得以灵活地为来访者选择不同水平的治疗，将限制环境降到最低程度，并验证来访者的进步和治疗效果。
5. 门诊康复治疗项目，例如周五晚的RBT“社会俱乐部”为来访者提供团体支持，包括家庭疗法，以及对戒断的社会和物质强化，以及物质筛查，这对于有重要家庭关系的来访者来说，是一个关键的治疗组分。
6. 来访者的自主性与责任心是调整治疗决策的主要驱动力，成功被看作是个体意向功能水平的增强和持续进步。
7. 保持戒除的失败可能是由于来访者被再分配到不同水平或者不同强度的治疗所引起的，而不是被踢出治疗之外。这是治疗设计的失败，而不是来访者的失败。
8. 科学依据指出物质依赖有其生物学基础。治疗时必须考虑到来访者的遗传及生物学背景。
9. 一个可行的治疗项目必须是整体式的，来访者要接受全面的评估与治疗，包括他们的精神状况、成瘾、躯体情况、家庭、居住环境以及其他需要。许多专业人员，包括咨询师、社会工作者、心理学专家、成瘾治疗者、精神科医生、内科医生、护士、医师助理、职业治疗师、娱乐治疗师、教育治疗师以及物理治疗师相互协作来提供这样全面的治疗。

10. 在物质依赖治疗中，性别因素也很重要。男性和女性有不同的生物基础和情感需要，他们对治疗的反应也不同。
11. 物质依赖治疗项目中教育成分的主要内容是多元文化问题，世界环境是多元化的，来访者需要理解并承受差异和不同，这样才能在社会或工作环境中保持良好功能。

多元诊断

治疗方法与个体的匹配

在过去20年里，人们已经在尝试个体匹配性治疗方面做了大量的工作。不仅致力于如何实施治疗，而且重视个体的人格特质、人口学特征、教育经历、种族、社会支持体系、虐待情况、性别、年龄和饮酒体系等因素，这些因素决定饮酒者行为和所需的特定治疗（Marlatt & Witkiewitz，2009；McCrady，1982，p. 682；Petry，2012；Tuten et al.，2012）。对于完成治疗计划和防复发而言，根据以上所有因素为不同来访者进行匹配性治疗，可取得更好的疗效（Longabaugh et al.，1997；McLellan et al.，1997；Nielsen，Nielsen，& Wraae，1998；Tuten et al.，2012）。

这些听起来似乎很理想，但要知道，目前的情况是，世界并不完美。治疗机构中，每个个体所接受的治疗方案几乎完全相同，对于成瘾者来说，他们之间唯一的不同是所使用的物质！治疗计划的组成更可能与机构的理念有关而不是根据个体的需要。因此，如果围绕疾病模式进行治疗设计，那么针对每个人的个体化治疗基本可以实现（Fisher & Harrison，2000，pp. 129，149）。

双重诊断

在过去20年，相关领域的工作者们开始注意到许多物质依赖来访者也可能有精神问题（Doweiko，1996，pp. 259-267），而使用酒精可能是对其他心理问题比如抑郁、人格障碍和精神疾病的自我治疗（Marlatt & Witkiewitz，2009；Schmidt，Hesse，& Lykke，2011）。据估计，在所有酒精和物质滥用来访者中，有大约50%的个体也患有其他精神问题（Brown et al.，1989；Carey，1989；Hobbs et al.，2011）。

这个问题的典型例子是，对于物质依赖和创伤后应激障碍（PTSD）的共病来访者来说，仅治疗他们的物质依赖问题，他可能会停止使用成瘾物质一段时间，但PTSD的噩梦和失眠会将他们拖回自我用药的状态来帮助睡眠（Drapkin et al.，2011）。对于一个受虐待的女性或一个遭遇强奸的生存者来说，仅仅治疗她们的酗酒，就像往老鼠洞里倒沙子——总也填不满！而且由于来访者放弃治疗，治疗计划也无法完成。女性用饮酒来缓解躯体和情感上的伤痛。除非虐待停止，几乎没什么理由能让饮酒行为停止，却有很多理由让饮酒行为继续。与此类似，除非对PTSD的治疗开始奏效，几乎没有什么理由能让被强奸的受害者停止饮酒，却有很多理由让饮酒行为继续（Hien et al.，2009）。

精神疾病与物质和酒精滥用的共病是一个大问题。调查发现，在物质滥用者中，精神疾病的患病率是普通人群的七倍，而在酒精滥用者中，精神疾病的患病率是普通人群的十倍（Kivlahan et al.，1991）。物质或酒精滥用和精神障碍共病的主要问题在于，与个体希望通过自我用药来缓解疾病痛苦或希望体验成瘾物质的效应刚好相反，研究显示，这种物质使用只会导致疾病恶化，因为精神疾病似乎对物质效应尤为敏感。危机干预工作者要特别重视这些共病来访者，因为他们在急诊和精神卫生服务领域中极为常见（Doweiko，1996，pp. 270-275）。

在有暴力倾向的精神疾病来访者中，双重诊断来访者占有较高比例。孟菲斯警察局危机干预团体的警官在处理城市街道上有暴力行为的精神疾病来访者时发现，双重诊断在暴力性精神疾病中的比例很高，而且其他警察辖区的报告也倾向于支持这个发现。他们由于停止了治疗精神疾病的药品，开始滥用物质寻求快乐与控制感，变得疯癫、暴力和体质下降。他们或死于急诊室，或一次又一次地跟当局对着干。因此，当一个物质滥用者打急诊电话或进入急诊室时，危机干预工作者就要考虑到双重诊断的可能性。

长期以来，在成瘾治疗领域，对双重诊断来访者的治疗被排除在外。由于害怕加重物质滥用，心理学症状没有包括在治疗范围内（Hien et al.，2009，p. 3）。因此，双重诊断的来访者徘徊在不同的专业人员之间，“是抑郁导致你饮酒过量！”和“是饮酒正在加重你的抑郁！”，在这种进退两难的处境下，来访者只好放弃治疗（Marlatt & Witkiewitz，2009）。而元分析显示，同时治疗物质滥用和心理障碍两类问题的治疗方法是有效的（Hobbs et al.，2011，Kelly，Daley，& Douaihy，2012）。因此，需要把两方面的问题连接起来，形成一致而统一的治疗方法（Hien et al.，2009；Marlatt & Witkiewitz，2009）。

干预策略

本章的理论基础在于酒瘾是个多变量构念，这已被大量研究报告所支持（Beck et al.，1993；Doweiko，2006，pp. 386-396；Emmelkamp & Vedel，2006；Hien et al.，2009；Marlatt & Witkiewitz，2009；Pattison & Kaufman，1982）。这一多变量构念提示以下四点：

1. 多元交互作用的病因学变量结合在一起产生特定的个体酗酒方式。
2. 治疗干预必须是多模式相结合的，从而与特定个体的特殊酗酒方式相一致。
3. 治疗结果可能因特定的酗酒方式、不同的个体、文化背景、社会环境、治疗过程、治疗后调整方式，以及这些所有因素的交互作用的不同而不同。
4. 治疗酒瘾者生活中的其他问题可提高对酒精问题的治疗效果。

物质滥用者生活中的危机很少只发生一次。滥用者的生活以危机转移和转危机点为特征。危机转移与整个成瘾过程有关，伴随物质依赖所蕴含的经济、社会、躯体和心理问题。转危机点与物质依赖者日常生活中反复发生的危机有关，它似乎是每当个体处于应激时的自然爆发，而很少被视为根植于成瘾的更大的潜在危机转移状态中。这些转危机点在整个戒断、治疗和随访过程中持续存在，不仅对于酒瘾者来说是如此，对于那些受到危机影响的支持者来说也是如此。

动机与变化的阶段

你很快会遇到两个有经验的酒精和物质成瘾治疗师。这些治疗师善于增强来访者动机，促使来访者改变饮酒习惯，而无论这些来访者之前的饮酒情况如何。Prochaska 等人（DiClemente & Prochaska，1998；Prochaska，DiClemente，& Norcross，1992）发展了动机改变模式，该模式基于这样的假说：个体的康复要经历几个确定的阶段，在每个不同阶段，个体会有不同的特征并经历不同的危机。Prochaska 所描述的阶段，就像大多数阶段模式的发展一样，最近已经从被视为绝对真理与美好的事物发展到了经历某些指责与批评。但是，这些阶段的设定给治疗师提供了明确的基线和标杆，从而引导干预策略的计划与执行。以下是对这些阶段的具体描述（Prochaska，DiClemente，& Norcross，1992），以及简单阐述这些阶段对治疗师有何提示。

意向前期 个体没有意识到问题的存在，仍在使用物质。这时治疗师为来访者做一个彻底评估，并把评估信息用帮助式的、共情的方式告知来访者。通过接受、支持、共情的理解来努力连接与来访者的治疗同盟，尝试以此来提高来访者想要改变状态的动机（Miller，1995；Yeager & Gregoire，2006）。虽然他们可能有清醒的时刻，并在清醒的时候看到了物质引起的问题，但他们通常选择继续使用，不认为那是一个问题，而且也没怎么考虑要停止使用（Tuten et al.，2012，p. 64）。

思考阶段 个体还在使用物质，但是关于继续使用有一些矛盾情绪，开始有停止使用的想法。在任何给定的时间上，大约有40%的酒精滥用者可能处于这一阶段（DiClemente & Prochaska，1998）。滥用者可能对物质造成的影响感到不满意，但可能很多年都停留在这一阶段而不向前发展。在这个阶段，治疗师的工作是指出物质滥用给来访者带来了什么后果，从而提高来访者想要改变的动机，并且从来访者滥用物质的生活泥沼中找出积极的例外，来对抗物质的使用（Miller，1998；Yeager & Gregoire，2006）。

决定/准备阶段 个体决定要在近期停止使用物质。尽管他们开始采取停止使用物质的行动，但是他们不能明确需要做些什么（Tuten et al.，2012，p. 64）。这时治疗师的工作是通过鼓励和支持，促使个体执行决定。治疗师提供共情式的倾听、柔和的面质、幽默的言语以及对希望与恐惧的反思，使用量表评估来访者当前的痛苦和对未来停止使用物质的承诺。使用奇迹询问（miracal question）来明确，如果来访者停止使用物质，会有什么样的想法和感觉。只要来访者愿意，治疗师就开始合作式地与来访者在滥用问题上展开治疗计划。

行动阶段 只有20%左右的成瘾者处于最后三个阶段（行动阶段、维持阶段、终止阶段）（DiClemente & Prochaska，1998）。在行动阶段，个体采取积极行动来改变成瘾行为，比如参与治疗等。治疗师强调要使用积极的应对技能，帮助来访者监视复发的诱因与线索，最大程度地减少哪怕是一次失足（如喝一小口酒），追踪并强化治疗效果（Miller，1998；Yeager & Gregoire，2006）。

维持阶段 参加治疗后大约六个月，个体已经做出了行为改变并控制了物质使用。个体继续在行为改变上做着努力，保持不复发，也很少有失足。治疗师帮助他们识别和处理个体和环境中的问题，这些问题会影响康复并导致复发，治疗师还会向来访者提供反馈，并持续支持来访者，赋予个体成功的能力（Miller，1998；Yeager & Gregoire，2006）。

终止 参加治疗后大约五年，个体已经在认知与情感上发生了改变，这些改变可以支持他继续控制物质滥用。社会支持体系，比如家庭或AA也是来访者的有力支持，帮助来访者克服可能引起复发的生活中的起起落落。在这个阶段，采用持续性评估的方式来评估来访者在不成瘾生活中的成功。

动机访谈 Miller（1995，1998；Miller & Rollnick，2002）发展了可被治疗师用于Gordan身上的动机访谈技术（motivational interviewing，MI）。动机访谈技术与Prochaska的动机改变模式的各个阶段很好地契合了。动机访谈已经成为启动与物质滥用者交流的黄金标准，并表现出促使物质滥用者决心要改变的真正影响（Burke，Arkowitz，& Menchola，2003）。

当结合CM、CRA或者尤其是RBT时，干预者的角色是一个可信任的、客观的、对来访者有重要意义的其他人，他帮助来访者讨论寻求治疗的好处，但是也口头强化来访者至少考虑一下戒断。在治疗的早期，无论是意向前期还是思考阶段，会给来访者反馈，以标准的检测和个人数据为基础，对来访者的物质与酒精使用史做一个小结，反馈既可以是口头上的讨论，也可以是极其清晰的客观报告，而报告在客观、清晰的同时，也是支持性的（Tuten et al.，2012，p. 59）。

动机的立场对于工作者的访谈至关重要，它由三个具体行为构成：(1) 相信来访者有勇气去考虑改变，但承认这样做的困难性。(2) 促进来访者意识到目前状况中的问题，促使他们开始对物质滥用给他们带来的好处进行价值判断。(3) 准确地小结来访者的状态和感受，而不将工作者的价值判断注入其中（Tuten et al.，2012，p. 65）。如果你刚好有超强的洞察力，而这些听起来很像危机干预行业中的基本工具，就如第四章所述，那么你就已然是位见多识广的行家了！

总的来说，动机访谈把抉择权交给来访者。基本问题以此开始："这是你的决定。没有人能够强迫你停止饮酒。你想做什么？"当问题按照这种方式摆出来时，不会将来访者推向防守位置和将其逼到某个心理上的角落。Pantalon（2011）建议工作者请求来访者允许提出以下六个问题。通过请求被允许，工作者给予来访者更多的自主权和自由选择权，这是沿着各阶段前行的关键性因素。工作者 Ray 向 Gordan 提出了六个问题。

Ray：（问题 1）你能找到什么理由停止饮酒吗？

Gordan：这样我就再也不会躺在这儿了。

Ray：那是当然，还有其他什么理由吗？

工作者不会接受一个一次性的回答，而是使用开放式的引导来使来访者思考会发生什么其他好的结果。

Ray：（问题 2）：你有多想停止饮酒？把你想的程度在从 1 到 10 分的评分表上标记下来，从 1 分表示“一点都不想”，到 10 分表示“绝对地想”，你目前处在什么位置上？

Gordan：或许在 3 或 4 分上。

Ray：（问题 3）你没有选择更低的数字？嗯，你本来是可以选择 1 分的，但你没有选择。你选择了 3 或 4 分，这表示你有一点要停止饮酒的愿望。

Gordan：哦，我可能还是有点问题，我不知道该如何解决这些问题，可能需要一点帮助。

一旦来访者给出了一个高于1分的选择，干预工作者要立马注意到有一些向前发展的积极倾向并对此进行强化。如果来访者说“1分”，那么工作者可以回复“我了解到你还没有准备好马上停止饮酒，但你觉得会不会有什么能让你改变到3分或4分？”。

Ray：（问题 4）：想象你已经这样做（停止饮酒）。你能看见哪些好的结果？

Gordan：见鬼，我没看见什么好结果，要不你告诉我？

Ray：对于眼前这个糟糕的情况，很难现在马上就看见一些东西。假如我可以告诉你那里有蓝天和阳光。我可以对你说些什么？那看起来是个什么？

Gordan：哦，家人会重新在一起，孩子会尊敬我，我猜。我不会是将要被解雇的人，而是跟我的老板关系和睦。

干预工作者提问时，要建立在已经发生的基础上，而不是建立在将来的可怕任务和可能失败的基础上，这样来访者才可以看到成功的样子。这种未来导向的、任务完成式的问题能促进个体接受任务的积极性和兴奋性。

Ray：（问题 5）：为什么这些结果对你来说很重要？

Gordan：废话！所有事情都恢复正常，我又可以和我妻子生活一起并享受它。

Ray：好，我想听得更明白点。你能说得再具体点吗？这些事情为什么对你那么重要？这些事情具体是什么？“正常”指的是什么样的？听起来你想要回到和孩子们相处融洽的时光，我看出你为他们而骄傲，愿意为了他们而那样做（停止饮酒），那么请告诉我“为了他们而那样做”看起来会是什么？

这里的理念是把来访者推向特定目标，这些目标不是模糊的，而是清晰可测的，能让来访者知道什么时候可以完成，具有个人意义。

Ray：（问题 6）：那么你下一步怎样打算，如果有的话？这是你自己的选择。

Gordan：好吧，见鬼！我想我得接受治疗。我该怎样开始？

Ray：好极了，真是好极了！我很高兴也很骄傲将和您一起为这件事情而工作。我带来大量技巧来着手于这件事情。基于您的能力、造诣与教育，这看起来就像是一次美妙的旅行，我很高兴成为您旅行中的一部分。那是一场大旅行的第一步，但却是巨大的一步。

最后一个问题是询问特定的短期目标，从而得以达到这个宏伟的长期目标。来访者通过对短期计划的声明，把动机连接到行为上。干预工作者强化来访者的这些决定并为医患合作式的治疗关系设定阶段。在一句问话的后面加上“如果有的话”用于提高来访者的自主性，并让来访者感觉到是他自己在做决定而不是在被强迫做什么事情（Pantalon，2011，pp. 8-9）。

干预工作者提出这些问题，他是共情的，但也要不断地指出来访者当前行为与目标之间的差别。干预工作者也斡旋于各种阻抗，但是并不责备来访者或与来访者争辩。干预工作者不是飓风中会被吹倒的橡树，而是一棵柳树，随阻力而弯曲。最后，动机访谈要想办法支持来访者的自我效能，在来访者个人能力和既往成功经验的基础上，让来访者自己意识到改变是可能的（Tuten et al.，2012）。

动机访谈可以单独使用，也可以结合本章中的其他治疗手段。动机访谈已经被证明十分有效，并已成为初始干预和防止复发及随访的重要方法（Burke，2011；Driessen & Hollon，2011；Feldstein Ewing et al.，2011；Jensen et al.，2011；Mason et al.，2011，Martin，Christopher，Houck，& Moyers，；Moyers & Houck，2011；Söderlund，2011）。

饮酒还是不饮酒

治疗物质滥用的一个主要问题在于，它不会以整齐的阶梯式线性模式持续前进。它更适合被形容为循环式的（Doweiko，2006，p. 388）。而实际上，线性进程则可能是个例外。

复发和失足是如此频繁地发生，以至于他们应该被视为戒断过程中的一部分，而不是戒断失败了。不过这一说法还存在争议，这些争议在坚持疾病模式和成瘾的其他模式之间持续发酵。一个人可以控制饮酒和保持清醒吗？疾病模式的坚持者和 AA 会说绝对不会！已知复发者数量巨大，而这种全或无的观点认为，物质滥用者从来都做不到戒除物质而获得清醒，几乎就确定了他们失败者的身份。在欧洲，有一段时期，治疗物质滥用的最终目的是有控制性地饮酒而不是完全戒除，已有大量的证据显示这一点是可以实现的（Coldwell & Heather，2006；McMurran，2006）。

说得委婉些，“有控制地饮酒”这种理念还没有被美国所接受（Sobell & Sobell，2006）。本质上说，有控制地饮酒可被视为降低危害的手段，很像使用尼古丁贴来戒烟。的确，世界上每个酒瘾者都希望自己可以成为控制性饮酒群体中的一员。对一些人来说，这可能不是一个选项，而对另一些人来说，这可能是一个挺好的选项。因此，疾病模式的拥护者需要将控制性饮酒作为一个对某些物质滥用者可行的治疗模式（Coldwell & Heather，2006；Hodgins，2005）。另一方面，以研究为基础，Doweiko（2006，p. 404）得出一个令人信服和清晰的论点，滥用者也许能够被说服进行有控制的饮酒，但是成瘾严重或中等程度的个体会迅速退回到既往的滥用式饮酒中。

评估

对物质依赖的评估是一项复杂任务，但这对于形成不同的诊断、特定的结局目标和有效的治疗模式来说，是至关重要的（Kaufman & Pattison，1982b，p. 1091）。尽管生化检测对于测定体内成瘾物质和成瘾物质含量（体内酒精测定器，一个常见的检测装置）来说相当可靠，但它不能明确个体究竟是个偶尔的饮酒者，还是酒精滥用者，抑或是一个彻底的成瘾者。那么，让我们回过头来使用古老的评定技术——纸笔式测试。得克萨斯大学奥斯汀分校的成瘾研究所（2011）做了一项非常出色的工作，他们列出了 173 种评定工具，这些工具均来源于美国国家酒精滥用与酗酒研究所（NIAAA）和酗酒与物质滥用和成瘾中心（Center on Alcoholism and Substance Abuse and Addictions，CASAA）。还有 58 种咨询性表格和支持性材料由得克萨斯基督教大学友情提供。这些不包括通过商业手段获取的工具，因此在测量物质使用/滥用和治疗与复发的大多方面，它应该没有什么明显的缺陷。

人格问卷 各种人格测试被用于尝试描绘酗酒性人格的人格特征（Knox，1976）。《麦克安德鲁酗酒量表》(MacAndrew Alcoholism Scale，MAAS) 是其中一个典型，它出自《明尼苏达多相人格问卷》(MMPI)，MAAS 在预测酗酒和一般成瘾趋势方面相当成功 (Greene，1980；Knox，1980)，但该量表似乎有文化偏倚 (与高加索人比较，非裔美洲人倾向于得分较高)，它将酒瘾者归类为：他可能因为任何理由而失意；他爱表现或性格外向；他武断而专横；他喜欢冒险，当他还不是物质依赖者时就可能这样 (Doweiko，1999，p. 350；Isenhart & Silversmith，1997)。

另一个自评问卷是专门针对物质滥用的，但很好地隐藏了其真实目的，叫作《物质滥用精细筛查问卷》(Substance Abuse Subtle Screening Inventory，SASSI)。它有分量表，检查者使用一系列评定规则来评定个体是否是物质滥用者 (Miller，1983)。

对于人格问卷来说，它们的时间稳定性较差 (不同时间的评定结果不同)。在戒断之前与之后，酒瘾者的得分和得分结构可能很不一致 (Knox，1976)，而且即使是 MMPI 也可能遭遇成瘾者的欺瞒，他们可能因为各种原因而没有坦率面对，反而是防御、最小化或夸大他们的成瘾 (McDermott et al.，1997)。

直接测量方法 直接心理测量方法与酗酒行为和使用有关。典型的是《密歇根酒精筛查测验》(Michigan Alcohol Screening Test，MAST)，它询问关于酒精使用和问题性饮酒行为。这个常用的测试是一个包括 25 个项目的问卷，询问诸如以下问题：“您的配偶或者其他家人抱怨您的饮酒问题吗？”(否 = 0，是 = 1) 和“您有没有不止一次因酒后开车而被捕？”(否 = 0，是 = 1)。最高分数为 53 分，但达到 5 ~ 6 分就考虑为“有酒精问题”，7 ~ 9 分为“酗酒”，10 ~ 20 分为“中度酗酒”，而 20 分以上则是“严重酗酒”。那个最小分数是有问题的，因为它可以导致酒精滥用的假阳性，假阳性率可能高达 31% (Jacobson，1989)。我们自己的经验是，几乎所有来我们大学咨询中心的饮酒学生都会被检测出“有问题”。

《Alcadd 测试》(Manson，1949) 由 60 个项目构成，用于揭示酒精成瘾者的五个特点：(1) 规律性饮酒，(2) 爱酒胜过其他活动，(3) 缺乏控制地饮酒，(4) 将饮酒合理化，(5) 过度情绪化。修订版用于评估酒精成瘾的程度，评定具体领域的失调 (障碍)，并生成一个酒瘾概率指数，它告诉你进行这项测试的个体是酒瘾者的可能性有多大 (Ornstein，1976)。

CAGE 是关于饮酒史的一个简单四项目问卷。对任何两条问题回答“是”就表示有酒精使用问题 (Ewing，1984)，这四个问题是：

1. 你曾试图减少 (Cut down) 饮酒吗？
2. 你对有人批评你喝酒感到过恼怒 (Annoyed) 吗？
3. 你曾经因为饮酒而感觉愧疚 (Guilty) 吗？
4. 你是否曾经以醒酒物质 (Eye-opener) 来开始一天，以稳定你的神经和摆脱宿醉？

简约性 简约是一个别致的词，意思是使用一种手段达到目的时奉行经济原则，是节约的，甚至是吝啬的。一个繁忙的执业者，尤其是医疗人员，很不适合冗长的评估工具。因此，国家酒精滥用和酗酒研究所 (NIAAA) 针对成年人开发出了最简约的筛查工具：一个问题。这个问题是：“在此前的 12 个月里，您曾有过大量饮酒吗？”，而几乎所有有酒精相关障碍的个体都会给出阳性回答 (Mumford，2005)。

NIAAA (2011) 还有一个稍复杂点的酗酒筛查工具，是针对青少年设计的。它包括两个问题。第一个是“在过去一年，你有饮酒 (啤酒、葡萄酒或含有酒精的饮料等) 的朋友吗？”对这个问题回答“是”，该少年就被纳入中度危险类。第二个问题是，“你怎么样？你是否喝过不止几口含酒精的饮料？”对这个问题回答“是”，则该少年就被纳入严重危险类。NIAAA 还有一个针对儿童的网格式酗酒风险评估表，饮酒天数为 x 轴、儿童年龄为 y 轴。一言而蔽之就是如果一个小学儿童报告喝过 1 ~ 5 天的酒，就立即确认为高风险。如果你认为对一个 11 岁的孩子提出这种问题有点过分，显得对酒精滥用的评定过分偏执，那么请考虑一下NIAAA（2011）的研究结果，该研究表明，每三个孩子中就有一个在八年级的时候开始饮酒，而其中的半数报告为酗酒。如果你在做少年儿童工作，NIAAA的少年筛查表有一个非常方便的便携版本，你可以从以下网址下载英文原版：www.niaaa.nih.gov/YouthGuide。

由计算机施测的直接测量 《成瘾严重指数》（Addiction Severity Index，ASI）（McLellan et al.，1980，1992）要来访者回答他们在过去30天里和一生中经历的问题。它覆盖了七个领域——躯体健康、职业、物质、酒精、法律、家庭/社会、精神问题。患者要在一个0分（没有问题，显示不需要治疗）至9分（极度严重的问题，显示绝对要治疗）的表上给问题打分。最后的得分是基于一个计算公式而不仅仅是临床医生的判断。ASI广泛用于评估物质滥用治疗领域中个体问题的严重性，已被翻译成13种语言，扩展到覆盖了以下特殊人群：印第安人（美洲原住民）、囚犯、双重诊断来访者、反社会人格障碍来访者（Budman，Portnoy，& Villapiano，2003）。而由于该量表耗时长，有令人厌烦的重复性以及监管的昂贵性，很多临床医生非常不喜欢它。

因此，又开发出《成瘾严重指数——多媒体版》（Addiction Severity Index-Multimedia Version，ASI-MV）（Budman，Portnoy，& Villapiano，2003）。来访者在计算机上被虚拟访谈者询问此七个领域中的问题，并进行自我报告。ASI-MV有很好的信度和效度，能生成一份综合性报告，指导人员（咨询师）也可以很容易地将他们对来访者的临床印象插入其中（Butler et al.，1998，2001）。实际上，在物质滥用的诊断与治疗方面，计算机程序正在兴起。这可能会提高来访者的积极性，因为在计算机上回答问题不会像与治疗师面对面访谈那样有威胁性，而且在计算机上，来访者似乎更愿意回答包括物质滥用在内的尴尬问题，此外通过计算机程序提供的技能开发练习，还可减轻饮酒相关危害（Gerbert et al.，1999；Hester & Miller，2006）。成瘾评估常用工具的网络版似乎也像纸质版一样可靠（Miller et al.，2009）。

问题是…… 这些自我报告式问卷的一个主要问题是很容易欺骗，而物质滥用者对有关物质依赖问题的回答总是高度可疑的（Knox，1980，p. 58）。一般的经验法则是，无论来访者报告何种饮酒状况都应该翻倍，在这一点上，虽然还没有任何效度上的研究，但它不是一个不公正的假设。因此，这些量表应该仅作为综合评估中的一部分，还要被与来访者有重要关系的人所证实，而不应作为酗酒问题的独立评估（Fisher & Harrison，2000，p. 95）。

动机改变 因为动机改变已经变成物质滥用治疗中如此核心的问题，开发的评估工具不仅被用于确定来访者的动机情况，还用于确定其处于Prochaska和DiClemente所说的动机改变阶段的哪个阶段。《改变意愿阶段和治疗渴望量表》（Stages of Change Readiness Scale and Treatment Eagerness Scale，SOCRATES；Miller & Tonigan 1996）对三类因子衍生的分量表分别评分：认知（Recognition，Re）、矛盾心理（Ambivalence，Am）和采取行动（Taking Steps，Ts）。评分是通过将来访者所圈的数字转换成SOCRATES得分，而每一列中各项目的评分总和形成这三个分量表的得分。除了针对来访者本人的19个项目的物质/酒精调查表，还有针对男性来访者重要关系人的32个项目的酒精调查表以及与之平行的女性来访者重要关系人调查表。设计这些平行调查表示是用于评定这些重要关系人的动机改变，而并不是为了收集来访者动机改变情况的旁证信息。

McConnaughy、Prochaska和Velicer（1983）开发了一个更加普适的阶段变化评估工具，叫作《罗德岛大学改变评定表》（University of Rhode Island Change Assessment，URICA）。URICA是一个包含32个项目的自我报告表，包括四个分量表，评估改变的阶段：意向前期、思考期、行动期和维持期。针对新进入酗酒治疗的成年门诊来访者，URICA采用聚类分析将他们按状态分为五个阶段：意向前期、矛盾期、参与期、不参与、思考期。此外，URICA还可以采用一个二阶因子称为“改变的准备状态（Readiness to Change）”来评定动机改变，它似乎在治疗前期比较有用。临床医生可应用URICA来评估个体动机改变的水平，以及参考这些信息来制订治疗方法。分量表可用于跟踪来访者与特定改变阶段有关的态度变化。URICA不同于SOCRATES，SOCRATES提出的问题限定在酒精和物质使用方面，而URICA则采用更为通用的方式询问来访者“遇到的麻烦”与改变。

准备状态标尺（Readiness Ruler）（Center for Substance Abuse Treatment，1995）是在一个标有1 ~ 10的连续线段上操作，如果用于评定改变的准备状态，则线段上标有四个锚定点有“没有做好改变准备”“不确定”“准备改变”和“努力改变”。最后，采用算数法将个体按改变阶段归入到如下五类：意向前期、思考期、准备期、行动期、维持期（Prochaska，DiClemente，& Norcross，1992）。所有这些量表似乎都有好的预测效度，而SOCRATES的采取行动分量表对于在六个月和12个月中的戒断天数百分比和每个饮酒日的饮酒量具有更好的预测性（Maisto et al.，2011；Willoughby & Edens，1996）。

摄入量评估 初始访谈应假定物质依赖者的防御机制会非常顽固，工作者必须意识到滥用者可能使用这些防御机制来保护他们的“秘密”。通过监测滥用者的口头防御开始分析。讲话模棱两可、将问题最小化、调情、改变话题、投射到重要他人身上以及拒绝直接谈论自己的当前情况等是所有来访者（包括成瘾外的其他疾病）都可能表现出来的防御。但在酒瘾者中，这些防御机制极其突出。例如，对之前饮酒时光和酒友们的回想和追思要引起注意，它并不是闲时的怀旧，而是提示：个体还没有学会填充他由于放弃滥用物质而在生活中留下的社交空缺，而且个体虽然生理戒断了，但心理上还没有戒断（Perez，1985，pp. 34-37）。

行为上的评估包括非常简单的程序，比如注意来访者的呼吸是否带有酒味。嚼薄荷糖或口香糖以及在身上洒大量的香水等都可能是为了掩盖酒味。酒瘾者的体貌特征包括面部虚肿、红鼻子、体重突然增加、眼神呆滞或走投无路的神色、可怕的样子、颤抖、刻板地参会和倾听，或者非常随便懒散的装束。

精神性评估 仔细分析个体的精神性是物质依赖分类评估中的一项重要成分。这种分析跟宗教没有多少关系。它着重于评估成瘾者在生活中所感受到的和那些他们企图通过成瘾行为来填充的绝望与空虚。在方案设计中，应该常规地把精神性作为诊疗目标之一。

分类评估 在对成瘾者进行评估时，危机干预工作者应该遵从Doweiko（1990，p. 214）所提出的两条规则，第一，要一直寻找旁证信息。其配偶或雇主对《密歇根酒精筛查测验》的回答可能完全不同于酒瘾者。第二，直到被证实以前，要一直假定酒瘾者是欺骗性质的。

直到跌入谷底以前，物质依赖者都会从情感、行为和认知上掩盖他们使用物质的痕迹，无论从语言上还是形象上，弄巧成拙地努力向自己和别人否认物质对他们所施加的控制。我们有许多在物质依赖治疗项目中工作的同事，他们在关于酒精使用的访谈中，是使用如下标准进行测量的：无论一个酒瘾者报告多少饮酒量都应该翻倍，这还是对实际使用量非常保守的估计！虽然Doweiko（2006，p. 347）报告，酒精滥用者作为一个群体一般会诚实地报告饮酒量，但作者和同事们的经验是，他们在大学时经常夸大饮酒量，而许多滥用者会最小化他们的饮酒量，尤其是当他们面临法律或工作处罚时。因此，评估物质滥用的一个绝对、刚性的规则是从家庭、雇主以及了解来访者饮酒史的其他人处收集旁证信息（Juhnke，2002）。

摄入量诊断 在门诊进行的个体匹配式治疗项目中，尽可能获得综合而完整的门诊评估至关重要。结合彻底的医学检查和心理评估，对来访者的剖析应该包括：就诊时的情形或处境、物质和酒精使用方式、法律、军事记录、教育和职业史、发育和家庭史、精神和躯体疾病记录、性健康、动机、社会-休闲-社区情况，以及既往治疗史（Doweiko，1996，pp. 320-324；Poley，Lea，& Vibe，1979）。

《连续数据调查问卷》（Continuous Data Questionnaire，CDQ）就是这样一个调查表（Poley，Lea，& Vibe，1979）。当它和ASI-MV结合使用时，可以生成一个明确的治疗项目。CDQ实现了很多重要任务。第一，它在治疗过程中的多个点上监测来访者。第二，它不会因为关心物质问题而不管其他问题。它的综合性使工作者得以获取来访者多个方面的信息。第三，CDQ提供的历史资料为“需要建立一个什么样的治疗目标，如何达到这些目标”提供了一个极好的分析。

一个例子：Gordan摄入量分析和总结

Gordan Brand由于多种物质滥用使用被送入院，而后开始接受治疗。治疗阶段是初步评估。来访者是一个42岁的高加索男人，被护理人员送入圣多莫斐斯一家治疗机构，以治疗物质滥用。被送入时他的血液酒精浓度为0.37%，胃内有阿普唑仑，处于半昏迷状态，在重症监护中度过了24小时。

物质使用。所偏好的物质是酒精。Gordan报告在过去的三个月里，他每天喝不到半升的威士忌，然而这个量还需要核实，因为他会防御而不报告真实情况。Gordan一直在饮酒，他不记得最后一次戒断是什么时候了。他和同事们喝酒，也一个人在家喝酒，而最近几乎都是一个人喝酒。阿普唑仑是Gordan的家庭医生开给他用于缓解“压力”的，多年来，Gordan经常使用阿普唑仑，尤其当他想“减少”酒精使用时。

教育和工作背景。Gordon本科是机械工程学专业，硕士学位是工商管理学。他受雇于联合构造公司，任内部操作部主任。他每年的收入接近15万美元（约百万人民币），还有许多额外津贴。他报告没有因为酒精或酒精相关问题而旷工，但是他报告在过去两个月里，因为肠道问题和感到不舒服而错过了接近20天的工作。在上个月，他至少迟到了十次。他指出自己对这份工作比较满意，但是他又说如果公司总裁“不跟我啰嗦”的话，他将极为满意。他对自己工作表现的评价是非常好，又说如果现在没有病的话，将会是棒极了。他不确定自己现在到底欠了多少债，因为“那都是我妻子的事”。在酒上的花销不过是点“零碎钱”。他依稀记得他妻子说过一些关于账单要过期之类的话。

家庭状态。Gordan目前与他的妻子和孩子生活在一起，居住在一个中上阶层的小区里已有八年。他说自己曾经非常爱妻子，但是现在跟她的关系很差。他坚持说他跟孩子们（Lisa和Mark）的关系比较好，尽管“多数时候他们都站在妈妈这边”。在两个星期前，他经常（一周数次）和他的家人一起做事情。他相信他的家庭对他来说非常重要，然而他对妻子不是很支持他感到非常愤怒。他也感到自己对家庭极为重要，但仅在于经济方面，“我所有的好就是带薪水回家。”他没有很好地处理和妻子间的争端，在最初的交流后，他“闭上嘴”。他基本上按同样的方式处理和孩子的关系，而且说，“他们不听我的话，叛逆不羁。”

社会参与。他说有很多业务上的熟人，但没有真正的朋友。Gordan参加了不少社区慈善和服务性组织，只是最近几年由于忙于工作而不能做那些事情。他享受服务活动，尤其是“男孩俱乐部”的。他的娱乐活动是在家里的工作间“叮叮当当地铸补”，钓鱼、打猎和读军事历史。他经常和他的妻子打网球和高尔夫，以及和一组人去划皮艇，但那些都是“几年前的事了”。

司法问题。除了被警察发现在车上神志不清之外，他没有被捕记录。他报告曾有一次与妻子争吵时，打过电话报警，但是他和那位处理该电话的警官平息了这件事情。

健康。他的躯体和精神健康都比较差。他最近一次看医生大概在六个月以前，那次被告知出现了明显的健康问题，“与我的饮食和压力有关的一些问题”。他已经开始为这个问题服用抗酸剂。由于压力、神经性胃炎和饮食不规律，他已经“倒在”自己的饮食习惯上，他晚上平均睡五或六小时，使用酒精和阿普唑仑来帮助睡眠，尤其在遇到压力时。除了轻微的躯体问题外，他从没在医院待过。他没想过自杀，但声称自杀不是世界上最糟糕的事情。他的性健康很差。在很长的时间里，他没有也不想要性生活。

Gordan 呈典型的成瘾者外观。当物质滥用情况得到稳定后，他几乎睡了24小时。他的戒断症状很严重，以至于给他用了一些苯二氮䓬类药品来缓解戒断反应的疼痛。他的脸色蜡黄，体重超重，肌张力很差，皮肉松松地垂挂在身体上。他的眼神里有一种走投无路的神色，不停地绞着手。抬高的声音和加快的语速让他显得更加激动。

人格剖析。他的人格和情绪发展被评估为自我价值感低，一般幸福感低，而焦虑和抑郁高。他紧张、挑剔、抑郁、神经质、不友好、不宽容、呈明显病容。MMPI 支持这个人格分析，也显示他有抑郁。效度量表得分显示他企图伪装得比他本来面目要好。SASSI 得分肯定了他是个重度酒精滥用者。

动机。他的 URICA 和 SOCRATES 得分显示他大体上处于要改变的矛盾状态，尽管他在考虑这个。当他能说清一个目标，那个目标通常是非特异性的，比如"搞好家庭和工作"。他对目前尝试去完成这些任务的评价是"那会是很不成功的"，他对"停止滥用酒精一段时间"这一目标的评价是"中度重要的"。他认为最理想的酒精使用状况是社交性饮酒，"因为独自喝酒真的不那么好，还可能是让我躺在这儿（病房）的最初原因。"他相信没有人对他的问题感兴趣，除了"挑我的毛病"。

确证。随访包括验证 Gordan 的雇主、妻子和医生。他们所讲的故事与 Gordan 讲得很不相同。Fredricks 先生是联合公司的董事长，他指出 Gordan 曾经是他最好的职员之一，直到三年以前，他的饮酒情况逐步严重，他的表现才下滑。起初，Fredricks 没有因为饮酒的事情说 Gordan，因为无论醉酒还是清醒，Gordan 的工作业绩还是不错的，而且强于许多其他职员。只是最近，Fredricks 才针对饮酒问题给了他一些父亲般的建议，但 Gordan 没在意。这样三个月后，建议变成了针对旷工与表现差的警告。Fredricks 感觉除非 Gordan 戒酒并对自己的问题负责，否则很快就会解雇他。Fredricks 认为 Gordan 曾是非常有价值的职员，在他的治疗上，公司应该承担部分医保范围外的费用。这个雇主同意支持他并与医院合作。分析雇主合作在物质依赖治疗上是非常好的。

Gordan 的妻子 Amy 支持雇主对问题的分析。他的饮酒问题逐渐加重，并已然导致家庭功能完全失常。她和孩子们很害怕他喝醉的样子，大多时候都这样。他变得与家庭隔离，只有在他想要什么的时候才和他们联系。提醒他的饮酒问题会引起严重争吵，接着就是一段时期的冷战。Amy 还报告有严重的家庭财务问题，说他们没有按时支付房子和车子的按揭款，而且信用卡上还欠 1.7 万美元（约6.5万人民币）的账。

两个月以前 Gordan 喝醉了，变得暴力，并且威胁她，警察干预了这种情况，而 Gordan 则离开房子到外面去了。Amy 威胁要申请一个对他的禁令，但当 Gordan 承诺保持戒酒和做回曾经的丈夫与父亲时，她让步了。他坚守誓言两个星期，然后又开始更严重地喝酒了。Amy 声明说自己几近崩溃，有许多躯体不适，这可能是多年来努力应付 Gordan 的压力所致。她由于应付 Gordan 而病倒了，正在考虑申请离婚。如果 Gordan 同意治疗的话，她同意到医院面谈。综合分析家庭情况的结论是极差和难以挽回。

Gordan 的家庭医生指出，在六个月前，他就在饮酒问题上严厉责备了 Gordan，并表示不会再给他开阿普唑仑。他那时已经建议 Gordan 要立即寻求酒精滥用问题的治疗。他还告诉 Gordan，因为喝酒，他已经患上肝脏、胰腺和肠道问题，如果他继续喝酒的话，在短期内就会有大问题。Gordan 变得敌意，对这位为他服务了15年的家庭医生说："如果不给我开镇静剂来缓解压力的话，我就对你不客气"。

精神性。Gordan 在一个严格的激进派教会中长大，但他在大学时离开了该教会，因为"他们太墨守成规，没有一点乐趣"。此后他尝试了更加自由的教会，在他婚后的最初几年里同他妻子一起相当规律地参加了这个教会，但因为他们"自命不凡"，Gordan 又退出了那个教会。他目前没参加任何组织性宗教服务，在精神性上也是破产的——除了他喝的烈酒之外。他目前和神的关系仅存在于名义上：“哦，当然，我相信上帝。”他生活在一个充满敌意的世界里，孤独、无助、绝望。

功能评估。给 Gordan 进行了一个功能评估（Tuten et al.，2012，p. 43），包括以下内容：

1. 最长戒断期的细节：Gordan 记不起他最后一次不喝酒的时间。
2. 使用物质的前因后果有哪些？当压力升级，他会变得很紧张，而喝酒能让他不在意压力。他现在知道他差点就死了，但认为那是意外使用过量阿普唑仑所致，而不是几乎杀死了他的高达 0.37% 的血液酒精浓度。
3. 使用哪些物质，以什么样的顺序，量有多大？因为失去记忆或否认，Gordan 不清楚自己的用量，但说自己常规、大量地饮用伏特加、威士忌、啤酒，还用一到两片 0.5 毫克 / 片的阿普唑仑助眠。
4. 什么时候使用物质？Gordan 在上班前和在工作中是不会饮酒或使用物质的。下班以后就是另外一码事了，下班后他总和同事们一起喝酒，回家后又继续喝。几乎每晚都使用阿普唑仑，每天喝酒，且周末加量。周末有时会放开了喝，正是这一点让他最终陷入麻烦。而他对这个几乎没什么记忆。
5. 和谁一起使用物质？独自在家，或下班后和办公室的同事。
6. 在哪里使用物质？在家里和多个酒吧，特别是在单位附近的酒吧“老英国客栈”。
7. 是什么促使来访者寻求治疗？因为物质滥用而被护理人员送入急诊室。

总体分类评估。Gordan 的分类评估总得分为28分，这是一个在致命范围内的分数，他需要被安置在一个安全的地方。在情感上的得分为9分，他是愤怒和抑郁的，有许多成瘾者特征性的标准防御性情感反应。行为上，他失控于自己的物质依赖。入院时，他的 BAC 水平已经接近半数致死量，且镇静剂进一步加重了酒精负荷，他很幸运还能活着。他的行为得分为10分，这还没有把他在工作和家庭中的行为表现计算在内。认知上，他顽固地否认自己成瘾，并对他的家庭和雇主有偏执观念。他对此次急诊事由的看法根本不同于了解他的其他人。失忆和对酒精的强迫性想法让他的记忆停留在上午9点。

总结。与 Gordan、其雇主、其妻子以及其家庭医生会谈之后得出的整体分析是，Gordan 在躯体、心理及社会方面都有明显的物质（酒精）依赖和滥用（镇静剂）特征，他否认自己有酒瘾问题，采取顽固的防御机制来掩盖实际情况。他面临着失业、失去家庭、甚至失去性命的危险。他的 ASI-MV 得分和剖面分析确认他需要立即治疗。

将病人安置在物质依赖病房后的治疗建议如下：Gordan 必须完全感受到他所处的危机，工作人员要取得他接受治疗的同意，治疗首先在物质依赖病房中进行，然后是门诊治疗。如果 Gordan 同意接受治疗，也应该把他的家人纳入治疗方案中，因为他的家人作为互依者也需要接受治疗。如果他同意接受治疗，需要制订综合性的康复计划和相应的特定目标。控制性饮酒不是一个治疗选择，因为他的躯体问题很严重，他的工作和婚姻处于危险的边缘，还有他自己尝试戒酒的失败。

物质依赖治疗的危机点

成瘾来访者可能通过使用物质来掩盖各种让人伤痛的感受、思维和行为。一旦去掉掩饰，所有的问题将接踵而至，病人很快就会遭到各方面的攻击。酒瘾者最初饮酒的恰当理由将会以一种精简、夸大和更有力的方式重现。每一种情况都会呈现出一个危机点。因此，住院病人的治疗项目在本质上可被看作转移性危机，成功地越过一次障碍通常意味着立即为下一次或再下一次障碍做准备。

要处理的第一个危机就是激发来访者的戒酒动机。与一个“醉着”的人携手工作是不可能的，因为这个人唯一感兴趣的是给自己灌进酒精（Parker，1986）。要让这个人戒断意味着要有足够强的危机，使他意识到问题并愿意待下去接受治疗。做到这一步的最好方法是要找到来访者的脆弱点。对 Gordan 来说，脆弱点有两个：工作和健康。

咨询师 Gordan 将要会见两位物质依赖咨询师，Carolyn 和 Ray。他们都是经过认证的物质咨询师。Carolyn 是一位执业专业咨询师，而 Ray 是一位执业临床社会工作者。Carolyn 自己也是个康复中的酒瘾者，她的风格是直接、自信、直言不讳。她有时对自己的依赖进行自我披露，这样来访者就难以防御地说："没有人理解我的麻烦。"她高度可信，同时也是个好榜样。酒瘾者能把她视如一伙，并且说，"这是一个坚强、胜任的人，她和我一样，如果这是真的，我还有救。"（Graham，1986）。

Ray 更加含蓄并且更加无条件地接受病人。他善于共情性倾听和应答的基本技巧。他的工作是与来访者建立健康、信任的关系。着重于来访者的积极属性，增强来访者的自信，帮助来访者自我解决自己的问题。Ray 也是个榜样，他是一个没有酒瘾的专业人员，这样来访者就不能以"他们（治疗师）只是一群疲惫不堪的酒鬼"为理由来拒绝治疗。Carolyn 和 Ray 作为团队运作的另一层原因是，物质使用者可能骗过一个人，但要骗过两个人就很难。团队也为干预工作者提供了支持机制。治疗物质成瘾者是治疗领域中最艰难的工作之一（Parker，1986）。他们要尽最大努力让 Gordan 意识到他在饮酒上的严重问题。

咨询师的特质 多年来的观念都认为成瘾必须被直接和积极地面质，而事实上，由于来访者对问题的顽固否认，来访者的应答信息几乎必须要被完全破坏掉再重新来过。而很多证据也表明，这种面质的方法对于多数物质滥用者来说并不真正奏效（Doweiko，2006，pp. 366-369；Fisher & Harrison，2000，pp. 119-123；Miller et al.，1993）。真正奏效的是专业人员有强大的人际技巧并能够以合作、客观、真诚、积极、强化、共情的方式与来访者建立治疗联盟。这样的联盟对来访者来说会有最积极的结果，包括坚持治疗、提高动机和对治疗过程满意（Doweiko，2006，pp. 366-367；Hser et al.，2004；Ilgen et al.，2006；Meier et al.，2006；Petry，2012；Tuten et al.，2012）。这并不意味着面质是没用的，面质也有用，如 Carolyn 所演示，但需要与关心相结合（Ramsay & Newman，2000），要有这样的理念：在把被来访者否认和回避的想法、感觉和行为带回到意识层面时，不能让来访者感到有任何的奚落、轻视和不尊重。

Carolyn：嗨，Gordan，我是 Carolyn，这是 Ray，我们来自这个医院的物质成瘾部门，我们想和你谈谈。

Gordan：好的，但是我不知道你们为什么要和我谈话。我犯了个愚蠢的错误——用了一些不应该用的药片，但那再也不会发生了。

Carolyn：也许不是。通过了解您的饮酒量、检查结果，以及导致您到这儿来的问题，我们认为您需要考虑加入治疗。

Gordan：我得离开这儿，我要回去工作。等不得。

Ray：我理解你是多么牵挂工作。我们已经跟你的老板谈过了，Fredricks 先生，他理解你目前的处境，如果你加入治疗，他愿意支持你。

Gordan：（愤怒地）我敢打赌！这狗娘养的曾经是我最好的朋友。他利用我是一个醉汉这条理由来解雇我，这是他能找到的所有借口。

Carolyn：他可能是全美国最可恶的人。但他关心你并给你提供一次选择机会，他认为如果你不来我们这里寻求帮助，你肯定会失去工作。他还说过，在完成治疗以后，你还可以回去做你原来那份工作。我请他在外面等，想让你亲耳听听他的话。（在一段长时间的谈话后，Fredricks 先生走了）。

Gordan：他真的是这个意思。我的天！没有工作，我怎么办？

Ray：你可以这样来看这个问题，你知道你已经患了相当严重的躯体疾病。治疗几天会不会有些改善呢？这样既可以使老板满意，又可以治疗自己的躯体疾病。这可是一笔不赔本的买卖。

这有一份1分到10分的评分表，10分表示最差，你觉得你的病情处在多少分上。

Gordan：我绝对不是醉醺醺的酒鬼，但我想可能是8分。

Ray：我知道这一点，但我也想知道这种说法是否有道理“喝酒有时会招来你不喜欢的后果”，而你现在处于8分的位置。如果回到当年，那时你还做得很棒，没喝那么多酒，也没使用阿普唑仑，你给自己打多少分？

Gordan：哦，可能是2或3分。但那是前一阵子的事了。

Ray：如果事情真像你当年在2或3分时那样，如果奇迹真的发生了，你明天起床后会发生什么？

Gordan：哦，可能还不到2或3分，没那么好，但可能是4或5分。

Ray：所以如果我们能帮你达到4或5分，这似乎值得你多花点心思想想如何来做，是这样吧？不管怎样，几天以后会有很大的不同吧？

Gordan：那当然！但住进戒酒病房就显得好像我不能处理自己的问题一样。

Ray：我猜接受治疗可能会被认为是软弱的表现，但我要指出的是：如果你患了其他疾病，觉得身体其他方面有什么不舒服，你会想到去治疗，这是一种成熟和正常的心态，对吧？你现在患了严重的疾病，需要治疗。

Carolyn：假如你患了癌症，你会去接受手术治疗吗？你确实想使健康状况得到好转，对吧？医生已经告诉过你，你的身体问题有多严重，对吧？你患有肝脏、胰腺以及严重的肠道疾病，如果你不注意的话，很可能有生命危险。这可不是吓唬你。Gordan，你是一个聪明、有能力的人，能在一家大公司做到高管的位置，一定也很精明。我们都担心你，和你生命中的许多其他人一样，包括你的家庭医生。你是否认为他（家庭医生）的话是在欺骗你，或者那就是你所需要的？你现在可能会注意到你的手，瞧它们抖得多么厉害，你恐怕连铅笔都拿不稳，连名字都签不好。

Gordan：我还能。

Carolyn：那么做一下看看。（递给Gordan纸和铅笔）

Gordan：（尝试写他的名字，在整个页面上摇摇晃晃地写出难以辨认的字体）

Carolyn：说实话，这是你平常的签名吗？

Gordan：（嗓音突变）我……不，它不是。我是……我是病了。狗屎！我猜我可能在10分的地方。

Carolyn：是的，你病了！这就是我们为什么担心你和想要你加入治疗的原因。我们有一个反馈式的小结，是关于到目前为止我们了解到的有关你的所有饮酒问题。如果你愿意的话，我们现在可以把信息提供给你，讨论它意味着什么，并了解你对此有何看法。

Gordan：好，我猜那没什么坏处。了解事实总是好的。

Carolyn讲述了他入院时致命性的血液酒精浓度，MAST得分为21，处于重度成瘾范围，URICA和SOCRATES的动机改变得分处于思考期范围，《贝克抑郁量表》得分显示Gordan处于临床抑郁状态。她向Gordan解释动机改变模式的阶段和他处于哪个阶段。Carolyn讲述这些分数，而Ray使用开放性的引导语征求Gordan的意见，开始将他拖入到与他们合作的伙伴关系中。然后Carolyn根据年龄、性别以及其他影响结局的人口学因素，针对Gordan的物质滥用行为，在典型现象和有关结局方面，给了他一些心理教育信息，以及跟他讨论潜在的好处和坏处是什么，从而让Gordan自己展开内心辩论，把他从思考期推进到决定期。

Gordan：哥们！我不能相信这个。我到底是怎么到这儿来的？上帝！真没出息！我到底该干点啥？

Ray：你对这个（接受治疗）感到担心、焦虑，这并不奇怪。任何一个和你感觉一样糟糕的人都会这样。你真不错，你对待测试是如此诚实和率真。那是一个巨大、艰难的决定（诚实地对待测试），而你已经做到了，我打赌，根据你的工程师背景和你在工作上的坚韧不拔，你会下决心把治疗继续下去的。

Gordan：（沮丧但仍然挑衅）好。我尝试这样做，但是我不会做出任何承诺。我不知道这是要到哪里去。我想，除了试试我别无选择。我已经饮酒很长时间了。让我完全放弃它……哥们！如果我不喜欢，我就会离开。

Ray：就是我们所希望的。现在让我简单地告诉你治疗将如何进行。我们希望你知道将会发生什么事，以便你能帮助我们制订出对你最有效的方案。

给 Gordan 制造一种危机 很少有来访者会自觉地改变他们的滥用行为（Lawson，Ellis，& Rivers，1984，p. 67），因此必须使用外部动机。在这个病例中，外部动机就是 Gordan 的工作和健康。对大多数男性酒瘾者来说，工作是至关重要的，而且是受他们饮酒所影响的最后一部分环境。关于这一点有两个主要原因：第一，工作是一个人自我价值的核心，失去工作意味着物质依赖者已经跌入谷底。第二，没有工作，就没有钱来维持成瘾性物质的供应（Trice & Beyer，1982，pp. 955-956）。

Carolyn 与 Gordan 的面质并不是出自个人因素，也不是针对来访者的总体特质，而是针对来访者为了否认问题的存在或支持继续饮酒，所使用的特定行为、思想和情感。对物质依赖者的共情性理解并不意味着纵容他们掩盖自己行为的后果，而当物质依赖者说谎或欺骗自己或他人时，理解和共情也不意味着要回避适当的面质。

能够平衡针对工作表现不良上的面质的，是对 Gordan 健康问题的共情和诚恳的担心，说明有人正在关心他。Ray 使用了标准焦点解决短期治疗（standard solution-focused brief therapy，SFBT）的两个基本技术（Campbell et al.，1999）。他通过指出如果一个人的病情像 Gordan 一样，他也会感到害怕，从而把 Gordan 的感受正常化。正常化不是把问题打折扣，而是强调其他人也会经历相似的问题，处于这种状况并不是疯狂、错误或者失败。通过强调 Gordan 的长处和做出决定的能力，他打破关于治疗还是不治疗的僵局。通过交替使用这两种技术，以及通过将 Gordan 生活上的害怕和治疗中的希望结合在一起，干预工作者们为他设置了阶段，并与他结成治疗联盟。

当制造危机时，工作者应避免直接面质或指责 Gordan 是个酒瘾者。过早尝试让来访者承认自己成瘾，可能会导致非常强的防御行为。尽管“操纵”这个词听上去有点贬义，但从狭义上说，所有治疗师都操纵他们的来访者，来积极提高治疗成功的机会（Lawson，Ellis，& Rivers，1984，p. 77）。治疗的最初几天将会是最难的，在这段时间里，干预工作者们的主要任务是避免 Gordan 不听建议而离开（Parker，1986）。Gordan 处在 Prochaska 所谓的（Prochaska，DiClemente，& Norcross，1992）思考阶段。他感知到饮酒给他带来了一些问题，但肯定还没准备放弃饮酒。已经发现，例如 Ray 和 Carolyn 刚才所做的那种简短的动机访谈对引导来访者承诺（Vasilaki，Hosier，& Cox，2006）和坚持治疗（Longshore & Teruya，2006）有效。Ray 使用了一种标准的 SFBT 方法，这种方法使用一个奇迹问题（de Shazer，1985）让来访者思考他改变饮酒行为的积极成果。

使用家庭干预来制造危机 按成瘾上的说法，Gordan 很明显是个“触底”案例，而针对那些还没有“触底”的物质依赖者而言，Johnson（1980，1986）和 Johnson 研究所（1972）开发了一个家庭干预模式，这一模式包括在一个支持性团体中指导来访者的家人和朋友学会用来访者听得懂的语言与之面质。用来访者引起的危机与之面质，目的是突破酒瘾者的否认和其他防御体系。人们希望干预过程能让成瘾者在死亡或其他灾难发生前走出“触底”（Fisher & Harrison，2000，p. 111）。这就给物质依赖者和他的家庭制造了一个严重的危机。这不是出于一时冲动，出于无奈，或是要故意惩罚物质依赖者的罪过（Doweiko，1996，p. 331）。

制造这样一个危机必须预先计划，并且需要与物质依赖领域中精通这种干预的专业人员一起事先排练。家庭成员以及与病人有重要关系的人要尽可能地参加这个团体，与成瘾者的否认、讨价还价以及答应改变（这种承诺肯定是病人防御体系的一部分）进行斗争。至少要有两个或两个以上的参与者——四个或四个以上较理想——愿意诚实地反映他们所看到的成瘾者表现出来的行为。有重要关系的人如老板、牧师、同事以及亲密朋友应以他们的实际行动来支持酒瘾者的家人（Fisher & Harrison，2000，p. 112）。每一位干预者都应该乐意接受有关成瘾性疾病的正式训练和教育，还应该乐意收集并记录有关成瘾者自我毁灭行为的具体数据，和一位专业人员预先练习要报告哪些事实以及如何将这些情况报告给专业人员，然后用关心的方式将这些事实与成瘾者面质（Johnson，1986）。面质不是批判、概括或者自私自利。应当客观和具体地报告事实。之后，重要他人关心地面对成瘾者和他的事实。

单个地与成瘾者面质是无效的，因为他们很善于否认、威胁、哄骗、找借口，甚至颠覆对其进行的干预尝试。因此，相互支持和对各自的报告进行证实，对击倒成瘾者的防御非常重要。要明确指出如果成瘾者拒绝所提供的治疗，后果将是（家人和其他与来访者有重要关系的人）离开他。这既不是要吓唬来访者接受治疗，也不是某种惯用的徒劳的威胁。行动的逻辑性后果和将这些行为进行到底的承诺应该被平和而具体地描述出来（Johnson，1986）。人类服务工作者在这项任务上的角色是：首先提供支持并教育家庭成员如何制造危机情境。然后帮助家庭召集在成瘾者生命中最有分量和影响的人，教会他们如何收集成瘾者的行为事实和如何以关心的方式用这些事实与成瘾者面质。工作者还要合理安排谁应该（与来访者）谈话，谈什么内容，这些内容应该按什么顺序，应该如何引导来访者和引领到哪里去，以及要做什么治疗安排（Fisher & Harrison，2000，p. 114）。

在干预期间，工作人员担任促进者角色，协调每个人的干预方法，用一种设身处地的方式与成瘾者温和地对抗，并逐条列出成瘾症状。然后，让成瘾者面对这样的选择：接受治疗还是让其家人和朋友离他而去。如果他同意治疗，那么工作人员就要指出有哪些治疗选择，告诉成瘾者他的行李已经准备好了，车子就在外面等着送他去治疗中心。如果前述的过程不是用一种联合而协调的方式进行，干预成功的可能性就很小（Doweiko，1990，pp. 233-234；Johnson，1986；Wegscheider-Cruse，1985）。我们认为，如果没有向物质滥用专业人员进行咨询，家人的干预尝试是不可能成功的。

尽管这种方法似乎是非常强制的，但在来访者相信自己将要失去很多东西时强制会有效果。对于年龄和社会经济地位与Gordan类似的成瘾者来说，这种干预可能最为有效。而对于一个19岁的大学生来说，这种家庭干预将不会如此奏效（Fisher & Harrison，2000，p. 14）。

戒断

戒断是一个严格的医疗过程，它取决于酒瘾者成瘾的程度如何，虽然这个过程可能看起来与戒断的目的相反，因为要给Gordan服用苯二氮䓬类药品（镇静剂）来控制酒精戒断反应中的抖动、过度活跃、抽搐和惊恐发作（Schuckit，1995，p. 105）。酒精和巴比妥类的戒断症状可能是致死的，所以Gordan的戒断过程受到严格监控。在这个过程中，Gordan被允许看电视，工作人员还鼓励他尽可能地多睡觉和均衡饮食。如果他愿意，其他已经完成戒断的来访者会进来和他谈话。这些人不是来劝他"改邪归正"，而是让他知道虽然这个过程很艰难，但他们已经渡过了这个初步的危机，他也可以（Parker，1986）。这是使用焦点解决短期治疗（SFBT）来正常化困难处境的另一个尝试，也向成瘾者展示他是有出路的，而有人已经做到了（Campbell et al.，1999）。

Henry：（另一位来访者）嗨！我叫Henry Schultz。我也是这儿的一个病人。Ray说你可能需要一些陪伴。

Gordan：哥们，我很高兴和谁说说话。这太难受了。我想我犯瘾犯得要死。

Henry：确实难受，三周前我也经历了你这样的过程。我猜你可能需要喝一杯，哈？

Gordan：老兄，你说得没错！

Henry：哦，我知道。在这里不是为了暂时舒服点，他们是让你在这里面对这个问题。这可不是小事一桩，但他们真的是在关心你。我只是想告诉你如果想找人聊聊，我就在这儿。我将加入嗜酒者互诫协会（AA）中去，它真的有帮助。

Gordan：我不知道这个AA，你有种，我想我不会那样做。

Henry：我以前也这么想，让我的灵魂赤裸裸地躺在一群醉汉面前，没门！但它比你想象得容易多了，尤其当你遇到那些人时更是如此。呵！那里面有各种各样的人，大人物，小人物，但当说到喝酒时，我们所有人都不是什么了不起的人物。（谈话持续了好一会儿，Gordan问了Henry有关饮酒和治疗方面的许多问题，然后谨慎地谈及他自己。）

这种与另一位来访者的初始对话是很重要的，因为这可靠地让Gordan考虑康复的可能性，提供一个同伴作为资源，还给他一个榜样，并在治疗社区中至少建立了一个联系（Parker，1986）。这一点也说明单纯戒断对于治疗成瘾来说基本没用，戒断而没有成瘾治疗导致来访者的复发率高达95%（Craig，2004）。

治疗原则

治疗技术

为了促进动机，我们的治疗团队会使用一些标准焦点解决短期治疗的方法（de Shazer，1985；Berg & Miller，1992；Yeager & Gregoire，2006）、基于AA模式的12步辅助支持法、合理情绪行为疗法（Ellis et al.，1988）、认知行为疗法（Meichenbaum，1977，1985）和以强化为基础的治疗（Tuten et al.，2012）。

治疗目标

在评估与戒断之后，进行成瘾治疗之前，Carolyn和Ray仔细地与Gordan探讨了治疗目标。有一组综合目标包含在他的治疗计划中。每一个目标都根据对他的评估识别某一特定的衰弱状态，每一个目标对应地缓解一个特定病情，而设定一系列的具体目的来达到这个目标。以下是两个例子目标。

Gordan的饮酒目标

病情：过度饮酒。如果不饮酒，Gordan就很难达到工作和社会责任的要求。

目标：戒除酒精使用。

具体目标：Gordan将达到的

a.每天，无论是工作时间还是下班在家，都不能饮酒，包括周末。

b.表达他的感受，选择积极的行为来应对那些给他带来压力的人、事或情境。

c.度过了评价草案中所要求的合适治疗时间以后，展示出他能成功应对在工作和家庭中引发其焦虑的那些人、事及情境，并能避免使用酒精来减轻焦虑。

d.把治疗团体和圣多莫斐斯的工作人员作为支持和力量的源泉，通过积极参加团体、帮助他人达到目标、接受别人对自己的帮助和支持等，来达到戒除酒精使用的目标。

Gordan的情感和社交目标

病情：当他感到压力时，Gordan不是拒绝与他人交往，就是采取一些不合适的行为针对别人，包括自己的家人。

目标：当可能会给他造成压力的那些人（包括他的家人）出现时，能够表现出合适的情感和社交反应。

具体目标：Gordan将达到的

e.在住院治疗期间，每天至少与工作人员进行两次不涉及酒精内容的交谈。与病友每天至少进行三次交谈。

f.在住院治疗期间的每次探视中，与每个家庭成员（Amy、Mark、Lisa）至少进行一次没有争吵的讨论。

g. 在康复治疗期间，每天至少与 Amy 进行两次没有争吵的讨论，与 Mark 和 Lisa 进行一次这样的讨论。

h. 在住院治疗期间，至少要参与一项社交活动（游戏室的活动、健身、掷马蹄铁、湖边游玩、跳舞等）。

i. 在六个月的康复治疗期，至少要与家人一起参加两次社交活动（绝对不能饮酒）。活动内容由家庭作为一个团体来安排。

综合治疗目标的制订反映了一个多模式的治疗方法，这种方法承认并强调成瘾的生物、心理及社交方面的因素（Frances，1988）。在圣多莫斐斯的多模式治疗是建立在治疗社区模式的基础上的，它强调既要戒酒，又要着重解决物质使用的情感因素。它也包括个体治疗会议，他们着重于使用认知和行为疗法来干预非理性的想法[即“想瘾（Stinkin Thinkin）”]、处置事件、冲动与渴求、触发物和可能诱发复发的线索。大量证据表明认知行为治疗技术对改变来访者的想法与行为有效，从而预防复发（Beck et al.，1993；Ellis et al.，1988；Kaminer & Slesnick，2005；Toneatto，2005）。动机强化治疗（Longshore & Teruya，2006；UKATT Research Team，2005；Vasilaki，Hosier，& Cox，2006）中加入焦点解决短期治疗（de Shazer，1985；Yeager & Gregoire，2006）可以提高来访者的自我效能和进一步强化对好结局的期望。治疗社区将物质滥用视为整个人的障碍，这种障碍反映个体在行为、态度、价值观、心境和情绪管理方面的问题（De Leon，1989）。就此而论，家庭干预会是治疗计划的一个组成部分（Copello，Templeton，& Velleman，2006；Kaminer & Slesnick，2005）。

治疗社区的核心在于与同类人相互交往。通过这种交往，物质依赖者可以学会如何有效处理自己的情绪问题，怎样实践更能适应的新行为，怎样相互之间恰当地面质和支持，以及怎样对自己负责任（Polcin，1992）。治疗社区的目标是生活方式的整体改变，戒断物质，去除反社会行为，提高教育程度，从事有意义的职业，发展亲社会性的态度和价值（Center for Substance Abuse Treatment，1995，p. 51）。

治疗草案

Gordan 的危机治疗进度表是建立在戒断后个人的详细评价的基础上的。它包括适合于个人需要的一套系统、完整的内容。在度过戒断期并稳定到可以负责地参与治疗时，他便出院了。出院以后，大部分的治疗将在门诊进行。

Gordan 的门诊治疗包括：（1）个别治疗；（2）团体咨询和教育；（3）家庭劝告；（4）参加一个 AA 团体；（5）服用纳曲酮以抑制喝酒的冲动与渴求。所有这些治疗将受到圣多莫斐斯工作人员的严密监控，而治疗强度、用药、治疗以及咨询方式可以在需要改变时随时进行调整。

Gordan 的方案是通过计算机追踪来进行监管的。在每一次个体治疗中，Gordon 和治疗师都可以通过计算机检查他的评估进程、医疗和心理状态、目标、所需的程序和需要改变的治疗水平与强度。这些都是公开的。Gordon 在他自己的治疗中是一个合作和参与性的角色。治疗师在施展这个项目时，在过度治疗和治疗不足之间掌握了一个很好的度（Miller & Rollnick，2002，p. 129）。当她考虑了 Gordon 关于什么才能有效的想法时，她就必须对治疗计划做出最终的决定。至此，艺术与科学可能需要平分秋色，而 Carolyn 经验丰富的那个部分则是属于“艺术”的。

个体治疗

对 Gordan 进行的个体治疗包括住院治疗和门诊治疗。在这里要强调的是，我们只对其康复期的危机进行处理。Gordan 的最终目的是达到不依赖物质就能履行职能的自主和均衡状态。在住院治疗期间，等戒断和病情稳定之后，Gordan 将以门诊治疗方式定期与 Carolyn 会面，同时，在晚上与 AA 的会员会面，在傍晚与他的家庭咨询团体会面。

Carolyn：（在咨询室，和 Gordan 一起坐在计算机屏前）我整理了你昨天制订的协议。请看一下并告诉我是否还漏掉了什么。同时，也请告诉我，你是否认为这些行为方面的要求是在你的能力范围之内，以及你是否已经准备好去完成这些目标。

Gordan：（浏览了一下屏幕）是的，看来没问题。我想知道今天我是否可以复印一份带到团体里去。

Carolyn：当然可以，这很好。现在让我们再来做一下昨天停下来的、我们称之为“压力免疫”和“情感想象”的那些方法。记住，在非常轻松的状态下做这个步骤就会从中获得最大的好处。

Gordan：呵，太好了。我从没想过我能那样放松，而且做得那么好。昨天我们做了以后，我自己已经进行了练习，我觉得它确实有用，尽管我不知道这是为什么。

Carolyn：重要的是你已经知道它对你产生作用了，在没有我和其他人在场的情况下，这些技巧给了你力量和控制力，这就是最终目的。

Carolyn 开始引导 Gordan 练习压力免疫的方法。她使用放松技巧和情感想象使 Gordan 得到一种能力，去重新获得那些生动有力的内心意象和信息，使他拥有一种适当的预防性自我暗示（Meichenbaum，1985），来战胜那些总是困扰着他的粗糙的浅滩和暗礁。在压力免疫训练的过程中，情感想象使一些具体的情感与生动的想象结合起来（Cormier & Cormier，1991），Carolyn 让 Gordan 用心灵之眼来想象。

Carolyn：（在个体治疗当中，Gordon 放松地闭上眼睛时）尽可能想象得生动一点，想象你今天在办公室有许多不寻常的压力。你已经有了！在你心灵之眼里，当你靠近老英国客栈时，你看到了诱人而熟悉的霓虹灯标志。在你心灵的鼻子里，你能闻到香槟的味道在客栈中弥漫。在你心灵的耳朵里，你可以听到低沉而熟悉的嗡鸣声在酒吧周围环绕。当你感受着这些景象、噪音和香气时，请注意，因为你承诺要远离这些东西，于是你既被吸引又被现在这种矛盾的感觉吓坏了。（沉默，用一段时间来处理所呈现的内容。）现在，生动地感到自己信心坚定，可以战胜任何类似的冲突。

可能你会对自己说，“我知道喝酒会让我放松，但我也知道那会使我的努力付之东流。我已经做到了。我可以在看见霓虹灯标志后，走过去，经过它，仍然感到轻松、惬意、自由、注意力集中并控制自己，我是自己的主人！我清楚地知道我的未来、家庭、工作、荣誉比屈从于那个酒吧更为重要。在你感到成功和完全控制这种情况时，欣赏和享受这一时刻的力量。（长时间地停顿。）

Gordan：（一段长时间的深思和完全放松的沉默后）我能感受到这种冲突，这很不好受。但我可以看到自己正在做那些事。我能闻到那酒香！能听到那些声音，甚至还能感觉到那种想进入客栈的欲望。但我也能感觉到和享受我心中正在建立的力量与控制力。我不想说谎，酒吧的气息引诱着我。但此刻，力量和控制，甚至是赢得这场战斗的喜悦，这些感受对我更重要。我能够控制自己！

Carolyn：好极了！现在，张开你的双眼。当你的脑海里有这些景象时你还好吗，好到什么程度？请在这份 1 分到 10 分的表上标出来，10 分代表最好。

Gordan：（轻笑）我真想不到！非常好，真的，大概在 8 分或 9 分上。我想我学会处理它了。

Carolyn：（弯下身体轻拍 Gordan 的背）以上帝的名义，我相信你学会了。我也许会把你作为团体中的展示和解说人员。

Gordan，现在我想让你看到另外一些事情。你从来不在上班之前喝酒，在工作中也是滴酒不沾，事实上你在午餐时也没有喝上三杯马丁尼酒，而且你也不允许下属们如此，这真让我对你的顽强感到惊讶！我想说的是，你每天至少有八小时根本一点酒都不喝，如果加班的话，这个时间就更长，而你经常加班。我认为这是非常了不起的，表现出你有很大的决心来达到一个目标。你是怎么做到的？在不上班时会喝酒的情况下，还能做到这一点是相当了不起的。

Gordan：喝酒是为了娱乐和放松。而工作就不同了，它开不得玩笑。工作中要保持警觉且处处留心。如果你搞砸了，会因为工程错误而伤人。你的工作决定了别人怎么看待你，而我也不希望我的名字和废物联系在一起，而且公司也不希望这样。

Carolyn：我想知道你有没有把喝酒看作是例外，而不是常态。我感觉如果有需要的话，你大多时间都会处于清醒状态。你这样想过吗？

Gordan：呃，姆，没想过，倒是你现在提到它，我确实没有在要工作时喝过一滴酒。

Carolyn：那么……这是一个巨大的意外！这个，目前工作如何？看起来如果你决定不喝酒的话，你肯定有能力做得到，而事实上，在此之前，你已经做到过很多次了。

在这里，Carolyn 和 Gordan 对在放松疗法和情感想象中如何强化压力免疫只做了简略的勾画（Meichenbaum，1985）。其他认知行为技术（Beck et al.，1993）也用于进一步提升 Gordan 在克服危机上的进步，这些在本章的“治疗团体”部分有所展示。Carolyn 对 Gordan 进行了强化并采用一些 SFBT 技术对其身上发现的新能力进行加油（Sklare，997，p. 49），还指出他在很多时间里都没有饮酒，这对于他的醉酒状态来说，是个很大的例外（Berg & Miller，1992）。

Gordan 已经改变到 Prochaska 模式的行动阶段（Prochaska，DiClemente，& Norcross，1992）。按 Miller 和 Rollnick（2002，p. 127）所述，当来访者的阻抗减小，乐于讨论问题，决心做一些事情，并谈论和询问有关改变和尝试改变的话题时，他就是在致力于改变了。

治疗团体

我们有许多理由可以说明，治疗团体对成瘾是有效的。首先，物质使用者的人际交往能力非常令人担忧，急需积极的社交活动，以避免接触那些引诱他们成瘾的人（Lawson，Ellis，& Rivers，1984，p. 122；UKATT Research Team，2005）。良好的社会关系需要归属感、接纳、情感、社交、大众化、平等以及自我概念的重建，而这些需要在治疗团体中都能获得（Dinkmeyer & Muro，1979）。以团体形式存在的治疗活动给来访者提供了面对面交流的机会，这一点是从事个体治疗的治疗师很难办到的。这种团体的模式能让来访者学到更多的有效社交技能、学会表达自己遇到的困境，并且能让他们在安全的环境下尝试新的生活方式，更加专注于当下而不是过去，对他人及自己都给予情感投资，给自己改变的勇气，让心中充满希望，并重拾对生活的幽默感（George & Dustin，1988；Knack & Murray，1996；Ohlsen，1970）。

圣多莫斐斯的危机治疗涵盖了多项团体工作，包括：团体疗法、团体教育、多个家庭疗法、AA 团体会议。一个治疗团体通常由 6 ～ 10 名成员组成，他们性别、年龄、种族各异，这并非巧合，而是工作人员们的有心安排，目的是让大家畅所欲言、消除戒备，勇敢地将自身特有的问题与其他成员分享。成瘾者们不易察觉自身的防御机制，但不一定察觉不到其他人的。因此成员之间的差异就能够使他们看到彼此的防御机制、面质这些盲点，并互相帮助，最终实现治疗目标（Ohlsen，1970，pp. 109-110）。为了简洁起见，下面介绍四位来自 Gordan 治疗团体的具有代表性的成员。

Alice，55 岁的白人家庭主妇，在马丁尼酒的微醺中结束了一下午的时光，她的孩子们都已外出离家，她现在是不折不扣的空巢主妇。他的丈夫还有孩子一直否认她酗酒的事实，直到她遭遇了一场车祸，离开现场后她被检测出醉酒驾驶，她因此被送至圣多莫斐斯。

Liz，35岁美国黑人，重症监护室护士长，工作使她精疲力竭，在偷袭药橱时被抓。她的生活摇摆在两极之间，一边是为了摆脱工作带来的痛苦而服用镇静剂（酒精及其他物质），另一边又为了能在工作上表现出色而偷食安非他明。她已被停职，并面临失业和吊销执照的危险。

Manuel，24岁，已被停职的银行保安，父亲在其11岁时死于饮酒过度。他的拉美血统使他看起来男子气概十足，一副“我能顾全及掌控一切”的样子，包括能控制酒精和成瘾物质，而事实上他根本无法掌控。他单身，且在青少年时期就已开始沾染酒精及成瘾物质。

Ruth，41岁白人女性，当她还是少女时就被其父反复实施性虐待。18岁结婚后育有两个孩子，并于23岁离婚。过去的十年，她在一家建筑公司当会计员，期间与不同的男人有过几段短暂、无果的暧昧关系。从少女时代起，她就已经开始酗酒。就在最近，她喝醉后吞了一些安眠药，并打开了自己公寓的煤气，事后护理人员将她送来圣多莫斐斯。

学习人际交往能力

人际交往能力是最初几次团体治疗活动的中心环节，正如Brill所指出的，在团体活动的最初阶段，团体领导应该支持并指导成员们在这段时间里建立起信任关系及凝聚力。成员之间进行互动时，录像是十分重要的，它能够将成瘾者自行建立起来的异常防御体系以图片和语言的方式记录下来，以便用于日后的评估、反馈及治疗目标的分析（Brill，1981；Sobell & Sobell，1978）。

Gordan糟糕的人际关系技能在团体的第二期聚会上就突出地表现了出来。尽管Gordan最初的期望和意愿是能与其他来访者互相鼓励，克服酒瘾，但如下这番初始对话显示了团体治疗早期阶段的典型困难。Gordan的长期否认和缺乏交流、缺乏信任以及缺乏个人需要在治疗团体最初几期聚会中都表现了出来。

Gordan：并没有反对诸位的意思，但我确实不明白为什么要把我和一群严重物质成瘾的人放在一起。

Ray：你觉得你不适合这里？

Liz：是啊，Gordan，难道你认为你的豪饮和我们有什么不同吗？你看着我们就好像你高高在上，把我们当成一群贫贱的流浪汉了。

Alice：害怕我们已经知道了你的编号吗？还是不能接受真实的自己？孩子，你需要学点东西了。

Carolyn：就我所见，信任不但对于治疗团体是非常重要的，对于外面的世界也是。我想打开录像机重新回顾我们在治疗团体第一次聚会时所做的自我介绍及制订的个人目标，这样能让我们意识到这是一个有着共同需求的统一团体。

承担责任

来访者要学会重新控制他们的生活，但这并不容易。让我们来看看Gordan在团体治疗的第三期聚会遭遇“责任”时都说了些什么。

Gordan：让我苦恼的是在这儿他们会像对待小孩一样对待你，让你做这些、来这儿、学那个！

Alice：你知道他们为什么让我们这样做吗？因为如果你打算在治疗结束时能够有所改善，那么那些就是你需要了解和学习的东西。

Gordan：这个我明白，但我已经是成年人了，完全能够自己学习嘛。

Liz：是吗？要是你行，那你说说你都从中学到了些什么？

Gordan：我不知道你有什么资格谈论“责任”，他们不就是因为你突袭了药橱才把你关在这里治疗的吗？

Carolyn：Gordan，你把责任推给Liz，自己倒是一身轻，要是你能让我们对你像你对待其他人一样怒火中烧，那你让我们所有人都滚开的要求就显得合情合理了。

Gordan：那是Liz活该。我们整天谈论的都是些“把你的房子打扫干净”之类鸡毛蒜皮的小事，要是这样做能对我戒酒有所裨益的话，那我真是要感谢诸位了。

Manuel（Gordan 的室友）：要是你真能多关注点鸡毛蒜皮的小事，而不是成天想着喝酒，你大概也就不会被带到这里了。每天早上睁开眼，我都想对我们房间的脏乱差说点什么。我在想，要是你真这么邋遢，你又是怎么找到那么好的工作的？

Gordan：这是我的事。我会让你知道我对待工作是多么的认真负责。我还真不知道我床铺什么样跟能不能好好工作有什么关系。

Ray：当别人对你说出那样一番话时，其他人很难相信你是不负责的人，这让你很恼火。尽管你过去确实很能干、有担当，但面对自己无以为继的这一残酷事实时，难免会难以接受、痛心疾首。

Gordan：不是这样的，我……

Ruth：那么，Gordan，怎么说才对呢？确实，这并不有趣，这本来就不是度假，你只要在这里老老实实地待够天数，以此证明你是个负责任的人就行了，正如那些人所说的，你并没有长时间地承担责任，而且跟我们在一起的时候也是一样。（生气）你觉得对我而言，背负着被自己那该死的父亲性侵六年的经历继续勇敢地生活着是多么容易的事吗？在经历了婚姻失败、每天烂醉如泥的生活之后，我曾试图一死了之。我为你在这儿抱怨连天而感到恶心。（Ruth 泪流满面地奔出房间，Carolyn 追了出去）

Gordan：（Ruth 的爆发及离开多少让 Gordan 回过点儿神）天啊，你们到底想让我怎样？你们和我老婆一个口气。Ruth 的主意不错。我也走了！

Ray：他们说话的口气都是老样子，是谈论责任让你很生气，所以你发火了。

Manuel：要是他连整理床铺这点小事都做不了的话，我想他也不能向我证明什么。

Gordan：我会证明给你们所有人看的！

Ray：这并不是向他们证明什么的问题，在我看来，是有没有勇气展示自我的问题。

Gordan：我不知道，这事确实把我吓得什么都不敢做了，我也不确定我还能做什么。

Ray：当你这么说的时候，我想我们能够理解，这不仅仅是铺床或读书作业这么简单，它是一种发自心底的畏惧，总是害怕去做那些自己不能长期坚持完成的事情，并且还不停地质疑自己是否会再次失败。

倘若 Gordan 能在治疗中心、工作人员或者他们的实际工作中找到足够多的错误，那么他的立场反而"合理"了，甚至回归到酒精的世界中去也不为过。拥有共情心并且能理解来访者的治疗师有时会遇到有这种抵触情绪的来访者，这种情绪其实并不恰当，它会让来访者情绪失控，将自己情绪的掌控权交与他人之手（Wallace，1978，p. 38）。

当 Gordan 以刻薄的口吻回应其他成员时，工作人员同情地回应受到攻击的其他人，而当 Gordan 被其他人攻击时，工作人员又会以支持的态度来回应他，假定他攻击其他人后是这样一种感受，那么就不难推测那些攻击他的人会是怎样的感觉了（Ohlsen，1970，pp. 116-129）。工作人员示范了如何重塑独立行为，拿 Gordan 举例，就是不要强化他的依赖行为，而当他肩负责任时要去鼓励他的这一行为（Blume，1978，p. 71）。

治疗物质滥用者的团体并不都是像大家想象的那样，摆着茶和饼干，气氛和谐，相处融洽，轻轻松松的。在整理出一堆物质滥用的垃圾时，很难做到不发火，这就是为什么一个治疗团体要有两个领导，这点很重要，一个扮红脸，一个扮白脸，分工明确。而且由于其中一个领导能迅速地来到处于危机之中的成员身边，把他带离这个团体，这个成员才得以平静、安全地离开（Hien et al.，2009，pp. 180-181）。

两天以后。

Ruth：（啜泣着）我知道我这样说很傻，但是天知道我在艺术治疗时做的木雕有多糟糕，就像我总是搞糟我生活中的一切那样，我就是做不好这个木雕。

Gordan：啊，你看，Ruth，我过去常常做木雕，它曾是我的爱好，要是你不介意的话，我很愿意帮帮你，我知道木雕的事情很让你沮丧。

Manuel：嗨，老兄！这可是你第一次说你要为别人做点什么，这种感觉好吗？

Gordan：这没什么了不起的。

Ray：我觉得Manuel抓住了重点，很高兴看到你主动关心、帮助Ruth，愿意为Ruth提供帮助说明你正在学会为其他人负责，你已经很久没这样做过了。（故意做出惊奇地表情）这是真的吗？要是让你现在就去给Manuel整理床铺呢？（包括Gordan在内，大家都笑了。）

Ray强化了Manuel的回答，为的是激励Gordan重返治疗团体的社交活动，这是带他走出自我封闭、自我沉湎至关重要的一步，而且Ray还巧妙地运用幽默和被称为"积极谴责法"的焦点解决短期治疗方法，这种方法能注意到问题行为之外的特殊行为，比如Gordan这次的帮助行为。

弄清对过去的否认

对于成年人来说，固执、不知悔改和不断地否认通常是一种与精神病性障碍以及成瘾有关的防御机制，只要这种防御一直存在，那么任何有助于他们病情康复的建设性举措都只会收效甚微（Maxwell，1986，p. 176）。对于工作者而言，最困难的莫过于减少他们否认的次数，以及鼓励他们日益增长的自我认知和自我暴露，与此同时还要将他们的焦虑情绪维持在最低程度（Wallace，1978，p. 32）。

在治疗酗酒的过程中存在两个阶段的否认，第一个阶段是对存在饮酒过度及其严重程度的否认（Blume，1978，pp. 68-69），特别是持续否认与酒相关的问题，这是预后不良的一个标志，总是采取否认态度的物质依赖者很难保持操守。第二阶段是对长期存在的生活问题的否认，尽管这种否认听起来可能与成员的戒酒背道而驰，但是不同于对酒依赖的否认，在治疗早期，对严重生活问题的否认更像是合理的防御反应，因为生活问题很可能是早期诱发物质使用的一个重要应激源，可以通过给予更多的压力、让这些人更焦虑以及让他们遭受失败，来消除他们对生存问题的回避和防御。看看Gordan是如何使用各阶段的防御的。

1. 有关于（酗酒）问题的信息吗？当你在医院的病床上醒来，近乎酒精谵妄状态，而且根本想不起来自己是怎么到医院来的。这显然是个问题了。

   啊！一定是发生了什么意外，而我很不幸地刚好被卷入其中。

2. （酗酒）有危险吗？你被告知差点死于酒精及其他物质的过量使用。

   好吧，那只是个意外，为了能更好地入睡，我另外又服用了阿普唑仑，这种事情以后再也不会发生了。

3. 对我（治疗）？因为你的老板威胁要炒你鱿鱼，你家人威胁要离你而去，你在经历酒精戒断反应的躯体危机，同时还陷入了严重的财务困境。

   这是他们的问题，不是我的。这只能说明他们都是没有同情心的自私鬼，除了想着能从我身上得到点什么外，根本不关心我。我不得不少喝点酒，或许能戒掉阿普唑仑。

4. 现在（治疗）吗？你被护理人员带来医院时半条命都快没了，有着很严重的酒精戒断症状，你现在真的很需要别人帮助你戒掉酒瘾。

   我不觉得有什么好着急的，只不过是我一时糊涂，以前没发生过这样的事情，以后也不会再发生的。

5. 我能应对吗？无论是在社会上、家庭里、职场上、身体上还是经济上你都显得不堪一击，正是你自己，并不是什么其他人，让你陷入如此窘迫的境地，所以你必须肩负起自我救赎的责任。

   嘿！我只要稍微休息一会儿、康复一阵儿就又能够重新振作起来了，是其他人让我精疲力竭的。

6. 我焦虑吗？你害怕死亡，却不知道如何应对它，只是一味地使用你擅长的防御机制来应付它。

我必须重新控制自己，而一杯酒肯定能帮上忙。

7. 这和我的焦虑有关吗？你说你完全确定。如果你不能改掉它，那么很快你就会死掉的。

这样真的让我感到焦虑，我现在确实很需要来一口酒，或者一两片阿普唑仑也行。

客观的旁观者看到这个例子时的典型反应是“简直是疯了，这家伙居然对发生在自己身上的事情视若无睹，他的麻烦可不小，现在就需要改善！”。问题是这些防御体系理所当然地存在了那么久，且变得如此复杂，制造了如此完美的感觉以至于它们根本不会应要求而欣然退出来访者的精神世界，当有新信息进入到他的体系中时，这个体系会变得愈发警惕，并加强防御体系来保持和现实的距离。但仍有希望的是，情况越来越危急而来访者变得愈加脆弱不堪，在某一时刻，会导致危机的产生，在这危机的时刻，“否认机制”会崩溃，取而代之的是更加主动的（而非被动退缩的）处理机制。

面质

对于大多数成瘾者来说，当极度否认的和它所防御的对象相遇时，面质（confrontation）成为工作者所能拥有的最强且具有危险性的武器（Lawson，Ellis，& Rivers，1984，p. 125）。应用面质作为一种治疗技术时需十分慎重，因为将持坚决否认态度的来访者置于这种焦灼状态的疗法可能带来问题，这可能有多种原因。比如，在治疗过程中其他来访者可能会恶意攻击某个成员，迫使他服从并成为替罪羊；再如，对一个来访者的过度关注可能导致忽略团体中的其他成员（Ohlsen，1970，pp. 127，168）。

面质的目的不是宣泄个人的挫败情绪，也不是为了颠覆来访者的价值观，当然更不是为了惩罚谁（Lawson，Ellis，& Rivers，1984，p. 101）。其实面质就是为了指出来访者言行之间的矛盾（Ivey，Bradford-Ivey，& Simek-Morgan，1993）。工作者的情绪敏锐度和把握正确时机的能力，对于面质来说至关重要（Perez，1985，p. 164）。

挑战是面质的一个主要特征，挑战蕴涵于问题之中，从而激起直接的情绪反应；第二个显著特征是直接性及行为导向性，为了看到来访者的反应，常会让他们置身于新的角色及情况中，这些新的角色和情况会让来访者意识到自己意图与行为、感觉与信息、观察与行动之间的矛盾之处（Dinkmeyer，Pew，& Dinkmeyer，1979，p. 110）。

我们可以用毫无避讳的言语，也可以用间接、解释性的语言。通常来说，面质也和承认性声明有关，其中一个清楚地说“我，危机干预工作人员，认为你是这样的”。要是来访者否认这种声明，那么面质就要做些改变，比如换成：“好吧，如果你不是那样的，那你是怎样的呢？”通常面质会以要求的形式出现，且可变化成各种形式。用面质发现处于矛盾中的来访者，并询问他们矛盾行为的原因，通过巧妙地运用并转换不同形式的面质来解决各种治疗过程中出现的困难，那么你会发现，面质能够非常有效地使来访者摆脱旧的反应方式（Shulman，1973，p. 198）。

面质有五个主要方面：

1. 经验：对来访者的任何矛盾之处都要有所回应。
2. 优势：要关注来访者所拥有的资源，尤其在来访者没有认识到这些资源时。
3. 劣势：关注影响来访者的不利因素或疾病。
4. 教训：澄清错误信息或缺失信息。
5. 鼓励行动：迫使来访者以建设性的方式作用于自己的世界，与此同时纠正他们消极的生活态度。

应该频繁地运用其中的四点：经验、优势、教训以及鼓励行动，而不是过多地依赖于对来访者劣势的发掘（Lawson，Ellis，&Rivers，1984，p. 103）。对面质的运用总是和行为息息相关，绝不针对来访者的人格。面质很多时候都是自相矛盾的，会被夸大到可笑的地步，有时还挺幽默，这使得来访者能够很清楚地看到他们受到质疑的行为是多么的荒诞。例如，Gordan 与团体成员一起进入第五期治疗聚会时，必须要面对来自工作者及团体成员对其否认行为的双重面质。

Gordan：说我下班后不该和那帮家伙去饮酒，你们说起来轻巧，要是不那么做，在那个圈子里根本就待不下去。

Carolyn：（抓住矛盾）这样说来，如果你不按他们要求的那样去做，你就会被踢出那个圈子，但正是这种继续饮酒的行为几乎让你被踢出现在这个圈子，你明白其中的不同之处吗？

Gordan：是啊，我已经是圈子中的一员了，不能让那些小鲨鱼游到前面去。

Manuel：（追问）什么的前面？

Carolyn：（打一个夸张的比方）想象这样一幅画面，Gordan，你就像一条在伏特加马丁尼酒杯中游来游去的小鲦鱼，你身边都是些又大又饿的鱼，但你是如此的愚蠢，竟然从伏特加的汪洋中径直游到它们的嘴里。这怎么可以呢？这一定是你的决定，但是我想这画中的你和你想象中的你怎么会是一样呢？

Gordan：（轻声笑）好的，我接受这种说法，但愿有什么方法能让我摆脱这种双重束缚。

Ray：（提议行动）如果你按相反的方式去做，会怎么样？就是说，停止下班后的饮酒享乐，做一条清醒的鲨鱼而不是一条烂醉的鲦鱼，你会得到什么？

Gordan：我不知道，（有点站不住脚地）那我就成了一个不正常的家伙了。

Ruth：（得出悖论）不，你一直是个正常的家伙，不错，不过你所谓的正常就是一顿有三杯马丁尼酒的午餐，为什么不喝下半打呢？那你不就成超人了，我曾经就认为自己那样做过之后，成了女超人，现在你理解我的意思了。

Gordan：（愠怒地）喂，等一下，我不是那个意思。（转向 Carolyn）那不是真的，她怎么能那样说呢？我们不是要彼此帮助吗，你怎么能让她故意针对我？

Carolyn：（重新转向 Gordan）那你指的是什么意思？（用反映代替要求）我明白那样说有多伤人，但我也相信当你一边试图让我支持你，又一边暗示我是个多么讨厌的咨询师，而我并非如此时，我想我也会加入“可怜的我”的游戏中来的。你会换个做法吗？（提出多种选择）你有多种选择，你可以选择坐下生闷气，也可以选择依靠我并要我帮你回答，或者你还可以选择利用你的重要优势，清楚、自信地将一切解释清楚，重新赢回大家的支持。你会选择哪一个呢？

Alice：（打一个比方）看你如何选择？一方面你想独立，另一方面又不停地说“快过来抱住我，看，我是个多么可怜的孩子呀！”我脑海中浮现出这样一幅画面，婴儿床里躺着一个“巨婴”，堆满了空奶瓶，而你舒服地躺在其中。

Gordan：天啊，这不是真的，我才不是什么婴儿，生活就是个婊子。

Carolyn：（充满同情地）没错，生活就是这样，它就是一场堕落、残忍、非比寻常的酷刑。让所有人都为你的酗酒负责，让他们背上十字架，把他们碾成灰烬会使生活变得美好？那样就把他们对你的伤害全都还清了。

Gordan：人们就是不理解我，包括你们，我要离开这个讨厌的地方。

Carolyn：（回避圈套）我不希望看到你负气离开，确实他们的所作所为与你的自欺欺人针锋相对，但却可能帮助你发现自己的优势。如果我让他们别跟你啰唆，你就不需要负责任；要是我不阻止他们的行为，你就会负气离开，那样我也错了。无论采取哪种方式你都有理由继续责怪别人。（归因投射）你将自己置于双重约束中，而且貌似你也想让我遭受同样的约束。（承认）要是你因为那个就认为我不像一个咨询师，那你怎么想是你的权利。我所做的这一切都是为了避免冒险，想看看你到底具有哪些优势，但因为感到害怕而一直没敢尝试。（解释外化的责备行为并鼓励新的行为方式）在这期聚会的早些时候，你曾求助于大家，要是你在接受帮助的过程中真的毫无所得，那你为什么要求助呢？

Gordan：（摇摇晃晃地坐回到椅子上）我求助了吗？见鬼，我好像真的这么干过。

某些应答似乎让 Gordan 处于难堪的境地，但是其他成员愿意承认，他们也曾经有过像 Gordan 现在的处境。面质是对行为的规劝、告诫。团体成员促使 Gordan 对他的人生做出一些改变、突破，尤其是改变他否认和辩护酗酒行为的举动。

界限测试

项目的规则必须得到可靠一致的执行，这对治疗效果至关重要。来访者经常用爽约、违反治疗规定、使用物质等方式来测试界限，以确定治疗师治疗方法的一致性（Doweiko，1996，p. 360）。符合物质依赖者所期望的稳定性及一致性是良好治疗的标志，因此，危机干预工作者应该立即对违背基本规则的行为进行面质。

Gordan：不好意思，我迟到了，我刚刚和 Ruth 聊天，忘了时间。

Carolyn：我这样说听起来可能像是在找碴，但这确实是个不关心正事儿的好理由，我真想知道你曾经用过多少次这个借口来掩盖你迟到、酗酒的事实。在 1 ～ 10 分的范围里给自己打分，你觉得你为改变做了多少准备？

Gordan：（挖苦地）是呀，我停下来专门去护士站取了一瓶曼哈顿，或许是五瓶，我也不知道。

Carolyn：你所做的不过就是找点小借口为自己的行为开脱，但当你离开这里后，这种小决定就可能导致更大的坏决定，我希望你能意识到你所做的那些小决定以及它们会导致的后果。5 分告诉我至少有一半的你屈从于这种做法，让我看看这一半的你吧，它会是什么样的呢？我很好奇要是你什么都不想做（为改变做准备），那你为什么不挑个小一点的数字呢。

Gordan：我当然想做些事情。

通过让 Gordan 评估自己的动机，Carolyn 让他意识到某一部分的自己还是愿意做出改变的，而且 Carolyn 立即采取行动来强化这一部分。

治疗秘密

物质依赖者有时会尝试着把他们的“秘密”告诉工作人员，通常是新来的工作人员，以此来拉拢他们，他们会向工作人员承认自己违反了规章制度，但同时也会请求工作人员为他们保密，不要告诉其他的工作人员，如果工作人员同意为他们保守秘密，之后他们会敲诈工作人员威胁说要告诉他的上级。

Gordan：（开完门诊病人团体会议后，把实习咨询医生 Sheila 叫到一边）那个……我要和你谈谈，我想我能信赖你，那个……有些事情我不想让 Carolyn 知道，如果她知道了肯定饶不了我。嗯……我有个朋友路过，当我们在车里聊天时他从冷冻柜里取出一瓶啤酒，该死……我要了一瓶，就一瓶，我为此感到内疚，我一定要把这事儿说出来，但请你别告诉她。

Sheila：（以友善但不容置疑的声音说）Gordan，我很高兴你能告诉我你做过的事，我想鼓励你去找 Carolyn 并将实情告诉她，并在下一次团体聚会时与成员们分享。请原谅我不能保守与物质滥用有关的秘密，如果我那样做了，那我和那些容忍你酗酒的人还有什么差别呢？决定权在你，是你现在就去告诉她呢，还是我在下次团体聚会时分享给大家听？

除了立即对来访者的“秘密”进行面质外，Doweiko（1996，p. 360）还建议工作人员将来访者告诉她的秘密立即记录下来并上报治疗团体。有些人可能会猜测，Gordan 喝完啤酒后就完蛋了，可能不久就会彻底复发。但与之相反，Carolyn 将之称为“失足”，并立刻采取措施。失足引起的矛盾、愧疚、羞耻会逐渐消磨成瘾者的自信，让他们沉浸在失败的情绪中。

Gordan：我肯定把事情搞糟了，这足以证明我是个彻头彻尾的失败者。

Carolyn：我宁愿把它看成是为期 22 天的戒酒过程

中的例外，我们一起谈论“失足”，都认为它异常麻烦，但我们心里都明白，“失足”确实还是发生了，它并不是灾难，也不是再喝酒的理由，在这之前你选择了戒酒，现在你当然还有选择的权利，我会把你的“失足”记录在卡片上，我希望你将此卡放在钱包里，如果你再次面临那样的处境，就把这张卡拿出来，读读上面的内容，你能控制住自己的。

Doweiko（2006，p. 398）指出，在几乎所有其他医疗问题中，不依从治疗并不像在物质滥用治疗中那样经常被视为治疗失败。Carolyn 需要小心应对这种情况。危机处理人员必须十分小心不要表现出对这种“失足”的宽恕，但是另一方面，他们也必须面对“失足”易发生的现实，必须有计划地去处理这样的现实。

突破非理性心理定势

根据 Ellis（1987）的理论，并非事件本身，而是我们对事件的看法使得我们以特定的、非理性的方式去感受和行事。由于抱着人或事“应该”“应当”“必须”做或成为让世界更美好的事的疯狂想法，物质依赖者成为了他们对事情不理性认识的牺牲品。将如此不理性的想法置于他们的认知里，让物质依赖者很容易掉进受伤、被拒绝的情绪里，他们会将这种情绪表现在自己的行为里，来报复那些擅自闯入其以自我为中心的世界里的人和事。在他们一开始形成这种想法时，就能灵敏地捕捉到，这是至关重要的，因为这一想法会引发一系列连锁反应，最终导致再次饮酒。阻止这种疯狂想法的关键在于教会人们识别预兆着负性情绪及其糟糕行为后果的线索，一旦识别这些线索，就会产生理性的新观点，取代那些支撑“疯狂”信念的旧观点。例如，在治疗 Gordan 的过程中，第六期聚会的录像成为了第七期团体治疗的焦点内容，第六期分析了每一位来访者被送入圣多莫斐斯的导火索及行为。团体成员们会观看团体领导节选出来的第六期录像，生动地重建、模仿每一位成员独特的成瘾情况，以此来刺激及暴露每个人的防御机制。来访者们先是扮演自己，然后互相交换角色，尝试着模拟别人的防御机制。

Manuel：这太难了，Liz 把我演成了什么！我看 Alice 也把 Gordan 演砸了。

Ray：他是如何在一开始将事情合理化，然后随着扮演的逐渐深入，他开始出现退行行为。

Gordan：在我看那段录像之前，我根本不会相信这一切，但当我看完，我相信了。我总是在合理化自己的饮酒行为，当我因为喝得烂醉而不能上班时，我会告诉自己“我病了”。这是多么悲哀的事情，酗酒甚至让我看不到这样的事实，我真混球啊！

Ruth：多么孩子气的行为啊，“我要带上我的球回家去”，看看 Liz 模仿得多像，简直跟你昨天在家庭治疗中一个样。我不知道那是你母亲还是你妻子，你操纵她的方式和你生闷气的样子就像一个得不到糖果的小孩。

Gordan：（生气）你什么意思？我表现得像个小孩？要不要让我们看看你在你家十几岁大的孩子面前表现成什么样？

Liz：看看你刚才的行为吧，Gordan！你马上就采取了报复行动。

Alice：录像不会撒谎，难道你没看到你是怎样变成这个样子的吗？

Carolyn：记住几天前我们在言语或非言语行为中对提示所做的反应。注意当你的防御机制被揭露时你有什么感受，以及促使其运行的脑子里的想法是什么。（Gordan 再次研究起录像。）

Gordan：（羞怯地）可能我确实表现得像个小孩儿，没能把你称之为“线索”的东西和我的真实生活联系在一起。

Carolyn：这里正好有一个不错的例子教你如何开始运用“线索”，就在一分钟以前，当 Ruth 和你针锋相对时，你脑海中出现了哪些想法让你表现得那样气愤，还攻击她，而不是反省自己？

Gordan：当时闪现在我脑中的想法是“你怎么跟我老婆一个德行”，我老婆总是暗示我表现得不像个成年人，她每次这样做，我都会怒火中烧。

Carolyn：就拿 Gordan 举例，如我们所教的那样，要识别哪些线索，要做些什么来消除非理性思维和行为呢？

Ruth：首先，Gordan 要能意识到脑海中闪现的想法是在提示他停下来，每当他想到他以前是怎样对待 Amy 以及听到“你不够好”时，他就要意识到这是一个警告信号，提示他正处在旧的思维定势中。

Manuel：他可能要将第三人称的“她”改成第一人称的“我”，因为那说的就是他本人以及他本人的信念，是他让那种事发生的。

Alice：他可能会对此做出这样的断言，像“我理解你怎么会有那种感觉，但现在我觉得我对你相当坦诚，你要是感到我没有改变，那会伤害我。”

线索给 Gordan 提供了心理上的停止信号，这些信号并不容易识别，尤其是在头脑发热的时候，很容易回到多年养成的旧程序化思维模式中。对来访者来说，学习发现“线索”就像学习其他新的技能一样，在能够完全运用之前，也需要很多练习与反馈。

Carolyn：我希望你们都能尝试着在自己的日记中列出属于自己的“线索”，去识别那些会让你们抓狂、愤怒、沮丧等等之类的困境。接下来让我们开始建立新的思维模式，在此过程中，随时监督着自己，看是否能在别人发现之前意识到自己的问题，当你在给自己灌输新的思维模式并说到它们时感觉有些别扭，说明你已经步入治疗的正轨了。

如果来访者意识不到自己的愚蠢想法，其他的心理或情绪反应也许也能给他以提示。比如，双手出汗、如鲠在喉、心跳加速就是很好的生理提示；生气时的面红耳赤，尴尬时的懊恼、气愤，以及绝望时的灰心丧气都可以成为有效的提示。

克服导致饮酒的环境线索

场景及场景中发生的事件为特定反应方式提供了强有力的线索。回到一个充满了饮酒或使用物质的潜在环境线索的世界中，可以破坏康复中的瘾君子所新建立起来的应对技巧，并可能产生另一个危机点（Sobell & Sobell，1978）。

在治疗团体中，将物质依赖者置身于特定的假想环境中，让他们扮演角色，能帮助他们识别并把握那些能强化其物质依赖的环境。来访者将来不可避免地会遇到负性场景事件，他们可以通过学习如何利用认知重构（McMullin & Giles，1981）、想象法（Neisser，1976）、应对思维法（Cormier & Hackney，1987）、情绪表象法、隐匿示范法（Cormier & Cormier，1985）、压力免疫法（Meichenbaum，1985）以及节点链接映射法（Collier et al.，2001；Czuchry & Dansereau，2003）等方法保护自己免受这些事件的影响。在 Gordan 治疗团体的第十期聚会上，团体成员会设置一个场景进行角色扮演，来模拟 Gordan 可能遇到的生活情境，如 Gordan 在结束了一天的紧张工作后钻进自己的车里准备回家休息时，接到了家里的一通电话，说 Mark 因随身携带大麻被学校勒令休学。挂在墙上的指引性节点链接图（Collier et al.，2001；Dansereau & Dees，2002）概述了 Gordan 在处理这种问题时需要采取的措施及步骤。Gordan 观看着 Manuel 扮演他的角色。

Manuel：（扮演 Gordan，边把车开出公司的停车场，边自言自语）老天啊！事情本该更美好的，但要是真的更美好了，那才真是见鬼了呢！工作烂透了，老板又站到我身后，我能听见的就是“生产、生产、生产”之类的鬼话，而现在是“Mark、Mark、Mark”，我想这大概也是我的错。Amy 一定把那些算在我头上了，她打电话给我时都要疯掉了。当我敲门进屋时，我看到的一定是这样。嘿，快到老英国客栈了，我最喜欢的酒吧。哥们，那儿的曼哈顿酒真是不错！我打赌还有一些老朋友在那儿，其中就包括

Roxie，他是我最喜欢的酒吧服务生，他们保证不会批评我。在那儿简直太爽了！两杯算一杯的价钱。让这见鬼去吧，我只喝一杯然后就走人，在我踢开门之前，醉意将逐渐消散，我还得去处理 Amy 和 Mark 的事情。（Manuel 掉转车头开进了客栈的停车场。）

Ray：好了，世界并不完美，你也会遇到类似的问题，且心情糟糕，如果真有这么一天，而像老英国客栈这种充满诱惑的地方又唾手可得时，你会怎么做呢，Gordan？看看我们计划的步骤，就在你上面，这是你的指引图，让我们看看你是怎么解读它的。

"Gordan 指引图"（Collier et al.，2001；Czuchry & Dansereau，2003；Dansereau & Dees，2002）以图解的形式列出如下：

1. Gordan 的目标："不让工作压力成为喝酒的理由。"
2. 可能遇到的问题："工作与家庭的双重压力。"
3. 为什么想达到目标："不让自己因为找借口喝酒而导致复发。"
4. 能够得到的支持："AA 团体中的支持者，必要时和家人谈话，他自己运用前面提到的认知行为技术的技能。"
5. 解决问题的措施及步骤："把车停在路边，给 AA 的支持者打电话，让自己放松，开始做积极的自我鼓励和应对声明。"

Gordan：好了，让我实施我的计划吧。我积极的自我声明会是："我不在乎工作有多艰巨，我已经做好了今天的工作，反正到了月末老板总是像那样抱怨，所以不要把这个放在心上。"我的压力免疫会很起作用。

首先，我会放上莫扎特的音乐；他的音乐很舒缓，让我想起了在银行工作时看着外面苏黎世湖上的帆船渐渐驶过的时光。行为上，我可以锻炼自己的呼吸技能，就是深深地吸气、慢慢地呼出，让压力随着我的呼吸从鼻子离开我的身体，边深呼吸，边想象着我已经看到了慢跑鞋和运动服正在我家门旁等着我。我会对自己说"我本可以回家后对着家人咆哮一番，让大家都不好过，然后生闷气，但这一点帮助都没有，反而使我压力更大。当我运动完，我觉得整个人都舒爽了，我的头脑变得更加清晰及理智，我能感到汗顺着身体往下流，带走了我的烦恼及压力，感觉棒极了。"我对自己这样说，以此来替代我对家庭的负面印象。

现在老英国客栈到了，我在想其实拐进去是件很容易的事，此时我感到我的手在出汗、喉咙发干，我阻止自己继续想下去，对自己说"别再想着去酒吧喝酒了！想点别的，想想你每次在那里喝完酒烂醉如泥的样子，笨蛋！想想你气喘吁吁挣扎到厕所的死样。看在上帝的份儿上，你就是个令人不忍直视的蠢货。"提醒自己，现在的自己感觉是多么的好，试着弯弯自己的腿，摸摸自己坚实的肌肉，这些真实的触感会提醒你，自己已经远离了那段不堪的岁月，好不容易走到今天，不能就这样功亏一篑。回顾我自己的内心独白，我想说："是呀，Roxie 和那个酒吧确实是个可以静静喝一杯的地方，但那是过去的事情了。大白天看它，它是如此的陈旧，如今我宁愿待在自己的书房里，感觉舒服得多，而不是那个用纤维板和人造材料搭建起来的酒吧"。哈哈，我打赌那些男孩们今天之后也会看起来没那么可爱了。另外，我再也不会喜欢那闻起来甜甜的曼哈顿酒了，我总是用香烟去掩盖它的味道。我不想再说这些废话了，Mark 这样做太混球了，但我也没必要把它想成灾难，我能处理好，我会尽量抽时间解决的，对我来说家人的事情是放在首位的，我不会敷衍了事哄骗家人，我要身体力行！如果必要我也会打电话给我在 AA 中的保证人 Hal。踩下油门，毫不遗憾地前行吧！"

在团体成员和工作人员的协助下，通过一遍又一遍地观看和练习这些新的心理形象，Gordan 学会了运用多种积极应对机制来克服有潜在威胁的大环境（Ahsen，1993），治疗并不是一劳永逸的，Gordan需要反复地练习来重塑自己，才能让自己无视那些以前能让他喝酒的诱惑。上方的节点链接图以图解的形式指明了来访者要做的事及其顺序，这对那些少言寡语、对理解复杂治疗计划有困难的来访者来说，是相当有用的（Czuchry & Dansereau，2003）。这些实践练习是保护成瘾者的“盔甲”，是对抗复发的有力武器。

家庭治疗

家庭体系的态度、结构和功能已被认为是影响治疗效果最重要的因素（Copello，Templeton，& Velleman，2006；Fisher & Harrison，2000，pp. 189-195；Kaminer & Slesnick，2005）。Barnett（2003）对研究、文献和网络资源进行了广泛的回顾，结论是酒精依赖是在家庭系统的社会环境中发展起来的，是导致家庭功能障碍的一个主要原因。她建议有必要把家庭视为一个需要治疗的单元纳入治疗计划中。一般来说，对家庭的干预属于两个干预领域：系统治疗和行为治疗（Seneviratne & Daeppen，2009）。

在对酒瘾者的家庭咨询中，需要考虑两个重要因素。首先，在任何家庭治疗中都需要着重考虑那个家庭的文化背景，而这一点在成瘾咨询中非常重要。“纠结”“赋能”和“互依”等术语在欧美家庭可能被认为是病理性的，但在其他文化背景的家庭中未必如此（Fisher & Harrison，2000，pp. 172-173，182-183）。其次，再婚家庭中的“你的”“我的”“你们的”“我们的”，甚至是“他们的”，在不同的国度、血缘，以及不同的原始核心家庭的决策制订程序中都可能有不同的含义（Anderson，1992，pp. 172-174），这些都是在决定如何治疗时需要考虑的因素。

如果家庭能被赋予更具适应性的行为，它可以让酒瘾者保持进步和改变（Kaufman & Pattison，1982a，p. 669）。然而，说起来容易做起来则不容易，因为矛盾的是，如果酒瘾者停止饮酒，适应不良的家庭会变得极具威胁性，设法让来访者又重新回到酗酒的内稳态中去。家庭内稳态是家庭成员在面临改变时，企图维持家庭结构平衡和稳定的自然趋势（Jackson，1957）；虽然这种结构会是极度适应不良的，但那是“他们熟悉的魔鬼”（宁可跟熟识的魔鬼打交道，也比跟未知的魔鬼打交道好）。

在Gordan的病例中，支持性咨询要求所有家庭成员，包括Gordan，都能认识到问题不仅仅是简单地让他不再喝酒。家庭咨询认为Gordan停止喝酒，仅仅是解决依赖带来的深层次问题的开端。而对于解决让彼此都感到痛苦的问题，以及建立一个强大、健康、支持性的家庭系统来说，每个家庭成员都是关键角色。

家庭治疗的观念是帮助整个家庭，它有三方面的主要优势：首先，家庭可以面质物质依赖者的成瘾和支持他尝试康复。例如，在RBT（Tuten et al.，2012）中，指定一位家庭成员作为支持者，类似于AA中的支持者。家庭支持者与工作人员和来访者定期会面，了解来访者最新的病情（包括物质检验结果），对保持戒断和达到休闲或工作的目的提出表扬和强化，当来访者需要额外情感支持来保持戒断状态时能接听来访者的电话或和来访者见面，提供实质性的支持比如帮助寻找工作机会，提供激励比如保持“戒断”就去听音乐，以及向其他家庭成员表扬来访者的进步（pp. 152-153）。

夫妻行为疗法（Behavioral couples therapy）（Emmelkamp & Vedel，2006，O'Farrell，2011；O' Farrell et al.，2010；Powers，Vedel，& Emmelkamp，2008）着重于保持自我控制和应对技能来维持戒断状态，提高理性功能，提高夫妻参与社会体系的社会功能，以及提高对方应对饮酒相关情况的技能。做到上述各点，夫妻需要制订一个日常戒断信任协定。每天只在执行这个协定的时候讨论一次物质滥用的问题。这种讨论是简短的，且在结尾时要说出针对对方的积极话语。在标准功能分析中的一个附加成分是物质滥用的相关因素，前因或后果。注意偏移（attention bias）是通过夫妻相互间记录发生在另一方身上的积极或愉快行为，来停止关注消极行为，转而开始关注积极行为。随着相互间的关心和令人愉快的行为的增加，伴侣间积极的相互交流也得到改善。给予在交流技能和问题解决方面的训练，可以帮助夫妻处理关系问题和制订防复发计划（Emmelkamp & Vedel，2006，pp. 70-71）。

其次，家庭成员学习物质滥用是如何联系到家庭生活的其他方面的，比如角色、规则及交流方式，以及了解物质滥用是如何让其他人也受到束缚的（Cable，Noel，& Swanson，1986，pp. 73-74）。对于家庭成员来说，最难处理的问题是要让他们意识到其实是他们（家庭成员）促进了来访者继续酗酒的过程。很容易对一个已确诊的来访者（酒瘾者）指出他是一个需要治疗和“治愈”的人，但事实上，如果把家庭视为一个体系，那么整个家庭都应该是来访者。

例如，在交易性分析理论（Transactional Analysis theory）中，赋能和互依在卡普曼戏剧三角（Karpman Drama Triangle）（Karpman，2007）中有清晰的描述，在等边三角形的每个顶点，有一个施虐者、救助者和受虐者。只要三者的位置不变，三角形的边就能支持一个非常强的互依和赋能关系。在这些角色中，“救助者”不是一个在紧急情况下帮助某人的人，而是一个有着私下动机的人，因为表现得像一个英雄而从他的教会圈中得到回报。她作为长期受苦的配偶，因为包容她的酗酒丈夫而得到很多同情和尊敬，“因为忍受了这么多”。

有趣的是，家庭成员不总是保持固定的角色，而是根据所获回报，可能在这个三角中徘徊。例如，一个救助者英雄式地尽力，而反复失败，变成了受害者。此外，施虐者和受虐者也可能围绕三角移动。该动力学的结果是，每一个人无意识地、习惯性地、令人沮丧而恒定地从一个角色移动到另一个角色，即便这样的移动非常不健康。然而，当某个家庭成员决心不再扮演其中一个角色时，一条边就去掉了，三角形随之处于坍塌的危险中。因此，如果家庭成员停止赋能和互依，就建立起一个危机，这种家庭的病理性平衡就会戛然而止。

最后，也许是最重要的一点，孩子可能被教育为功能失调体系中起作用的一部分（Liepman，White，& Nirenberg，1986，pp. 56-57）。

家庭治疗也提供一个支持性和安全的地方来解决某些大的家庭问题，例如需要改变生活方式、个别成员的完美主义思想、家庭中力量的失衡状态、敌对以及家庭成员对领导地位的角逐等。许多家庭并没有意识到这些动力因素对家庭的影响。即便互依者和依赖者都同意要改变，他们也不会明确或者含蓄地设想家庭关系要完全重构。避免赋能行为和承担责任是困难的，就如 Gordan 的第一次家庭治疗会议所显示的。

家庭治疗会议 工作者的主要任务是洞察成瘾者的家庭为保持事态稳定而建立起来的防御体系，如本章之前所述，以下三条规则统治着几乎所有的酒瘾者家庭，它们是：“不要谈论！”“不要信任！”和“不要感受！”（Black，1981）。酒瘾者家庭中的成员几乎毫无例外地存在表达感受和与他人沟通的问题。他们也将会是“确诊的来访者”（Reilly，1992）。在 Gordan 的家里，确诊的来访者是 Gordan。但是在其他家庭中，为了维持家庭的完整性，某个家庭成员也很容易担任“病人”角色，因为他可以从这个角色中得到权力，而且通过“自己病了”来让家庭的关注点从酗酒上转移开来。（Fisher & Harrison，2000，p. 189）。

工作者在治疗初始时保持低调，从而让家庭的病理得以暴露出来（Parker，1986）。当 Carolyn 安静地坐着，Gordan、Amy、Lisa 和 Mark 交换着呆板的客套话和防御性的评论，还不时地被长久而尴尬的沉默打断。工作者在充分评估了家庭成员间的相互作用后，就加入其中了。

Amy：现在，希望你不要担心任何事，我跟你老板谈过，他对我说公司保证百分之百地支持你。

Gordan：太好了！

Carolyn：Amy，我想让你注意到你刚才做了什么。你决定照顾 Gordon。你自己对关于承担这个的感觉是什么？

Amy：我不希望他担心他的工作，我知道他在那上边投入了多少。

Carolyn：是的，但是你自己的感觉是什么？

Amy：对我来说，Gordan似乎应该专注于努力变好，你不这样认为吗？

Carolyn：你明白你在做什么吗？我两次让你说你自己的感受。而每一次，你都是为Gordan负责。你在说关于他而不是你自己。你摆出一个问题，是请求我同意。你在转向事件而不是处理你自己的感觉。那是什么迫使你的，Gordon？

Gordan：啊？我可不知道。我猜Amy应该表达自己的感受。

Carolyn：你是怎样感觉的？

Gordan：我想我们可能在谈论感觉方面做得不够。

Carolyn：这是对的，但你是怎样感受的？

这个简短的交流形象地展示了这两个成年人在互相表达感受方面有极大的困难。他们以各种方式熟练地转移话题。有一种很微妙的方式可以用来避免感受的直接面质：派一个信使。当然，这个信使必须对如何派送消息非常小心；否则，他就可能在完成任务时，从心理上被谋杀了。

Amy：Lisa，告诉你爸爸，爷爷奶奶都说了什么。

Lisa：啊，他们说很抱歉没有来看望你，希望你好起来。他们本来想今天过来，但是爷爷要回到芝加哥开会。

Carolyn：我不明白你为什么让Lisa告诉Gordan这些，我猜他父母的离开是个敏感的话题。你妈妈经常让你这样做吗？

Lisa：的确！你总是那样，妈妈。每当你认为会引起争吵时，你总是让我去告诉爸爸，因为你认为这样他就会怪在我头上，然后我就成了坏东西，我讨厌这样！

Carolyn：所以你看见了，有另一种绕开应付感受的方法。因为这种感受是危险、可怕且难于掌握的，所以派别人去应付。

Amy：Lisa一直是他爸爸眼中的小苹果。她对他总是很有方法。

Carolyn：原谅我刚才挑剔你，Amy，但是你刚才究竟在干什么？

Amy：我在谈Lisa和她与她爸爸的关系。

Carolyn：很好！你在谈论她，但并不是对她说话，如果你把话直接对她说出来会怎样？你听到的回答可能是带情绪色彩的，你可能要冒这种危险。

Lisa：妈妈，你不喜欢这样。当我想和你谈谈我的感受时，你总是告诉我要忍住，你也一样，爸爸！

Carolyn：很好，Lisa！Lisa提出了一些漂亮的热点议题。感受到了吗？

Gordan：（看着Carolyn）我想我的确没有意识到我对她没有尽到做父亲的责任，我没有意识到我是那样做的，我很抱歉。

Carolyn：Gordan，你想要我做你和Lisa的信使吗？

Gordan：不！

Carolyn：好，那就别对我说，直接对她自己说。

Amy：哦，我只知道Mark不会有这样的感觉。他在这一切中镇定自若，保持他的成绩，打理房子周围的一切，外带修剪院子里的草来赚自己的零花钱。

Carolyn：Amy，有意思的是你表达自己的感受很困难，然而你能说出别人的感受甚至帮他们回答。现在我想给你们每个人一个任务，因为下次我要处理我在这次交流中看到的问题。Mark，既然你今天一直没说话，希望你给家里的每个人写一封信，告诉你对他的感受如何。Lisa，我想让你下次带来一个纸做的大心，每次有人不直接回答你的话或直接说出他们的感受，你就从纸心上撕下一片。Amy，在这个互相依赖团体中，我希望你能直接请求，从别人那里感觉到反应。我会给你一些要提的问题。Gordan，我想让你把今天在这里的感受写下来，然后带到团体中来，我们进行角色模仿并用录像机录下来。

主要的任务是教会所有的家庭成员以开放和诚实的方式表达自己的感受。对于使用破坏性交流方式的那些家庭成员，要反复指出他们那些削弱力量的交流模式。值得注意的是，并没有人提到 Gordan 的饮酒。这种“共同失声”一直继续，甚至在 Gordan 从物质依赖病房出来而整个家庭都在接受治疗的时候。就像 Parker（1986）所说的那样，“有一个大的、宠溺的、粉红色大象（酗酒）在家庭中间坐着，但绕着它的每一个人就好像它根本不存在一样。这样它就变得越来越大而占据了更多的空间。”这个问题需要被干预工作者反映出来，因为酗酒问题越是迅速被公开化，这个家庭开始构建新的交流体系就越快。

另一个议题是 Mark，他在整个会谈期间都保持沉默。总有人能够对改变体系起极度重要的作用（Kaufman & Pattison，1982b，p. 1031）。Mark 在改变家庭网络上有很多事情可以做。Lisa 也是这个体系中强有力的成员。干预工作者早早地承认她的力量并鼓励她清晰、直接地表达感受，这一点在这个家庭中很罕见。最后，为了促进沟通，在会谈期间可以布置任务作为家庭作业。

治疗孩子 家庭无论在什么时候寻求或推荐治疗师的帮助，都不应该为孩子们的抵抗感到吃惊。因为这些孩子们会觉得有物质依赖问题的父母才是需要帮助的，而不是他们自己。治疗学家合理而真诚的解释是：这既是物质依赖者的问题，也是一个家庭问题，而孩子们尤其应该受到关注（Black，1981，p. 102）。Cable、Noel 和 Swanson（1986，p. 69）给由于父母的物质依赖问题而正在经历危机的孩子列出了几项治疗目标：

1. 为孩子提供情绪支持。
2. 提供关于酗酒和疾病概念的精确、无偏见的信息。
3. 矫正孩子不正确和愧疚的感知，他们可能认为自己是父母饮酒的原因或理由。
4. 通过给孩子们控制感和能够做出负责任的选择的感觉，帮助他们把注意力集中在他们自己的行为上，如果有必要的话，还要帮助他们学会如何玩得开心。
5. 帮助孩子们学会如何应对父母由于酒精滥用而可能出现的真实情况——例如，父母失去知觉该怎么办。
6. 减少孩子的隔离，帮助他们与其他处境相仿的孩子分享他们的困境。
7. 减少孩子发展物质滥用的危险或者治疗孩子的物质滥用。

由于孩子们经历了家庭成员成瘾或康复的危机，父母嗜酒的青少年互助会、家庭疗法或专业咨询团体对互依的孩子来说是至关重要的治疗。这些治疗为孩子提供了信息和情感支持。孩子学习到除了家庭教给他的适应不良的方法之外，还有另一种方法来解决他们的问题（Liepman，White，& Nirenberg，1986，pp. 56-57）。但是，有很多证据显示，因为消极印象，孩子不希望被确认为酗酒家庭中的成员（DiCicco et al.，1984），事实上这一看法也得到了同辈人甚至是精神健康工作者的支持（Sher，1991，p. 169）。因此，孩子，尤其是在学校场所，不应该被贴上在“酗酒”或“成瘾物质”团体中的标签。底线在于，所有在物质依赖家庭长大的孩子的情感问题都应该被提上日程，因为所有的孩子都受到了影响。

后续治疗和防复发

如果 Gordan 进入康复期后能保持戒断一年，他将属于物质成瘾者中能够这样做的 20% 的少数人。他肯定是处于 Prochaska 动机改变模式的行动阶段。但对他来说，最重大的挑战是进入维持阶段和保持获益（Prochaska，DiClemente，& Norcross，1992）。证据显示，延长的康复治疗，无论是通过电话还是面对面，都能降低复发。而进一步还发现，无论是提供康复治疗本身，还是康复治疗与支持团体、持续的行为或家庭治疗、或药品治疗相结合，都能预防复发（McKay，2005）。出院后的最初 90 天是一段特别的易感期。遗憾的是，数据显示，在以戒断为目标的治疗项目中，有 90% 的来访者在出院后的第一个 90 天内会喝上一杯，有 45% ～ 50% 的来访者在出院一年后会回到治疗前的饮酒状态（Polivy & Herman，2002）。在圣多莫斐斯，康复治疗项目要求来访者在住院治疗结束后继续参加治疗会谈，而康复治疗检查持续六个月，伴有常规的药品筛查。

Gordan不可避免地要遇到几个危机点。在第一年里，有高达45% ~ 50%的人会复发（Polivy & Herman，2002），而随着时间的推移，有高达90%的人会复发（Svanum & McAdoo，1989）。在这个非常时期，需要非常小心地监控一系列问题。应激、负性情绪状态、人际压力、欣快感、社会和环境中的成瘾物质相关线索、服药不依从和使用其他物质都可能是导致物质依赖复发的陷阱（DeJong，1994）。Marlatt和Gordon（1985）认为复发起源于一系列的小决定，这些小决定构成高危认知和行为链，在个体处于负性情绪、不良躯体状态或社会压力之下时，复发最有可能发生。

根据Chiauzzi（1990）的观点，复发有四个常见因素：

1. 长期存在的人格特质：例如自恋或依赖性。物质依赖者要么是不承认自己的脆弱，要么是企图取悦他人而开始饮酒。
2. 替代症状：是复发的另一个危险信号。替代症状可以是从强迫性工作习惯到立即坠入爱河到暴食。替代症状是"不喝酒的醉"的标志，个体还在进行成瘾行为，而酒精刚好不在当时成瘾行为的单子上。
3. 在康复过程中视野狭隘同样会使物质依赖者重新开始饮酒。虔诚地参加AA聚会只是依赖者为保持戒断而需要进行的行为改变的一部分。如果不去研究解决最初导致成瘾的整体问题，他们又将慢慢地回到成瘾的老路上去。
4. 警告信号：当康复中的成瘾者开始合理化那些让他们再次饮酒的想法、感觉和行为时，警告信号灯就在闪烁了。例如走回到临近的酒吧"只是和我的伙伴们看看球赛"或者继续在卖酒的小店里买彩票。"使用（酒精）"的梦境是一个康复者常常遇到的现象。这梦境是如此强烈和真实，以至于滥用者在梦醒时还以为自己已经在（酒精）的影响之下了。虽然不知道这样的梦为什么会出现，但这些梦是危险的触发点。来访者应该受到警告，这些梦很可能成为事实，不应被当作无聊的噩梦一样被无视（Doweiko，2006，p. 403）。

为了降低Gordan的复发可能性，在高度危险的情况上（比如开车经过老英国客栈）和在整体生活方式的改变上，都要做工作。在成瘾者刚刚脱离物质时，他们的生活出现了一个巨大的真空。他们需要重新学会如何明智地利用他们的闲暇时光，重新与他们的支持体系建立联系，继续在社交和交流技巧上努力，重新建立起良好的个人卫生习惯，维持身体健康，个人形象和衣着习惯，以及良好的财务计划和预算。如果这些听起来像一个艰巨的任务，那它就是个艰巨的任务。一个成瘾者除了要对抗对物质的生理与心理渴求之外，还要面临一般的生活问题，还没有复发，这就是一个奇迹。要处理互依和赋能行为的问题，工作者要尽力保证让所有重要家庭成员都参与到康复治疗中来，康复治疗的具体目标是：

1. 不间断地提供教育和信息，用于维持戒断。
2. 创造一个环境，在这个环境里，自然、健康的社会影响可以增强病人的积极行为和自尊心。
3. 建立一个团体，团体内成员要相互关心、接纳、共情、真诚和信任，起一个大家庭的作用，使每个人都能感到安全并得到理解。
4. 在任何时候，当有危机发生时，成为第一道防线。

Gordan的康复治疗会延伸到至少六个月的时间，定期和常规地进行。在那段时间里，他和Carolyn要进行每周一次的会谈来讨论他做得如何以及达到康复治疗的目标和目的的情况如何，包括他的工作、家庭、身体健康和精神健康等。

认知行为增效剂 Gordan将会继续实践认知行为技术，他已经学会了一个自助的方法，叫作"理性康复（rational recovery）"（Schmidt，1996；Schmidt，Carns，& Chandler，2001），它是理性情绪行为疗法（rational-emotive behavior therapy，REBT）（Ellis et al.1988）的一个变体。特别地，Gordan要不断监控他的成瘾性声音，这个声音告诉他，"那是应该的、必须的、完美的解决方案，在家里和在工作中，如果想没那么可怕和灾难性，唯一的解决办法就是去喝醉。”当它开始对他说时，他会马上识别这个声音，而且会有各种积极的反向禁令，这些反向禁令是他和Carolyn创建起来的，用于使这种声音停止，让它死在自己的轨道上。在他治疗的最后一天，Carolyn进行了这样一个最后会谈。他使用一个焦点解决短期治疗技术，叫作“写短信”（de Shazer 1991，pp. 143-144），这有希望为Gordan的退出程序给予一个巨大的强化增效剂，同时也给他一个锚，当危机出现时，他可以抓住它。

Carolyn：你在这里表现得非常好，Gordan。这很不容易。你知道前面有困难的日子在等待。我带来了我的案例笔记并给你写了一个短信。它是你的，请保存它，当事情变得艰难的时候，看看它。（读这个短信）在与你会谈时，对于那张生活适应量表，你说你想达到4分或5分。我对你的坚韧品质印象深刻，而你已经达到了。通过参加团体，通过支持和接受他人的建议和批评，你已表现出你有能力移除可能伤害到自己的危险，并在这样做的过程中学习和成长。你认真钻研并实践认知行为和情感想象任务的能力告诉我你认真地对待这个，而一旦感到关于再次饮酒的焦虑，你会使用这些技术。你所做的最令人印象深刻的部分也许是开始诚实、坦率地对待你的家庭。这告诉我你爱他们而且很在乎他们，你在拯救家庭。因为你做了这么多事情，我相信你能重回节制。我相信你能够继续发展与家庭的关系而不是在酒瓶子里寻求安慰或避难。我相信你能保持4分或5分，这是你现在已经达到的，在接下来的六个月里，你甚至能达到2分或3分。

写这个焦点解决短期治疗短信意味着产生至少三个赞美，是以行为为基础的合理赞美。这些赞美被连接到所需的未来结果上，而且桥接着一个原因声明。这个声明尤其重要，因为它连接赞美和需要去做什么事情（Sklare，1997，pp. 57-59）。Carolyn提醒Gordan，他的初始分数显示他已经达到了他的初始目标，而现在可以移动到一个更好的分数上。

药理学 直到最近，在停止酗酒上有一定作用的药品只有戒酒硫（安塔布司）。如果滥用者使用酒精的话，这个药品会导致严重的身体反应。但它也是一种危险的药品，可能引起严重的副反应，在缺乏监控的情况下，甚至是致死的。因此，目前它普遍不再被推荐（Schuckit，1995，pp. 316-317），而近期研究显示，它可能更适用于与下述抗酒瘾药品合并使用（Suh et al.，2006），或者适于在严格监控的门诊项目（比如基于强化的治疗）中使用。

纳曲酮、纳美芬和阿坎酸，甚至还有美国南部一种剧毒的杂草——野葛的提取物，似乎都在对抗酒瘾上有一些前景（Feeney et al.，2006；Hunt，2002；Kranzler，2006；Lukas et al.，2005；Roozen et al.，2006）。在康复治疗中，是否需要给予某种用药方案，这由治疗团体中的内科医生决定。而除了对抗酒瘾的药品外，Gordan可能还需要开处抗抑郁剂，因为他长期抑郁，而抑郁是酗酒永远的侍女。

欣快 康复治疗的安全线也许需要延长到物质依赖者面对的最困难的一个危机上，即常常随着康复而来的欣快，以及家庭成员的不信任与冷嘲热讽，不过在一个新的、陌生的家庭中，不再有物质成瘾这只粉红大象在客厅里坐着。Maxwell（1986，p. 229）把康复期的欣快视为一种反向形成。Gordan将欣快当成非常复杂的防御机制，来代替他以前依赖物质时所使用的不成熟的防御机制。Gordan几乎是刚一出院，就立即变成了一个狂热的皈依者。他的生活围绕AA转动，变成一个极为负责的父亲和丈夫。尽管他表现得很专横，但家人都很害怕反对他的行为，他会因此重回饮酒的老路，以至于小心翼翼，如履薄冰。事实上，当这种反向形成发生时，家庭成员可能非常憎恨依赖者的清醒行为，以至于他们私下里希望他回到饮酒状态中。

Carolyn：Gordan，刚才你说由于Mark拒绝说话和疏远你，使你感到灰心。同时你也实事求是地说了，现在 Lisa 好像比以前更怨恨你了。你是否注意到在你谈论自己有多愤怒的时候，Mark 是怎样一屁股跌坐在椅子上，而 Lisa 又是怎样蹑手蹑脚地坐在那儿的。

Gordan：我不能理解它。晚餐应该是我们团聚的时间，自打我从医院出来，我们真的沟通了。但是最近完全改变了。他们又开始向我封闭。我爱他们，我想知道什么对他们最好。我只是想和他们和好，因为我这么久以来一直是一个糟糕的爸爸和丈夫。

Carolyn：Mark，对于爸爸的挫折你有什么感受？

Mark：（眼泪汪汪的）我生他的气…… 因为我说什么都不对，我做什么都错，或者不够好。

Lisa：是。我有时希望你又去喝酒。至少那个时候你随我们的便。

Amy：Gordan，孩子们终于说出了我们所有人在家里的感受。你的性格是如此专横，自从你停止饮酒，我们中的任何人都不能达到你的标准。还有 AA，它尽善尽美，已经成了我们宇宙的中心。我们疲惫不堪。我们只需要一个正常的生活。我们不需要超人。

Gordan：我不知道说什么。我只是想补偿你们。我不知该做些什么。

Carolyn：你们所经历着的整个事情并不少见。这是有问题的，也是一个好的迹象，它属于康复道路上的一个发展阶段。理解了这一点，我们就可以在上面做工作，就像处理过去的其他棘手问题一样。

在康复治疗过程中，应当仔细地监控这种欣快性反应，因为这些可能促使与来访者有重要关系的人回到赋能行为。

AA 在康复治疗中的角色 Gordan 也将成为一个立志至少每周参加三次 AA 聚会的人。过于热情地投入一些项目（比如 AA）中，也是充满紧张和危险的。前提是康复中的酒瘾者知道所有的答案，而且乐于告诉其他想听的人。Gordan 要做的最后一件事是停止参加 AA。话虽如此，但 AA 聚会能够为酒瘾者提供一种社交形式并远离隔离，而社会隔离可能促发一个康复中的酒瘾者饮酒。AA 也帮助成员理解他们的问题并不是独特的，让他们被人们所接受并且帮助他们重拾自信。最后，AA 提供可预测性和稳定性，而这些几乎已从酒瘾者的生命中消失了（Doweiko，1999，pp. 480-481）。

小结康复治疗的主要任务：如果物质依赖者，除了履行他家里家外的工作之外，几乎完全专注于维持戒断物质，那么他做的正是应该要做的。如果互依者，除了家里家外的工作之外，专注于自己而不是依赖者，那么他们做的正是应该要做的（Maxwell，1986，p. 234）。

Gordan：（出院六个月后的一次家庭治疗会议上）事实上我还吓得要死。我可能一直需要去 AA，这样当那些事情不时烦扰我时，我知道别人也会有同样的烦扰，这让我心里舒服些。我想我对自己的评价应该是一个普通的父亲和丈夫。我仍然有许多问题，但我想这并不会使我不同于别的家伙。而 AA 最好的一点在于它让人感觉很好。

小结

成瘾危机在所有危机种类中是非常独特的。它充满了复杂性、争论性和矛盾性。没有一个危机比酒瘾更被文化所影响。治疗预后差是因为这种疾病被多重转危机点包围。一个人好像是被治愈了，然而又再次复发进入比以前更严重的物质使用状态中。成瘾有几个假说模式，他们把问题归因于遗传、环境、社会、生物、物质和心理原因。主要的历史模式把酗酒看作一种疾病，但针对这种观念存在很多批评的声音，且两个不同派系（支持者和反对者）间的斗争是常态而不是例外。在动力学方面，似乎有很多类型和不同程度的成瘾存在。

最常见的，而又令人费解的动力学涉及心理否认和赋能的概念。物质依赖者倾向于顽固地否认成瘾的存在，并否认与成瘾行为有关的任何问题。当遇到与来访者有重要关系的人通过对依赖赋能，强化物质依赖者的自恋和反社会行为时，来访者的治疗和恢复是极其复杂的。

在20世纪80年代早期，一个新的现象出现了，就是被称为“酒瘾者成年子女（adult children of alcoholics，ACOA）”的人群。对ACOA的理论假设是，在酒瘾者家庭中长大的孩子，其童年所遭受的问题会伴随他们到成年。作为ACOA，有可能发生各种病理性行为，这源于ACOA的童年期角色。在童年期，ACOA被强迫在保持家庭某种内稳态中扮演角色。

稳定一个成瘾的危机十分困难，因为它通常需要：第一，依赖者觉察到他需要帮助；第二，这个人有寻求帮助的动机。为此而与依赖者讲道理一般是没有用的。最常见的是，与来访者有重要关系的人，比如雇主或配偶的直接面质和制造出一种重大的危机，才是推动物质滥用者接受治疗的唯一办法。

显然，需要一种多模式的方法来帮助成瘾者渡过危机。从戒断阶段到康复期，合格的医疗监督和咨询都是必需的。团体咨询是一种主要的操作模式，因为团体中那些同类人本身就是正在康复的成瘾者，特别有助于打破物质依赖者们的否认体系。由家人、朋友、雇主组成的团体以及支持团体（比如AA）等，是对专业人员服务的有益补充。在21世纪，明尼苏达住院治疗模式已经很大程度地被各种门诊治疗模式取代。门诊模式比如权变管理（contingency management，CM）、社区强化治疗（community reinforcement approach，CRA）、基于强化的治疗（reinforcement-based treatment，RBT）等，这些模式在监督来访者的同时，依赖于操作性条件作用。和住院治疗相比，这些门诊模式至少同样有效，一般来说也更划算。

目前看来，多种治疗模式相结合对治疗酗酒可能最为有效。这些模式包括：应用团体疗法提供和改善社会支持；应用个体认知行为疗法改变和重构适应不良思维；应用动机强化疗法提供鼓励和提高治疗依从性；应用操作性条件模式强化物质戒断和寻求对物质行为的取代，比如通过工作、社交和娱乐来取代使用物质；应用AA提供社会和精神支持；应用家庭疗法来对抗赋能和互依；以及应用药品治疗来降低物质渴求。然而，在说过做过所有这些之后，发人深省的事实是，复发率是极高的！

（杨梅 译）

第十二章

个人丧失：居丧与哀伤

当作者在自助加油站正要给汽车加油的时候，他注意到一位老妇人此刻正在费力地给汽车加油。这时，很明显，他需要给这个心烦意乱、感情受伤的妇人提供帮助。他确实这样做了，当时这个在加油的妇人存在情感问题，他立刻给她提供了哀伤咨询服务。你知道，在他们的生活中，她的丈夫总是能处理好所有“机械”问题，包括给汽车加油，安排50周年结婚纪念日等。两个月前，她的丈夫死于心脏病，自那以后，这位妇人的生活就从原来很安全的、可知的、可预测的生活，变成很适合我们进行工作分析的状况，这种状况曾在第一章的混沌理论（chaos theory）中描述过。一个半小时之后，侠义而且有些衣冠不整的作者错过了与院长的约会时间。作者经历了来自这个意外的来访者的一系列情感变化，从歇斯底里的哀伤到对她丈夫抛下她的愤怒，导致她处理那些“机械”问题的无助。待这位妇人稳定片刻后，作者给这位妇人的朋友打了个电话，要求她朋友马上过来一趟带她回家，而且给这位极度哀伤的妇人一个服务承诺，要她去镇上的教堂，接受针对新近丧失丈夫的妇女的哀伤辅导和心理咨询服务。

作者不是很有天分。若干年前，他还是一个中学的咨询顾问，后来他自诩成了父母培训领域（他的博士论文课题）的专家。他邀请一个学校的心理学家去了解他自创的具有改革性的交流/行为管理父母教育培训班是如何开展的，在那之后，他决定向大家展现他在辨别父母教养问题方面是多么地机敏。一个母亲曾经谈及，她那还在读七年级的女儿自从她爸爸在一年前去世之后，就开始变得反抗和叛逆了。当时是晚上八点半，还有半个小时就要与这位母亲见面，弗洛伊德博士决定对这位母亲的抱怨做出机敏的解释，让她明白不仅仅是她的女儿，她自己也可能还没从丈夫去世的哀伤中走出来。这就需要去洞悉这种延迟的哀伤过程。可是这个过程对于其他父母来说并不重要，在那天晚上，这些父母亲更愿意去其他任何地方，除了杰弗逊中学老师的休息室。这个故事在晚上10点30分左右结束了。一个完全泄气和烦恼不已的作者开车把这位母亲从离她家24千米远的学校送回位于农村社区的家里，驱车回城的路上还不得不听跟着他去农场的学校心理学家对他的治疗洞察力做出的喋喋不休的评论。这是一个三部曲，正如大多数有智慧的故事一样，还有更多的奇闻逸事发生。

在作者生活中的某个时候，他在教育和咨询服务领域已精疲力竭，决定投身石油生意。他在威斯康星州经营了一家大宗石油成品油公司，为许多奶农提供了良好的服务，主要是通过卡车给奶农运送汽油和柴油来提供上门服务。有这样一位特别开心快活的奶农，他因喝一点儿啤酒就会拆掉酒吧而出名。因此，这个健壮的年轻奶农得到了很多来自邻居的尊重和一些害怕。在一年春天，他开着拖拉机去地里耕作，他五岁的儿子吵着要坐在拖拉机上，但他认为那是很危险的，所以就把他儿子送到院子里去玩。五岁的儿子通过某种方法打开了紧锁的大门，并走进了饲养场。在饲养场，他打开了自动化饲喂系统，一不小心卷入到螺旋钻里并被搅成了碎片。这是一个非常恐怖的外伤事故，主要原因是父母将孩子锁在家里而无人看管。我们可以对这对极度震惊和哀伤的父母说一些套话或者表示无言的慰问。作者是一名咨询心理学博士，但是在帮助死者的亲属排解哀伤方面并没有多少实际的经验，正如在之前的那些逸事中所显示的那样。没有人知道那个时候适合说什么，或者甚至害怕去说任何可以平息他们丧子之痛的话。最后，在他儿子的葬礼完成后，作者继续对心境荒凉和孤立的父亲进行了一个月的观察，作者鼓起勇气，为这位父亲做出干预计划，帮助他重新回到了挤奶间，并且告诉这位悲痛的父亲，在他的新生活中，他有一个心理咨询顾问，很愿意倾听他倾诉丧子之痛和他的近况，也乐意给他一些建议，这次交谈持续了两个小时。这是作者曾经遇到的最艰难的咨询。这也是一个转折点，因为这件事情让他确信自己不想成为一个拥有100万以上员工的石油巨头，而是需要重新回到心理咨询领域。因此，这是一个冗长的开端。

我们知道，作为人类，在这个世界上一定会经历丧失。如果你足够幸运，你可能体会不到在这本书里所描述的任何其他危机，但你总会经历亲人的死亡。这本书几乎每个章节都有所涉及问题的相关统计资料，唯独这章没有，因为迟早你将要经历至少一个亲人的死亡——甚至你自己！除了这个最终的丧失，你也会以另外两种方式经历丧失：一方面，你会失去对你来说极亲密的某些东西；另一方面，同样很重要，如果你进入人类服务行业，你会面对经历丧失的来访者。实际上，你处理这种情况会比你想象的要多很多，因为你所要处理的问题不仅仅是死亡，而是你能想到的几乎所有种类的丧失。因此，本章所讲的丧失是真正关乎你自身的，也许你会否认或者害怕面对。

在危机干预工作者要面对的所有严峻问题中，可能没有什么比面对遭受丧亲之痛的人更困难。Dyregrovs（2008）从一个父亲对他儿子的死亡所遭受的创伤中探索到了这个问题的精髓：“我们接受培训，去应对绝大多数状况。然而无论什么时候，只要遇到突发的、创伤性的死亡，无论是我们自己处理，还是给别人支持，我们都会感到完全无助”。

我们的学生可能都被要求去做“志愿者”工作，他们多半都会像避开瘟疫一样去避开临终关怀中心。然而，不幸的是，总有少数不幸运的学生得去这些地方。他们怯怯不安地进入其中，但他们总是会发生改变的，并且最终报告这是他们有过的最积极、最能改变人生的经验。所以，也许你宁可去牙医那里做根管治疗，也不愿意阅读这一章，但你得明白，不管怎样你都需要阅读它。也许，即使很少有人在意，或很少有人能做好，你也能在这项工作中找到满足感。

如果你阅读和讨论本章内容时体验到有关丧失的强烈情绪，甚至觉得有一种几乎被埋葬的感受，这并不罕见。正如我们在第七章“创伤后应激障碍”所说的，当我们使用 Figley（1985）创伤图形时，我们总是要求人们用图形来描述他们的丧失以及所受的创伤。很多时候，当我们对人们表现出来的问题的原因完全不清楚的时候，原因可能在于一段没有恢复的丧亲之痛。因此，你要清楚：你在这里所读的内容可能会引发你一些相同的创伤感觉。正是这个原因，我们在危机干预的课程教学大纲中会特别提到，如果你最近遭遇了丧失，或者曾经的丧失尚未恢复，那么，现在可能不是你参加这种课程的最佳时间。也就是说，如果你在读本章的过程中，出现了不安的情绪，那么，我们就强烈建议你去找你的教授或者导师谈谈，让他们帮你获得哀伤咨询服务，在那里，你可以倾诉你的丧亲之痛。

从重大的原发性丧失中恢复过来，例如一个朋友、孩子、父母或配偶的死亡，可能需要好几年，并且这些创伤事件可能会在一个人的余生中产生持续而深刻的影响（Costa & Holliday，1994；Finkbeiner，1998；Lerner，2000；McCown & Davies，1995；Morse，2000；Pearlman，Schwalbe，& Cloitre，2010）。通常来说，尽管其他丧失事件并没有死亡那么悲惨，例如失业、破产、疾病（健康丧失）、降职、迁居、慢性疾病（心理和生理上）、转学或者换老师、截肢、离婚或者在洪灾或火灾中失去家和财产，但是可能会导致许多甚至所有与死亡相同的后果（Colgrove，Bloomfield，& McWilliams，1991，p. 2；Farina，2000；Lerner，2000；McCown & Davies，1995；Michaels，2009；Morse，2000；Schliebner & Peregoy，1994）。

理解丧失的关键术语

本章的主要目的是，综合描述危机干预工作者可以帮助来访者理解和应对丧失的许多方法。因此，理解危机干预中有关丧失的一些术语很重要。

居丧（bereavement）是指随着一个很重要的亲人死亡而产生的一段时期的哀伤反应（Humphrey，2009，p. 6）。它是一种客观的状态或是死亡导致的剥夺状态，紧随或者伴随哀伤（Pine，1996）。在Rubin（1999）的居丧双轨模式中，一方面是指个人的自我调节，包括所有的生理、心理、社会功能方面，具体包括情感的、行为的、认知的、社会的、躯体的和意义形成系统。另一方面，涉及个人与死者的情感认知关系，以及这种关系是如何随着时间的消逝而平衡协调的。

单纯性居丧（uncomplicated bereavement）是指居丧者在亲人死后通过完成一系列任务，以整合一个事实，那就是自己以后的生活中再也没有这个死去的亲人（Cohen et al.，2002，p. 309）。这些任务包括：（1）从原来相互影响的生活关系中继续前行，记住与死者曾经建立的继续生活的约定；（2）开始接受亲人死亡的现实；（3）尽管很哀伤，但还是去体验和克服与丧亲有关的悲痛和消极情绪；（4）找出亲人去世的意义；（5）试图在没有亲人的环境下调节自己的生活，和其他人建立新的人际关系；（6）试着改变消极的态度，例如恐惧、哀伤以及恼怒。把生活中的苦涩和丧亲之痛改变成当新的机会降临和新的人际关系建立时的欢乐和喜悦（Cohen，Mannarino，& Knudsen，2004；Van Praagh，2000；Worden，1991）。

哀伤（grief）是指一种精神或心理的状况，表现为心理痛苦和情感煎熬，是居丧的结果或预期（Pine，1996）。哀伤是非常独特的、多维度的，一个人的情感、行为和认知的形成、背景以及生态系统的影响都对哀伤经历产生作用。原发性和继发性的丧失都可以导致哀伤。尽管哀伤是一种很普通的情感经历，但是人们对它的定义和说法还是不一致的，关于它的“正常”持续时间问题就更是存在很大的争议（Howarth，2011）。

复杂性哀伤（complicated grief）和*持续性哀伤*（prolonged grief）是两个可以互换的术语，尽管在现在看来，持续性哀伤用得更普遍。因为持续性哀伤这个术语非常重要，所以之前有人提议在DSM-V中将其作为一种人格障碍（Kersting & Kroker，2010；Prigerson，Vanderwerker，& Maciejewski，2008）。大多数已经遭受丧亲之痛和哀伤的人并没有体现出复杂性或持续性哀伤。虽然哀伤本身并不是一种精神疾病的症状，但是如果我们表现出长时间的哀伤，那么这是许多研究者和危机干预工作者都不希望看到的现象。有些学者认为，只有当哀伤沿着极端方向发展成持续性哀伤时，哀伤才能被定义为一种人格障碍（Humphrey，2009，p. 12）。个体表现出复杂性或持续性哀伤往往是因为完全专注于所丧失的亲人，而且可能反复出现关于死亡的侵入性图像或思想。经历复杂性哀伤的居丧者也会经历持续性哀伤，这会导致更大的痛苦和损害，这不仅会影响一个人的生理健康，而且会影响一个人的心理健康（Shear & Mulhare，2008）。

通常把*创伤性哀伤*（traumatic grief）归入复杂或持续性哀伤中，创伤性哀伤是指个体目击或者近距离遇到突然的、暴力的、出人意料的或者令人恐惧的亲人的去世，个体可能会封闭自己的心灵（Cohen，Mannarino，& Deblinger，2006，p. 15）。在这种情况下，创伤后应激障碍症状通常会伴随着哀伤出现。

当一个人经历了重要而深刻的依恋，经历了丧失，却不能公开承认自己的哀伤，或者不被其他人支持，这种哀伤称为*剥夺性哀伤*（disenfranchised grief）（Doka，1989；Stroebe et al.，2008）。也许你认为剥夺性哀伤只发生在同性恋情侣或者两个已婚者的秘密恋爱关系中。然而，文化和社会规范也可能禁止，或者至少不会认同，同事、男人、各种类型的专业人士例如医生或其他“必须坚强”或“不应该在乎那么多”的人之间，表现出哀伤情感。

进一步而言，这些人可能会对那种亲密关系感到羞愧，他们可能会担心由于情感的公开而使事业受影响，因而通过抑制哀伤来经历这种情感（Doka，1989）。很多人都认为哀悼宠物是“愚蠢或者太过感情用事”，他们可能会封闭自己的哀伤情感，除非当他们觉得将自己的情感与他人分享绝对安全时，他们才与别人分享自己的情感。正因为“守口如瓶”，必须表现得好像死亡没有任何特殊意义，然而，这可能是一种有害的剥夺性哀伤，特别是对儿童和老年人（Doka，1994）。

丧失（loss）是人类的一种普遍现象，但是人们悲痛和哀伤的程度却不一样。任何丧失都是某种形式的死亡（Howarth，2011）。如亲人的去世、因婚姻或友谊的破裂而导致的人际关系中断、失业、宠物死亡、迁居、背井离乡，甚至丧失珍贵的纪念品都可以构成一次危机。所有的这些丧失都会导致某种程度的哀伤（Giunta & Giunta，2002，p. 4）。

原发性丧失（primary loss）是指一种重大事件，比如死亡。继发性丧失（secondary loss）是指原发性丧失的结果。配偶的死亡可能会导致地位、社会交往、财产安全或者性行为的丧失，这些都是继发性丧失。失业这一原发性丧失可能会导致经济不稳定，作为家庭供养者的自尊降低，对工作能力的缺乏自信，这些都是继发性丧失（Humphrey，2009，p. 20）。

不明确性丧失（ambiguous loss）包括两种类型。第一种类型指一个人的躯体不见了，但是在心理上还存在，例如一个人失踪了。第二种类型指一个人的躯体还存在，但在心理上消失了，例如一个痴呆症患者或精神分裂症患者（Boss，2006）。

哀悼（mourning）是一种表达居丧哀伤或感情的社会或文化状态（Pine，1996）。哀悼是大家对死亡的共同反应，而不是个人对亲人死亡的反应，哀悼一般会在它发生的文化传统和时间框架中得到详细的描述（Bedikian，2008；Humphrey，2009，p. 5；Morgan & Laungani，2002；Stroebe et al.，2008）。一个人在公共场合的形象、他们所穿的衣服、听的音乐、宗教仪式、甚至吃的食物，都是哀悼文化的一部分。哀悼既可以应用于死亡丧失，也可以应用于非死亡丧失（Humphrey，2009，p. 10）。

因此，当处理丧失危机时，危机干预工作者可能遇到各种各样的问题。第一是遭受丧失的个体，可能包括临终患者、浪漫之梦破裂的年轻人、失业者、宠物丧失者等，他们所发生的这些问题可能都被其认为是不可容忍的和灾难性的；第二是他们的照顾者，危机干预工作者不仅仅要为遭受丧失的个人提供帮助和援助，而且也要为照顾他们的人提供必要的帮助（Allen et al.，2006；Okun & Nowinski，2011）；第三是幸存者，他们可能会遇到一些问题，包括羞愧、哀伤、内疚、对持续性哀伤的愤怒、抑郁、物质滥用、严重的躯体疾病和自杀行为（Boelen & Prigerson，2007；Giunta & Giunta，2002；Parkes & Prigerson，2010；Rosenblatt，2010；Wakefield，Schmitz，& Baer，2011）；第四，帮助居丧者的危机干预工作者要了解来访者的文化背景。

居丧的动力学

文化动力学

没有哪个领域的危机干预比丧失后的哀悼以及居丧更具有文化敏感性。虽然，在所有社会中，哀伤反应大都是生物性而且是普遍的，但哀悼和居丧都基于文化基础，并且随着社会的变化而变化（Morgan & Laugani，2002，2003，2004a，2004b；Morgan，Laungani，& Palmer，2009；Strobe et al.，2008；Weiss，1998）。Humphrey

(2009，pp. 8-9) 劝我们承认丧失这个事实，哀伤通常发生在个人、家庭、社会、文化和历史影响等多种不固定因素的背景下。Humphrey 提出个人的哀伤是一个持续性的过程，在这个过程中，一系列的社会与文化因素就会影响特定的个人和他所处的环境。这些影响的范围可以从关于意义的信念和价值到行为的规范和实施，从社会支持网络到宗教活动和巫医禁忌，从个人或者集体主义社会到传统习俗和宗教仪式，从交流风格到文化同化和种族划分（p. 8）。你在第二章所读到的 Brown（2008）说的社会定位发挥了一个巨大的作用，它在形成人们对丧失的反应上扮演着决定性的角色。

应该在一个尽可能大的背景条件下考虑文化这一术语。种族、宗教、性别、地理区域、性取向、伤残状况、社会经济分层以及当时的环境背景等所有因素都以复杂多样的方式影响着个人对丧失的反应（Doka & Davidson，1998）。由于各地文化的差异和时间的推移，人们哀伤的方式也不一样。如 Bedikian（2008）所言，我们生存的生态系统与我们哀悼和哀伤的方式密切相关。19世纪后期，由于维多利亚女王对失去艾伯特亲王的长时间哀伤，英国最后形成了哀悼的固定规范。在配偶去世之后，女人们常穿着沉重的黑色服装，戴着黑色的面纱来表示自己对亲人丧失的哀伤，这种行为风俗会一直持续到亲人死后的第四年才结束。第一次世界大战前夕这种风俗戛然而止，因为当女性既要去工厂工作，又要遵从正式的悼念礼仪时，工作服就显得更为重要。人们放弃了这种长时间忧郁的悼念方法，改为穿黑色衣服或者西服出席正式仪式，然后默哀半个小时，再于下午回去工作。

因此，每种文化都会形成自己特有的信仰、道德观念、规范、标准以及对待死亡的态度，这些事物都会随着时间的推移而发生变化，来迎合人类环境的改变（Dutro，1994）。来自某一特定文化下的不同背景的群体，看待死亡时可能持有极为不同的态度和感受（Dutro，1994）。而且，这种群体下的个体如何构建丧失的概念，如何赋予丧失意义，也会有很大的差异（Neimeyer，2001）。

Rando（1984）提到“所有社会似乎有三种普遍的反应模式：接受死亡、对抗死亡或者否定死亡”。Joffrion 等（1994）表明现代西方社会就是以对抗死亡为文化特征的。Kubler-Ross（1975）指出，我们的文化似乎相信“为了免于死亡的发生，死亡已成为可怕到不能言语的字眼”，也可能是“尽管我们的技术发达，但死亡仍然是我们人类的弱点”。Ramshaw（2010）提出，尽管后现代欧美新教葬礼已经变得高度社会化，但仍然有打造个性化仪式来祭奠死者的愿望和需要。

与新奥尔良的送葬队列对比一下：死者的遗体被送到墓地时，驾车的探视者一般在葬礼队伍（紧跟在出殡的乐队之后的悼念者）的第二行。你是否能相信在路易斯安那州，你会看到完全不同的死亡处理方式和人们的情感卷入程度？让我们假设你是被关注的主要对象。那么你愿意别人开车探视（这些探视者几乎什么也看不见，而且很快就忘了），还是更愿意像肯塔基州一个非裔美国家庭那样，在教堂举行伴有歌声、音乐和晚宴，长达两小时，充满着敬畏、尊严、公开哀悼和精神性的葬礼仪式呢（Collins & Doolittle，2006）？

再把这个和墨西哥裔家庭对创伤性死亡的看法对比一下。也许是因为阿芝特克人与天主教信仰的共同观点，认为死亡是进入了新生活和新开始。这种文化观点和墨西哥文化中占主导地位的极强的家庭纽带一起，使得死亡起着非常重要的作用。在著名的亡灵节那天，游行和欢宴就是为了给遗属带来荣耀，除此之外，他们还会通过讲故事、做梦、送纪念品、持续的基于信念的家中祭祀活动和教堂宗教仪式来保持与死者的强大纽带（Rubin & Yasien-Esmael，2004）。

最后，想想看相隔半个世界的两种不同文化处理哀伤的方式有多大差异。Bonanno 及其同事（2005）在美国和中国测量了哀伤过程和刻意的哀伤回避。两种文化中的人们起初的哀伤，可以预测其后的哀伤处理过程。然而，与美国的情况相反，对于中国人，持续的哀伤处理或哀伤回避并不能预测负面的心理后果。

当哀伤发生时需要发生的事情和文化期望常常有冲突。Van der Heijden 和 Swartz（2010）在南非研究了同伴领导的 HIV/AIDS 干预策略在父母死于艾滋病的易感儿童中的效果。干预遇到了些麻烦，因为它尝试着和来访者谈论死亡并试图引起其对亲人的记忆，但是当地文化要求的是对死者的事情保持沉默，以避免孩子们不愉快的感觉。所有上述这些现象归根结底就意味着，丧失是一个危机干预工作者所面临的最具有文化敏感性的情境。总的说来，危机干预工作者必须小心地处理跨文化丧失，这是本书的一个重要观点。

社会文化习俗

Schoenberg（1980）描述了多年来，美国人对待生命、死亡以及临终的一些社会道德观念与态度是怎样改变的。当这个国家的农村取向生活方式向城市转变时，对抗死亡的文化也随之向否认死亡的文化转变。农村家庭常接触到动物以及人类的出生、生活以及死亡，而城市居民则很少看到动物或人类死亡。在农村，人们照顾他们临终的亲戚和朋友，他们用他们的双手挖墓埋葬尸体。他们把尸体摆在客厅悼念逝世者，然后把死者埋葬在家庭的墓地或社区公墓。这是一个非常典型的公开处理死亡和表示哀悼的社会习俗。在今天的美国，大部分葬礼常常在社区举行。在现代化的西方社会，死亡一般都已经远离人们的日常生活环境了（Crase，1994；Joffrion & Douglas，1994；Morgan & Laungani，2003；Schoenberg，1980）。

居丧的社会组织以及对丧失亲人的社会反应都因不同年龄死亡率模式的改变而发生了部分变化（Osterweis，Solomon，& Green，1984）。在早些时候，平均期望寿命较短，婴儿死亡率较高。传染病与饥荒夺去了无数人的生命，社区小而且居民关系密切。社区中个体的死亡被认为是个人的事，而悼念仪式则是整个社区的事情（pp. 199-200）。人们每天都能看到死亡现象，关于地狱、死亡和永恒诅咒的火热的布道让人们强烈地意识到他们总是处在生死的边缘。家庭结构的变化、地域流动性、都市化、信息技术、老龄化模式、就业市场竞争、生育控制和育儿方式、医疗技术和营养状况的改善以及信息传播等方面的改变已极大地影响了人们的生活，包括社会观点以及应付死亡、丧失和哀伤的方式（Green，2008；Morgan & Laungani，2003，2004a）。

在现代，因为法律、法规制定以及实施法律、法规的专业人员的发展，居丧程序已倾向于标准化。死亡通常发生在医院和疗养院。死者一般是已经从主流的社区活动中退出多年的老年人，所以死者没有年轻时那么有名。哀悼活动倾向于离开家里，在殡仪大厅和医院礼堂举行。法律、法规影响着哀悼者以及哀悼方式。家人或亲人死亡时，雇员可以离开工作岗位去悼念，但工作场所有着种种规则，来控制这一仪式所花费的时间。许多机构约束着人们的悼念行为，要求大家都保持一致，而不再是像过去那样有着不同的哀伤和居丧方式（Green，2008；Morgan & Laungani，2003，2004a）。

死亡后的悼念制度化了，但是这样的制度化不一定是消极的（Osterweis，Solomon，& Green，1984，pp. 201-202）。例如，一些殡仪馆专门为他们的客户和社区提供哀悼咨询服务（Riordan & Allen，1989）。因此，在1900年到2000年间的社会文化变化使帮助者也有了重要的改变，现在的帮助者有医生、护士、心理学家、社会工作者、咨询师、康复治疗专家、收容所工作者以及死者遗属的照顾者（Dershimer，1990，pp. 14-36；Huber，1993；Schneider，1984，p. ix）。实际上，Morgan 和 Laungani（2002，2003，2004a，2004b）关于死亡和居丧问题的全球视野选集就像是一个专业的索引字典，列出了许多不同的职业。

精神性与宗教信仰

宗教之所以存在最主要的理由之一是它赋予了死亡意义以及理解死亡（Walsh，2009）。你是否相信宙斯、欧丁神、上帝、佛陀、伊希斯、真主、大神或 Charlie Brown 的南瓜大仙？人类对生命和死亡意义的探索看上去好像是神在提供答案。你是否相信瓦尔哈拉殿堂、天堂、涅槃、伊甸园、轮回、纳斯卡天空赛道或者其他意味着安全、快乐、和平的在人死后可以生活的地方？人类试图通过构建来生的概念，不断欺骗自己，让人明白为什么不好的事情发生在好人身上，为什么好人命短（Drescher & Foy，2010；Giunta & Giunta，2002；Green，2008；Walsh，2009）。信念、信仰和宗教是用来处理生命终结和丧失亲人的基石。当一个人感觉到绝望、无奈、人际关系中断时，信念、信仰和宗教会给予他们舒适、希望、支持和联系。几千年以来，精神性的资源一直为家庭成员和朋友就如何尊重死者和哀悼死者问题方面提供了指导（Walsh，2009）。最后，Kaut（2006）提出，任何临终期的评估和咨询都应该包含一个生物–心理–社会–精神信仰网络。

然而，宗教、精神信仰以及上帝是一把双刃剑。他们给予你希望，但也可以把希望带走。当人们面对亲人丧失时，人们必须要面对的一个最大的问题就是构建意义，这种意义构建必须能够发挥积极作用，并帮助他们摆脱哀伤。在一个公正和公平的世界里，这是相当容易的，但是到现在你应该已经知道，在危机干预的领域里，从来都不是公平和公正的。当他们的信念、态度、假设、价值观和其他一切他们认为有助于理解这个世界的事物变得破裂、杂乱、混乱的时候，这可以让人们对他们所信仰的神感到不高兴（Gillies & Neimeyer，2006）。

因此你应该清楚，试图去合理化丧失以及构建丧失的意义，可能会挑战一个人根深蒂固的宗教和精神信仰（Humphrey，2009，p. 26）。这种精神双刃剑的另外一面是，很多作者都尝试花很大的篇幅来说明为什么上帝仍然是可以依靠的肩膀。Giuntas（2002）就是其中的一个。合理化或者构建丧失意义的过程，涉及检查那些在丧失以前帮助人们理解生活意义的构建，然后再对这些构建进行更新、重新定义或修改，以恢复平衡（Humphrey，2009，p. 26）。

从这个角度来说，在死亡和重大丧失的问题中，很大一部分人（在所有的社会，也包括我们的社会在内）会发现信仰是他们应对、恢复和成长的最重要的资源。危机干预工作者应该允许哀丧来访者发现信仰和精神上的治愈方法（Culliford，2002）。当然，这并不意味着危机干预工作者就应该把他们自己的宗教信仰注入或者强加到哀丧来访者的身上。

应对居丧的概念化方法

至今有很多应对丧失的模式，包括精神动力学、建构主义以及认知行为方法（Bowlby，1969，1973，1980；Cohen，Mannarino，& Deblinger，2006；Gillies & Neimeyer，2006；Neimeyer & Levitt，2000；Osterweis，Solomon，& Green，1984；Powers & Griffith，1987；Raphael，1983）。从历史角度看，阶段 / 分期模式最有名（Bowlby，1969，1973，1980；Kübler-Ross，1969；Kübler-Ross & Kessler，2005）。

阶段 / 分期模式

Kübler-Ross 的阶段模式 Kübler-Ross（1969）的阶段模式可能是最流行的、最有名的模式。她把丧失过程分为五个阶段，即否认、愤怒、妥协、抑郁和接受。这是人们试图应付他们自己即将来临的死亡时所经历的五个反应阶段。后来，她的理论被应用于大多数遭受丧失后的人的悲痛和哀伤过程（Kübler-Ross & Kessler，2005）。尽管这五个阶段从来没有趋近于一个严格的线性、逐步递进模式，但它已经被人们认可。这个模式的流行度和有效性已经深深地印在公众的心里，但很少有研究去证实它的有效性（Konigsberg，2011）。因此，虽然它的简单性吸引了很多公众的眼球，但是很少有实证的证据来说明其使用时的有效性，也没有发现当人们不能从丧失的一个阶段进展到下一个阶段时，会导致问题。无论有多少人想要一种简单的应对哀伤的规则和阶段模式，也没有一个简单的可以适合所有人的哀伤阶段模式（Friedman & James，2009）。因此，Kübler-Ross的阶段模式，和其他大部分阶段模式一样几乎已经被安置在历史的垃圾桶里了。

鲍尔比的依恋理论 在整个治疗领域，最出名的可能就是鲍尔比的依恋理论（1969，1973，1980），这个理论来自一个探讨孩子与其父母分离后又重聚的研究实践。依恋理论是一个线性阶段模式，这个模式侧重于探究哀伤者与死者关系的种类，因亲人丧失而导致的情感关系的破裂和中断都会让人感到哀伤。如果没有出现极度哀伤，就认为个体没有承认丧失。而哀伤进程的最终目标，则是将对丧失的人或者物体从情绪上变成无所谓，或与之“分离”。这个模式也受到争议和批判。哀伤并不按照鲍尔比描述的反应阶段来发展。而且，如果没有极度哀伤，与其说是病理上的感情回避或抑制，还不如说是一种恢复的信号。最后，“分离”并不见得就比继续保持与所丧失的人或物的情感纽带和回忆更好（Shaver & Fraley，2008）。

Schneider的成长模式 我们觉得比较好的阶段模式之一是Schneider（1984）提出的丧失八阶段过程模式。它是一种整体的成长促进模式，这种模式是为了在压力、丧失以及哀伤的环境下，尽可能促进个人心理发展与成长（p.x）。Schneider的成长模式主要关注人们从丧失中得到的个人成长。因此，在最近对于从创伤中成长的潜在积极作用的研究中，这一模式得到了极大的关注（Cann at al.，2011a，2011b；Triplett et al.，2011）。

Schneider（1984，pp.104-226）的成长模式包括了以下几个阶段：(1) 对丧失的初始感知，通常都感到这是一种重大应激源；(2) 通过在一段时间内把思维和情感能量集中于丧失的积极面，动用所有内部资源来避免无能动性和失衡，以限制丧失感；(3) 通过认识到面对丧失时自己的极限，放弃不切实际的目标、无根据的假定以及不必要的幻想，来限制丧失感；(4) 认识到丧失的程度，明白哀悼阶段是丧失者经历的最痛苦、最孤独、最无助绝望的阶段；(5) 理解丧失，接受既成的事实不可再更改，获得对过去发生的事情的平静；(6) 解决丧失。丧失者能够发现并且从事一些与丧失无关的活动；(7) 在成长的背景下重构丧失。丧失的重构阶段涉及更多地寻找自己的潜力而不是限制，把问题看作是挑战，再一次对事物变得好奇，以及在自己生活的不同方面中找到平衡；(8) 把丧失转化成新的成长水平。这种转换阶段是一个人躯体、情感、认知、行为以及精神方面的一种综合体现，也就是说，在较高的水平上理解和接受丧失（pp. 104-226）。

与传统模式相反的模式

Dutro（1994）描述了在20世纪90年代，哀伤和丧失的概念变得更具有动态特征，由医学或病理学理论向相互影响的模式过渡。Dutro综合动力模式认为心理、生理、情感及认知行为因素，如死亡模式、与死者的关系、以前的丧失经历以及占主导地位的亚文化规范，都影响着每一个人对丧失的体验和感受。这些因素包含在哀伤动力学结构模式中，Dutro认为，这与21世纪的社会文化生活是同步的。Dutro及其他研究者的动力的、个性化的哀伤模式（Dyregrov & Dyregrov，2008；Humphrey，2009；Konigsberg，2011；Neimeyer，2000；Worden，2002）反驳了许多与旧的阶段理论有关的观点：

1. 没有证据支持有关哀伤“分期”的假设。
2. 给哀伤以时间限制是不恰当的。
3. 认为把居丧反应中的悲痛压抑或抑制，不一定是病理性的。
4. 强调隔断联系或把自己从丧失的人或物体中分离出来，将否认长久生活形成的联系和保持美好回忆的有用性。
5. 由于每个哀伤者的经历是独一无二的，所以通用的模式是不能发挥作用的。哀伤不是一个统一的现象，而是基于多种因素交互的一种多维的、互动的、个人化的情感体验。
6. 哀伤的过程没有固定的起点和终点。
7. 如果哀伤没有结束，那么它就一定发生了改变。

从这个观点看，两种流行模式——双重作用模式（Stroebe & Schut，2001；Stroebe et al.，2008）和适应哀伤模式（Martin & Doka，2000）似乎很好地代表了当前关于哀伤和悲痛的流动和特殊性质的思想（Doughty，2009），以及危机干预工作者应该如何着手处理它们。

双重作用模式 双重作用模式以接近－回避模式为特点，这种方法有两个组成部分，即丧失取向和恢复取向。丧失取向的压力源是与丧失本身紧密联系的，这可能体验为对丧失的反复思考，以及对丧失的行为、情感和认知反应，这种反应可能会摇摆于回避还是直面与所丧失对象之间已经中断的联系（Stroebe & Schut，2001；Stroebe et al.，2008）。Stroebe 和 Schut 把这个过程看成是丧失适应的一个正常和自然的过程。例如，一个高校运动员可能会因为失恋而感到伤心或恼怒（面对压力源），但是加倍地练习和增加学习时间（逃避压力源）可以有效地忘记过去的爱。当哀伤随时间而被冲淡，恢复也就开始了。

当哀伤者开始设法应对丧失的后果或者开始扮演新的角色和身份、形成新的人际关系网、改变生活以及参加可以分散其哀伤的新活动时，就产生了恢复取向。在本章开始我们所遇到的那个愤愤不平的新寡妇，可能交替使用两种方法来开始恢复：一方面通过长时间看电视来回避孤单，另一方面通过参加一个教会恢复团体来面对孤单。这个模式的主要优点之一就是它认同哀伤并不是静态的，而是一系列按自己节奏起伏的波峰和波谷，但会慢慢地进入到一个可以滋养成长和更加平静的情感、行为和认知领域。但是，需要特别强调，这些研究者认为如果这个起伏没有发生的话，哀伤者就可能陷入困境，进入长时间的哀伤之中（Stroebe et al.，2008）。因此，运用这个模式的危机干预工作者应该明白，哀伤者在丧失和恢复之间来回反弹对于哀伤过程特别重要。而如果丧失者不能这样处理哀伤，那危机干预工作者就要特别小心了。如果你接受这个模式，那么你就可以理解，人们哀伤的时候并不是静态或者稳定的，当他们尝试着让他们的生活重新回到平衡和稳定时，他们是来回摇摆的。

适应模式 Martin 和 Doka（2002）把哀伤的过程视为一个连续谱上的三种基本形式：一端是直觉性哀伤，另一端是工具性哀伤，以及两端之间的无数种中间形式。直觉性哀伤者对丧失的反应主要是情感方面的，然而工具性哀伤者却认真思考他们的哀伤或据此采取行动。Martin 和 Doka 相信，大部分人都处于中间状态，即两种模式混合的形式。适应模式的其他组成部分包括丧失者愿意采取适应丧失的情感、行为、认知以及精神性的策略。由于荣格心理学中强大的理论依据以及很多人强调适应哀伤时的精神性的事实，Martin 和 Doka 也着重强调了其精神性部分。

适应策略与应对策略在很大程度上是不同的。应对指“和睦相处”或者“忍受”，然而适应策略意味着进行可以产生改变的行为。有趣的是，直觉性或工具性哀伤的人都可能使用适应策略，但是理由完全不同。例如：直觉性哀伤者和工具性哀伤者可能都会采用翻看死者相片或者追忆与死者的幸福时光的做法。在记忆的洪流被意识到并重温时，对于直觉性哀伤者，就是一种感情的宣泄和释放。但对于工具性哀伤者，相册可能就是用来记住、组织和计划活动的方法。因此，对于直觉性哀伤者，在家庭农场骑马的照片使之回忆起星期五下午骑马、在河边野炊骑马和马具皮革的味道，以及爷爷那顶在马鞭前摆动的宽边斯泰森牛仔帽。对于工具性哀伤者，相同的照片可能会让他联想到即将到来的农用设备促销活动需要列出产品目录，或者根据兄弟姐妹们的要求来分发他们喜欢的、已过世父／母留下的物品。

我们应该清楚地知道，适应性方式并不一定意味着一个铺满玫瑰的记忆之路。短期有效的适应性方法，可能在长远来看就成了不良的方式。在葬礼上，近乎歇斯底里的情感宣泄可能是好的，但是当家庭农场被拍卖的时候，就需要冷静的商业意识。还有，如果主要的哀伤者有不同的哀伤形式的话，他们就可能发生冲突。如果丈夫还沉浸在自己对死于车祸的女儿的任何小的回忆之中，那么沉浸在工作中的工具性哀伤的妻子可能会对这种行为感到困惑。同样，这个父亲可能会对妻子的冷酷无情感到惊骇，因为在葬礼后六个月妻子就把他心爱女儿的衣服打包捐赠了出去。他们都采用了适应性策略，这些策略在他们自己身上很好地发挥了作用，可人与人之间的分歧就是另一回事了。

在帮助哀伤者走出哀伤时，更重要的是帮助其他重要的人理解丧亲者的哀伤过程并不是什么奇怪的、异常的病理表现，而是对丧亲者有用的、高度功能性的、独特的适应方法，此时危机干预工作者就能发现和理解这些方式是极为重要的。

测评工具

《得克萨斯哀伤问卷修订版》(The Texas Revised Inventory of Grief, TRIG) 《得克萨斯哀伤问卷修订版》(Faschingbauer, Zisook, & DeVaul, 1987) 可能是应用最广泛的哀伤测评问卷。问卷包括两个分量表，即当前的哀伤和过去的破坏。由于其时间顺序的特点，这两个分量表使得危机干预工作者能确定哀伤解决已经取得进展。这个问卷要求受访者根据李克特评分（分值在1=“完全不符合”到5=“完全符合”之间）回答八个关于自己过去的行为问题，即发生在过去亲人死亡时的行为（如我感觉我有必要去完成死者生前的遗愿；我对死者的离去很生气；我发现我很难入睡）。另外，还有13个问题是关于受访者现在在面对死亡事实时的感觉方面的（如当我现在想起亲人的死亡，我仍然想哭；我不能接受亲人死亡这个事实；当我想到已经离去的亲人，我会强忍住我的眼泪）。这个问卷很少有效度研究，有一些重复的条目如“哭泣”，忽略了一些已知的重要概念如内疚。然而这个问卷广泛地用于各类人群中，因此可以在不同研究之间进行比较，也提供了丰富的常模数据。

《哀伤体验问卷》(Grief Experience Inventory, GEI) 《哀伤体验问卷》(Sanders, Mauger, & Strong, 1985) 对哀伤过程进行了纵向的评价。要求对自我描述性的条目回答符合或者不符合。有九个临床维度条目，包含绝望、愤怒/敌意、内疚、社会孤立、失控、沉思、人格解体、躯体化症状和死亡焦虑；以及六个研究维度条目，包括睡眠障碍、食欲、失去活力、躯体症状、乐观－绝望和依赖性；还有三个效度维度条目，包括否认、非典型响应和社会期望。

《霍根哀伤反应清单》(Hogan Grief Reaction Checklist, HGRC) 《霍根哀伤反应清单》(Hogan, Greenfield, & Schmidt, 2001) 是用于区分哀伤反应和抑郁、焦虑的。它有61个条目，分别是关于绝望、恐慌、责备/愤怒、解体、分离和个人成长方面的。它可以区分哀伤过程随时光消逝而发生的变化。

《复杂性哀伤量表》(Inventory of Complicated Grief, ICG) 《复杂性哀伤量表》(Prigerson et al., 1995) 特别以与居丧相关的抑郁和焦虑不同的哀伤症状为目标，能预测长期的功能性损害。条目答案以李克特方式计分，从“从不”到“总是”。条目针对长期哀伤，例如，不接受死亡、感觉愤怒或者不相信、回避以及有关死去的人的幻视或幻听。

丧失的类型

人们可能遭遇产生应激、创伤或哀伤的许多不同的丧失类型。以下是危机干预工作者可能遇到的几种类型，但本章的目的并不是为每一种特别的危机提供一种对应的干预技术。因为丧失的范围很广，因此这里介绍的是运用于丧失者的基本帮助技巧与策略。

配偶死亡

配偶的死亡一旦发生，这种丧亲之痛是难以想象和描述的，因为它会给遗属造成情感上的麻木和深刻的悲痛，这种空虚和深刻的哀伤是无与伦比的 (Kübler-Ross & Kessler, 2005, p. 29; Parkes & Prigerson, 2010)。在人的一生中，配偶死亡是最大的情感应激与打击事件之一 (Cramer, Keitel, & Zevon, 1990; Daggett, 2002; Leathy,

1993)。Camelley 及其同事（2006）研究了守寡的长期影响，研究发现，数十载后，寡妇还是会不断地谈论，想念自己的已故丈夫，并对他的死亡满怀感伤。20年过去的丧失，她们仍然会每周或者每两周回忆一次与已故的配偶一起生活的日子，并且平均每个月都会与别人聊一次与已故配偶有关的故事。在失去配偶12年半以后，当她们回忆起已故的配偶时，她们仍然感到沮丧，频率一般处在“有时”到“很少”之间。

根据这个研究，今年年底，如果再次调查那个遭受丧子之痛的父亲，如果他还在为丧子之事而哀伤，你是否会感到很惊讶呢？丧失配偶就如同你自己也掉了一半的魂。当你很需要至关重要的另一半时，你会感觉很寂寞。当你认为自己在整个生活中所构建的一切都是无意义的时候，你会感觉很受打击（Van Praagh，2000，p. 96）。正如 James Van Praagh 所说的那样，“在我妈妈死的那天，我爸爸不再是我一生都熟悉的那个人”(p. 97)。James Van Praagh 所说的实际上包括两个方面的内容。第一，父亲会发生什么改变以及他将如何应对丧失；第二，不仅是整个家庭要如何应对丧失母亲的哀伤，而且也包括他们要如何应对父亲的丧亲之痛。如果父亲要独自承担起照顾未成年子女的任务，第二点就尤为重要（Glazer et al.，2010）。

与男性（鳏夫）相比，有更多女性（寡妇）幸存者。丧偶者通常必须独自面对许多问题和整个居丧的过程。除了即刻的震惊和应激外，许多幸存者还要面对严重的个人、情感、经济、社会、职业、家庭以及社区问题（Buckley et al.，2010；Johnson，1977；Khosravan et al.，2010；Osterweis，Solomon，& Green，1984，pp. 71-75；Pizzetti & Manfredini，2008；Rando，1984，pp. 144-149；Vahtera et al.，2006）。对于年老的幸存者更糟糕的是，配偶的死亡会加速老年幸存者的死亡（Elwert & Christakis，2008；Hart et al.，2007）。

似乎其他的因素也会影响遗属的死亡率，有相关研究发现（Elwert & Christakis，2006），种族会在很大程度上影响幸存配偶的死亡率，当白种人在饱受配偶死亡带来的显著的、持续的死亡风险增加时，非裔美国人却没有受到这样的影响。宗教也可能影响幸存配偶的生存时间。Abei 和 Kruger（2009）发现，当妻子死后，天主教男人比犹太男人的生存时间长2.2年；当丈夫死后，天主教女人比犹太女人的生存时间长1.5年。

因此，如果你是一个信奉天主教的非裔美国人，那么你就应该保持镇静吗？如果你是一个犹太白人，那么你就应该变得焦虑吗？没必要，但是作为一个危机干预工作者，你就应该理解众多的因素都会影响死者遗属的生存时间，你也应该意识到当你在处理哀伤和居丧的时候，一些看起来很普通的人也需要你的仔细观察。再者，当一些人可能认为居丧和哀伤不应该归为精神疾病类别时，大量的研究表明这是一个装有邪恶黄蜂的潘多拉盒子，它能通过多种方式刺痛遗属的悲痛心灵，并且，当一些遗属免疫系统功能下降时，这就会加速他们的死亡。因此，危机干预工作者和医疗卫生保健工作者尤其要懂得居丧和哀伤对身体健康的影响。

因为照料而导致的丧失

照料对于配偶和父母来说是一个重要的问题。长时间的照顾会导致无论是接收照料者还是提供照料者的彻底变化。你可能会刻板地觉得所谓照料者，就是给临终疾病患者或者慢性残疾卧床不起的病人提供常年细心照料的人。请想象一位父亲，他有一个28岁的患有精神分裂症的儿子，他的儿子有强迫和妄想观念，因此而成为警方监控的头号人物之一，因为放弃了药物治疗，所以他的病情慢慢地变得严重起来，他的父母睡得很警觉，并且他还在他卧室的不锈钢门上安装了重型钢筋门闩。换句话说，有许多不同类型的照料者，数量上也很多，而且会越来越多：婴儿潮时期出生的一代慢慢老去，由于医学技术的不断进步而延长了寿命，因此那些本来可能已经死了的人，现在可能还活着，但遭受着严重的精神或躯体上的残疾。

由于这种丧失的模糊性，因此失去人际关系导致的哀伤和居丧中混杂了挫折感。照料的接受者是活着的，然而要么在生理上，要么在心理上，或者在生理和心理上，都已经不在了。因此以前那些行为上的任务（谁来报税、支付账单、照顾汽车、给孩子们做午餐）、情感上的联系（情感支持、性行为）、认知上的能力（应对工作的变动、决定孩子上哪所大学、买哪栋房子）等都没法继续了（Betz & Thorngren，2006）。照料者经常报告身份丧失的感觉（Dickson et al.，2010），例如，随着他们更深地进入到照料者的角色，他们觉得自己从以前的配偶和爱人变成了现在的照料者和护士。

糟糕的事情可以发生在优秀的照料者身上，即使他们能照顾好脊髓损伤的患者、头部创伤的患者、多发性硬化症患者、晚期癌症患者、肾病患者、阿尔茨海默氏症患者、痴呆患者、精神和身体上有缺陷的人、精神病患者以及其他因疾病而丧失行为能力且需要长期保健和细心照料的患者。那些有复杂性哀伤的照料者报告他们面对更多家庭内部冲突，因为其他家庭成员拒绝接受疾病的事实或者照料方式（Kramer et al.，2010）。

照料者有着各种各样的问题。他们遭受着沮丧、哀伤、愤怒、内疚、担心、孤立、怨恨、经济困难、挫折、人际关系的中断、丧失就业能力，如果他们比照料对象更年迈，则担心照料对象的未来。他们也有着自己的身体健康问题，并且常常因为照料别人带来的持续躯体和心理压力而恶化。照料对象去世的时间早晚也对照料者有影响（Adams，2006；Morgan，2009；Ott，Sanders，& Kelber，2007；Taylor et al.，2008）。Keene 和 Prokos（2008）发现在照料对象去世后，与非照料者或只提供了短期照料的配偶相比较，提供了长期照料的配偶会感到更明显的解脱，而且抑郁症状也较少。看起来似乎很冷血，但从长期照料的负担中解脱，似乎可以让照料者更好地应对他们的丧失。

有足够理由认为，在美国，随着婴儿潮时期出生的人口步入退行性疾病高发年龄阶段，照料者的数量也将增加。其他国家会在国家层面上为需要帮助的人提供支持性服务，但这些项目运作得如何仍是一个未知数。在美国，这些人群获得的服务水平低下，主要依赖于慈善组织的帮助，如精神疾病患者联盟、阿尔茨海默氏症协会和其他特定的疾病支持团体。由于照料对象持续存在的医学上或经济上的危机，以及提供照料导致照料者本身的慢性应激，大部分照料者经常处于亚危机或危机状态。

这些照料者和他们所照料的人经常会引起一线危机干预工作者的关注。帮助这些人加入支持群体，通过休假或暂停计划来暂时获得解脱，规划未来，获得心理帮助和支持性心理疗法，负面情绪正常化，发现外部帮助，获得资金上、医疗上和法律上的援助，获得关于照料者问题的心理教育以及寻找丧失的意义，这些都是危机干预工作者可以提供的服务内容（Adams，2006；Dillenburger & McKerr，2009；Haley et al.，2008；Morgan，2009）。

孩子的死亡

不管父母和子女的年龄多大，子女的死亡总是一种重大的丧失（Edelstein，1984；Finkbeiner，1998；Kübler-Ross，1983；Rando，1986；Romanoff，1993；Silverman，2000）。孩子的死亡也许是一个人能够遇到的哀伤极限。孩子一旦死亡，他们的父母就必须面对这个无法理解的事实，孩子居然死在他们之前。父母会经常感到无比的内疚，觉得他们应该为之做一些不同的事情，来阻止孩子的死亡（Van Praagh，2000，pp. 154-155）。孩子的死亡是另一种使幸存者不能很快地恢复的丧失。McCarthy 及其同事（2010）研究了孩子死于癌症的父母们。虽然很少有父母会遭受复杂性/持续性哀伤或者抑郁症，但是在平均四年半后，他们仍然表现出因自己对孩子持久的渴望和怀念而产生的分离痛苦。

每一个父母的需要、个人史、人格、应对方式、与他人的关系、社会关怀、家庭状况以及对孩子死亡意义的感觉等方面均是不一样的（Braun

& Berg，1994；Finkbeiner，1998；Romannoff，1993）。因此，每一对父母在遭受孩子死亡时都有某些不同的地方。无论是死产还是婴儿猝死综合征（sudden infant death syndrome，SIDS），无论是意外事故还是青少年或者成年时期因疾病死亡，孩子的死亡对父母来说都是一种创伤（Osterweis，Solomon，& Green，1984，pp. 75-79）。对于老年父母来说，失去已是中年或者老年的子女同样也是一种创伤，因为他们期待着自己的孩子活得更久。

Ann Finkbeiner（1999，pp. xxi，37，44，54）唯一的18岁儿子死于机动车事故，她经过几年的哀伤和疗伤之后，和大家分享了儿子之死对她深刻的个人意义。她的言论直接切入问题的核心，即失去一个孩子意味着什么。

> 我学会了丧子之痛的两种长期效应。第一，孩子的死会使人迷失方向。人类的心智就是要去发现各种模式，并为之附加意义，把类似的事物联系起来，从一个例子推理到另一个例子，简而言之就是发现事物的意义。就像你的心脏不会有意识地停止跳动一样，你的心智也不会有意识地停止寻找意义。但是孩子的死亡确实没有意义，没有先例，没有模式，他们的死是一个非自然过程，是一个错误。因此，父母们反抗他们的心智，改变他们的看法，并且去适应一个毫无意义的现实。
>
> 我所学会的另一件事情是放开一个孩子是不可能的。在面对儿子的死亡时，我最开始出现的最持久的反应是吃惊。我不知道孩子对我到底有多重要。我只知道我根本不愿意考虑这个。我的孩子是我的骨肉，和我血脉相连，这种联系并没有被破坏，并且父母会找到微妙的、明显是无意识的方法来保持这种联系。

儿童期居丧

经历父母或同胞死亡的儿童可能表现出居丧的明显迹象，但是，有时他们的悲痛是隐匿的，以致照顾者认为他们没有受到丧失的影响。Norris-Shortle（1993）等的记载表明儿童确实会经历悲痛。大部分经历过亲人死亡的孩子会把悲伤经历当成正常的过程，并不一定最终都形成病理状态（Glazer，2010）。然而一个父母的死亡，一个兄弟姐妹的死亡或者是一个朋友的死亡，都可能会带来剥夺性、复杂性或持续性哀伤（Cohen & Mannarino，2011；Cohen，Mannarino，& Deblinger，2006，pp. 199-203；Cowan，2010；Crenshaw & Lee，2010；Howarth，2011）。因为孩子们在家外度过的大多数时间是在学校，因此有必要加强学校支持系统，以帮助儿童应对创伤性哀伤（Cohen & Mannarino，2011；Heath & Hudnall，2011；详见第十三章“校园危机”），尤其要支持那些自己在解决哀伤方面也有困难的儿童照料者。

Gudas（1990）的研究表明在学龄前儿童和学龄儿童之间出现的行为和心理困难的迹象和症状是不同的。年龄较大的儿童有关于死亡的永久性概念并且能够描述他们自己的死亡问题，他们比年幼儿童有更多的焦虑、抑郁和躯体症状。由于年龄和认知能力发展水平的不同，儿童对死亡的理解可能会大不相同。从皮亚杰的理论看，前运算阶段的儿童看待死亡的自我中心观可能会充满奇幻的思想，而没有理解死亡的终结特性（Brown，1988，pp. 70-74）。具体运算阶段的儿童可能会把死亡作为一个因果关系事件，理解死亡的原因，形式运算阶段的儿童则可以理解死亡的终结性和不可逆性，并且会问各种各样的“为什么”（Brown，1988，pp. 7-81；Matter & Matter，1982）。

学步期儿童 年龄在18个月到3岁的孩子是不能理解死亡与离开的区别的。因为他们处在一个以自我为中心的世界里，他们可能会认为是他们自己导致了死亡事件的发生。然而，死亡对他们来讲并没有任何的意义，但他们确实能感觉到丧失，并且这种丧失可以是非常痛苦的。他们将会表现出高度的焦虑，表现出激动不安的行为，过度哭闹，吸吮手指，咬东西，甚至大发脾气。他们不可能对亲人死亡的创伤性事件保持清晰的记忆（Giunta & Giunta，2002，p. 244）。

学龄前儿童 三岁到五岁的儿童会对丧失有深刻的反应，也可能表现出哀伤、愤怒、连续哭泣、忏悔和内疚的情感或者分离焦虑（Gudas，1990，pp. 1-2）。在四岁左右，儿童对死亡会有一个有限的、不清晰的理解。因为他们仍然处在以自我为中心的世界里，他们可能会相信是他们导致了死亡的发生。对于大部分儿童，他们还不能理解死亡的永久性（Webb，2007）。虽然他们对于谁死了以及自己的生活有什么样的丧失有比较清楚的理解，但他们经常只在字面上理解去天堂的意思。也许他们想的是“Bobbie在生日的时候有比萨和生日蛋糕吃吗？是不是有小天使在他的房子里陪他过生日？”“Bobbie能得到一切，爸爸妈妈最爱他，我希望他真的死了”。

在这个阶段，孩子们将开始通过玩耍来表现内心的哀伤，但通常还处于惊恐和痛苦状态下的父母会阻止孩子们这样做。儿童可以出现严重的分离焦虑，包括过度黏人、在分离时哭泣、需要人抱、不想独自睡觉。在日常生活中，这个阶段的孩子可能会把日常生活的改变看成威胁，他们会不明原因地恼怒，甚至拒绝。当哀伤持续一段时间后，他们会变得更加沉默和回避。他们身体的独立性会可能出现明显的退行，例如自己不会穿衣服、不会系鞋带、不会上厕所或者不会自己吃饭。可能也会发生尿床和噩梦（Giunta & Giunta，2002，p. 245）。因为他们的词汇量仍然是有限的，所以当学龄前儿童听到“逝去”“不在了”“去了另一个世界”和其他关于死亡的委婉表达时，他们也只能从字面上去理解这些词语的意思（Webb，2011），因此，如果他们听到爸爸“不在了”，他们就会认为寻找爸爸是家庭成员或者警察的任务。

小学时期的儿童 大约到6—7岁，绝大多数孩子就可以理解死亡的普遍性和不可抗拒性了。现在，死亡变得更加具体、准确和真实。小学年龄的儿童处在具体运算阶段。因此，他们可能会实事求是地描述一只宠物被车轧过后那血腥残忍的画面，因此被成年人认为是冷酷无情和漠不关心的（Gudas，1990）。恰好相反，由于他们对疼痛的敏感性，所以当他们听到关于身体毁坏那样血腥的细节，他们就会感到非常焦虑不安，也会试图回避这类谈话（Webb，2011）。他们能够平衡自己的心态，在明白兄弟姐妹的死亡是一件让人伤心难过的事情的同时，也明白他们的父母可以在他们身上花更多的时间和精力。

孩子们经常通过玩耍来走出创伤。如果玩耍表现得广泛而强烈，而且集中于创伤，那么就进入了儿童期的创伤性哀伤（Terr，1981；详见第七章）。这个时候，他们将很难在学习上集中注意力，并且会表现出相应的不良行为或者学习成绩问题。可能出现许多身体上的毛病（如头疼、胃疼、头晕、未知病因的不适和多次缺课）。小学年龄的儿童可能很难控制自己的行为，他们也可能会表现出极端的改变，比如从安静、害羞变成言语上富有挑衅性和冲动行为，或者相反（Cohen & Mannarino，2011；Guinta & Giunta，2002，p. 245）。

中学时期的孩子 在这个时期的孩子一般可以理解永久死亡的含义，他们可能会为死亡的不公平而表现得非常愤怒。他们可能会形成一种关于未来的不祥厄运感，也可能会认为他们的存在是没有任何意义的。他们也可能为自己的幸存感到兴奋和激动，时而又感到内疚，因为他们想到了别人的死亡。在他们试图处理情绪失调的问题时，这种心理的摇摆不定可能会经常发生，而且非常剧烈。他们可能会对他人的行为非常挑剔，尤其是有关死者或者与处理创伤相关事务有关时（Cohen & Mannirino，2011；Guinta & Guinta，2002，p. 246；Webb，2011）。

然而，如果认为孩子们对死亡的认识是完全按发育时间顺序发展的，那就错了。生活经历会在很大程度上影响孩子们对死亡的认识和理解（Silverman，2000，pp. 47-53）。你可以想象一下，一个伊拉克巴格达的普通六岁儿童和一个艾奥瓦州的普通六岁儿童，他们在看待死亡问题时的观点和角度之不同。

干预和治疗 对于儿童的情感、行为和认知反应，必须从每个孩子的理解和发展阶段去理解，而不是从成人的角度去理解（Rando，1984，pp. 157-162）。孩子在遭受重大丧失的打击时，是极易受到伤害的，因为他们经验的缺乏和未发展成熟的个性，容易导致对事情困惑和误解，以及没法处理哀伤（Schoenberg，1980，p. 200）。因为儿童会在一个集中的时期，以很快的速度吸收外界的刺激，以发展其人格，所以必须在他们丧失亲人的时期给予反复保证与支持（Schonfeld，1989）。孩子可能会反复地问及与亲人死亡有关的问题，这并不是关心实际上发生了什么，而是为了确保成年人的说法是前后一致的，确保所听到的事情没有改变，确保哀伤中的成人和儿童都很安全。儿童需要从相对安全的、显示出真正关心儿童感受的成年人那里，一遍又一遍地听到简单的、真诚的、保证性质的话语（Osterweis，Solomon，& Green，1984，p. 100）。

一些人认为在亲人去世的时候，应该保护儿童，不让他们接触与死亡和丧失有关的事情。用委婉的说法来表达（如爸爸“离开了”）是不应该的。虽然在当代社会，死亡确实可以算是一个粗俗的词汇，但在诚实表达所发生的事情时必须用到。有很强的证据表明丧失亲人的孩子被真诚地告知亲人死亡的消息，并允许他们一起参加哀悼仪式时，他们能更好地应对丧失（Osterweis，Solomon，& Green，1984，pp. 99-127；Rando，1984，p. 155；Schoenberg，1980，pp. 151-154）。虽然孩子在失去亲人的过程中，在行为上的一些表现可能被大人们认为是“不关心”或“不理解”，但应该允许儿童按照他们自己的心智发育水平来处理他们的哀伤。当孩子不愿意参加哀悼活动时，不要强迫他们去做，但是当他们要求参与时，就应该允许。

Cohen 和 Mannarino（2011）认为治疗应该包括五个步骤，是逐步暴露于丧失以及创伤性哀伤的一个过程：

1. 发展复原力的压力管理技能，帮助孩子重新调节与死亡有关的情绪、行为以及思维。其策略包括正强化、鼓励，以及由老师和父母对积极行为进行选择性关注，教他们一些缓解压力的技巧，比如深呼吸和肌肉放松，以减轻和停止应激的躯体表现。
2. 发展情感表达技能，帮助孩子以及家长准确地区分和表达自己的感受，同时避免对负面感受的任何判断。应该鼓励儿童表达感受，而不是否认感受。因为父母和儿童都可能被自己强烈而复杂的感受吓到，因此教会父母和孩子情感调节技巧是很重要的，这样他们不但可以有信心表达自己的感受，而且有信心控制自己的感受。
3. 认知应对技能既能帮助儿童，也能帮助父母把他们的想法、感受以及行为联系起来。儿童和父母都要学会如何评估自己的思维是适应良好的还是适应不良的，并通过思维停止、再构以及认知重建技术来改变适应不良的思维。
4. 创伤特异的干预主要是一种创伤叙事疗法，通常在孩子和父母复原力技能发展后实施。这种叙事可以有多种形式：故事、诗歌、艺术作品和游戏。叙事疗法的目的在于减少逃避行为，直接地面对让自己感到害怕的伤痛，想明白，并从中走出来。如果创伤性事件涉及暴力，而儿童曾经历或目睹这些暴力事件，那么在暴露于创伤时，安全问题应该加以解决。
5. 哀伤焦点面谈（Grief-focused interview）帮助孩子和父母发展建立适应更加良好的哀伤处理过程，包括处理对死者的许多冲突和矛盾情感。

Webb（2007）认为，在解决创伤后的逃避问题时，指导性的游戏疗法是认知重建的关键性辅助治疗（Cohen，Mannarino，& Deblinger，2006）。Webb 列出了这么做的几点原因：

1. 游戏治疗能够从孩子紧张焦虑的情绪中得到缓解。
2. 它能让孩子在游戏中象征性地回顾究竟发生了什么，并通过操控游戏的材料来建立稳固的心理防线，来抗衡创伤事件带给他们的恐惧体验。通过控制游戏所用的材料，儿童和治疗师可以一起安全地排练计划，探讨问题如何解决，并制订解决方案。

3. 通过角色扮演的方法来增加孩子面对未来的信心。
4. 它可以提供情绪缓和与角色转变的作用，使得孩子由绝望、无助和缺乏自信变成充满希望与充满自信（p.48）。

把学校和家庭整合起来，在整个群体中实施干预也是至关重要的（Cohen & Marinnarino，2011）。教师、学校工作人员、心理学家以及社会工作者都可以通过努力了解在家庭或者治疗中发生的事情，并作为主要治疗者向他们提供支持服务和帮助。

青少年居丧

Kandt（1994）的研究表明，90%的初中生与高中生体验过因死亡带来的伤害。其中几乎50%的人经历过朋友的死亡，并且有五分之一的人目击了死亡。现在的青少年比过去遭受更多的死亡和丧失，这些情况对青少年和他们的照料者来说，都是一种挑战。其他危机，如家庭破裂和父母失业，也能使青少年产生悲观、绝望、迷惘、抑郁以及隔离感（Schliebner & Peregoy，1994）。同胞的死亡对青少年造成的冲击很大，因为这些在他们看来本来是不应该发生的，而且许多这样的死亡都是因为暴力事件。同胞的死亡可以引发学业问题、抑郁、物质滥用、自杀意念以及延迟发育过程（Balk & Corr，2001；Balk，Zaengle，& Corr，2011；Malone，2011）。

联结的价值 Hansen和Frantz（1984，pp. 36-47，62-72）指出，居丧中的青少年需要参与到家庭的哀伤过程之中，但同时也需要私人时间。例如，在祖父突然死亡时，青少年可能往往感到被排斥。居丧中的其他家庭成员可能错误地认为，青少年对事件的理解与成人是相同的。但实际上，在这样的时刻，青少年可能不知道该采取什么样的行动，因为他们对死亡、与死亡有关的环境因素、合适的悼念角色，或是对人生没有足够的理解（Brown，1988，p. 77-79）。

青少年可能深深地感到痛苦、害怕、愤怒、内疚、无助、困惑、孤独以及悲痛（Balk，2009），但他们可能还不知道怎样自如地表达他们的情感。应该给他们参加讨论、计划、哀悼、葬礼以及纪念活动的机会（Hansen & Frantz，1984，pp. 62-67）。Guerriero-Austrom和Fleming（1990）研究了同胞死亡对青少年的影响，发现青少年会出现躯体和心理症状的波动，其中最严重的时候是在同胞去世后的6～12个月，然后在18～24个月时再一次出现。女性比男性表现出更多的死亡焦虑以及与健康有关的问题。在同胞去世后，青少年的哀伤反应可以持续长达三年。随之带来的问题是这些会导致更加直接的现实问题，即一些已经愤世嫉俗青少年在危难中表现得更加愤怒和沮丧，而且可能以一种危险甚至危及生命的方式表现出来（Brown，1988，pp. 79-81）。

预防与治疗 当青少年面对父亲或母亲去世时，提高其复原力的关键之一是双亲中剩下的一方的积极养育行为（Sandler et al.，2003；Worden，1996）。当面临父亲或母亲的死亡时，青少年会出现恐惧和焦虑（Worden，1996），但如果剩下的那个母亲或父亲能承担起养育的责任，那么青少年会更加成熟，成长得更快。事后再来谈论积极的养育行为当然没用，但包括父母在内的个体或团体的干预，确实能够帮助青少年及其父亲或母亲从创伤事件中走出来。

虽然我们对良好的养育行为对于失去同伴的青少年有多大的影响知之甚少。但是重要的是父母能够理解和承认这种丧失的重要性，要避免贬低这一丧失，因为这会导致剥夺性哀伤。青少年同伴的死亡常常是由于愚蠢的决定：鲁莽的表演失败，导致颈部受伤和四肢瘫痪；酒后飙车；战胜了主要竞争对手后狂欢，导致交通事故和朋友受伤；那种“我要拍下来放到网上去”的表演失败，而导致伤害、死亡和法律纠纷。这些事故会导致煽动者出现抑郁和自杀行为。因此，这些典型的青少年不成熟的行为导致的意外死亡，通常会被父母所贬低。

对孩子同伴的愚蠢行为，以及这种丧失的不

合理性，家长必须对他们下意识的批评性反应特别小心。当家长对青少年的同伴友谊或初恋不予理睬或者加以指责时，他们基本上就是告诉青少年，你们的友谊没有什么意义，你们的感受也同样没有什么价值（Balk，Zaengle，& Corr，2011）。这样是很糟糕的。聪明的家长会对他们的孩子失去朋友或恋人的哀伤做出敏感的反应。

最后，对于青少年而言，学校是一个重要的支持来源（Balk，Zaengle，& Corr，2011）。第十三章“校园危机”，为学校如何帮助青少年处理同伴的丧失方面提供了大量信息。

老年人居丧

大量研究报告了老年人的哀伤问题。截至2011年11月，美国心理学会的数据库（psycINFO®）中，仅在21世纪就有700余份研究报告。事实证明老年人在面对居丧问题时会经历相当大的困难（Hansson & Stroebe，2007；Hinrichsen & Clougherty，2006）。随着医疗事业的发展，人们的寿命以及退休时间得到了延长，但是，经济、健康、认知困难等问题会接踵而至，而社会支持系统常常导致独立性的丧失。独立性对老年人来说是非常珍贵的，老年人并不愿意失去（Langer，2011）。例如当成年子女建议其老龄父母不要再自己开车，或建议他们去养老院时，老年人常常会固执地和这些建议对着干，这时子女就明白独立性对于老年人的重要意义了。对于老年人来说，丧失朋友是一种支持系统的逐渐退化，当朋友接二连三地去世，最后，当自己的配偶也离自己而去的时候，潜在丧失急速演变为长期性哀伤，居丧反应呈指数增长。事实上，对于老年人来说，最大的、最具破坏性的丧失莫过于配偶的死亡（Schoenberg，1980，pp. 211-214）。人口统计数据表明，在美国，当今65岁及以上的老年人数量在飞速增长，到2030年，这个数字将达到7 000万，是现在的两倍，届时将占美国人口总数的20%（Schwiebert，Myers，& Dice，2000，p. 123）。所以说这个问题正在变得越来越严重！

从发展观点来看，居丧期的老年人会出现感觉机能、总体健康状况以及移动能力下降。他们获得的收入和支持比年轻时少得多，这些改变也对他们的心理健康有较大的影响。与年轻人比，老年人经历的丧失更多，如亲戚、朋友的死亡、工作的失去、地位的降低以及收入的减少、身体功能和能力的丧失以及独立性和自尊的丧失（Freeman，1978，p. 116）。也有证据表明，随着年龄的增加，应付能力倾向于降低，但尚不清楚这种能力降低是否与老年人知道自己即将面对死亡、体力和功能下降还是其他因素有关（Schoenberg，1980，pp. 221-223）。

Schoenberg（1980，p. 230）通过查阅文献，就有关居丧与年龄问题归纳了四条结论：

1. 老年人躯体问题比心理问题多。
2. 没有任何研究证据表明，哀伤程度明显地随年龄的变化而变化。
3. 研究表明老年人哀伤的持续时间比年轻人长。
4. 老年人容易孤独，并且比年轻人的孤独时间更长。

Crase（1994）把老年人处理丧失的方法分成以下三类：

1. 第一种人完全忽略死亡的不可避免性，并且对于死亡没有任何准备，特别是男性，这一类人很少或完全不会公开地讨论死亡。这些老年人试图通过忽略死亡问题来避免消极的情感，他们采取否定作为防御机制。当他们遭受丧失功能的疾病、危机或灾难时，由于没有任何准备而更易受打击。
2. 第二种人过分地考虑死亡和临终问题，并且为死亡的不可避免性做无用的准备。这些人对他们自己的衰老、死亡以及葬礼的每一个细节都仔细地做出了计划。
3. 第三种人是介于完全忽略和过分考虑死亡问题之间的一种类型。他们与整个丧失发展的复杂性是相适应的，他们进行适当的计划和决定，并且继续过着他们的正常生活。

对疾病、痛苦以及最后失去生命的认识，培

养了我们自己明智的死亡准备动机，就像我们为生活的任何重要阶段或生活事件做准备一样（Kaplan & Gallagher-Thompson，1995）。如果我们没有做好准备，就获得了被危机干预工作者邀请的机会。

艾滋病

自20世纪80年代以来，获得性免疫缺陷综合征（acquired immune deficiency syndrome，AIDS）与人类免疫缺陷病毒（human immunodeficiency virus，HIV）（导致人患上艾滋病的病毒）感染已急剧地危害了人们的健康。艾滋病很难通过普通的机体接触传染，但是一旦感染，就是疾病。艾滋病造成体内的变化不同于其他疾病。当一个人患上艾滋病时，他可能出现与癌症患者类似的无法控制的躯体与心理等问题，但HIV复杂的社会文化因素以及它的传播方式，使得艾滋病与当代其他任何疾病都有所不同（Hoffman，1996）。危机干预工作者必须考虑到很多来访者的继发性丧失问题，如来访者的污名化、个人被拒绝、遭遇偏见、宗教上被拒绝、失业、破产、被歧视、法律上被压迫、对传染的恐惧感、内疚感、羞愧感和自尊的丧失。

艾滋病的迅速传播影响了成千上万的受害者及其家庭，艾滋病给受害者及其家庭带来了巨大的损失和痛苦，甚至对其他人和家庭也产生了影响（Morgan，Laungani，& Palmer，2009）。Shelby（1995）和Miller（1990，pp. 189-195）认为，当受害者得知自己的检测结果为阳性时，他们在精神上就会遭受巨大的痛苦。典型的临床特征表现为自我失控，尤其在检测结果出来之后的那几周内，受害者会表现出焦虑、沮丧、自责、震惊、自杀、士气低落、心理生理症状、自尊心缺乏、病前已经存在的人际关系冲突加剧以及社交退缩行为。

诊断结果所致的立刻、强烈的情绪反应通常会比其他任何躯体症状更早出现。患者感到在情感上和生理上被抛弃，在恋爱关系上被背叛，加上面对药物治疗，这些导致患者感到生活中的许多方面都遇到了丧失和哀伤（MphandeFinn & Sommers-Flanagan，2007）。无论在情感上还是生理上，HIV阳性患者都会表现出严重的临床症状，如恶心、惊恐发作、腹泻、头晕、皮疹、无精打采、颤抖、视力下降、出汗、抑郁以及失眠。很难判断这些症状与HIV感染本身是否存在以及存在何种程度的因果关系，或者这些症状与HIV对患者认知的影响是否有关（Miller，1990，p. 190）。

而且，艾滋病来访者完全有理由为他们日益恶化的身体感到担心。他们短期或长期的医学预后都不甚乐观。HIV/AIDS患者有着很高的感染风险，同时，他们承受来自被污名化、边缘化的负担以及社会、职业、家庭以及性等方面的敌视。因此，他们必须面对潜在的被抛弃、被孤立以及躯体的疼痛（Nord，1997，pp. 43-64）。艾滋感染者认为他们不可能改变这种处境。对于他们来说，很难使自己的身体达到健康状态，而且在帮助亲人以及家人的应对方面，他们常常感觉力不从心。他们似乎很难获得充足的医疗、牙科治疗以及社会福利援助。他们还要面对来自社会的负面压力以及排斥，因为别人认为他们是同性恋、吸毒者、卖淫者或出轨者。然而事实证明（Theuninck & associates，2011），当男同性恋开始体验到艾滋病的症状，亲眼看见其他艾滋病患者死亡，经历严格的药物治疗，他们成了创伤性哀伤以及PTSD的最佳人选。

艾滋病能直接影响患者的家庭及亲友支持系统（Duggan，2007）。艾滋病在非洲迅速传播，导致很多家庭支离破碎，以至于祖父母及孩子成为艾滋病父母的主要供养者和照料者，而且他们还要承担固有的危机、哀伤和丧失（Boon et al.，2010；Nkomo，Freeman，& Skinner，2009；Van der Heijden & Swartz，2010；Wood，Chase，& Aggleton，2006）。

艾滋病患者无法保护他们的隐私，他们会因躯体上的依赖性而失去自尊，感到自己在性方面是无法被接受的，并失去生活上和经济上的独立性（Nord，1997，pp. 43-64）。所有这些因素都削弱了患者的应对机制，从而成为危机产生的温床。Kübler-Ross（1987），Miller（1990），Ostrow（1990），Hoffman（1996），Shelby（1995） 和 Sikkema（2003）等人总结了艾滋病患者需要面对的一系列心理困难以及躯体问题。他们可能认为他们的整个身体都改变了，过分地寻找能反映疾病进展的身体新证据，他们不屈不挠地探索健康与饮食的养生之道，他们也可能专注于疾病、死亡以及避免新的感染。

让问题更加复杂的是，艾滋病主要影响那些缺乏应对资源的人群。在美国，穷人、少数族裔（尤其是非裔美国人和拉丁裔美国人）、女性（特别是有色人种女性）、年轻人、同性恋和双性恋者、吸毒者、无家可归者或者有精神残疾的人，发生艾滋病的危险都比普通人高（Britton，2001；Meris，2001）。

关于艾滋病，还有一种比较特殊的说法，人们将艾滋病看成一种危机事件的疾病。一旦患上艾滋病，这一污名就无法消失，因为它给患者生活的方方面面都带来了影响。由于艾滋病带来的被孤立会严重影响亲密关系的维持，无论是性关系还是情感关系。艾滋病的不可预测性使得做决定——比如与工作、恋爱关系、甚至制订死亡计划有关的决定——变得像情感上的过山车一样。一名75岁的患者可能对其生命的终结有着较好的心理调适，可另一名25岁还在考虑职业和其他生活计划的患者，则可能远远没有准备好面对自己 HIV 阳性的残酷消息（Britton，2001）。

无论一个人对艾滋病的看法是否因为患者的性取向或其他“有罪的”习惯而充满道德批判，艾滋病感染肯定会耗尽患者个人的、人际的以及物质上的资源，因而不应该被看作是单一的应激性生活事件（Kalichman，1995，p. 1）。艾滋病会持久地（而且没法知道会持续多久）、全面地导致患者的多种丧失。由于艾滋病正向全世界蔓延，因此为艾滋病患者提供危机干预可能是最重要的、最有挑战性的和最有必要的。对这样一个服务不足的人群进行危机干预时，所需要的特别的知识、特殊的训练和特定的态度，都值得给予专门的考虑和关注。而且面对这个人群的危机干预工作者更可能出现反移情和耗竭（Gueritault-Chalvin et al.，Kalichman，Demi，& Peterson，2000；Kuhn，2008；van Dyk，2007）。

工作丧失

我们在很大程度上由我们的工作所定义。如果你不信，那么请你回忆一下，当你在舞会上遇到一个陌生人，你问完名字之后，下一个问题通常会问什么？我敢保证你肯定会问“你是做什么工作的？”工作以及随之而来的身份远远不是工作本身和工资那么简单。工作不仅决定了我们能挣多少以及我们挣钱的潜力，还决定了我们每天要做些什么事情。工作也决定了我们的身份和地位、我们参与的感觉、我们的目标，以及工作带来的社会交往与社会网络（Jahoda，Lazarfield，& Zeisel，1933/1971）。如果说在任何情况下失去工作都是一场危机，那么没有任何理由就失去工作，或因为和工作业绩完全无关的理由失去工作，就更能成为危机了。对于那些遇到这类事情的人，他们的感觉和丧亲的哀伤反应非常类似（Vickers，2009）。

技术进步和自由的市场经济在很大程度上改变了美国的工作市场。这种变革的一个主要产物是，失去了许多待遇不错的蓝领和白领工作岗位，这些工作原本可以为那些靠工资为生的人提供收入、职业安全感，以及受人尊敬的、令人向往的中产阶级生活（Lerner，2000）。在当前这样的新经济时代，无论员工如何努力和忠诚，经济重建以及失业都有可能出现（Newman，1993）。

当主要负责养家糊口的人认识到自己在走下坡路，很难回到以前的工作岗位以后，带来的影响就会深入家庭，导致各种各样的病态反应。酗酒、吸毒、打架斗殴、虐待儿童、离婚、自杀以及谋杀都只不过是失业带来的一小部分结果。与遭受强奸或者受到攻击时不同，这些人常遭遇继发伤害，导致抑郁、生气、自责、投射、自尊丧失、自我身份丧失、自我概念降低、失去社会支持系统、污名、失去控制、自我完整性解体以及全面的精神健康的负性影响（Price，Friedland，&

Vinokur，1998）。

这种继发伤害是因为其他人需要合理化，把失业者看作是无能的、懒惰的或在某种程度上不适合这份工作。如果其他人不这样看，那就等于承认自己和失业者一样，对自己的命运完全没有控制，这就把自己置于了危险的境地（Reichle，Schneider，& Montada，1998）。让问题更加复杂的是，受害者会有着和加害者一样的反应，徒劳地在所发生的事情（被解雇）中寻找意义和解释（Lerner，2000）。当整个产业被关闭、没有资源了或削减规模，那么整个小镇都处于危险之中，这时候就产生了系统性危机。

无业对人身心健康的负面影响已经得到了证实，但失业与哀伤的关系是相对较新的领域，我们所知甚少。和那些因丧失亲人而遭受创伤性哀伤的居丧者类似，新近失业者理想中的世界破碎了，过去认为世界是公平的这一观点因此受到挑战，自我价值也没法继续得到证实（Harris & Isneor，2011）。Brewington 及其同事（2004）研究了一些可能与失业带来的哀伤有关的因素。结果发现，哀伤得分与失业时间、家属数量成正相关，与解雇通知的提前时间成负相关。收入损失和自己认为缺少好的再就业机会也与哀伤成正相关。Donahue（2010）把失业者与失去亲人的居丧者进行了比较，结果表明，失业者有同等程度的无望感、紧张、应激、困惑以及躯体症状，而且有更严重的易激惹、内疚、社会责任的退缩、过度敏感以及反复思考丧失。

因此，如果认为给失业者提供职业咨询是单调无趣的，那是不敢正视现实。再就业咨询师不仅要帮助失业者寻找新的工作，还要经常为其哀伤、紧张、抑郁和应激提供危机支持治疗（Harris & Isenor，2011）。失业涉及的问题是广泛而具有毁灭性的。在第八章“致死性危机”中，我们就看到过再就业咨询师进行自杀干预的例子。因此失业后，发展为危机的可能性会一直存在，而且常常被粗心的服务提供者所忽视。

另外一个容易被忽视的问题是在工作场所如何处理哀伤。那些失去亲人的居丧者迟早会重返工作岗位。这通常要不了多久，因为亲人去世的假期可没有怀孕休产假那么长。处于哀伤中的人可能会做出很糟糕的决定、错过良好的商机、造成意外事故以及造成巨大的经济损失。随着对复杂性 / 持续性哀伤的负面影响的认识越来越深入（Hazen，2009），基于这些原因，实现最佳利益的管理方法就是在工作场所留心员工亲人死亡和居丧的现状（Charles-Edwards，2009）。很显然，随着人们对复杂性 / 长期性哀伤的深入了解，企业应该做的不仅仅是为死者献上鲜花，而要对遭受丧亲之痛的有价值的员工制定特殊的政策。

分居和离婚

在美国，几乎 50% 的婚姻以离婚而告终，而且这个比例在很长一段时间内维持稳定（National Center for Health Statistics，2003）。无论对于孩子还是成年人来说，离婚所带来的打击都是毁灭性的，因为虽然人还活着，但彼此间的婚姻关系已经结束了（Harris，2011）。不需要成为婚姻或家庭咨询专家或者研究哀伤的专家，也知道随着离婚会产生心痛、丧失感和许多糟糕的情绪。分居和离婚危机后紧跟着的是激烈的监护权争夺，这常常把孩子置于尴尬的境地，会让他们觉得迷惘、不安全、害怕、陷入困境、恼怒、没有人爱以及内疚等情感反应（Karkazis & Lazaneo，2000）。Bruce 和 Kim（1992）发现，在经历婚姻破裂的男女中，普遍存在重性抑郁。按照 Johnson（1977）的说法，分居 / 离婚的夫妻双方最普遍的体验是强烈的恐惧感和情感的混乱。

几乎所有的分居都会产生消极的情绪和后果，这是任何一方都没有预想到的。即使迫切地想要分居 / 离婚，他们也会感觉挫折、沮丧和失落。Schneider（1984）报道，由于离婚或丧偶而遭受丧失的人“显示出明显、持续的对几乎所有重大的躯体和精神疾病的易感性，尤其是心脏病”（p. 19）。Colgrove 及其同事（1991）建议，在出现这样的丧失时，必须立即承认和面对问题，并且开始哀悼过程（pp. 1-2）。

宠物的死亡

据估计，在美国有5 700万只狗和6 200万只猫被当作宠物来饲养（这还没有算上其他宠物，如马、蛇、沙鼠等）。高达63%的家庭会饲养宠物。人们有很好的理由给死去的宠物设立墓碑，为挽救宠物的生命不惜花费大量金钱。一般认为，人与动物之间的情感联系是宠物拥有者生活的一部分，我们应该认识和承认，在深爱的宠物死亡后宠物拥有者所体验到的哀伤（Lagoni，Butler，& Hetts，1994；Nieburg & Fischer，1982；Planchon et al.，2002）。Weisman（1990，1991）和Reitmeyer（2000）对宠物死亡后的居丧体验与亲人死亡后的居丧体验进行了比较。

Smith（2009）谈到失去宠物的人会表现出深刻的哀伤和抑郁。Smith半开玩笑地说，为宠物的死亡感到如此悲痛是合情合理的。狗与人不一样，它们对主人绝对地忠诚，保守着我们的秘密，无怨无悔，能清楚地表达它们想要的东西，除非它们要出去大小便或你一天没有喂它们时，它们才会显得没有耐心。

当宠物死亡或患有不治之症必须让其“长眠不醒”时，主人可能出现悲痛、内疚以及其他类似于家庭成员死亡时的情感反应。Hsu（2010）发现，养宠物的主人可以分为高哀伤组和低哀伤组，高哀伤组因为梦见宠物而痛苦，为那些与宠物的美好回忆感到痛苦，他们会保留宠物的遗物，为它们设立墓碑，他们也会感到更强的社会约束、疏离感以及缺乏支持。另一方面，低哀伤组对于梦见宠物感到安慰，把宠物生前的物品送给别人，并对那些与宠物的美好回忆感到安慰。这些感受和体验对于老年及独居的人（McCutcheon & Fleming，2001-2002）可能特别突出，因为他们情感的主要联系对象是宠物（Brooks & Martinez，1999）。

对成人来说，宠物的死亡可能是自然地给儿童引入死亡和临终概念的一个自然机会（Koocher，1975；Nieburg & Fischer，1982；Schoenberg，1980，pp. 203-204）。最近，针对宠物丧失的咨询在美国越来越普遍。德尔塔学会出版了宠物丧失咨询师目录。宠物丧失咨询师是一个有前景的合法职业，目前可能挂靠在兽医学院、当地的动物保护协会或私人诊所中（Reitmeyer，2000）。

复杂性/持续性哀伤，居丧与哀悼反应

当一个人无法为丧亲之痛哀悼，无法进入恢复和成长的状态时，就可能会导致延迟性哀伤或者慢性哀伤（Middleton et al.，1998；Raphael & Minkov，1999）。这些延迟性哀伤或者慢性哀伤可能发展为复杂性或持续性哀伤、居丧或者哀悼反应，包括持续的痛苦怀念，严重的分离焦虑，强烈的侵入性思维，日益严重的孤独感和空虚感，回避与死者有关的活动，个人活动兴趣的丧失，睡眠、饮食或者其他日常生活活动的失调，这些症状可以持续一年以上（Horowitz et al.，1997）。复杂性/持续性哀伤具有持久性，不容易消失（Ott，2003），阻碍了哀伤者在正常的社会生活和职业岗位中发挥积极作用（Rando，1993，p. 175）。

Kersting等（2011）发现，在一个具有代表性的样本中（N=2 520），复杂性/持续性哀伤的发生率约为3.7%，而经历了重大居丧之后的人群中复杂性/持续性哀伤的发生率为6.7%。复杂性/持续性哀伤的高风险预测因子可归纳为女性、收入低、老龄、失去孩子或配偶，或者亲人死亡原因为癌症。但是因为样本量小不能完全证明这些因素就是危险因素。

有些人在丧失亲人六个月后才开始出现复杂性/持续性哀伤症状，而其他人会立即出现急性症状，并持续一年或者更长时间。他们也倾向出现共病，如重性抑郁、创伤后应激障碍和广泛性焦虑，但研究者认为持续性哀伤与这些疾病有明显的差别（Kersting & Kroker，2010；Prigerson，Vanderwerker，& Maciejewski，2008；Shear & Mulhare，2008）。更不幸的是，他们还有更强的自杀意念和更高的自杀风险（Shear & Mulhare，2008）。事实上，对于遭受复杂性/持续性哀伤的人而言，这些疾病和行为的发生率等同于甚至

高于精神科门诊就诊的其他已知精神疾病患者、因为亲人自杀而居丧的人、灾难性事件中的幸存者、痴呆病人的照料者以及老年人（Piper et al., 2011）。

在所有的复杂性或持续性哀伤中，两个动力学特征占主导地位，使人无法渡过难关，继续前行。第一，对于丧失的各个方面，丧失带来的痛苦及其对哀伤者的意义，采用否认、抑制或者回避的态度；第二，紧紧抓住不放弃已过世的亲人（Rando, 1996）。与一般的哀伤反应和典型的居丧模式相比，复杂性 / 持续性哀伤在哀悼的时间和强度方面有着如此明显的差别，以至于专业人员和研究者在 DSM-V 中提出了专门的诊断标准（Shear et al., 2011）。

DSM-V 提出把复杂性 / 持续性哀伤作为人格障碍，其标准包括痛苦的思念严重到一定程度，导致的躯体或者情感痛苦，专注于死者，侵入性地反复出现关于死亡的画面和思想，并且在亲人死亡后六个月或更长的时间仍然存在下列症状：(1) 情感麻木；(2) 不知所措、茫然或者震惊的感觉；(3) 感觉生活毫无意义；(4) 因丧失而怨恨或者愤怒；(5) 疏远和不信任他人；(6) 难以接受丧失事实；(7) 避免提起死者；(8) 难以继续生活；(9) 感觉自己有一部分已经死亡；(10) 过度地避免回忆死者；(11) 睡眠障碍；(12) 对日常活动丧失兴趣；(13) 有关死者的幻觉（Forstmeier & Maercker, 2007；Horowitz et al., 1997；Prigerson, Vanderwerker, & Maciejewski, 2008；Simon et al., 2011）。

创伤性死亡 / 创伤性哀伤 当由创伤性事故（如车祸、谋杀、自然灾害或者某些人为事故）造成死亡时，复杂性哀伤的可能性大大增长（Figleg, 1996；Lord, 1996；Rando, 1996；Redmon, 1996），以下因素会导致创伤程度的增加：(1) 突发事件或意外事件；(2) 暴力、损毁和破坏；(3) 可预防性或随机性；(4) 多人死亡；(5) 居丧者独自面对死亡或者亲眼看见暴力事件或者伤害（Rando, 1996, p. 143）。除了致死的暴力类型和程度以外，亲属关系与情感关系的关联以及有什么样的社会支持系统可利用，这些外部因素都对创伤性哀伤是否以及如何转变为复杂性 / 持续性哀伤发挥着重大的作用（Hibberd, Elwood, & Galovski, 2010）。

尚未开始或结束为死者悲痛的亲友很容易遭受到二次创伤、危机、功能下降。如果涉及诉讼，居丧者很有可能会被迫一次又一次地反复暴露于创伤性死亡事件（Rynearson, 2010）。创伤性哀伤与复杂性 / 持续性哀伤的不同之处在于：复杂性 / 持续性哀伤反映了居丧者与死者感情关系的程度，而创伤性哀伤更容易受多种环境因素的影响，如暴力程度、身体损害程度、是否在现场和目击死亡（Holland & Neimeyer, 2011）。如果你以为以上现象是提醒你想到 PTSD，那么你对了。事实上，当一个人发生复杂性 / 持续性哀伤时，很可能有共病，一般推荐在接受哀伤咨询服务的同时，也接受针对 PTSD 的治疗（Figley, 1996；Rando, 1996）。

识别复杂性哀伤反应的线索 Rando (1996) 和 Worden (1991) 构建了识别复杂性 / 持续性哀伤反应存在的线索，这些线索在来访者出现严重否认时特别有用。例如丧失孩子的父母，不愿接受孩子去世的现实，孩子去世几年后，仍然保留其生前房间的本来面目；失去配偶的人，在配偶死亡或者永远离开后，却表现得好像配偶只不过去了街角的便利店，马上就会回来；失去父母的子女，因其与父母之间遗留了未能解决的问题，而父母死后这些问题再也不可能解决了，因而感到愤怒，并且把怒火发泄到身边的每一个人身上。Rando (1996, pp.145-146) 和 Worden (1991, pp. 75-77) 罗列了这些反应的线索，可以帮助危机干预工作者识别和帮助那些严重否认的人。

危机干预工作者和其他照料者应该注意居丧者是否出现下述情况：

1. 提起死者时，就一定会出现强烈的、似乎刚刚才发生的哀伤反应。
2. 一些相对较小的事情也可以触发居丧者强烈的哀伤反应。
3. 居丧者不能搬走死者的遗物。

4. 在访谈过程中，反复提及丧失问题。
5. 居丧者出现与死者相同的躯体症状。
6. 亲人去世后，居丧者在生活方式上表现出彻底的改变，或者不与家人和朋友沟通，不参加活动，不去死者曾到过的地方。
7. 随着亲人去世，经历很长一段时期的抑郁期，常表现出持续的内疚和自尊心的下降。
8. 有一种模仿死者的冲动。
9. 出现自我伤害的冲动或者自杀意念。
10. 在某些特定时候，会出现莫名其妙的忧伤。
11. 出现对疾病或死亡的恐惧。
12. 绝对避免参加与死亡有关的仪式或活动。
13. 强迫性地重构与死亡有关的事件。
14. 完全集中于死亡时发生的事情（如果是消极的），或者完全排斥（如果是积极的）。
15. 继发性丧失，如由于缺乏财务规划、冲动消费而失去房子和储蓄。
16. 如果死亡是人为造成的，强迫性地要确定过失和责任。

危机干预工作者应该注意，表现出上述所有线索的居丧者很少。列出清单的价值在于，遇到这类居丧者的概率比大家想象的要多，当危机干预工作者处理这类哀伤者时，危机干预工作者可以提前做好心理准备，不至于表现得过分惊讶（Worden，1991，pp. 65-78）。事实上，很多时候，有复杂性哀伤反应的来访者会有意识地隐藏这种哀伤的情感，认为这是“生活的一部分”。当你面对没有合理原因却出现了危机的来访者，你都应该对未解决的哀伤或丧失问题进行评估。这些问题不一定是因为对失去的亲人有未解决的哀伤或丧失导致的，也可能是因为和死者、分手的情侣或失去的工作还有未解决的问题而感到愤怒。如果离别谈不上是一种甜蜜的忧伤时，感到愤愤不平的受害者必须要能够原谅对方，学会放手。事实上，这不是一件很容易做到的事（De Moss，2003）。

干预策略

现有的研究表明，在丧失和哀伤领域长期占统治地位的阶段理论其实不太可行，如果我们对此深信不疑，那么就面临着需要为每一个有哀伤问题的来访者订制一套干预策略的难题。此外，当我们将哀伤二分类为正常哀伤和复杂性 / 持续性哀伤时，我们将面临另一个难题，因为从本质上来说，它们是两个不同的概念。因此，我们到底该怎么去干预呢？尽管描述本章中涉及的哀伤概念和相应的人口学特征如年龄、种族和性别等的研究多如牛毛，但是真正测试干预措施效果的实际研究却寥若晨星。

更复杂的是，似乎针对哀伤和居丧的干预措施并不十分有效。元分析研究结果始终显示，总体而言，针对哀伤的干预结果并不如其他大部分心理问题的干预结果那么理想。从本质上来说，大多数有哀伤问题的人并没有变得更好，事实上反而变得更差（Allumbaugh & Hoyt，1999；Currier，Holland，& Neimeyer，2007；Currier，Neimeyer，& Berman，2008；Kato & Mann，1999；Neimeyer，2000；Rosner，Kruse，& Hagl，2010）。

值得注意的是，尽管针对正常哀伤反应的干预往往无效，针对复杂性 / 持续性哀伤的干预却可以获得与其他心理干预等同的良好效果。此外，主动寻求帮助的来访者比工作人员主动提供帮助的来访者表现更好（Currier，Neimeyer，& Berman，2008；Rossner，Kruse，& Hagi，2010）。这一发现再次印证了整个丧失干预领域的一个核心理论，即在来访者没有做好准备之前，你没法逼迫其采取相应的行动。

对于心理咨询服务业，我们很确定来访者和治疗师之间关系的好坏是直接决定心理咨询有效程度的关键。从这个角度来看，我们相信 Altmaier（2011）提出的处理哀伤工作的最好实践方法，这个观点的核心思想是：心理咨询来访者和治疗师之间的关系可能直接影响心理咨询服务的有效程度。

陪在哀伤者身边：危机干预工作者的首要任务

尤其在听到了死讯之后，“陪在哀伤者身边”便成了危机干预工作者的首要任务，它与其所做的其他任何一件事情一样重要。在与哀伤来访者交流的过程中，我们应该注意采用共情的使用、温和的谈话、提供可利用的空间以及引发信任（Altmaier，2011）。

共情的使用包括倾听、沉默、接受、鼓励来访者表达哀伤和发泄痛苦，客观中立地回应来访者悲痛欲绝的倾诉（Altmaier，2011）。共情倾听来访者和家人的倾诉是危机干预工作者最有用也最有效的技能（Rando，1984）。Balk（1990）的研究也证明了共情倾听的价值，其结果表明，处于居丧阶段的大学生把“专心倾听和陪伴”看作是最有利于哀伤者的策略，把“逃避”看作是最无用的策略。

温和的谈话应该避免陈词滥调和简单的回应（Altmaier，2011）。“她在一个更好的地方”“那是上帝的意愿”“良人易逝”“他现在是回家了”“他不再有更多的痛苦了”“上帝最爱那些最痛苦的人”“未来会有更好的日子”，所有的这些话语说好听点就是打折的安慰，说难听点就是侮辱了。只有那些不知道如何安慰来访者的人才会使用这些陈词滥调。他们真正的意思就是“我实在不知道如何帮助你平息哀伤，也非常不好意思去安慰你，但是如果我喃喃自语地说一些陈词滥调，也许我会感觉好一些，也能避免尴尬”。温和的谈话可以共享回忆、倾诉内心的故事，比如借用危机干预工作者的话说：“很抱歉。我也不知道用什么词语来表达你现在的情绪，但是我一直在这里，如果你愿意倾诉，我会一直在这里，并且我会用心聆听你的故事”。

提供可利用的空间也是当代丧失领域研究所反复强调的一点——帮助来访者找到支持，为来访者做他们自己目前不能做到的事情（加油打气），但是要让他们告诉我们哪些事情他们能做，哪些事情他们不能做，这样他们对自己的生活至少还有一点掌控。提供可利用的空间也意味着时间，因为每一个来访者的哀伤过程都因人而异，因此对于危机干预工作者来说，耐心是一种巨大的美德（Altmaier，2011）。

引发信任是沟通的基石，能够让来访者相信自己有能力渡过难关、恢复心情和学会成长（Altmaier，2011）。它不是啦啦队似的号召，而是一种温和的鼓励和信任，使来访者得以直面哀伤而不是逃避。Hughes（1988）认为哀伤来访者对危机干预工作者能力的期望在促进哀伤者愈合的过程中是至关重要的，Hughes 曾说过危机干预工作者的期望总是会被直接或者间接地传达给来访者，当他们被危机干预工作者“告知”：他们不是无助的受害者，而是强大的、有能力自愈的人的时候，来访者就会很快愈合（p. 77）。

如果能做到这些，危机干预工作者就成为了一个共情、无偏见的精神支柱，能够提供情感上的理解，并让来访者“感到自己被感觉到”（Wylie，2004，p. 33）。尽管这听起来很奇怪，“感到被自己被感觉到”其实就是改头换面的“陪伴”。正如 Schuurman（2007）和 De Cristofaro（2007）说的那样，“这就是这么简单，也是这么复杂”（p. 174）。

我们也相信提高危机干预工作者可信度的另一个重要途径，是通过做一些平凡世俗的事情来与我们的来访者建立一种平等关系，就像在灾区进行危机干预时一样。这些义务活动可能包括给来访者亲戚打电话，帮助安排器官捐献活动，联系殡仪馆和花店，寻找法律援助，联系慈善组织，以及购买与操办丧事有关的基本必需品等。如果没有合适的亲戚、朋友来做，或者是居丧者没有能力做这些事情，那么危机干预工作者在这些琐事方面提供帮忙就显得很合适。

针对各种哀伤类型的适宜干预技术

双重作用模式 当危机干预工作者应对这种哀伤模式的时候，他们必须变得灵活自如、适应性强，因为来访者的情感会在丧失取向和恢复取向之间变换不定。在 Stroebe 及其同事（2005）提出的双重作用模式中，来访者有时候会直面这两种力量的冲突，有时候又会避免这两种力量的冲突（Humphrey，2009，p. 49）。实际上，危机干预工作者的主要工作不仅仅是容忍，而且也要鼓励这种情绪的摇摆（Stroebe & Schut，1999）。Humphrey（2009，p. 51）提出了以下使用双重作用模式的建议：

1. 识别和探索导致丧失和恢复这两种力量取向的应激源以及来访者们特定的逃避或者直面反应。
2. 牢记来访者最初处于丧失取向一般是正常的，随着时间的推移，要寻找在丧失取向和恢复取向之间波动（或缺乏这样的波动）的证据。
3. 通过向来访者解释双重作用模式的工作原理，以及它如何应用于其特定的情形，使双重作用模式正常化、有效化。
4. 应对不正确的逃避方式，比如：过度酗酒或吸毒、极端的否定、情感的抑制或者行为失控。
5. 不要逼迫来访者朝向情绪恢复的方向，要让情感波动自由发挥。

对于 Humphrey 的建议，我们认为还应该增加一条，该条能够有效解决家庭成员或者其他重要成员所面临的任何困境：针对家庭和其他支持系统的心理教育，让大家了解这个模式是如何发挥作用的。否则，可能会有一些不了解情况的成员，当看到来访者表面上的停滞不前甚至倒退时，会非常沮丧和不满。因此，我们在进展评估以及召开支持性会议时，需要将这些重要人物也纳入进来，这一点非常重要。

适应模式 Martin 和 Doka（2000）的哀伤适应模式对危机干预工作者有同样的灵活度和适应性要求。根据我们的经验，来访者们很少固定在该模式的直觉性–工具性哀伤的连续谱中的某一点。在我们看来，这个模式对能力和操作技能要求相当高，治疗者要在广泛的治疗形式中以一种折中的方式来适应来访者情感、行为、认知和精神上的反应。同时注意在通常的三合一式干预策略中纳入精神性。我们不要求你能够直接引用《圣经》《犹太法典》《可兰经》或其他任何宗教典著，但是我们希望你最好对这些有所了解。在处理丧失、哀伤、居丧等问题时，如果危机干预工作者不了解或者甚至贬低精神性和宗教信仰，那就等同于在其他心理治疗中不了解甚至贬低情感–行为–认知的干预模式。鉴于以上启示，Martin 和 Doka（2000）提出的以下几种策略可以作为干预起点。

首先，情感策略应该允许情感的宣泄，这些情感可以是一些所谓的负面情绪，如哭泣到愤怒的咒骂。情感失调是问题性哀伤的一个主要问题，因此，情绪发泄为恢复调节能力奠定了很重要的基础。通过谨慎地分级逐步暴露于痛苦体验，来逐渐恢复全面情绪调控能力是很重要的。同样，通过仔细规划和选择时间、地点以及人物来进行情感互动现场试验，来访者能够将哀伤从咨询转移到现实世界。评估和修订这些现场试验，可以检验丧失者的能力、技能和界限所在，同时也会加强“虽然计划会失败，但是人不会失败”的思想。

行为策略包含了一系列积极的动态行为（如：跑步、缝衣、钓鱼、园艺、唱歌、骑自行车或修建东西）来取代静态行为（如：坐着走神、长时间地看电视和反复思考亲人的离世）。制订计划处理当前问题，例如：处理死者的遗产，确定退休活动中心，找工作或者是审查财务计划，这些都是具体的、前瞻性行为策略的例子。实践和激励新的适应性行为以对抗消极成瘾行为（如酒精和毒品的滥用、暴饮暴食、厌食或赌博）也是危机干预工作者行为策略的一部分。

认知策略主要处理消极思维。危机干预工作者帮助来访者建立积极指令和积极的精神激励来代替消极的思想。危机干预工作者帮助来访者重新审视激烈、全或无、难以忍受和灾难性的思维，并重组为更加冷静、更少绝对化、更宽容和可以理解的想法。他们同时以关心的方式，帮助来访者挑战其认知逃避、否认、将丧失的影响最小化等思维。

精神策略是通过宗教活动来超越丧亲之痛。这是一个敏感和棘手的干预领域，因为每个人的精神或信仰对丧亲之痛与解决途径的解释是有特殊性的。这个干预领域之所以如此敏感和棘手，是因为在丧失亲人之后，这种原发性丧失可能会使来访者怀疑上帝的公平性而失去原来的信仰，导致继发性丧失。危机干预工作者需要对这个问题非常敏感，需要探索自己在什么方面能够有效地帮助来访者更新观念，发现新的或者是旧的精神源泉。所以，无论是通过祈祷、冥想、与群体一起或者独自阅读经文、去祭坛烧香、拥抱一棵大道格拉斯冷杉树或者幻想，这些想法都是为了激活精神的资源，这些事情也不一定非要由一个合格的牧师来完成。

也许这个领域最好的原型就是基督教徒 Stephen 牧师的工作，他训练非教徒给正在经历各种各样困难的人进行精神急救。为了纪念第一批照顾穷人的督教殉教者，他们给自己命名为"Stephen 圣徒"，并提供了一套完整的训练系统，为那些受到伤害的人提供基督教的照料（Stephen ministries，2011）。我们认为他们的精神救助类似于社区应急工作者（详见第十七章"灾难响应"），而且没有接受专业精神培训的危机干预工作者在加入 Stephen 牧师的工作室或者其他宗教工作室以后，也做得和专业人员一样出色。因此，我们非常支持与一个可信的神职人员建立一种关系，从而一起来协调哀伤的复苏。

认知行为方法

认知行为疗法的核心是改变消极思维，这是应对复杂性 / 持续性哀伤最常用的治疗方法（Cohen，Mannarino，& Deblinger，2006；Humphrey，2009；Shear & Frank，2006）。认知行为策略既能用于丧亲之痛，也能用于恢复情绪（Shear & Frank，2006）。认知行为疗法有很多技术，包括放松训练法、脱敏法、思维中断法、认知重建法、消除不合理信念的影响并与之辩论、诱导想象法以及现实想象法，这些方法都可用于处理复杂性 / 持续性哀伤特有的情感失调、行为失调和回避等问题。

继基本的认知行为疗法之后，又添加了后现代建构主义疗法（Neimeyer，2001，2010b；Neimeyer et al.，2007），它强调复杂性 / 持续性哀伤咨询的主要任务是构建意义。构建意义即人对生活中的现实和真相做出相应的解释（Humphrey，2009，p. 62）。当然，解决丧亲之痛的一个核心问题就是重塑一个人的生活，建立新的目标，然后朝着新的目标，从过去走向未来。

叙事疗法

叙事疗法是一种后现代主义社会建构主义疗法，这种治疗方法强调对人们生活的故事性陈述（Monk et al.，1997；White，1989）。叙事疗法在处理哀伤问题时尤其重要，因为它涉及讲故事和重述故事，这些故事实质反映了亲人丧失对幸存者生活的意义。它有助于改变来访者对自己的不良认知，这些不良认知是来访者在企图理解亲人丧失时所形成的，如内疚、虚弱、毁坏、荒废、破碎、羞愧、怯弱等，这些都是让丧失适应变得更复杂的因素（Humphrey，2009，p. 175）。叙事疗法也能帮助来访者重构而不是中断与死者的关系，也能表达出那些无法形容的想法和感受，这些阻碍了来访者找回他们自己的生活，以及使自己的生活变得更加有意义的想法和感受（Neimeyer，2010a）。

依恋理论与治疗

依恋理论是应对哀伤的最古老理论之一。尽管它起源于阶段理论，但它作为哀伤和丧失的基石仍然发挥着巨大的作用。依恋所建立的纽带深深植根于个体之中，一旦被终止，就会出现重大的人格缺陷或裂痕。依恋理论注重研究哀伤者的分离焦虑，这种焦虑来源于对逝者的依恋，也强调情感纽带的中断，以及情感上脱离逝者的需求。依恋理论认为人们从一出生就开始形成了情感依恋，因为父母与孩子之间的密切情感是一个循序渐进的推进过程，这个过程为孩子提供了安全和保障，随后与父母的亲密肢体接触会促进其身体、情感和认知的发展（Bowlby，1969，1980，1988）。

理解依恋理论的关键来源于Main（1996，2000）对“连贯叙事”的研究，这指的是父母对自己生活故事的叙述。这种叙述可以最有效地预测这些父母的孩子是否能与其形成安全的依恋关系。换句话说，不是实际发生的事情，而是对所发生事情的认知在起作用。因此，对童年的理解，不关实际上发生过什么事情，总是与情感的融合和良好的养育行为正相关（Schuurman & De Cristofaro，2007）。当用Bowlby和Main的研究来诠释哀伤和丧失时，实际上，它关心的并不是来访者和逝者的客观生活，而是来访者对自己与逝者的生活的主观感受。因此，能否顺利表达出这一思维过程与来访者能否顺利克服丧失与哀伤密切相关。如果叙述是适应不良的，那么来访者也会适应不良。这样，叙事疗法改变故事的作用就可以加入到治疗中。因此，依恋理论与叙事理论是融会贯通的（Dallos & Vetere，2009）。

丧失的处理

配偶的突然死亡

Stuart Wynn是一个44岁的机械师，他的妻子Kate是一个42岁的图书管理员，他们有一个18岁的女儿Anne，她是高中毕业班的学生。这是一个稳定的中产阶级家庭，生活在一个大城市的安静社区里。一天早上，Kate和往常一样乘火车去上班，途中突发严重中风，被救护车送进了一家医院的急诊室，经抢救无效死亡。据Stuart所知，Kate的健康状况一直较好，没有任何病史表明她可能有健康问题。

意外死亡本身会产生一系列的问题，使得遗属应对配偶的突然死亡时往往不知所措（Redmon，1996）。突然死亡常与暴力有关，这意味着势必会牵涉到专家介入、各种尸检、审讯、鉴定、遗体的返回以及许多其他声明和法律活动。新闻媒体和刑事司法体系在来访者生活中发挥的作用可能是侵入性和戏剧性的。遗属的反应可能同样具有戏剧性（Cummock，1996）。意外死亡，尤其是暴力死亡通常会使遗属出现严重的认知失调。他们认为死亡是不合理的，因此不能接受这个现实。为了理解这些不可能的事情，他们会埋怨、自责、到处找碴，因而多次出现情感和行为的完全失控（Redmon，1996）。

工作人员利用《分类评估表》对Stuart进行了评估。其结果为：情感分5分（情感上受到打击，但事实上还能控制），行为分8分（能够最小限度地完成与妻子死亡有关的任务），认知分3分（思维过程受危机的影响，但仍在意志的控制下，并且也可适应现实），总分16分（中度损害）。在众多由突发心脏病或中风导致的死亡实例中，Stuart的行为是典型的（Hersh，1996）。尽管他在配偶突然去世后马上表现出了失衡，但那时他还能够维持心理平衡；丧偶的影响在后期逐渐浮现，使他出现严重的情感、认知以及行为的损害。即便在他能够应付自如的当时，危机干预的帮助也是必要的，而且是受欢迎的。

他的女儿Anne，则比他要失控得多。她的情感分为10分，表现为代偿失调、过度焦虑不安、无法控制情绪；在行为上，她是反复无常、不稳定的，她责怪急诊室工作人员没有让她母亲活下来，因此她的行为分也是10分。她解决问题的能力几乎不适合当时的情形，在安全干预以后，她几乎仍不能控制自己。她的认知评分为8分，总分为28分。主治医师建议Stuart让她女儿留院观察，用药物治疗的方法来逐步缓解她极度焦虑的情绪。也有人提出建议：由于她的极度焦虑，精神科医生应该对她进行评估，分类评估结果显示她可能处在致命的威胁范围内。虽然Anne毋庸置疑是这个案例的重要人物，但在这个案例中，我们将特别关注作为死者配偶的Stuart。关于一个居丧的孩子能遇到的所有问题，我们将会在本章后面详述。

第一次干预会谈非常简短，只包括危机干预工作者和Stuart。第二次会谈大约在20分钟后，也是一个很短的会面，参与人员包括Stuart和他的女儿以及多学科的医疗团队，这个团队由当班医生、精神病学护士以及医院牧师组成。

这个医疗团队是十分重要的，因为在突然死亡情形下处理的复杂的生理、心理、社会问题需要不同专业领域的专家（Larson，1993，p. 199）。这些起初的短期会面目的在于：

1. 共情地理解和承认与 Kate 突然死亡相关的特别问题。
2. 向 Stuart 和 Anne 证实，为了挽救 Kate，所有的抢救措施都已经采用了。
3. 通过干预工作者以及其他多学科合作小组的成员给 Stuart 和 Anne 以感情支持。
4. 在尸检前，保证有足够的时间让他们与 Kate 单独在一起。
5. 推荐一些资源帮助 Stuart 对葬礼、通知家属以及其他事情做出安排。
6. 如果 Stuart 要求（他实际上要求了），告知有关尸检权利和程序的信息。
7. 应 Stuart 的要求与家庭牧师取得联系。
8. 立即为 Anne 提供医疗帮助和心理援助。

在 Kate 去世后接下来的几个小时和几天里，医疗团队制订了一个长期的治疗计划，主要包括以下干预策略。无论什么情况，你都不应该建议幸存配偶立即去寻找幸存者团体或者抓紧时间走出丧亲之痛和居丧阶段。这些活动要根据每个人自己的哀悼过程来安排，而没有什么是“假设的”或“科学的”时间表（Humphrey，2009，p. 6；Shallcross，2009）。

1. **及时进行危机干预。**Kate 死亡后需要尽快解决实际问题，如尸检、器官捐赠、殡葬安排、联系单位和家庭人员。还要对 Stuart 应付能力持续地进行评估。由医院、教堂、家庭和朋友提供一些支持。由于评估结果表明 Anne 可能给自己或他人带来伤害，我们与 Stuart 商讨，建议 Stuart 立即安排他女儿住院治疗。
2. **个体咨询和干预。**确定 Stuart 在适应模式的直觉性－工具性哀伤连续谱上所处的位置，然后根据他的哀伤模式为他制订合适的危机干预策略（Martin & Doka，2000）。Kate 去世导致的孤独感与居丧问题。恢复平衡和继续生活的意义（Giunta & Giunta，2002，pp. 125-146）。重新评价或重新分派那些以前主要由 Kate 负责的职责和角色。在 Kate 去世后，必须处理 Stuart 新的身份问题。他以前的身份是“我们——Stuart 和 Kate”（Van Praagh，2000，pp. 95-153），而现在是“我，Stuart”。要识别和处理因 Kate 去世给 Stuart 带来的脆弱。干预的方法是通过依恋理论和建构主义的构建意义策略，让 Stuart 记住和利用 Kate 的积极力量来健康成长。
3. **幸存配偶支持团体工作。**评估妻子死亡对 Stuart 的影响，如社会关系的丧失。当 Stuart 和 Anne 准备好时，建议推荐一个支持团体。支持小组提出的建议对经历配偶死亡的人很有效。可以从支持团体获得一些建议来帮助 Stuart 面对单亲这个新角色。支持团体的主要任务是应付丧偶后带来的孤独感和其他情感反应。使用叙事疗法来帮助他倾诉自己的故事和理解 Kate 的去世（Monk，Drewery，& Winslade，2005）。
4. **孩子和父亲的联合治疗。**考虑到 Anne 极其焦虑不安的反应，她在走出丧母之痛的阴影至恢复正常的过程中肯定会出现一些严重的问题。不同家庭成员的哀伤反应是不一样的，他们需要去协商和理解，每个人的哀伤方式都应该得到认可和尊重。创伤性死亡发生后，如果这些问题没有得到解决的话，当一个家庭尝试去重新构建或重新定位时，这些家庭成员的不同哀伤反应会导致严重的家庭问题（Humphrey，2009，pp. 52-53）。当他们要面对一个没有妻子和母亲角色的新家庭结构时，父亲和孩子的重新定位都会很困难。为此，每个人都需要学会倾诉丧亲之痛，他们需要把已故的妻子或母亲的形象从积极的存在移向永恒的记忆。尽管父亲和女儿可以单独完成叙事，但在某一个时间点，还是需要对他们一起进行联合治疗，并对他们的哀伤叙事进行比较（Cohen，Mannarino，& Deblinger，2006，pp. 153-156）。

在Kate突然去世的那天下午，危机干预工作者单独会见了Stuart。以下是与Stuart进行第一次会谈的部分内容。

干预工作者：（握着Stuart的手）Stuart，我知道妻子突然去世对你是一个严重的打击。我想让你知道，无论你想要做什么我都会在这里帮助你。（沉默，仍然握着Stuart的手）我将与你一起，尽我所能地帮助你。（沉默，仍然握着Stuart的手）

危机干预工作者在对Stuart进行评价，认为Stuart正处在一种震惊、否定或不相信的情绪状态里。

Stuart：（工作人员耐心地等了一会儿，他才回过神来做出反应）这绝不是真的！我不相信她已经走了。这对我来说太突然了。现在我主要考虑的是Anne——我们的女儿，她怎么样？我的天啊！我要跟她说什么呢？我小姨子刚刚带她来这里了。

干预工作者：只要你需要我，我会一直留在你身边。当然我们需要和Anne以及你的小姨子谈谈。现在，我们整个危机干预团队都会帮助你。

Stuart：在Kate被送走之前，我想单独与Kate待些时间。如果Anne也想要单独与Kate待些时间也可以。你们能为我们做这样的安排吗？

干预工作者：完全可以，我们马上安排。

Stuart：另外有件事情，我担心在我们见到Kate后心情将非常沉痛。她妹妹也会感到非常沉痛。Anne的情况我就不知道了。在我们回到这里后，你们能安排一个小教堂给我们坐一会儿吗？在教堂，有牧师能和我们待一会儿。我给我们的牧师留言了，但是我不知道牧师什么时候过来。

干预工作者：我再打电话给Myer牧师。他已知道Kate去世的事，他说只要你愿意，他随时都可以来。我带你去Kate那里，你们单独与她待一会儿，然后当你们准备好后，我陪你们去教堂。

帮助Stuart的工作是很紧急的。在突然的死亡事件中，像这样一连串的事件、问题和情绪爆发是很典型的。特别是当他亲眼看到、亲自触摸到Kate的遗体时，他才感觉亲人真的已经离他而去了（Hersh，1996）。Stuart很好地体现了Stroebe等人（2001）所指出的双重作用模式最初的影响。因此，危机干预工作者的首要目的是帮助Stuart应付突然出现的问题，每次干预需要一个小时或者一天。

危机干预工作者应谨记，随着时间的推移，Stuart和他的女儿需要开始恢复。但是目前，短期干预的焦点集中在处理Stuart的哀伤上。危机干预工作者也应该敏锐地让Stuart认识到他自己的丧失。决不能试图管理、延迟、加速或干涉Stuart的哀伤过程。危机干预工作者的耐性和保持沉默将作为主要的干预策略，接纳来访者情绪的反复无常。从这种观点上讲，危机干预工作者在帮助死者家属料理后事方面担任了一个协调者的角色，危机干预工作者只需根据来访者的需要、目标和选择提供必要而合适的帮助。这时，危机干预工作者的主要作用是站在旁观者的角度上去观察、倾听，什么也不要做，只是"陪伴"来访者，让他自己去感受（Humphrey，2009，pp. 213-214；Wylie，2004，p. 33）。

在妻子突然死亡后大约两周，Stuart受到了丧妻的强烈影响。Stuart的哀伤和无助体现在快速增长的观察诊断得分上，这种哀伤和无助与他对女儿的精神支持有关。其分数显示：情感分为8分，认知分为8分，行为分为7分，总分为23分。后来的评估结果表明，Stuart应立即接受长期的治疗。危机干预工作者应当警惕，在经历突然丧失的来访者中，出现这种评价分数快速增高的现象十分普遍。

孩子的创伤性死亡

Brad Drake，34岁，是一个乡村邮递员。他的妻子Helen，30岁，他们有一对双胞胎儿子，名字分别为Gene和Jerome，六岁。一天傍晚，Brad正在屋后的谷仓做事，而Helen正在准备晚饭，Gene在过马路追赶一只逃跑的羊羔时不幸被一辆汽车撞倒。他的父母带着他向离家84千米的医院赶去，但是孩子在到达医院时已停止了呼吸。孩子的死给这对父母带来了莫大的震惊、哀伤、伤害、迷惘、内疚、无力感、心理无能动性以及脆弱，并不断寻找答案和意义。

Gene的死亡是一件意外事故，撞倒Gene的那辆载有粮食的汽车司机就是当地的农民，这个司机也和Brad一样难受。在Gene葬礼后大约两周，Brad和Helen一起来咨询。危机干预工作者立即接待了他们。干预工作者认为危机干预能够为Brad和Helen提供四个方面的帮助，这些帮助是相互关联的，而且同样重要：(1)促使他们发泄哀伤情绪；(2)让他们相信他们的情感是正常的；(3)让他们与其他同样处在哀伤之中的父母交流；(4)评估创伤后应激障碍和复杂性哀伤以及哀悼反应。Hansen和Frantz（1984，pp. 21-22），Cable（1996）、Redmon（1996）以及Rando（1996）指出，这些干预目的形成了对Brad和Helen开始进行帮助的基础。

Brad和Helen的例子是一个长期干预的实例。在Gene下葬后接下来的几个小时和几天里，危机干预工作者与Brad和Helen探讨了他们存在的问题，并为他们提供了如下干预策略。

1. **评估创伤后应激障碍（PTSD）**。Gene的死符合Rando（1996）提出的创伤性死亡标准。事件具有突发性，牵涉到一个孩子，有创伤性、甚至是毁灭性的身体伤害，并且可以预防。这些都是Horowitz（1986）提出的应激反应综合征的良好条件。在亲人丧失的咨询中一个非常严重的错误就是忽视应激反应综合征引发的创伤后应激障碍，而过于强调哀悼。当创伤后应激障碍出现时，必须要在哀悼开始之前就制订全面的干预策略（Rando，1996）。因此，我们应该评估创伤后应激障碍，就像在第七章“创伤后应激障碍”描述的那样。
2. **夫妇咨询和干预**。Gene的死亡很容易引起夫妻一方或双方的自责（Redmon，1996）。另外，父母也需要适当地处理Gene的死亡对他的双胞胎兄弟Jerome的影响，既不至于过分沉湎哀伤而忽视Jerome，也不至于害怕Jerome也死于非命而对其过度保护（Brown，1988，pp. 66-68；Silverman，2000，p. 159）。我们让Brad和Helen明白他们并没有疯，因为对于很多遭受孩子死亡创伤的父母来说，会出现相互指责、内疚、质疑、脆弱、不可理喻，而这些可能会使他们感到自己疯了（Redmon，1996）。必须让他们知道：他们是最好的父母，他们尽了父母应尽的所有职责，不应该因为这次意外事故而受到责备。
3. **评估家庭问题和其他潜在问题**。评估孩子死亡对婚姻关系的影响，探索各种应付居丧的方法。在孩子死亡后的数月内，父母之间很有可能出现严重的婚姻问题（Brown，1988，pp. 57-65）。父母可能会相互安慰，告诉对方他并没有错误，但是这反而会使对方更加确定其只是试图平息他自己的哀伤，并安抚他们。或者，如果夫妻互相指责，那么整个关系就会更加恶化（Redmon，1996）。我们给Gene的父母和Jerome都进行了大量的心理教育。危机干预工作者让Brad和Helen放心，哀伤会持续很长时间这是正常的；丧子的记忆总是挥之不去；他们会及时驱散这种哀伤模式，继续生活；结束他们的哀伤并没有固定的时间点。
4. **幸存父母与支持团体工作**。让Brad和Helen加入丧失孩子的父母支持团体，这个组织的共同关注点就是丧子。社会支持在处理创伤性丧亲之痛时是至关重要的，并且这种社会支持在葬礼完成后仍然需要持续很长的时间（Pine，1996）。把居丧的父母与干预支持团体联系起来，例如：居丧父母的自助团体就是一个很重要的社会支持组织（Bordow，1982；

Dickens，1985）。他们与支持团体交谈、回忆、分享、哀伤、哭泣，这些都可以帮助 Brad 和 Helen 与其他丧失孩子的父母团结起来。看到老成员的不断进步，以及新成员努力克服他们已经战胜的问题，这也给 Brad 和 Helen 夫妇一些重要的参照标准（Cable，1996）。

5. **阅读与媒体材料**。提供一些书和一些其他的阅读材料、光碟以及一些其他有关儿童、青少年以及父母居丧的视听材料。

在 Gene 死后三个月召开的第一次危机干预会面

与 Brad 和 Helen 进行第一次危机干预时，这对父母仍处在否认、孤立以及抑郁阶段。很显然，他们迷失了方向、陷入退行状态。危机干预工作者采用了《得克萨斯哀伤修订量表》对他们进行了评估，结果表明他们并未走出丧失亲人的初始哀伤。

Helen：自事故发生后，我就词不达意。我想我可能疯了或者出了什么毛病。我坚持每天去 Gene 的卧室，然后将他的卧室整理干净。我让 Jerome 到另一边去玩，但某天，Jerome 又将 Gene 的东西弄乱了。

干预工作者：Helen，你没有疯。你正在用一种对我来说很有意义的方式去应对丧失。你们俩失去了为人父母最重要、最珍贵的东西。你们所经历的不寻常的情感和哀伤是很自然的，也是很正常的。你们能够在这里敞开心扉地交流自己的思想和感受，将对你们很有帮助。我非常高兴你们今天能来而且愿意与我交谈。没有人能够抹去你们心里的伤痛，也没有人能够将你们的儿子带回来，但是我将尽全力来帮助你们。

Brad：我什么都不知道。甚至我所知道的任何可以解决问题的方法都不能解决这个困境。

干预工作者：首先，没有什么事情比丧子更悲剧的了。正如你们遭受糟糕的和可怕的情感煎熬一样，在我所帮助过的与你们有相同经历的父母中，你们的情况是绝对典型的，你们并没有疯。我们可以做很多事情帮助你们走出困境，因为你们所填写的量表实际上已经告诉我们你们正处在困境中。因此，今天，在这里，我想让你们花一些时间告诉我有关三个月前 Gene 死亡的一切事情。我有时会问一些问题，但我主要是倾听你们的故事和理解你们应对这个问题的情感、思想和行为。我想理解这些东西，所以，只要你们愿意，我们随时都可以谈心。

危机干预工作者再次重申 Brad 和 Helen 正在经历的情感异常是他们预料之中的。孩子的死亡就如同一次截肢，父母亲所失去的就像自己的一条残肢，失去的那一部分永远让人惦念并哀伤（Klass，1995）。危机干预工作者承认它是一种永久的、可怕的伤害，并且承诺会给这对父母提供有用的帮助。在这次会谈之后，危机干预工作者帮助他们释放哀伤的情感，并且建议他们与支持团体取得联系，即“有同情心的朋友”（Compassionate Friends）在当地的分会，这是一个旨在帮助那些失去孩子的父母的国际性组织。

危机干预工作者使用基本的以来访者为中心疗法。通过展示共情、接受、无条件积极关注、连贯和具体的方式，为其提供一个充满信任和安全感的环境。当哀伤者对孩子死亡的反应还是很强烈，或者他仍然感觉不安全和失控时，一个充满信任和安全感的环境就显得尤为重要（Cable，1996）。

危机干预工作者要注意他们展示的躯体和情感耗竭的迹象；他们在哀伤和希望之间摇摆不定，但是却没有显现出从丧失过渡到恢复的迹象。危机干预工作者的目的不是逼迫他们，而是理解他们当前的内心需求，并给他们提供机会以识别和公开地表达他们的感受。叙事疗法称之为倾听充满问题的故事（Humphrey，2009，p. 180）。

干预工作者：（当听了半个小时 Brad 的故事之后）我觉得你们俩都已出现情感耗竭——你们的思维好像都停留在一点上，似乎不能运转了。

Brad：是的，我的思维是停滞了。我不想谈论这个问题了，只是得过且过。但是掩饰和逃避并没有用。（沉默）就像一团雾一样寒冷刺骨挥之不去。它伤害着身体，刺骨的疼痛。

干预工作者：那么，Brad，你这样是不行的，你不想听到与Gene死亡相关的事情，但是封闭自己的方法并不总是有效。（转向Helen）你怎么看待这些问题？

Helen：我们已经停止谈论这些事情了。我们已成为生活在一个屋子里的两个孤独隐者。这使我恐慌，它带给我的伤害如同发生的这场事故一样。我从没有想过要离婚，但是我又不想继续这样下去。这和Gene的死亡一样可怕。至少Gene已经安息了。但是婚姻问题却没法停息，还在愈演愈烈。

干预工作者：Helen，除了停滞和孤立，我想知道你现在想要做什么呢？

Helen：我想敞开我们的心怀。我想知道Brad现在的情况怎么样了，我也想和他一起分享这些感受，哪怕可能是令人哀伤的感受。我有必要和他聊聊这些，但是，Brad似乎不太愿意聊这些。

干预工作者：如果要给你们面临的问题命名，就如同给你们农场生长的杂草命名一样，那它会是怎样的呢？

Helen：它是瘫痪的。

Brad：它是陷入泥泞的。

干预工作者：好的。瘫痪的和陷入泥泞的。那么它又是如何阻止你们做自己想做的事情的呢？

Brad：每次外出，我似乎就是在走过场。没有任何地方要去，也没有任何事情要做。

Helen：我每天起床后就是重复做着同样的事情。混日子，睡觉。除了这两件事，我想不到其他任何事情。我们都没有获得充足的睡眠。我知道这对于Jerome来说是一件不好的事。他有他自己的问题，他对他放出山羊的事表示很内疚，但是我又不能和他提及这件事。不论我什么时候想和他提及这件事，他都会起身离开（开始哭泣）。

干预工作者：（递给Helen一张纸巾）那么，所谓的瘫痪和陷入泥泞给你们带来什么？

Brad：什么也没有。我们从来没有那样过。我们总是需要面对一些困难，干旱、洪水、冰雹、风、昆虫入侵等凡是能够说出来的所有困难。我应该努力工作，然后克服这些困难。

Helen：好的，努力工作。即使你的心灵受到创伤了，你也是可以走出哀伤的阴影，因为你坚信将来会更好。它一直激励我们走到现在。

干预工作者：我想知道那算不算个问题，即使你努力工作，但是它可能是一个固定的目标，你有时可能难以超越。因此，瘫痪和陷入泥泞这种情况是怎样让你们变得如此木讷的呢？我想要你们给我描述一下瘫痪和陷入泥泞的具体情况。瘫痪和陷入泥泞的情况是什么样的呢？

Brad：就好像我在泥泞路上行走，我不能往南走200多亩。我无法甩掉鞋子上的污泥。

Helen：这就好像我肩上背了一个100斤重的背包一样。

干预工作者：这是一个很好的例子。你们在客厅里看到背包和靴子了吗？我要你们想象一下在一分钟之内扔掉这两样东西并且端端正正地坐在这里，你们感觉怎么样？

Brad：不一样。我也不知道。你的意思是把它放在一边。

干预工作者：Gene会伴随你们的生活，我也感觉你们正在尝试让他一直存在于你们的生活中，但那是不可能的，因此不如放下来。我想知道你们是否能够回家，同时对彼此说出字面上的：脱掉靴子，卸掉背包。你们可能需要背着一个背包和穿着一双沾满泥泞的靴子来获得一些具体的感觉。如果你们需要把它们捡起来明天继续穿，但是，现在它们已经被卸掉了。你感觉怎么样呢？

Brad和Helen：（异口同声说）就像我们卸下了沉重的包袱。

危机干预工作者一开始就直截了当地说“死亡”，而不是用其他委婉的词语“逝去”“去他值得去的地方了”或者其他带否定或缓和死亡的词语，使来访者直面事实（Cable，1996）。危机干预工作者必须学会处理丧失痛苦的方方面面，所谓的仁慈、温和的言语其实就是一个陷阱，危机干预工作者一定不能掉进这个陷阱里。

起初，危机干预工作者要尝试着给予父母充分的自由来哀悼，与此同时，鼓励他们敞开心扉彼此互助。危机干预工作者也使用一系列的叙事治疗策略去帮助这对居丧夫妇走出儿子死亡的阴影。当危机干预工作者听完这个充满问题的故事之后，他外化这些问题，并要求这对居丧夫妇给这些问题命名，以便确定这些问题的本质（Winslade & Monk，1999）。在大多数咨询中，我们要做的最后一件事就是外化这些问题，就像一个吸毒成瘾的人抱怨“可卡因使我变成这样子”而使自己脱责。然而，Brad 和 Helen 的哀伤如此沉重，以至于他们需要与之脱离。通过给这些问题命名，并将其物化和具体化，如一双沾满泥泞的靴子或者一个装满岩石的双肩背包，可以解决一些问题。但是，危机干预工作者并没有扔掉这些东西，因为哀伤是正常反应，也无法清除（Humphrey，2009，p. 181）。通过给这些问题命名可以帮助我们从正确的角度看待问题，或者有时候放下问题。请注意危机干预工作者说他们可以选择重温这些感情，也可以放下这些感情。

危机干预工作者应用了一种建构主义的叙事技术，让来访者生成隐喻。隐喻是有用的，因为它减少了阻力，并提供了一种谈论危险话题的安全方式（Romig & Grunenke，1991）。危机干预工作者也使用来访者隐喻的方式，例如：他们是怎么生活的？接着又问他们是如何竭尽全力与哀伤的困境和麻木对抗，而不是深深地沉浸在那种丧失痛苦之中？危机干预工作者所要做的事情就是和来访者一起去探索隐喻，并努力通过将隐喻改变成其反义词的方式将其扩展开来（Humphrey，2009，pp. 132-133）。

干预工作者：我想送你们一张 DVD，你们可以通过这张 DVD 来回忆我们谈论的内容，我也会送你们几本关于哀伤处理方法的书籍。《总是》（*Always*，Spielberg，1989）这本书是关于哀伤和处理联结的，可能比较难懂，但是我认为它是值得看的，因为它可以让你学会自我处理哀伤情绪。我认为加入支持团体也很关键。虽然在布赖顿还没有这种团体，但是在孟菲斯成立了一个这样的支持团体，叫“有同情心的朋友”。它在全国各地有很多的分会，你可以在网络上搜索它的具体信息。但是最重要的是，所有研究都表明支持系统对帮助你们走出 Gene 死亡的阴影很重要，尽管这个过程可能会很艰难，但是你必须与那些已经经历了这种创伤的人谈论这个话题。

Brad：今天能来到这里，我非常高兴。我们以后还会再来的。你提到的父母支持团体真是一个很好的主意。我认为我们现在非常需要它，而且将来更加需要它。

Helen：我们之前不知道“有同情心的朋友”。我今天下午会打电话给他们。知道有这样的团体真是太好了。听起来像是一件美妙的事。

干预工作者：我想你们都会因为发现了“有同情心的朋友”而高兴。你们能来，我由衷地高兴，我期待下一次再见到你们。

在美国和波多黎各，“有同情心的朋友”有650多个分会。这个组织旨在支持那些居丧的父母、兄弟姐妹和家庭成员，积极地帮助他们平复哀伤，并促进他们的身心健康。“有同情心的朋友”的信条展示了所有加入的居丧父母的共同感觉：“我们用爱、理解和希望接纳彼此，虽然我们的孩子死于各种不同的年龄和原因，但是对孩子共同的爱使我们紧密联系在一起，无论我们是带着怎样的哀伤进入‘有同情心的朋友’这个大家庭的，我们都能像分享爱一样分享这种哀伤。这样，我们就不会是孤零零的一个人了”（Compassionate Friends，2011）。

危机干预工作者也给 Brad 和 Helen 推荐了两本书：一本书是 Ann K. Finkbeiner（1998）的《超越哀伤，好好生活》（*After the Death of a Child: Living With Loss Through the Years*），这是

作者所知的关于孩子死亡的书籍中最好的一本。另一本书是 Harold Kushne（1983）写的《好心人发生不幸时》（*When Bad Things Happen to Good People*），在这个领域内，这是一本名著，很畅销。这两本书共同为丧失亲人的幸存者提供了综合指导。危机干预工作者采用的是哀伤读书疗法（Becvar，2001，pp. 237-239）。这是一种有效的方法，主要通过阅读和其他媒介使来访者获得信息、鼓励和支持，从而帮助来访者恢复。

一周之后召开的第二次危机干预会面

干预工作者：你们过得怎么样？

Brad：很奇怪。我确实弄到了一双旧靴子，也弄到了一个 Gene 的旧背包，然后我把它们放在后阳台。旧靴子上沾满了淤泥，双肩背包里也装满了石头。Jerome 认为我们疯了。我最后告诉他我们在干什么。你瞧，昨天，山羊颈圈和绳子还在这里呢，我们没有问他原因，他也没有告诉我们，但是我们清楚他也在尝试着搁下一些东西。

干预工作者：因此，放下瘫痪和泥泞，看看这个世界发生了什么事情，顺其自然，你们感觉如何？

Helen：你知道我们回到了家里，吃完晚餐就这么做了。我们走进客厅，然后坐了下来，互相望着彼此，然后傻傻地对着彼此微笑。

Brad：是的，然后我们都笑了，我们都认为 Gene 和 Jerome 会很震惊，因为我们刚刚放下了一些东西，只是工作还没收尾。我们都谈论了一点回忆，然后我们就开始谈到关于用 Gene 的名义同“美国未来农民”（the Future Farmers of America）建立一项奖学金的事情。Helen 知道我很想那样做，她认真地听我说。我猜想，这就是你谈到的工具性事物。

Helen：一想到这个奖学金是 Gene 在将来读高中的时候会获得的，我就想哭。在你告知我这些事情之后，我们更多地理解了彼此的哀伤方式。我感觉我们似乎开始进入恢复模式了。那天晚上，我睡得很香，我从 Brad 的打鼾声中可以看出，Brad 也睡得很香（对 Brad 微笑）。

父母双方拥有两种完全不一样的哀伤观点和应对哀伤的机制，这是很正常的（Brown，1988，pp. 58-59）。Helen 需要不断地去谈论孩子的事故，而且突然地哭泣是情感发泄的一个很常见的例子（Lord，1996）。她展示了直觉性哀伤模式的人格特征；然而 Brad 的工具性哀伤模式发挥了更大的作用。让 Helen 和 Brad 理解他们使用不同的哀伤模式至关重要，危机干预工作者应该多花些时间给他们提供适应性模式和双重作用模式的相关信息。根据叙事治疗的步骤图，此次干预的变化也应该考虑进来。把问题对人产生的影响用图形展示有助于来访者理解问题是如何影响自己的。从完全迷失，到摇摆于迷失和恢复之间，其转变的转折点就是改变步骤图，即把步骤图的中心放在人对问题的影响上（Humphrey，2009，pp. 182-184）。

干预工作者：那么，这一切又是怎么发生的呢？我认为我很厉害，但还没厉害到那种程度（我们认为，在来访者能够接受的情况下，适当运用一点自嘲和幽默也是一件很好的事情）。

Helen：好的，我往背包里塞满了岩石，我似乎真的感觉我肩上那些该死的包袱在一点点减轻，我也不知道。Brad 也感觉自己走出了一点困境，因此我们决定沿河边散步，我们过去经常去，但是这有点让我想起和孩子钓鱼的情景，于是我们又停下来了，我们决定走出去，我们也不知道……这可以说是突然发生的。

干预工作者：因此，你们需要多花点时间陪陪彼此，你们很久没有在一起陪陪对方了，你后来有什么感觉呢？有什么不一样呢？

Brad：我感觉非常好。我们在河边散步的时候聊了很多。就像以前，聊聊庄稼，聊聊邻居，诸如此类的事情。当我们来到河边，可能有一段时间记忆又给我们带上了沉重的包袱，但是我们继续散步，在以前这是不可能的，然后我们手牵手回家了。

干预工作者：我希望你把这些实例分开，以便你真正清楚地知道你现在正在写的这个替代故事情节，你可以继续构建故事情节。这种方式叫作解构。解构意味着把你在Gene死后已经创建的那些破坏性意义分离开来，那些破坏性意义阻碍了那个时候你已经拥有的核心价值观的发展。例如，当你们在河边开始穿上靴子和背上背包的时候，你们会在回家路上把他们脱下来。我对你们的手牵手很感兴趣。当问题出现，你们想要再次穿上靴子和背上背包的时候，那会是一个允许你们重新调整焦点的暗示吗？也许，当你走出哀伤阴影的时候，你们也可以考虑给自己起一个新名字。

在这里，危机干预工作者也使用了建构主义策略，主要通过将破坏性意义分离（解构）；并且尝试着用再聚焦（Malkinson，2007）将破坏性意义的象征（靴子和背包）调整为从前的核心意义（手牵手）。这种手牵手的动作是一种警示，当来访者开始退回到破坏性意义时，他们可以使用这一警示来停止破坏性意义而以积极行为代替。危机干预工作者也尝试着为他们的努力重新适应安上一个积极的外部名称。

一周之后的第三次危机干预会面

Helen：我们给自己起了一个新的名字。即平静与和谐。

干预工作者：这名字太好了，与众不同。因此，现在，平静与和谐占据主要地位。一个月之后，它们会是什么样呢？六个月之后又会是什么样呢？较之于现在对瘫痪与陷入泥淖的评论，教会的人又会对你们的平静与和谐发表什么言论呢？

设计替代故事并不是一件容易的事情。强化新的故事情节的一种方法就是给来访者创建一个支持系统，通过这个支持系统来见证他们的改变，或者创造一名假象观众以鼓励他们恢复情绪。实际上，Brad和Helen将来可能会邀请见证者来见证他们发生的改变（Humphrey，2009，pp. 188-189）。

信仰测试　在大多数创伤性死亡事件中，信仰（或没有信仰）都是一个关键的问题。遭遇信仰困境的遗属一般会进入到Fowler（1991）提出的信仰发展阶段理论的“神话－文字”信仰阶段，它是一种肤浅的观点，将神视为一个实体，神会根据一个人对信仰的坚守程度给予奖励或实施惩罚；或者进入“综合－习俗”的信仰阶段，这一阶段的特征是严格地遵守社区基本文化标准，如道德行为、规范信仰、价值观以及宗教活动。当丧失发生时，处于这几个阶段的人们可能会做三件事。他们可能原地不动，不做任何事情，更加努力地祈祷并接受神的意愿，因为他们认为自己是罪人，而且他们必须努力赎罪，发生在他们身上的丧失就是一个很好的赎罪例子。第二件事是，他们可能会丢弃所有的信仰，他们感觉他们的宗教/神已经将他们抛弃了，而且他们会对自己原先的信仰以及支持它的社区表示愤怒。第三件事是，他们可能对宗教信仰进行一次批判性的审查，然后逐步进入到更高层次的自省阶段，最后变得更加坚守他们的信仰。

Brad：我们不知道我们该从什么地方转变。我们严格坚信我们的宗教，我们也曾经和牧师交谈过。但是，这似乎对我而言没有什么帮助。我不断问“为什么，为什么，为什么”？

Helen：我们了解Job的故事，以及其他类似的故事。我们知道悲剧可能会发生在任何地方和任何人身上。然而，我们不知道，我们也预料不到，充满爱和正义的上帝可以容忍或者允许那样好的一个无辜生命逝去。我很惊讶我居然说出这样的话来。这里没有正义，也没有公平。没有哪一个正义的上帝会让Gene那样可爱的孩子丧失生命。

从悲惨的孩子意外或谋杀死亡事件中寻找答案和意义，对幸存者是一个严峻的考验。孩子的死亡让幸存者感觉到根据宗教信仰来生活其实是徒劳的，这会使无助的人对神产生深刻的愤恨，也会在人们的宗教信仰方面产生严重的继发性丧失（Becvar，2001，p. 235）。宗教并不是反抗令人发指的厄运和死亡的保险单，它也不能帮我们排除痛苦。怀疑是信仰的一部分（Grollman，1996）。

将哀伤者从一个发展阶段推向下一个发展阶段并不是危机干预工作者的工作（Humphrey，2009，p. 30）。讨论信仰有助于危机干预工作者评估来访者故事中的另一重要组成部分，并决定信仰是否是问题派生的一部分。

干预工作者：我并没有答案。神和信仰在这个悲剧事件中究竟发挥了什么作用，我认为除了你们之外，没有人会有答案。这种答案就是关于你的哪部分神和信仰在这次悲剧中起作用以及你们是否能通过你们的信仰找到安慰。作为叙事疗法的一部分，我希望你们写下对一些问题的想法，这些问题就是那个因为经常处理各种各样的创伤性事件而出名的Ray Guinta牧师曾经提出的问题。你们可以与我或者你们的牧师，或者彼此讨论这些问题。无论如何，写下你们对这些问题的看法会让你们思想更开放。你们可以思考以下问题（Guinta & Guinta，2002，pp. 13-14）：

想一想你已经经历过的丧失。如果你扪心自问它为什么会发生，那你又该责备谁呢？

你认为你的大脑会告诉你什么观点，但你哀伤的心是否听得进呢？

你认为上帝是如何看待处于丧失中的你呢？

现在，你是如何看待神的？你把神看成是与你针锋相对的神还是一个张开双臂帮助你走出哀伤的慈爱父亲呢？

牧师们在依靠宗教和精神信仰处理哀伤的过程中尤其要格外小心。“那是神的意愿”或者“她现在正在一个更好的地方”对于一个心碎的母亲来说，可能只会是一种小小的安慰，因为这位母亲如此渴望能再有一次机会抱着她7岁的已故女儿，能够在她女儿放学回家之后，坐下来陪她女儿喝茶。因此，与其去尝试提供一些精神上的答案（本书作者也没有答案），不如在寻求答案的过程中提供鼓励和支持（Wheeler，2001）。尽管有上述局限，但是祈祷、宗教仪式、宗教观念以及精神信仰已在哀伤的恢复过程中发挥了巨大的力量（Walsh et al.，2002）。我们应该鼓励那些处于居丧期的来访者去探索这种支持方式，并将此作为他们的一种选择。

儿童期的居丧

36岁的Thadeus和38岁的Latoya Kirk投入他们所有的时间、精力和金钱治疗他们五岁儿子Charles的绝症。两年里，他们在儿子的医院进进出出；直到Charles去世，一家人感到身心憔悴。他们剩下的孩子Makeena才七岁，她感到哀伤、不知所措、孤独、被忽视。Charles去世当天，全家沉浸在哀伤中。除了哀伤，Makeena还感到内疚。她感到内疚，因为几个月以来，她竟希望Charles的病能就此结束，把一切都了结了。

一定程度上，Makeena认为她的愿望促成了她弟弟的死亡（Brown，1988，p. 85）。她还因为她还活着且她不如Charles值得活着而感到内疚。她也感觉害怕，因为她相信自己也会“患上”她弟弟的癌症。受控于自己现在是“濒危物种”的内疚和恐惧（Becvar，2001，p. 129），Makeena无论在学校还是家里都变得很孤僻，她的成绩也一落千丈。她开始出现类似她已故弟弟的躯体症状，这并不是罕见的事（Bernstein，1997）。多次参加创伤和哀伤儿童学习班的学校辅导员应邀对Makeena进行干预。

已故儿童的兄弟姐妹得到的关注很少，而他们常常在这变故中迷失，他们甚至可能在疾病期间以及之后父母的哀伤期感到被抛弃了（Brown，1988，p. 67）。因为太痛苦，父母也可能会禁止谈论他们的已故同胞。亲戚们可能会询问这些儿童他们父母的近况，而完全忽略了这些儿童们的感受。家庭教养可能瓦解，让活着的儿童认为他们毫无价值，因为没有人关心他们在做什么。

而且，如果他们担心他们会遭受和死去同胞一样的命运，他们为了预防坏事的发生，而在行为中表现出偏执或者强迫。最后，丧失同胞的儿童可能害怕父母太脆弱和不能承担幸存孩子的负担，因此表现出或试着变得完美（Becvar，2001，pp. 129-135）。这些感受几乎总会在这种情况中出现。如果这些感受没有及时处理，幸存的儿童可能会有大问题，且这些感受会伴随他们一生。

以下提供了 Charles 去世前后几天及几周中用于 Kirk 家庭的干预策略以及问题探索。

1. 个体咨询与干预。评估 Makeena 对死亡的概念。确保 Makeena 有机会以求真务实的方式积极参与并学习关于 Charles 的绝症的医学事实（Griffith，2003）。运用以儿童为中心的游戏治疗咨询方法来帮助 Makeena 处理和反驳与弟弟去世有关的内疚感。评估 Charles 去世对 Makeena 和她父母的影响。让 Makeena 参与葬礼安排以及纪念活动。为每位家庭成员提供释放哀伤的机会。评估 Charles 的疾病和去世对其父母的婚姻的影响，根据需要为 Thadeus 和 Latoya 提供个体治疗。
2. 家庭系统治疗。评价家庭应激水平和应对资源。家庭成员的长期患病——尤其该成员是孩子时——可能导致各种不良反应。迁怒、妨碍、分离、内疚和受虐倾向是一些可能发生的防御反应（Johnson，1987）。提供机会让家庭成员一起探讨和 Charles 之死有关的重要问题：（死的）意义、美好的时光和回忆、内疚、责备、恼怒、拒绝、未完成的事情以及新的家庭安排（Brown，1988，pp. 74-77；Silverman，2000，p. 161）。关注 Makeena：确保让她知道自己被爱着以及父母对 Charles 投入的时间和精力不会削弱他们对 Makeena 的爱和投入。开诚布公地讨论感受，注意 Makeena 的发展能力（Brown，1988，pp. 74-77）。保证允许所有家庭成员能公开哀悼。要知道 Charles 之死会对 Makeena 有长期影响，而且这种影响会在她的玩耍、幻想以及与父母的关系中体现出来。

危机干预工作者在 Makeena 的危机咨询中使用玩偶，这能够帮助她与她的非理性理念（即她的秘密愿望造成了她弟弟去世）辩论。在前两次和危机干预工作者的会谈中，Makeena 与危机干预工作者建立了很好的信任，并能很灵活轻松地使用布娃娃。在第三次会谈时，有五个布娃娃：Ann、Billy（Ann 死去的弟弟）、妈妈、爸爸和医生。

干预工作者：（拿着 Billy 和妈妈布娃娃——Billy 说话）妈妈，妈妈，Ann 说我快死了是因为她有坏想法——她希望我死掉，这样你和爸爸就可以离开医院回家了。

干预工作者：（拿着 Billy 和妈妈布娃娃——妈妈说话）哦，Billy！希望某个人死是绝对不会导致真正死亡的！你姐姐 Ann 完全有权利希望这种伤害和疾病结束。她是如此思念妈妈、爸爸还有你。她希望疾病结束是很正常的。但 Ann 不应为她希望某事发生而感到难过和内疚。记住，希望不会导致事情真正发生！

干预工作者：（拿着 Billy 和妈妈布娃娃——Billy 说话）妈妈，我希望能见姐姐 Ann。我想告诉她一切都好。

干预工作者：（拿着 Billy 和妈妈布娃娃——妈妈说话）噢，Billy，我亲爱的孩子！（妈妈布娃娃亲了 Billy。）我爱你，也爱 Ann。现在你姐姐来了。为什么你不和她说话？她来医院看你了。

干预工作者：（拿着 Billy 和妈妈布娃娃转向 Makeena——Billy 布娃娃说话）嗨，Ann 姐姐。你来医院看我，我真高兴。我想告诉你我是多么爱你，我死后会多么想你。我要让你知道，你不应该担心你的那些想法和愿望。是疾病导致我死亡的。你的想法不会使我和任何人死去的。我想让你知道一切都好。我爱你，妈妈爱你，爸爸也爱你。我们将永远爱你。

Makeena：（拿着 Ann 和爸爸布娃娃——Ann 说话）对不起。我不希望你死。我十分、十分抱歉。我希望你不要死。

干预工作者：（拿着 Billy 和妈妈布娃娃——妈妈说话）哦，Ann，我们都希望他不会死。但很遗憾他还是会。然后我们都会很哀伤。我们将想念他。但他去世后，我们必须学会在没有 Billy 的情况下生活。我们将仍然爱他。但是我们还将拥有彼此并彼此相爱。我们决不会因为他的死而责备你或我们自己。他的死是由疾病引起的，不是你或者我们的想法或愿望导致的。

Makeena：但是，Ann 之后可能得 Billy 的病，而且她也会死的（将 Ann 布娃娃放平，好像在棺材里那样）。

干预工作者：（将医生布娃娃带出来，医生捡起 Ann，并将她还给 Makeena）不，她不会的，而且我知道，因为我是"健康"医生。Ann 可能会出现一些不同的小毛病并且生病，但是 Billy 则不是小毛病，他得的是癌症。Ann 你不会感染癌症，所以 Ann 不应该担心。Ann 永远也不会患 Billy 那样的病。

Makeena：（若有所思地看着 Ann 布娃娃）好吧，也许。

干预工作者：（看着医生布娃娃）"健康"医生，你认为我们可以跟其他医生，真正的癌症专家谈一谈吗？他是你的一个朋友 Degrott 医生。他在圣犹大医院照顾了许多患了癌症的孩子。

Makeena：（微笑并跳起来）好的！那我们就这样做吧。他照顾了我的弟弟。我认识他。

干预工作者：好的！我会打个电话，看看我们能否那样做。

尽管这个片段不能透露这次短暂会面前后的所有准备工作和对话，但它提供了一些如何灵活、有效使用玩偶的想法。危机干预工作者使用了指导性的游戏治疗法，这与多数儿童治疗中使用的非指导性方法是截然相反的。理由是这里处理的是这类创伤性内容，孩子们可能会对进入这个禁区很谨慎，而且一旦进入他们会不知所措。指导性的、以危机 / 创伤为中心的治疗可以帮助孩子们处理焦虑感和学会处理这些可怕的"坏"想法的方法（Webb，2007，pp. 50-51）。这里的危机干预工作者仅专注儿童期居丧的两个维度：Makeena 的内疚感和她害怕死于和她弟弟同样疾病的恐惧。

一旦危机干预工作者越过"禁区"，孩子们就可以继续前行，并为该丧失而哀伤。危机干预工作者熟练使用艺术品、玩偶、讲故事、橡皮泥、玩沙子或心理剧等帮助 Makeena 处理哀伤，也能达到同样的效果（Brown，1999；Corr & Corr，1996，pp. 258-261；Johnson，1987）。

干预工作者：（两张海报板有已着色的大文字气球。上面画着地平线，一些气球固定在地平线上，另一些漂浮着。）Makeena，我想要你画你与 Charles 一起做你俩都感兴趣的事情的画。我们可以谈论这个以及其他你俩一起做的趣事。你画完后，我们会在气球里写字。在空中的气球代表你已失去的关于弟弟的事物。固定在地上的气球代表你仍拥有的关于 Charles 的事物，包括你的记忆。

Makeena：（画上自己和 Charles 一起钓鱼）我喜欢钓鱼，Charles 总是喜欢把鱼饵挂上和把鱼取下来。

干预工作者：因此，这是你记得的美好事情。你能把它画在一个飞走的气球里吗？我想知道，你还记得 Charles 是怎么做的吗？

Makeena：记得。他用线穿过鱼饵的头，让鱼饵悬挂着。他还把钓鱼钩放到水里，当鱼的前鳍压低的时候，他才往回拉，这样不会刺伤他。

干预工作者：这就是你已经学到的东西。你可以把它画在固定在码头上的这个气球里。

这个气球活动的目的就是对比过去和现在：虽然关于美好关系的回忆仍在，过去的真实体验不再存在（Stubenbort et al.，2001）。从认知行为的角度来看，这对心理重建或认知重构是非常必要的（Cohen，Mannarino，& Deblinger，2006）。从叙事治疗的角度来看，它是重建故事（Zimmerman & Dickerson，1996）的一部分，即创造让她感觉最好的故事情节，而非她带入治疗的充满问题的故事。

我们非常喜欢将个人脑海中积极的想法与容

易记忆的相关刺激物“锚定”起来。

干预工作者： Makeena，你可以把这幅画得很好的画带回家，并把它挂在你卧室。现在，我想要你把这些气球装入你大脑中想象的文件柜，当你需要回忆你和Charles生前共同的美好事物和时光时，你可以随时打开。所以，在你大脑里想象这个文件柜。告诉我它在哪里。（Makeena指向她右耳后的某处。）好的，这是它侧面的位置。它顶部在哪儿？（Makeena指向了她头部中央的左侧。）很好，因此，我会握着你的双手，从顶部到侧面，直接指出文件柜的位置。（Makeena这样指向她头脑中想象的平分线。）很好！你把它放在这儿，每次你需要它时，你就把它拉开。好的，现在只要闭上眼睛并试一下。（Makeena微笑并点头。）很好！我相信下次你和家人一起去钓鱼的时候，Charles一定会为你自豪的，因为你可以去那里找到这些指示，然后告诉他们Charles向你展示他是如何做的。

分居和离婚

32岁的汽车销售人员Eric Ishitani回家向他的妻子——一位30岁的优秀木材批发经理Nancy——宣布，他爱上了别的女人并想要离婚，这粉碎了Nancy的世界。这段婚姻已经在很长一段时间里走下坡路，并且Eric在之前几个月就已经夜不归宿了。不过，Nancy想和好并生一个孩子。但Eric很坚定地离开了。Nancy悲痛欲绝，并感到哀伤、内疚、没有价值和失败。她觉得生活毫无意义。她不想独自面对生活；她沉浸在哀伤中，并觉得她以后的生活注定将没有成就、没有丈夫或孩子。她觉得自己是一个完全的失败者，并自责没有成功的婚姻。Nancy发现自己困在哀伤、悔恨、内疚、抑郁和自怜的状态里。

以下提供了Eric宣布想要离婚后的几天及几周中用于Nancy的干预策略以及问题探索。

1. 个体咨询和干预。评估Nancy的致死性程度。评估Nancy的应对技能和资源。提供一个安全的环境让她诉说哀伤和释放情绪。评估可提供支持的人。考虑她没有价值、恐惧、失败、内疚、愤怒、抑郁、自怜以及缺乏自我效能和自信心的感受。使用理性情绪行为疗法（Ellis & Grieger，1978）和行为模式（Williams & Long，1983），以帮助Nancy识别和成功对抗其消极的、自我毁灭性的信念和自我评价，并开始调整她适应不良的行为。重新编码她的内心想法，制订不需要其他人帮助就能让她拥有、练习和执行的积极行动步骤。设计一个不再包括她前夫的、新的、修复性的叙事。
2. **支持团体工作。** 帮助Nancy确定离婚自助团体作为支持。评估Nancy从现在到未来几年这一连续时间段里的社会需求。通过自助团体协助Nancy制订现实的计划，以对新形势进行个人和社会调整。
3. **转介资源。** 评估Nancy在法律、职业和经济援助方面的需求。如有必要，为她确定专门的转介人员，并马上联系。与她面谈时，仔细评估能反映她目前自主能力及实现目标能力的表述。例如，依靠她丈夫的律师、银行家或者会计可能不会让她获得最好的利益。很多新近离婚的妻子们发现她们需要和配偶不同的律师、银行家和会计人员。她们可能也需要寻求就业或培训，以便实现经济上的自给自足。通常这是一个突然的和困难的转变。鉴于Nancy在其分居期间是如此脆弱，工作人员应该敏锐、支持、现实和果断。

分居导致的关系突然中断经常伴随着和亲人死亡一样的创伤性情感反应。经历分居丧失的人可能表现震惊、怀疑、否认、愤怒、退缩、内疚和抑郁。依恋理论表明分居和随后丧失的感觉可以有很多形式（Bowlby，1969，1973，1980），而且离婚的情感反应可能和亲人去世很相似。每个人的反应都不同。有些人会大哭几天，有些人会向愿意倾听的人连续地说上几天，有些人会进入退缩状态，也有人这样描述：“当他走进来告诉我他要离开，收拾衣服，然后离开，我就躺在床上不动。我想这样待着，直到死亡”。婚姻、异性恋、男性或女性同性恋、长期的友谊、商业伙伴关系或任何其他亲密个人依恋的中断，都可以导致分居丧失。

帮助人们克服因关系丧失带来的情感和行为后果需要与处理其他类型哀伤和居丧类似的危机干预技巧。在 Nancy 的案例中，在她接受危机干预的前几天里，她一直躺在床上想哭，悲痛得想死。Eric 告诉 Nancy 他想永远离开她后，她真的很想死。最初她如此坚定地否定，她认为“这绝不可能。我决不会离婚。我父母绝对不能知道。我的朋友也绝对不能知道。”好几天，Nancy 没有跟任何人讲 Eric 要离开她的事。她有否认：“他不是真的永远离开了。他会回来的。我们会好起来的”。她有内疚：“我做了什么导致这个结果？我肯定是个糟糕的妻子。我不应该如此无视他的需求。如果我在死于意外，他可以继续并和别的女人结婚，而且没有人会知道。”她生气：“我要找这个女人，让她偿还她对我造成的所有痛苦。”在她向危机干预工作人员（一位婚姻和家庭治疗师）讲述她的问题之前，Nancy 经历了大量的负面情绪。就像她说的那样，她想的都是全或无的、灾难性的东西。她的语句以“应该”“应当”和“必须”等词开始和结束。她认为是 Eric 要求离婚这一诱发性事件导致她抑郁、生气、被遗弃行为的结果，但实际是她关于离婚的不理性信念和自主思维导致了她的痛苦（Dryden & Neenan，2004；Ellis，1973；Ellis & Dryden，1977；Liese，1994；Malkinson，2007）。

干预工作者：好吧，Nancy，今天因为什么事来找我？

Nancy：我的整个生活破碎了。整个乱了套。主要原因就是我的婚姻正在破裂。好吧，我猜已经结束了。我的丈夫走了。离开了三周。我还让他回来。这就是所有的事情。没有他，我什么都不是。我们高中时很甜蜜，并认为会永远甜蜜下去。

干预工作者：你对婚姻感到十分绝望，但是又不想放弃。今天发生了什么有关于你婚姻破裂的事情，让你立即来找我呢？

Nancy：嗯，我已厌倦躺着责备自己了，厌倦了想着自杀或者伤害我丈夫的女朋友。我的直觉告诉我这两种行为不能解决任何问题，因此我来这里寻找更好的答案。你们应该有办法，或者我会疯掉，或者我在敬老院孤独终老。

干预工作者：Nancy，我真的很高兴你决定今天过来。我首先得看看你现在是否处于自杀或杀人的危险中。你的直觉还能保证你的安全吗？你是否有方法去实施？你现在有多大可能会自杀或杀人？

该危机干预工作人员首先关心的是 Nancy 即刻的安全。她给出的言语和非言语线索似乎表明她是怀有希望的，她的情况还算比较稳定，有一定能动性。她能来到这里交流她的问题，本身就是另一个积极因素。然而，危机干预工作者还是检查了她的致死性水平。然后，当 Nancy 告诉干预工作者她没有明确的自杀计划或手段时，干预工作者继续进行其他危机访谈的步骤。某刻，Nancy 似乎处在 Schneider 所描述的“坚持得住”的阶段，其要素包括生气、讨价还价以及否认，可以说处于 Kübler-Ross（1969）丧失阶段理论的早期阶段。

Nancy：我简直不敢相信这种事情会发生在我身上。我的整个世界都塌了。这简直太可怕了。我只是不能忍受。我只是不知道没有他我该怎么办。我一定是个十足的失败者。我还没有告诉任何人，但是我觉得销售部所有人都知道，因为我的销售业绩下降。上帝！我的额头上可能文上了失败者。而且尽管我想我妈妈知道有些不对劲，但我还是耻于告诉她。我的上帝啊！我是如此可怜，我只想钻进一个洞里永远都不出来。

干预工作者：我想做一些我认为能帮助你处理问题的事。我想把我们的谈话录下来，并且我会给你布置一个需要更多录音的家庭作业。我认为这是一个很好的任务，因为我想要你听我所说的“自动思维”。就在你在这里的几分钟，我就已听到了一垃圾箱的自动思维，这些思维让你现在处于水深火热中。自动思维来自人们潜在的假设和信念。最常见的自动思维类型是全或无的表述，就像你做的那样。告诉自己你无法忍受，认为事情太可怕了，相信自己很糟糕，这些似乎都夸大了你当前的困境。如果你倾听所有这些“必须”和“应该”，它们反映出是你的信念系统和你需要做的事情不同步，构成我称之为“饱含问题的”叙事方式，使得你无法摆脱这些自我贬低的陈述。这样的陈述和下列陈述是不同的：情况很糟糕、你不喜欢它、你不希望它发生，但是你没有导致这件事发生，这不是你的世界末日——尽管它可能在一段时间内让你生活很困难。我想让你看清楚你在如何灾难化思维、如何小题大做、如何把事情往坏处想，这些想法实际上阻碍了你清晰、客观地评价发生了什么和你真正的选择。好吗？

Nancy：好吧，我不知道那是否是正确的。我是说，我很有逻辑、会线性思考且理性。如果我是笨蛋，我也不可能成为全球最大木材批发公司之一的销售经理。

干预工作者：我能理解，但是应该说这与销售活动有些不同，而且结果也不同？我想要你做一些小练习。我想要你绘制一张丧失与哀伤图。

Nancy：好吧，可以，但是……好的，我想那将很有趣。

干预工作者：在纸张的中间画一个圈，然后将自己的主要丧失标在上面。想想你与它相关的所有想法和感觉，把它们写在圆圈里（见图12.1）。关注当你想到离婚时会跳出来的想法。一旦你写下这些想法，也把相关的感受写下。回头再想想那些感受。当你想它们时，看看是否其他感受会出现。许多时候，我们会对一种感受产生另外一种感受。例如：“愚蠢”也可能导致“遗憾”。

Nancy：是的，我明白了。这非常糟糕。我过于苛刻地、不必要地对自己和这个问题要求太严格。我知道这不是世界末日，但是在那时，我感觉这很可怕和糟糕。

干预工作者：然后你相信可怕和糟糕的想法才是真正的元凶，是吗？其实你的想法和真实情况是不同的。

Nancy：你说得对！让我从不同的角度看问题很有帮助，虽然它没有解决我的大问题。

干预工作者：你是对的。它不能解决问题。尽管你为你受到的伤害感到哀伤，但是我们可以客观地审视它，并且一起开始弄清楚你能够做的选择，我们不是在处理世界毁灭性的灾难。

危机干预工作者使用理性情绪行为疗法和认知行为疗法的要素进行干预。干预工作者努力阻止来访者关于分居的不理性想法，并帮助她开始将情感能量转向现实问题。Nancy是个聪明人，很快就回应理性的想法。但是此类处理丧失期间情况状态很典型的是，干预工作者知道必须要重复、联系、支持和鼓励。处于Nancy这种状况的人需要远不止使用单次的理性情绪行为疗法咨询来脱离危机、恢复平衡状态。

除了使用理性情绪行为疗法作为一种危机干预策略外，危机干预工作者也采用自我管理行为技术（Williams & Long，1983）帮助Nancy在几星期内耗尽她的悲痛能量。Nancy做的就是独自在家连续、系统地录了一系列的录音带。录这些录音带的目的是：(1) 提供一种自我发泄的机制；(2) 向她和危机干预工作者展示她完整的故事，并形成将它从问题集中叙事向恢复叙事转变的基础；(3) 让她清楚她正在经历从丧失走向恢复；(4) 记录她控制自动思维的进步，并捕捉她的关于爱情、婚姻及自我概念的“应该”“应当”和其他自我安慰的表述。

丧失与哀伤图（Greenspan，2003）清楚地展现了她关于自己和离婚的绝对主义的、消极的和非理性的信念。一旦她的自动思维中有这些信念，那么她和危机干预工作者就要开始着手寻找积极的应对措施，以冷却“热认知”。危机干预工作者还会与她建立自我管理行为模型，这个模型能对她一天内相关言语频次计数。危机干预工作

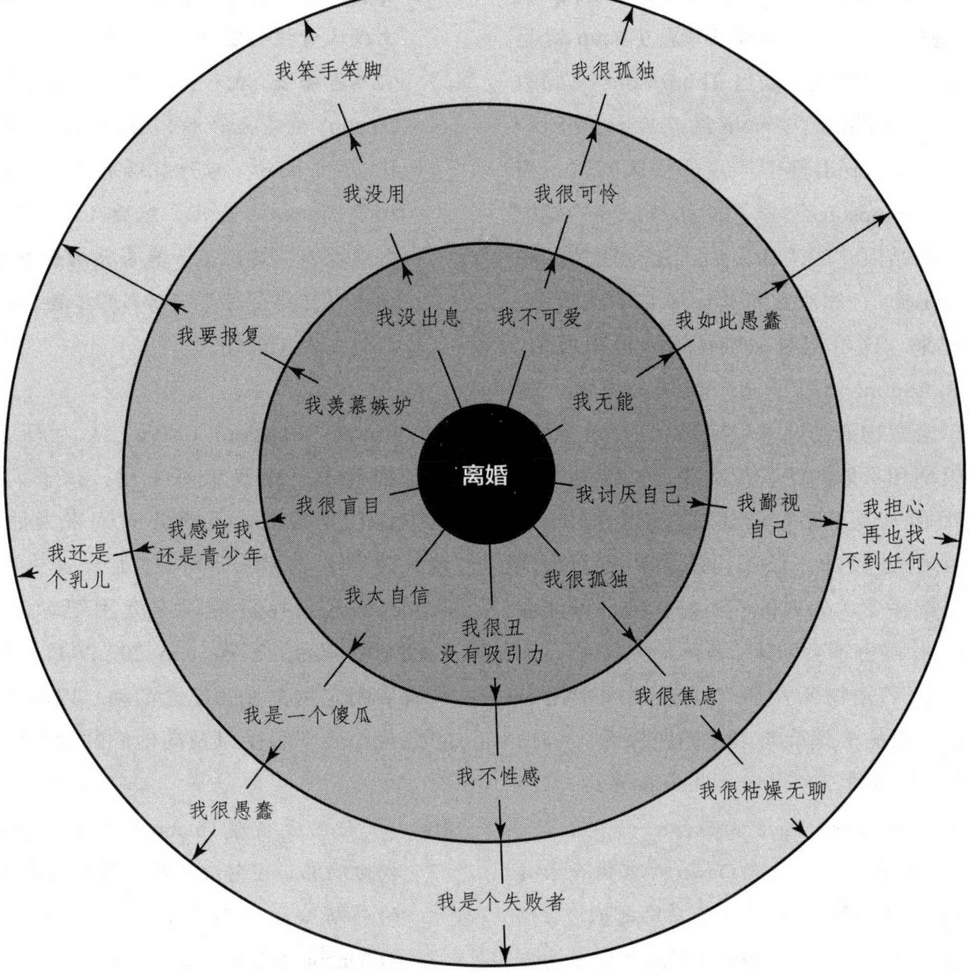

图 12.1 Nancy 的离婚图

者将使用思维停顿技术及提示方法（James 博士绑在手臂上的、思维停顿的神奇橡皮）来提示她由这些全或无的非理性想法转向更冷静、更积极的自我提升措施，设计这个以使她开始从叙事向恢复改变。

随着认知行为计划的进行，这些录音能记录她不断变化的叙事，这对危机干预工作者非常有用。但该行为计划的主要价值在于提供给 Nancy 这样做的目的和经验。Nancy 详细地描述了她在这几个阶段的想法、感受和行动：震惊和不相信、否定、生气、退缩、内疚、抑郁、探寻和解决问题。Nancy 录了八盒录音带。她说这个活动最有价值和最有帮助的方面是一遍又一遍地听自己的录音带。Nancy 说留着这些录音带，想继续听。但是她后来报告说危机平息后，她再也不需要听了。

Nancy 还和危机干预工作者制订协议，参加当地教会的离婚支持团体。这类团体提供危机支持、幸存者榜样、适应途径和新的社会网络（Raphael & Dobson，2000）。你会注意到，我们曾经反复提倡使用这类团体作为全面的危机干预治疗模式。它们是应对居丧的一个重要部分，且有证据表明它们作为一个社会过程和治愈过程，是有效的（Kitzman & Gaylord，2001；Raphael & Dobson，2000）。

宠物的死亡

Thompsons 一家三口——36 岁的 Hollis、33 岁的 Faye 和五岁的养女 Dawn——正为他们家

年老的小猎犬Tincup的死亡哀伤。Tincup就像他们家庭的一员。自新婚开始，Tincup就是Thompsons家忠实的伙伴；自Thompsons夫妇收养Dawn，Tincup就成了Dawn的亲密伙伴和守卫者。最近，Tincup出现了严重的健康问题，兽医最后告诉Thompsons一家，因为Tincup的健康状况，有必要结束它的生命。做了这个痛苦的决定后，Thompsons一家决定都将出席它的安乐死。

初看起来，这可能对一个孩子来说很可怕，但Butler和Lagoni分析了一个典型的案例，就是诚实地讨论宠物的情况（包括死亡）是重要的。孩子们对坦率和具体的解释反应很好。注意，我们没有更缓和地说“让它长眠”。正如Butler和Lagoni（1996）建议的，孩子可能会认为因为他们每天晚上都睡觉，如果他们不好，他们可能会“被迫长眠”并再也不会醒来。

以下提供了宠物死亡后几天及几周中用于Thompsons一家的干预策略以及问题探索。

1. 个体咨询和危机干预。评估Thompsons一家的每个人——Hollis、Faye和Dawn——的哀伤、内疚以及应激水平。评估Dawn对宠物死亡的理解。提供哀伤和释放哀伤能量的时间。后续游戏治疗和纪念活动为Dawn提供了发泄的方式（Schoenberg，1980，pp. 203-204），陈设能把Dawn和她死去的宠物联系起来的有意义的物品（Lagoni，Butler，& Hetts，1994，p. 265）。
2. 团体治疗。为这个家庭提供机会，让他们以现实的、事实的以及诚实的方式讨论Tincup的死。借宠物之死帮助Dawn开始建立死亡的概念，避免误传。为这个家庭提供纪念宠物一生及在成长的背景下重构死亡的机会和活动。
3. 阅读疗法。阅读关于和宠物的联结以及处理危机和丧失的书。

在Tincup死后三天，兽医诊所的宠物顾问与Thompsons一家会面。

Dawn：我起初有点害怕，但是Hobbs医生向我仔细解释了他们将如何处理Tincup以及它如何不会受到伤害。我真的希望Tincup活着，但是每次我试着抱起它时，它都会尖叫，而且我想让它不再痛苦。我和父母帮助Hobbs医生安置好Tincup。它有点放松，当他们给它药时，我轻抚着它。大约一分钟就结束了，我父母和我轻抚了Tincup一会儿，然后我们就带它回家了。它被埋在了后院里，我每天都会去看它。我想我生日可能会想要一只新的小狗，但是现在我只想去看Tincup。

Butler和Lagoni（1996）认为马上饲养新的宠物并不一定是个好主意。孩子们，在本案例中也包括成人，都需要时间来为他们宠物的丧失哀伤，这和任何其他重要丧失哀伤一样。Schoenberg（1980）建议家庭用纪念活动来帮助处理宠物死后的哀伤（pp. 203-204）。Thompsons一家采用宠物葬礼的纪念活动，以助于开启讨论的机会、分享感受以及向他们的女儿解释死亡。

Faye：我们在后院为Tincup举行了一个小型葬礼。我协助Dawn邀请了她的几个密友参加，我们的邻居给我们邮寄了悼念卡。Hollis和Dawn为Tincup挖了坟墓，我们举行了一个简单但美好的仪式。有花和朋友，我们悼念并和它告别。这对于我家和到场的朋友来说是件好事。我们甚至在把Tincup的项圈放在Dawn房间的公告板上时举行了另外一个小仪式。我们对它的死仍有些哀伤，但是这对我们每个人都是一种学习经历，并且我想这些活动会让Dawn对死亡、丧失和哀伤会有更现实、更健康的看法。

我们也找了《Zach和他的狗》的故事（Meagher，2009），讲的是宠物与孩子们的联系/爱和宠物丧失的。我们一起阅读了这个故事，有流泪，但是它也有助我们正确处理事情。因此，现在Dawn仍会在睡前摸摸Tincup的项圈，但我想可能到圣诞节时，早上圣诞树下会有一只新的小狗。

用于处理宠物丧失的策略的目的与那些用于

任何人类丧失的一样：以健康和成长促进的方式帮助哀伤者度过他们哀伤的各个阶段。给宠物举办仪式可能看起来有点儿过了，但是他们的目的是让孩子以及成年人不至于深陷哀伤中（Reeves，2011）。建议需要应对失去宠物的来访者的干预工作者阅读一些资料，如《人和动物的联系与哀伤》（*The Human-Animal Bond and Grief*）（Lagoni，Butler，& Hetts，1994）和《宠物丧失与人类居丧》（*Pet Loss and Human Bereavement*）（Kay et al.，1984）。

老年人居丧

82岁的Lenore和85岁的Robert Kizer在养老院住了四年了。在Lenore住进养老院时，Robert已在那儿住了一年多。他们的三个孩子住在别的州，都忙于自己的家庭；当时Robert大约80岁时，因为他需要24小时护理，Lenore照顾不了他，所以把Robert送来养老院。Lenore正在食堂吃早饭时，一位医护人员过来让她去Robert的房间，因为他们叫不醒Robert。Lenore赶到时，养老院的医生见了她，并告诉她Robert显然是在睡梦中去世了。以下提供了Robert死亡后几天及几周中用于Lenore的干预策略以及问题探索。

1. 个体咨询和干预。评估Lenore哀伤的水平和应对能力。为Lenore提供机会释放哀伤能量。评估Lenore应对的生理和心理能力。评估她儿女们的帮助能力。检查她的经济、医疗和法律的需要。使用如认知／精神疗法，情景回忆法以及建构主义／叙事疗法等治疗策略，以帮助Lenore在离开Robert后重新证明自己是一个有价值的人。
2. 团体干预。养老院内的团体。养老院以外的社会团体。
3. 转介。医疗、宗教组织、法律援助、Lenore的教堂、她的孩子以及老年机构。

Robert死后，Lenore继续住在养老院。Lenore有一些可利用的资源（包括危机干预工作者和牧师），可以用来赋予过去的生活意义，并重新定义未来没有Robert的新生活。她的身体能行动，在养老院和社区都有许多朋友，她是一个外向的人、生活乐观，而且她的孩子能提供支持。尽管她有这些积极因素，Lenore还是感受到深刻地被拒绝、隔绝、孤独、恐惧、生气以及抑郁。危机干预工作者的目的是帮助Lenore心平气和地接受Robert的去世，以及开始重新调整危机后她作为有用的人的生活，而非仅仅是作为Robert的妻子或遗孀。他首先通过挖掘她坚强的信念来做到这点。他使用认知重构（Meichenbaum，1985）以及存在主义疗法（Frankl，1969）来重新给予她社会性，并给她的生活注入新的意义。最后，他尝试通过叙事／建构主义的方法来改变她对该事件的消极解读（Neimeyer & Levitt，2000）。

Lenore：有时候，我觉得我独自一人很糟糕。

干预工作者：Lenore，我想知道，你是否可以回顾你的坚定信仰，并换成稍微不同的说法。比如“Robert确实已经去世了，但是上帝仍然和我在一起，我的朋友和孩子们也一样”。

Lenore：我知道，有时候我会忘记那些。上帝总在我身边。如果我停下来并祈祷一分钟，上帝一般会给我指示。如果我忘记了祈祷，我会变得闷闷不乐。

通过重构和提出持续行动，危机干预工作者试图穿过因长期伴侣去世而伤心的人那日益加深的孤立和绝望的旋涡。尤其是老人，创造恢复力和寻找生活的新意义是至关重要的。很多治疗师觉得将精神信仰带入治疗难以驾驭。然而，将认知疗法和精神疗法相结合可能非常强大（Ramsey & Blieszner，2000）。

Lenore：很多时候，我就是闷闷不乐。有时我为自己感到抱歉。还有时，我不由自主地走去Robert的房间时才意识到他已不在了。没有Robert，我的日子看起来是如此没有意义。

干预工作者：你真的非常想念他，而且你也有记忆问题。你最想回忆什么，当你的生活变得更好时，那会是怎样的呢？追忆往事当然可以，但也想想你们俩如何一起克服问题，以及你能如何用对他的回忆做到这一点？

虽然，危机干预工作者使用了回忆法（reminiscing）（在第十四章"机构中的暴力行为"中有详细介绍），但重点是调度Lenore以前利用过的积极资源来应对现在和将来。危机干预工作者和来访者一起重写了来访者的故事情节，主要通过把现实重建（Humphrey，2009，pp. 184-185）成更加贴近她生活的、更积极的自我描述，而不是她现在面临的可怕状况（Ramsey & Blieszner，2000）。

Lenore：我们有非常活跃的政治和社会意识。我们在教会也非常活跃。

干预工作者：因此，如果你要写下这些作为你生活的重要叙述，并和上帝谈论这些，你猜想会怎样？

Lenore：嗯，这并不真实存在于圣经中，但俗话说得好，"上帝帮助那些帮助自己的人"。Robert过去也这样说，而且我认为这是正确的。我需要行动起来，帮助我自己。

干预工作者：那么，假设发生奇迹，而且上帝今晚确实以某种迹象来了，并且说："Lenore，我想让一个奇迹发生在你身上。明天你会像你以前一样。Robert不在，但是你在。Lenore，会发生什么？"

Lenore：好的，你会看到一个老妇人，这个老妇人仍然充满生活的热忱，她乘车去教堂，然后乘教会车去看望病弱在家的人。我认为你也会看到我在当地共和党总部做些事情。我也很久没去缝纫小组了，而且我想给我每一个孙子制作一床被子，能让他们记得我。我一直在拖延，但是时间流逝。我猜这有点任性，是吧，上帝？（她脸上掠过一丝苦笑）

干预工作者：那么，你能那么做吗？并且，我在想你下周是否可以把你所说的和妇女团体联系起来。

Lenore：好的，我想我可以做到。

危机干预工作者以精神信仰的方式提出奇迹问题（de Shazer，1985），来帮助Lenore认识和强化她仍然拥有的许多积极特性。通过让Lenore把她生活中这段时期看作一个例外而不是惯例，危机干预工作者重构了丧失的叙述，并尝试重构她的人生观和生活意义。当生活故事因丧失终身伴侣被打断而表现得混乱时，以更积极的措辞重构叙述就可以促进治疗（Neimeyer & Levitt，2000）。通过帮助来访者形成或重建一个精神性基础可以让这种治疗更加强大。

可能有人会辩驳，上面是一种伪善的方法，仅仅能抚慰和安抚受害者，而不会有真正的改变发生。认为只有等待死神出现的、灰心丧气的老年人可以通过回顾和听取有鼓励性和快乐的故事才能精神高涨，显然是荒谬的。我们认为这个观点是典型的、针对老年人的消极刻板印象。不管居丧者是年轻或是年老，重构其自我观念以适应配偶的丧失，都是一项主要任务（Lopata，1996）。而且研究表明，让老年人讨论他们的想法和感受有利于减少许多消极影响。而且，老人们并不是无助的，即使遭受了配偶死亡，他们有能力去适应和学习新的应对技能（Hanson & Hayslip，2000）。

艾滋病感染者的死亡

Clint的六年伴侣18个月前死于艾滋病。上周，Clint失去了银行信贷员的工作，迫切需要找工作。尽管他的工作表现大大恶化且他缺勤的情况没有得到改善，他仍有点偏执并怀疑银行同事知道他去年五月被检测出HIV阳性。平时，Clint是个聪明、热情、精力充沛、外向、友好和积极的人。他是一个特别有能力的雇员，银行正培养他从事管理工作。现在，他说自己没有自信、抑郁、生气、紧张而且焦虑。他满是各种躯体主诉，但到目前为止，还没有任何主诉被证明是和艾滋病相关的疾病。除了他伴侣的原发性丧失外，他还遭受了工作的继发性丧失，并还正在进一步遭受常常会危害或甚至阻断使用支持系统的、被污名化的丧失（Humphrey，2009，p. 22）。

Clint：首先，我绝不会向我父母表明出柜。我虽然不介意把这件事告诉我的母亲，但是告诉父亲我是同性恋者却是真的困难。我担心告诉父亲我检测出艾滋病阳性会使他心脏受不了，因为他已经做过两次心脏搭桥手术了。我可能也必须找一个便宜的地方住下来。目前我有太多事要处理。更别说身体问题了。

干预工作者：Clint，我很高兴今天你过来。我能看得出你今天真的很抑郁。你想过自杀吗？

危机干预工作者要做的第一件事是了解Clint的致死性水平。因为来访者可能正经历大量的境遇性、医疗和环境问题，危机干预工作者必须努力界定问题的总体范围、确保其身体和心理安全以及提供感情上的支持。给艾滋病感染者的危机干预必须从敏感的、共情的倾听开始。

干预工作者：知道你现在是安全的，我很高兴。Clint，我们现在最需要做的事情是什么？

Clint：发生了这么多事，我只是不知道我应该怎么处理所有的事，怎么做计划。

干预工作者：你现在被你面临的问题所吓倒，你现在需要一些帮助、理解和支持。

Clint：自从我伴侣去世，生活就足够艰难。我仍然特别想念他，而现在我又失去了工作——我还得告诉父母我是同性恋——天啊！还既是同性恋又是艾滋病阳性！有时候，我认为我快要疯了，或者我担心这是不是艾滋病相关的痴呆发作？然后我会怀疑我是不是愤怒上帝手里的罪人，我得到我的报应。

干预工作者：Clint，这些对所有人而言都是很大的打击。我完全不想弱化这点，但我想做的是看看我们是否应付这一状况，并开始管理这些问题。你并没有被判处死刑，尽管可能看起来是这样。你的艾滋病和任何其他威胁生命的疾病一样是能控制的。问题是，当你与艾滋病抗衡时，你希望如何利用你的时间？我想将它分解成可管理的组件。你在银行的工作责任重大，因此，我知道你有能力把复杂的问题分解开来并计划做什么。因此，让我们运用你的才能，用头脑风暴法列出你可以采取的行动、什么时候行动和你拥有什么资源和财富。

但是首先，我想要你加入由艾滋病阳性人群组成的一个支持团体。这有两个目的，首先，它会给你提供很好的、关于病情会如何发展及人们如何应对躯体问题的信息和反馈；其次，它会让你走出社会隔离和所有与之相关的不好的事情。

危机干预工作者承认了Clint面临的连续丧失，还有告诉父母他艾滋病的情况及他未来要面临的困难。同时，危机干预工作者开始考虑Clint急需采取的具体行动：就业咨询、帮助Clint重获控制生活感的支持团体以及医疗服务。危机干预工作者以典型的理性情绪行为疗法的方式应对来访者，以阻止灾难性的想法并开始问题的解决（Ellis & Abrahms，1978）。在这时，危机干预工作者做出的决定与危机干预更加密切相关，而非丧失重定位。他评估Clint需要把他的危机分解成可以管理的部分，并且尝试将多重问题分解成可以管理的问题。

Williams和Stanfford（1991）的研究表明，针对感染艾滋病的伴侣和成年家庭成员干预的根本形式是使用同伴团体来打破普遍的隔离感受、加强个人哀伤的分享和促进伤愈（pp. 425-426）。支持团体在教育这些人关于疾病、分享强烈情绪、观察他人的应对（包括有效或无效应对）、真正面对疾病以及与之有关的其他“可怕”问题以及接受和给予他人帮助等方面非常重要（Hoffman，1996，p. 72；Nord，1997，pp. 233-235）。支持团体还在帮助那些遭受污名化哀伤的个人寻找一个安全、支持性的地方发泄和获得建议方面也至关重要。

Clint同意并转去“结束艾滋病援助中心”现有的一个团体，团体能在温暖、接纳、专业能力和治疗的环境中提供他需要的帮助。危机干预工作者通过和该中心主管联系跟踪随访，以确保Clint获得他所需的服务。危机干预工作者还通过确认情绪强度来打破缠绕Clint的情绪波动。危机干预工作者旨在通过让Clint认识到美好的生活和长寿不是密不可分的，来重构对疾病的认知（Hoffman，1996，p. 80）。

干预工作者：那么，我们的第一要务是什么呢？

Clint：我想把这一切都告诉我的父母。我也想做些纪念Mark的事情。当他的父母埋葬他时，我什么都没做。他们不想和我说话。我在银行业务上极具野心——一个典型的守财奴。我想得到另一份财务方面的工作，但我想用一种更友善、更温和的方式去做，或许我可以为“仁人家园”做财务工作。

干预工作者：你想如何计划来做这些事情？我提议我们进行角色扮演对话，可以让你实践一下，并明确如何在不激怒你爸爸的前提下告诉他。

危机干预工作者假定了一个协作角色来动员来访者。激励艾滋病阳性来访者设立目标以及给他们实现有意义的生活质量的挑战，在这类来访者咨询中极为重要。危机干预工作者不能因为害怕来访者不能胜任任务就回避这么做（Hoffman，1996，pp. 92-94）。

还需要应对另外两个重要的危机问题。第一，安全性行为和健康促进行为。阻止疾病的传播至关重要，危机干预工作者面对的一个主要的道德困境就是如何让已经感染的来访者采用安全的性行为。无论来访者是异性恋还是同性恋，核心的问题就是教育他们安全性行为，以及向他们的伴侣说明他们的情况（Hoffman，1996，pp. 100-112）。因为报复、自尊心、自我意识、羞耻、孤独或性驱动，让来访者进行安全性行为不是一件容易的事情。由于来访者认定承认自己感染了艾滋病会导致世界毁灭，因此一些人继续危险的性行为，而且反对危险性行为的公众教育活动只勉强有效（Nord，1997，p. 249）。大多数年轻男性最不愿意做的事就是向一个潜在的性伴侣承认他们感染了艾滋病。

干预工作者：现在性可能是你最不想要的事，但是它会出现。从伦理和道德上来说，我必须和你讨论这件事，因为你可能将他人置于致命的风险。我不能阻止你发生性行为，但是我可以帮助你学习如何进行安全的性行为，并和你探讨你不想告诉别人你感染了HIV的原因。我想把你介绍给Pete Endicott，他是“结束艾滋病援助中心”的咨询师。他可以帮助你做出一些与性关系有关的决定。

HIV和AIDS有关的复杂多样的丧失问题使其成为一个可怕的危机。最初的危机干预通常是停止情绪失控，以及将多重问题分解成独立的、可管理的部分。同时，危机干预工作者还负责处理来访者更大的问题，即过尽可能好的生活的同时，试图寻找疾病及其影响的意义。

复杂性哀伤：一位母亲的死亡

这些案例的结局通常是最困难的哀伤类型和丧失问题——复杂性哀伤反应（Rando，1993）。Ann Marie是一名38岁的律师助理，她驾车时车头直接撞上了桥台。车完好无损，但是人却失去了意识并被送往医院抢救。幸运的是，她只有脑震荡。然而，她血液里的酒精含量被检测出高达0.17——这是法定限制量的两倍。她因为酒后驾车被控告，法院命令她去见一名成瘾咨询师。

然而，Marie的问题并不是酒精成瘾，而是在她长期患有红斑狼疮的母亲突然去世后带来的复杂性、慢性哀伤反应。问题是，当时无论是她还是危机干预工作者都没有意识到。这个危机干预工作者是有执照的专业成瘾咨询师，同时也处理居丧问题。

干预工作者：在你发生交通事故之前，发生了什么事情吗？

Marie：我对我爸爸感到非常生气，因此我最终决定离开家，准备和我的朋友去俱乐部。

干预工作者：生气！怎么了？

Marie：（开始哭泣）你看我，我已经 38 岁了，还要照顾我的爸爸。我从来没有外出过。我永远也不会有约会，我不知道我是怎么了。我一般根本不会喝很多酒。

干预工作者：你认为是什么导致了你喝酒，并酒后驾车呢？我查看了你的记录，这是你第一次违规。你甚至没有什么超速罚单。

Marie：我整天忙于工作。我晚上才能回到家里，然后我还要做饭，洗衣，取东西，打扫卫生，给我爸爸和弟弟 Ralphie 缝衣服，我弟弟已经 36 岁了，还住在家里。我为他们做所有的事情。自从妈妈死后，他们就期待我代替妈妈好好照顾他们。我甚至从凤凰城搬回了自己家，所以现在我在这里。但那是没有用的，我也是没有用的。

干预工作者：当你说"没有用"的时候，我不喜欢你说话时的语气。你听起来非常孤苦无助。我想知道，你上了那辆车，然后开车撞上了桥台，并不是企图杀死自己是吗？当然我并没有歧视自杀的意思。

作者似乎会在这个问题上喋喋不休，而你可能厌倦别人总是唠叨要给每一个来访者进行致死性评估的话题，但很多自杀死亡的行为都是以驾车的方式。通常，为获得足够的自杀勇气而灌醉自己，是驾车自杀者的另一个共同特征。而且，自杀意念是复杂性哀伤反应的标志之一。成瘾咨询师很快发现了 Marie 的绝望和无助，并进行深入了解。现在，成瘾咨询师已经转换到危机干预模式。自杀行为是 Worden（1991，p. 76）所说的复杂性哀伤的提示线索之一。

Marie：（嘲讽地笑）如果我真有那么介意的话，我会敲破 Ralphie 的头，然后把他钉在我的引擎盖上。自杀？还没有。我喝多了，然后做了一些很愚蠢的事情，这些让我对自己感到抱歉吗？是的！

干预工作者：好的。我需要核对一下。你提到了凤凰城。那个地方怎么样，和匹兹堡有什么不一样呢？

Marie：四年前，我在凤凰城一个很棒的律师事务所拥有一个很好的工作。我有很好的男朋友。我有很好的生活。我正打算结婚。我刚刚升职为执行秘书。但这时，我妈妈生病了。她一直无微不至地服侍我爸爸。没有我妈妈，我爸爸一无是处（冷笑了一下），就像我现在一样。我开始飞回家帮忙，但是妈妈的红斑狼疮变得日益严重，她开始需要坐轮椅，然后进了疗养院。我在这里找了一份工作。当时的男朋友告诉我必须在家庭和他之间做出一个选择。我确实做了一个选择。一个很艰难的选择。一个依赖性很强的父亲和一个无能的弟弟以及一个差劲的工作。也许我的确是试图让自己开车撞向桥台。我认为不是这样，但是我也不知道了。我再也看不到属于自己的生活了。

Marie 的丧失很大，而且很多。目前并没有规定说哀伤和居丧必须是针对死亡的。Marie 为家里做出的事业和感情的牺牲影响深远。孤立、孤独、抑郁、愤怒和哀伤是 McKenna 说到的幸存者哀伤的全部前五位内容。

干预工作者：因此，你已经为你的双亲牺牲了自己的生活。但你最后得到的却是一堆糟糕情绪和糟糕结果。

Marie：（继续轻声哭泣）去年，我的妈妈去世了。为了爸爸和弟弟，妈妈终生辛劳。（她用拳头猛击她的手）天啊！我希望妈妈能够回到我的身边。我很想她，但我会告诉妈妈不要再管这两个我正在照顾的蠢货，而是要让他们成长起来。

干预工作者：对于你妈妈的死，你感觉怎么样？

Marie：为什么……为什么……你是什么意思？当然是很糟糕的，我爱我的妈妈。当我在凤凰城工作的时候，我每周至少给妈妈打两次电话。

干预工作者：我只是有点好奇。你言语中暗示了你爸爸和弟弟很依赖你妈妈，现在，他们好像在依赖你。

Marie：喔，爸爸说他会请一个家政人员。自从妈妈生病以来，他一直这么说，但是当他可以把我当个契约劳工使唤的时候，他并没有请家政人员。还有我那没用的弟弟。"好的，等我玩完了游戏，我会帮家里干活的""姐姐，你能帮我洗了这些工作服吗？我忘记洗了，星期一我没有干净的换洗衣物了"。

危机干预工作者的询问内容立刻转移到Marie已故的母亲身上。他很清楚地知道来访者如何谈论他们的已故亲人，这可能与他们实际的感受不一样。未完成的事务（Attig，2000，pp. 112-117）可能是哀伤咨询中的一个主要问题；当亲人是突然死亡时，尤其如此。无论是对已经做了或还没做的某事，或者对已经说了或还没说的某事感到愧疚，由于对"说死者不好"的禁忌，或者说，确实完全无法与死者说话了，未完成的事务都是一个普遍的重要问题。

奇特但并不少见的是，来访者表现出来的是被剥夺的哀伤（disenfranchised grief）。它同样具有理性情感行为疗法所谓的必须行为的特征（Ellis & Grieger，1997），无论Marie牺牲多大的代价，她有义务并且"必须"接管她妈妈的事务，因为这是一个"好女儿"应该做的。这种必须行为使得Marie不仅仅遭受因亲人之死的原发性丧失，还进一步产生了因失去喜欢的生活、事业和独立性的继发性丧失。当这些丧失叠加在一起时，就导致了复杂性/持续性哀伤。Marie符合以下复杂性/持续性哀伤的标准：

标准A：怀念、思念以及对死者的渴望达到了痛苦的程度（虽然因为愤怒，她没有亲口承认）。

标准B：过去一个月，有显著的、强烈的、极端的以下四种体验：(1) 难以接受亲人死亡的事实；(2) 自从亲人死后，就不再相信他人；(3) 面对死亡表现得过度痛苦和愤怒；(4) 对生活的继续感到不容易；(5) 自从亲人死后，情感变得麻木，而且感觉自己脱离了其他人；(6) 感觉没有已故亲人陪伴的生活是空虚的，没有任何意义；(7) 感觉没有已故亲人的陪伴，未来没有任何意义，也没有实现的可能性；(8) 自亲人去世后，感觉很焦虑、神经质或者紧张不安。Marie显然符合标准B。

标准C：上述症状和障碍会导致社会的、职业的或其他重要领域功能的显著障碍。自从她妈妈死后，Marie的社会生活和工作受到了严重破坏。

标准D：上述症状和障碍必须至少要持续六个月。Marie四年之久的症状和障碍期肯定符合这个标准。

Marie：（紧握拳头）我曾经一次又一次地告诉妈妈，要让爸爸和弟弟变得独立。她每次只会说："噢，你了解你爸爸，他喜欢有人照顾，你弟弟运气也不是很好。"

干预工作者：但是，如今换成你来照顾他们了。如果你有机会对妈妈倾诉你现在的感觉，你想对她说些什么呢？

Marie：这太疯狂了。她已经去世了。我再也不能和她讲话了。

干预工作者：你去过她的墓地或者纪念碑吗？

Marie：我每天早上都会去我妈妈的墓地，然后在这里祈祷。我是一个虔诚的天主教徒。在做弥撒时我也会点一支蜡烛。我高中时的闺蜜认为我去得太勤了，这样我没法走出来。现在已经过去近一年了。她就是事发当天晚上和我一起喝酒的朋友。她是我拥有的唯一的朋友……自高中以来！我的天啊，我多么可怜！

干预工作者：我理解你对妈妈深深的关爱，但是有时候有些事情总是不尽如人意。如果你的妈妈现在坐在这里，你会对她说什么呢？

危机干预工作者使用了一种可靠的完形治疗技术——"空椅"疗法，试图使来访者从她母亲遗留困境的强大而深藏的影响中走出来。在本书里，许多情境都采用了这种治疗技术，这是一种能让情感客观化的最好技术，很多看起来棘手的危机都需要这种处理方法。

Marie：（犹豫不决地）我认为……一如既往，我爱我的妈妈。

干预工作者：对着你的妈妈说话，就好像她现在正坐在那边的椅子上！

Marie：我爱你，妈妈。我希望你仍然在我的身边。有时候，我非常地想念你。

干预工作者：你想不想对你妈妈说些关于你爸爸的情况？

Marie：我认为没什么可说的，我能忍受。

危机干预工作者温和地反射并面对了 Marie 埋在内心的愤怒，他猜测她感到愤怒，并希望她表达出来。

干预工作者：我感觉到你有些不满，不光是对你爸爸的不满，还有你自己生活的缺失。你承担了你妈妈的重担。一个她留你的包袱。她要你这样做了吗？

Marie：嗯，可以说是吧。她从来没有叫我回家，但是她要我好好照顾爸爸。

现在，危机干预工作者也会直接针对来访者的愤怒表达自己的观点，目的就是想让来访者面对自己的情感。这个过程不能一步到位，而需要反复地尝试着去敞开被压抑的情感。这个过程可能需要相当长的时间，或者在那些压抑很深的来访者身上可能永远也不会发生。

干预工作者：如果我是你，我可能会有大量的怨恨情绪。我不一定知道如何去处理这些问题，但是我确定我有。我甚至会害怕这些似乎是不对的，甚至是不该出现的感觉。我不会对我的妈妈生气，她曾经努力照顾我的爸爸并且已经过世了，但我会对自己目前所处的困境和我失去了自己的生活——爱情、职业目标和一个组建家庭的机会——而感到很愤怒。我会对此感到非常愤怒。如果你也如此愤怒，你会对你妈妈说什么呢？我有一个任务，不知你是否能够做到。我想要你回到你妈妈的墓地，然后告诉她你现在的感觉。如果你愿意，我可以和你一起去，但是你需要这么做。

很多时候，人们会避免回到亲人的墓地或者纪念馆，因为他们害怕没有能力控制自己的感情。或者相反，他们的感情已经失控以至于他们似乎神化了墓地而经常来到这里。来访者应该自己有意愿去墓地，而不应该被逼着去。了解 Marie 的行程是很重要的。当面对复杂性哀伤时，危机干预工作者愿意与来访者一起去墓地很重要。来访者可能会写下一封信，然后烧了它，或者在一个氦气球上写上自己想对死者说的话，然后让气球飞走。参观墓地之后，如果来访者能做一些积极的事情、休息或者获得关于这次参观的正面强化，都是很有帮助的。总结起来，参观就是让来访者完成与死去亲人之间未完成的事务。

Marie：（早上七点钟在她妈妈的墓地）我感觉自己很傻。我……我不能……我不知道说什么。

干预工作者：就说说你心里的话吧。

Marie：（长时间的停顿和挣扎）我很想念你。我……爱你。我希望……你不应该让爸爸和弟弟那么依赖你，因为他们现在很依赖我，我不知道怎么……怎么做。关于这件事，我有点生气……实际上，我对你非常生气！你怎么能这样做呢？你经常鼓励我出去闯，独立自主。去寻找自己的生活，而且我确实做到了……但是，之后，你又连累了我，把我卷了进来。讨厌！你怎么能这样？你怎么能这样做呢？（身体依靠在墓碑上恸哭，危机干预工作者扶着她）

干预工作者：（危机干预工作者轻轻地用手臂搂着 Marie 的肩膀）你内心的愤怒是因为你妈妈带给你的孤独感吗？你真正感到愤怒的是因为你妈妈去世而失去的主要支持力量、她的智慧以及与她谈论你的希望和梦想的机会，对吗？我想知道你是否可以原谅你的妈妈？

Marie：（啜泣）噢，妈妈，我确实很想念你，这并不是因为我要照顾爸爸和弟弟。你过去经常鼓励我，支持我。我感觉我太自私了。我原谅你，我希望你也可以原谅我。

宽恕是一件很困难的事情。愤怒掩盖了她的挫折感，也掩盖了她对孤独的害怕，她现在因为自己最重要的支持系统不在了而内心充满了不安全感。宽恕是洒脱的关键。通过理解和忘记过去真实的或者想象的轻率之举、不公正、伤害、失败和侮辱等带来的恐惧，来访者最终能够走出困境。

干预工作者：（等待她的情感倾诉）你的妈妈想要你变得独立。关于运用这种独立性来处理你爸爸和弟弟的问题，你觉得你妈妈会跟你说什么呢？

Marie：（稍微平静些）我认为……我猜想……可能她会说，"Marie，你很清楚地知道那不是我的意思。你必须过你自己的生活。现在你可以坐下来和他们好好聊聊，告诉他们会有一些新的规则。我会照顾你爸爸和 Ralphie，但我不是他们的保姆。你知道，我也没有想要你那样做。"（和她的妈妈继续对话）

干预工作者：我想要你给你爸爸和弟弟写下一个"新规则"列表，并且向他们描述你今后会如何对待他们。我希望你明天再来看望你的妈妈，然后和她一起讨论这些新规则。

与不能做出回答的死者对话，虽然看起来很奇怪，但事实上，来访者有可能进行一次很有收获的谈话，然后使迄今为止无法触及的抽象感觉具体化。

我们可以采用很多方法使未完成的事务具体化，比如通过写信、对话、播放音乐、画画、创建剪贴簿、雕刻和创建其他象征性的方式，来表达我们受到的伤害和对未完成事务的愤怒。这之后，Marie 能够开始释放她的复杂性哀伤反应，然后原谅母亲的突然离世和留给她两个不独立的男人。

在许多情况下，祈祷可能积极有用，但在这个案例中的祈祷只会让 Marie 受到对妈妈的真实感受的冲击，即不负责地留给她一个特别无独立性的爸爸。如果 Marie 不能表达她自己的情感和发泄她内心的愤怒，她将继续过着有危机转移的生活，这可能确实会威胁到她的生命。Marie 是我们看到的很多处于危机中的人的典型代表，即表面上有一种危机，而实际上有着另外一种潜在的危机。这种潜在的危机通常就是复杂性哀伤和无法愈合的丧亲之痛。

确实 Marie 的酒后驾车毫无疑问是一个问题，她的喝酒行为同样也是一个问题，但最根本的危机是她的丧失感，失去工作、失去爱人、失去生活独立性，以及最后失去母亲，其中的任何一种丧失她都没能充分地处理，但反而积累了大量无意识的怨恨。复杂性哀伤是一个微妙、敏感和棘手的问题，它涉及了情感雷区和文化禁忌。然而，如果危机干预工作者怀疑那是一个没有解决的哀伤问题，就像这名成瘾咨询师做的那样，那么这是干预工作必须去处理的。如果我们对此感觉不舒服，甚至有时候我们作为"专家"也会感到不舒服，那么转介我们的来访者。

Marie 能够走出困境，面对她的爸爸和弟弟。她也通过利用一些有效的支持系统来帮助她的爸爸和弟弟变得更加独立。这些步骤都不是很快或很容易就能完成的。她不再每天去妈妈的墓地了，但是她仍然怀念母亲，并在每周做弥撒时为她点一根蜡烛。她完成了她的酒后驾车培训课程，也重新获得了驾照。据最新报告，Marie 积极参与了一些社区活动和兴趣小组，并且转行到了另外一家更大的律师事务所，承担了更大的责任。虽然她还没有找到真正的爱情，但是她已经完成了很多事情。她哀悼母亲的过世、排解了难以释怀的哀伤（这曾是勒在她脖子上的情感枷锁）、恢复了独立、开始改造和重新振作自己的生活。

危机干预工作者的哀伤

在危机干预工作者处理他人的哀伤之前，必须首先照顾好自己。这也就意味着他们要主动保持自己的活力。如果不能处理好的话，那么就会产生替代性创伤或同情疲劳现象（详见第十六章

“危机中的人类服务工作者”）。确实，经常处理丧失和居丧的危机干预工作者很容易产生倦怠。

Schneider（1984）提醒我们：“如果帮助者自己没有经历过个人丧失，那么成为一个居丧成长促进者是不可能的。”从自己的哀伤成长中获得的知识与观点能够为危机干预工作者蓄积能量。但是危机干预工作者不应该把自己的哀伤体验投射或者强加于来访者。Rando（1984）以及 Schoenberg（1980）认为危机干预工作者在帮助处于哀伤的来访者之前，应端正他们对待死亡、哀伤以及居丧的个人的和专业的态度。根据 Rando（1984）的观点，危机干预工作者应该确保不能把自己的哀伤和对哀伤的态度强加于来访者，其原因包括如下几个：

1. **对来访者的情感投入**。对来访者一定程度的情感投入是正常的，也是必需的。但对临终以及居丧来访者过分地投入，可能使危机干预工作者在他们自己的哀伤反应中花费大量的精力。
2. **居丧的超负荷**。如果危机干预工作者与一些来访者形成非常密切的关系，那么，对于危机干预工作者来说，情感的超负荷可能导致过多的风险和哀伤反应。危机干预工作者能够通过以下方式来处理居丧的超负荷：意识到超负荷的发生、能够按照他们自己的内部信号获得帮助，或在来访者的丧失使他们崩溃之前采取有效措施使自己得以恢复。
3. **反移情**。从事哀伤辅导工作的危机干预工作者发现，这种工作有时容易唤起他们自己在生活中遭受丧失的感受、想法、记忆以及幻觉。Solomon、Neria 和 Ram（1998）报告了以色列心理健康工作者在处理大屠杀幸存者的哀伤问题时的大量反移情问题，导致他们和来访者均同样产生的大量问题。有这种体验的危机干预工作者在帮助他人时，能力可能会大打折扣。为了应付反移情，经常处理丧失相关来访者的干预工作者应该参与同伴监督、个案小组讨论、心理解剖和减压团体，以降低因经常卷入来访者的哀伤中而导致的情感超负荷。
4. **情感补充**。在哀伤和居丧领域工作的危机干预工作者必须特别注意关心自己的情感需要。危机干预工作者需要支持系统以确保自己躯体、情绪以及心理的完好状况。情感补充不仅包括从内心上照顾自己，也包括从其他重要人物，如监管者、朋友、家庭、同事处获得的外部支持，以及一些有意义的身体和情感活动，从而能够让工作者完全从丧失中摆脱出来，恢复积极的情感和身体状态。
5. **面对自己的死亡问题**。危机干预工作者在丧失处理工作中最重要的影响之一是可能唤起他们对自己死亡的焦虑。互助小组、监管、在岗训练以及阅读等都是建议的应付机制。对于许多危机干预工作者来说，心灵成长的活动是一个有效的选择。
6. **力量感**。危机干预工作者与所有的普通人群一样，也需要有一种力量感或者控制感。处理来访者的临终、哀伤以及居丧工作可能使危机干预工作者把来访者的丧失当成是自己遭受了丧失一样。这种认同可能使危机干预工作者产生力量或者控制丧失感。预防力量丧失感的策略从本质上来说同前面介绍过的预防反移情的策略一样。
7. **营救倾向**。危机干预工作者消除这种营救幻想是很有必要的，尤其在处理哀伤和居丧问题的过程中，因为营救已经遭受或者将要遭受丧失的人就是对丧失必然性的否定。

上述的七个要点在警示危机干预工作者防止替代性创伤、同情疲劳以及职业倦怠方面是一个很好的起点。如果你想从事这份工作的话，强烈推荐你详细阅读本书第十六章“危机中的人类服务工作者”以进一步了解应对策略。

Humphrey（2009，pp. 218-219）对有兴趣从事该项工作的人类服务专业人员提出了一些尖锐的问题。我们对这些问题进行了删减、概括，并且添加了我们自己的观点后，在这里列举出来。请你认真思考，并看看你的答案是什么？

1. 我能明白我自己的与我的来访者的哀伤经历的不同吗？
2. 我意识到自己未解决的丧失问题了吗，我与他们之间还有什么未完成的事务吗，这些未完成的事务影响了我的工作吗？
3. 我会因为这些痛苦对我而言太可怕，或者我无法处理来访者的痛苦，而将他们从哀伤中解救出来吗？
4. 我因为没法帮助来访者，而不得不花费很多精力来控制自己的情绪吗？
5. 我会不会因为自己的哀伤问题而选择逃避、否认或回避某些与哀伤相关的问题？
6. 我是不是因为不相信来访者能处理这些感情负担的问题，而不愿意让他们经历那些居丧的痛苦？
7. 偶尔提及死亡或者临终的话题是不是让我感到不安或者焦虑，甚至开始恐惧咨询会谈？
8. 我会不会因为自己刚经历丧失而不能有效处理其他人的哀伤问题？

所有这些酸柠檬里都有柠檬汁吗

在本书中，“个人丧失：居丧与哀伤”这一章的写作是最难、最令人沮丧的。问题在于，考虑到大部分丧失无法抗拒的特征，我们能不能期待一些更好的结果，而不仅仅是恢复某种稳态和平衡？如果可以的话，那是什么呢？Richard Tedeschi 和 Lawrence Calhoun 两位研究人员已经对这个问题研究了长达15年之久（Calhoun & Tedeschi，2001；Tedeschi & Calhoun，1995，2003，2004，2006，2009；Tedeschi，Park，& Calhoun，1998）。这里有个好消息是：虽然不会发生在每个人身上，但总的来说，大量的研究表明人们可以从创伤和居丧中成长，而且向更好的方向发展（Armstrong & Shakespeare-Finch，2011；Caserta et al.，2009；Cryder et al.，2006）。他们比单纯地适应要做得更好，而且与在经历丧失之前和随后的危机中相比，他们确实经历了积极的成长。最有趣的是个人丧失的报告越严重，来访者的成长水平越高（Armstrong & Shakespeare-Finch，2011）。那么，振作起来吧！这里确实有柠檬汁！

危机干预工作者在帮助来访者处理创伤和丧失时，也可以获得积极的成长（Arnold et al.，2005）。因此，让我们以你在本章开头看到的威斯康星州奶牛场老板的那个可怕的故事来结束这一章节。整个社区的人都在帮忙照料农场，这样我们的奶牛场老板才能带着他的家人去度假（一天要挤两次奶，还要在这个时间空隙里铲牛粪，去度假是很难的）。这件事情本身非常令人感动，它同时也促进了整个社区的成长。两个农民正在给奶牛场老板的农场铲牛粪，其中一个农民告诉作者：“我们过去也常常这样做。这是一件正确的事情，因为上帝，我们能为路德教会、天主教徒甚至是卫理公会派教徒的家庭做这件事！这没有什么不同。不论是谁，当他们陷入困境和遭受伤害时，我们都会帮助他。能够帮助别人，我自己感觉非常棒，而且我认为其他人应该也会有这种感觉。”

奶牛场老板带着他的家人去了迪士尼乐园，那是他已故的儿子曾经想要去的地方。一周后，他回来了，作者按照他那条常规的周五路线把卡车开到了农场。这个奶牛场老板走出挤奶厅，然后说：“噢，进来，我有东西给你。虽然东西并不多，但是它是我的一点心意，我想，就是用来感谢你听我倾诉。这给了我很大的帮助。”这样，奶牛场老板给你们的作者送了一个迪士尼的打火机。虽然作者现在已经不再抽烟了，但是他仍然留着这个打火机，而那时是1976年。

通过对这个可怕的死亡事件的深入参与，作者收获的不仅仅是一个打火机。他决定继续回到心理咨询行业，并最终进入孟菲斯大学，帮助促进了 CIT 项目的诞生，该项目最终发展成国际性项目，并且成为对精神病患者进行危机干预的警员培训的金标准；他培训了3 000多名咨询员，并且写作了这本危机干预著作的第七版，我们谦逊地相信这本危机干预的书已经影响了成千上万的学生，而且，我们也希望这本书能够帮助他们有效地处理千千万万个来访者的问题。从35年前害怕走进那间挤奶厅以来，可以肯定地说你们某个作者的成长远远超乎了他自己的想象。

小 结

死亡、临终、哀伤和居丧的阶段模式已经过时，因为缺乏能够证明其有效性的研究。更新的丧失模式把哀伤描述为高度个体化的，并且不是通过线性阶段模式发展的。适应模型认为丧失的哀伤是以一种连续性的模式发生，而没有特定的模式是唯一的、正确的、真正解决问题的方法。双重作用模式认为哀伤是在丧失和恢复的取向之间长时间不停地摆动。

几种不同类型的丧失代表了需要危机干预工作者介入的各种人为事件或悲剧。所有的这些丧失有一个共同点，那就是它们可能都刺激了个人的哀伤或者哀伤需要。这些丧失的例子有：(1) 配偶的死亡；(2) 孩子的死亡；(3) 儿童期居丧；(4) 失业；(5) 分居和离婚；(6) 宠物的死亡；(7) 老年人居丧；(8) 与人类免疫缺陷病毒以及艾滋病有关的创伤。然而，丧失也有很多种，人们可能遭受原发性丧失、继发性丧失、多样性丧失、不明确性丧失以及污名化丧失。

每个人迟早都会经历丧失之痛。在我们的生活中，大多数人都会遇到很多因为个人丧失而经历的居丧或哀伤。从灾难性事件的发生，如配偶或小孩的死亡，到很多人眼中的轻微丧失，如宠物的死亡或家传宝的遗失，显然都能被认为是个人丧失。无论如何，如果个体认为是一种重要的丧失，那么它就是一种重要的丧失，而危机干预工作者必须用自己的共情、关心和敏感来对待每个来访者的丧失。尽管居丧者可能永远不会忘记丧失事实，也不会回到危机降临之前的完整平衡状态，但是我们可以帮助他，在成长和希望的环境中重塑丧失。

大部分丧失都可以通过哀伤和哀悼帮助来访者将丧失埋藏在记忆里，然后继续好好生活来解决。复杂性 / 持续性哀伤是丧失尚未解决，哀伤尚未释怀，哀悼尚未完成的表现。复杂性 / 持续性哀伤可能会发生在一次非创伤性丧失过去一段时间后，并且可能同时存在如抑郁和焦虑的障碍。它也可能发生于一次创伤性丧失，并且被归为创伤性哀伤，可能与创伤后应激障碍共存。从本质上来说，复杂性 / 持续性哀伤是一次危机转移，如果没有得到有效的处理，它可能会给哀伤者带来严重的，甚至是致命的生理和心理问题。

危机干预工作者在帮助来访者处理这类哀伤时所需要危机干预策略、技术和技能主要是认知行为方法和建构主义方法，但是，当需要个体化定制干预技巧以适合个体哀伤进程的特殊要求时，则是相当不拘一格的。

当帮助哀伤来访者，尤其是那些从情感上、身体上和精神上不会照顾自己的复杂性 / 持续性哀伤的来访者时，危机干预工作者极易受到替代性创伤和同情疲劳的影响，特别是在危机干预工作者还没有处理好自己的丧失的情况下。

（徐慧兰　译）

第十三章

校园危机

新世纪的防暴教学楼

欢迎来到新世纪的（几乎可以这么叫）防暴的学校大楼。我们不再在园林绿化上花钱，因为人们可以躲藏在灌木林后，而我们想要看到建筑外部的每寸地方，巡逻车一周7天，每天24小时在周边巡逻。我们不希望“涂鸦者”在学校搞艺术涂鸦或者常见的少年犯在学校损坏公物，所以我们用泛光灯照明整个大楼外部，并且在场地周围架起了3米高的钢丝网安全围栏。我们在建筑外围保持车行通道，使得巡逻车或警车能方便地对大楼进行监视。

我们更愿意所有学生都乘坐装有视频监控和双向无线电的大巴车来学校。针对那些少数开车的学生，学生停车场围有3米高的的刀片刺网。停车场设门控，所以所有开车的学生需凭许可证和挂牌进入。安保人员会对进入停车场的所有学生和家长进行检查。我们还设有混凝土中央分隔带，这样就不会有人驾车直接对学校开枪或炸掉学校。

我们学校只设一个学生入口，所有学生进入时必须通过一个金属探测器。只有可透视的背包才允许带入，并要通过X光机的扫描。学生必须穿着校服。学生进入大楼后，所有入口和大厅门将自动上锁。老师刷卡进入。家长通过入口前的可视电话进入。

尽管穿校服是必须的，但学生可以决定颜色——只要这些颜色未被学校中或周边的任何已知的帮派使用。所有学生和教职人员必须佩戴手写的身份证件。学生还必须携带或者在皮下植入GPS定位仪。所有教职人员配备紧急警报器，并且在手机中设置报警的快速拨号。

学校颜色的凯夫拉防弹衣下发给所有工作人员。大楼几乎没有窗户；仅有的几扇非常小的窗户装的是防弹玻璃。墙壁为双层砖加厚（较新的弹药能非常轻松地打穿单层砖的厚度）。中央监控中心能对学校大楼的内部和外围进行视频、音频和动态监控。所有教室的门装有只受计算机程序控制的电子计时锁，仅中央监控中心能有更高的控制权限。同样，走道在关键位置装有电子上锁的门，用于拥堵控制和隔离入侵者。

真正的亮点在于建筑架构。首先，我们缩小了体育馆的规模。我们不需要露天看台，因为人群具有危险性。任何动员大会、体育赛事、演出、庆典都将通过电视监视器在教室观看。体育竞赛在隔离的场地进行，观众通过社区有线电视观看。这样，我们也不要淋浴设备或者更衣室。此外，因为学校不设储物柜，我们还缩减了走道宽度——储物柜有助于窝藏违禁物品。我们也不需要餐厅。午餐可以在教室的微波炉加热，或者由中央食品准备设施加热。餐厅是学生聚集地，而学生聚集为危险行为提供了环境。因此，餐厅和小红校舍一样得消失。

这里没有员工卫生间。学生卫生间是危险场所，必须进行监督。所以当员工去卫生间时，他们也可以顺便监督学生。最后，办公区现在是一个指挥控制中心，它作为学校的神经中枢，备有最高警备。由于行政人员、学生和老师间的交流互动主要通过视频实现，学生或教师几乎不需要进入该中心。因此，只有需要进入该区域的员工才有该中心的电子门禁卡。指挥控制中心的员工也不同于20世纪的学校员工。除管理人员、秘书和辅助人员（如危机干预工作者）外，四名接受过处理校园暴力特训的校警操作一间警备室。一名中央通信人员负责中央监控中心的所有电子监控和媒体。

新世纪学校的校长起到相对次要的作用。共同管理人总管安全事务。她拥有刑事司法学位，以及执法经验，同时熟知计算机和安全系统。在任何紧急情况下，她有主要决策权。这样安排是因为校长不具备协调安保工作的专业知识，就像校长不能运营核电站一样！如果你不能想象这所新世纪的学校到底是怎样的，那么过去十年内建的任何一所监狱将是一个合理的写照。

大学在21世纪也有所改变。因为校园包含了很多栋建筑，首选的安保方案应为建筑群的整个外围由顶部装有刀片刺网的防暴高墙围住，入口处设保安。仔细控制校园出入；学生不仅需要出示 ID（Identity document，身份证），还需通过虹膜、指纹或声音识别验证。校园各个角落装有摄像头，与中央控制中心连接。如果监测到任何可疑活动，该区域将闪烁蓝光并将派遣全副武装的校警。学生还将配备 GPS 发射器，该设备能即刻将其在校园内所处位置传送给中央安保中心（这在全校范围为可选方案，但在 K-12学校*中是明确要求的）。学生被要求携带手机，并且手机必须能在遭遇校园威胁时开启并连接警报系统；这样警报系统在威胁迫近时，能自动给所有学生发短信，告知学生应该做什么。教师不会喜欢安全设备的这个特点，因为学生忘记将手机调成震动模式时，课上将会经常听到手机铃响。覆盖整个校园的喇叭和对讲机将确保每个人都能听到警报和疏散指令。所有建筑将装有电子门锁系统；威胁公告一发出，该系统能立即激活。将对所有教职工和宿管人员进行培训，让他们能识别早期的危险迹象和暴力威胁。由于通过学校入口检查站的麻烦，将只有少数的走读生。多数非住校生将通过远程教学或网络来学习课程。汽车将停在至少离学校大楼400米外的地方，以降低汽车炸弹的威胁。校警总管处于指挥链的上端，他将运作配备多种技术的、强化过的指挥中心，从而维持所有安保机构的运转。

学校实际上成为监狱的想法是否让你感到惊骇？尽管我们还没有见到任何一所学校具备所有以上描述的特点，我们确实有见到上述各项组成部分至少出现在某一栋美国的教学楼中。事实上，很多校园安全专家确实建议过上述特征（Astor，1999；Blauvelt，1998；Brock，Sandoval，& Lewis，1996；Dorn & Dorn，2005；Giduck，2005；Haynes & Henderson，2001；Jimerson & Furlong，2006；Nadel，2004；Poland，1999）。

国家教育统计中心（2010）报告，在1999—2000学年至2007—2008学年间，使用如下安全措施的公立学校的比例有所上升：上课时间限制进入大楼（75% ~ 90%）；上课时间限制进入学校操场（34% ~ 43%）；要求学生佩戴证件或带照片的ID（4% ~ 8%）；要求教职工佩戴证件或带照片的ID（25% ~ 58%）；使用一个或更多的安防摄像机监控学校（19% ~ 55%）；在多数教室配备电话（45% ~ 72%）；以及要求学生统一着装（12% ~ 18%）。在2003—2004学年到2007—2008学年间，对学生运动员进行药物测试的公立学校比例也有所增加（4% ~ 6%），同样有增加的还有对参加其他课外活动的学生进行药物测试（3% ~ 4%）。在2007—2008学年，43%的公立学校报告其有应对全校范围的紧急情况的电子通知系统，31%的公立学校报告其有组织的、匿名的威胁报告系统。

如果说我们某种程度半开玩笑地描述的新世纪学校大楼或大学校园可能在伊利诺伊州的卡米市，安大略湖的红湖，新墨西哥州的“真理或结果”小镇；或者就是你家乡或你的大学，那这看起来明显是荒唐的。但是如果说永远都不会建造

* 在美国的教育系统中，K（Kindergarten）指幼儿园，12 指 12 年级。K-12 包括美国所有初、中等教育。

这种学校大楼或大学校园，那说明你对美国的校园暴力毫无认识，以至于人们会认为你过去20年不在地球生活。因为校园暴力的增加，越来越多的学区和大学认为这些大楼的整改和安保措施是必要的。某种程度上，这就是本章的主题。

学校系统一般能够处理发展性危机，因为它们正好处在最大的发展性危机中，成长！但是它们并没有准备好应对突发的、暴力的情境性危机。为什么会这样？首先很简单，它没有用于提供所有材料和所需人员支持的费用（Pitcher & Poland，1992）。我们的新世纪防暴教学楼也是不便宜的；配备的支持人员同样也不会便宜。

相互矛盾的统计数据

《克莱里法案》要求大学上报发生在校园内的所有犯罪，所以你可能猜想我们应该很好地掌握了中小学校的犯罪数据。遗憾的是，事实并非如此，因为在美国的警察辖区并不按如上方式向联邦调查局上报犯罪；由于学校管理者害怕负面曝光，你也不应相信中小学校会上报所有校园犯罪；由于害怕自己的安全，学生也不会上报这些犯罪。在拥有近5 000万在读学生的九万余所美国学校里，犯罪率到底是上升了还是下降了，争论很大（National Center for Education Statistics，2005b）。

一些研究表明校园暴力有所上升；例如，学校暴力资料中心的一项研究显示，受武器威胁或伤害的高中生比例在1993年至2001年间是上升的（School Violence Resource Center，2003）。但其他研究发现同期暴力和非暴力犯罪的学生受害率是下降的（1992—2002；National Center for Education Statistics，2004）。也许问题更大的是耸人听闻的犯罪所得到的关注（如那些发生在哥伦比亚和弗吉尼亚理工大学的犯罪）远比那些每天都在发生的数以万计的小侵犯得到的关注更多；而这些小侵犯给学校造成了恐惧和敌意的氛围。

暴力犯罪率 总的来说，联邦调查局对中学和大学犯罪情况进行的一个为期五年的综合性研究（Noonan & Vavra，2007）发现，通过国家意外报告系统上报的全部意外中的3.3%发生在学校。如下统计数据反映了国家教育统计中心的最新报告（2010）。2008—2009学年的原始数据表明从2008年7月1日至2009年6月30日发生了38起学生、员工和学校相关的非学生的暴力死亡，其中24起为谋杀，14起为自杀。2008年，12—18岁学生群体中，发生了120万起非致命的校园犯罪，包括61.9万起盗窃案以及62.98万起暴力犯罪(包括从一般的攻击到严重暴力犯罪)。2009年，8%的学生报告在校内遭到过包括枪支、刀具或棍棒在内的武器威胁或伤害；10%的9—12年级的男性学生在过去一年遭受过武器威胁或伤害，5%的同年级女学生有类似经历（National Center for Education Statistics，2010）。

犯罪事件 在2007—2008学年，85%的公立学校登记了一起或更多的校园犯罪，总共估计有200万起犯罪。该数据可以转化为4.3%的2007—2008年登记在册公立学生的犯罪率（National Center for Education Statistics，2010）。

11%的公立学校每天或每周报告除了口头谩骂外的其他对教师不尊敬的学生行为。关于其他至少每周上报一次的纪律问题，6%的公立学校报告了学生言语辱骂教师，4%报告了普遍的教室骚乱，4%报告了学生间的种族/民族紧张关系，3%报告了学生间的性骚扰。有趣的是，9—12年级学生被提供、兜售毒品的比例从1995年的32%下降到了2009年的23%（National Center for Education Statistics，2010）。

2009年，31%的9—12年级学生报告在过去12个月里至少发生了一次肢体冲突，11%的冲突发生在校内。1993年至2009年间，报告在过去30天内至少有一天随身携带武器的学生比例由22%下降至17%，报告至少有一天携带武器到学校的学生比例同样下降了，由12%下降到了6%（National Center for Education Statistics，2010）。

恐惧和回避 2007年，大约5%的12—18岁学生报告他们害怕校内的袭击或伤害，3%报告他们害怕校外的袭击或伤害。报告害怕校内袭击或伤害的白人学生比例（4%）和亚洲学生比例（2%）低于他们的黑人同伴（9%）和拉丁裔的同龄人（7%）。7%的12—18岁学生报告在过去的六个月里，他们有害怕袭击或伤害而回避某项学校活动或校内的一处或多处地方（National Center for Education Statistics，2010）。

对教师的威胁 在2007—2008学年，报告受到伤害威胁的城市学校里的教师比例（10%）高于乡镇学校里的教师比例（7%）或郊区或乡村学校里的教师比例（6%）。报告受到人身攻击的教师比例，城市学校（5%）和郊区学校（4%）高于乡村学校（3%）。报告受到学生伤害威胁的中学教师比例（8%）高于小学教师比例（7%）。然而，报告受到人身攻击的小学教师比例（6%）高于中学教师比例（2%）（National Center for Education Statistics，2010）。

纪律处分 46%的公立学校（大约3.85万所学校）在2007—2008学年至少对一名学生进行一项严重处分。在76.79万次严重处分中，76%是停课五天或五天以上，19%为转学去特殊学校，5%为休学。尽管公立学校中严重处分的总比例由1999—2000学年的54%下降至2003—2004学年的46%，但此后就没有可以测量到的变化了（National Center for Education Statistics，2010）。

尽管这些数字很大，但与那五年间9 000万入学学生数相比，这些数目并不大——当然，除非你或你的孩子是这些数字中的一员或者属于那些未报告的小侵犯。学校长期为龙卷风或火灾等灾难做准备，但这些灾难的准备工作相对简单。为针对学生或者老师暴力作恶的情境危机做准备就不这么简单了。就致命性而言，学校是相对安全的；学校相关的暴力致死数低于学龄儿童命案总数的1%（Anderson，Kaufman，& Simon，2001）。然而，这并不意味着学校是绝对安全的学习天堂。袭击、威胁、恐吓、财产毁坏、欺凌以及人身伤害时常发生。这些确实在大都市中的学校里发生得更多，也许更让人担忧的是这些行为在中学中更常见（Kaufman，Chen，& Choy，2002），但是这些也在乡村和郊区的学校中发生。当媒体报道这些事件时，公众对这些事件的发生感到震惊和担忧。

对于学校来说，仅仅准备好处理自杀或谋杀等危机的直接影响是不够的。学校员工还必须准备应对各种连锁反应。如何安排数目众多的受到危机影响的学生？如何应对指责且担忧的父母？如何在保障学校安全的同时不侵犯有暴力犯罪行为或有嫌疑的个人的权利？在危机发生时，媒体会突然访问学校，如何应对他们？简而言之，在遭受危机时，即使有，也只有极少数机构会像学校一样有那么多需要应对的事情。

本章不会讨论可能的恐怖袭击或恐怖袭击对社区的影响，但一定不要忘记这种可能性。俄罗斯别斯兰第一学校的家长、老师和学生都熟知可能的影响是什么（2004年9月1日，该校1 200余名学生、教师和家长遭遇车臣非法武装持枪绑架的恐怖活动，该事件导致331名人质死亡，958人受伤。这是人类历史上最残暴、最大规模的人质劫持事件之一），美国的危机干预专家也考虑过并计划过恐怖袭击发生的应对方案（Dorn & Dorn，2005；Giduck，2005；Jimerson & Furlong，2006；Thompson，2004；Webber，Bass，& Yep，2005）。

本章开头部分看起来更像犯罪学导论而不是危机干预的导论课程。然而，你将接触到一些学校危机干预领域的主要参与者；他们看起来不同于你的美国史老师或者学校辅导员，他们至少在职能上非常不同于给你讲解政府部门或者填写课程列表。

暴力与青少年

为什么今天的青少年变得更暴力？糟糕的养育方式、无能的福利系统、对少数族裔和其他被剥夺权利学生的边缘化、高能自动化武器的可获得、种族主义、帮派滋生、家庭暴力、欺凌、男性行为榜样的缺失、仇恨犯罪、躯体虐待以及使用毒品，这仅仅是渗透到校园的许多问题中的一小部分（Blauvelt，1998；Collier，1999；Goldstein，1991；Goldstein & Kodluboy，1998；Grossman，1995；Hazler，1996；Miller，Martin，

& Schamess，2003；Pledge，2003；Poland，1994；Soriano，Soriano，& Jimenez，1994）。

媒体暴力 不过，David Grossman 在《关于杀戮》一书中提出的也许是最令人恐惧的原因（1995，pp. 302-305）。他提出了三种起作用的学习理论：当有一个人舒服地坐在电影或电视屏幕前，一边观看暴力行为和大屠杀，一边吃爆米花、喝汽水时，经典条件反射就起作用了。电子游乐场为杀戮、伤害提供即时反馈和奖赏，操作性条件反射在这里得到充分的施展。当一个全新的行为榜样，如 Freddy Krueger，以割断女主角和马的喉咙而非以拯救女主角和亲吻马作为结局时，社会学习理论登场了。迎合青少年的当代音乐和媒体是以武器、将女性作为性对象、吸毒的暴徒文化为基础。司法系统被认为是软弱、无力的，甚至电影、电视英雄都是反面英雄，在法律界限以外行事。

读了 Grossman 的书后，不难理解为什么阿肯色州琼斯伯勒市的韦斯特赛德中学以及科罗拉多州利特尔顿市的科隆比纳高中会变成杀戮的战场，以及为什么飞车射击会在美国其他多所小学校园发生。关于通过电视和电子游戏体验替代性暴力影响儿童间暴力发生的争论不断（Azar，2010）。我们认为不应该存在争论。大脑的影像学研究表明调节和控制情绪的大脑和暴力影像存在明确的关联（Bailey，West，& Anderson，2011；Brummert Lennings & Warburton 2011；Englehardt et al.，2011；Hummer et al.，2010；Krahe & Moller，2011；Krahe et al.，2011；Sestir & Bartholow，2010）。Anderson 及其同事（2010）对媒体暴力和侵犯行为的研究做了一个大型的元分析，该分析明确显示接触暴力电子游戏是暴力行为增长的一个因果关联的危险因素。然而，也存在不少批评者（Ferguson，2011；Ferguson et al.，2011；Ferguson & Kilburn，2009，2010）。比如美国心理学会改变了它2005年的立场（Price，2007），它当时认同强烈支持媒体暴力和攻击行为存在联系的一项研究（Azar，2010）。如本章所述，美国最高法院判决推翻了加州一项关于禁止向未成年人销售 M 级（成人级）电子游戏的法律，这说明强大的娱乐业的游说最后在本质上取得了成功。二者间的因果关系可能存在如家庭暴力、竞争以及不同暴露程度等中介因素（Zhao & Jiang，2010），而且年长些的青少年可能不会像年龄较小的青少年有那么明显的反应（Bucolo，2011），但是多数研究显示媒体暴力和攻击行为两者相关。并且当学生在前一个晚上看了《南方公园》，几乎所有小学教师都能发现。总而言之，尽管不能说媒体暴力导致校园枪杀案，但 Langman（2009）对校园枪击者的深入研究发现，他们一般喜欢暴力媒体并沉迷其中。

模仿 模仿是一种非常有效的行为强化方式。咨询领域就是一个很好的例子。James 博士希望他的学生明白基于共情的理解。他首先就开放式问题、情感反映等多种技巧给学生进行了讲解。然后学生提问，继而进行了课堂讨论。然而这样只是对共情及其技巧进行了谈论而非演示，所以 James 博士立即在学生前模仿了这些技巧。学生们观察他、提问，然后在他的监督下，转换为学生们自己在教室里尝试这些技巧。模仿也促进了暴力。华尔街日报的专栏作家 Peggy Noonan 阐述得很好。她写道，在看了弗吉尼亚理工大学命案凶手赵承熙的视频后，“我们将从数以千计的不满青少年身上看到更多，他们观看了并想到‘哇！我也可以那样做！哇，那将给他们一个教训。那样所有人都会知道我！’（Noonan，2007）”。

赵承熙的榜样是科隆比纳高中的 Dylan Klebold 和 Eric Harris 的恶行。谁将把赵承熙看作模仿的榜样呢？NBC 和其他网络在数以百万计的孩子前反复播放的赵承熙的录像带，为这些孩子设定了一个行为榜样。玩侠盗猎车手类的电子游戏，将“黑帮”的照片挂在个人网络空间（MySpace），或者观看校园杀手的视频或血腥电影并不会将一个孩子自动变成一个校园杀手。如果真会的话，所有玩侠盗猎车手的孩子都会疯狂杀人了。然而，和本章之后讨论到的其他起作用的变量一起，直至这些生物、社会以及心理因素聚集成一个谋杀的心理格式塔，暴力可能才会出现。

本章要讨论的致命性问题包括可能来自黑帮成员的人身攻击、欺凌、被疏远的暴力学生以及自杀的孩子们。然而，针对特定学生的暴力并不是学校面临的唯一危机。此外，自然灾害、恐怖袭击、吸毒、躯体虐待和性虐待、医疗事故、同学、父母和老师的逝世都被视为危机。虽然类似于第一章中的危机的定义，学校因其社会结构和校内社群意识而具有独特的特点（Allen et al.，2002）。正因为如此，一场危机影响远不止一名学生。它具有的连锁反应会将学校组织撕扯到使其动摇的程度（Johnson，2000，p.18）。因此，本章还会讲述在为了预防、干预和事后处理危机而制订的校园危机计划中，应该包含哪些基本要素，应该有哪些人员参与这一计划，以及遇到危机发生时这些人员的职责。

黑帮

黑帮的种类

在其他所有导致暴力行为的因素中，似乎没有一个像黑帮对高中的暴力行为一样那么有预测效度和可能性（Rainone et al.，2006）。根据联邦调查局2009年的黑帮评估报告，美国境内约有两万个不同种类的黑帮，拥有总数超过100万的成员。它们不仅仅是传统意义的黑手党或拉美贩毒集团，其势力范围由贫民区延伸到郊区、乡村和印第安暴力地（“Gang Threat”，2009）。20%的公立学校报告2007—2008年间发生了黑帮活动，3%报告该学年发生了邪教或恐怖分子活动（National Center for Education Statistics，2010）。基本上有五类黑帮是校区内的人类服务工作者很可能遇到的。

本土模仿/追随者 有太多关于黑帮成员的媒体呈现，让美国所有能接触到有线电视、电影、杂志或网络的学生建立类似“副领主”“歹徒的门徒”“瘸子帮”或者“拉丁王”的黑帮（Goldstein & Kodluboy，1998，p.5；U.S. Office of Juvenile Justice and Delinquency Prevention，1995）。“追随者”的地位可能让它们更危险，因为它们试图证明它们有多强硬、有多酷。它们一般比较短寿。它们可以由任何民族的人构成。

本土的活命者、雅利安国、新纳粹、极端右翼分子 这些帮派以成年人灌输的政治/宗教观点为基础，回应被认为的美国“褐化”及其假定引起的威胁。它们常作为“青年团”接受地方和全国性组织的经费和道德支持。成员们通常与同样信奉这些观点的成年人有联系或者是朋友。这些帮派成员数量的稳定与否取决于有没有成年人的支持。它们专门针对少数民族/种族实施暴力。这些帮派成员几乎总是白种人并是“基督徒”（Goldstein，1991，p. 24；Goldstein & Kodluboy，1998，p. 7；U.S. Office of Juvenile Justice and Delinquency Prevention，1995）。

大黑帮的分支 大黑帮的分支就是由黑帮成员建立的，这些成员的父母因为希望远离大城市的犯罪问题，或感到来自原来所住城市执法机构的极大压力，而带着孩子搬去可能更“安全”的乡村。他们的孩子已经是他们试图逃离的黑帮的成员了，因此这些搬走了的黑帮成员建立他们自己的帮派。接受来自大城市家庭的印第安保留地就是这些流动人口的最好例证。种族/民族的构成可能是形形色色的，但这些黑帮常常来自同一个民族或种族。

大黑帮开辟新领地 大都市地区竞争加剧使得黑帮必须寻找新的领地进行交易（主要为毒品）。由于易于进入，州际交通要道和附近的城镇常常是主要的目标（Goldstein，1991，pp. 20-21；Goldstein & Kodluboy，1998，p. 7）。这是黑帮组织中最强大的一种。组织中有年纪大的成年人是通过犯罪产业来维持生计的。这类黑帮有明确的成员等级制度、精密的组织计划和运营规则、大量的成员、招募项目、资金支持以及为了追求组织利益而变得极其暴力的意图。这些黑帮的种族/民族构成在中西部主要为非裔或拉丁裔美国人，但在东或西海岸则可能由多民族构成。这类是媒体中的标准街头黑帮（U.S. Office of Juvenile Justice and Delinquency Prevention，1995）。

邻家男孩的大杂烩 一些小黑帮建立的原因是五花八门的，涉及从工具性犯罪行为如偷窃，到表达性行为如仇恨犯罪或对于被视为社会弃儿的回应。这些帮派的组织主题包括光头新纳粹主义、恶魔信奉和邪灵崇拜、汽车偷窃或对他们认为自己所受到的社会不公的报复。这类黑帮一般寿命短暂且成员数量少。如果以偷盗为主要活动，这类黑帮可能会避免暴力；如果其热衷于种族主义、邪教主义或者对社会排斥的回应，那它也可以是极端暴力和残酷的；这取决于它属于哪一类。这类黑帮的构成主要为白种人（Goldstein，1991，pp. 20-24；Goldstein & Kodluboy，1998，p. 7；U.S. Office of Juvenile Justice and Delinquency Prevention，1995）。

黑帮在郊区和乡村地区的兴起

为什么黑帮或黑帮形成的威胁成为了郊区和乡村地区的问题？最近出现的各种趋势使得在美国农村地区建立黑帮具有了可能性。在21世纪，多样的、多文化的社区在美国加速发展，特别是在历史上白人农业社区为主的中西部（Goldstein & Kodluboy，1998，pp. 63-91）。总的来说，我们的主流文化并没有能够很好地欢迎和融合那些和我们相貌、语言、行为、想法不同的新移民，这从在当代关于非法移民的争论中就可以看出来。有线电视、互联网以及其他电子信息系统将大部分原始、纯朴的农村地区变成全球社区的一部分。对于那些感觉无力对抗世界的孩子们，电子媒体对暴力和黑帮的赞颂传递了如何变得强大的信息（Goldstein & Kodluboy，1998，p. 7）。

聊天室、网站以及电子邮件为黑帮提供了大量和农村孩子交谈的机会。如果某个孩子感觉孤独和无力，他很可能会回复。不健全家庭所遭遇的所有不幸在郊区、乡村家庭以及城市家庭是同样的。黑帮的头目对这些和《雾都孤儿》中费根（Fagan）一样没有父母、被抛弃的孩子高度敏感，并将他们招募入黑帮。黑帮代替了家庭（Grossman，1995，pp. 303-305；Melton，2001）。

黑帮干预 / 预防项目

尽管这本书是关于危机干预的，事实上，在处理黑帮问题时，预防很可能远比干预有效。在一个黑帮扎根并成长起来后，想要进行建设性改变，就会遇到恐惧和威胁这样的巨大障碍。改变黑帮成员对黑帮归属的态度绝非易事。黑帮成员通常属于“高危”学生的类别。根据定义，“高危”指当一个年轻人在成为负责任、有成就的成年人的可能性上受到家庭、学校或社区障碍的限制时，他很可能在学业上或社会生活中遭遇失败（Fusick & Bordeau，2004）。高危学生逃学，触犯法律，有冲动行为、自我怀疑、焦虑、抑郁、吸毒以及存在自杀想法等特征，不擅长学习，和学校文化有极少的联系。他们被 Melton（2001）称作“幽灵学生”，因为像歌剧魅影一样，他们戴着强硬的面具以掩盖情感伤痕并隐藏于校园文化的暗影处。

由于近几年报道的校园枪击案，人们对被认为是校园枪击的两大根本原因——高危学生和欺凌或被欺凌——产生了很大的兴趣。虽然不是所有的高危学生都是黑帮成员，但很多的黑帮成员是高危学生，迷失在夹缝中并退学。不是所有的欺凌者都是黑帮成员，但黑帮成员一般都是欺凌者；因为欺凌者和黑帮都是通过恐惧、威胁和恐吓来获得权力和对他人的控制。因此，在讨论对“黑帮”成员的干预方法时，其特征和程序也同样适用于高危学生和欺凌者。暴力预防的方法有很多：包括了从教育学生识别即将发生校园暴力的警告信号（Alvarez，1999）到教育自我控制的身体运动练习（Kornblum，2002）。如下方法都在身为黑帮成员的孩子身上实践过，并取得了不同程度的成功。

咨询 从与黑帮成员进行持续的、个人中心取向的、非评判和非批评的交谈的意义上来说，咨询是效果最有限的干预策略之一（Lipsey，1992）。由于他们以往的经验是和漠不关心、惩罚性的成年人打交道，这些被疏远和被剥夺权力的黑帮成员是多疑的，很难轻易建立治疗关系。他们对感觉到的威胁和凌辱极其敏感，老于世故却不愿意分享信息（Melton，2001）。John 和 Rita Sommers-Flanagan（1997）提出对这些孩子进行挑战是开始建立友好关系和信任的好方法。

干预工作者：所以你并不想来这儿听这些咨询的“废话”。是这样的吗？

少年犯罪团伙成员：对，是这样的。我要走了。

干预工作者：好。那我会给你的缓刑监督官打电话，如果你不愿意接受咨询，那他会安排你去 Wilder 少年拘留所。现在，你被裁决到这儿接受 12 次咨询，但是既然你不想待在这儿，我觉得我们可以比如说只进行 6 次，如果你足够聪明去理解这些东西并努力完成咨询，而不是像你说的那样，跟我讲一堆“废话”。你怎么选？

当帮派成员持续面临针对其行动和选择的面质时，使用现实疗法（Glasser，1965，2000），针对行为和行动结果进行咨询，更可能获得成功（Loeber et al.，1998；Sandhu，2000）。对受害者也是这样的。

受害者：（Lucinda 最近三天缺课，现在在和咨询师讨论缺课这件事。最后她不由自主地抽泣并告诉了咨询师原因。）这是过去两周中 Rosebuds 第五次抢走我的午餐钱了，他们还威胁要打断我的腿，他们会那样做的。我见过 Tina 用球棍打人。她很疯狂，我怕得要死。他们还不准我打小报告，否则他们会伤害我的妹妹。

学校咨询师：Lucinda，我打算把 Bates 警官请来，让你和他说这件事。你被打劫，这并不是你的错。你不希望被打劫，而且你也不应该被打劫。这不正常，而且这不可以。你不必要自己面对这件事。我和其他人会帮助你。

受害者：不要！不要警察！我会被杀掉的。

学校咨询师：我理解这件事是很吓人，并且确实存在一定风险。我们会保密，除了我们三人外，没人会知道这件事。但是你并不是唯一被打劫的。你可以做出选择，帮助阻止打劫。我想你受够了被殴打。学校应该是你和朋友来玩耍和学习的地方。它不是一个你应该害怕的地方。我和 Bates 警官也和其他很多老师和小朋友一起工作。如果有足够的小朋友像你一样说“够了！”，我们能够阻止这件事发生。我不会强迫去你见校警或者甚至让你和他讲述这一切。我觉得你的父母需要了解这件事。如果你愿意你父母过来谈谈这件事，我们也可以请他们过来。这是你自己的决定。

咨询师承认 Lucinda 的危险是真实存在的。如果强迫学生告发，则充满了道德危险。如果不能非常小心地进行保密直到学校和执法部门采取行动，对于学生来说实际上也是非常危险的。然而，如果咨询师觉得 Lucinda 受到的威胁是高的（关于威胁低、中、高的界定见本章后面的内容），则应该通知她的父母以及警察。

驻校治安警 危机工作人员试图将驻校治安警（School Resource Officer，SRO）也纳入危机工作中，因为包含 SRO 在内的多部门的学校学生服务小组对阻止威胁和恐吓行为是至关重要的（James，Logan，& Davis，2011；O'Toole，2003；Welsh & Domitrovich，2006）。驻校警能做的远不止指挥课后交通和监督球赛。他们除了最初的警校学习外，还接受了大量的训练（National Association of School Resource Officers，2011）。警察部门与学校间的智能协调和学校人类服务工作者共同负责防范黑帮、帮助学生解决问题、寻找资源转介学生、抑制暴力、获取非法活动的信息、榜样示范、提供指导等这些都是将警察融入学校组织的积极方法（Dogutas，2008；Finn，2006；Finn et al.，2005；Italiano，2001；James，Logan，& Davis，2011；Petersen，2008；Vancleave，2008）。

如果你读了本章开头的任何统计数据，那为什么要警察们入驻学校大楼就显而易见了。他们在那儿不仅仅能维持治安，还能通过与问题学生建立友好关系、充当共情的倾听者以及探听信息等来给这些学生提供支持。因此，他们是向学校管理者提供信息的极佳渠道（James，Logan，& Davis，2011）。因为很多驻校警，如接下来谈到的 Davis 警官，都接受过危机干预小组关于如何处理精神疾病患者和情绪困扰人群的培训，他们是出色的一线干预专家，特别是在需要一名官方人物在场来应对失控的学生时（James，Logan，& Davis，2011）。因为他们做的这些工作很有效，我们强烈建议人类服务工作者和学校管理者们将这些警官纳入学生服务小组，以处理暴力学生和有暴力倾向的学生。

下面介绍学校资源与危机干预组的 Scott Davis 警官。他属于马里兰州蒙哥马利镇警察局（S. Davis，个人交流，2007年2月18日）。Davis 警官负责维持一所高中、一所初中和三所小学的治安。他的一天从早上6点的点名开始。他在学校周边巡逻，留意可疑的人或活动以及其他可能的问题。过去一个月中就发生过一次大的帮派械斗，大量警察前往现场，进行阻止。由于参加械斗的是“他的孩子”，他个人特别关注了这次事件。他追踪了那些被捕的孩子，并寻找其他可能参与了这次械斗的孩子。有时候，他会跳过他巡逻的路线，寻找旷课的孩子。他分配了大约75%的时间在所管高中，约25%的时间在所管初中，并顺便走访了他所管的三所小学。这一天，他的第一个任务就是在早上会见了该高中的校长，在上课前仔细检查了任何可能发生的问题，并向从前门进入的学生们问好。家长们会去他办公室，和他讨论孩子的问题。也是在这一天，他检查了很多存在问题的学生，并推进他的童子军警探项目。

乍一看 Davis 警官的工作非常单调，但不易察觉的是，其实他在每天“单调”的日常工作或在出现失控事件的时候都使用了大量的危机干预技巧。Laura，17岁，是一个离家出走的孩子。社工已经联系过学校，并尝试将她送回环境糟糕的家里。Davis 警官知道这家，因为他曾经去那里处理过报警电话。Laura 的妈妈吸毒成瘾并已长时间离家。在一次争吵中，Laura 曾试图用砖去打她的父亲。因此，很明显这样的家庭环境是行不通的。当 Davis 警官抵达现场时，Laura 和社工间的紧张正在升温，社工威胁要逮捕 Laura。

Davis 警官：（以平静但权威的口吻）好的，我们每个人都平静下来！首先，你不能因为身份过错而逮捕她。很明显，家里的情况确实不好。所以，Laura，你和我一起去我的办公室。我们谈谈发生了什么事情，以及你认为应该怎么做。

Laura 解释她的情况时，Davis 警官问了很多开放式问题，让她表达自己。他发现她存在酗酒的问题，但只是偶尔使用别人的毒品。家里是难以忍受的，但她确实会去上学。他还发现她有躁郁症，但因为副作用，她没有服药。

Davis 警官：好吧。我们试试这样。你和我一起去危机干预中心，怎么样？我在那儿有一些朋友，他们也许能给你提供药物治疗和住所方面的帮助。可能并不完全是你要的，但总比回家、再离家出走好，因为那样看起来对你并不好。我会在那儿陪着你，看看他们能做什么。你觉得怎么样呢？

Laura：嗨！你是有点不同。多数警察都欺负人。好的。

Davis 警官将她带去危机干预中心，中心对她进行了评估并且确实给她开了不同的药。她还被提供了一个短期的寄养家庭，直到她能规律服药。

Laura：（一个月后，在学校，向 Davis 警官挥手示意。）喂！记得我吗？

Davis 警官：当然，Laura。事情进展怎样？

Laura：不是特别好，但还过得去。我回家了。老头子和我相处得还可以。

Davis 警官：嗨！你来学校了，不是吗！这是你能待的最好地方！在这里你有了选择。你在这儿待得越久，你在家的时间就越少。有没有考虑过任何课外活动或运动？能让你成绩进步，而且很快，你在家的唯一时间就是吃饭和睡觉了。

Davis警官热情地强化Laura在学校的行为。Laura可能不是一个获得巨大成功的故事，但至少她能待在学校，与一些人接触，并且觉得真正有人在意她。这些是每天在学校工作的小成功，但在和问题孩子的相处中，这些小成功加起来可以赢得孩子们的心。但是Davis警官的生活将要发生令人兴奋的变化，我们将在本章之后的章节再次提到他。

指导项目 被动的、以讲座为基础的指导项目以激发恐惧、道德诉求、建立自尊为目标，但在处理黑帮或欺凌上，这些项目还没被证明十分有效（Gottfredson，Gottfredson，& Skroban，1998）。主动的指导项目通过在愤怒管理、欺凌、冲突解决以及同辈调解方面进行模仿、角色扮演以及行为演练来使学生直接参与；这些项目在处理黑帮和欺凌上更有效（Beane，1999；Coloroso，2003；Davis & Davis，2003；DuRant et al.，1996；Embry et al.，1996；Feindler & Scalley，1998；Gottfredson，Gottfredson，& Skroban，1998；Hausman，Pierce，& Briggs，1996；Hazler，1996；Horne，Bartolomucci，& Newman-Carson，2003；Larson，1994；Lupton-Smith et al.，1996；Sexton- Radek，2004）。为了保证效果，这些项目必须有持续的行为演练并内设反馈环节，而不是一次性的。它们还必须有明确、易执行的练习，安排密集、持续足够长的后续追踪，以强化和改变受害者和加害者的部分顽固行为（Gottfredson，Gottfredson，& Skroban，1998；Sullivan，2011；Willard，2007；Zins et al.，1994）。

同伴咨询/同伴调解 最为糟糕的一种方式是让黑帮成员或欺凌者担任危机干预工作者，或者危机干预工作者试图运行全部由黑帮成员或者欺凌者组成的单一咨询团体（Goldstein & Kodluboy，1998，pp. 107-110）。黑帮成员或欺凌者将控制该团体。然而，有证据表明，在帮助黑帮成员寻找替代性解决方法和培养新行为方面，从民族、社会及学校的经济阶层代表性横断面选取学生组成多样性的咨询团体很有效。还有证据表明，提供指导、辅导和支持功能的同辈咨询/领导项目能让高危、边缘化的学生远离麻烦，并待在学校（Allen，1996；Cohen，Kulik，& Kulik，1982；Fatum & Hoyle，1996；Scruggs，Mastropieri，& Richter，1985）。

同伴调解（Cassinerio & Lane-Garon，2006；Day-Vines et al.，1996；Schrumpf，Crawford，& Bodine，1997）是另外一种利用学生帮助其他有愤怒问题的学生的方法。尽管黑帮成员或欺凌者最不愿意服从的事看起来可能就是同伴调解，但应该记住，同伴压力和像大多数人那样行事的需求能对所有学生施加巨大的压力。

进一步说，如果某个学生不愿意服从同伴调解，那他本质上就是在说“我不希望解决这个问题”，这会使得后果更加严重。组织机构对这些项目的使用应该从小学开始，并在初中和高中持续开展；这样就有一个清楚的、持续性的和纵向的方法提供给被疏远的、愤怒的和被剥夺权利的学生以获得支持。事实上，小学是叫停欺凌、骚扰、偏见和其他形式问题行为的最佳场所。

愤怒管理 现在已开发了多种适用于青少年和儿童的愤怒管理技巧（Davis，2004；Feindler & Weisner，2006；Nelson，Finch，& Ghee，2006；Smith，Larson，& Nuckles，2006）。多数方法包括技巧培训、符合社会道德准则行为的行为演练以及教会学生使用认知技巧，以平息紧张情境下出现的带有强烈情感色彩的认知。尽管愤怒管理的方法能有效地减少愤怒带来的言语和躯体反应（Humphrey & Brooks，2006；Rosenberg，2004；Sharp & McCallum，2005；Smith，Larson，& Nuckles，2006），但问题在于愤怒无处不在，而且家庭和街道环境经常将控制愤怒视为软弱，而非力量。

课后及社区扩展项目 如Glodstein和Kodluboy（1998，p. 126）所述，“在篮球队中打球说明在比赛过程中你没有偷车，但这并不能阻止你在赛前或赛后偷车。”研究表明，尽管这类学校项目可能具有娱乐价值，它们在减少犯罪方面并不十分有效。然而，如美国少男少女俱乐部之类项目的活动安排在娱乐中融入了学习和社会技能建设，以及职业和个人咨询。这些项目很可能可以阻止犯罪和减少黑帮活动（Sherman et al.，1997）。

学校 学校和校区在黑帮、欺凌以及暴力的发生和发展上也难逃指责。大学校和大校区限制了很多学生参加学校的学习以及课外活动。因为学生人数多且标准限定了谁可以参加，规模很大的学校中只有相对少数的学生参加如乐队、运动队或国际象棋队之类的活动（Goldstein & Kodluboy，1998，pp. 21-22）。学校能在黑帮活动的防范和干预中起到积极作用。学校需要将包容、教育、学校社区观念以及在学习和社交中不落下任何人的理念等作为第一优先考虑的事（Cypress & Green，2002）。尤其在种族和文化多样性突出的学校，这一点特别重要。公平公正、一视同仁以及利益相关者的坦诚沟通，都是必要的。

沟通不仅仅从管理层向外流动，而且也向内流向管理层。公平规则和明确的处分必须在学校中平等地执行（Goldstein & Kodluboy，1998，p. 22）。这里应该有一个成功的预期。从幼儿园起，一直到高中，这个系统的总体理念不应该是“如果你毕业”，而是“当你毕业时”（Allen，1996）。

黑帮生长于真空地带。一所学校，如果存在无监控区域如停车场和卫生间，如果无视学校内关于暴力计划或武器、毒品和其他带入校内禁运品的谣言，如果宽恕“好学生”的暴力行为，或者如果学校将上述任何领域的干预视为“不是我的事”，那么这所学校就是自找麻烦（Dykeman，1999；Remboldt，1994）。当学校员工和老师对其学生有很高的期望和关心，以包容的方式让学生参与执行规则和程序、保持大楼和教室的整洁，并相信这是每个人的工作时，学校将降低暴力（Stephens，1997）。

学校安全不仅仅是高科技安全系统。学校安全这个概念不仅仅是躯体健康，也是心理健康。当学校能合作制订任务宣言，分享学校政策决定，维护大楼并清除涂鸦，组织提高意识和防范黑帮的项目，促进家长和学生的参与，对欺凌、骚扰或黑帮招募实行零容忍，并且宣称“这是我们的地方，而不是你的”，学校就可以维护或收回自己的领地（Blauvelt，1998；Brock，Sandoval，& Lewis，1996）。不要问“我怎么才能知道接下来哪个学生将要枪击？”，而是要问“教师要怎么做才能和学生建立良好关系、保持沟通的畅通，并且能够发展培养每个人健康的自我意识和尊重他人意识的氛围？”（Cypress & Green，2002）。但是对某一个学校辅导员、社工、心理学家、老师或者校长来说，或者甚至对某一个学校系统来说，阻止黑帮发展和暴力都是一个太大的任务。

社区 需要社区的每一个人团结合作来打击黑帮。与如法庭、改造、缓刑和精神卫生机构、公共援助以及住房等其他机构的合作是至关重要的。公民和宗教组织必须提供人员和资金支持。市、县政府必须愿意落实对此类行为零容忍的条例，并给予法律、法规实施的保障（Bemak & Keys，2000；Miller，Martin，& Schamess，2003；Schaefer-Schiumo & Ginsberg，2003）。

Louvre（2008）提出了将社区行动融入学校危机的充分理由。每年97%的儿童谋杀案发生在学校外，她对为什么这不能引起公愤而感到困惑。她有力地论证了，在危机发生后的学校里重建信任和社区观念，需要社区的充分参与。这就是司法部打击黑帮的模式SARA（指scanning观测、analysis分析、response反应、assessment评估；Eck & Spelman，1987）所说的主题。SARA并不是要在一朝一夕清除黑帮。它说的是各种小胜利，如将游手好闲的人赶出学校、清除涂鸦。它让所有创建安全社区的利益相关者建立持续、不断的联系，这些联系设定目标、生成计划以取得持续的小胜利，而正是这些小胜利让SARA如此有效。消灭黑帮的斗争不应包括保护地盘和政治边界（Roth，2000）。这种方法通过不让黑帮在社区中有进一步的据点，让社区受益，并让过去每天在恐惧中上学的学生有更好的表现；让教师的压力和倦怠得以减少；降低对保安人员/设施的需求；减少伤害和生命的逝去；而且最重要的是，恢复了在学校和社区的自由。

欺凌

在过去十年的学校咨询文献和会议中，可能没有什么主题比面对面的欺凌以及最近的电子欺凌更受到关注（Burnham, Wright, & Houser, 2010；Chamberlin, 2006；Holladay, 2010；Paterson, 2010；Sabella, 2010；Suniti Bhat, Chang, & Linscott, 2010），如它的原因（Crothers & Levinson, 2004；Espelage, Bosworth, & Simon, 2000）、影响（Carney, 2008；Sullivan, 2011；Willard, 2007）以及干预策略（Bauman, 2011；Burnham, 2011；Burrow-Sanchez et al., 2011；Leo, 2010；Newman, Horne, & Bartolomucci, 2000；Paterson, 2011；Ratts, Ayers, & Bright, 2009；Saufler, 2010；Sullivan, 2011；Willard, 2007）。这对于那些男同性恋、女同性恋、双性恋以及变性学生而言更加重要，因为在大多数K-12学校中，他们没有力量，也缺乏支持（Callahan, 2001；Jackson & Harding, 2010；Jones Farrelly & Robles- Fernandez, 2011；McCollum, 2010；Windmeyer, 2009）。

2011年3月在白宫召开了一次有关欺凌的会议。这次会议的目的是建立可复制的培训和干预项目，这些项目对已经非常繁忙的老师们来说要具有成本效益和时间可控性（Munsey, 2011）。过去几年许多小学、初中和高中学生因为欺凌和电子欺凌而自杀的事实已受到联邦政府的关注，并促成了教育部在欺凌防治中的援助。2010年12月，一项强调广泛的反欺凌美国国家法律的技术援助最佳实践备忘录被发放给公立学校官员以及各州长。教育部民权办公室正在与司法部合作，大力应对对欺凌和骚扰的申诉。该信息以及更多内容见www.stopbullying.gov。最后，安全、无毒品学校办公室将提供竞争性拨款，用于通过调查学生来测量安全程度，然后给确定为最需要干预的学校提供联邦资金。学校也将被要求公开其“安全得分”，这样它们能对其提供安全环境的执行负责（Jennings, 2011）。

欺凌和恐吓影响大量的学生。一项研究发现，在美国中西部学校的一次调查中的77%初、高中生报告为欺凌的受害者（Espelage & Swearer, 2003）。2007年，32%的12—18岁的美国学生报告在该学年曾经被欺凌。这项调查中，21%的学生表示有被嘲弄；18%报告为谣言的对象；11%表示他们曾有被推搡、猛推、绊倒或被吐口水；6%表示他们曾受到伤害威胁；5%表示他们在活动中受到故意排挤；5%表示曾有人试图强迫他们做其不愿意做的事或他们的财物曾被人蓄意毁坏（National Center for Education Statistics, 2010）。

欺凌由来已久。但为什么它现在在媒体和公众心里占有如此重要的地位呢？欺凌行为能对经常被欺凌者以及那些在幼年欺凌同龄人的学生的生理和心理健康造成影响（Batsche & Knoff, 1994）。欺凌可以是直接的，如打、踢或推某个人。欺凌也可以是口头的，如恶意取笑、威胁或嘲弄。它可以是间接的或人际关系上的，通过排挤来损害人际关系或者社会地位（Bauman, 2011, p. 18）。Langman（2009）认为欺凌由三个要素组成：首先，由于拥有更大的体型、更大的力量或者人数更多（小团体或小帮派），欺凌者比受害者有更大的权力。第二，欺凌包含威胁性的恐吓，其程度使得受害者担心其安全。第三，欺凌是一连串行为，而不是一次的推搡（p. 12）。

欺凌者是主动的挑衅者，他们有方法地、巧妙地进行挑衅，逐渐增加强度直到达到某种所想要的私利的目的。欺凌是有预谋的、蓄意的，以恐吓和控制他人，并且不为欺凌对他人造成的影响而自责（Hubbard et al., 2001；McAdams & Schmidt, 2007；Vitaro & Brendgen, 2005；Vitaro, Brendgen, & Tremblay, 2002）。系统的欺凌行为能影响整所学校。如果不加以抑制，恐惧、不信任和低士气的氛围，连同不友善工作环境下的学习和行为问题，会给所有学生营造一个消极的氛围（Hoover & Hazler, 1991）。最后，如果不加以控制，欺凌作为一种侵犯，能够导致欺凌者或受欺凌者的致命行为。

电子欺凌

电子欺凌，简单定义是指使用科技去骚扰、羞辱或威胁他人（Holladay，2010）。电子欺凌不同于面对面的欺凌。在面对面的欺凌中，影响是即刻获知的，并且受害者知道欺凌者是谁以及他的支持者是谁。电子欺凌可能更为隐匿，因为欺凌者可以不被发现。影响也可能更为灾难性，因为信息可传达给千万人中的某一个受众（Bauman，2011，p. 19）。

有八类电子欺凌（Bauman，2011，p. 57；Willard，2007，p. 2）：

1. **网络论战**指愤怒的攻击性言语。“你是个愚蠢、淫荡的荡妇！”
2. **骚扰**是针对某人性别、种族、宗教、残疾或性取向的歧视性或恶意行为的科技版本。“Jay是个娘娘腔的苦命、瘸腿的犹太人。”
3. **诋毁**是指发送或发布中伤某人的信息。“Jennifer Sonstegarrd和曲棍球队的每个男生都有一腿……还包括教练！”
4. **伪装**指以别人的身份去发送无礼的、不当的消息。“Leslie，你好臭！真的！用些女性卫生用品吧！署名是Phewwwie！Joey”（一个Leslie感兴趣的男孩，但实际上是Devonne发的这封邮件）。
5. **暴露或欺骗**指一种让人们暴露可能被用来对付他们的个人信息的方式。“Leslie，我觉得你是历史课上最漂亮的女孩。我想知道你是否愿意周六晚上一起去吃比萨、看电影。很喜欢你的Joey。”当Leslie回复后，Devonne就在网络上发布说：“Leslie以为Joey约她周六晚上出去。她是有多神经错乱和不切实际啊？”
6. **社会排斥**是一种故意把某人从好友列表、聊天室、论坛或游戏中排除的手段。“有多少人想把Leslie赶出论坛和游戏？所有想这样做的人投赞成票。”
7. **网络跟踪**是电子版本的追踪，关注那些实际上不想获得关注的人。“别以为我不知道你什么时候来论坛，其实我知道。我会在那儿看着、听着。”
8. **网络威胁**是明确打算唤起恐惧并暗示危险即将来临。“等你从啦啦队训练出来后，天就黑了。这个晚上你要一直走路回家。祝你度过一个美好的夜晚……还有……哦……我会看着……等着的”。

危机干预工作者对这些欺凌的干预是很困难的，存在各种法律和伦理问题。一些学校咨询师和其他人类服务工作者建立了网站，学生可以通过网站联系他们来处理学生们虚拟世界中的欺凌和其他个人问题。然而，因为担心性侵犯，密苏里州立法机构试图立法，规定任何学校雇员和某个学生在网络进行个人对话属于违法。一个法官判该法违宪，但这是一个滑坡谬论，指即使没有足够证据，也认定一件小事一定会导致灾难性后果的出现，如轻推一个石头会引起山体滑坡，干预工作者可能将自己置于法律和专业风险中。至少在目前，更好的方法是设立明确的关于网络使用的地区政策（Willard，2007）。这些政策应该包括如下几项（pp. 195-265）：

1. 针对校内通过网络发送的或纸质的威胁材料，建立一项电子欺凌／电子威胁以及面对面欺凌的审查政策；
2. 针对滥用网络的学生采取学校行动；
3. 用事件表及报告表来进行行为追踪和记录，以建立连续性链条（见本章后面的TASSLE表）；
4. 一项全面的区域计划，以评估网络的使用和滥用；
5. 学生需求评估；
6. 教师需求评估；
7. 网络的地区使用政策以及由学生和家长签订的、包含网络礼仪指导的协议都将发放给学生和家长，并和他们讨论。

总而言之，仅仅只做这些并声称“已完成”是不够的。整个社区的委员会必须有主动性。学校的理念和政策必须和其反欺凌的努力相适应，否则是无用的。还必须定期对该项目进行评估和修正，否则它将枯萎并死亡（Burnham，2011；Sullivan，2011）。

个体干预

针对欺凌的干预，首先也最重要的是要包含一项反对骚扰和恐吓的严格政策（Kerr，2009，p. 112），而且该政策应该说明清楚、无漏洞（McAdams & Schmidt，2007；Willard，2007）。一旦确定了欺凌者，Sullivan（2011）建议三种补救方法。第一种为惩罚，其范围可从刑事司法系统的处理到开除、留校或其他纪律处分。我们认为这应该是最后的手段，因为它本质上并没有补救，仅仅是用来维持受影响学生的安全。第二种是结果手段。欺凌者一般精通操纵和合理化，所以干预工作者需要警惕陷入与他们的辩论或接受他们侵犯行为的借口。欺凌不会在一夜间改变，所以需要谨慎采用正强化，只能在亲社会行为开始持续出现时采用（McAdams & Schmidt，2007）。虽然涉及消极制裁，但本质上它们的教育性大于惩罚性。其结果可能是参加愤怒管理小组，或者如果欺凌的目标群是特殊教育专业的学生则要和他们一起合作；可以采用行为契约社会技能培训（Burnham，2011）。第三种是情感手段，其关注点在于停止对目标个体的人性剥夺和贬低，以及建立对其同学的共情。欺凌者可能有大量的避免其行为结果的技能，但当关注点为其伤人行为所产生的情感时，他们会遇到更大的困难；所以，欺凌者开始理解，其他人感到受害时可能会产生后果（McAdams & Schmidt，2007）。

Joy Burnham 及其同事开发了一个创新的虚拟世界程序模型，干预工作者可以将它用于欺凌和被欺凌的学生。该程序可设定情景用于教授各种应对技能，希望能让欺凌者认识到有更好的替代选择，同时也希望能教育被欺凌学生如何更坚定地应对。

Bauman（2011）认为，对轻微欺凌，简单的焦点解决咨询能帮助受害者及欺凌者。该方法将欺凌事件视为例外而非常态。它建立在受害者和欺凌者自我认定的力量上，并为未来类似的情景制订策略。对更严重的欺凌，她认为支持团体是有效的。受害者的支持者、事件中涉及的其他人以及主要作恶者聚到一起，达成一个对受害者的支持计划。Bauman 提议，对最严重的欺凌实施恢复公平项目。首先，让受害者表达如何才能帮助他。然后，欺凌者想出一个满足受害者需求的计划，以尝试进行弥补。对要做哪些和何时做要有规定的程序和正式的结构，这很可能要进行一些额外的训练。

Glasser（1969）认为教室会议可以很好地针对当下的学校和同伴问题，能把大量的同伴共识和压力带入对问题的影响，例如 Rosebuds 所谓的暴力策略。一旦一所学校里或一间教室里的绝大多数学生认定某一特定行为是“不酷的”，该行为将很快消失。欺凌的主要问题是旁观者不出声。发动群众将迅速停止欺凌和恐吓（Charach，Pepler，& Zeigler，1995）。而且，通过使用 Glasser 的民主、参与式过程的教室会议解决问题，学生会觉得被授予了权力，并且能够勇敢面对欺凌和恐吓行为（Glasser，1969）。让学生写下与欺凌有关的经历，有助于使他们安全地开始谈论它。

学校咨询师：（开始某六年级班的教室会议。其目的是开始展示 Rosebuds 的强制策略，但学校咨询师并没有明确提到它们的名称。事实上，有两个可能的帮派成员在房间里。）我要你们所有人按下面的说明写下四个关于欺凌的故事。

1. 描述一次别人用言语或行为伤害你的经历。
2. 描述一次你曾说或做某事去伤害某人的经历。
3. 描述一次你看到或听到欺凌，却没做任何事的经历。
4. 描述一次你看到或听到欺凌，且得到帮助或试图阻止它的经历。

在学生们写完并和团体分享他们的故事后，学校咨询师开启了关于学生听到不同故事有何感受的讨论。他们怎么想他们听到的故事，他们会怎么做，以及如果他们做些什么或者改变他们的做法，结局会怎样（Beane，1999，p. 22）。一旦学生们已对威胁和恐吓行为开始公开讨论，学校咨询师可以利用教室会议和现实疗法的特点，承诺（Glasser，1969）让他们的学校变得更安全和更友好，通过许诺要这么做，并具体写下如何实现（Newman，Horne，& Bartolomucci，2000，p. 123）。有很多有效的反欺凌项目，如果使用得当，能够减少欺凌及其带来的暴力。

最后，Paterson（2011）总结了一些研究人员和实践者让欺凌者接受咨询的倡导。很多欺凌者自己也曾受到欺凌、需要同情和支持，因为他们本身也在和欺凌的影响斗争。欺凌者还可能认为他们的做法让自己强大，他们的这个想法是扭曲的，且会让其陷入更深的麻烦。因此，认知干预通过重塑他们关于如何获取、保持对他人权力的扭曲观念，可能是有效的。问题是，对犯事者以及受害者来说，如果事情没有理顺并好起来，他们有进入到下个阶段的风险——那些是上头条的致命性的学生。

被疏离的暴力少年犯

美国教育部（Dwyer，Osher，& Warger，1998）有一本很好的小册子，它广泛地讨论了安全学校。这本小册子特别提到了学校咨询师是帮助防止暴力的重要人员之一，却没有具体描述学校咨询师的职责。虽然黑帮暴力是校园青少年暴力的一个重要组成部分，同时也是导致 Loeber 及其同事（1998）所说的严重暴力少年犯（Serious Violent Juvenile Offender，SVJO）的主要因素，但最近不属于典型的"黑帮"严重暴力少年犯类型的青少年实施了校园枪击案以及随后而来的杀人及伤害事件。本部分旨在解释这些不同的、潜在的暴力青少年的心理学特征；如何把他们筛查出来；以及在他们的暴力想法变成行动之前，如何发现其暴力想法的心理咨询方法。

Peter Langman（2009）曾经写过一本非常好的深入介绍校园杀手的书。他认为大多数校园杀手有一些共同的心理症状。他进一步认为他们可划入三大一般特征类别：心理变态、患精神疾病或是受过心理创伤。我们认为这三个类型囊括了我们所说的被疏离的暴力少年犯（Estranged Violent Juvenile Offender，EVJO）。选择被疏离的暴力少年犯这个词，是因为这些青少年通常是以特别的方式与同龄人相疏离，并且对他们的同龄人或学校怀有极大敌意。我们认为这些孩子不同于具有同样致命性的 SVJO。黑帮文化中，实施暴力是为了将成员凝聚起来以保持黑帮的发展及地位；不同于黑帮文化，被疏离的暴力少年犯则通常较为孤立，并且除了对极少数同样被疏离的人外，不拥护任何人。被疏离的暴力少年犯可以分为两大类，即患有精神疾病的和没有患有精神疾病的。Langman（2009）关于心理变态杀手和精神病性杀手的两个分类几乎可以划分至我们所说的患精神疾病的被疏离的暴力少年犯类别，而受到心理创伤的杀手则可以归为没有患精神疾病的被疏离的暴力少年犯类别。尽管任何射杀自己同伴的学生都可以被称为"疯了"，但是这并不代表他符合美国精神医学学会（2000）的 DSM-IV-TR 中精神疾病的分类。因此，由于描述、筛查和干预的不同，在被疏离的暴力少年犯中区分患没患精神疾病也是非常重要的。尽管我们不能武断地排除女性有属于该群体的可能性，但大多数犯罪还是男性。所以在描述这些潜在罪犯时，我们通常指男性。

EVJO 和 SVJO 的性格、特征、行为对比

下列性格、特征和行为是从一系列公开发表的资料以及需要应对 EVJO 和 SVJO 的心理咨询人员的访谈中总结出来的（Batsche & Knoff，1994；Busch et al.，1990；Carney et al.，1999；Corder et al.，1976；Cunningham & Davis，1999；Duncan & Duncan，1971；Dwyer，Osher，& Warger，1998；Fein et al.，2002；Galatzen-Levy，1993；Hardwick & Rowton-Lee，1996；James & Dorner，1999；Lempp，1990；Levis，

1992；Loeber，1990；Marohn et al.，1982；Myers & Mutch，1992；National School Safety Center，1998；O'Toole，2003；Sage & Dietz，1994；Sloan，1988；Vossekuil et al.，2002；Webster & Wilson，1994；Zagar et al.，1990）。这些特点能归于联邦调查局紧急事件响应小组和国家暴力犯罪分析中心所称的四维评估模型，该模型能评估实施暴力威胁的可能性。该四维评估模型考虑了学生的性格、家庭动态、学校动态以及社会动态（O'Tool，2003）。

要理解试图给潜在的暴力学生贴标签会有严肃的道德、伦理和法律含义（Simmons，2000）。关于是否存在校园枪击凶手的精确描述有着激烈的争论。有人相信这类描述纳入过广、带有偏见和有污蔑性质，并且可能会侵犯学生的宪法权利（Bailey，2001；Reddy et al.，2001；Vossekuil et al.，2000；2002）。Mulvey 和 Cauffman（2001）提出，此类描述不仅是未经证实的，而且作用有限，常弊大于利，尤其是在错误认定使得一名学生被贴上"杀人狂"标签时。

Langman（2009）对过去15年来臭名昭著的校园凶手的描述使人大开眼界，它们打破了媒体报道中的一些刻板化的谬见。尽管如下特征可能一定程度上出现在所有校园枪击凶手身上，但做出如下假设是严重错误的：即认为任何一个因素，如欺凌、孤僻或者对暴力和枪支着迷就是引发学生杀人的因素，或认为这样的学生会符合校园枪击凶手描述的所有特征。下面的说法则更为合理：每一个校园枪击凶手都具有一些潜在的致命性因素，当这些因素混合到一定程度并在特定环境中经过一定时间的发酵，则会转变为致命的。

因此，看起来有足够的证据表明，当这些性格和能说明威胁升级的特定行为综合起来时，它们至少是一个初步的筛查依据，危机干预工作者在合理判断和分析后可以使用。困境的另一方面是，不承认有潜在的威胁也是缺乏职业道德的，且从道德上是站不住脚的。更糟糕的是，越来越多的法律意见认为校园里不可预见的暴力行为是可预见的，而法院也希望学校能够有合理的预防方案（Capuzzi，2002）。

汇总这些潜在的暴力青少年的特点，作者着重呼应了美国教育部的《尽早预警、及时回应：安全校园指南》（Early Warning，Timely Response：A Guide to Safe Schools）（Dwyer，Osher，& Warger，1998，p. 3）和联邦调查局的《校园枪击凶手：风险评估视角》（*The School Shooter: A Threat Assessment Perspective*）（O'Toole，2003，p. 30）里的警告，即避免按照如下分类给个人贴不适当的标签、定型以及污蔑他们。无论哪一种类型或几种类型一起都无法绝对预测谁会变得暴力而谁又不会。然而，如果孩子可归类于多种种类，危机干预工作者需要意识到暴力的可能性会增加以及这是一个很有问题的人。当进行危机评估时，我们更加感兴趣的是所展现的、可能表明意图的行为及沟通（Fein et al.，2002；Langman，2009）。因此，当阅读下列分类时，不要太注重分类本身，而是要注意到个体行动和沟通中显示出的行为。当这些行为累积起来，暴力的可能性就会增加。

遭受虐待的童年　童年时期的性虐待、精神虐待及身体虐待是 EVJO 和 SVJO 扎根发芽的沃土。在家庭中接触暴力榜样、母爱或父爱的剥夺、频繁搬家、失去父母、矛盾而严厉的规矩、被抛弃是这两者的一些共同特征。父母对夜晚外出、上网和看电视的控制及指导几乎没有。EVJO 和 SVJO 可能在家称霸，父母被他们的孩子所威胁并害怕他们的孩子。对于那些有着积极的支持性家庭环境的 EVJO 来说，他们融入家庭的意识可能不强，而且很冷淡。他们会对父母表示轻蔑并无视父母在他们人生中的角色。他们会过度坚持自己的隐私，父母们无法了解到他们的活动、朋友或学校生活。尽管他们有一个极其支持的家庭环境并且受到了大量的培育和照顾，但此类疏离可能特别存在于患精神疾病的 EVJO 中。父母可能都会极度否认这两种暴力类型的可能性。

学术问题　SVJO 可能已有过一段时间的学校问题，包括逃课、成绩不佳、纪律问题以及和老师有矛盾。同时患有多动症和行为障碍是

SVJO 未来暴力行为的高度预测因素。相比之下，EVJO 将可能表现为在校被动顺从，甚至可能学业表现不错。除非出现一些创伤性事件促使他们有所表现，他们很可能会继续被忽视，或甚至能得到老师的尊重。这两种人都可能有或轻微或严重的语言障碍，即当他们处于压力之中时，会让他们更倾向于"行动"而不是"交谈"。患精神疾病的 EVJO 可能会经历不少学业问题，因为他们难以让现实符合课堂要求。

意识状态改变 即使不摄入精神活性物质，他们的认知过程依然导致 EVJO 和 SVJO 在现实检验方面受限。在暴力事件后的典型报告包括现实解体、失代偿以及人格解体。"我刚要发怒然后就有点失去知觉了"或"就好像我不在那里，类似于看录像带，所以那像是我但其实不是我"等是 EVJO 和 SVJO 的典型表述。如果不通过药物治疗进行控制，患精神疾病的 EVJO 可能一直在意识状态改变中行事，且对现实情况只有最低限度的认知。街头或处方类精神疾病药物的滥用增加了暴力行为的可能性。

愤怒/挫折的低耐受 这两类少年犯都以自暴自弃的方式对压力做出反应。SVJO 在压力情况下倾向于表现出"火暴脾气"且立即攻击，而 EVJO 则通常会逃避这个压力情况或表现得更为被动。SVJO 的低挫折耐受表现得更为即时，且容易被发觉。相反，EVJO 的行为表现则不那么易于察觉，因为他的愤怒向内转化并升华了。他可能被错误地认为具有高的挫折耐受力。与之相反，由于缺乏对现实的控制，患精神疾病的 EVJO 可能有非常低的挫折耐受力。

欺凌/被欺凌 SVJO 是典型的欺凌者。学校里的欺凌者非常可能是家里的受害者。EVJO 是典型的被欺凌者，可分为被动受害者或攻击型受害者两类。攻击型受害者可能脾气暴躁，在受到攻击时会试图回击。矛盾的是，攻击型受害者可能被视为欺凌者。被动型被欺凌的孩子可能被描述为在学校里孤单且社交孤立，而攻击型受害者则是同龄人中最不受欢迎且臭名昭著的人。尽管被动型的被欺凌者会比攻击型的行动慢很多，但这两类孩子都可能会把武器带到学校，以抵消他们认为对欺凌者的自卑感。

化学药品和物质滥用 两类少年犯都可能通过使用精神活性物质、释放心理限制来改变意识，从而实施暴力行为。对于患精神疾病的 EVJO 来说，处方精神科药物治疗的中断以及对非法毒品的使用，将使得实施暴力事件有极高的可能性。物质滥用将显著提高暴力的可能性。

犯罪行为 和黑帮成员相比，EVJO 通常没有跟警察、青少年管制部门长期打交道的历史。EVJO 可能会被其老师看作是顺从的好学生。邻居们通常的评价是："他是个非常安静、有礼貌的男孩"。他也许总是按时去教堂，并参加童子军或其他合适的社会组织。如果 EVJO 和警察打过交道，那也很可能是轻微的品行不端，多为损坏物品而非针对人的攻击行为。如果该被疏离的暴力少年犯患有精神疾病，那么他可能通过家庭骚乱或"精神疾病"电话与那些机构有接触。他会接受某种抗精神病药物治疗，并很可能因为不喜欢副作用而停药。

延迟的认知和情感发展 两类少年犯都可能没有达到皮亚杰的形式运算阶段或甚至具体运算阶段。线性和逻辑思考受到阻碍，短期的情感满足压倒长期的行为后果。他们对死亡的终结性或身体伤害的真实性和疼痛的想法，可能很像他们下午玩的警察与劫匪的游戏；游戏中，他们反复射击和被杀死。他们可能不会把他们的犯罪行为与对受害人以及自己的负面情感结果联系起来。

情绪不稳/抑郁 SVJO 性情急躁、脾气火暴且有着快速的情绪波动，然而 EVJO 则表现为压抑的特点，其愤怒是内向型的。EVJO 总是很严肃甚至到沉闷的程度，几乎没有幽默感，尤其是在他们成为同伴或者对他们很重要的人的嘲弄对象时。重度抑郁的 EVJO 可能会把报复欺凌他们的人的终结也视为对自己的终结，并且可能把自杀视为实施复仇之后的一个可行选择。患精神疾病的 EVJO 也许有着奇异的思维和情绪，以及相关的从愤怒到恐惧的情绪波动。他可能还会有自杀意念，这取决于他的情绪状态及其特定的精神疾病。

外部心理控制点 命运、上帝、“那个人”以及其他外部事物对EVJO和SVJO的行为有着重要影响。SVJO既把自己视为寻求权力的加害者，又把自己视为所处环境的受害者。EVJO则明确其受害者的身份。两类少年犯将其被排斥的处境归罪于他人。EVJO的外部心理控制点和较低的、被周围世界不断重申为能力不足的自我概念紧密相连。患精神疾病的EVJO可能从“那个声音”(即幻听)中获得信息，告诉他去对抗其他人。

暴力史和暴力威胁 对暴力最准确的一个预测因素是过去的暴力行为。特别在暴力威胁与暴力史同时存在时，暴力的可能性将增加。SVJO的威胁可能更明确、更即时和更直接，然而EVJO的威胁则可能更隐蔽、有特定条件且隐藏了很长一段时间。患精神疾病的EVJO的威胁来自他们把现实和幻觉混淆起来了，如某特定个体可能会被看作是“怪物”或是其他对他有威胁的东西。

高度敏感 两类少年犯对批评、真实的或觉察到的怠慢和威胁都高度敏感。他们都多疑、恐惧、不信任，以及有偏执的世界观。SVJO的这些特点会有更明显的体现，他们会骂人、咒骂并爆发愤怒；而EVJO则会更被动。对于他们所认为的别人怎么想、怎么看和怎么对待他们，这两类少年犯都过度敏感。他们是“不公的收藏家”，他们对于过去的错误心怀愤懑，不原谅别人或他们认为应该负责的人。患精神疾病的EVJO对想象的对其幸福的威胁成倍敏感并且愤怒地进行应对。矛盾的是，这两类少年犯都对其他人不敏感，也不同情他人。

冲动 SVJO行动很快，并希望得到立即的满足。他们不考虑行动后果，缺乏洞察力，判断力差，也不明白其信念系统是如何筛选行为和所产生的后果的。生气的时候，他们习惯性地实施暴力威胁。相比之下，EVJO则行动缓慢。他们可能因为过去的社交和情绪惩罚性的负面经历而变得敏感。他的信念系统会产生“他们针对我”的想法，该想法持续增长直到沮丧爆发；他会对抗真实的或者想象中对其实施伤害的人。取决于其所患病种，患精神疾病的EVJO可能有不同程度的冲动。

精神疾病 精神疾病的住院治疗这一项并不能预示潜在暴力。然而，如果患精神疾病的SVJO或EVJO在入院治疗前就有过暴力犯罪史，则这是一个指示因素。由于副作用、无法获得药物或不充分的药物治疗指导，而停止精神疾病药物治疗时，暴力的可能性会增加。

负面榜样 对于SVJO来说，当地和全国有名的黑帮以及电影、音乐里的“黑帮”都可能是榜样。EVJO则可能被历史上的恶毒人物所吸引，如希特勒、撒旦之类的宗教人物，以及书、视频、仿真游戏里的反派角色。患精神疾病的EVJO可能会创造另一个自我，这个自我会让他去做暴力的事情。

古怪的/匪夷所思的信念 古怪的或匪夷所思的信念可分为两类。精神分裂症类型的精神疾病和人格障碍，其核心特征就是古怪和匪夷所思的信念和行为，因此这也成为患精神疾病的EVJO的特征。第二类更接近没有患精神疾病的EVJO。他的思想和行为可以从对恶魔学、魔法思想、撒旦崇拜的兴趣到他懂得不多的、推崇用暴力解决社会问题的、极其死板的政治和宗教观念。他们无视那些可能会挑战这些观点的事实、逻辑和推理。加入支持这些观点的小团体是EVJO获取归属感、地位和权力的方式。

心理病理学和异常行为 两类少年犯都可能表现出各种心理问题。放火、虐待动物、损坏和毁坏公物、发脾气、离家出走以及违抗权威就是一些例子。如果这些行为持续很长时间，那么更可能会像是SVJO的特征。当这些行为没有先例地自行发生时，或当这些行为因为父母出于社会耻辱而否认并出于担心而被保密时，他们可能更像是EVJO。两类少年犯的父母都可能对多数父母认为的烦扰和反常的行为持被动态度。如果学校人员或是执法机关和这些父母联系，他们会表现得防备、轻视和抵触那些明显的不当行为的报告。

躯体问题 特别是EVJO，从口吃、严重粉刺到躯体发育迟滞的躯体问题导致身体形象不佳以及自卑感。头部受伤、先天性大脑损伤以及各种神经系统疾病都可能导致患精神疾病的EVJO产生暴力的可能性。

对暴力主题的关注　两类少年犯都可能迷恋那些美化暴力的电影、书、电视节目、视频以及音乐。对暴力色情、武器收藏、虐恋用具以及刑具的兴趣能让弱小的EVJO，特别是偏执的EVJO，幻想支配虐待迫害他们的人，并且细致地策划出如何摆脱他们。

社会地位　SVJO招摇、爱社交，将此作为在他们的社会关系中获得地位的手段。他们把女性作为"商品和服务"的提供者，并往往使用她们来满足自己。他们可能表现出对关注的一种病态需求，并且有优越感和夸大的权力感。对EVJO的社会评价通常是把他们描述为一个与其绝大多数伙伴社交隔离的人，他的从属关系使他处于群体之外。然而，也有EVJO很受欢迎、参与课外活动，通常可以在社团中见到他们。如果被问起来，他的同学可能会用"呆子""书呆子""怪胎""古怪"等词汇来描述他，将他同社会主流区分开来。他们试图和异性建立关系时通常很笨拙、害怕失败。试图对他们友好的女性常常使其友好被误解。当EVJO试图超越"友好"的关系但其爱慕的想法遭遇拒绝时，被隔离的孤独感又会加深。由于他的古怪行为，患精神疾病的EVJO将格外被其同龄人社交孤立，并被贴上"怪人""神经病"或"疯子"等标签。

自杀观念　两类少年犯都可能有严重的抑郁发作并伴随强烈的情绪波动。结果可能是对他人或自己爆发出愤怒，伴随着自杀威胁或企图。此类威胁或企图很可能发生在真实的或想象中的个人损失后。患精神疾病的EVJO可能认为自杀是一个非常可行的选择，能驱逐脑中恶魔，或是消除敌人之后使"他们"不再纠缠和迫害自己的方式。

武器　两类少年犯都可能会对武器过分迷恋并拥有很多与武器相关的知识。SVJO和EVJO的家里可能可以获得枪支，或者很容易地在街头得到武器。父母或其他重要榜样可能对武器持随意的态度，并将武器看作解决争端的有效或正常方式。SVJO普遍携带着或容易获得武器，一方面为了"保护"，一方面为了"报复"其他黑帮成员。当EVJO把武器带去学校时，他多半已经准备好向那些对他施暴的人动手了。患精神疾病的EVJO携带武器的目的和SVJO比较类似，即保护自己和向他想象的敌人展开报复。

案例分析：赵承熙

现在来看弗吉尼亚理工大学的赵承熙在2007年4月的行为。你认为他有多符合前文描述的行为和特征？

赵承熙，弗吉尼亚理工大学大屠杀的凶手以及自杀者，他是患精神疾病的EVJO的一个典型。下列行为、性格以及特征来自他寄给美国全国广播公司的视频以及Michael Ruane对赵承熙的前室友Andy Koch的采访报告（2007）。

赵承熙有着明显的意识状态改变，其例证是他有一个想象的超模女友"Jelly"，他声称两人在他上锁的房间里约会。他有严重的自我同一性方面的问题，体现在他有第二个自我Ismail Ax，他把这个名字用红色的墨水文在他的手臂上；同时他班级角色的签名是"？"，这使得他有了个外号"问号孩子"。他声称和俄罗斯总统普京一起度假；说他住在不祥的房间"666"，而他宿舍那栋楼只有5层；他的这些声明提升了他无力的自我概念，并给了他力量。像大多数EVJO一样，他没有明显的、直接威胁任何人的历史，但他的行为确实吓到了他周围的所有人。他的表现如此黑暗、扭曲、危险，以至于引起了他的英语教授的注意。这些是一个偏执型精神分裂症患者混合了现实和幻想的特征，也无法被当作"另一个形成中的史蒂芬·金"而被忽视。赵承熙的跟踪行为、在一个女孩的宿舍门上潦草地写出吓人的莎士比亚诗句以及其他反社会的古怪行为都持续了较长一段时间，这些都是他最终暴力行为的前兆。这些暗处的威胁缓慢地增长，最终形成了直接的、有计划的大屠杀。他高度敏感的外部威胁有很多，从女孩到"有钱的势利小人"。他被迫住院，被认为是抑郁但对他人没有威胁，然后出院。大量的投诉招来了警察。他的反派英雄 Eric Harris 和 Dylan Klebold 是哥伦比亚中学校园枪击案的凶手，是他计划狂暴行为的完美榜样。很可能的是，他幻想出第二自我 Ismail Ax 作为另一个榜样也怂恿了他。

赵承熙的躯体问题包括说话困难、身材矮小以及与众不同，虽然本文不能明确“与众不同”是否和他是个韩国人有关，被欺凌、孤僻或其他多个因素使得他和其他人区分开。他的文章和 Facebook 把自己描述为一个类似佐罗的人物，头像是一个大问号，这是他考虑暴力行为的图像。最后，不幸的是，很多人知道这些特点，包括他的室友、教授和警察。这些心理信息透露出对一个潜在的暴力学生的特征描述，正反映了真实的赵承熙。

总结起来，如果你回头看看这些特点、行为、性格以及对患精神疾病的 EVJO 的筛查因素，并与赵承熙进行比对，它们应该在向你尖叫，“做点什么！”。然而，对大学生“做点什么”，即使是对像赵承熙这样表现如此明显的人，也有相当的难度，我们即将在本章的潜在暴力行为的法律和伦理问题部分中看到。

筛查 EVJO

Langman（2009）强调早发现、早预防是关键，因为一旦有自杀 / 杀人倾向的学生携带武器带着行动计划踏入了校园，世界上任何金属探测器都无法阻止他的打算。对没有患精神疾病的 EVJO 的性格分析的问题在于，学校里 20% 的男性都可以和前文描述的特征挂钩。那么，要如何把有这些特征的人群，更重要的是把有可能实施暴力行为的学生筛查出来呢？

泄漏　泄漏指的是一个学生有意或无意地暴露自己的感觉、想法、幻觉、态度或预示暴力行为的意图。它们会通过故事、日记、论文、诗歌、绘画、涂鸦、歌曲、文身、视频或其他进行夸耀、威胁、预言或最后通牒的媒体传达。另一种形式的泄漏是不知情的朋友和同学被强迫或被欺骗去帮助准备暴力行为。泄露可以是恳求帮助，内心矛盾的迹象，或对威胁预言的夸耀。泄漏被认为是暴力行为前最重要的线索之一（O’Toole，2003）。意识到威胁并采取行动是防止暴力行为的关键（Wattendorf，2002）。

文章、图画、照片、视频和电子邮件　EVJO 的文章、图画、自制图片和视频往往是进入其问题心灵的一个开放途径。在潜在暴力行为的案例中，艺术品比口头描述能更生动地证明这一点。常见于 EVJO 的文章、图画、照片、视频和电子邮件中的暴力图像主题是一个警报，说明该学生可能在考虑对学校工作人员或同学实施暴力行动。如果曾经发生过暴力行为事件，或者此类暴力意念的图形显示来自一个没有在校捣乱史的“安静孩子”时，要非常认真地对待这些信息。学校危机干预工作者需要告诉老师们这些暴力倾向的指标，且此类学生的作品应该转交给危机干预工作者（Duncan & Duncan，1971；Hammond & Gantt，1998；James & Dorner，1999）。

同伴转介　在出事以前，很少有 EVJO 没有给出他要伤害自己或别人的意图的警告的。不变的是，在导致 EVJO 的暴力致伤或致死的心理剖析中，学生们有听到过或看到过该少年犯标明其要实施伤害的意图，但一般仅仅被当成“谈话”而忽视了（Hardwick & Rowton-Lee，1996；James & Dorner，1999）。

然而，同伴转介有双重问题。首先，其他学生会害怕并会因为“当眼线”或“告密”另一个学生而被排斥。当被谈论的学生可能很危险，以至于其他学生担心自己的安全时，或者当其他学生和该学生相识多年，并在他们看来是绝对无害而忽视其威胁时，特别容易出现沉默现象。学生们需要在提供有关潜在危险情况的信息时获得安全感（Dwyer，Osher，& Warger，1998，p. 4；Stewart & MacNeil，2005）。

筛选潜在暴力学生的最佳途径之一是由同龄人运行、学校危机干预工作者协调的同伴和转介报告系统（Allen，1996）。解决冲突、朋辈调解、朋辈领导以及朋辈辅导都是让学生合法地向教师报告有暴力倾向的学生，而不会成为告密者的项目。提供哪类朋辈项目不应该仅仅从为了“抓住坏孩子”的立场出发。朋辈项目的主要目的应该是帮助其他学生解决冲突、调节争端、提供支持、帮助以及报告青少年和学校环境适应相关的问题。然而，当在提供此类朋辈帮助服务的过程中，朋辈助手获得危机中可能计划实施暴力行为的同学信息时，对他们来说合适的做法显然是向危机干预工作者报告他们获得的信息（James & Dorner，1999）。

危机工作需要对朋辈助手们进行细致的培训、监督和指导，以免他们越过其界限（Allen，1996）。应该从学校人群中广泛挑选朋辈助手（Day-Vines et al.，1996）。作者的经验是代表了全部学生群体的学生能更有效地接触学生们并能被他们所接受。这并不意味着对朋辈助手在学术上和道德上有较低的预期。最好的朋辈助手能够表明和其所有同学一起工作并帮助他们的意愿。他们的多样性让该项目能够接触到更广泛的学生群体（Allen，1996）。

风险评估小组 另一个重要步骤是建立一个风险评估小组，就像那些现在许多大学校园里（Myer，James，& Moulton，2011）和一些 K-12 学校系统里的那样。该小组应包括一名管理人员、一名咨询师、一名驻校治安警以及足够的教师使其可以涉及所有年级和学校的每个部分，以确保至少有一个小组成员与每个学生有直接联系。目前，杜肯大学的 Rick Myer 博士正在编制简化版的 K-12《分类评估表》（R. Myer，个人交流，2011 年 4 月）；你会在本章后面的部分阅读到。

访谈潜在的 EVJO

访谈潜在的 EVJO 时，危机干预 / 预防模式的前两项任务，倾向性和问题探索，以及默认的任务安全，对于让 EVJO 开始谈论暴力行为尤其关键。第三项任务，即提供支持，以及默认的任务安全的关键是向学生保证对其安全和幸福的考虑高于一切，导致他们变成现在这样的问题不会被随意堆放进文件柜从此不见天日。《校园枪击凶手：风险评估视角》（O'Toole，2003，pp. 8-9）中提供的三级风险评估模型需要和这些初步任务协调起来。

低等级威胁是对计划中的受害者展现出的最低风险类型。这种威胁模糊而间接。信息是前后矛盾、不真实、缺乏细节或不切实际的。这些内容表明不可能被实施。中等级威胁是可能看起来不切实际，但可以被实施的种类。它比低等级威胁更直接。有言语表明已经考虑要如何实施。有可能的地点和时间的一般指示。几乎没有迹象表明威胁者已实施准备措施或做出可靠的计划。可能有特定的语句试图传达威胁的真实性，如“我是认真的，我是说真的！”高等级威胁对他人的安全造成即刻的严重威胁。该威胁直接、具体、符合实际。已有具体的实施步骤和可靠的计划，包含实施的手段、机会、知识和致命方法。

问题界定 校园危机干预工作者在访谈潜在的 EVJO 时，他们一开始需要使用基本的聆听和反馈技巧，这些技巧深层次地反映学生的感受，并让他表达愤怒的情绪。应该理解，其他负面情绪会加强和支持学生感知的愤怒。猜疑、背叛、窘迫、悲伤、焦虑、能力不足、威胁、缺乏安全感以及特别是绝望和沮丧是几种会把学生推向暴力的负面情绪。正如第十五章“危机 / 人质谈判”所述，当个人筹划实施表达性犯罪时，开放式引导的共情倾听以及对想法和感受的深层反映可以使这些情绪显露出来。

John 的案例 John 是个 14 岁的高中新生，他的老师在参加了一次关于分析潜在暴力学生的研讨会后，将他筛查出来并报告给了学校咨询师。学校咨询师阅读了关于 John 的报告，里面充满了对于一群戏弄他的女生的愤怒和暴力威胁。

干预工作者：John，我读了 Smith 夫人发给我的关于你的报告。你看起来非常生气。你能告诉我是什么让你现在如此愤怒吗？

John：我受够了 Tri-Beta 俱乐部。尤其是那些女孩。她们让我干活，我做了，然后她们就取笑我。

干预工作者：听上去你不仅生气，而且受到了伤害。她们是怎么伤害你的？

危机干预工作者需要全面挖掘这些情绪及其先前的原因，才能清楚判断发生了什么事情以及事情的相关人。因为两个原因，挖掘是非常重要的。首先，通过让学生表达情绪，危机干预工作者消除潜在的暴力情况，并且能够开始帮助学生建立其他应对和解决问题的策略。危机干预工作者希望和这些问题学生建立一种开放的、信任的关系。聆听并肯定这些学生，概括和复述他们问题的内容，并对他们的情绪进行反映，对于建立这种关系大有益处。

John：是的。我想要交朋友，但我觉得她们不把我当朋友。当她们想要个人来造庆典花车或者张贴海报时，我都还好。但是当我问 Sally Johnson 是否想在花车弄好之后来瓶汽水，她就嘲笑我，说我是个失败者，然后还告诉其他女孩，她们也嘲笑我。我恨她们！

干预工作者：所以当你做了她们让你做的所有事情后，她们真的羞辱你，使你尴尬。

其次，通过充分探究学生问题的情绪、行为以及认知维度，危机干预工作者可以获得关于学生计划行动中人员、内容、时间、地点以及方式等重要信息。干预工作者对为什么的问题避而不谈，是因为这样的问题有审问的性质。John 已经采取了防御态度，危机干预工作者不想再做其他任何可能使得他们关系更加疏远的事情。

干预工作者：John，听起来她们对你做了这些事之后，你很想要报复她们。你会怎么做？

确保安全 在任何危机干预中，评估致死性都是关键。不同于使用开放式问题探讨事情，我们随后通过询问具体的、封闭式的问题来评估自杀或杀人行为的可能性；这些问题的设计，是为了获得关于威胁等级的直接回答。我们问的问题可能直接来自警探的谋杀手册，主要属于如下范畴：

1. 是否有动机？
2. 是否有机会？
3. 方式或计划是什么？
4. 手段是什么？

多数处在心理危机中且有自杀或杀人意念的人会谈论他们将做什么。和传言相反，谈论他们的计划不会增加他们实施的可能性。尽管他们可能认为他们已经用尽了所有其他的可能，他们谈论其想法和行动设想的意愿是一个积极的迹象，同时也表明他们至少部分认为还存在另一种选择。潜在的 EVJO 因为其愤怒、绝望、沮丧，并且有发泄这些情感的需要，特别符合这个模式。如果以共情的、非评判的方式询问这些问题，他们将愿意谈论前文列举的四点。有一个重要的例外，即患有精神疾病、且对别人针对其行为有偏执看法的 EVJO。他们几乎不可能自愿前来咨询或认为自己需要咨询。毕竟，他们认为错的、搞砸了事情的都是别人，不是自己！说服其谈论最好能通过引出谈“他们”并展现出对其不公对待的大量换位思考来完成。

风险评估包含了动机、机会、方式和手段，在评估时，每个问题的答案越具体，风险评估等级就越高。EVJO 的动机通常不清晰或混乱，因此可能被认为不重要而被忽视。然而，忽视此类意念会是一个错误。因为不仅仅是动机本身，更重要的是动机的强度和不稳定性。EVJO 对其遭受不公的情绪越强烈，他越能够清楚地描述其计划，计划实施的机会越大，手段越致命，风险评估的等级就越高（O'Toole，2003，p. 9）。

应该非常明确的是，如果潜在的 EVJO 能获得枪械或其他武器，并知道如何使用它们，则威胁变得更危险，且增加了暴力的风险（Dwyer，Osher，& Warger，1998，p. 10；Langman 2009，p. 182）。因此，危机干预工作者应毫不犹豫地询问该学生对枪械了解多少以及他能否获得枪械。如果危机干预工作者不了解枪械的种类和使用，应咨询驻校治安警。

以 John 为例，如下两个情境描述了低、高等级的威胁。

情境 1

John：我希望他们全死了。他们都该死！

干预工作者：所以，如果他们都死了，这才还清了他们对你的所作所为。要怎么做他们才会都死了呢？

John：嗯，我也不是很清楚。我希望他们都患上某种不可治愈的疾病，并遭受大量痛苦。

干预工作者：所以你想要看到他们像伤害你一样受到伤害。怎么才能做到呢？

John：是的。嗯，我不确定。可能他们会得禽流感或在食堂食物中毒。

这里，该学生希望折磨他的人死亡的愿望表达为幻想，而无明确的实施其计划的手段或方式。这种幻想式的报复不属于高致命等级，但肯定说明该学生需要支持，并继续和危机干预工作者会面。

情境 2

John：我希望他们全死了。他们该死！

干预工作者：所以，如果他们都死了，这才还清了他们对你的所作所为。要怎么做他们才会都死了呢？

John：那很容易。我会在放学后等着他们。他们在车库制作返校节的庆典花车时，我会躲在垃圾焚化炉后。我可以轻松枪杀他们。

干预工作者：John，你知道如何使用枪吗？

John：当然。我爸有一把 9 毫米口径的手枪。他曾经教过我怎么使用。他说我用得很好。

干预工作者：你能拿到你爸的枪吗？

John：嗯，他把枪锁在枪支保险柜里，但我知道密码。

干预工作者：John，你打算什么时候行动呢？

John：我不知道，但是如果他们再嘲笑我一次，那就很快了。

在第二个情境中，该学生的动机、方式、机会和对致命手段的可获得性都更为明确和清晰。这样的回答表明更高等级的威胁，需要危机干预工作者有明确的、即刻的行动。

提供支持 在高致命性的学生案例中，我们要明确说明我们需要做什么，以保证该学生和其打算伤害的其他人的安全。必须通知家长，需要和学校管理层、执法机构以及其他可能相关的机构建立明确的沟通渠道（Dwyer，Osher，& Warger，1998，p. 11）。

干预工作者：（回应情景 2）John，你说的让我很担心，听起来你已经真的在具体计划了。如果你实施这个计划，我会为你和其他同学担心。我理解你真的对他们对你做的感到生气和受伤，我也能理解为什么你会有那样的感受。但我不希望再看到你受伤，不管是被其他同学的言语伤害，还是被警察伤害。我不希望你射杀任何人，我也不希望警察射杀你。我需要马上为你寻求帮助，并且我需要确保你的安全。我需要和你父母谈谈，因为我相信他们是关心你的。我还需要和校长谈谈，以确保她了解情况，这样她能确保你的安全。John，我理解你可能对我的做法感到不高兴，但我现在真的担心你。我理解现在你认为这是你目前拥有的唯一解决方案，但我相信有其他的方式处理问题，而且我希望你明白我能帮你解决部分问题。我将和你一起，和你一起合作，直到我们解决了问题，并确保你是安全的。

当被告知接下来的事情时，很多来访者都会不高兴。这个时候，危机干预工作者最好的一个回应就是联合使用被称为“我理解”的说明和“破唱片”的技巧；“破唱片”指持续地、重复承认来访者对我们决定的不快，但也重申我们对他的担心和关心。如果该学生对干预工作者坚持认为需要提供帮助感到生气甚至狂怒，并变得危险，该干预工作者需要承认其愤怒，但也要设定界限。

John：嗨，这里所有的事情都应该是保密的。你欺骗我。你绝对不能告诉我父母，我家老头会把我打死的。搞砸了。（紧握着拳头，跳起来。）

干预工作者：（立即从椅子上站起来，作为安全防范。）不，我没有欺骗你，John。你听到了，在谈论到伤害自己或他人时，我是怎么解释保密原则的。John，我完全了解你说的，但是，你难道不想要尊重，难道不想去学校的时候感觉更好吗？难道你不想以后都不被戏弄或嘲笑吗？这些都可能实现，只要你不实施那些愤怒的想法。所以，请坐下来，让我继续帮助你。目前还没发生什么事让我们不能获得更好的结果。所以，请坐下，让我做我的工作，来帮助你。

该干预工作者首先承认他的愤怒和被背叛感。然而，她使用一系列反问句来获得认同，尝试重构他目前希望的认知和情感状态。她还使用“这”来获得心理亲近感，而不是“那”的观念来保持心理距离。最后，她还使用了Fauteux（2010）的技巧，说明还有时间，因为除了破坏了John想要复仇的计划外还没有发生其他破坏其心愿的事情。

如果这些技术没有使约翰冷静下来，该干预工作者需要考虑自己的安全，并按照我们在第十四章“机构中的暴力行为”的建议，走出房间和获取帮助。

在其他时候，那些可能第一眼看起来是高等级威胁的情况事实上可能没有那么高的风险，实际上这可能是为了掩盖其他危机问题。现在回到本章前面说到的Davis警官，看看他的日子是怎么变得十分有趣的。

Davis警官在家接到了学校秘书的电话（S. Davis，个人交流，2007年2月17日），这位秘书很苦恼。学校接到了加州某个心理治疗师之类人物的电话，她一直通过网络和一个哥特风的16岁白种男性学生沟通。治疗师很担心，因为学生表明他厌倦了被人欺凌，并在制造炸弹来炸学校。她打长途电话，在放学而且学生们都离开后，告诉学校秘书这一信息。该学生已经在MySpace放出这个信息，表示他将炸毁东西或人。通过学校秘书的优秀侦探工作，她已经确定这名男孩是Paul Jones。Davis警官在第二天早上特别见了这个男孩，并把他拉去了他办公室。

Davis警官：和我谈谈，Paul。发生了什么？你看起来有点抑郁。

Paul：没什么。一些孩子说我坏话，我受够了被他们欺凌。

Davis警官：听着，你还没有麻烦，但我得确认一下。看起来好像是你在网上发布了一些有关制造炸弹的消息。想告诉我是怎么回事吗？

Paul：是的！我是发布了一些消息，但我没有要真的制造。

Paul把他发网上的东西展示给Davis警官看。Davis警官把此信息通过电子邮件发给本地的拆弹小组，他们正坐在Paul屋外一辆没有标志的车里。收到信息后，他们变得非常兴奋，并想立即在Paul的房子里搜索制造炸弹的材料。Davis警官电话联系了Paul的父母，告诉他们发生的事情。秘密进行了房子的搜查，没有发现爆炸装置，让Paul的父母和所有其他人松了口气。然而，Davis警官在危机干预组的培训起效了，他觉这个有问题的年轻人存在更多的问题。他继续一起探究Paul的感受。

Davis警官：你看，我在这方面很有经验，Paul。在人们真的被某些事情困扰时，我也能很好地感觉到。你看起来很沮丧或者是有别的情绪。我觉得不仅仅是因为你是哥特风格而被说坏话了。你确定你不想和我谈谈吗？

Paul：好的。你看，这很奇怪。感觉现在像有蜘蛛在我手臂上爬。还有，你正后面有个瀑布。另外，我爸在课堂上跟我说了很多，但好像他在工作并不是真的在课堂，但尽管如此，他还是在跟我说话，真的很让我分心和感到可怕。我看见我划伤了胳膊，但蜘蛛还会回来。

Davis警官：（心里嘀咕着，“好家伙！这小子是精神分裂症发作！”）Paul，你说的情况让我很担心。你告诉你父母了吗？

Paul：没有，我太不好意思了。我不希望他们知道。我在想它们会消失。这些情况不经常发生，但发生时非常吓人。现在你身后的瀑布就是非常真实的。

Davis 警官：我没有看到或听到它。我知道你有，那需要得到处理。我有一个朋友在危机中心，他能处理这样的问题。我认为和你的父母聊过后，你需要去见我那位朋友。

Davis 警官打电话给了 Paul 的父母，他们正和拆弹小组一起在家里，警官告诉了他们 Paul 的幻觉发作。如果说这是他们希望很快忘记的一天，那是比较婉转的说法。然而，Davis 警官冷静地和他们谈了这个问题，然后开车送 Paul 到危机中心，和他父母在那里见面。每当 Davis 警官不得不把某个人送到危机中心时，他都等在那里，以确保在他离开前，这个人能得到照料和治疗。对学生更是如此，当他们被带到精神卫生机构和处在情感胁迫时，他们需要一张友好的面孔。这个技巧可以让学生知道，他并没有放弃他们，并当他再次遇到他们时，这一切努力都是值得的。他们知道可以信任这位警官，而且他真的对他们和其他人一样关心。

人们可能认为，学校咨询师、心理医生或社会工作者可能是处理这种情况的最佳人选。然而，当像 Davis 警官这样的学校资源官员也接受了危机干预小组的培训，这一伴随灾难后果的可能致命情况让他成为最有资格来处理 Paul 情况的人选。你可能在想这是不是对警察的美化。随着危机干预小组训练在美国的普及，像 Davis 这样的人员正变得越来越普遍，并成为任何定义下的危机干预人员。此外，他们肯定有足够的机会在21世纪的学校中熟练从事其工作（James，Logan，& Davis，2011）。

行动

危机干预工作者如何行动取决于对学生的持续评估。如果危机干预工作者确定该学生确实是一个威胁，那么该干预工作者的反应应该是立即做出转介并通知家长、管理人员，并在必要时通知执法人员。如果危机干预工作者确定该学生的致命性等级不高，那么干预工作者可以转向危机干预 / 预防模式以检查选择方案、制订计划以及获得进行积极行动的承诺，这将有助于减轻学生的疏离感和愤怒。调查可能表明该行为仅仅是一个“一次性”声明，它除了是一般性的、误导性的嬉闹或一时处于愤怒的赌气，没有任何意义。即便如此，这也将是一个适当的教育和辅导活动，教导学生不要玩这个游戏。然而，在当今的学校环境中，对他人威胁不应该不假思索地不相信。因此，危机干预工作者需要不断记录，并跟进这些学生，以确保这些威胁没有升级到行动（James & Crawford，2002）。

用开除作为惩罚措施不是答案，且事实上它会导致至少两件我们不希望发生的事情。首先，它可能增加学生对学校或对学校里那些他认为造成他痛苦的人的怨恨。其次，它很可能会把学生留在无人看管的家中，并给他机会以计划和组装报复学校所需的武器装备（Langman，2009，p. 186）。需要做的是，学生被评估为有精神病或行为问题时，如果有必要就进行药物治疗，提供咨询服务，并将其置于另一所有严格监督的学校。

一个主要考虑的是，如果学生携带了武器，应该如何做。如果危机干预工作者感觉与学生的关系不够积极，且该学生表明他身上有武器，那么危机干预工作者可以要求其交出武器以妥善保管。在拿武器时，危机干预工作者应始终确保首先移交它的柄；或者如果是一把刀，首先移交手柄。如果危机干预工作者不能确定学生的意图，或如果学生抗拒，危机干预工作者应立即寻求帮助并走出房间。如果学生表示，他有武器放在储物柜或其他隐蔽的地方，危机干预工作者应该在另一个人陪同的情况下一起去该隐藏的地方。在任何情况下，危机干预工作者都不应该试图成为英雄，并试图强行把武器从学生那里拿走（Crews，1998）。没有任何已知的准则来确定是否应该把武器从学生那里拿走，或者是否应该离开现场以寻求帮助。可能应遵循的最佳规则是，任何危机干预工作者都应采取他认为将是行动过程中对危机干预工作者和学生两者都最安全的行动。

以学校为基础的自杀预防和干预

因为青春期是人类发展周期中最不稳定的过渡期，那些与青少年自杀危险有关的因素与那些影响成年人自杀的因素显著不同（Berman，Jobes，& Silverman，2006；Maples et al.，2005；Pfeffer，2006）。自杀作为青少年主要死因之一排名第三（12%），仅次于他杀（15%）和交通事故（31%）。1952年至1995年，青少年自杀的发生率上升了300%。1980年至1997年，10—14岁年龄段的自杀率上涨了109%（Centers for Disease Control，2002）。考虑到每年约有6 000 ~ 7 000名儿童和青少年自杀死亡，并且对应每一个自杀死亡，有大约100 ~ 200名青少年尝试自杀（National Center for Health Statistics，1992），因此平均的概率是，每位老师每年在每个美国高中教室中预期会遇到两名女孩和一名男孩认真地考虑或尝试自杀（King，2000），一般美国高中的校长预期会遇到每五年一起自杀死亡以及任何一年都有170起自杀未遂，尽管很确定的是绝大多数都从来不会引起学校的关注（Brock，Sandoval，& Hart，2006）。自杀是比所有校园袭击加起来都更普遍、更具致命性的问题，尽管校园枪击案得到远远更多的舆论关注。

从这些数据看起来，将全面、系统的自杀预防、干预和善后处理环节纳入学校危机应对项目是显而易见的（Austin，2003；Capuzzi，2002；Kalafat，2003；Komar，1994；Malley，Kush，& Bogo，1994；Reis & Cornell，2008；Webb & Griffiths，1998-1999）。如果一所学校没有书面的、正式的政策，董事会和社区应该要求制订和执行自杀预防 / 干预 / 善后处理程序（Malley，Kush，& Bogo，1994，p. 135）。以学校为基础的儿童和青少年自杀预防 / 干预 / 善后处理应该包括（Capuzzi，2002；Kerr，2009；Malley，Kush，& Bogo，1994，p. 131；Maples et al.，2005；Thompson，2004）：

1. 一个书面的、正式的自杀预防和干预政策。
2. 处理和确保高危学生安全的书面程序。
3. 针对教职工的关于警告信号和转介高危学生的在职指导和培训。
4. 确定和培训现场精神卫生专业人员或现有的危机小组。
5. 分发给学生、家长、社区以及供课堂讨论的预防资料。
6. 心理筛查、鉴定和高危学生咨询的程序。
7. 预先计划的、针对任何自杀死亡发生后的善后处理应对和策略。
8. 危机干预工作者用于评估潜在的学生自杀致命性的书面标准。
9. 关于如何评价以学校为基础的儿童和青少年自杀预防 / 干预 / 善后处理项目的书面政策。

Kerr（2009，pp. 24-26）比这些一般性的程序更进了一步，概述了应该如何应对自杀威胁、校内自杀未遂、校外或学校主办活动中的或报告给某位员工的自杀未遂，以及自杀死亡或疑似自杀死亡。

危险因素 / 预测因素 / 线索

几乎所有的青少年自杀受害者都经历过某种形式的精神疾病。这些疾病包括了从情感障碍、行为障碍以及注意力缺陷障碍（Shaffer，1988）到反社会人格、物质滥用和抑郁症（Guida，2001；Hacker et al.，2006；Shaffer，1988）。那些对其性身份认同存在问题的、最近经历丧失的、在学校或家里遭受屈辱的、遭受欺凌或电子欺凌的、和恋爱对象或父母发生了人际冲突的、发生如朋友去世或怀孕等重大变故的、沉迷于酒精或毒品的、因性或躯体侵犯而受到伤害的、抑郁的、有躯体疾病的、从很远地方转入新学校的、有危险行为（类自杀性的）或者暴躁愤怒和行为冲动的青少年们都是自杀意念、自杀威胁和自杀行动的可能个体（Capuzzi，2002；Guida，2001；Nelson & Galas，1994）。当面临这些冲突时，缺乏家庭或同辈的支持是促发自杀意念产生的可能因素（Mazza & Reynolds，1998）。有趣的是，遗传因素也可能是一个促进因素（Nelson & Galas，1994）。如果个体家中有人发生过自杀未遂或者有出现过自杀未遂的密友，其自杀的风险更大（Capuzzi，2002；Nelson & Galas，1994）。但最好的单一预测因素可能是以前曾有自杀未遂（Nelson & Galas，1994；Shaffer et al.，1988）。

第八章“致死性危机”所述的自杀指标中常见的线索和行为也适用于多数青少年和儿童。然而，针对儿童和青少年，警告信号还包括朋友或着装习惯的突然变化、剪头发或发型改变、注意力难以集中、持续性的厌倦、突然出现的或增加滥交、不再珍惜原本觉得珍贵的事物、吸毒或酗酒，以及学习成绩下降（Capuzzi，2002；Greene，1994；Maples et al.，2005；Nelson & Galas，1994）。模仿自杀对青少年来说特别成问题，特别是如果他们相信这会让他们赢得恶名。这种现象发生在自杀后，这个时候有类似想法的同龄人也尝试自杀（Austin，2003）。尽管多数青少年会给出他们自杀企图的线索，但不是所有人都会这样。青少年可能口头上明确表明其自杀的决定，或者他们可能远不那么直接，而是说“我想知道死亡到底是怎样的”或者“我厌倦了这一切”。

青春期前的自杀

有一种普遍的观念，认为年龄小的孩子不会自杀。和任何在该领域工作过一段时间的小学咨询师、社工或学校心理医生交谈后，你很快就会消除这个错误的观念。问题是虽然已做了大量的青少年工作，但对年龄较小的孩子关注相对少。Price（2010）简要指出了这点。他询问的专家表示，多数自杀的儿童有某些精神障碍，且很可能是躯体或性虐待的受害者。然而，并不是每个孩子都是这样的。

其他主要问题是，当发现儿童自杀时，他们往往被视为是大人的缩影，而不从他们所处的认知和发展阶段来考虑。事实上，受限于他们的认知发展水平，如果他们是成年人，很多导致儿童自杀的思维过程一般不会被认为是自杀的理由。但是，对所有自杀的人来说，这些都是非常好的理由。考虑如下的理由：想和某个去世的朋友或亲人见面；为他们是父母离婚的原因而感到内疚；避免在他们看来比死亡更糟的惩罚或尴尬；希望惩罚别人（尽管青少年和成年人也完全可能有这个理由）；认为他们会成为某种事业的殉道者；以及为了逃离某个不能忍受的情景，如充满责骂的家庭或严重的电子欺凌攻击（Muro & Kottman，1995，pp. 324-325）。

此外，家长和老师往往不理会常见的自杀意念的线索。事实上，有趣的是多数儿童咨询和治疗书籍往往在其针对小学年龄孩子的建议和咨询技巧中堆砌很多青少年自杀的内容。底线是应该认真对待透露自杀线索的孩子，在本书中描述的儿童咨询程序，应当和适用于成年人的一般性自杀预防和干预一起，用于预防儿童自杀。为此，作者所处的田纳西州通过法律规定，所有学校人员都要接受自杀预防的培训，并且我们相信对家长进行自杀预防教育也应该成为每所小学政策的一部分。

儿童和青少年自杀意念的例子

如果接触到疑似要自杀的儿童或青少年，那么这儿有一些给所有人（危机干预工作者或普通人）的策略和建议（Capuzzi，2002；Fujimura，Weis，& Cochran，1985；Nelson & Galas，1994）：

1. 相信你关于这个年轻人可能自我毁灭的怀疑。
2. 告知你担心他；然后以非评判和支持的方式倾听。
3. 询问直接的问题，包括这个孩子是否正在考虑自杀，如果是，他是否有计划。
4. 不要对这个孩子告诉你的事表示震惊。不要辩论自杀的对错，不要承诺为这个孩子的意图保密。保持冷静、给予支持并鼓励他谈论这件事。

5. 如果你认为自杀的风险是即刻的，不要让这个孩子独处。
6. 对获得称职的咨询师、治疗师或其他负责任的成年人的帮助，不要感到不好意思，也不要保持沉默。
7. 确保这个孩子是安全的，确保合适的、对其负责的成年人得到通知并积极参与这个孩子的事。
8. 向这个孩子保证：已经采取了一些措施，其自杀的要求不会被忽视，而且紧急情况一般很快就会过去。告知这个孩子，生存是一个一步接一步、一天又一天的过程；可以随时获得帮助；在想死的欲望变得强烈时，有必要直接寻求帮助。
9. 应该采取积极的、权威的角色，来保护这个高危孩子。这是一个危机，需要实际的、指令性的指导和管理。在这个孩子明确解除了这次高风险危机后，密切监测进展。很多人在他们看起来恢复了并变得强大后又突然自杀了。
10. 积极肯定自杀是一个选择，但不要把自杀"正常化"为一个好的选择。
11. 如果父母不合作，该儿童表现高度不安，或者如果该儿童已不进食、已衰竭或已脱水，或存在其他一些身体状况的恶化，则考虑住院。
12. 拒绝让该儿童在没有评估的情况下回归学校，应经由一名合格的精神卫生专业人员批准。这将确保该儿童能接受必要的治疗，同时若发生自杀未遂或自杀死亡，也能保护学校避免责任。

如下例子包含了很多上述建议。

Billy，11岁　在一次团体咨询中，9—12岁的孩子（包括Billy）进行放松训练、情绪想象以及自尊建立。孩子们轮流讲述各自所经历的积极景象。在之前几次咨询中，Billy非常安静和自满。

Billy：我看到我自己在公路旁。那里有一个大的18轮车——开得非常快。我感到想要死去。我想要死。我看到我跳到车前。

干预工作者：Billy，听到你那样说，我很担心！等其他人离开后，你能和我聊聊吗？还有Billy，我想让你知道，我很高兴你没有对该景象保密。

危机干预工作者对Billy突如其来的景象描述感到战栗和惊讶。基于其讲述的内容和环境（团体活动组织明确，以促进分享积极的、促进成长的景象，正如团体其他成员之前做的那样），该干预工作者评价他自杀风险很高。

Billy非言语的身体姿势和极其严肃的面部表情表达了他不是闹着玩儿的。该危机干预工作者并没有否认、反驳或者告诫Billy。认识到Billy冒着巨大的风险来透露他死亡的愿望，该干预工作者的回应是，向Billy保证他已接收到发出的信息，以及向该团体其他成员传达他愿意处理和回应Billy的求救。

Lester，14岁　Lester是一个聪明的少年，在校成绩不错且有安静、合作、表现好的声誉。在他父母痛苦地离婚后，他开始因为明显表现出来的好斗行为而在学校惹麻烦了；他目前和他母亲、妹妹、弟弟一起生活。他失去了对学习和学校的兴趣，且成绩开始下滑。他变得反抗母亲，且他的食欲下降到只吃一点点的程度。他变得沉默寡言——很少离开他的房间——相比之下，他之前积极参加任何可能的外界活动。

Lester的母亲和学校咨询师决定送他去一个由男、女中学生组成的学生支持团体，其成员都处于与父母分离或父母离异后的严重困境中。在一次团体讨论结束时，Lester提出要和危机干预工作者谈谈。

干预工作者：Lester，听起来像是今天团体里的某些事很触动你。

Lester：（犹豫、低头、紧张）我……我最近一直感到很奇怪……奇怪。感觉我处在别处。

干预工作者：你是指像你在你身体外观察自己吗？

Lester：是的。甚至在晚上。我不能理解这个。我甚至想我可能要疯了。

干预工作者：（仔细观察 Lester 的肢体语言）Lester，听起来这是如此严重以至于你可能希望你死了。

Lester：是的。我很害怕。我只是有想过那可能只是睡去了，不再醒来。

干预工作者：你有没有想过让这种情况发生？杀死自己，让你永远不会醒来？

Lester：想过，是的。最近想得更多了。

在这次谈话之前，该危机干预工作者已感觉到 Lester 可能想自杀。至少有六个风险评估清单上的指标指向 Lester 处于高风险的结论：他的家庭、行为和态度、肢体语言、饮食习惯、社交习惯和成绩的改变。其中任何一项都可能是重要的死亡信号（Curran，1987，pp.111-118）。

危机干预工作者以及其他和自杀青少年在一起的成年人必须小心留意自杀意念的线索。Hunt、Osten 和 Teague（1991，pp. 20-21）发现对其学生情绪变化敏感的、和学生关系密切的任课教师，能够成为发现、支持和转介自杀青少年的主要来源。

Lester 的科学课老师 Birch 先生听到 Lester 跟他一个同学说要给他"便携式音响"和一些光盘。Lester 还用剪刀剪掉了他的长发。他在班上和一个女生大声争吵，并在老师出面干预前几乎要大打出手。

这些行为很显然和 Lester 不相符。Birch 先生在一次和 Lester 老师们一起的职工会议中还获知 Lester 有自杀的想法。这名老师在一次关于自杀的在职培训中获得了警告信号的清单（Maples et al.，2005）。在他开始怀疑 Lester 的行为后，他察看了这些警告信号并马上把 Lester 转介给了危机干预工作者。危机干预工作者联系了 Lester 的母亲，她证实了 Birch 先生的猜测。副校长还表示 Lester 在过去两周因为打架有过两次惩戒。

干预工作者：（开始干预的三个月后）Lester，我要求这次会面是因为我又开始担心了。我本来认为你很好！但是现在，坦白说，我被你吓死了。Birch 先生和你妈妈也都很担心，让我来看看你。

Lester：哦，我很好。事情进展得很顺利。

干预工作者：（以平静、柔和、关心、共情的口吻——而不是说教或激动的口吻）事情在你看来可能还好，但是现在让我担心的是你最近的所作所为。你的母亲很苦恼和困惑，因为你把你的 CD 播放器送给了一个朋友，还有校长因为你这周在从学校回家的路上打架两次而非常生气。我注意到，最近两天在走廊和食堂时，你像完全变了一个人。如果这些事情像看起来那样，我想我今天不会走，直到我能确认你是安全的。我不想早晨醒来，听到你死了！

Lester：真没有什么你应该感到担心的。我很好，真的。

干预工作者：（继续以柔和、共情的口吻）好吧，那你可以和我谈谈到底发生了什么，让我觉得你不错。我只是想让你知道我得到的线索意味着危险，而且我和以前一样关心你。即使你说你没事，我也需要知道你是安全的。我真的很在乎你。

尽管很想相信 Lester 一切都很好，但该危机干预工作者仍然直言不讳、坚持不懈。事实证明，Lester 确实再次处于自杀的门槛了。重要的是，该干预工作者将 Lester 不寻常的行为解释为求救线索，无论 Lester 是否公开求救。

自杀冲动 这是一种特殊类型的自杀意念，是儿童和青少年特有的，乍看起来，它好像完全"疯了"。然而，在所有自杀中，自杀冲动对个体的自杀打算有重要意义。尽管多数青少年达到了认知发展的形式运算阶段，他们认为自己是不会死的，且不认为死亡的终结和不可逆性会发生在自己身上。当儿童和青少年因某些感知到的不公而赌气时，他们认为报复其虐待者的方式就是自杀。他们的自我中心主义是传奇式的，认为其他人像他们自己一样着迷他们的行为。有时，他们的冲动让他们相信，自杀是惩罚别人或引起对侵犯和不公（无论是真实还是想象的）的关心与担忧的完美方式（Maples et al.，2005）。他们认为他们将像殉道士那样死去，所有人都会为其对他们所做的严重不公而感到内疚和抱歉。一气之下，他们有时确实能做到他们打算做的。

反向使用情绪想象（Cormier & Cormier，1998，pp. 317-341；Lazarus，1977）是为了冲击和对抗来访者对自杀真实后果不理性的想法而设计的。通过让来访者充分想象死亡和腐烂的生动景象，以及让他们想象家人在其死后如何生活、成长和变化，向他们展示他的“自杀回报”是短暂。其设计是为了帮助来访者重塑他对什么是自杀真正后果的想法，它被用来为来访者提供适应和改变其生活方式的方法，从而找到比自杀企图更积极的选择。

在使用该技术的时候，有几个注意事项：只有当危机干预工作者确定自杀意念和企图是冲动的、愤怒的行为，旨在报复他人或引起注意，而不考虑什么是死亡结局的，才能使用这种反向想象。它不应该用于临床抑郁的对象，他们很可能将平静、安静和“归于尘土”的景象当作一个非常理想的选择。当对未成年人使用该技术时，应该要给家长做非常仔细的解释，让他们充分了解该技术是如何进行的以及为什么要使用它。介绍治疗方案的知情同意书应由父母双方签字。如果你认为这是一个激进的方法，那么你是对的。事先警告！以下将要读到的内容可能会让人很不安。

Ivana，14岁 Ivana是一个漂亮的、受欢迎的、任性的14岁新生啦啦队长。她有一个18岁的姐姐Charlotte和一个16岁的哥哥Bill。用操作性术语来形容她就是“被宠坏了”。在老师发现她试图在九年级女生厕所里割腕后，她被委托给危机干预工作者。

Ivana伤势并不太严重，并在当地的急诊室获得了急救。她自杀未遂引起了不小的轰动，学校里的人都在谈论她。她似乎很喜欢这种关注，并且在和父母的一次激烈争吵中告知他们，她恨他们并且很遗憾她还活着。她父母对他们优秀的女儿会想要自杀感到震惊，更不用说尝试自杀了。她自杀行为的理由是两方面的。她对她的男友感到生气，因为他在最近一次约会中没有做她想要的事情；她对她的父母感到生气，因为他们不允许她独自和一些大学的男、女啦啦队长们去周末旅行。

咨询过她父母后，该危机干预工作者向他们解释了如下技术以及使用原因。他们签了知情同意书，然后该干预工作者开始了对Ivana的干预。

干预工作者：你能告诉我你想自杀的原因吗？

Ivana：（马上就愤怒了，并以大声、苛刻的口吻挑衅）我会告诉你为什么。是因为我那糟透了的爸妈和糟透了的男朋友，你知道吗。就是这样的！他们从来不让我做任何事，他总跟我对着干，你知道吗。我只有自杀。然后他们才会感到抱歉。那种真正的难过和抱歉。这才会对他们管用，你知道吗。而且我也会这么做。下次，我会弄些药或者打开厨房里的煤气或者其他什么的。像你知道的，会很可怕的。要在家里自杀。然后，他们会自己发现，真的。那样才能真正好好地伤害他们，你知道吗！还有，我们学校的其他女生，比如我啦啦队里的，差劲，真的。她们总跟我对着干，你知道吗。还有，学校也很差劲，是真的很差劲，老兄。我讨厌这个地方，真的讨厌！你知道吗！

在听完她对父母、男友、学校、朋友以及整个世界的挑衅、冲动的青少年式的谩骂后，危机干预工作者认为面前这个冲动的、愤怒的小姑娘需要一点关于死亡是什么的现实。干预工作者的评估是，这名年轻女性的威胁和姿态是戏剧性的，是为了寻求关注，而非真正要自杀。然而，Ivana可能会不小心杀死自己的可能性是真的，任何威胁都不应该视为无关紧要的。

因此，该危机干预工作者将使用引导性想象，尽可能向她呈现关于自杀的真正意义的可怕画面。

干预工作者：（控制她对Ivana任性行为的厌恶，并共情地回应）我理解你对每个人都似乎针对你而感到愤怒和失望。所以我想，你是否愿意想象自杀对所有那些人，特别是你家人，意味着什么。你是否愿意想象他们将在余生付出怎样的代价?

Ivana：你说的，像真的一样，那会很酷。

干预工作者：Ivana，我想要你闭上眼睛，然后在你脑海里想象如下场景。想象你现在已经死了。(Ivana 有一点难以遵从。该危机干预工作者以有条理的、柔和的、舒缓的声音，对她进行言语指导和保证、教导她放松。Ivana 闭上眼睛、想象该场景。) 你在殡仪馆，你身边有很多漂亮的花，房间里都是你的朋友。你的家人在前排。他们眼睛红肿、充满泪水。正在播放的是你最爱的音乐。你穿着漂亮的粉红裙子躺在一个漂亮的银色玫瑰木匣子里。你看起来像睡美人。你是如此可爱。正如你看到的场景，一切都是如此完美。

你的男朋友心碎了，他感觉糟透了。他们都对没有做到你想要的而感到难过和内疚。(在她想象这个场景的时候，一个狡黠的微笑闪过 Ivana 的脸。) 现在牧师给出了悼词，每个人列队走过你的棺材和你的美丽的身体告别。你的家人在最后，他们哭起来了。他们活该，因为他们对你那么糟糕。大家离开后，殡仪馆主任走过来，关上了棺材的盖子和拧螺丝。现在你处于绝对的黑暗和安静中。你觉得你的身体正在被举起来，然后你突然感到轻微的撞击。然后，你觉得自己在移动。你在去墓地的灵车上。15 分钟后，你感到灵车停下来了。然后你觉得自己被举起来，然后突然放了下来。你听到一些低沉的声音，然后是绝对的安静和黑暗。你突然感觉到短暂的下降，然后你开始听到沉闷的重击声。你被放入了坟墓，他们现在在埋葬你。这是绝对的黑暗和安静，那是因为你已经死了!

现在，Ivana，我要你从你脑海里清除那个场景，前往一年后。你看到了你家的房子。你的照片挂在壁炉架上。今天是你的忌日。你妈妈哭了一天了，一家人阴沉沉地坐下来吃饭。但是晚饭后，你的哥哥 Bill 去打球了，你的姐姐 Charlotte 去演奏会了，所以一家人就散了。现在清除这个场景。在你脑海里想象这个。你在你的棺材里，里面是完全的黑暗和安静。水已经开始渗透过拱顶，你的粉红色连衣裙已经开始发霉。成千上万的棺材蠕虫找到了你的身体，它们扭动着身躯蠕动蹿行在你的躯体之中，享受着你的肉体盛宴。蠕虫从你曾经美丽的身躯啃噬掉肉体，你的皮肤紧贴着你的骨骼。除了皮肤和骨骼，你终于开始真正的消亡，因为你已经死去!

现在清除那个场景，前往五年后。这是你的忌日。看看你家的房子。你的照片挂在壁炉架上，旁边还有其他新照片。有一张是你哥哥穿着州立大学棒球服的照片。还有你姐姐的照片——穿着结婚礼服——和一个你不认识的帅气家伙。你爸爸坐在桌子旁，看着你的照片，并出神地想象如果你还活着，你会是怎样的。他把你的照片放回壁炉架，又继续读他的报纸。你母亲刚装好一个包裹。看起来像是为你哥哥准备的爱心包裹，她准备给他寄去州立大学。你也一直想去那里上学。现在从你脑海里清除这个场景。想象墓地，下到你的坟墓。你的红木棺材开始腐烂，蠕虫们没有得到的，水和细菌将会得到。你粉红色的礼服成了破布条儿，布满霉斑。你的皮肤紧紧巴在骨头上，看起来就像羊皮纸。皮肤脱落的地方，你可以看到点儿颅骨，骨头也开始刺穿皮肤。你的眼睛深深内陷，眼皮勉强盖住了眼窝。没有肉剩下，因为蠕虫早早完成了它们的工作。这里是绝对的黑暗和寂静，因为你死了!

Ivana：(在椅子上不安地扭动，脸上露出痛苦的表情) 我……我想我不会再自杀了。

干预工作者：再一次，我们就结束了。现在是你自杀后的第 10 年了。在你脑海里想象你的家。在壁炉架上有新的照片。是你哥哥的照片，他穿着军装，站在飞机旁。他一定是个飞行员。哇! 还有你姐姐的照片，但这还有几张三个可爱的小朋友的照片。他们一定是她的孩子。你的照片现在放在最后面，布满了灰尘，框架上的油漆开始剥落。但是，它还没被换掉，也永远不会。当你的目光移入房子时，你看到你的父母正在打包。他们在聊天。这是什么！他们正在收拾你所有的、旧的学校物品和衣服、玩具熊和游戏，还有你的啦啦队制服。他们把这些装入盒子。他们要把这些捐出去！他们一边说话，你母亲一边亲切地检查你的东西，并把它们收拾起来。你的父母正打算搬去一个退休社区，所以他们没有地方放阁楼里所有的东西。所有这一切曾经本是你可以享受的生活，现在只剩下一张满是灰尘的、壁炉架后的照片和回忆，这是因为你选择通过自杀死亡而不是活着。

现在回到墓地。你那美丽的红木棺材，腐烂且爬满了白蚁。棺木坍塌在了残留的躯体上。虽然还有几片骨头留下，但地鼠在啃食着以求生。牙齿还附着在头骨上，可也没几颗剩下。泥土和水渗进了墓穴，现在残存的，就只有烂泥，一旦躯体归于土地，就该是这个样子吧。这里是绝对的黑暗和寂静，因为你死了！你可以随时睁开眼了。

Ivana：（激动、颤抖、出汗）那些，好像，真的很可怕！你怎么能这样做呢？你应该帮助别人。

干预工作者：做什么？杀死自己，这不是你想要的吗？要死给你父母和其他所有人看。我给了你画面，关于活着和继续生活是怎样的，或者死去是怎样的。你之前是怎么想的？

Ivana：这完全不是我的意思。那太可怕了。我不希望那样。

干预工作者：Ivana，无论我或你的父母或任何其他人都不希望你那样。但你要明白，死亡是终结性的和不可逆转的。你不可能像睡美人一样又活过来。我想我们可以做一些事情，将有助于你拥有一个更积极的、为什么生命值得活下去的人生观。但是你必须做出选择。没有人可以替你做。我觉得你是真的想活着并希望过得很好，但是如果你继续通过尝试自杀来赌气，你很可能会真的杀死自己。然后，那将是你生活（或死亡）的真实写照。这就像查尔斯·狄更斯的《圣诞颂歌》里的守财奴。如果你愿意，你就有力量改变。

Ivana：好吧，也许我想和你谈一些事情，比如，也许我是有点爱出风头和苛刻，但有时我只是不知道该怎么办，并非常沮丧和愤怒，然后让我感到很受伤，我只想反击，你知道吗？

干预工作者：好的。我很乐意与你谈论这个问题，我相信我们可以做些计划，这将会处理你的一些愤怒和受伤的情绪。我们做个交易？如果好，我希望你和我握手，并且承诺此期间你不会再尝试自杀。

Ivana：好的，我和你握手，但是我认为我不想再去想那些画面了，你知道的。

干预工作者：我懂的，说定了。

最后，这种侵犯式的消极技术的使用应在善后辅导中得以密切监控，这样不会使来访者精神创伤到PTSD的程度。虽然Ivana似乎已经被警钟敲醒，危机干预工作者仍然将反自杀协议制订为渡过危机的治疗计划中的一部分。危机干预工作者、父母和老师都必须提高警觉，留意Ivana自杀的下意识反应，直到她能对其冲动行为有更好的控制。要优先处理的是教给Ivana更多行为选择，而不是以愤怒、暴躁的爆发来应对其典型的青春期认同危机和自我卷入引起的不安全感。

由于同龄人会给她关于其自私行为以及那是如何损害人际关系的诚实反馈，和同龄人的团队工作将帮助她学习以更公平、友好的行为对待她的同龄人。和父母一起的工作能提供合理、自然的行为结果，且不会因他们可能将她推向自杀而感到内疚；这也是全面的善后治疗中的重要一环，这将降低她的冲动性，使她不自杀。

第八章“致死性危机”中的很多自杀干预技巧同样适用于儿童和青少年。咨询师一直和年龄很小的学生制订行为合约。因此，和对成年人一样，以孩子的语言和言语理解水平写的反自杀合约将会对孩子有效。对他们特别有帮助的是减少孩子们孤立和边缘化的感觉（Berman，Jobes，& Silverman，2006）。将自杀儿童和青少年纳入支持团体或者其他活动，使他们感到被重视、对他们的学校和同伴团体有贡献，这是让他们远离自杀想法和行为的重要部分。Berman 和 Jobes（1994）发现自杀的青少年特别需要共情的治疗联盟，让他们感受到被肯定、被重视和被理解。

善后处理

自杀的丛集 当某个相近地理区域内发生了一起以上的自杀未遂或自杀成功时，会发生自杀丛集或传染，并让人感觉这些事件是相关的（Gould & Shaffer，1986；Kirk，1993，p.15；Webb & Griffiths，1998-1999，pp. B43-48）。有证据表明，宣传有关儿童和青少年的自杀死亡和描绘真实或虚构的自杀的媒体节目，与其可及地理区域内的自杀未遂和死亡相关联（Austin，2003；Kalafat，1990，p. 364）。

Kirk（1993，pp. 15-16）将此类丛集比作传染病；即当病原体引入到易感人群，感染的概率自然增加。同样，当发生一起青少年自杀，并引起轰动报道或某种程度上被美化，其他可能已经处于绝望、无助、无望状态的青少年可能会被影响，想结束自己的生命，或认为这是一个能引起极大关注的很好方法。

传染 Sandy Austin（2003）报告过八个月内在她学生中发生的连续四起自杀。学校危机应变小组立即以如下方式回应了自杀事件。每起自杀发生后，教职工们被通知第二天早上开会，会上向其介绍简要情况。联系地区精神卫生工作人员以获得支持。校长、咨询师和学校资源官走访死者家属，并询问是否可以在宣读的备忘录中，以“结束了自己的生命”而不是“自杀”来描述该行为的终结性，并降低对它的“美化”。备忘录起草后，在各个班级宣读。在这天结束时，教师举行了情况汇报会，以确定学生们的情况。学生被邀请去辅导办公室，做一对一或团体咨询，或只是来一下“保险室（safe room）”。举办家长/社区会议，请专家来讲解自杀的问题。要求媒体以“寻找征兆”和“如何帮助别人获得资源”的方式构建他们的新闻故事，以解决蔓延的影响。

然而，危机干预小组遇到了另一个问题。这些孩子非但没有像典型的青少年处理挫折那样容易忘记，而是开始谈论死亡是处理问题的一种可行的选择。咨询师和学生代表走访了每个班级，如果某个朋友开始谈论自杀或者显露出警告信号，请学生们留意并报告。制作以寻求帮助和留意自杀线索为主题的海报，并贴到整个社区。危机干预热线号码印到卡片上并分发。Austin 报告，到该学年结束，每天至少有给出一条关于自杀倾向的报告。代价远超过那几起自杀以及这些丧失带来的哀伤。两个朋辈辅导员变得有自杀倾向，一个学校咨询师因为压力而休了一个月的病假。因此，你应该有一个清楚的认识，即你将会在第十六章读到的替代性创伤是真实的。

学区按常规做了各项工作。他们做了所有他们能够做的，且整体上做法是正确的，但自杀事件仍持续发生。Shaffer、Vieland 和 Garland（1990）报告尝试自杀的青少年中，“在教室谈论自杀让一些孩子更可能尝试自杀”（pp. 3153-3155）。因此，为自杀教育和预防设计的“善后处理”教室项目可能适合多数目前处于非高危的学生，但可能不适宜高危人群。或者至少需要大量的努力去让所有学生参与，并让他们愿意向某个成年人报告同龄人的自杀想法或威胁，而不会恐惧被贴上告密者的标签。

宣传和传染 在 Kirk（1993，p. 17）关于媒体对青少年自杀影响的调查中，他做出了三种有趣的观察：（1）对自杀的报道越轰动，报道区域中的自杀数量增长越多。（2）在媒体报道青少年自杀后，青少年相关的车祸有大幅度的增加。（3）在有关青少年自杀的电视电影播出后，青少年自杀出现增长。这就是为什么媒体联络部门和媒体密切合作是极为重要的，如 Sandy Austin 学校的例子所示。

学校危机响应小组在自杀事件中的须知 学校危机响应小组（School crisis response team，SCRT）必须具备自杀善后处理的知识，这样自杀丛集就不会发生。自杀的危机不同于其他危机，因为自杀伴随有自我煽动行为，也因为自杀会导致很多不同的情绪。如果 SCRT 成员不懂得自杀行为动力学，他们需要获取具备该知识的外部咨询，且他们需要立即取得帮助。最坏的可能情况是一个没有安全感的SCRT，它不想因为需要外界帮助来处理危机而“丢人”。根据我们的经验，我们目睹过一支SCRT不知道它正在做什么，导致同一所高中在两个月内发生三起新增的自杀死亡和两起自杀未遂。因此，至关重要的是，应给予家长、老师和学生有关自杀警告信号的知识和信息——特别是在发生了一起自杀死亡后（Maples et al.，2005）。

Jennifer，17岁 Jennifer被吓坏了。虽然她多年来有抑郁、孤独和自卑，她已经成功地拥有了一个令人满意的社会生活，在学校里保持着中等成绩，并在每次抑郁发作后都重新找到平衡。过去一年中几个压力一起困扰、打乱了她的生活。事实上，儿童及青少年自杀的主要原因是家庭的作用（Berman，Jobes，& Silverman，2006；Wagner，1997）。她父母的分居和离婚是意外和痛苦的。和她很亲近的外婆因肠癌急速恶化而去世。Jennifer和她的母亲、两个妹妹一起生活。母亲开始和一个单身男人约会，并允许他搬来和她们一起住。Jennifer在年中的时候转学了，那会儿她父母原来的房子被卖掉了。因为缺乏社会适应能力且在新学校学习成绩不佳，Jennifer被安排到学校的一个支持团体，还有一个个体咨询师定期看望她。

经历了另一所学校的朋友在周末自杀的创伤后，Jennifer表现出惊慌失措、严重抑郁、疲惫不堪和退缩的迹象。危机干预工作者已经得到通知，Jennifer周五没上课，去参加了她朋友的葬礼。出于对传染性自杀的警惕，有时也称模仿性自杀（Gould & Shaffer，1986），该危机干预工作者知道，除了已经很紧张的家庭情况外，Jennifer的危险水平很可能因为她朋友自杀的创伤而提高。

干预工作者：Jennifer，看到你这个样子我很害怕。发生了什么，让你现在如此痛苦？

危机干预工作者能察觉到Jennifer所感受到的身体和情绪恶化。将干预工作者的情感关怀传递给Jennifer，并给Jennifer提供一个直接、开放的机会，以让她感到安全、能够回应是重要的（Patros & Shamoo，1989，pp. 126-128）。

Jennifer：（停顿了很长时间后，以一个非常低的、疲弱的声音）我……我以前从来没有这样害怕。（停顿。）整个周末我都忍无可忍。我只是在想，什么都不再有用。而自从上周五Etta的葬礼，我在想，如果我像她一样自杀，会不会更好。他们说了她那么多的好。她和我一直关系很好。听他们说所有关于她的美好事物，是如此可悲但又如此安慰。

干预工作者：Jennifer，我很高兴你现在在这里。我可以看到Etta的死和她的悼词真的影响到了你。现在让我害怕的是你刚才说的，如果你和她一样自杀会更好。这是否意味着你因为这个而打算自杀？

危机干预工作者的质疑旨在迅速评估Jennifer的致死性，并迅速阻止传染性自杀的念头。对这个问题的回答将影响和改变危机干预工作者之后的行动。虽然Jennifer不稳定的家庭环境本已给询问她可能有的任何自杀想法和计划提供了足够信号，传染性自杀的线索作为一面红旗，提醒危机干预工作者果断、直接地询问这个自杀的问题。

传染性自杀的概念是有争议的。怀疑者和批评者声称，丛集和模仿是没有科学证据的，因为很难证明某个自杀未遂或死亡能直接导致另一个。但在Kirk（1993，pp. 16-17）看来，有太多近期美国传染性自杀的证据被忽视，或者否认自杀丛集的说法。根据我们的经验，我们同意他的结论并认为，在自杀发生后，极为重要的是，前往学校的危机响应小组知道，如果没有正确进行善后处理，传染性自杀这个现象有被激活的可能性。

有证据表明，提供朋辈支持，如专业领导的朋辈咨询团体，可以帮助有自杀倾向的青少年（King et al.，2006）。预防最初的自杀和传染性自杀的主要学校支持系统之一就是朋辈咨询制度，如 Allen（1996）的朋辈领导项目。Allen 的朋辈咨询师每周开会讨论发生在他们高中的事情和问题。他们是学校咨询师的眼睛和耳朵，他们将永远比学校工作人员得到更广泛和更新的信息。通过给学校咨询师传递同龄人中谁受到了学校创伤的严重影响的消息，他们能让干预更有效、更快速。像 Allen 说的，“我不知道现在流行什么类型的毒品或者酒。我不知道谁因为和女朋友分手而郁闷，但我的朋辈领导者知道，而且他们不会因为告诉我而被视为告密者。因为其他的孩子认为这是朋辈领导者的工作，而认为这是可以接受的。”

青少年自杀后的哀伤和哀悼 Kirk（1993, pp. 112-115）发现，青少年和其他年轻人的自杀代表一类死亡，它让活着的人的哀悼和调整变得极为复杂。他列举了以下原因：

1. 青少年自杀一般是意料之外的。
2. 年轻人的死亡比度过完整一生的老年人的死亡更让人难以接受。
3. 对很多人来说，自杀是难以理解的，甚至道德上是错误的。
4. 自杀死亡者让其家人和朋友感到内疚、愤怒以及送葬者必须克服的和死者有未完结的事务的感觉。
5. 较其他失去亲人的家庭，自杀者的家庭获得的社会支持更少，因为人们往往不公正地将责任归咎于家庭。

Kirk 还指出，当自杀发生在学校时，哀伤反应往往因同学和学校工作人员的群体反应而更为复杂。教育工作者，学校危机响应小组，家长和其他参与预防、干预和善后处理程序的人应该对刚才提到的独特哀伤因素有敏感性。自杀绝对不能被美化或被当作英勇行为。然而，这并不意味着可以忽视有关的情感，或者不去尽可能真实、诚恳地回答关于死者的问题。对其他学生或教职工的担心产生共情和理解是最重要的，所有的问题或意见都应予以考虑（Capuzzi，2002）。

像其他创伤性事件一样，应设立一间供学生咨询的房间，发布真实信息，以及举行 SCRT 会议以确定其他学生是否可能有危险。Maples 及其同事（2005）描述了一个四阶段的适应模型（Brammer，Abrego，& Shostrom，1993），这可用于有亲人、朋友自杀的青少年。第一阶段将出现震惊和混乱。典型的反应是“这不能发生”和“不，不可能！”最初的干预可遵从第十二章“个人丧失：居丧与哀伤”中描述的干预反应步骤，并使用基本的非评判性倾听和回应技能。第二阶段是该悲伤过程中可能最不稳定的阶段。它包含了对未能做些什么来阻止自杀的痛苦、悔恨、内疚感。“为什么我没有发现？”“我本可以阻止它的！”是指责的常见内容。除了按照第八章“致死性危机”中的程序进行心理解剖外，使用如思维阻断法和积极的精神录像带等认知行为策略可能对帮助学生控制其情感有效。

Heather：（一位自杀者的最好朋友，16 岁，开始无法控制地颤抖，眼泪从她的脸上流下）我想我要疯了。每次我从 Sally 的储物柜前经过，我都要崩溃了。我们从一年级开始就是最好的朋友。我本可以、本应该阻止这件事的，我甚至都不知道这件事。这算什么朋友。

干预工作者：记得我们在心理解剖所说的。她是有充分理由的。这是一个可怕的悲剧，但既不是你，也不是我或者其他人能够或应该对她的自杀负责。你在手臂上戴着这个粉色的纪念环吧。你每次从她曾经的储物柜前经过（注意危机干预工作者强调过去曾经的），当那些情感开始淹没你时，按着这个环说“停下来！”然后回忆你曾经说到的你俩一起赢得六年级才艺表演的美好时刻。微笑并回忆你们穿着破烂娃娃的演出服是多么开心和可爱。然后继续。你每次经过储物柜时都需要这样做。不要像你现在这样回避储物柜，而是要将它作为你正常作息的一部分。我们将让你直接记住那个精神意象，所以向后靠，闭上眼睛，让我们来练习一下。

第三阶段与丧失的和解有关。当青少年们第一次面对创伤性死亡时，他们可能纠结于存在的问题，如生命的意义或每天生活的无用。“这究竟是为了什么？”以及“为什么要上学？”是团体哀伤工作的主题，它们能帮助学生调节并继续他们的生活。这些问题的精神性部分应仔细加以考虑，工作联盟和转介去牧师咨询也是好的选择。

第四阶段与幸存者新目标的出现有关。再次致力于已建立的友谊或投入一项有意义的事业或体育赛季是帮助青少年走出自杀阴影的方法。通常，该阶段将标志着活着的青少年放下逝去的朋友，重新投入生活。

一个受欢迎的学生或老师的自杀是学校人类服务工作者面临的最困难的挑战。干预严重走样的可能性很大，因此必须彻底想清楚干预方法并仔细运用。本书的作者之一曾见过某学校教职工在放学后与本区 SCRT 一起开简会。对于前晚一名教师的自杀，教师们有各种问题和情绪需要处理。他们被告知：“如果你们对该同事的死亡存在问题，我们建议你们联系你的行为健康服务提供者，和他们谈谈。”然后，SCRT 的组长解散了小组，留下了校长和学校咨询师去面对50多名愤怒和沮丧的教师。

像任何危机一样，在公布自杀死亡后，应该尽快赶往事发学校，这对计划下一步行动、评估教职工和学生情绪状态、消除谣言、评估其他可能的自杀，以及通过向教职工和学生汇报来阻止不当宣传和美化是至关重要的。SCRT 在下午或第二天才迟迟赶到现场将是徒劳和破坏性的。这种反应缓慢的行为让谣言和混乱失去控制，并表明了其对学校健康和幸福的不关心。

当有学生或教师因自杀死亡时，有如下几点建议（American Association of Suicidology，1991，1998）：

1. 不要停课，也不要鼓励学生在上课时间参加葬礼。
2. 不要为死者举行大规模的追悼，也不要特意停课去做这件事。
3. 一定要提供个体和团体咨询服务。
4. 澄清事实，把死亡当作自杀来处理（而不是假装这是正常死亡，不是自杀）。
5. 一定强调没有某事或某人应该为这起自杀负责。
6. 一定强调可以提供帮助，自杀是可以预防的，以及每一个人对自杀预防都有作用。
7. 不要修建物质纪念物，如长凳或有标识的树，或为自杀者做年鉴。
8. 不要在很多人一起时，如在大会上，发布信息。要按教室或者分成小规模人群来宣布。

自杀预防项目是否有效？ Zenere 和 Lazarus（1997）研究了在大城市的一个大的、文化多样化的学校里的综合性自杀预防和干预项目。他们对学生追踪了五年。他们发现尽管自杀意念仍牢固，但自杀未遂和死亡的比例显著降低。尽管干预项目可能不能阻止学生对自杀的想法，但有效的项目能阻止行动！

潜在暴力行为的法律和伦理问题

保密原则和警告的责任

在过去任何咨询中过于强调的道德考虑就是保密原则，但我们现在碰到了关于警告责任的 Tarasoff 案（Tarasoff v. Board of Regents of the University of California，1976）。的确，美国学校心理咨询协会（在校人类服务工作者的主要专业组织）规定了，当一个学生的行为是一个对其他人明确的、即刻的危险时，必须警告适宜的机构（American School Counselor Association，1998，§ A.7）。

学校的官员有法律义务对那些对他人（Bailey，2001）或自身（Maples et al.，2005）构成危险的学生采取行动。尽管至今，法庭一直不愿意找校方在校园暴力案中的责任（Hermann & Remley，2000），虽然有几个值得注意的例外。在危机前、中和后，和为学生提供服务相关的法律问题主要是疏忽。虽然我们主要谈伤害他人的意图，但疏忽可能发生在任何危机情境中。当存在可预见性和疏忽时，学区应该在自杀事件中承担责任（和专业人士一样）。一个可预见性的例子是，校方获得了学生表现出潜在杀人行为或自杀行为的信息，但将其忽视，认为是无害的。如果发生暴力行为，且没有采取或尝试采取干预时，疏忽就发生了。当学校缺乏准备或工作人员不尽职时，这些法律问题就出现了（Maples et al.，2005）。因此，建议学校推出一个书面的政策声明，细化所有危机中的程序，作为避免责任诉讼的最初步骤（Brock，Sandoval，& Lewis，1996，p. 42）。政策包括，如果怀疑自杀或者暴力，即使被孩子否认了，也要通知父母（*Eisel v. Board of Education of Montgomery County*，1991）。Kerr（2009，p. 28）指出重要的一点，即在事情发生前没有到位的政策会浪费宝贵的时间，并导致各种问题。危机发生时不是辩论政策的时候，而是要有政策到位，并清楚地知道政策内容。

一旦制定了政策，就应该遵守政策（Hermann & Finn，2002）。法庭曾经发现了教职人员的疏忽，他们没有遵守为保护学生安全而设计的政策（Garcia v. City of New York，1996），特别是如果暴力事件是可预见的，伴随有过去的暴力支持的“真实”威胁（Hermann & Remley，2000）。“真实”威胁可以被认为是，根据所采用的语言和威胁的背景因素，一个有逻辑的人在同样情境下会认为，这是认真的、清楚的对伤害他人意图的表达（Hermann & Finn，2002）。

危机干预工作者必须做出决定，是否发出警告。这不是一个容易的决定，特别是当我们在应对未成年人时，能给危机干预工作者造成两难困境。干预工作者必须权衡两种选择，这两种选择可能都不怎么吸引人。

一方面，通知学生家长以及让当局介入事件，将冒着损害在学生中的可信度的风险，家长也会极端愤怒，因为家长认为这是给他们的孩子贴上“杀人狂”或“想自杀的疯子”的标签。在本章 John 的第一个情境中，如果告诉啦啦队队员的父母，John 会伤害他们是毫无根据的，因为这并不是基于明确的意图、方式或任何其他实质性的证据，而是基于 John 的模糊、幻想中的报复想法。这可能导致恐慌并很可能引起一场诉讼。在没有实质性证据的时候，我们不希望采取任何会给孩子们贴上暴力倾向或其他可能给孩子和家庭造成难堪的负面词汇的标签的措施。然而，尽管 John 的威胁模糊，仍应让其父母介入，并且以一种共情的、非指责的、解决问题的方式来告知他们 John 的问题。因此，问题不是“是否应该联系父母？”因为这是必须的。问题应该是告知父母什么，以及如何得到父母支持性的反应（Poland，1989）。虽然 Poland 所说是针对自杀想法，但是没理由认为这些话不应用于杀人的意念。

另一方面，如果该危机干预工作者不警告他人，他就将该学生和其他可能受到伤害的人的生命置于风险中，且该干预工作者也可能要因此承担民事责任。在自杀或杀人事件中，越来越多的判例表明，如果学校没有采取行动来阻止致命性事件的发生，学校是要承担责任的。问题不在于该学校是否导致了这个致命性行动，而在于是否尝试阻止它（Poland，1994）。John 在第二个情境中详述了他的意图和方式，且其手段提供了充足的理由来将该行动标为致命性的，并足以警告其父母和潜在被害人的父母。

虽然大多数州的法律并没有给出关于该点的明确指导意见，但很有可能，现存的法律会支持任何基于指向明显的、有确切危险的特定行为的警告（*Lavinev. Blaine School District*，2001；*Lovell v. Poway Unified School District*，1996）。尽管家长们会强烈反对并控告地区和学校工作人员，法庭已认为当代学校暴力场景中的官员能够暂停学生学习，直到训练过的精神卫生专业人员确定这些学生对自身或他人不构成危害（Hermann & Finn，2002）。这些明显、确切的危险最好通过关注特定行为来确定。尽管心存抱怨的家长们很容易争论某特定行为的意义，但更难的是否认该行为本身。

如果是基于具体的行为出现或合理的怀疑，且如果该行动符合学校关于应对可能致命行动的计划，那么学校代替家长的状态（父母不在时，处于家长对孩子的位置）是采取行动的足够理由（James，1994；James & Crawford，2002）。因此，任何学校的安全问题都牵涉到合理性的概念，也牵涉到教育工作者们推进安全学习环境的意图，以及教育工作者们对学生所知晓的事情和所产生的客观怀疑（James，1994）。

做好记录 做好清晰和准确的记录是证实警告责任的最关键部分。这些记录应该包括日期、时间、涉及的各方、观察到的具体行为、所说的话和所遵循的步骤。单纯的直觉或者“第六感”不足以解释为什么要进行特定的干预。有必要清楚描述和记录行为，尽管它们可能很微妙，但这些行为决定了这次干预（James & Crawford，2002）。

咨询 危机干预工作者立即咨询另一位在该领域可信任的专业人员，接受他对情况分析正确性的验证，并清楚、简要记录该危机干预工作者什么时候、为什么以及向谁寻求咨询都十分重要（Capuzzi，2002；James & Crawford，2002）。大多数人类服务行业的道德标准把与咨询其他可信任的专业人员作为提供良好标准的照顾和预防暴力犯罪的一个合理部分来提倡（American Counseling Association，1995，§ B.1.c；American School Counselor Association，1998，§ A.7）。

由于《家庭教育权和隐私权法案》的规定（James，1997），学校官员们对把数据传输给其他人或者机构是十分谨慎的。但是，当学生表现出可能有致命意图的行为时，或者当该危机干预工作者有足够理由确信那些行为有致命性时，则毫无疑问要分享数据和信息。否则，这将是不道德的，并会招致法律诉讼（James & Crawford，2002）。鉴于专业人士之间的协议，可以合理假设，任何得到同行支持的报告有助于让危机干预工作者和学校避免法律责任。

干预的一致性

前后矛盾的措施会招致对不守信用或个人歧视的投诉，始终如一的措施表明干预是基于行为而不是任何个体的特性。当出现特例时，它们应解释为单纯的错误或判断失误，而不是决定以反复无常的方式进行随时变化的干预。我们之前的同事 Robert Crawford 博士是一位律师、顾问、教育家、法律和伦理学的学者，他曾半开玩笑地说，始终如一的错误比前后矛盾的正确要好。这就是为什么建立一套安全计划并普遍运用其程序，从法律上说是很关键的。

零容忍 当我们说到干预的一致性时，我们并不提倡严格的零容忍政策。在那些害怕法律责任，担心被指责为有偏见的、随意的和反复无常的决策的学校中，这样的政策已成为主要的操作模式，如俄勒冈州的15岁校园枪手 Kip Kinkel 案中，因为他的父母就是该地区的老师。零容忍政策的消极面包括了已经被证明为是刻薄的，并且因为其一成不变、不通情理，而导致学校和家长发生争执——例如，因为把指甲刀带去学校而让一个小学生停课60天。

美国心理学会零容忍专项小组（2008）研究了该问题，并发现几乎没有什么实质性的数据能为该方式辩解。确实存在一些零散的证据证明这一方案大多是无效的。它造成了学生和家长的疏远，并往往导致注意力集中在少数群体和残疾学生身上。事实上，零容忍政策常常成为导致学生走向青少年司法系统的途径，而实际上大多数事件在校内就可以处理。

专项小组提出了一些建议，在实施零容忍政策时，如何突破实践和政策的界限。他们建议给作为第一线信息提供者的老师们更多自由裁量权，建议仔细界定违规行为属于严重还是轻微违规，建议培训老师如何应对违规行为，建议改进政策以仅仅保持对最严重违规行为的零容忍。专项小组还建议了零容忍的替代选项，包括使用风险评估程序、实施为高危学生改进学校氛围的措施、提供开除以外的多种选择，以及增加教师在文化性回应的教学行为管理和指导方面的培训。最后，专项小组号召组织对零容忍及其替代方案进行有组织的研究。总而言之，建议很全面，但是实施十分困难和昂贵，而零容忍却不是这样。

总的来说，绝对有必要的是，校内的危机干预工作者要了解校园暴力相关的伦理和法律规定的最新消息（Hermann & Finn，2002）。虽然前述的措施和程序可能看起来是困难的、不方便的，且对学校来说满是危险和法律责任，我们现在尝试把上述场景转移到大学的背景中。

大学中“有所作为”的问题

虽然本章主要关注K-12学校以及学校中的未成年人，但是在高等教育机构仍有一些关于暴力学生长期滋生的问题，其中2007年4月的弗吉尼亚理工大学屠杀就是冰山一角。

首先，对这类暴力的本能反应就是对枪支买卖实行更严格的控制，因为能够购买枪支被视为是导致暴行的原因，或至少是导致暴行的一个因素。赵承熙在弗吉尼亚州买枪和在网上买弹药的每一件事都完全合法。如果不能禁止拥有枪支——确实，弗吉尼亚州在所有公立学校内禁枪——地球上没有哪部枪支控制的法律能阻止弗吉尼亚理工大学惨案。让弗吉尼亚理工大学惨案得以发生的是一大堆完美的法律，它们旨在保护个人，尤其是残疾人。当运用于大学时，这些法律会从法理上束缚住学校的“手”，这样个人不能被开除、不能被停课，甚至不能被驱赶出宿舍，而且也不可以通知家长或其他成人说明该学生有问题。

在第十四章“机构中的暴力行为”，我们将讨论导致人类服务领域中暴力环境的因素。其中一个因素就是关闭了大的州立精神病医院以及随之而来的数以千计的精神疾病患者出院回归社会。赵承熙于2005年12月被收治入院接受精神评估。特别法庭认为赵承熙对他自己而非他人构成威胁，并决定非自愿住院治疗是不必要的（Shute，2007）。当你决定要严厉惩罚该特别法庭前，你想想除了监狱以外根本没有地方安置赵承熙，而且在那时他并没有做任何违法的事情。这个简单的事实是，美国的每个州都有远多于公立和私立医院床位的精神疾病患者。医疗保险通常早在精神障碍被控制前就用完了。在这种情况下，除非该患者非常富有，否则没有床位或治疗会按需提供。

大学中“有所作为”的另一个问题就是，学校是否可以强制要求门诊咨询、住院心理治疗、开精神科药物治疗，或者甚至仅仅是去见宿舍辅导员，而不是精神科医生。除非是法庭命令，不可以要求任何人接受任何种类的咨询，大学只能提供建议。在提供支持、让子女休学接受精神科医生的帮助，甚至仅仅是意识到其孩子处在心理或学业的水深火热中的问题上，除非孩子自己告诉家长，否则家长们也起不了太多的作用。一旦个体达到18岁，《家庭教育权和隐私权法案(1974)》将生效。和其他旨在保护个体隐私权利的规定一起，该法案禁止在未经学生明确的书面许可的情况下以任何形式从高校传出个人信息。1996年的《健康保险流通与责任法案》进一步限制了信息的传递。结果就是在学校的任何精神卫生活动与其他机构间设立了一个铁墙。这些限制包括告知家长是否需要或正在进行心理咨询或咨询的有关内容。因此，很可能家长完全不知道他们的孩子在心理或学业上存在问题（Myer，James，& Moulton，2011）。

现在，两个其他法规也加入其中。1973年的《康复法案》和它在1974年的修订案，以及在1990年的《美国残疾人法案》中对该法案的进一步修订，禁止基于躯体残疾、精神残疾或吸毒成瘾的任何歧视。《康复法案》中关于歧视的第504条是如此著名，以至于此类投诉或案例被普遍称为“504们”。这些法律有效地阻止了对学生基于任何残疾的歧视。虽然前述是这些法律的精神和意图，但这些法律也在学校因为个人干扰教学进度和侵犯其他学生权利而试图让学生休学时（例如，某学生的残疾是精神疾病），有效地阻止了学校（Myer，James，& Moulton，2011）。

任何想开除学生的机构必须首先应对第504条。这就意味着，学生的退学必须通过走听证程序。在该程序中，学生有权对学校的决定进行上诉。任何其他让学生休学的尝试将被视为武断和反复无常，且会给大学招来一场很可能输掉的官司。如果学生认为学校歧视他，该学生可以请求美国民权办公室进行调查。一旦民权办公室介入，它在确定该学生是否应该被退学时将只关注一点：该学生是否对自身或他人构成威胁，以及该退学决定是否是基于对该学生安全地参加学校课程的能力的个人化和客观判断，是否基于最新的医疗知识或已有的最佳客观证据下的合理医学判断？此外，该评估必须确定风险的本质、期限和严重程度，还要确定潜在危险伤害实际发生的概率以及是否有合理的政策、操作或程序的修改能充分减少风险（Gallager，2005）。

上述的确是很高的要求，且无疑自第504条生效以来，学校开除学生或让在读学生退学是十分困难的。赵承熙令人讨厌、古怪、怪异、有各种方式的危险性，而且符合 EVJO 筛查的多项指标，但这些事实仍然不够充分，因为他没有具体参与有明确计划、动机或手段的危险行动。底线是，对诉讼的畏惧和学校在推翻退学的诉讼中的糟糕记录，让大学不愿意尝试清除此类学生（Myer，James，& Mouton，2011）。

和法律一起的让问题变得复杂的还有哲学、道德、世界观以及让问题学生留在集体生活安排中的务实的、逻辑性的考虑。宿舍主管被分派了世界上最困难的工作之一。他们和本书的很多读者一样负责保障人们的安全。他们需要以有利于追求教育的、符合某种文明集体生活安排的方式来完成该责任。面对新近解放的青少年，这是一项艰巨的任务；青少年可能因为在他们刚刚获得的自由中尝试不同的生活方式，而变得对学习环境可能非常有破坏性。加之青少年承受着获得学业成功的压力，以及很多人要应对第一次离家生活。此外，现在除了新的、有潜在危险的环境，一些学生还有精神疾病史或者严重的心理障碍史。难怪抑郁症、焦虑症、自杀意念在大学生群体中飙升。

确实，大多数精神分裂症和双相情感障碍通常在上大学的年龄发病。此外，由于1990年的《美国残疾人法案》和1973年的《康复法案》，患有精神疾病的、走入大学校园的学生人数在增加。如果这些学生经受很重的压力，而大学环境下确实压力不少，这就为精神疾病的发作设立了一个舞台。而且，如果一个被下了精神疾病诊断且在接受药物治疗的学生忘记吃药或药吃完了，或决定不接受精神科药物治疗，则会迅速地重新出现精神疾病行为。

如果你认为弗吉尼亚理工大学校园枪击案没有让美国所有大学对他们知道的宿舍和班上的"怪人""变态"和"疯子"高度警惕，那么你很可能搞错了。现在把成千上万焦虑的父母考虑在内，你就可以想象宿舍主管要把这些"疯子杀手"从宿舍赶出去所承担的压力，或者管理人员要把"疯子"赶出大学所感受到的压力。因此，古老的偏见和对"疯狂杀人狂"的恐惧有着肥沃的土壤。第十四章"机构中的暴力行为"指出，患精神疾病的人很少会变得暴力。然而，那些患有精神疾病且之前有暴力史的人确实需要密切监视其致命行为。因此，出于非常实用的原因，宿舍协调员需要除去情绪不稳定的人，直到他们精神稳定，否则他们不应该待在学习环境社区里（Myer，James，& Moulton，2011）。

该问题的另一方面在于咨询中心和学生残疾服务工作人员，他们有应对精神疾病患者的任务。因为这些学生和其他学生是不同的，且易受歧视，并且这种歧视在弗吉尼亚理工大学枪击案后可能会增加，工作人员理所当然地代表这些学生，支持这些学生。他们的观点是，包容多样性是至关重要的，且所有学生必须学会忍受和适应彼此。在这方面，咨询师和人类服务工作者一般都不愿意支持基于突发的心理障碍而让学生休学或者开除，除非有明确的、具体的证据表明学生有意伤害别人或自己（Myer，James，& Moulton，2011）。

这个问题确实是一个经典的难题，它让个人权利（无论那人多"离经叛道"）和多数人的权利（不管他们多"正常"）竞争。我们认为，弗吉尼亚理工大学大屠杀的凶手将导致此问题的司法路径会沿着导致 Tarasoff 有"警告责任"的决定（见第五章"危机案例处理"）以及本章后面讨论的其他 K-12学校的安全决策的方向发展。在某种程度上，对精神病患者的保护必须与社会的需求相平衡，特别是学习环境中的个人行为扰乱到其他学生时——且这种平衡应该远早于个人行为变得致命之前就达到。如果希望这样的情况发生，那么必须修改联邦法律，给予高等院校权力，在早期的、严重的警告信号出现时，就对个人采取行动。

TASSLE 鉴于在暴力可能在校园抬头时，特别是当一个学生在宿舍扰乱学习环境时，就会出现法律和伦理问题，我们可以做些什么呢？《分类评估系统之学生环境适应量表》(The Triage Assessment System for Students in Learning Environments ，TASSLE；Myer et al.，2007)是一个简化版的《分类评估表》，能被大学的学生事务工作人员用于关键事件的现场决策。该 TASSLE 为确定学生需要多少支持和监督提供协助。它也能够监测用于消除和缓解危机情况策略的有效性。TASSLE 可用作一个单独的事件评估或作为一个积累性的记录以追踪学生的问题行为，并做出如何为学生提供帮助、什么是对学习环境最好的决定。

关于 TASSLE，宿管人员必须完成一天的培训，包括从恋爱关系分手到精神疾病发作的多种场景下宿舍学生失去控制时的视频模拟。这些模拟让宿管人员练习评估他们可能会遇到的个体类型。由专业的危机干预工作者提供该培训。

图 13.1 是 TASSLE 的首页。当宿舍主管或宿管助理被告知有一个问题学生且接触该学生，TASSLE 表可用于总结和学生的接触。该列表让评估者简单地检查观察到的行为。带有一颗星号的行为通常表示该学生不应该独处，直到有行为已趋于稳定的保证。有三颗星号的描述表明伤害自己或他人的可能性较高，应采取预防措施，把学生转移到能对个人身体和心理健康进行监控的安全地方。

该描述正下方的是情感、行为和认知量表。每个量表有两个评级："X" 代表初级评估，"O" 代表终级评估，因此可以进行前期和后期的评估。从事件的开始到结束，评级可以显著地改变，因为宿管的干预可以平息和化解问题。另外，警方或其他有关当局的介入可能会导致个人暂停问题行为。这两个评级还意味着减少评估者泛化的偏见。在本质上，泛化的偏见可能导致评估者由于初始评分很高，因此在后来的评分中也给一个较高的评分，即使实际表现远远更低，或者是与之相反的情况。然后把这三个分数（情感、行为和认知）相加，并使用传统的《分类评估表》的计分系统；相加分数为10分以下表明该个体可不受约束，分数在10分及以上表明需要更多的监督和支持，分数在20分及以上则表明必须干预和转送到宿舍以外的安全地方。虽然单次高分并不一定表明某个个体有致死性，但 TASSLE 的持续高分记录则给出了个体的明确行为分析，这也是证明该个体需要干预的具体行为记录。此外，当除了宿管人员外，校警和咨询中心的工作人员也接受了使用 TASSLE 的培训时，这三个机构间协调干预活动会更加顺畅。

风险评估小组 绝对有必要把 TASSLE 的评级和事件报告等信息一起存放在一个中央储藏室，这样事件可以相互参照且根据学生暴力的可能性对他们评级。该评估由被大多数大学称为风险评估小组的机构来完成。类似于 K-12学校中的那样，该小组由可能和有精神病的学生有接触的各类人员构成。该小组一定会有来自住房、娱乐、餐饮服务、咨询中心、警察局、检修、管理、医疗服务、学生司法、媒体关系、法律办公室、消防部门、管辖联络等部门以及教师的广泛代表。该小组将决定需要采取什么行动，且该行动将基于事实行为的累积而不是猜想（Myer，James，& Moulton，2011）。

员工号：____________________

日期：__________ 事件类型：__________ 地点：______________

时间：__________ 接触：________ 现场：________ 解决：________

投诉信息：____

____

学生姓名：________________________ 出生日期：__________

（姓） （名） （中间名）

种族：__________ 性别：____男 ____女

观察（根据情况多选）

____ 停药*
____ 幻觉†（__嗅觉__视觉
__听觉__触觉）
____ 奇怪的行为 / 外貌
____ 卫生状况差
____ 荒唐、毫无逻辑、无意义的言语
____ 偏执 / 怀疑的想法
____ 闪回、脱离现实*
____ 醉酒 / 中毒状态*
____ 骚扰
____ 威逼 / 恐吓

____ 攻击动作
____ 自我伤害行为*
____ 行为暴力†
____ 对人对己的口头威胁
____ 自杀 / 杀人思维 / 言辞*
____ 自杀 / 杀人动作 / 行为†
____ 明确的自杀 / 杀人计划†
____ 不合作
____ 缺乏情绪 / 情感

____ 冲动性
____ 歇斯底里*
____ 混乱*
____ 无法完成简单指令*
____ 无法控制情绪*
____ 无法回忆个人信息*（电话、住址等）
____ 对外界的不真实感（旁观者）
____ 无反应*

* 建议提供支持服务
† 建议提供保护性拘留

分类评估（X=初始评估，O=终期评估）

情感
愤怒 恐惧 悲伤
1 2 3 4 5 6 7 8 9 10

行为
接近 回避 无能动性
1 2 3 4 5 6 7 8 9 10

认知
侵犯 威胁 丧失
1 2 3 4 5 6 7 8 9 10

初始总分：__________ 终期总分：__________

图 13.1 《分类评估系统之学生环境适应量表》（TASSLE）

来源： Reprinted with permission of Crisis Intervention Prevention and Solutions, Inc.

为危机做计划

学校危机计划不是一夜完成的。它需要学区和员工大量的计划和投入（Brock，Sandoval，& Lewis，1996；Kerr，2009；Luna & Hoffman，1999；Maples et al.，2005；Montano & Dowdall-Thomae，2003；Newgass & Schonfeld，2005；Petersen，1999；Petersen & Straub，1992；Rubin，1999；Stephens，1997）。危机计划既有共性又有特性。其他学校和咨询师的危机计划，对于确定危机控制应该包括的内容的框架极为有用。不管危机是发生在纽约还是密西西比，对于所有的致死性危机而言有许多需求和反应都是通用的，适合每一个危机。当灾难袭击学校，联邦政府鼓励学校按照《国家事故管理体系》（2011）行事，它提供了危机响应应该如何组织的标准。这固然很好，但是专业响应者在紧急状态结束后离开，你猜谁将继续工作？此外，在危机的最初几分钟或几小时，他们也不会在，而那时你依稀记得的第一章中的混沌理论正大行其道。

而且，每个学区和每栋学校建筑都有其设备、人员配置、学生人群以及社区构成的特殊性。这些中的每一个变量都对危机的具体规划有着重要作用。比如说，将针对洛杉矶校区的危机计划全盘用于艾奥瓦州则也可能会产生误导。学校的危机响应需要一个传递系统。任何服务传递系统的主要组成部分应包括危机发生时应做什么的书面策略，执行该策略的物质资源以及执行服务的、训练有素的人员（Nelson & Slaikeu，1990，p. 339）。危机计划必须包括安全和保障；获取、核实以及向学校各部分提供准确信息；同时处理各部分的情感需求。如果这三个方面在危机发展时不能同步解决，则没有一个能得到有效解决（Newgass & Schonfeld，2005）。

危机响应规划委员会

应该让危机响应规划委员会做最初的规划（Brock，Sandoval，& Lewis，1996；Kerr，2009；Montano & Dowdall-Thomae，2003；Newgass & Schonfeld，2005；Petersen，1999；Petersen & Straub，1992；Poland，1999；Rubin，1999；Stephens，1997）。需要决定委员会的规模。如果规模太大，它将很笨拙。如果规模太小，它将不足以应对大的危机。如果该地区大到足以支持此委员会，理想的情况可能是一个两层级的团队，以及一个该地区以外的超级层级区域团队。第一层级团队负责地区范围的工作，处理危机的大局。这个团队应该由各类人员组成，他们代表必须对危机做出反应的社会服务和政府机构。第二层级是大楼响应小组，他们熟悉设备和服务对象。这些人所代表的是师资队伍、管理人员、家长，还有最重要的支持人员（未能将管理员纳入该小组意味着没人知道如何关掉大楼里的燃气或电）（Brock，Sandoval，& Lewis，1996，p. 31）。其中的一个关键要素是这两层级间的协调。如果这两个层级的运行南辕北辙，则他们不仅会阻碍危机的解决，还可以使情况变得更糟。协调应该是系统性的，并且融合和青少年工作相关的各种利益相关者的伙伴关系（Lubell & Vetter，2006）。

需要进行需求评估，以确定学校工作人员在培训中有哪些需求，以及更重要的是服务对象是否相信并愿意支持这项工作（Davis & Salasin，1975）。人们可能会想，鉴于目前学校暴力的宣传，应该很少有人会反对在学校实施全面危机预防和干预项目。当如上想法遇到一些现实问题时，如需要发行学校债券、得为员工提供时间以接受培训或破坏进入学校大楼的便利方式等，可能就不一定没人反对了。因此，充分评估社区，确定他们反对还是接受，对计划的有效执行至关重要（Davis & Salasin，1975）。

在需要干预前，就应早早建立一个明确处理大的学校危机的体系。它应确保所有人员都清楚应该做什么、何时做、谁负责哪个部分、谁写报告以及随后的跟进。

此类规划应包括所有学校员工和管理人员。而且，因为此类干预项目无疑会牵涉到执法部门，可能还有其他精神卫生机构，他们也应该参与到针对暴力干预的规划中，并让他们知道将扮演什么角色（Blauvelt，1998；Brock，Sandoval，& Lewis，1996，pp. 33-37；Montano & Dowdall-Thomae，2003；Newgass & Schonfeld，2005）。

作者曾见过不少由学校制订的长篇危机计划，让人印象深刻。其中一个有29个不同的负责人、主管、官员和主任，且每个人都有非常详细的职责和工作！这样的计划只会在校长和教导主任的书架上搁置。任何危机计划都应该是实用的，它应该足够简单，让每个人都清楚执行时的职责（Blauvelt，1998；Goldstein & Kodluboy，1998，pp. 170-171）。从这个立场出发，尽管所有学校都定期做台风、地震、火灾演习，但很少有学校会进行武装入侵者或其他类型的危机演习。如果员工没有接受过实施计划的训练，如果学校危机计划没有定期演习、评价、批判、检查和更新（Brock，Sandoval，& Lewis，1996，pp. 243-248；Poland，1999，p. 4），这样的计划将是没用的。

学校危机响应小组（The School Crisis Response Team，SCRT）

当危机严重到当地员工因为个人情感的卷入而不堪重负或情绪受创时，则需要召唤外部援助。对地区层级的动员应早在危机发生前计划。在小的乡村校区，如职位要求的人力和专业知识超越了本地区的能力，则绝对需要与其他地区和支持人员建立联系。对这些小地区来说，更重要的是和郡、州及联邦灾难管理小组建立紧密联系，并让这些小组成为其超级层级。

如果危机能够由本地区的援助解决，该地区一般能获得更好的服务，因为援助人员熟悉环境以及他们的服务对象，该地区也知道援助人员的专业水平如何（Brock，Sandoval，& Lewis，1996，p. 61；Rubin，1999）。不是所有人都适合做危机干预工作。不能因为某个人是咨询师、社工、学校心理医生或者是充满爱心的老师或管理人员，就让他自然成为参与危机响应小组的最佳人选。应认真考虑团队的组成，那些觉得自己可能无法处理严重危机的个人，不应因为他们坦诚其恐惧而受到歧视（Kerr，2009，p. 35）。

下列职务是一个称职的学校危机响应小组所应该包括的。这些职务的人员应该有额外储备（Brock，Sandoval，& Lewis，1996，pp. 74-75；Kerr，2009，pp. 36-45；Poland，2004）。如果危机响应协调员是校长，而他被劫持了或者干预协调员是一名学校咨询师，而他在爆炸中受伤，这就需要有其他足够熟悉该职务的人接管。

Poland（1999，p. 4）描述了灾难后的三大冲击波。第一波是医务人员和警察。第二波是媒体。第三波是父母。因此，学校必须关注的不仅仅是受害者和幸存者，还要注意其他问题。因此，SCRT将需要包括一些其他人员，他们可能没有任何危机干预的专业知识，但是他们具备让SCRT有效处理危机的专业知识。

危机响应协调员 该职务人选应该具备决策能力，最可能是熟悉学校和员工的学校管理人员。他具备大量危机相关知识，且有良好的系统内外的沟通联系。该工作人员负责协调、实施和评估危机响应计划（Brock，Sandoval，& Lewis，1996，pp. 67-68；Rubin，1999）。该职务和真正协调干预的人员职责是不同的。

危机干预协调员 该工作人员负责执行和实施危机计划。干预协调员应该具备对危机干预技术和策略的透彻理解。他应该对危机干预计划的目标和方法有一个清楚的认识，并应该能够处理从个体自杀到自然、人为灾难的多种危机。该工作人员需要是一名好的管理者和代理人，能够在非常紧张和混乱的情况下协调若干活动和人员（Brock，Sandoval，& Lewis，1996，pp. 68-69；Petersen，1999）。显而易见的是，应该给危机干预协调员时间来计划和协调危机事件，而不仅仅是把这些事务作为一项辅助任务“附加上去”。

媒体联络员 需要做的一件事是应对当地新闻人员，SCRT的领导可能在一段时间内已和他们建立了密切的个人关系；但应对全国性的新闻媒体则是另外一回事了。想象你是某个中学的学校咨询师，并被指派为SCRT协调员。早上8:30，一名偏执型精神分裂症患者袭击了学校，导致六个孩子和两名老师死亡，校长重伤，其他九个正在医院的孩子受了严重枪伤。恐惧而发狂的家长们来学校接他们的孩子。你正试图了解关于受伤和死亡人员的信息，协调将目睹了杀戮过程的幸存者进行心理分诊，为正在寻找在逃罪犯的执法人员提供信息，试图让悲痛欲绝的学生和同样悲伤的父母团聚以及正忙着其他无数任务；早上10点，第一辆全国性新闻媒体的直升机降落在足球场上，紧接着在中午来了具备卫星传输能力的全国性新闻卡车队。一大群记者试图采访能找到的任何人。他们特别希望能够找到任何学校人员来评论谁对此负责、为什么会发生袭击、为什么学校没能阻止这起事件、学校正在做什么、有哪些死者与幸存者，以及你个人对该事件的感受等其他侵犯性和攻击性的问题，他们大声地要求答案。

从上述场景可以清楚看到，与媒体打交道是一个重大的责任，且应该指定经过训练的人员专门负责该项工作。该工作人员应该能与媒体维持积极关系，但也应该能够通过深思熟虑和精心准备的声明来确定应该如何和他们共享信息以及共享什么信息，从而有效地控制媒体（Brock，Sandoval，& Lewis，1996，pp. 69-70）。学校危机中最糟糕的情况之一就是让任何人、每个人都和媒体交谈。含沙射影的话、谣言、半真半假的陈述和不完整的数据所带来的影响对幸存者来说是极其严重的，并会进一步加剧其心理创伤。需要给媒体举行新闻发布会，并在会上指出媒体如何做才能提供最好的帮助并对学生伤害最小。媒体需要尽快、及时地给家长们提供书面的事件情况说明，并提供尽可能多的事实资料；还要提供有用的资料和支持服务目录，以处理该事件的创伤性影响（Newgass & Schonfeld，2005）。Kerr（2009，p. 74）列举了媒体问题清单，能在获得信息时也避免该地区受到消极影响。关于媒体如何很好地学习这些问题，她还列出了“应该做的”和“不能做的”的清单（p. 75）。

安全联络员 安全联络员应与当地执法机构保持密切联系，并能协调对如交通事故的这类单一事件或如帮派飞车射击这样的经常性事件的响应。安全联络员的一个主要预防任务就是培训员工在广泛可能的危机场景下执行安全程序（Brock，Sandoval，& Lewis，1996，p. 71）。

社区 / 医疗联络员 医疗联络员应与当地的应急部门、消防、医疗、精神卫生系统和学校建立密切联系。其职责的一个重要部分是规划学校危机受害者的医疗分类以及与家长、员工沟通危机涉及人员的身体状况（Brock，Sandoval，& Lewis，1996，pp. 71-72；Rubin，1999）。如果当地有应急管理机构，该联络员应是该机构成员之一，这样他能知道在灾难发生时应该联系谁，以及有何可用资源。

家长联络员 家长联络员的工作就是和家长打交道，没有其他任务！让家长保持冷静、为他们提供信息和获得他们的支持是控制危机的关键。该工作人员和媒体联络员密切合作，以确定把有关事件的信息和支持服务提供给家长们，以及提供给他们信息的途径。在英文不流利的那部分社区，必须准备翻译，提供口头翻译和给家长的所有信息的书面翻译。因为父母可能需要团队其他部分的服务，该学校官员必须具备关于每个成员职能的良好工作知识（Rubin，1999）。

社区联络员 该工作人员需要与社区资源取得直接联系（Kerr，2009，p. 37）。一个理想的人选可能是当地应急管理机构的主管，市长的社区行动官员，或者警察或消防部门的高级官员。

危机干预人员 虽然直接的危机干预人员最可能是学校咨询师、心理医生、社会工作者和护士，重要的是获得和孩子们有直接联系的干预人员。因此，将那些与大量的受影响学生有直接联系的老师们纳入其中是有帮助的。在小学，至少包含一名低年级教师和一名中年级教师；在初中和高中，教授许多不同主干课程的老师应加入危机响应小组（Brock，Sandoval，& Lewis，1996，p. 72）。

学校及学区单位应能够处理小的危机，如教师自杀或帮派火拼。在如巴士、火车失事等大的危机中，应该有来自当地精神卫生系统的后备工作人员；在如哥伦拜恩中学枪击事件等非常大的危机中，危机干预人员将是包括了学校、当地、州和国家干预人员的更大的综合服务团队。将学生纳入该团队也是一个不错的主意。他们可以充当信使，帮助确定失踪学生，提供关于其他学生状态的信息，并能做朋辈辅导员（Rubin，1999）。

资源 / 设施人员 该工作人员需要知道各种可用物资的地点以及如何将它们快速地从 A 处转移到 B 处。根据危机的规模和类型，资源人员可能需要知道如何获得各种物资，从铅笔和纸张到备用柴油发电机。这不是一个无意义的工作。当危机全速发展时，如果包括食物和水在内的物资供应不到位，那么一切工作都可能停止（Rubin，1999）。该工作人员还应具备建筑设计和运作系统的工作知识。了解如何关闭燃气管道、电气接线盒的位置，并能够向其他人展示蒸汽隧道的开启，这在需要了解建筑物结构的危机中是至关重要的（Kerr，2009，p. 37）。

执行危机计划

如下的最低要求对学校危机计划是至关重要的（Brock，Sandoval，& Lewis，1996，pp.75-76；Brown & Bobrow，2004；Conoley & Goldstein，2004；Gerler，2004；Montano & Dowdall-Thomae，2003；Petersen & Straub，1992；Rubin，1999；Williams，2004）。

设施要求

咨询地点 需要找到尽可能多的地方作为危机咨询办公室。危机咨询将涉及各种各样的活动，要求有不同的场地。需要礼堂大小的房间给大量人群通报危机的真实信息，以及人们在危机后可以期待和需要做什么的心理教育信息。应指定教室用于心理急救管理。办公室应用于心理分诊和提供个体咨询。如果学校处于上课期间，则需要重新安排房间的使用，这应该提早计划，必要时如教堂等备用建筑将投入使用。

操作 / 通信中心 在非常大的危机中，需要指定和装配一间办公室作为应对危机的“神经中枢”。所有必需的设备——额外的电话线、物资、供新增人员使用的家具、能上网的计算机和应急设备，如便携式电话、民用和警用波段无线电及便携式发电机——都应该到位。该“神经中枢”将成为一场高效的危机应对中的关键部分。在中枢内，人们将监控整个过程以确定有哪些人员可用，为传递书面信息给工作人员而建立规程，检查外来人员，以及宣传和协调媒体发布会和危机干预规程。

休息室 一个私人的场所，能让工作人员放松、吃饭和休息。它可能还有双重功能，作为 SCRT 成员和其他危机工作人员的减压室。

信息中心 一个能够容纳多名媒体人员的大房间。它应该配备音响设施和其他视觉媒体设备。它也可以有双重功能，作为信息发布或给家长减压的场所。

急救室 应备有急救用品以应对轻微的躯体问题。

后勤

现场通信 应该保证有可以使用的留言板、与总文件连接的计算机、专用电话线、民用与警用波段无线电和对讲机。因为电话线可能占线或者无法正常使用，总留言板应可用于发通知、公告、学生名单以及其他个人信息。如果可能，应留有专用电话线，其号码仅告知负责处理危机的官员和工作人员。因为现场可能通信信号微弱或者没有信号，对讲机是至关重要的。便携式“打包盒”提供重要的复印件数据，例如更新考勤表、发放卡片、紧急电话号码、家长 / 监护人姓名等，并且可以将它移动到其他地点来核对学生的名字。除了主要办公室有的“打包盒”外，所有的老师都应该有一个“打包盒”。

建立所有老师的电话网 在任何规模的危机中，一个包括尽量多的人的电话网是绝对必要的。在知道危机发生后，要尽快把这个消息告诉学校大楼里的所有工作人员。电话网是至关重要的，这样所有人员可以开始在危机模式下工作，并开始承担预先的职位和职责。关于危机的信息应由在网的每个人记录下来。依靠记忆和口头传播将必然导致事实的混淆。可能出现的最严重的错误是，工作人员不知道发生了什么，然后糊涂地进入了一个正在发生的危机。我们都有过这种缺乏直接沟通的经历，这至少可以说是一场噩梦。

程序清单 尽管在危机正如火如荼时看程序清单似乎是在浪费时间，但在一个混乱的情况下不这样做是自找麻烦。这是太容易忽略的干预计划的重要部分，并常会假设它已经由其他人负责了。

建立计划 建立计划对紧急救援人员和警察来说都是至关重要的。该地区每一幢建筑物图纸都要尽快拿到。要有熟悉建筑物的人员，来向紧急救援人员讲解计划。

供应 因为危机工作人员的工作时间可能延长，食物和水应在现场提供或运至现场。

危机响应

以下几点按顺序讲述了危机响应需要做什么（Brock，Sandoval，& Lewis，1996，pp. 80-104；Gerler，2004；Kerr，2009；Petersen，1999；Petersen & Straub，1992；Poland，2004；Poland & McCormick，1999；Rubin，1999）。Kerr 有一个适用于所有危机响应人员的整体操作指南，缩写为 BE CALM（保持冷静）。它代表着：

> B 在你行动前（before），确保你了解事实情况。
> C 求助（call for help），沟通操作说明，以及和其他危机响应人员协作。
> A 预测（anticipate）接下来会发生什么，并调整计划。
> L 倾听（listen）你的服务对象，了解他们的需求。
> M 管理（manage）危机并为响应人员提供食物、休息、水、减压等，并在必要的时候调整计划。（p. 9）

了解情况 平息危机初期谣言的能力对平息公众的恐惧和焦虑至关重要；这对给危机干预工作者提供如有多少和哪些学生受到了影响、需要什么反应、需要向谁传播哪些信息等有效信息也是至关重要的。事实情况需要检查和反复确认。让去危机现场的队员做情况汇报是至关重要的。心烦意乱的父母和歇斯底里的孩子是极为不可靠的信息来源。特别是在自杀的情况下，必须有来自法医的验证。

影响评估 一旦了解了情况，应该举行 SCRT 会议并评估危机对学校的影响。评估影响时应考虑受害者的普遍程度、员工和学生的危机暴露程度、历史上和最近的类似危机、现在可用的资源以及时间安排（假期期间的危机比上课期间的危机可能有更小的创伤性）。这个时候，需要决定内部人员的动员程度，以及如果需要，需要哪些外部援助。

分类评估 一旦确定了情况和危机事件造成的影响，需要进行分类评估，以确定哪些人遭受最严重的危机影响。SCRT 需要编制可能受到危机直接和间接影响的人员名单，并确定哪些人需要紧急干预、哪些不需要那么紧急和高度的关注。一旦编好这个列表，需要进行关于第七章“创伤后应激障碍”所描述的访谈和纸笔测试，以进一步将个体划分为一级和二级治疗组。

不应该假定亲戚、幸存者、事件见证者和学校的密友是唯一的需要紧急和高度关注的个体。兄弟姐妹以及在其他学校的密友可能受到同样的创伤，也应该尽力去评估这些个体。因其他因素而被认为处于风险的个体以及反应反常的学生也应该被认为是高风险的。

需要给家长、老师提供清单和警告信号，让他们知道他们的孩子是否开始有急性或创伤后应激障碍的症状；还应给他们转介单和电话号码，以确保被 SCRT 遗漏的学生得到转介。这些转介中应该设有关于致死性的问题。任何表达了伤害自己或他人想法的学生都应该立即被评估为高风险，并需要立即进行危机干预。

心理急救 心理急救（Aguileria，1997；Slaikeu，1990，pp. 105-129）是处理受影响个体的一阶响应，无论这些个体的参与程度如何。心理急救包括建立心理联系、探索问题维度、分析可能的解决方案、获得行动援助、提供后续服务。心理急救旨在提供支持、提供一个倾听和重视的平台、消除谣言、让情感得到宣泄和释放、重启解决问题的能力、减少潜在的致命性以及恢复学校一般性的稳定。和接受过SCRT培训和受其支持的教师在教室会面，可能是实现这些目的最简便的方法。此类教室会面是一个很好的手段，用以提供事件有关的事实信息、给学生提供其可能会遇到的心理影响的有关信息、处理学生在面对并试图解决危机时遇到的个人问题。

NOVA模式 对年长的学生可使用美国国家受害者援助组织（National Organization for Victim Assistance，NOVA）的团体危机干预模式。该模式的操作符合Mitchell和Everly（1995）的紧急事件集体减压（critical incidents stress debriefing，CISD）的程序。该模式不如CISD项目结构紧凑，且引导者和参与者的互动要多很多。

这些团体的见面通常不超过2小时。会面会对参与者的安全问题做详细介绍。然后回顾躯体感官知觉，检查震惊和怀疑的情绪反应，并给予透露和确认这些反应的机会。典型的问题是“事情发生时，你在哪里？你和谁在一起？那时你看到、听到、问道、尝到或者触摸到什么？你做了什么？你是如何反应的？”然后再回顾所经历的情绪波动，并允许透露和确认这些感觉。

询问关于事件后续的问题。“你脑海里冒出什么回忆了吗？在过去48小时发生什么了吗？在那段事件内，你还记得看到或听到什么吗？你都有什么反应？”引导者确认小组成员的想法和感受。不评判对错。可能的话，引导者进行小组成员的比较，以建立一般性的联系、正常化非正常事件带来的想法和感受（National Organization for Victim Assistance，1997，pp. 8-10）。

然后提问以了解对未来的预期和可以使用的应对策略，并帮助该团体成员预测和准备近期将发生的事情。“在经历过那一切后，你认为未来几天和几周学校会发生什么？你认为你的家庭是否受到或将会受到影响？你认为你可能会如何处理提出的问题和事情？”如果成员确定积极的应对策略，则给他们强化；如果他们做出消极的应对策略，则给予替代策略。提供获得更深度帮助的转介建议。这些活动之后，再进行总结概括，以确认所讲内容并再次重申参与者经历的有效性。团体会面后的30分钟用于分发讲义、回答个人问题和道别（National Organization for Victim Assistance，1997，pp. 9-10）。

不建议所有学校以开大会的形式进行以上活动。虽然开大会的形式可能会被认为高效、快捷，但它不能解决大多数学生的个人问题和事情。心理急救是一个双向过程；为了取得效果，应该让员工和学生进行信息交换。就其本身，通过观察学生的反应，心理急救是一个很好的方式，可以确定谁可能需要更深入的危机干预。这一点在自杀的案例中特别重要，因为其他学生可能“被传染”，需要将其识别出来。

危机干预 应给予任何被评定为不只需要心理急救的学生一个完整的面谈筛查（Aronin & Ransdell，1994）。面谈需要考虑学生在事件中的暴露和对事件的回忆是怎样的，是否存在对事件持续的重复体验，是否尝试回避对该事件的暗示，是否存在身体和精神警觉性的增加，是否有作为幸存者的愧疚感，过去的应对技巧是否不能改善问题，有无躯体主诉和自毁或冲动行为，以及比较事件前后日常功能有效性。总之，筛查面谈应该参看DSM-IV-TR（American Psychiatric Association，2000）设定的创伤后应激障碍发作的诊断标准。

花必要的时间来彻底地讨论危机是很重要的，重新回归学业的尝试应该等到这项工作完成后再进行。尽管回归标准的生活、单调的学校时间对使情况正常化很重要，但如果学生仍在努力解决危机，则很少有学生能从学习上做到这点。

教室会议可以帮助学生从被动反应转为先发制人。换句话说，学生可以从讨论该事件转为计划他们能采取怎样的行动来解决事件的残余影响。通过转移到一种积极的姿态，学生能开始获得被赋予权力和重新控制其生活的感觉。他们还可以通过共同规划纪念馆和纪念服务来获得对该事件的终结（注意前面提到的纪念自杀除外）。

干预工作者应该特别关注那些报告持续出现特定的细节、最糟糕的时刻、暴力或自残的服务对象。这些都是危机中非常强烈的重点，需要彻底加以克服和控制（Pynoos & Eth，1986，p. 309）。如果该危机中存在行凶者，孩子们最大的一个恐惧就是行凶者“将抓住他们”。不管行凶者已被抓获和惩罚或者仍然在逃，对孩子们恐惧感的影响差别不大。干预工作者需要花时间去弄清楚行凶者的结局或者正在采取什么行动捉拿他们。需要发现和克服因为做得不够和没能采取行动带来的自责感、报复和惩罚行凶者的愿望，以及担心他们会再次成为受害者的恐惧（Brock，Sandoval，& Lewis，1996，p. 168）。

汇报和减压 在危机发生后的每天早晨，需要进行晨会和规划会议，以获得最新信息、审查职责、分配任务和计划干预。在每天结束时，需要审查行动，检查不足和长处，回顾提过的学生、员工和家长。然后做第二天的计划，了解需要哪些人力和资源来实现目标。此外，应进行夜间减压，以给 SCRT 机会交换信息、获得再次确认以及表达感情（Berman & Jobes，1991；Rubin，1999；Williams，2006）。密苏里学校咨询师协会的（2002）《危机手册》为 SCRT 成员列出了如下要点：

1. 平衡你的生活。
    a. 均衡饮食，加强锻炼。
    b. 平衡工作和休息。
    c. 尽量遵循一个时间表。当你情感失控时，它能提供正常日程的稳定感和舒适感。
    d. 避免新的大项目或决策。
2. 从实际出发，考虑你能做的事情。
3. 认识并承认自己失落和悲痛的感受。允许自己哀悼。不管和你是什么关系，都会有失落感。把自己放在和学生同样的水平。和 SCRT 的同事会面，互相提供支持或者组建一个支持团体。
4. 善待自己。你不需要马上恢复过来。你不需要扛起所有的事，不需要为每个人坚强，不需要照顾所有的事。像你对待其他人一样，给自己同样的温柔和理解。

人员遣散 当危机结束时，进行人员遣散。让 SCRT 成员将该经历融入他们的生活，并回归他们的正常生活。由危机响应协调员和 SCRT 做总体评估。危机干预协调员写一个行动后续报告，其中包括对危机事件的描述、进行的干预、干预有效性的评价以及对未来的事件的建议。这样，它为 SCRT 提供了一个有效的学习工具。而且，如果未来提出关于做了什么、没做什么的问题，这份报告有发生情况的详细记录（Brock，Sandoval，& Lewis，1996，p. 100）。

校园中的居丧

学生、教师或者其他校园人员的突然离世可能使整个学校或学校社区陷入居丧危机，可能引发创伤后应激障碍、严重的哀伤以及复杂性哀伤。与亡者关系越密切的人，越容易发生上述情况。正因如此，设立哀伤解决项目是很重要的（Poijula et al.，2001）。许多孩子将是第一次应对死亡的现实。他们也将纠结于失去的意义、挣扎于生活不再是可预见的或公平的想法。而且，如果他们的家长也悲痛欲绝，孩子们可能不知道如何哀悼并可能得不到帮助（Kraft，2003）。第十二章“个人丧失：居丧与哀伤”中提到的居丧的许多步骤适用于儿童和青少年。然而，由于校园的社会共同体和文化，当学校社区中有成员死亡，需要采取一些特定的行动。

对个人或团体，小组成员可能关注某一特定等级的哀伤，为特定亚组提供小组讨论，暂时解除丧亲教师的课堂责任，配备小型咨询中心的人员，或者和父母合作。两个 SCRT 成员可以执行故亡学生计划。一个成员要与每个班级谈话，提供真实信息，回答问题，澄清错误消息，提供支持，提供丧葬安排信息，解释葬礼和探视的情况以及即将会发生什么，建议哪些事情是可以告知家庭成员的，并且鼓励学生谈论对已故学生的回忆。一旦进行班级讨论，另一个成员就可以评估并且识别应对不良的学生，并送他们去支持室（Missouri School Counselor Association，2002）。

在学生返回学校之前评估学生的需要可能有助于减轻焦虑。可以做家访或电话访问，以共情的方式回应学生的进展。问题可以包括："你觉得回学校怎么样？你回学校的最大困难是什么？有什么我可以帮助你的吗？你担心别的同学的想法吗？"所有这些问题旨在让学生谈论他的恐惧和忧虑，并让SCRT成员帮助他开始减轻焦虑。在学生返回学校后的几天，危机干预工作者可以通过如下问题和孩子讨论他最近如何，如"现在你已经回到学校了，对你来说最困难的事情是什么？你想得最多的是什么？这起死亡对你的在校生活有何影响？"这些问题可以让工作人员确认孩子回学校过渡得怎样（Rubin，1999）。

Kandt（1994，p. 207）建议工作涉及哀伤青少年的学校人类服务工作者应该：(1) 对自己进行哀伤过程的教育；(2) 允许哀伤；(3) 给哀伤时间；(4) 倾听、倾听、倾听；(5) 懂得回忆是必要的；(6) 为各种各样的感受提供支持；(7) 理解他们不能"修理好"伤痛；(8) 让青少年表达自己，保持联系，不抛弃他们；(9) 设计支持团体；(10) 让他们知道自己并不是独自一人。

Swihart、Silliman和McNeil（1992）调查了哀伤的学生并且列出如下照料者应该注意的问题：

1. 很多学生被该丧失所影响，即便他们与已故者关系并不密切；因为他们意识到了自身死亡的可能性。
2. 在死亡发生后的第一周，教师不要期待仍旧很麻木的学生会有最佳表现。
3. 应允许教师们向愿意只是倾听的学生表达他们的哀伤。
4. 应允许学生用不同的方式进行哀悼，一些以团体的形式，一些以他们个人的方式。
5. 应给学生提供课余活动，通过消耗体力来消除他们的哀伤。
6. 学生们应一起进行纪念活动，以免与逝者并不亲近的人被排除在外。
7. 允许学生讨论哀伤的话题；不让他们公开谈论自己的想法和感受可能会切断青少年们与支持性公开论坛的联系。
8. 校园管理人员应当知悉已故学生在学校中担任的角色；如果已故学生曾承担领导角色，学校需要填补已故者空出的行政领导。
9. 学校要在相当长的一段时间里做好回应该丧失的准备。

团体工作

五月上旬毕业晚会后的事故造成了Cedar Grove高中四名学生的死亡：Phil，16岁，开车的同学；Jerry，17岁；LaTara，16岁；以及Tracey，17岁。七名在校同学作为这四个年轻人最亲密的朋友，似乎陷入哀伤中无法自拔。Keena、Lee、Samantha和Rashid都是17岁，Eddie、Amber和Tarunda都是16岁，他们请求学校咨询师的帮助，寻求对其痛苦、哀伤感受的理解和解决办法。

在四名已故青少年葬礼后的几天和几周内，学校咨询师提供以下的干预策略并与这些青少年探讨了如下问题。

1. 个体咨询和干预。评估个体应激水平。为个人提供一个安全的地方释放压力。帮助青少年舒服地表达其感受。对青少年进行死亡教育。
2. 团体哀伤辅导。为这七名青少年提供一种氛围，让他们作为一个群体，共同应对死亡问题，包括四个同学去世的特定死亡，以及一般意义上的死亡。提供团体会面和项目来纪念已故同学。通过书面练习或角色扮演进行未完成事务的团体探索。通过学校内的同伴支持团体为其他学生提供所需帮助（Samide & Stockton，2002）。

Gray（1988）报告支持团体中经历过丧亡的青少年认为，与其他校园相关工作人员相比，同伴是"最有帮助的"，并且，这些经历丧亡的青少年并不希望自己被挑出来或被特殊对待（pp. 187-188）。在突然死亡的情况下，哀伤、青少年间的居丧、巨大的冲击、脆弱、懊悔以及其他情绪迅速出现。因为大多数青少年缺乏应对同伴死亡的经验，并且因为社会影响在高中这样的环境下是强大和普遍的，采用青少年团体哀伤辅导是一个理想的对策，用以控制歪曲事实与谣言、帮助年轻人释放哀伤能量和开始处理他们丧失的感受。

咨询师作为危机干预工作者，在团体辅导室里会见了这个团体。在四个学生死亡后的几天里，她会见了多个哀伤辅导团体。该咨询师通过介绍话题和鼓励成员们分享他们对该丧失的情绪反应来定下基调。随后，在学生们释放了哀伤能量之后，咨询师开始用结构化的技术来帮助他们提高记忆并且关注现实。

干预工作者：我确实能够领会你自由表达的所有感受。在今天的会面开始前，我让 Samantha 到学校年鉴办公室拿了一份今年的大事（Wildcat）。我还让她拿了一些年鉴员工用不到的多余照片。Samantha，你愿意分享一些给团体吗？

Samantha：在年鉴中，我在你们可能会想看的页数里放了书签。哦，我发现了一些 La Tara、Jerry 和 Tracey 的很棒的照片。我只找到一张 Phil 的，是一张合照。但是 Phil 的班级照片在这儿（指着年鉴），他们四个在课外活动里看起来是那么活泼和快乐。

团体的学生们在查看已故学生照片时表现出了极大的兴趣而且释放了大量的应激能量。随后，团体讨论了一般的死亡、死亡对生者的影响以及他们自身的死亡。然后，咨询师使用了叫作记忆时刻的技术。学生们完成这些句子，如“当我听说你死了，我……”“我们最后一次交谈是……”“我脑海想到……”“我心里感到……”“我希望我已经说……”所有这些句子让学生们开放地谈论他们所背负的各种情绪（Counce & Sommer，2003）。

咨询师能够使用另一种技巧，它有时在团体哀伤辅导中很有效——墓志铭练习。给每个组员四个索引卡片并介绍：“如果你负责给 Phil、Jerry、LaTara 和 Tracey 写墓志铭，在卡片上写下将写在他们墓碑上的原话。”团体分享了他们的墓志铭并进行了讨论。

Eddie：我觉得 Tarunda 给 Jerry 写得非常好，“这里躺着松林市的马丁·路德·金”，因为他真的喜欢并且关心每个人。（学生们点头同意。）

Keena：我在给 Tracey 写的时候差点哭出来，然后在 Amber 读 LaTara 的时候真的哭了。我只是觉得我不能承受它。它太真实了。我真的会想念她。（学生们点头同意。长时间的沉默；所有人都若有所思。）

干预工作者：我觉得我们刚做的是以最简短的形式，写下了我们最想要记住的每一个我们爱的同学的事情。

在会面结束之前，咨询师引导团体找出每个已故学生所做过的积极贡献，并用语言的形式向已故学生告别。咨询师试图用团体环境的力量和社会影响力来增强各成员间的情绪影响并让每个人做好道别准备，对死者释怀，并开始准备继续生活。

定义边界

SCRT 和学校管理中最艰难的工作可能是劝阻父母、学生或者社区中其他的利益团体使其不要在校园中用纪念性服务或其他纪念方式向死亡致敬。应该明确的是，因为有模仿的可能性，自杀的学生不该由学校正式纪念（Capuzzi，2002）。怎么强调也不过分，学校管理层和 SCRT 必须是如何应对死亡这一校园悲剧的决策者。总的来说，最好的可能是学校不要对任何形式的死亡进行任何形式的纪念——集会、年鉴、植树、房间或场地的命名等——因为会有区别对待的感觉。

不客气地说，学校是做教育工作的而不是殡仪馆或者纪念馆（Trotter，2003）。Trotter 建议在葬礼后，所有的绘画以及其他的悼词和碑文应该收好并送给死者家属而不是持续在学校展览。她还建议说，已故学生的椅子留到葬礼结束，但是之后房间里所有的椅子需要重新安排。她建议消息一出，SCRT 的成员就应该趁学生们不在的时候去已故学生的储物柜收集所有的私人物品，并阻止对储物柜的纪念。

在当年剩下的日子里，该学生的储物柜应是空的，但是之后要进入下一学年的班级标准储物柜的分配。Louvre（2002）相信，对年幼的孩子，桌子应留在屋子里，直到其他学生想要将其搬出去。她进一步提出了让孩子构建适当的纪念，如积极的墓志铭或签过名的泰迪熊，由班级在家长来学校收集已故孩子的遗物时赠送给家长。

转危机干预

对那些不仅仅需要心理急救援助的孩子，转危机干预（Transcrisis Intervention）采用很多在“创伤后应激障碍”和“性侵害”等章节中详细描述的方法。使用绘画、橡皮泥及其他操作性游戏材料，对让孩子控制似乎超乎其能力的情况是特别有用的。最初，应允许孩子使用材料构建任何他希望的东西。危机干预工作者将利用这段时间建立信任和亲密关系。

危机一定会在孩子的游戏中有所反映，且游戏将提供有关孩子的焦虑源和应对手段的线索（Pynoos & Eth，1986，p. 307）。在这个过程的某些时候，对危机处于麻木和抑制的孩子将出现情绪释放，可能表现为震惊和不安（Pynoos & Eth，1986，p. 308）。在那时，干预工作者必须沉着、冷静、镇定，且能够从心理上和身体上安抚这个孩子。

使用引导性想象、并用超级英雄作为这些图像中的帮助者，使用有意识的梦境用以帮助阻止不断出现的噩梦（Garfield，1984），用放松和脱敏技术教会控制焦虑（Thompson & Rudolph，1992，p. 173），都是给予孩子能力，以控制自己的感情、思想和行为的有效方法。

Josh 的例子

Josh 是一个七岁的二年级学生，刚从棕色隐遁蛛的咬伤中恢复过来（北美最毒的蜘蛛之一）。Josh 被咬伤了腿，坏死的部分需要进行重建手术。现在他需要用手杖一瘸一拐地走。他对他的残疾感到尴尬，并感觉他的同学都在背地里取笑他。有一段时间，Josh 还可能会失去他的腿。使问题更加复杂的是，Josh 学校的蒸汽管道里最近发现了上千只棕色隐遁蛛。这一发现引起了恐慌，因为孩子们已经看到了发生在 Josh 身上的事，并也看得到了电视里关于棕色隐遁蛛运动到他们地区的新闻。尽管学校立即聘请灭虫人员彻底消灭了学校的隐遁蛛，但孩子们的恐惧并没有得到减轻。

Josh 现在对于任何昆虫都极其警惕，害怕在自己的床上睡觉，已经得了学校恐怖症，并在上学路上害怕得尖叫。他频发噩梦，梦见大量巨大的、毛茸茸的蜘蛛覆盖他的身体。他很肯定他会死于蜘蛛咬伤。他的学习成绩下降了，且有跟不上二年级的危险。他的父母和他谈起转学，但他确信现在所有的学校都有棕色隐遁蛛。他的大部分谈话是围绕昆虫的。他避免户外活动，担心被咬伤。现在他的症状已持续了五周。和学校心理医生面谈后，Josh 被诊断为急性创伤应激障碍。

因为棕色隐遁蛛的侵扰，很多其他在校孩子都有出现创伤后应激障碍的症状，因此 SCRT 召开会议并确定有必要对所有学生和 Josh 个人进行干预。联系了 Josh 的父母，他们同意进行个体干预。SCRT 的媒体负责人准备了一些新闻稿发至广播和电视新闻节目，以解释为控制局面正在做的努力。和家长联络人员协调，也将简报发至所有家长的家中。

医疗联络人员在每个年级教室召开班级会议。她将提供关于被棕色隐遁蛛叮咬后的症状以及需要哪些医疗护理的详细信息，并真实地、精准地回答学生的问题。另外和高中生物老师一起举行教室会议。他们向学生展示蜘蛛的模样、介绍它的习性，同时也向学生表明，虽然棕色隐遁蛛有毒，但它是一种非常害羞的蜘蛛，会试图避免与人接触。随后会有提问环节，学生们将清楚地了解他们在学校和家里应该如何避免被咬伤。

邀请家长参加一个特殊的家长会，所有SCRT工作人员会参加并在会上提供关于帮助孩子们应对突发的蜘蛛恐惧症（arachnophobia，对蜘蛛和类似生物的恐惧）的信息。在完成心理急救程序后，SCRT员工召集了老师们开会，老师们在会上认为学生似乎已经克服了对蜘蛛的恐惧。但Josh没有！

危机干预工作者去了Josh的家。在和Josh相识后，给他设置了如下练习：

干预工作者：Josh，我要你帮我画你感觉的“可怕”的样子。

Josh：（拿起记号笔和画板，并画了一幅画；画上面有一个非常大的、狼蛛般的蜘蛛，有着巨大的滴着毒液的尖牙，即将扑向一个蜷缩在角落里的小男孩。在画的时候，Josh给了危机干预工作者极为详尽、可怕的描述，讲蜘蛛将会对小男孩做什么。）

干预工作者：孩子！那真是好可怕。我在想我们可以做些什么，来让那么讨厌的大蜘蛛跑开并自己躲起来呢？

Josh：我不知道。什么都做不了，我觉得。

干预工作者：好吧，那很艰难，有那么大一只蜘蛛，但是你知道吗，我有个好主意。需要一只蜘蛛来捉蜘蛛。我想到了一个家伙可以做到。（翻出了蜘蛛侠的漫画书。）你看过蜘蛛侠的漫画吗？他非常酷。

Josh：（眼睛亮了起来，拿起了漫画书，并开始看起来。）是的，我在电影里看过他！他很酷！

干预工作者：所以我们让他来帮我们。让蜘蛛侠来抓蜘蛛，对不？

Josh：好吧，我猜那是对的。

干预工作者：好吧！我们让蜘蛛侠从漫画书上跳下来，跳到你画板上。你可以把他画在那儿，并告诉我要发生什么？

Josh：好的，OK。（画了蜘蛛侠在那只蜘蛛上织了个大网。）蜘蛛侠在它身上扔了大网，看，蜘蛛并不喜欢它。但是蜘蛛越挣扎，网缠得越紧。哈！哈！陷入了蜘蛛网。这很酷！尽管它无法脱身，但是它还在那儿。我不喜欢它在那儿。

干预工作者：好的！我们怎么甩掉它呢？

Josh：那么，我们可以把它带给蜘蛛侠，并让他用毒汁灭掉它。

干预工作者：好的。继续，这样做。（给了Josh另一个画板。）

Josh：（继续画蜘蛛侠把蜘蛛拉去一名长得很像Josh的灭虫人员那儿。）

干预工作者：现在呢？

Josh：我要把它好好灭掉。

干预工作者：很好！就那样做！现在蜘蛛是什么样子了？

Josh：他会萎缩，然后被吹走。（继续画蜘蛛萎缩；他和蜘蛛侠将蜘蛛得意地举起，像一个奖杯。）

在接下来的几次会面中，危机干预工作者继续使用橡皮泥和画图，以给Josh和蜘蛛侠增加对环境的控制（Webb，2007）。危机干预工作者使用超级英雄来帮助这名受到惊吓和创伤的小男孩。现在危机干预工作者又进了一步，通过带Josh外出去后院，来帮助他重新获得对更多环境的控制。尽管Josh对外出还有些胆怯，但他还是和危机干预工作者一起出去了，一只手抓着干预工作者的手，另一手抓着一个蜘蛛侠的公仔。

干预工作者：孩子！我们现在在室外了。你感觉怎么样？

Josh：是的，我觉得后院是我被蜘蛛咬的地方。

干预工作者：你回到这里了。这是相当勇敢的，几乎和蜘蛛侠一样。

Josh：好吧，这还不错，因为蜘蛛侠陪我一起在这儿……还有……你也是。

干预工作者：Josh，我在想蜘蛛侠是否可以对那些噩梦也有所帮助。我想让你做的仅仅是做个类似的白日梦，你知道的，就像让你的思绪神游一下，就像没什么事情要做，你只要放松；你只要闭上你的眼睛，不是做噩梦，而只要想象你自己和蜘蛛侠。只有你和蜘蛛侠出来巡逻，把世界从这些巨大的蜘蛛那里拯救出来。你能想象自己和蜘蛛侠那样吗？现在只要躺下来听我说话，只是让自己放松一下。（危机干预工作者让Josh深度放松，然后帮助他创造了他和蜘蛛侠的图像。）

危机干预工作者联合使用放松训练和引导想象，以减少Josh的焦虑，并帮助他建立自己和其强大的朋友控制夜间环境的精神意象。

Josh：（闭着眼睛。）是的，我和蜘蛛侠正在攀爬一栋高楼，寻找大的、老的毛蜘蛛。（Josh继续解释他们是如何出来巡逻、捕各种蜘蛛的。）

危机干预工作者帮助Josh步入正轨，在他试图抓住一个非常巨大的、快速的、荧光的、黄绿色蜘蛛的过程中遇到困难时，危机干预工作者给了他一罐强力胶水，Josh和蜘蛛侠一起把胶水洒出，把蜘蛛粘在里面。

干预工作者：很好。现在我要你做的是真实、清楚地记住这个情景。你和蜘蛛侠因为抓住了那只可怕的蜘蛛而相互击掌。如果今晚你开始有同样的旧噩梦，我要你改变这种噩梦，正是像你刚才和蜘蛛侠一起做的那样。那是我希望你梦见的。我打赌你能做到！（给了Josh一个击掌。）

通过建议和使用引导性想象让孩子改变其梦境的力量可能看起来靠不住，但必须记住，孩子们能够通过幻想和游戏解决他们的问题。随着危机干预工作者通过超级英雄的帮助，不断强化，以让Josh重新控制其环境，Josh可以不仅在他的后院，也在他的睡梦中开始感到安全。

最后，为了加快Josh重返校园，该危机干预工作者为Josh和他的同学举行了教室会议。Josh向同学讲述了他被蜘蛛咬伤的真实情况以及他在医院经历的一切。其他孩子们对这一切都非常好奇，并问了他很多问题。Josh对他的伤疤和跛足一直都很不好意思，但他现在吸引了众人的注意，并且开始热心地告诉大家他在医院的一切，也毫不迟疑地告诉大家一些更可怕的细节，引来班上同学的惊呼、赞叹和惊讶（“哦！”“啊！”和“哈！”）。他还向大家展示了他画的画，并告诉大家，在该危机干预工作者的帮助下，他是怎样“不再惧怕任何该死的老蜘蛛的”。检查Josh的绘画正说明了连续绘画可以多么有效（Gumaer，1984）。通过一系列的会面，蜘蛛越来越小，Josh和蜘蛛侠变得越来越大，直到图画中蜘蛛和Josh的比例是和现实相符的，蜘蛛在画板上只有一个点了。经过八周的时间，Josh能够回到学校，他关于蜘蛛的噩梦消失了，且他能够恢复一个正常七岁小孩的生活了。

尾声

如果你打算当一名学校咨询师，并在正规的研究生学习中阅读这本书，你可能走在了多数同龄人的前面了。该声明同样适用于社会工作者和学校心理医生。咨询和教育相关项目认证委员会（Council on Accreditation of Counseling and Related Educational Programs，CACREP）将危机干预强制加入新的学校咨询标准是有原因的。Wachter（2007）曾做过学校咨询师和危机的全面研究，她的发现发人深省。虽然学校心理医生、学校社会工作者、警察、其他学校工作人员和社区精神卫生工作者可能参与危机干预，但典型的学校第一反应人员将是学校咨询师。特别在校园枪击案中，学校咨询师最有可能成为其教学楼的领导人。很多人对承担这样的任务毫无准备，但当一栋楼或一地区没有进行必需的预先计划，他们还是得到了这个任务（Fein，Carlisle，& Issacson，2008）。

Wachter发现半数以上的学校咨询师（53.1%）报告处理过本章讨论的所有危机以及性虐待和身体虐待。约五分之一的咨询师（21.7%）报告说，在他们的硕士学位课程中，他们没有接受过任何关于任意一种危机干预的训练。44%的咨询师报告说，在获得硕士学位后，他们自己主动接受过在某些领域的培训，如自杀干预和紧急事件集体减压。有趣的是，这些辅导员认为他们现场的工作人员和资源比校外援助更有帮助。学校咨询师认为对自杀和杀人意念评估以及为高危学生提供支持是关键知识的一部分。

随着危机而来的是耗竭。Fein 及其同事(2008)发现学校咨询师确实承受了在未知和混乱情况下担任领导者的压力，那种情况让他们不得不做出快速决策。他们学会如何在忙碌中汇报，这对如警察、急救人员或消防人员等紧急救援人员来说是不可想象的。他们还参与到从没想过会要参与的决策中，并因此遭受创伤的症状。尽管 Wachter 发现耗竭症状与个人对危机的暴露间无显著关联，但她确实发现当由躯体虐待导致危机事件时，耗竭的发生率会明显增高。Wachter 还确定，硕士阶段接受某种和本书相关的训练与降低学校咨询师耗竭率显著相关。最后，Wachter 指出，建立内部的支持系统和获得危机干预的继续教育对预防耗竭是有帮助的。

尽管美国每个学区都最可能至少有火灾、龙卷风、地震演习以外的某种危机的计划，且其中一些学区可能会以很大的篇幅详细介绍危机小组将在大规模灾害中如何运作，一个简单的事实是，日日夜夜处理折磨很多学生的棘手危机的学校人员没有很多的资源来帮助他们（Heath & Sheen，2005）。所以，如果你是一名学校咨询师或者其他学习本课的学校专业人士，你可能会觉得 Heath 和 Sheen 的书《以学校危机为基础的干预：预备所有人员提供援助》（*School-Based Crisis Intervention: Preparing All Personnel to Assist*，2005）和 Kerr 的书《学校危机的预防与干预》（*School Crisis Prevention and Intervention*，2009）对培训你将最可能不得不依靠的人员，即你的同行，很有帮助。Heath 和 Sheen 的书特别详细地介绍了基本的、实践的危机干预技巧和活动，这会为老师、秘书、监护人以及公车司机排忧解难提供需要。Kerr 的书更多地讲述了更宏观的操作画面。此外，Scott Poland 的书《应对危机：应吸取的教训》（*Coping with Crisis: Lessons Learned*，1999）论述了危机的后勤、战术和战略问题，也特别适合管理人员。你会需要他们的帮助。当处理本章中的“问题”时，只身一人前往教学楼将让你成为本书所说的耗竭的热门人选。所以，如果你是一个有抱负的学校咨询师，请确信这本书中的“东西”将会是你需要的。问题绝对不是“如果”，而是“什么时候”。

小 结

因为由 EVJO 犯下的校园暴力被认为是毫无理由的，且发生在过去认为不会发生此类可怕事件的社区里，此类校园暴力的增多已引起了极大的关注，并被媒体广泛报道。尽管关注点在被疏远学生的悲剧，他们以致命的方式表露他们的失望和愤怒，帮派暴力在城市、郊区和农村社区的发展和蔓延远远超过了由 EVJO 所导致的悲剧。

杀人不是困扰学校、导致危机的唯一致命顽疾。儿童和青少年的自杀率上升到流行的程度。学校工作人员面临着各种各样的危机，它们远远超出了正常的发展问题以及童年和青春期危机。学校已被要求推出广泛的预防策略，以描述、筛查和防止针对自己和他人的暴力行为。目前的学校危机策略不仅包括预防，还包括干预和善后处理。危机干预工作者与曾经卷入、目睹或遭受校园内或学生引发的创伤性事件的学生、教师和家长沟通。

虽然没有已知的干预计划能保证悲剧不会发生，但还是有一些方法能够处理影响学校的各种危机。这些方法要求每个人，社区服务机构、儿童福利机构、精神卫生机构、地方、州和国家政府、法院、执法机构以及所有学校员工，以共同制订和实施危机干预计划。最重要的是，所有学校都应该有危机计划和一支训练有素的危机响应小组。

（周蔚　译）

第三部分

内线作战

人类服务场所的危机

第三部分帮助危机干预工作者应对可能会发生于人类服务场所的各类危机。我们生活的环境和危机干预工作的场所已变得越来越危险和充满暴力，对来访者是如此，对危机干预工作者亦然。第十四章讨论机构中的暴力行为，提供相关信息和技术以帮助危机干预工作者更好地理解和处理暴力性的环境，以及努力应付这种环境、处于困难中的来访者。劫持人质是现代人类服务工作场所越来越普遍的另一个问题，第十五章的“危机/人质谈判”讨论相关的概念和策略，使用这些概念和策略，能够挽救危机干预工作者及其来访者的生命。第十六章讨论人类服务工作者的耗竭、替代性创伤及同情疲劳。这些是直接影响危机干预工作者的重要危机。

第十四章

机构中的暴力行为

近期，对有关人类服务工作者遭遇何种暴力袭击，并没有太多的统计数据发布。可喜的是，美国近五年的整体暴力犯罪数量也在下降。根据联邦调查局2009年统一犯罪报告（Uniform Crime Report），在13 636起谋杀案中，仅有10起发生在机构中。这确实是好消息，除了对这10位在机构中被杀害的人和他们的亲属以及其他数以千计遭受过暴力侵害的人而言。因此，认为对富有关爱和分享的人类服务工作者的施暴行为从不存在或不复存在，都是严重的错误（Flannery，2009；Gabe & Elston，2009；Slovenko，2006）。

从1996年至2000年，在卫生服务行业发生了69起命案，但没有一人是在邮局被杀！当然，绝大部分工作场所的暴力行为都是由非致命性的袭击组成。2000年，美国来自职场袭击的所有非致命性伤害中，48%发生在卫生机构和社会服务机构（U.S. Department of Labor，Bureau of Labor Statistics，2001，2002）。尤其是精神卫生工作人员，遭受袭击的平均值为68.2‰（U.S. Department of Justice，Bureauo f Justice Statistics，2001）。这些结果足以令人战栗，为此美国联邦调查局在2000年发起了工作场所暴力专题研讨会。（明确地展示这些数据，是为了告诉大家在精神卫生机构工作有多危险，这和你在便利店或小酒店工作遭遇袭击的可能性68.4‰相差无几。）除了执法和矫正职业，只有酒吧侍卫比你遭遇袭击的可能性大（91.3‰）（U.S. Department of Justice，Bureau of Justice Statistics，1998）！据最佳估计，人类服务工作者在其职业生涯里遭遇袭击的比例接近50%（Turns & Blumenreich，1993，p.5）。Newhill（2003，pp.35-54）在其对美国社会工作者的暴力研究的全面综述中发现，被研究的专业人员中20%～50%报告他们曾遭受过袭击。其他国家如英国（Brown，Bute，& Ford，1986；Leadbetter，1993；Rowett，1986）、加拿大（MacDonald & Sirotich，2001）、伊拉克（Guterman，Jayaratme，& Bargal，1996）和澳大利亚（Koritsas，Coles，& Boyle，2010）也承认对人类服务工作者高发的暴力行为和威胁性的暴力事件。

可能更糟糕的是威胁。Newell在其研究中发现，即使没有遭遇袭击的社会工作者，也可能遭遇过破坏财产或言语伤害的威胁。考虑到他们工作中很多有暴力史的来访者，对这些威胁也不能掉以轻心（Newell，2003，pp.46-47）。人类服务工作者每每走出办公室，持续地思考这些有情绪障碍或精神疾病的来访者是否会将他们的威胁兑现时，这并不是令人满意和有益的工作体验。

总的来说，上述数据就是告诉大家一个事实：即使你可能相信自己是简・亚当斯、卡尔・罗杰斯和特蕾莎修女的合并体，并对被剥夺了人权和流浪的人抱有慈悲和闵怀，但你的来访者却有可能不这样认为（Newhill，2003，pp. 206）！怎么会这样呢？

诱发因素

由于各种各样的危险因素的存在，人类服务专业人员正处于一种比过去更加危险并可能成为暴力行为牺牲品的境地。这个问题已经是非常普遍，以至于美国心理学会成立了特别小组，就处理行为紧急事件的教育和培训做报告（American Psychological Association，2000）。他们在调查中发现，在临床工作的心理学家中35% ~ 50%报告称曾遭受袭击，威胁也十分引人注目。为此，美国心理学会（2002）在他们制订的伦理标准中纳入一个章节，专门强调心理学家在感到被威胁或处于危险时可以自主结束治疗。

社会工作行业对暴力领域变得非常感兴趣，这是因为社会工作者在试图处理经济、社会和情绪上被剥夺最惨重的人这一过程中，不可避免地成为火线上的前线工作人员。有趣的是，咨询行业并没有那么关注暴力行为，尽管高中咨询师也是火线上的人员，而且他们的工作对象处在最不稳定和最有暴力倾向的年龄。发生在美国K-12学校中的暴力行为数量现已接近流行水平。

物质滥用 在暴力高涨时期最值得注意的趋势要属物质滥用来访者的数量增加（Blumenreich，1993b，pp. 23-24；Occupational Safety and Health Administration，2003；Monahan et al.，2001；Turns & Blumenreich，1993，p. 7）。醉酒的去抑制效应（McNeil，2009）对暴力行为有直接影响，特别呈现在那些有攻击性（Chermack，Fuller，& Blow，2000）、冲动性和诊断为重度精神障碍的个体上（RachBeisel，Scott，& Dixon，1999）。

去机构化 自20世纪70年代出现把环境影响降低到最低限度的运动和随之而来让来访者出院的现象，所以日间看护中心、中途疗养所以及避难所里都挤满了来访者，而政府精神病机构中的仓库式收容所内却空无一人。但同时，由于缺乏临时设施和工作人员，无力去严格管理药物治疗，这样一来就为来访者回到原来的病态提供了有利的条件（Occupational Safety and Health Administration，2003；Weinger，2001，p. 4）。

精神疾病 精神疾病在暴力行为中产生的作用一直存在着激烈的争论。说所有精神疾病患者都会变暴力，显然很滑稽。但也有确切的证据表明，有精神疾病的一个亚群体将会变得更加暴力，也确实变更暴力了（McNeil，2009；Newhill，2003，pp. 96-104）。妄想（精神分裂症）、幻觉（多种障碍）和暴力幻想（性犯罪者、多重谋杀罪犯）都是精神疾病患者中有潜在暴力行为的提示。器质性因素如颅脑损伤、大脑疾病和痴呆都有增加暴力行为的可能性。充斥着各种精神障碍的人格障碍患者也可能变得暴力。很多人格障碍患者都以愤怒控制问题、冲动性以及不能调整和控制情绪为特征（Newhill，2003，pp. 99-104）。尤其是曾被诊断为反社会型人格障碍和爆发型人格障碍的患者，通常都是愤怒和暴力急性发作的主要对象（McNeil，2009）。

此外，由于有关精神疾病可引起犯罪的社会意识和法律意识的提高，许多以前被认为要被关在监狱里的犯人，现在却被送到精神卫生机构中去了（Occupational Safety and Health Administration，2003）。这些人被移交到中途疗养所里，这里同样缺乏人手，保释官员们手头的案件太多，因此这些假释犯不能经常得到必要的追踪和监督。警察现在对急性失常、暴力犯罪的案件，会例行公事地让医院来收留。这样一来，人类服务工作者就得管理比以前种类更多的重罪犯（Hartel，1993；Occupational Safety and Health Administration，2003；Walker & Seifert，1994）。

性别 老套的观念认为男性更具有攻击性，这一观点已经过时（Weinger，2001，p. 7）。年轻男性确实造就了大多数袭击，女性人数也正在增加。Lam、McNeil和Binder（2000）的研究发现，如果有同等的机会实施暴力，在封闭的住院环境中，女性和男性一样，存在袭击工作人员的倾向。有关青少年对工作人员的袭击，Ryan及其同事（2004）研究发现，谁会袭击和谁不会袭击工作人员没有性别差异。

帮派 帮派暴力发生的地点范围可以从急诊室到青少年拘留所。帮派成员采取极端暴力行为，不管是作为进入帮派的一种通过仪式还是报复侵犯他们的人，他们对任何人、在任何时间和地点都无所畏惧也毫不懊悔（Kinney，1995，pp. 168-169；Occupational Safety and Health Administration，2003）。

必要的报告 随着儿童、老年人虐待报告法和家庭暴力法的发展，那些与社会服务和司法机构产生冲突的人眼中的人类服务工作者，可不会成为弗洛伦斯·南丁格尔。大多数时候，外勤人员如人类服务机构的社工、学校咨询师和学校心理学家都变成了犯罪者发怒的对象（Weinger，2001，p. 5）。

老年 由于入住在养老院和医院里的老年人人数不断增加，产生了一个新的有潜在暴力行为的群体。人们常常想当然地认为老年来访者虚弱，不能对任何人造成伤害，这与他们对人类服务工作者实际所做出的暴力行为是不相称的。认为老年来访者只是一个被动接受照顾者的想法是错误的。一次又一次的研究表明这些来访者是有暴力危险的（Astroem et al.，2002；Daugherty et al.，1992；Gates，Fitzwater，& Succop，2005；Hillman et al.，2005；Mentes & Ferrario，1989；Ochitill & Kreiger，1982；Petrie，1984，p. 107；Petrie，Lawson，& Hollender，1982；Snyder，Chen，& Vacha-Haase，2007；Weinstock et al.，2008）。

机构的过失

因为工作性质的原因，对来访者来说大多数照料提供者易于接近，对来访者也只做最少的安全检查。他们几乎没有什么安全意识。那些焦躁、心烦意乱的家庭成员、帮派成员、男友或女友以及因漫长等待还未能享受服务而沮丧的人，在室内可以毫无限制的活动为他们提供了便利。照料提供者也很容易被大街上随意走来走去的人攻击，这些人是有意而为，并不是为了寻求服务，而是认为很容易在照料提供者身上获取药物和钱财（Occupational Safety and Health Administration，2003；Turner，1984，pp. v-vi）。

进行安全训练和实施安全措施要花时间也要花钱，管理者受到的训练只是如何管理好财政、后勤和机构内员工的工作职责，以及如何给来访者提供足够的照顾，这些管理人员没认识到还应该采取措施给工作人员提供一个足够安全的工作环境（Dyer，Murrell，& Wright，1984）。作为对老式“疯人院”精神病院的调整，精神卫生机构建设起来的物理设施都不再强调安全和监禁，这也自相矛盾地将人类服务工作者置于更危险的境地（Turns，1993）。情绪设置为“冷漠和不关心”、不清晰的员工角色、缺乏结构化的活动、精简员工、难以捉摸的日程安排都是潜在暴力来访者的压力升降机（Blumenreich，1993a，pp. 38-39；Occupational Safety and Health Administration，2003）。

我们应该在处理精神疾病患者和有情绪困扰来访者的机构中强制执行对潜在暴力行为的评估（McNeil，2009）。如果机构用一些可用的测量工具，加上临床判断，我们就能很好地预测暴力行为——这很有可能。

大学和大学咨询中心

对我们曾参观、工作过的大学心理咨询中心，我们一直特别关注他们的安全措施。为了能显得开放、温暖和宜用，大学咨询中心对通往咨询办公室的走道特地不设障碍。学生是可以在中心附近自由漫步的。而咨询办公室常常与接待处隔开，并且特别偏僻。即使是有可视、声音和代码报警器，救援反应很慢，这给了行凶者从出口逃跑的时间和便利。在大学咨询中心，进行职业咨询、专业建议和个人咨询的来访者是在平等环境中的混杂人群，这也是有着安全风险的环境。2007年4月赵承熙在弗吉尼亚理工学院的暴行向大家证明了，有一些人常常去大学心理咨询中心，但却不能全心投入其中，只是因为他们想家（Grayson & Meilman，2006；Myer，James，& Moulton，2011）。

大量的研究显示大学心理咨询中心现在面对着较以前更严重的精神病患者（Benton et al.，2003；Bishop，2006；Erdur-Baker et al.，2006；Pledge et al.，1998），更多的学生在接受精神药物治疗（Schwartz，2006）。2009年超过十分之一的学生向咨询中心寻求服务，这在国家咨询中心调查的长远数据中来看达到了最高百分比。另外，到咨询中心的学生中有48%有严重的心理问题（Munsey，2010）。这些转变不仅仅发生在美国，英国也是如此（Waller et al.，2005）。这个数据上升是因为美国普通人群变得更加病理化，还是因为1973年《康复法》和《美国残疾人法》导致大学人群产生了变化，即大学校园对存在精神疾病的人更具接纳性和适应性？这个问题变得如此重要，以致《大学咨询期刊》2005年整个秋季刊致力于讨论大学校园严重和慢性精神疾病的主题（Beamish，2005）。

大学作为一个机构，其安全事宜的意义是重大的。最近一项研究（Kelly & Torres，2006）发现女学生感受到“寒冷的大学气候”，这种感觉与天气无关，而是与他们在大学里感觉到的安全有关。那么大学咨询中心“寒冷的”安全措施则更引人注目了。有趣的是，如果你搜索有关任何大学咨询中心安全分析的研究，你会发现没有点击量。

Rudd（2004）总结性地分析了为什么大学咨询中心看起来越来越像社区心理卫生诊所，他的分析让人醒悟。咨询中心和大学如果不能主动地加强他们的安全、告知和监管程序，会将普通人群置于危险中。Rudd认为如果大学管理部门还没有为咨询中心设置风险管理长官，那他们也很快就不得不这么做了。

我们在一些情况并不太妙的公立学校、政府精神病医院和联邦教养所做了40年的咨询，也跟随着孟菲斯警察局危机干预小组警员遇到了很多心怀不满、不开心的来访者。与大学咨询中心比起来，我们还将遇到更多、更严重、没有关起来的有精神疾病和情绪紊乱的人。然而我们认识的被杀害的三位同事，都是在他们工作的大学咨询中心遭受来访者袭击的。当然因为我们的历史和背景，我们有明显的倾向性。但无论如何，我们不认为2007年4月弗吉尼亚理工学校发生的凶手袭击是偶然事件。主观证据告诉我们，当有潜在危险的人找到以缺乏安保为特征的大学心理咨询中心，很多同事还抱着乐观的心态。这两个问题结合起来，就会导致致命的结果。

否认

由于暴力事件产生公开的负面影响，机构根本就不愿承认发生了暴力事件（Lanza，1985），大量的类似事件都没有报道（California Occupational Safety and Health Administration，1998，p. 3；Hartel，1993；Occupational Safety and Health Administration，2003）。确实，大学校园对报道校园犯罪的沉默寡言，是害怕不好的公众效应，这大部分要归责于1990年《犯罪意识和校园安全法》，又称为Clery法案，是因为在1986年，一名19岁的里海大学新生Jeanne Clery在她的宿舍里被强奸、谋杀。在近期一项对父母是否知晓这一法案以及如何搜索犯罪数据的研究中，发现父母的知晓率很低（Janosik，2004）。研究是在弗吉尼亚理工学院进行的，这看起来很讽刺。我们只能设想一下如果现在进行这项研究，也许结果会有所不同。

由于工作人员不足、员工工作过度、自然环境差、非专业人员接受的相关培训较少、频繁的人员调整、工作缺勤、意外事件、管理部门与员工之间缺乏交流、没有统一的处理方案，这些问题使得员工感到灰心并扰乱了日常工作。当工作人员将他们的失望情绪传递给来访者后，这些来访者反过来又变得更加恐惧，并开始测试什么行为是可以容忍的底线。在这些不稳定的条件下，当工作人员企图强加行为限制时，结果是他们经常遭到来访者的暴力袭击（Blair，1991；Jensen & Absher，1994；Occupational Safety and Health Administration，2003；Piercy，1984，pp. 141-142）。

最后，当实施袭击的来访者导致了伤害发生时，有一个潜在的观念认为“工作人员没有正确处理”(Turns，1993，p. 131)，这就导致了继发性的牺牲。那样，人类服务工作者不仅遭受了身体袭击以及伴随着由此带来的心理伤害，还成为对暴力增加管理不当的替罪羊（Newhill，2003，p. 209）。

工作人员的过失

工作人员也是有过失的。人们普遍认为，人类服务工作者关心别人、善待他人，所以他们的服务对象也会用友好的方式来回应他们（Newhill，2003，p. 13；Turner，1984，p. vii）。那种“这不可能发生在我身上，况且暴力事件毕竟很少发生，根本用不着我去真的担心”的回避现实的假设是荒谬可笑的（Dyer，Murrell，& Wright，1984，p. 1）。Madden，Lion 和 Penna（1976）访问过一些曾受到过袭击的精神科医生，他们发现，如果他们原先不自以为是地认为自己不会受到威胁，一半以上的暴力事件是可以避免的。

从来访者的观点来看，他们之所以变得狂暴是因为他们受到工作人员的激惹所致（Rada，1981；Ryan et al.，2004）。荒谬的是，绝大部分工作人员根本就不知道他们或者他们的机构做了哪些能激惹来访者的事。对许多来访者而言，他们所受的治疗可能都是在高压、恐吓或害怕中被迫接受的，当来访者感觉自己一点控制治疗的权利都没有，而只是由工作人员说了算时，他唯一能做的就是采取攻击行为（Blair，1991）。此外，如果工作人员的治疗方案包括诸如进行约束、隔离、药物治疗、单独锁起来，而且把对来访者的侵犯当作“理所当然的事”（Occupational Safety and Health Administration，2003），那么来访者自我实现的观念很可能受到刺激而膨胀，他就会将不顾后果的暴力行为作为常规和唯一的行为方式，来引起工作人员的注意。相反，由于工作人员在确定一些限制时，未能以一种积极、严格、公正和共情的方式将各种选择明确地加以介绍，也可能导致来访者产生暴力行为，特别是当武断地剥夺来访者吃、喝、娱乐、抽烟、休假或其他权利时，来访者的日常习惯、地位或自尊受到了伤害。工作人员既没有解释这些权利是怎样被取消的，是什么原因使他们失去了这些权利，也没有向他们解释怎样才能重新获得，这就增加了来访者对工作人员施行暴力的可能性（Blair & New，1991）。工作人员对来访者的态度也对谁会遭到袭击产生影响。精力耗竭的工作人员更容易遭到袭击（Isaksson et al.，2008）。

经验也会导致差异。绝大部分袭击发生在和你一样正在读这句话的人身上——那就是，在这个领域还弄不清形势的菜鸟（Flannery et al.，2011）。Guy、Brown 和 Poelstra（1990）发现，在一项国家调查中显示被袭击的心理学家有46%都是学生和受培训者，工作人员工作年限越长，在他们身上发生袭击的可能性越小。所以，你可能比平时更想让本章内容个性化。

法律责任

尽管卫生服务提供者可能会成为暴力行为的牺牲品，但他们也可能因为他们的行为而受到法律指控，不管他们的行为动机有多好（Monahan，1984）。这种指控还扩展到整个机构及其机构的主管人，他们要承担以“代理人”为名义的民事和刑事责任（Dyer，Murrell，& Wright，1984，p. 23）。这看起来可能很矛盾，喜好攻击的来访者将机构和机构员工贴上未能向他们履行“所负有的注意义务”的标签（Belak & Busse，1993，pp. 137-143）。许多成功的诉讼都是以卫生服务提供者没有提供恰当的诊断和治疗，没有管理好有暴力行为的来访者或未能保护第三者免遭暴力袭击而胜诉的（Felthous，1987）。

美国国家职业安全与健康研究所的数据显示，在美国，工作场所中的暴力行为变得如此严重，以至于疾病控制中心宣布暴力行为是一个国家卫生问题（1992）。联邦职业安全和健康管理部（1998）也达成一致，再也不能容忍工作场所暴力（California Occupational Safety and Health Administration，1998，p. 5）。联邦职业安全与健康管理部已经开始对那些未能保护好雇员在工作场所免遭暴力袭击的雇主发出传票。

在预测什么人会或不会制造暴力时，较好的指标是多名接触了来访者的临床人员做出的共同临床判断（Douglas，Ogloff，& Hart，2003；Durivage，1989；Werner et al.，1989）。上述案例之所以判原告胜诉，其主要原因之一是一个临床医生未能将来访者有过的暴力史以及还有发生暴力行为的可能性告诉另外一个临床医生（Beck，1988；Belak & Busse，1993，p. 147）。从这一点来看，机构及工作人员如果不想与来访者或其家人对簿公堂的话，就得尽力将来访者的暴力行为和暴力观念做好记录，并将这些资料转告组内其他同事，以作为反馈和采取可能措施的依据（Blair，1991；Martin et al.，1991）。

人类服务工作环境中的暴力动力学

人类服务工作环境中的暴力动力学是复杂的。它不仅涉及来访者本身，还涉及人类服务工作者和机构。要预测在什么时候、什么情况下、什么样的来访者会或不会制造暴力事件，仍是一件很难做到的事情（APA，1974；Kirk，1989；Monahan，1988；Mulvey & Lidz，1984；Palmstierna & Wistedt，1990；Sloore，1988）。当危机干预工作者对来访者的病史一无所知时，当他们没有时间对来访者做一次面对面的仔细评估时，所做的预言很可能是错误的。然而，如果能够抓住众多因素的核心部分，那么凭借现有的资料也可以得出什么样的来访者更具有暴力倾向的大概轮廓。为此，准确的行为信息是评估暴力行为的核心。Cawood 和 Corcoran（2009，p. 17）认为获得的来访者行为信息的深度和准确度直接影响了对什么人、什么时候和什么情况下出现暴力行为评估的质量和准确度。

暴力可能性评估工具

HCR-20（Webster et al.，1997）是暴力评估等级工具，让临床医师在来访者暴力史、临床精神健康状态、自我管理、回归社会的风险程度的基础上评估有关来访者的20个变量。在司法精神病学案例中预测谁会有远期（Douglas，Ogloff，& Hart，2003）或近期（McNeil et al.，2003）暴力，这个工具呈现出较好的信度，尽管其在预测狱中的女性谁会采取暴力犯罪时不太好，并且在预测哪些女性会被定罪为谋杀犯时正好相反（Warren et al.，2005）。

《暴力筛选清单——修订版》（The Violence Screening Checklist-Revised，VSC-R）包含了检查入院头两周的身体攻击和引起恐惧和威胁行为，是否存在自杀行为、精神分裂症的或躁狂诊断，男性性别等项目（McNeil & Binder，1994）。这个工具可信度高，特别是在住院的头些日子（McNeil et al.，2003）。

《Broset 暴力清单》（The Broset Violence Checklist，BVC）（Linaker & Busch-Iversen，1995），在急性精神科病房有六个因素常常被看成是暴力事件的前奏：混乱、易激惹、喧闹的行为、口头威胁、身体威胁和对物体进行攻击，《Broset 暴力清单》就是检验来访者是否存在这六个因素的。如果在24小时的随访中检查两个或更多的项目，那么这一评估工具具有很好的预测效度。对老年来访者的大型研究发现，BVC很好地预测了谁会有暴力发作，也很好地区分了会付诸暴力和不会付诸暴力的老年人（Almvik，Woods，& Rasmussen，2007）。

《情境性攻击的动力学评估》（The Dynamic Appraisal of Situational Aggression，DYAS）检查即时的暴力风险，它也可以辅助治疗计划减少暴力风险。当与专业观察结合起来时，DYAS 比仅有临床评估有更好的预测力（Ogloff & Daffern，2006）。

所有这些工具在精神病性人群中，预测长期和短期暴力风险都发挥着很好的作用。然而，问题是如何知道暴力“立刻”就要发生，并对此进行干预。从这个观点来看，了解口头和身体的线索，运用两眼间和听觉分析（目测和倾听）还是置身于伤害之外的最好方式。

引发暴力的因素

始终将“大致轮廓”和“适当条件”牢记脑海，接下来再对暴力行为进行预测就可“稳操胜券”了。

引发暴力的因素既有生物学上的，又有心理学上的，还有社会方面的因素。从生物学上来看，智力低下、内分泌失调、脑器质性疾病、精神病性特征引起的神经系统改变、疾病、药物、脑外伤等都有可能使来访者产生暴力倾向（Fishbain et al.，2000；Hamstra，1986；Heilbrun，1990；Heilbrun & Heilbrun，1989；McNeil，2009；Newhill，2003，pp. 107-108）。从心理上来看，特殊的环境、某些功能性精神病、人格障碍也可引起暴力行为（Greenfield，McNeil，& Binder，1989；Heilbrun，1990；Heilbrun & Heilbrun，1989；Klassen & O’Connor，1988；McNeil，2009；Newhill，2003，pp. 94-106）。从社会学方面来看，家庭成员、同辈以及生活在周围的人群行为处事的方式可能加大这种暴力倾向（McNeil，2009；Nisbett，1993；Tardiff，1984a，p. 45；Wood & Khuri，1984，p. 60）。最后，特殊的、现场的物理环境刺激如炎热、拥挤、嘈杂、冲突以及缺乏交流也可引发暴力行为（Anderson，2001；Jensen & Absher，1994；Newhill，2003，p. 190；Vaaler，Morken，& Linaker，2005）。当所有上述因素混杂在一起时，危机干预工作者很可能就要面对危险的人和环境了（Tardiff，1984a，p. 45）。

年龄 15岁至30岁这一年龄阶段的男性是最具有暴力倾向的人群（Blumenreich，1993a，p. 36；Fareta，1981；Kroll & Mackenzie，1983；Shah，Fineberg，& James，1991）。其次是老年来访者，他们在可能产生暴力行为的人群中占的比例高于其在整个人口中的比例（Astroem et al.，2002；Hindley & Gordon，2000；Petrie，1984，p. 107）。危机干预工作者倾向于认为这些老年来访者不会对别人构成威胁，而让他们出院。但在对辛辛那提退役军人医疗管理中心的200例袭击案件进行研究后，Jones（1985）发现58.5%的袭击事件发生在老年门诊。这一统计数据是值得关注的，因为这个管理中心中还有很多精神病患者和物质滥用者。

物质滥用 不管是合法还是非法的精神药物，一旦被滥用，则很难不牵扯出暴力行为。不管滥用者是用了冰毒达到快感状态，或者是使用安定后清醒过来，还是经历海洛因的戒断反应，暴力行为和药物滥用之间都有着紧密的联系（Blumenreich，1993b，p. 24；Piercy，1984，pp. 131-135；Rada，1981；Simonds & Kashani，1980）。上述描述当然包括酒精。在急诊室里发生的暴力事件至少有一半以上与酒精相关，在精神病院报告的案例中也有四分之一与酒精有关（Bachy Rita，Lion，& Climent，1971）。当个体有精神病史并且喝酒或吸毒的话，产生暴力的可能性就更大了（Klassen & O’Connor，1988；Yesavage & Zarcone，1983）。

预先了解暴力行为史 以前的严重暴力行为史，如杀人、性侵害、人身攻击或以致死性武器进行威胁等，是预测将来暴力行为的最好依据（California Occupational Safety and Health Administration，1998；Fareta，1981；Monahan，1981）。只要来访者背景中存在如严重罪行、持有武器、对受害者的威胁，或者在住院期间有过袭击行为，则一定要引起人类服务工作者的注意，以便对这类人的暴力行为严加防范（Blumenreich，1993a，p. 37；Klassen & O’Connor，1988）。就来访者的暴力行为的预测因素来说，除了因情感障碍或精神疾病伴有暴力行为被带到机构来以外，可能没有更可靠的了。

心理障碍 很多种心理障碍都可能导致暴力行为：第一类是反社会型人格，即那些有攻击行为史、冷酷无情、易冲动的人；第二类是边缘型人格，即那些缺乏足够强大的自我，不能控制自己强烈的感情冲动，反复出现情感爆发的人；第三类是偏执狂，即那些敏感、多疑、固执，常感到自己正在受到周围人对自己不正确的评价，或正遭受到不公平的待遇，因此与周围人产生矛盾或冲突的人；第四类是躁狂型人格，即那些一直处于一种激情之中，极度亢奋、过度地参与活动，哪怕这些活动可能会带来痛苦结果也无所谓的人；第五类是暴躁型人格，即那些突然间就爆发愤怒的人；第六类是精神分裂症，即那些有幻想、兴奋，总是有些怪异行为或夸大妄想的来访者；第七类是恐怖症的来访者，即那些感到恐惧、害怕，不敢与外界联系并且有极端的战斗-逃跑反应的来访者；第八类是有自杀观念的人，即那些感到绝望、焦虑并且正在执行自杀计划的人（Blumenreich，1993b，pp. 21-22；Grassi et al.，2001；Greenfield，McNeil，& Binder，1989；Heilbrun，1990；Heilbrun & Heilbrun，1989；Klassen & O'Connor，1988；McNeil，2009；Murdach，1993；Newhill，2003，pp. 96-104）。

社会应激源 失业、工作应激、关系破裂、躯体或性虐待的既往史、经济情况恶化都是社会应激源，可能在失控的环境下导致急性受挫和暴怒发作，从而导致暴力（Blumenreich，1993a，p. 370；Munoz et al.，2000）。

家族史 现在或既往的家庭暴力史常常会带到其他环境中。儿童时期不稳定的和充满暴力的家庭环境作为榜样导致将来的暴力行为产生（Wood & Khuri，1984，pp. 65-66）。社交隔离或者缺乏家庭温暖与环境支持也会加大这种倾向（Heilbrun & Heilbrun，1989；Munoz et al.，2000）。对动物实施残酷行为也是预计未来犯罪和暴力行为的指示器（Felthous & Kellert，1986；Hellman & Blackman，1966）。对于将猫置于火上烤或者实施其他虐待宠物行为的孩子，不难想象他们将来成年之后能制造很多暴力事件。目睹过家庭暴力、被虐待、经历过度的身体惩罚、被抛弃、被剥夺、被忽视以及我们在前面章节里阐述的伴侣虐待等家庭史，都是成年攻击性的易感因素（Eddy，1998）。

工作经历 在工作现场有过争吵和其他问题的人，是暴力的另一个相关因素（Newhill，2003，pp. 110-111）。被邮局炒鱿鱼并不是员工会实施暴力的唯一情况。失业和经济不稳定很容易转化为偏执的"他们委屈了我"思维，也可以指向失业办公室的社会工作者和就业服务机构的职业咨询师。

时间 来访者入院的时间以及医院提供的便利条件是一个很关键的问题。在规定的娱乐时间，如周五晚上或周六晚上入院，则可能加大暴力的倾向。在老年病医院和精神病院里，到了傍晚时分，由于天色开始黑下来，换班、工作人员减少，常让来访者感到无所适从、困惑（Occupational Safety and Health Administration，2003）。因此这段时间的发病常被称为"日落综合征"（Piercy，1984，p. 139）。进餐、上厕所、洗澡也是爆发暴力事件的主要时间段（Barrick et al.，2008；Jones，1985）。在综合医院及司法精神病院的患者极有可能在入院后立即爆发暴力行为（McNeil et al.，1991）。McNeil、Binder 以及 Greenfield（1988）发现入院前在社区内发生的暴力行为与患者在入院后头72小时之内发生的暴力行为有高度的相关性。因为绝大多数来访者不是心甘情愿住院的，所以在入院后的头10 ～ 20天内暴力行为明显较多，偏执狂的这种倾向则要一直延续至第45天（Rofman，Askinazi，& Fant，1980）。

相互影响 带来访者来机构的那些人也可能发生暴力行为（Occupational Safety and Health Administration，2003）。带来访者来治疗的家属或朋友常常对接待处的工作人员态度粗暴，尤其是当他们看到工作人员态度生硬和冷淡时（Ruben，Wolkon，& Yamamoto，1980），或是感到被忽视和草率对待时，这种对立情绪就更为明显（Wood & Khuri，1984，p. 58）。来访者与其监护人之间也可能发生争吵，这种争吵很容易转向工作人员。再者，当心情激动烦乱的监护人想要"安顿"来访者的要求没有得到立即注意的时候，他们可能会用行动来表示他们的不满。每一个被警察带到机构来的来访者都应被视为是有暴力倾向的人（Kurlowicz，1990；McNeil et al.，1991；

Piercy，1984，pp. 140-141）。

运动性暗示 如果工作人员仔细观察来访者身上表现出来的暗示，常常可以观察到暴力发生的征兆（Kurlowicz，1990；Petrie，1984，p. 115；Weinger，2001，p. 24）。早期的警告包括来访者肌肉变得紧张；眼球凸出并快速运动；瞪大眼睛，预防性姿势；肌肉、手指以及眼睑不停地抽搐；身体颤抖、衣冠不整（Tardiff，1989，p. 98；Wood & Khuri，1984，p. 77）。如果来访者不停地来回走动，时而接近工作人员，时而又走开，这可能就是来访者在蓄积勇气准备进攻的信号（Dang，1990）。处于激越状态的来访者可能对个人空间有一种延伸感，认为个人空间的半径有2.4米，而不是平常的0.9 ~ 1.2米，对于任何闯入这个空间的举动他都会特别敏感（Moran，1984，pp. 244-246）。

许多语言性暗示也是来访者将要实施暴力行为的预兆。比如声调提高、嗓门增大、语速加快，尤其是当来访者服用安非他明或其他精神兴奋药物之后更是如此。语言内容含糊不清说明来访者思维混乱，总之，暴力威胁与暴力行为之间有着密切联系。威胁的内容越具体（比如要采取什么方法、在什么时候、针对哪个人），后果就越严重（Blumenreich，1993a，p. 37；Tardiff，1989，p. 99）。

多种征兆 前述的征兆越多，发生暴力行为的可能性越大（Klassen & O'Connor，1988）。Tardiff（1989）指出，只要有可能，人类服务工作者就应该尽量对所有有关因素进行评估，一旦这些因素出现了，工作人员就应该在登记表上（p. 97）或者之前提到的暴力预测测量工具上清楚地标注发生暴力的可能性。Tardiff进一步提出，不管是否可以获得这些信息，较好的评价技巧之一就是直接问来访者："你曾经以一种粗暴的态度发过脾气吗？"如果答案为"是"，那么工作人员应进一步问是怎样发生的，在什么时候、什么地点发生的，然后就像做自杀评估那样对来访者做出评价（p.98）。如果前面提出的征兆中有任何一个征兆非常明显或是由来访者明确说出来的，不管来访者当时显得多么冷静，都应该在来访者的人际关系行为维度上定为10分，在来访者的记录做上标记，并且警告其他工作人员提防来访者自伤或伤人。这是不是让你不要选择进入人类服务行业，而去做一些较为轻松的事业如运输危险品？作者可不是这个意思，因为有85%至90%的暴力行为是可以避免的（Mack et al.，1988），本章接下来的部分就是介绍我们如何避免这一比例的暴力行为。

干预策略

由于机构本身在哪些来访者接受治疗、治疗什么、为什么要治疗、怎样进行治疗以及什么时候进行治疗等过程中起着重要作用，所以，在预防和处理来访者行为、言语攻击的问题时也是如此。在处理暴力问题时，对各种不同因素应该采取什么措施，没有两个机构是完全一样的。然而，当面对这样一些来访者时（如发狂的、发怒的、恐惧的、遭受不平等待遇的来访者），所有的机构都有一个共识，都会考虑到具体环境下经济、法律、治疗、组织以及物质各方面的限制。下面的干预策略应被看作是最好的"常规步骤"。

安全计划

如果缺乏最高层主管的承诺与参与，没有任何反暴力项目能够完成。因此机构或执行部门的每个人都要理解，预防暴力绝对是最优先的项目（Barret，Riggar，& Flowers，1997；California Occupational Safety and Health Administration，1998，p. 6；Newhill，2003；Weinger，2001）。任何有效的安全和健康项目中的五个主要成分也适用于工作场所暴力预防。这些成分是管理层的承诺和员工参与、工作场所分析、危险预防与控制、安全和健康培训、保持记录和项目评估（Occupational Safety and Health Administration，2003）。

管理层的承诺和员工参与

预防暴力的第一步就是了解机构采取了哪些

防范措施来保证来访者和工作人员的安全。管理层的承诺和员工参与在安全工作场所中是关键（Occupational Safety and Health Administration，2003）。机构应该对来访者和工作人员的暴力采取零容忍政策。政策应该为所有员工分配清晰的职责，这样他们就知道应该提供什么样的服务，同时要有充足的资源来实施这些职责，并对实施行为负责。

应该采取一些防范措施来确保工作人员不至于处在危险的境地。第一步也是最重要的一步是：管理部门应该请安全领域的专家对安全管理系统进行分析（Ishimoto，1984，p. 211；Kinney，1995，pp. 47-50）。Kinney（1995）强烈要求管理部门承认，最有这方面发言权的是工作在一线且每天与来访者打交道的工作人员，因为他们在照顾来访者的时候已经注意到了管理中存在的安全问题。尽管管理部门由于害怕而不愿听到这些工作人员的申诉。但工作人员应该有渠道将他们的担心传递至管理层并获得反馈，而无需害怕责难或者报复（Occupational Safety and Health Administration，2003）。

工作场所分析

工作场所分析指采用循序渐进的方法来寻找潜在的危险，集中在可能有危险发生的区域，检阅落实到位的程序以截断暴力（Occupational Safety and Health Administration，2003）。Kinney（1995，pp.211-216） 和 Ishimoto（1984，pp.211-216）的安全分析问卷分析和追踪记录，生成筛选调查，并检查工作场所安全（Occupational Safety and Health Administration，2003）。如果没有进行这样的调查，不仅机构面临着爆发暴力行动的危险，而且也会让工作人员觉得管理层对他们的安全漠不关心（Lewellyn，1985）。一旦调查结果汇总，机构就应该开始计划危险预防与控制。

危险预防与控制

所有的工作人员都应该认真地考虑这些问题，制订出一个全面的计划，并将之公布（California Occupational Safetyand Health Administration，1998，p. 8；Occupational Safety and Health Administration，2003）。这样的计划既要全面又要简单易行，并详细说明在什么情况下什么人应负责什么样的事。计划内容应该覆盖机构的各个领域，从停车场开始，到前门的入口，再到门诊大楼、工作人员办公室、膳食服务处、药房以及来访者房间（Ishimoto，1984，pp. 209-223），虽然管理部门最初可能会认为花费在这种服务上的时间和金钱是一种负担，但是如果这一措施能避免来访者或者工作人员将来涉及法律纠纷的话，那其净成本就是很小的（Moran，1984，p. 249）。

威胁评估小组 一旦调查结果汇总，机构就应该组织人员制订防暴方案，不同领域的暴力问题专家的意见对方案的制订是很有帮助的。首先要成立一个防暴队，队员由工作人员交叉组成，再指定一个防暴协调人，这支队伍和协调人的职责是：(1) 拟出一个大纲，规定暴力管理政策的范围和活动；(2) 有一个反对暴力的明确、公开的声明，哪怕这个声明仅仅是简单地说“本组织将不能容忍发生在组织内或组织外的任何暴力和侵犯行为”；(3) 确定向谁汇报和到什么地方汇报遇到的威胁；(4) 决定当威胁足够严重时就要传唤防暴队；(5) 对所有的工作人员提供培训；(6) 制订一个减少暴力的方案，方案上要讲清楚哪些类型的行为是不可接受的，以及如何制止这些行为（Kinney，1995，pp. 73-80；Myer，James，& Moulton，2011；Newhill，2003，pp. 189-199；Nicoletti & Spooner，1996；Weinger，2001，p. 53）。

大学校园建立威胁评估尤为关键（Myer，James，& Moulton，2011，pp. 256-267）。弗吉尼亚理工学院就是经典的例子，这样的大学里，因为不同的政治、逻辑、法律和伦理因素，竖井心理得以发生，关键信息保留在相互分隔的单位中，永不共享。我们应该很清楚地认识到，弗吉尼亚理工学院和其他机构一样，在大多数谋杀者越过警戒线之前本有机会规避风险，但它们却树立了壁垒，有效地阻塞了信息的交流渠道。事实上，感谢弗吉尼亚法律的改变，相较其他州，高等教育机构和心理卫生机构现在能更好地交流，对不能在评估和治疗项目中合作的个体进行制裁和要求退学（Mandatory Treatment of Mental Health Patients，2007；Threat Assessment Team Formation，2008；Threat of Violence，2008）。

赵承熙这样的个体可能引起不同人、业务实体和部门的关注，但是又不至于因太明显和太不稳定而引人注目并使人主动地对他采取任何行动，直到悲剧发生。这就是为什么大学校园各个部分如建筑住房、娱乐、食品供应、学术部门、咨询中心和法律实施部门都需要参与威胁评估，定期会面，筛查大学里发生的任何事情。威胁评估小组还需要共同的语言如 TASSLE（Myer et al.，2007），这在第三章和第十三章有介绍。这样他们就有了一套共同的术语和行为准则，以此来部署行动，应对那些引起关注的个体（Myer，James，& Moulton，2011，pp. 233-270）。

在物理环境中的预防措施 在机构里，应该采取一些最低限度的安全预防措施，因为机构中的工作人员极有可能被卷进潜在的危险环境当中，对工作人员而言最危险的两个区域是入院处和办公室。接待室或候诊室应当提供电视、杂志，以及通往咖啡厅的通道。电视节目、食物和饮料能给来访者和访客提供从事愉快活动的机会，从而抵消来访者面临陌生环境而引起的敌意，并缓和入院处的紧张气氛（Wood & Khuri，1984，pp. 79-80）。关于饮食和饮料，有一点特别值得注意：那就是那些对进入治疗机构有极端反抗情绪的来访者可能会用食物来使自己窒息，或甚至吞下金属罐上的易拉环自杀。所以入院处的工作人员应该小心监视被允许吃喝的来访者（McCown，1986）。

入院处应当经常打扫并保持清洁，要保持家具、地毯及墙面涂料的清洁。第一印象是最重要的，如果来访者对机构的第一印象是连这里的工作人员对这个机构都漠不关心或毫不尊重的话，那么这些来访者也没有理由尊重发生在机构里的事情（Marohn，1982）。一定不要选消防车那种红色的喷漆来装饰。明亮、活泼和激励的装饰的使用，不应该比灰色系（常用在充满沉闷和抑郁的机构）和绿色系（常用在很多精神病机构和监狱）更多（Newhill，2003，p. 190；Vaaler，Morken，& Linaker，2005）。柔和的图画和装饰以及令人舒适、放松的家具可以在很大程度上缓解愤怒和紧张，并压制激越的感受和想法（McCown，1986）。室内不能有任何锋利的可移动物体，包括家具，以免来访者拿来当武器（Munsey，2008）。

入院处应当建成关卡式的，只设一条通道通往机构内其他部门。这一区域要设定视频监控，记录任何人的进出，还要放置登记册记录每个人的登记进入，检查确认他们是不是都出去了（Annis，McClaren，& Baker，1984，p. 30）。但是，还应该有另一条专用通道供员工离开，也应该设立一间单独的房间，让工作人员可以安全地远离闯入者（Munsey，2008）。根据所需安全性的程度，可在接待室中装上能与其他部门隔开的电子自动门，放置签名的表格、身份验证程序、曲面镜及金属探测器等检查手续（California Occupational Safety and Health Administration，1998，p. 10；Munsey，2008）。对候诊室待诊的来访者，应该抱有热情和友好的态度，并向他们更新看诊延迟的时间。应该将等候时间最小化（Weinger，2001，p. 53）。在这方面，人们大多在医院急诊室容易不安和激惹，也就不足为奇了。

入院处的工作人员最先与来访者接触，而且这个时候是来访者在机构内最可能发生暴力的时候之一。所以入院处的工作人员应当有十分娴熟的危机干预技巧，而且他们的主要任务就是“陪护到底，直到来访者入院”。秘书、接待员等非专业人员，都不能担任这一重要任务，且入院处的工作人员不能去做其他如打字、接电话之类的事，以免分心。入院处的工作人员要一直陪同来访者直到所有人的入院手续办好、来访者安全地进入病房为止（McCown，1986）。

接待人员绝对不能一个人待在接待室，而与其他的工作人员没有联系（Turnbull et al.，1990）。

应该配备下面这些安全装置：如身体警报器（一种活动按钮装置，一旦启动就会自动发出警报声并标明工作人员的位置），一个可自动给室内安全系统和911拨号的拨号器；可监视整个候诊室的凸透镜，紧急按钮，闭路电视监控系统；可以用按钮锁住的电梯，以及入口的金属探测器。最初的访谈对于奠定将要发生什么行为的基调上起到关键性作用。访谈区域应该是敞开的，又可以允许一定的隐私。如果来访者非常不安，就需要其他工作人员甚至警察在场（Doms，1984，pp. 225-229；Jones，1984；McCown，1986；Weinger，2001，p. 53；Wood & Khuri，1984，pp. 79-80）。

现在介绍你的外表应该是怎样的。下面的警告可能是不合时宜的，但是我们会以那过度保护的父亲的语气，对很多正在读这本书的年轻女性谈话，因为我们下面就要告诉你们应该怎么穿衣服。低胸现在正是流行的时尚。但这里不是做时尚奴隶的场合！有些来访者有界限问题（Newhill，2003，p. 191），但工作场合不是让他们的冲动性占据主动，让工作人员遭受性侵和躯体袭击的地方。穿上专业的工作服就意味着说，"我在这里是来帮你的，我是认真的！"如果你是一个男人，穿得很摇滚，你自己认为看起来像个朋克摇滚青年可以帮你接近你的来访者，那你只怕是需要去街头工作了。相反地，你也不需要看起来就好像是从时尚杂志里走出来的人物，却又不像个内行，这给人印象就是你并不专业。这就称为"表面效度"。如果来访者不相信你看起来明白自己在做什么，你可能就没有机会证明了。

还应该保证个人工作环境的安全。尽管隔着办公桌进行交流不是最理想的办法，但必须摆放一张办公桌将来访者和工作人员隔开。应当留出空间使工作人员和来访者都能方便地走到门口。任何会见场所都应当为工作人员提供一个简易出口，而且这个出口要设在一个能让工作人员不用在来访者面前走过或从来访者的个人空间穿过就能离开的地方。决不允许诸如镇纸、信封开启器、削尖了的铅笔之类可能用作武器的东西摆在外面，或放在来访者可拿到的地方。个人警报设备以及接待室安装的那些安全设备同样应该配备在工作人员的办公室内（Jensen & Absher，1994，1998；Tardiff，1984a，p. 50）。

这样一来，大楼内的接待员或其他人员就能在危险情况快发生时预先通知工作人员。这里的家具应当是坚固且难以移动的，特别是桌子和椅子。应当有一个用来紧急求助的简单代码。还要有一个紧急按钮以及一部能让工作人员与外界联系的电话。由于人类服务工作者和来访者在治疗环境中处于一种典型的隔离状态，因此最后两点显得尤为重要（Jensen & Absher，1994，1998；Tardiff，1984a，p. 50）。

培训

如果不对工作人员进行培训，那么所做的防暴计划只会是一纸空文。在方法、手段和处理步骤上得到过培训的工作人员，更加相信自己有能力逐步减少暴力行为的发生（Thomas，Kitchen，& Smith，2005；Turnbull et al.，1990）。培训内容既要包含知识也要包含技巧，不能间断，对新成员要即时培训，对老队员要进行继续教育（Dyer，Murrell，& Wright，1984，pp. 12-15；Newhill，2003，p. 207；Turnbull et al.，1990；Weinger，2001，pp. 52-53）。每一位员工都应该明白暴力是可以通过准备来避免或减少的（Newhill，2003，p. 206；Occupational Safety and Health Administration，2003）。

培训应该首先从危机干预技巧开始（列在第三章和第四章中），另外还包括法律方面的内容，侵犯行为理论，怎样报告和记录发生的事件，如何对具体情境和环境变化因素进行评价，语言上的缓和技巧，可触发攻击行为的因素，自卫和自控技巧，对行为的观察，咨询，交接班手续以及交班报告（Blair，1991；Kinney，1995；Murray & Snyder，1991；Occupational Safety and Health Administration，2003；Turnbull et al.，1990）。培训中的关键问题是不仅要讨论问题，还要在此基础上练习如何解决这些问题，最好的办法是让受训人员进行角色扮演，模拟事件场景，可将此制成录像带，供指导人员和受训人员分析和征求反馈意见（Forster，1994；Turnbull et al.，1990）。培训还应该包括最需要培训的人——来访者。

反暴力干预 大部分对抗暴力的预防措施都运用了行为主义（代币制、塑造、建构后效契约法）和认知行为干预（重构消极归因、思考中断、放松训练、正性反命令）（Douglas，Nicholls，& Brink，2009）。风险需求敏感度（risk-needs-responsivity，RNR）模式就是从矫正领域引进的一个程序。风险部分提出在高风险个体达到临界之前，对他们进行更有针对性的、特定的、专门定做的治疗性输入。需求部分聚焦于当动力学风险因素改变时减少复发。这一程序被应用在对严重精神疾病和严重情绪障碍患者的反暴力项目中。RNR常常并入认知行为治疗、社会技能训练、愤怒管理、运用角色预演的行为技巧、建模和塑造亲社会行为（Douglas，Nicholls，& Brink，2009）。虽然并不完美，RNR至少在非常困难的、难治的、慢性的且一般来说抗拒改变的严重精神疾病和情绪障碍患者中（Lovell et al.，2001；van den Brink et al.，2010；Wong，Gordon，& Gu，2008；Yates et al.，2005）有些效果。

假设 充分的培训应该使工作人员在处理有暴力倾向的来访者时，有能力做出假设和采取预防措施（Newhill，2003，pp. 121-165；Turnbull et al.，1990；Weinger，2001，p. 45；Zold & Schilt，1984，pp. 98-99）：

1. 估计需要给来访者规定哪些限制，并给来访者提供明确的可供选择的指示，这些指示要详细地说明遵守限制将会产生哪些积极后果，或不遵守限制会产生哪些消极后果。
2. 如果来访者有许多消极情绪，如害怕、抑郁、无助、愤怒、拒绝、绝望，就要鼓励来访者公开说出他这些情绪“有多严重”以及“为什么”会有这些情绪，以此体现工作人员对他的关怀；复述和反馈来访者的感觉，以此体现工作人员对来访者的同情心，并增加合适的行为，增加与来访者在感情上的交流。
3. 如果来访者在日常活动中受到挫折，在住处感到厌烦时，则应提供一些活动使来访者感到充实忙碌。
4. 如果来访者缺乏自信，害怕不能自立和自我控制，则可通过某些医疗措施和心理干预来帮助他们。
5. 如果来访者感到紧张和激动，则应制造出一种安静和放松的气氛，特别是当来访者精神高度紧张时，应该通过控制环境的变化和采用合作性的方法使来访者安静下来。
6. 如果来访者感到困惑，则要对使用的各个步骤进行详细的解释，尤其要注意的是，所有的工作人员都要采用一个解释模式。
7. 如果来访者想要承担某种义务，那就为他提供一个做初级工作人员的机会，让他充当其他来访者的主要照顾者和辩护者。
8. 如果来访者感到与世隔绝、举目无亲，不管他在医院住多长时间，都应给他提供与甜美记忆紧密相关的家庭般的温暖和心理上的支持。

预防措施 当通过上面的积极行为给来访者提供支持时，聪明的人类服务工作者应该观察到了许多预防措施。这些措施是（Blair，1991；Forster，1994；Greenstone & Leviton，1993；Moran，1984，p. 244；Piercy，1984，p. 143；Turnbull et al.，1990；Weinger，2001，pp. 33-48；Wood & Khuri，1984，p. 69）：

1. 只要来访者有易激惹的迹象，工作人员就不要否认暴力的可能性。
2. 不要忽视档案、来访者家属、同辈、权威人士或同事提供的有关来访者有暴力倾向的资料。
3. 不要与有暴力倾向的人单独待在一起，除非你能肯定已采取了足够的安全防范措施来阻止或限制暴力行为的发生。
4. 不要做出某些被认为是具有侵犯性的行为，如：靠得太近，长时间地看来访者的眼睛，用手指指指点点。不要做一些可能被理解为有威胁性的面部表情和身体动作。
5. 不要让机构内的许多工作人员同时与来访者进行令人困惑的复杂谈话。

6. 不要许下不能兑现的诺言。
7. 不要让害怕、愤怒或敌意影响了自我控制和对来访者情况专业角度的理解。
8. 当没有绝对必要时，不要与来访者争论、给来访者下命令或不同意来访者的要求。
9. 对机构内的来访者，不要用屈服和认同令来访者饱受折磨的真实和想象的疾病来安抚他们。
10. 不要用孩子气的反应如愤世嫉俗、讽刺挖苦或其他方法来诋毁来访者。
11. 不要用一种爱管闲事和无所不知的态度自顾自地谈论自己的重要性。
12. 不要在讲话时提高声调，不要做出强烈的反应，或采用威胁的方式使来访者顺从。
13. 相反，说话时也不能含含糊糊、吞吞吐吐或者声音太低，使来访者很难理解你说了些什么。
14. 假如来访者有强烈的对立情绪，就不要为一点小事与来访者争论。
15. 不要试图说服任何一个使用了致幻剂的来访者。
16. 不要认为来访者对事物的看法与你一样通情达理，因此不要强求来访者顺从你。
17. 不要老是让来访者等着，也不要让有暴力倾向的来访者单独自由地走来走去。
18. 不要让一群人像旁观者在围观一场争吵一样聚集在一起。
19. 不要用“为什么”和“什么”等问题使得来访者处于防御状态。
20. 不要让来访者处在你和出口之间。
21. 不要将来访者越来越多的大声要求看作是为了获得注意，任性或自我陶醉而置之不理。
22. 在进入一个你不熟悉的来访者房间时，不要走在他的前面，而要待在他的后面，用眼睛“搜索”他，跟着他进去。
23. 不要与有暴力倾向的来访者待在一起超过一个小时，除非有适当的安全保障。
24. 一定要制订一个应付意外事件的应急计划，在你的心中或其他工作人员心中要有这样一个概念：“如果意外事件发生了该怎么办？”必须认真对待你的个人安危。
25. 最重要的是“不要逞强，硬充英雄”。

延伸预防措施 在一个精神卫生变化很快的世界中，更多的危机工作必须在现场进行（见第十七章“灾难响应”）。虽然延伸和“上门进行现场指导”给了危机干预工作者更多的灵活性和快速反应的能力，现场干预还是有可能使他们处于极度危险的境地，因为他们是在充满暴力的邻里和家里进行工作（Burry, 2002）。结合前面对机构内部的危机干预工作者提出的警告（Cawood & Corcoran，2009；Greenstone & Leviton，1993，pp. 31-33；Jensen and Absher，1998；Newhill，2003，pp. 199-204；Weinger，2001，pp. 56-59），在机构外工作的危机干预工作者的工作规范中，必须加上如下措施：

1. 尽可能与同伴一起出去或至少有一部移动电话或其他通信工具以便能在紧急情况下获得帮助。
2. 让办公室里的人知道你要到哪里去，什么时候回来。
3. 检查你周围的环境，尽管在绝大部分危机干预中，时间是极为重要的因素，但还是要慢慢地小心地走进现场，并弄清楚你周围正在发生的事情。
4. 在去之前计划好你将要干什么。花时间收集来访者及其家庭深入准确的行为信息。在到访之前，注意来访者档案中任何暴力事件、药物滥用或其他潜在威胁性行为。我们那些在孟菲斯警察局工作的危机干预小组的警官们，只要有可能，都会在进入现场之前将队员集合起来安排由谁去，去了干什么。你们也应该这样做。
5. 不要将车直接停在事发现场，将车停在离事发现场远一点的地方，并且要边开车边了解停车场周围的情况，这样一来，在你不得不赶快离开时，这个地方可以让你在离开时不至于被那个可能伤害你的人看见。
6. 在敲门进入房间或进入一栋大楼之前，应先仔细地听几秒钟，看看里面会不会发生什么事情。

7. 绝对不要站在门的正前面。要像警察敲门那样，站在一边，这样你就不会被来自门内的袭击所伤或被里面的子弹射中。如果来访者正在犹豫要不要开门，要非常小心地走进去。如果你认为有可疑的事情发生，或者可能对你的健康造成危险，礼貌地结束会谈并离开。
8. 应从安全角度来考虑你的衣着。领带或领结使你看起来更职业，但也能成为勒死你的工具。高跟鞋很优雅，但你穿着它又跑不动，所以宽松、自如、朴素的穿着才是最合适的。
9. 门一旦打开，就要马上扫视房间，确定谁在里面，在哪里，将这些信息和你之前获得的关于现有情况的信息进行对比。不要对任何人想当然，认为他没问题，尤其是那些看起来不会伤害别人的老年人。询问是否还有其他人在里面，是谁，在什么地方？如果他们不应该在那里，礼貌地推迟会谈并离开。
10. 对所有房间里面的人的言语及非言语行为进行监视，他们正在干什么，你应该采取什么措施来稳定局面？如果现场有醉酒的人，礼貌地推迟会谈并离开。
11. 进入房间后离门口要近，以便你能最先知道将要发生什么情况，并且在你不得不离开房间时，能尽快离开。
12. 不要让周围的人围观，也不要让邻居以“顺便拜访”为名来看热闹，礼貌地请他们离开，如果他们不愿离开或拒绝散开，就叫警察！
13. 让来访者知道你要来，弄清楚还有谁在那里，如果你在某一房建工程，通知建筑领班或房委会警察局。
14. 如果正发生口头争执，首先最重要的是确认你自己的安全。如果有必要，离开并叫警察。如果你相信你可以控制局面，或者没有其他选择，试着快速控制。分开争执者，让他们坐下来。恢复平静，清楚、简明、肯定地告诉他们你希望他们做什么。如果这不起作用，可以用一个不相干的要求来吸引他们的注意：“停！我需要用电话叫人。”如果这些都不奏效，那就吹一声警哨，它可以吸引每个人的注意力。
15. 坐在一张能让你观察到事态发展的椅子上，让自己保持一种身体前倾，可以迅速、轻易离开的姿势！一旦感到形势恶化，赶紧离开，**千万不要硬充英雄**！
16. 将信用卡、钱包、珠宝（除了你的结婚戒指，它可以对性冒犯起到遏制作用）以及大部分现金留在办公室。只带着你的身份证和驾照。你不会想要被抢劫的。
17. 远离厨房。厨房有刀和其他可以伤害你的东西。在客厅进行访谈。
18. 记住你不在自己的地盘，任何时候都可能有意外发生。从你一开始踏入这一地区到离开都要保持警觉。

这些禁令并不是避免遭遇暴力的秘诀，但它们可以帮助危机干预工作者从危机状态中迅速脱身。

保持记录和项目评估

员工遵循一定的程序，提供所有事件的记录，不管事件是否有伤害发生。他们参与安全和健康委员会，接收信息，并汇报安全问题，让机构可以检查、分析报告，并做出正确的修改。常规的案例会议，被用来确认潜在的暴力来访者，讨论应对他们的方法（California Occupational Safety and Health Administration，1998，p. 7；Newhill，2003，pp. 205-213；Occupational Safety and Health Administration，2003；Weinger，2001，pp. 49-55）。最重要的是，好的记录可以接受项目评估。

干预步骤

干预主要有三个水平（dos Reis et al.，2003）。第一水平，主要的目标是避免事态进一步升级；第二水平的干预目标在于减少目标症状；第三水平的干预是保持来访者和员工的安全。在这三个宽泛的水平中，在 Piercy（1984）制订的九步模式基础上，应该以一种有序的方式对潜在暴力环境进行管理。这些步骤依次为：(1) 进行教育；(2) 避免冲突；(3) 安抚情绪（缓和气氛）；(4) 转移注意；(5) 暂休；(6) 武力展示；(7) 隔离；(8) 约束；(9) 使用镇静剂。这些步骤的核心规则，正如 Larry Chaves（工作场所暴力预防的著名权威）所强调的（1999），就是“永远不要剥夺他人的人格尊严、尊重或者希望，也不要允许任何在你控制下的他人这样做。”对每一步骤而言，个人的责任心都是最重要的。进一步说，无论是环境决定还是事先安排，第一个接触问题的人也最有可能被处在激越状态的来访者注意（Moran，1984，pp. 233-234）。

按照对有暴力倾向的个体进行危机干预的主要目的之一的要求，步骤1 ～ 5着重于谈话而不是采取行动，使他们说出来而不让他们付诸行为。这个方法看上去浅显易行，实际上却很难做到，因为当来访者处于激越状态时，他们的交谈能力相当有限，且不能对问题进行全面的思考。相反，他们可能不顾后果地蛮干（Tardiff，1984a，p. 52）。当即的目标是减少来访者迅速诉诸暴力行为的危险性，避免事态进一步升级，整体最终目标是改变暴力来访者的动机，这样他们可以采用非暴力的方式来重建他们的失控感；监督他们，对暴力的再次启动予以先发制人；做他们的模范，并让重要他人如同事、家庭、病友和员工确信，平静和宁静会占优势，暴力不能被容忍。

让我们跟着 Jason 和 Carol 来执行这九个步骤。Jason 是一个15岁的男性白人来访者，Carol 是一位治疗师，在很大程度上可以说她是一位资深的老手。她在一所名叫海滨山庄的青少年治疗中心工作了四年。虽然 Jason 是这所治疗中心新来的来访者，但他对发怒却并不感到陌生，此刻他正与一位副警长坐在接待室等候 Carol 进来。

在 Jason 这十几年的生活中，都是在学校小偷小摸、旷课，还有酗酒和吸毒等。他的父母将他从一个又一个困境中解救出来。他很冲动，有愤怒管理问题，很难控制自己的情绪。他最近的这次偷车行为将他送上了青少年法庭，于是他被送到了“海滨”，作为去州立少年管教所的另一选择。他的父亲受够了他的这些不良举动，不顾他母亲的反对把他送到这里。Jason 对他父亲的行为非常愤怒，他觉得自己被出卖了。

“海滨”本身是一个具普遍代表意义的治疗中心的代表。就来访者、工作人员、资源以及安全措施来说它既不是最好的也不是最差的。我们将竭力描绘这个具有代表性的机构，请读者们对治疗机构的这些策略的有效性和正确性做出判断。我们希望在 Jason 这个案例里使用的有关程序能使你仔细思考现在或将来你自己在机构中所处的角色，将这里提出来的一些观念与那些强加给你的要求进行比较，分析这些程序，将这些技巧与你在处理真实情况时使用的技巧进行一番深思熟虑的比较。

Jason：（手心出汗，全身上下轻微颤抖，心里暗忖道）嘿，伙计，这个地方恐怖得像地狱，我怎么会沦落到这种地步？他们会怎样对付我？我将任由这里的其他疯子摆布，待在这里真的会让我发疯。如果我还能做最后一件事的话，一定是离开这里。

Jason 对即将发生在他身上的事感到极端愤怒和不安，对他将不能控制自己的生活以及他想参加的那些日常活动将会被严重剥夺而感到受挫。同时他也感到极端脆弱、迷惘、不知所措、孤独。Jason 的感受对那些第一次入院接受长期治疗的来访者而言是非常典型的（Blair，1991；Zold & Schilt，1984，p. 96）。愤怒者常常是出于受挫或受伤，也是用这种方式为自己竖起一堵墙来保护自己不受伤害（Fauteux，2010）。这个时候说Jason感到很脆弱是非常谨慎有保留的陈述。

Jason 一进入“海滨”，传达室就立即通知了青少年组。同时，Carol 也迅速来到接待室会见 Jason。Carol 一进入房间就对 Jason 的言谈举止做了一个视觉上的快速评估，并密切注视 Jason，看他对她的提问会有什么反应。

Carol：(心中暗忖) 这个孩子发生了什么事呢？有什么迹象表明他的不安吗？是的！他在绕着圈子踱步，眼睛上上下下转个不停，指关节扳得噼啪作响，看着门和警察。一有机会他就会逃跑！嘴巴咕哝个不停。是谁带他进来的呢？这里没有别人，只能是那边的那位警察。警察一直盯着他。一定是法院裁定的！如果是警察带他到这儿来的，一定要小心谨慎。

Carol 拿起副警长带来的文件，迅速地浏览了一遍，记下了这个男孩的名字和犯罪记录。在快速地审阅一遍后，她知道 Jason 干了一系列越来越严重的违法勾当，他的父母受够了他的恶习并发觉他们已经不能控制他了。在他的火暴脾气失控时，他多次参加了斗殴。然后 Carol 与副警长进行了简单的交谈，查明 Jason 在少年管教中心犯过哪种错误。

Carol：(心中暗忖)：好的！考验一下他，看他究竟有多顽固，让他明白等待他的会是些什么。

步骤1：进行教育 用推理和再保证来教育来访者，让他们明白将遇到什么事，为什么会发生这些事以及这些事是如何发生的。教育方法之一是假定为来访者律师的角色 (Pisarick，1981)。

认领表达，这些表达显示了对来访者福利的关心，这是一个良好的开端。可以想象在这个新的、陌生的环境中，来访者最基本的感觉肯定是恐惧和愤怒 (Rada，1981)。开放式提问和对来访者的情感反映是至关重要的，它表达了来访者在意或考虑的是哪些事情 (Turnbull et al.，1990)。

Carol：你好！我叫 Carol，你一定是 Jason 吧，我就是那个将与你一起工作的人。

Jason：(不怀好意地看了她一眼) 是啊！那又怎么样？ (指着警官) 这家伙把我带到这里听候差遣，但我不想再做任何事了。

Carol：我理解你的感受，很多来这里的人都与你有同样的感受，看起来好像每个人都跟你作对，告诉你该干什么。要是我，我也会生气的。但我想让你知道，这里是“海滨”，你将对身边该发生什么事有一定的选择权。

Jason：去你的选择权，我不想待在这里。(威胁地向 Carol 移动了一步。)

Carol：(感觉到了 Jason 的靠近并向他的左边稍稍后退了一些，以便给他多一些活动空间) 你现在就面临着这样一个选择，我希望你与我一起去见见这里的小伙子们，让他们告诉你该怎么办，看看他们告诉你的是否与你将要遇到的相符。另一方面，法院把你送到这里，如果你不喜欢最初的选择，一定要逃出去的话，我们只好把你送回劳教所直到你完全变好为止。我知道你很气愤，如果是我，我也会生气。不过，我想知道你是觉得打架或逃跑对你更有利、更能改善你的处境，还是觉得把事情做好对你更好些。所以说你已经做了一个选择，我认为你可能会对与其他成员见面感兴趣，但是你必须保持平和的心态，必须让我看到你能控制自己，现在就让我们开始吧！

在最初的接触中，干预工作者使用了提供选择权的技巧 (Newhill，2003，p. 158；Turnbull et al.，1990)，这种方式在认同来访者情绪的同时又对来访者传达了他能控制自己的期望。通过这次谈话，Carol 对 Jason 的行为定了一个清晰的、谨慎的同时也是强硬的基调，她让来访者拥有一些表面上能控制局面的权力，同时也明确地告诉他，他的选择会带来什么后果 (Steveson，1991)。她将尽快地模拟选择疗法对 Jason 进行治疗 (McCown，1986)。所谓选择疗法，简单地说就是：“你总得有一个选择，你必须尽快地决定由谁来控制这些选择，是你，还是我们”。

Jason：好的……好的……女士，我会先看一看，不过，在这之前我不会答应任何事情。

Carol：此时此刻，我不指望你做什么承诺。我只希望你在做出任何承诺之前能看看这里所发生的一切，了解一下其他小伙子们对我们的所作所为有些什么看法。我们不会说谎，也不会许下无法做到的诺言。

干预工作者必须立即对指导性干预和非指导性干预可能产生的后果做出判断。告诉Jason他需要冷静下来并不是个好办法。当你很不安的时候，有人告诉你说“冷静吧”，你会是什么反应？不会有什么效果，是不是？甚至有可能让你更加不安，天知道你能不能很好地处理自己的情绪。这其实就是告诉来访者他失去了控制，但是有人可以控制，这就在向他确认他自己不在控制内，所以他的行为会逐步升级（Fauteux，2010）。Carol只是在设定界限上（失去控制的来访者是怎样的）是指导性的。其他职责是与来访者建立和谐可信的关系。她是通过首先对来访者的现状表示接受和理解，然后声明治疗中心的观点来做到这一点的。她既不使用陈词滥调也没有给予无法兑现的承诺（Turnbull et al.，1990）。她让来访者与机构中其他成员交谈的技巧是原来就设计好的，其目的是让来访者自己用耳朵去听，用眼睛去看正在发生的事情，而不会使来访者产生一种被灌输了一大堆说教的感觉。但是，她也不会给Jason一个固定的模式去执行。如果她断定Jason不能完全控制自己并与她合作的话，她会召集助手将他送到观察室去（McCown，1986）。

Carol：我们有许多活动。因此，如果你对正在发生的事情不甚明了或想知道更多的话，问我就是了。（Carol画出了Jason的日程表。）

不给自由时间。对大多数进入诸如“海滨”之类治疗机构的来访者而言，主要问题就是拥有过多的自由时间又没有能力把握好，这样一来又会将一些不良行为带到生活当中。尤其对青少年而言，通过有积极意义的方式来释放精力是极其重要的。再者，过多的自由时间也是滋养冲动行为的温床（Jensen & Absher，1994）。

“海滨”也是通过划分等级来建立行为管理程序的。部分行为管理程序由“风险－需求－责任”组成，用来帮助Jason学习如何控制情绪。Jason是从入门级开始的。根据Jason在“海滨”治疗中心表现的好坏，决定他在等级系统中的升降并随之获得更多或更少的特权。在最初等级（进入级），他只有极少的特权——早早上床且没有通行证——而且会受到相当密切的监督。如果他的责任心增加了，可以升高他的等级并允许进入娱乐活动多一点的小组，可以迟一点睡，可拥有一些初级特权以及周末通行证。要仔细而清楚地向Jason解释这一等级系统，并重点强调能否上升到更高等级完全取决于他的责任心。

对将要发生的事情，要慢慢地、系统地从医学和心理学的角度给来访者讲解，要用大量可使他们理解的非专业性术语，要持续地、简单地向来访者讲解，而且要帮助来访者了解怎样做才能改善自己的处境。相反，复杂的解释只能增加暴力行为发生的机会（Jensen & Absher，1994；Moran，1984，p. 234）。

Jason：（略带对抗地）比如说，什么是团体会议？

Carol：团体内的成员每天集会一次。团体来决定如何处理一个社团问题，然后集体做出承诺，按照约定来进行。其次，如果问题发生在人与人之间，我们将共同商讨分析如何解决这类问题。你并不一定要接受某一观点，但你必须听清楚说了些什么。

Jason：我想我对这些讨厌鬼没什么好说的。

Carol：也许你没有，但这里其他很多人有。你不会永远待在这里。因此，在你跟这里其他人打交道时我们会非常严格地看管你，密切注意你的行为以及这些行为会不会给你惹来麻烦，如果你真正决定要改变你生活中的某些东西的话，你脚下会是一条什么样的路？反之又怎样？我们并不要求你爱这里的每一个人，但是我们真切地希望你尊重他们所做的一切努力，正如我们也要求他们尊重你一样。

干预工作者的回答来自Glasser的现实疗法

（1965，1969），这种疗法将重点放在参与、做出选择、做价值判断、无条件地接受，以及假定个人行为的责任和后果等方面。Carol 和 Jason 用这种方式将整个日程表查看了一遍。当她解释每一项目的内容时，她也没有忘记对 Jason 的情绪进行评价和做出反应，并一次又一次地强调选择、责任和义务的概念。

步骤2：避免冲突 只要有可能就应当努力避免冲突和敌对。用恐吓去对付恐吓只能使人类服务工作者无法控制局面（Dubin，1981；Fauteux，2010）。乐于不断扩大问题和使问题逐步升级的干预工作者并不是在实施好的治疗性干预技巧，明显是在自找麻烦（Blair，1991）。从 Jason 进入“海滨”起已过了一个星期。

Jason：（站在门道中，大叫着，全身摇晃、颤抖，满面通红）如果你认为你或其他任何人能让我待在自己的房间或待在这个地方的话，那你们比我还疯。我只不过想要点水喝，而 Richardson 先生却冲我大声喊叫，说什么已经到了静息时间。试试看拦住我会有什么下场。

Carol：（冷静地）Jason，好的，听起来你感到他让你心情变坏了，如果你是想要杯水，请回到你自己的房间，我会给你一杯水。请回房间。你可以喝你的水，我们还可以谈一下这件事。

干预工作者反映了他的感受，此时可能是比喝那杯即将到来的水更重要的事情。如果他遵从，给他一杯水，干预工作者是用一种尊重的方式，强调亲社会行为，也倾听他的心声（Fauteux，2010）。假如来访者一下子转不过弯来，那就让他宣泄一下情绪。尽管叫喊、咒骂和号叫会令人不快，但这总比肉搏好得多（McCown，1986；Vinick，1986）。干预工作者应当设法将这个情绪激动的来访者带走以免附近房间的来访者把情况弄得更糟（Chavez，1999；Turnbull et al.，1990）。最好的办法是马上要来访者去一个远离其他来访者的区域（McCown，1986）。如果来访者还有可控制的迹象，他自己的房间就是一个合适的场所。如果来访者完全失去控制，不能冷静下来的话，较好的办法就是将他带到一间没有刺激物的房间，这个房间应当是专门为这类情况准备和保留的。

Carol：你为什么生气？

Jason：（仍然站在门道中，十分激动）他像我老爸一样对待我，让我觉得自己像个婴儿。

Carol：那么你干了些什么？

Jason：嗨，我不过是去弄点水喝。当时还有两分钟才到静息时间，他把我气疯了，我真想拿一把椅子砸他，我现在还想去追那个傻瓜。

Carol：追到了又怎样？

Jason：我要让他知道他不能像我家老头子一样摆布我。

Carol：如果你真的那样做了，那只能证明你需要待在这里，因为你不能控制自己。那是你想要的结果吗？

Jason：也许我根本不在乎。

即使当下的情形有极大的不稳定性，Carol 也没有表现出愤怒和恐惧。她用平静、克制的声音说话，比 Jason 声音小、比他说话慢。她这是在做出示范，并控制谈话（Chavez，1999）。对于那些不能用劝说来缓解情绪的来访者，人类服务工作者下一步就要向来访者肯定暴力行为是绝对不允许的，无论是谁，包括工作人员和来访者，然后指出他有什么选择，如果他坚持不听，将会有什么后果（Kinney，1995，p. 49；Wood & Khuri，1984，pp. 67-68）。

Carol：你可以选择拿起一把椅子，但是 Jason，那将意味着要发生许多事情。首先，这里的每个人都不允许袭击别人，无论是工作人员还是孩子。我们之所以不允许任何人这样做是因为我们不想看到这里的任何人受伤。如果事情发展到那样，我们不会伤害你，但我们会约束你，这正是我不愿看到的。其次，如果你选择那样做的话，没有人会同情你，而且我们也没有机会与

Richardson 先生一起来解决你的问题。另一个选择是回到你自己的房间，然后要杯水。如果你这样做了，我会叫 Richardson 先生来，我们坐下来一起解决这件事情，你愿意这样做吗？

Carol 对接下来来访者将要发生的事情是绝对诚实的。这个阶段，没有可信度将会是毁灭性的（Chavez，1999）。应该让来访者面对他们的不良行为，但要用一种小心的、支持的、不带丝毫讥讽和挑战意义的解决问题的方法。如果局势迅速恶化以致干预工作者感到无法继续交流，就让另外一个被来访者看作是中立方的人进入现场，这样做可能会有效（Lakeside Hospital，1988）。但是这一策略充满危险且牵涉到是否要召集其他工作人员，因为召集其他工作人员来到现场可能会强化他的冲动行为，可能会使来访者相信是他自己而不是治疗中心在控制局面。Carol 同时运用了面质和共情。她还为 Jason 提供了选项，为其设定限制什么是可以容忍的（Newhill，2003，p. 158）。

Jason：不只是 Richardson，这里所有的人都在作弄我。他们不想让我干任何事，你也明白。Chaplain Gentry 才是我唯一可以交谈的人。

Carol：我明白你对不能弄到水喝确实感到失望和发狂，我也知道你现在对我和其他工作人员都很生气，而且你现在最不愿意做的就是心平气和地回到房间里去。我知道你和 Chaplain Gentry 确实很要好。你愿意回到房间去安静地等我把他找来吗？

如果来访者不答应这样做，干预工作者就应该将来访者转移到一个安全地方，比如休息室。这时候，武力展示可能是必不可少的，它可以给来访者这样一个信息："如果你不能控制好你自己，我们能做到这一点。"

Carol：Jason，我希望你能到观察室去坐 15 分钟，把这件事想清楚。（对技术员说）Bob 和 Jerry，你们看着 Jason 到观察室去好吗？15 分钟后我会下去看看你是否已经想清楚了。

步骤3：安抚情绪 在干预工作者不能判断来访者的攻击和暴力行为，又不能立即得到帮手的紧急情况下，步骤3和步骤4可能是最适用的。在平时大多数情况下使用的安抚法在此时是没用的，如果 Jason 已经到了无法自控必须要进入非自愿的暂休的程度，安抚或转移情绪（步骤4）都是很不适当的，是与正确的治疗方法相冲突的。

然而，不管来访者如何语中带刺、威吓、训斥，我们相信在任何情况下故作谦卑也比假装"恶人"要好。这一建议并不是指危机干预工作者要像门前的擦鞋垫一样任由来访者踩来踩去。而是指要用一种共情的方式，来看看形势对来访者而言有多么可怕和令人担忧。他们之所以做出威胁，大部分是因为来访者自己很害怕、受挫，对如何结束他们不能控制的局面感到困惑不解（Newhill，2003，p. 175）。任何以恐吓对付恐吓的尝试都有可能使来访者相信他们的厄运即将来临。

如果来访者的要求简单又合乎情理，安抚方式是可以使用的。哪怕这些要求是用一种好斗的方式提出来的。较好的办法是先答应他的要求，安抚他的情绪，将该给他的"教训"推至以后再说（Piercy，1984，p. 148）。对某些人类服务工作者而言，这种做法可能是难以接受的，因为它是建立在这样一种观念之上，即在一场可能发生在激越的来访者和机构之间的暴力事件中，既无赢家，也没有输家（Moran，1984，p. 234）。在 Jason 的案例中，当他感到自己用愤怒阐明的观点被忽略了，会让他更具攻击性，他的愤怒也升级至敌意和威胁。

Jason：（闯入人类服务工作者的办公室，双拳紧握，并用极度激动高亢的声音大喊）听着，"大人物"！我要把这封信寄给我的女朋友，她不知道我出了什么事。但那个愚蠢的 Richardson 却不肯给我一张邮票，老子要砸碎你们的头。

Carol：（用平静的、镇定的嗓音）他是照章办事，但是我能理解你的担忧。请你坐在桌边，让我看看我能不能搞到一张邮票。

人类服务工作者之所以满足这种要求，是因为它易于做到且不与治疗中心的规则发生严重冲突。同时，Carol也是在与一个极端激动、有可能采取攻击行为的来访者单独相处，事后她也许会与那个下达最初命令（不给邮票）的工作人员讨论。但是，所有的工作人员必须清楚地了解这一点：即在紧急情况下的决定可以稍微偏离规章制度或者取消他人的命令。

步骤4：转移情绪 转移愤怒情绪是将愤怒情绪转移到其他的东西上去，以减弱威胁性。这可以通过多种方法来完成。比如要求来访者采用一种没有什么威胁性的姿势（如坐下、放松），将注意力从冲动鲁莽行为上移开，达到解决问题的目的（Wood & Khuri，1984，p. 68）。

Carol：（耐心地、坚定而有礼貌地重复他的陈述）Jason，我明白给你女朋友写信对你来说有多重要，也理解当事情不能按照你的方式进行时你有多受挫，但是这样跟我纠缠没办法得到你想要的。请你坐下，我去拿张邮票来，看看我们能否解决这个问题。

干预工作者用一种不带威胁性的方式逐字逐句地、明确地让来访者停止吵闹（Epstein & Carter，1988）。通过请来访者坐下，干预工作者同时也平静而坚定地给来访者设定了限制。当来访者实施欺凌行为，干预工作者一定不要威胁他的核心需求以获得控制，但同样重要的是要让他知道，你不会被威胁吓到（Fauteux，2010）。因为一个处在激越状态的来访者几乎不会仔细听你的要求并服从你，Carol知道Jason的感觉状态，然后采用了这一打破常规的方式重复了她的要求（Canter & Canter，1982）。她也使用了另一种行为管理技巧，那就是对他的顺从行为给一点附带奖赏，Carol运用的是“胡萝卜加大棒”（Becker，1971），大体意思是：“先吃完你的菠菜，然后你就可以吃到冰激凌。”无论事实上的或假设的不公平待遇有多小，干预工作者运用这些解决问题的技巧，使来访者感觉到干预工作者是从他个人利益的角度来关心他，而不只是把他当作治疗机构内电脑中的一个名字（Wood & Khuri，1984，p. 71）。干预工作者将问题分解成可应付的小部分，然后再加以解决（Weinger，2001，p. 45）。

Jason：在这里我什么都干不成。所有的事情都不对劲。学校、家庭、人、食物，还有我的自由。这里简直是一个集中营。

Carol：好的。看来现在至少有三件事的确让你心烦：至今仍未拿到通行证，在家庭治疗中你父亲生气的事，以及你昨天的数学作业。这些事加在一起，我能理解这太多了。我们每次拿出一个问题来，看看对每个问题可以做些什么。让我记下来，这样我就能一项项完成。（Jason开始了漫长的解释，Carol则倾听和记笔记。）

在安抚一个情绪激动的来访者时，干预工作者一定要绝对肯定问题是什么，否则决不能答应来访者能做什么或不能做什么（Newhill，2003，p. 210；Wood & Khuri，1984，p. 71）。Carol允许Jason公开讨论，并且对此记笔记，这是在肯定他所说的事情对他很重要，更加关心而不是忽视来访者所在乎的事情（Chavez，1999）。

Carol：我知道周末通行证对你确实重要，通行证是以好的行为和你的等级状况为基础的，大喊大叫硬要是于事无补的。你得非常明确地将你应该得到通行证的理由写下来，今天下午我会把它带给其他工作人员。

让来访者写下这些问题，可以缓和愤怒情绪和减少付诸行动。在大多数情况下，来访者可能只是用这种行为来试探界限。像Jason这样的来访者，他们就会试探界限，干预工作者可以预料他们会一遍又一遍地试探（Poliks，1999）。清楚而有逻辑地写下是些什么问题需要时间和精力，如果问题不重要的话，很少有来访者会投入时间去做（Epstein & Carter，1988）。把问题详细地写出来，同样能够使来访者的情绪得到宣泄，使来访者更客观地看待这个问题（McCown，1986）。

当其他更加明了公开化的手法不能生效时，来访者可能会采用操纵和威吓的方法来满足要求。

Jason：如果你不能给我弄到通行证，你就不是一个好咨询师，你们会后悔没有给我通行证。

Carol：如果你想把罪责推到我身上，并以如果你得不到你想要的东西就会怎么做来威胁我的话，这正好说明那个工作人员的判断是正确的，而且我将更难帮你。这对你想要的东西不但没有用，而且更能让你看看想通过操纵和威吓我来推翻限制对你有什么后果。

干预工作者所做的解释来自阿德森的被称为“避免无法摆脱的事”的心理疗法（Dinkmeyer，Pew，& Dinkmeyer，1979，p. 118）。通过直接地回答来访者，干预工作者不会让自己掉进来访者设下的操纵性圈套里。尽管回答是对抗性的，但它对有操纵行为的来访者非常有效，因为它可以将来访者从他们的游戏计划中引开，并使他们考虑这种行为产生的后果（Wood & Khuri，1984，p. 71）。

当来访者变得激越时，通过体力活动来转移来访者的愤怒是一种有效的办法。范围可以从猛击沙袋（Vinick，1986）到撕毁电话簿，这些活动可消除他们的挫折感（McCown，1986）。同时，干预工作者还可以用更适宜的方式来帮助来访者发泄（Jensen & Absher，1994）。尽管从长远观点来看，教以愤怒处理技巧可能更有效（LeCroy，1988），但是适当且安全的体力活动可以熄灭来访者的愤怒火焰，不失为一种有效的短期策略。

Jason：（撕碎了电话簿中的黄页部分）呜！我真的要疯了……我……啊！我……希望这电话号码簿就是那婊子的脸。

Carol：但事实上你并没有撕破任何人的脸。你做了一个好的选择。这总比你去痛打别人要好得多，你不必为撕碎了电话号码簿承担任何后果。你将愤怒赶跑了并恢复了控制。

Jason：（继续宣泄着，直至最后精疲力竭地垂下双臂）

Carol：（继续鼓励Jason进行一些适当的、在限制范围以内的活动）看看你本来可能会做些什么，你可能会拿椅子砸Richardson先生，这将让你陷入困境。正是这类事情使你待在了这里。但你并没有那样做，你所做的是完全可以接受的，而且是在限制范围以内的。

步骤5：暂休 当来访者不能控制他们的情绪时，就要劝他们去一个刺激较少的环境，独自一人把事情想清楚。这时候必须对来访者激越的程度做一个清楚的评估：来访者是否能够并愿意离开一个高度刺激的环境，去休息室休息几分钟并好好思考一下？如果来访者的反应不是过分强烈，那么干预工作者可以让来访者在自己的房间做短时间的调整。

Jason：我不想坐下、谈话或是讲什么道理。我想在这破地方干点什么。

Carol：现在，我就可以告诉你这样做是不能解决问题的。你可以回到房间把这件事仔细考虑一下，去15分钟。如果你能回来并且让我看到你已恢复了控制，那你就不会被降等级，也不会受批评，这事就算过去了。

即使来访者做出明确的威胁，还是有可能通过告诉他威胁不管用来降低张力，因为来访者还没有做出错事，所以还有时间来解决问题（Fauteux，2010）。当然，如果来访者无法平静，并且开始试图用自己的方式来解决问题，那么就应该选择暂休（Vinick，1986）。

Carol：我一直想与你一起来解决这件事情，很显然你不愿听我的话。在你继续制造威胁的时候，就等于告诉我你不愿自觉遵守制度，而要选择强制措施。现在我要你去观察室待30分钟。在这段时间快结束时我会去看你。如果你不想说话你可以不说，但是你得回到房间再待上30分钟。你可以一直那么做下去，直到你愿意跟我谈谈你怎么会认为自己受到了不公平待遇的想法为止。

危机干预工作者实事求是地讲明了这些条件，而且没有施加压力（Vinick，1986）。假如来访者激怒得失去了理智或不愿答应干预工作者的要求，那么干预工作者就需要请别人来帮助控制局面。

步骤6：武力展示 如果来访者不能进行调整或不愿顺从、有付诸行动的话，那就必须展示武力（Piercy，1984，p. 148）。当来访者激怒到警告人类服务工作者时，请求帮助是允许的。这时候的会谈应该在一个开放的过道或较大一点的会议室中进行，在这里参与者处在其他工作人员的视野之内，且来访者容易被控制住（Viner，1982）。展示武力是为了说明任何暴力行为或暴力威胁都是不能容忍的，而且还常能帮助那些失去控制的来访者恢复理智（Wood & Khuri，1984，p. 68）。如果这一步已经做了，潜在的暴力危险还是很大，干预工作者就不应再去单独处理来访者，而应该通过紧急密码求助或迅速招来助手，以此向来访者说明此时此刻服从是必须的（Lakeside Hospital，1988）。

然而，有时候干预工作者并无过失，而当干预工作者单独与来访者相处又不能立即招来帮手时，会出现潜在的暴力情况。下面的步骤可以使干预工作者免受伤害（Chavez，1999；Epstein & Carter，1988；Lakeside Hospital，1988；Moran，1984，pp. 238-248；Morrison，1993，pp. 79-100；Thackrey，1987；Turnbull et al.，1990）。

1. **安静地待着并放松。**紧张的肌肉和激动的动作只会使形势恶化，而且还会让来访者觉得会有什么坏事（对来访者而言）要发生。某些放松技巧（比如简单的深呼吸）是非常有效的，它可以使干预工作者放松地待着，预先知道来访者的反应，而且快速移动。
2. **练习有积极意义的自我暗示。**即使是在最糟糕的情况下，脑海中不断闪现有积极意义的“画面”也将有利于控制局面。
3. **不要凝视来访者。**保持偶尔的目光接触，因为在挥拳出击之前，人的眼睛通常会看着想要打的地方。将目光集中在来访者胸前的一个假想点上，大约是衬衣的第一颗纽扣所在的位置，偶尔看一下对方的眼睛或身体其他部位。将目光集中在来访者身体的中线上也能使危机干预工作者避免因肢体活动而受骗。
4. **与来访者保持一臂距离。**判断一下来访者的手臂有多长并站在离他一臂或更远一点的地方。记住激惹的来访者通常有更广阔的私人空间感，当你进入他所认为的私人空间，他就会感到威胁。
5. **站在来访者利手一侧。**弄清楚来访者是左利手还是右利手，站在他利手的一侧。特别是男性，手表通常也戴在力量较弱的那只手上。如果你无法确定，站在来访者的右手边，因为大部分人都是右利手。从攻击性姿势来看，一个人总是将其力量较弱的脚放在前面。如果干预工作者总是站在攻击者的利手侧，或是右侧，那么攻击者每次有目的的攻击威力就可能要小一些或者会打偏，因为攻击者必须转身让工作人员在其左侧才能更容易击中。站在攻击者右边，或者利手侧，这意味着他们得花时间移动至更好的姿势，不能很有效地使劲。
6. **把双臂放在两侧，手掌打开。**交抱着双臂或手背在后面都不好。这主要有两个原因：双臂交抱暗示着敌意和权威，而且会使干预工作者陷入明显的不利条件之下，因为当他们进行自我防卫时需要时间来放开双臂。
7. **摆出一种防御性的姿势。**两脚略为分开站立，与来访者面对面但略靠其较弱的一侧。把有力的那条腿稍稍后移，并保持膝关节不动。把另一条腿稍移至身体前方并让膝关节略弯。这一姿势最容易使干预工作者直立起来，而直立又是避免受伤的最好保护措施。

8. **避免拐角**。当来访者被置于一个由两面墙或其他物体组成的角落时，干预工作者站在他的正前面，来访者唯一的出路就是通过干预工作者。
9. **避免下命令**。当来访者威胁要使用暴力时，试图命令或指挥来访者去干什么很可能使情况进一步恶化。使用基本的共情式倾听和回答、回应技巧很可能得到令人满意的结果，这种技巧在本书中已做介绍。
10. **反客为主**。寻求来访者的帮助。如果干预工作者的口头回应只能使情况更糟的话，那就问来访者要用什么样的解决办法和技巧才可以平息事端。
11. **承认错误**。如果你判断错了，那就承认错误并道歉，如果事情已到了这一步，就不要怕丢面子。
12. **什么都不要干**。如果干什么都会使事情变得更糟，那就什么也不要干。如果来访者决心离开而你又不能立即得到帮助，那就让来访者走。在这种情况下，如果没有事先声明你将要做什么并获得来访者同意，你千万不要去接触来访者。
13. **确认**。以一种诚挚而共情的方式，确认来访者的这些感觉是有理由的，让他离开。

所有人类服务提供者尤其是危机干预工作者都应该接受简单的自我防卫和分步训练（Blair，1991；Morrison，1993，pp. 79-100；Thackrey，1987；Turnbull et al.，1990）。Gately和Stabb（2005）认为培训项目中很少注意到限制和防御的培训项目。许多机构都提供这类培训，只收取少许费用或不收费。当地的基督教青年会或基督教女青年会以及大学里的继续教育课程会提供此类服务，甚至当地高中的摔跤指导更容易被接受。治疗机构应该重点安排，让所有工作人员得到这类训练。机构当然应该提供自我防卫培训。如果机构没有这种培训，你又决定在那工作，那你绝对需要自己培训自己。

步骤7：隔离 通常，隔离和暂休在时间长短、隔离的环境以及来访者的自觉性上有区别。对来访者来说隔离是一种非常严厉的限制措施，它把来访者限制在一个安全的环境里，在那里来访者可以重新思考、重新感觉并重新调整他的行为（Mattson & Sacks，1978）。当我们使用隔离，或者身体约束或化学性约束时，应该遵循联邦或州立指南。只有对来访者或他人存在迫切的危险，而且没有更安全有效的其他可供选择的办法时，才能选择使用隔离（dos Reis et al.，2003）。考虑到隔离或约束可能导致身体或心理伤害，对是否使用这一手段还存在巨大的争议（Glezer & Weintrab，2010；Kumble & McSherry，2010；Mohr，2010）。而确实有些情况下，自我伤害或对他人的伤害迫在眉睫，没有其他选择。

有四种情况可以使用隔离措施：(1) 来访者处于激越状态，活动亢进，语言威胁或破坏财物；(2) 来访者行为冲动莽撞且不愿遵守限制；(3) 来访者做出自杀姿态，而且不能或不愿做控制自己行为的口头承诺；(4) 来访者应该被保护起来免受潜在的他人伤害（Baradell，1985；Lewis，1993，p. 105）。这一干预仍然允许来访者控制自己的行动、思考和自主性。对于那些被社会接触过度刺激的来访者，隔离可能更有益处（dos Reis et al.，2003）。

愤怒、负疚感、思维紊乱、无助以及失去控制等负性情绪是来访者的典型反应（Outlaw & Lowery，1992）。由于这些负性情绪的存在，来访者不愿接受隔离的可能性就更大了。在与Jason的对峙中响应小组被叫来了，并准备带Jason去隔离室。

Carol：我真的希望你自己走到楼下去暂休，这由你决定，你现在可以选择自己去也可以选择让技术员带你到隔离室去。

直至最后，这位工作人员还在努力让Jason练习选择步骤和进行选择（Baradell，1985）。

Jason：除了离开这个鬼地方，我哪儿也不去。

Carol走了，然后响应小组进来了。在队长发出预先确定的信号后，他们很快就把Jason放倒在地，一个人稳住他的头，其余四个人抬着他把他送进了隔离室。一旦被隔离后，来访者就得被迫适应将要发生的一些事情，有一个工作人员被派来监控来访者。根据来访者的精神状态，每隔15分钟、30分钟或60分钟就要进行一次检查，护理和一般照顾指令的复印件分别送给了工作人员和来访者，隔离时只能满足低水平的感官要求——没有收音机或电视机，没有来访者——只强调生理上的需要。但是“低水平”并不意味着来访者被剥夺了感知权；防止来访者产生被遗弃的情绪是很重要的，人类服务工作者要表示出对来访者的容忍，并向他保证隔离是必须的、暂时的，一旦他的行为冷静下来便可回到正常的日常生活方式（Baradell，1985）。

Carol：Jason，我对你选择隔离感到难过。你自己决定要经历这一选择，不过只要你能答应不再制造威胁，能控制自己的行为并把这件事情讲清楚，写一个保证，你就可以回去。

在剧烈的激越状态（像Jason刚经历过的），探究冲突或感觉是很不适宜的（Ruesch，1973）。Carol与来访者的交谈是简短的、直接的、具体的，但又是和善的。当来访者的感官超载时，睡眠是一种最好的治疗形式，应当允许来访者睡觉（Baradell，1985）。

在这里我认为有必要给读者一个反面的补充说明：某些来访者可能会把隔离作为一种获得恶名和男子汉形象的途径（Gutheil，1978）。如果怀疑有这种潜在迹象，就应当与其他来访者一起彻底地讨论这个问题并获得他们的帮助，使他们不被这种“顽强”行为所影响。

步骤8：约束 在精神病医院里最常用到约束，并且是在护理人员要求对来访者进行约束且征得医生同意的情况下使用。当来访者被约束后，对来访者的密切观察是绝对必要的。如果没有约束指南和专门的医务人员，在任何情况下都不能使用约束手段。如果来访者正在蛮干又不愿去隔离室，就不得不对他实施约束。可能是身体约束或化学性约束。对于约束是有争议的，它的使用受到法律和伦理道德观念的制约（dos Reis et al.，2003）。因此，只有当来访者会对其自身或他人明显地带来伤害时，才采用这种措施（Stilling，1992；Tardiff，1984a，p. 48）。一旦对来访者实施约束，就要有足够的人员参加，至少要有5人（每个人负责一只手或腿，另外一个人作为队长）。此外，还要有一个书面的指导步骤，队员们要经常按照步骤进行练习，要有人在旁边观察并提出批评意见，使队伍的技术日益纯熟精湛（Tardiff，1984b）。

永远不要用隔离和约束的方式来控制和惩罚来访者（让看守人的日子轻松点吧）。这些真的都是最后手段，因为用这些方法会招致来访者的其他问题（Morrison，1993，p. 105）。危机干预工作者应该尽可能地避免卷入到事件中去，因为这会对以后的治疗造成障碍。

步骤9：使用镇静剂 如果所有这些步骤都失败了，就有必要在医生的指令下采用化学性约束（dos Reis et al.，2003）。显然，这就成了医学问题，这时人类服务工作者就没什么可做的，直到医务人员认为已不再需要药物治疗为止。如果Jason需要使用镇静剂，这并不意味着Jason的故事就这样结束了。步骤9对Jason和Carol是一次完全的暂时休整，是绝对必要的。对Jason而言，这将缓解他正在经历的感觉超载并使之回到正常的限制。对工作人员而言，可以给他们时间重新考虑怎样才能最好地对付这类极其激越的少年。当Jason从镇静状态醒过来之后，这位人类服务工作者将再一次与Jason一起将治疗进行下去，并完善一个新计划来处理这个愤怒的小青年。

有暴力行为的老年来访者

尽管医学科学已经延长了美国人的寿命，但是伴随着寿命延长产生的神经精神性障碍已远远超出了现代医学所能到达的范围。伴随着老年人的神经精神性问题，会出现判断力下降、冲动性增加、活动受限、药物依赖、多重丧失、经济问题、社会支持减少，这些都可能是导致暴力行为的潜在因素（Mentes & Ferrario，1989；Petrie，1984，p. 107）。养老院员工处在遭受来访者袭击的高风险中，需要通过培训让他们意识到并了解如何应付潜在身体攻击的威胁（Gates，Fitzwater，& Succop，2005；Hillman et al.，2005；Newhill，2003，pp.91-92；Tardiff，1989）。

Cliff的案例说明了激越和轻度定向障碍的老年来访者可以不用药物治疗而稳定下来。对轻度定向障碍的老年来访者，现实定向（Osborn，1991；Taulbee & Folsom，1966）、怀旧（Butler，1963）和再激励（Garber，1965）技巧是切实可行的选择。Grace的案例向我们展示了如何对患严重定向障碍的老年来访者使用确认疗法（Feil，1982）。这些案例阐释了心理虚弱的老年来访者在生命最后阶段并不总是需要药物才能活在顺从中。

轻度定向障碍：Cliff的案例

Cliff的一生是丰富的一生，也是充满大事的一生。但是现在，74岁的他是一个专业护理机构的住院来访者，他曾是一个体格魁梧的人，在72岁以前，他一直在遍布世界的重大建筑项目上工作。他发明了很多蒸汽操纵冷却处理系统中的工程技术。10年前癌症夺走了他的妻子，他成了鳏夫。但他潜心工作，过着一种充实的生活。他与他的两个孩子，Jan和Robert关系非常融洽，尽管他们以及他们的家庭与Cliff相隔遥远，但他们很爱自己的父亲，也很关心他。

在73岁那年的一天早上，他准备起床工作时，因为中风脸朝下摔了一跤。当他恢复到能够慢慢地绕着房子走的时候，又得了肺部并发症。他被诊断为肺气肿，需要持续输氧。六个月后，他再也不能照顾自己了，记忆力也开始下降，由于身体和心理上的衰弱，他的孩子不得不痛苦地决定送他到赫斯莎文护理之家去。在赫斯莎文，Cliff在人、地方和时间方面越来越糊涂，当要求他去做什么事时，他要么反对要么消极抵抗。

在一天半夜时分危机突然发生了，因为他觉得“阿拉伯人在追赶他”，他打翻了氧气瓶，并且打扁了男陪护的鼻子，当时他想挣扎着爬下床而男陪护竭力想使他平静下来。Cliff将要会见老年病学咨询师Marilyn，她刚刚被赫斯莎文聘来处理像Cliff这一类的危机情况。

评估 Marilyn将Cliff的病历从头到尾看了一遍，并与医务人员及初级保健人员一起讨论了他的病例。许多初级保健人员认为Cliff是一个不顺从、定向差、危险的来访者，他们宁愿对他使用大剂量镇静剂。Cliff打人，无计划地爆发攻击行为，敌意和不合作，对医疗设备恐惧，有抑郁情绪，再加上是在夜里爆发，所有这些都支持医务人员的观点，即对Cliff来说，除了化学药物能使他镇静外，别无选择。

Marilyn决定会见Cliff并亲自进行评估。她心里有三种打算：(1)判断来访者定向障碍和激越的程度；(2)利用她的治疗技巧来减少来访者的破坏性行为，并在尽可能不依赖药物的情况下帮助他恢复到平静状态；(3)帮助他利用所有的资源尽可能充分地享受生命的最后阶段。

Marilyn：你好，我是Marilyn，我想我以前没见过你，看起来你对一些事很生气。

Cliff：（迟疑地）你到底是谁？

Marilyn：我是新来的，是这里的工作人员，我打算同这里所有的居民见见面，很遗憾你这么生气，能帮你什么吗？

Cliff：我是Cliff，我完全疯了，看看这些畜生对我干了些什么，我每个月给这里付3千美元（近2万人民币）来捆住自己，要是有机会，我要杀死这些杂种，你能把我从这里弄出去吗？

Marilyn：（拉过一把椅子直接坐在他的面前，同时用一种坚定的但却柔和共情的语调说）不！现在还不行。不过假如我也被这样捆住的话我也会疯的。你知道你在哪里吗？

Cliff：我在地狱里，这些人都是恶魔。

Marilyn：此时此刻，它可能像地狱，但它是赫斯莎文护理之家，你知道吗？

Cliff：毫无疑问。

Marilyn：你知道今天是几号吗？

Cliff：管它几号？在这里哪天都一样。

通过测定他对人、地方和时间的定向，Marilyn对Cliff与现实的联系程度进行了评价。考虑到他现在的激越状态，尽管他没有做明确具体的回答，但他的反驳表明他与现实的联系相当好。

Marilyn：很抱歉你感到这么愤怒，喝点水好吗？

获得信任 主动为来访者提供食物或饮料易于消除紧张气氛，使来访者更愿意接受干预工作者提出的建议（Wood & Khuri，1984，p. 67）。Marilyn在Cliff的旁边坐下来，保持平视，坐得跟他一样高，并且是在他的正前方。因为站着容易使来访者荒唐地错以为她是那个陪护而感到非常恐惧（Wolanin & Phillips，1981，p. 106）。

Cliff：（从Marilyn递过的杯子里呷了一口水）是的，周围的那些小人只知道要我的钱，他们才应该被麻醉剂麻翻了像捆猪一样被捆起来。

Marilyn：你感觉怎样？

Cliff：那你认为我会有什么感觉，年轻的女士？

Marilyn：我猜想我不仅会觉得像头猪一样被五花大绑着，而且还会像黄麻布袋里的野猫一样发疯。那些事是怎样发生的？

这个危机干预工作者讲话时使用了与来访者一致的俚语，并突然插入一点幽默（Tomine 1986）。虽然她想知道那天晚上发生的事情，但她还是将主要的注意力放在继续提出一些开放式问题上以评价Cliff接近现实的程度，并让Cliff知道她对他感兴趣并关心他。这个干预工作者设法与Cliff建立友好的关系以便调查那天晚上发生的事情。

Marilyn：那么，那天晚上发生了什么事把你弄成这样？

Cliff：有个阿拉伯人，他跟着我，他想勒死我，但没人相信我。（指着那个陪护）这家伙说，那天晚上有个家伙在这里工作，还说我打破了他的鼻子，唔，就是那个阿拉伯人，那个鬼鬼祟祟的魔鬼。

Marilyn：你为什么认为就是那个阿拉伯人？

现实定向 Marilyn正在使用现实定向（Taulbee & Folsom，1966），这是减轻来访者精神混乱的第一步。现实定向主要集中在让来访者定位他们是谁，他们在哪里，他们为什么在那里。当来访者的回答或行为与现实不符，那么干预工作者就得问一个“为什么”，这种办法与绝大多数治疗学上的干预方法是相反的（Taulbee，1978，p. 207），Marilyn这么做是因为她想找出这次攻击行为的原因。一旦找到了，她就可以对Cliff重新教育。

Cliff：你知道，我在阿拉伯半岛度过了很长时间，是做建筑工作。我在那里建了许多制冷工厂和蒸汽系统，你很难相信在那么热的房子里需要蒸汽。有时我想，要是我又回到了阿拉伯该多好，但这并不意味着任何一个阿拉伯人都可以在半夜进来杀了我。

Marilyn：（真正感兴趣地）嘿！这听起来相当令人兴奋，我从没有走出过中西部。我敢打赌你肯定看到过一些相当惊险的事情，而且我能猜出在这样一种陌生的环境里你是怎样判断出某个人就是阿拉伯人的。

Cliff很长一段时间沉浸在往事的回忆中。Marilyn用来访者为中心的技巧来倾听并回应他的话，这种技巧包括专心、肯定、复述、澄清、情感反映并提一些开放式问题。

步调 Cliff有关在阿拉伯半岛工作的回答，给Marilyn提供了那天晚上他攻击的那个人的形象的一个线索，但她并不想改变Cliff对这件事情的看法，她保持与Cliff的步调一致。她让他讲述自己的故事，也不急于或试图说服他那天晚上是他自己弄错了。如果她想要与Cliff一道完成任何治疗的话，耐心地获得来访者的信任会有极大的帮助（Taulbee，1978，p. 210）。

怀旧疗法 Marilyn力劝Cliff谈论过去的方法，与大多数标准治疗方法和人们普遍接受的咨询技巧是相矛盾的。大多数治疗体系竭力使来访者处于现时状态，即使让来访者回顾过去也是为了改变现在的问题。然而，让老年来访者反复思考过去的经历可以产生一定的治疗效果（Brooker & Duce，2000；Buchanan et al.，2002；Cully，LaVoie，& Gfeller，2001；Ebersole，1978a，p. 145；Hsieh & Wang，2003；Hyer et al.，2002）。

怀旧疗法（Butler，1963；Osborn，1991）是一种非恐惧性的体验，它让老年来访者反思他们的生活，并恢复他们的自信。怀旧疗法已成为抑郁老年患者的标准治疗之一，并广泛成功地应用在个体和团体形式的治疗中（Ando，2005；Cappeliez & Watt，2005；Haber，2006；McKee et al.，2005；Spar & La Rue，2006；Van Puyenbroeck & Maes，2006；Wang，2005）。记忆的丧失和人格的解体是导致Cliff目前危机和糊涂的主要原因。回忆有助于人格重建，也可增强自信，这是因为回忆远期记忆里留下深刻印象的那些事情比较容易（Singer，Tracz，& Dworkin，1991）。怀旧也是一种治疗方法，它可以愈合来访者心灵的创伤，因此，从最基本的观点来看，这是对过去的逸闻趣事的一种简单而又愉快的享受，它使干预工作者与来访者建立了一种亲密的关系（Ebersole，1978a，p. 145）。

个体可以运用怀旧来重新调整痛苦记忆并将之放下，重建和享受快乐记忆，减少厌倦，并准备迎接死亡（Cully，LaVoie，& Gfeller，2001）。如果是在团体治疗中运用怀旧，当来访者在历史基准、个人成就、物体、地点和人物联系上时，人际间的连接可以得到增强。老年来访者重新获得作为他们那个年代“专家”的赋权感。面对衰退的身体能力，通过回忆过去的成就可以增强自尊（McMahon & Rhudick，1964，pp. 292-298）。可以认可和处理过去“未完成的事务”（O'Leary & Nieuw-straten，2001）。也为老年来访者提供了身体接触和确认他们生命里所做的事情的机会（Baker，1985），通过社会交流和重建的社会技能帮助他们处理哀伤和抑郁（Hsieh & Wang，2003；Singer，Tracz，& Dworkin，1991）。

Cliff：是啊……（声音变小）我曾经是个非常杰出的人，但现在已经不是了。咳，糟糕的是有一半时间我甚至不知道我是谁，我在干什么，在哪里？

Marilyn：（用手轻轻触摸来访者的手臂）这听起来好像很可怕，在你一生中大部分时间内你能管理好许多事情，但现在却对这些事情失去了控制。

Cliff：我不愿承认这一点，但现实确实如此，现在连上厕所都要人帮我！我怎么会喜欢现在这样呢？这种尴尬的境地使我备感痛苦。他们把我当两岁的小孩看。

Marilyn：因此，使你感到尴尬和不把你当大人对待这是最糟糕的事情之一，我在想我们应该怎样做才能改变这种局面？

定位（Anchoring） Marilyn用一种对情感的反映性陈述把来访者的过去与现在结合起来。通过让来访者回忆过去的事情并将这些事情与现在联系起来，竭力增强和帮助来访者再次强调自己的能力。她还使用触摸让Cliff在心理上定位为该机构中的一员（Wolanin & Phillips，1981，pp. 105-106）。在发生攻击行为之前，对Cliff来说，在赫斯莎文的生活环境友好却枯燥无味。

像大多数人一样，他对生活在感情空虚状态中感到不适应。Cliff自从发生那次攻击行为之后，事实上与工作人员之间已经存在了一种敌对气氛。Marilyn需要改变Cliff认为工作人员都反对他的观点，她也要改变工作人员认为应该躲避Cliff的观点。那些给Cliff做常规护理的工作人员和他的陪护人员也有必要受到训练，使他们能用Marilyn那种方式来对待来访者。人员的安排和病例分析对于协调24小时与Cliff打交道的各种工作人员来说是非常重要的。所有接触Cliff的工作人员都应自我介绍，叫Cliff的名字，说出当天的日期，预先简单地告诉来访者随后几个小时的活动，并对他们正在进行的每一个步骤（医疗或其他方面）进行解释，通过对来访者持续不断地定向训练，工作人员在治疗来访者的思维混乱方面迈出了第一步（Taulbee，1978，p. 209）。

Marilyn同时也抓住了Cliff对失去控制的畏惧心理。对像Cliff这样的来访者来说，完全失去控制就意味着完全失去人格，他们对将要失去理智感到恐惧。当老年来访者认识到有人由于害怕暴力而害怕他们或躲避他们时，他们会感到更加忧虑（Lion & Pasternak，1973）。Marilyn在这次对话过程中开展了许多活动。最重要的是她把自己表现成一个共情的、关心来访者的机构代言人和来访者的支持者，使现在存在于来访者和工作人员之间的相互影响系统产生了很少但是很有意义的变化（Fisch，Weakland，& Segal，1983）。其次，她仔细思考了来访者的愤怒、担心、失控。她承认并验证了来访者的经历，但她并不只是在老生常谈，说些陈词滥调。她知道来访者对当前的定向越差，工作人员就越想躲避他。别人越躲避他，他与其他人的接触就越少，那么他就很可能变得更难以接近，定向就更差。如果不阻止这个恶性循环发展的话，来访者就会更加迷惘，就更有可能在将来发生攻击行为（Miller，1986）。

幻觉与错觉的区别

Marilyn认为使Cliff变得激越的原因可能不是幻觉，而更可能是错觉，正像那位工作人员认为的那样。当把那天晚上以前的零碎叙述拼接起来之后，Marilyn确定在护理之家工作的一位慈善机构的修女正好在Cliff激越的时候进行巡查，修女戴着面罩在昏暗的灯光下看起来像个阿拉伯人。因此，Cliff所看到的可能是一个基于事实上的错觉，而不是一种虚构。

她把这件事提出来向Cliff解释那天晚上他为什么会看到“阿拉伯人”，让Cliff明白他不是产生了幻觉，而是错误地感知了现实情况。幻觉和错觉这两个问题是很不相同的，而且这种不同在使来访者平静时具有极大意义。尽管看起来这个结论过于巧合，但在轻度思维混乱和定向障碍的来访者中，发生这样的事情简直太普遍了。许多次，由于一些非常明确、具体的刺激产生的错觉破坏了老年来访者内心世界的安宁，使他们怀疑自己的感知，只要稍做侦查，工作人员常常能够确定是什么原因导致来访者产生错觉。把这种假说与像Cliff那样轻度糊涂的来访者联系起来，对干预工作者来说是极为重要的，因为这些来访者非常在意是否还与现实世界保持着联系（Wolanin & Phillips，1981，p. 107）。

Marilyn：（把她的假说与来访者联系起来）所以我认为那天晚上你并没有真正发疯，实际上你看到的是Lucy修女在巡查，如果你想一想，这是合乎情理的。

Cliff：我不知道，我仍然相信那时有个阿拉伯人在这儿。

Marilyn：从所有你告诉我你在阿拉伯的经历中，我能够理解这一点。但我也知道当你在一个医疗设备环绕着你、陌生人走来走去的不熟悉的地方入睡时，突然间，你醒来了，看到的情况与平时完全不一样，这并不意味着你疯了。我敢打赌，如果你想一想，这类情形以前一定也发生过，我知道在我身上就发生过。对看到的东西产生误解与能够看到不存在的东西，这两者之间有很大的差别。

日落综合征（Sundown syndrome） 由于事件是发生在傍晚时分，所以必须考虑有日落综合征的可能。在机构中，那些过去习惯于按自己的时间进行活动和习惯了家庭安全感的住院来访者，随着一天的结束，会对周围的环境感到陌生和不安。不能满足要求的盥洗室用品，没有小吃，工作人员的态度，各种各样的噪音，灯光不够亮，镇静剂产生的副作用以及很少有人出现，所有这一切加起来导致了来访者由于缺乏别人的支持而产生害怕和陌生感，都可以使来访者付诸行动（Blair & New，1991；Stilling，1992；Wolanin & Phillips，1981，p. 107）。考虑到有必要进一步使Cliff对真实情况放心，Marilyn把发生的问题与机构内晚上的情况联系起来，并就如何改变晚上的这些情况以降低这段时间的危险性提出了她的建议。

Marilyn：如果可以把这里变得更像你家一些，你觉得可以怎么改变？

Cliff：对了，我过去习惯于睡前戴上耳机听听乡村音乐，再喝上一杯啤酒，我不太管其他事，只是看看电视和一些资料，家里没有特别的家具或什么的，我一生大部分时间都住在租住的公寓里。

Marilyn：我注意到这房里并没有多少东西是你的。它看起来像个病房而不像你Cliff的房间。你提到过你在那些年收集了许多物品并在旅途中拍了很多相片，它们现在在哪里？

Cliff：噢，我的孩子们把它们收起来了。

Marilyn：虽然我们弄不到你那些东西，但我们可以把这里装饰一下，让来这里的人知道这里住的是Cliff，享有国际声誉的工程师。

安全保障 Marilyn建议把Cliff熟悉的一些东西搬到房间里有两个原因：第一，创造一个熟悉的环境与创造一个以现实为基础的环境之间有很大的差别，事实上这就是Cliff现在的家了，要使他安心于生命中的这个阶段（Petrie，1984，p. 116）。第二，突然从一个医疗环境中醒来，而这个环境里有着各式各样陌生的仪器，各种管子在身上进进出出，这是非常恐怖的，因为这些外来的东西以一种非常消极的方式改变人的身体形状和周围环境（Wolanin & Phillips，1981，p. 106）。立即看到熟悉的物体有助于来访者在治疗过程中重新定向而不会使来访者变得激越。Marilyn将和主管人员商议一下看是否可以把Cliff的立体声设备带到他的病房里去，她还将与医务人员核对一下看看在晚上喝一杯啤酒是否会降低药效，如有可能，提供这些令人愉快的东西将增加来访者那种接近家庭生活的感觉，而且这也能为他们提供定向和安全感（Miller，1986）。

重现活力 最后，Marilyn将竭力动员Cliff参加机构里的活动。让Cliff与其他人相互交往，并使他们在生活环境里变得身心充满活力，这是很重要的。对于像Cliff这样的人，他一生中一直都很活跃，关键的是要让这种来访者用一种有意义的方式去充实闲暇时光以免陷入消极情绪（Donahue，1965）。这并不是说要强迫和哄骗他们去做那些他们不感兴趣的事情。对许多人来说，玩宾果游戏可能很有趣，但强迫一个人参与这种活动则是不适当的（Miller，1986）。听完Cliff的话后，Marilyn做出了一项建议，目的是让他重新回归到人类社会中来。

Marilyn：我想请你考虑一项我提出来的建议。赫斯莎文与圣•彼得孤儿院建立了联盟关系，这些孩子没有任何人关心他们，我记得有两个孩子，我想你能够为他们做点有益的事情，你那些伟大的故事，这些孩子会很喜欢的，你的学识对他们也可能很有帮助，他们主要是需要成年人跟他们交谈，我不知道你是否愿意帮这个忙。

Marilyn的提议有两层含义。她告诉Cliff的这件事是真实的，她也知道这两个孩子反过来将会给Cliff积极的影响，老年人似乎非常有兴趣与年轻人分享他们的经历（Ebersole，1978b，p. 241）。Cliff的率直、智慧以及他经历中的瑰宝很可能对那两个与Cliff一样漂泊无依的孩子产生积极的影响。她着重关注Cliff的长处（Newhill，2003，pp. 160-161）。她强化了来访者的长处、正性特质以及完全有可能控制自己的行为，而不是盯着他的错误。

再激励疗法是用来激励那些对现在和未来不再感兴趣的来访者，使他们重新产生新的活力（Dennis，1978，p. 219）。它建立在回忆往事与现实定向相结合的基础上。再激励方法是竭力说服来访者相信他是作为一个拥有独特和重要特征的个体被别人接受的，这些特征使他明显地不同于其他人（Garber，1965）。这种方法在自我感觉与别人的感觉之间建立了一座桥梁。通过与别人的交谈来回忆自己过去的经历并确认和坚信这种经历，常常可以加强来访者的现实观念。鼓励他将自己的特殊角色和特殊社会功能进行具体描述，准确地讲述自己过去和现在的经历，有益于增强他的信心（Dennis，1978，p. 220）。

严重的定向障碍：Grace 的案例

用于老年来访者的标准疗法一直就是努力使他们对现实生活有一个真实的定向，因此这种方法在治疗中度紊乱的老年来访者时会出现问题，对那些几乎已经完全逃避现实的来访者尤其如此。企图给那些中到重度紊乱的老年人定向人、地点、时间通常是徒劳的。对许多这样的来访者来说，做什么都是没有用的，因为，对他们来说，眼前明显地没有多少值得回忆的事情（Miller，1986）。基于这一观念，Naomi Feil 发展了确认疗法（Feil，1982）。她的理论是：承认来访者的感觉，无论那些感觉看起来有多么荒谬，通过承认感觉来承认这个人。否认来访者的感觉就是否认来访者的过去，也就是否认他的人格。

Feil 还相信确认早年的记忆能够使老年来访者总结过去，并证明他们现在的角色。使用这种方法的效果是恢复自尊、减少刺激、证明活着的理由、解决未完成的冲突，并使来访者建立一种更好和更安全的感觉（Feil，1982，p. 1）。干预工作者将持续地对来访者的确认作为恢复来访者自尊的第一步，并让来访者确信至少有一个人怀有足够的兴趣和关心来听他诉说过去的生活。任何一个无意中听到干预工作者和来访者对话的人一开始可能都会认为这个干预工作者是否也已经年迈了，因为来访者已经严重地退回到了一个虚构而荒谬的过去。这个干预工作者必须用敏锐的眼光来洞察来访者口头上的描述和他的重复行为以使确认疗法产生效果（Miller，1986）。

让我们来听听 Marilyn 是怎样劝说一个 83 岁的老太太去吃饭的。Grace 站在走廊不肯动。她的手臂开始做摇摆运动，并自己发出轻轻的嗡嗡声。工作人员努力让她去吃晚餐，但却是徒劳的，工作人员试图为她指明方向，并让她服从他们的要求，而她变得越具威胁和激越。Marilyn 来到这一场所，让其他工作人员离开。

Grace：好啦，好啦，别哭。

Marilyn：我认为你真的很关心你的孩子。

Grace：我和 Ellen 一整夜都没睡好，她一定是肚子痛得厉害，但是我无法让她安静下来。我得去找 Heinz 医生，他是我们的家庭医生，一个非常好的人，但是没人载我去城里接他。

Marilyn：Ellen 看起来并没有好一点，这确实让你担心。你一定很疲劳也很饿吧！

Grace：尽管任性，但她并不烦人，她的确是个很漂亮的孩子，只是她父亲经常不在她身边，他在铁路上工作，有时还可帮帮忙。

Marilyn：你一定非常爱她。也许我们可以一起下去吃饭，这样你可以告诉我更多关于她的事情。

Grace：她一定要安静才会入睡，那里太吵了。

Marilyn：是的，她入睡对你很重要，也许我们可以去你房间里吃饭，那里要安静些。

Grace：行啊！如果你想去的话。

在这段简短的对话中，干预工作者示范了确认疗法中两个关键性成分。这个来访者极有可能失去了对复杂事物的理解能力和推理能力。干预工作者把交流缩短、简化，以免使来访者在各种念头中失去控制很快变得不知所措。干预工作者还直接、连续地对 Grace 的感觉做了回应，让她确信她所做的象征性行为是很重要的（Miller，1986）。尽管确认疗法的目的并不是要操纵来访者，但干预工作者的这种方法远比强行将来访者带进餐厅去要好得多，要是那样做的话，来访者可能会因为非得离开孩子而变得非常暴躁，以至于无论如何都不愿吃饭。

不管 Grace 是否曾有过一个叫 Ellen 的孩子，也不管她是否在设法克服长期以来她认为在照料孩子方面的缺点，此刻，这些都无关紧要。重要的是干预工作者对待这种情况要像真有其事一样，用一种一致的、共情的方式来接受来访者零散的思维和情感。Feil（Feil & Altman，2004）非常坚信，确认疗法并不是有人认为的“治疗性撒谎”，“治疗性撒谎”只是意味着迎合痴呆来访者。Feil 认为所有患有痴呆的人都应该得到尊严和尊重，倾听他们的故事就是做到这一点的很好方法。她认为老年人在死前试图回到过去解决未完成的事务再正常不过。当这一情绪得到表达，有人带着共情和无条件的姿态注意到了，沮丧就可以消除了。

确认疗法不是要使来访者重返现实，而是对那些必须在危险情况下对有严重定向障碍的老年人进行干预的人类服务工作者而言，这种方法确实有可能使他们平静下来，避免事态朝暴力化发展，同时也为这一缺乏治疗方法的领域提供了一种有效的治疗技巧（Miller，1986）。尽管 Grace 看起来是一位可悲、衰老、脆弱和混乱的女人，危机干预工作者好像很容易应付，但不要搞错了方向。正是因为老年社会工作者忽视了像 Grace 这样的来访者，当老年来访者受到挫败或沮丧时，对老年社会工作者的袭击率才那么高。

随访受害的工作人员

在袭击发生后，对被袭击的人和其他员工而言，随访都很关键（Kleespies & Ponce，2009）。工作人员可能将袭击作为工作的一部分挥之而去，随后却发现其心理影响远比他们想象的要大（Fauteux，2010）。受到来访者暴力袭击的工作人员，可能有各种各样的情绪反应，包括过分警觉、惊恐反应、闯入性思维、难以排解的愤怒，以及整体较差的精神健康和愤怒控制（Lenehan & Turner，1984，p. 256；Wykes & Whittington，1998）。正如 PTSD 受害者的反应一样（California Occupational Safety and Health Administration，1988，p. 17；Murray & Snyder，1991）。

经历过被袭击的行医者感到被剥夺了权力、焦虑、抑郁和恐惧（Littlechild，2002）。他们的工作表现受损，就好像他们失去了执行自己工作角色的信心，质疑自己的能力，没那么关心和亲近来访者，对事件感到自我责备、内疚和愤怒。更进一步而言，他们担心自己将来的安全，害怕将来汇报场景中会将他们贴上无能的标签，害怕其他同事和管理者会认为他们不可信赖（Flannery et al.，2001；Littlechild，1995）。

Bard 和 Sangrey（1986）发现在遭受身体袭击后员工会经历三个创伤阶段。首先，他们感到自我解体。他们可能从不真实的体验中解离，就好像这没有发生或他们将其看成是自己的录像。他们会责备自己，开始出现围创伤期应激障碍症状，如睡眠不好、情绪爆发；第二阶段，是挣扎阶段，主要以焦虑发作、闯入性思维、过分警觉和身心症状为特征，这些都是急性应激障碍的特点；第三阶段是自我的重新调整。如果工作人员能够向前看，事件被整合进自我，认识到来访者可以是危险的，要更加小心。然而，如果工作人员无法整合事件，就更有可能发展为 PTSD。

Lanza（1984）发现受过此类袭击的护士直到事故发生后一年仍有消极情绪以及认知和行为方面的反应。在工作人员遭受暴力袭击后，最重要的是要设法完成善后处理工作，这样做的理由有两个方面：首先，不会导致受害者因为事故发生在身心上以及职业上变得衰弱不堪；其次是因为其他工作人员会觉得机构对这种事故极为重视，而且也很关心他们的安全。

袭击发生后，其他工作人员最初可能会将过失归咎于受害者，以减轻他们对这件事也有可能发生在他们自己身上的害怕和惶恐。无论如何，这种情况是不允许发生的，对受害者的同情和支持是至关重要的。遗憾、怜惜及其他可以引起伤害的微小暗示都应该避免。需要确认的是袭击一发生，危机干预就应该立即启动。将这种情形常规化是必要的，让员工知道其他员工会和他有一样的感受。

应该为员工实施心理教育，让他们熟悉自己可能会出现的心理反应，以及可以用来减轻症状的策略（Weinger，2001，pp. 66-67）。单位应建立一些对暴力受害者的支持团体（Stortch，1991），工作人员应该立即帮助以迅速解决问题和做出决定，如检查伤情，提供救护车，陪同受害者，给予受害者道义上的支持，帮助准备医疗报告、法律文件和给警察的报告（Lenehan & Turner，1984，pp.255-256）。单位工作人员也应该接受咨询，以避免发展出“责怪受害者的态度”（California Occupational Safety and Health Administration，1998，p. 17）。

只要受害者能接受，就应该对事故进行心理学分析，包括详细地调查导致事故发生的原因。让员工和相关人员尽快写一份报告会很有帮助，允许员工情绪宣泄，进一步理解和概念化事件。这份报告不应该被看成是代罪或者归咎责任，并且明确地从行政主管开始写。

所有与来访者有密切关系的工作人员都要出席这次分析会。要从行为上来仔细研究受害者和来访者在事故前、事故中和事故后所做过的事情。这并不是归咎责任，而是要找出是什么导致了事件的发生，这样就可以阻止其再次发生。还要对环境进行分析以确定当时的环境是否起了激发侵犯行为的作用。这种分析有望为这次事故发生的原因、过程和内容提供线索，以防止类似事故再次发生。应征求受害者的看法并作为权威性证据。要将所有工作人员集中起来讨论所发生的事情，充分表达对发生这次事故的看法，提出意见以防这类事故重演。通过回顾这次创伤体验，受害者也能够应付失去安全和控制的感觉（Lenehan & Turner，1984，pp. 254-259）。

过去，精神卫生机构对遭到来访者袭击的受害者的健康恢复不太重视，很大程度上是靠碰运气，采取的方法只是告诉受害者“吸取教训，这是此类工作的一部分”。这一观点现在明显地不被接受。一种“减压”的形式可以与心理解剖同时进行，来帮助被袭击的人类服务工作者达成危机前的平衡状态和稳态（California Occupational Safety and Health Administration，1998，p. 17；Fauteux，2010；Kinney，1995；Mitchell & Everly，1995；Spitzer & Burke，1993；Spitzer & Neely，1992；Vandenberg，1992）。减压是为了缓解当工作人员受某件事（如身体袭击）创伤后的急性应激。一般而言，减压应该在事件发生后合理条件下立刻开始，但是也要考虑到员工是否具有完成它的能力。James Cavanaugh 博士，作为发展对员工袭击时的减压的先驱，以有力的证据说明立即的创伤后护理，对帮助个人和组织在危机后变得稳定极为有效（Kinney，1995，p. 188）。

受袭员工行动项目（The Assaulted Staff Action Program，ASAP）是前述的综合体（Flannery et al.，1991）。当袭击发生，一名员工提供支持、基本的心理急救，以及决定是否需要额外的医疗或心理治疗。ASAP 成员追踪事件发生后两周员工的情况。ASAP 还为遭受袭击的员工提供支持团体。

最后，Gately 和 Stabb（2005）对博士水平的心理咨询和临床心理学学生的调查应该是风向标。学生都报告他们在如何处理暴力来访者的培训上是严重不足的，他们对治疗暴力来访者的信心很低。因为最初从业的咨询者最可能被袭击，本书作者深思熟虑后的意见是，想想今天我们人类服务工作环境中的暴力程度和相关知识，如果我们不培训人类服务专业学生去理解和处理暴力来访者，那将是不伦理和不道德的。

小 结

在过去20年里，人类服务场所中的暴力事件急剧增多。药物滥用的增加，大型美国国立精神病医院的关闭，儿童和成年虐待报告法律，持枪暴力，越来越多的重罪犯关押到精神卫生机构，以及老年人口的增多，都是导致这一现象的主要因素。这一现象遍及人类服务的各个领域。然而，不管是服务机构还是工作人员并没有提高对这一问题的认识。当这种侵犯工作人员的暴力事件发生时，他们总认为是这一领域里理所当然的事，还有人指责受害者愚蠢或粗心大意。

人类服务统计数据显示出在工作人员职业生涯中成为暴力受害者的极大可能性。考虑到这个极高的可能性，在这一领域的工作人员和人类服务专业的学生都应接受面对潜在暴力的培训，告知在面对潜在暴力来访者时减少和降低危险的技巧，这都必须是强制性的。从选择治疗到确认治疗的技巧，都不仅是为了帮助来访者的稳定，也是为了保护人类服务工作者不受对方的袭击。

最后，对遭遇了袭击的员工应该立即给予管理层和同事的支持。紧急事件集体减压和心理解剖应该在每次员工受袭击后强制执行。

（丁瑞佳　译）

第十五章

危机/人质谈判

在一本危机干预的书中写关于人质谈判的内容似乎不合常理。然而，本章存在的几个理由均与你的健康、幸福，甚至生死存亡关头的危机干预能力有关。首先，本章标题加入了“危机谈判”。美国联邦调查局发现，在所有人质挟持案件中，仅12%的罪犯拒绝投降。发生在家里的被警察包围的案件中，多数是没有计划的，而且罪犯多为被家庭纠纷困扰的男性（Roush，2002；Strentz，2006），即许多本书的读者可能要应对的人群。现在，大部分危机干预工作者受聘于具有咨询功能的执法机构（Hatcher et al.，1998；Slatkin，2000）。因为与孟菲斯危机干预小组类似的警员，通常将人质谈判技巧和危机干预技术结合，并运用于各种危机干预中，所以“危机谈判”这个词的描述更加准确。

其次，偏远地区的恐怖主义者残酷对待人质的事件经常成为轰动的头条新闻。我们中多数人认为，成为人质这种事情只会发生在别人身上，而不会发生在自己身上。然而，如果你是学校咨询师、精神卫生工作者，或者是一所世界闻名的医院的医务工作者，那么你就有可能成为“别人”。52%的人质挟持事件是由患有精神疾病或情感障碍的个体发起的（Blau，1994，p. 257）。这个数据提示，人类服务工作者成为人质的可能性是存在的。

第三个原因是工作场所的暴力事件发生率呈上升趋势（Kein，1999；Runyan，Zakocs，& Zwerling，2000），人质挟持事件也常在类似场合发生，由于危机干预工作者刚好在现场，所以有很大可能会参与人质减压或碰巧进行人质谈判（McWhirter & Linzer，1994）。

第四个原因是危机干预是人质谈判的核心。Donohue、Ramesh 和 Borchgrevink（1991）称人质谈判为“危机讨价还价（crisis bargaining）”，他们将谈判定义为迫使对方接受某些行动方针。危机的所有组成部分都会出现：失衡、压力、不合理行为、认知能力低下、情绪激烈和事情解决后的创伤觉醒，而这些也是人质挟持情况的组成部分。

根据 Hammer（2007，p. 32）的说法，由于危机情况通常具有以下五个特点，因而需要进行危机谈判。第一，存在做决定的关键时刻，即在这个时候如果做出一个“错误”的决定将会导致非常严重的后果。第二，情况突然发生，而且总是令人不愉快的。第三，事件是出乎意料的，发生概率很小，一旦发生通常会导致非常严重的后果。第四，情况非常不稳定，而且事件很紧迫。第五，情况的特点是极度压力、情绪激动、焦虑和恐惧的。更复杂的情况是，当事件发生时，干预人员要应付的是犯罪者而非受害者。应该没有其他危机事件要求干预人员在如此快速变化的环境下，在如此危险的状况下，如此有技巧地处理一系列困难的问题。

这个章节存在的第五个原因是，人质幸存者的心理动态与那些创伤受害者、被迫卖淫者以及受虐儿童没什么不同，这也会给你一个全新的理解，以人质的身份经历这些创伤意味着什么（Herman，1995）。因此，你在本书中学到的许多技巧都是危机谈判干预的基础（Hammer，2007；McMains & Mullins，2010；Noesner，2010；Strentz，2006）。

第六，一些潜在自杀案例和家庭暴力事件最终演变为设障或挟持人质情况。这个时候，企图自杀又没有勇气的人，通常会希望借助警察之手，但在被枪指着的时候，又会对警察还击。Lord 和 Sloop（2010）对美国国家人质与设障数据系统（Hostage Barricade Data System，HOBAS）(Federal Bureau of Investigation Crisis Management Unit，2008) 的数据进行分析，将靠警察实现自杀（Suicide-by-Cop，SbC）的案例和普通自发的自杀案例进行对比。他们的模型预测 SbC 事件的准确率为97.9%。所以，明显有些想自杀的人在利用警察帮助自己更快离开这个世界。HOBAS 数据显示，在因家庭暴力而导致的设障 / 人质情况中，46% 的案例涉及伴侣 / 前伴侣、家庭成员或有重要意义的其他人。

最后，95% 以上的危机 / 人质情况是通过和平方式解决的，这都归功于有目的地使用危机干预理论和技巧（Slatkin，2005；Strentz，1995）。最新的 HOBAS 数据也证实谈判是有效的，57% 的谈判仅通过使用语言技巧就解决了。80% 的案例中，没有发生人质死伤，而且82% 的案例中，挟持者没有被杀或受伤（Federal Bureau of Investigation Crisis Management Unit，2008）。

把这个问题拉得离我们更近一些，人类服务工作者很可能会遇到那些因为受到人类服务机构不公待遇而做出极端行为的人。作为官僚机构的美国卫生保健系统，越来越让人们在有情绪压力的时候感到不受关心和被忽略，特别是在他们看来无法找到应对机制或属于自己的资源时（Turner，1984，p. 177）。对恐怖分子而言，由于他们感到自己太弱小而无法引起变革，挟持人质是一种政治行为；类似地，在医疗系统中，人们也觉得自己太弱小，无法改变这个将不公正加诸其身的系统，挟持人质成为一种情感发泄行为（Turner，1984，p. 172）。换句话说，在危机发生时，这些人会得到很高的分类评估分数，而且他们的致死性水平也会相当高。

挟持人质的动力因素

首先，挟持者应该被视为处在挫折急性反应阶段的人。其次，挟持人质应该被视为是一种尝试解决问题的方式。第三，大多数情况下，挟持者只是把人质当成一场更大游戏中的卒子，并把人质当作谈判过程中讨价还价的筹码。最后，挟持人质是一种寻求关注的行为。如果没有观众，挟持人质就失去了意义（Schlossberg，1980，pp. 113-114）。

从动力因素来说，挟持者的行为一般分为两种类型：工具性行为和表达性行为。工具性行为，即犯罪者为达到某种明确目的而做出的行为。讨价还价式谈判就是工具性行为最常见的一种方式，包括与双方情境相关的、具体客观的需求或要求（Hammar & Rogan，1997）。例如，一个被困住的银行抢劫犯会希望用人质交换一辆逃跑的汽车。

采用表达性行为的挟持者是为了展示他们的力量。表达性谈判专注于情绪和关系对危机解决的影响（Hammar & Rogan，1997）。因失去孩子而非常悲痛的家长在一家医院中挟持医务人员，就是为了得到关注并证明他的能力。明白挟持者的动态因素是非常重要的，因为表达性（以情感为基础的）人质挟持情况是人类服务工作者最可能遇到的类型。事实上，容易导致伤害或死亡的人质挟持也是表达性行为（Lipsedge & Littlewood，1997）。

在以上两种类型中，表达性行为是更难以理解的，因为不细心的观察者会觉得这类行为是没有意义的，似乎犯罪者只能达到自我或他人的毁灭，除此之外什么也得不到（Miron & Goldstein，1978，p. 10）。然而，作为一种表现姿态，表达性行为是非常有力量的，向世界展示挟持者在短时间内可以掌控自己的生活和命运。这些动态因素的组合很多，因此人类服务工作者将会遇到很多不同类型的挟持者。

更复杂的情况是，工具性和表达性行为有时

会同时出现，而且挟持者有政治、经济或心理上的诉求（Hammer，2007，pp. 36-37）。所以，虽然本章对人质挟持的分类过于简化，而且人质挟持并不会固定于某一类型，但在这里我们主要关注于表达性类型。

挟持者类型

Dominick Misino 是纽约警察局最出色的谈判员之一。虽然他曾说我们不应该过分关注分类标签，但他仍花很多时间在他的书中分析不同类型的挟持者以及如何应对他们（Misino，2004，pp. 110-120）。为什么他要这么做？如果一个谈判员能识别他所应对的挟持者的类型和特征，就可以进行有效的分类评估，并做出合理的心理和行为反应。总的来说，应对工具性行为的犯罪者时，可以提出一个理性的问题解决方案，以寻求具体物质的妥协。而应对有精神病或情绪失调的表达性行为者的重点在于使用情感技巧，以提高谈判员和人质之间的联盟关系和相互依赖的关系（Donohu & Roberto，1993）。应对“情绪性理智（emotionally rational）”的恐怖主义者，两种技巧的结合也许是最好的办法（Miron & Goldstein，1978，pp. 96-97）。

工具性或工具性 / 表达性挟持者，如银行抢劫者、政治恐怖主义者和宗教狂热者 / 邪教分子，本章将略过，因为人类服务工作者遇到这类型的挟持者概率很小。但是，人类服务工作者将会遇到很多工具性 / 表达性（如悲愤或受委屈的人）和真正的表达性挟持者（如精神病患者或人格障碍患者），而且这些人大多也是人类服务的接受者。

精神障碍患者

虽然早期研究显示（Fuselier，1981a；Strentz，1984），50% ～ 60% 的挟持者都患有精神疾病，但最近的研究提示这个数据过高，如 Hammer（2007，pp. 58-59）的研究报告这个比例只有 7% ～ 19%。事实上，Hammer 对过分强调精神病理学感到不满，因为他认为这会转移多种动力因素相互作用的危机 / 人质谈判的问题的重心。话虽如此，我们要对付的挟持者很大可能是患有精神疾病的。有精神障碍的挟持者会受到各种心理疾病的折磨。一个精神病患者也许能，但也许不能与现实保持一致。这种人通常是一个孤独者，按照内在的、个人的（通常是模糊的）冲动行事（Cooper，1981，p. 57）。这种人可能认为挟制人质是在执行某种神圣的任务，或者这能证明他有能力做某些重要的事情（Fuselier，1981a）。

谈判员会遇到患有各种常见精神疾病的挟持者。问题是大多数精神疾病患者不会完全符合某种疾病类型，而通常是几种疾病共存或同时有两至三种不同的诊断。在最危险的挟持者中，有些人患有轴 I 的精神障碍和轴 II 的人格障碍（APA，2000，pp. 28-29），并可能混合着物质滥用问题。如 Strentz（2006，p. 6）所说，这些人是谈判员可能遇到的最危险类型之一。遇到这类人的时候，首先要做的是判断这个人是否需要服用抗精神病药物或情绪稳定剂，以及他们是否遵医嘱服用。后一个问题的答案通常不可避免是“否”。下面是可能会遇到的其他常见类型的挟持者。

精神分裂型人格 从某种意义来说，与谈判员遇到的其他类型相比，精神分裂状态患者眼中的世界是不一样的（Misino，2004）。然而，虽然精神分裂症患者有多种临床表现，但均与现实脱离联系。他们可能有明显的错误信念系统，特别是幻觉或错觉，凌乱的外表，古怪的打扮，与神奇想象有关的仪式化行为，他们的信念，以及对问题的具体反应。在多种类型患者中，偏执型精神分裂症患者通常是最危险的，而且如果他们同时患有反社会型人格障碍，情况还会更加恶化（Strentz，2006，p. 104）。通常，他们绑架人质是为了执行他们所相信的“完美计划”或者是服从“某个特别人物或神的指令”（Fuselier，1981a）。他们的内心充满冲突，但又无法处理哪怕很小的应激情况。他们严格地根据自己独特的逻辑行事，可能会非常怪异，如要求 24 小时内将飞机上所有的白人转移（Strentz，1995，p. 142）。这种类型的挟持者最常见的特征之一是牵连观念，也就是说，他们会认为大众媒体的报道都是在对他一个人说的，并传达含有特别编码的信息，以警告或要求他们做什么（Strentz，2006，p. 105）。

这种挫败、恐惧和冲突同时出现会导致非常大的焦虑。极度焦虑会让这一类型的人特别敏感和不稳定，特别是在他们脱离治疗，幻觉和错觉又非常活跃的时候。偏执型精神分裂症患者可能会觉得时间在加速或减慢。与现实世界分离是这类人的标志性特点，所以谈判员必须让谈话处于平和的状态，让挟持者足够冷静，以使他们与现实保持一致。当他们的偏执观念将集体的“他们”转变为具体的人或组织时，这是非常不祥和危险的信号。

偏执型精神分裂症患者如果同时有反社会型人格障碍，那么他们的危险性将成倍增加（Strentz，2006，p.103）。他们幻想人们或组织在密谋陷害他们，意味着他们要在受到伤害之前，先采取行动，而且他们并不会受到道德观念或罪恶感的折磨。

针对这种情况，好的谈判策略应该是降低紧张感并创造问题解决的氛围（Maher，1977，pp. 64-65）。让他们把注意力放在广泛意义上的目标很重要。一旦他们将某个特定的人或组织当作目标，暴力的可能性将大大增加（Strentz，2006，p. 106）。在很多时候，让偏执型精神分裂患者发泄情绪，最后筋疲力尽，是结束这种状况的一种有效方法（Strentz，2006，p. 102）。

虽然谈判员并不赞同偏执型精神分裂症患者，但最好的办法是像真的一样接受他们的观点。谈判员不应该试图说服他是错的（Fuselier，1981a）。对他们偏执的信念和烦乱的心情表示共情地理解，并反映他们的情感才是恰当的反应。建立亲密感或信任是不太可能的，并可能会把偏执观念转变为对谈判者的多疑和不信任。因为偏执型精神分裂症患者有性别认同问题，如果派出同一性别的谈判员，可能会导致他们憎恶同性恋，所以让异性谈判员进行谈判也许是更好的选择。真诚地询问他们对世界的看法有助于评估和决定采用何种策略（Strentz，2006，p. 110）。在自我介绍的时候，谈判员应该把自己的等级和官方角色淡化（McMains & Mullins，2010，p. 318）。正如著名电视剧《法网》（*Dragnet*）中的 Friday 警官所说，“坚持事实并询问犯罪者对情况的看法”（McMains & Mullins，2010，p. 327）。

挟持者：虽然我已经叫他们关掉无线电，可他们还在给我发无线电信息。他们真的要把我逼疯了！你是警察，你能够让他们把它关掉的。

谈判员：好吧，我确实是警察，但现在我更是一名尝试帮助你的人，看看我们能否解决你现在的困境，让你放松一点，并让你感到安全和平静。他们不按你的要求去做，真的很让人气愤，特别是你想要的只是和平与安静。他们跟你说了什么让你如此生气？

挟持者：他们真的特别吵。我告诉你，这是一个茶会，他们都是伪君子而且他们还想和我做爱，最重要的是他们都是男人！天啦！他们一直给我发送信息。你听不见吗？！

谈判员：不，我听不见，但明显你可以，这才是最重要的。你能告诉我更多信息吗？比如，你什么时候收到的。我知道他们把你吓坏了，而且你也在努力解决。他们正往你的房间发送电波，也许我们可以找个地方隔断他们。

虽然谈判员从不赞同幻觉或错觉，但他们应该接受这对挟持者来说是真实的（Fuselier，1986）。谈判员应该用同情的态度对犯罪者的感受表示理解，并提出可能缓解痛苦的方法，让他们关注有前瞻性的解决方法，而不是持续这种反抗的行为。在尝试解决问题的同时（Fuselier，1986），谈判员还应该对犯罪者的听幻觉表示尊重和感兴趣，而不能贬低或讥讽他们（McMains & Mullins，2010，p. 328）。

双相型人格 双相障碍的挟持者可能处在躁狂期或抑郁期。双相障碍处在躁狂期的主要表现是反社会，患者变得极其暴力和危险（Strentz，2006，p. 116）。他会抓住机会，制造恐吓，并相信无论发生什么情况，他都足够聪明可以躲避警察追捕。要让躁狂患者保持忙碌和参与，这样他们才不会把注意力放在人质上。他们的自我也需要受到安抚。主动倾听非常重要，让躁狂患者感到自己被倾听，是大家关注的焦点。如果这类挟持者还伴有反社会倾向，则要弄清楚在警察采取行动之前，他还能忍耐多久（Strentz，2006，pp. 119-121）。

谈判员：像你这样聪明的人肯定明白在短时间内筹够这么大笔钱是很困难的。如果你开始对人质开枪，那么你也会受伤。我相信，你不会想在此时此地被枪击成碎片吧。

应付躁狂患者一定要跟上他的思维速度，并让他的思想内容符合实际。在谈判进程中，可以使用更多指令性的语言，但躁狂患者可能比一个谈判员坚持更久，所以需要一个谈判团队（Slatkin，2005，p. 99）。

挟持者：无论怎样他们都会把我扔到深渊里，所以我对这些人质做什么事情会有区别吗？说！Murphy 警官怎么了？你到底是谁？

谈判员：你让她筋疲力尽了。我是 Hansen 警官。你和我都知道，事情不会如你想象的发展得那么完美。不过你现在的决定将会使法官对你的审判产生不一样的结果。

相反地，处在抑郁期的挟持者似乎在精神上无行为能力，可能不会提出明确的要求（Strentz，1995，p. 142）。他们感到非常困惑，而且认为他们没有办法做出一个坚定的决定。他们说话语速缓慢、内容减少，对生活有悲观看法，并希望以死解脱。他们的人质经常是相识的人。抑郁患者是难以预料和非常危险的。通常他们想自杀，如果警察没能注意他们的初衷，他们可能挟持人质迫使警察对自己开枪（Strentz，1984，p.185），他们也可能对警察或人质开枪（Strentz，1984，pp. 193-194）。

在法律中，这种现象非常出名，称为“靠警察实现自杀”，这基本是一个有策略的抑郁患者希望自杀，但又没有勇气杀死自己时，所采用的手段（Strentz，2006，pp. 137-149）。他们非常危险，因为他们会有目的地采用很极端的手段迫使警察杀死他们（Strentz，2006，p. 137）。处理抑郁患者的案例，使用问题解决方法是最没有效果的。谈判员必须坚定和善于操纵，但相反还需要具有同情心和共情，并注意倾听，倾听，倾听（Strentz，2006，p. 121）。在最开始干预时，谈判员应该保持与犯罪者一样缓慢的语速和平和的语气。谈判员反映犯罪者的控制感缺失，但也要保持积极阳光的姿态。

挟持者：我不知道要做什么，我的生活一片混乱。

谈判员：我能够理解你的感受，就像你对生活中所有事物都失去控制。我明白在很长一段时间里，你都有一些问题，并感到很抑郁，似乎没有了希望，但你仍然活着，而且很长一段时间并不代表永远。我也知道你是这里最优秀的人之一，而且通过服药和治疗，你没有理由不能再次成为这里最优秀的人。很多人都会遇到挫折，走下坡路，但是“挫折”并不一定是永恒的。我看过很多从事你这个职业的人，跟你一样不幸遇到挫折，但他们现在还是很好地生活着。所以，为什么不给我一个机会让我帮助你？你没有什么可失去的，而且你将会重新得到所有东西并对自己感觉良好。请你至少走到门那里见一下我。

在做出基本理解和共情反应后，谈判员应该针对抑郁挟持者对自杀的犹豫不决，挑战他们的信念并给他们清晰的指导（Slatkin，1996）。同时，谈判员还要将抑郁症重新定义为一种相对普遍的现象，而且是可以解决的（McMains & Mullins，2010，p. 326）。

谈判员：你看，就如我所说，大部分人都会心情沮丧。这个问题是可以解决的，但你把你的孩子和其他所有人都困在托儿所是不能解决这个问题的。你不能想象如果父亲发生了什么不好的事情会对孩子起到什么影响。我知道你也是个父亲，你非常在意孩子会发生什么事。我从事这项工作很久了，我知道这样的事情对家人会造成多大的创伤。如果你继续把自己困在这样的窘境里，你原本混乱的生活只会变得更加糟糕。把孩子们都放出来，你也出来。让我们看看能否将你绝望混乱的生活变成充满希望的人生舞台。

如果挟持者有自杀倾向，谈判员需要提出保证，无论这个保证多么无力苍白，防止挟持者做出威胁性行为，而且如果可能的话，让他们改变自杀的想法。在下面的对话中，谈判员尝试将挟持者的关注点从自杀意念转移，并关注于更加有效的谈话。在这个案例中，谈判员非常有节奏地采用第八章"致死性危机"提及的自杀干预策略。突然的进展不应该作为谈判员干预技巧好的反映。相反，性情积极的改变可能意味着抑郁患者已经做出了自杀的决定。

挟持者：我在想，你能否把那些相册发给孩子们？

谈判员：只要我能做得到，我都愿意帮你，但我希望你保证，在我们把其他问题解决之前，你不会采取任何行动。

挟持者：我现在真的感觉好多了。我很感激你尝试为我做的所有事情。

谈判员：谢谢你，但如果你所说的是真的，那么你就没有理由不把枪放下，让你的家人和其他孩子走出来，也让你自己走出来。

让人质去谈判是挟持者有自杀倾向的一种象征。虽然能从人质那里获得更多信息，但挟持者拒绝自己进行谈判是个不好的信号，而且最终非常有可能以暴力结束人质挟持状况（Strentz，1995，p. 142）。

人质：我叫 Molly Higgins，我是一名秘书。他说他不想说话，让我来替他说。

谈判员：谢谢你接电话，Molly。如果 Jeb 同意的话，请你告诉我还有谁在那里，以及他们都怎样了，我会非常感激。但我真的很需要跟 Jeb 对话。你能不能让他过来接电话，我可以直接跟他对话？

很多时候，抑郁患者通过酒精来激起自己的勇气。在这种情况下，等待酒精作用消退，等他们不再受酒精影响是一种不错的策略。另一种拖延策略是让抑郁患者开始怀疑自杀的决定（Strentz，2006，p. 141）。

谈判员：你知道吗？很多尝试从金门大桥跳河自杀而活下来的人，事后都说在下落的过程中已经感到后悔了。人生总有一死，但不急于现在啊。我明白现在你的痛苦是难以承受的，但强迫我们伤害你并不是解决你内心伤痛的方法。我不确定答案是什么，但我能确定的是你应该把燃气罐放下，把打火机放到口袋，走出来，然后让我们看看有没有其他解决的办法。

不适当型/依赖型人格 这类患者认为他们生活中的权威人物很重要。他们生活无法自理，一般需要他人照顾（McMain & Mullins，2010，p. 301）。他们曾失败过，做什么事情都不对（Slatkin，2005，p. 105）。他们是天生的失败者。他们没有高中毕业，他们没法保持工作，他们没法和舞会皇后或其他类似的人约会，也把自己看作失败者。他们曾拙劣地抢劫并在抢劫过程中被抓。因为挟持人质事件可能是他们人生中的最高点，不适当型人格类型的挟持者倾向于尽可能把这个事件的价值扩大化。这类挟持者很享受得到大家的关注，他们经常会说"我会告诉你谁才是老大"或"现在他们可以看到我能做什么了"。这样的宣告是自我形象低的反映。所以，不适当型人格类型的挟持者挟持人质的动机可能是为了证明他们也能成功做成某事。

然而，与此同时，他可能会对自己的行为表示悔悟和道歉。起初，不适当型人格类型的挟持者可能会提出很多非常邪恶的要求，然后改变主意，向谈判员提供几种选择（Strentz，1984，p. 185）。谈判员需要意识到这点并抓住这些选择。在一开始，谈判员的策略应该是对挟持者的苦衷保持开放、共情、理解和同情的态度，不加批判地接受，关键是帮助挟持者找到一种方式成功结束这种状况。让挟持者的亲人远离现场非常重要，因为挟持者可能会想向他们展示自己是可以做成某些事情的，比如杀人。谈判员最主要的策略是提出问题解决的方案，以防挟持者觉得自己又失败了。不适当型 / 依赖型人格类型的挟持者正处于超出他们解决问题能力范围的情况，所以在提供自我支持后，还需要提供更多指导。要明白，这类人很冲动也容易疲劳，所以他可能突然就放弃或采用其他更致命的方式结束这种情况（Strentz，2006，p. 89）。对这类挟持者表示奉承，并帮助他们找到一种有面子的解决方案是非常好的策略。这些不适当型人格类型的挟持者有向某些“重要”人物证明自己的需求。“我会向他们证明”表达了这种需求，而且如果他们的自我无法驾驭这种极端情况，他们可能会杀死人质（Slatkin，2005，p. 106）。

挟持者：我现在想要和第三频道的新闻负责人进行私人谈话。我有话要说。只要你满足这点，我就放了他们。

谈判员：我明白上电视对你的重要性。你现在放了这些人，我保证让你上 10 点钟新闻。

强化（Slatkin，1996）也能提高不适当型 / 依赖型人格类型的挟持者的形象并为他们服从指示打下基础。

谈判员：那么，你在帕奇曼监狱待了七年，并熬过来了。只有聪明的人才能做到。我敢打赌现在你也会非常明智地做食物交易。

满足不适当型 / 依赖型人格类型的挟持者渴望证明自己的需求，是解决这类案件的关键因素。因此，谈判员应更多地表现为一个顺从的、关心体贴的政府工作人员形象（McMains & Mullins，2010，pp. 302-303）。

谈判员：我相信我能让我的上司同意，所以剩下的必须由你来做才能成功。

反社会型人格　反社会型人格障碍患者不断与社会发生冲突，而且无法对个人、组织或社会价值表现忠诚。这类人倾向于责怪他人，把自己的行为合理化（APA，2000），并非常有可能已经被宣判几项罪行（Misino，2004，p. 110）。他们不诚实、肤浅、浮夸、缺乏同情心，还不为自己的行为负责任（Greenstone，Kosson & Gacono，2000）。反社会型人格类型的挟持者喜欢对人质去人格化，这对人质而言是非常危险的，因为这类挟持者对人质的健康完全不在乎。虽然反社会型人格障碍患者没有内在道德观念，但他们明白他们对他人的影响，因此，他们会是强劲的对手。

虽然反社会型人格障碍患者缺乏情绪深度，但他们可能会使用很多巧妙的情绪隐藏真实的情绪反应（Lanceley，1981，pp. 31-32）。这类挟持者唯一关心的就是他们自己。他们不会跟他人产生情感联系，所以尝试对他们表示共情是没有意义的。个人或敏感的信息绝对不要跟他们分享，特别是关于人质的信息，因为他们完全没有同情心。因此，谈判员应该意识到这类挟持者对任何人做任何事都不会感到悔恨。

只要这类挟持者觉得人质是一种负担，他们就会杀死人质。这类人敢于冒险，这种情况会让他们兴奋，而不会感到害怕。凡能让他人害怕的东西都能让反社会型人格障碍患者兴奋。因为他们很可能是罪犯，对刑法和刑事系统有一定了解，所以对他们撒谎不是一个好主意。对现场情况的严重性进行合理分析，并把关注点放在挟持者的死亡上，能够让他们为自己的行为进行辩护并把关注点放在他们最关心的东西上——不要死（Strentz，2006，p. 98）。

挟持者：别想用“需要更多时间”这种托词来哄我。

你现在就弄辆车来，不然我现在就跟这个六岁的小孩做些有趣的事情，而且让她妈妈看着。

谈判员：我知道你非常想要一辆车，但你也知道这种事情是要按程序去办的。你肯定知道那些领导是怎样的人，必须要他们同意了我们才能给你。我知道你可以折腾那孩子，但是我很好奇你有没有考虑过，从长远角度来说你那样做会有什么好处。你在回避你正在面临的问题。让我们谈谈这方面的问题吧。

这个谈判员并没有关注人质，而是直接关注反社会型人格类型的挟持者为自己获取最大利益的强大欲望，站在他们都遭受当局的不公平的立场跟挟持者进行交流（Bradstreet，1992）。

这种严重自我中心的反社会型人格类型的挟持者需要持续刺激。再提一次，强化（Slatkin，1996）反抗的负面结果可以使反社会型挟持者变得理性一点。谈判过程的一个主要目标是保持挟持者的注意力，防止他们把注意力转移到人质上，并以此作为兴奋刺激来源。

谈判员：现在你才是主角，你才是那个发号施令的人。我们都知道，除了你从这里逃走，还有其他办法让这些警察退回去。我必须把这个决定权交给你，这是一个很好的计划。所以，使用你的聪明才智。我们可以做个交易。

这类人聪明灵活，对付警察也很有一套，所以欺骗并不是一个好主意。此外，谈判员应该避免提到监狱或住院治疗，因为如果反社会型挟持者认为他们可能要失去自由或被暗示他们是疯子，他们很可能会变得十分激动。与这类型的人打交道绝对不要采用试探性的方式。这种方式会被视为弱点，并会被他们藐视。应付这类人要表现得自信、肯定、坦率和武断。谈判员可能不知道答案，但“我……额……好吧……我猜……我会……额……尝试弄清楚，好吗？”这种冗长而无意义的话不应该是应付反社会型人格类型的挟持者的方式。

谈判员：你知道你已经做了几件对自己有益的事情，但要求律师来这里是需要通过现场指挥官同意的。这只是程序。你知道的。

边缘型人格 在第五章我们已经谈过边缘型人格障碍患者的特点。因为他们情绪波动很大，经常陷入被警察包围或人质挟持的情况，警察对这类人并不陌生（Misino，2004，p. 113）。跟反社会型人格一样，他们在人质挟持案例中，数量众多而且声名狼藉，所以这章中提到的许多谈判员都认为，有必要为如何应对这类人提出建议（Borum & Strentz，1992；Lanceley，2003；McMains & Mullins，2010；Misino，2004；Slatkin，2005；Strentz，2006）。

应付边缘型人格挟持者的主要问题之一是他们对政府人员的矛盾情绪。鉴于他们“我恨你们，但请不要抛弃我”的矛盾情绪，谈判员应尽力缓和他们的情绪，并避免他们冲动行事。Strentz（2006，p. 237）认为这类人是最危险的挟持者类型之一，因为他们无法意识到情况的严重性，可能提出过分的要求，并在要求没有马上得到满足的时候变得非常易怒。此外，他们还可能出现精神病性症状，产生自杀意念并真的执行（Borum & Strentz，1992；Lanceley，2003）。他们多次进行自杀尝试，成功率为10%。之前提到的特点加上人质挟持情况的额外压力，让我们非常容易明白，为什么 Borum 和 Strentz（1992）认为谈判员控制自己的压力水平是很重要的，或者最好有另一个专家能帮助调整。

与边缘型人格挟持者的谈判策略包含几个主要因素：设定限制，设立目标，表示共情理解，缓和情绪，小心应对和控制行为，提供支持但不能诱发依赖性，并与他们一起控制不稳定而冲动的行为。询问挟持者对谈判内容的感觉比谈判内容更重要（Misino，2004，p. 114）。

平静、组织、冷静是在极端情绪化情况下的标语。仔细安排谈判过程中每一步通常会发生什么，并在整个过程中与挟持者保持联系是非常重要的（Lanceley，2003；Borum & Strentz，1992）。

与挟持者保持情感联系，并使他们相信会有人帮助他们，然后你会发现这对于抚慰极端需要帮助的边缘型人格挟持者是非常重要的。

谈判员：（打电话）不，我不会像你的女朋友或家人那样抛弃你。我明白你对爱的人想要离开自己感到非常抓狂。但是，你要知道，只有你把幼儿园的孩子放出来，把菜刀放下，走出来，与我面对面地交谈，我才能帮到你。如果你真的如你所说的那么渴望获得帮助，你可以做这些事来帮助你自己。我们一件一件事来做，我会和你一起来完成。我绝对不会放弃我的同伴，而且从你说你多么在乎你女朋友来看，你也一样。

总的来说，与患有精神疾病的挟持者的理想关系是高度亲密和相互依赖，因为这些因素能建立相互信任。谈判员在一开始就尝试建立一种信任的关系是非常重要的，因为研究发现一旦关系建立（高或低），将持续整个谈判过程。如果谈判员建立低亲密关系，那么挟持者的谈话内容会更加负面，因此也更加危险（Donohue & Roberto，1993）。

其他类型挟持者

被疏远的人 Misino（2004，p. 104）认为这类挟持者的特征是难以预料，因为他单纯受情绪支配。与人质有情绪上的联系的挟持者是非常不稳定和危险的。不变的是，这类挟持者是认识人质的，有可能是夫妻、情人或他的孩子。被疏远的挟持者正在经历亲密关系的破裂。这些破裂导致家庭纠纷，然后争吵的本质不断升级，最后对失去亲人的恐惧导致被疏远的人挟持人质（他们经常借酒壮胆以挟持人质）。被疏远的挟持者希望通过暴力强制维持关系。这类挟持者最突出的特点就是强烈的个人本性，继续支配亲人是他们的唯一目的（Cooper，1981，pp. 27-28）。

在应对各种家庭纠纷时，谈判员应特别小心这种不稳定的情况，充分使用共情的倾听和回应技巧。对被疏远的人受伤和绝望的感受，表示共情、关心和在乎。

谈判员：虽然你做了最大的努力，还是没有办法阻止关系的破裂。她对你为家庭所做的一切都不关心，这真的非常让人受伤。

对类似问题的自我暴露也许是与被疏远的人建立联系的一种方法，因为他们正需要人同情理解他们。

谈判员：虽然我没有遇到这么惨的事，但我很清楚努力做两份工作，回家却要面对着冰冷的人、冰冷的饭菜和一张冰冷的床是怎样的。我很清楚这是什么感受。

应付这类型的挟持者，谈判员必须与他们的挟持人质的高度个性化和持续否认现实做对抗。防止挟持者从否认转变为绝望的能力是谈判员干预的本质所在。解决的关键是让被疏远的挟持者看到一条体面的出路（Cooper，1981，p. 28）。

挟持者：这不是我的错。我做了所有她让我做的事情，她还是抛弃我。如果我不能拥有她，谁也别想拥有！

谈判员：她真的伤到你了。我慢慢明白为什么你觉得非要这样做。但是我在怀疑她能否明白你现在的强烈感受。也许你已经很清楚地跟她表达了你的观点，你对我肯定表达清楚了。

因为这类型的挟持者经常将人质去人格化，并贬低他们，以更容易对他们造成伤害，所以，谈判员要想办法恢复人质的尊严和人格（Misino，2004，p. 105）。

谈判员：按我的理解，你所说的“贱人”陪你经历两次复职。也就是说，Melanie 在你非常艰苦的时期支持过你，这个你是知道的。

收容机构中的人 收容机构中的挟持者通

常对他们所处机构的环境和条件有很深的不满。这类挟持者认为通过工具性行为能导致机构内的实质改变（Maher，1997，p. 65）。然而，一个由收容机构中的人导致的挟持情况不可避免掺杂着表达性因素，而且在挟持者中可能有多个发言人。因此，谈判员与挟持者展开共情理解的对话，并关注他们的需求是极其重要的。这类人对机构运转和法律政策很了解，谈判员在尝试操控或欺骗犯罪者的时候要非常小心，因为他们把人质的生命放在他的手上，而且如果谎言被揭穿，谈判将会失败（Strentz，2006，p. 157）。

挟持者：去死吧！我们要见这里的管理员，并满足这25个要求，这没什么可谈的！！

谈判员：我理解你们非常愤怒因为他不愿听你们的。我一定把这些话转达给他，但在这之前，我希望确定所有人质是否安好。

挟持者：你想都别想！你不会得到任何东西。

谈判员：你看吧！你知道游戏应怎么进行。你想得到一些东西，他们也想。所以，让我们继续，看看我们能不能给你想要的。

受委屈的人　受委屈的挟持者对整个体制系统或个别官僚机构感到不满或悲愤。受委屈的人的特点是他们所忍受的痛苦以及与其信念相关的偏执。这类挟持者感到被机构如此强烈地歧视，以至于他们希望将社会变成令他们满意的样子（Cooper，1981，p. 10）。

人类服务工作者遇到悲愤或受委屈的挟持者的可能性很高，不是充当谈判员就是充当人质的角色。受委屈的挟持者认为没有一个当权者愿意纠正以往在他们身上犯下的错误。当穷尽体制内所有选项后仍没有得到补偿，这类人会做出很引人注目的事情（Turner，1984，p. 178）。受委屈的人需要一个能共情和理解的倾听者，以宣泄其情绪。总结性复述和反映（Slatkin，1996）能向受委屈的挟持者传达，谈判员是非常理解他的，也就是说，至少这次机构中有人在倾听。

挟持者：医生、护士、管理者、心理学家、社会工作者，他们都有责任！如果他们都尽职工作，她不会死的！每个人都认为这是一个很好的医院。这却是一个谋杀有限公司，人们必须知道真相！他们杀了我的妻子。她曾是我的所有。失去她，我迷失了方向。

谈判员：也就是说，整个医院不能做出比这更糟糕的事了。他们做错了事，让你失去了你的妻子。她曾是你世界的中心，现在你失去了你的全世界。听起来真的非常伤心和愤怒。正因为你很沮丧，你觉得这样做是得到尊重和注意的唯一方法。

这类人质挟持案件的一个特点是与公众的接触是优先考虑，因为挟持者通常希望让公众意识到某些当权者所犯的错误。如果挟持者觉得把错误公开就能得以纠正，那么媒体的适当参与可以增加人质释放的机会（Gladis，1979）。

谈判员：我明白她的死对你来说是多么大的打击，你曾如此信任这些人。而且，你认为是他们让你如此难过，他们的无能而导致的大错应该公之于众。你愿意做个交易吗？如果我能让你对公众宣读对医院的声讨，你愿意放那些人走吗？

谈判员还需要与这些非精神疾病患者的犯罪者建立持久的相互依赖关系。做到这点很不容易，因为犯罪者的行为、认知和情感反复无常。通过把他们从这种情况中扯出来，或强迫他们对问题解决制订具体的目标，以快速让犯罪者更现实地面对自己的问题，这样的做法对谈判员来说确实是具有诱惑力的。但是，谈判员要避免以这种方式结束的欲望，并专注于亲密关系的引导和建立，这样才能产生积极的影响并建立相互喜欢的关系。这样做可以让犯罪者一直说话，集合聪明才智，增加影响力，并转向更加正常的讨价还价（Donohue & Roberto，1993）。

酒精和物质滥用者　HOBAS数据库显示，28%的人质挟持案例中，挟持者是喝醉的。以醉酒的状态进行谈判，肯定会增加谈判的难度和潜在危险性。慢下来，耐心一点，而且讲话慢一点，让喝醉的挟持者有足够的时间弄明白被问了什么。酒精能缓解抑制作用，包括对人质的暴力、自杀或杀人的抑制作用。所以，谈判员需要留心，无论何时只要使用了酒精或其他兴奋剂，暴力可能性都会增加（McMains & Mullins，2010，p. 340）。

人质事件的阶段和动力学

在整个人质挟持过程中，人质和挟持者的情绪都会在绝望和欣快之间呈曲线样反复变化。随着事件的延长，情绪反复的循环会受到抑制甚至倒退（Schreiber，1978，p. 50）。在这样的背景下来分析人质事件的四个阶段。这四个阶段分别是：惊恐、危机、调解和解决（Strentz，1984，pp.189-194；1995，pp. 137-146）。

惊恐 惊恐期是最容易发生外伤也是最危险的阶段，持续约一个小时。无论是什么类型的挟持者，在这第一个阶段，他们的情绪都十分亢奋，他们的理智可能会丧失，而且对任何可能的威胁都可能采取极具攻击性的行为。为了将自己的意愿强加在人质上，挟持者普遍认为必须用暴力手段胁迫人质服从。因此，挟持者可能会使用折磨、虐待的手段，或甚至杀死任何他们看来有碍于巩固其地位的人（Strentz，1984，p. 190）。

对于那些完全没有心理准备而突然成了人质的个体而言，整个惊恐阶段都很痛苦。之前平静的生活突然转变为每一分钟都要面对生或死的情况。一个手无寸铁和困惑的受害者，会觉得这场噩梦般的经历是虚假的。许多人会开始否认这个情况的真实性，特别是当他们期待有人帮助他们，但那些人却似乎什么也没做时。这时，挟持者成为受害者生命中最重要的人，慢慢地，他的行为塑造了受害者的心理。受虐妇女和儿童，以及被迫卖淫者的描述与这些人质、集中营幸存者和政治犯出奇地相似（Herman，1995，p. 92）。从这个角度来说，这些人在逃跑或释放之后的心理和行为动态是相似的。也就是说，在这个早期阶段的有效应对方法是马上萌生强烈的求生欲望，并且不向恐惧屈服。大多数的伤害都是在这个阶段发生的（Strentz，1995，p. 137）。任何恐惧的表现都可能会让犯罪者反应过激，而且极大地降低存活概率（Strentz，1984，p. 196）。

危机 危机阶段标志着挟持者的理智开始恢复，但是这一阶段仍然存在许多不确定性和危险，因为他们仍在尝试巩固自己的地位。这个阶段谈判的开端，挟持者会提出过分的要求，并进行带有情绪的谩骂。因为他们害怕被当局攻击，所以挟持者可能会把人质转移到更安全的地方，或者是为了获得人质的配合，而使他们所处的环境变得更加安全（Strentz，1984，p. 191）。这个阶段要把挟持者放在中心位置，并要求他们做出决定。虽然这样做似乎很奇怪，但有以下两个原因。首先，在应激情境下做决定是非常让人疲惫的，可以消耗挟持者的精力。其次，挟持者需要观众给他一个在聚光灯下的机会，他们希望大家关注的是他，而不是人质（Strentz，1995，pp. 139-140）。

对人质而言，危机阶段是最关键的，因为这个阶段为之后的发展定下了基调。这个阶段，人质和挟持者的互动既可能增加也可能降低人质存活的机会。作为一种防御机制，人质对现实的否认可能仍然存在，但是面对现实并做出正常行为通常能提供一些情绪上的缓解和精神上的解脱。处于负责位置的人质必须特别小心，避免激怒挟持者。如果挟持者很自卑，他可能会认为人质在羞辱他，对他进行挑衅。特别是，言语侮辱会促使暴力的发生（Strentz，1984，p. 203）。无法预料的暴力爆发以及对无数琐碎事项的前后不一致的要求都会增加人质的恐惧。

然而，暴力并不是挟持者控制人质的唯一方法。对某些小事的无规律迁就，比持续剥夺和恐惧能更有效地破坏受害者的心理抵抗能力（Herman，1995，pp. 92-93）。挟持者的心理动态与控制妓女的妓院老板没什么不同。除了制造恐惧，犯罪者还要破坏受害者的自主感。对食物、睡眠、住处、活动、个人卫生和隐私的剥夺是惯用的手段（Herman，1995，pp. 92-93）。虐妻者和虐童者也深知这些，并使用这些相同的剥夺策略。

在这一阶段，人质可能会出现三种问题：孤立、幽闭恐怖症或时间感的丧失。被孤立的人会紧紧抓住一个事实，即唯一跟他们有联系的人却可能对他们怀有非常大的敌意。就算没有被隔离或关在很小的空间里，幽闭恐怖症还是可以造成伤害的。时间感的丧失是一个很严重的问题。在这个阶段，挟持者通常已经把人质的个人物品拿掉，包括手表。

对于渴求被营救的人质而言，时间感是非常重要的。询问时间或日期会让人质完全受绑架者摆布。挟持者利用这样的请求让人质服从（Herman，1995，p. 93；Strentz，1984，p. 197）。他们要给人质传达的信息是“我们想对你做什么就做什么，除了我们给你的，其他的你别想得到！”

调解 调解阶段的时间最长也最平静。在这个阶段仍要持续评估挟持者的精神状态，以判断他的人格特点以及类型（Strentz，1995，p. 143）。人质会觉得协调阶段的时间过得特别慢。无聊伴随着间或的恐吓是这个阶段的标志。情绪高潮低谷不断地交替导致这个阶段人质和挟持者都非常疲惫。由于越来越受挟持者的控制，人质为主动性和计划性受到约束而痛苦。人质不再思考如何逃出去，而着重于如何活下去。随着囚禁时间的延长，他们习惯了被约束。为了活下去的意愿，人质甘于放下尊严，并保持不侵犯、不敌对的行为。相反，过于顺从也是危险的，因为可能会被认为是软弱的表现（Strentz，2006，p. 234）。

因此，慢性精神受创的人经常表现为被动或无助，Walker（1984）对被伴侣所“囚禁”的受虐女性的习得性无助理论证明了这点（Herman，1995，p. 93）。如果这个阶段被延长，则可能出现斯德哥尔摩综合征的类似表现。这个症状的名称来源于瑞士的一个银行抢劫失败的案例，其中一位女人质爱上了挟持者（Strentz，1984，p. 198）。

斯德哥尔摩综合征 与看上去的不同，斯德哥尔摩综合征（Stockholm Syndrome）可以发生在最可怕、最恐怖的情况下（Speckard et al.，2005；Strentz，2006，pp. 243-258）。当具备以下三个条件时，斯德哥尔摩综合征就可能发生：时间延长、人质未与挟持者隔离以及人质和挟持者的积极接触（Fuselier，1981b）。这个现象由以下三个基本方面组成（Strentz，1984，p. 198）：

1. 人质对挟持者产生好感。
2. 人质对警察和当局产生厌恶。
3. 挟持者对人质产生好感。

无论受害者是宗教崇拜者、遭受父母身体虐待的儿童、政治恐怖主义者的人质还是银行抢劫案中被抓的顾客，这种创伤性情感联结发生的可能性惊人地相似。有证据证明，斯德哥尔摩综合征并不是人质为了存活而精心策划的手段。这种现象可能是对成为人质的痛苦而产生的一种自发的无意识情绪反应（Strentz，1979，p. 2）。当人们待在一起，人质和挟持者开始在更私人的话题上进行相互交流。这种现象一旦出现，双方都很难将对方当作用来鄙视和利用的无名氏。相互熟悉为了解对方的问题、希望、恐惧和生活概况建立了良好的基础。如果人质的正面认定得到挟持者的回应，那么这个人质的存活概率将大大增加（Ochberg，1977）。在这个阶段，人质普遍认为当局是问题的主要原因，如果他们回家，那么围攻就会结束（Speckard et al，2005；Strentz，1984，p. 200）。

Auerbach 及其同事（1994）通过模仿人质角色扮演发现，那些对挟持者感到最厌恶的人质，会觉得这些“恐怖分子”特别强势和不友好。与那些接受问题关注应对方式训练的“人质”相比，接受情绪关注应对方式训练的“人质”觉得“挟持者”没那么可怕，同时“挟持者”对他们也有同样的感受。人质可以利用这个现象。人质应采用尽可能真诚的方式与挟持者建立积极的关系。最简单的办法就是分享自己生活中更私人的事情，并引导挟持者做同样的事情。如果人质想要与挟持者建立友好的关系，他们应避免与挟持者讨论政治或宗教，因为这样的讨论会加大人质和挟持者之间的分歧（Miron & Goldstein，1978，p. 92）。吃饭和活动是必须的。无论提供什么食物，人质都应该食用。就算只能做一些伸展性的活动，人质也应该经常做（Strentz，1984，p. 204）。

要明白一点，斯德哥尔摩综合征一般不会发生，因为大多数人质挟持情况的持续时间都很短。其次，大多数人类服务工作者面对的人质挟持情况中没有陌生人，即人质和挟持者通常是相互认识的，而且挟持事件发生之前的动力因素比人质挟持中的动力因素更为重要。然而，如果情况并非如此，谈判员要多次将人质人格化，以产生斯德哥尔摩综合征。包括使用“人”这个词而不是“人质”，总是尝试使用个人的名字。最后，时间很重要。时间拖得越长，人质会变得更加人格化，也就更难使人质失去人性（McMains & Mullins，2010）。Gary Noesner（2010）将他的书命名为《拖延时间》（*Stalling for Time*）是有道理的。

解决 在解决阶段，挟持者由于多个小时或多天的消耗，会变得非常疲惫。他们之前很高的期望都破灭了，因为他们发现他们已经失去大部分讨价还价的筹码。此时，人质事件以好还是坏的方式解决，将取决于谈判员巧妙结束这个情况的能力（Strentz，1984，p. 193）。特别是，要意识到准备投降和准备自杀的挟持者的行为是不同的（查看第八章有关自杀线索的内容以判断挟持者是否有自杀倾向）。在这最后的阶段，如果挟持者表现出任何自杀线索，谈判员要做好随时转换为自杀预防模式的准备。无论挟持者是哪种类型，无论事件持续多久，有多艰难，受过良好训练的谈判员要采取有目的的、有尊严的方式让犯罪者投降。这的确是整个过程中最重要的部分。每个人都很警惕和紧张。如果挟持者准备投降，每一个细节和时间都必须协商好，以保证没有任何因信息传达错误而导致的伤亡的发生（Misino，2004，pp. 150-151）。

干预策略

对挟持者的动机和情绪状态进行评估是一项非常重要和棘手的任务，因为通常人质的生命处于危险境地。谈判员必须擅长积极倾听和关系技巧的应用，因为在危机状态下，不可能按照正常的方式对挟持者进行测试或评估（Slatkin，2005，pp. 19-53）。在这种情况下，对挟持者进行分类评估是特别困难的。除了通过口头方式获取信息，谈判员根本没有其他办法得知挟持者做出如此极端行为的动机是什么。尽管如此，谈判员甚至需要仅通过电话进行语言评估就做出类型判断。让问题更加复杂的是，谈判员通常需要从犯罪者现在的精神状态上挖掘更多个人信息，包括制造威胁的能力和意愿。最好的情况也不过是从犯罪者的朋友、同事或亲戚处获取二手信息，但他们提供的信息可能存在偏差。更糟的是，整个事件可能伴随着很多噪声、混乱、拥挤以及媒体的出现。理解和评估挟持者所感觉的是否易变特别重要，因为谈判员需要决定其工作方式是指导性的、合作性的、还是非指导性的。

以下的干预步骤是被人质谈判团队普遍认可的，可以运用于所有谈判过程。然而，每一个人质挟持情况都是唯一的，不能用一种公式般的方法解决所有案例。因此，如其他危机干预工作者一样，一个成功的谈判员遵守标准的程序但也会创新，谨慎处理但也会冒险，相信公正但也能共情，以及果断行动但也有耐心（Misino，2004；Slatkin，2005；Strentz，2006）。

干预技巧通常分为两类操作模式，REACT（McMains & Mullins，2010）和 S.A.F.E.（Hammer，2007）。REACT 模式包括以下几个步骤：

识别（recognition）：对情况进行识别，以制订可谈判性的计划、策略和手段，以及安全和保障。

参与（engagement）：与挟持者建立和睦关系，安抚挟持者，促进沟通和效果。

评估（assessment）：持续评估所有人的生命危险。

约束 / 控制（contracting/controlling）：包括促进对如何解决事件达成共识；帮助犯罪者处理其对警察、他自己、他人和解决方法的矛盾情绪；控制投降的过程，避免出现其他过失；抓住投降的挟持者并释放人质。

结束 / 转移（terminating/transferring）：在犯罪者投降

后，必须对他们进行后续的工作，如为有精神疾病的犯罪者和被警察所熟知的“惯犯”提供随访治疗（McMains & Mullins，2010，pp. 123-202）。

S.A.F.E. 模式更像一种沟通模式，可以有效地与 REACT 模式相结合。S.A.F.E. 模式有以下几个要素：

实质性问题（substantive issue）：即犯罪者先提出的要求和随后谈判员提出的要求。

协调（attunement）：即关系信任、吸引、喜欢和尊重的程度，以及与对方合作的欲望。

面子（face）：即各方的自我形象，要么受到威胁要么受到尊重（保全面子）。

情绪（emotion）：即双方所经历的情绪痛苦水平（hammer，2007）。

通过本章的案例学习，你可以看到这两种模式如何结合应用。S.A.F.E. 模式是对早期模式的反应，从实质的角度关注工具性挟持者，以及从情感角度关注表达性挟持者。这种模式以一种更为灵活的沟通为基础，识别挟持者表现出的最主要的动态框架（实质性、协调、面子、情绪），并让协调员的反应与这些框架相符合（Hammer，2007）。

沟通技巧

在整个谈判过程中，基本的倾听和回应技巧对应对任何危机情况都是非常重要的（Slatkin，2005）。第一步是界定问题。清晰的问题界定对了解挟持者的动机和关心的事，采取哪种战略，评估发生暴力的危险，以及了解谈判员将面对的情况都非常重要（McMains & Mullins，2010）。通过使用内容澄清和释义、情感反映、总结性复述以及开放式提问和引导等技巧，做到积极倾听，让挟持者宣泄情绪（Slatkin，1996，2005）。这个过程还能对挟持者的情绪和精神状态进行评估（McMains & Mullins，2010；Strentz，1995，p. 136）。关注点应该放在想成为关注中心的挟持者上。鼓励挟持者详细说出自己的故事，以及他需要做什么（Strentz，1995，p. 138）。谈判员应使用自我暴露的、直接的、强化的认领或“我”的表达，与挟持者建立联系。

文化因素 在这个逐渐多元化的社会，特别是在美国，用同一种方法看待所有人是不可行的。这就是这本书第二章“基于文化的有效帮助”存在的原因。除了人质挟持情况，没有其他情境能更好地证明这个现象了。确实需要对危机谈判中的跨文化差异进行审视，因为我们在之前提到的基本倾听技巧可能对不同文化背景的人并不适用（Grubb，2010）。

了解在人质挟持情况中哪些文化因素会有影响是非常重要的，这有两个原因。第一个原因是我们在第二章花了大量篇幅讨论的社会定位。Gary Noesner 是 FBI 前任首席谈判员，他曾做过一个令人恐惧的描述，即社会定位是如何导致在美国得州维科附近的大卫教冲突中出现严重的错误的。因为谈判员的社会定位是尝试与大卫教的首领 David Koresh 面对面地讨论，试图依据圣经说服他为什么应该放弃，而战略协调员的定位则是基于冲突战略攻击而不是一场谈判（Noesner，2010，pp. 94-148）。

然而，社会定位并不是决定多元文化对危机 / 人质谈判的影响的唯一因素。Giebels 和 Taylor（2009）对低语境和高语境文化的危机谈判中对话如何展开进行了深度调查。他们关注危机谈判的特点和强制策略，即通过说服或威胁促进问题解决的方法。他们发现，总的来说，与高语境文化的犯罪者相比较，基于事实的说服性论证对低语境文化犯罪者更有说服力，也能更有效地让他们妥协。应对高语境文化背景的犯罪者，谈判的开始要使用比较巧妙的技巧。与之相反，低文化语境谈判的前半部分，犯罪者能比较快地接受有事实依据的和说服性的理性论证。第二个发现是，在危机干预的第一和第二阶段，低语境文化背景犯罪者对说服性论证的反应也比较好，这与标准程序中所要求的共情倾听和回应有点背道而驰，特别是在表达性人质挟持案例中。

此外，低语境文化背景的犯罪者为了达到目的会更快地使用直接暴力手段，而高语境文化背景的犯罪者在受到威胁时，则非常热衷于把危机升级和使用反威胁手段。在这种情况下，Giebels和Taylor认为高语境文化背景的犯罪者觉得保全面子是谈判中的重要部分，这也证实了Hammer（2007）的观点。因为他们很在意保全面子，高语境文化背景的犯罪者对控制威胁做出强烈的反应，而低语境文化背景的犯罪者采用威胁手段主要是为了强迫谈判员接受他们讨价还价的条件。这两位作者假设，高语境文化背景犯罪者认为这是对他们男子气概表示怀疑，所以他们要证明给警察看“到底谁说了算”。他们还发现低语境文化背景的犯罪者对信息分享回应比较即时，这也许与低语境文化的理念“清楚地得到信息并加以利用”有关，但高语境文化强调的是传递信息的方式要更为谨慎。

虽然Giebels和Taylor的研究更多地关注工具性犯罪中的谈判，而非表达性犯罪，但他们将“书中的策略”广泛应用于他们的训练和方法中，所以他们的研究发现了许多应对不同人群时谈判策略的问题。应对危机情况从来就不简单，特别是要考虑多文化因素，在危机/人质谈判中更是如此。

识别和评估 在所有人质挟持情况中，挟持者和谈判员最开始的谈判模式就是合作，即谈判员充当挟持者和当局之间的谈判代理人。谈判的首要任务是建立和睦关系，让犯罪者平静，并让他相信所有事情都会得到解决的（McMains & Mullins，2010，p. 163）。虽然人质希望危机能够马上得到解决，但延长时间，将挟持者的精力消耗殆尽是非常重要的（Strentz，1995，p. 140）。因此，谈判员标准的常用语言是“我非常关心你的问题，但是我得让你知道，我需要花一些时间才能了解你的问题”。尽可能地让挟持者发泄倾诉，拖延时间也许能有一个好的结果。

评估身份问题也很重要。身份问题有两种：个人的和社会的。个人身份是基于自己对自身特性的认知。社会身份则包括角色特点和与群体成员资格相关的情感重要性。一个刚失去女朋友和工作并有自杀意念的人，将自己的妹妹作为人质关在房子里，这种情况主要是个人身份问题，挟持者主要是受情绪的影响而行动。一个政治/宗教恐怖分子挟持了一辆公共汽车，并威胁要引爆炸弹，这多半是社会身份问题，虽然这里面也可能有复合问题（更多情况下是没有的）和感受到的过去伤害有关的情绪问题。因此，根据谈判员所判断的内容和动力因素方式，选择协调、面子和情绪框架。在任何案例中，无论是个人或社会身份问题，让犯罪者保存面子都非常重要。例如，在犯罪者被抓获后，为了保护他们的名声，不让他们走在队伍的前面，这也许是谈判员能为他们做的最重要的事情了。面对各种类型的挟持者，通过商量有尊严的投降方式让他们保存面子，是解决两难困境很重要的方法（Misino，2004；Strentz，2006）。因此，识别和评估阶段（McMains & Mullins，2010，pp. 149-162）对了解情况而不激怒犯罪者是非常重要的。

控制和约束 惊恐和危机阶段过去后，在调解阶段谈判员的策略应有所改变。通过使用封闭式提问、面质、解释和提供信息与指导的技巧（Slatkin，1996），以确保安全，并建立支持系统、寻找替代方案、为解决问题制订计划，与挟持者达成协议（Slatkin，2005，p. 50）。谈判员开始与挟持者商量怎样投降。命令同礼貌地说服之间还是有微妙的差别的（McMains & Mullins，2010，p. 173）。谈判员将使用一系列有影响力的技巧消除犯罪者的矛盾心理，并促使他解决问题。

转移 在解决阶段，谈判员会从合作模式转变为更具指导性的模式。使用指令性语言等行动技巧让挟持者同意协议并投降，同时也让他觉得展现了控制力，保存了面子（Slatkin，2005，p. 50）。对投降的过程制订清晰的计划。几乎所有情况，使用Hammer的面子框架都能让犯罪者觉得自己仍然有尊严。一个好的谈判员不会在犯罪者投降后就马上离开，而是实施之前的承诺，否则很快就会传出去说谈判员不值得信任。这样只会让大家的工作更加困难（McMains & Mullins，

2010，pp. 196-197）。

控制现场

在所有执法过程中，安全是首要考虑问题。在识别阶段，得到越多的信息，后面的阶段就越容易进行（McMains & Mullins，2010，pp. 149-162）。在人质挟持情况中，控制犯罪现场的内部和外部情况，并在内部建立指挥所。也许人质觉得当局很混乱，没有组织性，让他们命悬一线，但事实并非如此。保护和稳定现场能防止事态扩大（Schlossberg，1980）。虽然这并不会让人质看到，或进行电视现场直播，但一场完美的行动正在进行，内部指挥所正在建立。这本书并没有涉及这部分内容，但这些行动是范围广泛、复杂和高度协调的，协调员的身后有许多人进行着重要的支持。

获取信息

谈判员所需的最重要的、时间紧迫性最强的信息就是挟持者的概况。这个人是谁？他最亲密的朋友、家人或亲戚是谁？他有没有以往的犯罪记录？有没有精神病记录？这个人曾获得过专业援助吗？能找到这个专业人员吗？这个挟持者有什么特殊技能？这个人有武器、炸药和电器的知识背景吗？这个人会开飞机、开车或驾驶其他特别的工具吗？他在服从一个宗教、党派或帮派的指示吗？有什么个人偏差？性取向是什么？他使用药物或酒精吗？这个人在接受治疗吗？是精神治疗吗？他要服用药物吗？他最需解决的问题是什么：钱？爱情？假释问题？吸毒？把所有这些问题拼在一起就知道挟持者是怎样的人，也许能为谈判员找到积极解决方式提供线索（Miron & Goldstein，1978，pp. 92-93）。

下一步就是要确定人质是谁。真的有人质吗？如果有，有多少人质？年龄多大？性别是什么？他们现在的情绪状态如何？他们聪明吗？他们有发起攻击的可能吗？有人需要医疗救助或其他特殊需要吗？他们与绑架者相互认识还是陌生人（Miron & Goldstein，1978，p. 93）？

最后一步就是要获取人质现场信息。安全观察的位置在哪里？最安全的方法和逃跑路线是什么？有没有电话或其他通信工具？现场多大，有几个房间、围栏、通风口等等？如何获取食物、水和卫生间？根据不同的现场情况，获取信息的时间可长可短，但获取这些信息对防止死伤的发生是非常关键的（Miron & Goldstein，1978，p. 93）。

稳定局势

谈判员的首要任务是控制和稳定现场局势（Miron & Goldstein，1978，p. 95）。这最初的几分钟对人质是最关键的。这时谈判团队的行为将决定整个事件能否安全解决（Turner，1984，pp. 179-180）。谈判员的首要目标是让犯罪者冷静下来并建立和睦的关系（Miron & Goldstein，1978，p. 95；Misino，2004，pp. 75-85；Slatkin，2005，pp. 25-34）。一个极好的开放策略就是采用低调的咨询方法，如共情反映倾听技巧，让挟持者明白谈判员理解他的感受（Donohue & Roberto，1993）。

谈判员：从你所说的来看，你真的对他们非常生气。我明白你对房管局的人感到多么沮丧，他们根本就不理会你说的话。

谈判员保持冷静是非常重要的，尤其在营救行动刚开始时（Schreiber，1978，p. 103）。通过调整声调、话语选择、面部表情和姿态等，谈判员塑造一种平静的状态，并希望能感染挟持者，使其安心是让情况保持平静的重要手段（Miron & Goldstein，1978，p. 97）。

谈判员：（坐下，脱下外套，拿出一片口香糖，但不能在挟持者所在房间或他可及范围内这样做）看来在短时间内我们都会待在这里，所以你可以慢慢告诉我你想要什么。我保证，我们会找到双方都满意的解决方案。

谈判员要允许挟持者有宣泄情绪的机会

(Miron & Goldstein，1978，p.98；Slatkin，2005，p. 64)。宣泄情绪能产生不错的结果。犯罪者持续说话，能够让谈判员判断这个人的精神状态和个人问题，并对环境的整体气氛做评估（Maher，1977，p. 36)。但是，让犯罪者长时间地向谈判员揭露和回答关于他自身的问题，同时还要让他们保持情绪饱满是很困难的（Miron & Goldstein，1978，p. 98)。最好的解决办法就是使用开放性问题。

谈判员：我不确定我是否真的理解让你生气的是什么。你希望房管局建立怎样的租客抱怨程序？你觉得你在这个事情上扮演什么角色？

除此之外，谈判员必须小心，避免闯入挟持者的心理空间（Maher，1977，p. 36)。对诱导挟持者的偶然因素进行解释可能会让挟持者产生敌意并加强激越情绪。根据挟持者的问题指出一些个人缺陷是不明智的。下面的表述是不被提倡的。

谈判员：所以这跟你还是儿童时信心不足的感觉有关。你爸爸妈妈经常低估你，所以现在你在努力向他们展示你多么有能力，当然你自己也知道事实并不是这样。

在任何情况下，谈判员都不应激怒挟持者。谈话中绝对不能出现愤怒、刻薄、直接拒绝要求以及突然惊讶的话语。

任何提示挟持者激动和愤怒上升的标志都要小心处理。不连贯的语言和加快的语速，鼻翼扇动，涨红的脸颊，坐立不安，重击或颤抖的拳头，这些标志都意味着谈判员需要将情况冷却下来。最好的办法是分散挟持者的注意力，向他提出与情境完全无关的问题，或提出一些与他对当局看法相反的观点（Miron & Goldstein，1978，pp. 98-99)。

谈判员：你说你曾对职业篮球很感兴趣，特别是纽约尼克队。你觉得他们今晚有机会战胜凯尔特队吗？

谈判员：好吧，如果你认为他们是异教徒、不信神的猪，我猜你是对的。如果你觉得应该让大家都知道你的感受，也许你可以通过广播告诉大家。（谈判员和媒体已事先考虑到这种情况可能发生。）

通过站在挟持者的角度看待问题，谈判员要努力与犯罪者建立和睦关系。使用第一人称“我”的表达是与挟持者建立关系的方法之一。第二人称“你”的表达倾向于指责，而第一人称“我”则显得掌握主动权，威胁性没那么强（Slatkin，2005，p. 66)。谈判员对自己生活的真实和非伪造的自我暴露有助于建立良好的关系，并引起挟持者对自我生活的揭露（Maher，1977，p. 41)。

谈判员：我完全能够理解。我投入很多时间和精力，做好我的工作，却仍得不到老板的认可，尽管别人可能会把这个工作搞砸。整个部门对我的努力视而不见。在工作上，你是不是也有同样的感受？

缓慢而有目的性地进行对话是谈判的关键要素，并对当局有利。虽然随着时间的拖延，人质可能会变得抑郁，并对当局的应对能力产生怀疑，但拖延时间是对他们有好处的。慢慢地，谈判员可以与挟持者建立良好关系。而且，拖延时间对挟持者资源的消耗速度远快于对当局的。缺少睡眠、饥饿、口渴以及持续紧张会让挟持者关注于平静理性的谈判员上，有利于加快问题解决进程（Maher，1977，p. 13；Miron & Goldstein，1978，p. 99)。休息一下能更好地工作并打破僵局（Misino，2004，p. 66)。

谈判员：（谈判进行 11 个小时后）伙计！我很累的。我准备去喝杯咖啡，给自己提提神。让我们都休息一下，不谈这些沉重的话题，我们聊会儿篮球如何？如果你想喝咖啡，请告诉我。（要想得到咖啡必须附带一些条件。）

协调对建立和谐关系也很重要（Hammer，2007）。谈判员不仅要与挟持者的反应一致，还要创造亲密感和共同解决问题的责任感和团结感。使用理性的亲密感建立技巧，让挟持者和谈判员之间形成“我们”“现在”和“这个”的概念，一起向解决问题的目标迈进。

谈判员：我们都很努力地解决问题，并达成了一致。现在就差把其他人都放出来，并让房管局的人卷起袖子大干一场，但是这些都是次要的。你可以如你所希望的那样将你的愤怒告知于众。

最后，同优秀的治疗师一般，一个好的谈判员擅长重申挟持者的观点。这个技巧有助于澄清挟持者和谈判员的确切想法，促进和睦关系的建立，因为挟持者会感觉自己被很认真地倾听。挟持者的话对谈判员来说是重要的（Miron & Goldstein，1978，p. 102）。

谈判员：好！让我看看是否正确地理解了你说的话。你希望通过广播宣读你的声明，但你担心他们会向你提问，而你现在不想回答。你也担心他们会转移你的注意力，以便我们从你那里得到某些东西。是这样吗？

说服挟持者放弃

谈判者的终极任务是说服挟持者投降，而且没有人员伤亡的发生。为了完成这个任务，谈判者需要遵循一系列指导。说服过程应从同意犯罪者的某些观点开始。从原则上来说，赞同能够降低挟持者对后面谈判的抵抗（Miron & Goldstein，1978，p. 103）。

谈判员：我同意你的观点。这些公有住房中的丑闻应该让大众知道，而且你对此做的调查非常到位。

谈判员应该从小的问题开始谈判，如食物、药物、吸烟以及交流方式（Miron & Goldstein，1978，p. 103）。但是，谈判员在一开始就要与挟持者摊牌，如果他想要得到什么，他就必须有所付出（Maher，1977，p. 13）。一旦达成协议，挟持者可能会继续压榨（Slatkin，2005，p. 58），即在交易确定后还希望索要多一些东西。

谈判员：我试试能否把灯打开，但我想确定人质是否安全。另外，将孩子们放出来会是一个很好的开始。

谈话中越少关注人质越好。不断提到人质可能会夸大挟持者的重要感，使他的注意力过分集中在他们身上，而使对话偏离了解决方法（Maher，1997，p. 12）。

谈判员：是的，我理解，如果我们不遵从你的要求，你将每 30 分钟射杀一个人，但我不明白的是，你想要我们提供哪一种交通工具。

这一原则有一个例外，这是一种谈判员可以尝试促发斯德哥尔摩综合征的方式。谈判员应尽可能地对挟持者强调人质的人类品质。大多数人是很难对别人施加痛苦，除非受害者处在人性丧失的状态（Strentz，1979，p. 10）。因此，千万不要使用“人质”这样的标志性词语（Fuselier，1981b）。谈判员应该尽量让人质人性化。

谈判员：我想你能否看看史密斯先生，问问他感觉如何。我们从他的妻子那里得知他患有心脏病。而且请你就当做件善事，让琼斯太太跟她的孩子们通个电话。这些孩子都没有父亲，他们害怕极了。

现场外面通常有更高级别的官员（Misino，2004，pp. 11-24；Slatkin，2005，p. 58；Strentz，2006，pp. 37-45）。谈判员不需要做最后决定。最后决定是由现场指挥官来做。与之相关的还有未来情况策略和刺激策略。未来情况策略（future conditional strategy）指的是“如果……就（在未来做某事)”。刺激策略（sting strategy）是指谈判员收回自己的一些控制，让挟持者重新评估他自己的位置。在刺激策略中，只要挟持者提出一个要求，无论大小，谈判员要表现出从怀疑到愤怒间不同程度的沮丧，貌似他被这个要求“刺激”到了。当然谈判员也可以使用“标准工作程序”应对（Slatkin，2005，pp. 58-59）。

谈判员：哇！你既要比萨还要香烟。你要求真多。给你香烟是违反程序的。你要知道我是不能做决定的。这由我的上司说了算。但如果他同意，你愿意放了那个男孩吗？

谈判员还应尽最大的可能说服挟持者，他们的人质是没有利用价值的（Schreiber，1978，p. 111）。在这种情况下，封闭式提问比开放式提问更好，因为他们被要求回答是或否的问题，但不允许进行大量的辩论和猛烈的抨击（Miron & Goldstein，1978，p. 101）。

谈判员：带着这些人，你打算怎么逃跑？那些老人和孩子只会拖累你。你觉得呢？

在谈判过程的某些时候，激烈的辩论可以产生最好的谈话效果（Schreiber，1978，p. 112）。那时，谈判员必须清楚有力地陈述事实，并将明确的结论告诉他（Miron & Goldstein，1978，p. 103）。有些东西是肯定不能协商的，比如武器、交换人质和毒品（Maher，1977，p. 67）。如果毒品是谈判的一部分，则需要医生对药物效果进行仔细评估后，才能将其作为讨价还价的工具（Maher，1977，p. 39）。

谈判员：你所提的有些要求我们是不能接受的，比如枪支。你自己想想。但其他要求可以满足，我们可以保证。

在大多数情况下，不要把朋友、亲人、家人、牧师和其他有关人员带到现场，特别是在挟持者要求见他们的时候，因为他可能会杀了他们。如果这些人对情况有所帮助，犯罪者一开始就不可能做出这样的事情。如果必须要把这些人带到现场，谈判员需要先清楚他们的感受，并与他们保持较近的距离以听清他们说什么（Maher，1977，pp. 14-15，67）。

谈判员：如果我们把你的前妻带到这里，她能帮助你什么？你要跟她说的东西跟你们离婚前说的有什么不同？

谈判员要对任何观点的两面性进行辩论。这样做能够让犯罪者对谈判员更加认真对待。其次，谈判员还应针对当局一个或几个不重要的问题进行辩论，这样能显示谈判员的公平和开明（Miron & Goldstein，1978，p. 104）。

谈判员：我知道你为什么不喜欢这座建筑外面的区域关着灯，因为你不知道外面发生什么，这会让你很紧张。但是，从我们的角度考虑一下。警察跟你一样紧张。如果他们就这样暴露出来，有什么办法能让你不对他们开枪？此外，你那封想对房管局宣读的信，我觉得写得很好。我不明白为什么他们如此态度强硬地拒绝你通过媒体公开读这封信。

在谈判快结束的时候，采用拖延性服从、削弱反驳以及积极倾听都是不错的策略。在拖延性服从中，谈判员让犯罪者不要这么快做决定，再仔细考虑，能否跟谈判员一样从未来的角度看待问题。此外，谈判员还要提出一些站不住脚的辩论。这些辩论削弱挟持者的观点，并让其妥协。最后，被动倾听对问题解决过程没有一点好处，应该使用积极倾听，让犯罪者考虑他自己的处境以及可能的后果（Miron & Goldstein，1978，pp. 103-104）。

谈判员：你已经听到我们能够提供什么。我知道并没有达到你所有的要求。虽然现在让你通过媒体读那封信是绝对不可能的，但在你投降后，我可以让他们允许你去读，如何？电视工作人员就在外面，我认为市政府官员不可能抓了你之后就可以一走了之。我相信我可以拿到批准，让你这样做。好好考虑一下，不要着急。

虽然这样的行为可能显得不理智，但谈判员应该勉强同意那些对当局有利的要求，因为接下来可能藏着进一步的让步（Miron & Goldstein，1978，p. 106）。

谈判员：好吧，如果你真的很想要一辆小轿车而不是公交车，我们可以看看能否办到，但我觉得我的上司不会同意的。（情况是有利的，因为能转移的人质更少。）

除非绝对必要，谈判员应尽量少提意见。这个技巧能让挟持者一直处于做决定的过程中（Fuselier，1981b）。犯罪者才是需要做出决定的人。此外，为犯罪者提建议可能加快时间因素，这对谈判员来说是不利的（Miron & Goldstein，1978，pp. 106-107）。

谈判员：你才是有决定权的人。你要决定得到什么，而我只是中间人。

虽然这貌似与谈判目的有所违背，但谈判员必须持有两种观点，即让挟持者保持希望，并意识到自己得被放走。犯罪者肯定认为，只要人质都被释放，他就可以不用承担责任，仍然有逃走的希望。让挟持者确信这个想法的方式之一是，每次他做出妥协的时候就对此进行强调（Miron & Goldstein，1978，pp. 105-107）。

谈判员：个人来说，我对你释放老人和小孩的举动表示敬佩。我知道这对你来说是很不容易的，但你也确实得到允许转移到机场。

谈判员：太好了，我们达成一致了。巴南伽政府同意给你提供庇护，并提供飞机带你去他们国家。一旦你踏上巴南伽国家航线，就要释放梯子下的最后一个人质。你要清楚地知道，要是最后这个人质发生什么事情，飞机是不会起飞的，无论谁在上面。

最后，当犯罪者要投降的时候，千万不要让警察或犯罪者的自我意识破坏了这个情况。要让挟持者觉得他获得一场很重要的“胜利”。如果给挟持者香烟能够让他投降，并给他一种获得感，那么就这样做，毕竟这对解决问题有帮助，而不是起阻碍作用。如果受到现场指挥官或其他人自我意识的妨碍，必须清楚说明这样对解决问题没有一点帮助（Misino，2004，pp. 144-145）。

人质挟持情况的谈判：James 案例

下面的场景发生在一个大型监狱的诊所。虽然监狱中的谈判目的跟其他人质情况是相似的（Fuselier，Van Zandt，& Lanceley，1989），但二者之间还是存在一些差异。在一个监狱人质情况中，首先要评估这是与一个囚犯相关的独立事件，还是有很多人参与的暴动开端。就算只涉及一个囚犯，流言传递和暴动开始的危险还是很高的，所以全面的封锁是必须的。发生在监狱的人质挟持状况有利有弊。一个很大的优势在于对挟持者和人质都非常了解，所以心理概况和犯罪背景都是马上可用的。但是，不利的地方在于挟持者对人质也非常了解。如果他们有很多不满，那么情况会变得很复杂，也更危险，下面的案例就是如此。

因为建造监狱是为了让某些人困在里面和某些人待在外面，所以在人质情况下很难获得战略控制。如果囚犯对监狱的构造非常了解，想要移动他们而不引起大规模的死伤是很困难的。如果有多个囚犯团伙参与，那么领导力也可能是一个问题。也许所有囚犯都痛恨监狱守卫，同时他们也痛恨其他帮派的人。此外，监狱中的人质挟持情况不可避免会引起广大关注，所以，会导致很大的政治压力，许多决定都会由政府官员而非现场指挥官决定。最后，与国内其他案例相比，监狱中的人质挟持情况会更加紧张和情绪化，因为囚犯会尽力保护自己和反抗控制，而监狱警员则要想办法控制场面，防止更多人成为人质（McMains & Mullins，2010，pp. 431-438）。现在，让我们冒险进入犯罪惩戒机构，看看这里的工作是如何进行的。这对大多数人来说将会是非常有趣的一天。

一位名叫Ricardo Cuervo的心理学家刚从办公室走出来。他几乎撞到一个正在护送囚犯去其他地方的狱警。囚犯非常粗鲁地问他："你是谁？"Ricardo礼貌地回答："你需要跟我谈谈吗？"囚犯的回答非常简短："才不要，我又不是疯子！"Ricardo重新进入办公室并思考："刚才的场景有些不妥！"Ricardo回到大厅，眼前的景象让他担心起来。首先，那个狱警和囚犯仍站在他的门外面。狱警和囚犯不可能一起出现在教育室里。其次，囚犯站在狱警后面半步并顶着他的背部。那个狱警的表情像见鬼了一样，然后他大叫："按照他所说的做，他有刀！"

Ricardo还不知道，他准备要成为人质了。囚犯突然用很低而威胁的声音说："按我说的做，不然他马上死在这里！"当Ricardo在两人的前面走进大厅，另一个心理学家碰巧经过，也成队列中的一员。还没走到大厅的一半，囚犯已经又征服了一个狱警和一个秘书。这个囚犯前后扫视，寻找一个庇护场所，最后他提起勇气闯进一个社会服务部主任秘书的小办公室。这个办公室大约2.5米宽、3.5米长，有一道门通往主任的办公室。办公室秘书Sandra马上被囚犯抓住。主任打开相连的办公室门，被眼前所发生的事情惊呆了。囚犯威胁如果任何人敢做什么事情，他就要杀了这个秘书，所以主任也被俘虏了。现在，这七个人均成为James Worthington的人质，他曾因谋杀一个便利店员工而受到指控。

Worthington紧紧地抓住Sandra，用刀抵着她胸前肋下。他们在外面门的那边，那里可以看到大厅。最初被挟持的那个狱警和另一个秘书Delphinia在Sandra桌子的前面，这个桌子与通往大厅的门有1米左右的距离。包括Ricardo在内的其他人质，像三明治一样夹在桌子和文件柜的中间，离主任办公室的门较远。这就是人质挟持的环境，这个情况将持续三个小时，现在开始。

Ricardo：你想要什么？

James：（非常有进攻性、不稳定、很激动，凸出的眼睛呆滞无神而且姿势僵硬）闭嘴！我知道我今天会死。就这样！

Sandra：（惊叫）不要伤害我！我很害怕！能不能把刀拿开？

狱警：（随意挥舞手臂）说吧，你到底想要什么？

James：（变得非常暴力和激动，突然把那个女人勒得更紧，并大叫）闭嘴！我今天要离开这里！我要把你们所有人都带上。你觉得我会在乎你吗？

这个时候，大厅走廊突然变得很拥挤和混乱。防暴报警器被拉响了。很多狱警在尝试挤进门廊。

James：（用他最大的声音吼道）马上告诉那些杂种不要进来，否则我会杀了这个女人！

人质们一起喊：别进来！他有刀！他认真的！他会杀了她！

James：（用威胁的姿势吼道）我会杀了她！我说到做到！

在惊恐期的开始阶段，人质表现得非常慌张，这是一个很大的错误。那个秘书的尖叫和那个狱警的肢体活动都极大地激怒挟持者。心理学家和狱警也不应该尝试找出问题所在。因为挟持者正处于表达性行为阶段，心理学家和狱警的工具性反应只会激怒James。他现在明显处于Hammer（2007）提出的情绪压力状态，但他们的行为没有与他相对应。大厅走廊上的混乱也加重了James的紧张感。整个场面完全没有受到控制。这时监狱长走到门外，尝试说服James把刀扔掉。

James：我不想再听了！我受够了这些废话！

监狱长：（用命令的语气）不要伤害任何人。

James：如果我要死了，我一定会尽可能地让这些人陪葬。

监狱长：（用缓和一点的语气）告诉我到底发生什么事了。看看我们能解决不？

监狱长最初完全依照规章办事。他用工具性方式应对挟持者，试图弄明白他的目的是什么。然而，无论 James 发生了什么事，这个时候采用这种方法都是不对的。心理学主任 Harold Deacon 博士正在走廊外边。虽然他没有受过人质谈判员的训练，他还是尽量向监狱长提供帮助。

监狱长：Deacon 博士在外面，他想和你谈谈。

James：我告诉过你我不是傻子！我不会跟无足轻重的人谈话！

Deacon 博士对挟持者的行为做了快速评估，并针对他的情绪压力采用表达性方式进行回应。鉴于 James 精神状态的愤怒程度，他必须小心行事。

Deacon：听起来你非常愤怒，而且没有人愿意倾听。

James：远不止这样，博士。

James 的反应给了 Deacon 两个提示，这对早期阶段的干预评估非常关键。除了稳定挟持者，早期情况评估是最重要的任务（McMains & Muller，2010，p. 149）。第一个提示是，James 对 Deacon 的反映性陈述做了肯定回应。这种肯定表示挟持者有很多愤怒情绪需要发泄。第二个提示是，"远不止这样"表示挟持者是有一定计划的，但这个阶段更倾向于情感基础而不是认知基础。对话持续了几分钟，挟持者一直在愤怒地发泄，而 Deacon 用很深的共情回应他。最后，Deacon 决定冒一个险，采用一种在其他大多数人质情况都可能没效的策略。

Deacon：我在走廊上真的听不清你说什么。我能否走进房间去？

James：不行！

Deacon：我理解你的感受，但我真的听不清。

James：好吧！你进来吧！但我不会出去的。

当 Deacon 走进房间，最初被 James 挟持的狱警手忙脚乱夺门而出。James 无法阻止狱警，因为他挟持着 Sandra。他顿时暴跳如雷。狱警的行为是典型的。受工作经验和日常事务的影响，当陷入这种窘境，狱警们会是很糟糕的人质（Strentz，2006，pp. 150-151）。

James：回来，你个杂种。你欺骗了我，博士。现在我要杀了她。

这个狱警所做的愚蠢而惊慌失措的行为是极其危险的。尽管他成功逃跑了，但他马上让其他人质陷入险境。挟持者害怕失去对其他人质的控制，他会不可避免地认为只有用极度攻击性的方式才能重塑自己的威信。Deacon 必须快速反应，让事态平静一点。

Deacon：等等！他那样做是很愚蠢。但我在这里了。我是心理部门主任，你有我当人质。坦白地说，我的价值比他高。所以，放松一点。在这场交易中你已经占了优势。

James：（仍然非常激动）好吧！好吧！我抓住你了。很好。那个混蛋气死我了，到处挥舞着手臂跟神经病一样。

从某一方面来说，狱警的逃跑对现场有所帮助。他失控的行为让挟持者的神经绷得更紧了。狱警的失控让其他人质陷入险境，同时让 James 更加紧张。狱警的逃跑将 James 的注意力从控制人质转移到 Deacon 说的话。

一般来说，走进房间是不明智的做法，因为这又让一个人成为人质。然而 Deacon 评估发现 James 持续宣泄情绪的时候，他的声调变低了，咒骂也没开始那么多了。其次，Deacon 想看清楚挟持者的非言语动作和相对应的言语行为。虽然

Deacon利用听不清的事实为借口进入房间，但这是挟持者可接受的理由。更重要的是，在任何谈判的开始阶段，谈判员都是在缺乏信任的基础上进行谈判的（Hammer，2007，p. 85）。为了建立信任和亲密感，Deacon希望进行面对面的讨论，这样也能给James一个更好的印象，了解Deacon是什么人，而且通过视觉传递谈判员尝试建立的开放感和信任感。

Deacon：（进来约30分钟后）有些东西真的很伤人。我很想知道你能否告诉我为什么这么生气。（Deacon让James冷静下来后，慢慢转换到工具性模式，以了解他的计划是什么。）

James：（缓慢地，但语速逐渐加快、态度刻薄）他们不让我参加我祖父的葬礼，还胡说八道，说他不在我夹克里的亲戚名单上。我向社工询问过这件事，但他从来没给我一个解释。完全不尊重我！上周在金属加工车间，Furdy告诉我，我将六个月没有薪水。他们要把我送到监狱分类委员会，而且六个月没有薪水！他们怎么就不考虑我的感受？难道日子还不够难过吗？都是些不公正，没有正义的人！他们听不进任何东西。我也许是个叛逆者，但是我应该得到尊重。他们真的把我惹火了！现在看看我，再看看他们。我有七个人质。现在谁得到尊重？这件事结束后，他们一定会杀了我，所以我也会尽可能地让更多人为我陪葬。（指向社会服务部主任）今天上午，他就在监狱分类委员会上坐着，完全没听我说什么。（威胁地转向社会服务部主任。）

Deacon：（尝试把James的注意力从人质身上转回到他对问题的看法上。）你不一定要这样做。（快速且清晰地重申挟持者的问题和感受。）

Deacon的复述，目的是让James觉得至少有一个官员是在听他说话的。他还必须确定James处在良好状态，没有做出不可弥补的事情。特别重要的是让James清楚，此时此刻他还有很多选择余地，但如果他对那个主任造成伤害，他的选择将严重受限。他最关键的感受是没有得到尊重（面子理论）。Deacon的评估是James对事情的结果并不在乎，他更在意的是过程。这些信息确定了Deacon与James的谈判方法，也让他得到所需的心理信息。

根据James的谩骂，Deacon假定他受了委屈和不适当对待。Deacon需要通过任何机会让James重新感觉受到尊重。他还可以利用这个信息建立一个基于恢复James自尊的问题解决场景以解决问题。其次，Deacon得到两个具体的信息，一是他祖父的去世，另一个是他被监禁，没有工作，没有钱，也没有特权。这两件事都让James感到被官员不公正对待。这两件事加上James的冲动性格，已经把他推到犯罪的边缘。James完全符合Slatkin（2005，p. 117）所说的监狱囚犯犯罪的三个特点，即他被禁闭了很长时间，他被孤立，而且他的家人遇到危机。

Deacon还获得一个让人害怕的信息。挟持者用斧头砍伤其中一个人质，即社会服务部主任。这个时候，Deacon能做的就是希望将挟持者的关注和激情从这个主任转移到解决问题上。根据James快速转变的心境和情绪，Deacon了解到James正处在精神崩溃的边缘。因此，需要控制James的情绪波动，让其保持稳定。

一个专业的谈判员刚到现场，尝试与James交谈。

James：我不想和这里任何人说话。（对Ricardo说）你去接通主管或修正委员的电话。

Ricardo：我愿意一试，但我没有他们的电话号码。

James：（对门外大喊）嘿，我想和主管或修正委员说话。你们找个人给他们打电话。

谈判员：（在房间的外面）这是不可能的。告诉我你想要什么，并和我一起解决。看看我们能做什么。

James：去你的！我要跟主管谈。

虽然从技术角度上来说，谈判员尝试控制谈判现场是正确的，但是他的反应却是有问题的。Deacon站在挟持者的角度，很好地掌控了谈判的局面。但在人质挟制情况中，心理学家从支持的角色转变为执行角色（Hammer，2007，pp. 26-27；Strentz，2006，p. 32），他们一般不参与谈判，这涉及伦理和法律问题（Strentz，2006，pp. 27-35）。然而，是由 Deacon 博士开始谈话并与挟持者建立联系，挟持者在他的努力下也愿意说很多，所以这时与其争论应该由谁去谈判，不如让 Deacon 博士继续进行谈判更为明智。自我意识和规则都应该有例外的情况。无论如何，Deacon 是一个控制因素，专业谈判员退居候补的位置。Deacon 马上接上并重新获得控制。

Deacon：James，看来现在进行的事情可以在我们两个之间解决。无论需要做什么，我觉得都可以办到。

James：你会说我是疯子。你觉得我疯了吗？

Deacon：不，我并不认为你是疯子。我相信你承受了很多压力，而且无人听你述说，所以你需要做出点什么事情以获得关注。我无法想象其他人如果承受与你同样的压力，现在会怎么样。我愿意在法官或机构管理员面前帮你辩护，但是你需要放下武器，并走出来，如果你希望我帮你。

Ricardo：Deacon 博士说得对。每个人都会感到压力，我就会。

James：闭嘴！博士才是负责谈话的人！

虽然 Ricardo 也是一名心理学家，但他对 Deacon 的话进行强调，并没有对现场情况有所帮助。James 将 Ricardo 和其他人都看作讨价还价的筹码。因此 Ricardo 和其他人质最好保持沉默和低调。

此时，Deacon 将 James 关于是否疯了的问题作为楔子。他给了 James 受伤的自尊一个看似真实、理性的理由。他为 James 提出一个有尊严的投降方法（面子理论），并让 James 在谈判中有一个同盟（协调理论）。他还表示这样的讨价还价不会发生暴力行为（实质理论）。此外，他将 James 的注意力从人质转移到他自己的利益上。虽然让 James 放下武器并没有时间限制，但 Deacon 将这个作为合理解决问题的前提条件。目前这个情况持续一个小时了。

虽然 James 的情绪仍然反复不定，但与之前相比，他已经平静很多。总的来说，危机阶段已经过去了，现在是调解阶段。Deacon 坐在桌子的边缘，将他的衣袖卷起，松开他的领带，将手放在口袋里。这个时候，James 有了一个微妙的变化。他从后面的口袋取出一封六页长的信，并让 Deacon 看。

Deacon：我很吃惊。这封清晰、善于表达、字迹漂亮的信清楚地表达了你抱怨的具体事情。你明显仔细思考过。这绝对不是那些典型的监狱暴行。这个信息很好地支持了你的行为。

James：（微微一笑，抬起头）你真的这样认为，博士？你愿意对外面那些人大声读出来吗？

Deacon 获得一个很重要的胜利。James 写的信非常好，Deacon 正当地提出来。通过对 James 的肯定，他让挟持者重新获得一些尊严。Deacon 念了那封信，而且决定复制一份送到管理部门和委员会。James 变得平静很多。

情绪发泄问题主要集中在社会服务部主任上，James 仍然经常对他进行恐吓和咒骂。这个主任似乎是 James 所有沮丧的集中点。情绪沮丧是妨碍成功谈判的一个主要因素（Hammer，2007，pp. 96-108）。Deacon 决定在进行投降计划前，先解决这个问题。

James：嘿，大——主——任先生！你现在感觉如何，亲爱的？你现在这么乖啊，不是吗？混蛋！你怎么让你的强大自我如此受煎熬？（挥舞着刀。）

Deacon：好吧，我觉得你把他吓坏了，如果这就是你的目的，那么你达到了。

James：嘿，博士，我只是让他感受一下，那天他坐在这里，在我面前像神一样玩弄我的感受。

Deacon：你说的是，他让你失去尊重，你觉得很受伤。你为什么不问问他现在什么感受？

他诠释了 James 的感受，并将这个感受都归因于那个人质。人质怎么说，将会决定挟持者如何反应。然而，Deacon 了解社会服务部主任的能力，并相信这会是一个好的赌注。将其中一个人质卷进谈判是很危险的，除非谈判员对这个人质的性格和在威胁情况下的反应有所了解（McMains & Muller，2010，pp. 461-481；Strentz，1982，1984）。

社会服务部主任：James，我不知道要说什么，那天上午让你觉得我没有关注你，我很抱歉。我真的很希望收到那封信并看了，因为情况将会完全不一样。我不知道你是否相信我，但我真的觉得很抱歉，特别是这些人可能会因为我所做的事情而受到伤害。

Deacon：James，他说得非常直白。你觉得呢？

James：（明显平静了很多）是的，你说的对，我们都做错了，而且你的错误非常严重。

社会服务部主任：嗯，你说得对。

James：如果我放了这些人，我怎么知道我是否安全？

现在已经过了两个多小时。这是 James 第一次提到要释放人质和考虑自己的安危。这是非常关键的一点，不容错过。如果 Deacon 能够抓住这个机会，那么就可以到解决阶段了。

Deacon：什么东西对你来说最重要？

James：当然是我能活着。我希望能转移到另一个监狱。我不想让任何狱警站在我身后。我也要你们保证，当我真的走出去，我不会再失业。

Deacon：我不能对你保证什么，但我会将这些请求传达给上司。这些要求都挺合理的。我理解你的顾虑。

Deacon 没有做出承诺，但他理解 James 的处境，这加深了他和挟持者之间的联系。现在他们进行了一个很好的谈判，关于转移的可能性、对媒体的言论、一些新的要求、转移要怎么进行、相互指责、如何释放人质以及其他具体事情。这标志着从约束 / 控制阶段发展为转移阶段（McMains & Muller，2010）。Deacon 为 James 与监狱长和专业谈判员之间建立了渠道。

监狱长：我们能做到。我从委员会那里获得批准。我们可以将你转移到斯坦肯。

James：我怎么知道我能相信你？

监狱长：James，以前我们两个打过交道，对吧？我有骗过你吗？我做过答应你却又没有做到的事情吗？如果我说我能做到，我一定办到了，不是吗？

James：博士，你觉得如何？他是在跟我耍花招吗？

Deacon：我相信他，但你觉得怎样？你相信他吗？

James：我想，他说的是真的。但其他人怎样？

Deacon：听着，我愿意与你一起走出去，并一起到斯坦肯，看你在那里安定下来。我陪着你，其他狱警不会对你做什么的。

James：好吧。我们谈谈细节。

当 James 向 Deacon 询问意见，意味着他们之间已经建立了信任关系。Deacon 博士像 James 一样感性地审视整个谈判过程，但也小心地让 James 继续感到自己是绝对负责任的。

监狱长、Deacon 和 James 一起商定了最后的具体细节。女人先放出去。监狱长和谈判员一起进入房间，其他男人也放出去。他们给了 James 一支铅笔和几张纸，让他写下一些他想对媒体说的言论。接过笔和纸的时候，他交出了刀。James 写好了之后，他被转送到另一个监狱。Deacon 与之同行，以保证他的安全。

这个人质挟持案例虽然发生在监狱中，但 James 是很典型的情绪过分紧张的例子，人类服务工作者很可能在工作过程中遇到。虽然 Deacon 没有受过专业的人质谈判训练，但他用合理的治疗手段和危机干预技巧解决了问题。在人质挟持情况中，应尽量让专业的谈判员进行谈判，但有时专业谈判者并不一定有用。所以在这种情况下，像Deacon一样的人类服务工作者是最好也最专业的选择。这个时候，不管怎样，人类服务工作者都要成为一名谈判员。

危机干预工作者的咨询工作

因为谈判策略都是基于心理学原理，所以让社会工作者、咨询师、心理学家和精神病学家当谈判员似乎是很自然的事。但这仍是一个备受争议的问题。大多数争论都是反对使用精神卫生专业人员作为谈判员。

第一，人质挟持情况是犯罪事件，所以解决问题比治疗更重要。使用精神卫生专业人员作为谈判员存在伦理和法律问题（Strentz，2006，pp. 27-35）。第二，使用精神卫生专业人员的方法取代了谈判团队的方法，特别是在需要采取果断行动的时候。第三，精神卫生专业人员并不一定有能力充当谈判员，因为谈判员为了解挟持者受过专业训练。第四，如果挟持者发现谈判员是精神卫生专业人员，可能会变得非常愤怒，因为他们觉得这些当权者认为他们有精神病（Maher，1977，p. 9）。不过，一个受过良好训练且有良好人格品质的精神卫生专业人员，能符合很多Miron 和 Goldstein（1978，pp. 93-94，137-166）提出的谈判员的选择标准。

这个困境的解决办法就是让心理学家成为谈判团队的一员，做咨询工作（DeBernardo，2004；Fisher & Ireland，2010；Hatcher et al.，1998；Slatkin，2000）。作为一名咨询者，心理学家为谈判员提供资源和建议，收集情报，从受害者和目击者那儿采纳意见，并在情况解决后对整个谈判回应效果做出评价（Hatcher et al.，1998；Powitzky，1979）。根据Butler、Leitenberg和Fuselier（1993）以及Hickman（2010）的说法，心理学家，特别是作为谈判员的咨询者时，应该：

1. 持续评估挟持者和谈判员的精神状态。
2. 不要直接参与谈判，尽量保持客观。
3. 为帮助解决人质情况提出技巧、方法或反应建议。
4. 给出事后评价。
5. 为受害者提供咨询。

精神卫生咨询者的角色随着人质谈判技巧的发展而发展。对精神问题危机干预有渊博知识的咨询者能提高对危机谈判的控制（Fisher & Ireland，2010）。事实上，使用精神卫生专业人员作为咨询者的警察部门中，有更多的人质案例是以协商投降结束的，而非战略团队袭击。

如果你处在谈判员的角色

在精神卫生行业，特别是在危机干预的时候，我们经常需要充当我们不擅长或不必要的角色。然而，这个时候，我们就像众所周知的荷兰男孩一样把手指放在堤坝中，直到救援到来*。如果你恰好第一个出现在人质挟持情况中，下面由Blau（1994）提出的14点，是很好的行动指南。

1. 确保自身安全，不要逞英雄。待在挟持者够不到的地方或枪支射程范围以外。
2. 不要提出谈判员不可能也不会做的要求。
3. 不要做出谈判员不会也不可能做的让步。
4. 仔细倾听关于犯罪者情绪状态的线索并记住它们，这样你可以把这些信息传达给谈判员。
5. 不要给挟持者提供任何物质材料。“任何东西”包括从一杯水到诺克斯堡的黄金。
6. 你也许可以保证警察不会冲进来并攻击整个建筑。他们不希望造成警察和人质的伤亡。
7. 减小犯罪者罪行的严重性。事情远没有他们所想的那么严重，而且任何犯罪都有认罪辩诉协议。
8. 不要把任何人称作“人质”。把他们称为“人们”，而不是“人质”。
9. 不要试图欺骗挟持者。谎言是肯定会被识破

* 一则在美国广为流传的故事，讲述了一个荷兰男孩路过一个防洪堤时发现了一个小洞，为了防止堤坝泄漏而崩溃引发洪水，他把手指放在小洞里，阻止漏水，从而拯救了他的家乡。

的，而且会令谈判员的工作更加困难。

10. 对任何要求都不要说绝对的不或是。避免正面回答并小心处理。
11. 不要创造性地给犯罪者提建议或向他强加自己的想法。
12. 如果犯罪者看起来有自杀倾向，询问他，并采用自杀干预模式。
13. 不要将犯罪者的亲戚、朋友、上司或其他犯罪者要求的人带到犯罪现场，除非后来谈判员决定这样做。如果他们已经在现场，最好让他们离开。
14. 不要像 Deacon 那样，用自己做交换。你这样做并不显得你是英雄。

如果你是人质

纽约市警察局前首席人质谈判员 Frank Bolz（1987，pp. 13-23，66-71）和退休的 FBI 警员 / 人质调查者 Thomas Strentz 博士（1982，1984；2006，pp. 229-265）提出了下面关于人质保护自己的基本方法。

1. **不要逞英雄**。接受现状并做好等待的准备。后者对人类服务工作者来说可能有点困难，因为以往都是他们处在控制的位置。例如，一个大学咨询中心的咨询师，为了救另一个被持枪女顾客威胁的咨询师，而贸然采取行动，最后被枪杀。这个咨询师从未见过这个女顾客，对她的潜在暴力倾向完全没有概念。这个咨询师既没有保持低调，也没有利用本章提到的技巧评估这个女人的激动状态，或仅仅是等待警察的到来，他尝试对这个女人进行人身控制。他尝试英雄救美，却失去了生命。
2. **听从指示**。特别是在刚成为人质的时候，听从指示是极其重要的。任何对指令的反抗或犹豫都可能让挟持者认为，他们必须展示自己才是掌控现场情况的人，而最简单的方法就是对某人造成人身伤害。
3. **非万不得已不要说话，除非犯罪者主动和你说**。在犯罪者开始谈话的时候，人类服务工作者可能能很好地利用语言技巧，但工作者任何引领对话的尝试都会让挟持者觉得自己失去控制力。
4. **不要提建议**。任何所谓“有帮助”的话都只会激怒挟持者。只有当权者有权解决问题。这是他们的工作，他们知道他们在做什么，让他们去做这项工作。
5. **尽量休息和吃东西**。虽然在这个时候不太可能，但保存精力是非常重要的。没有人能预料整个挟持情况会持续多久。在这种情况下，情绪如过山车般的波动是非常消耗精力的。保持警觉状态并采取有能力的行为是需要精神和身体的力量才能做得到的，所以需要休息和进食。
6. **谨慎考虑逃跑的选择**。任何尝试逃跑的行为都需要非常非常仔细地考虑，并衡量被抓住的概率和对其他人质造成伤害的可能性。成功的概率必须非常高，而且你要有足够的机智、身体能力和精力逃跑。
7. **必要时要求援助**。在最初的挟持过程结束后，挟持者明显控制了场面，这时可能是请求援助的合适时机，如医疗救助。语气平和、直接地跟挟持者提出要求。不要在这个问题上僵持，因为持续提问会引起挟持者对你不必要的关注。
8. **善于观察**。如果你被释放了，而其他人仍被挟持，对当局而言你可能是非常重要的信息来源。犯罪者人数、他们的外貌、他们的常规行动、其他人质所处的位置，以及其他重要信息都是当权者可以利用的。其次，善于观察能让你保持头脑忙碌，避免慌张，并且适应快速变化的情况。
9. **不要争论**。争论会让你变得突出，而让犯罪者关注到你。这样，你会被挟持者视为威胁，并会对你进行威胁。面对哲学、政治、宗教或其他负载情绪的问题，应该与挟持者的看法保持一致。
10. **有耐心**。情况可能看起来没有什么变化，但记住，时间对你和当局都有帮助。

11. **避免表现突出**。除了避免语言上突出，还要避免做出任何让你看起来是一个威胁、重要人物，或强烈敌意的人。屈服是很重要的，因为你不希望成为挟持者向世界展现他们能力的例子。你也不要展现你卓越的领导才能。你应该表现为一个很普通的人，除非你处在即将被杀的危险中。
12. **顺从和尊重地对待挟持者**。出现斯德哥尔摩现象的一种方法就是与挟持者保持眼神接触，不要做出攻击性的行为，礼貌地和他进行对话，并温柔地与挟持者建立个人关系。记住，无论他们看起来有多么奇怪和可笑，他们在执行工具性或表达性模式，对他们来说是绝对合理的。
13. **不要尝试用幽默的方式缓解情况的严重性**。开玩笑会让挟持者觉得自己没有被认真对待。你可以保持幽默感，也可以跟别人说笑，但不要让挟持者听到或看到。
14. **慎重使用欺骗手段**。尝试使用欺骗或耍花招的方式获利是非常危险的。如果挟持者发现你在欺骗他，他们会杀一儆百。
15. **不要羞辱你的挟持者**。许多挟持者没有人类服务工作者的聪明才智和语言能力。如果你在才智或语言表达上显得高人一等，则有危险让你的挟持者觉得受到羞辱或觉得自己很愚蠢。
16. **保持自信和自尊**。大量证据表明，在长时间的人质挟持情况中存活下来的人，不仅没有被压垮，而且在整个过程中保持积极的外貌，细心照顾自己的身体和心理。
17. **保持日常作息**。如果情况被延长，那么为自己建立一个吃饭、睡觉、洗漱、个人卫生和活动的日常安排，以增强适应能力。
18. **进行幻想、做白日梦和未来规划**。谈判的时候，会觉得时间过得很慢。用白日梦、幻想和计划未来消磨时间，并让自己的心理暂时逃离人质挟持情况。
19. **救援到来时，严格遵守救援者的指示**。救援者可能分不清人质和挟持者。把你的手放在头后面，安静待在地上，让救援者知道你不会对他们造成威胁。在人质救援过程中，经常出现吵闹和混乱，这可能是救援者精心设计的。如果你慌张失措，到处乱跑，会让你自己处于危险的境地。

获救后的干预

由于不同的原因，人质挟持情况解救后还需要后期干预。似乎获得自由后，犯罪者仍然存在。这种强迫关系成为人质内心生活的一部分，并在获救后仍占据他们的注意力。被解救的人质依然跟踪他们的挟持者，并对他们感到害怕，就算他们被安全地关在监狱中，或者转移到很远的地方（Herman，1995，p. 94）。

如果发生了斯德哥尔摩综合征，人质可能会痛恨他们的救援者，并痛苦地保护挟持者的待遇。如果人质被杀或受伤，则可能存在未解决的哀伤。重新与家人和朋友建立关系成了最主要的问题。人质幸存者需要重新获得能力和控制感，以缓解挟持者造成的孤立和无助感。获得休息和足够的营养、远离媒体、获得社会支持、正确使用精神药物和倾诉，都是回归正常生活的重要方法（Allodi，1994；McDuff，1992；McWhirter & Linzer，1994）。

人质情况的幸存者会有很多躯体和心理上的问题，从对重复出现和幸存罪恶感的偏执，到创伤后焦虑发作，而且这些问题会持续很长一段时间（McMains & Mullins，2010，pp. 470-472）。因此，存活者要意识到，人质情况的解决并不代表人质相关问题的结束（Strentz，1984）。人质事件中的存活者发生急性应激障碍（APA，2000，pp. 429-430）的概率很高（Bisson，Searle，& Srinivasan，1998；Cremniter et al.，1997；Vila，Porche，& Mouren-Simeoni，1998）。

急性应激障碍　急性应激障碍（acute stress disorder，ASD）与另一个令人不快的心理疾病PTSD是同胞兄弟（APA，2000）。ASD的临床症状与PTSD相似，其最主要的差异是ASD发生在创伤后四周以内并最少持续两天（APA，2000）。

ASD本身确实是一个问题，但如果人们无法解决创伤事件后的心理困扰，ASD就会转变为PTSD（Classen et al.，1998；Harvey & Bryant，1998）。虽然没有人能预测谁会患有ASD或PTSD，但对经历急性应激状态的人们进行快速、预先的危机干预能有效预防PTSD的发生（Bryant & Harvey，2000）。

因此，在事件结束后，对经历创伤事件的人们尽快提供心理支持是最重要的事。由警察进行的后期咨询（Strentz，1995，p. 145）和其他类型的危机事件应激管理（McWhirten & Linzer，1994）这两种随访活动，对帮助人质存活者重获心理平衡有很大作用。

事后面谈　事后面谈既能帮助警察，也能帮助人质。事后面谈应该在事件结束后马上进行，以防记忆消退或受到媒体的干扰。警官非常想知道发生了什么，这样他们可以把这些发现运用到以后的案件干预中，并把这些发现应用到针对挟持者的司法程序中。面谈阶段的持续时间没有限制，直到所有案件参与者都满意后才结束（Strentz，1995，p. 145）。对于人质来说，得到警察专心的关注，是非常好的宣泄途径。他们也会跟能够缓解伤痛并能让其在某种程度上获得公平的人倾诉（Strentz，1995）。

Mullins针对获救人质的事后面谈提出了以下指南，这些指南可以用于任何创伤事件的幸存者（Halpern & Tramontin，2007；Myers & Wee，2005；Raphael & Wilson，2000）。

1. 热情接待人们，并让他们相信他们的行为是正常的，经历过这样严峻的考验后出现的症状也是正常的。
2. 提供基本的医疗检查。人质挟持情况可能会让现存的医疗问题加重，并引起新的疾病。
3. 找一个温暖、舒服的地方，如果需要的话，提供食物、饮料、零食、毯子、衣服等。人质挟持发生的地点或临近的地方都不能用作减压的场所。
4. 给他们提供一些简单的选择，如饮料、水或者咖啡，让他们觉得自己获得一些控制感。并向他们询问有关人质挟持情况的信息，让他们相信他们对解决问题做了贡献。
5. 针对他们可能产生的期待，以及“责怪受害者”现象的征兆，给他们提供一些心理学教育。
6. 如果他们觉得有需要，让他们成立一个支持团体。
7. 如果他们非常渴望倾诉，给他们机会让他们宣泄情绪。如果他们不想倾诉，则告诉他们，如果他们需要帮助，会有心理学家帮助他们。
8. 给人质和他们的家人汇报警察做了什么以及他们为什么这么做。

人质幸存者的危机干预

明显的是，人质并不是对ASD和PTSD免疫的。员工援助计划（employee assistance program，EAP）是指在特定情况下，由于单位和员工的亲密工作关系，由单位为经历创伤事件的获救员工提供服务（Hosie，West，& Mackey，1993）。下面这个例子是从McWhirter和Linzer对一个危机干预的报告中摘选出来的。一个银行遭到抢劫，银行员工被挟持，其中一个人质严重受伤，挟持者最后被FBI枪杀。这个例子展现了典型的全面危机事件应激管理过程（comprehensive critical incident stress management process，CISM）。由于危机的持续时间和严重性，紧急事件集体减压可能并不足以解决人质幸存者的问题，因此需要加入其他危机干预措施，特别是需要对社会和环境重新安排的情况下（Mayer，1999）。

人质挟持事件发生在周五，银行EAP的一个危机干预小组马上受到召唤。之前的人质接受警察的事后面谈后，还可以拨打CISM 24小时热线电话。员工们可以一直拨打这个电话，直到周一上午进行的第一个减压活动。周末的时候，银行工作人员和危机干预小组成员制订了一个行动方案，包括如下内容：

1. 银行关闭一周，员工们有带薪假期，而且银行会重新装修。
2. 周一，在一个酒店举行全天减压活动，所有员工必须参加。
3. 周三，举行一个三小时的支持团体活动，员工自愿参加。
4. 周五上午，所有员工在银行接受 CISM 团队的复职任职培训。
5. 周五下午，员工将与执法人员见面，可以提问，提高安全认识，并得到作为人质时的表现反馈。
6. 下周一，银行重新营业时，CISM 小组成员会再次过来，并在这里待一天。
7. 在银行举行为期八周的随访活动。
8. EAP 提供无限制的个体咨询服务。
9. 管理咨询由 CISM 小组队长负责。

最初减压 标准的紧急事件集体减压（critical incident stress debriefing，CISD）（Mitchell，1983）的作用备受争议，有人甚至认为是有害的（Bryant & Harvey，2000，p. 163）。在上面的案例中，银行员工最初的减压并不是标准的 CISD。他们的最初减压是对应激反应和事件本身过程的心理教育，包括对创伤事件的情感、认知和行为反应，以及让员工确信他们现在的反应是绝对正常的。他们还教员工如何进行放松训练以减少压力，并发放创伤事件幸存者的信息和家庭成员的支持作用手册（McWhirter & Linzer，1994）。

在这个关键阶段，及时和善解人意的支持系统是非常重要的。那些从来没有经历过长时间恐怖事件的，和对高压下的控制方法不理解的旁观者，通常以为自己在相同情况下会比受害者表现出更好的心理承受能力。即使他们的创伤被人们所了解，但幸存者所经历的困难仍很容易被归因为性格问题（Herman，1995，p. 97），而且当幸存者最需要支持的时候，支持系统中还可能会出现一种“责怪受害者”的态度。

银行员工在处理事件的时候应用的是 Mitchell（1983）提出的事实–思考–感受（Fact-Thought-Feel）紧急事件集体减压模式。首先，每个团体成员分享他对事件的看法。这个事实发现过程让成员补充他们对事件理解的空白，以及他们为什么会做出那样的行为。然后，员工们回顾事件过程中的认知。他们的想法从现实（“如果我晚了，我要怎么安排晚餐？”）、自责（“我不应该如此害怕”）、勇敢（“我应该做一些事情”），最后变为荒唐（“这绝对是上天跟我开的玩笑”）。回顾这些感受让员工们理解他们在事件中经历的各种想法，而且让他们相信这些想法一点儿也不奇怪。

接着，员工们从回顾事件中的情绪转移到关注事件不同阶段经历的负面情绪，从害怕到生气，再从同情到内疚。在人质事件结束后，内疚感变得非常突出，集中在对于事件的无所作为上，别人受伤而自己没有，自己获救而别人没有，以及因抢劫者被杀而感到内疚。这个从事实到想法再到感受的过程，让团体成员安全地进行更深的自我暴露，并更快建立团体凝聚力和信任感（McWhirter & Linzer，1994）。

在大的团体讨论后，员工被分为两个小组，一个是在围攻前被释放的小组，另一个是被挟持至抢劫者被枪杀的小组。这些被释放的员工对一个同事在交火过程中受伤都耿耿于怀，并对抢劫者死亡的事实表示难以置信。员工们经历的严峻考验中，应激源有性质上和数量上的差别，因为他们目击了整个过程，包括被抢匪用抢指着，看着抢匪用枪架在一个同事脖子上，带着她绕着银行走动，看着她受伤，并看着抢匪被枪击。这些小组关注每一个员工，让每个人都能说出自己的问题，这样比采用固定的模式要好。最后，那些经历先前创伤事件的员工如果有需要，可以进行个人会谈，让他们相信对过去创伤的闪回现象是一种正常反应（McWhirter & Linzer，1994）。

后续干预步骤 在事件发生后的第五天，举行了一个自愿团体支持讨论。这个讨论为员工提供更多心理教育信息，让他们有机会说出更多对事件的想法和感受，包括周五上午害怕回到银行和周一上午害怕回来工作。事件发生一周后，员工回到重新装修的银行，并在停车场集合，由

CISM 小组带领游览银行。当员工在银行中走动时，CISM 小组使用逐步肌肉放松技巧谈论他们的恐惧，帮助他们应对这些感受。执法人员还组织了一个会议，让大家理解为什么当时执法人员看似什么也没有做。

执法人员对员工在围攻时的低调行为和恰当反应做出了积极反馈（McWhirter & Linzer，1994）。在接下来的周一，即事件发生后的第十天，银行重新营业。危机干预小组也在现场，为有需要的员工提供咨询，或仅仅起到安抚人心的作用。创伤事件发生后一个很典型的问题是，员工会小心监视每一个走进银行的人，对看不清或听不清的顾客都非常恐慌，并对好奇顾客的反复攻击性提问表示不安。当需要的时候，CISM 小组成员会帮助员工处理每一个这样的问题（McWhirter & Linzer，1994）。

最后，一个八周的随访发现，虽然员工仍会对大声说话的顾客感到惊吓，也会对同他们开玩笑或像劫犯那样询问个人信息的顾客感到生气，但他们已经很厌倦思考那个事件，也准备将它置之脑后。他们报告说，虽然这个事件永远地改变了他们的生活，但他们已经做好准备迎接新的生活（McWhirter & Linzer，1994）。与本书关于 PTSD 和性侵害的章节描述的一样，对有需要的人都提供个体咨询服务。从这部分可以看出，对团体成员进行全面的分类评估，以选择合适的危机干预方式是非常必要的。干预方法有普通的事后面谈和针对每个人的 CISD，也有包括个体治疗的特殊危机干预技巧（Mayer，1999）。

人质谈判员的危机干预

谈判员并不是对压力免疫，而且人质谈判是一个比较有压力的工作（McMains & Mullins，2010，pp. 523-531）。因此，事件解决后，进行战略和心理的减压是必须的（Strentz，2006，p. 53）。进行及时的事件重演，经历整个动态变化的过程，不仅有助于对最好的应对模式进行批判性回顾，还能有助于谈判员宣泄情绪。如果没有把这个作为一个基础的常规程序，那么会产生长期问题。

其他警察和公众经常责怪谈判员让十恶不赦的罪人存活，慢性死亡对他们来说是过分的恩赐，特别是在有警察被杀害的时候（Ricketts，1995）。孟菲斯警察局强制所有警员在创伤事件发生后进行减压，不仅是为了预防 PTSD，还为了避免他们受到其他各种个人和社会问题的影响。与人质类似，减压能让警员相信他们的工作非常出色，而且在那样的情况下，犯错是很正常的，从错误中学习就好。他们也要知道自己并不是超人，他们经历的问题是非常普遍的，而且与他人分享自己的问题，是缓解负面情绪和减少相互指责的方法之一。约 95% 的人质挟持情况都以无人死亡的好结局结束。谈判员进行谈判时是期望成功的。有死亡发生，对谈判员来说是极大的失败。然而，经常有这样的人质情况让他们忧心忡忡（McMains & Mullins，2010，p. 528）。没有人能做到完美，对一个悲剧结果感到内疚是非常普遍的。每个人都会感到自责内疚，但不应该任其发展（Strentz，2006，p. 53）。

小 结

从1970年起，随着电视媒体成为各种哀伤事件的主要报道方式，人质挟持事件的报道惊人地增加。在公共场合发生的人质挟持事件非常多，但人类服务工作者非常有可能接触到世界范围内警察都很少接触到的各类挟持者类型。虽然人质挟持事件是危机导向的问题，但与其他危机情况不同的是，人质挟持事件不可避免地会有警察参与，而且更多地需要关注挟持者而不是受害者。

挟持者有很多种类型。了解挟持者的类型是非常重要的，因为后续的谈判策略根据不同的类型有所不同。总的来说，所有的挟持者的行为不是工具性行为就是表达性行为，或者两者结合。工具性挟持者有一个非常明确、具体的目标。表达性挟持者是需求力量。人质挟持事件经历的过程基本一致，惊恐、危机、调解和解决四个阶段。

谈判技巧也有很多种。其中，典型的积极倾听和反应技巧是危机干预工作者最常用到的，还有一些比较复杂甚至狡猾的技巧。在所有人质挟持情况中，时间对谈判员是非常有利的。因此，谈判员必须缓慢、耐心地进行谈判。

对于人质而言，在这种危机情况的开始阶段，保持低调以及心理和生理的警觉是最重要的。如果情况延续时间很长，人质可以谨慎、适当地尝试与挟持者分享自己的生活，并促发斯德哥尔摩综合征。如果能让挟持者把人质看作一个人，而不仅仅是谈判的筹码，挟持者会很难将人质去人格化，也就不容易动手杀死人质。挟持者被抓获和人质被释放并不代表人质获得解救。与这个危机相关的急性和创伤后应激可能需要延伸的心理干预。

如果需要一个关于危机干预小组如何和平地让一个校园持枪者投降的快速、可读性描述，我们推荐阅读《当枪击停止：杰斐逊高中的危机谈判》（Charles, 2008）。这本书是一个对校园枪击案中的谈判员进行的定性调查研究（不要让“调查”和“研究”改变你的想法）。它会让你切身感受整个事件如何发展，包括从谈判员和人质的角度观察他们做对和做错了什么。

（牛璐　译）

第十六章

危机中的人类服务工作者：耗竭、替代性创伤及同情疲劳

请对以下问题回答“是”或“否”：

1. 你是否曾因为所参加的晚会没有给你提供咨询的机会而提早离开？
2. 你是否连续地进行咨询虽然（它）已经影响了你自己的生活？
3. 你是否有过这样的一些时候：早晨时有点心绪不宁，但些许的咨询工作就能缓解这种不愉快的感觉？
4. 你经常重复你所听到的吗？我是指你经常重复或解释所有你听到的事情吗？

这些问题是带有幽默和嘲讽意味的《Adams咨询依赖测验》(1989)中的一部分。然而，当我们从另一个影响许多人类服务领域专业人员的严重问题——耗竭（burnout）以及随之而来的同情疲劳(compassion fatigue)和替代性创伤(vicarious traumatization）——的角度来审视这些内容时，上述提问却并非离题万里。

耗竭显然与幽默毫不相关。耗竭并非有意设计的只为博取同事或伴侣同情的通俗心理学名词，而是一个复杂的个人-社会现象，不但涉及成千上万的人类服务工作者，而且也影响到更多这些人类服务工作者的来访者（Farber，1983，pp. vii，1）。从经济学的角度来看，因各行业的工作者不能很好地履行工作职责而导致的损失每年高达数十亿美金。耗竭的表现和症状包括职工的流动、缺勤、低生产率以及心理问题（Golembiewski，Munzenrider，& Stevenson，1986；Leiter & Maslach，2005，pp. 3-9）。然而，如果耗竭已经在各行各业广泛地被讨论，为什么要在助人专业领域特别地提出来呢？

助人专业工作者：处于首位的易感人群

绝大部分关于耗竭的描述或研究都是来自助人专业领域。这项工作最突出的性质就是紧紧地围绕那些个人行为尚未达到较高自我实现程度的人们工作（Maslach，1982b，pp. 32-33）。受耗竭影响的往往是那些抱有较高工作动机和理想并期待自己的工作能使其生命有意义的人类服务工作者（Pines & Aronson，1988，p. 11）。但是，当来访者变得越来越糟糕，尽管这一结果无关其工作技巧或努力程度，耗竭便极有可能随之产生。

面对较低成功率的严峻现实，整个人类服务行业正变得越来越艰难。人类服务工作者多是与遭受心理和躯体创伤的人打交道，而这些人的创伤往往与性和人身攻击、谋杀、阿尔兹海默病和艾滋病有关。因为保健管理计划（managed care，美国医疗保险计划的一种类型）以及有限的预算，人类服务工作者们被期望能在短期内处置大量的病例。解决这些创伤性的问题需要工作者们有极旺盛的精力、极强的恢复能力和耐力。日复一日地处理这些问题，其严重程度、持续时间足以消耗掉任何人类服务工作者的乐观态度和工作积极性（McRaith，1991）。

艾滋病咨询师就是个非常典型的例子。他们必须处理的顾虑和担心包括：如何安全地工作；害怕被传染；从患者的健康状况衰退到死亡这段较长时间内，维持高强度的咨询师/来访者/重要他人之间的关系；患者有着广泛的服务需求；各种情况导致的危机性事件；不断增加的来访者数量；缺乏其他机构的支持；以及许多卫生服务提供者的回避等（Miller，1995；Oktay，1992）。

前面提及的问题就是助人专业领域所面临的核心问题，也使其成为不仅是最富挑战的行业，同时也是最易产生压力的职业。因此，人类服务工作者要能够忍受大量潜在的复杂问题，这些问题往往是模棱两可的，他们还要能处理来访者与工作机构之间的矛盾，他们在工作过程中还要面对生态系统内产生的各种需求（Paine，1982，p. 21）。

对于危机干预工作者而言，超时工作是常态。危机中心这类的机构因其工作环境而声名狼藉：超长且不规律的工作时间、较低的薪水、功能水平低下的来访者、极短的工作期限、无法控制来访者将在什么时候出现或打来电话、几乎没有第二选择、回答有慢性问题的来访者相同问题、敌对与感情用事的“棘手”来访者和复杂拖沓的公事程序等。这些还仅仅是危机干预工作者们应激源的一小部分，但也足以使得他们成为耗竭的主要易感人群（Distler，1990）。因为危机干预工作者总是频繁且长期地暴露在创伤性事件之中，文献中出现了一些诸如“同情疲劳”（Figley，1995，2002）、“创伤”或“事件”反移情（Dahlenberg，2000，pp. 12-13）、“替代性创伤”（McCann & Pearlman，1990；Pearlman & Mac Ian，1995；Pearlman & Saakvitne，1995a，1995b；Saakvitne，2002）以及“类创伤状态（traumatoid states）”（Thomas & Wilson，2004）等名词，用于描述他们在面对再三出现的、难以言说的创伤时所发生的情况。

然而，这里的问题是，耗竭以及这些新的衍生名词是否可从动力学角度去识别。实际上，Hafkenscheid（2005）提出“替代性创伤”一词只不过是编造出来的术语，用来作为治疗失败的借口。Paine（1982，p. 11）和Maslach（1982b，p. 29）报告，批评者认为耗竭应该被视为工作的一部分，如果一个人类服务工作者“不能够耐热，那么他就应该离开厨房”，因为“这种工作总是充满了压力并且永远都会是这样”。这种对耗竭过于草率的解决办法没有考虑当工作压力转化为危机时，个人、社会以及组织所要付出的巨大代价（Paine，1982，p. 11）。耗竭会导致工作效率降低、人际和内心关系损害以及各种健康问题（Golembiewski et al.，1992；Golembiewski & Munzenrider，1993；Golembiewski，Munzenrider，& Stevenson，1986）。确实，许多研究预示了一个不容乐观的事实，即耗竭导致体内的化学特性发生显著变化，而这一变化是心血管疾病发生的生物学标志（Grossi et al.，2005；Melamed et al.，2006；Toker et al.，2005）。耗竭不是某个问题的一部分，而是个体和机构面临的共同问题（Maslach，1982b，p. 39）。耗竭主要由慢性职业应激导致，是一个很现实的问题（Paine，1982，p. 16；Tubesing & Tubesing，1982，p. 156）。

耗竭的定义

从历史上看，耗竭的定义最早产生于20世纪70年代。它源自精神病学的概念，用以描述那些在躯体、情绪、精神、人际关系以及行动方面耗竭的患者（Paine，1982，p. 16）。Herbert Freudenberger（1974，1975）首次将其作为工作领域的专业术语，用来描述那些与他同在替代医疗服务机构工作的、带有理想主义色彩的年轻志愿者，他们中的一些人在言行方面开始表现出比许多来访者更糟糕的状况。然而，要给耗竭下一个合适的定义并非易事。

广义上来说，耗竭可以称为一种涉及情感、态度、动机和期待的内在心理体验（Maslach，1982b，p.29）。处于耗竭意味着一个人已经消耗掉了他为了维持生命之火而储备的全部精神能量。当精神需求超过供给时，这种能量危机便发生了（Tubesing & Tubesing，1982，p.156）。它是一种由于情感上的要求长期得不到满足而导致的包括身体、心理、感情枯竭的体验。它伴随着一系列的症状，包括：躯体上的消耗、无助和无望感、幻想破灭、自我否定，对工作对他人以及对生活本身的否定态度。耗竭意味着个体适应环境的能力遭受了严重的损害且已经达到了极限（Pines & Aronson，1988，pp.9-10）。

简而言之，耗竭就是丧失能量，也就是说你已经精疲力竭了。一晚很好的睡眠已无济于事，并且任何助眠办法（包括酒精）也不会有多大起色。试图逃离也无济于事，而且当你回头时你会感觉更糟糕。工作要求你将一切置之度外，且超出了你的能力极限。耗竭也意味着丧失热情。正如《乱世佳人》中白瑞德对郝思嘉说的那样："坦率地说，亲爱的，我什么都不在乎！"热情被玩世不恭所取代，你看不起你的老板和你的来访者，与同事共事时也毫无激情。你曾经投入到工作中的全部热心、能量、创造力、专业才干以及热情都消失殆尽；铆足劲大干一场已经变成担心是否还有能力到达几步之遥的休息室，直至最后你的信心被抛到九霄云外。你的工作效率越低，自我价值感就越萎缩。为什么你还在勉强支撑（Leiter & Maslach，2005，p. 2）？事实上，你已经是长长的病号名单上的一员了，并且你很快就会看到眼前你所经历的就是"耗竭"！

耗竭的动力学

因为耗竭的发生过程是缓慢的、潜隐的，因此常常不会把耗竭看作一种危机。很难确定某个时间点或者某个事件诱发了耗竭。相反，耗竭作为日常生活和工作竞争以及慢性压力的后果，会缓慢而持续地侵蚀人们的身心健康（Pines & Aronson，1988，p. 11）。由于很难发现耗竭的存在，因此很容易把它误认为是性格缺陷。当人们在所处的环境中感到非常挫败且精疲力竭，以致要采用非常规的方式（例如放弃目前的工作或专业领域，发展为严重的身心疾病，成为物质滥用者或者自杀未遂）寻求解脱时，危机就出现了。更成问题的是，从耗竭中恢复的过程也并不那么直接而简单，当个体试图掌控自己的职业、个性和人际关系时，常常会发展成危机和混乱状态（Kesler，1990）。因此，职业耗竭带来的危机可能变成更加广泛的、存在性的危机。

从工作方面而言，当一个人在工作中遇到的新旧问题不断累积时，耗竭就会发生。Leiter 和 Maslach（2005，pp. 14-19）提出了导致耗竭的六大主要原因：(1) 工作负荷过大，即工作过于复杂、工作量过多、过于紧急或是过于糟糕；(2) 与"控制"有关的问题，如被上级管得过细，或不得不与一个低效率的领导或团队共事；(3) 缺乏补助金或酬金及精神鼓励形式的奖励；(4) 缺乏可以提供社会支持的社区；(5) 缺乏公平，如很少公正、独断专行、并不光明正大的决定以及偏袒；(6) 价值观念冲突，这表明你对组织所怀有的信心和价值认同以及组织对你的信心和个人价值之间出现了严重的偏差。前面所提的这些方面可能会在程度和类型上有所不同，但是其结果却都是个人与其所处工作环境之间持续不断的相互摩擦（Pines & Aronson，1988，pp. 43-44；Riggar，1985，p. xvi）。从工作人员的角度来看，不管是近期还是以后，这些问题都不会得到解决。

躯体对任何需求的非特异性反应就是压力（或称为应激）。人们需要一定的压力以获得最佳的工作效率，然而这里有很关键的一点就是每个人都有一个极限，这个极限点取决于遗传、生物、行为以及后天的生理因素的影响。一旦超出这个极限，压力就会是有害的（Selye，1974）。个人环境中的事件也可能"激活"应激反应，但更多时候会通过认知-情感过程使得应激反应进入不同阶段（Everly，1989，p. 45）。应激反应会削弱神经系统、神经内分泌系统、内分泌系统中的一个或多个系统，导致一系列生理反应，最后影响到众多的靶器官。根据 Selye（1956）的一般适应综合征（general adaptation syndrome），对这些靶器官的过度刺激和过度损耗导致了应激相关的功能失调和疾病。如果这些应激源持续存在且需要机体长期地消耗能量去适应，那么就会出现靶器官的彻底损伤。最后的结果在生理上也许表现为像心脏病发作一样严重，或者像头痛一样普通。

当环境要求与个体反应能力之间出现实质上的失衡（察觉到或实际存在）时，就会出现应激（即个体感觉到压力）。当缺乏调节应激的中介，或者个体缺乏社会支持系统或其他缓冲办法，能够使这种持续不断的应激得到缓解时，耗竭就出现了（Farber，1983，p. 14）。最后的结果就是人们在生活的各个方面都会受到无数并发症状的困扰。这种描述与危机情况下出现的失衡和麻痹状态非常吻合。

耗竭的基础

让我们来看一下两位人类服务工作者，他们的经历和职业不同，但无论从哪种定义标准来看，他们都处于耗竭的状态或过程之中。

Templeton 先生 Templeton 先生已在一所初中担任学校咨询师两年了。这期间他对一项辅导程序进行了彻底改革。在他到来之前这项程序声名狼藉，因为除了用它进行出勤检查之外别无是处。Templeton 先生的咨询程序彻底改变了这种局面。在过去，学生们最不愿意去解决个人问题的地方就是学校咨询室。他向大家解释，他的工作完全就在于帮助学生、教职工、家长、市民组织以及其他任何愿意倾听的人，并且他真正做到了这一点，因此他将咨询室变成了大家争相前往的地方，就像加利福尼亚淘金潮时的国土管理局一样。现在他的校长得竭尽全力才能把 Templeton 先生留在身边。

但校长并不知道，Templeton 先生有一个古怪的想法：将整个九年级送到撒哈拉沙漠去搞一次露营。最近六个月来，他对怎样进一步改进咨询程序方面毫无进展，并且他在想自己去年曾拒绝的证券交易所的那份工作可能并非一件坏事。他满脑子想着这些事情，惆怅地看着手表，而一位九年级学生正坐在他对面，他还没弄明白她究竟是因为学校的事情还是家里的事情来他这里咨询，尽管她已经叙述了30分钟，而他却几乎什么也没听到。

Josh Josh 是位在社区精神卫生中心门诊工作的社会工作者。他在此已经工作五年了。患者到他这里来看病就像到麦加朝圣一样。他刚接到他主管的便函，将他的病例数增加了20%，同时草率地指示要他放弃一些旧病例，并将他们从门诊病例档案中一笔抹掉。Josh 呆坐在当地一家他常去的酒馆喝闷酒，他不知道如何将20个原本需要帮助的人弃之不管，并且他还要考虑怎样应付他妻子在早晨提出的分居要求。他妻子的抱怨主要都与他的工作有关：作为一名硕士毕业生而言微薄可怜的薪水，长时间加班却没有休假的补偿，在深夜常有紧急工作，尤其是他忘了身为两个孩子的父亲以及一名丈夫所需要承担的责任。Josh 示意吧台添酒，正在等着上酒的时候，一股灼热的疼痛袭击着他的胃部，于是他吞下了一片抗酸药。

以上两位人类服务工作者有什么共同点呢？他们都具有共情、敏感、仁慈、理想主义的特征，受到人们的认可并被委以重托，而且他们也都献身于自己的专业工作。然而，像许多有耗竭倾向的人类服务工作者一样，他们也有过度焦虑、强迫、热情、有点神经质、性格外向、认真谨慎、很容易就倾向于支持自己的来访者等特点（Farber，1983，p. 4；Piedmont，1993）。他们两人都具有以下一条或几条耗竭的主要表现（Borritz et al.，2005；Farber，1983，p. 6；Lee & Ashforth，1993；Powell，1994；Sek-yum，1993；Turnipseed，1994）：

1. 角色混淆。他们不清楚自己的权利和责任；对于工作的方法、需要设定的目标、个人所处的位置、自己及所在的机构应承担的义务也界定不清。
2. 角色冲突。对他们的要求，与他们的价值观和道德感之间出现了不一致、不协调，甚至互相矛盾。
3. 角色负荷过重。无论从数量上还是质量上对他们所提出的要求都已经很沉重。

4. **无成就感。**无论他们多么努力工作，其结果都很少能意味着获得认可、成就感、受到他人感激或者成功。
5. **孤立无援。**无论是在工作场所还是与此之外的地方，他们都很少得到社会支持。
6. **无自主性。**他们将要做什么以及如何处理来访者的决定权，被他们工作机构的官僚主义指令所取代。

耗竭的这些基石不是随意堆砌在一起的，而是逐渐且必然地通过多种机制在经过一定时间后形成的。

关于耗竭动力学机制的研究

关于耗竭的不同层次的研究结果支持以下的观点（Baird & Jenkins，2003；Borritz et al.，2005；Carroll & White，1982；Decker，Bailey，& Westergaard，2002；Golembiewski & Munzenrider，1993；Golembiewski，Munzenrider & Stevenson，1986；Golembiewski et al.，1992；Grossi et al.，2005；Grouse，1984；Hoeksma et al.，1993；Koeske，Kirk，& Koeske，1993；Lee & Ashforth，1993；Linley，Joseph，& Loumidis，2005；Lyndall & Bicknell，2001；Maslach，1982a；Melamed et al.，2006；Piedmont，1993；Pines & Aronson，1988；Powell，1994；Salston & Figley，2003；Sekyum，1993；Toker et al.，2005；Turnipseed，1994）：

1. 任何压力不断累积就会造成耗竭。
2. 耗竭是心理生物学的过程。
3. 除工作本身外，环境因素也是产生耗竭的一个原因。
4. 缺乏有效的人际关系是耗竭的原因之一。
5. 耗竭发生前虽然会有信号，但能否被发现则取决于观察者的敏锐程度。
6. 有些症状会一闪即逝，但大多数会持续一段时间。
7. 耗竭是一个连续过程，而不是一些单独的事件。
8. 耗竭的程度多种多样，轻则表现为没精打采，重则带来死亡。
9. 耗竭的持续时间也变化不定。
10. 耗竭及其所导致的危机可能不止一次地出现。
11. 个体对耗竭的自我认知千差万别，可以从全部否认到完全地意识到问题。
12. 耗竭具有传染性，因为它给其他工作人员带来压力。
13. 刚入行的和有较长工龄的工作人员最容易发生耗竭，而工作年限处于中等程度的发生耗竭的可能性最小。
14. 男性与女性在耗竭的体验上几乎没有差别。
15. 单身者发生耗竭的最多，而有家庭者最少。
16. 治疗和预防耗竭的措施必须因人而异，因为耗竭有个体差异。
17. 从不同程度的自我丧失、个人成就感（或缺乏这种成就感）、情感的耗竭可以识别出耗竭发展的不同阶段。
18. 耗竭不是一种疾病，所以医学模式不是一个合适的分析方式。
19. 耗竭不能混同于“装病”。
20. 随着耗竭的发展，个体的躯体和精神方面的健康状况呈现出进行性的恶化。
21. 工作的自由度、凝聚力以及社会支持是预防、抑制和降低耗竭的关键。
22. 与工作同样重要的是学会抽时间放松自己并合理地安排。
23. 耗竭能够带来个人发展和职业上的进步，同样也可导致绝望和损伤。
24. 更多的相关教育，有针对性地对创伤工作进行培训，设立督导机制以及机构方面的支持都可能有利于降低耗竭发生率。
25. 个人的创伤性经历可能是耗竭发生的影响因素。

对耗竭的误解

耗竭的易感者对自身以及自己在所处的环境下该如何行动持有一些错误的信念（Everly，1989；Friedman & Rosenman，1974；Kesler，1990；Maslach，1982a；Pines & Aronson，1988；

Rodesch，1994)。他们倾向于以典型的A型人格模式去歪曲现实，并由此而产生一些对自身及其工作的不合理描述（Friedman & Rosenman，1974)。这些描述后来被称之为“Ellis模式”(Patterson，1980，pp. 68-70)，即人们对自身处境的一些不健康的看法，例如：

1. “工作就是我的生命”。这意味着长时间工作而没有放松的时间，很难委托他人代劳某事。当工作不能尽善尽美时，就会出现焦虑、防御、愤怒以及挫折感。
2. “我必须有才能、有知识，能帮助每一个人”。当个体不能达到这一完美的程度时，就会产生不切实际的期望，出现自我证明的需要，缺乏自信以及过分的内疚。
3. “为了完成我的工作任务并保持我的自我价值，我必须得到与我共事的每一个人的喜爱和认可”。这样的人不能坚持自我，不能设定界限，不能说“不”，不能与他人有不同意见或做出负面的反应。因此，他们在工作场所中被其他人，包括来访者所操纵着。这样做的后果就是导致自我怀疑、消极敌视、没有安全感以及随之而来的沮丧。
4. “其他人很顽固且难以对付，他们不理解我工作的真正价值，这些人应该给我更多的支持”。于是便出现了刻板、笼统地去看待具有特殊性的个体或问题，缺乏创造性、消耗精力、积极性下降。这样，个体就会产生失败者的态度并以消极方式去接受现实状况。
5. “任何负面的反馈都意味着我所做的事情存在问题”。这种人不能对自己的工作做出客观评价并进行建设性改进。对待批评怒气冲冲，这种怒气可以表现为消极应付或是主动对抗，这取决于其所指向的个体。这样做的结果是出现挫折感和失去主动性。
6. “因为前人所造成的各种错误和失败，事情不能按部就班地实施运作”。旧的计划没有被采纳，新的尚未出台。结果造成工作的停滞与延误。
7. “事情必须按照我所想的那样进行”。加班，检查员工的工作情况，没有能力解决问题且又不能委托给他人，过分关注细节，重复劳动，对他人缺乏耐心以及独断专行成了这些人的行为特征。
8. “我必须无所不知且万无一失”。这种人认为自己不能犯错误。而对于工作人员而言，要对千差万别的来访者进行治疗是容易出错的，特别是当来访者处于危机状态时。

上述这些动力学机制也导致了千差万别的耗竭症状。

耗竭的症状

耗竭是一种多维度的现象，由行为、生理、人际关系和态度等方面的内容组成。表16.1收集了各种症状表现以供参考，虽然这个列表已经很冗长但仍没有罗列出全部。当然不是所有陷入危机的人类服务工作者都会表现出已列出来的所有症状。对于敏锐的观察者来说，能够发现其中许多现象值得关注，特别是如果他能够及时回顾并查明员工相关症状的变化情况。

耗竭的水平

耗竭可以发生在以下三个水平之一：特质、状态和活动（Forney，Wallace-Schutzman，& Wiggers，1982)。特质水平是广泛的，它包括了个人生活的各个方面。耗竭的个体在驾驭时间、地点和人物方面完全丧失了功能。特质水平上的耗竭是极其严重的，需要立即对其进行干预。

在状态水平上的耗竭可能是周期性的，或者由某种具体的情况决定。一个典型的例子是：月圆时间与危机集中发生的时期相吻合，每到这一时期，城里每个有产生危机倾向的个体似乎都接到了来自月球的时钟所发射的信号，变得狂躁起来；而当弦月出现时，这种危机状态就会减轻，而危机热线服务中心的工作人员也会恢复表面上的正常状态。久而久之，这些“状态”事件极易造成工作人员的预期性焦虑，如果不及时处理，将爆发形成全面的耗竭。

最后，耗竭可能以“活动”为基础。任何高

度紧张的持续工作，比如对物质滥用者的集体辅导或在创伤中心像牧师一样抚慰心理创伤时，足以使最富有感情的危机干预工作者也磨损了他们用来自我防护的盔甲。当某些活动会造成应激时，减少耗竭发生的最简单方法就是改变常规工作日程。然而，这种改变并非易事，实际上能认识到有这种改变的必要性就已经很不容易了。

耗竭的阶段

另一种描述耗竭进展的方法是基于其发展的阶段。Edelwich 和 Brodsky（1982，pp. 135-136）将那些典型的耗竭易感者的病程分为四个阶段。

阶段1：热情。人类服务工作者怀着高度的热情和不太现实的期望投入到新的工作中。如果他们的期望值没有在职业介绍会或相关培训项目（即告知新员工怎样设定对工作的合理期待）中得到调适的话，那么这种被美化了的工作期待将不可避免地将他们带向停滞阶段。

阶段2：停滞。当这些工作人员觉得自己的个人、经济以及职业需求没能得到满足时，耗竭便出现了。当你发现周围那些能力不如你的人反而升职更快，存在不断增加的家庭经济压力，以及缺乏做好本职工作的内在动力时，这种感觉就出现了。而精明的管理者往往会先于停滞发生之前，就提供各种各样的激励措施，例如明确地告诉员工："你在这里干得非常好，我们很感激"。如果既无内部强化也无外部强化，那么员工就会发展为下一个阶段，即挫折阶段。

阶段3：挫折。挫折明确地表示某员工已处于困境。他们开始怀疑工作效率、工作价值以及他们为面对困难而付出努力的意义。因为耗竭在组织环境中具有高度的传染性，一个人的挫折感可能会影响他人。面对挫折最好的处理办法是正视问题，组织讨论会或成立支持团体，增加对耗竭综合征的识别，而支持团体可通过给个人和机构带来变化，以促进问题的解决。如果这个问题能很好地解决，将会使工作人员重新点燃对工作的热情；但如果问题解决得不好，那么最后一个阶段——淡漠便产生了。

阶段4：淡漠。淡漠就是耗竭。这是对环境产生的一种长期的冷淡，以及对自己在干预工作中的成就满不在乎的一种表现。淡漠是一个真正意义上的危机阶段：个体处于失衡和不稳定的状态中。使这一阶段更为复杂化的是否认和不能对正在发生的情况做出客观判断，要扭转这种局面就必须强制接受心理治疗。

表 16.1　耗竭的症状

行为	躯体	人际关系	情感状态
工作质量或效率降低	慢性疲劳	逃避家庭	抑郁
使用/滥用酒精和非法药物	抵抗力降低	在家里强迫性地做所有的事情	感觉空虚、无意义
缺勤增加	易感器官出现问题：溃疡、偏头痛、胃肠不适、面部抽搐等	在与人交往上表现不成熟——持有不可告人的目的	处于无所不能到无法胜任之间
冒险增加	感冒和病毒感染	对任何人都阿谀奉承	愤世嫉俗
药物治疗增加	协调能力差	被不太安全的人所吸引	偏执
不停看手表等下班	失眠、噩梦和嗜睡	由于其来访者的状况，而减少了与重要他人的交往	强迫
抱怨	肌肉紧张	中断长期保持的关系	冷酷

表 16.1 （续表）

行为	躯体	人际关系	情感状态
更换工作或辞职	酒精和 / 或物质成瘾	对朋友的评论有治疗性的想法并且反应过度	内疚
不能处理小问题	烟草和咖啡因使用增加	无法分离职业和社会生活	厌倦
缺乏创造力	暴饮暴食或进食过少	允许来访者随时打电话、登门造访打扰私人生活	无助和 / 或绝望；自杀 / 杀人意念
失去乐趣	活动过度	没有机会独处或享受独处	恐惧、麻木的感觉和想法
失去控制	体重突然增加或减少	孤独感，有信任问题	刻板化
迟缓	以前就存在的疾病突然爆发：如高血压、溃疡、哮喘、糖尿病等	失去可靠性	去人格化
害怕工作	由于高危行为而受伤	失去与朋友、家人或来访者维持关系的能力	悲观主义
在过度卷入和疏离的两个极端间摇摆	停经	避免密切的人际交往	正义的神态
机械化的反应	经前紧张增加	从开放和接受转向封闭和否认	夸大
易出事故	在意外事故中受伤	对很小的人际关系问题也不能处理	不合时宜的幽默，特别是针对来访者
改变或终止宗教信仰	心跳加快	与同事隔绝或过分依赖同事	对管理者、督导师和同伴不信任
在治疗界限的设置上犯错误	呼吸困难	愤怒和不信任的表达增加	对机构和同事持有过分挑剔的态度
在围绕治疗的判断和策略上出现失误	焦虑和惊恐发作	对自己和所爱的人的警觉和安全问题的增加	
类 PTSD 症状如侵入性思维、情感麻木、睡眠障碍、噩梦、过度警觉	头昏眼花	作为家长过分保护孩子	陷入工作问题和人际关系问题
退行	免疫系统受损	对亲密关系或性的兴趣降低	无明显原因地感到能力不足、无能为力、自卑和幸存者内疚
失去耐心，易激惹			自我批评和完美主义
退缩			情绪迅速波动
丢三落四			失去信仰、意义和目标
自杀企图			改变宗教信仰
杀人企图			感到失去了基本的内在平衡，对整个世界的脆弱感增加

干预工作者-来访者关系

随着危机干预在心理创伤领域越来越多地得到推广，危机干预工作者在处理来访者的危机时出现的一些特有的现象引起了很多人的兴趣，并由此产生了一些新的概念，如“继发性创伤应激障碍”（secondary traumatic stress disorder，STSD），或 McCann 和 Pearlman（1990）提出的“替代性创伤”（vicarious traumatization，VT），以及 Figley（1995）提出的“同情疲劳”（compassion fatigue，CF）。这些术语常被交替使用，并用来描述危机干预工作者与来访者的关系的病理性变化。人类服务工作者长时间地暴露在深陷危机的来访者的创伤中，由此也就产生了非常真实的、确实存在的负面影响。

已有研究证实危机干预工作者比其他人类服务工作者更多地体验到工作中的负面影响（Arvay & Uhlemann，1996；Blanchard & Jones，1997；Charney & Pearlman，1998；Johnson & Hunter，1997）。那些与灾难受害者长期共处的危机干预工作者更容易发生 STSD。Wee 和 Myers（2002）在俄克拉荷马市摩拉联邦政府大楼爆炸事件的精神卫生服务工作者中，开展了一项长时间的追踪随访研究，发现有大约半数的应答者报告他们在此期间的压力远远多于开展常规的精神卫生服务工作，并且他们也都同时面临着“同情疲劳”和耗竭的危险。

之所以这样，正是因为创伤工作和危机干预工作容易让人成瘾而欲罢不能，且同时具有潜在的杀伤力！正如那些忙碌的警察、护理人员以及其他紧急服务工作人员在处理创伤事件的过程中所体验到的那样，危机干预工作者也感觉到了危机干预成功时的“肾上腺素高峰”，并因此而成瘾。举例而言，那些在“9·11”袭击后工作的心理学家们更多地报告了对自身工作的正面评价（Eidelson，D’Alessio，& Eidelson，2003）。然而，持续暴露于应对创伤事件带来的“肾上腺素高峰”，同时意味着危机干预工作者长期置身于一个由天灾或人祸所造成的火力网上，这个火力网可以同时对躯体和心理造成最可怕的后果。有两个心理学的概念是与危机中的来访者打交道时的特征性标识，如果没能好好理解就进行危机处理，危机干预工作者就会有产生耗竭的潜在危险。这两个概念就是反移情（countertransference）和继发性创伤性应激或替代性创伤 / 同情疲劳。

反移情

当治疗的强度变大，在危机工作中特别引人注目的反移情现象也会随之产生。反移情是危机干预工作者把自己生活中过去和当前重要的人或事的某些特质和行为转移到来访者身上。反移情反应可能是积极的也可能是消极的，可能是口头明说也可能是不说出口的，可能是有意的也可能是无意识的流露；它们可能包括躯体、心理、社会、性别、种族、道德、精神、文化或者生态学的因素，通过既往经验曾经对干预工作者造成影响，并且在对来访者“当下”的治疗中表露出来。有时，来访者情感方面的表现可能会激起那些已深深埋藏于干预工作者的人格之下的感觉、想法以及行为。

当来访者像镜子一样折射出自己的缺点、恐惧、失误、偏见和成见时，人类服务工作者可能会开始出现一些不恰当的行为。他们或许会在治疗过程中力求符合自己的需要而不是考虑来访者的需要。其结果就是在干预工作者先入为主的模式下，来访者被严格地要求“应该怎么做”，而且也得不到为什么要这样做的必要解释（Freudenberger，1977）。

在心理分析治疗中的一个普遍原则是要避免反移情，如果治疗师拒绝承认且不进行处理的话，轻则可能抑制治疗效果，重则可破坏治疗关系（Dahlenberg，2000，pp. 1-6）。如果反移情没有被识别且得不到积极的处理，那么人类服务工作者最终会因自己对来访者产生负面情感而觉得愧疚，甚至连自己也不知道为什么会产生这样的情感体验。这种情感体验显然与干预工作者所接受过的职业教育和信念是背道而驰的，同时这种情感体验还有可能与显著的职业应激结合起来而导致耗竭。

然而，Pearlman 和 Saakvitne（1995a，pp. 22-24）提出，如果危机干预工作者通过深切的共情，成功处理并深刻体会来访者的痛苦，那么反移情就是不可避免的，并且是必要的。尤其是在充满感情承载的事件中，如对儿童身体和性的虐待、终末期疾病、持续存在的自杀意念等，由于危机干预工作者对这类问题投入了强烈的情感体验，这可能会给他们带来极大的压力（Dahlenberg，2000；Fox & Cooper，1998；Pearlman & Saakvitne，1995a）。在创伤事件中多一点或少一点反移情反应，就像踩在极细的高空钢丝上一样危险。Main（2008）对为性侵受害者提供服务的专业人员的研究发现，虽然他们在认知、情感和行为上出现的损害与同情疲劳和替代性创伤的特征一致，但他们同时也表现出同情满足的很多特征，并表示自己儿童期的性虐待史对治疗性侵受害者很有帮助。正因如此，处理反移情最关键的一步就是与一位能够胜任的上级督导师保持联系。

继发性创伤应激 / 替代性创伤 / 同情疲劳

替代性创伤和同情疲劳与反移情的表现不同。这些术语在发展的过程中，在某些方面开始出现细微的差别，以及更具体的内涵。同情疲劳与继发性创伤应激通常可以替换。除了在个体所经历的创伤方面有不同之处，继发性创伤应激障碍是与创伤后应激障碍非常相似且同类的概念，继发性创伤应激障碍是暴露在创伤性事件相关的个体面前而非事件本身。而同情疲劳，正如 Figley（2002，p. 6）所言，只不过是继发性创伤应激障碍的一个更容易理解的别名。

替代性创伤是指来访者的创伤性症状以某种方式活灵活现地转换出现在某人身上。这个概念来自结构主义模型，即在危机干预工作中，因为二次暴露在创伤前而直接导致个人的经验和世界观发生变化（Pearlman & Mac Ian，1995）。举例来说，在由 Alexander 及其助手（1989）开展的一项研究中，当研究人员在深度阅读和复审强奸案例后，虽并未直接与受害者谈话，但随后开始出现了受害者的病理性表现。这些术语的共同之处在于，它们都反映了干预工作者们已经受到了影响，这种影响来自长时间、高强度地与具有某种创伤经历的来访者牵连在一起。

替代性创伤和同情疲劳是治疗师和来访者之间长期积累下来的共同经历的结果，已经远远超出了在特定的治疗师-来访者关系中出现的移情-反移情的问题。反移情只是短暂出现，而替代性创伤和同情疲劳则可能具有使心理结构发生永久性变化的潜在影响力，尤其是对于那些长期工作在高强度创伤情境下的干预工作者而言，因此替代性创伤和同情疲劳也成为危机干预工作者的职业风险（Saakvitne & Pearlman，1996，p. 31）。

替代性创伤和同情疲劳的最终结果就是它们对反移情的广泛影响。因为替代性创伤是在来访者的经历上累积并概括出来的，因此如果人类服务工作者对来访者表现出其替代性创伤，或者把其替代性创伤压抑在意识之下，这都会导致反移情反应变得更加强烈（Saakvitne & Pearlman，1996，p. 48）。对于一般的人类服务工作者，尤其是危机干预工作者来说，替代性创伤或同情疲劳是耗竭发生最主要的促发因素。

Maslach（1982b，pp. 36-37）认为只有充满激情的人类服务工作者才会发生耗竭。对于这些工作者，Saakvitne、Pearlman（1996，pp. 26，49）以及 Figley（1995）相信，应对那些常与危机共同出现的令人心痛的事件必须要有深深的共情，而正是这共情使得危机干预工作者更容易出现过于强烈的情感，使得其信念容易被严重破坏，并使得他们核心的理想和希望受到冲击。因为需要反复应对来访者面临的可怕事件，危机干预工作者的精力消耗殆尽，长此以往，这种冲击就会造成同情疲劳（Figley，1995）。

由于真正的奉献精神，或者是觉得需要帮助具有任何问题的任何人，理想主义的人类服务工作者把他的工作视为是一种召唤。在一个不完美的现实世界中，这样的理想主义常常导致过度卷入和对来访者的认同——这通常会对干预工作者造成损害（Koeske & Kelly，1995）。随着人类服务工作者越来越深地陷入助人关系中，干预工作者对于被接受和被喜欢的强烈需要，使得他们越来越难以对来访者的要求说“不”。这时候，干预工作者开始扛起来访者的责任。

干预工作者对来访者的过度卷入有多种表现，其中的一些特征如：没有注意他自己的需要，或者坦率地说也没有注意来访者的需要，延长惯有的单次治疗时间限制，在家中不管多晚都接听电话，来访者失败时体验到感情受伤，企图戏剧性地治愈不可能痊愈的病例，当既定计划出差错时就会感觉备受打击，拒绝退出明显超出自己能力范围的病例，变得易怒、冷嘲热讽或对来访者感到乏味，常改变话题或者回避正题，提供毫无价值的回答，低估来访者的问题并对他们的痛苦轻描淡写，不再相信来访者，害怕来访者即将开始的述说，抑制来访者关于创伤的谈话而一味地告知他们“要克服”，产生麻木和回避的感觉，不能集中注意力，不断想起自己经历过的创伤性事件，希望来访者不会出现，因为没有取得进展而感到挫折，在经历了两难困境后丧失幽默感（Baranowsky，2002；Dahlenberg，2000；VanAuken，1979）。上述情况都是尚未解决的反移情以及替代性创伤 / 同情疲劳的鲜明表现。

在这种情况下，人类服务工作者会把与来访者之间的帮助关系看成是复杂而令人厌烦的事情，而来访者也可能会退出这种帮助关系以表达对干预工作者淡漠态度的不满。当这种心理旋涡持续发展并且干预工作者表现出更为严重的紧张和沮丧时，来访者就很有可能会提出终止这种治疗关系（Dahlenberg，2000；Watkins，1983）。这些负面强化无法抚慰干预工作者已经伤痕累累的自我，并且还有可能使其沿着耗竭的旋涡螺旋式下降。这种职业暴露究竟将带来积极还是消极的后果，在很大程度上既取决于危机干预工作者本人，也取决于其所在的人类服务机构怎样以积极主动的方式去处理他们所出现的情况（Dahlenberg，2000；Deiter & Pearlman，1998；Figley，1995；Pearlman & Saakvitne，1995a；Saakvitne & Pearlman，1996）。

同情满足

在本书的前一版中已有大量的研究关注了同情满足（compassion satisfaction）这一概念。Stamm（2005）将同情满足描述为当一个人能够把工作很好地完成时所体会到的一种单纯的快乐。而同情满足之所以被视为一个众所周知的概念，是因为它被当成对付耗竭的一个最有效的缓冲剂。研究发现那些对自己所提供的服务效果感觉满意的人类服务工作者，持续地表现出更不易发生替代性创伤和耗竭现象（Conrad & KellerGuenther，2006；Eastwood，2007；Killian，2008；LaFauci Schutt，2009；Lawson & Myers，2011；Ringenbach，2009；Sullivan，2004）。因此，这也使得组织机构有可能采取措施预防耗竭，即尽其所能地让危机干预工作者知道，他们已经做得很好，并且会从来访者那里得到对其服务以及关心的满意反馈。

机构的过失

产生耗竭的责任大多数都归结在雇用机构，及其在识别和处理组织机构中能导致耗竭的问题时的无能（Everly，1989，pp. 295-297；Pines & Aronson，1988，pp. 97-111；Shinn & Morch，1983，p. 238）。Savicki 和 Cooley（1987）比较了耗竭的程度与其所处工作环境后发现，那些在耗竭评测指数上得分最高的人类服务工作者感觉自己对机构的程序和政策毫无影响力，在既定的工作指南下缺乏自主性，对机构的工作目标没有明确的认识，有高强度的、超出工作时间的任务，过分纠结于自己该怎样与来访者打交道，并且普遍感觉自己没有得到同事和上级督导师的赏识。

最重要的是，有研究发现如果组织机构无能力明确界定工作角色，就会因此而造成角色冲突和角色混淆，而这两点恰好是工作环境中造成耗竭的最主要因素（Barber & Iwai，1996）。这些研究发现不应该只被解释为是被调查对象的“牢骚”。其他大量的同类研究（Burke & Greenglass，1995；Duquette et al.，1994；Jayaratne，Vinokur-Kaplan，& Chess，1995；Lee & Ashforth，1993；Sek-yum，1993；Turnipseed，1994）也证实，那些不痛下决心力求与职工沟通或支持职工的机构，其耗竭发生率较高。

对危机干预工作者而言，最关键的社会支持机制之一就是能够很方便地得到咨询和督导。危机干预绝不应该是孤立的工作，本章的案例就是说明这一点的极佳例子。诚然，正如 Pearlman 和 Saakvitne（1995a，p. 359）所报告的那样，在创伤治疗中没有得到过督导的情况似乎很普遍。Pearlman 和 Mac Ian（1995）的研究发现，在接受他们访谈的创伤治疗师中只有不到三分之二的人报告曾接受过某种形式的督导，但这些人当中超过 80% 认为他们从督导中获益。

相比之下，那些舍得在组织使命中投入更多的机构其员工的耗竭发生率更低，因为这些机构能灵活地为员工提供工具性和情感性支持，有一般的支持团体，提供咨询帮助，有明确的工作界定，帮助管理人员提升社会领导力，对来访者的成长保持现实的期待，设立督导以帮助员工解决因工作压力大所带来的问题或是帮助那些已出现耗竭倾向的员工（Everly，1989，pp. 299-309；Kahn，2005；Melchior et al.，1997；Pines & Aronson，1988，pp. 107-111；Savicki & Cooley，1987）。

对耗竭的自我认识

无论耗竭的程度如何，人类服务工作者以及他们所在的组织对这一问题的认识都存在明显的盲点。不管他们对他人有多么了解，如何能够用治疗干预进行改变，他们一般都不了解自己的情况。另外，如果要对耗竭进行自我诊断，或集合力量并付出精力去开展综合有效的干预，这样的做法很难保证其个人的或职业的客观性（Spicuzza & Devoe，1982）。

当他们在职业生活中面对可怕的错误时，他们最初的适应不良反应大致表现为“我错在哪里？”而非“我该如何改变现在的状况？”他们典型的行为模式也不是要去改变现状，而是趋向于增加努力程度，并因此而使原来的问题更加严重（Pines & Aronson，1988，pp. 5-9）。

在深入探寻干预办法之前，我们必须明确支持 Watkins（1983）的观点：每个从事人类服务的专业人员，或者更进一步说，“绝对”没有任何一个人类服务专业人员对耗竭具有免疫力。而且根据我们的经验，人类服务工作者，就像正在阅读这段文字的你一样，认为“那绝不会发生在我身上”的工作者伙伴们往往就是需要治疗的人；或者是不在意治疗，而发展为不能再从事工作和离职；或者更极端的是，发展成为物质滥用者、自杀或杀人。在这些情况下，最后的结果就是从糟糕到更糟；糟糕的是行业，而更糟的是从业人员，那就是你自己。

干预策略

本书提供的干预策略强调指导性，这是因为危机的严重程度，也是由于耗竭问题的来访者的特殊性，他们是同行工作者，认为“我比你懂得多，我又不是疯子”。那些向处于耗竭的人类服务工作者提供帮助的危机干预工作者，通常必须以一种指导性的方式去面对来访者的非理性观念，为其提供确定的选择，并且让来访者承诺会采取能使其摆脱停滞状态的特定行动步骤。简而言之，当人类服务工作者的耗竭发展到较晚阶段的时候，他们可能就是那些最顽固的、最具有否认倾向的来访者。

为饱受耗竭之苦的人类服务工作者实施干预时，最好从以下三个不同的维度去考虑：通过训练进行干预，对组织机构的干预，以及针对个体进行干预。在决定采用何种方式实施干预时，用分类评估来评定耗竭的不同程度非常重要。如果耗竭是在特质水平上，要保证个性化的治疗干预；如果是在状态或行为水平上，训练式的和组织内的干预可能就已足够。当需要干预的是组织机构本身时，分类评估就一定要明确包括整个组织中所有成员的耗竭程度，以及组织机构的框架，接下来才是针对个体的访谈。

评估

三类工具对于判断耗竭和同情疲劳非常重要。

耗竭 第一类工具确定耗竭程度的方式是从个体的角度。使用最广泛的是 Maslach（Maslach & Jackson，1981a）的《耗竭问卷——人类服务工作者用》（*Maslach Burnout Inventory—Human Services Survey*，MBI-HSS）。这个工具已被广泛地使用在不同专业领域和跨文化领域（Bakker，Demerouti，& Schaufeli，2002；Gorter et al.，1999），它测量了耗竭有关的三个症状："情感耗竭"量表测量了因工作而造成的情感上疲乏不堪的感觉；"个人成就"量表测量了在工作能力和成就上的感觉；"去人格化"量表用来测量对来访者的淡漠和去人格化的反应。这些分量表也可结合起来得出一个总分，表示耗竭的频度和强度。一个由此演变而来的评估工具是《一般职业耗竭量表》（Maslach Burnout Inventory for General，MBI-GS；Maslach，Jackson，& Leiter，1996），该量表测量了耗竭、玩世不恭和个人效能减弱，这三个部分与其原始量表（MBI-HSS）是平行的。还有一个《Maslach 耗竭问卷——教育工作者用》（Maslach Burnout Inventory for Educators，MBI-ES；Maslach，Jackson，& Leiter，1996），它采用了同样的三个方面来评估教育工作者的耗竭程度。

Golembiewski 等（1986）在《Maslach 耗竭问卷》三大主要领域的基础上，发展了一个渐进式的耗竭评估模型。在他们的模型中，去人格化被视为是效力最小的以及耗竭最初期的，并且一定发生在任何显著的个人成就感降低之前。随后的第二阶段是个人成就感降低，继发于去人格化，从耗竭的水平上来看这个阶段比前一阶段更严重。情感耗竭是第三阶段，是前两个阶段的延续，也是最能反映耗竭发生的阶段（Lee & Ashforth，1996；Wright & Bonett，1997）。

Lee 及其同事（2007）开发了一个《咨询师耗竭问卷》（*Counselor Burnout Inventory*，CBI）。该问卷测量了耗竭的五个维度：耗竭、不胜任、负性工作环境、贬低来访者、个人生活恶化。该工具将与耗竭有关的个人因素和环境方面的因素整合起来，并尝试确定工作环境因素如何对整体的耗竭产生影响。他们试着发现由这些量表如何能聚类以反映出耗竭的程度和类别（Lee et al.，2010）。他们以来自不同机构的咨询师为样本，最后确认了三类咨询师。第一类咨询师被称为"适应良好型咨询师"（Well-Adjusted Counselors，WACs），这类咨询师的耗竭得分低，且其所有分量表的评分结果总体上是相当的。适应良好型咨询师也报告了较高的工作满意度，良好的自尊水平以及适宜的薪酬；他们的 MBI 得分与其 CBI 的得分平行，且在"情感耗竭"和"去人格化"维度的得分低，而在"个人成就"维度的分值高。

第二类咨询师（Lee et al.，2010）被称为"分离型咨询师"（Disconnected Counselors，DCs），指那些在"耗竭""负性工作环境"和"个人生活恶化"上得分中等，而在"不胜任"和"贬低来访者"维度得分高的咨询师。这类咨询师在 MBI 的得分与他们的 CBI 得分平行，"去人格化"得分非常高而"个人成就"得分低，"情感耗竭"维度的得分处于中等范围，但其自尊低、薪酬低。

第三类咨询师被研究者称为"坚韧型咨询师"（Persevering Counselors，PCs），他们的特征表现为"情感耗竭""负性工作环境"和"个人生活恶化"方面的分值高，但在"不胜任"和"贬低来访者"上的得分低。在这三类咨询师中，坚韧型咨询师在 MBI 的"情感耗竭"量表上的分值远远高于其他两类人员，"去人格化"的得分中等，且"个人成就"得分高。与其他两组比较，他们报告的咨询经历最多，自尊状况最积极且薪酬最高，但这类人也是对自身工作最不满意的一组。令人关注的、坚韧型的咨询师仍然能较好地开展工作，尽管所有的指征都已符合耗竭。因此，这就说明，这个工具不仅能够分辨出适应良好的咨询师和正在经历耗竭或已经耗竭的咨询师，还可辨别出哪些人正在发展为耗竭。

同情疲劳和同情满足 一些较新的测量工具针对导致继发性应激的不同因素，如《同情疲劳自评量表》(Compassion Fatigue Self-Test；Figley，1995)。Wee 和 Myers（2003）在此领域的初步研究显示，对所从事的危机干预工作的满意度确实可以抵消同情疲劳。他们的研究发现，虽然有大约半数的工作者样本在同情疲劳上得分高，但其中90%的人满意度得分高且耗竭分值低。有这样的观点，同情满足作为一个保护性的缓冲因素，可能对抗了同情疲劳和耗竭的作用（Collins & Long，2003）。

《职业生活质量问卷》(*Professional Quality of Life Scale*，ProQOL；Stamm，2002，2005）测量了同情满足、同情疲劳和耗竭。这是专为人类服务领域的工作者，尤其是针对处理危机事件时第一时间做出反应的如警察、急救人员、消防员和急诊室的工作人员等设计的问卷。《同情满足和同情疲劳测验》(Compassion Satisfaction and Fatigue Test）则更有趣，因为它反映的是干预工作者的满意度和他们面对来访者时治疗疲劳的影响因素。当然，不是所有的危机干预工作者都会表现出继发性创伤应激障碍；许多干预工作者的心理恢复能力很好、很强壮，能够持续地长期战斗在危机工作中却没有产生不利后果。Stamm（2002）的假设对此的解释是，这些干预工作者对其所从事工作的满意感平衡并补偿了他们所经历的严重疲劳。因此，这份问卷对同情满足、同情疲劳和耗竭都给出了测量分值。研究也已证实，同情满足确实是改善同情疲劳和耗竭的一个因素。

工作环境 第三类工具是测量工作机构的。这类评定工具中最经典的就是《工作环境量表》(Work Environment Scale；Moos，1981)，该量表测量了被称之为“社会气候”的组织层面相关的十个不同维度。这些维度包括：工作承诺、同事的支持、管理者的支持、独立地做决定、有效且有计划的工作方法、绩效压力、明确的角色、被管理制度所控制的程度、工作的多样性和变化性、身体的舒适度。这些不同的量表放在一起，就为从组织层面上考察与耗竭有关的外部环境因素提供了一个途径，并为了解员工是怎样陷入耗竭状态提供了一幅相当全面的图景；同时也提示了采取何种程度的干预方法是必要的（Savicki & Cooley，1987）。

通过训练干预

在人类服务工作者早期的培训及岗位训练的过程中，就要强调改变干预工作者的态度，以防止他们会过度地卷入到来访者的问题中去(Koeske & Kelly,1995)。虽然 Saakvitne 和 Pearlman(1996)曾争论过，深度的共情对创伤干预工作是必需的，且不可避免地会导致反移情和替代性创伤，但至少也要将一部分训练放在增加治疗性疏离和改变其理想主义倾向上（Warnath & Shelton，1976)。向来访者提供共情和表示同情时需要找到微妙的平衡。

刚入行的人类服务工作者需要摘下有色眼镜，这样他们才能体会到，良好的愿望无论对自己还是对来访者都没有太多好处（Pines & Aronson，1988，p. 194)。重要的是，学生们要发现对自身尚未解决的内心问题和内心冲突，其自省是多么有限，要明白自身的和来访者的内心问题和冲突怎样相互作用。当学生们在处理各种可怕的事件时（这正是危机干预和创伤工作领域的标志），这一点尤其重要（Dahlenberg，2000；Pearlman & Saakvitne，1995a，pp. 359-380；Watkins，1983)。

在人类服务领域的学生开始从事危机干预工作时，他们中并非所有人都接受过心理学方面的专业训练。虽然这份工作在本领域中绝对是最令人感到满足和充实的一个，它同样也是最具有毁灭性和最令人心碎的一份工作。那些从未接触过现实工作情境、没有较好心理督导的学生可能会由此而踏上一条充满极度压力的职业之旅。

组织干预

许多文献表明，所处的情境是耗竭的基础（Barber & Iwai，1996；Kesler，1990；Melchior et al.，1997；Schaufeli，2006），因此组织机构也可以被视为一个来访者。当一个组织机构处于耗竭的危险中时，机构中的全体成员都应该投入到组织工作环境的重建中。实际上，关于耗竭干预的一个最主要的批判就是缺乏整个系统的改变（Carroll & White，1982，p. 56）。使员工产生最佳工作绩效与使他们陷入耗竭的差异是什么呢？这就在于工作环境是支持员工还是对他们造成压力（Pines & Aronson，1988，p. 48）。

组织机构中缺乏正性强化并不是一个少见的现象，那些在其中持相反意见的管理者就会借此说："不存在什么耗竭问题，存在的是想消极怠工的员工和他们对组织的不良动机"。当员工中崩溃的人越来越多时，也就正好应验了管理者对他们的负面预测（Carroll & White，1982，pp. 53-54）。虽然很多有关耗竭的文献都呼吁根除工作环境中的消极方面，也有研究指出，缺乏积极因素与耗竭发生之间有显著的相关性，并且是独立于工作本身的消极因素起作用的（Pines & Aronson，1988，p. 48）。

人类服务组织机构因其经常处于持续的财政危机而闻名。物力、人力和财力资源的缺乏使其难以提供综合性服务，并妨碍了长期规划的制定。组织面临诸如资金和人才资源匮乏这样的危机时，通常不能根据危机的特点去处理这些问题，最后致使整个组织在运作中失去平衡和稳定性。如果以对待个人危机的方式来处理组织机构的危机，即坐视其"自生自灭"，这样做显然是更不合适的（Devine，1984）。

所以，从生态学的角度来看，组织机构需要改变以往那种零碎的干预方式，不仅只关注对个体干预的投入，更要运用一些技巧将组织机构整体都纳入到干预对象中（Paine，1982，p. 25）。理想的干预应该是多方面的，并且应该以一种平衡和敏锐的方式去解决个体与其周围环境之间所出现的问题（Carroll & White，1982，p. 53）。作为干预的开始，行政管理部门应该拿出一部分时间以明确地表述清楚组织的使命。Cherniss 和 Krantz（1983）发现，如果组织机构有一个明确的工作目标，可减少员工耗竭的发生，因为这样可使员工在执行工作任务时的模糊和怀疑降到最低。组织机构还应该花些时间在建立积极的合作关系和督导体系上，减少不必要的条条框框和成堆的文案工作，这样才会让员工有时间去面对来访者并给他们提供服务（Savicki & Cooley，1987）。还要提高对工作的设计，设立弹性的工作时间，持续的督导和培训，内在和外在的全面强化和情感支持等，这些都是能够持续降低耗竭发生率的一些措施（Shinn & Morch，1983，p. 238）。

当组织机构面临问题时，耗竭者的典型处理方式就是采用被动的、敌意的行动，包括躯体上、情感上和精神上回避组织机构所面临的问题（Pines & Aronson，1988，pp. 91-93）。然而有效的组织改变很少是由组织机构或由个体单方面进行的。各方面都应该在阻止耗竭蔓延上达成一致共识。要想达到有效的组织改变，组织中的每位成员都应认识到机构存在的问题，并努力为此尽到自己的职责。同样，管理者和董事们也必须保持持续的警觉，并且不否认组织中这些问题的存在。当组织机构开始愿意为有效的改变承担责任，尤其是在机构处于一个困难的环境中时，可以减少因无助感带来的消极影响，从而使治疗性干预变得简单而有效。

组织机构中那些认为机构的任何事情都有错误、都有待改进的员工是最有可能出现耗竭的人；那些对自己的员工也怀有同样看法的管理者和董事们则最有可能走向破产。机构中的一些官僚主义问题不可能在短时间内彻底去除，所以员工们需要发展自己的辨别能力，即机构中的哪些问题是可以改变的而哪些问题是不能改变的（Pines & Aronson，1988，p. 29）。

耗竭预防——一所机构的实例 在预防耗竭方面表现最优秀的一个机构恐怕要数位于田纳西

州杰克逊市的“交换俱乐部——卡尔·珀金斯儿童虐待预防中心”了，这家机构在本书第九章“性侵害”部分被作为一个范例。卡尔·珀金斯中心表现突出的原因之一是因为这家机构的管理者们尽其所能预防本机构和员工发生耗竭。如East等（2001）所描述的那样，他们采用了如下策略以预防耗竭和继发性创伤应激障碍：

1. 任何人每周工作不能超过40小时。虽然紧急情况会突然发生，但员工会在危急情况结束后得到补偿的休息时间。午餐时间一律停工，就餐时段内不能工作。
2. 中心会提供有效的时间让员工参加在职教育，通过这种方式让员工能够不断了解本领域最有效、最前沿的实践经验。结合员工发展计划、组织机构安排和一些趣味性的活动，来促进员工工作技能的进步。
3. 持续的、支持性的督导。督导师和员工的人数比是1:6。每位员工每周都有一个固定的时间与督导师会谈。督导师的作用是倾听、提供共情的支持、提供咨询以及安排病例。
4. 中心负责后勤方面的问题。工作区非常干净，办公室和会议室被令人振奋的装饰物点缀得闪闪发亮。治疗室有亮丽的地毯，墙上有色彩绚烂的儿童壁画。有贮备丰富的资源中心，配备有VCD影碟机、教育节目、参考书以及一整套真人大小的玩偶。办公室的空间充足，秘书可以为所有的员工提供服务，所以员工可以不用管任何文书工作。办公用品非常充足且随时可取。
5. 谨慎地安排案例的人员，强调团队合作。明确列出治疗计划。对于组织使命和工作目标的认识非常明确。管理者和员工都认为对方是自己人。所有的督导者都从员工做起，因此他们对员工面临的问题了如指掌。
6. 在工作和家庭之间有清晰的界限。家庭和家人拥有毋庸置疑的优先权，而中心的领导也强调家庭第一、工作第二。
7. 中心鼓励员工在信仰和精神性方面的成长。当一位员工说“我无法独自完成这个工作，我得交给上帝”时，不管其信仰是什么，这样的处理方式都会受到鼓励。对这些工作者而言，祈祷是一个强有力的工具且常被使用。有句战争谚语说的是“散兵坑里没有无神论者”，这句话也可以移植到创伤和危机处理的工作中。倘若在常以丑恶面貌出现的危机工作中能找到一处神圣不可侵犯的精神家园，那是非常难能可贵的，你可以信赖它并把它视为可以撤退的后方（Collins，2005；Kennedy，2006）。因为田纳西州杰克逊市位于“圣经带”（Bible Belt，指美国南部、中西部新教徒较多的地区）上，你可能会设想这些员工对宗教的信赖是南部文化的产物，但是你错了。大量的研究（Harrison & Westwood，2009；Lawson & Myers，2011；Reese，2009；Simpson，2006）证实了精神性是人们把工作中的丑恶现象隔离在现实生活以外的关键因素。作者在这里并不是劝你信教，而是我们确实相信，任何从事这项工作的人都需要为自己的心灵寻找一处可以停泊的港湾。去基督教会、犹太教堂或清真寺吧；如果你是环保主义者，去拥抱柏树吧；冥想，拜读神学；向伟大的神灵、佛祖或上帝膜拜吧，只因为我们的生活需要一处精神家园。如果你干这一行，你就需要它。
8. 坚持实行减压。每当有悲剧发生，例如一个孩子的死亡或者其他创伤性事件，员工都将被要求进行减压，而且要尽可能迅速地完成。
9. 中心的工作不是在流水线上的重复，那种日复一日的工作分配会使员工备受折磨。在这个中心，员工们可以根据自己的时间灵活安排工作日程。
10. 中心提供了技术支持。中心为所有员工配备了办公室、电脑、手机、录像机以及其他一切能使工作业绩最优化的设备。
11. 中心环境设施的维护保养非常到位。这里的工作环境非常舒适，有明亮的色彩，优质的家具，个性化的宽敞办公室，还有装配了精良的音频、视频及信息技术设备的会议室和治疗室。
12. 员工以团队的形式开展工作。没有人可以高高在上，每个人都能在工作最需要的时候伸出援手。向他人求助不会被人看不起。中心不把“单干”的人神化，英勇之举被视为殉道。

13. 安全是该中心最重要的一个成果，不仅是为了来访者们也是为了员工们。清晰的安全程序不断地被教导和强化，以确保员工在中心的安全以及上门访视时的安全。
14. 工作负荷是力所能及的。在过去几年里，中心减少了员工的病例数。当总的病例数日益增长时，中心雇用了更多的员工。中心之所以能够增加员工人数，是因为其管理层能够非常娴熟地让他们的赞助者确信：我们正在做非常好的事情，因此需要继续给予财政支持，以保证能够持续做下去。管理人员与董事会保持着密切的联系，并不断地使他们理解中心在经济上和人力上的需要。
15. 中心构建了一个非常出色的工作网络。该中心为较大区域范围内的人们提供了服务，因此也与偏远区县的其他社会服务工作代理机构（如学校、警察局以及州立福利机构）建立了关系。中心也主动走出去，为其服务区域范围内的其他机构提供支持。这样做不仅增加了中心在这些机构中的信誉，同时也通过互惠给自己带来了好处：例如那些离家很远去外地办公的中心员工，可以利用异地机构的办公室及其为员工提供的支持设施。
16. 管理层在员工甄选过程中考虑非常细致。候选者经过精心筛选后，再从组织的整体规划去考察他们是否合适。
17. 员工持续地得到来自内部和外部的正性强化。员工们被告知：自己在工作中的某种行为表现非常好，并且这一点经常被提及。在一个特别可怕的事件中，在一个寄养家庭中，三个曾遭受过性虐待的孩子因房屋失火而葬身火海。中心的一位副主管来到事故的现场办公室，带走了为处理这个悲惨事故而持续奋力工作的员工们。她一声不吭地把他们塞进自己的汽车，把他们带到当地的一家 SPA（矿泉疗养处），花了一天时间在此化妆、按摩、接受香薰治疗、上瑜伽课，并且美美地吃了一顿午餐。虽然一天的 SPA 之旅并不能完全缓和这几位员工的悲伤和紧张情绪，但这一举动非常清晰地表达出了这样的信息：“我们很关心你！”并且，这个信息非常响亮而清晰地传递给了中心的所有员工。

卡尔·珀金斯中心将他们的员工视为自己最重要的财产并且理解其所从事工作的危险性，其结果证明了前期的积极干预项目可以很好地预防耗竭发生，而且成本消耗也极低。因为这是一个还相当年轻且正在迅速发展的机构，许多工作人员都还很年轻。一些研究者（Meyers & Cornille，2002）根据该组织员工的人口学背景和工作角色特征预测，他们可能会处于耗竭或继发性创伤应激障碍的高危风险中。但他们并没有！

在卡尔·珀金斯中心的工作人员中实施了以下一些测试：用《洛杉矶症状自评量表》（Los Angeles Symptom Checklist，LASC；King et al.，1995）评估 PTSD 的症状；用《事件影响量表》（Impact of Events Scale，IES；Horowitz et al.，1979）测量人类服务工作者在为来访者提供服务的过程中主观感觉到的应激体验；用《Maslach 耗竭问卷》（Maslach Burnout Inventory，MBI；Maslach & Jackson，1981a）评估耗竭情况。结果发现，虽然 IES 评分提示创伤性事件对工作人员产生的影响大，但 LASC 和 MBI 的得分非常低，表明这些工作人员确实没有 PTSD 症状，而且他们也没有因工作而崩溃。特别值得一提的是，他们在 MBI 的“个人成就”维度得分极高。

总而言之，卡尔·珀金斯中心的管理者知道替代性创伤、同情疲劳和耗竭会对他们的机构造成影响，并且他们能够花时间和资源去处理这些问题。为了给员工提供支持，卡尔·珀金斯中心忠实地采纳了 Pines（1983）提出的六点建议，这将在下一部分讨论。因此看起来似乎是，即便是在一个应激程度最高的危机干预机构中的工作者——如在受过创伤的儿童中工作（Meyers & Cornille，2002）——只要机构方面愿意去做，就能将耗竭扼杀在摇篮里。

社会支持系统 社会支持系统就像一个缓冲器，无论时代如何变化，都有助于人们保持生理及心理上的健康（Pines，1983，p. 157）。无论是在家庭中还是工作环境中，社会支持系统对避免耗竭都是至关重要的（Distler，1990；Greenglass，Fiksenbaum，& Burke，1996；Halbesleben，2006；Kesler，1990；Pines & Aronson，1988；Sullivan，2004）。家庭是社会支持最主要的来源，且有助于防止干预工作者发生耗竭（Killian，2008；Lawson & Myers，2011；Sullivan，2004）。然而，如果要某人的配偶、伴侣、家人或朋友去为一位处理创伤性事件的危机干预工作者提供其所需的全部社会支持，这明显是不可能的（Pines，1983，p. 172）。显然，这名干预工作者还需要来自其工作现场的支持系统。那么，当这种支持没有自然产生时，如何才能实现呢？

对此，Golembiowski 及其同事（1986）提出，无论是直达目的的物质支持（如材料方面的援助）还是情感方面的支持（如提供归属感和关注），在工作场所中都是必要的（p. 52）。他们发现那些关注工作承诺、有亲密伙伴关系且相互帮助、有来自领导的支持和鼓励的从业人员更不易发生耗竭（p. 189）。

社会支持系统有六项基本功能：倾听、技术支持、技术挑战、情感支持、情感挑战和分享社会现实（Pines，1983）。

1. **倾听**。所有干预工作者均需定期有人以共情的方式倾听他的诉说而不给予任何建议或判定（p. 158）。
2. **技术支持**。当面临的来访者的问题非常复杂时，所有干预工作者都需要有一个人能肯定其为工作所做的努力。这个人必须是一个专家，以便能理解其工作的复杂性并给予诚实的反馈（p. 158）。
3. **技术挑战**。如果干预工作者没有面临智力上的挑战就不会有进步。与才智超群者的交流可以使干预工作者积极向上，但这种挑战只能来自那些不是试图羞辱对方或获取利益的人，而且他们的专业水平应大致相当（p. 158）。
4. **情感支持**。干预工作者在困境中需要有人与之一道同甘共苦，即使他们与自己的观点不完全一致。在这方面，并不需要支持者是职业领域的专家（pp. 158-159）。
5. **情感挑战**。如果干预工作者相信，自己在解决问题时尝试了各种可用的方法，他们的感觉就会很好。提供支持的人可以向干预工作者提出这方面的疑问，并面质他们的解释，但这种方式应慎重使用，否则会被认为是挑剔而引起反感（p. 159）。
6. **分享社会现实**。当干预工作者不能确定自己是否对现实环境持有正确的认知时，需要外部力量帮助其去确认，特别是当干预工作者感觉自己失去对其来访者或组织机构的评价能力时，这种功能尤为重要（p. 159）。

支持团体 在组织机构中，应拿出部分专门的时间，以组成规范、有序的支持团体。从结构来看，一个支持团体类似于一个解决问题的讨论小组。这种团体的目的在于提高个人能力，以及帮助员工感到他们可以克服工作中面临的压力。支持团体是员工们发表不同意见的安全场所，同时还可在此向无助感挑战。

这种团体就好比一剂泻药，能使那些因工作而备受压抑的情感得以宣泄。一旦情绪得到宣泄，成员就能真实地检测自己与工作压力有关的感受。通过提供反馈，支持团体还可使其成员感到自己并不孤单，并确信自己对其所处环境的反应是正常的（Sculley，1983，pp. 188-191）。

为了做到更有成效，一个支持团体不仅需要行政上的支持，更需要有一位咨询专家 / 促进者，这位专家要做到既能敏锐地了解周围的情况，又要能让团体成员说出感受，同时使团体保持在问题解决的模式里。这位来自第三方的咨询专家 / 促进者可通过缓冲效应，达到帮助团体成员减轻压力的目的（Giebels & Janssen，2005）。这位专家还必须及时准确地向行政部门通告团体内的情况，以便于进行有效的组织内部调整，同时还要避免被别人看成是“告密者”（Sculley，1983，pp. 193-194）。

最后，对于已经遭受替代性创伤、同情疲劳以及进入耗竭阶段的成员，支持团体应能将其转介去接受个体咨询，并能理解这是职业伤害，就如同腕管综合征是键盘操作者的职业病、关节炎是建筑搬运工的职业病一样。这样做是因为，组织必须非常小心地不让那些有性格弱点或缺乏合适“装备”的员工成为接下来的受害者。

个人与组织 面临耗竭通常有四种适应不良反应。伴随耗竭程度的加重，逃跑回避行为也会增加（Thornton，1992）。有的员工可能会尝试换工作。他们不停地寻求所谓合适的老板或机构，因为他们目前所处的工作环境不能使他们满意。

也有另一部分人因为厌烦了总是与来访者打交道，决定努力爬上行政部门的位子。但他们愤世嫉俗的认知态度和对系统的偏见并不会就此消失，而是会将他们带入到对全新环境的压力中。挖苦地说，这些人也不会成为好老板。

还有一些被 Pines 和 Aronson（1988，p. 18）称为“死木头”的人，他们早早就盘算好“不翻船”，这样就可平平安安干到退休。如果你曾看过连环漫画《呆伯特》（美国著名的职场卡通人物），“Wally”（书中人物名，意为“废物”）就是这些人的代表。没有人曾肯定他们的工作到底是什么，当要求做某件事情时，他们总是礼貌地称他们太忙，或事事同意但不冒一点风险，或仅仅做一点不用负责的事情，或者倒打一耙，把自己的失职归咎于别人，以此掩盖自己的失误。

最后，还有些人干脆放弃这一职业，从某种程度上来说这是最聪明的选择。

在此阶段的挫折中，似乎只能在更换工作和消极怠工之间做出选择，但个人其实还有其他的路可走。首先要考虑的是要给自己在组织中的角色做出明确的定位（Kesler，1990）。要对工作进行分析，确定哪些是必须的，哪些是自己给自己增加的，哪些是工作角色带来的超负荷工作（Pines & Aronson，1988，p. 109）。通过直接与管理者的谈判，干预工作者应确定一个合理的工作水平和与之相应的经济上的或其他形式的工作酬劳水平。应该清晰地告诉来访者所能提供服务方面的界限，如服务时间、形式和服务量等。把来访者的服务需要摆在最优先位置时，也要清楚其他工作的轻重缓急。对无需优先考虑的琐事，要认真考虑放弃（Leiter & Maslach，2005）。

最后，假如组织机构非常固执和保守，无法改变其政策和措施，那或许就是跳槽的时候了。处于挫折阶段的干预工作者理应在进入对任何事都漠不关心的状态之前，就考虑更换工作的问题。了解公司的服务政策和国家失业福利，更新个人简历，开始存钱，以及着手找工作等，这些都是聪明的员工可能采用的做法。不要等到精神、躯体和情绪都严重耗竭，没有能力进行生活中的重要转变时，才去着手。

自我照顾

正如我们所说的那样，耗竭是个“双向街道”，个体和组织都负有责任。大量的文献已发现，自我照顾是危机干预工作者的一个关键组成部分（Alkema，Linton，& Davies，2008；Eastwood，2007；Harrison & Westwood，2009；Killian，2008；Lawson，2009；Lawson & Myers，2011；Morkides，2009；Ringenbach，2009；Thomas，2007）。我们已经谈了支持系统和精神信仰的重要性，接下来的听起来像是母亲对你的唠叨：好好吃饭、好好睡觉、锻炼身体、关注自己的身体健康，在做好这些之后，别忘了去找点乐子！耗竭干预中最难办的部分就是这里！

在 William Glasser（1985）的现实治疗 / 控制治疗中，其治疗理论的主轴之一就是投入到有积极意义的“成瘾”行为中去，专注于此并从中找到乐趣。Glasser 理论的主要观点就是，当你全身心地投入到一个积极的成瘾行为中时，你的个人世界也变得更大，而你的社会交往圈子也相应地随之变得更广阔。

没人能够使你发生改变，因为固守陈规是最不费劲的事。比如某位作者埋头写稿，连续苦干了四天，没有进行锻炼，感到内疚，甚至因为缺席他的成瘾行为而出现了生理上的紧张感。"消遣"(recreate)这个词，如果你将它拆开来看，变成"重新创造"(re-create)，就能够读出更深的意味。因此，快去打橄榄球、做条被子、跑马拉松、摄影、打桥牌或扑克、玩电游、钓鱼、看一场棒球赛或者给花园除草……去做任何能给你带来乐趣的事情并好好地享受它们吧。嘿！但你不能以此为借口，告诉你的教授因为害怕耗竭，所以你去消遣了而没有读完本章内容，因此考试不合格！

私人从业者和耗竭

我们很多学生的职业梦想就是能够开始私人执业。他们想象那样就能够做自己想做的治疗并自己选择来访者，抛开令人难以忍受的督导师，做自己的老板，不被官僚机构的麻烦事和成堆的文案工作所困扰，并且还可以自己设定时间，还能赚到钱！然而这些私人从业者有很多潜在的甚至是严重的问题。

一般来说，私人从业者都是A型人格的人，他们倾向于在工作中投入大量的时间并以此作为完成任务和获得角色认同的方式。在这里，竞争和业绩充当了指导性的价值观，因为它们被认为与有价值和有能力高度相关（Everly，1989，p. 105；Pines & Aronson，1988，pp. 6-9）。简而言之，私人从业者有着很强的紧迫感。

私人诊所里总少不了孤独，尽管这种孤独与公共机构中医生处于高度紧张的隔离感不太一样，但它却可能更严重。因道德和生态方面的原因，私人从业者很少能与其他人讨论病案，更重要的是他们几乎找不到人来谈论他们自己的问题。

私人从业是一种明显的商业行为，不管事业进行得多么顺利，总担心没有来访者光临或来访者不足（Mitchell，1977，pp. 145-146）。每当有来访者结束治疗时，从业者总是会产生这样的问题："会有其他来访者来取代她吗？""我对他好一点，他会向别人说起我帮助了他吗？"私人从业者若对这些问题给予负面的回答，就会不可避免地陷入危机，他会更加努力去增加来访者人数从而影响其治疗效果。

开办和维持一家私人诊所也意味着要保持一种公共形象，如面对"扶轮社"（一个慈善团体）和商人发表有关压力的演讲，或与肿瘤学家在地方医院里探讨临终和死亡的病人，或是举办一个有关单亲父母的研讨会。需要被人看成是积极和一直在发展的持续压力，并具有高度的可见性，这些都是营销程序中的一部分，必须得到维持并不断提升。

尽管私人从业者自己是老板，但身为一个独立的实业家也就意味着需对其诊所负全部责任。长时间且艰苦的工作是常规。由于大部分来访者的工作时间是有规律的，所以私人从业者就得牺牲周末和晚上的时间来工作。通常，没有人帮他们整理病历，所以休假甚至是短暂的休息都很难做到。虽然并不是所有的私人从业人员都会发生耗竭，但当耗竭发生在私人从业的人类服务工作者中时，就会更加迅速地出现之前提到的那些问题。

个体干预：一项个案研究

直接行动，即控制环境中的应激源；间接行动，即在不能控制环境的情况下，尝试减少挫折，这是应对应激的两种积极方式（Pines & Aronson，1988，p. 144）。直接行动适用于外部环境中的应激源，间接行动则适用于个体内部的与应激源有关的认知和情绪。寻求社会支持团体、组织参加研究会、进行自信心训练、灵活安排工作时间、休假、加薪、角色改变等都是直接行动的例子。而冥想、放松训练、生物反馈、体育锻炼、接受积极认知、尽力找时间去休闲、接受更好的饮食习惯、减少成瘾物质的使用、增强幽默感和享受生活都是间接行动，是能缓解"代偿失调"的良药，这些活动可使危机干预工作者将应激源置于身外（Hoeksma et al.，1993；Melamed，Meir，& Samson，1995；Pines & Aronson，1988，p. 152；

Saakvitne & Pearlman，1996，pp. 78-87；Stark，1994）。

尽管处在挫折阶段的个人可以通过参加直接和间接行动得到很好的帮助，但在更严重的淡漠阶段则不会起作用（Edelwich & Brodsky，1982，p. 137）。在这种情况下，个体咨询可能更合适些（Baron & Cohen，1982）。Kesler（1990）建议用Arnold Lazarus（1976）的“行为、情感、感觉、想象、认知、人际关系和药物/生物模式（behavior，affect，sensation，imagery，cognition，interpersonal relationships，and drug/biology，BASIC ID）”作为治疗耗竭的方法。在这个基础上，Kesler加了一个“S”代表“环境（setting）”。考虑到耗竭对个体各个方面的影响，BASIC IDS模式作为一种综合性的干预方式对降低耗竭应该是有效的。

下面的这个案例中的危机干预工作者采用了将直接行动、间接行动和短期BASIC IDS相结合的干预方法。我们必须清楚地认识到，这里不可能列出所有的症状和所有的干预方式。例如，Tubesing等（1982，p. 161）罗列了36种可能的干预策略，包括与耗竭有关的躯体、智力、情绪、精神和环境的成分，但即使如此也没有把干预方法全部包含进来。如果确认工作人员额外还有同情疲劳或者替代性创伤，则会使用专门针对继发性创伤应激障碍症状的治疗程序，例如“快速复原项目”（Accelerated Recovery Program，ARP；Gentry，Baranowsky，& Dunning，2002）。下面的个案介绍的是一名有多年工作经验的专业工作者和一名博士。作为本领域的新手，你必须知道的是：Jane Lee博士是人类服务工作者的一个典型；她的个案明确提示，没有人对耗竭具有免疫力，无论他的经历和专业知识多么丰富。

来访者 Jane是一名出色的、有着乌黑头发的43岁妇女，漂亮的外貌，低而柔美的嗓音，蓝宝石一样闪闪发亮的眼睛，她的微笑可以用来做牙膏推销服务。她特别机智和敏锐，阅读广泛，能轻易地和卡车司机攀谈，就像与律师交谈一样。所有的人都能被她吸引。她看上去天生具有同理心，容易与人合得来，许多人觉得自己即使工作一辈子也不一定赶得上她。Jane已经离婚十年，她在长期维持着成功的职业生涯的同时，也独自抚养着唯一的儿子。

Jane在婚姻和家庭治疗方面的业务如火如荼，她有许多来访者，这为她带来了大约15万美元（近百万人民币）的年薪。她被同行们称为超级能人，来访者对她的评价也很高。Jane已独自从业八年了，在她成为私人从业者前，她先是在一家社区精神卫生部门工作，由于她精湛的治疗技能而被提升为临床部门的负责人。

Jane毕业于一所重点大学并取得临床心理学博士学位，在一家军人医院完成了实习。随后她又在一家私人诊所成功地完成了“美国婚姻家庭治疗师”的实习培训，她已发表了许多关于厌食症治疗以及帮助重病患者的家庭成员进行心理调适的论文，她还参与了很多业内的研讨项目，并曾在美国国家人类服务大会上做过报告。

无论用什么标准来评价，Jane都是一位非常能干、成功的治疗师，也是位异常优秀的女人，她的能力、行为举止已使她成为她所在社区的楷模，许多人都以她为榜样。当Jane和危机干预工作者坐下来时，她已经很认真地在考虑喝很多的红酒，关上车库门，爬进那辆新买的雷克萨斯车里，点燃引擎，以这种方式结束自己的生命。

Jane：我来是因为那天晚上我们喝酒时，你对我说的那些话，你真的把我给镇住了。我已经崩溃了，这个严重程度甚至远远超出你的想象，也超出了我所愿承认的。我想今天做个决定——到底是自杀还是来这儿。我已经到这儿了，但我不知道我的选择是否正确。如果我自杀了，似乎一切都将结束。我无微不至地照顾着Bobby——我的儿子，他就要大学毕业了，尽管我们非常亲密，但我觉得我还是死了对他而言会更好。那样他就可以不必再忍受我令人讨厌的行为了，请相信我，真的非常讨厌，现在就是。他有足够的保险金让他完成学业，他可以卖掉房子。以前除了来访者以外我只在乎他一个人，而现在，我什么都不在乎。我对别人的伤害可能比我所提供的帮助还多。我可能不适合这样的工作，这多么痛苦，多么糟糕，我该怎么办啊。现在我唯一想的事情就是：当我走进癌症病房时，病人有多难闻。不管谁跟我说："你不必闻他们，你要做的是帮助他们。"事情并非这么简单，我的行为也开始像那些我糟糕的厌食症病人了。我开始觉得他们不吃东西似乎很正常，他们为什么要这么遭罪？我又为什么要受这个罪？他们这样做是为了逃避和看上去苗条，但至少我觉得那并不好看。今天我来这里主要是看你愿不愿意把我的来访者带走，我已考虑过了，你带走他们，我想你能帮他们，如果你愿意，我马上与他们商议转到你的诊所。

干预工作者：你刚才说的让我很害怕。我一方面想马上跑开，因为你所说的真是让我震惊；另一方面我则想把你拴起来直到你恢复理性；另外，正因为我很关心你，看到你让自己身陷如此的困境我非常生气。但总之，我庆幸那晚的谈话有了印证并且已眼见你每况愈下。我猜，你肯定甚至还不知道自己究竟怎么了，或者又给自己增加了一份负担，还说着"我必须挺过去"或是一些非理性的废话，我知道你还在给自己推脱。首先你必须同意，在我们未谈妥之前，你不要伤害自己，否则我不会考虑你所说的转介来访者的要求。在其他的事情未进行以前，无论作为你的医生或是你的朋友，我们都要合作。我不愿听到你说"不"，如果你不能接受，我们将继续协商，不管怎样，我们现在在一起。

伦理学的问题 作为来访者的朋友、同行以及现在的治疗师，危机干预工作者的处境很为难。当人类服务工作者的某位同事出了问题时，出于伦理方面的原因，身为专业人员的同伴有责任采取适当措施以预防其对来访者的伤害（Harrison & Westwood，2009；Thomas & Levitt，2010），因为已有研究报告，出了问题的治疗师可能伤害到来访者（Lawson et al.，2007）。在此应实行无害原则，这也是一条最基本的伦理原则。如果其问题是因为药物或酒精滥用所致则比较简单，因为这些问题轻而易举就可以观察到；或者是在某家机构工作，则其异常的行为也能够比较容易被身边的同事察觉到；可是，当这些出现问题的专业工作者是个体执业，或者导致其受损的原因是耗竭时，情况就变得复杂多了，因为这些情况不能通过含糊不清的口齿或者摇摇晃晃的步伐来做出判断。

耗竭者身边的好友和同事常常是最早注意到其受损情况的人。显然，在是不是应该"揭发"同事的问题上，存在很多个人层面和社会层面的两难困境。接下来的问题是，是应该把这些出了问题的同事报告给行业协会，还是应该试着依靠自身的力量去干预并帮助他们？这是一个困难的选择，因为其中有很多伦理学的问题，而且也没有确切的答案。

虽然关于怎样对待朋友和同事涉及一些伦理的问题，但是当来访者处于危机和致命危险的时候，首先要关注的是保证来访者的安全并使他们返回平衡状态。在接下的危机干预中，如果 Jane 能够重拾她的心理平衡并能进行自我照料，危机干预工作者就可以退出了。但如果 Jane 没有这样，那么从伦理的角度上，干预工作者就应该将其情况报告给行业协会，尽管这样做可能中断这段朋友关系（Thomas & Levitt，2010）。

这种两难的伦理困境之间的细微差别我们可以事后再讨论，但在目前情况下危机干预工作者需要立即采取行动，尤其是如果在一些比较小的镇上，那里可能再没有其他专业工作者可以提供帮助，而当前最符合伦理原则的反应就是尽快提供最佳水平的治疗帮助。从这点上看，很可能危机干预工作者与来访者之间原本就有某种个人的或专业上的关系。

因为危机干预工作者了解来访者，即使不用同情心也能毫无拘束地将自己最真实的想法告诉来访者，让来访者准确知道她对目前情况的感受。这对来访者来说也很容易做到，因为她在以前的职业生活中有同样的体会（反移情）。危机干预工作者对来访者病情的严重程度做了初步评估，她和来访者几天前的对话是经过深思熟虑的，危机干预工作者已经注意到，在过去三个月里，Jane 出现了缓慢而持续的变化。当她开始考虑这件事时，其实可能已出现一段时间了。Jane 虽然紧咬着牙关，但有迹象表明她近来身体状况已欠佳。她说来访者很难闻，就说明她已不信任来访者。她正经受从不停地感冒到严重胃肠问题等躯体疾病，这些迹象表明在不久的将来她甚至可能需要外科手术治疗。

当危机干预工作者继续对 Jane 评估时，她进一步发现 Jane 已和大部分朋友断交了，并且已在最近出现过两次要和干预工作者也断绝往来的趋势。她俩之间的关系可以被描述为：是轻松的竞争对手和好朋友，一起共享过许多美好时光而从未在意谁比谁更优秀。而最近危机干预工作者意识到，Jane 更多地把她当作来访者而非朋友，对一些无关的交谈也要进行深入的心理分析。

评估 从行为上看，Jane 的情况很严重，她的日常工作表现开始变得非常糟糕。从她不典型的行为和自杀的念头来看，她的行为分类评估指数为7 ～ 8。她现在表现出的唯一积极的行为就是找她的同僚们，尽管她说那是为了转介来访者，但从动力学角度看她正在发出清晰的求助信号。

另外，Jane 说话时的机械、苍白和空洞的表情与她几个月前的活力四射截然不同。最后，Jane 说要和儿子把一些事情弄明白，还要把自己的业务调整好。Jane 的这些话让危机干预工作者相信 Jane 身体不好，而且她正在自我毁灭。通过对 Jane 的言谈、低落的神情和行为表现进行快速的综合，危机干预工作者认为 Jane 的自杀念头不是在开玩笑，这种危险很可能真的发生。危机干预工作者马上进入了预防自杀的干预模式，着手通过言语交谈让 Jane 保证不要自杀。尽管 Jane 是一位经过训练的治疗者，但在这时她和其他来访者没有区别。

除了自杀的危险外，一个不了解耗竭的干预工作者很可能把她当作一个典型的抱怨工作的人，而忽视她的问题。然而，她越是处理过麻烦的来访者，越是曾付出过大量的时间，她就越能深刻体会到自己此刻的孤独，还有来自工作场所和家庭的社会支持体系的缺失，这些都使得有关替代性创伤 / 同情疲劳的假说波及了她生活的每一个角落（Figley，2002，p. 7）。已有研究明确证实，在日常工作中接触的创伤来访者人数越多、频率越高，治疗者就越容易体验到同情疲劳、替代性创伤以及耗竭（Simpson，2006）。简而言之，Jane 从行为上、态度上、情感方面和人际关系上都完全符合本章前部分所描述的耗竭症状。

情感评估指数是7 ～ 8。尽管 Jane 外表平静且内敛，但对帮助她的同事们表现出的是非典型的怨恨和敌意态度。Jane 在尽力控制自己的感情，再加上情感耗竭——引起耗竭的主要因素，这使她正接近于极度的压抑。但这一切并不令人感到惊奇，因为压抑和耗竭总是相伴而行的（Lawson，2009；McKnight & Glass，1995）。

在认知上，评估指数是6 ～ 7。尽管 Jane 现在的思维呈线性表现，她的逻辑是扭曲的，信念系统也因强迫性的自我怀疑而严重受损。她表现出 Ellis（1973）所说的“必须（musturbatory）”思维，以及耗竭的另一个特征——对自己的能力缺乏信心，对自己的来访者则去人格化。她不仅抱怨工作，还抱怨自己的人际关系、身体状况、个人的忠诚、职业定位、信仰乃至整个社会环境。Jane 的各项指标总分值为20 ～ 23，表示她的症状处于少许到中度的明显损害水平。她当前正处于耗竭的挫折和淡漠阶段之间，并处于特质水平，耗竭正渗透进她所处的环境之中。如果不进行干预，她的问题极可能会迅速加重，甚至危及生命。

Jane 做了件正确的事。她找了一位优秀的治疗师求助，并对自己信赖的治疗师以非常直接的方式，对自己最苦恼的感觉进行了自我暴露（Maslach，1976；Watkins，1983）。Jane 的问题已扩散到了她所处的整个环境，危机干预工作者将按 BASIC IDS（Lazarus，1976）的内容进行试探性的咨询，而认为自己对导致耗竭的外部环境因素具有免疫力的想法正困扰着 Jane。

Jane：好吧，我同意达成不自杀的协议。我知道那是治疗过程中的一部分。混蛋！我猜我进来时你就想这样做的。或许我也是在欺骗自己，认为这只是一点点忧郁，对自己和一些不愉快的事情感到难过。

干预工作者：不管是什么原因，我非常高兴你能来这儿，我也很高兴你同意了不自杀的协议，如你所知这是治疗的协议。我不相信你仅仅是有点忧郁，我认为远不止这些。我相信你受到了很大的伤害，但首先，我很想了解一下你对目前生活的看法和感觉。

干预 危机干预工作者在告诉Jane自己的看法的同时，也开始了更多的行动。首先，干预工作者决定先给Jane正确的引导。她一边聆听并准确判断Jane的问题，一边控制Jane的情绪。她很清楚Jane非常擅长这项工作，这从Jane刚才关于治疗协议的谈话中可以看出来。她不想让Jane来支配这件事，因为她认为Jane已经失控了。因此危机干预工作者需要控制整个过程，而不是被动地观望。

Jane：我不知道，我已处理了生活中各种各样的问题，现在我已不能发现任何问题了。与现在的情况比较，我可以告诉你的是，和Jelf离婚，取得博士学位，晋升，最后独自开业并抚养儿子，这一切对我来说简直微不足道。

干预工作者：对！那的确是一段艰难的日子，你已经像超人一般地走过来了，但那毕竟是过去，而我们是活在现在。看起来你似乎并不喜欢做超人，而且，你生活中所发生过的事情也绝不都是微不足道，否则我们现在就没必要谈论这些了，你现在感觉如何？

危机干预工作者承认来访者过去的艰辛，但又不能让她沉湎于过去。危机干预工作者要立刻发现目前发生了什么，即现在发生的事情比一年前的更重要。此外，干预工作者不想让Jane否定这些问题。有意思的是，如果Jane是咨询师，她可能立马便能发现她所做的一切——倒回到过去。不同的是，Jane已变成了来访者，她对自己的言谈和想法都是盲目的，她的行为也与其他来访者没有什么两样。Jane是一位治疗师，却并不能解决自己的问题，事实上她的专业知识还可能严重影响对她的治疗（Kesler，1990）。

Jane：我所能告诉你的就是，我已经彻底完蛋了。我把日期和预约全都搅糊涂了。尤其是上周到了极限，我接待了44个来访者，我想大约有一打预约日期被我弄混了。我的来访者一个挨一个，预约簿都写满了，那成了我发疯的根源，而且他们中的一些人也被激惹了。以前从未出现过这种现象。

干预工作者：从来没有？

Jane：哦，以前很少出现。我以前吸过毒，但我总能很快摆脱，重回正轨。

干预工作者：怎么摆脱？

Jane：大约每三个月事情就会变得棘手起来，那时，我就坐下来对自己说："Jane，你应该出去一阵子了。"我就会跳上汽车去芝加哥度个周末：住进宾馆，看场演出，吃些真正特别的美食，用宾馆的热水冲走萦绕在我脑海的来访者们。那样似乎能消除我脑子里的一切烦恼。

干预工作者：上一次你这么做是多久前？

Jane：（若有所思）大约九个月前。

干预工作者：为什么这么久？

Jane：哦，我买了那间新办公室，把所有的东西都重新改造了一下。我和承包商达成了交易，如果我自己也能参与做些事情，他将降低价格。

干预工作者：所以你成了一位全能者，但你抛弃了一件能让你安稳下来的事。事实上，与其说是逃离办公室，你实际却是花了更多的时间在这里。现在咱们来看看，我们已找到了一些Jane的内心角色：Jane博士，世界级的治疗师，又是一位木工，谁知道她还有些别的什么角色呢？

危机干预工作者试图找出过去和现在的联系，如果Jane过去有某些应对机制，那它们是什么呢？她过去的应对方法和现在有什么不同呢？危机干预工作者正在寻找与现在相联系的应对机制并将其保留下来。她还要和Jane一起建立一种有特色的治疗列表，以便Jane能从不同方面去了解自己并激励其做某些事情（Butts，1996）。为了使Jane能重新控制自己的生活，危机干预工作者给她介绍了一些积极的人物。

干预工作者：我想还有一个角色，我可以叫她Janice。她知道自己何时压力爆满，并能很巧妙地从办公室的那些烦心事中解脱出去。你把这个角色放在哪里了？

Jane：我把她和Janie一起搁置起来了？

干预工作者：Janie又是谁？

Jane：她是一个有点疯狂的女郎，能和她的来访者开玩笑，会在半夜里跑到草地上边唱歌边播草籽。（尴尬地）不过现在已没时间给这些角色了。不仅是新办公室，我还需要一部车，Bobby转学了，这也要多花很多钱，所以我真的需要把我的时间投入到努力增加来访者数量上。如果我能度过这艰难的两年，我就可以轻松一下了。

干预工作者：无论怎样，你能对今后两年做了计划，我真的很高兴，但那不是主要问题。我看你现在已精疲力竭了，没有更多的精力去做这些，而且你把这几个对你重新充满能量非常重要的内心角色给隔离了。你能看出来她们有多么重要吗？你这样做付出了多大的代价？

危机干预工作者并未直接给Jane提出建议，例如她需要做什么，而是希望Jane能够意识到她已经无意识地改变了她应对压力的方式。危机干预工作者试图通过描述这些积极的内心角色对她起的作用，来帮助她认识到这一点。通过这样做，危机干预工作者试图为她重建那些积极的防御机制，这些防御机制在过去很好地帮助她应付了生活中的压力。三个重要的能帮助Jane保持平衡的途径现在都不存在了：复原力、自我管理和自我照顾以及保持与他人的交往（Gentry，Baranowsky，& Dunning，2002）。危机干预工作者尝试帮Jane把它们重新找回来。

Jane：我想是这样的，但我不知道怎么摆脱它们。

干预工作者：如果下个周末你不上班，将会怎样？

Jane：新抽水马桶还没安好，来访者们将不能使用卫生间，而我也会因为没有做好这些而感到愧疚。

干预工作者：（笑）好，第一个问题很好办，找一个勤杂工，当来访者进去的时候，可以看到门上挂着一个牌子，上面写着"此处禁止大小便"。（Jane也咯咯地笑起来，这是她到这儿后第一次笑。）另一个问题是，是哪个内心角色让你觉得内疚的？咱们继续谈谈这个角色。

干预工作者在这里冒险开了个恰到好处的玩笑（Moran，2002），她之所以这样，是因为幽默对Jane的生活也很重要，有助于她学会应对，让她对自己的某些行为置之一笑，也可改变她对来访者的挑剔态度。对自己的缺点和对来访者生活中的某些荒诞行为付诸一笑的能力，怎么强调都不过分（Pines & Aronson，1988，p. 154）。Van Auken（1979）认为即便是在最需要同情的情境下，能明智地运用幽默都是值得赞扬的。让来访者微笑或大笑，是对其抑郁的思维过程和行为的直接干预。

危机干预工作者也开始试着去揭穿Jane内疚感的来源。内疚通常被危机干预工作者视为一种无用的、消耗能量的情绪，被它消耗的能量本来能以更积极的方式用在别处。内疚常常是一种对过去的情绪，是因做了无论如何都无法弥补的事情后而产生的一种情感。人们从过去犯的错误学到教训是一回事，放不下过去、把未完成的事务带到现在，尤其是觉得自己没能达到期望而感觉内疚时，却是另一回事。

Jane：那是女修道院院长的角色。她不停地给我各种教训。（痛苦地）她简直就像我在圣母玛利亚上学时的Angeline修女，她不停地对我说："记得说万福玛利亚和我们的天父，把作业完成，上帝不喜欢偷懒的人，注意你的穿着。”天哪，我讨厌这些。

干预工作者：尽管你讨厌，但你却在尽量那样做，难怪你感觉如此糟糕。

危机干预工作者开始把感受与思想、行为联系起来，Jane 的回答表明耗竭已渗透到她的家庭生活中了。

Jane：你知道，我想那可能就是我和 Bobby 现在产生矛盾的原因，我真的像当年女修道院院长对我一样对待他。天哪，他都 21 岁了，我却开始像对一个六岁小孩子一样对待他。他就像我的一些来访者那样得由我牵着鼻子走。

干预工作者：你听到自己刚才说什么了吗？“他就像其他来访者那样得由我牵着鼻子走”。首先，那不是你的任务，听起来现在的 Jane 似乎变成了一个干手工活的女人，你就像修你的办公室那堆零碎一样修好他们。第二，我想知道你办公室外到底有多少人需要你去修好和照顾好。我不得不告诉你，这就是我最近对你的感觉。

这些信息给了危机干预工作者一个机会去了解一些核心问题，而这些核心问题会导致特定的行为结果。通过讲述她怎样对待 Bobby，Jane 表现出另一个耗竭的典型特征：试图把她生活中的重要他人放到治疗关系中去对待（Van Auken，1979）。她和 Bobby 的关系极为重要，因为减轻耗竭的一种方法就是有满意的家庭生活，尤其是与孩子（Forney，Wallace-Schutzman，& Wiggers，1982）。更糟的是她在治疗情境中变得专横独裁，因此她生命当中一个主要的、曾经能使她变得非常坚强的组成部分，已经不再能起到这样的作用了。实际上这种关系已经开始出现非常负面的含义。

危机干预工作者把这一切直接告诉了她。她把她的不同角色混淆起来了：用干手工活的女人角色代替了 Jane 博士的角色。这并不令人意外，因为这两种角色都在同一个办公室里工作。Jane 需要摆脱她的日常事务休息一下，要做到这一点，她必须离开她的办公室（Forney，Wallace-Schutzman，& Wiggers，1982）。

最后，危机干预工作者叙述并承认了自己也被 Jane 以相同的方式对待。她试图让 Jane 意识到，就像丢进水塘里的戒指，它产生的波远比肉眼可见的水纹要深远得多。

干预工作者：事实上，我想知道你和其他人（除了 Bobby、我和你的来访者）的关系，还有其他什么人是你现在想支配吗？

Jane：（神情冷淡）假如你指男人，绝对没有。当我晚上到家，就疲惫得只想倒头大睡，但一躺在床上马上就会想到那些来访者，就开始思考怎么支付我的汽车贷款、房屋贷款和怎么处理与 Bobby 的关系。想完这些后，一晚上就只能睡两三个小时了。

干预工作者：你太过于劳累，所以现在你宁愿一个人待着。

Jane：是的，但我觉得我应该出去和大家交往，我讨厌独处。

干预工作者：很好，我能理解你。我同意你的想法，先让我们看一下，你似乎真的需要时间好好休息，蜷缩起来开着电热毯睡个懒觉，给自己充充电。现在就回家，躺在床上，把一切工作推到下周一，整个周末不起床，行吗？

Jane：我估计我能做到。

干预工作者：不要估计。如果你不愿意，咱们再想别的办法。你现在就像《愤怒的葡萄》（The Grapes of Wrath，一部反映美国 20 世纪 30 年代生活的小说），确实需要在做其他事以前有充分的休息。你愿意毫无内疚地告诉你的承包商，周末你将不上班吗？

Jane：好吧，我就告诉他。我这个周末就休息！

干预工作者：很好。不过还有一件事，如果你感觉抑郁，请在家里打电话找我。我下周还要和你见一次面，你打算什么时候来？

Jane：听起来好像我是一个来访者。

干预工作者：听起来好像你是对的（大笑）。

危机干预工作者主要是在帮助 Jane 做一个

简单的承诺——好好休息一下。治疗耗竭的一个关键内容就是恢复其活力（Tubesing & Tubesing，1982，p. 160）。Jane 已经筋疲力尽了，所以治疗的第一步就是给其身体“充电”。此时还有许多其他选择，但危机干预工作者按照 Tubesing 和 Strosahl（1976）的建议，让来访者选择适合自己的治疗方法。来访者需要休息，危机干预工作者就顺着她，并让她对短期内将要进行的治疗活动许下承诺。这虽然不是激动人心的第一步，但要知道，最不激动人心的第一步可能就是成功之路（Van Auken，1979）。在最初接触时的最重要目标就是，找出那些来访者能够并乐意采用的短期干预技术（Freudenberger & Robbins，1979）。

这里危机干预工作者要解决的一个特殊的行为就是使用电话。私人从业者因整晚或周末都接听来访者的电话而闻名。Van Huken（1979）力劝人类服务工作者不能让来访者介入（甚至破坏）他们的个人生活。危机干预工作者确信 Jane 会遵守这个准则，尽管干预工作者并没有按照她自己说的那样去做（这里指的是干预工作者要求 Jane 周末如果感到抑郁就给干预工作者打电话），这就使我们产生了一个疑问：看来这位危机干预工作者自己也很快会遇到耗竭问题了，那时候她能找谁倾诉呢？最后，干预工作者提供了情感支持，一旦 Jane 能够把这些不良情绪都宣泄出来，危机干预工作者就能将治疗转换到问题解决模式。

（下一周）

Jane：我得承认我感觉好多了。周五晚上一直睡不着，但周六我睡了十个小时，简直不敢相信，醒来时还是蜷缩着。来访者们这周看起来好多了，这虽然不能说是妙极了，但至少我不再令他们害怕，我猜想困扰我的症结在于我失去了全部的创造力。

干预工作者：好，咱们稍微谈谈这方面吧。你已好久没有关注你的右脑了，你希望怎样？除了来访者让你右脑重新活跃起来，你还能做些什么创造性工作？

Jane：我写了几篇论文，已被推迟了很久，怎么样？

干预工作者：与来访者有关吗？

Jane：有。

干预工作者：对你有帮助吗？

Jane：我想没有，都是些同样的老素材，只不过我还在一个劲儿地写。

干预工作者：还有什么？

Forney 及其同事（1982）提出，职业活动的多样化可能是一种非常好的应对机制，然而面对 Jane 的危机干预工作者却不以为然。因为她知道 Jane 已经不能再承受一点儿压力了。Jane 对职业生活的投入应该更少，而不是更多。

Jane：还有，我为 Bobby 和自己买了条游艇。海岸保卫辅导站开办了一个游艇驾驶培训班。Bobby 下次回家时看到我会驾驶这个“飞行物”，他一定会大吃一惊的。

干预工作者：是你发自内心想这样做吗？你是喜欢这样做，而不是需要这样做吧？

Jane：是的！

干预工作者：别把它和其他事情混在一起。真正为自己留出一些时间，好好享受。

Jane：你真像是在进行一场艰难的讨价还价，不过我会那样做的。

以上是危机干预工作者试图发现来访者行为活动的片段。在关于耗竭的文献中，一个又一个作者提倡闲暇时间的利用，尤其是进行体育锻炼，以使耗竭的人类服务工作者停止教条、冷漠的行为方式（Hoeksma et al.，1993；Melamed，Meir，& Samson，1995；Savicki & Cooley，1982）。

通过向来访者提议形式多样的休闲方式，进行体育锻炼，多与孩子相处，危机干预工作者已把多种积极的干预整合到了一起。从现在开始，危机干预工作者要把干预方法推进到由 Myers 等人（Myers，Sweeney，& Witmer，2000；Myers & Sweeney，2005）提出的“健康之轮（Wellness Wheel）”方法，这种方法以精神上的自我引导为中心，而这正是 Jane 博士目前没有具备的。具体到这个个案中，干预工作者要将来访者的健康之车装上如下轮子：营养、锻炼、自我照顾、压力管理、控制感、现实观念、幽默感、重建创造力，以及对自身整个生态系统的认知和应对。由于Jane的健康之车缺了这么多轮子，因此它失去了精神上的车轴驶到了危机的悬崖边，进而导致一场行为、身体、人际关系和态度的大崩塌时，也就并不令人感到吃惊了。

危机干预工作者开始就私人从业的主要问题进行交谈。

干预工作者：好，让我们谈一下你的工作吧。

Jane：你知道我也是干这行的，确实，现在我有很多来访者，但谁知道下周又会怎样呢？如果下周没有来访者，我该去哪儿呢？

干预工作者：你曾经没有过来访者吗？即便是在前一段最糟糕的时候？

Jane：不，没有过。不过我总是往最坏处想。

干预工作者：你开业已八年了，曾出现过来访者不多而不能维持生计的情况吗？

Jane：还没有。我想可能还有些别的情况。我说这些可能有点傻，我想如果我的生活与名声不符，不能处理棘手的病例，我就会觉得我不是最优秀的工作者。我是说，在过去我确实以此为荣，但现在，除了觉得我的脖子上套着沉重的枷锁以外，我感觉不到别的东西。

干预工作者：听起来你又回到了女超人的角色。坦白地说，我钦佩你处理那些病入膏肓的问题家庭的能力，而且你是对的，没有多少人能做到。如果没有内在的报酬，你为什么会那样愚弄自己，以为能治愈整个世界呢？看到你为自己设下的陷阱了吗？

Jane：不，我想我没有看到这个陷阱。

干预工作者：好，咱们试着做点别的。可能你以前曾对你的来访者用过，就是一个叫“谁告诉你的（Who Told You）”游戏。我要你到我的椅子这边来，对着那个代表Jane的空椅子问一些问题，我站在一旁控制进度，但基本上由你来做。你必须尽力用你身为治疗师的洞察力，真正地钻进Jane的虚构目标中去，她所说的那些疯狂的事情在现实中并不存在。好了，让我们开始。

Jane模仿危机干预工作者：（移过椅子，眼中闪过一丝亮光）亲爱的，谁告诉你必须成为能力超群的女性呢？

干预工作者：现在回到Jane的角色。

Jane：没有人要我那样，我只是想履行我的职责。

Jane模仿干预工作者：职责，胡说！你一帆风顺，平步青云，总爱和别人争做第一，老天，你这愚蠢的家伙，都43了，还想着要回到退役军人中心的病房，想让他们看到你比任何男人都优秀，自愿处理最棘手的问题。你对不成功害怕得要死。在你成功之后，又害怕第二次不会成功，谁让你那样做的？

Jane：没有人告诉我，是现实要我这样做，我必须比那里的男人干得更出色。

Jane模仿干预工作者：那都是20年前的事了，笨蛋！你现在接触的男性都是你的来访者，另外，你为什么这么害怕和别的男人出去呢？不要又对我提什么过于疲惫，你知道你为什么离婚，那肯定与保持良好的社会关系无关。

Jane：仅仅是对Bobby的经济责任问题，我真的没时间。

Jane模仿干预工作者：（真的发怒并大叫起来）我受不了了，你要养他多久？他已经21了，你21岁时谁抚养你呢？我要告诉你是谁，是你自己！你总是以此为借口，就像以所有那些来访者为借口一样。不要愚弄我了，可怜的家伙。（源源不断的讽刺话）就像Annettee说的，“Jane，我真羡慕你”。你到处欺骗人，更糟的是还在骗自己。看看你自己吧，可怜的家伙，在你所有忧郁的背后是真正的愤怒和对总是服务于别人的怨恨。是谁让你必须那样做的？

Jane：（停下来并开始哭泣。危机干预工作者走过去把Jane抱在怀里。5分钟后。）上帝啊，我不知道全部原因在这里，我真的不清楚。

干预工作者：我也不知道，但我想如果任何人都能摆脱，你一定能做到。

Jane：说出25年来一直未曾说出的内心世界，我才明白我是怎么走到今天的，我真的会好起来。

干预工作者：你想做什么？

Jane：我不会自杀了，不管是说说还是实际去做。我已有了自己的生活，虽然我不会放弃我的职业，但我将会设置一些限制。

"谁告诉你的"技术综合了Adlerian的理性情感行为和格式塔疗法，效果非常显著。对那些具有与Jane同样洞察力的人，用此法指出他们自我欺骗的方式，常常能得到意想不到的良好效果。让Jane做自己的治疗师，危机干预工作者并不对她进行文饰、攻击、操纵或欺骗。对于像Jane这样有能力和洞察力的人，问题一般不会持续太久。绝大部分的抑郁情绪下都掩藏着愤怒，一旦愤怒得以宣泄，来访者就向恢复正常迈出了重要一步。让Jane以旁人的角度看待自己的所作所为，并以"谁告诉你的"技术作为刺激物去抨击自己不合理的观念，危机干预工作者为Jane战胜自己的淡漠提供了舞台。

这种迅速而巨大的转变在普通人中并不常见，Jane的案例是一般情况下可能会发生的情况的一个压缩版本。因为来访者往往缺乏对负面自我对话的认识，危机干预工作者常常必须要说出来访者非理性观念中的一些核心问题，并以此作为刺激物。然而，如果是由接受过良好培训的专业人员来做这些，这么快的好转也就不罕见了。

在初期先给予一些刺激，来访者就能利用这些技术在没有或少量的危机干预工作者的帮助下，开始他们自己的谈话。一旦感情得以疏导，危机干预工作者就要站在间接的位置上充当有点类似回音墙的角色，去引导其工作伙伴们重归理性的生活，就这一点而言，如果是人类服务工作者成为来访者，他们更倾向于能对自己生活中的行为、情感和认知方面做出有益的决定。

事实上，如果能够成功克服耗竭综合征，来访者完全有可能重新回到工作岗位，而且会有更健全的人格，对自己和职业抱有更坚定的承诺，更强的自制力，更深刻的价值感以及增强自己应对外部环境的勇气（Kobasa，1979）。并且，新的应对方式，包括更强的自我意识、更好的自我洞察力和更直接的问题处理方式，也将是那些成功地穿过了危险之旅的来访者的收获（Cooley & Keesey，1981）。最后，从我们的观点来看，成功战胜耗竭的人类服务工作者不仅对他们的工作，而且对他们的日常生活都有着更冷静、更明智的选择和更健康的行为、工作方式。

小结 在这段材料中，危机干预工作者运用BASIC IDS模式来处理来访者生活中复杂且交错重叠的一些问题（Kesler，1990）。Jane的工作负担影响了她与家庭和朋友的关系，作为母亲的角色影响了她的自我形象，她的自我形象又影响着自己作为治疗师和母亲的能力，并最终影响了她整体的应对行为。危机干预工作者把诸多的因素联系起来成为一个整体，因为各个因素相互影响，不能分开对待（Cormier & Cormier，1985，p. 153）。Jane的快艇远航，不仅能给她带来愉悦和放松，能和孩子待在一起，而且对她的治疗能力也是必不可少的，就像她所接受的博士学位训练一样。使生活的各个方面达到平衡，并将其划分在各自的领域内，保持它们互不干扰，这让Jane博士能够充分行使各方面的功能，同时限制各方面的内在压力（Pines & Aronson，1988，p. 152）。

Webb（2007）列出了以下要点以帮助那些应对了创伤儿童后，遗留了替代性创伤、同情疲劳和耗竭等问题的危机干预工作者。

1. 参加培训和专业性的活动，学习并提高自己。使自己不断地参加这些活动非常重要，这不仅是为了获取知识和技能，也是为了与其他专业工作者交流，并持续地构建一个职业支持网络。
2. 与各种各样不同的来访者打交道，并且总体上限制自己暴露于创伤中的机会。很多危机干预工作者以自己能做到别人所不能的事为荣，这同样也是一种肾上腺素冲击和成瘾行为。常言道"骄必败"，这句话一点也没错。来求助的人形形色色，这不仅能让干预工作者保持咨询师的状态，还能给这些总是在创伤性工作中磨砺的危机干预工作者带来一些宽慰。本书的某位作者曾经吓到一个来找他做职业咨询的学生。这位教授刚连续给五个有自杀/杀人危机的学生做完心理咨询，然后，这位学生来了，他听到教授这样说："谢谢你的到来，你是我今天遇到的第一个正常的学生。"这番话可能会让这位学生疑惑不解：这所大学都招募了些什么样的学生啊？

3. 在工作和家庭之间设置界限，保持个人的同一性。本书的某位作者与一位中学咨询师结了婚：我们能谈论工作上的问题吗？是的！那我们总是谈论这些问题吗？绝对不是！我们把大部分问题都留在家门外。"这些问题明天还会在那儿"，这句话伴随着我们的生活。
4. 找到专业上能够理解这份工作压力的朋友。专业领域的朋友和同事，再多也不嫌多。某位作者定期地与一位在退役军人医院工作的心理学家去看棒球赛。他说：我们谈论心理学，也讨论神学和政治，看棒球赛，吃花生米，或在中场休息时高唱《带我去球场》。
5. 花时间与没有受害经历的人待在一起，以使自己保持一个平衡的观点，即不是所有的人都有异常。这也是为什么说去教堂、市民组织、健身中心、桥牌俱乐部、模型火车俱乐部以及慈善组织等的很重要的原因，因为只有"常规"的人们才会去参加这些"常规"的活动。
6. 向侵入性意象挑战并努力去处理它们。读完本章后，你应该能够完全理解，如果你的头脑中总是弹出那些你正在处理的糟糕事件，或者做这个事件有关的噩梦，那么不要把它们打回去，而是去寻找帮助。
7. 从事一些能让你提高效能感和赋权感的活动。你可能不会去竞选美国参议院议员，但是参与一些社区活动项目或政府委员会，这些方式都能很好地帮你体验到赋权感，并提高自尊感。
8. 自己给自己做一点儿心理治疗。我们不会呼吁让你成为自己的心理医生，这一点的意义在于了解你自己。如果你看到一个"疯子"在马路对面走，你会跑过去打倒他，并把他约束起来吗？在这个领域中，了解你自己，知道你在心理上的优点和弱点极为重要。
9. 从某位对你工作中所接触的创伤很了解的人那里得到督导。你的酒吧招待、发型师、助手、高尔夫球友或者图书俱乐部的会员朋友等虽然都是很好的谈话对象，但他们是最典型的普通人。你真正需要的是某位了解本领域的工作者，他知道如何才能有效地对你进行督导。

尾声：跨文化的比较

本章不仅仅是针对在美国的人类服务工作者。如果你是一位在德国、苏格兰、澳大利亚、波兰、奥地利、加拿大、丹麦、中国、韩国、以色列、日本或其他国家的读者，此章节也同样适用于你。Victor Savicki（2002）针对儿童保健工作者、文化、工作环境以及耗竭进行了一项意义深远的调查。该研究涉及了美国、澳大利亚、一些欧洲国家和以色列，研究工具是《Maslach 耗竭问卷》的分量表（Maslach & Jackson，1981a）。当 Victor 比较了13个国家的调查结果后发现，当你处于工作负担沉重、中层管理者不支持、新思想和新举动受到严格限制、组织的工作效率低下这样的状况下时，你就会干得不好和有耗竭倾向。相反，当工作环境鼓励新思想、同事团队提供支持、管理层以积极的态度面对组织目标达成时，耗竭得分低（Savicki，2002，pp. 80-87）。

然而，当文化因素起作用时，《Maslach 耗竭问卷》中的三个部分都发生了巨大的变化。例如，丹麦的工作人员或者法裔或英裔的加拿大工作人员在情感耗竭、去人格化方面的得分低，而在个人成就上的得分高。那些西德的儿童保健工作者表现为高度耗竭，表现为个人成就感低、情感耗竭和去人格化得分高。有趣的是，东德的应答者个人成就感很低，但是他们没有情感耗竭并且也没有感到太多的去人格化。显然，即便都是德国人，不同的政治文化看上去似乎对儿童保健工作者的行为以及他们的工作期待产生了影响。现在，我们将德国应答者的得分与以色列的进行比较，后者在去人格化上得分很低而个人成就得分非常高，在情感耗竭上的得分中等。接下来是美国，那些在个人成就上得分极高的工作者并不开心，因而他们的情感耗竭得分很高，而且去人格化得分也较高（Savicki，2002，pp. 78-79）。

无论是普遍性的工作环境测量，还是文化一致性测量，都表现出与耗竭分量表有显著的关联。举例来说，职权梯度（power distance）的概念是指老板所感觉到的他们高于其他员工所具有的控制能力的总量，以及员工所感觉到的老板的控制能力总量。高职权梯度表示老板相信他们能够支配下属的行为。因此，高的职权梯度导致耗竭并不奇怪。同样，不确定性规避原则（uncertainty avoidance principle）是指由文化所建立的规则、程序和仪式，以用来补偿不确定和模糊情境的程度（Savicki，2002，pp. 38-41）。在不确定性规避高的文化中，有很多规则指导机构，因此其员工有较高的耗竭得分。

Savicki（2002）的研究结果提示，不仅是单个工作人员及其所处工作环境之间的紧密联结决定着耗竭程度的高低，而且整个文化环境因素也在其中起作用。如这个观点正确，改变文化因素也确实是件很离谱的事。Savicki（2002）的研究还比较了个人主义占优势的国家和集体主义为主的国家，当然这里有争议，因为这个研究中代表集体主义的国家主要是东德和东欧的苏维埃联盟国家。如果我们能看一看在中东地区、非洲和亚洲国家的集体主义文化中，儿童保健工作者在耗竭量表上的得分是什么情况，那将会很有意思。像禽流感一样，耗竭席卷全球，基本上你在哪里都可以发现。

小 结

“耗竭”作为一个专业术语，不是为了博取同情，也不仅仅是用来描述一个人在办公室辛苦工作一天后的状态。耗竭确实是一种可以损害人们身体健康的疾病，并可能导致非常严重的后果。由于各种各样的来访者、环境、工作条件以及在工作中产生的压力，使得耗竭在人类服务工作领域中非常普遍。由于危机干预工作紧张且压力极大，导致耗竭的一个主要因素就是持续地暴露在有可怕经历的来访者中。

危机干预工作者的长时间暴露可导致不同的问题，包括替代性创伤、同情疲劳或继发性创伤。没有哪一种特定的人比另一些人更易于经历耗竭。然而，就其工作性质而言，绝大部分人类服务工作者对工作都有高度的献身精神，这种献身精神就必然是出现耗竭的先兆。由于私人从业者的职业隔离性，他们的耗竭体验往往比在机构中工作的同行们更严重。所有的人类服务工作者们，无论是在公立还是私立机构中工作，当他们自身有了问题时，一般都难以自我识别。任何人对耗竭都没有免疫力。

耗竭的发展会经过热情、停滞、挫折和淡漠的阶段。发展到最后阶段，耗竭就作为危机出现了。这种危机有许多表现形式，它可表现在行为、躯体、人际关系以及态度等方面。耗竭可扩散至专业人员的整个生活，并可能对来访者、同事、家庭、朋友以及机构本身造成影响。

认识到耗竭的初始症状有利于减少它对个人和机构的不良影响。通过开展培训项目和召开工作研讨会，来提高对耗竭动力学的认识水平，是停止和改善其影响的重要方式。机构内为受害者提供物质和情感资源的支持团体也很重要。过去，耗竭一直被认为只是个人才会罹患的一种疾病。这种观点现在看来已经过时了。耗竭也是一个组织和文化的问题，应该用系统的观点来看待耗竭。在其最后阶段，耗竭就是一种危机，它需要迅速、直接以及符合实际情况的治疗性干预。只有通过正确有效的治疗，耗竭的受害者才能重新工作，并重新成为高效的工作者。

（罗丹　译）

第四部分

无人地带

面对灾难

本书的最后一部分被恰如其分地命名为“无人地带”，因为它涉及的是灾难所导致的重大危机。对重大灾难事件的幸存者与响应者而言，危机引发的混乱情形就如同堑壕战中横亘于双方战线之间的荒芜之地。通常所说的“战争迷雾”在此很适用。

最后一章由两部分构成。第一部分描述灾难响应过程中，系统是如何运作的。探讨大规模灾难事件时永远不能脱离它的系统性影响。第二部分描述进入“无人地带”的工作人员以及他们会遭遇到的幸存者。我们相信，许多立志以此为事业的读者们将来会有一天进入这样一个荒芜之地。

第十七章

灾难响应

灾难的心理健康服务简史

在本书1988年的第一版中，并没有“灾难响应”这一章节。原因很简单，关于大灾难的心理健康服务的理论、研究和实践都很稀少，让我们写上三页都捉襟见肘。虽然联邦政府从19世纪起就参与灾后援助，但哪怕最近，关于灾后的心理创伤也少有关注。直到1974年，作为灾害政策修订的一部分，《灾害救助法案》才通过。该法案的第413条授权美国国立精神卫生研究所（NIMH）对受难者提供咨询服务，并提供资助以培训为受难者服务的专业心理咨询人员。

我们相信，人们需要灾后的心理健康援助这一观念与近年来危机运动兴起具有紧密联系。至少有四个不同的因素在2000年前先后出现，并促成了这一观念的形成。首先是社区心理健康的诞生，1963年的《社区精神卫生法案》使得心理健康工作者出现在南达科他州的拉皮德城、宾夕法尼亚州的威尔克斯-巴里、西弗吉尼亚州的洛根县这些地方。这些工作者并不是来自远处首都城市的官员，而是当地居民的同乡，他们为那些存在精神痛苦的灾难幸存者出谋划策。

第二个因素是创伤后应激障碍（PTSD）作为人格障碍被1980年的DSM-III收录。人们会在遭受威胁生命的事件后持续性地存在心理问题这一概念，因DSM的那次医学分类而得到公认。这一诊断很好地符合了灾难幸存者的一些特征。

第三个因素是1989年的雨果飓风和加州洛马·普雷塔大地震，这两场灾难促使美国红十字会于20世纪90年代早期建立起心理健康认证项目。事实上，两场灾难的接踵而至让红十字会的工作者在实际工作中筋疲力尽，也正因此，红十字会才会将灾难有关的心理健康服务与救助护理分离开来（Morris，2011）。

第四个因素是20世纪六七十年代的妇女运动。人们开始关注创伤是如何对一个家庭造成打击的；灾后的心理余震对已是满目疮痍的家庭有何影响。这些因素共同推动了心理健康援助概念从无人知晓到家喻户晓的迅猛发展。鉴于这一变化，你将在第七版中阅读到许多有关灾后心理援助的内容，远不止第一版时可能拼凑出来的寥寥数页。

如果你回顾一下第一章“危机干预入门”，我们讲到过草根运动是如何壮大并且吸引了媒体和立法机构的关注的，那么你就会明白为什么是在南达科他州的拉皮德城、宾夕法尼亚州的威尔克斯-巴里、西弗吉尼亚州的洛根县这些地方诞生了灾害的心理健康服务。这三个地方在1972年时都遭受到了可怕的洪水侵袭，尤其是洛根县，因为煤矿公司的过失，导致水牛溪大坝溃坝。水牛溪的洪水导致125人丧命，1 500幢房屋严重受损。更糟糕的是，那次并非是天灾，而是煤矿公司失误所为，所以当时议题就集中于煤矿公司本该如何预防那次灾难。

三地的心理健康咨询人员都被需要心理援助的当地幸存者团团包围，而州政府和联邦政府官员都迟迟未提供帮助。这一事件引起了记者们的高度关注，一时兴起了支持向受灾者提供心理支持的舆论。那些已经注意到这点的立法者也就情理之中地（同时对改选颇有益处）在1974年的法案中纳入了对心理健康的资助。

当时并没有什么研究来支持灾后民众需要接受心理治疗的观点，但与洪水带来的公众关注度相比，这点就无足轻重了。只有为数不多的心理健康工作者参与了灾害现场工作，他们求助的呼吁得到了媒体的关注和采访。圣费南多的儿童辅导诊所就是个很好的例子，1971年，当地震袭击了加州的圣费南多谷后，他们就参与了创伤的救援。儿童诊所宣布他们会为灾区的儿童提供咨询服务，在随后的几周时间内，就有超过500名儿童前来咨询，这引起了国家媒体的关注，诸如“不被地震击倒的孩子”这样的头条新闻出现在媒体之中。临床服务主任Stephen Howard在接受《纽约时报》采访时表示，“缄口不谈”没有任何作用，幸存者应该“袒露心声”（Morris，2011）。

现在来看看南达科他州的拉皮德城的情况，当时心理健康工作者的不知所措，联邦政府对幸存者困境也漠不关心，促使当地的市长组织了一个指导委员会，并直接将意见反映至科罗拉多州丹佛市，那正是美国国立精神卫生研究所（NIMH）的办公室所在地。NIMH终于有了回应，向处于困境的城市提供了精神科服务。拉皮德城所暴露出的心理健康服务问题也敦促州参议员积极地在《灾害恢复法案》中提及对心理健康服务的资助。

在威尔克斯-巴里，当地社区的心理工作人员发展了一个示范性的项目，同时，NIMH正在计划一个灾后的心理健康项目。“外展活动”（Operation Outreach）就是该项目的一部分，其内容是对外展工作者进行培训，对试图恢复往日生活的幸存者提供基本的心理健康服务。起初，他们的尝试并没有得到幸存者的肯定，直到他们为幸存者回归生活提供了基本需求的帮助后情况才有所改善。这之后，幸存者们才开始信任心理工作人员。对于自愿进入灾区进行救援的热心者来说，这是值得吸取的教训。正如威尔克斯-巴里的工作者以及稍后会提到的Holly Branthoover博士的例子，在你进行心理咨询工作之前，先得搬运箱子，购买除虱套件，还有就是别指望你的腋下除臭剂会有任何作用。

最后，在洛根县参与水牛溪大坝溃坝救助的工作人员注意到了幸存者身上的一些临床症状，这些症状即是后来的PTSD诊断标准。对煤矿公司的起诉使得许多著名的心理健康专家作为专家证人出现在法庭。耶鲁大学的精神病学家Robert Lofton就是其中之一，他对越战退役军人做了大量研究，他的工作也为日后PTSD的诊断奠定了基础。他在洪水幸存者中识别出了类似的病理现象，并证实水牛溪的所有居民都受此影响（Morris，2011）。

来自三个受灾区的一些代表被召集至应急准备办公室（当时赈灾工作的领导者）。大家达成了一致：灾后并没有出现大规模的精神疾病爆发，但是承认大量个体存在情感上的安全需求（Morris，2011）。至此，1974年的《灾害救助法案》诞生了。该法案随后演变为1986年的《斯塔夫德灾害救援和应急协助法案》，其中第416条规定对灾难中的幸存者要加强心理健康服务。

要真正理解为什么心理健康服务在很长一段时间内停滞不前，需要对美国政府应对灾难的历史有所了解。起初，美国政府的应对措施是碎片化的，需要经过许多机构的转手。直到1978年成立了美国联邦应急管理署（FEMA），许多相关机构都被并入其中，包括保险、气象预报、民防、大坝修缮及反恐等各机构。它基本囊括了对各类灾难的处理工作。“9·11”事件后，FEMA被吸收入国土安全部门，成立了应急准备与响应指挥部（Department of Emergency Preparedness and Response Directorate），这等于在政治上、财政上、优先决策权上将FEMA置于后台。在经历卡特琳娜飓风的肆虐之后，FEMA才重新成为一个独立直属的部门。不仅心理健康援助有了捷径可走，对于自然或人为灾害的总体协调应对速度也大大加快。那么，为什么会有现今的这些改变呢？

从1974年起，已经有了巨大的改变，如今心理服务及相关专业人员已被联邦政府视为灾害应对中不可分割的一部分（Dodgen & Meed，2010）。

20世纪90年代，灾害创伤干预事业的发展趋于缓慢。但随后科伦拜恩的校园枪击事件让人们关注郊区的危机事件，“9·11”又将视野引向全国性灾难，卡特琳娜飓风时FEMA表现混乱，这些事件也再次印证：对于美国20世纪发生的任何灾难而言，心理健康都是值得重点关注的。

卡特琳娜飓风过后，政府对密西西比州、亚拉巴马州、路易斯安那州投入了5.2千万美元（约3.4亿元人民币）用于心理健康服务，仅次于“9·11”时1.32亿美元（约8.6亿元人民币）的支出（Morris，2011）。

大规模危机事件或重大灾害有可能发生在国家层面，也有可能是在州或者社区范围内，直接或者间接地影响邻里、家庭以及个人，现在一个逐渐突显的问题就是大规模的干预项目系统间是如何相互作用来解决实际危机的？有一个麻烦问题就是危机响应体系并没有与时俱进。第一章曾经提到美国向灾区支援物质的赈灾系统已使用100年了（Echterling & Wylie，1999）。在个体的危机干预方面，科学、系统地开展工作已有了约60年的历史（Lindemann，1944）。国家政府开展的系统、全面的干预项目有30年历史（美国联邦应急管理署）。心理危机干预系统与那些大规模干预系统的融合大约有35年（如果我们对时间的估计还算大方的话）。

虽然自“9·11”后已有了大量关于针对个体的心理健康干预技术的研究（Watson，Brymer，& Bonanno，2011），但是有关大规模的工效学研究还很少。认知和组织工效学是一门挺独特的学科，它是研究人类与系统其他元素如何交互作用的科学分支。这门学科将自己的理论、原理、数据及方法用于产品的设计，旨在优化系统的整体运作、提升人类的幸福感，也可以指导灾后的协调、合作和分配工作。虽然人与系统的交互界面以及工效学的话题显得费脑和古怪，不太可能让人在星巴克喝咖啡或是在酒吧喝酒时谈论，但理解下述问题十分必要：这些系统是如何运作的？在面对恐怖袭击以及重大自然灾害时它们有何作用？还有与之相关的心理健康问题。在一篇引人注目的文章中，Nickerson（2011）指出能够检索到的关于工效学如何帮助应对恐怖袭击的文章相当少，文章之所以引人注目，是因为作者反复指出，处于不同系统中的工作者的交流是成问题的。在恐怖袭击十周年纪念时，前“9·11”委员会成员认为，事件发生时的第一响应者之间仍然有沟通上的问题（Callahan，2011）。

此外，在对受灾者进行心理疏导时，大系统是如何与子系统或个体相互作用的，或者说，事实上它们是否有作用？这一点仍然没有什么研究去探索（Dziegielewski & Powers，2005；Litz & Gibson，2006）。最后，替代性创伤对大系统有何影响，或者说针对即时、实时的电子媒体对子系统和个体的影响，我们到底能够做些什么？这些问题，我们就知道得更少（Ursano & Friedman，2006）。在灾难的善后过程中，了解到系统之间的交流、通信是否完好，理解科技、地球物理学以及社会领域的快速变化对预防、干预、预后的影响是十分关键的（Aten et al.，2011；Stokols et al.，2009）。

与之相反，在“9·11”事件后为了更好地处理灾后人们的心理健康问题，有关创伤后心理工作的循证研究数量开始激增（Watson，Brymer & Bonanno，2011）。在1988年本书第一版出版时，词头缩写PTSD的意思鲜为人知，即使是我们的学生！现在对于遭受过创伤的人来说，可谓家喻户晓。专业机构也开始关注创伤。美国心理学会的第56分会——创伤心理学分会是发展最为迅猛的分会之一。咨询师的认证机构，咨询与辅导教育方案认可评议委员会和美国学校心理学学会都已经将危机干预纳入为课程的必修部分。美国心理学会的主要刊物，《美国心理学家》的九月特别刊集中报道了后“9·11”时期心理学在灾难事件中的作用。政府、政府资助的机构以及专业组织都出版了大量心理教育的材料，包括灾难后的心理反应（National Center for PTSD，n.d.b）、如何与儿童谈论原油泄漏事件（SAMHSA，n.d.）、对学校进行“9·11”事件纪念的指导（American School Counselor Association，2011）。近十年中，两大信息传播及研究中心，PTSD 全国中心及全国儿童创伤应激网络（NCTSN）的成立都直接或者间接地与“9·11”事件、卡特琳娜飓风和科伦拜恩枪击事件有关。

全球状况

并非仅有美国在灾害事件中改变了对待心理健康服务的态度。澳大利亚在这方面同样是领先者之一，因为这一国家同样遭受着众多的自然灾害。作为灾难研究及实践的领军人物，澳大利亚的精神病学家 Beverly Raphael 出版了多部具有里程碑意义的著作，包括《丧亲的剖析》（*The Anatomy of Bereavement*，1984），《当灾难来临时》（*When Disaster Strikes*，1986），《灾难响应手册》（*Disaster Response Handbook*，2000），以及许多关于灾难与创伤的研究论文、章节、书籍等。欧洲则成立了欧洲创伤应激网络（European Network for Traumatic Stress，TENTS）以响应对循证结果有效性达成一致的需求。TENTS 由欧盟成立，并在全欧洲范围内建立了针对自然及其他灾害事件受难者的心理社会管理专业网络。该组织为欧盟中缺少资源及专业人才的国家提供服务、专业知识及支援。

在国际范围内，联合国的跨机构常设委员会（Inter-Agency Standing Committee，IASC，2007）出版了《IASC 突发事件下精神卫生和心理社会健康支援的干预指南》（*Guidelines on Mental Health and Psychosocial Input Support in Emergency Situations*）。这些指南也被远处的小国家，譬如尼泊尔，在应对灾难时采用（Jordans et al.，2010）。

国际恐怖主义及人为灾难

连续几次对文化及环境具有重大影响的事件催化了危机干预的生态系统理论（Conyne et al.，2003；James，Cogdal，& Gilliland，2003；James & Gilliland，2003，pp. 341-342；Myer & Moore，2006；Norris et al.，2006）。对美国而言，最具代表性的就是“9·11”事件：恐怖分子劫持了四架飞机，两架导致了纽约世贸中心的倒塌，其中一架袭击了五角大楼，还有一架坠毁于宾夕法尼亚州。这一悲剧事件造成了难以言表的悲痛、财产损失、生命丧失及经济破坏，并改变了大多数美国人对国家安全的态度（Bass & Yep，2002；Pyszczynski，Solomon，& Greenberg，2002）。“9·11”的善后措施也推动了其他不曾料想的事件发生，比方说国会通过了《国土安全法》，国家发动了对阿富汗和伊拉克的战争，并将美国的安全等级提升到了战争时代的水平。事实上，每一个美国人都感觉自己遭受到了攻击（Brainerd，2002），的确，那时我们正处于战争之中。

除了“9·11”事件，俄克拉荷马城的默拉联邦大楼爆炸事件，科罗拉多州利特尔顿、俄勒冈州斯普林菲尔德发生的袭击中学生事件，弗吉尼亚理工大学和北伊利诺伊大学的校园枪击案，这些恐怖事件都让大部分美国人认为美国不再安全，而更像个战场。世界范围内，像车臣武装分子对莫斯科剧院的劫持以及南部的俄罗斯学校人质事件，以色列街头的自杀性爆炸，激进分子发动的巴厘岛夜店、雅加达酒店、马德里火车站的爆炸事件，墨西哥的毒品战争，基地组织在非洲和亚洲造成的夜店、大使馆爆炸，以及伊拉克和阿富汗的战后动乱，这些都在向世人发送一个清晰的信息：这个世界不再安全，突然的恐怖袭击随时随地都可能发生。与之相伴，保卫工作的持续性高度警戒、袭击所致的经济损失、对抗恐怖袭击的社会财政支出，这些都会造成空前的应激源，从而对整个国家、文化和生态系统造成影响。

对幸存者来说，恐怖主义灾难有其特有的创伤后效应，并会对多个大的系统有迁移效应（Huddy & Feldman，2011；Morgan，Wisneski，& Skitka，2011；Ursano & Friedman，2006）。因为恐怖活动的发生具有不确定性，我们不知道它会在什么地方、什么时间、发生在谁的身上。此外，这种随意性也增加了人们的恐惧感和焦虑感，下次是否还会发生？地点是在哪里？这些都无从知晓。毒气、细菌战、核武器这些造成大规模杀伤的隐秘手法的使用极为不道德，并引发大众的恐慌和猜疑。信息又是时常不准确，或被政府严格控制的，这也带来了不确定性和焦虑情绪。增强的、持续性的过度警觉造成了持续、加强的焦虑情绪，这会带来中期和长期的躯体健康问题。

媒体的报道进一步加剧了毛骨悚然的伤亡景象，观众不断地看到死亡、毁坏的场景，这增加了心理创伤的风险性。其他的协同风险因素包括袭击造成的巨大经济损失，对政府无所作为或无法将犯罪者绳之以法（尤其当犯罪者身处境外）的失望及焦虑感。最后，在寻找专业心理健康人员处理恐怖袭击受害者相关问题上也有不少难处（Dziegielewski & Sumner，2005；Myers & Wee，2005，pp. 247-248）。Pastel 和 Ritchie（2006）将此描述为大规模毁坏性武器很恰当，因为这些事件会在心理上造成深远的涟漪效应。

以色列人对恐怖行动并不陌生。几乎所有以色列儿童都会随身携带手机，以便在遭受炸弹袭击或者火箭弹攻击后立即向父母报平安。当 Galai-Gat（2004）在危机干预人事部门的年会上发表完论文后，她表示自己对人们能够如此自由地出入于年会举办地——芝加哥酒店感到颇为惊奇。因此，当身处一个变化中的世界时，问题就来了："正如以色列人做的那样，世界上的其他地方也要效仿吗？我们的心理健康体系又如何运作呢？"

恐怖主义对大规模杀伤性武器的使用给心理健康专业人员带来了独特的挑战。躯体上伤亡的人数与心理创伤者的人数比率是匪夷所思的。Obhu 和同事（1997）发现东京地铁毒气事件中有 11 人死亡，但是有近 9 000 人寻求医疗服务，因为他们自认为吸入了毒气。鉴于不同的杀伤性武器使用，人们除了正常的应激反应之外，也可能伴有器质性的精神障碍出现。医学的隔离和检疫措施会给那些缺乏社会支持的人带来额外的应激，事实上，还有可能被别人视为避之唯恐不及的人（Flynn，1998）。

受到过恐怖主义袭击的人们的世界观极有可能与他人不同。有大量证据表明，相比于自然灾害的遇难者，这些人更为严重地受 PTSD、惊恐、焦虑及抑郁障碍的影响（U.S. Department of Justice，2000）。虽然现在已经有了不少进步：咨询领域更关注灾后创伤，红十字会对更多的灾难第一响应部门和人员提供危机干预培训，但是仍然缺乏对能够应对任何大规模灾难的心理健康工作者的统一培训。在特别针对恐怖主义的专业人员方面，这一点更为紧迫（Myers & Wee，2005，p. 251；Roberts，2005）。

最后，基础性的心理健康设施自身就可能被人为或自然灾难破坏，或者仅仅因为无法应对蜂拥而来的来访者而瘫痪。Galai-Gat（2004）在针对恐怖袭击幸存者的早期干预的报告中引用了一幅加里 • 拉森的漫画，那幅漫画描绘了一幢漂浮于瀑布之上的危机临床中心，并且中心楼房自身还燃着大火。这是对全球危机干预状况的一个很好比喻，也诠释了生态系统危机会给地方机构带来怎么样的混乱，正如新奥尔良心理健康机构见证的那样，它们是如何在卡特琳娜飓风的完全破坏之后试图运作起来的（Shraberg，2006）。

新方向，新视野

不再建议以一对一、面对面的形式开展危机干预。下面将向你介绍的是包括我们在内的许多人（Collins & Collins，2005；Gist & Lubin，1999；Kilmer et al.，2010；Myer & Moore，2006；Stokols et al.，2009）所相信的 21 世纪的危机干预方法：由大规模危机或灾害事件所带来的生态系统观危机干预模式（James，Cogdal，& Gilliland，2003）。一次生态系统层面的危机最小可发生在社区范围，也有可能是发生在整个区域或者国家范围；危机有可能是即刻、恐慌的，就像"9 • 11"事件，相对而言造成的死亡人数有限，但会造成巨大的难以预料的后果，并波及全球范围；也有可能是进展缓慢的，但范围延至整个大陆，并会危及多数人群的生命，好比非洲的艾滋病流行或者禽流感暴发；危机有可能是人为、突然发生的，但随后具长达数千年的长时程环境效应，对整个区域的社会及政府基础设施有破坏性影响，譬如切尔诺贝利核电站爆炸泄漏事故（Bromet，1995）；危机有可能是像“9·11”那样的恶性恐怖主义活动，造成了大范围的恐惧和愤怒情绪；危机也可能是像日本海啸或卡特琳娜飓风这样的自然灾害，能够彻底改变陆上风貌和周围地区人们的生活。

从不同的角度去看，一次生态系统层面的危机可包含上述的各种情况。危机的受灾者不仅包括大量直接经历创伤性事件的人，也包括那些间接经历事件的人，甚至是那些在地理或者心理距离上与灾害事件相去甚远的人（Chung et al.，2003；North，2004；Shallcross，2011）。

这就使得保险和心理健康服务很成问题，它们往往不能识别需要帮助的受灾人群（Galai-Gat，2004）。因此，本章节对生态系统层面危机的定义与本书其余部分对个体危机的定义有所不同。生态系统层面危机是毁坏性或破坏性的事件，其发生的速度和强度都超过了常规社会程序所能控制的范围。如果没有专属的资源被用于遏制危机，那么社会结构的完整性通常会随着危机事件的进程而瓦解，导致维持灾前的生活极为困难（Ren，2000）。

虽然许多的理论学者及研究者考察了大规模灾难事件及波及人群的集体性经验（Freedy & Hobfoll，1995；Gist & Lubin，1989；Hobfoll，1988；Hobfoll & deVries，1995；Kaplan，1996），多数文献只分析了个体的心理反应（Kaniasty & Norris，1999）。Kaniasty 和 Norris（1999）提出集体的灾难心理反应与灾前、灾后的政治、文化、环境、社会实体都有交互作用，个体的心理反应也不能脱离这点去理解。

另一方面，在务实的层面上，FEMA 和旗下的部门在各类灾害的操作性应对上投入了大量时间和精力来提供教育、信息和直接的服务。然而，FEMA——或者就这点而言，是所有人——没能做到的是如何将所有的措施整合在一起，接下来你就会认识到这点是卡特琳娜飓风登陆之前的一个不祥预兆。还有一点人们没能意识到的是各种危机干预策略如何与社区范围的应激源、各救援响应机构间交互影响。

虽然社区和全国范围内的灾难事件在历史上至少可追溯至2000年之前因火山爆发而淹没的庞贝古城或是中世纪欧洲的黑死病爆发，但那时讯息只能凭借口口相传，灾难的知识和影响传播得较慢。同样地，救援只有在响应者将信息传达出去，并且通过马车或人力驮运将物资送到后才能展开。面对瘟疫的蔓延，通常救援无法实施，也仅仅因为人们不知道如何减缓疾病的传播。

由于社区的孤立性质，当自然或人为灾难发生时，其影响也通常局限于社区内部。此外，地方社区也基本上由同一人种、部落、种族或其他社会身份团体构成，也通常享有共同的文化、道德和宗教价值观。简言之，截至20世纪，如果海地发生了地震，那么灾后工作都是由地方社区或是区域领袖来完成。当时的普遍哲学观是：谁受灾，就由谁来善后。而如果有陌生人前来帮忙，那么事实上由于当时孤立的文化价值观，救助者很有可能被视为不信任的、可疑的。最能够在灾前起作用的就是建造坚固的城池，而不会被洪水冲垮，被大风吹塌，或是对疾病流行的城市进行隔离。从历史上来说，当时的灾难响应实际上是被动、预防式的方法，在灾害发生之前将毁坏的可能性降低到最低程度，而在减轻灾后的死亡、经济损失、社会解体方面则少有作为。

有一点需要提醒，对于第三世界国家是否需要接受西方国家的灾后心理健康计划这点，因不像事关生存的基本物资救助，所以在全球健康领域内仍有争论。有人认为 PTSD 只是西方文化的人为产物，用于其医学心理健康模型的合理化和推广（Summerfield，2005）；相反，另一些人则不认为 PTSD 是文化产物，而的的确确是个跨文化的现象，对此否认只会是一个可怕的专业错误，并不利于对创伤痛苦的预防（deVries，1998；Dyregrov et al.，2002）。

随着工业和信息时代的到来，意味着危机干预转向更为主动、积极的方式。运用过去二十年中诞生的器械和指挥 / 控制 / 通信 / 情报系统，整个社会都能快速行动、协调起来，重塑危机事件的整个动力学特性（Ren，2000）。随着地理和通信距离的缩短，一个基本但重要的趋势是危机将不再是一个在局部区域就能解决的事件。干预者必须与生态系统协同作用，毗邻的街坊、城镇、城市、郡、教区、行政区、州、省、国家、大陆、半球乃至最终全球的环境因素都将和生态系统交织在一起。

当今的危机干预策略受到现在这个快速变化、多元性的世界的影响，它和许多环境和多元文化因素交互作用，上述基本趋势也是对系统危机干预策略的一次整合。然而这一观点显然也并非被所有人接受，有人把它视为西方医学实践向其他地区的强制性输出。因此在“全球计划”早期版本的全球健康研究手稿中（“Humanitarian Charter”，1998），在灾难响应的部分未提及心理健康。实际上，心理社会一词被用来消除提示个人存在心理疾病的污名（Van Ommeren，Saxena，& Saraceno，2005）。注意一下联合国的跨机构常设委员会的精神卫生和心理社会健康支援是如何取名的（IASC，2007），对一些国际社区而言，这一名称更有益人性。事实上大多数灾害幸存者也只仅仅需要社会支持和“心理社会支持”，这要比打上“心理疾病”的标签更有心理上的接受性。你应当明白本章的内容并不会被所有人喜爱和称赞，甚至对一些人而言，这些内容都是不需要和不正确的。

总结一下，本章将讲述生态系统观的危机干预是如何形成的，并且在面对扩散性危机，大规模危机和重大危机事件中是如何运作的。扩散性危机（metastasizing crises）是指那些一开始小规模的事件，如果没有同时在身体和心理层面处理好，那么将迅速变化为大规模危机（James，2006）。大规模危机（large-scale crises）是指至少是在整个社区或地区造成直接或间接影响的事件。重大危机（megacrises）则定义为直接或间接对整个国家或者全球造成影响的事件。

系统概述

生态、情境的危机干预方法远不止作用于来访者家庭成员间的或个体在工作场所或临时环境中的人际互动，具有动态的、社会文化和多元文化的观点，考虑所有对个体作用的生态因素。它包括五个环境系统，范围囊括从细微的个体间直接交流（能与来访者直接互动的个体）到国家指令、态度、文化意识形态的大范围影响（Santrock，1999，pp. 42-44）。这一方法仍然在演变发展之中，变得和其所涉及的生态、多元文化情境更为契合。它是一种新出现的生态系统，囊括了个体内部和个体之间在所有环境的不同水平上的交互作用，代表着一种范式的转变。它也不是一个静态的、无组织的实体，而是非常灵活的，其中的一部分受到影响，其他部分就会发挥作用。

生态系统观的危机干预来自 Bronfenbrenner（1986，1995；Bronfenbrenner & Morris，1998；Santrock，1999，pp. 41-46）关于人类发展的生态系统理论，以及我们（James，Cogdal，& Gilliland，2003；James & Gilliland，2003，pp. 336-337，341-342）和其他将生态系统论应用于一般心理治疗和针对危机干预的理论心理学家（Collins & Collins，2005；Norris et al.，2006；Vernberg，1999）。从危机干预角度来说，不仅处于危机中的个体受到影响，该个体的所有环境都是危机干预工作者必须考虑的情境因素（Myer & Moore，2006）。Bronfenbrenner（1986，1995）提出系统中有五大环境成分：微观系统（microsystem）、中间系统（mesosystem）、外层系统（exosystem）、宏观系统（macrosystem）和时序系统（chronosystem）（参见图 17.1）。

微观系统

微观系统指危机个体居住的环境，包括个体的家庭、朋友、同事、同伴、学校、邻居还有常去之处。在微观系统中，个体与他人产生最直接

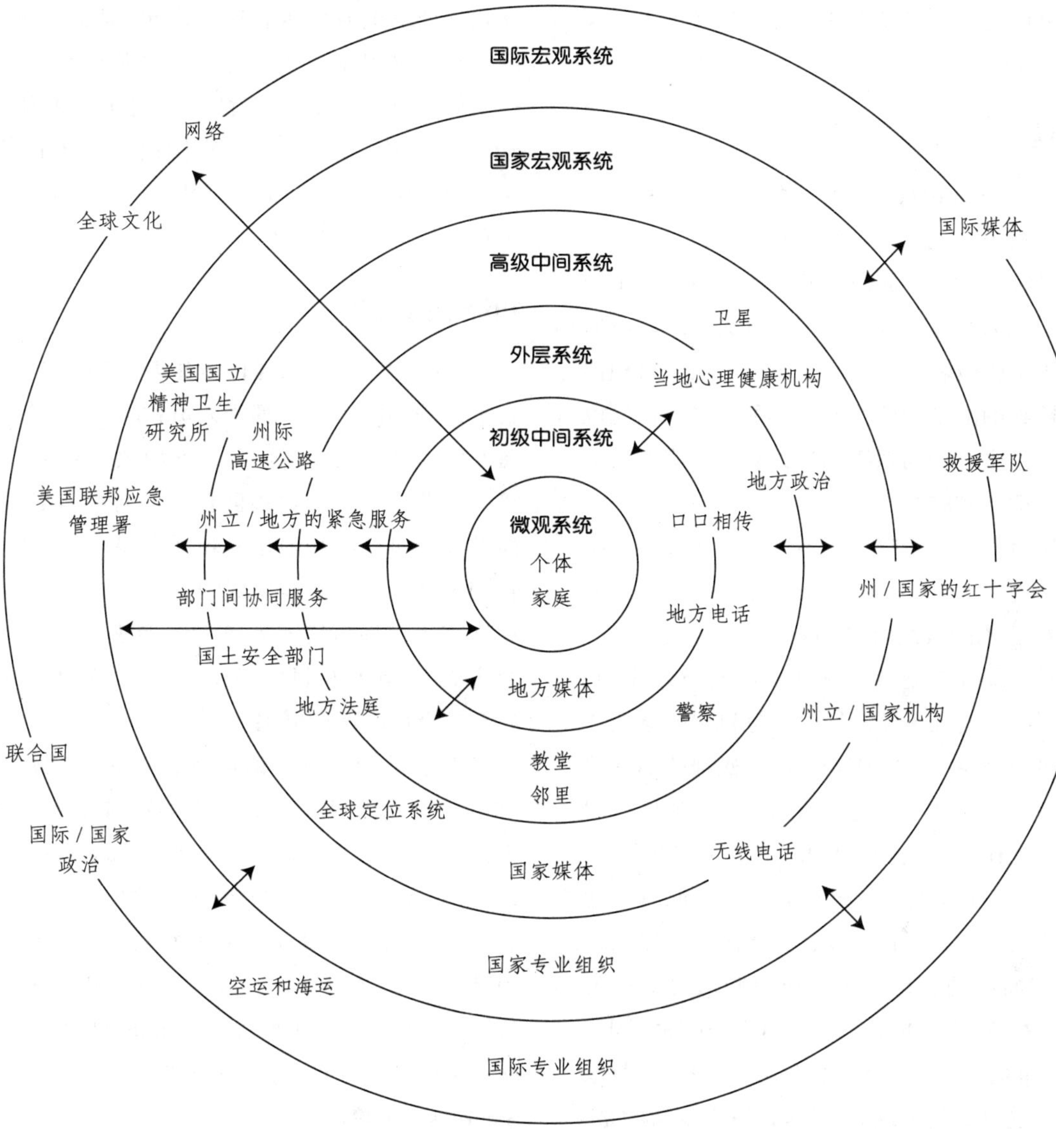

微观系统：个体居住的环境。
中间系统：个体与系统间的人际关系、关联与通信。
外层系统：其他社会环境中的事件，对个体并不具有主动的影响作用。但外层系统的确在当前情境中对个体的经历造成影响。
宏观系统：代际间传承下来的国家及宗教系统、态度、意识形态、行为模式、信仰和其他产物，它们组成了整个文化的构架。

图 17.1 Bronfenbrenner 的危机生态系统模型

的社会互动和交流，自身遇到的困难会延伸至家庭成员，并和灾难造成的困境交织在一起（Green & Solomon，1995）。灾后的创伤过程中，之前微观系统中的所有人际关系，伙伴和同盟都会联合在一起共求生存，承受着多种压力的考验（Smith & Belgrave，1995）。持生态、情境、多元文化观的危机干预工作者并不将危机个体视为微观系统中的经验被动吸收者，他们会主动地参与对情境的建构（Santrock，1999，p. 42）。反过来，情境又会对个体及其家庭产生正面或者负面的影响，从而减轻或者恶化危机，是正面还是负面的影响取决于个体与事件的接近程度，与事件的关系，对事件的知觉以及事件本身的意义（Myer & Moore，2006）。

中间系统

在 Bronfenbrenner（1995）的发展理论中，中间系统相当于微观系统与外层系统间的通信通道或交互机制。它基本起通信网络的作用，让每个生态系统中的个体和群体进行信息交换。通信形式远不止手机或者电视新闻，包括了从口口相传到最为精细的电子通信技术的各种方式。在危机和危机干预中，中间系统相当关键，扮演着整个系统的指挥控制结构。

危机事件中的中间系统不仅分布在微观系统与外层系统间（初级中间系统），也存在于外层系统和宏观系统间（高级中间系统）。初级和高级中间系统在解决生态系统危机时都有重要作用。这两个系统具有高度流动性，在危机中能够快速扩展。可以想象一下一座岩溶灯，底部的油受热浮上来后形成快速、不规则运动的彩色油质。岩溶灯可以类比为一次快速升温、扩张的危机事件。（扩张是减轻还是加重危机很大程度上取决于通信的内容是什么、由谁、在什么情况下、以何种方式进行通信的。）应对卡特琳娜飓风过程中的一个主要失误就是初级和高级中间系统的共同崩溃。灾难的心理健康系统内部及其自身都是复杂的中间系统（其他系统的网络），更为复杂的是，中间心理健康系统会被迫组织起具有自己进程的微观及外层心理健康系统（微观和外层心理健康系统在对灾难的准备性上有所不同），并且中间系统自身完全有可能因为灾难而毁坏（Norris et al.，2006）。

为了处理逻辑上假设的，或是现场检测的通信联系，不管是纸上谈兵，还是现场实践，地方应急管理署（Local emergency management agencies，LEMA）在探讨最有效的危机处理方法上投入了大量时间和精力（Freeman，2003；Lane，2003），这些系统将危机干预者与应急管理署直接进行联系。由美国国家受害者援助组织（NOVA）、FEMA、美国红十字会，以及州和地方的心理健康机构所培训的公共事业人员随时待命于紧急情况，当有超过地方当局能力范围的灾害发生时，这些危机干预队伍就会被立刻召集起来共同行动。在美国，这就好比召集国民警卫队的情形，卡特琳娜飓风发生时同时召集国民警卫队和危机干预人员就是这样一个典型的范例。

初级中间系统

初级中间系统的通信意味着：有能将当地语言翻译为国际语言的翻译人员；有业余无线电设备及收发两用无线电设备的气象监测装置；有危机响应队伍和搜寻救援队伍，并且配有对讲机，能够在建筑残骸和狼藉的森林中保持联络；应急管理署和媒体之间有良好的联系；在应急管理署和诸多支持性机构或人员（包括法律执行部门、消防部门，重型机械的操作人员、心理健康专家）间有整合性的通信网络。

无论是聋人的手语服务，还是联结州立及 FEMA 的无线卫星通信这样的精细设备，对一个初级中间系统来说都是应该囊括的（Freeman，2003；Lane，2003）。在单位、学校、教堂、家庭、同伴团体，以及地方的社会、医疗和政府服务的内部和之间，都应当维持联系和通信（Bronfenbrenner，1995；Freeman，2003；James & Gilliland，2003，pp. 341-342；Lane，2003；Santrock，1999）。

保持快速、有效、通畅的通信是危机干预机构的首要任务。通信要有冗余性，一个系统损坏了，另一个就可以代替。举个例子，在一次雷暴中，佛罗里达州纳苏县的应急管理主任试图在汽车中与同事取得联系，交代关于雷暴的情况。可是由于电磁干扰，根本联系不上。尽管应急管理署有许多精细的设备，最终起作用的仅有语音信箱（Freeman，2003）。所以伊利诺伊州锡卡莫尔市的应急管理前主任具有高级无线电业务的证书，这也并非让人意外（Lane，2003）。卡特琳娜飓风中一个恼人的问题就是各地方机构使用不同频段的无线电信号并且彼此联络不上，也不能联络上高级中间系统。因此，在灾难干预中，被反复重申的一个关键环节就是通信，它决定了对灾难响应的能力（Rebman，Carrico，& English，2008）。

高级中间系统

高级中间系统联结起宏系统与下级系统，在国家水平上将外系统与宏系统联结起来协同运作。它包括了如下这些信息系统：邮政服务，国家的商业广播及电视公司，互联网和它的附属网站、邮件、即时通信、聊天室服务，卫星通信，GPS。FEMA及其上级组织国土安全部与其他的政府机构（如司法局）存在联系，也和众多的私立机构有联系，包括红十字会、国家受害者援助组织、国家海洋气候局的天气卫星、风暴预测中心、能够模拟和预测灾难景象和赈灾方案的超级计算机系统以及为大众提供信息的国家紧急广播系统。

国家机构与联邦部门的相互联网，并和下级的各州应急管理署联网，这是美国运行的危机干预高级中间系统。它是主要的命令控制中心，能与各州通信和控制中心联系，又相应地与地方的应急管理中心联系起来。国家级组织和机构拥有完备的移动式命令、控制、通信中心，能够由牵引设备经公路、铁路、海路或空路抵达任何灾难现场。在卡特琳娜飓风中，这些设备都遭到了损坏，以至于修复新奥尔良堤岸和水泵的设施都远在田纳西州孟菲斯市的美国陆军工程兵部队办公室，在沿密西西比河向上640多千米远的地方！

因此，中间系统是危机干预者及干预过程中首先需要关注的地方，它是各系统成分（个体、团体、情境联系、生态资源）的协调者与驱动者。作为咨询师、合作者、协调者及通信者，危机干预人员是中间系统中的关键人力资源。

多功能智能手机的出现提升了初级和高级中间系统的潜能，其中许多潜能在五年前是无法想象的。Aten和他的同事（2011）列举了这一新技术的一些可能应用：

1. 文本信息比语音信息占的带宽少，当其他电话系统阻塞时，文本信息或能发送。现在许多大学都有短信警告系统，只要学生有手机，就能收得到。
2. 拥有天气和新闻服务应用程序的智能手机用户能获得其他方法所不能及的危机事件的当前信息。
3. 许多社交网络平台，如MySpace、Facebook、Twitter、Flickr、LinkedIn等，能让在线使用者保持同步性联络。很显然，这些网站能够用来组织群众的集体行动。在埃及和利比亚战事中，这些网络就在组织大规模游行和避免警方逮捕上发挥了作用。同样地，它们能被用在灾难时召集人们。
4. 无论是像在汽车、卡车上的有线应用，还是像在智能手机平台上的移动系统，GPS都有大量应用。在灾难中，GPS能被运用于交通导航、替代线路查询、人员定位。安吉星是通用汽车的卫星通信、GPS和紧急事件告知系统。它与美国红十字会合作，为避难所、医疗服务、安全线路、食品资源和其他服务提供信息。Aten和同事（2011）曾报告在古斯塔夫飓风期间，安吉星的使用率上升了30%，说明有相当多的使用者在紧急事件发生时的确需要这一系统。
5. 当高级中间系统采用像安吉星这样的系统时，人们可以在紧急情况下无线登录系统。疾控中心采用了这一技术，并且开发了播客平台，即时告知对于疾病流行的“如何做及怎么做”信息，还有安全贴士和其他健康相关的信息。这确保了在停电的受灾区域的人们能够收到这些关键的健康信息。

这些新技术的关键是，初级系统中的大多数人每天都在使用它们。不仅联邦政府或国际慈善组织这样的高级中间系统中的工作人员自身能够在常规联络通信失效时使用它，而且熟悉这些技术的更多初级系统使用者也能将信息口头传播出去。如果能够广泛使用这些新设备和系统，那么救灾过程中的通信难题将彻底沦为历史。

外层系统

相比于微观系统情境下的来访者，外层系统将来访者置于一个更大的背景中考虑(Bronfenbrenner，1986，1995)。外层系统的范围延伸至社区甚至包括州和整个地区的实体组织、法律及社会福利服务、地方大众媒体和所有的政府机构项目，凡是这些对个体产生影响并且能给予帮助的组织都属于外层系统。其他州、省的危机干预者也会参与援助。美国的地方应急管理署通常都有在位或待命的后备力量，在危机超过当地应对能力时就给予援助。

外层系统与宏观系统的效率取决于初级和高级中间系统中信息传输的效率，以及资源整合与分配的有效性。FEMA对灾难个体的现场式、一站式救助是个非常好的中间系统的范例，它为微观系统中的受难者与宏观系统中的国家救援者提供了直接的通信途径。

宏观系统

宏观系统包括了国家政府机构，国家的慈善、宗教、服务、专业组织，以及国家铁路、海运、空运、高速公路通道和食物、燃料、能源运输系统。它就是人们生活的全部文化背景（Bronfenbrenner，1995），即一个区域中代代相传的行为模式、传统、信仰、风俗、历史遗物、法律体系以及其他的特色和人们从事的活动(Santrock，1999，p. 44)。有以下两个原因使得宏观系统在危机干预中非常重要。其一，也是首要的，当地方不能应对灾难时，宏观系统很可能是救助和资源的来源所在。其二，当有全国性的危机发生时，如“9・11”事件，对国民心理做一个初步分类评估有助决定在整个生态系统内开展何种干预。

达到宏观系统层面的灾难并不一定涉及很广的人口地理分布，也不一定有大量的伤亡人员。2007年4月赵承熙在弗吉尼亚理工大学的疯狂杀戮行为就是起孤立事件，虽造成32人死亡，但这一数字无法与“9・11”事件的死亡人数相比，只相当于阿富汗战争中的每日死亡人数或是美国高速公路上每周的死亡人数。虽然从这些客观指标看，弗吉尼亚理工大学枪击案并不是场大灾难，但恰恰因为它发生在一个原本应该安全的地方——安静的校园中，这一点扰乱了整个国家的控制感，和1999年科伦拜恩事件如出一辙。这起事件很快就演变为扩散性危机，影响范围远超弗吉尼亚州的布莱克斯堡镇。当时的电话路线彻底堵塞，但带宽占用量少的文本信息却还能运作。事件发生时，Facebook网站和其他的社交网站将悲剧信息传播了出去，告诉同学们哪里是需要远离的危险区域（Aten et al.，2011）。

尤其是刚将孩子送入大学的父母们，无论是在哪一所学校上学，对子女的健康和生活质量都很关注。父母们向各个大学或打电话，或写信和邮件（国家宏观系统），要求学校告知有何措施保护孩子们免受持枪疯子或其他袭击者的伤害。

也许在这起事件中更为重要的是，各个大学、学生、教授们都很容易能通过邮件、博客、手机和短信的方式在高级中间系统中传递信息，这就使得信息在高级中间系统很快扩展开来，在枪击发生之后的短短数小时内，有关弗吉尼亚理工大学惨案的猜测、假设、流言就被传递到了国际宏观系统层面。譬如，一份据称是赵承熙在校期间写的剧本仅在枪击24小时后就被发布到了博客圈中，那份剧本的内容充满着黑暗、暴力和死亡的元素。

时序系统

个体 Bronfenbrenner（1995）认为时序系统是在个体毕生中环境事件的发生及对个体产生交互影响的模式，以及影响个体、家庭、同伴、同事和其他人的社会历史环境。时序系统的核心就是时间对事件的动态影响，时间的流动性对于灾难事件来说绝对是一个关键变量。危机时序系统的时间起点是灾难发生的那刻，而非个体出生时。但是如果需要的话，危机干预者仍然需要追溯个体的发展时序系统，来探究是什么前驱因素影响了个体对灾难的反应，或者是什么先前事件加重了个体的不良反应。

在危机干预中，理解时序系统中对危机事件的保护性或者风险性因素很重要。我们可以将灾难创伤分为个体创伤和集体创伤（Erikson，1976）。个体创伤直接痛击个体的心灵，如此有力、突然地击破个体的防御，最后个体可能会出现创伤性反应。集体创伤也类似，只不过它是通过微观系统（社区）层面将联结人们的社会纽带破坏，社区也支离破碎。时序系统在这两种创伤中都非常重要，其作用阶段可以线性地或者阶梯性地标记出来，下面将对各阶段做简要介绍（参见图17.2）。

冲击 灾难发生后的数分钟至数小时这段时间非常重要。虽然恐惧和震惊普遍存在，但多数人还是能适应过来，采取行动保护自己和亲近的人。对灾难疑惑和否认会让人失去时间定向感，并感觉时间变慢。令人欣慰的是，虽然混乱场面会接踵而至，但人们还是能够以积极主动的方式准备应对（Myers & Wee，2005，p. 20）。危机切断了人们的食物、住所和衣物来源，马斯洛的需要层次理论在此发挥作用。随着危机逐渐地过去，在随后的几天中，需要解决的核心问题也依次变为提供住处，或是和家人重新取得联系或重聚。

紧急情况/即时性的英雄/救援行为 危机冲击过去以后，人们马上会投入到互助、拯救财产之中，试图重新掌控环境。在这一英雄式的营救阶段（Myers & Wee，2005，pp. 20-21；NIMH，2002；Pennebaker & Harber，1993），个体在生理还是情绪上都高度活跃，士气高涨，认知完全凝聚在此时此刻，通过诉说危机带来的焦虑感以及自己的反应能够让个体得到宽慰。然而虽然此时人们是斗志满满，但问题的解决和营救重点的规划却往往妥协于灾难的强度，让行动变得支离破碎、效率低下。寻找家人或最终的安全重聚是非常关键的。

缓冲/恢复 在冲击和英雄救援两个阶段当中，会有一段缓冲期。人们会对当下情境做出评估，并计划下一步的行动（NIMH，2002）。他们搜寻和自己爱人有关的信息来判断是否安全或受伤，他们会探查家园是否完好、工作场所的情况如何（Myers & Wee，2005，p. 21）。如果无法找到爱人，那通常是令人沮丧的，如果当局不批准幸存者回到居住区，也就无法明了自己房屋的情况，这会让人恼怒。

蜜月期 也许是在冲击过后的一周到三个月左右的时候，不管在什么地方，一种集体式的“我们将共渡难关”态度会出现。人们对灾后恢复相当乐观，觉得对于经济损失的赔款额将会很高。媒体和政治大量关注受灾地区。公众付出了许多体力和经济支援，让灾区感到重建的希望。虽然大家一起经历了可怕的事件，但最坏的时期已经过去了（Farberow & Frederick，1978）。根据灾难的严重程度和范围，大约在两周到两年不等的期间内，受灾者能够经过重新调整回到灾前的功能水平，当然有可能更好，也有可能是更糟。

回避 随着个体度过接下来的几周后，他是否会有急性的应激障碍或者是否会最终发展为创伤后应激障碍取决于生理和心理的支持系统。随着时间的流逝，会出现一个回避阶段（Pennebaker & Harber，1993）。人们开始不再谈论危机事件，但是关于灾难的画面和想法仍然主导着认知功能。

适应 有益健康模型（salutogenic model，Antonovsky，1980）强调健康而非病态、病理方面。个体的病理状态是否持续，能否进入适应阶段，很大程度上取决于危机干预者是否能有效地应用这一模型，以及个体自身的复原力（Pennebaker & Harber，1993）。有益健康的概念肯定了我们对于人类和危机的传统观念，应激是持续存在的，更为严重的应激也将会发生，但人是有弹性的，能够从灾难中恢复过来，甚至是成长。在人们努力去应对那些不可避免会遇到的经济、情绪和环境问题时，将发现无论他们做什么，事态都不可能恢复至以往水平，但人们可以去适应，继续前行。但是，当幻灭的感觉来临时，适应就会有困难。

幻灭 幻灭阶段会出现在灾难冲击后的几天或几周内，并且有可能持续数年，这取决于个体如何适应新的环境。媒体和政治官员的撤出，政

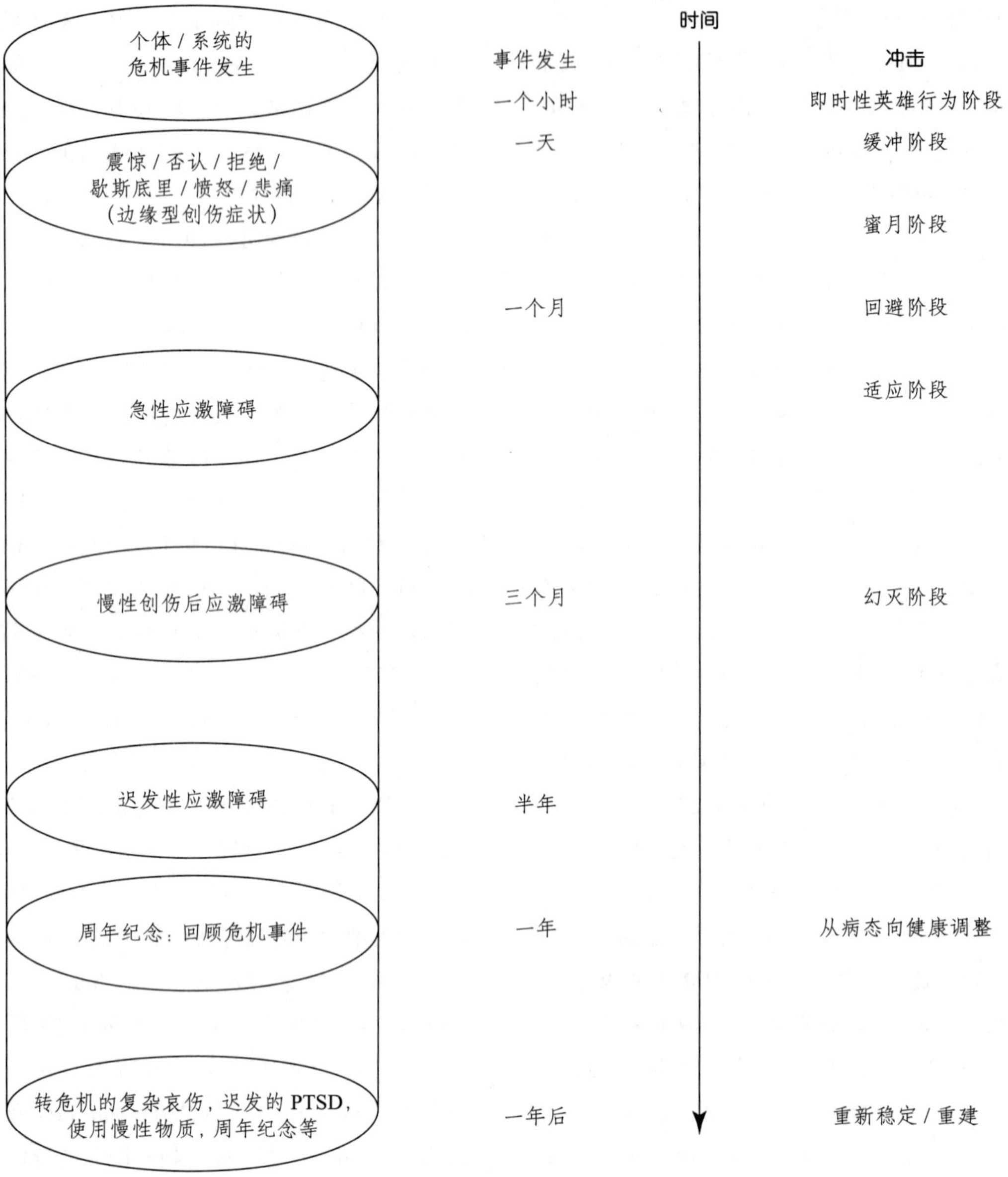

图 17.2　危机事件的病理性时序系统

治程序上的繁文缛节限制了灾后恢复的进程，保险理赔的数额不如预期，以及其他各类减缓恢复的事情都会造成幻灭感。持续性的身心应激状态最终让个体感到情绪上和体力上的透支，疲劳感开始出现。糟糕的生存和卫生条件、环境中的致病细菌、传染性疾病的发生都会带来各种公众健康问题。高血压或者健康问题恶化这些应激相关的身体症状开始出现。赈灾工作者讽刺地将这一阶段称为二次灾难。心理问题也会随之而来，包括 PTSD、惊恐和焦虑障碍还有抑郁及自杀观念（Myers & Wee，2005，p. 23）。

周年纪念　随着一年时间的临近，周年纪念就变得很关键（Cohen et al.，2006）。如果个体没能很好地解决创伤问题，那么在事件过去一年甚至更长的时间后，就会进入危机转移状态。一些幸存者会不断地谈论创伤经历并寻求帮助，到了让别人心烦的程度。这种对危机事件的持续情感宣泄和沉思反刍，有可能造成别人的反感和恼火，反而让支持系统中的人与幸存者保持距离（Smith & Belgrave，1995）。这通常被遇难者知觉为二次受难。

从病态向健康调整 事件的一周年纪念前后通常是一个里程碑。如果个体已经将创伤置于身后，对丧失进行了哀悼，并开始重建生活，那么他就完成了向健康态（salutogenic）的转变（即健康的、促进心理成长的转变）（Antonovsky，1980）。他们已经迎接了创伤带来的挑战，并且能够继续他们的生活。反之，若在急性期过去较长时间之后，个体仍然沉湎于创伤事件难以自拔，那这些人经历的是病态（pathogenic）的转变（疾病的、不健康的及心智衰退的转变），有可能产生残余的、慢性的症状，带来诸多躯体及心理问题。在创伤治疗中一个尚在的争议问题是，个体是如何达到以及维持健康状态的，这种转变是否需要外界的帮助（Stuhmiller & Dunning，2000）。Antonovsky（1991）认为个体一致感越强（一致感指个体对应激的可控性、连续性及意义的认知程度），他越有可能处理好生活中的应激源。如果能够采取有益健康模型，那么危机干预工作者的多数角色和作用将消失，因为在这一模型中应激是普遍存在的，人类能够适应它，并不一定会被创伤击垮（Stuhmiller & Dunning，2000）。

重新稳定/重建 随着时间过去，幸存者要决定是仍然在原处生活还是去崭新的环境中重新开始生活。重建并不意味着仅仅是建造新的房屋，而是重塑一个人的情绪和社会自我。在此过程中会遇到许多挫折，如贷款被拒、离婚、破碎的家园、友谊的丧失或者是朋友的罹难等，但数月或是数年过后，终将稳定下来，会过上一种新的生活。

幸存者会经历一个类似 Schneider（1984）所说的悲痛转化模型的过程。对来访者的转化过程进行监测和追踪，直至来访者最终接受灾难，这可能需要一年以上的时间。在美国心理学会第56分会（创伤心理学）的网站上，最近出现了许多关于 Richard Tedeschi 和 Lawrence Calhoun 的创伤后成长概念的讨论（Triplett et al.，2011）。这两位研究者共同设计了一份问卷，评估人们在灾后的正性反应（Cann et al.，2010，2011），包括更好地和他人发展关系，发现自身的新优点，积极的精神转变以及对生命更深刻的体验（DeAngelis，2011）。有人说这是对中文汉字“危机”的实证检验：危难与机遇并存。

社会 当我们把视角从个体转向至社会水平（微观、外层或宏观系统）时，时序系统同样决定着事件进展的趋势。在危机过后的几小时至几天时间内，为了让灾区的灾情得到控制，所有的应急资源、机构和人员都需到位，因此，时间就显得特别重要。在这英雄救援阶段（Raphael，2000），整个系统在人员救助、庇护提供和紧急支援等响应上都是无私的，充满着奉献精神和英雄气概。当然，如果说一次飓风的登陆能够提前预警的话，应对的时间线将要推前至危机事件发生之前。

佛罗里达州纳苏县应急管理部的方案就是一个很好的范例。从警觉阶段，开始于飓风预计登陆的前72小时，到重建阶段，飓风过后的数周至数月的时间，他们的整套应急方案包含了九个步骤（Nassau County Emergency Management Department，n.d.）。灾后不久，一段心理上的蜜月期会到来（Raphael，2000），在这一阶段，灾区会得到大众媒体的关注，赈灾机构会进行大规模干预措施，民众也有一切都很快会好转、生活不久就能恢复的信念。“同舟共济、人人平等”是人们普遍的看法。

当电力、电话紧急抢修完毕，外界支援和资源供给撤出，媒体也将关注转移别处之后，灾难的长期负面影响依旧存在，灾区仍然需要外界的资源提供。因为像教堂、学校、公园和社区中心这样的基础设施的损毁，人际的交流和活动也必然丧失。州和联邦政府机构以及保险公司之间的距离通常很远，而且手续繁杂，这让很多赔偿和基础设施重建事宜陷入困境。不管是对个体还是对社区来说，这段时间都是场“二次灾难”（Myers & Wee，2005，p. 29）。

社区集结地的丧失既具有象征与社会意义，也具有精神与心理意义，对于整个社区有长远的消极影响。需花费大量的时间和精力来重建社会联系的硬件设施（Kaniasty & Norris，1999）。这一时期可能会产生幻灭感（Raphael，2000）。人们觉得沮丧、无望、被抛弃，感到事情再也无法恢复到灾前。如果此时没有持续性的长程心理健康服务，就会出现大量的创伤后应激症状和抑郁症状。由此，一个非常现实的问题就会浮现：究竟该在何时提供心理健康服务。这意味着灾后六个月才是需要帮助的时刻，但长期的心理健康服务和短期服务是同样重要的。

如此看来，时序系统代表了个体生活事件的发展历程，以及更广泛的社会系统的时间变化特性。危机干预工作者需要在危机响应中意识到时间进程和把握恰当时机的重要性。俗话“时间改变一切”“时间就是一切”恰当地给出了时序系统的本质特征（James & Gilliland，2003，p. 342）。

危机干预生态系统的基本原则

毫不夸张地说，要把握复杂生态系统中的服务配置问题确实让人头疼，但幸好 Conyne 和 Cook（2003）、Norris 和她的同事们（2006）为我们提供了以下原则。

1. **系统必须是多学科性质的**。没有任何一个单一学科能够垄断危机干预这个领域。应急管理署和危机干预系统的运作都必须依靠各行各业的人员：环卫工人、电线检修工、土木和物流工程师、急救医务人员、通信工作者、执法人员、消防和紧急救援人员、社会学家、心理学家、银行家、经济学家、牧师和社会工作者等。这些拥有不同技能和职业的人还必须相互合作，形成一个多学科团队。有时，那些因为具有大学学位而自命不凡或者因为专业而以自我为中心的人往往无法在干预系统中占有一席之地。只要你致力于心理健康领域，生态系统观的危机干预对所有人都是一视同仁的，哪怕只是一个外行的志愿者，他所起的作用也可能和一位精神病学家相当。任何具有自我膨胀感的人，其锐气也将会被巨大的危机所挫。
2. **系统必须是多元理论的**。如果仅从危机干预的心理学方面来看，没有任何一个现有的心理学理论能够用来解决危机引发的复杂局面。毫无疑问地，没有任何一个理论能够包办一切。无论是一些治疗技术（如紧急事件集体减压、眼动脱敏与再加工技术、思维场疗法）的倡导者还是反对者，尤其也包括本书的作者，当应对大规模或重大灾难时，心理学理论至少要结合来自逻辑学、医学、传播学、经济学和政治学的理论。如果还要考虑在什么时候、如何运用这些方法，那么问题还会更加复杂。
3. **个体是生态系统的一部分**。不管承认与否，只要不是隐居于荒漠或孤山之中，我们始终是这个全球生态系统的一分子。无论是生物构成、人际关系、物理环境还是社会情境，我们和全球生态系统的关系都在日益紧密。
4. **必须考虑情境的多样性**。重大危机事件发生时，从微观系统到宏观系统都会对个体产生影响。如果对这些系统的作用视而不见，那就太过狭隘，危机干预工作也必将失败。
5. **时间是核心**。关于 PTSD 的研究已经指出，如果不能有效减轻创伤对个体带来的影响，那么随着时间的过去，创伤事件将会毒害个体的身心健康。如果我们认同这类研究结果，就有必要去理解时序系统的关键性。及时、适时地为受难者提供物质和心理资源是十分重要的事情。
6. **意义的重要性**。无论是从宏观角度还是从个体角度去理解危机的意义，这两者是同等重要的。对危机意义的理解有助于更为迅速、有效地解决个体和社会的危机问题。
7. **干预须坚持节约原则**。为了确保不流失、浪费宝贵的时间和精力，各系统之间必须进行协调合作。对联邦政府来说，要保证充足的资金与信息资源，并马上派发出去。对每个州来说，需要出台关于不同相关行政辖区之间的多级响应体系的预案，在预案中要清晰地交代各州立机构如何与公众和上级进行沟通。资源的最优化利用很关键，要提前达成各机构间的合作关系和互相理解。从人力资源和物质资源来说，大规模危机干预的经费开支是巨大的。各地方应急管理中心在干预行动中要努力做到物尽其用，在适当的时候投入足够的资源，以带来最大化的干预效果。

8. **危机干预过程中需要协调、合作、相互商讨。**正如没有单一的学科能够解决大规模或重大危机事件，没有系统内部、个体之间以及系统与个人之间的相互协调合作和相互商讨机制，也是不可行的。心理健康服务是重要的，但恢复通信、能源系统，建立临时庇护场所，勘察建筑物是否安全这样的工作也同样重要。
9. **依据危机的影响范围和各系统的长期需求，危机干预的对象应当涵盖个体、机构、社区甚至国家水平。**系统中的每一个成分，无论是从个体还是到国家水平，应细分各自的需求，根据需求评估的结果，制订针对性个体化的干预方案。危机过后的事态如何进展，这不是灾难后几天之内就能决定的，而是需要几个月的时间。从长远考虑，以基础设施和社区作为危机干预的对象，和个体的危机干预工作同样重要。
10. **整个干预服务必须坚持可信性、可接受性、可得性、主动性、可持续性、保密性原则。**Norris 和她的同事(2006)认为在纽约对“9•11”事件的响应过程中，对于上述原则的遵守让她们最为印象深刻。这些原则的确很有可能说明，干预中的中间系统和整个系统整合良好。要想有效地做到这一点，就需要大量的组织和个人保持高度合作的状态。

保证上述几点的重中之重是计划、再计划、实践、反思与评估，当然还有更多的计划。在灾难干预的计划中再怎么强调生态系统中的横向和纵向联系都是不为过的。不去考虑相互联系的后果就如卡特琳娜飓风所展现的那样。干预计划的一个关键成分是决不能忽略心理健康部分，而只重安全保障工作。决策者必须身处干预的现场，并有权下达这些决策（Flynn，2003）。上述问题的重要性在卡特琳娜飓风中已经清晰地展现过了，地方和州的领导者在飓风登陆后还在为计划制订争吵不休，而这些事情是远该在飓风登陆之前就要完成的（Flynn，2003；Gheytanchi et al.，2007）。

全国危机响应小组

或许可以说，危机干预中最重要的延伸部分是由国家机构为来访者进行现场的心理健康咨询服务，以及配合其他服务来共同完成赈灾工作。由于以前对慈善组织和联邦政府机构的合作存在许多批评意见，这两大机构在合作上已经做出了很大的改善，能够为受灾者提供全面的赈灾服务（Bass & Yep，2002；Pyszczynski，Solomon，& Greenberg，2002；Smith，2002）。当人们连一块遮风挡雨的屋顶都还没有的时候，心理健康服务根本起不了作用，但是，如果来访者饱受创伤，并因为灾难而变得十分抑郁，这种情况下他们无法控制他们的生活，也谈不上去修缮、建造房屋。从过去十年美国的经验来看，许多案例都充分展现了危机干预的生态系统特性，无论是飞机失事、大学校园枪击案、洪水、邮局枪击案、森林火灾、火车脱轨、建筑物爆炸，还是地震、中小学枪击事件、“9・11”事件等，这些事件都表明危机干预工作需要调动大量人力物力，进行专门的培训和响应措施工作，才能为各种类型的灾难事件受难者和幸存者提供紧急的心理健康服务。

在美国红十字会，国家受害者援助组织，国立、州立及地方应急管理署和心理健康专业组织的指导和支持下，来自全国各地的大量心理健康工作者投入到了对受灾者的服务之中（Bass & Yep，2002；Gladding，2002；Hayes，2002；Juhnke，2002；McCarthy，2002；Modrak，1992；Morrissey，1995；Pyszczynski，Solomon，& Greenberg，2002；Riethmayer，2002a，2002b；

Smith，2002；Sullivan，2002；Underwood & Clark，2002）。在对心理健康工作者的数千份工作总结报告中，下面摘录的这一段话相当具有代表性：

> 作为一名危机干预者，我陪伴着受灾家庭，我陪他们在房前屋后走着，谈论着他们的感受、想法和未来的打算。我也会和他们一起去遗址看看，让他们亲眼见识事件的恐怖性和最终结局。这让许多人流露出了深藏于心底的悲痛情绪，他们意识到那些曾经深爱、珍惜过的人们已经永远离开了，再也不会回来。这种感受是如此的凄凉、刻骨铭心（Gladding，2002，p. 7）。

危机响应小组（Crisis Response Teams，CRTs）的发展 俄克拉荷马城的联邦大楼爆炸、科伦拜恩高中枪击事件、“9·11”恐怖袭击，这些事件都牵动着美国的神经。事件之后都会有大量的媒体报道创伤经历和救灾工作，这就将大众的注意力聚集在了灾难应对工作上，包括对灾后快速响应小组的关注。这些响应小组并不是在这些灾难发生时才雨后春笋般出现的，事实上，从20世纪80年代后期一直到90年代，快速响应小组在多次危机事件中逐渐形成，担任了大量悲剧事故和灾难的处理工作，这些危机事件包括飓风（Shelby & Tredinnick，1995）、连环谋杀案（Wakelee-Lynch，1990）、坠机（Modrak，1992；Shafer，1989a）、银行劫持（Brom & Kleber，1989）、校园枪击（Guerra，1999；Guerra & Schmitt，1999；Sleek，1998）和邮局枪击案（National Organization for Victim Assistance，n.d.）。

国家受害者援助组织的危机响应小组 随着国家受害者援助组织在20世纪80年代末发起的全国危机响应计划（National Crisis Response Project），快速危机响应小组的发展也就得到了国家层面的支持和鼓励（Young，1991）。国家受害者援助组织是一个非营利性的非政府组织，起初是为犯罪受害者提供帮助，后来通过全国危机响应计划将业务范围拓展至了各类灾难事件。它在全美各地都设有州或地方的附属机构。危机响应计划组建起了全国危机响应小组（National Crisis Response Team，NCRT）来协助社区应对社区范围危机和灾难事件。NCRT第一次有目的性地、有组织地开展心理健康援助行动是在1986年8月20日，那一天俄克拉荷马州埃德蒙地区的一位邮政人员开枪射死了14名同事，随后饮弹自尽。

NCRT的主要任务就是应对社区层面的危机事件，通过地方的危机响应小组来处理灾难带来的悲痛情绪、应激反应和创伤后应激障碍。根据Young（1991）的理解，“灾难会造成个体及社区水平的危机反应，及时的干预能够减缓社区转向长期应激状态，正是基于这一前提假设，我们才有了危机干预项目。”

NCRT的调度派遣根据各受灾社区领导者的要求来决定。“当灾难发生时，国家受害者援助组织通过以下两种方式与社区联络。其一，由社区呼叫国家受害者援助组织，其二，就是当国家受害者援助组织听闻到灾难讯息时，主动联系社区，提供救援”（Young，1991，p. 95）。国家受害者援助组织为灾区提供三类服务：(1) 提供文字材料，给予灾后应对指导；(2) 通过电话咨询，为地方领导者提供救灾意见；(3) 派出受过专业训练的志愿危机干预工作者前往社区支援。

红十字会 和世界其他国家的红十字会一样，美国红十字会致力于各类灾难事件的应对。由Clara Barton创立的美国红十字会已经走过了120年的历程。它是一个与地方、州、联邦政府都具有紧密联系的私立组织，曾协助联邦政府组建FEMA。通过对心理健康专业人员的培训，让他们成为快速危机响应小组的一部分，红十字会在针对大规模灾难和重大灾难的危机干预中做出了巨大贡献。咨询、心理学和社会工作的专业组织也与红十字会有紧密合作，为开展心理健康培训项目提供了后备力量。

FEMA和NIMH FEMA诞生于1979年，其成立的推动因素是当时民众对联邦机构反应迟缓、官方程序烦琐、效率低下、事倍功半的情况充满了抱怨。几个不同的机构重组形成了FEMA，归国土安全部管辖。FEMA的职责众多，其中包括了防灾的教育工作，以及协调各联邦政府、州、地方应急管理署在预防、培训、赈灾上的工作。FEMA提供的灾难救助服务也很多，从废墟清除、搜救工作到灾后重建的财政贷款、现场的心理健康干预小组。FEMA在马里兰州的埃米茨堡有一座虚拟大学——应急管理研究所，它开设危机预防课程，课程内容包括培训社区的紧急响应小组（由社区中的普通志愿者构成，成为救灾的第一梯队），还有与州的心理健康服务人员的专题讨论会，大家一同交流最新的灾后心理干预技巧。

有些时候，不止一个联邦政府机构参与到危机响应小组的协调工作之中。旧金山、洛杉矶两地的地震，雨果、安德鲁、弗洛德和卡特琳娜飓风，三里岛的核事故，洛夫运河污染事件，这些现代灾难事故促进了协调工作的发展。危机响应小组由NIMH派遣，而资助则来自FEMA。在像上述这样的全国性灾难事件中，FEMA和NIMH联合为灾后应对工作提供了咨询指导，也为地方支持系统建设输送了专业人员（Shafer，1989b）。

专业组织 美国精神医学学会、美国心理学会、全国社会工作学会，像这样的专业组织为红十字会和国家受害者援助组织的危机响应小组提供了大量志愿者。这些组织也出版了大量专业和通俗出版物，无论是专业人员还是普通百姓，都能从他们的网站或者通过直接向学会订阅而获得咨询。他们举办的各种学术会议也为危机干预理论、实践的建设和推广提供了平台。

美国学校咨询学会和全国学校心理学协会为学龄儿童和青少年提供面对大规模灾难时的危机干预服务。以1995年4月19日发生的俄克拉荷马城联邦大楼爆炸为例，在这起事件发生后不久，俄克拉荷马学校中的咨询学会成员与一位美术老师就合作出版了《梦魇般的爆炸》（*The Terrible, Scary Explosion*）一书，此书借鉴了雨果飓风袭击南卡罗来纳州时专为儿童写的一本书。4月25日时，《梦魇般的爆炸》就送到了孩子们的手中，并由当地的学校心理咨询老师为他们导读。这本书有助于各年龄层的孩子们理解爆炸事件，并为家长帮助孩子提供了指导（Morrissey，1995）。

为了配合国家受害者援助组织的工作，全国学校心理学家协会成立了全国紧急救援小组（national emergency assistance team，NEAT）。NEAT致力于制定相关政策和程序、发布信息、提供咨询服务、促进基于学校的危机干预培训工作。NEAT会亲临学校的受灾现场，并支援当地机构的灾后工作。NEAT的小组成员是具有国家认可资质的学校心理学家，他们在危机的预防、干预、预后方面受过专业训练。他们的目的是拯救生命、消除心理创伤和躯体伤害、促进学校师生的心理健康，并协助学校尽快恢复常规教学活动（Zenere，1998）。

建立外展小组 由于每次危机事件的性质和生态情境的不同，外展队伍的职业构成也会有所差异，包括精神科护士、护工、急诊工作者、精神科医生、社会工作者、志愿者、康复咨询人员、警察、心理学家等。外展小组的特点是多学科背景，拥有强大的社会和社区网络，在政策和服务上都强调参与性，当然还有工作时的平等主义精神（Gulati & Guest，1990）。Alise Bartley，一位私人专业咨询师，描述了她在卡特琳娜飓风灾难后的志愿者经历。在密西西比州的格尔夫波特工作时，她与其他600名志愿者一同睡在海军工程营的储物仓库中。睡在她左边的是一位退休的护士，而右边则是一位越战退役军人。Alise与他们都是初次见面（Kennedy，2007）。

这类综合、合作性质的外展小组具有自身独特的运作设置，小组的成员来自不同地区，而在那些地区却又恰恰是财力、人力都匮乏到不足以建立起独立的专业化干预队伍的。小组并非是在事后召集而成，而是早在危机发生前就已经过专业训练。由于每一位成员都具有不同的技能，所以他们在一起合作就能应对各个类型的危机情景。这和自愿的消防队伍有些相似，成员们平时有他们各自的工作，但当热线电话打入需要帮助时，他们就会立即放下手头的工作，组建起危机小组，前往现场展开危机干预工作。在社区内，人们都能识别出哪些人是危机响应小组的，所以在干预中能够有效减少成本并提高效率（Silver & Goldstein，1992）。

垂直与水平整合的地方应急管理系统

地方应急管理署是灾后应急的所有地方机构中的最高机构，它们起源于冷战时期的民用防御系统，采用了佛罗里达模式，即每个地方机构均与七大区域性组织及伊利诺伊州的其中一个机构进行直接联系，这八个区域性机构又与州立应急管理署相联系，而另一方面，州立应急管理署又与 FEMA 相联系。

地方应急管理署主任的作用 地方应急管理署的主任和普通的公务员没什么两样，Jerry Lane 和 Nancy Freeman 就是这样的两位主任。

Jerry 是伊利诺伊州迪卡尔布县社区心理健康委员会的执行主任，也是伊利诺伊州锡卡莫尔市的应急管理署主任。锡卡莫尔是伊利诺伊州北部的一个农业小镇，位于芝加哥以西约 100 千米。该小镇默默无名，却遭受过粮仓和农业化学品仓库火灾、龙卷风、暴风雪、大暴雨、洪水等灾难的袭击。

但这就意味着锡卡莫尔需要一个应急管理体系和一个地方主管吗？让我们听听 Greg Brown 的看法，他曾是伊利诺伊州怀特县的急救人员主管，也是卡迈市布朗饲料和化学品公司的化学合成和应用主管。“如果你想谈论我们这发生恐怖袭击或意外灾难的可能性，那就得先看看我们的仓库中放着些什么。如果被恶人利用或是操作不当，我们这儿的化学品足以将小镇上的人口杀死两次，而且还有剩余。所以你最好是让一个懂行的人看着仓库中的化学品，只要是有农业基地的地方，都应该去这么做（G. Brown，个人交流，2004 年 12 月 5 日）。”

对于 Jerry Lane 而言，小镇需要他的一技之长是让他最欣慰的。他所在部门面临的问题和其他处于起步阶段的危机机构一样：缺乏资金，得不到重视，还有很多政治上的问题。许多应急管理的工作都由利益寻求方来完成，这也许能满足部分政治团体的需求，然而一旦灾难发生时，就显得杯水车薪。卡特琳娜飓风已经暴露过这一问题。让我们来看一位怀特县委委员对急救人员项目向县委筹集资金的感想：“他们完全可以训练一只猴子来完成这项工作！为什么他们还需要更多的资金呢？”我们当然不希望这位委员在公路上行驶时会突发心脏病，因为我们不知道是否会有一只大猩猩能够开着救护车把他送到医院，也不知道他是否能够撑得足够久，直到有救生飞机前来，也许飞机驾驶员还是只狒狒。

也许你会觉得那位委员的话很离谱，甚至愚蠢，但此类回应在危机干预的启动申请中并非罕见。除非危机干预工作在政治上不可避免，不然很少有政府会为支持危机干预项目而专设基金。当然，“9・11”事件和卡特琳娜飓风改变了一些人对地方应急管理署和专业人员需求的看法。

Nancy Freeman 是佛罗里达州纳苏县应急管理署的前主任。纳苏县毗邻佛罗里达州的杰克逊维尔市。Nancy 还是北佛罗里达大学研究生助理的时候，就开始涉足应急管理的领域，她当时在进行一项赈灾分析的研究。正是那项研究让她对各县的应急管理事业了如指掌，最终她成功申请到了纳苏县的应急管理工作。纳苏县不仅紧邻人口众多、受灾频繁的杰克逊维尔市，它自身也处于大西洋的沿岸，那是各种飓风经常光顾的地方。不仅如此，纳苏县还拥有核设施这样的军事装备，这更增加了灾难事件的可能性。上述这些情况无疑让纳苏县成为飓风或其他可能灾难事件的关注点。

Nancy 的世界可以用“网络（networking）”一词来描述，这也正是大多数应急管理者面临的情况，然而“网络”却是一把双刃剑。一方面，最有价值的部分就是她可以从这个网络中寻求各类专业人员的帮助，但另一方面，当自我中心者、地痞流氓以及一些政治势力卷入其中时，这一网络就让 Nancy 非常头疼。

为了应付工作中的各类活动、机构和物流

协调工作中的各种紧急情况，这些管理人员同时也是一些新兴技术的专家。如果你想从事这份工作，那么你最好熟悉各种缩写术语的意思和它们的内容。譬如，想做HHVA（hospital hazard vulnerability analysis，医院灾害风险性分析）或是运转一个RACES（radio amateur civil emergency system，无线电业余爱好者民用紧急系统）吗？想知道将灾害现场划分为冷区、暖区、热区分别意味着什么吗？并且当你进入任何一个上述等级的区域时，是否需要穿戴A级的防护服装？这些工作听上去有趣吗？那你是否想去从事呢？

专业背景和训练 你也许会问要从事应急管理工作需要哪些资质？哪些高校提供了这样的专业？在这本书的前一版出版时（指英文版前一版），在美国、澳大利亚、英格兰和土耳其有关应急管理的学位加起来共有六个博士项目、29个硕士项目和14个本科学位，以及16个联合培养项目。方向限制在心理危机干预领域的话，南达科塔大学建立了第一个专门的临床/灾难心理学博士项目。如果你现在去访问美国国土防卫与安全中心的网站，你会发现关于应急管理的各类大大小小的本科、硕士、博士学位共有321个。对于应急管理的内容还没有达成一致，所以这些学位包含的课程内容也五花八门。以西卡罗来纳大学的应急管理本科学位为例，课程包括了“国际恐怖主义”“危机沟通”“预算政治学”等。

但是，正如Nancy Freeman（2003）说的，“我在本科和硕士学的是有关室内设计、历史学、历史保护等方面的人文学科，你也许觉得这和你要从事的应急管理工作毫不相干。但我在专业训练中学习了建筑方面的知识，并能够读懂设计图，理解‘首次冲击的承载量’这样的概念，这对制订出安全计划相当重要。此外，这些教育经历也让我知道如何做一些研究工作，这在应急管理中也很重要。”

Jerry Lane的硕士方向是社区心理健康。他最初是一位无线电业余爱好者和一位气象监测员，后来误打误撞进入了应急管理领域。用Jerry自己的话说，“我的情况比较特别。大多数应急管理人员并没有接受过心理健康的专业训练。他们大多是退休的军人，在后勤保障上颇有经验，这在应急管理中倒也很重要（Lane，2003）。”

应急管理的主任们躲在联邦应急管理学会的应急管理研究所修读过许多专业课程。研究所在马里兰州的埃米茨堡有一个校园，还有相当多的是各种网络课程。除了对危机事故的汇报工作和PTSD的课程外，还需要修读“核危机预案计划”“应急管理中的殡葬服务”“危险物品基本知识”“消防和应急管理的行政分析”这样的课程。如果你觉得成为一位应急管理人员，不但要万事通，也要精通许多专业知识，那么你的理解就到位了。

成为应急管理人员不仅需要国家的资质认证，也需要跨国的交流合作。以佛罗里达州为例，需要通过一系列的课程、培训，还需要有工作经验才能通过应急管理人员的资质认证。每四年还需要重新审核资质，四年中要确保接受150小时的教育课程。在应急管理的新手段、新技术、通信技术方面也有大量的继续教育课程。每年有两大年会是值得参加的，其中一个包括了应急的一般预防工作。无论是国家组织的，还是州组织的培训项目，其中学到的技术都能进一步再推广到地方层面的培训中（Freeman，2003）。现在，你还依然对应急管理的工作充满兴趣吗？

应急管理人员的职责 灾难当然不可能天天发生。那应急管理人员就可以在办公室打牌、喝咖啡、吃甜甜圈、玩游戏或是为消防车打磨上光，坐等事件发生吗？地方应急管理署的职责是针对各类灾难进行预防、干预和赈灾工作，这些工作都需要平日里进行大量的规划和协调。可以看一下图17.3所示的矩阵，纵向代表了各城市和县的机构，横向代表了它们在灾难发生时参与的主要和次要支持服务。你可能会认为灾难后首要考虑的是道路、桥梁、饮用水、污水排放这样的问题，牲畜是最后才会考虑到的，但事实上在遭遇飓风带来的洪水后，牲畜——无论是死的还是活的——都是一个棘手的问题。

灾难应对计划 根据有无预警时间，可以

机构（P＝主要服务；S＝次要服务）	ESF1：交通	ESF2：通信	ESF3：公共服务	ESF4：消防/紧急医疗	ESF5：信息/计划	ESF6：群体关怀	ESF7：资源支持	ESF8：健康和医疗	ESF9：营救搜索	ESF10：有害物质	ESF11：食物和水	ESF12：能源	ESF13：军队支持	ESF14：公众信息	ESF15：志愿者和捐赠	ESF16：法律实施	ESF17：动物问题
所有地方媒体														S			
业余无线电应急服务		S			S									S			
艾克米县医疗中心				S	S			S						S			
古德威尔工业中心														S	S		
米德维尔公共事业部门	S		S		S		S					S		S			
米德维尔消防部门		S		S	S				S	S				S			
米德维尔警察局		S			S									S		S	
米德维尔规划局					S									S			
民事航空巡逻队		S			S									S			
执业医学检查员								S						S			
州执法部门													P	S			
州高速公路巡逻队													S			P	
州自卫队													S	S			
州能源供电部门												S		S			
州公共事业部门												P		S			
动物应急照看中心														S			S
家庭健康保健机构								P						S			
地方供电中心			S				S					S		S			
医疗服务公司								S						S			
艾克米县城建局			S		S		S							S			
艾克米县牲畜养殖者协会														S			S
艾克米县法院							S							S			
艾克米县协调部门														S			
艾克米县老龄咨询中心	S				S		S	S						S			
艾克米县应急管理署				S	P	S	S	S		S	S	S		P	S		S
艾克米县工程服务部				S	S		S							S			
艾克米县延伸机构						S	S				S			S	P		S
艾克米县设施维护部			S		S		S							S			
艾克米县消防局		S		P	S		S		P	P				S			
艾克米县地理信息系统					S		S							S			
艾克米县健康部门						S	S	P						S			
艾克米县慈善机构														S			P
艾克米县监狱							S							S			
艾克米县图书馆系统														S			
艾克米县规划局					S		S							S			
艾克米县危机管理中心							P				P			S			
艾克米县道路桥梁管理局	S		P		S		S					S		S			
艾克米县学校董事会	P				S	P	S	S						S			
艾克米县警长办公室	S	P		S	S		S	S	S	S	S			S		P	S
艾克米县固体垃圾处理站			S		S		S							S			
艾克米县兽医学会														S			S
艾克米县志愿者中心							S							S	S		
地方红十字						P		S			S			S	S		
州休闲娱乐中心												S		S			
私营企业											S			S			
救援军队						S					S			S	S		
心理健康中心								S						S			
志愿者组织											S			S			

图 17.3　米德维尔市和艾克米县的应急支持功能矩阵表

来源：Adapted from Nassau County，Florida，Emergency Management Department（Freeman，2003）.

将灾难分为两类。所以地方应急管理署根据不同的灾难，制订了许多应对计划，可以按照不同的阶段来施行。虽说龙卷风、火车脱轨所致的化学品泄漏这样的事件少有预警时间，但飓风和森林大火却有着时间窗口来做准备工作。纳苏县针对飓风的应对方案相当复杂和详细，可以细分为十个不同的阶段。下面会对这一计划做简要介绍，这能让你对应急管理有个初步概念（Nassau County Emergency Management Department，2003）。每一个阶段都会有特定的分管部门去负责实施特定的行动，这些分管部门包括应急指挥中心（emergency operation center，EOC）的指挥、计划、后勤、操作、执行和恢复特别小组，以及各部门的政策制定者。

动员阶段。飓风预计登陆前72 ～ 60小时。应急指挥中心立即响应，与国家气象服务站、州立应急管理署、周边各县、媒体、公共服务部门、执法和消防机构进行联络。同时还要进行灾害风险性分析，启用电话警报系统，规划出初步的疏散路线，对各加油站发出通知要求其在12 ～ 24小时内做好储备，对指挥中心的通信设备进行检测。

备战阶段。飓风预计登陆前60 ～ 48小时。应急广播系统响应，业余无线电组织待命。地方媒体和国家气象服务站向各船主、业主、吊桥操作工人、宾馆经理发出通告，并明确公路、桥梁的关闭情况和疏散路线。同时要协助建立应急工作者的庇护站，并确保急诊救护车辆、运输车、油运车辆和重型设备的安全。

决策阶段。飓风预计登陆前48 ～ 45小时。启动交通管制计划和应急交通计划，宣布进入应急状态并启动县级应急方案，建议或下达撤退疏散命令，非核心商业全部关闭，协调各级的决策行动，接通各地民众、执法、消防、公共事业单位、医院、医疗保健机构与州立应急管理署、国家飓风中心的联系。

准备阶段。飓风预计登陆前45 ～ 36小时。对高危人群进行疏散，包括移动房屋、特需居民、游客、露营者、无交通工具者、低洼地区居民。启动应急指挥中心的所有通信系统，通知各公共场所关闭，执行24小时的存车和加油服务，启用应急交通计划，准备开放庇护基地。

疏散阶段。飓风预计登陆前36 ～ 4小时。下达疏散命令，确定危险区域，开放庇护基地以及应急交通的上下地点。请求国家气象服务站广播道路关闭情况，电力供应系统停止供电，继续保持公共庇护点、应急工作人员家庭庇护所、特别照顾中心、应急交通、地段医院、动物应急照看地点、能源、水利、排污设施、消防、执法、公众工作之间的联络通信，并开始提前准备灾后救灾计划。

风暴 / 应急阶段。监测风暴 / 应急事件的特点。继续完善救灾计划，与各部门机构保持联络。

即刻应急阶段。启动地方应急响应活动。确定包括心理健康咨询这样的长程服务需求以及信息和问讯服务。评估临时住房需求。分发食物、饮用水、衣物、清理包等资源。启动灾后恢复小组，对灾害报告进行审阅评估。建议合适的财产赔偿，采用应急决议和条例。确定是否需要宵禁。启用灾后损害评估小组，并对公共卫生情况进行监控。

评估阶段。确认是否还存在重大的安全隐患。进行或协助灾难的最初评估工作。恢复或是重建庇护所、医院、城镇、州应急设施、执法部门、公共服务机构、消防队和周边各县的通信。制订应急解决方案。确定初始的救助需求，并向州应急指挥中心请求支援。商讨对应急条例的制定。策划新闻媒体发布会。安排对灾情简报和计划的会议，报告事故的现状和进展。评估受灾区域存在的危险物品情况或隐患。对现行的救灾操作方案进行总结，讨论目前的对策。对人力资源的需求进行评估并确定额外的资源需求。落实应急工作者的作息、轮班时间。评估运输物流、分配站点、食品供应、过夜设施的情况。

重建阶段。执行促进社区经济恢复的长远项目，完全恢复社区的服务。完成废墟的清理，将资源分配给清洁工作人员。侧重于社区恢复方案、建筑物的重建和环境生态问题。继续完善信息咨询、转诊、资源分配、保健服务、心理健康咨询和运输系统。执行降低风险的项目，增强社区对飓风的抗灾能力。对受灾区的公共设施进行修复、替换或搬迁。

恢复阶段。进行社区需求和经济损失的评估。澄清以下几个需要考虑的问题：经济和就业评估、社区恢复方案、建筑物问题、公众信息和公民的外展活动、环境和生态问题。提供灾前和灾后的健康保健服务，包括家庭健康管理和个案的转诊服务。落实心理健康的咨询。通过预检分诊评估受灾者的咨询需求。确定灾难相关咨询的专业培训需求。将心理健康专业人员或紧急事件集体减压成员纳入社区评估小组。确定咨询服务进行的场所。确定公共食品发放站、庇护所、灾难服务站点之间的交通运输需求。对公共运输服务进行重建。对清理工作需求进行评估。协调志愿者进行废物清除、室内打扫和窗户修缮的工作。与 FEMA 一同建立灾难现场办公室和灾难应用中心。协助建立临时住房。成立一个联邦公共救助办公室来协调所有面向民众的赈灾服务。参与跨部门的赈灾小组和赈灾小组调研活动。完成灾后人员撤退报告和县级灾难突发事件报告。对灾难事件的管理工作进行反思总结。

在整个灾难应对过程中，需求评估得贯彻始终。一个基于社区的心理健康服务需求评估模式（Flynn，2003，p. 23）需要不断更新伤亡人数、住院及非住院受伤者人数、遭到严重破坏的或是轻度及重度破坏家庭的情况、失业情况及其他损失情况数据，这些数据都有助于对需要心理健康服务的人数估计。关于心理健康情况的社区评估也应该不断进行（Katz，2011）。当我们问 Nancy Freeman 她如何知道什么时候危机就算结束了，她颇为无奈地表示只要没有人再打电话来或是当大家都找到自己的宠物或失散的亲人时，她就知道危机过去了。实际上，只有当所有人的安全都能够得到保障、公共服务恢复平日状态时，一次危机事件才算过去。到那个时候，应急指挥部才能松一口气。

纳苏县的飓风应急方案也同样适用于其他形式的灾难，不论是自然灾难还是人为灾难。虽然在有些事件中，方案的时间进程会被压缩，或是具体的响应工作在应急阶段才能展开，但对于社区层面的危机来说，基本是适用的。虽然地方应急管理署可能没有时间对其他各类灾难进行准备预案，但他们也并非坐以待毙，不同机构间会经常进行交流、演练。对一些特别重要但又脆弱的公共设施进行评估有助于确定救灾的薄弱环节和需求所在，净水厂、疗养院就属于这种地方。Jerry Lane 花了大量时间与各独立部门合作，建立他们自己内部的灾难应对计划，可以与地方应急管理署的方案相整合。

地方应急管理署中的心理健康成分

各地方心理健康诊所都应该有一个灾难应对方案蓝本（Lane，2003），虽然每个社区自己所属的地区和州的心理健康服务系统、所处地理位置、人口特征都会有所不同，但大体上都能遵循 Hartsough（1982）总结的心理健康机构一般灾难响应方案。

以下内容总结自 Hartsough（1982），Lane（2003）和弗吉尼亚州诺福克社区服务 SCB 灾难应对计划（Community Services Board Model SCB Disaster Plan，2003）。在这个计划中，首先要假定应对中心本身会成为灾难的受害者：通信可能瘫痪、工作人员流失、设备供给和记录文件丢失、工作人员无法应对损失情况以及意识到的功能局限。心理健康中心还必须针对下面两种不同的情况来提供服务：局部的创伤事件和大规模灾难事件。局部性的事件无论多严重应对起来都不会对社区产生很大的影响，而灾难事件往往会在一定程度上破坏社区的运行，也就增大了对心理健康服务的需求，指挥工作一定得具有冗余性。此外，还需要对社区人口进行评估以确定高危人群，比方说儿童、不会英语的人群、老人、低社会经济地位人群。同时，还需要跨部门的合作，指定一位心理健康服务联络员，上报给地方应急管理署。

灾前的培训工作应该包括一些针对“异常环境中行为表现正常的个体”的外展项目。培训对象要针对那些之前没有接受过专业外展培训的人员，或是之前接受过培训但表现不佳者。也可以考虑将地方的临床心理医生送至红十字会进行培训。实践和理论操练可以通过与地方应急指挥中心合作来完成。

人事构成 应当招募志愿者作为危机咨询的储备人员，并对志愿者进行危机干预。选择一些特定的工作人员，成立多学科交叉的危机响应队伍，并提名一位组长，全面负责灾难响应的工作。此外，还需指定一名应急准备工作的协调员，负责灾前的方案制订和准备工作，并在应急状况下为组长提供咨询意见，协调员也要和应急指挥中心保持联络。

一名外部的临床咨询师要到位，可以对工作组人员的身心情况进行评估。建立起一个应急的指挥—控制—通信中心，指派一名中心队长，并配备其他必要人员以确保中心有效率地运作起来。设立一个历史记录员，记录灾难过后的各种情况，包括做出的决策、发生的事件、存在的问题、细节、人名、发表的讲话、事件这些内容都应该囊括其中，为日后的事件报告、心理剖析、系统完善、拨款或者赔偿需求提供参考。

人事联络员将协助组长对各工作人员和志愿者的任务进行评估和跟踪反馈。媒体联络员将负责向地方政府和媒体提供信息、发行出版物和提供公共服务信息。这些工作人员都需要让地方应急指挥中心了解，可以为他们提供心理支持。

灾难转移时期（0~14天） 心理健康机构的任务包括：灾难一旦发生，就即刻启动心理健康服务；恢复日常的咨询服务；为政府提供灾难心理健康的咨询意见；开展外展活动，协调处理来自红十字会、国家受害者援助组织、FEMA及其他宗教慈善组织的资源分配问题；与负责居住设施搬迁的承包商进行协调；关注特定的区域，如撤离地、赈灾中心、FEMA的“一站式”服务中心；为灾难工作者提供支持服务；协助医院的精神科急诊帮助需要医学和精神科介入的病人。

后灾难时期（15~365天） 这一阶段的任务包括：评估灾后服务的需求；当发生了总统声明的灾难事件，准备应急服务和常规服务的资金；与美国红十字会的心理健康工作者联系，将需要长期关注的受难者转诊给他们；监控灾难事件可能带来的长期心理影响；关注灾难相关的心理问题；反馈评估短程和长程服务项目的效果；对整个灾难响应过程完成心理剖析并进行汇报。

至此，你们应该已经对灾难应对方案的大体内容和结构有了一定了解。理想的状况是，在一个充满各种灾难的世界中，上述方案也能顺畅执行。即使像发生了“9·11”这样引发了极大混乱的事件（Halpern & Tramontin，2007，pp. 171-197；Kaul & Welzant，2005；Norris et al.，2006），也能相当快速地恢复有序状态，每个人都认为从“9·11”中能够学习到很多经验。然而之后发生的卡特琳娜飓风，则把一切又拖入混乱不堪的情形中。

卡特琳娜飓风怎么了

任何灾难过去后，都会有人不可避免地将灾难的应对失败归咎于某些原因。如果真有原因可以追究的话，那人们就会相信那些失控的、难以预测的灾难事件能够从它的起因上去理解，知道是哪些过程出了问题后，灾难就能得到控制，并且就知道下一次该如何应对了。从这一角度来说，卡特琳娜飓风和发生在其他国家的自然灾害无异。若和亚洲的台风或者中东地区的地震相比较，卡特琳娜飓风的规模不算大，造成人员死亡数也相对较小，然而对卡特琳娜飓风事件的指责从没有停止，牵扯到社会经济、种族、政治甚至州与州之间的竞争关系。我们会认为像有些国家（比方说孟加拉国）的灾难，是不可能发生在美国的。不管这种想法是对还是错，我们对美国的科学工业水平有足够的信心，甚至感觉能够掌控自然，但卡特琳娜飓风证明，事实并非如此！

我们并非想阐明究竟该指责谁或是指责什么，但有待追究的问题是存在的，应该和大家分享。Anahita Gheytanchi 和她的同事（2007）列举了许多灾难生态系统中各系统该如何运作的观点，或者说在卡特琳娜飓风中，这些系统是如何没有运作起来的！她们指出了12条关键错误。

1. 缺乏有效的通信。确保赈灾工作有序进行的一个必要条件就是通信的保障。在卡特琳娜飓风中，无论是初级和高级中间系统的内部通信，还是两个系统之间的通信全都瘫痪了。至少有四个分开的指挥组织在领导着赈灾工作：FEMA 的两个组织和两个军事指挥组织。也就说，其中至少两个组织是多余的，造成交叉、多余的通信和不必要的工作量，这让决策阶段很不明确。

2. **糟糕的协调计划**。协调意味着将资源挪至最适用的地方。卡特琳娜飓风中，协调不当之处包括未能启用 U.S.S. Bataan 号舰，一艘装备优良的医疗舰船被闲置在海岸；FEMA 未能找到车辆和司机将人群撤出路易斯安那超级巨蛋体育馆；上百辆的卡车停在孟菲斯的货场，无用武之地；更是有上千的拖车白白停在阿肯色州，而在密西西比和路易斯安那，它们恰恰是被迫切需要的。
3. **模糊的职权关系**。国土安全部一直处于被动的状态，坐等下面的州来请求资源，而非主动及时地下放资源。《国家灾难性事件响应计划文件》(NPR-CIA，National Response Plan Catastrophic Incident Annex）应该在飓风登陆前就执行，而事实上它从头到尾就被忽略了。哪怕在联邦机构的重压下，路易斯安那州及地方政府仍一直以经济开销为理由，对强制撤离计划支支吾吾、含糊其词。导致难民聚集在超级巨蛋体育馆，造成了严重的问题。
4. **谁来负责？** 政治斗争拖累了救灾工作。指责的对象一直从新奥尔良市的市长，转到路易斯安那州的政府官员，再转到总统身上，但这解决不了任何问题。联邦政府、州、地方政府之间该如何协作这一点，并没有能从之前的飓风灾难中吸取教训或是将经验付诸行动。管制军用装备的法律也阻碍了在紧急时刻将军用转为民用的需求，这一点也需要改变。
5. **反恐与全方位灾害应急**。无论是财力、人力还是其他资源，都从 FEMA 流入了国土安全部的囊中，以应对恐怖袭击。像卡特琳娜飓风这种级别的自然灾害是恐怖袭击所不能比的，哪怕是核爆炸或瘟疫传播。即便如此，在卡特琳娜飓风之前，国土安全部分配给恐怖袭击的资金投入是自然灾害的七倍。
6. **模糊的培训标准及准备不足**。全体灾害应对人员的培训和对灾害事件的经验都是缺乏的。前面讲到过的如何通过 FEMA 的培训成为一名合格的地方应急管理署主管的过程听上去似乎不错，但事实上这一过程是漫长的，而且非常有难度。现行的资质标准很模糊，而且并没有和实际业务表现挂钩。
7. **教训去哪里了？** 在卡特琳娜飓风之前，曾经进行过一次同等规模的多部门合作的飓风演习。演习的结果和现实也很相像。然而地方和州政府部门并没有从演习中吸取教训，这无疑是给自己抹黑，并且这也不是第一次发生这样的事情了。在像卡特琳娜飓风这样的灾害中，将所有措施付诸行动的确非常困难，需要花费大量的财力和时间，在州和联邦政府的地方水平和纵向水平上都需要专家和跨部门的合作。当危险并非迫在眉睫时，如何解决执行这些步骤过程中的逻辑和战略上的问题就退居其次了。
8. **未能引入绩效评估**。从循证的理念来说，持续的绩效评估应该被引入赈灾工作中，但卡特琳娜飓风中并没有这样做。在心理健康领域，情况尤为突出。一套评估体系应该具有能够标明赈灾工作进行情况的基准点和衡量指标，这对寻找出最佳的赈灾模式非常必要。“9•11”事件之后，就有人提出要建立评估体系，但七年之后，仍无进展。时至今日，仍然没有评估心理健康服务的系统评估方法（Watson，Brymer，& Bonanno，2011）。
9. **贫穷**。人种和社会经济情况会有影响吗？因为新奥尔良的大部分穷人是黑人，所以看上去人种会是一个影响因素。事实上，灾难应对方案在规划时，只要是穷人、老人、病患或是其他权利丧失的公民，这些在经济上或是体力上无法完成撤离、搬迁或是重建的人都归入重点风险人群，而不论他们的种族、信仰、肤色、国籍、宗教、性取向或者其他个人特征。

10. **谣言和混乱**。都市谣言和流言蜚语，这对任何灾难都是雪上加霜，但在新奥尔良却谣言肆虐。并没有哪个特定的官方发言人出来给予清晰、无误、可信的事实消息。武装暴力的情况被官员夸大，媒体再推波助澜，谣言就有了自身的生命力。其最好也就是起了警告作用，让人们自己警惕；最坏则成了自我实现的预言，阻碍救援工作。在卡特琳娜飓风中，没有具体、真实、时时更新的官方消息。在任何灾难中，这是一条至高的必行规则：需要有可靠、有智慧的发言人在场，对危机现场发生的事实进行及时发布，谣言也就不攻自破了。
11. **个人及社区的灾前准备工作**。在灾后恢复上，路易斯安那州和密西西比州有很大的差距。两个州的海岸都经常遭受到毁灭性灾难，但是，密西西比州对灾难更具有弹性、恢复性，当然这其中的原因有待检验。是密西西比州对灾难更有准备还是当地民众有更优的资源和支持系统是截然不同的两回事情，然而因为两个州在物理、心理或许还有文化上的差异都会对灾后恢复有长远的影响，所以这一问题还待仔细检验。
12. **灾难心理健康和心理健康专业人员的角色**。究竟该怎样做才能缓解受灾者的心理健康问题？这一问题仍然没有确切答案，还需要大量的研究才能提供循证的实践方法。紧急事件集体减压最近被广泛应用于灾后心理干预，然而它并非万能灵药，最近存在滥用现象。此外，有人认为将受灾者打上心理疾病标签这一做法对其心理健康并没有好处。现在较为接受的模式是心理急救（psychological first aid，PFA）和社会支持（Watson，Brymer，& Bonanno，2011）。自我效能模型注重培养来访者自身的心理弹性、应对及解决问题的技巧，这一模型聚焦在个体的需求上，在早期预防发展为 PTSD 的可能性。相比于寻找认定存在的病理现象，自我效能模型更关注来访者的功能恢复（Ruzek，2006）。

应用于灾害幸存者的心理急救和心理社会支持

在第一章中已经详细讲过，NIMH（2002）将心理急救定义为：为来访者建立安全感，减少应激相关症状，让来访者得到休息和身体上的康复，并为其提供关键资源和社会支持系统的获取途径。自 Raphael（1997）最初的设计，心理急救已经改良成为在大灾难发生时针对受灾者采取的一线、循证的干预措施（Brymer et al.，2006；Hobfoll et al.，2007）。这一方法可以教授给辅助专业人员和非专业人员，以社区应急响应小组的搜救训练为例，心理急救已经是他们的训练模块之一（CERT，2011）。

应用在灾难事件中，心理急救旨在减轻来访者的悲痛，恢复短期和长期的适应功能，并提供其他服务的获取途径（Watson，Brymer，& Bonanno，2011）。由全国儿童创伤应激网络及 PTSD 全国中心开发的《心理急救现场操作手册》（*The Field Operations Guide for Psychological First Aid*）（NCTSN/NCPTSD，2006）代表了这一技术的应用现状（Webber，Mascari，& Runte，2010）。实施心理急救包括了以下几个核心步骤（NCTSN/NCPTSD，2006）：以热心、参与、尊重的姿态和来访者建立起最初的联系；搜集和提供能保障来访者即时的生理和安全需求的信息；为来访者提供实际所需的帮助；为来访者联系社会服务资源，为他们提供生理和心理上的安全和舒适；如果来访者要求的话，向他们教授基本的应对技巧；为来访者获得社会支持提供信息或帮助，比如帮助他们与家人重聚或是重回他们之前所在的社会团体。

心理急救工作人员并非是要进行心理治疗，或是引出来访者在灾难中的具体想法，他们的职责是通过支持、热情的陪伴，以主动倾听和反馈技巧来减轻来访者的急性心理应激反应（Everly & Flynn，2005）。与来访者的初步接触包括“陪伴在你身边”或者是“富有同情心地陪同散步”

(Webber, Mascari, & Runte, 2010),这一阶段强调的是仔细观察,心理急救人员并非干涉性地陪同在来访者身边,而是关怀他们,礼貌地和他们建立起关系。像在弗吉尼亚理工大学的枪击案过后不久,学生们就能在住宿区的餐厅和教室看见危机干预工作者的身影。志愿者们分发印有悲剧后正常反应的小册子、创伤自助的小贴士和资源清单。危机干预工作者则以礼貌、非干预的方式向在痛苦中挣扎的学生提供引导和支持。这些危机志愿者和工作人员都佩戴了紫色的袖章以示身份。据他们反映,学生们起初也不愿和他们说话,但逐渐地就找他们释放心中的悲痛之感,学生们也会在路过时停下来向他们表示感谢(Lawson, Bodenhorn, & Welfare, 2010)。

大多数人都具有良好的心理弹性机制,能确保在灾难后重回状态,所以上述的心理急救也许并不是必需的(Hobfoll et al., 2007)。第二章"基于文化的有效帮助"中我们介绍过,有时对来访者进行"心理治疗",反而会遭遇对方的愤怒情绪和极端阻抗。Bonanno、Westphal 和 Mancini(2011)就发现一刀切方式的干预并不能带来益处,甚至会削弱幸存者的自我效能感和心理弹性,这一点支持了志愿参与的概念。当然,对于那些心理弹性功能不那么良好的人来说,心理急救对灾后恢复来说是一个充分必要条件,而对极小一部分人来说,可能只是一个必要非充分的条件。

何时需要更进一步的干预

首先想到的是经历灾难事件及灾后应激与不良事件的严重程度是需要对严重慢性的心理问题进行更深入的干预的最主要因素(Norris, 2006)。但是,"9·11"事件表明暴露程度或离灾难的远近程度这两个因素并不能解释所有出现严重灾后心理问题的个体。"9·11"后,有人出现在远离事发地外1 600千米的州际公路上,一直挥舞美国国旗,持续数个小时,也不愿顾及安全离开公路,这个个体代表了在灾难后迷失的上千美国人,他们需要的干预就不仅仅是心理急救。换句话说,仅仅是看到或是听闻到有关灾难的情形就有可能发生替代性创伤,触发心理上适应不良的反应。为此,Watson、Brymer 和 Bonanno(2011)总结了他们以及其他学者的研究后,列出了22条针对成人的风险因素,对儿童来说则有13条。我们并不认为干预者要去逐一核对这些因素去挑出最重要的变量,这样意义不大,但我们相信能够使用本书中提到过的《分类评估表》将很有益处。得分超过20分的个体仅靠心理急救是肯定不够的,他们需要密切监控,直到恢复灾前的平衡健康状态,而且最好不要让他们自己随性而为。高出20分许多的那部分人群是最有可能对自己或他人造成致命危险的,要么是有意地做出不安全行为,要么是发生无意的过失行为,这些人群需要我们来保障他们的安全,不能掉以轻心。最有可能从心理急救和现场的心理支持中获益的是稍低于20分的人,可预防其进一步发展到20分以上,10分以上的人是心理急救的潜在对象,如果有谁在《分类评估表》的得分不到10分,那我们倒得向他咨询取经了!

现状

然而,除了心理急救,要提供进一步干预的话,还面临着两个困境。第一,要实现这一点就意味要有足够多具备危机干预技巧的专业人员。如果缺乏这样的专业实践人员,那么有可能就要让社区应急响应小组的人员或是承担心理急救工作的人来进行,但他们只是辅助人员或是外行,有点超出他们的职责范围。我们很尊敬社区应急响应小组的志愿者们,但请恕我们直言,我们花费了大量时间来教会研究生这些"急救"技巧。这并不是一件容易的事情,尤其是当直面一个处于危机中的人时,恐怕预计中75分钟(包括录像培训)的学习时间是否足够值得怀疑(CERT, 2011)。

在下文,你会了解到一位职业咨询师的经历,她在卡特琳娜飓风后被派遣至路易斯安那州。这位咨询人员在危机干预方面接受了大量的培训和实践。当然她仍然只是个例,而不代表普遍情况。考虑到她的专业背景和受训情况,她在任职期间挣扎过，也重新审视过自己的治疗观念。她的故事和同道之人并无多大差别。虽然美国红十字会的咨询培训项目对数以千计的人进行过培训，但对卡特琳娜这样规模的灾难来说仍然是杯水车薪。红十字会和政府也只好放弃他们的标准，只要是能够联系上的有资质的咨询师、心理学家、社工、精神科护士或精神科医生，都让他们参与到危机干预之中。

要等到一个地方被美国总统声明为是灾难受害区后，FEMA 的危机咨询救援和培训项目（CCA-TP）才会对州的精神卫生机构开放。这就像是在马已经逃跑了后，才关上马厩的大门。正如发生了太多事情后，才有人喊了停说："现在我们碰到了大规模灾难事件，让我们开展一些培训工作吧！"真实情况就是如此，在卡特琳娜肆虐后的一个月，孟菲斯的培训项目才刚刚启动。说这个培训多半是无用的已经算是一种仁慈的说法了。培训应该早在任何灾难事件来到前就展开，而且还需要有后续的复习课程跟上。之后，国会对南佛罗里达州的这个培训项目中呈现的问题进行了调查，调查得出的一份批评性意见引发了许多对修改、完善项目非常有价值的评议，特别是针对协调活动的部分（Department of Homeland Security，2008）。但可惜的是，没有任何评议能够阐明当局是否真的能够在灾难之前就展开培训工作。

Young 和同事（Young，2006；Young et al.，2006）提出的一个全面的灾前培训项目给人们带来了希望。在他们的这个概念框架中，对自然灾害和人为灾害进行了区分，并分别检验了它们对个人和社区带来的影响。它的内容不仅有针对危机干预从业者的，也有针对行政培训的，还有特别针对高危人群的模块和如何与其他组织机构衔接的内容。这一设计精良的项目相当耗费时间，花费有可能也会很高昂，它还需要非常专业的培训人员，要能够同时精通心理健康和行政管理两方面。上述这些是这个项目难以操作的地方。

Robert（2005）明确指出，对心理健康工作者进行持续、全面地专业培训到目前还只能算是碎片化的（Coke-Weatherly，2005）。这一点还有待改变。咨询与辅导教育方案认可评议委员会和全国学校心理学协会都要求将危机干预的课程纳入办学标准。虽然现在看起来这似乎是必要的，但教授的内容究竟是不是够用还有待观察。其他的专业认证机构目前还只是将危机干预作为自愿的培训项目，不做强制要求。

卡特琳娜飓风属于重大危机，它带来的影响远远超出了登陆所在地理区域和物质范畴，具有转移性质，使得众多的美国人丧失了他们的公民权利。如果不考虑珍珠港的话，"9・11"事件也许是迄今为止在美国造成最大范围心理影响的危机。国家委员会对"9・11"和卡特琳娜提出过许多建议，这些建议很好地指导了人为灾难和自然灾害过后心理危机干预服务的展开。Watson、Brymer 和 Bonanno（2011）在他们的文章中对"9・11"以来灾后心理干预的建议进行了如下总结。

1. 提前制订实用、灵活的干预计划，能够覆盖到灾后恢复的各个阶段。
2. 干预要促进来访者的安全感、人际联系、恢复冷静、希望获得和自我效能感。
3. 组织利益相关方进行团体协商、互相学习，减少重复环节，修补服务中的空缺点。
4. 注重文化敏感性和人权。
5. 干预工作者要接受评估，并在实践中接受督查。
6. 坚持最新的、以循证为基础的干预方式。
7. 使当地居民的参与度最大化，发现和利用好地方资源。
8. 减少孤立的服务项目，将活动项目都整合至更大的系统之中，使受众面更广，在时间和空间上更有延展性。
9. 在每一个阶段采用对应的方法，注重在早期提供实际性的帮助和支持，为心理弹性功能正常的人群提供心理急救。
10. 采用分类评估法，识别有特殊需求的人群，为他们提供进阶的干预。
11. 为地方的干预工作者提供技术上的帮助、咨询服务和培训。

12. 对社区进行需求测评，对服务和项目评估进行不间断的监测。
13. 要支持社区的地方性文化习俗、纪念仪式和精神治疗实践。

Dass-Brailsford在她所写的《危机和灾难咨询：来自卡特琳娜飓风和其他灾难的教训》（*Crisis and Disaster Counseling：Lessons Learned From Hurricane Katrina and Other Disaters*，2010）一书中对上面的一些建议进行了检验，并指出卡特琳娜飓风中并没有实质性地实施这些内容。这本书中尤其谈到了文化变量（Boyd，Quevillon，& Engdahl，2010；Boyd-Franklin，2010；Dass-Brailsford，2010）在赈灾中的关键作用。干预工作者与受灾者的最初互动很大程度上能够决定此次干预的有效性，并影响受灾者的康复过程（Miller，2010）。这就是为什么我们要在本书中加入多元文化的一章，不仅仅是因为政治上的正确，更是因为文化在灾后干预中的确是一个非常重要的变量。

还有一点你们也应该理解，上面提到的13条建议迄今为止并不广为知晓，也没有让大多数参与重大灾难或流行病传播的干预工作者在实践中常规地运用。在对流行病传播干预中尤其如此，这类事件的社会需求远比像卡特琳娜这样的地方性重大灾难要大得多（Webber & Mascari，2010）。

对大多数参与到灾难救援中的人来说，危机干预并不是一个主流的职业定义。在《职业名称大全》（*Dictionary of Occupational Titles*）中，也找不到危机干预这一行业。无论是从个人还是系统的角度来看，当危机发生时，从事干预工作的人却意识不到自身工作的性质，这会带来一定的问题，还有更糟糕的情况就是自认是在做危机干预，其实不然。坦诚地说，阅读本书就能让你拥有更多关于危机干预的知识，哪怕是许多在助人领域的学科拥有博士学位的专业人员也可能不及你。美国心理学会第56分会（创伤心理学）的成立，以及咨询与学校心理学认证机构对危机干预的推动是个良好的开端，此外，红十字会也打算拓展心理危机干预的课程，在更多的地区进行外展活动。已经开始发表有循证的治疗实践，但鉴于灾难带来的实时混乱情况，除了回溯性设计的研究，很难有其他更好的研究方案。我们同意Silverman、Allen和Ortiz（2010）的观点，尽管心理急救正在取代紧急事件集体减压，日渐成为主流的干预，但我们仍然期待有更多治疗研究能验证其有效性，尤其是要弄清究竟由谁、在什么条件下、对谁进行干预的问题。请原谅我们对万能干预方法嗤之以鼻，在从事危机干预的40年中，我们已经目睹了太多所谓万能的方法，它们仅是昙花一现。

灾难中的人：响应者与幸存者

危机干预工作者

灾难过后，有许多事情需要危机干预工作者去做。和受灾者们聊天、倾听他们的遭遇、表示热情、帮助他们处理一些问题，这些事情简单，但却是首要去做的，它们属于心理支持服务和心理急救的一部分。干预工作者也可以帮助受灾者寻找失去联络的人，帮助家属指认遇难者，或者帮助安排死者善后的事情。灾后人们出现的情绪、行为、认知、人际和生理反应，干预工作者都可以给出帮助信息（Friedman，Ritchie，& Watson，2006）。干预工作者可以帮助家属们走出悲伤，为受灾者提供社会支持系统、调动资源；提供合适的转介和后续随访服务；为其他应急服务工作者提供减压（Walker，1990）；为受灾者准备食物、寻找衣物、洗涤餐具、搬除残骸、寻找遗失的宠物；可以和受灾家庭交谈解决问题的方法，比如这个家庭在灾难中变得一无所有，17岁的儿子原本要进入私立大学，现在家里却没钱做到这一点；进行心理急救；协助受灾者的保险问题，帮助弄清FEMA的理赔流程；可以帮助一位年迈的祖母，想办法怎么处理已经满是黑霉菌的疗养院；受灾者们都很疲惫，况且在避难所中又热又臭，愤怒的情绪是难免的，干预工作者要设法解决。当然还有成千上万的事情需要他们去做，只要这些事情能够为受灾者提供身心支持。然而危机干预工作的环境是恶劣的，吃的是军队的速食品，还要忍受头虱，在很长一段时间内都没法洗澡，会被火蚁叮咬，在完成义务工作后，也许还要为了不明的皮肤问题去看皮肤科医生。

卡特琳娜的教训

Richard James 博士，注册专业咨询师，心理学家，国家学校咨询认证委员，在孟菲斯大学咨询与教育心理学系工作。

当卡特琳娜袭击墨西哥湾时，很少有孟菲斯的心理健康人员能够意识到其实他们也身处在这场飓风之中。当这场灾难的强度显现出来，大批人员疏散撤离海湾时，问题也就立即浮现了上来。大量受灾者呈现出各类的心理和身体问题，涌向我们寻求帮助，但我们并没有准备好。13 000个无家可归的人涌入我们的社区，他们在身体和心理上都很脆弱，在卡特琳娜过后的前两周，他们只能住在轿车或汽车旅馆中。显然他们无法立刻回家，一系列的危机情况也就跟随而来。

我会说三件事情来向大家说明孟菲斯和谢尔比县在心理健康服务上的准备是多么不到位。如果再考虑真正的灾难现场还远离我们600多千米这一事实的话，那这无疑更让人担忧。

2006年9月3日那天，我正在帮我的女儿和她的未婚夫往卡车上搬东西：汽油、灯具、厨具、枪支、食物、睡袋等，他们打算回位于密西西比长滩市的家中去看看，飓风曾掀起了1.5米的水墙横扫了那里。十点钟时我接到了来自谢尔比县红十字会医疗服务部主任的电话，他简直焦头烂额，通过口口相传才找到我，告诉我要去参与灾后工作，因为“我对危机干预了如指掌”。他跟我说，“美国皇后号”正停泊在孟菲斯，上面有250名焦虑的船组人员，让我前去帮助他们。这艘船从新奥尔良出发，因为当卡特琳娜飓风来袭时，他们正在密西西比河上，因此船员们没有和家人取得联系。问题是包括警方在内，没有人在密西西比河上发现这艘长达120多米的船。最后，在下午五点时，船找到了。我和另一位咨询师就立刻赶到了那儿。赶到现场后却发现“皇后号”六点就要起航了，乘客们都在排队登船，晚饭也已经到位，所以根本没有人来找我们谈话。这只是说明准备不足的一个开始，随后还有更多的事情让人措手不及，也只能让我们去重新评估孟菲斯心理健康服务和灾难准备工作的方方面面。

孟菲斯天主教区的主教亲眼见到了卡特琳娜飓风的威力，他从圣路易斯湾的旅馆房间中看到了自己的车被洪水冲走。他随即开放了所有孟菲斯的天主教学校，欢迎来自海岸线的家庭将他们的孩子送入孟菲斯天主教学校系统。许多孩子都来自贫困的家庭，极度缺乏教育背景。这些孩子中绝大部分都是最难教的，而且很难进入市中心的新天主教学校，而这些学校又预算紧张，师资缺乏。既然我是一个“危机干预万事通”，又是一个从事学校咨询的教育人员，我就被要求建立一个研讨会来帮助孟菲斯学校中受到创伤的儿童。

9月10日，我和 Jo Epstein，一起在孟菲斯大学组织了一场研讨会。Jo Epstein 也是国家学校咨询认证委员，还是孟菲斯小学的咨询师。一共有来自私立学校的31名咨询师和19名老师参与了研讨。当我们结束了三个小时的讨论，达成创伤咨询的意见后，我看了一眼会议室，发现与会者的脸色不怎样，很多人就像卡车前照灯下的小鹿一样！我意识到不仅仅是那些疏散人员需要帮助，这些咨询师和老师们也一样，他们在关注儿童的同时，自己也遭受着来自继发创伤的困扰。在随后的六个月时间中，这些积极想帮助高危儿童的老师和咨询师们，同时也接受来自督导的帮助，以防发生同情疲劳和倦怠。

一大群人涌入我们的城市，他们不仅需要医学上的帮助，也需要心理咨询，很显然，我们的心理健康专业人员储备不足。也没有人手去管理这些避难者。一位当地犯罪援助中心的协调人员、两位职业临床社工接手了这一工作，让一切有序起来，以免事态发展到混乱的情况（参见第一章“危机干预入门”）。现在，请想象一下你们的作者正在一个接待中心，与一位接受美沙酮维持治疗的海洛因成瘾者谈话。

瘾君子：嗨，哥们，他们不再提供给我美沙酮了，可是我必须得吃药啊。如果我不马上拿到手，我只好来真的了，去抢劫一家酒品店。

到九月中旬的时候，已有差不多一万三千人从新奥尔良和墨西哥湾海岸撤到我们的城市来避难。在面对卡特琳娜时，所有关于咨询人员需要有执照认证的一些想法都没意义了。我们大学调动了200名在咨询、学校心理或是社会工作系学习的学生，他们在教师的督导下在庇护所展开工作。同学和老师们的工作持续了两个月，直到庇护所的秩序看上去好了些。

最根本的问题还是我们对重大灾难的准备不足，这之后就致使我们成立了大孟菲斯地区心理健康应急准备委员会。整个委员会的构成包括：来自医院、社区、服务组织的心理健康人员，宗教界领导，学校系统，市级和县级官员，警察，消防部门，EMT部门，慈善组织，国土安全部门，医疗设施和大学。当然这一工作仍在进展之中。那么这意味着相比卡特琳娜时期的准备工作，我们能有所改善吗？这是个相当好的问题，无论你身处何处，或许你都会问自己这个问题。像卡特琳娜这样规模的灾难，它的波及范围远不止受灾中心，会对一大批人造成影响，有效的危机干预就需要来自各个专业的人员共同完成。

Benefield 一家的案例

现在让我们进入Benefield一家，他们正在经历着此生中的一次危机。大体来说，Benefield一家的案例能够说明当大规模危机降临到某个家庭时，应该如何开展生态系统的危机干预模型（请注意，我们强调“应该”）。

4月21日，周二，下午2点

田纳西州的米德维尔镇是美国中南部的一个小镇，人口约四万左右，一场F-4级的龙卷风袭击了这一小镇。龙卷风将小镇一分为二，将宽800米，长8 000米的一片地方化为废墟，该区域正好经过工业园区，造成了大量的建筑物损毁。汽车工厂的损坏尤为严重，该厂平日有一千多名员工。龙卷风又继续席卷了几个住宅区和住宅开发区，其路线就像跳房子游戏那样，又袭击了米德维尔小学，将学校变为了碎石瓦砾。当时，该校600名学生都在学校上课，龙卷风袭击时，就逃到走廊里避难。

自来水厂遭到了龙卷风的直接袭击，已经不能维持供水所需的压力，饮用水得不到供应。由于输电线路和变电站的损坏，电网也陷入瘫痪，城市失去了电力能源。信号发射塔和电话路线的损坏则造成了固定电话和手机都无法使用。幸运的是，当地的医院损失不严重，还能够继续运行，警察、消防、紧急服务系统都完好，能保障救援工作。整个地区伤亡惨重，仅死亡人数就有上百人。

这里先为大家介绍一下Benefield一家的成员状况。Travis Benefield，33岁，当地汽车厂的机械师；Sara Lee Benefield，32岁，牙医助理；Jason Benefield，13岁，米德维尔中学八年级学生；Lou Ann Benefield，11岁，米德维尔中学六年级学生；Shawn Benefield，6岁，米德维尔小学一年级学生；Loretta Benefield，54岁，Travis Benefield的母亲。

4月21日，下午2点15分，龙卷风过后15分钟

Travis从汽车厂的废墟中爬了出来。所幸他只是轻伤，被建筑物碎片划伤而已。他一边疯狂地在废墟中挖找其他人，一边试图用手机联络妻子，但电话打不通。Sara正困在她的汽车内，汽车被龙卷风吹翻倒在一个水沟中。当她听到龙卷风的警报声时，就疯狂地从口腔诊所赶了出来，驱车前往学校去接孩子们。她此时处于半昏迷状态，有受伤出血，很显然，她需要别人的救援和医疗救治。

Jason 正在学校的混乱人群中寻找妹妹 Lou。无论是米德维尔的初中部还是高中部，都没有人员伤亡，校舍也没有大的损坏，坚固的走廊保护了学生们。可是，当龙卷风过去，学生们看见灾难造成的骇人景象后，变得十分恐慌，情况开始变得混乱，老师们正在极力平复慌乱的学生们。另一边，Lou 也在寻找着哥哥 Jason，当她看见弟弟 Shawn 所在小学被龙卷风损毁严重时，完全陷入了恐慌之中。Shawn 不知所踪，也许被埋在了废墟之下。奶奶 Loretta 平时和 Benefield 一家住在一起，现在，她躺在离家约400米远的一处空地上，因颈背部骨折而死亡。住宅已经被龙卷风吹走。

4月21日，下午2点25分，应急指挥中心

地方应急管理署主任 Thaddeus：（使用短波无线电通信系统，对所有无线电操作人员、州应急警务人员和州立应急广播系统发布指令）我们正遭受一场龙卷风的袭击，灾难几乎遍及整个米德维尔镇。初步看来，灾难造成的破坏严重，由于我们的预警时间只提前了不到15分钟，因此伤亡人数较多。煤气和输水线路都已被破坏，目前也无法用水泵抽水。已经有两起火情发生。我们正在向第四防务区和州应急管理网络求援。目前我们正在进行灾害评估，30分钟后会向大家发布进一步的指令。

随着巡逻警车和无线电通信操作人员将灾情报告带回中心，中心主任对灾难的严重程度做出快速的判断。从初步的情报来看，他决定向各地区和州的应急管理协调员发出预警信号。此外，他还要更进一步地对社区情况做出评估，并请求州警察局派遣一架直升机，让应急预备队队长随机对灾难进行评估。

4月21日，下午2点35分，米德维尔初中，校危机响应小组在餐厅进行会议

危机响应小组协调员，副局长 Linda：这场重大的危机不仅发生在我们小学，而是殃及整个小镇。虽然警察已经赶到，但我们还有许多学生被困在建筑物废墟中。毫无疑问，一定有伤亡的情况。我们目前还没联系上我们的学校咨询老师 Jackson，他同时也是我们的危机干预协调员。在此之前，危机干预的工作暂时由高中部的职业协调员 Jim 负责。我们还和其他的一些工作人员失去了联络，Jim，我希望你能先顶替他们的工作。下面请 Jim 发言。

危机干预协调员，Jim：我们必须确保初中和高中部同学的安全。教师们要带各自班级的学生回到教室，并清点人数。目前，我们还不清楚哪些地方是安全的，哪些地方不安全。所以请初中部和高中部的学生们留在各自教学楼内。由于道路被建筑物碎块挡住，外来救援目前无法到达。对于失踪成员的空位，我需要后备人员顶上。我们第一步要做的就是清点人数，看看缺了哪些人。我们需要各自带上“现场救援盒（TO GO boxes）”，派遣红队、蓝队、绿队这三支队伍前去小学部。橙队留守在这里，紫队则前往高中部。学前班至三年级的学生带到这里，而四、五年级的同学则带到高中部。红队负责学前班和一年级，蓝队负责二、三年级，绿队负责四、五年级。小学部那里肯定需要医疗救助，所以我希望橙队去把体育馆中所有的医疗用品搬到餐厅，作为临时的医务室。

我们校医院护士 Luda 将负责医务室的工作。等电工修好发电机，我们就通过无线电与应急指挥中心取得联系，把我们这儿的情况向他们反映。你们每个人都要带上双向无线对讲机。肯定会有不好办的事情，但也请在对讲机中控制好自己的情绪，注意态度和礼貌。我们曾在演习中演练过，唯一的区别是救助目标地是在中学。我们可以做到的，让我们现在就展开行动吧！

在米德维尔学校地区，两年前就完善了突发事件指挥体系，这一体系（Thomae，2002）在龙卷风过后就已启动了，其首要职责还是确保所有学生的安全。所有赶到学校的家长并不能马上把孩子领走，而必须在一个等候区等着。家长们也早已熟知这一体系，知道应该去做什么。

4月21日，下午3点05分，米德维尔镇上方的直升机

应急预案协调员，Saria：(位于米德维尔上空的州立警用直升机中，通过无线电设备向地方应急管理署主任汇报情况）帕卡德发动机厂已经完全瘫痪，整幢建筑物都化为了废墟。我能看见有人活动的身影，但肯定还有许多人被困在废墟中。我们需要塔吊、起重机这样的重型机械设备。也需要医疗急救的队伍和设备。高能石油厂也有损毁情况，储油罐中有原油在泄漏。看起来汽油和燃油都有泄漏，但还没有溢出防护墙。我们需要一个队伍去进行漏油的堵截和清除，同时还要配备消防设备和储油卡车。小学遭受到了来自龙卷风的直接袭击，教学楼中部损毁严重，靠东的一侧已经完全坍塌。我可以看见有人在移动，那看来是学校的危机响应小组，他们已经展开了救援行动。伤亡必定是惨重的。

通往学校的道路已经被堵住。需要依靠重型机械和链锯才能进入学校。我个人建议米德维尔小学应该是我们救援的第一站。我看到有两处房屋起火，一处是在阿普尔顿大楼，另一处是在胡佛区附近的锡卡莫大楼。锡卡莫大楼是一栋综合性公寓，此处应该立即派遣消防救援。那里北边的街道已经被堵住了，但卡车可以从东边前往公寓。

自来水厂被完全破坏，泵站和过滤房已成废墟。现在小镇的供水应该来自一南一北两座储水塔，它们并没有被龙卷风破坏。环卫工作已经在进行了。龙卷风的整个行进路线比较稳定，大约是从西南向东北方向行进，宽度大概在400米至800米之间，整个行进路径一直从37号公路延续到I-69公路，长约8 000米。虽然并不能完全覆盖，但龙卷风的整个波及范围应该是从西南边的工业园区一直到小镇的西部。龙卷风还将一些拖车房吹到了布雷兹摩尔大道上，有些拖车房被吹翻，叠在另一辆房车上。这里我也看到了人影，但想必伤亡也是惨重的。

我估计约200个家庭住宅被毁，超过600个遭到了一定程度的破坏。我们应当通知米德维尔中心医院和圣安德鲁医院进入红色警戒状态（最高级别的应急状态）。我们还需要通知田纳西瓦利能源站进入紧急发电状态来救援我们，我们全市的电网都瘫痪了，光靠我们自己的能源中心并不能恢复供电。

协调员的这份评估是给应急指挥中心的，这些信息又会被地方的应急协调员传达至州的应急指挥中心。了解清楚这次灾难的严重程度之后，政府就会调派国民警卫队进行援助。随着消息传到FEMA、红十字会、救世军组织，这些机构也会调遣人力前往米德维尔镇。不出70分钟，大批人员就被调动起来，食物、饮用水、药品、医疗器械、急救人员、消防队、搜救队伍、重型机械，这些资源都会被送至米德维尔镇。

Lane（2003）曾指出，如果通往受灾地区的地面道路被毁，那么应急指挥中心就应该派遣人员随直升机进行勘察，对灾难的程度进行视觉上的评估，这些信息将被传达到管理中心，管理中心就能知道在哪些地方需要什么样的帮助，以及各救援行动的优先等级也可以被确定下来。

4月21日，下午3点21分，指挥中心

当应急管理署主任发布了人员调派的指令后，一大批工作人员会进入灾难现场。为了先控制住混乱的场面，并处理受到灾难创伤的幸存者们，在救援工作的前几个小时至前几天中，工作的重点将放在心理急救上。一进入救援现场，就要对文化保持敏感，他们面对的是各式各样的人群。此外，还应该想到高危人群。一开始，也是最首要的关注点应当放在幸存者的身体安全上，到最后，干预工作者逐渐地通过提供简明易懂的灾难响应和服务信息来为幸存者营造可预测的、可控的、舒适安全的感觉。干预工作者还要保护幸存者免受额外的灾难经历或刺激的影响。具体的主要工作内容包括让孩子们与家人团聚，稳定情绪过分激动的受灾者，为丧亲者提供支持（National Center for PTSD，n.d.a）。

为了完成上面这些工作，干预工作者要将下面几点记在心上，以评估来访者的需求：

1. 个体灾难经历的本质和严重程度
2. 家庭成员或好友的死亡
3. 当时的灾后环境和威胁因素
4. 和亲人分离，或是十分担心亲人
5. 躯体疾病及医疗的需求
6. 灾难所致的损失（家庭、学校、宠物、个人财产等）
7. 极度的罪恶或羞耻感
8. 有自伤或伤及他人的念头
9. 缺乏适当的支持性社会网络
10. 有酒精或者物质滥用史
11. 之前经历过创伤
12. 之前有过心理问题（National Center for PTSD，n.d.a）

如果干预工作者把握住上述信息，那么他就能很好地识别幸存者当时的需求，并和来访者讨论行动方案，解决问题。除此之外，还需要向幸存者提供有关创伤应激和应对方法的知识，这能够帮助他们减轻压力。如果需要的话，也可以把来访者介绍到其他的赈灾服务中去（National Center for PTSD，n.d.c）。

下面就让我们看看几位干预工作者是如何把上面几点应用到救援行动中去的。

4月21日，下午3点51分，米德维尔小学

学校危机响应蓝队小组成员，Jack：（正在帮助一位刚从小学东部走廊的废墟中救上来的男孩，男孩有些惊恐无助，身上有几处划伤出血）我是Jack老师，你现在感觉怎么样？

Shawn：还行吧，我不是太清楚……到底发生了什么？

Jack：龙卷风来了，但你现在已经安全了。你看看你能够走路吗？如果可以的话，我们会把你送去中学那边，再检查一下你的情况。行吗？

Shawn：我想应该没问题，只是胳膊划破了。但走廊那边有很多小朋友都受伤了。Jamie的眼睛都合上了，我使劲推他，他都没有反应，他大概伤得很重，甚至可能已经死了。

Jack：好的，我知道了，我们会去救他的。不用担心。我们现在先把你安置好。能告诉我你叫什么吗？你的老师是谁？

Shawn：我叫Shawn Benefield。一年级的，是Cruz老师班上的学生。

Jack：（用对讲机联系了小学部持有学生名录的老师，确认了一下Shawn的家庭背景）很好。你有一个哥哥Jason和一个姐姐Lou，他们都在初中部上学，对吗？

Shawn：是的。

Jack：我会找一个人把你带去初中那边，并让他们帮你清理一下伤口，做进一步的检查。我会通知你的哥哥和姐姐，这样他们就不会担心你了。

学校的灾难干预工作有很重要的一点就是要与学生保持联系，并及时向他们解释说明情况。此时，学校就要代替父母，对学生们负责。便携式、集中化、多备份的信息包（Thomae，2002）很关键，信息包中有学校班级、学生姓名、家庭住址、电话号码、病史记录、接送方式、父母及监护人的姓名。灾后的学生们有的受伤，有的很迷茫，有的受到惊吓，在对他们进行转移工作时一定要足够细心和精准，确保一个不落下。虽然学校自己有一个突发事件应急管理小组来解决学生的心理问题，但这一工作是独立进行的，与突发事件指挥体系截然不同，必须在学生的安全得到落实之后，该小组的工作才可以展开。指挥体系中的成员还包括汽车司机、秘书和管理员，他们能够提供教育工作者所不清楚的学生和楼房建筑信息（Allen & Sheen，2005）。在任何灾难中，寻找和孩子失散的父母，让他们团聚永远是置于首位的工作（National Center for PTSD，n.d.a）。以卡特琳娜飓风为例，当时全国失踪和受剥削儿童保护中心在灾后完成了一项艰巨的任务，中心帮助5192名儿童找到了他们的家人（Missing Children，2006）。

4月21日，下午3点30分，应急指挥中心

Thaddeus：（向中心员工讲话）这场灾难的等级被定为一级。将会有大量的伤亡人数，庇护所、水、衣物、心理健康服务都很需要。我们将在国家军械库那里搭建庇护所，西布鲁克包装厂那里则会成为我们的临时停尸房。高中和初中部的教学楼作为接待和清点中心，前来的人员在那里进行分类清点，各家庭成员也会被安排在那里见面。

来到接待中心后，人们可能又会被送去庇护所。在这些工作完成后，我们就会把红十字会和FEMA的队伍召集到市政中心大楼。我们的首要任务是救出被困在小学废墟中的孩子们。从初步的报告来看，受困人数还是相当多的。

我们要把道路打通，这样重型机械才能送到学校。索耶、普雷菲尔德、坎伯兰德三地的应急管理署将为我们输送消防和救援队伍。州应急管理署则会向州长通报受灾情况，州长会去申请总统的灾难声明。我们需要豪威尔公路养护队和州高速公路部门出动，为我们送来装备，我们也派三支应急响应队伍去协助他们清理沿路的树木，所以请告诉他们我们还需要电锯。萨利亚乘坐的直升机已经着陆，她报告说我们至少需要一辆，最好是两辆汽车起重机。

我们工作的第二个重点将放在帕卡德工厂。我们需要城北金属框架建筑局的建筑总监Cassius去实地勘察一下情况，看看我们需要做些什么。我们这也要派出一些人员去帮助他们，虽然厂长Joe和我讨论过他们的应急方案，而且就目前情况看上去挺有成效。其他应急响应小组则分布在37号公路到I-69公路沿线展开工作。还要确保有一支队伍前往布雷兹摩尔的拖车房园区。我们还需要尽快恢复供水，自来水厂的大多数员工都受伤了，包括总工程师和厂长。我已经让索耶供水系统的工作人员过来帮我们评估情况。在进一步通知下达之前，我们会进行定量供水，而且水都要求进行煮沸处理。我感觉这次工作很艰难，但希望我们平时的练习能够有成效。Benjamin博士，你需要把心理健康服务的队伍召集起来，恐怕过不了多久就要开始工作了。好了，就到这里吧，大家明确任务，开始行动！

4月21日，下午3点35分

Benjamin博士，海奇县心理健康中心执行主任，米德维尔应急指挥中心的心理健康联络员：（在心理健康中心用对讲机与秘书通话）中心目前在岗人数有多少？好的，很好。他们应该都知道现在的任务是什么。国家军械库和西布鲁克包装厂都需要我们的心理咨询人员前去。还要派遣一些人员去两家医院，和牧师一同展开工作。等通往学校的路一开放，我就会过去看看情况，了解一下那里需要什么帮助。后续会有红十字会的咨询人员来援助，但现在只能靠我们。

Thaddeus和Benjamin二人都既是危机工作的响应者也是协调者。现在，他们的工作偏向于灾难响应，但随着外来援助力量的涌入，工作中心则会转移至协调工作（Lane，2003）。在救援过程中，将心理健康服务和其他灾难响应工作融合到一起是非常关键的。前面Thaddeus将心理健康服务委托于Benjamin博士和她的团队这一点就是个很好的例证（Øner et al.，2006）。

4月21日，下午5点12分

Juanita，社区应急响应第十小组的组长：（正在搜寻幸存者，当她从一个陡峭的沟壑爬到泥泞的底部时，她发现了Sara Lee Benefield四脚朝天的汽车。Sara意识不清，含糊地说着要去找她的孩子们。）（使用对讲机通话）Jack，快通知医疗中心，第十分队发现一位困在车中的女士，车子翻到在布拉纳街桥下的拉特利奇小溪中。我们需要医疗救援和抢险队伍。（对Sara讲话）你能听到我说话吗？我希望你能开口和我说话，能做到吗？我们正在帮助你们。你叫什么名字？我是Juanita，应急响应小组的。是我发现了你，你和你的车被龙卷风吹到了这。我们得把你从这里救出去。

Sara：我……要去找孩子们……Shawn，还有……我想不起来了……（眼睛又闭上了。）

Juanita：好的，我明白了。你现在要和我一起。保持清醒！孩子的事情我们会帮助你的。你哪里受伤了吗？

Sara：（低沉、缓慢、不连贯的声音）腿……腿……没感觉了，胸这里也痛。我不能动弹。我要去接孩子。他们……在……哪儿？请……帮助……我！

Juanita：学校那儿有专门人员会照看好所有孩子的。非常好！你还能够和我讲话！保持！（对讲机里传来了归队的信号）我不会丢下你的。我叫Juanita，你能重复一遍吗？

Sara：Juanita……Juanita。

Juanita：不错了！（为Sara的身体做了初步的医学评估，给她盖上毯子保暖，并一直和她讲话，以防她昏迷过去。）

社区应急响应小组的成员都是由普通居民组成的志愿者团队，他们接受过FEMA的培训，作为生命救援的一股快速行动力量。培训的内容涵盖了灾难前、灾难中、灾难后的各项技能，包括灭火，诊断，常见三种致死伤（气道梗阻、出血和休克）的急救，搜救工作，灾难心理学，团队组织和灾难模拟演习（Emergency Management Institute, n.d.）。Juanita就是这么一位接受过培训的志愿者。她平时在当地的一家汽车经销商做会计。

4月21日，下午6点23分

Allie，第四组成员：（位于布雷兹摩尔移动房屋园区东北方向约270米的一处空地上，使用对讲机通信）我找到了一位50岁左右的女性，已经没有反应和脉搏，躺在布雷兹摩尔公路以北约140米处。我们需要她的身份信息，她身上没有任何证件。我们可以运走她吗？看来得需要一辆四轮车。

Carl，第四组队长：我会派Sheila、Jon和Jerry，以及一辆沙滩车过来，指挥中心把西布鲁克包装厂改建成了临时停尸房。我们把她从那里抬走，他们会送去停尸房的。请记录下她的特征和发现地点，我们会把这些信息写在她的裹尸袋上。

4月21日，晚上7点02分，米德维尔市政中心

Travis Benefield：（市政中心，惊慌失措，在气头上，正对心理咨询师Kate咆哮）我需要帮助，现在就要！听说布雷兹摩尔园区的一切都被龙卷风吹走了，我回不去了。我妈妈还在家里睡着。我也不知道我老婆在哪儿，牙医诊所那边也被龙卷风毁了。据说小学那边死伤惨重，我孩子在那，但他们却不让我进去。我搭到便车才能来这里，我的车压在帕卡德发动机厂废墟下，我也找不到任何的工具。

Kate：（正在平复Travis的情绪）我了解你的处境。我是Kate，能告诉我你的名字吗？

Travis：我叫Travis。我在发动机厂工作，我老婆Sara是柯拉德牙医诊所的助理。我的三个孩子都还在念书，Shawn、Lou和Jason。还有我妈妈Loretta。我在发动机厂试着救人，有很多人都受伤，可气的是我找不到我的工具。另一个工人Jim死在了冲压机下面。我快疯了，我需要帮助！（呼吸急促、眼睛来回转动、拳头紧握、急躁地来回踱步。）

Kate：（温和地打断了逐渐失控的Travis，一开始提高嗓门让Travis注意她，之后又减轻了声音）Travis！ T——ra——vi——s！把你的注意力放在我这，我才能帮助到你。（Travis吓了一跳，但随后平静下来，集中注意力到Kate身上）好，谢谢，Travis。你现在要做的就是深呼吸，听我说。好，再来一次深呼吸。我理解你的处境。的确是一团糟，但我们会试着安顿好一切的。我明白你很担心你的家人，况且现在他们一点消息都没有，这点非常让人害怕。我现在希望你能够将注意力放在这，这样我才能最好地帮到你。集中你的注意力。好，现在请你跟着我的思路走。告诉我现在是在什么地方？我身后的那个钟显示的是几点？告诉我那个角落的那群人正在干什么？

Travis：嗯。好的。这里是社区中心……我觉得那个钟已经坏了。角落的那些女士看来好像在吃什么东西，是三明治，嗯，还有苏打水什么。

Kate：不错。现在我希望你能把脚放回到地上，我们再继续，好吗？

Travis：（有点惭愧）好。我现在是清醒一点了。我为我前面的所作所为抱歉。

Kate：没事，这是情理之中的事。但我们会把你的这些问题搞清楚的。我是一个咨询师，我会帮你的。但我现在首先需要你的帮助。你先坐在这边，我会把Jodell叫过来，她是这里的一位协调员，然后看看我们怎么做能让你找到你的家人。我想从龙卷风来袭到现在，你都没吃过东西吧。你要冷静下来，集中精神，这样才能得到我们所需要的信息。请你坐下来，吃点三明治，喝几口水，然后告诉我和Jodell怎么来帮助你。

Travis：好。我只是给吓坏了。工厂那儿的情况很糟，我什么东西也找不到，只能一个劲地把人从废墟里拽出来，直到重型机械过来后才能开始了救人。我不想走，但我必须去寻找我的家人。

Kate：所以你已经尽了你最大的努力了。寻找家人团聚的想法是完全可以理解的。但不知道他们的下落才是最让人担忧的事情，幸好Jodell在这里，她需要从你这里了解一下情况，这样我们才能进行下一步的工作。这是你真正想要解决的问题，不是吗？我去给你拿三明治和水，你把你的情况告诉Jodell就行。

在危机的最初阶段，心理咨询师应该认识到他们所能提供的最好帮助就是给予实质性的支持（Ørner et al.，2006）。信息中心将会成为一个嘈杂混乱的地方，人们都会挤在那里试图寻找失散的家人。所以建立秩序是最重要的任务。这时并不是做“咨询”的时候，所谓的帮助应该是针对来访者最需要的事情，心理工作人员的作用就是让那些烦躁、愤怒、受挫、惊恐的人平静下来。

在这个案例中，Kate在平复Travis几乎发狂的情绪这一点上做得很好，Travis不仅自己受到了创伤，没有家人音讯更是雪上加霜。对于激动、烦躁的来访者，Kate采用了两个标准的技术：拽引（entrainment）和着陆（grounding）技巧（Webber，Mascari，& Runte，2010）。Kate先提升嗓音，但不超过来访者的音量，以控制住场面，然后慢慢地放低声音，放慢说话速度，这引起了来访者的注意，来访者也会随之减低说话响度，放慢速度。Kate简单地通过介绍自己和询问对方姓名来起到缓和情绪的作用，并让来访者深呼吸，放松他的状态。这样，她将来访者的注意定向从自身转向了现实环境。她还提供了可以坐下来的地方，食物和水。所有这些基本的情绪缓和与着陆技巧简单而有效。Kate还使用了一些反问句，一般来说，这在心理咨询中并不提倡，因为它暗示着来访者需要妥协，但在这个案例中，Kate使用反问句有特定目的，是为了让Travis稳定下来，以便自己能够控制住失控的来访者。

4月21日，晚上7点22分，市政中心的接待和清理区

Jodell，清理协调员：（心理危机咨询师Kate也在场）Benefield先生，这是我现在掌握的情况。你的孩子们都安全。Shawn只是一些轻微的擦伤，而且医生已经给他做过检查，确保没有大碍。他们都在初中部，那里有晚餐供应。我们也会告诉他们你的情况。你的妻子目前在医院，她被困在了车里，已经被救了出来。她的一条腿骨折了，所以要进行手术，还有两条肋骨骨折，但目前情况稳定。她已经知道了孩子们的情况，我们同样会告诉她你是安全的。从目前的情况来看，很遗憾地告诉你，你在布雷兹摩尔园区的房屋已不复存在了。那里伤亡严重，具体的情况还不是太清楚，搜救幸存者的工作仍在继续中。我们并没有在医院中找到Loretta

Benefield，暂将她列入失踪人员名单中。我们会派车过来，接你去孩子们那边。如果你们找不到朋友家或者亲戚家住宿的话，我们会把你们送去国民警卫队的军械库。FEMA 明天将在这里搭建一个临时办公室，所有主要的汽车保险公司明早将到这办公。一有你母亲的消息，我们会立即通知你。接下来，Kate 会陪你去见你的孩子。你还有什么问题要问我吗？

Travis：（有点迷茫，还在想着刚才听到的那些情况，犹豫中；危机干预工作者在旁耐心等候着）行，我估计没什么问题了。我姐姐家就在克罗雷，我们可以住到她那儿去。但我不知道怎么联系上她。今天晚上我们先住在军械库吧。没有我妈妈的消息，真是急死我了。但我非常感激你们让我知道了其他人的情况。希望你没事，妈妈。

Jodell：别客气，Benefield 先生。如果你方便把你姐姐的电话和地址告诉我们的话，我们会试着帮你联系她的。你能把你现在知道的情况给总结复述一下吗？这样，我也可以确认一下是否有没交代清楚的地方。

这位危机干预工作者非常细心，对自己了解到的情况一一做了介绍，然后还让 Travis 重复了一遍，确保来访者明确理解了自己讲到过的内容。Kate 陪着 Travis 见到了他的孩子们，并在庇护所将他转手给另外一位危机干预工作者。这些让情况缓和下来、掌控混乱情形、为来访者提供支持和安慰、促进短期功能的工作就属于心理急救（Halpern & Tramontin，2007，pp. 203-218）。

4月22日，上午8点35分，国民警卫队军械库灾难庇护所

Ollie，社会工作硕士，孟菲斯红十字灾难咨询师：你好，Benefield 先生。我是 Ollie，来自孟菲斯的红十字会咨询人员。你可叫我 Ollie，由我为你服务。昨晚在这休息得怎么样？

Travis：其实并不是很好，我没怎么睡着，孩子们倒睡得可以。我想去看看我老婆，还有，希望能找到我妈妈。

Ollie：我们联系上了你姐姐，她正赶过来。现在整座城市都已宣布为受灾区域，所以等她到这得需要一段时间。很遗憾，我不能带来关于你妈妈的好消息。我们并没有在幸存者名单中发现她。在离你家约 250 米的空地上发现了一具女性尸体，她和你提供的对于你母亲的描述非常一致。尸体目前在临时停尸房那。这是个为难你的差事，但还是得请你去那儿一次，确认一下那名女性是否就是你的母亲。有另外一名咨询师会在那里接你，他叫 Jeffery。他也知道你会过去，如果确认了她就是你母亲，他会在那儿帮助你的。在你姐姐来之前，我都会陪着你，我们可以就房屋和保险的事商量一下，或者还有其他你需要帮助的事情都可以谈。FEMA 有一站式的服务站点，你有任何需要，他们都会为你提供帮助的。

4月22日，上午9点42分，西布鲁克包装厂临时停尸房

Travis 和 Jeffery。Jeffery 是海奇县社区心理健康中心的职业咨询师，并且是一位处理悲伤情绪的专家。作为医疗助手，他轻轻地拉开了一具尸体袋的拉链。

Travis：（看到尸体后悲痛欲绝，后退了几步，然后轻轻地抚摸了一下母亲的脸颊）天哪，是妈妈！怎么会这样呢！我告诉过你要有龙卷风来，一定要去避难所，但你从来不放在心上。天，上帝！我妈妈已经死了！（开始抽泣。）

Jeffery：（向身旁工作人员示意，把 Travis 带离现场）我为你失去母亲感到难过。来，我们出去找个地方聊聊吧。

Travis：（哭泣）她……你们知道吗？……走的时候……痛苦吗？

Jeffery：现场报告说找到你母亲的时候她已经死了。尸检显示死因是颈椎骨折，我觉得她走的时候没受多大的罪。（Travis 哭泣的时候，咨询师在边上耐心地等着。）

Travis：（头埋在双手间）太多事情发生。我不知道……不能思考了。太多了。

Jeffery：（使用了“STOP”技巧，慢慢地把手放在了 Travis 的肩上，扶着他走出停尸房，坐到了一个椅子上。Travis 平静点了之后，他看着 Travis 的眼睛，并且非常温和地说道）这事让人不知所措，所以我在这帮助你。我非常乐意帮你整理文件材料，会安排你母亲去殡仪馆。或者，我们也可以留出点时间，让你想想还有什么需要做的事情。Ollie 是你的咨询师，他会和我一起来帮助你。灾难后你经历了那么多，的确难以承受。换作是任何人也会一样悲痛欲绝，这很正常。没必要为自己没有让母亲及时前往避难所而感到内疚，这由不得你。（耐心地陪 Travis 坐着，当他抽泣的时候，轻轻地抚摸他的前臂。）你有认识的牧师吗？或者其他可以联系的人来主持葬礼？

Travis：好……如果可以的话，你帮我们联系一下基廷格殡仪馆吧。我还没考虑过教堂的事情。平时几乎每个周日的时候，我们都会去第一浸信会教堂。德尔牧师是教堂的负责人，但我估计他这会儿没空。他应该认识我妈妈，她一直是教堂合唱班的一员。如果你可以帮我联系德尔牧师来的话，我太感谢了。我真是不知道该怎么照顾我的家人，更顾不上已经去世的妈妈了。

尸体认领处的咨询师 Jeffery 主要做了三方面的工作。第一，他使用了“STOP”技巧，当人在指认死去的亲人时，会自然地经历创伤体验，暂缓技巧是此时咨询师应该使用的一个标准流程。STOP 是英文“坐下（Sit）、思考（Think）、观察（Observe）、计划（Plan）”的词头缩写（Webber, Mascari, & Runte, 2010）。咨询师缓慢地把来访者领出停尸房，引他到椅子上坐着。通过观察，咨询师觉得在 Travis 悲伤时把手放在他肩上符合当地的文化习惯。咨询师还观察到 Travis 的确需要一些基本的帮助，并且计划怎样帮助他。作为在灾难现场负责尸体认领的咨询师，这需要足够的热情和敏感。在面对丧亲的来访者时，STOP 技巧可以说是一种默认采用的方式。

第二，针对来访者母亲的情况，咨询师给予了非常具体的帮助。Jeffery 对 Travis 进行了分类评估的打分，分数为20分多一点。可以说，Travis 的总体情况是：认知过载，行为情绪耗竭，他和家人侥幸逃过一劫，现在必须指认自己母亲的尸体。Jeffery 必须为他提供帮助，指明方向。知道自己的亲人过世的具体方式，以及那时的人际互动情况，对来访者整合创伤事件、避免进一步的心理创伤是很关键的一步（Shalev et al., 1998）。

第三，咨询师提到了教堂。信仰组织在赈灾中的作用不能小觑（Phillips & Jenkins, 2010）。鉴于当地的文化，Jeffery 判断 Travis 平时去的教堂和认识的牧师都能为他提供帮助，也因此，Jeffery 问 Travis 能否联系到教堂。

咨询师还识别了来访者所处于的悲伤阶段（参见第十二章“个人丧失：居丧与哀伤”），并对他震惊、悲伤、焦虑、内疚的情绪进行了共情反应，而非去判断 Travis 是否有能力去处理所有这些事情。此外，Jeffery 也没有对 Travis 做了什么或者没做什么进行评判，也没有对 Travis 的丧母之痛给以陈词滥调式的安慰。在灾后工作者，总有人会老生常谈地安慰他人，但这种安慰方式起不到什么作用。当地的危机干预工作者应该和红十字会、国家受害者援助组织、FEMA 的工作者联合起来为来访者提供系统、有效、无缝的服务。虽然说危机干预工作者会对来访者进行即时的心理健康支援，但通常来说，这一方式是通过支持来完成的，为来访者的家庭和情感需求提供支持。

4月24日，上午11点，海奇县心理卫生中心

Sara Lee Benefield：我们现在总算是安顿下来了，目前都没有工作，和 Travis 的姐姐住在一起，还会为 Travis 的母亲举行葬礼。我们还没有头绪。我们家曾买过保险，但恐怕不够。我们家什么都没了，一切都得重新开始，仅有的是身上的衣服和银行里 437.12 美元（约 2 800 多人民币）的存款。Travis 的工具也都坏了，和他的工友们一样，他们都为此很烦恼。

Ollie，社工：好的，我会开车把你送到市政中心，我们会去一次灾后恢复中心。我还会把一些红十字会和救世军组织的工作人员介绍给你，在食物和住宿方面，或许还有工具方面，他们会给你即时的帮助。在 FEMA 的一站式服务点，我们看看能不能为你取得房屋贷款，帮助你来重建家园。他们还会派一些检验员过来看一下情况，帮你们与保险公司协商，还会替你们处理灾难失业补助的事情。失业补助金肯定不及你们的薪水，但至少能帮上你们点忙。Jeffery 正在处理 Travis 母亲的后事。Travis，我们可以讨论一下关于葬礼的安排，我估计，你们是不是现在手头钱不够？

Travis：哦，钱应该不成问题。我妈妈有享受殡葬政策的优惠待遇，虽然我现在还不知道怎么弄，但可以得到一笔 5 000 美元（约 3 万多人民币）的资金。德尔牧师很乐意主持我们的葬礼。他们还在周三晚上举行了一场告别仪式，很多人都来安慰我们，说我母亲是个善良的人，让我们不用太操心，他们会帮助我们打点后事的。

在这个节骨眼上，咨询师更关注的是家庭的基本生存需要，而不是去对他们做心理咨询（Ruzek，2006）。因为在随后的日子中，有足够的时间去进行咨询的工作。当外来的危机干预工作者帮助社区在灾难后控制住局面后，这些危机干预工作者就会离开，并把他们的工作对象转手给当地的心理健康机构。

4月25日，晚上6点，高中部体育馆

Evan，米德维尔镇公立学校地区的负责人：（对 500 名家长讲话）感谢你们在如此艰难的时刻来到这里。我知道你们当中的许多人的家园化为了废墟或是满目疮痍。我知道这些是因为我和你们一样，我的家也受到重创，我和你们一样睡在国民警卫队的军械库。今天是周五，龙卷风过去四天了。是时候让孩子们重新回到学校了。学校将在周一早上恢复正常教学，小学的学生们也同样如此。我们为此已经准备了将近一周的时间。等我发言结束后，在餐厅将会有老师在那边，告诉大家教室、学生姓名和新入学同学的信息。圣本尼迪克特天主教堂和米德维尔镇第一浸信会教堂向我们伸出援助之手，敞开大门，作为我们临时的教学地点。那两座教堂离大家不远，走路或坐车都可以到达，对那些仍住在庇护所的孩子们来说，我们会安排车辆接送。师资可能会有所变动，因为有的老师可能在灾难中去世或者受伤了。学校将会配置受过危机干预专业训练的咨询师，和我们的心理咨询人员，学校心理学家、社工和老师一起处理遇到情绪问题的孩子。还会组织一系列的班会，这可以让我们知道孩子们遇到哪些问题。所有的工作都需要我们和你们共同配合来完成。我们这个社区不缺少勇气和坚韧的品性，我知道在场的大家和你们的孩子也是坚强和经得起打击的，但我们除了坚强，还需要智慧，我们要确保孩子们在学业、社会交往和情绪上的需求，这些其他的需求得到了关心满足，才能进一步地完善学业成就，这也是我们最终希望达到的。米德维尔镇向来是出色的，是团结这座城市的黏合剂，是这座城市值得骄傲的地方。再有困难，我们也绝不后退半步，但做到这点，需要整个社区的通力合作，把学校重新办起来。如果你们还有任何问题的话，我很乐意再和你们谈谈，或者结束后单独找我谈也可以。

我想谈谈我们所失去的，不仅仅是我们的大楼，而是我们的老师和学生们，是他们撑起了我们社区的教育事业，过去是，将来也同样会是。我们计划和家长教师联合会（PTA）一起举行一个追悼仪式，地点将在市政中心，时间会是在五月底，在学校拆除前。我理解你们也有自己的悲伤和失去的亲人，我想留点时间给大家来迈过这道坎。我们会支持大家的，因为这对你们和孩子们都很重要。海奇县心理健康中心和悲伤问题专家会为你们服务，如果你或你的孩子有需要，可以找他们帮助，具体方式可以打海奇县诊所的电话，或是拨打我们学校咨询师的电话。电话内容将得到保密。感谢你们的到来。如果有问题的话，可以举手，会有老师把麦克风递给你，这样大家都能听到。学校的其他行政人员也在这里，如果有我不能回答的问题，他们或许会给予解答。这里结束后，我们要去餐厅那里，在那，你们可以得到有关你们孩子的学校、教室和老师安排的信息。等电力、网络恢复后，E-mail 就可以用了，但还不确定要等多久。所以，我们只能用老式的油印机来打印材料，这种紫色的公告你们的祖父母辈肯定很熟悉。这像是回到了 20 世纪 50 年代，但放心，信息会给你们的。虽然不容易，但在你们的帮助下，一切都会好转的，我们的金鹰就会重新站立并飞翔起来。

在学校遇到灾难事件时，这位学校负责人注意了以下五个重要内容。第一，关注学生的全面情况，这包括学业、社会、情绪情况。第二，尽快恢复学校和社区的日常工作。第三，和学生家长们一同发展强烈的社区认同感。第四，将学校定位成一个有效可靠的信息来源，告诉父母们具体会有什么安排，并和他们时时保持联系，这样家长们就知道去哪儿获得可靠信息，也就没有了谣言的生存空间（Kilmer，Gil- Rivas，& MacDonald，2010）。

由于灾难中还有孩子们死去，对这方面，负责人也顾及到了。当身边有朋友去世时，学生的哀伤过程在很大程度上是出现在同伴之间的社会人际现象（Worden，2002）。因此，学校也需要对身边有同学去世这一点进行服务。同时配备处理适应问题和处理丧亲家庭问题的咨询师有时很难做到，但让学校作为咨询场所的一个好处是可以减轻咨询私人问题带来的羞耻感。即使有的家长没有失去亲人，但很多人的住房、工作、教堂、俱乐部、机构这样的社会聚集场所因龙卷风而破坏了，这些损失都会造成微观生态系统或是大范围的外层系统中的支持丧失。理论上说，学校系统不应该参与丧葬工作（参见第十三章“校园危机”），但当发生的是一次影响到整个社区的大规模灾难时，学校有必要为学生提供一个释放悲伤情绪的机会。悼念仪式也是需要的，它给全体学生和家长一次追思的机会，情绪可以得到表达，同时也影响到他们对学校的感情投入（Kerr，2009，pp. 130-132）。你也许会纳闷为什么这一部分不放在关于学校的那一章节中。这样做有助于理解学校在社区构成以及灾后恢复中的重要地位（Kilmer，Gil-Rivas，& MacDonald，2010），如果忽略了学校这部分，那么这就无视了社区外层系统中的一个重要成分。

4 月 30 日，下午 4 点，海奇县心理健康中心

Kate，注册职业心理咨询师：事情怎么样了？我之前和 Ollie 聊了一会儿，他说进展得还不错。你自己觉得呢？

Sara：贷款的事情已经批准了，保险公司处理得不错。我们现在暂时住在克罗雷。孩子们很想待在这儿，这里有很多他们的朋友，我们每天都会带他们过来。我的牙医诊所下周也要恢复营业了。但帕卡德发动机厂什么时候重开还不清楚，所以 Travis 暂时还没工作。

Travis：我想让你和 Shawn 聊聊，他总是在夜里惊叫着醒过来，我想他还没从学校倒塌、好朋友去世的阴影中走出来。送走我妈妈也不容易，但我们挺过来了，教堂帮了很大的忙。

Sara：我希望你现在就能和 Travis 聊一下，这几天他一直在内疚自己当时因为找我们而离开了工厂。还有我自己也有点问题，当时到处瞎跑，真的很傻，就像一只无头苍蝇一样，而且结果只让事情变得更糟糕。

Kate：好的，没问题，我很乐意和你们谈谈。我觉得你们都在进步，也显示了你们坚强，你们所做的正在让所有事情恢复常态。也许你们的牧师已经通知你们了，国家受害者援助组织将在整个社区召开一次见面会，面向所有受龙卷风影响的人，就像是一次社区纪念活动，大家在一起交流想法、互相支持。这次见面会你们应该可以去。大家聚到一起各自谈论自身的经历，这真的会很有帮助的。我还会请我们的心理学家来给你们做一些测试，看看这场灾难对大家的影响到了什么程度。这也会有助我更好地开展后续工作。你们当中有些人的经历体验是相似的，我们不希望这种状态在日后会发展为PTSD。（解释什么是急性应激障碍和PTSD，以及两者的区别。还从乐观的角度补充道，虽然大多数一开始会出现一些症状，但症状会自行缓解的，尤其是以积极的态度面对事情的时候，就像她对Benefield一家给出的建议一样。）我们还会有小型的支持团体，随时欢迎你们的加入。关于Shawn的情况，我会联系学校咨询师Janet Beverly，她是过来代替受伤的Little先生。我和Janet一直有合作，我希望你们整个家庭加入到咨询中来。据我所知，她会对需要咨询的孩子开展一些家庭团体治疗。我也很感激你们能够细心观察子女的变化，为他们提供帮助。这在告诉我你们是相当有心的家长。这一点在随后的时间里真的很重要。

咨询师对Benefield一家做了关于ASD和PTSD的知识普及。虽然还没有证据显示心理学知识普及，尤其是有关创伤应对的自助材料能够让来访者受益。但Wessely等（2008）建议普及的内容应该涉及心理弹性和适应能力，而非病理方面的知识。因此，咨询师将这些概念常态化可以缓解来访者的恐惧心理，他们会害怕这些灾后反应表明自己已经有心理问题了，而非是常态的反应。对许多人来说，灾后出现的心理症状，如高度警觉感、惊跳反应、梦魇等，可能和灾难经历本身一样，甚至是更为恐怖。虽然知识的宣教不能立即减缓症状，但这让来访者了解到这些只是正常的反应而非发疯的表现。

此外，咨询师还鼓励他们参与团体组织。这是让幸存者分享经验，相互团结扶持，走出阴影的最佳办法之一。最后，咨询师对父母为孩子着想这点给予了强化。当孩子产生一些心理症状时，来访者能够为其提供一个支持性的、理解的环境极为重要，这样，孩子们才能没有顾忌地说出想法和感受，并且学会将创伤经历与他们的生活相整合，与之共处（Gil-Rivas et al.，2010）。很多时候，因为家长自身的创伤问题，会影响到他们对孩子的支持（Gil-Rivas et al.，2007）。

5月8日，上午9点，米德维尔镇浸信会教堂（米德维尔小学临时办学地）

Janet，小学心理咨询老师：Shawn，我想听听你最近过得怎样？

Shawn：好的。我自己觉得还不错。

Janet：我看了你上次在讨论龙卷风的班会上画的那些画。（把画拿出来给Shawn看。）你能跟我讲讲这画表达了什么意思吗？

Shawn：好的。这画的是我、Jamie，还有那是Leotis。他们都是我最好的朋友。龙卷风来的时候，Jamie和我在一起，但是他已经死了。我把自己涂成了红色，那表示流血了，是Jamie的血。Leotis当时和Cruz老师在一起，我不知道是怎么回事，他们俩也死了。妈妈告诉我这是天意，但我还是不太明白。说实话，我不相信是上帝让这些事发生的。我妈妈不喜欢我这样说，但这就是我自己的想法。我晚上睡得也不是太好，我讨厌风暴。有时我觉得自己听到了Jamie和Leotis的声音，我们过去常在一起玩，我有时好想他们俩。

Janet：我正在组织一个团体小组，Shawn，你愿意一块儿来吗？这个团体中的小朋友们和你的情况类似，他们也有好朋友去世或者受伤，因此感到很伤心，很孤独。

Shawn：好的。我想没问题。多么希望Jamie和Leotis也能来。我也很想念我的奶奶。以前我回家时，她总会做很多饼干给我吃。

Stacy是一位在读的学校心理学专业的学生，她曾参与了卡特琳娜飓风后的学生咨询工作，和本书主张的一样，她说："有两样东西在学生的灾后心理康复中非常关键：一是社会支持，二是将经历放置到情境中。"（Dingfelder，2006）。刚才那位学校心理老师采用的表达性的艺术方法和团体咨询能很好地帮助 Shawn 将创伤经历放在过去，并从中成长（Malchiodi，Steele，& Kuban，2008，p. 299）。团体是让孩子们共享经历和表达自我感受的好方法。无论是愤怒还是内疚的情绪都能够得到释放，还能减少孤独感，增强应对策略和适应能力，寻找和同伴们之间的共通性，建立凝聚力和信任感，学会处理自身的负面情绪（Nisivoccia & Lynn，20007）。关于儿童灾后团体治疗的结果研究还不多，但至少有两项研究支持团体能有效减少儿童的创伤后应激症状（Chemtob，Nakashima，& Hamada 2002；Salloum & Overstreet，2008）。

一个沉浸在创伤性悲伤中的孩子无法摆脱创伤中的死亡经历，这一特点有别于正常的悲伤过程（DeAngelis，2011）。Shawn 的画作中展现的内容已经达到了上面的这种情况。在第七章“创伤后应激障碍”中已经介绍过，采用聚焦于创伤的认知行为疗法能够有效监控和调整失控的情绪问题，这一疗法结合了创伤叙事和压力管理，游戏疗法和认知行为技巧，能帮助孩子走出悲伤和消除创伤后应激症状（Cohen，Mannarino，& Deblinger，2006）。

如果第十三章中介绍过的干预方法能够有效在学校开展的话，对孩子们来说，学校将会成为一个帮助他们摆脱灾后负性体验的一个关键场所（Clark et al.，2006；Munsey，2006）。

5月15日，下午4点，海奇县心理健康中心

Kate，注册职业心理咨询：（和 Sara 与 Travis 谈话）我刚才和 Janet 聊过了。她建议 Shawn 去她的团体治疗小组。从她的报告和其他心理学家的测验报告看来，Shawn 目前的情况不是太好，这是急性应激障碍的表现。（解释了一下什么是急性应激障碍，以及为防止其演变为 PTSD 而进行治疗的重要性。）我也建议你们一同和 Shawn 去一次心理诊所，进行家庭治疗。我相信这对你们的孩子会很有帮助，一方面有助于他把自己内心的想法说出来，另一方面也会让他明白虽然在灾难中你们失去了很多，但一家人仍然是团结在一起的。

Sara：我觉得你说得有道理。我不认为靠我们自己的力量能够走出灾难的阴影，我们都变得和以前有点儿不一样了。并不是只有 Shawn 才会做噩梦。只要一打雷下雨，我就感到心惊肉跳。Travis 和我以前从不吵架，但有一天晚上我们为了点小事竟然吵得不可开交。（眼泪流了下来。）这太糟糕了，而且是在他姐姐家，当着孩子的面吵架。（开始哭泣。）后来我们都相互道歉了，但这已经不像从前的我们。我不知道以后会变得如何，一想起未来，我就害怕。

Travis：（轻轻抱住妻子）亲爱的，我同意你的看法。虽然我已经有了一套新的工具，但脑海中仍旧会想着以前的工具找不到这件事，这太荒唐了。教堂确实给了我们很大帮助，但我却总是无法摆脱那些想法，得不到安宁。所以当 Sara 跟我说不要想这事，还有其他事情要做的时候，我就一下子火了。我也不想这样。

Kate：我向你们保证，在这样一个特殊的情况下，你们的这些行为是正常的表现。但要学会忍受这些行为是不容易的。我建议你们都去一下国家受害者援助组织的见面会。牧师协会的一些人也会参与到其中。听听别人的经验，分享一下你们自己的感受将会对你们有所帮助。你们都是坚强的人，但人人都有需要帮助和支持的时候，这个见面会不错，我建议你们去。

咨询师非常关心 Benefield 一家如何应对灾难的创伤体验，并联合了学校咨询师和临床心理学家共同为他们咨询。国家受害者援助组织的见面会和教堂为他们提供了社区服务，但是 Benefield 一家的成员出现了特定的心理健康状况，这需要针对性地对这一家庭进行咨询（Myers & Wee，2005，p. 33）。大多数的人都具有良好的心理弹性，能够自行从创伤中恢复，但若来访者出现了应对不良的信号，就得进行及时干预（Ruzek，2006）。家庭援助中心模型是这类心理紧急干预的一个很好参考（Halpern & Tramontin，2007，pp. 190-191；Leskin et al.，2006），在这一模型中，一个人扮演中间人和沟通者的角色，去解决家庭中出现的社会、心理和经济问题。将整个家庭作为治疗对象是个明智的方法，它不会给个人带来羞耻感，让个体感到自己和其他人不同，是一个有“病”的人。

5月22日，下午4点，海奇县心理健康中心

Travis：我们去参加了国家受害者援助组织的见面会，挺有帮助，至少让我们感觉到一种自豪感，带给我们希望，我们要同舟共济。他们还在教堂举办了一次悼念仪式。天哪！龙卷风一共造成了83人死亡，600多人受伤。

Sara：我同意Travis的看法。我觉得上次的家庭会面也很受益。我后来和孩子们也说到这件事。Lou和Jason一开始都不愿参加，但后来也参加了，而且并不后悔，还挺喜欢这样的聚会。上次聚会之后，我心里平静多了，我们家正在逐步走上正轨。

Travis：就像是对生活重新有了控制感，不再像以前那样不知所措。

Kate：我很高兴听到这些。我们慢慢来，有足够的时间，会好起来的。只要你们觉得有需要，我们会一直进行这样的讨论。

咨询师不断地鼓励Benefield一家，让他们勇于去接受心理健康咨询工作和其他碰到的各种挑战。她也一再强调解决问题是没有捷径的。Kate当前的工作进展到相当于前面介绍的时序系统中的第二阶段。此时，即刻的危机已经过去，基本的心理需求也得到满足，干预工作者就应该考虑到灾难对整个家庭的长远影响，因此，Kate把他们整个家庭作为治疗对象。无论是在对Shawn的个体咨询，还是在联系国家受害者援助组织和教堂的社区层面上，Kate都积极调动其他的服务资源介入。社会支持的资源越是丰富，危机来访者就越可能从中受益，摆脱危难的困扰（Yates, Axsom, & Tiedeman, 1999）。

4月25日（龙卷风过后的一年零四天），下午4点，海奇县心理健康中心

Sara：我觉得该是和你说再见的时候了，Kate。你为我们做了很多，我们很是感激。如果没有你，我们不可能做到这么多。我们全家都去了上周在市政中心的纪念仪式。那场灾难将一直是我们生活的一部分，但它已经成为历史了，我们的生活会继续向前行。Shawn的情况也不错，他已经不再用抗抑郁药物了，并且结交了一些新的伙伴。我们不打算回布雷兹摩尔生活了，那里是一个伤心之地。我们在一个南方的小镇安了家，Shawn在南方小学新认识的同学也住在那边。梦魇已经不再困扰我们，我只是还不喜欢雷雨天，在我们家附近就有一个躲避龙卷风的地下室。

Travis：是的，我同样要感谢你为我们付出的努力。一路过来磕磕绊绊，但我们一家团结在一起挺过来了。那些工具的事情也不再让我头大，感觉好多了。（笑）不管那些工具了。妈妈安葬在大普莱利公墓附近。我们给她立了一块粉红色的大理石碑，粉色是我妈妈最喜欢的颜色。她终于可以安息了……我的心里也好过一点了。我想只要到了一定时候，人都会平静下来的。我们的工厂也正准备重开，我正忙着装备好那些机器呢。

Kate：我很高兴可以与你们在一起。我同意你们的看法，该到了我们“办离婚”的时候了。（每个人都笑了。）我期待在城里能够再次遇见你们，并且不是以治疗关系见面。你们在整个灾难中的表现让我敬佩，我同样从你们身上学到了许多东西，很感激能与你们相遇，你们走入了我的生命，这也让我更确信这是我热爱的事业。

Sara：我想，是仁慈的上帝让你选择了这份事业。谢谢，再会了。

Travis：感谢上帝，阿门！（夫妻二人与Kate拥抱告别，走出咨询室，走向他们未来的生活。）

即使灾难中的人们像Benefield一家那样遭受到了全面的、严重的丧失，经历足够长的时间之后，大多数人有自行恢复的能力，并能继续开始自己新的生活（Gist, Lubin, & Redburn, 1999）。在这一过程中，危机咨询师的角色并不是治疗师，而是提供信息和解决方案，帮助像Benefield这样的家庭化危为安，帮助他们处理物质资源的匮乏问题（Farberow & Frederick, 1978）。危机干预工作者还要密切留意这样的家庭一段时间。虽然一些人会发展为PTSD，但绝大多数有恢复能力，并不会发展到这一步（Drabek, 1986）。

为难民提供最基本的服务是危机干预工作者初期的主要作用（Salzer & Bickman, 1999）。这一初期阶段过后，工作者的处理方式再从以问题为中心转向以情绪为中心（Lazarus & Folkman, 1984），通过预防性和支持性治疗帮助受难家庭重新振作，走出危机阴影（Chemtob, 2000）。有些像Benefield一样的家庭却得不到心理健康服务，而且这种情况通常不少（Norris & Alegria, 2006）。对灾后心理健康服务开展不充分的情况，总有各种各样或合理或不合理的理由（Yates, Axsom, & Tiedeman, 1999）。有些人认为，如果他们去寻求心理咨询和咨询机构的帮助，那么就会被看作是有心理疾患的人，打上了“疯子”的烙印。为了避免被别人排挤，这些个体就会拒绝使用心理健康的服务资源（Bethel & oates, 2007）。如果此时服务又是很不专业、混乱、不尊重文化习俗、侵犯性的，那么无疑是弊大于利。在这样的情况下，就需要一个运作良好的中间系统，对处于微观、外层及宏观系统中的各类机构和服务进行协调，提供非侵犯的帮助和支持。以Benefield一家为例来说，许多来自不同行业的专业人员如社工、心理学家、职业咨询师、学校咨询师、热心志愿者，他们良好的配合，再加上敏感、关心、支持、无条件积极关注的品质，从而使得心理健康服务对Benefield一家产生了积极作用。

灾难的周年纪念日为干预的效果提供了一个检验的标准，和多数人一样，只需稍加帮助，Benefield一家就可以从灾难中恢复过来，能够继续他们的生活。龙卷风在他们的生命中留下了不可抹去的印记，但正如中文汉字“危机”一样，他们在危难中找到了机遇，在灾难中成长起来，变得更为强大。

虽然Benefield一家是典型的盎格鲁-撒克逊白人，激进的基督徒，美国中南部蓝领工人阶级家庭，但前来帮助他们的工作者则来自美国的各个民族、种族，有着不同的文化背景。这样做并不是出于政治正确的考虑。事实上，仅仅在田纳西州西部的乡村地区，那里也是一个由不同肤色、不同文化背景构成的民族熔炉。因此，多元文化观在危机干预中非常重要，现实中一个危机干预队伍就可能是由不同姓氏的人组成的，这些不同的姓氏反映了文化熔炉的性质。对多元文化最后强调一点：当面临和危机干预工作者所思、所言、所行、甚至是气味都迥异的来访者时，干预工作者自身的文化偏见更有可能浮现。就拿这本书而言，本书的许多编辑都对文中Benefield一家的用语（指英文原文）表示疑问。

在Benefield一家的案例中，我用了许多方言，编辑们表示他们不能理解，也担心读者们不能理解。这些词都是南部地区的乡村方言，我使用它们是想看一下读者的反应。如果你因为这些难懂的词而烦心，因为它们并非正统的英文，那么你就很可能把Travis视作一个“无知的乡下人”。尽管你的工作很到位，初衷很善良，但无意中你就可能区别对待Travis，如果你的来访者的英文发音像是早上六点档的播音员，你对他的态度可能比Travis要中肯许多。那么其结果也可想而知，Travis对你的态度也就不会和案例中的表现一样了。案例中的那些危机干预工作者具有文化敏感性，对Travis的语言习惯很尊重。文化敏感性体现在危机干预工作者将自身的语言翻译为可以让来访者明白的当地习惯用语（Myers & Wee, 2005, p. 62），不管当地的语言是西班牙语、乌尔都语，还是带有南方口音的英语。

案例中，Travis对他的工具表现出非常强烈的关注，你可能觉得这点不可思议，但这一行为有其深层的文化根据。Bethel 和 Oates（2007）发现阿巴拉契亚山脉地区的男性，作为家族的领袖，社会对他们的期望是成为一名优秀的“猎人”，他们关心家庭的方式就是为家庭提供食物、住处和衣物，如果他们丢失了狩猎的工具，这就辜负了文化对他们独立、吃苦、家庭照料者的角色期望。就 Travis 而言，对一个蓝领工人来说，工具是他们技能的载体，也因此相比于白领阶层，工具在他们的生活中被赋予更高的价值。正因为工具是 Travis 作为一个男人的身份象征，也不难理解为什么他会对丢失工具如此焦虑。一个具有文化敏感性的干预工作者要意识到工具对来访者的意义不亚于房屋的丧失，要对他表示共情、支持，积极帮助 Travis 重新获得他的工具。

Benefield 一家根深蒂固的宗教和精神信仰也应当被视为他们生活和文化的重要元素之一。如果在安抚来访者过程中，没有将宗教和精神信仰考虑在内，这将是个重大的失误（Bethel & Oates，2007；Stambor，2005）。生态动力学特征具有双向性。若要危机干预中的咨访关系得到良好发展，把危机解决，就得考虑到生态对所有参与者（来访者和干预工作者）的影响，还有参与者和生态系统之间的交互作用。

关注工作人员

减压

“减压（debriefing）是一种灾后干预手段，旨在处理工作人员或受灾人员的紧张思想、感受或反应，并减缓个体的创伤反应，促进个体恢复至常态反应”（Myers & Wee，2005，p. 173）。在危机干预的各项技术中，可以说减压是最具有争议性的（Gist & Lubin，1999）。争议之大是我们在咨询领域40年中从所未见的。在众多的减压形式中（Armstrong，O’Callahan，& Marmar，1991；McWhirter & Linzer，1994；Myers & Zunin，1994），Mitchell 和 Everly 的紧急事件应急晤谈模型因缺乏研究证据而受到了最多的攻击（Gist，Lubin，& Redburn，1999）。而且，紧急事件应急晤谈的倡导者将其当作是 PTSD 的疫苗，就像是找到了一个解决复杂问题的灵丹妙药一般，但研究结果却不支持这一点（Bisson & Deahl，1994；Bisson，Jenkins，& Bannister，1997；Deahl，1999；Hobbs et al.，1996；Kenardy et al.，1996；Lee，Slade，& Lygo，1996；Raphael，Meldrum，& McFarland，1995）。更有人开门见山地认为，此类心理干预技术不适用于灾难幸存者（Brymer et al.，2009；Gray & Litz，2005）。

事实上，Mitchell 和 Everly 并没能给出可以证明紧急事件应急晤谈对危机干预工作者或受难者有益的证据（Gist，Woodall，& Magenheimer，1999），而且，至少有一项研究甚至表明它是有害的（Avery & Orner，1998a，1998b）。更为尖锐的批评指出，紧急事件应急晤谈成了“江湖郎中”式治疗师的致富法宝，一些商业机构和保险公司把紧急事件应急晤谈当作“免费出狱通行证”（或几乎免费），这些公司仗着紧急事件应急晤谈是 PTSD 的疫苗这一说法，就不再为有 PTSD 症状的员工支付更贵的康复治疗费用（Gist，Woodall，& Magenheimer，1999；Raphael，1999）。紧急事件应急晤谈还被强制性地用于所有的危机干预工作人员身上，不管个人或文化上的适用性，这一点也饱受指责（Silove，1999；Weisaeth，1999）。最后，紧急事件应急晤谈的地毯式使用还存在严重的伦理问题，因为所有的人群在任何情况下遭受到任何形式的创伤都会被使用紧急事件应急晤谈干预（Raphael，1999）。在一次 NIMH 的会议上，对灾后干预工作进行了如下的建议：

> 让来访者进行创伤事件叙述和创伤情绪表达（正如一些减压所做的那样），此类一对一的早期干预模式并不总是能降低 PTSD 或相关适应问题的发生风险，相反，一些受灾者（比如，高唤醒状态的人群）的情况会因为这样的早期干预而恶化（National Institute of Mental Health，2002，p. 8）。

而争论的另一方，紧急事件集体减压的倡导者则拥护这一技术的效果，也给出了一些支持的研究结论（Chemtob，2000；Jacobs，Horne-Moyer，Jones，2004；MacDonald，2003；Pender & Prichard，2008，2009；Robinson，Sigman，& Wilson，1997；Wagner，2005）。这些紧急事件集体减压的倡导者多数是一线的危机干预工作者。他们对紧急事件集体减压的批评回应是：如果施用人员严格按照 Mitchell 和 Everly（1999）提出的方式进行培训，并按照这一流程正确使用，那么紧急事件集体减压确实是有效的（Freeman，2003；Lane，2003；Montano & Dowdall-Thomae，2003）。紧急事件集体减压的最大问题就是不分场合，不分对象的滥用。Mitchell 和 Everly（1999）将紧急事件集体减压的使用对象限定于应急服务工作人员、消防员和警察身上，这一技术能帮助他们在灾难中重新快速整合感受和思维，以防创伤的经历扰乱他们的心智。紧急事件集体减压为什么如此流行（同样，如此滥用和误用）的一部分原因在于它表面看起来应该有效，幸存者们也希望有人能够关心他们，倾听他们诉说不良的经历，这是一种很自然的应对危机的方法（Halpern & Tramontin，2007，pp. 265-266）。

经历分享是一种共同克服负面经历的有效方法。如果你还对此怀疑的话，不妨走进一家美国退役军人酒吧，和那里的退役海军陆战队员聊聊，或者在“唱诗班”找一位刚经历缉毒枪战的警察聊聊。疏通情绪感受、重组思维、将创伤经历常态化、增加团体支持、言语的重新整合、筛查出需要转诊的创伤应激者，对任何危机干预工作者来说，减压的上述目标可以说就是干预的理想目标（Halpern & Tramontin，2007，pp. 267-268；Myers & Wee，2005，pp. 172-174）。

本书的作者们对紧急事件集体减压持保留着肯定态度，紧急事件集体减压可以在特定人群中作为初步的干预方法。我们曾见识过，这一技术对一些非常愤慨、顽固的警官起到了很好的效果，这些警官需要对常年创伤应激累积的压抑情绪进行释放、疏通（Addy & James，2002）。此外，我们曾对经历过枪击场面的学生进行角色扮演式的紧急事件集体减压（本书作者，James 博士就是一位具有职业资质的紧急事件集体减压治疗人员），其效果得到了多数学生的肯定。虽然减压有着诸多的争议，但它仍然是创伤治疗领域的主导技术，下面我们对如何在应急工作人员身上运用这一技术进行讨论。

对应急工作者使用减压

紧急事件集体减压 紧急事件集体减压由 Jeffery Mitchell 提出。Mitchell 自己是马里兰州巴尔的摩县的一位消防员和医疗辅助人员。他之所以提出紧急事件集体减压，源于自己多次目睹创伤事件的经历。这一技术最初是为消防人员和医疗急救人员服务的，这些人员是火灾、意外事件的第一响应人员，常暴露在恐怖的景象、声音和气味之中。现在，紧急事件集体减压已经被推广至各类的创伤人群中（Morrissey，1994）。紧急事件集体减压小组通常由两个人组成，他们都必须至少是心理健康专业的硕士学位，并且接受过紧急事件集体减压的训练，取得认证。减压是为了减缓创伤事件的心理影响，帮助来访者重回心理平衡，预防 PTSD，以及识别需要接受进一步专业心理咨询随访的来访者（Mitchell & Everly，1995a，p. 270）。

非正式减压（defusing） 非正式减压是创伤事件发生后的第一步干预，由受过紧急事件集体减压训练的现场工作人员完成。减压的目标是为了减轻创伤的影响，通过提供短时的简要干预让来访者释放创伤事件的情绪和想法，加速恢复正常状态的过程（Myers & Wee，2005，p. 167）。完整的减压需要一小时，分为三个阶段。第一阶段，小组成员自我介绍，解释干预流程、说明干预目标。第二阶段，来访者表露创伤事件的事实，自身的认知和情绪反应，最后完成对创伤压力相关症状的释放。第三阶段，来访者得到信息反馈，帮助他们矫正对事件的失调认知，并对来访者进行应激、应激管理和创伤的心理教育（Mitchell & Everly，1995a，p. 275）。

正式的减压 正式的减压流程包括七个步骤，时长两小时至三小时，一般在创伤事件发生后的一天至七天内完成。减压过程中同时包括了心理和教育的元素，以结构化的团体方式进行，参与者由创伤的直接经历者，如警察、消防员、医疗急救、急诊人员构成。此方法并不适用于一般人群（Pender & Prichard，2008）。减压促进了来访者如下的转变：先是从事件事实的认知加工到情绪反应的转变，最后又回到对自身反应的认知加工和创伤经历的应对策略。减压并不是心理治疗，更确切地说，这是一次有控制的交流会，让参与者在一个安全的环境中能够去交流他们对事件的想法，表达他们的情绪（Mitchell & Everly，1995b）。

正式的减压包含七个阶段如下：

1. **介绍**。介绍奠定了整个减压流程的基调。介绍环节除了熟悉成员、解释流程和紧急事件集体减压的内容之外，还有助于降低阻抗，增强来访者谈论隐私保密这样的敏感话题（Mitchell & Everly，1995a，p. 271）。
2. **发现事实**。危机事件的事实首先得到讨论，因为事实是最容易处理的问题，并且是创伤发生后，应急工作者首先会和来访者讨论的问题。紧急事件集体减压的领队一般这样开始陈述："对于事情的整个经过，我们只是了解了大概，我们希望大家进行补充，以了解事件的全貌。不管你在事件中的经历是怎么样的，希望大家都能发表意见，如果哪一位觉得还没准备好，这当然也没关系，你摇头示意一下，我们就会跳过你，让下一个人发言。我们需要知道你们的姓名，你们各自在事件中的经历，以及你自己对此的看法。"发言顺序并不重要，紧急事件集体减压领队的组织能力会自然地安排好顺序（Mitchell & Everly，1995a，p. 272）。
3. **想法**。紧急事件集体减压领队会问参与者对事件最初和最深刻的想法是什么。这里开始了由事实向想法的转变，事件变得个人化，情绪也会浮现出来。当参与者在叙述他们的想法时，领队应该自然地诱导出他们与该想法一致的情绪体验，为过渡到下一个阶段做准备（Mitchell & Everly，1995a，p. 272）。
4. **反应**。对参与者来说，这一阶段最具情绪感染力。领队的提问都会围绕这一主题展开：事件中的哪个方面最困扰你？如果你可以改变其中一部分，你会选在改变什么地方？领导此时退居被动角色，推进参与者自发地表达出对事件的情感反应（Mitchell & Everly，1995a，pp. 272-273）。
5. **症状**。在症状这一阶段，整个团体又重回认知层面。这一段的讨论集中在事件发生时和过后的情况。成员描述他们在情感、行为、认知或躯体上的情况。为了让讨论进行，领队可以这样举例说明："火灾被扑灭后的五分钟时间里，我的身体在发抖。我觉得自己还能控制住，但脑袋里却不停在想：我连一分钟都不能忍受了。我想说什么，但舌头却僵住了。我怕死，但我知道我必须再次冲回大楼里，于是就这么冲了进去（Mitchell & Everly，1995a，p. 273）"。
6. **教育**。领队可以指出参与者谈论的情况正符合急性应激的症状，让参与者知道这些症状是人的正常反应，并不意味着丧失了理智或不能胜任工作。参与者也会了解、认识到那些在自己身上还没表现出来的症状和压力应对的技巧。这一阶段，参与者已经远离了在反应阶段讨论的情绪问题（Mitchell & Everly，1995a，p. 274）。
7. **再进入**。这阶段是对所有讨论内容的最终总结。紧急事件集体减压成员的任务就是回答参与者提出的问题、给予安抚、回想补充流程中遗漏的内容、分发材料、提供心理咨询的转诊信息（Mitchell & Everly，1995a，p. 274）。

总体来说，紧急事件集体减压的成效依赖于下面这几点：干预的早期性、安全宣泄的机会、表达创伤的机会、明确的行为结构、团体和同伴支持、后期随访的机会（Mitchell & Everly，1995b，p. 41）。

对危机干预工作者使用减压

不管你支不支持紧急事件集体减压技术，必须承认通过灾后的大规模紧急事件集体减压干预，的确帮助了不少危机干预工作者恢复了情绪、认知以及行为的平衡状态。下面将具体介绍分享技术的程序，对危机干预工作者来说，这不仅能让自己知道如何去进行这一技术，也能了解在自己身上使用紧急事件集体减压的价值。本书中介绍的技巧和观点或许还能让危机干预工作者对紧急事件集体减压技术人员使用减压。

减压的必要性 这本书将危机干预的工作描绘为一派复杂忙乱的景象。无论是自然灾害、机械事故或人为灾难，还是恐怖主义袭击、龙卷风、洪水造成的伤亡损毁，身处在这样无序混乱的情况下，就如同像是在进行一场战役，没有任何多余的时间或是范本来让干预工作者思考、计划、演练。在干预工作者抚慰他人时，自己也有可能遭受到创伤带来的心理问题。干预工作者在现场的所见、所闻、所感都有可能触及他们内心深处的情感体验。这一现象被称之为替代性创伤（Saakvitne & Pearlman，1996）或是同情疲劳（Figley，2002），这类情况发生时，干预工作者在无意间吸收或内化了来访者的创伤体验（详见第十六章“危机中的人类服务工作者：耗竭、替代性创伤及同情疲劳”的介绍）。

社区应急响应小组的成员都是由不同职业的普通群众构成。他们并不是专职的治疗师，也并不会接受督导。Corey-Souza（2007）曾对佛罗里达危机响应小组的96名成员进行过同情疲劳和同情满足的测量，她发现两者间存在较大的负相关，职业倦怠是同情疲劳的最强预测因素之一。你可以把自己设想为是在米德维尔停尸房工作的Jeffery，或是发现Loretta Benefield的社区应急响应小组队员，在这样的情况下，你感觉自己需要心理分享技术的帮助吗？最后，心理健康工作者还会对其他的应急救援工作人员进行心理疏导，那些应急人员都经历了惨烈的、血淋淋的灾难场面。所以，对干预工作者自身实施减压很重要，这能帮助他们抵御来自工作中各方的应激（Armstrong，O'Callahan，& Marmar，1991）。Leffler和Dembert（1998）对参与搜救环球航空800号班机失事（该航班在飞往巴黎途中坠于纽约长岛附近约37米深的水域）的海军潜水员进行了调查，他们发现相比于搜救行动本身的危险性带来的应激，接触人体残骸，尤其是儿童残骸的经历带给潜水员的应激水平更高。

参与世贸中大楼首批搜救的人员都表现出了一系列症状：心灵麻木，对力不能及和生存下来的内疚感，对提供心理帮助存在偏执感，脑海浮现生动的死亡画面，摆脱灾难经历的无助感（Henry，2004），这些症状被Lifton（1983）称为幸存者的心理反应。如果你觉得幸存者的心理反应就是PTSD或是替代性创伤，那么你的感觉是正确的。Henry（2004）、Addy和James（2002）等人的研究发现一些灾难响应人员，比方说警察，对心理咨询师非常抵触。对急救人员、消防员或警察来说，如果他们承认自己存在心理问题，这就好比承认自己无法承担这一具有压力的工作，同事们则会担心这一情况会给自己带来麻烦（Henry，2005）。那么对干预工作者来说应该做什么呢？首要一点是自我照顾（Merlino，2011），要明白自己并不是一位超能的干预工作者，别人也不是；明白自己并无法全面顾及自己和队友的心理和生理健康。

注意事项 第一，无论是在危机现场，还是灾后的干预时期，减压必须以小组方式进行。与同道一起进行工作，可以一同处理问题较为复杂的来访者，彼此检查各自的理解力，察觉对方的疲劳信号，轮流得到休息（Hayes，Goodwin，& Miars，1990；Mitchell & Everly，1995b；SAMHSA，2003；Talbot，Manton，& Dunn，1995，p. 286；Walker，1990）。

第二，危机工作人员需要睡眠的保障和放松。在灾难情境下，八小时的工作时间相当耗费力气（Hayes，Goodwin，& Miars，1990）。像尸体确认和亲属通知这样高应激状态的工作，干预工作者应实行固定的轮班制度，替换下来的人员应给予压力程度较轻的工作（Walker，1990）。工作者也该避免连续参加危机工作，当中的时间要确保身体和心理状态的恢复（Talbot，Manton，& Dunn，1995，p. 293）。美国心理健康行业建议最长连续工作时间不得多于12小时，对应的休息时间也需给足12小时。他们还建议，工作应当在高压力任务和低压力任务中轮换（SAMHSA，2003）。

第三，保证工作现场有充足的饮用水和富有营养的食物，这一点并非陈词滥调（SAMHSA，2003）。本书的一位作者曾经和两位警察一同进行过一次危机谈判，整个谈判从下午五点进行到凌晨三点，期间都没能吃饭，只有一两口水喝。幸好，一位同事孩子的饭盒落在了巡逻车的后排座位上，饭盒里的一些饭菜算是救了我们的性命。

第四，指挥命令下达明确，指令清晰。如果在灾难中你都不知道要去做什么，该向谁汇报情况，那么没有比这更糟糕的情况了。对每个工作者的行动，需要辅以合适的、适时的监控（SAMHSA，2003）。

第五，危机现场的工作者不应该互相进行减压（Spitzer & Neely，1992；Talbot，Manton，& Dunn，1995，p. 286）。这一工作应该由不在现场的另外一支队伍来完成。这样做是为了避免工作者互相揭短、事后批评、对谁做了什么或者没做什么评头论足。

第六，减压的场所尽可能远离灾难现场（Talbot，Manton，& Dunn，1995，p. 286）。地理距离的远离有助于心理上同样远离灾难。

第七，危机小组工作的组织背景应当加以考虑，组织背景会对工作组产生影响（Talbot，Manton，& Dunn，1995，p. 286）。组织，当然也包括像红十字会这样的慈善组织，运行赈灾项目的方法对个人在灾难现场的抗压能力有着重要作用。

第八，干预工作者自身的身体和心理素质要过硬。危机干预工作对心理和身体都是一项极大的挑战。凡身体或心理有一项不适的人员就不应参与灾后的救援工作（Walker，1990）。当然，再强的心理和身体素质并不能免除个体受到长期或急性应激的影响（参见第十六章）。

虽然紧急事件集体减压的过度使用，以及政策上的强制性参与会让参与变成被动的行为，让参与者产生负面的抵触情绪，但对应急工作人员和危机干预工作人员而言，参加某些形式的减压（并不一定是紧急事件集体减压模式）应当成为一项常规工作。不同的减压模式可以针对解决不同的问题，这些模式有：对灾难的积极重构（Charlton & Thompson，1996）、集体讨论（Dyregrov，1997）、心理分享后的密集性随访（Solomon，1995）、多重应激源的减压（Armstrong，O'Callahan，& Marmar，1991）、对灾难的动态性理解（Talbot，Manton，& Dunn，1995）及灾难经历分享（Myers & Zunin，1994）。

传统的紧急事件集体减压模式重病理而轻心理弹性，重创伤而轻精神力量，有人担心这一特点会破坏个人的灾后整合过程，而个人整合恰恰是对受难者有益的。对这一问题，Echterling、McKee 和 Presbury（2000）则相信紧急事件集体减压同样带来了对解决问题很关键的正性结果，包括：将处于危机中的人联系起来，彼此倾听相互的危机经历，促进创伤反应的正常化，提升团体应对能力。本书的作者对此持肯定意见。当应急和干预工作人员的任务接近尾声时，减压是很自然的一步，也是收尾的一步，重要性不该被低估。

减压的动态特征 对干预工作者进行分享技术运用的人员来说，他们面临着一系列关联的问题：危机事件及其受害者，干预工作者对危机事件的反应，干预工作者对幸存者的个人和职业反应，分享过程的团体动力性，处理下一次危机的集体规划（Echterling，McKee，& Presbury，2000；Silove，1999；Talbot，Manton，& Dunn，1995，p. 286）。

从专业的角度分析，每一个干预工作者都需要对自身的干预方法有一定了解和评估，探索是否有优化的方案，指导下一阶段的干预工作。注重在如何生存方面，而非如何遇难方面，能让个体的思维重新聚焦在坚韧性、创造性和敏感性上，这些优秀的品质往往被工作者感受到的痛苦烦恼和无助感淹没（Echterling, McKee, & Presbury, 2000）。对危机干预工作者个人来说，也要意识到自己在整个团体中的定位。团体动力特性和凝聚力对每一个工作者都会有巨大的影响，因此有必要把整个工作团队作为干预对象来进行关注。干预工作者的团队动力过程和受灾者的团体动力过程相平行，这种关系成为平行处理（Talbot, Manton, & Dunn, 1995, p. 291）。

从个人的角度分析，危机干预工作者如果产生了一些会影响工作的个人问题，那么减压人员就需要对这样的个人问题进行处理。尤其要关注平行处理和反移情现象。Mitchell 和 Everly 的紧急事件集体减压模式并没有把应急工作者的个人动力过程纳入其中，与之不同的是，Talbot、Manton 和 Dunn（1995）则认为对工作者的心理理解和整合极其重要，这些心理因素是他们的根本所在及工作的基础。团体自身的历史和团体成员的个人史也很重要。团体过去的包袱，或者个体成员与团体之间的问题关系可能会延展至今，对当下的工作造成影响，因此每个人都要认识到包袱的存在，并在帮助放下这些包袱。

保密　减压中涉及一系列的伦理问题：作为或不作为的问题，责任和诚信问题，甚至是有关生死抉择的问题（Walker, 1990）。从这个角度看，所有的减压程序要得到保密，保密原则从一开始就应当被告知、强调（Mitchell & Everly, 1995a）。

理解　减压人员的一个主要任务就是让干预工作者理解一系列经历的心理学意义，因此，技术人员要熟练掌握团体动力、团体功能和团体咨询的技巧。他们要善于察觉、调动干预工作者的积极品质，而非在危机中很容易蔓延的消极品质（Echterling, McKee, & Presbury, 2000）。

减压人员要善于总结，让干预工作者口头表达他们在危机和减压中的感想和收获，以减少对替代性创伤的易感性（Saakvitne & Pearlman, 1996）。干预工作者需要对自己的表现有一种控制感，在灾难事件和减压后，能收获到对自我的正面肯定（Echterling, McKee, & Presbury, 2000; Silove, 1999; Talbot, Manton, & Dunn, 1995, p. 296）。

要想成为一名优秀的减压人员，仅靠一个周末的工作坊学习是远远不够的。Jordan（2002）认为，除了危机干预，减压人员还要有创伤咨询的经验。从事创伤干预的工作，不仅需要对创伤的意义有着独到的理解，还要理解创伤情境中的个体如何与其他受难者和干预工作者互动。对灾难的急救人员和心理健康工作者来说，还存在着二次创伤的问题，这同样值得关注，并要知道如何处理二次创伤的问题。能够说服那些固执的、经验丰富的响应人员和心理健康工作者注意二次创伤，这就是把工作做到极致了，这个领域内能够做到这点的人还不多。

总结一下来自 Mitchell 和 Everly（1995a），Echterling、McKee 和 Presbury（2000），Talbot、Manton 和 Dunn（1995）的观点，减压之所以有效，是因为：

1. 在创伤对个体产生具体影响、成为疾病发展的导火索之前，减压对此进行了早期干预。
2. 在一个安全、结构性的环境中，并在可信任的专业人士指导下，减压让来访者的情感得到了宣泄。
3. 让参与者用言语的方式将创伤体验表达出来，并在意识层面进行重构、意义化、整合。
4. 减压的流程自始至终结构明确，让参与者能清晰地梳理事件发生的前前后后，利于参与者的自我表露，这一井然有序的特点和混乱的危机场面形成对比。
5. 打破了人们头脑中的错误信念：一个人应该承担忍受所有的事情；情绪的表达是不合理的。
6. 得到了有同样经历者的同伴支持。
7. 如果还残留创伤应激症状，可以提供进一步的随访服务。
8. 对应激影响和概念进行教育，让来访者了解这是自然反应的过程，而非软弱的表现。
9. 对导致个体特异性反应的既往和现存诱发因

素进行动态性的理解。

10. 对干预工作者表现出的积极品质和力量进行重新理解和强化。
11. 减压不仅让个体学会有效地处理工作压力，并有助于他们更好地完成工作。

最后的思考

距本书的第一版出版，已经过去24个年头了，当时的一位合作者，Burl Gilliland 也于十多年前去世，所以这一版的结束语出自本书的另一位作者：Richard James。1988年首版的编辑 Clair Vurduin 颇为幽默地嘲讽本书将只此一版，在图书馆书架上被灰尘掩埋。当时关于危机领域的书籍只有三或四本，也鲜有在专业期刊上发表的理论或实证研究的文章。早在1975年，Burl Gilliland 就在孟菲斯大学开设了危机干预的课程，当时小册子和油印的材料是仅有的教材，课上的客座讲师则来自各类危机干预工作领域的民间组织。在心理学界，没有人关注危机干预，这一领域的研究者少，更别提实践人员了。这一章节中的内容，乃至整本书的内容在当时完全是一片空白。这样说，你或许就能明白危机干预领域是在如此短的时间内蓬勃发展起来的。

我作为出版社的专业作家，出席了2007年美国咨询学会在底特律召开的会议，我们和在场的学生们就人类服务领域进行了讨论。我介绍到在40年前，当我还是个初中咨询老师的时候，那就算正式开始了我的职业生涯，我现在仍然是孟菲斯大学学校咨询项目的协调员。学校咨询的经历让我印象深刻，但在危机干预的领域面前，它却显得苍白。我之所以进入危机干预这行，也完全出于运气，当时孟菲斯警察局邀请我加入他们的危机干预队伍项目，这个项目当时在全球都挺有名气了，我也没办法不同意。事后证明，这是我职业道路上最为明智的一次选择。在我看来，危机干预已经无疑成了心理治疗的主流领域。我对底特律会场的学生们就是这样说的。如果你希望你的职业成为生活乐趣之所在，就请加入危机干预这项事业吧！

为了减少高危工作带来的压力，危机干预工作者和灾难响应人员自身也需要有情感释放、思维交流的途径，减压满足了这一需求。其中的一种主流方法是紧急事件集体减压，虽然饱受有关其成效方面的指责，甚至对有些个体是有害的，但支持者还是信心满满地肯定它的作用。从肯定的角度来看，对危机干预工作者进行某些模式的减压还是需要的。不管争论与否，有一点已成定局：自21世纪初开始，危机干预已经成为一个蓬勃发展的行业。

小 结

本章展现了危机干预领域中的一个趋势：将我们生活、工作的总体生态、文化环境考虑在内，这是一种多系统观。五个子系统——微观系统、中间系统、外层系统、宏观系统和时序系统——对危机干预工作者和他们干预的个体、团体对象都会产生影响。Bronfenbrenner 的这一五系统模型描绘出了危机干预工作者的工作情形：干预对象包括个人、家庭、团体和组织；工作的危机背景从地方水平延续到广泛的地理区域和文化情境。

联邦应急管理署（FEMA）和其他各州、各地方应急署的兴起，对应急服务和危机干预的整合有巨大推动作用。通过 Benefield 一家的案例，我们展示了危机干预的综合模式如何运用，各个系统如何相互影响，如何对微观系统中的个体产生作用。案例中的理想模式并未在卡特琳娜飓风中体现出来。

（庄文旭　赵敏　译）

参考文献

第一章　危机干预入门

Aguilera, D. C., & Messick, J. M. (1982). *Crisis intervention: Theory and methodology* (4th ed.). St. Louis, MO: C. V. Mosby.

American Psychiatric Association. (2000). *Diagnostic and statistical manual of mental disorders-technical revision* (4th ed.). Washington, DC: Author.

Ansbacher, H. L., & Ansbacher, R. R. (1956). *The individual psychology of Alfred Adler.* New York: Greenberg.

Armsworth, M. W., & Holaday, M. (1993). The effects of psychological trauma on children and adolescents. *Journal of Counseling and Development,* 72(1), 49-56.

Barton, A. M. (1969). *Communities in disaster.* Garden City, NY: Doubleday.

Bass, D. D., & Yep, R. (Eds.). (2002). *Terrorism, trauma, and tragedies: A counselor's guide to preparing and responding.* Alexandria, VA: American Counseling Association.

Beck, A. T. (1976). *Cognitive therapy and the emotional disorders.* New York: International Universities Press.

Belkin, G. S. (1984). *Introduction to counseling* (2nd ed.). Dubuque, IA: William C. Brown.

Blocher, D. H. (2000). *Counseling: A developmental approach* (4th ed.). New York: John Wiley & Sons.

Bloom, B. L. (1984). *Community mental health: A general introduction* (2nd ed.). Pacific Grove, CA: Brooks/ Cole.

Brammer, L. M. (1985). *The helping relationship: Process and skills* (3rd ed.). Upper Saddle River, NJ: Prentice Hall.

Bronfenbrenner, U. (1995). Developmental ecology through space and time: A future perspective. In P. Moen, G. H. Elder, Jr., & K. Luscher (Eds.), *Examining lives in context: Perspectives on the ecology of human development* (pp. 619-647). Washington, DC: American Psychological Association.

Brown, L. (2009). *Cultural competence in trauma therapy: Beyond the flashback.* Washington, DC: American Psychological Association.

Butz, M. R. (1995). Chaos theory, philosophically old, scientifically new. *Counseling and Values, 39,* 84-98.

Butz, M. R. (1997). *Chaos and complexity: Implications for psychological theory and practice.* Washington, DC: Taylor & Francis.

Callahan, J. (1998). Crisis theory and crisis intervention in emergencies. In P. M. Kleespies (Ed.), *Emergencies in mental health: Evaluation and management* (pp. 22-40). New York: Guilford Press.

Callahan, J. (2009). Emergency intervention and crisis intervention. In P. M. Kleespies (Ed.), *Behavioral emergencies: An evidence-based resource for evaluating and managing risk of suicide, violence, and victimization* (pp. 13-32). Washington, DC: American Psychological Association.

Caplan, G. (1961). *An approach to community mental health.* New York: Grune & Stratton.

Caplan, G. (1964). *Principles of preventive psychiatry.* New York: Basic Books.

Carkhuff, R. R. (1987). *The art of helping* (6th ed.). Amherst, MA: Human Resource Development Press.

Carkhuff, R. R., & Berenson, B. G. (1977). *Beyond counseling and therapy* (2nd ed.). New York: Holt, Rinehart & Winston.

Chamberlain, L. (1993, August). *Strange attractors in patterns of family interactions.* Paper presented at the Annual Convention of the American Psychological Association, Toronto.

Chamberlain, L. (1994, August). *Is there a chaotician in the house? Chaos and family therapy.* Paper presented at the Annual Convention of the American Psychological Association, Los Angeles.

Clark, S. C., & McKiernan, W. (1981). Contacts with a Canadian "street level" drug and crisis centre, 1975-1978. *Bulletin on Narcotics, 33,* 23-31.

Collins, B. G., & Collins, T. M. (2005). *Crisis and trauma: Developmental-ecological intervention.* Lahaska, PA: Lahaska Press.

Confer, J. C., Easton, J. A., Fleischman, D. S., Goetz, C. D., Lewis, D., Perriloux, C., & Buss, D. M. (2010). Evolutionary psychology: Controversies, questions, prospects, and limitations. *American Psychologist, 65*(2), 110-126.

Cormier, L. S., & Hackney, H. (1987). *The professional counselor: A process guide to helping.* Upper Saddle River, NJ: Prentice Hall.

Cormier, W. H., & Cormier, L. S. (1985). *Interviewing strategies for helpers: Fundamental skills and cognitive behavioral interventions* (2nd ed.). Pacific Grove, CA: Brooks/ Cole.

Council for Accreditation of Counseling & Related Educational Programs. (2009). *CACREP 2009 standards and procedures manual.* Retrieved from http://www.cacrep.org/template/page

Courtois, C. A., & Gold, S. N. (2009). The need for inclusion of psychological trauma in the professional curriculum: A call to action. *Psychological Trauma: Theory, Research, Practice, and Policy, 1,* 3-25.

Danish, S. J. (1977). Human development and human services: A marriage proposal. In I. Iscoe, B. L. Bloom, & C. C. Speilberger (Eds.). *Community psychology in transition* (pp. 44-77). New York: Halstead.

Dorn, F. J. (Ed.). (1986). *The social influence process in counseling and psychotherapy.* Springfield, IL: Charles C Thomas.

Echterling, L. G., & Wylie, M. L. (1999). In the public arena: Disaster as a socially constructed problem. In R. Gist & B. Lubin (Eds.), *Response to disaster: Psychosocial, community, and ecological approaches* (pp. 327-352). Philadelphia: Brunner/Mazel.

Ellis, A. E. (1962). *Reason and emotion in psychotherapy.* New York: Lyle Stuart.

Ellis, A. E. (1982). Major systems. *Personnel and Guidance Journal, 61,* 6-7.

Erikson, E. (1963). *Childhood and society* (2nd ed.). New York: Norton.

Fine, R. (1973). Psychoanalysis. In R. J. Corsini (Ed.), *Current psychotherapies* (pp. 1-33). Itasca, IL: F. E. Peacock.

Giel, R. (1990). Psychosocial process in disaster. *International Journal of Mental Health, 19,* 7-20.

Gist, R., Lubin, B., & Redburn, B. G. (1999). Psychosocial, ecological, and community perspectives on disaster response. In R. Gist & B. Lubin (Eds.), *Response to disaster: Psychosocial, community and ecological responses* (pp. 1-16). Philadelphia: Brunner/Mazel.

Gist, R., Woodall, S. J., & Magenheimer, L. K. (1999). And then you do the Hokey Pokey and you turn yourself around.... In R. Gist & B. Lubin (Eds.), *Response to disaster: Psychosocial, community and ecological responses* (pp. 269-290). Philadelphia: Brunner/Mazel.

Glasser, W. (1976). *Positive addiction.* New York: Harper & Row.

Gleick, J. (2008). *Chaos: Making a new science.* New York: Penguin Books.

Golan, N. (1978). *Treatment in crisis situations.* New York: Free Press.

Haley, J. (1973). *Uncommon therapy.* New York: Norton.

Haley, J. (1976). *Problem-solving therapy.* New York: McGraw-Hill.

Hardy, K. V. (Therapist). (1997). *Family systems therapy* (Videotape No. 0-205-32931-4, T. Labriola, Producer). In J. Carlson & D. Kjos, *Family systems with Hardy: Psychotherapy with the experts.* Boston: Allyn & Bacon.

Hermann, C. F. (1963). Some consequences of crisis which limit the viability of organizations. *Administrative Science Quarterly, 8,* 61-81.

Hoff, I. A., Hallisey, B. J., & Hoff, M. (2009). *People in crisis: Clinical and diversity perspectives.* New York: Routledge, Taylor, & Francis Group.

James, R. K., Cogdal, P., & Gilliland, B. E. (2003, April). *An ecological theory of crisis intervention.* Paper presented at the American Counseling Association convention, Kansas City, MO.

James, R. K., & Gilliland, B. E. (2003). *Theories and strategies in counseling and psychotherapy* (5th ed.). Boston: Allyn & Bacon.

Janosik, E. H. (1984). *Crisis counseling: A contemporary approach.* Monterey, CA: Wadsworth Health Sciences Division.

Kaniasty, K., & Norris, F. (1999). The experience of disaster: Individuals and communities sharing trauma. In R. Gist & B. Lubin (Eds.), *Response to disaster: Psychosocial, community and ecological approaches* (pp. 25-62). Philadelphia: Brunner/Mazel.

Kessler, R. C., Sonnega, A., Bromer, E., Hughes M., & Nelson, C. B. (1995). Posttraumatic stress disorder in the National Comorbidity Survey. *Archives of General Psychiatry,* 52-1048-1060.

Kleespies, P. M. (2009). *Behavioral emergencies: An evidence-based resource for evaluating and managing risk of suicide, violence, and victimization.* Washington, DC: American Psychological Association.

Kliman, A. S. (1978). *Crisis: Psychological first aid for recovery and growth.* New York: Holt, Rinehart & Winston.

Lazarus, A. (1989). *The practice of multimodal therapy.* Baltimore: Johns Hopkins University Press.

Leitner, L. A. (1974). Crisis counseling may save a life. *Journal of Rehabilitation, 40,* 19-20.

Levinson, D. J. (1986). A concept of adult development. *American Psychologist, 41*(1), 3-133.

Levinson, D. J., & Levinson, J. D. (1996). *The seasons of a woman's life.* New York: Knopf.

Lindemann, E. (1944). Symptomatology and management of acute grief. *American Journal of Psychiatry, 101,* 141-148.

Lindemann, E. (1956). The meaning of crisis in individual and family. *Teachers College Record, 57,* 310.

Lohr, J. M., Montgomery, R. W., Lilienfeld, S. O., & Tolin, D. F. (1999). Pseudoscience and the commercial promotion of trauma treatments. In R. Gist & B. Lubin (Eds.), *Response to disaster: Psychosocial, community and ecological approaches* (pp. 291-321). Philadelphia: Brunner/Mazel.

Lorenz, E. N. (1993). *The essence of chaos.* Seattle: University of Washington Press.

Marshall, R. D., Bryant, R. A., Amsel, L., Suh, E. J. Cook, J. M., & Neria, Y. (2007). The psychology of ongoing threat: Relative risk appraisal, the September 11 attacks and terrorism related fears. *American Psychologist, 62*(4), 304-316.

Maurer, C. M., & Sheets, T. E. (Eds.). (1999). *Encyclopedia of associations* (34th ed.) (Vol. I, Parts 1-3). Farmington Hills, MI: Gale Research.

Meichenbaum, D. H. (1977). Cognitive-behavior modification: An integrative approach. New York: Plenum.

Minuchin, S. (1974). *Families and family therapy.* Cambridge, MA: Harvard University Press.

Mitchell, J. T., & Everly, G. S., Jr. (1995). Critical incidents stress debriefing (CISD) and the prevention of work- related traumatic stress among high risk occupational groups. In G. S. Everly, Jr., & J. T. Lating (Eds.), *Psychotraumatology* (pp. 267-280). New York: Plenum Press.

Myer, R. A., James, R. K., & Moulton, P. (2011). *This is not a fire drill: Crisis intervention and prevention on college campuses.* Hoboken, NJ: John Wiley & Sons.

Myer, R. A., & Moore, H. (2006). Crisis in context theory: An ecological model. *Journal of Counseling & Development, 84(2),* 139-147.

National Association of School Psychologists. (2010). *NASP Professional Standards (2010).* Retrieved from http:// www.nasponline.org/standards/2010standards.aspx

National Institute of Mental Health. (2002). *Mental health and mass violence: Evidence-based early psychological intervention for victims/survivors of mass violence* (NIH Publication No. 02-5138). Washington, DC: U.S. Government Printing Office.

Ober, C., Peeters, L., Archer, R., & Kelly, K. (2000). Debriefing in different cultural frameworks: Responding to acute trauma in Australian Aboriginal contexts. In B. Raphael & J. P. Wilson (Eds.), *Psychological debriefing: Theory, practice, and evidence* (pp. 241-253). New York: Cambridge University Press.

Poland, S., & McCormick, J. S. (1999). *Coping with crisis: Lessons learned.* Longmont, CO: Sophris West.

Postrel, V. (1998). *The future and its enemies: The growing conflict over creativity, enterprise, and progress.* New York: Free Press.

Pyszczynski, T., Solomon, S., & Greenberg, J. (2003). *In the wake of 9/11: The psychology of terror.* Washington, DC: American Psychological Association.

Raphael, B. (1977). Preventive intervention with the recently bereaved. *Archives of General Psychiatry, 34,* 1450-1454.

Raphael, B. (1986). *When disaster strikes: How individuals and communities cope with catastrophe.* New York: Basic Books.

Rapoport, L. (1967). Crisis-oriented short-term case work. *Social Services Review, 41,* 31-44.

Raskin, N. J., & Rogers, C. R. (1995). Person-centered therapy. In R. J. Corsini & D. Wedding (Eds.), *Currentpsycho- therapies* (5th ed.). Itasca, IL: F. E. Peacock.

Reyes, G., Elhai, J. D., & Ford, J. D. (Eds). (2008). *The encyclopedia of psychological trauma.* Hoboken, NJ: John Wiley & Sons.

Roberts, A. R. (Ed.). (1991). *Contemporary perspectives on crisis intervention and prevention.* Upper Saddle River, NJ: Prentice Hall.

Roberts, A. R. (Ed.). 2005). *Crisis intervention handbook* (3rd ed.). New York: Oxford University Press.

Rogers, C. R. (1961). *On becoming a person.* Boston: Houghton Mifflin.

Rogers, C. R. (1977). *Carl Rogers on personal power: Inner strength and its revolutionary impact.* New York: Delacorte.

Salzer, M. S., & Bickman, L. (1999). The short and long term psychological impact of disasters: Implications for mental health intervention. In R. Gist & B. Lubin (Eds.), *Response to disaster: Psychological, community, and ecological approaches* (pp. 63-82). Philadelphia: Brunner/Mazel.

Sarri, S. (2005). *A bolt from the blue: Coping with disaster and acute trauma.* London: Jessica Kingsley.

Shneidman, E. (2001). *Comprehending suicide: Landmarks in 20th century suicidology.* Washington, DC: American Psychological Association.

Slaikeu, K. A. (Ed.). (1990). *Crisis intervention: A handbook for practice and research* (2nd ed.). Boston: Allyn & Bacon.

Slaikeu, K. A., & Leff-Simon, S. I. (1990). Crisis intervention by telephone. In K. A. Slaikeu (Ed.), *Crisis intervention: A handbook for practice and research* (2nd ed., pp. 319-328). Boston: Allyn & Bacon.

Thorne, F. C. (1973). Eclectic psychotherapy. In R. Corsini (Ed.), *Current psychotherapies* (pp. 445-486). Itasca, IL: F. E. Peacock.

U.S. Department of Veterans Affairs. (2011). *Psychological first aid: Field operations guide.* Retrieved January 11, 2011, from http://ptsd.va.gov/prfessional/manuals/psych-first-aid.asp

van den Eynde, J., & Veno, A. (1999). Coping with disastrous events: An empowerment model for community healing. In R. Gist & B. Lubin (Eds.), *Response to disaster: Psychosocial, community and ecological approaches* (pp. 167-192). Philadelphia: Brunner/Mazel.

van der Kolk, B. A., & McFarlane, A. C. (1996). The black hole of trauma. In B. A. van der Kolk, A. C. McFarlane, & L. Weisaeth (Eds.), *Trauma stress: The effects of overwhelming experience on the mind, body, and society* (pp. 3-23). New York: Guilford Press.

Young, B. H. (2006). The immediate response to disaster: Guideline for adult psychological first aid. In E. C. Ritchie, P. J. Watson, & M. J. Friedman (Eds.), *Intervention following mass violence and disaster: Strategies for mental health practice* (pp. 134-155). New York: Guilford Press.

Zdziarski, E. L., Dunkel, N. W., & Rollo, J. M. (2007). *Campus crisis management: A comprehensive guide to planning, prevention, response and recovery.* San Francisco: John Wiley & Sons.

第二章　基于文化的有效帮助

Adler, N. L. (1997). *International dimensions of organizational behavior.* Cincinnati, OH: South-Western.

American Psychiatric Association. (2000). *Diagnostic and statistical manual of mental disorders-technical revision* (4th ed.). Washington, DC: Author.

Arredondo, P. (1999). Multicultural counseling competencies as tools to address oppression and racism. *Journal of Counseling and Development, 77*(1), 102-108.

Atkinson, D., Bui, U., & Mori, S. (2001). Multiculturally sensitive empirically supported treatments: An oxymoron? In J. G. Ponterotto, J. M. Casas, L. A. Suzuki, & C. M. Alexander (Eds.), *Handbook of multicultural counseling* (2nd ed., pp. 542-574). Thousand Oaks, CA: Sage.

Atkinson, D., Morten, G., & Sue, D. W. (1998). *Counseling American minorities.* Boston: McGraw-Hill.

Augsburger, D. W. (1992). *Conflict mediation across cultures.* Louisville, KY: Westminster/John Knox Press.

Belkin, G. S. (1984). *Introduction to counseling* (2nd ed.). Dubuque, IA: William C. Brown.

Bingham, R. (2010). My life is a balance between . .. In J. G. Ponterotto, J. M. Casas, L. A. Suzuki, & C. M. Alexander (Eds.), *Handbook of multicultural counseling* (3rd ed.; pp. 19-25). Thousand Oaks, CA: Sage.

Brandsma, L. L. (2003, January). Letters: Much ado about multiculturalism, part 4. *Counseling Today, 45,* 31.

* 为了环保，也为了节省您的购书开支，本书参考文献不在此一一列出。如需要完整参考文献，请联系 1012305542@qq.com 下载。您在下载中遇到什么问题，可拨打 010-65125990 咨询。